W0257891

Erster Unterricht

des

PHARMACEUTEN.

Von

Dr. Hermann Hager.

Erster Band.

Chemisch-pharmaceutischer Theil.

Dritte vermehrte und verbesserte Auflage.

Mit 185 in den Text gedruckten Holzschnitten.

Springer-Verlag Berlin Heidelberg GmbH

1877

Chemisch-pharmaceutischer Unterricht

in 103 Lectionen.

Von

Dr. Hermann Hager.

Dritte vermehrte und verbesserte Auflage.

Mit 185 in den Text gedruckten Holzschnitten.

Springer-Verlag Berlin Heidelberg GmbH
1877

ISBN 978-3-642-50341-2   ISBN 978-3-642-50650-5 (eBook)
DOI 10.1007/978-3-642-50650-5
Softcover reprint of the hardcover 3rd edition 1877

Vorwort zur ersten Auflage.

Das Verlangen nach einem Werke für den ersten Unterricht der angehenden Pharmaceuten wurde wiederholt seit Jahren gegen mich ausgesprochen und auch von Fachgenossen, welche in der Ausbildung von Lehrlingen Erfahrung gesammelt hatten, als ein sehr berechtigtes bezeichnet. Zwar haben wir ganz vortreffliche pharmaceutische Lehrbücher in compendiöser und voluminöser Form, es scheint jedoch keines derselben für das allererste Lernen und Lehren geeignet. In der compendiösen Form scheinen diese Werke dem jungen Manne zu trocken, vor dem Volum der grösseren Werke schrickt er zurück und verliert den Muth den Stoff zu bewältigen. Die Folge davon ist, dass die jungen Männer die Lust verlieren und, wenn nicht der Lehrherr durch häufigen mündlichen Unterricht nachhilft, sie bis zum Ende ihrer Lehrzeit nicht über die elementaren Theile der pharmaceutischen Disciplinen hinauskommen. Was nun aber den Unterricht durch den Lehrherrn betrifft, so darf nicht übersehen werden, dass er immer nur ein beschränkter sein kann, weil dem Lehrherrn als Ueberwacher des Apothekengeschäfts, als Leiter eines oder mehrerer Nebengeschäfte, als einem vielfach durch communale Pflichten und Beschäftigungen in Anspruch genommenen Bürger nur sehr wenige Stunden der Erholung und Ruhe übrig bleiben, und es zu den Ausnahmefällen gehört, wenn er die Woche einige Stunden der Unterweisung seines Lehrbefohlenen ausschliesslich widmen kann. Die Nützlichkeit eines gut geregelten Unterrichts ist unverkennbar, da sich derselbe aber nur in den seltensten Fällen einrichten lässt, so ist wenigstens ein passender Ersatz zu schaffen.

Wie die Erfahrung beweist, basirt die theoretische Ausbildung des angehenden Pharmaceuten hauptsächlich auf Selbststudium, welches zu überwachen und zu leiten zu der nächsten Sorge des

Lehrherrn gehört. Letzterer hat das Pensum zu bestimmen und er soll sich überzeugen, ob nach einer bestimmten Zeit dieses Pensum erlernt und aufgefasst ist. Dass der Lehrherr oder sein Stellvertreter im Gange der pharmaceutischen Arbeiten den Anfänger auf dieses oder jenes Vorkommniss, diese oder jene Erscheinung aufmerksam macht, davon eine Erklärung einfordert oder giebt, ist eine werthvolle Gewohnheit, welche aber das Innehalten jenes Pensums in keiner Weise kürzen darf.

Da gemeiniglich der Lehrherr über didaktische Routine nicht gebietet, die Aussuchung und Zurechtlegung des Pensums in einer nothwendigen Folge vom Leichteren zum Schwereren aus den vorhandenen Lehrmitteln viel Mühe erfordern, da ferner das Material für den Selbstunterricht leicht fasslich sein muss und auf den jungen Geist anregend und ermuthigend einwirken soll, so glaubte ich mit dem vorliegenden Unterricht, abgeschichtet in anfangs kleinere, später grössere Lectionen mit dem Uebergange vom Leichteren zum Schwereren, den Wünschen der Lehrherrn und dem Bedürfniss zum Selbststudium der Anfänger entgegen zu kommen.

Eine Ueberfüllung an Stoff und Schaustellung von Gelehrtheit sind in den Lectionen sorgsam vermieden, weil das Vielwissen nicht die Aufgabe des Anfängers sein kann. Manchen Wiederholungen ging ich nicht aus dem Wege, und wo es mir nöthig schien, suchte ich die Auffassung durch bildliche Darstellung zu erleichtern. Das behandelte Material erhielt eine auf die Zwecke der Pharmacie hinzielende Bearbeitung und bietet in bescheidenem Rahmen alles das, was man zu den Wissensgrundlagen der pharmaceutischen Chemie zu zählen pflegt.

In Betreff des Gebrauchs des „ersten Unterrichts" erlaube ich mir meine Ansicht mitzutheilen. Es ist selbstverständlich, dass der angehende Pharmaceut täglich oder jeden zweiten Tag einige Augenblicke für wissenschaftliche Beschäftigung erübrigt, dass er im Wintersemester in jeder halben Woche, im Sommersemester in jeder Woche wenigstens eine Lection studirt, und dass der Lehrherr jede Lection als ein Pensum ansieht, zu dessen Controle er in der Mitte oder am Ende der Woche eine halbe Stunde unabänderlich festsetzt. Bei dieser Controle lässt sich, wenn die Zeit es erlaubt, das jedesmalige Pensum durch mündliche Erläuterungen und durch Experimente erweitern und vervollständigen, und kann der Lehrling durch Uebersetzen der dem Pensum sich anschliessenden Abschnitte der Landespharmakopöe auch seine Kenntniss von diesem Gesetzbuche fördern.

Werden im Wintersemester wöchentlich zwei, im Sommersemester, in welchem hauptsächlich das Studium der Botanik herangezogen werden muss, eine Lection absorbirt, so ist der erste Unterricht innerhalb 16 Monate durchgearbeitet, und der junge Mann hat dann eine solche theoretische Grundlage erworben, auch die grösseren Lehrbücher der pharmaceutischen Chemie zu verstehen und mit Vortheil zu benutzen, in der Praxis selbstständig Beobachtungen zu machen und sich Erklärungen zu geben. Ist einmal dieser Grund gelegt, dann erwacht gemeiniglich von selbst ein warmes Streben nach Wissen, und in der übrigen Zeit der Lehre drängt sich dem jungen Manne ohne Zwang die Weiterbildung auf.

Sollte dieser „erste Unterricht" für den chemisch-pharmaceutischen Theil allgemeine Billigung finden, so würde ich daraus Muth schöpfen, auch für den botanisch-pharmacognostischen Theil der pharmaceutischen Disciplin eine entsprechende Arbeit zu liefern.

Berlin, im September 1867.

Der Verfasser.

Vorwort zur zweiten Auflage.

Dass meine Ansichten über den ersten Unterricht des Pharmaceuten eine billigende Aufnahme gefunden haben, beweist eine schon nach zwei Jahren nothwendig gewordene zweite Auflage. Diese ist daher auch im Prinzip der Einrichtung in keiner Weise verändert, dagegen haben einige nothwendige Zusätze Platz gefunden, besonders aber musste auf eine Auffassung der modernen Chemie Bedacht genommen werden. Wegen dieses Umstandes ist der Text um 7 Lectionen vermehrt, von denen im ganzen 4 Lectionen speciell den jungen Pharmaceuten zum Verständniss der modernen Chemie führen sollen. Hier erlaube ich mir, der irrthümlichen Meinung einiger Pharmaceuten entgegenzutreten, nämlich dass sich die dualistische Theorie und die Thatsache der

Verbindung der Elemente nach Aequivalenten auf dem Aussterbe-
etat befänden. Wer die Praxis der Chemie und die Literatur derselben mit Ruhe und ohne Vorurtheil übersieht, wird finden, dass
man sich von der dualistischen Theorie und den chemischen
Aequivalenten, allein schon in Rücksicht auf ihre unvergleichliche
Einfachheit, weder gänzlich lossagen, noch sich den Anschauungen
der modernen Chemie verschliessen darf und kann, dass ein gleich-
zeitiges Wissen nach dieser und nach jener Richtung hin sich als
eine nothwendige Forderung noch Decennien hindurch erhalten
wird.

Berlin, im September 1870.

Der Verfasser.

Vorwort zur dritten Auflage.

Diese dritte Auflage des ersten Unterrichts des Pharmaceuten
hat eine theilweise Umarbeitung erfahren, insofern sie sich in
ihrer zweiten Hälfte bis zum Schluss den neueren Ansichten und
üblich gewordenen Theorien in der Chemie anschliesst. Dass
sich dabei diese neue Auflage noch nicht ganz von der electrochemischen oder Binär-Theorie lossagen konnte, wird man erklärlich finden. Einerseits ist die Nomenclatur der chemischen Arzneistoffe in der gültigen Pharmakopoea Germanica noch diejenige
der Binär-Theorie, und es wird sich dieselbe aus praktischen
Gründen auch wohl noch Decennien hindurch erhalten, andererseits folgen die bereiten Hilfsmittel neuerer Zeit, welche sich dem
pharmaceutischen Studium darbieten, z. B. die Werke *Duflo's,
Mohr's, Buchner's, Dragendorff's, Hager's. Hirsch's, Wittstein's, Fer-
rand's, Andouard's* etc., auch die meisten deutschen pharmaceutischen Journale immer noch den Anschauungen der Binär-Theorie.
Endlich sind die Apotheker, welche das Studium angehender
Pharmaceuten überwachen, meist der Binärtheorie zugewendet.
Diese Umstände erforderten eine Berücksichtigung und es musste
dem ersten Unterricht eine solche Einrichtung gegeben werden,

dass der junge Pharmaceut befähigt wird, sich in den wichtigsten chemischen Theorien zurecht zu finden, die sich ihm darbietende chemischpharmaceutische Literatur mit Erfolg zu benutzen und sich die chemischen Processe sowohl nach der einen wie der anderen Theorie zu erklären. Um die Formeln der Binärtheorie augenfälliger zu machen, haben dieselben von Lection 54 an cursive Schrift erhalten.

Keine der neueren (seit 1835 aufgestellten) chemischen Theorien ist zur Selbstständigkeit gelangt, keine derselben hat sich einer Gültigkeitsdauer eines Decennium erfreuen können, man hat aber aus der einen Theorie das Brauchbarste in die andere übertragen, und aus der Radicaltheorie, Substitutionstheorie, Kerntheorie, Moleculartheorie, Unitärtheorie und Typentheorie hat sich eine Theorie herausgebildet, welche mit „moderne Chemie" benannt worden ist, von welcher man aber auch nicht sagen kann, dass seit ihrer Aufnahme ein volles Decennium ohne sichere Aussicht auf ein Dahinsiechen vorrübergegangen wäre. Die Theorie der chemischen Structur scheint ihre Rivalin oder doch wenigstens ihre Nachfolgerin zu sein, wenn überhaupt die Hypothese von den Atomen sich weiterhin aufrecht erhalten sollte. Da die Theorie der chemischen Structur sich noch in ihrem ersten Entwicklungsstadium befindet, sie auch nichts Leichtfasslicheres oder Instructiveres für die erste chemische Auffassung darbietet, so konnte dieselbe nur hier und da in der vorliegenden Auflage Andeutung finden.

Diese Auffassungen der chemischen Ansichten waren bei Bearbeitung dieser dritten Auflage des ersten Unterrichts des Pharmaceuten leitend und schienen sie mir den thatsächlichen Verhältnissen in ihrer Beziehung zur Pharmacie auch entsprechend. Keineswegs konnte eine Disciplin in den Umfang eines ersten Unterrichts des Pharmaceuten hineingezogen werden, deren Auffassung nur von einem vorausgegangenen eingehenden Studium der Chemie abhängig ist.

Möge sich auch diese Auflage des ersten Unterrichts des Pharmaceuten einer gleichen wohlwollenden Aufnahme erfreuen wie die beiden vorhergehenden.

Pulvermühle bei Fürstenberg a. d. Oder
im December 1876.

Der Verfasser.

Verzeichniss der Lectionen.

XV

Lection 1.

Die **Pharmacie** oder Apothekerkunst ist eine Wissenschaft
und Kunst, deren Hauptzweck die Erkennung, Sammlung, Aufbewahrung, Zubereitung und richtige Mischung der Heilmittel
ist. Als Wissenschaft und Kunst zerfällt sie in einen theoretischen und praktischen Theil. In ihren theoretischen Beziehungen ist sie von sehr weitem Umfange, indem sie die Kenntniss
des Inhaltes aller Naturwissenschaften erfordert. Pflanzenreich,
Thierreich und Mineralreich liefern Heilstoffe. Deshalb erstreckt
sich die pharmaceutische Theorie auf Botanik, Zoologie und Mineralogie. Da die Pharmacie ferner die Aufgabe hat, aus den Roh-
stoffen, welche die drei Naturreiche darbieten, auf chemischem
Wege Heilstoffe abzuscheiden, sowie auch Rohstoffe chemisch zu
verändern, um sie zu Heilstoffen zu machen, so ist die Chemie
eine ihrer nothwendigsten Hilfswissenschaften. Mit der Chemie
eng verbunden ist wiederum die Physik.

Aus diesen Andeutungen lässt sich die Aufgabe errathen,
welche sich ein junger Mann bei seinem Eintritt in das pharmaceutische Fach zu stellen hat. Besitzt der Anfänger die genügende Willensstärke zur Durchführung seines Vorsatzes, be-
harrlich das grosse weite Feld des pharmaceutischen Wissens zu
durchwandern, so hat er auch alle Schwierigkeiten überwunden,
und er löst sicher seine Aufgabe, wenn er mit dem Augenblicke
seines Eintrittes in das pharmaceutische Fach das Studium nicht
vernachlässigt. Jeder Tag bietet einige Momente, die er dem theoretischen Theile seines Faches widmen kann. Die Summe der
Kenntnisse, die aus der Benutzung dieser Momente erwächst, ergiebt sich mit der Länge der Zeit und sie gewinnt nebenher
einen reichlichen Zuwachs aus dem praktischen Theile der Pharmacie, der beim Sammeln, Aufbewahren, Zubereiten der Heil-

mittel unter Anwendung gewisser Handgriffe und Vorbereitungen tagtäglich geübt wird.

Der theoretische Theil der Pharmacie findet unaufhörliche Nutzanwendung in dem praktischen Theile derselben. Der praktische Theil wird durch den theoretischen gefördert, der theoretische durch den praktischen. Theorie und Praxis gehen in enger Verschwisterung einher; beide sind, soll die Pharmacie tüchtig erlernt werden, für den lernenden Pharmaceuten von gleichem Werthe. Letzterer muss also dem einen wie dem anderen Theile mit dem Augenblicke des Eintritts in die pharmaceutische Lehre seine ganze Aufmerksamkeit zuwenden.

Da nicht alle Hilfswissenschaften zu gleicher Zeit getrieben werden können, so wende sich der Anfänger zunächst den wichtigsten derselben, der Chemie und Botanik, zu. Er studire erstere besonders im Winterhalbjahre, letztere im Sommerhalbjahre. Ueberhaupt möge er keinen Tag vorübergehen lassen, an welchem er nicht etwas, möge es auch noch so wenig sein, erlernt oder seinem Gedächtniss einprägt. *Nulla dies sine linea!* Die Aneinanderreihung kleiner Abschnitte wächst allmählig zu einem Grösseren, zu einem Ganzen an, und die Masse des Zuerlernenden erscheint endlich geringfügiger, als sie es in der That ist.

Bemerkungen. *Nulla dies sine linea!* soll der Ausspruch des Apelles, jenes aus der Culturgeschichte Griechenlands bekannten Malers, gewesen sein, welcher sich vorgenommen hatte, jeden Tag wenigstens einen Pinselstrich zu thun.

Lection 2.

Natur. Naturwissenschaft. Naturgeschichte. Naturlehre. Physik. Chemie. Pharmaceutisch. Pharmakologie. Pharmakognosie.

Im Obigen ist gesagt, dass die Pharmacie als Wissenschaft die Kenntniss des Inhaltes aller Naturwissenschaften erfordere; wir wollen daher versuchen, uns in Kürze von Naturwissenschaft und den für die Pharmacie wichtigsten Theilen derselben eine Erklärung zu geben.

Mit Natur bezeichnet man den Inbegriff von allem, was wir durch unsere Sinne wahrnehmen. Der Inbegriff aller unserer Kenntnisse von der Natur ist Naturwissenschaft. Jede Erscheinung, jede Veränderung, welche wir in der Natur und an den Körpern wahrnehmen, sind Gegenstand der Naturwissenschaft im Allgemeinen.

Beschäftigt sich die Naturwissenschaft mit den äusseren Merkmalen, durch welche sich die Naturkörper von einander unterscheiden, so nennt man sie Naturbeschreibung oder Naturgeschichte, richtet sie dagegen ihre Aufmerksamkeit auf die Veränderungen der Körper und sucht sie die Ursachen und Kräfte zu erforschen und zu erklären, welche die Veränderungen der Körper bedingen, so heisst sie Naturlehre.

Die Naturbeschreibung oder Naturgeschichte, welche uns die äusseren Merkmale der Naturkörper behufs deren Unterscheidung kennen lehrt, theilt sich in mehrere Disciplinen, je nachdem sie belebte oder unbelebte Körper zum Gegenstande hat. Sie ist es, welche die natürlichen Dinge in drei Abtheilungen, in Thierreich, Pflanzenreich und Mineralreich, schichtet. Mit dem Thierreiche beschäftigt heisst sie Zoologie, mit dem Pflanzenreiche beschäftigt heisst sie Botanik, mit dem Mineralreiche beschäftigt wird sie Mineralogie genannt.

Die Naturlehre oder Physik im weiteren Sinne hat die Veränderungen der Körper und die Ursachen dieser Veränderungen zum Gegenstande. Sie erforscht und erklärt daher die Gesetze, nach welchen die Naturkräfte jene Veränderungen bewirken und giebt eine Einsicht in das Wesen und den Zusammenhang der natürlichen Erscheinungen. Diese Veränderungen sind jedoch zweierlei, entweder äussere oder innere. Das Zerfallen eines Stücke's gebrannten Kalkes in mehrere Stücke, wenn wir mit einem Hammer darauf schlagen, die Bewegung von Eisenstückchen nach einem genäherten Magnet, das Zurückfallen eines in die Höhe geworfenen Steines auf den Erdboden, das Schwimmen eines Holzstückes auf dem Wasser, das Leuchten der Himmelskörper, das Steigen und Fallen des Quecksilbers in einer Thermometerröhre sind, beispielsweise erwähnt, äussere Veränderungen. Von inneren Veränderungen gewinnen wir dagegen Beispiele, wenn ein Stück gebrannter Kalk mit Wasser befeuchtet sich erhitzt und sich in Kalkhydrat verwandelnd zu Pulver zerfällt, wenn das Kalkhydrat Kohlensäure aus der Luft anzieht und zu kohlensaurer Kalkerde wird, wenn Phosphor zu Phosphorsäure, Schwefel zu schwefliger Säure verbrennt, wenn Eisen sich in Rost verwandelt, Milch sich durch Zusatz einer Säure in Molken und Käse scheidet, Zucker durch Gährung in Weingeist und Kohlensäure zerfällt. In diesen Fällen wird das innere Wesen der Körper verändert.

Hat die Naturlehre die Kenntniss und Erklärung der äusseren Veränderungen der Naturkörper zum Zweck, so heisst sie Physik im engeren Sinne oder kurzweg Physik. Erklärt und beschreibt sie dagegen die inneren Veränderungen der Körper, so heisst sie Chemie.

Wird ein Theil der Naturwissenschaft mit der Pharmacie, der Wissenschaft und Kunst der Sammlung, Aufbewahrung und Zubereitung der Heilmittel, in engere Beziehung gebracht, nach dem Bedürfniss der Pharmacie zusammengefasst, so erhält er die Bezeichnung pharmaceutisch. Es giebt daher eine pharmaceutische Chemie, eine pharmaceutische Zoologie, Botanik, Mineralogie. Hat die Naturbeschreibung die Lehre der Heilmittel in Hinsicht auf deren Anwendung und Wirkung zum Gegenstand, so nennt man sie Pharmakologie oder Arzneimittellehre, erstrebt sie dagegen die Kenntniss der Heilstoffe nach ihren äusseren und inneren Merkmalen, ihrer Organisation, ihren chemischen Bestandtheilen, um sie mit Sicherheit zu unterscheiden und sie nach ihrer Güte zu beurtheilen, so nennt man sie Pharmakognosie oder pharmaceutische Waarenkunde.

Bemerkungen. Pharmacie von dem griechischen φάρμακον (pharmăcon), Arzneimittel. — Pharmakologie, von d. griech. φάρμακον und λόγος (logos) Lehre. — Pharmakognosie, von φάρμακον und γνῶσις (gnōsis), Erkenntniss.—Theorie *(theoria)* ist die wissenschaftliche Erkenntniss, Erkenntnisslehre der Regeln und Grundsätze einer Handlungsweise, eines Vorganges, einer Erscheinung. — Práxis *(praxis)*, Anwendung, Ausübung einer Kunst, Handlung. — Physík, von d. griech. φύσις (physis), die Natur, φύω (fyo), futur. φύσω (fyso), zeugen, hervorbringen. — Botánik *(botanice)* von βοτάνη (botănae), Pflanze. — Mineralogie von *minĕra*, das Erz, und λόγος (logos), Lehre. — Chemie, früher auch Chimie, von dem griech. χημεία *(chämeia)* oder χυμεία *(chymeia)*, Vermischung, Vermengung.

Lection 3.

Materie, Stoff, Körper. Undurchdringlichkeit. Schwere. Imponderabilien. Wärme. Kälte. Wärmeleitung. Wärmeleiter. Wärmestrahlen. Diathermane, athermane, diaphane Körper. Wasserbad. Abkühlung.

Die Physik oder die Lehre von der Natur benennt Alles, was sinnlich wahrnehmbar ist und Raum ausfüllt, Materie oder Stoff, und jede Materie, welche einen bestimmten oder begrenzten Raum selbstständig ausfüllt, Körper.

Eine nothwendige Eigenschaft eines Körpers ist seine Undurchdringlichkeit, d. h. in dem Raume, den ein Körper ausfüllt, kann nicht zu gleicher Zeit ein anderer Körper sein.

Ferner besitzt ein jeder Körper Schwere, oder mit anderen Worten, jeder Körper übt auf seine Unterlage einen Druck aus, welchen letzteren man sein Gewicht nennt. Es giebt aber auch Stoffe, welche wir zwar durch das Gesicht oder durch das Gefühl wahrnehmen, denen jedoch die Eigenschaft der Undurchdringlichkeit und das Gewicht abgeht. Solche Stoffe nennt man unwägbare Stoffe oder Imponderabilien, zum Gegensatze der Körper oder wägbaren Stoffe, der Ponderabilien.

Die uns bekannten Imponderabilien sind Licht, Wärme, Electricität und Magnetismus. Von diesen interessirt uns zuförderst die Wärme. Es wird dieselbe das Thema dieser und einiger der folgenden Lectionen sein.

Mit Wärme oder Wärmestoff bezeichnen wir den unwägbaren Stoff, dessen Uebergang in unseren Körper das Gefühl von Wärme, dessen Entweichen aus unserem Körper das Gefühl der Kälte erzeugt.

Jeder Körper besitzt einen gewissen fühlbaren Grad von Wärme, welchen man seine Temperatur nennt. Eine hohe Temperatur heisst Hitze, eine sehr niedere dagegen Kälte.

Der Ursprung, die Quelle des Wärmestoffs ist sehr verschieden. Sonnenlicht, Stoss, Druck, Reibung, Electricität, besonders aber chemische Anziehung, in Folge welcher der Verbrennungsprocess nur möglich ist, erzeugen Wärme. Wie hierbei die Wärmeerzeugung stattfindet, wissen wir nicht und suchen wir daher auf Grund von Hypothesen nach einer Erklärung. Als Hauptquelle der Wärme wird von den Physikern die Sonne angenommen, welche Licht und Wärme zugleich in den Weltraum ausstrahlt, man hat aber auch die Ansicht aufgestellt, dass der Wärmestoff in dem Erdkörper ruhend vorhanden sei und erst durch die Lichtstrahlen der Sonne entwickelt und wahrnehmbar gemacht werde.

Die freie Wärme verbreitet sich entweder in Strahlen, gleich dem Lichte, als strahlende Wärme, oder durch Mittheilung oder Fortleitung von einem Körper zu dem anderen, als fortgeleitete Wärme. Hält man einen metallenen Stab (einen eisernen Spatel) mit dem einen Ende in einer Flamme, so nimmt er die Wärme derselben auf und leitet sie allmählich zum anderen Ende, welches man mit den Fingern hält, und sie pflanzt sich von dem Stabe in die Finger fort. Diese Fortleitung der Wärme nennt man Wärmeleitung.

Körper, welche die Wärme schnell aufnehmen, durch ihre Masse schnell verbreiten und an andere sie berührende Körper abgeben, nennt man gute Wärmeleiter. Hierher gehören alle Metalle. Andere Körper, welche die Wärme schwieriger oder langsamer aufnehmen und auch langsam durch ihre Masse fortleiten, heissen schlechte Wärmeleiter. Zu diesen letzteren gehören Luft, Holz, Kohle, Wolle, Stroh, Asche, Asbest, Harz, Glas, Wasser, gebrannte Thone, wie Ziegelsteine, irdenes Geschirr, Porzellan, Schlackenwolle etc.

Ein Stück Holz oder Kohle, das an dem einen Ende glüht oder brennt, kann man an seinem andern Ende mit den Fingern halten. Metallene Kochgefässe, selbst Giesspfannen, worin Blei, Zinn etc. geschmolzen werden, haben hölzerne Handgriffe, um sie trotz ihrer Erhitzung bequem zu handhaben. Die eisernen Windöfen in den pharmaceutischen Laboratorien sind mit Chamotte ausgefüttert, theils um die Forleitung der Hitze durch die eiserne Ofenwand zu verhindern, theils um letztere, welche aus Eisenblech besteht, vor der zerstörenden Einwirkung der Hitze zu bewahren. Im Winter umwickelt man die Pumpenrohre mit Stroh, damit das Wasser in ihnen nicht zu Eis erstarre und sie verstopfe. Auf die Eigenschaft der Körper, die Wärme gut oder schlecht zu leiten, gründet sich die Wahl der Kleidungsstoffe. Wolle und Pelz sind sehr schlechte Wärmeleiter und hindern mehr oder weniger die Fortleitung der Wärme unseres Körpers. Deshalb bestehen aus ihnen unsere Winterkleider. Wollen wir einen kleinen Eisvorrath im Sommer auf mehrere Tage conserviren, so umhüllen wir ihn mit Stroh, oder legen ihn in eine Schüssel zwischen Federbetten oder Pelzdecken. Das im Winter gesammelte Eis wird den Sommer hindurch in Eiskellern bewahrt. Eiskeller sind grössere Behältnisse aus Holz, mit Schichten schlechter Wärmeleiter, wie mit Luft, Sägespähnen, Torf, Stroh (Häckerling), Schlackenwolle, Erde umgeben. Auch Schnee ist ein schlechter Wärmeleiter und dient der Vegetation als schützende Decke gegen Frost. In Gefässen, welche aus einem die Wärme gut leitenden Material, z. B. Metall, bestehen, bringen wir Flüssigkeiten schneller ins Kochen, als in porzellanenen, irdenen und gläsernen Gefässen. Platin leitet die Wärme ungefähr fünfzigmal, Kupfer vierzigmal, Zinn fünfzehnmal schneller als Porcellan und Glas. Schmelzen wir in einem Gefäss mehrere Fettstoffe und Harz (Colophon) zusammen, so beobachten wir, dass das Harz am längsten der Wärme widersteht und stückig bleibt. Um die Schmelzung zu fördern, geben wir daher das Harz, diesen schlechten Wärmeleiter, in kleinen Stückchen zur Fettmasse.

Es ist leicht erklärlich, warum gute Wärmeleiter schnell warm, aber auch schnell wieder kalt werden. Schlechte Wärmeleiter dagegen werden langsam warm, erkalten aber auch langsamer. Ein Ofen aus Thonkacheln wird beim Heizen nur allmählich warm, bleibt aber auch lange warm, ein eiserner Ofen dagegen ist schnell heiss gemacht uud erkaltet auch ebenso schnell.

Die geringe Wärmeleitungsfähigkeit des Wassers beweist folgender Versuch. Ein langer Probircylinder wird zu $^3/_4$ seines Rauminhalts mit kaltem Wasser gefüllt, an seinem unteren Ende mit den Fingern erfasst und nun über einer Weingeistflamme der obere Theil des Wassers bis zum Kochen erhitzt. Der untere Theil der Wassersäule bleibt lange kalt. Würde man Quecksilber statt des Wassers in das Probirgläschen geben und in ähnlicher Weise erhitzen, so würde auch bald die unterste Schicht der Quecksilbersäule heiss werden, und man könnte den Probircylinder nur kurze Zeit mit den Fingern halten. Macht man den Versuch mit dem Quecksilber, so stellt man die Lampe in eine weite Schüssel, damit beim etwaigen Verschütten des Quecksilbers dieses in der Schüssel gesammelt werden kann. Das Quecksilber ist in seinem metallischen Zustande in den Magen gebracht gerade nicht giftig, dagegen aber ist der Dunst, den es allmählich verdampfend oder beim Erhitzen bildet, äusserst gesundheitsschädlich.

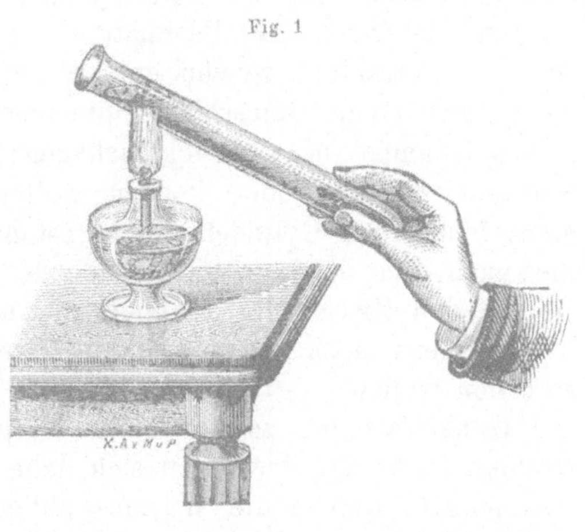

Fig. 1

Oben war erwähnt, dass sich die Wärme auch strahlend wie das Licht verbreite. Während die Wärme durch die Masse fortgeleitet wird, erfolgt die Ausbreitung der Wärme durch die Luft in Strahlen, welche in Betreff der Brechung und Zurückwerfung sich den Lichtstrahlen ähnlich verhalten.

Die Kenntniss von den Wärmestrahlen erklärt uns die Bildung des Thaues, welcher bekanntlich in Nächten nur bei unbedecktem Himmel entsteht. In den hellen Nächten strahlt nämlich die Erde Wärme nach dem Himmelsraume aus, und daraus erfolgt eine starke Abkühlung ihrer Oberfläche, welche auf sich die Luftfeuchtigkeit in Tröpfchen verdichtet. In trüben Nächten fällt kein Thau, weil die Wärmestrahlen von den Wolkenschichten der Erdoberfläche zurückgeworfen werden, diese also eine weniger beträchtliche Abkühlung erleidet. Von der Richtigkeit dieser Erklärung kann man sich sehr bald überzeugen, wenn man während einer hellen Nacht einen Tisch über eine Grasfläche stellt oder darüber ein Tuch ausspannt. Am nächsten Morgen findet man alsdann das auf dieser Fläche befindliche Gras nicht bethaut. Jene dunkelen Körper, die Tischplatte oder das Tuch, warfen die von der betreffenden Fläche ausgeschickten Wärmestrahlen zurück und verhinderten oder verminderten die Abkühlung. Wie der Thau, so entsteht in kälterer Jahreszeit der Reif. Die Abkühlung oder Erkaltung der Erdoberfläche durch Ausstrahlung der Wärme zu hindern, hält der Gärtner die mit zarten jungen Pflanzen besetzten Beete während der Nacht mit Bastmatten, Stroh oder Reisig bedeckt. Die Wärmestrahlen, welche ein geheizter Ofen aussendet, werden durch einen Ofenschirm unterbrochen. Die Flamme einer Weingeistlampe oder Leuchtgasflamme, mit welcher wir eine Substanz erhitzen oder kochen wollen, lassen wir innerhalb eines blechernen Cylinders, Schornstein genannt, brennen, um die nach den Seiten ausstrahlende Wärme zurückzuhalten und sie für den Zweck der Flamme zu nutzen. Dieser Schornstein hat übrigens noch einen anderen Zweck, den wir später besprechen wollen.

Dunkelfarbige, sowie rauhe Körper saugen die Wärmestrahlen leicht auf, erwärmen sich daher schneller als hellfarbige und polirte, welche die Wärmestrahlen mehr oder weniger zurückwerfen.

Durchsichtige Körper lassen die Wärmestrahlen durch sich hindurch, und werden daher durch diese wenig erwärmt. Man hat gefunden, dass feste durchsichtige Körper die Wärmestrahlen besser hindurchlassen als flüssige. Von den durchsichtigen Körpern lässt das Wasser die Wärmestrahlen am wenigsten, das Steinsalz *(sal gemmae)* aber am leichtesten hindurch. Uebrigens sind die Körper nicht in demselben Verhältnisse wärmedurchlassend oder diatherman, in welchem sie lichtdurchlassend oder diaphan sind, denn z. B. die atmosphärische Luft lässt weniger Wärmestrahlen hindurch als das Steinsalz, welches überhaupt der diathermanste Körper zu sein scheint.

Diejenigen Körper, welche die Wärmestrahlen nicht durchlassen, diese vielmehr zurückhalten, nennt man a t h e r m a n e, zum Unterschiede von den diathermanen.

Jeder Körper theilt entweder seine Wärme durch Ausstrahlung oder durch Mittheilung seiner Umgebung mit. Stellen wir mehrere Körper von verschiedenen Wärmegraden, oder was dasselbe heisst, von verschiedenen Temperaturen neben einander, so erfolgt ein Austausch ihrer Temperaturen. Der wärmere Körper erwärmt den kälteren, der kältere mässigt die Temperatur des wärmeren so lange, bis sich eine Gleichheit der Temperatur eingestellt hat. Wenn wir ein Gefäss mit kaltem Wasser in ein Gefäss mit kochendem Wasser stellen und das Kochen des letzteren unterhalten, so nimmt auch nach und nach das kalte Wasser die Kochtemperatur an.

Auf diesem Ausgleichungsbestreben der Wärme beruht der Gebrauch des W a s s e r b a d e s oder M a r i e n b a d e s *(balnĕum aquae)*. Soll irgend eine Substanz im Wasserbade erhitzt werden, so bringt man sie in ein Gefäss, das man in ein anderes Gefäss mit kochendem Wasser stellt. Der sogenannte Dampfapparat in dem Laboratorium der Apotheke ist genaugenommen nur ein Wasserbad, es ist aber Gebrauch geworden, dieses mit D a m p f - b a d (balnęum vaporis) zu bezeichnen.

Eine heisse Substanz wird abgekühlt, wenn wir sie in kalte Luft, in kaltes Wasser stellen oder sie mit kalten Körpern umgeben. Auch die Abkühlung beruht in dem gegenseitigen Ausgleichungsbestreben verschiedener Wärmemengen.

Bemerkungen. P o n d e r a b í l i e n, I m p o n d e r a b i l i e n vom latein. *pondus*, Gewicht; *ponderabĭlis*, wägbar; *in-* lateinische *Praepositio inseparabilis*, vor *b* und *p im-*, hat die Bedeutung o h n e oder un-, gleich dem griechischen ἀν. — T e m p e r a t ú r vom lateinischen *temperare*, mässigen, einrichten. *Temperatura*. die gehörige Beschaffenheit. — H y p o t h é s e von ὑπόϑεσις (hypothĕsis) Untergestelltes, Grundsatz, Regel, aufgestellte Ansicht (ὑποτίϑημι, futur. ὑποϑήσω, unterstellen, als Grundsatz annehmen). — C y l i n d e r von *cylindrus*, κύλινδρος (kylindros), Walze, Rundsäule. — D i a t h e r m á n gebildet aus δία (dia), hindurch, ϑέρμη (thermae), Wärme, Hitze. — A t h e r m á n gebildet aus α (alpha) *privativum* und ϑέρμη. — D i a p h á n gebildet aus δία und φαίνω (phaino), scheinen, leuchten; διαφανής (diaphănaes), durchscheinend, durchsichtig. — C h a m o t t e, (spr. schamott) nennt man eine feuerfeste, selbst in stärkster Hitze weder schmelzende, noch glasigwerdende Thonmasse, welche aus dem Pulver gebrannten Thones, besonders der Kapseln, worin Porcellan gebrannt worden ist, durch Vermischen mit viel Kieselerde enthaltendem Thone dargestellt wird. Aus dieser Thonmasse formt und brennt man Platten in Kreissegmenten zum Füttern der Oefen, ferner Steine, Muffeln, Retorten etc.

Lection 4.

Ausdehnung der Körper, besonders der flüssigen, durch die Wärme.

Die Wärme dehnt alle Körper aus, sie mögen fest, tropfbarflüssig oder luftförmig sein, d. h. durch Erwärmen wird das Volum oder der Raum eines Körpers grösser, vermehrt. Beim Verlust der aufgenommenen Wärme, beim Erkalten, ziehen sich die Körper wieder auf das ursprüngliche Volum zusammen. Nehmen wir eine Kälberblase, entfernen wir daraus durch Zusammendrücken ungefähr die Hälfte der Luft, binden sie dann an ihrem offnen Ende dicht zu und legen sie in eine Wärmröhre, so wird sie sich je nach dem Maasse der Wärme aufblähen, und die eingeschlossene Luft füllt den ganzen Rauminhalt der Blase aus. Bei stärkerem Erhitzen schreitet die Ausdehnung der Luft noch weiter vor, und die Blase wird endlich zersprengt. Lassen wir die durch Erwärmen aufgeblähte Blase erkalten, so schrumpft sie wieder auf das geringere Volum zusammen.

Fig. 2.

Kochkölbchen.

Um eine Vorstellung von der Ausdehnung der Flüssigkeiten durch Wärme zu gewinnen, nehme man ein gläsernes Kölbchen (Kochfläschchen) und setze einen Kork darauf. Diesen Kork klopfen wir entweder oder drücken ihn sanft nach allen Richtungen seines Umfanges mit der Korkzange, um ihn weich und gefügig (elastisch) zu machen, damit er sich leicht in die Oeffnung des Kölbchens stecken lässt. Diese kleinen Kölbchen sind um so brauchbarer, je dünner sie im Glase sind. Würde man ihnen die harten Korke dicht aufsetzen wollen, so würde man auch in den allermeisten Fällen ihre Mündung auseinander sprengen. Uebrigens schliesst ein weicher Kork immer besser und sicherer als ein harter. Den Kork durchbohren wir entweder mit einer runden Bastardfeile (dem sogenannten Rattenschwanz) oder mit dem *Mohr*'schen Korkbohrer. Von beiden Instrumenten hat man verschiedene Grössen, je nach der Weite der durch den Kork zu bohrenden Löcher.

Um den Kork zu durchlochen, durchsticht man ihn erst mit einer dünnen Bastardfeile und erweitert das Loch durch Feilen, bei welcher Operation der Kork auf dem Tische aufliegt. Je

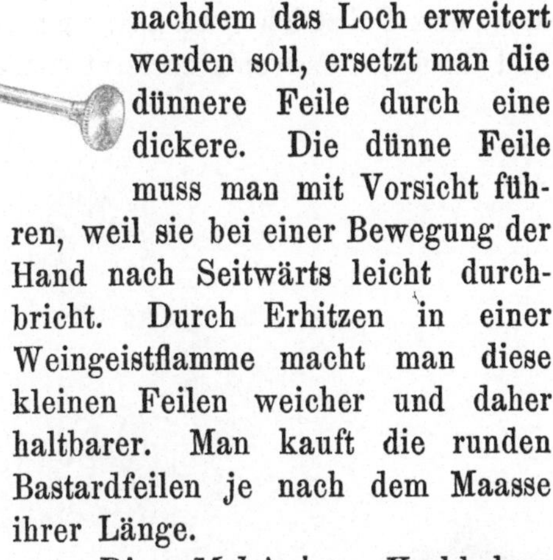

nachdem das Loch erweitert werden soll, ersetzt man die dünnere Feile durch eine dickere. Die dünne Feile muss man mit Vorsicht führen, weil sie bei einer Bewegung der Hand nach Seitwärts leicht durchbricht. Durch Erhitzen in einer Weingeistflamme macht man diese kleinen Feilen weicher und daher haltbarer. Man kauft die runden Bastardfeilen je nach dem Maasse ihrer Länge.

Die *Mohr*'schen Korkbohrer sind hohle Cylinder aus Gelb- oder Weissblech, an dem einen Ende geschärft, an dem andern quer durchbohrt, zum Durchstecken eines als Drehgriff dienenden Eisen- oder Messingstäbchens. Den Kork stellt man auf dem Tische auf ein Pappscheibchen, setzt das scharfe Ende des Korkbohrers auf die zu durchlochende Stelle des Korkes und drückt den Bohrer unter Drehen um seine Axe durch den Kork hindurch. War der Bohrer (wie gewöhnlich) nicht hinreichend scharf, so muss man der Bohröffnung mit der Rundfeile nachhelfen. Man schärft diese Bohrer von Aussen mit einer Flachfeile, von innen mit einer Rundfeile. 6—10 Cylinder dieser Art in aufeinander folgenden Weiten bilden einen Satz.

In das Bohrloch des Korkes wird eine offene kurze Glasröhre eingesetzt. Hat man nur eine lange Glasröhre zur Hand, und man will ein Stück davon abbrechen oder abschneiden, so macht man an der Stelle, wo die Theilung geschehen soll, mit einer Kante einer dreikantigen Feile einen quergehenden Feilstrich. Die Feilenkante greift das Glas um so schneller an, wenn man sie mit etwas Kampferspiritus oder noch besser mit Petroleum oder Terpenthinöl *(Oleum Terebinthinae)* benetzt. Man fasst dann die Glasröhre so mit beiden Händen, dass sich der Feilstrich zwischen den beiden Daumspitzen befindet und die Daumen wenig entfernt vom Feilstriche anliegen. Schlägt

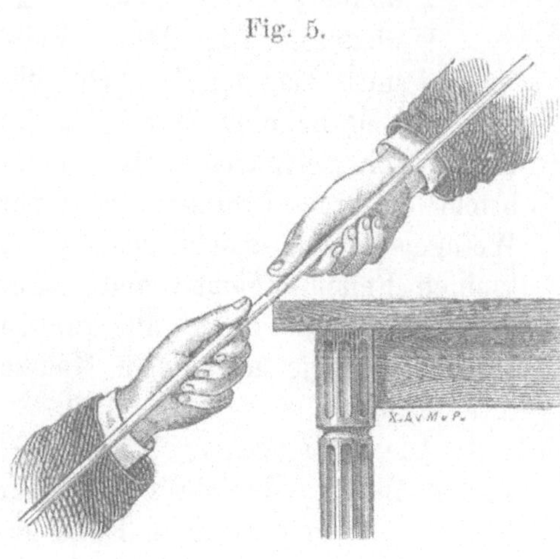

man nun sanft mit der Stelle der Glasröhre, welche dem Feilstriche gegenüberliegt, gegen eine scharfe Kante einer Tischplatte, so springt die Glasröhre genau an der Stelle des Feilstriches mit glatter und egaler Bruchfläche auseinander. Dieses Verfahren ist nur bei Glasröhren von kleinerem Durchmesser anwendbar. Bei Glasröhren von grösserem Durchmesser umzieht man den ganzen Umfang mit einem Feilstrich, fasst dann die Enden mit den Händen und zieht kräftig auseinander.

Haben wir uns ein Stück der engen Glasröhre auf die oben angegebene Weise abgeschnitten, dasselbe in das Bohrloch des Korkes eingesetzt und den Kork auf das ganz mit

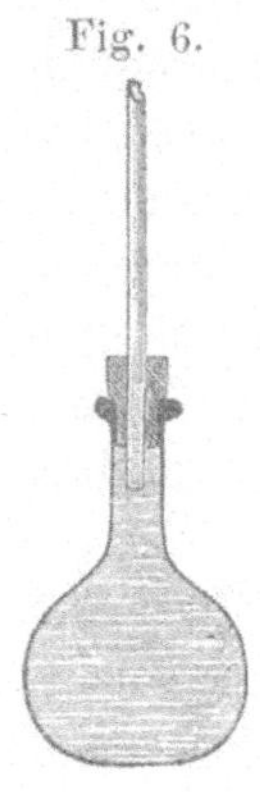

Wasser angefüllte Kölbchen aufgesetzt, so erwärmen wir letzteres über der Weingeistflamme allmählich. In dem Maasse das Wasser erwärmt wird, dehnt es sich aus, und wir sehen es in der Glasröhre höher und höher steigen. Ist die Röhre nur kurz, so steigt ein Theil des Wassers endlich aus derselben heraus und fliesst über. Würden wir das mit kaltem Wasser angefüllte Kölbchen dicht zupfropfen und erwärmen, so würde auch in Folge der stattfindenden Ausdehnung des Wassers entweder der Kork abgeworfen oder, wenn dieser sehr fest sitzt, das Kölbchen zersprengt werden.

Lassen wir das Kölbchen erkalten, so kehrt das Wasser darin allmählich zu dem ursprünglichen geringeren Volum zurück.

Die Flüssigkeiten werden durch die Wärme verschieden ausgedehnt. 1000 Cubiccentimeter (= 1 Liter) eiskaltes Wasser nehmen bis fast zum Kochpunkte erhitzt ein Volum von 1044 Cubiccentimetern ein. 1000 Cubiccentimeter Weingeist (Spiritus) bis auf 75⁰ C. erhitzt nehmen ein Volum von 1080 Cubiccentimetern ein.

Dieses Ausdehnen der Flüssigkeiten durch Erwärmen ist für die Praxis des Pharmaceuten von grosser Wichtigkeit, denn bei den meisten pharmaceutischen Beschäftigungen sind wir gezwungen, Bedacht darauf zu nehmen. Bringen wir z. B. eine Flasche, gefüllt mit Weingeist, Oel, Aether, Schwefelkohlenstoff, Chloroform, concentrirter Schwefelsäure etc., aus einem kalten Orte in einen wärmeren, wie in ein geheiztes Zimmer, so denken wir auch zuerst daran, den Pfropfen des Gefässes locker aufzusetzen oder doch einige Male zu lüften, bis der Inhalt des Gefässes die Temperatur der Umgebung angenommen hat. Die hier genannten Flüssigkeiten dehnen sich um vieles stärker aus, als das Wasser.

In der Apotheke zu R. und in einer Apotheke zu Breslau ereigneten sich in Folge der Nichtbeachtung des im Vorstehenden erwähnten Umstandes bedauerliche Unglücksfälle. Der Defectar der Apotheke zu R. hatte an einem Wintertage eine grosse Flasche Weingeist aus einer Spiritushandlung behufs Darstellung des Jalapenharzes holen und in dem warmen Laboratorium auf einen Tisch stellen lassen. Mit anderen Arbeiten vorläufig beschäftigt oder aus Unwissenheit unterliess er es, den Kork der vollen Flasche zu lüften. Der Weingeist war sehr kalt gewesen und nahm in der erwärmten Luft des Laboratoriums natürlich die Temperatur derselben an, dehnte sich also aus und zersprengte, da der Kork sehr fest sass, seine Umfassung, sich in den Arbeitsraum, wo Ofenfeuer brannte, ergiessend. Er entzündete sich, das Laboratorium mit einem Flammenmeer ausfüllend, und verletzte den Defectar und einen Arbeiter erheblich.

Aether, Schwefelkohlenstoff, Petroleumäther sind in dieser Beziehung noch weit gefährlicher, weil sie sich nicht nur weit leichter entzünden, sondern auch schnell verdunsten und ihr Dunst mit Luft gemischt heftige Explosionen verursacht. Das Unglück (1865) in der Mohren-Apotheke zu Breslau, welches ein Menschenleben kostete, entstand durch das Zerspringen einer Flasche mit circa 5 Kilogr. Schwefelkohlenstoff, welche in das warme Laboratorium gebracht war. Diese leicht entzündliche Flüssigkeit floss nach dem unter dem Laboratorium liegenden Keller ab, und da zu gleicher Zeit der Haushälter *Meyer* sich eine Cigarre anzündete, erfolgte eine Entzündung des Schwefelkohlenstoffs und eine Explosion, welche nicht allein eine Zertrümmerung der Fenster des Hauses und eine Auftreibung des Kellergewölbes zur Folge hatte, jener *Meyer* wurde auch in der Art gegen eine kupferne Destillirblase geschleudert, dass er einen Bruch des Hirnschädels erlitt. Einige gegenwärtige Arbeiter wurden zum Glück nur unbedeutend beschädigt. Aehnliche Unglücksfälle mit Aether sind in Menge bekannt geworden und trotz aller Mahnung in letzterer Zeit wiederholendlich vorgekommen.

Der Droguist sendet die Waaren auf Gefahr des Empfängers ab, pflegt aber sehr häufig die Flaschen mit jenen Flüssigkeiten, deren Ausdehnung in der Wärme eine bedeutende ist, bis unter den Stopfen anzufüllen. Es genügt eine geringe Temperatursteigerung während des Transportes, um die Flaschen zum Bersten zu bringen. Einer solchen Fahrlässigkeit ist z. B. die Vernichtung des Dampfers „I. E. Bager" 1875 auf der Fahrt von Lübeck nach Malmoe zuzuschreiben, bei welcher Katastrophe mehrere Menschen ihr Leben einbüssten. Der Dampfer hatte einige Ballons mit einer Flüssigkeit als Fracht aufgenommen, welche als Glycerin declarirt, in der That aber Aether war. Man hatte die Ballons in einem Gelasse neben dem Dampfmaschinenraume aufgestellt. Plötzlich liess sich ein Aethergeruch bemerken und in demselben Augenblicke stand auch schon das Schiff in Flammen.

Aus allem diesem folgt von selbst die Mahnung, beim Füllen der Gefässe mit Flüssigkeiten, welche sich in der Wärme stark ausdehnen, für die etwaige Ausdehnung einen angemessenen Raum des Gefässes leer zu lassen. Eine Flasche füllt man daher mit Weingeist, ätherischen Oelen, concentrirter Schwefelsäure circa zu $5/6$, mit Aether, Petroleumäther, Schwefelkohlenstoff circa zu $3/4$ ihres Rauminhaltes an. Ueberhaupt ist es eine Regel geworden, eine Flasche nie bis dicht unter dem Kork oder den Stopfen anzufüllen, wenn man weiss oder voraussieht, dass sie an einem wärmeren Orte einen Platz findet.

Ein Kochgefäss füllen wir mit einer Flüssigkeit, welche erhitzt oder gekocht werden soll, nicht bis zu seinem äussersten Rande voll, wir lassen vielmehr einen genügenden Raum des Gefässes leer, damit die durch die Hitze sich ausdehnende Flüssigkeit nicht über den Rand steige.

Bemerkungen. Volúmen (im Plural Volúmina) ist ein lateinisches Wort (*volūmen, inis*, n.) und bedeutet alles, was gerollt, gewickelt oder gebunden ist oder wird, Schriftrolle, Buch. In der Physik ist es ein gewöhnlicher Ausdruck für Raum, Raummaass, den räumlichen Inhalt eines Körpers. Statt Volumen, Volumina, sagt man im Deutschen gewöhnlich Volúm, Volúme. Cubikcentiméter, häufig in der Schriftsprache mit C.C. angedeutet. Centimeter ist eine Abtheilung des französischen jetzt auch in Deutschland gültigen Längenmaasses, dessen Einheit das Meter ist. 1 Meter enthält 10 Decimeter oder 100 Centimeter oder 1000 Millimeter. — 75⁰ C.

wird „75 Grad Celsius" gelesen und bedeutet 75 Wärmegrade nach dem Celsius'schen Wärmemesser. — Alkohól, Spíritus, Weingeist ohne nähere Bezeichnung sind Worte von derselben Bedeutung. Der Ausdruck Alkohol ist von den alten Arabischen Chemikern auf uns gekommen und bezeichnet eigentlich etwas im höchsten Grade verfeinertes, sehr reines. Daher *Alcohol Vini* das Feinste des Weines, der Weingeist. — Elástisch heisst ein Körper, welcher durch äussere Gewalt sein Volum verändert, aber nach dem Aufhören der Gewalt das ursprüngliche Volum wieder einzunehmen strebt. — Explósion, ein von einem Knalle begleitetes plötzliches Losbrennen oder Verpuffen, ein Knallausbruch. (Von dem lateinischen *explodĕre*, klatschend hinaus- oder forttreiben; *explosio*, *onis*, das Ausklatschen, Auspochen). — Laboratórium, heisst jede Werkstatt oder jeder Arbeitsort eines Chemikers oder Pharmaceuten, chemische oder pharmaceutische Küche. (Vom lateinischen *laborare*, arbeiten). —

Lection 5.

Ausdehnung der festen Körper durch die Wärme.

Die festen Körper werden durch die Wärme wie die flüssigen mehr oder weniger·ausgedehnt. Hierzu liefert uns das tägliche Leben fortwährend Beispiele. Die Platten eines Zinkdaches dürfen nicht durch Nagelung befestigt werden, sondern durch Falzung der einen Zinkplatte an die andere. Das in der Wärme sich ausdehnende, in der Kälte sich zusammenziehende Zinkblech würde an den Nagelstellen zerreissen. Eisenbahnschienen werden mit ihren Enden nicht auf das Dichteste an einander gesetzt, um ihnen eben einen Spielraum für die Ausdehnung zu lassen. Ein Saiteninstrument, welches in einem geheizten Zimmer gestimmt ist, nimmt beim Kaltwerden des Zimmers einen höheren Ton an. Eine Uhr mit metallenem Pendel geht im Winter schneller als im Sommer, indem der durch die Wärme ausgedehnte, also längere Pendel weniger Schwingungen macht, wie der durch die Kälte zusammengezogene, also kürzere.

Setzen wir behufs einer Glühung einen Porcellantiegel in den metallenen Ring eines Lampenstativs, so dass er mit seinem oberen Umfange darin anschliessend hängt, so dehnt er sich während der Erhitzung aus, aber auch gleichzeitig und stärker der Metallring. Der Tiegel wird sich daher mit seinem weiteren Umfange etwas tiefer in den Metallring einsenken. Lassen wir ihn in dieser Lage erkalten, so erkaltet

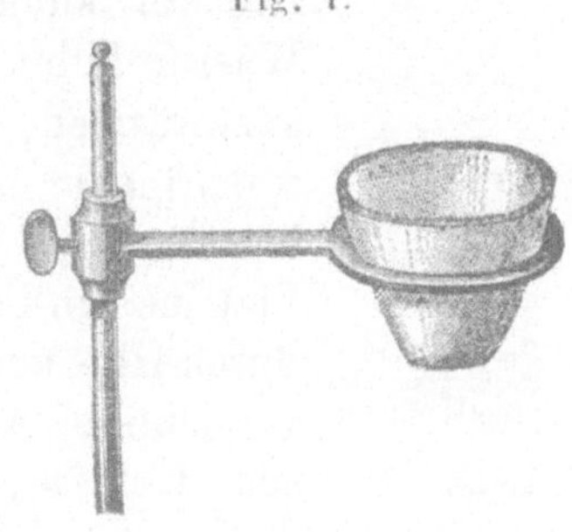

Fig. 7.

der gute Wärmeleiter, der Metallring, schneller als der schlechte Wärmeleiter, der Porzellantiegel. Der Metallring zieht sich zusammen und zerdrückt den noch warmen und ausgedehnten Tiegel.

Sitzt ein Glasstopfen in einer Flasche so fest, dass wir ihn weder mit den Händen, noch durch sanftes Gegenklopfen mit einem Stück weichen Holzes lösen können, so nehmen wir kein scharfes Instrument, um dieses zwischen den Hut des Stopfens von Pilzform und den Flaschenrand einzusetzen und auf diese Weise den Stopfen zu heben, denn wir würden sicher nur ein Stück des Hutes absprengen, den Stopfen also verderben, ohne den beabsichtigten Zweck zu erreichen. Bei Glasstopfen mit hochstehendem Griffe wenden wir auch nicht die ganze Gewalt der Hände oder einer Zange an, um den Stopfen zu drehen, wir würden den Griff nur abbrechen. Nein, wir bedienen uns der Ausdehnung durch Wärme als des besten Mittels. Wir suchen nämlich den Theil des Flaschenhalses, welchen der Glasstopfen ausfüllt, schnell zu erwärmen, damit er sich ausdehnt und dem Stopfen Spielraum gewährt. Dies erreichen wir entweder, wenn wir den Flaschenhals auf einen Augenblick in mässig heisses Wasser tauchen, oder indem wir den Hals über einer Weingeistflamme unter Drehung um seine Axe gleichmässig und schnell erwärmen.

In der chemischen und pharmaceutischen Praxis ist der Gebrauch gläserner, porcellanener, steingutener Gefässe unumgänglich. Die Erhaltung dieser Gefässe beruht meist nur auf der Vorsicht des Arbeiters, wenn dieser nämlich das Gesetz der Ausdehnung der Körper durch Wärme stets im Auge hält.

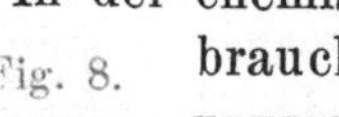

Gefässe, wenngleich sie aus sprödem Material bestehen, ertragen leicht und ohne Schaden einen stärkeren Temperaturwechsel, wenn sie sehr dünne Wandung haben. Durch eine dünne Wandung dringt leicht erklärlich die Wärme leichter und schneller. Deshalb kann man ein Probirgläschen mit kaltem Wasser füllen und in die Weingeistflamme, ohne erst anzuwärmen, hineinhalten. Es wird so leicht nicht zerspringen. Der vorsichtige Arbeiter geht aber auch hierin sicher, er wird stets die Stelle, an welcher die Flamme wirken soll, allmählich erwärmen, und zwar durch Hin- und Herbewegen über der Flamme. Der vorsichtige Arbeiter wird immer, wenn er irgend etwas in einem Gefässe, welches aus spröder oder die Wärme

schlecht leitender Masse besteht, erhitzen will, die Erwärmung
allmählich einleiten und steigern, er wird vorwärmen.

Zur Erläuterung des Vorganges beim
Springen eines Porcellan- oder 'Glasgefässes
durch Erhitzen, wollen wir den Boden einer
porcellanenen Mensur ins Auge fassen. Diesen Boden denken wir uns durch eine Linie
$c\,d$ in zwei Schichten a und b getheilt. Der
Boden selbst sei kalt. Tritt nun eine starke
Erwärmung an die Schicht b, so wird diese
sich eher ausdehnen, erweitern, als die ent-

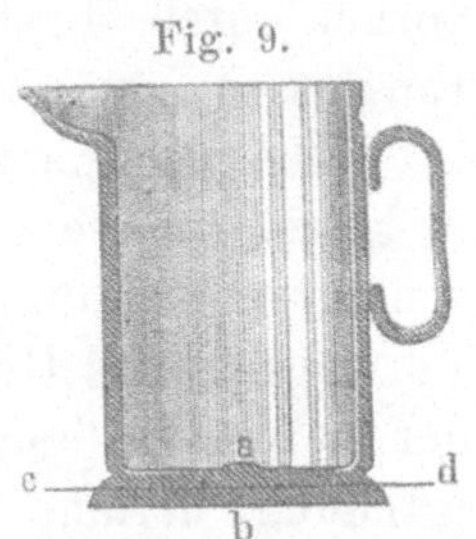

ferntere Schicht a. Da das Material spröde ist und eine Verschiebung seiner Theilchen, ohne deren Zusammenhalt zu stören,
nicht zulässt, so wird die Schicht a der starken Ausdehnung der
Schicht b folgend, auseinanderspringen und diese Veränderung
der fest daran sitzenden Schicht b mittheilen. Der Vorgang ist
derselbe, wenn in Folge der Erhitzung der Boden eines Glas-
oder Porcellangefässes von dem oberen Theile desselben ab-
springt.

Einer solchen Gefahr weicht man aus, wenn man die Erwärmung allmählich zu bewerkstelligen sucht, wenn man vor-
wärmt. Man verfährt hierzu in verschiedener Weise. Erhitzt
man ein Glaskölbchen über einer Flamme, so stellt man es auf
ein kupfernes Drahtnetz oder placirt es so entfernt von der
Flamme, dass nur ein warmer, von der Flamme aufsteigender
Luftstrom die Vorwärmung besorgt. Stellt man ein Glas- oder
Porcellangefäss auf eine heisse Stelle, z. B. auf die heisse Platte
einer Ofenröhre, des Dampfapparates, so legt man ihm einen
schlechten Wärmeleiter unter, z. B. ein oder mehrere Blätter
Papier, damit die Wärmezuströmung nur allmählich erfolge. Will
man eine Flasche mit irgend einer Flüssigkeit im Wasserbade
erhitzen, so stellt man sie nie so in den metallenen Kessel hinein,
dass ihr Boden mit dem Kesselboden in unmittelbare Berührung
kommt, sondern man legt ihr entweder eine dünne Schicht Stroh
oder ein Stück Zeug (ein Colatorium) unter.

Die Anwendung des Sandbades hat denselben Zweck wie
jene Unterlagen schlechter Wärmeleiter, eine allmähliche Zulei-
tung der Wärme.

Es ist eine wohlberechnete Maxime jedes umsichtigen Arbeiters, nie ein Gefäss von sprödem Material und mit dickem
Boden einer schnellen Erhitzung, am allerwenigsten einer Erhitzung über freier Flamme auszusetzen.

Eine kalte porcellanene Infundirbüchse, ein Porcellankessel wird nie in das kochend heisse Wasserbad gesetzt, ehe nicht vorher durch Hinstellen an einen mässig warmen Ort oder durch Eingiessen erwärmten Wassers vorgewärmt ist.

Dass das plötzliche Hineingiessen sehr heisser Flüssigkeiten in kalte Gefässe von Porcellan, Glas, Steingut, diese zum Reissen ihrer Wandung zwingt, leuchtet ein. Man giesst, wenn ein Vorwärmen des Gefässes nicht möglich war, erst etwas Weniges der heissen Flüssigkeit hinein und schwenkt es an der Gefässwandung herum, um die unerlässliche Vorwärmung auf diese Weise auszuführen. Das Eingiessen von warmem Wasser in Glasflaschen, welche stets einen dicken Boden haben, bietet immer die Gefahr des Verlustes. Daher reinigt man Glasgefässe mit dickerem Boden nie mit heissem, sondern mit kaltem Wasser.

Dieselben Umstände kommen in Betracht, wenn man umgekehrt verfährt und eine kalte Flüssigkeit in heisse Gefässe aus sprödem Material giesst. Aus allem diesem ergiebt sich die Vorsichtsregel, ein Gefäss aus sprödem Material nie einem plötzlichen und starken Temperaturwechsel auszusetzen.

Die Kenntniss von der verschiedenen Ausdehnung der Metalle durch die Wärme ist nicht ohne Werth für den Pharmaceuten. In den Laboratorien giebt es sogenannte Dampfapparate, Digestorien, Decoctorien, genug Vorrichtungen aus Metall gearbeitet, welche mehr oder weniger erhitzt werden. An diesem finden sich häufige Reparaturen, meist Risse an Stellen, wo zwei Platten verschiedener Metalle an einander gelöthet sind. Die Schuld trifft sehr oft allein den Fabrikanten, der sich um die Physik, welche die Ausdehnung der Körper durch die Wärme lehrt, nicht immer bekümmert.

Die festen Körper dehnen sich durch Wärme, ebenso wie die flüssigen, nicht gleich stark aus. Der eine feste Körper dehnt sich bei demselben Wärmemaasse stärker aus als der andere. Beim Erkalten ziehen sich die Körper ebenso verschieden dem Raummaasse nach zusammen.

Die Längenausdehnung der Metalle bei einem Temperaturwechsel vom Gefrierpunkte bis zum Kochpunkte des Wassers beträgt ungefähr

1 auf 900 beim Gusseisen

1 auf 600 beim Kupfer

1 auf 500 beim Messing

1 auf 500 beim Hartloth (bestehend aus Zink und Kupfer)

1 auf 400 beim Weichloth (bestehend aus Zinn und Blei)

1 auf 400 beim Zinn;

d. h. ein Stab aus Gusseisen von 900 Centimeter Länge dehnt sich, bis zum Siedepunkt des Wassers erhitzt, auf 901 Centim. Länge, ein 800 Centim. langer Zinnstab aber schon zu einer Länge von 802 Centim. aus. Wenn also auf einen gusseisernen oder kupfernen Kochkessel eine Zinnplatte aufgelöthet ist, wie man dies nicht selten bei den pharmaceutischen Dampfapparaten antrifft, so ist es nach den vorstehenden Angaben erklärlich, wie in Folge der ungleichen Ausdehnung der Metalle eine Verschiebung ihrer Berührungsstellen eintritt und die Löthung zerreisst. Während die Kante des Kupferbleches bei einer Länge von 600 Centimetern sich um ein Centim. ausdehnt, beträgt dieses Mehr bei dem Zinn 1,5 Centim.

Durch Erwärmung dehnen sich also die Körper aus, beim Erkalten gehen sie auf das ursprüngliche Volum zurück. Eine Ausnahme von diesem natürlichen Gesetze scheinen mehrere Körper, wie Wasser, Gusseisen, Wismuth, Kupfer, Silber, zu machen, wenn diese aus dem flüssigen Zustande in den festen übergehen, wenn sie erstarren. Jeder der genannten Körper nimmt erstarrt ein grösseres Volum ein als im flüssigen Zustande. Die Erklärung dieser Erscheinung ergiebt sich aus dem Umstande, dass diese Substanzen beim Erstarren ihre Theilchen krystallinisch ordnen, wozu sie ein grösseres Volum bedürfen. Eis nimmt einen grösseren Raum ein als das flüssige Wasser. Daher werden Gefässe zersprengt, wenn in ihnen Wasser gefriert. Das Zusammenziehen oder Schwinden des Thones, des Holzes und vieler anderer Substanzen durch Einwirkung der Wärme hat dagegen seinen Grund in der Wegtreibung der in den Poren oder den Bestandtheilen dieser Substanzen befindlichen Wassertheile, der Feuchtigkeit.

Lection 6.

Thermometer. Pyrometer. Merkmale der Glühtemperaturen. Barometer.

Auf der Erfahrung, dass sich die Körper durch Wärmeaufnahme ausdehnen, durch Wärmeverlust zusammenziehen, beruht die Einrichtung der Thermometer oder Wärmemesser. Es sind diese sehr wichtige physikalische Instrumente, welche der Pharmaceut und Chemiker nicht entbehren kann. Ihre Erfindung wird einem holländischen Landmanne, *Cornelius Drebbel*, um das Jahr 1630, zugeschrieben.

Es giebt Quecksilber-, Luft-, Weingeist-, Metall-Thermometer. Für den gewöhnlichen Gebrauch eignen sich die Quecksilberthermometer. Ein solches besteht aus einer engen, ihrer Länge nach gleich weiten (kalibrirten), am unteren Ende zu einer Kugel erweiterten, hermetisch geschlossenen Glasröhre, welche theilweise mit Quecksilber gefüllt ist. Der mit Quecksilber nicht ausgefüllte Raum der Röhre ist luftleer.

Das Quecksilber (*Hydrargyrum*) ist ein flüssiges edles Metall, das $13^{1}/_{2}$ mal schwerer als Wasser ist. Es hat für seine Verwendung zu Thermometern den Vorzug vor anderen Flüssigkeiten, weil es sich, wenigstens bei den geringeren Wärmegraden,

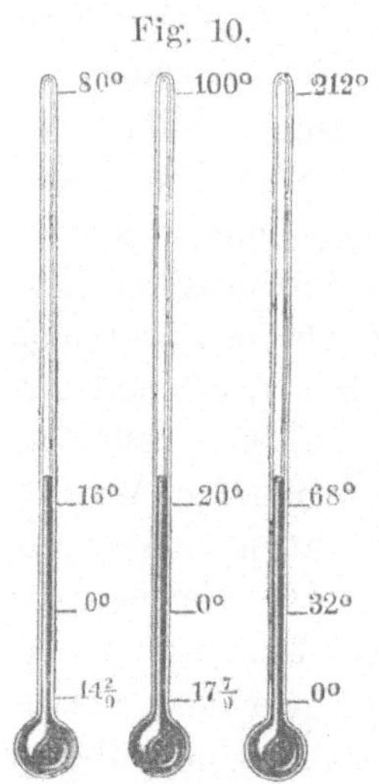

Thermometer.

mit Zu- und Abnahme der Wärme am gleichmässigsten ausdehnt und zusammenzieht. Erwärmen wir die kugelförmige Erweiterung eines Thermometers, so dehnt sich das darin befindliche Quecksilber aus, und es steigt in der engen Röhre; erkaltet die Kugel, so zieht sich das Quecksilber zusammen, und es sinkt in der Röhre. Um nun dieses Steigen und Sinken näher zu bestimmen, sind zwei Haupt- oder Fundamentalpunkte angenommen, nämlich der Frost- oder Gefrierpunkt und der Koch- oder Siedepunkt. Der erstere wird gefunden, wenn man die Kugel des Thermometers in schmelzenden Schnee oder Eis, der andere, wenn man sie in kochendes Wasser bei einem Barometerstande von 760 Mm. taucht. Diese beiden Punkte sind die Basis der weiteren Gradtheilung.

Celsius, ein schwedischer Naturforscher des vorigen Jahrhunderts, theilte sehr verständig den Raum zwischen dem Gefrierpunkte und dem Siedepunkte (den Fundamentalabstand) in 100 gleiche Theile, Grade (⁰) genannt, *Réaumur*, ein französischer Naturforscher, in 80 Grade. Den Graden unter dem Gefrierpunkte und über dem Siedepunkte gaben sie dieselbe Grösse wie zwischen den beiden Hauptpunkten. Den Gefrierpunkt bezeichneten sie mit 0 (Null), den Kochpunkt bezeichnete *Celsius* mit 100, *Réaumur* mit 80.

In der Schriftsprache werden die Grade über 0 (gewöhnlich **Nullpunkt** genannt) mit + (plus), unter 0 mit — (minus) bezeichnet, z. B. + 20° C. bedeutet 20 Wärmegrade nach dem Thermometer des *Celsius;* — 3° R. bezeichnet 3 Grad Kälte nach *Réaumur*. Häufig ist den Wärmegraden das + nicht beigesetzt und man liest dann kurz „20 Grad Celsius".

Das Celsius'sche Thermometer wird wegen seiner 100-Theilung auch **Centesimalthermometer** oder 100theiliges Thermometer genannt. Es ist das von den Männern der Wissenschaft allgemein gebrauchte. Finden wir in einem wissenschaftlichen Werke nur die Gradzahl angegeben, so gehört sie selbstverständlich dem Celsius'schen Thermometer an. In Frankreich, Belgien, Schweden ist es allgemein eingeführt. In Deutschland ist das Réaumur'sche noch im bürgerlichen Gebrauch, doch ist man nach Kräften bestrebt, auch hier das Celsius'sche Thermometer in Geltung zu bringen.

Nun giebt es noch zwei Thermometer, deren Gradeintheilung zugleich einen Beleg von der nichts weniger denn praktischen Einsicht ihrer Urheber liefert. Diese Thermometer sind das in England noch sehr gebräuchliche *Fahrenheit*'sche und das mitunter in Russland vorkommende *Delisle*'sche. *Fahrenheit* bestimmte den Nullpunkt durch eine Kälte erzeugende Mischung des Schnees mit Kochsalz, den Siedepunkt in kochendem Wasser, und theilte den Fundamentalabstand (den Raum zwischen den beiden Punkten) in 212 gleiche Theile oder Grade. Auf diese Weise fällt der natürliche Gefrierpunkt des Wassers mit dem 32sten Grade dieses Thermometers (32° F.) zusammen. Am Delisle'schen Thermometer ist der Siedepunkt mit 0, der Gefrierpunkt mit 150 bezeichnet.

Von diesen Thermometern beanspruchen die zwei ersteren, das Celsius'sche und das Réaumur'sche, unser Gedächtniss. Wir merken uns, dass 5° C. gleich sind 4° R. Wollen wir im Kopfe die Réaumurgrade in Celsiusgrade überführen, so zählen wir ihnen den vierten Theil zu. Wollen wir Celsiusgrade in Réaumurgrade überführen, so ziehen wir ihnen den fünften Theil ab. Gesetzt, man habe 28° R. Wie viel Grade nach Celsius würden dieselben betragen? — Der vierte Theil von 28 ist 7, und 7 + 28 ergiebt 35. — Es sind 28° R. also = 35° C. Hat man dagegen 60° C. auf Réaumurgrade zu reduciren, so zieht man den fünften Theil von 60 (= 12) ab. (60 -- 12 = 48.) Es sind also 60° C. = 48° R.

Da das Quecksilber schon bei 360⁰ C. siedet und sich in Dampf verwandelt, so kann die Skale eines Quecksilberthermometers höchstens bis auf 340⁰ C. ausgedehnt werden. Für höher liegende Temperaturen giebt es Pyrometer. Das Thonpyrometer von *Wedgwood* ist das älteste. Die pyrometrische oder Hitze messende Substanz daran sind Thoncylinder, deren Volumabnahme oder Schwinden in der Hitze als Anhaltspunkt des Maasses dient. Jetzt gebraucht man Platinpyrometer, Stäbe aus Platin, deren Ausdehnung oder Verlängerung in der Hitze das Wärmemaass abgiebt. Platin ist ein edles Metall, welches von allen übrigen Metallen am schwierigsten schmelzbar ist. Schmiedeeisen schmilzt z. B. bei ungefähr 1600⁰, das Platin aber erst bei 2500⁰ C.

Das Messen sehr hoher Temperaturen kommt in pharmaceutischen Laboratorien selten vor. Zur Bestimmung dieser Temperaturen hat man empirische Merkmale. Glüht ein Körper schwach, so sagt man, er glüht dunkelroth oder kirschroth, leuchtet er beim Glühen gelblichroth, so nennt man ihn rothglühend, leuchtet er mit gelblichweissem oder weissem blendenden Lichte, so sagt man, dass er weiss glühe. Das Kirschrothglühen liegt zwischen 700 und 900⁰ C., das Rothglühen zwischen 900 und 1200⁰, das schwache Weissglühen zwischen 1200 und 1400⁰, das Weissglühen ungefähr bei 1500⁰ C.

Unter mittlerer Temperatur versteht man eine Temperatur von circa 14⁰ R. oder 17,5⁰ C.

Bemerkungen. Thermométer, Wärmemesser, gebildet aus dem griech. θέρμη (thermae), Wärme, und μέτρον (metron), Maass. Latein. *thermomĕtrum.* — Fundamental, zur Grundlage dienend oder gehörig (*fundamentum*, Grund, Grundlage). — *Celsius*, ein schwedischer Physiker, lebte in der ersten Hälfte des vorigen Jahrhunderts. — *Réaumur* (sprich réh-omür) war Zeitgenosse des *Celsius*. — *Delisle* oder *De l'Isle* (sprich delihl) war ein französischer Astronom und Physiker, von Katharina I. nach Petersburg berufen († 1768). — *Fahrenheit* zu Danzig geboren, später in Holland lebend, ein Zeitgenosse des *Celsius*. — Kalibrirt, überall von gleichem Durchmesser, gleichweit (vom franz. *calibre*, deutsch Kaliber, Geschützweite, Umfang einer Säule). — Skale, lateinisch *scala*, Leiter, Gradleiter, jede Maasstheilung auf mathematischen und physikalischen Instrumenten. — Pyrométer, Gluthmesser, gebildet aus πῦρ (pyr) Feuer, und μέτρον (metron) Maass. — Wedgwood (sprich u-edschwudd), ein Engländer († 1795), Sohn eines Töpfers, erlernte die Töpferei. Er war Erfinder einer besonderen Steingutmasse, welche nach ihm Wedgewood genannt wurde. Sein Pyrometer gründet sich auf die Eigenschaft des Thones, sich um so stärker zusammenzuziehen, je grösser die Hitze ist. Es besteht aus kleinen Cylindern von feinem Thon von ganz bestimmtem Durchmesser, welche einer Glühhitze ausgesetzt zwischen zwei gegeneinander in einem spitzen Winkel geneigten Linealen um so tiefer nach dem spitzen Winkel hinabsinken, je grösser die einwirkende Hitze gewesen war.

Barométer (Schweremesser, Wetterglas), gebildet aus dem griech. βάρος (baros) Schwere, und μέτρον, Maass, ist eine von dem italienischen Physiker *Torricelli* (sprich torritschelli) erfundene Vorrichtung zur Messung des Luftdruckes. *Toricelli* († 1647), ein Schüler des berühmten *Galilei*, stellte Untersuchungen über den leeren Raum an. Als er hierbei eine an einem Ende zugeschmolzene und mit Quecksilber gefüllte Glasröhre mit dem offenen Ende in ein mit Quecksilber gefülltes Gefäss hielt, fand er, dass die Quecksilbersäule sich etwas senkte und in einer gewissen Höhe stehen blieb. Dieser Umstand führte ihn zu dem Schluss, dass der Luftdruck auf die Quecksilberfläche in dem Gefässe die Ursache sei und die Quecksilbersäule in der Röhre einer gleichstarken Luftsäule das Gleichgewicht halten müsse. Die Höhe der Quecksilbersäule betrug immer durchschnittlich 0,760 Meter oder 76 Centimeter oder 760 Millimeter. Daraus ergiebt sich der Druck der Atmosphäre auf 1 Quadratcentimeter zu 1,0337 Kilogramm. Da das specifische Gewicht des Quecksilbers = 13,6 ist, oder ein Cubikcentimeter Quecksilber 13,6 Gramm wiegt, so ist 13,6 × 76 = 1033,7 Gramm oder 1,0337 Kilogramm. Biegt man den unteren offenen Theil der Röhre um, so dass das Quecksilber nicht herausfliesst, und verbindet den Theil der Röhre, wo die Quecksilbersäule oben endet, mit einer Skale, so stellt diese Vorrichtung ein Barometer dar. Da die Schwere oder der Druck der Luft sich abwechselnd ändert, je nachdem sie trocken oder mit wässerigen Dünsten angefüllt ist oder durch Stürme bewegt wird, ist auch die Höhe der Quecksilbersäule eine abwechselnde. Aus diesen Gründen ist das Barometer auch als Wetterglas im Gebrauch. Je geringer der Luftdruck ist, bei einem um so geringeren Wärmegrad kocht das Wasser und jede andere Flüssigkeit. Bei hohem Barometerstande kocht Wasser bei circa 101⁰ C., bei niedrigem bei circa 99⁰ C. Im luftleeren Raum, wenn also auf das Wasser keine Luftschicht drückt, kocht es sogar bei 20⁰ C. Der Kochpunkt einer Flüssigkeit ist also von dem Luftdrucke abhängig. — Der leere Raum über der Quecksilbersäule in der Glasröhre eines Barometers wird die Torricellische Leere genannt. — Galilei, sprich gahliläi.

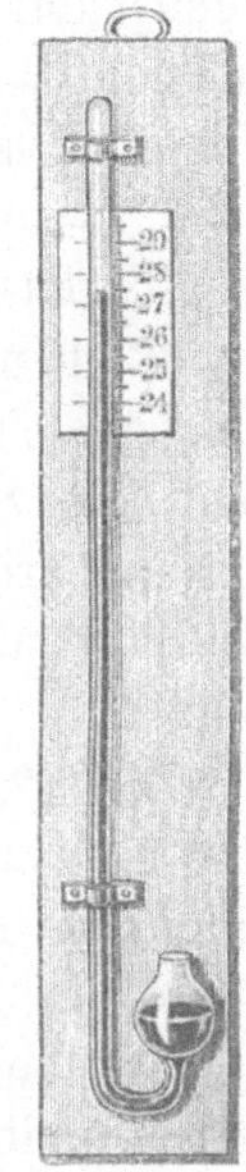

Fig. 11.

Barometer.

Lection 7.

Latente Wärme. Kältemischungen.

Bisher haben wir uns mit der freien Wärme, welche wir durch das Gefühl empfinden und durch das Thermometer messen, bekannt gemacht. Ein Erkennungszeichen der Wirkung der freien Wärme war die Vermehrung des Volumens der Körper. Nun giebt es aber noch eine verborgene, gebundene oder latente Wärme, welche zum Unterschiede von der freien Wärme sich weder durch das Gefühl noch durch das Thermometer wahrnehmen lässt, deren Dasein aber beobachtet wird, wenn ein Körper aus dem einen Aggregatzustande in den anderen übergeht, wenn z. B. ein luftförmiger Körper tropfbarflüssig, ein tropfbarflüssiger fest wird und umgekehrt.

Reiben wir die Haut unseres Körpers mit einer Fettsubstanz ein, welche schon in der Wärme des menschlichen Körpers schmilzt, z. B. mit Cocosöl, so empfinden wir eine Kühlung auf der eingeriebenen Stelle. Indem das starre Fett in den flüssigen Zustand übergeht und Wärme, welche es der Haut entzieht, bindet.

Bringt man in ein Gefäss heisses Wasser von 80^0 C., und wirft dazu ein gleiches Gewicht Eis oder Schnee (von ungefähr 0^0), so schmilzt das Eis. Bestimmen wir nun die Temperatur des Gemisches mit dem Thermometer, so sehen wir das Quecksilber auf 0^0 (den Nullpunkt) herabsinken. Das Quecksilber bleibt sogar auf diesem Punkte stehen, so lange noch etwas Eis in der Mischung herumschwimmt. Das starre Wasser, das Eis, nahm also, um in den flüssigen Aggregatzustand überzugehen, fast 80^0 Wärme auf, es hatte 80^0 Wärme gebunden oder latent gemacht. Umgekehrt giebt eiskaltes Wasser fast 80^0 Wärme an die Umgebung ab, wenn es zu Eis oder Schnee erstarrt. Gefrierendes Wasser erhält sich daher nur auf dem Gefrierpunkte, wenn auch die umgebende Luft kälter ist.

Ein zweiter Versuch besteht darin, dass man zwei gleiche Gefässe, das eine mit 1 Kilogramm Schnee von 0^0, das andere mit 1 Kilogramm Wasser von 0^0 auf eine gleichmässig durchheizte Platte eines Kochheerdes stellt, und in jedes Gefäss ein Thermometer eintaucht. Beide Gefässe empfangen gleichviel Wärme, dennoch findet man nach einiger Zeit, dass das Wasser von 0^0 bis auf 79 bis 80^0 C. heiss geworden ist, während der nunmehr geschmolzene Schnee erst 0^0 zeigt. Der Schnee von 0^0 musste also fast 80^0 Wärme binden oder latent machen, um zu flüssigem Wasser von 0^0 zu schmelzen.

Wenn in kalter Winterszeit Schneewetter eintritt, so beobachten wir stets eine Minderung der Kälte. Diese Minderung findet ihre Erklärung in dem Freiwerden der latenten Wärme der in der Atmosphäre enthaltenen und erstarrenden Wassertheile. Umgekehrt empfinden wir am Ende des Winters eine empfindliche Kühle, so lange Schnee- und Eismassen im Schmelzen begriffen sind.

Erhitzen wir Wasser zum Kochen, so verwandelt es sich in Dampf. Dieser ist gasförmiges oder luftförmiges Wasser, welches beim Aufsteigen in die kältere Luft von dieser theilweise abgekühlt in die Form kleiner Bläschen übergeht und den undurchsichtigen Wasserdampf bildet. Der Wasserdampf des kochenden Wassers innerhalb eines Glaskölbchens mit engem Halse ist nicht sichtbar, weil er hier kaum eine Abkühlung erfährt, so wie er aber aus der Mündung des Kolbens heraustritt, wird er durch die äussere Luft abgekühlt und zu Bläschen verdichtet, welche in ihrer Anhäufung und Durchschichtung mit Luft undurchsichtig erscheinen. Der heisse, nicht sichtbare Wasserdampf in dem Kochgefäss, hat dieselbe Temperatur wie das kochende Wasser, nämlich 100⁰ C. Nichts desto weniger hat das Wasser bei seinem Uebergang in den luftförmigen Zustand 550⁰ Wärme absorbirt und latent gemacht. Von der Bindung einer so bedeutenden Wärmemenge überzeugt man sich bald, wenn man den heissen Wasserdampf in eiskaltes Wasser leitet. Da ergiebt es sich, dass 1 Kilogramm Wasserdampf 5,5 Kilogramm Wasser von 0⁰ bis auf 100⁰ erhitzt, wenn äussere abkühlende Einwirkungen fern gehalten werden. Der Wasserdampf mit einer freien Wärme von 100⁰ hält also 550⁰ latente Wärme. Der Dampf des kochenden reinen Weingeistes zeigt gegen 80⁰ (genau 78,4⁰) freie Wärme und hält 215⁰ latente Wärme.

Fig. 12.

Benetzen wir den blossen Finger mit Wasser und setzen ihn dem Luftzuge aus, so empfinden wir an der Seite des Fingers, welche der Luftzug trifft, eine Kühlung. Das daran hängende Wasser verdunstet oder verdampft, zu seiner Dampfbildung bedarf es latenter Wärme, welche es dem Finger entzieht. Noch stärker empfinden wir diese Abkühlung, wenn wir einige Tropfen

Aether auf der Handfläche abdunsten lassen. Die Kälteerzeugung durch Verdunstung nennt man Verdunstungskälte.

Wenn wir die Kugel eines Thermometers wiederholt in Aether oder Schwefelkohlenstoff eintauchen, und die an der Kugel haftende Flüssigkeit jedesmal abdunsten lassen, so sehen wir das Quecksilber in der Röhre anhaltend sinken. Der Zweck der in heissen Ländern gebräuchlichen und auch bei uns in viele Hauswirthschaften eingeführten spanischen *Alcarazas* findet in der Verdunstungskälte seine Erklärung. Die *Alcarazas* sind poröse Thongefässe, welche mit Wasser angefüllt dieses durch ihre Wandungen allmählich hindurchschwitzen. An einem zugigen Orte verdunstet das ausschwitzende Wasser schnell, und die Gefässe und das darin befindliche Wasser erkalten um circa 15⁰ C. unter den Temperaturgrad, welchen die umgebende Luft zeigt. Sie dienen deshalb zur Erhaltung kühlen Trinkwassers und kalter Speisen.

Auf der Erzeugung der Verdunstungskälte durch verdampfenden Aether, Ammoniak etc. beruhen die Maschinen zur Darstellung des künstlichen Eises. Die Erzeugung der Verdunstungskälte ist der Zweck bei der äusserlichen Anwendung von Aether auf schmerzhafte Stellen des menschlichen Körpers, so wie des Anästhesirens (Gefühllosmachen) einzelner Körpertheile bei chirurgischen Operationen. Im letzteren Falle wird einige Minuten ein Strahl zerstäubten Aethers auf den betreffenden Körpertheil gerichtet.

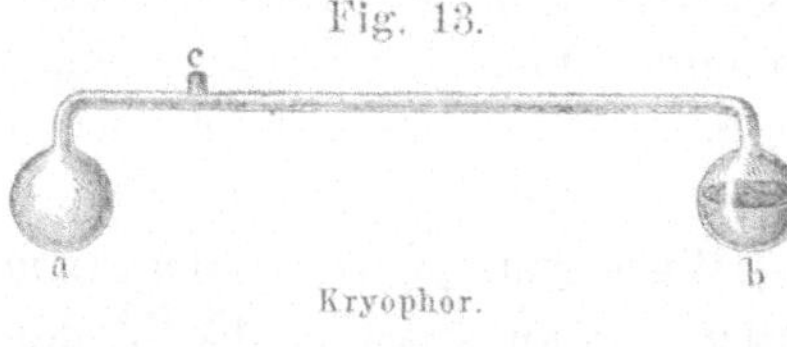

Eine sehr einfache Vorrichtung, Wasser durch seine eigene Verdunstung zum Gefrieren zu bringen, ist der Kryophor, ein Glasrohr, an jedem Ende zu einer Kugel ausgeblasen, in der Form, wie beistehende Figur angiebt. Der Anfertiger dieser Vorrichtung füllt in das Glasrohr Wasser, bringt dieses ins Kochen, damit der Wasserdampf alle Luft aus dem Rohre verdrängt, und schliesst die Oeffnung *c* durch die Flamme eines Löthrohres. Wenn man das Wasser dann in eine Kugel (*b*) zusammenlaufen lässt, und die andere Kugel (*a*) hierauf in eine Kältemischung (aus Salz und Schnee, oder Glaubersalz und kalter roher Salzsäure) taucht, so findet hier eine so kräftige Verdichtung des Wasserdunstes statt, dass das Wasser in der ersteren Kugel, welches fortwährend Wasserdämpfe zur Füllung des Glasrohres abgiebt, gefriert.

Wenn man Salze in Wasser löst, so erfolgt mit einigen Ausnahmen, die eine andere Erklärung finden, eine Temperaturerniedrigung. Schütten wir Salpeter, Glaubersalzkrystalle, Jodkalium oder ein anderes Salz in Wasser von mittlerer Temperatur, schütteln um und halten dann ein Thermometer in die Mischung hinein, so beobachten wir ein Fallen der Temperatur um mehrere Grade. Wenn wir selbst die Auflösung der Salzkrystalle durch Erwärmung über einer Weingeistflamme unterstützen, steigt dennoch nicht oder nur unerheblich die Temperatur der Flüssigkeit, wenn in dieser noch ungelöstes Salz vorhanden ist. Das Salz muss, um aus seinem starren Zustande in den flüssigen oder in Lösung überzugehen, Wärme binden. Diese Wärme entzieht es dem Wasser, und daher kommt das Fallen der Temperatur desselben.

Uebergiesst man entwässertes schwefelsaures Natron (*Natrum sulfuricum siccum*) mit gleichviel Wasser, so wird das Gemisch warm. Hier wird also Wärme frei. Die Ursache beruht in dem Bestreben des genannten Salzes Krystallwasser aufzunehmen. Das aufgenommene Wasser geht dabei in einen eisförmigen oder festen Zustand über und giebt seine latente Wärme ab, welche ja seinen Flüssigkeitszustand bedingte. Die allermeisten Salze, welche entweder durch Erhitzen oder durch Liegen an der Luft (durch Verwittern) ihr Krystallwasser verloren haben, entwickeln Wärme, wenn sie mit Wasser übergossen werden. Der Kupfervitriol ist ein Salz in blauen Krystallen, welche aus schwefelsaurem Kupferoxyd und Krystallwasser bestehen. Beim Auflösen des Salzes in Wasser entsteht ein Sinken der Temperatur. Wird dieses Salz durch Erhitzen vollständig vom Wasser befreit, so wird es farblos und bewirkt dann beim Uebergiessen mit Wasser eine sogar den Siedepunkt des Wassers übersteigende Temperaturerhöhung. 10 — 20 Gm. des wasserleeren Kupfersalzes mit 10 — 20 Cubikcentimeter Wasser von mittlerer Temperatur übergossen, bringen dieses ins Kochen unter heftiger Entwickelung kochend heisser Dämpfe. Das weisse Salz ist dann wieder blau geworden. Dieses Beispiel mag uns, nebenbei bemerkt, erinnern, dass das Krystallwasser bei vielen Salzen die alleinige Ursache ihrer Farbe ist. So auch beim grünen Vitriol, Eisenvitriol, einer krystallisirten Verbindung aus schwefelsaurem Eisenoxydul mit Krystallwasser. Behufs des Versuches entwässern wir den Kupfervitriol in der Weise, dass wir circa 30 Gramm zu feinem Pulver zerreiben, in einer porcellanenen Schale, welche durch eine Sandschicht oder durch Kupferdrahtgewebe von der Flamme getrennt ist, anfangs eine Zeit lang unter Umrühren ganz mässig erhitzen, erst dann, wenn ein Theil des Krystallwassers abgedunstet ist, die Hitze bis zu 200^0 steigern und in dieser Höhe erhalten, bis das Salz ziemlich weiss erscheint. 30 Gm. krystallisirter Kupfervitriol geben fast 20 Gm. entwässerten.

Dadurch, dass man krystallisirte Salze schnell in einen flüssigen Zustand überführt, ihnen also Gelegenheit giebt, Wärme zu binden und latent zu machen, erzeugt man künstlich Kälte. Mischungen, welche diesen Zweck erfüllen, heissen Kälte- mischungen oder Frostmischungen. Ein Gemenge aus 5 Th. Salmiak *(Ammonium hydrochloratum)* und 5 Th. Salpeter *(Kali nitricum)* in kleinen Stückchen mit 19 Th. kaltem Wasser über- gossen, erniedrigt die Temperatur um 20^0. Zerquetschtes krystalli- sirtes schwefelsaures Natron (Glaubersalz, *Natrum sulfuricum crystallisatum*) mit roher Salzsäure (*Acidum muriaticum crudum*) gemischt, bewirkt eine Temperaturerniedrigung von 15^0. So auch erzeugt eine Mischung aus Kochsalz und Schnee ein starkes Sin- ken der Temperatur.

Bemerkungen. Latent kommt vom latein. *latēre*, verborgen, versteckt sein. — Absorbiren, vom latein. *absorbēre*, einschlürfen, verschlucken, aufsaugen. — Krystall (griech. *κρύσταλλος*, crystallos, jedes durchsich- tige Geronnene oder Gefrorene, Krystall, Bergkrystall) heisst jeder natür- lich entstandene, regelmässig gestaltete und von ebenen Flächen begrenzte Körper. Beim Uebergange in einen anderen Aggregatzustand nehmen viele Körper, besonders Salze, Krystallform an, d. h. sie krystallisiren. Mehrere derselben, welche in ihrer wässrigen Lösung in Krystalle übergehen, nehmen hierbei eine gewisse Menge Wasser auf, dasselbe verdichtend. Dieses Wasser, welches in starrer Form von dem Salze in den Krystallen ge- bunden und zur Krystallbildung wesentlich nöthig ist, heisst Krystall- wasser.

Lection 8.

Vorgang beim Erwärmen und Kochen der Flüssigkeiten. Beständigkeit der freien Wärme des Dampfes des kochenden Wassers. Fixe, flüchtige Körper. Gas. Dampf. Permanente, coërcible Gase.

Die Dämpfe, welche aus einer kochenden Flüssigkeit auf- steigen, haben im Allgemeinen dieselbe Menge freier Wärme, welche die kochende Flüssigkeit zeigt. Eine Flüssigkeit, welche

unter dem gewöhnlichen Luftdrucke, also in einem offenen Gefässe siedet, kann ferner durch weiteres Erhitzen nicht auf eine
über ihrem Siedepunkte liegende Temperatur gebracht werden.
Was ihr mehr an Wärme zuströmt, wird als latente Wärme zur
Bildung des Dampfes verwendet. Durch ein stärkeres Feuer
können wir also nicht den Siedepunkt höher bringen, wohl aber
die Dampfbildung beschleunigen und vermehren. Geschieht dies
im vollsten Maasse, so kocht die Flüssigkeit in engen Gefässen
in Folge der rapiden und vermehrten Dampfblasenbildung über,
sie steigt aus dem Kochgefäss heraus. Man nehme ein Probirgläschen zur Hand, fülle es halb mit Wasser und halte es mittelst eines Reagirglashalters nach vorheriger Durchwärmung
mit dem unteren Ende, ohne jede Bewegung, in eine Weingeistflamme. Es beginnen alsbald kleinere Dampfblasen von dem
Boden des Glases aufzusteigen, das Wasser siedet, die Dampfblasen werden grösser und grösser und endlich so gross und
schnell erzeugt, dass sie den grössten Theil des Wassers aus
dem Probirgläschen herausschleudern. Durch sanftes Bewegen
und Schütteln des Wassers wird die Bildung grosser Dampfblasen gestört, und kleine Dampfblasen versetzen die Wassersäule nur in gelinde Wallung. Wenn man daher Flüssigkeiten
in Probirgläschen sieden lassen will, so
führe man die Erhitzung durch eine
Flamme stets unter Hin - und Herbewegen
der Gläschen aus.

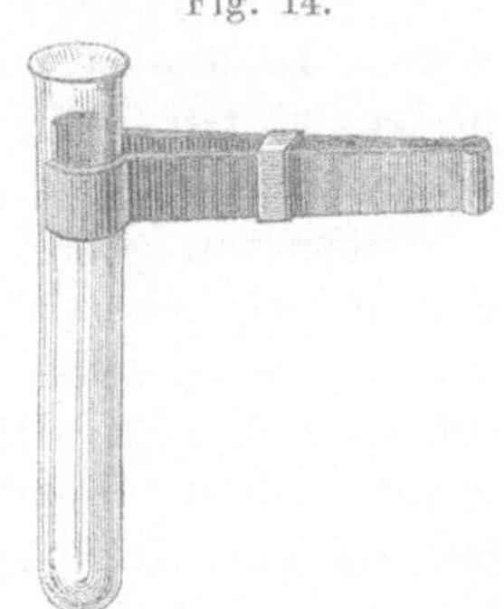

Fig. 14.

Reagirgläschen und kleine Kolben, in
welchen man eine Flüssigkeit kochen will,
hält und fasst man mit Reagirglashaltern,
Klammern aus Messing, oder auch mit
einem langen, mehrfach zusammengelegten
Streifen Papier, den man um das Glas
legt und an seinen aneinander gelegten
Enden festhält. Im Uebrigen mache man

Reagirglashalter.

sich zur Regel, beim Kochen in Reagirgläschen und kleinen
Kölbchen diese stets so zu halten, dass die Mündung dem Arbeiter abgewendet bleibt. Man hütet mit dieser Vorsicht Gesicht
und Kleider vor Bespritzen mit der kochenden Flüssigkeit und
vor Beschädigung.

Erwärmt man Wasser in einem offenen Gefässe, so steigt
die zunächst erwärmte und daher leichter gewordene Wasserschicht empor und macht der anderen kälteren Platz. Bringt

man in einen Kolben reines Wasser und einige Bärlappsporen oder Sägespänchen und erwärmt mehr und mehr den Boden, so wird die Circulation der Wasserschichten sichtbar. Die unterste erwärmte Wasserschicht steigt empor, und seitwärts strömt die kältere und daher schwerere Wasserschicht nach dem Boden des Kolbens.

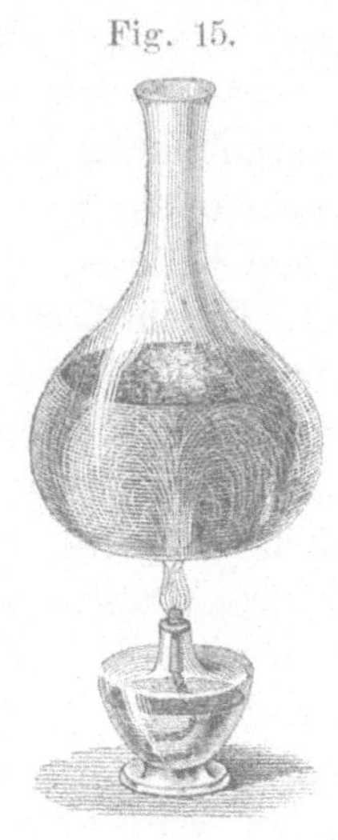

Fig. 15.

Die wenigen in dem Wasser schwimmenden Körnchen werden in diesen Kreislauf hineingerissen und machen ihn dem Auge kenntlicher. Wird in der Erhitzung fortgefahren, so bilden sich Dampfbläschen, welche beim Aufsteigen in den oberen kälteren Schichten des Wassers wieder abgekühlt und zu flüssigem Wasser verdichtet werden. Dadurch entsteht ein Geräusch, das man mit „Singen" bezeichnet. Sobald das ganze Wasser die Kochtemperatur angenommen hat, so werden die Dampfblasen nicht mehr innerhalb desselben verdichtet, sie erreichen die Oberfläche, steigen aus derselben heraus und verursachen ein Aufwallen, welches man eben das Kochen oder Sieden nennt. In diesem Punkte findet die Verwandlung des Wassers in Dampf statt. Alle diese Erscheinungen beim Erwärmen bieten andere Flüssigkeiten mehr oder weniger.

Oben war gesagt, es haben die aus einer kochenden Flüssigkeit aufsteigenden Dämpfe im Allgemeinen dieselbe Menge freier Wärme, welche die kochende Flüssigkeit zeigt. Dieser Erfahrungssatz bezieht sich auf Flüssigkeiten, welche keine Stoffe gelöst enthalten, welche nicht oder weniger flüchtig sind und insofern den Kochpunkt erhöhen, als zwischen ihnen und der kochenden Flüssigkeit eine gewisse Anziehung stattfindet. Eine Lösung von 4 Th. Kochsalz in 10 Th. Wasser siedet z. B. bei 107 bis 108⁰ C., eine Lösung von 3 Th. Kalisalpeter in 1 Th. Wasser kocht bei 115⁰, eine Lösung von 212 Th. Natronsalpeter in 100 Th. Wasser kocht bei circa 120⁰. Trotz dieses höheren Kochpunktes zeigt der Dampf dieser kochenden wässrigen Lösungen nicht mehr freie Wärme, als der Dampf des unter gleichem Luftdrucke kochenden reinen Wassers.

Der Kochpunkt einer siedenden Flüssigkeit wird ferner durch die Art des Kochgefässes verändert. Wasser z. B. siedet

in einem metallenen Gefässe bei 100⁰, in einem gläsernen bei
circa 101⁰, in einem porcellanenen bei circa 102⁰. Eine Flüssigkeit kocht übrigens in einem glatten Gefässe ungleichmässiger
und mehr stossweise als in einem Gefässe mit rauhem Boden.
Man erleichtert das Sieden und macht es regelmässiger, wenn
man in die kochende Flüssigkeit eckige Körper, wie Glasstück-
chen, Metallstückchen (Platinschnitzel) bringt. Wenn nun auch
der Kochpunkt einer Flüssigkeit durch die Art des Kochgefässes
erhöht ist, so ist dennoch die Menge freier Wärme des Dampfes
keine grössere, sondern die normale.

Die Wärme wirkt, wie bereits erwähnt ist, verändernd auf
den Aggregatzustand, und durch Verbindung mit ihr werden
harte Körper flüssig, flüssige Körper luftförmig. Nun giebt es
aber viele Körper, welche durch unsere gewöhnlichen Glühfeuer
nicht in die Luft- oder Dampfform übergeführt werden können.
Solche Körper heissen feuerbeständige oder fixe, zum Unterschiede von den in Luft- oder Dampfform überführbaren, den
flüchtigen. Eisen, Eisenoxyd, Gold, Silber, Thon, z. B. sind
fixe, Quecksilber, Zink, Kalium, Wasser, aetherische Oele sind
verdampfbare Substanzen. Eine absolute Feuerbeständigkeit
(Fixität) ist wahrscheinlich gar nicht vorhanden, denn im Focus
eines grossen Brennspiegels kann z. B. Gold und Silber geschmolzen und verflüchtigt werden; Eisenoxyd, selbst Kohle in der
stärkeren Hitze der Brennöfen sublimiren. Im Allgemeinen
nennt man nur die Körper feuerbeständig, welche bei gewöhnlicher Glühhitze nicht flüchtig sind.

Ferner giebt es luftförmige Körper oder Gase, die sich weder
durch Abkühlung noch durch Druck (Zusammenpressen) in einen
flüssigen Zustand versetzen lassen. Solche Gase heissen permanente. Sauerstoffgas, Stickstoffgas, Wasserstoffgas sind permanente Gase, dagegen sind Kohlensäure und Chlorgas bei gewöhnlichem Drucke und selbst noch bei sehr niedriger Temperatur luftförmig, können aber durch starken Druck und Kälte
tropfbarflüssig gemacht werden. Solche durch Druck oder starke
Erkaltung in einen tropfbaren oder festen Zustand überführbaren
Gase nennt man unbeständige oder coërcible, auch wohl
condensirbare Gase.

Zwischen den Bezeichnungen Gas und Dampf besteht ein
Unterschied. Während man permanent luftförmigen Körpern,
wie Sauerstoff, Wasserstoff, Stickstoff, nur den Namen „Gas" bei-

legt, pflegt man jede in den gasförmigen Zustand übergeführte Flüssigkeit, welche bei gewöhnlichem Luftdruck und der gewöhnlichen Lufttemperatur tropfbar oder fest ist, Dampf zu nennen. Man spricht daher vom Wasserdampf, Aetherdampf, Weingeistdampf, Chloroformdampf, Joddampf. Diejenigen luftförmigen Körper, welche erst unter sehr starkem Drucke oder bei sehr starker Kälte tropfbar flüssig oder fest werden, heissen bald Dämpfe, bald Gase. Man sagt daher Chlorgas und Chlordampf, Cyangas und Cyandampf, aus Gewohnheit aber stets Kohlensäuregas, Kohlenwasserstoffgas.

Bemerkungen. Fix von dem latein. *figo*, *fixi*, *fixum*, *figĕre*, heften, stecken, befestigen. — Permanent von dem latein. *permanēre*, verbleiben, verharren. — Coërcíbel von dem latein. *coërcĕo coërcēre*, völlig zusammenhalten, beschränken, bändigen. — Condensírbar von dem latein. *condenso*, *condensāre*, verdichten, zusammenpressen.

Lection 9.

Destillation. Fractionirte Destillation. Destillirgefässe.

Legen wir auf ein Gefäss mit heissem Wasser auf einige Augenblicke einen kalten Deckel oder eine kalte Glasscheibe, so verdichten sich daran die Wasserdämpfe zu Tropfen. Der kalte Deckel entzieht dem Wasserdampf nicht nur einen Theil der freien Wärme, sondern auch die latente Wärme; der Dampf wird wieder zu tropfbarem Wasser. Erhitzt man Wasser in einem soweit geschlossenen Gefässe, dass ein Rohr den gebildeten Wasserdampf in ein kaltes Gefäss leitet, wo er zu flüssigem Wasser verdichtet wird, so nennt man diese Operation Destilliren oder Destillation. Wie das Wasser, können auch andere Flüssigkeiten destillirt werden.

Um uns von der Destillation einen klaren Begriff zu machen, nehmen wir einen Glaskolben *a*, füllen ihn zu $\frac{1}{3}$ seines Rauminhaltes mit Weingeist (Spiritus), setzen einen Kork mit einem zweimal gebogenen Glasrohre *c* auf, und lassen den anderen Schenkel in eine leere Flasche, welche in kaltem Wasser steht, münden. Den Kolben stellen wir entweder in eine mit trockenem Sande gefüllte Schale (in ein Sandbad) oder auf ein Stück Kupferdrahtgewebe. Erhitzen wir nun den Weingeist bis zum Sieden, so steigen die Dämpfe desselben durch das Glasrohr c,

Fig. 16.

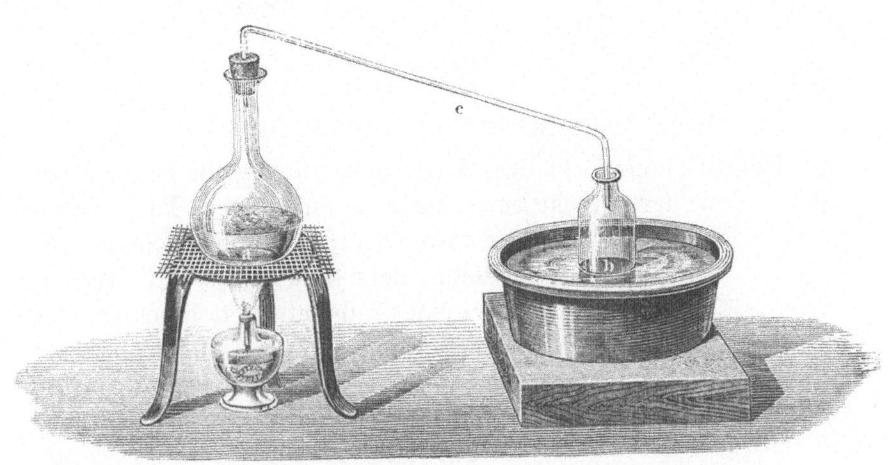

in welchem sie sich theilweise in Folge der Abkühlung durch die äussere Luft (Luftkühlung) verdichten, in die Flasche b, wo sie völlig abgekühlt, wieder zu tropfbarem Weingeist werden.

Für Operationen dieser Art im grösseren Maasstabe hat man verschiedene Vorrichtungen, von denen die wichtigsten des pharmaceutischen Laboratoriums hier erwähnt werden sollen.

Die Retorte ist ein Destillirgefäss von Glas, Porcellan, Thon, Eisen. Ihre Form zeigt die beistehende Abbildung. a ist der kugelförmige Theil,

Fig. 17.

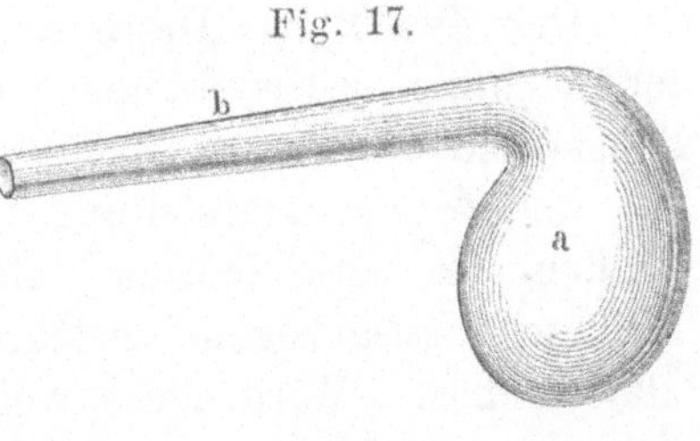

Retorte.

der Bauch, welcher die zu destillirende Flüssigkeit aufnimmt, und b ist der Hals, welcher die Dämpfe in die Vorlage d leitet. Die Vorlage wird durch Aufgiessen kalten Wassers oder durch Umlegen von Schnee und Eis kalt erhalten. Eine Tubulatretorte hat in der oberen Wölbung eine mit einem Glasstopfen

Fig. 18.

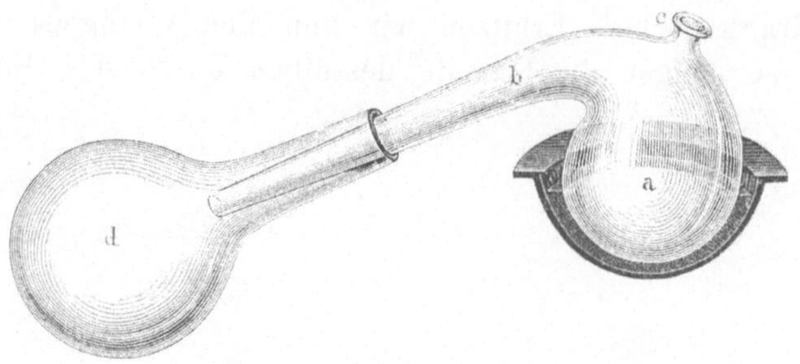

Tubulatretorte nebst Vorlage im Sandbade liegend.

oder Korkpfropfen verschliessbare Oeffnung *c*, welche man **Tubus** nennt. Bei der Beschickung einer Retorte ohne Tubus muss

Fig. 19.

nothwendig das Destillationsmaterial durch den Hals eingeführt werden, bei einer Tubulatretorte geschieht dies durch den Tubus. Damit bei einer nicht tubulirten Retorte die innere Seite des Halses nicht mit dem flüssigen Beschickungs-Material verunreinigt werde, bedient man sich einer langen Trichterröhre, welche bis zum Retortenbauch reicht. Bei der Handhabung einer gläsernen Retorte stellt man diese stets auf einen Strohkranz, weil der gewöhnlich sehr dünne Boden durch eine harte Unterlage leicht eingestossen wird.

Der Zweck der Destillation ist in den meisten Fällen, leichter flüchtige Flüssigkeiten von schwerer flüchtigen oder fixen Substanzen zu trennen.

Behufs der Darstellung des Jalapenharzes (*Resīna Jalāpae*) werden die zerkleinerten Jalapenknollen (*Tubĕra Jalapae*) mit Weingeist ausgezogen, welcher das in den Knollen enthaltene Harz auflöst. Wird diese weingeistige Harzlösung der Destillation unterworfen, so destillirt Weingeist über, das Harz bleibt in dem Destillirgefässe zurück. Der durch Destillation aus der Jalapenharzlösung gesammelte Weingeist ist das **Destillat**, das in dem Destillationsgefäss zurückbleibende Harz der **Destillationsrückstand**.

Die rohe oder unreine Salpetersäure, das sogenannte Scheidewasser (*Acĭdum nitrĭcum crudum*), enthält Schwefelsäure und auch oft Spuren fixer Salze, ferner Gase, wie Untersalpetersäure und Chlor. Durch eine vorsichtige Destillation lässt sich aus der rohen eine reine Salpetersäure darstellen. Die Schwefelsäure wird erst bei einer Temperatur über 300^0 C. in Dampf verwandelt, die reine Salpetersäure destillirt bei einer Temperatur von 110 bis 120^0, und die erwähnten gasigen Bestandtheile werden schon unter 100^0 aus der Salpetersäure ausgetrieben. Unterwirft man nun die rohe Salpetersäure der Destillation in der Art, dass man das zuerst überdestillirende Fünftel beseitigt, das letzte Fünftel in der Retorte zurücklässt, so gewinnt man in den dazwischenliegenden $^3/_5$ eine reine Salpetersäure.

Haben die einzelnen Bestandtheile einer Mischung, welche der Destillation unterworfen wird, verschiedene Siedepunkte, so geht beim Beginn der Destillation der flüchtigere Bestandtheil über. Wenn dann die Temperatur auf den Siedepunkt des schwerer flüchtigen Bestandtheils steigt, destillirt dieser über. Uebersehen darf hierbei nicht werden, dass eine scharfe Grenze während einer solchen Destillation in der Verdampfung verschieden flüchtiger Körper nicht vorhanden ist. Es destillirt gewöhnlich ein kleiner Theil des schwerer flüchtigen Körpers mit dem leichter flüchtigen über, weil der erstere gleichsam in dem Dampfe des anderen verdunstet. Fängt man die unter verschiedenen Siedepunkten übergehenden Flüssigkeiten gesondert auf, so heisst die Destillation eine fractionirte. Das vorhin erwähnte Verfahren, aus der rohen Salpetersäure durch Destillation eine reine Säure darzustellen, ist eine solche fractionirte Destillation.

Theils zur Erzielung einer gleichmässigen Erwärmung, theils der Retorte einen festen Standpunkt zu gewähren, legt man diese in ein Sandbad oder in eine Kapelle. Die Kapelle ist ein eisernes halbkugeliges Hohlgefäss, am Rande mit einem bogenförmigen Ausschnitt für den Retortenhals. Der gläserne Kolben, welcher als Vorlage (Recipient) auf den Retortenhals geschoben ist, wird mit einem Netz oder einem Tuche belegt, und durch Auffliessenlassen von kaltem Wasser auf seinen kugelförmigen Theil kalt gehalten. Folgende Zeichnung vergegenwärtigt den Destillationsapparat für Salpetersäure.

a ist der Kapellenofen, b ist die Retorte, mit ihrem Boden auf einer circa 3 Millimeter dicken Schicht gesiebtem Sande ruhend, und an den Seiten mit gleichem Sande umschüttet, c ist die Kolbenvorlage oder der Recipient, auf einem Strohkranze in dem Fasse d liegend. Das Gefäss f enthält kaltes

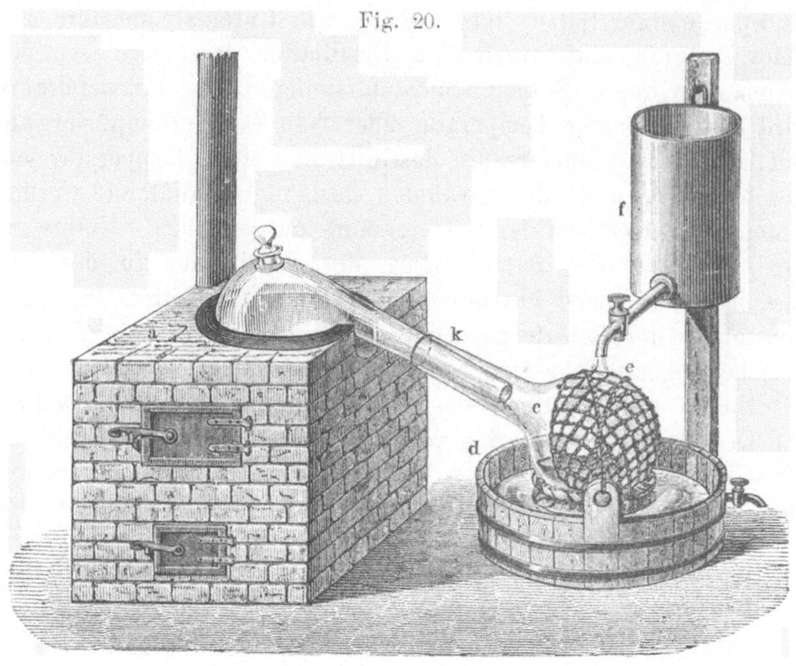

Destillationsapparat für Salpetersäure und Essigsäure.

Wasser, welches man auf den Kolben behufs der Abkühlung fliessen lässt. Damit der Kolben von dem im Fasse sich ansammelnden Wasser nicht gehoben werde, ist die Schnur *e* an den Griffen des Fasses befestigt und über den Kolben hinweggezogen. Um eine Ueberfüllung des Fasses *d* mit Wasser zu verhindern, ist seitlich ein Hahn eingesetzt, welcher geöffnet bleibt.

Diese Art der Abkühlung reicht bei der Destillation derjenigen Flüssigkeiten aus, welche einen hohen Kochpunkt haben oder deren Dämpfe ein geringes Maass latenter Wärme halten. Die Dämpfe dieser Flüssigkeiten erfordern daher nur eine geringe Abkühlung. Hierher gehört die concentrirte Salpetersäure. Bei der Destillation der concentrirten Essigsäure (des sogenannten Eisessigs), welche schon wenig unter mittlerer Temperatur zum Erstarren neigt, nimmt man zum Abkühlen ein nicht sehr kaltes Wasser, und bei der Destillation der Schwefelsäure, welche bei 325° siedet und überdestillirt, überlässt man der Luft die Abkühlung der Vorlage. Dagegen erfordert die Destillation spirituöser Flüssigkeiten, vieler Aetherarten, überhaupt solcher Flüssigkeiten, welche einen niederen Kochpunkt haben, eine Abkühlung der Vorlage mit möglichst kaltem Wasser.

Die Vorsorge, von den leichtflüchtigen Flüssigkeiten durch Entweichen der Dämpfe nichts zu verlieren, hatte den Gebrauch eingeführt, die Fuge (*k*, Fig. 20), welche die Kolbenmündung um den Retortenhals bildet, mit feuchter Thierblase zu verschliessen oder zu lutiren (mit einem Kitt auszufüllen). Einige Verständige steckten in diesen Verschluss ein Stück eines dünnen offenen Glasrohres (Sicherheitsröhrchen). Dieses Verfahren war früher gang und gebe, und kam selbst auch noch dann in Anwendung, wenn man Flüssigkeiten mit hohem Kochpunkte destillirte, wo also eine mässige Abkühlung zur vollständigen Verdichtung der Dämpfe ausreicht. Wer jenes Sicherheitsröhrchen nicht einsetzte, musste sogar mit sehr kaltem Wasser oder mit Schnee und Eis kühlen, da schon allein die eingeschlossene atmosphärische Luft durch die Erhitzung eine starke Ausdehnung (Expansion) erfuhr und sie sich während der Destillation stets in dem Zustande befand, den Apparat in seinem Zusammenhalt zu bedrohen, d. h. ihn auseinander zu drücken und zu zertrümmern.

Bemerkungen. Destilliren, Destillation, von dem lat. *destillare*, herabträufeln (*de* und *stillare*, träufeln; *stilla*, der Tropfen), weil das Destillirende in die Vorlage tropfenweise herabfällt. — Retórte, von dem lat. *retortus*, *a*, *um*, rückwärts-, abwärtsgebogen (*re-*, zurück, *torqueo*, *torsi*, *tortum*, *torquere*, wenden, drehen), d. h. ein Kolben, dessen Hals abwärts- oder zurückgebogen ist. — Tubus, latein. *tubus*, Röhre, Wasserröhre. Der deutsche Ausdruck bedeutet nur einen kurzen offnen Röhrenaufsatz an einer Retorte, an dem Bauche eines Kolbens, überhaupt an einem Hohlgefässe zu dem Zwecke des Eingiessens oder Ausfliessens. — Beschickung ist ein gebräuchlicher Ausdruck für Einfüllung, Hineinthun einer Substanz in ein Hohlgefäss. — Tubulátretórte (*retorta tubulata*), eine mit einem Tubus versehene Retorte. Fractioniren, vom latein. *frango*, *fregi*, *fractum*, *frangere*, brechen, bändigen; *fractio*, *onis*, das Brechen. — Kapélle (neulatein. *capella* statt *cupella*, ein kleines Gefäss) bezeichnet 1. Schmelztiegel, Schmelzkufe, 2. Hohlgefäss zum Einsetzen der Retorten, Kolben. — Recipiént (*vas recipiens*), vom latein. *recipio*, *recēpi*, *receptum*, *recipĕre*, aufnehmen, auffangen; daher ein Auffangegefäss, eine Vorlage zur Aufnahme einer destillirenden Substanz. — Lutiren, vom latein. *luto*, *lutāre*, mit Lehm, mit Kitt (*lutum*) schmieren.

Lection 10.

Kühlgefässe. Liebig'scher Kühler. Retorte mit Vorstoss. Destillirblasen. Mitscherlich's Kühlgefäss. Abkühlung der Dämpfe.

Das Verschmieren der Fugen zwischen Retorte und Kolbenvorlage mit Kitt ist nur in einigen wenigen Fällen noch im Gebrauch. Man lutirt entweder nicht oder bedient sich, wenn wegen der Flüchtigkeit der zu destillirenden Flüssigkeit eine gute Abkühlung nöthig ist, besonderer Kühlvorrichtungen, welche die Dämpfe einer Flüssigkeit abkühlen und tropfbarflüssig machen, ehe sie in die Vorlage gelangen. Eine der brauchbarsten Vorrichtungen dieser Art ist der sogenannte Liebig'sche Kühler, der nach seinen ersten Erfindern eigentlich Weigelscher oder Göttling'scher Kühler heissen müsste.

Fig. 21.

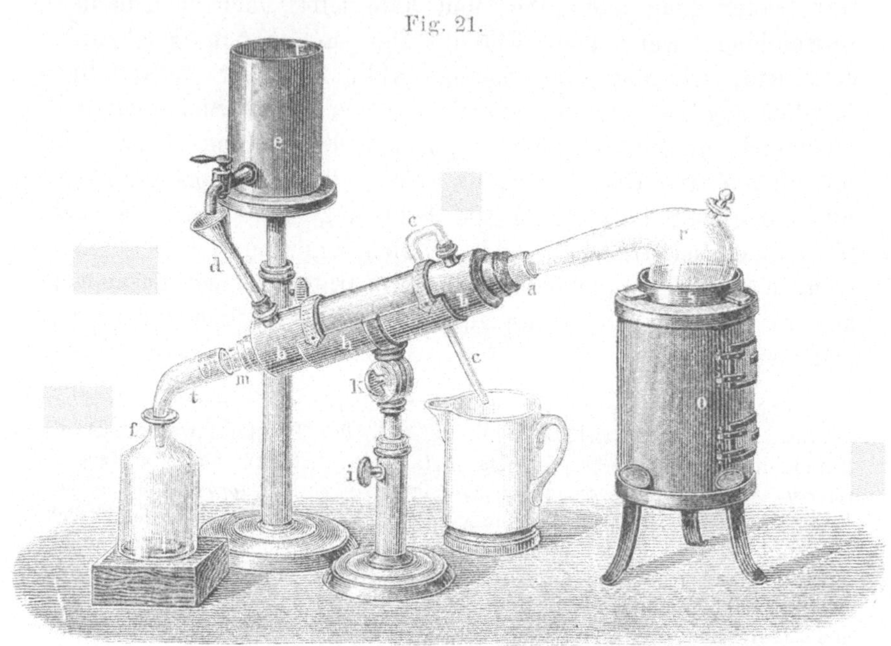

Vollständiger Destillationsapparat mit Liebig'schem Kühler.

Dieser Kühler besteht aus einem porcellanenen, 60 bis 90 Centimeter langen, im Lichten 3 — 4,5 Centimeter weiten Rohre *a m*. Die Weite dieses Rohres muss der Art sein, dass der Hals einer Retorte um 3 — 5 Centimeter tief hineingesteckt werden kann. Ein gläsernes Rohr ist weit weniger brauchbar, weil es selten einen starken Temperaturwechsel aushält und überdies zerbrechlicher ist. Das Rohr *a m* ist von einem blechernen Cylinder *b b* (Kühlcylinder) in Form eines Hohlgefässes umgeben, der an seinen beiden Enden mittelst Verkittung oder Korkzwischenlage das Rohr *a* dicht umschliesst. Der Cylinder *b b* hat zwei Tubulaturen, in deren eine vermittelst eines durchbohrten Korkes ein Trichter *d*, in die andere auf gleiche Weise ein abwärts gebogenes Rohr *c* dicht eingesetzt sind. Lässt man nun aus dem Gefäss *e* kaltes **Wasser** in den Trichter *d* fliessen, so füllt sich der Blechcylinder *b b* da-mit, und es fliesst end-lich aus dem Rohr *c* in das untergestellte Ge-fäss über. Die in der Retorte *r* entwickelten Dämpfe treten in das Rohr *a m* ein, werden hier zur Flüssigkeit ver-dichtet und fliessen in Tropfen in die Vorlage *f* ab. Um dieses Ab-fliessen zu erleichtern und die Verdunstung zu beschränken, ist dem

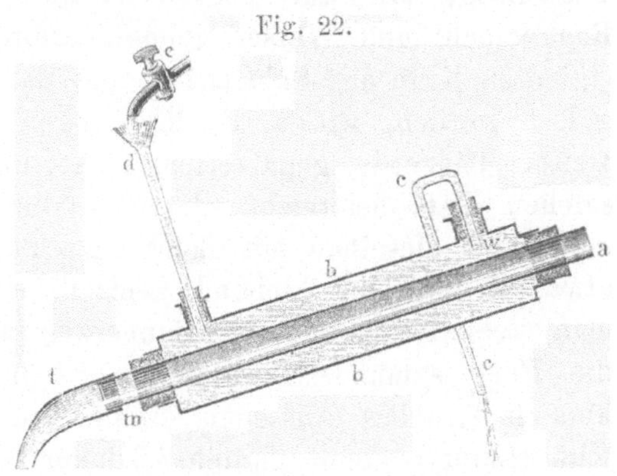

Fig. 22.

Durchschnitt eines Liebig'schen Kühlers.

Rohr *a m* eine gläserne Tülle, ein gekrümmter Vorstoss *t*, ange-setzt, der in die Vorlage hineinreicht.

Während der Destillation lässt man das Kühlwasser, je nach-dem es nöthig ist, in einem dünneren oder dickeren Strahle an-haltend in den Trichter *d* einfliessen. Das kalte Wasser sinkt in dem bereits erwärmten Wasser abwärts und drängt letzteres, da es leichter ist, nach oben, bis es aus dem Rohre *c* abfliesst. Durch Fühlen an dem Cylinder um die Tubulatur für das Rohr *c* erfährt man daher, ob man die Abkühlung vermehren muss oder mässigen kann.

Ist die Retortenhalsmündung von zu weitem Umfange, so dass sie sich in das Kühlrohr *a* nicht hineinschieben lässt, so giebt man dem Retortenhalse einen Vorstoss oder eine Allonge.

Fig. 23.

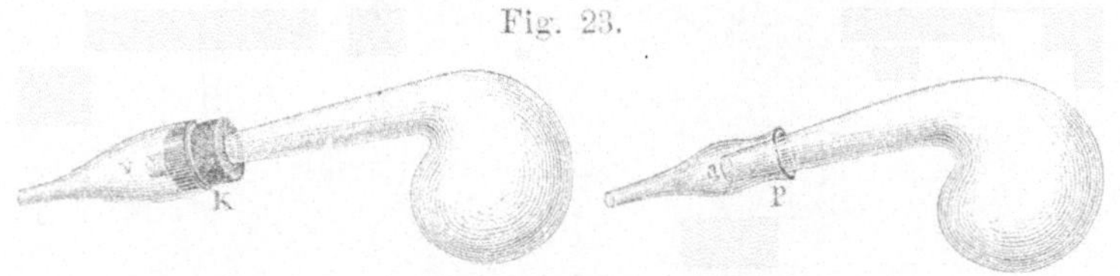

Retorte mit Vorstoss.   Retorte mit Vorstoss.

Eine Verschliessung der Fugen findet an den Stellen des Apparates statt, an welchem die Dämpfe keine genügende Ver-dichtung zu tropfbarer Flüssigkeit erfahren, also beim Eintritt des Retortenhalses in die Allonge oder in das Kühlrohr. Je nach der Natur der zu destillirenden Flüssigkeit ist auch die

Art des Verschlussmittels zu wählen. Während für eine weingeistige oder eine aetherhaltige neutrale Flüssigkeit eine feuchte Thierblase, ein durchbohrter Kork, ein Kitt aus Leinmehl, Roggenmehl und Wasser genügt, erfordern saure ätzende Flüssigkeiten Kitte aus Substanzen, die davon nicht angegriffen und gelöst werden, wie z. B. Mischungen aus weissem Bolus oder weisser Thonerde, gepulvertem Talkstein und Wasser. Mit einem solchen Kitte bestreicht oder verschliesst man die Fugen, und umwickelt dieselben mit Zeug oder Papierstreifen, welche mit etwas Mehlkleister klebend gemacht sind. Die Lutirung sucht man stets mit möglichster Sauberkeit auszuführen, so dass sie die Fuge symmetrisch umschliesst, und der Apparat dadurch kein liederliches Aussehen erhält. Zuerst rollt man aus dem Kitt (Lutum) einen glatten Cylinder von circa halber Fingerdicke, legt diesen um die Fuge, und drückt und streicht ihn mit feuchten Fingern glatt an.

Zu Destillationen im grösseren Maassstabe, wie zur Darstellung destillirter Wässer, destillirter weingeistiger Flüssigkeiten, flüchtiger Oele etc., findet man im pharmaceutischen Laboratorium sogenannte Destillirblasen aus Kupfer oder Zinn gearbeitet.

Fig. 24.

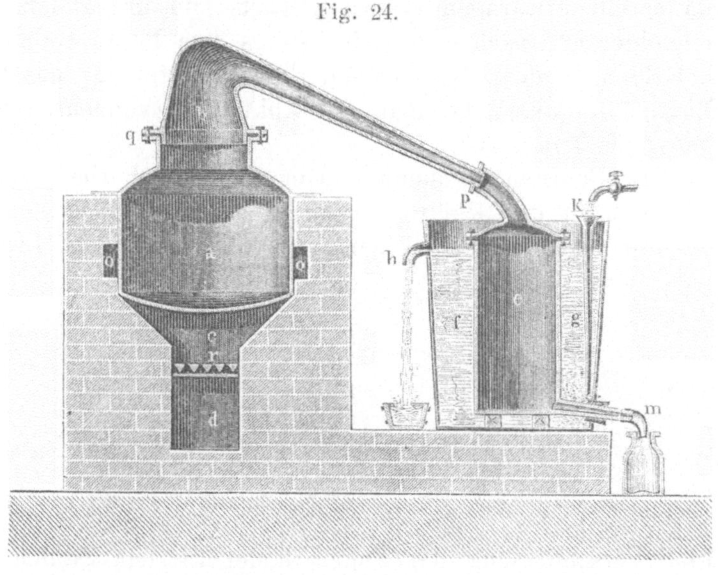

Destillirapparat aus Blase, Helm und Kühlfass bestehend.

Eine Destillirblase besteht aus der kupernen Blase *a*, dem zinnernen Helm *b p*, und dem Kühler oder Kühlgefäss *f g*, mit dem zinnernen Kühlcylinder *e*. Der letztere hat eine verschiedene Einrichtung. Er ist entweder ein Schlangenrohr, oder er bildet ein cylindrisches Hohlgefäss mit Deckel (Fig. 24. *e*), um ihn nach Bedürfniss bequem öffnen und reinigen zu können, oder er besteht aus einem Hohlgefäss, welches von innen und aussen zugleich abgekühlt werden kann (Fig. 25 *e e*).

Fig. 25.

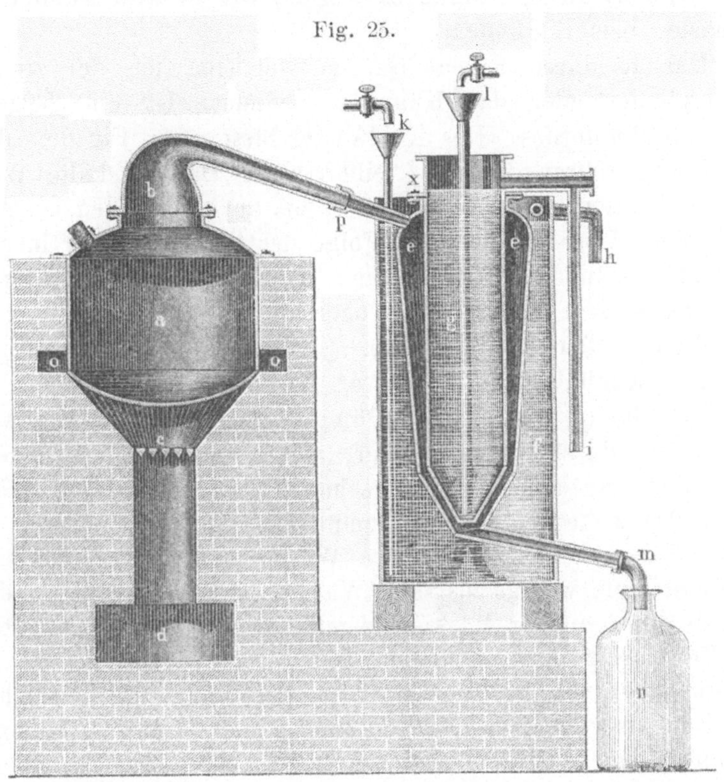

Destillirapparat, aus Blase, Helm und Mitscherlich'schem Kühlfass bestehend.

Die Blase steht entweder in einem besonderen Blasenofen mit dem Feuerungsraum *c*, dem Rost *r* und dem Aschenloch *d*, oder, wenn die zu destillirenden Flüssigkeiten unterhalb des Kochpunktes des Wassers kochen, im Wasserbade oder Dampfbade. Die Fugen bei *q* und *p* werden entweder mit einem derben Kitt aus Leinmehl, Mehl und Wasser, oder durch Zwischenlegen eines Pappringes und durch Verschraubung geschlossen.

Bei der Destillation aus einer Blase, welche über freiem Feuer steht, gilt die Regel, die Blase nicht über $^2/_3$ ihres Rauminhaltes zu füllen, um nämlich ein Uebersteigen des Blaseninhaltes in den Kühlcylinder zu verhindern. Ferner wird die Destillation nie durch ein starkes Feuer eingeleitet, sondern, sobald die Blase stark erwärmt ist, allmählich durch ein mässiges Feuer, weil die meisten Flüssigkeiten, besonders mit vegetabilischen Körpern vermischt, beim ersten Aufkochen schäumend aufsteigen und daher leicht in den Kühlcylinder überfliessen. Die Ursache dieses Vorganges werden wir in dem Kapitel über Adhäsion bemerkt finden.

Das Kühlfass, Kühlgefäss, in welchem sich der zinnerne Kühlcylinder oder das Kühlrohr befindet, ist ein hölzernes oder ein kupfernes. Das Kühlwasser lässt man, Fig 25., durch die Trichterröhren k und l einfliessen. Da das kalte Wasser specifisch schwerer ist, so fliesst es bis auf den Boden des Kühlbehälters. Das in diesem, in Folge der Abkühlung der in e eintretenden Dämpfe erwärmte und daher specifisch leichter gewordene Wasser sammelt sich oberhalb und fliesst aus den hier befindlichen Röhren h und i ab.

Die Abkühlung oder besser die Verdichtung der in den Kühlcylinder (e) eintretenden Dämpfe geschieht, wie bereits erwähnt ist, durch kaltes Wasser, womit das Kühlfass angefüllt ist. Wie wir aus der Besprechung über die latente Wärme (Seite 24) wissen, zeigt der Dampf des kochenden Wassers 100^0 freie Wärme und 550^0 latente Wärme; es müssen also dem Wasserdampfe wenigstens 600^0 Wärme entzogen werden, damit er, zu einer einiger Maassen abgekühlten Flüssigkeit verdichtet, in die Vorlage (n) abfliesst. Destilliren wir z. B. 10 Liter Wasser über, so bedürfen wir zur Abkühlung und Verdichtung des Dampfes derselben circa 60 Liter kaltes Wasser. Weingeistdämpfe können mit halbsoviel kaltem Wasser tropfbar gemacht und abgekühlt werden, weil die latente Wärme derselben nur 215^0, des Dampfes des verdünnten Weingeistes (*Spiritus Vini dilutus*) ungefähr 260^0 beträgt. Das Kühlfass ist der angegebenen Umstände halber entweder sehr geräumig, um eine grosse Menge kalten Wassers fassen zu können, oder es ist von geringem Umfange und hat die Einrichtung, dass fortwährend kaltes Wasser einfliesst, und das in Folge der Abkühlung der Dämpfe erwärmte oberhalb abfliesst. Ein Kühlgefäss letzterer Art (Fig. 24 und 25 f g) nennt man ein continuirliches.

Damit die Abkühlung im Kühlcylinder mit der Menge des aus der Blase in diesen eintretenden Dampfes in einem übereinstimmenden Verhältnisse sich befinde, so soll die Oberfläche des Kühlrohres oder des Cylinders wenigstens gleichgross der Bodenfläche der Blase sein. Es ist natürlich besser, wenn die Oberfläche des Kühlrohres grösser ist.

Bemerkungen. Centimeter ist der hundertste Theil des Meters, von dem griech. μέτρον (metron) Maass. Das in Frankreich zuerst angenommene, jetzt auch bei uns gültige Längenmaass hat das Meter (französisch: *mètre*) zur Einheit. Ein Meter ist gleich dem 10millionsten Theile eines Viertels des Erdmeridians und ungefähr gleich 3 Fuss 2 Zoll 2 Linien nach dem nicht mehr gültigen rheinländischen Maass. Dies Grundmaass ist nach Decimalrechnung vervielfältigt und getheilt, und durch Zusammensetzung lateinischer und griechischer Zahlen mit dem Worte Meter sind die entsprechenden Längenmaasse bezeichnet. Die lateinischen Zahlen zeigen die Theilungen, die griechischen die Vervielfältigungen an. Ein Dekameter ist = 10 Meter, 1 Hectometer = 100 Meter, 1 Kilometer (*kilo* von dem Griechischen χίλιοι, chilioi, tausend) = 1000 Meter, dagegen ist ein Decimeter = $\frac{1}{10}$ Meter, 1 Centimeter = $\frac{1}{100}$ Meter, 1 Millimeter = $\frac{1}{1000}$ Meter. Die **auf *i* endenden Zahlen sind also diejenigen, welche die Einheit theilen.** In der Schriftsprache setzt man für Meter die Abkürzung *M*, für Centimeter *C* oder *Cm*, für Millimeter *Mm* oder *mm*. — Die in Frankreich und in Deutschland gebräuchliche Einheit des Hohlmaasses für Flüssigkeiten ist das Liter, franz. *litre* (vom Griech. λίτρα, litra, ein Gewicht von 12 Unzen). Ein Liter fasst ein Kubikdecimeter oder 1000 Cubikcentimeter oder 1000 Gramm Wasser. Vervielfältigung und Theilung erfolgt beim Liter wie oben beim Meter erwähnt ist. Ein Deciliter = $\frac{1}{10}$ Liter, 1 Dekaliter = 10 Liter. — Das Gramm, franz. *gramme*, ist die Einheit des zuerst in Frankreich, jetzt in den meisten anderen Ländern gültigen sogenannten Decimal-Gewichts. Das Gramm ist = dem Gewichte von 1 Cubikcentimeter Wasser von + 4° C. im luftleeren Raume gewogen. Vervielfältigungen und Theilungen werden ebenso, wie oben vom Meter angegeben ist, bezeichnet. 1 Dekagramm = 10 Gramm; 1 Hectogramm = 100 Gramm; 1 Kilogramm (gewöhnlich Kilo genannt) = 1000 Gramm; 1 Myriagramm = 10000 Gramm. Dagegen ein Decigramm = $\frac{1}{10}$ oder 0,1 Gramm, 1 Centigramm = $\frac{1}{100}$ oder 0,01 Gramm, 1 Milligramm = $\frac{1}{1000}$ oder 0,001 Gramm. Es sind z. B. 1,753 Gramm = 1 Gramm + 7 Decigramm + 5 Centigramm + 3 Milligramm oder 1753 Milligramm. — Die Bezeichnungen Hectogramm und Dekagramm sind in Deutschland nicht im Gebrauch, häufig jedoch das Kilogramm statt 2 Pfund. In der Umgangssprache lassen die Franzosen das „gramm" gewöhnlich weg und sagen *Kilo, Hecto, Déca, Déci, Centi, Milli,* welche Abkürzung man auch bei uns in Deutschland nachzuahmen anfängt. Abkürzungen in der Schriftsprache sind *G.* oder *Gm.* oder *Grm.* für Gramm, *Decig.* oder *Decigr.* für Decigramm, *Centigr.,* *Centg., Cent., Ctg.* für Centigramm, *Millig., Mllg., Mill., Mgr.* für Milligramm. — Gramm, französisch *gramme*, ist entweder vom griech. γράμμα (gramma), ein Buchstaben, Schriftzeichen, oder γραμμή (grammae), Strich, Linie, entnommen. In der lateinischen Sprache ist *gramma*, Gen. *grammătis*, Plural *grammăta*, Plur. Dativ. und Ablat. *grammatis*, allgemein angenommen, weil diese Form auch in dem *Carmen de ponderibus et mensuris* des *Rhemnius Fannius* (312 n. Chr.) zur Bezeichnung eines kleinen Gewichtes Anwendung gefunden hat. In der Oesterreichischen Pharmakopoe von 1869 findet man „grammatibus". — Allonge (sprich alónschĕ), französisch *alonge* oder *allonge*, Ansatz, Verlängerungsstück. — Tubulatúr, der Tubus an einem Gefäss. Vergl. die Bemerkungen zur 9. Lection, S. 34.

Lection 11.

Sublimation. Trockne Destillation.

Mit der Destillation verwandt ist die Sublimation. Diese ist gleichsam eine Destillation eines bei gewöhnlicher Temperatur festen, bei höherer Temperatur dampfförmigen Körpers. Man darf jedoch Sublimation, bei welcher es sich niemals um einen flüssigen Körper handelt, nicht mit trockner Destillation verwechseln, denn mit dieser letzteren Benennung bezeichnet der Chemiker einen völlig abweichenden Destillationsakt. Das was sublimirt, das Sublimat, ist stets fest oder starr, das was destillirt, das Destillat, ist entweder bei gewöhnlicher Temperatur stets tropfbar flüssig, oder es wird in dem Recipienten niedertropfend gesammelt (entsprechend der Bedeutung des Wortes *destillare*, abtropfen), wenngleich es später starr werden sollte.

Um uns eine Vorstellung von der Sublimation zu machen, werfen wir in ein Probirgläschen ein erbsengrosses Stück Kampfer; erwärmen es über einer kleinen Weingeistflamme, bis es schmilzt, und dann stärker bis zum Kochen, so jedoch, dass der obere Theil des Probirgläschens nicht heiss wird. Der kochende Kampfer verwandelt sich in einen weissen schweren Dampf, der sich an die kälteren Stellen des Gefässes wie ein schneeiger Reif ansetzt. Statt des Kampfers kann man auch ein Messerspitzchen Salmiak (*Ammonium muriaticum*) nehmen, welcher sich dem Kampfer ähnlich verhält, aber nicht schmilzt. Ferner nehme man ein drittes trockenes Reagirgläschen, werfe ein Körnchen Jod hinein und erhitze gelind. Das Jod verwandelt sich in einen violetten Dampf, welcher erkaltend sich zu kleinen metallglänzenden Krystallchen verdichtet, die sich an die kältere Wandung des Gläschens ansetzen. Man hüte sich bei diesem Experiment, den für die Lungen nachtheiligen Joddampf etwa aufzuathmen.

Die Schwefelblumen (*Flores Sulfuris, Sulfur sublimatum*) sind ein Sublimat aus rohem, mit erdigen Theilen verunreinigten Schwefel. Man gewinnt sie dadurch, dass man die Dämpfe des geschmolzenen und kochenden Schwefels in kalte gemauerte Kammern leitet, wo sie sich in Form eines Mehles verdichten. Der Sublimationsrückstand, aus erdigen Theilen bestehend, ist der sogenannte graue Schwefel (*Sulfur griseum*).

Der Zweck der Sublimation ist wie bei der Destillation die Trennung eines Stoffes von einem nicht oder doch weniger flüchtigen Stoffe. Das Raffiniren des Salmiaks, des Kampfers, des Jods, des Arseniks geschieht durch Sublimation der entsprechenden rohen* Producte, welche im Handel zu uns kommen. Das giftige Quecksilberchlorid (*Hydrargyrum bichlorātum corrosīvum*) wurde von jeher durch Sublimation gewonnen, und wird deshalb noch heutigen Tages „der Sublimat" genannt. Das Quecksilberchlorür oder der Calomel (*Hydrargyrum chloratum mite*) wird gemeiniglich durch Sublimation dargestellt. Man betrachte sich diese Substanzen, um eine Anschauung von einer sublimirten Masse zu gewinnen. Im Bruche zeigen dergleichen Substanzen meist ein krystallinisches Gefüge.

Zu den meisten Sublimiroperationen im pharmaceutischen Laboratorium benutzt man gläserne Kolben, Retorten, kugelige Glasgefässe, deren unteren, mit der zu sublimirenden Substanz gefüllten Theil man in ein Sandbad stellt, so dass der obere Theil des Gefässes frei ist und von der umgebenden Luft abgekühlt wird. Das Sublimat setzt sich an die obere Wölbung des Gefässes oder in dem Retortenhalse an. Es wird nach dem Erkalten und dem Zersprengen des Gefässes gesammelt.

Mit trockner Destillation bezeichnet man eine solche, bei welcher eine Substanz in Destillirgefässen soweit erhitzt wird, dass sie eine Zersetzung erleidet und mehr oder weniger flüchtige Destillate giebt, welche von ihr ganz verschieden sind. Als Destillationsgefässe werden hier eiserne oder thönerne angewendet. Durch trockene Destillation der Knochen und thierischen Abgänge erhält man ein Destillat, welches ein Gemisch aus Brandharzen, brenzlichen Fettarten, Ammon und anderen flüchtigen Basen darstellt. Das von dem Ammon gesonderte Destillat ist jene schwarzbraune stinkende Flüssigkeit, welche stinkendes Thieröl (*Olĕum animāle foetĭdum*) genannt wird. Der in dem Destillirgefäss zurückbleibende Theil ist eine schwarze kohlige Masse, aus Knochenerde und Kohle bestehend, die sogenannte thierische Kohle, Knochenkohle (*Ebur ustum, Spodium*). Wird Holz der trockenen Destillation unterworfen, so bleibt Holzkohle zurück, und das Destillat besteht aus Brandharzen (Theer) und einer sauren Flüssigkeit, welche reich an Essigsäure ist und gereinigt als Holzessig in den Handel kommt, oder auch zur Darstellung des essigsauren Natrons (des Rothsalzes) Anwendung findet.

In dem einen wie in dem anderen Falle der erwähnten trockenen Destillationen hat das Destillat nicht die geringste Aehnlichkeit mit der Substanz, aus welcher es gewonnen wird.

Das Thieröl, das Ammon etc. präexistiren nicht in den Knochen, ebenso wenig wie der Theer und die Essigsäure in dem Holze, sie entstehen vielmehr aus den vielartigen Bestandtheilen der Knochen und des Holzes unter der Einwirkung einer starken Hitze.

Die trockne Destillation ist nicht zu verwechseln mit der Destillation bis zur Trockne. Letztere ist eine einfache Destillation, welche die Trennung einer flüchtigen Substanz von einer fixen oder nicht destillirbaren bezweckt.

Bemerkungen. Sublimíren, Sublimatión, von dem lateinischen *sublimāre*, erhöhen, emporheben. — Experimént, ein Kunstversuch, Erfahrungsversuch, von dem lateinischen *experĭor, expertus sum, experīri*, versuchen, probiren; *experimentum*, der Versuch. — Jod, eine Substanz, welche aus der Asche der Meerpflanzen abgeschieden wird. Den Namen Jod erhielt es wegen seiner violetten Dämpfe, denn das griech. ἰώδης (iōdaes) heisst veilchenfarbig; ἴον (ion) Veilchen, εἶδος (eidos) Ansehn, Beschaffenheit, — Schwefelblumen. Die alten Chemiker pflegten pulvrige oder lockere Sublimate mit Blumen (*flores*) zu bezeichnen, welcher Ausdruck seiner Kürze wegen häufig noch gebraucht wird. Daher hört man noch von *Flores Sulfuris*, Schwefelblumen; *Flores Zincï*, Zinkblumen, Zinkoxyd; *Flores Benzoës*, sublimirter Benzoësäure. — Der Calomel oder das Quecksilberchlorür, eine Verbindung von Chlor und Quecksilber, wird meist durch Sublimation eines Gemisches aus Quecksilber und Quecksilberchlorid dargestellt. Die Bezeichnung Calomel, latein. *calomĕlas*, im Genitiv *calomelănos*, ist von den alten Chemikern gebildet aus ϰαλός (kalos), schön, und μέλας (melas), schwarz, um damit anzudeuten, dass diese Substanz in weisser und dem Auge gefälliger Form aus einer schwärzlichen Mischung hervorgegangen ist. — Raffiniren, von dem franz. *raffiner*, feiner machen, reinigen, läutern.

Lection 12.

Spannkraft der Wasserdämpfe. Destillation mit gespannten Wasserdämpfen.

Wie [in Lection 4 erwähnt ist, werden alle Körper durch die Wärme ausgedehnt, also auch die flüssigen und luftförmigen. Sie üben bei dieser Ausdehnung einen Druck auf die Wandung des Gefässes aus, worin sie eingeschlossen sind. Wird ein Gefäss zum Theil mit Wasser gefüllt und dicht geschlossen, das Wasser dann durch Erhitzen in Dampf verwandelt. so übt der Dampf vermöge seines Ausdehnungsbestrebens (Expansivkraft, Spannkraft) gegen die Wände des Gefässes einen Druck aus. Mit der Steigerung der Temperatur und Vermehrung der Dampfmenge nimmt die Spannkraft des Dampfes zu, der Druck nach aussen wird stärker und endlich so gross, dass die Wände des

Gefässes, wenn sie nicht genügend stark und widerstandsfähig sind, auseinander gesprengt werden.

Nehmen wir jetzt, um uns von der Expansivkraft des Wasserdampfes eine Vorstellung zu machen, einen mit wenig Wasser gefüllten Probircylinder und schieben in diesen einen anderen, welcher nur um so viel enger ist, dass er sich, der inneren Wandung des ersteren dicht anliegend, in diesem leicht auf und niederschieben lässt. Erhitzen wir dann das Wasser in dem weiteren Cylinder *a* zum Kochen, so wird der eingeschobene Cylinder *b* durch den gebildeten Wasserdampf gehoben. Sobald wir durch Entfernung der Flamme die Kochung unterbrechen, so entsteht in Folge der eintretenden Abkühlung und Verdichtung des Wasserdampfes ein luft- und dampfverdünnter Raum unter dem inneren Cylinder, und dieser wird durch den äusseren Druck der Luft wieder heruntergedrückt. Dieses Auf- und Abwärtssteigen des inneren Probircylinders wird sich ununterbrochen wiederholen, wenn wir das Wasser in dem äusseren Gläschen abwechselnd der Flamme nähern und von

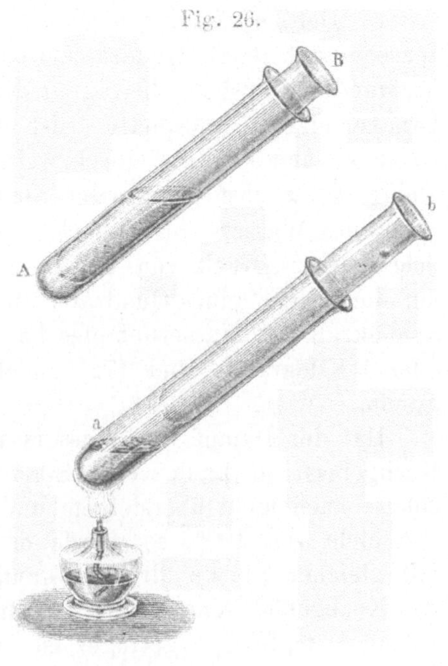

derselben entfernen. Mit diesem Experiment gewinnen wir zugleich eine Erklärung von der Spannkraft oder dem Drucke des Wasserdampfes als bewegende Kraft, wie sie in Dampfmaschinen thätig ist.

Die Spannkraft der Dämpfe oder der Druck, den sie ausüben, ist von der Temperatur abhängig; die Spannkraft steigt und fällt mit der Temperatur. Der Dampf, welcher bei einer bestimmten Temperatur einen geschlossenen Raum ganz ausfüllt, besitzt auch die grösste Spannkraft oder übt den grössten Druck aus, welchen er eben bei dieser Temperatur zu erreichen vermag. Man sagt daher, der Dampf hat das Maximum seiner

Spannkraft (oder seines Sättigungszustandes) für diese Temperatur.

Der Druck oder die Spannkraft des Dampfes von Wasser, welches bei 100⁰ C. kocht, ist gleich dem Drucke einer Atmosphäre. Bekanntlich drückt eine Luftsäule, welche von der Erdoberfläche bis zur äusseren Grenze der Erdatmosphäre reicht, mit einem Gewichte von circa 1 Kilogramm oder 1000 (genauer 1033,7) Gramm auf eine Fläche von der Ausdehnung eines Quadratcentimeters oder mit circa 10 Kilogramm auf 10 Quadratcentimeter. Der Druck, den also der Dampf des bei 100⁰ kochenden Wassers auf jeden Quadratcentimeter der einschliessenden Gefässwandung ausübt, beträgt 1 Kilogramm oder ist gleich dem Drucke einer Atmosphäre. Ist der Dampf gehindert zu entweichen, und wird er durch weiteres Erhitzen des Wassers vermehrt, so wächst damit seine Spannkraft. Ist dann die Temperatur des Wassers bis auf 121⁰ gestiegen, so übt der Dampf schon einen Druck von 2 Atmosphären oder von 2 Kilogramm auf die Fläche eines Quadratcentimeters aus. Das Maximum der Spannkraft des Wasserdampfes bei 145⁰ ist gleich 4 Atmosphären oder 4 Kilogramm, bei 172⁰ gleich 8 Atmosphären oder 8 Kilogramm.

Hat der Dampf des Wassers ungehinderten Abzug aus dem Kochgefäss, so kann seine Spannung den Druck einer Atmosphäre auch nicht übersteigen, und leiteten wir ihn in eine Wasserschicht von 100⁰, so würde er dieselbe, da die Luft darauf mit gleicher Stärke drückt, kaum durchsteigen. Hat dagegen das Kochgefäss eine so enge Oeffnung, dass die daraus ausströmende Dampfmenge geringer ist, als die gleichzeitig entwickelte Dampfmenge, so steigert sich auch die Spannung des Dampfes in dem Kochgefäss, und die Siedetemperatur nimmt zu.

Hierauf beruht die sogenannte Dampfdestillation oder die Destillation durch Hineinleiten gespannter Wasserdämpfe in das Destillirgefäss. Setzt man in den neben dem Helme befindlichen Tubus der Blase, Fig. 25., dicht ein Metallrohr ein, welches bis auf den Boden der Blase reicht, und verbindet man dieses Metallrohr mit einem Dampfkessel, so ist ein Dampfdestillationsapparat construirt.

Zur Darstellung der ätherischen Oele aus Vegetabilien benutzt man folgenden Dampfdestillationsapparat. Ein eiserner oder kupferner Dampfentwickler oder Dampfkessel e (mit Sicherheitsventil s), ein Dampfcylinder d und ein Kühlapparat k sind die Hauptbestandtheile des Apparates. Das Dampfrohr r c

verbindet den Dampfentwickler *e* mit dem Dampfcylinder *d*, in welchen es in der Nähe des Bodens eintritt. Der Dampfcylinder ist von Kupfer (oder von Holz), hat am Boden einen Hahn *o* zum Abzapfen der hier etwa zu flüssigem Wasser verdichteten Dämpfe, und etwas über der Einmündung des Dampfrohres *c r* einen mit Packleinwand überzogenen Siebboden, auf welchen das zerkleinerte Vegetabil aufgeschüttet wird. Dem Dampfcylinder

Fig. 27.

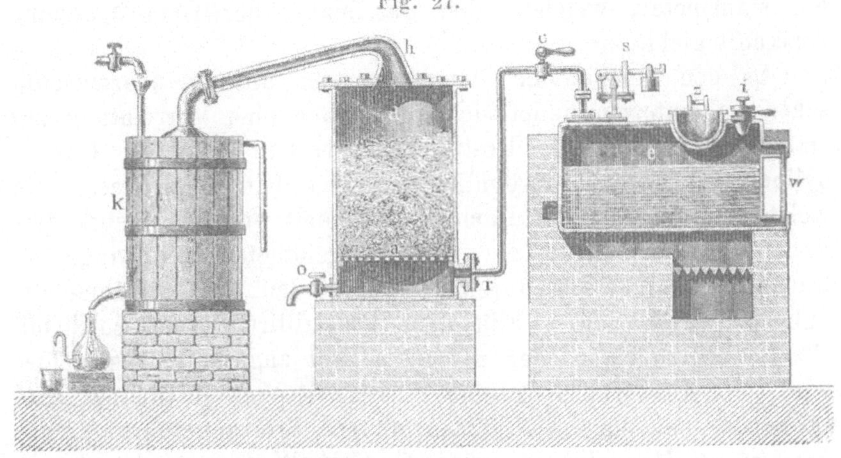

Einfacher Dampf-Destillationsapparat zur Darstellung ätherischer Oele.

ist mittelst Verschraubung ein metallener Deckel mit dem Dampfabzugsrohr *h* aufgesetzt, und der letztere mit dem Kühlapparat *k* verbunden. Als Vorlage finden wir hier eine sogenannte Florentiner Flasche gezeichnet.

Der Dampf, welcher aus dem Dampfentwickler in den Dampfcylinder geleitet wird, muss nothwendig eine solche Spannung haben, dass er die über dem Siebboden lagernde Schicht des Vegetabils mit Kraft durchströmt und, mit ätherischem Oele des Vegetabils beladen, bis zum Kühlgefäss vordringt. Für diese Operation muss der Dampf mindestens eine Spannung von $1^1/_2$ (1,5) Atmosphären haben. Der Arbeiter würde also den Hahn *c* am Dampfleitungsrohr nicht eher öffnen und den Dampf in den Cylinder übertreten lassen, ehe der Dampf in dem Entwickler nicht gegen 2 Atmosphären Spannung ($= 121,4^0$ C.) zeigt, denn in Folge des Abzugs des Dampfes mindert sich von selbst dessen Spannung. Durch Regelung des Feuers und stärkeres und geringeres Oeffnen des Hahnes *c* lässt sich die Destillation bei einer Dampfspannung von annähernd $1^1/_2$ Atmosphären, d. h. $^1/_2$

Atmosphäre über den Druck des Dampfes des bei 100^0 C. kochenden Wassers zu Ende führen. Trotz dieser Spannung des Dampfes im Dampfentwickler zeigt der in das Kühlrohr h tretende eine Spannung von circa $1^1/_{10}$ Atmosphäre, weil er in dem von atmosphärischer Luft umspülten Dampfcylinder d eine entsprechende Abkühlung, theilweise sogar eine Verdichtung zu flüssigem Wasser erleidet, wodurch also die Stärke der Spannung gemindert wird. An dem Dampfentwickler befindet sich ein Manometer, welcher über das Maass der Dampfspannung Auskunft giebt.

An den sogenannten Dampfapparaten unserer pharmaceutischen Laboratorien findet sich gewöhnlich eine Vorrichtung zur Dampfdestillation. Die Destillirblase vertritt hier den Dampfcylinder und steht gewöhnlich in demselben Dampfkessel, in welchem die gespannten Dämpfe entwickelt werden. Ueber dem Boden der Blase liegt, von einem angelötheten Metallringe getragen, ein zinnerner durchlöcherter Boden, auf welchen die Substanz, aus welcher Flüchtiges abdestillirt werden soll, mit Wasser angefeuchtet oder zu einem Brei angerührt, geschichtet wird. Ist diese Substanz eine Flüssigkeit oder ein dünner Brei (z. B. das mit Wasser zu einem dünnen Brei angerührte Pulver der bitteren Mandeln), so wird sie nach Wegnahme des durchlöcherten Bodens einfach in die Destillirblase geschüttet. Das Dampfleitungsrohr wird dicht in den Tubus der Destillirblase eingesetzt und mündet unter dem durchlöcherten Boden. Da die Blase durch das Wasser des Dampfkessels zugleich erhitzt wird, genügen hier Dämpfe von 1,3 Atmosphäre Spannkraft, um die Destillation im Gange zu erhalten. Durch Sperrung des Hahnes am Dampfleitungsrohr wird die Destillation unterbrochen. Ist der Dampfkessel nicht genügend abzuschliessen, wenn z. B. Infundirbüchsen, Kessel etc. frei in der Decke desselben hängen, und der Verschluss nur durch aufeinander liegende Metallringe stattfindet, so ist auch der Dampf zu keiner für den vorliegenden Zweck brauchbaren Spannung zu bringen.

Die Dampfdestillation erfordert zunächst eine sorgsame Unterhaltung des Feuers, um den Dampf gleichmässig mit der nöthigen Spannkraft versehen zu entwickeln, und der Hahn des Dampfleitungsrohres ist sofort zu schliessen, wenn die Destillation beendet ist. Dies letztere ist eine gebotene Vorsicht, denn wenn durch Zufall der Dampf in dem Kessel eine Abkühlung erfährt, und seine Spannkraft unter das Maass einer Athmosphäre herabsinkt, so drängt der äussere Luftdruck den Inhalt der Blase

durch das offene Dampfleitungsrohr in den Dampfkessel hinüber. Bei dieser Gelegenheit ist eine Vorsicht bei Speisung der
Dampfkessel mit Wasser zu erwähnen am Orte. In einen Dampfkessel, welcher gespannte Dämpfe enthält, soll man nie kaltes
Wasser einfliessen lassen. Da das kalte Wasser den Dampf verdichtet und dessen Spannkraft herabdrückt, so entsteht im Kessel
ein dampfverdünnter Raum, oder die Spannkraft wird auf das
Maass von weniger denn einer ganzen Atmosphäre herabgedrückt.
In Folge dieses Umstandes drückt die äussere Luft die Wandungen des Dampfkessels, wenn er nicht überaus stark ist und er
keine cylindrische Form hat, zusammen. Ist man zu einer Speisung des Dampfkessels während einer Operation mit gespannten
Dämpfen genöthigt, so schliesst man den Hahn des Dampfleitungsrohres und öffnet das vorhandene Ventil oder sonstige Rohre,
durch welche der Kessel mit der äusseren Luft in freie Communication tritt. Dann erst speist man den Kessel mit Wasser.
Der verständige Arbeiter speist den Kessel in gehöriger Weise
vor der Destillationsoperation oder vielmehr vor der Heizung.

Bemerkungen. Expansív, Expansión, vom latein. *expando, expandi,
expansum, expandĕre,* auseinanderspannen, ausbreiten. — Atmosphäre,
Dunstkreis, Luftkreis, von $\dot{\alpha}\tau\mu\acute{o}\varsigma$ (atmos), der Dunst, und $\sigma\varphi\alpha\tilde{\imath}\varrho\alpha$ (sphaira),
die Kugel, der Kreis. — Manométer, von $\mu\alpha\nu\acute{o}\varsigma$ (manos), dünn, und
$\mu\acute{\epsilon}\tau\varrho o\nu$ (metron), Maass, also Verdünnungsmesser.
Ursprünglich wurde dieses Instrument, womit man
den Druck oder die Spannung von Gasen oder
Dämpfen, die in Gefässen eingeschlossen sind, misst,
bei der Luftpumpe angewendet. Daher rührt die
scheinbar ungeeignete Benennung. Die Einrichtung
der Manometer der früheren Zeit beruht auf dem
*Mariotte'*schen Gesetz: „Die Spannkraft eines
Gases verhält sich umgekehrt wie der
Raum, den es einnimmt." Pressen wir z. B.
die Luft oder ein anderes Gas bis auf $^1/_3$ oder $^1/_4$
ihres Volums zusammen, so erlangt sie dadurch eine
3 oder 4 mal grössere Spannkraft oder sie übt dann
einen 3 oder 4 mal grössern Druck auf die sie umschliessenden Wände aus. Ein zweimal gebogenes
Glasrohr ist an dem Ende *d* geschlossen, an dem
offenen Ende *a* steht es mit dem Dampfentwickler
in dichter Verbindung. Es ist zum Theil mit Quecksilber, und zwar in dem gebogenen Theile *b q c,* gefüllt. Der Theil des Rohres *c d* enthält Luft. Hat
die Quecksilbersäule in beiden Schenkeln eine gleiche
Höhe, so ist der Druck der Luftsäule in *c d* dem
äusseren Luftdruck gleich. Lässt man nun auf die

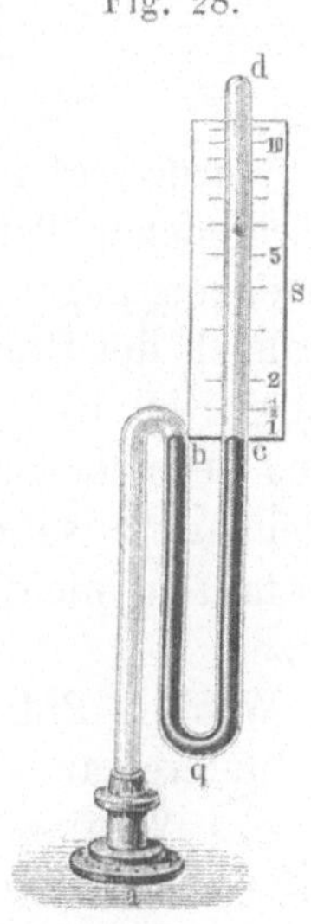

Quecksilbermanometer.

Quecksilbersäule *b* den Druck gespannter Wasserdämpfe einwirken, so wird die Qucksilbersäule in den Raum *c d* steigen und die daselbst befindliche

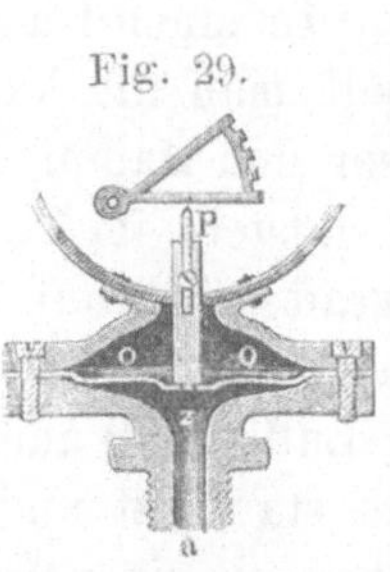
Der wesentliche Theil eines Metallmanomteers.

Luft uach dem *Mariotte*'schen Gesetze zusammendrücken. Eine Skale *s* giebt nur das Maass des Druckes an. Diese Manometer nennt man Quecksilbermanometer. Wegen ihrer Zerbrechlichkeit haben in ihrer Stelle die Metallmanometer Eingang gefunden, in welchen der Druck des (bei *a*) aus dem Dampfkessel kommenden Dampfes auf eine Metallfeder *o* wirkt, welche, den Raum *o z o* wie ein Diaphragma theilend, einen kleinen Hebel *p* in Bewegung setzt. Dieser Hebel überträgt durch besonderen Mechanismus die Bewegung auf den Zeiger an einem Zifferblatte, welches das Maass des Druckes in Zahlen angiebt. — Ventíl, Luftklappe, vom latein. *ventílo,* *äre,* lüften. Das Ventil (*s*, Fig. 27) an einem Dampfentwickler verschliesst diesen mit einer gewissen Kraft, welche dessen Festigkeit entspricht. Ist der Dampfentwickler z. B. von solcher Festigkeit, dass er einen inneren Druck von höchstens 6 Atmosphären aushält, so würde man das Ventil, wenn es als Sicherheitsventil dienen soll, bis zu 4 Atmosphären belasten, dass es also schon gehoben wird und Dampf ausströmen lässt, wenn die Spannung des Dampfes im Dampfentwickler 4 Atmosphären zu übersteigen beginnt.

Lection 13.

Wärmecapacität. Specifische Wärme.

Werden gleiche Mengen eines Körpers, z. B. Wasser, von verschiedener Temperatur gemischt, so gleichen sich ihre Wärmemengen gegenseitig aus, und die Temperatur der Mischung ist gleich der Hälfte der Wärmemengen vor der Mischung. 1 Pfd. Wasser von 100⁰ und 1 Pfd. Wasser von 60⁰ geben eine Mischung, deren Temperatur $\left(\frac{100+60}{2}=\right)$ 80⁰ beträgt. Diese Wärmeausgleichung in so einfacher Weise geschieht nur bei gleichartigen Substanzen, nicht aber bei der Mischung verschiedenartiger Substanzen.

Wird 1 Pfd. Wasser von 100⁰ mit 1 Pfd. Quecksilber von 78⁰ untereinandergeschüttelt, so hat sowohl das Quecksilber, wie das Wasser nicht das Mittel der Summe ihrer Wärmemengen vor dem Durchschütteln, sondern eine Temperatur von 99⁰ angenommen. Während sich die Temperatur des Wassers um 1⁰ verminderte, war die des Quecksilbers um 21⁰ gestiegen. Schüttelt man umgekehrt 1 Pfd. Wasser von 78⁰ mit 1 Pfd.

Quecksilber von 100⁰ durcheinander, so wird die Temperatur beider nicht 89⁰, sondern 79⁰ sein. Während also die Temperatur des Wassers nur um 1⁰ zunahm, verlor das Quecksilber an seiner Wärmemenge 21⁰. Die Wärmemenge, welche hinreicht 1 Pfd. Quecksilber bis zu seinem Siedepunkte (360⁰) zu erhitzen, erwärmt ein gleiches Gewicht kaltes Wasser nur ungefähr bis auf + 11⁰. Das Wasser muss 33 mal mehr Wärme aufnehmen als das Quecksilber, um bis auf ein und denselben Wärmegrad gebracht zu werden. So auch umgekehrt hat das Quecksilber 33 mal weniger Wärme zu verlieren als das Wasser, um bis auf einen gewissen Temperaturgrad abzukühlen. Wenn wir rohes oder unreines Quecksilber durch Destillation reinigen, so wird uns auch erklärlich sein, warum wir trotz des hohen Kochpunktes des Quecksilbers (360⁰) eine nicht viel stärkere Heizung anwenden, als wenn wir Wasser über freiem Feuer destilliren.

Aus den angegebenen Thatsachen ersieht man, dass die Wärmemengen, welche nöthig sind, die Temperatur zweier verschiedener Körper bis zu einem gewissen Punkte zu erhöhen, sehr ungleich sind.

Diese Eigenschaft der Körper, verschiedene Wärmemengen aufzunehmen, um sich gleich stark zu erwärmen, nennt man Wärmecapacität, die aufgenommene Wärmemenge selbst specifische Wärme.

Es ist Gebrauch, die Wärmecapacität des Wassers = 1,000 zu setzen. Hiernach berechnet sich die Wärmecapacität des Quecksilbers zu 0,033, des Platins zu 0,033, des Kupfers zu 0,094, des Glases zu 0,177, des Olivenoels zu 0,504, des Rüboels zu 0,452, einer Chlorcalciumlösung mit einem Gehalt von 40 Procent wasserfreiem Chlorcalcium zu 0,620, der Luft zu 0,267, des Wasserdampfes zu 0,847.

Da der Wasserdampf eine mehr denn dreimal grössere Wärmecapacität als die Luft hat, so werden wir auch leicht einsehen, dass es leichter ist, ein Zimmer mit trockner Luft zu heizen, als ein solches mit feuchter Luft, d. h. Luft, welche viel Wasserdampf gelöst enthält. Feuchte Luft muss also vielmehr Wärme aufnehmen als trockne, um bis zu einem bestimmten Temperaturgrade erwärmt zu werden.

Dass der Aggregatzustand auf das Maass der Wärmecapacität von Einfluss ist, ersehen wir am Wasser, indem, die Wärmecapacität des Wassers = 1,000 angenommen, die des Wasserdampfes nur 0,847 beträgt. Die Wärmecapacität eines Körpers verändert sich also mit dessen physikalischem Zustande. Sie ist, wie durch Versuche constatirt wurde, stets grösser an einem verdünnten Gase, als an einem comprimirten. Daher erklärt sich der Umstand, warum ein Gas bei der Ausdehnung an Wärme verliert, bei der Verdichtung oder dem Zusammendrücken sich erwärmt. Im ersteren Falle sehen wir die Wärmecapacität eines Körpers sich steigern, und der kälter werdende Körper entzieht der Umgebung Wärme. Im zweiten Falle findet eine Verminderung der Wärmecapacität statt, und der Körper lässt Wärme frei.

Hierauf beruht das **pneumatische Feuerzeug**. Dieses besteht aus einem messingenen oder starkwandigen gläsernen Cylinder (*a*) und einem darin passenden, dicht anschliessenden Stempel (*b*). Befestigt man am Häkchen an der untersten Fläche des Stempels ein Stückchen trockenen Zündschwamm und schlägt den Stempel mit Vehemenz in den aufrecht gestellten Cylinder, so wird die Luft so stark comprimirt, dass sich der Schwamm entzündet. Hier wird die Luft bis auf $^1/_5$ bis $^1/_6$ Volum zusammengepresst. Hat der Cylinder an seinem unteren Ende einen Hahn, durch welchen man die darin comprimirt gehaltene Luft ausströmen lassen kann, so lässt sich mit derselben Vorrichtung das Experiment der Verminderung der Wärmecapacität ausführen. Hängt man nämlich an jenen Hahn einige Wassertropfen und öffnet ihn, so entzieht die sich wieder ausdehnende Luft der Umgebung soviel Wärme, dass die Wassertropfen gefrieren. Aus dieser Thatsache hat man (in Amerika) Nutzen gezogen und die künstliche Darstellung von Eis versucht. Man presste atmosphärische Luft mit Hilfe einer Luftpumpe in grosse Metallcylinder, und liess sie dann durch ein Schlangenrohr und eine Brause in Wasser einströmen.

Es giebt poröse Körper, welche die Eigenschaft haben, luftförmige Körper in grosser Menge zu absorbiren und in sich zu verdichten. Eine frisch geglühte Holzkohle vermag z. B. circa das achtfache ihres Volums Sauerstoffgas zu absorbiren. Bei diesem Akt wird Wärme frei, und dazu tritt auch noch die chemische Verwandtschaft des Kohlenstoffs zum Sauerstoff. Damit gewinnen wir eine Erklärung von der Selbstentzündung grosser Kohlenhaufen, wie solche schon öfter vorgekommen ist. Den Sauerstoff bietet die atmospärische Luft dar, welche ein Gemisch aus Sauerstoff und Stickstoff ist.

Fig. 30.

Pneumatisches Feuerzeug.

Der sogenannte Platinschwamm ist ein fein zertheiltes Platinmetall und hat als solches für sich die Fähigkeit, zwischen zwei Stoffen, die es berührt oder mit welchen es sich im Contact befindet, eine chemische Thätigkeit anzuregen. Zu dieser Fähigkeit addirt sich noch beim Platinschwamm die Eigenschaft, grosse Mengen Wasserstoffgas aufzunehmen, indem er das Gas zwischen seinen Partikeln und an der Oberfläche derselben verdichtet. Diese Verdichtung geschieht mit einer Begierde und Heftigkeit, dass die aus dem verdichteten Wasserstoffgase frei gewordene Wärme den Platinschwamm zum Glühen bringt und den Wasserstoff entzündet. Auf diesem Process beruht das *Döbereiner*'sche Feuerzeug, (welches in der Lection über die Contactsubstanzen beschrieben ist). Das Wasserstoffgas brennt hierbei mit Flamme, es verbindet sich unter Feuererscheinung mit dem Sauerstoff der Luft, und das Produkt der Verbrennung ist Wasser, eine Verbindung von Wasserstoff und Sauerstoff.

Die grosse Wärmecapacität des Wassers betrachtet man als Ursache des milderen Klimas von Ländern in den nördlichen Breiten, welche von Meeren umspült sind. Das Wasser des Meeres nimmt in der wärmeren Jahreszeit und am Tage viel Wärme, wenn auch langsam, auf. Es ist daher ein Wärmespeicher und übt zur Zeit des Winters auf die niedere Temperatur der Luft und deren Strömungen einen wohlthätigen Einfluss aus. Durch Abgabe von Wärme mildert es das Klima. Darum hat das vom Meere umgebene England einen milderen Winter als die in gleichem Breitengrade liegenden Landstriche Preussens und Polens. Dort reift der Wein, hier nicht, dort überwintern und gedeihen im Freien Gewächse, welche hier des Schutzes der Gewächshäuser bedürfen.

Die grosse Wärmecapacität des Wassers ist die Erklärung für die Kühle des Bades im Sommer, für die Erfrischung durch einen Trunk Wasser, für die Temperaturerniedrigung entzündeter Körperstellen und Wunden durch Wasserumschläge.

Die grosse Wärmecapacität des Wassers nöthigt zur Anwendung desselben zum Abkühlen der Dämpfe bei Destillationen. Keine andere Flüssigkeit ist hierzu so geeignet als gerade das Wasser.

Bemerkungen. Capacität, latein, *capacĭtas*, Fassungsfähigkeit, Fassungsvermögen. — Specifisch, eigenthümlich, nur der Art (*species*) angehörend. — Pneumatisch, zur Luft gehörig. Pneumátik, die Lehre von der Bewegung der Luft und der Gasarten; abgeleitet von πνεῦμα (pneuma), Luft, Wind, Athem.

Lection 14.

Elemente. Einfache Stoffe.

Die ausserordentlich grosse Anzahl von Körpern, welche in ihrer Gesammtheit die uns umgebende sichtbare Welt bilden und sich so unendlich von einander verschieden zeigen, vertheilt man in drei grosse Gruppen. Diese Gruppen denkt man sich als Reiche und man unterscheidet ein Mineralreich, ein Pflanzenreich und ein Thierreich. Während das Mineralreich die todten unbelebten Körper umfasst, zählen wir zu den anderen beiden Reichen die belebten oder organisirten Wesen, die Pflanzen und die Thiere. Ein Körper, eine Substanz, welche ihren Ursprung dem Pflanzen- oder dem Thierreiche verdankt, nennen wir deshalb eine organische; stammt sie dagegen aus dem Mineralreiche, so nennt man sie eine anorganische oder unorganische. Anorganische Substanzen sind z. B. die Erden, Gesteine, Erze, Metalle, Wasser, Luft, dagegen gehören Zucker, Stärke, Holz, Fett, Fleisch, zu den organischen, weil sie ihre Entstehung organisirten Wesen, den Pflanzen oder Thieren, verdanken.

Aus der Asche der Laubhölzer und anderer Pflanzen ziehen wir die Pottasche oder das unreine kohlensaure Kali, aus der Asche der Meerstrandgewächse die Soda oder das kohlensaure Natron heraus. Trotz dieses Herkommens gehören diese Substanzen der anorganischen Natur an, denn die Pflanzen erzeugten sie nicht während ihres Lebensprocesses, sondern entnahmen sie aus dem Erdboden, aus den Bestandtheilen des Gesteins, oder wie die Seegewächse aus dem Salzgehalte des Meerwassers. Die Benennung des Kalis mit „vegetabilischem Alkali" stammt aus einer Zeit, in welcher man glaubte, dass es erst durch den Vegetationsakt der Pflanzen erzeugt werde, und man nicht wusste, dass dieses Alkali den Pflanzen im Feldspath, einem Bestandtheile des Bodens, dargeboten wird.

In chemischer Beziehung unterscheidet man die Körper, welche unseren Erdball bilden, als einfache und als zusammengesetzte. Die einfachen heissen auch Grundstoffe oder chemische Elemente, weil aus ihrer gegenseitigen Verbindung die zusammengesetzten hervorgehen oder entstanden sind.

Jeden Körper nennen wir nach *Robert Boyle's* (1661) Vorgang einen einfachen Stoff, wenn wir ihn durch kein uns bekanntes Mittel in verschiedene oder ungleichartige Bestandtheile zerlegen können. Dergleichen unzerlegte oder einfache Stoffe giebt es beinahe siebenzig. Ihre Namen folgen hier unter Weglassung einiger noch wenig oder unzureichend gekannter, getheilt in Klassen, die Namen in deutscher und lateinischer Sprache, begleitet von den ihnen beigelegten chemischen Schriftzeichen, den Aequivalent- und Atomgewichten.

I. Nichtmetalle (Metalloïde).

		Zeichen.	Aequivalent-gewicht.	Atomgewicht.
Sauerstoff	*Oxygenĭum*	O	8	**16**
Wasserstoff	*Hydrogenium*	H	1	1
Stickstoff	*Nitrogenium*	N	14	14
Kohlenstoff	*Carbonĕum*	C	6	**12**
Chlor	*Chlorum*	Cl	35,5	35,5
Jod	*Jodum*	J	127	127
Brom	*Bromum*	Br	80	80
Fluor	*Fluor*	Fl	19	19
Schwefel	*Sulfur*	S	16	**32**
Selen	*Selenium*	Se	39,5	**79**
Phosphor	*Phosphŏrus*	P	31	31
Kiesel	*Silicium*	Si	14	**28**
Bor	*Boron (Boratium)*	B	11	11

II. Metalle.

A. Leichtmetalle.

a. Metalle der Alkalien.

Kalium	*Kalium*	Ka od. K.	39	39
Natrium	*Natrium*	Na	23	23
Lithium	*Lithium*	Li	7	7
Caesium (Caes)	*Caesium*	Cs	133	133
Rubidium (Rubid)	*Rubidium*	Rb	85,4	85,4

b. Metalle der alkalischen Erden.

Calcium	*Calcium*	Ca	20	**40**
Baryum (Barium)	*Barÿum*	Ba	68,5	**137**
Strontium	*Strontium*	Sr	43,75	**87,5**

c. Metalle der Erden.

		Zeichen.	Aequivalent-gewicht.	Atomgewicht.
Magnesium	*Magnesium* / *Magnium*	Mg	12	**24**
Aluminium	*Aluminium*	Al	13,75	**27,5**
Glycium, Beryllium	*Glycium*	Gl od. Be	4,7	**9,4**
Zirkonium	*Zirconium*	Zr	44,8	**89,6**
Yttrium	*Yttrium*	Y	31	**62**
Thor	*Thorium*	Th	115,7	**231,4**
Cer	*Cerium*	Ce	46	**92**
Lanthan	*Lanthănum*	La	45,1	**90,2**
Didym	*Didymium*	D	46,6	**93,2**
Erbium	*Erbium*	E	56,3	**112,6**

B. Schwermetalle.
a. unedle.

Eisen	*Ferrum*	Fe	28	**56**
Mangan	*Mangănum* / *Manganesium*	Mn	27,5	**55**
Kobalt	*Cobaltum*	Co	29,5	**59**
Nickel	*Niccŏlum*	Ni	29	**58**
Chrom	*Chromium*	Cr	26	**52**
Vanad, Vanadin	*Vanadium*	V	51,3	51,3
Zink	*Zincum*	Zn	32,6	**65,2**
Cadmium	*Cadmium*	Cd	56	**112**
Titan	*Titanium*	Ti	25	**50**
Uran	*Uranium*	U	60	**120**
Wolfram	*Wolframium*	W	92	**184**
Molybdän	*Molybdaenum*	Mo	48	**96**
Tantal	*Tantalum*	Ta	91	**182**
Niob	*Niobium*	Nb	47	**94**
Zinn	*Stannum*	Sn	59	**118**
Antimon	*Stibium*	Sb	122	122
Arsen	*Arsenium*	As	75	75
Blei	*Plumbum*	Pb	103,5	**207**
Indium	*Indium*	In	56,7	**113,4**
Thallium (Thall)	*Thallium*	Tl	204	204
Wismuth	*Bismuthum*	Bi	210	210
Kupfer	*Cuprum*	Cu	31,75	**63,5**
Tellur	*Tellurium*	Te	64	**128**

b. edle.

		Zeichen.	Aequivalent- gewicht.	Atomgewicht.
Quecksilber	*Hydrargyrum*	Hg	100	**200**
Silber	*Argentum*	Ag	108	108
Rhodium	*Rhodium*	R	52,2	**104,4**
Osmium	*Osmium*	Os	99,5	**199**
Iridium (Irid)	*Iridium*	Ir	99	**198**
Ruthenium (Ruthén)	*Ruthenium*	Ru	52,2	**104,4**
Palladium (Pallád)	*Palladium*	Pd	53,3	**106,6**
Platin	*Platinum* *Platina*	Pt	98,7	**197,4**
Gold	*Aurum*	Au	197	197

Von allen diesen einfachen Stoffen bietet etwa nur die Hälfte dem Pharmaceuten Interesse. Es genügt daher, vorläufig die vorstehende Reihe einige Male durchzulesen, um das Gedächtniss mit den verschiedenen Namen zu befreunden. Der Werth der Schriftzeichen oder Symbole, so wie der Aequivalentzahlen wird später ein Object des Studiums werden.

Aus der innigen Verbindung zweier und mehrerer der aufgezählten einfachen Stoffe entstehen die zusammengesetzten Körper. Wasser ist z. B. ein solcher, denn es ist eine Verbindung von zwei luftförmigen Elementen, nämlich Wasserstoff und Sauerstoff. Das Kali ist eine Verbindung des Kalium mit Sauerstoff, die gebrannte Kalkerde (Aetzkalk) eine Verbindung des Calcium mit Sauerstoff, das Kochsalz (Chlornatrium) eine Verbindung des Natrium mit Chlor, Kohlensäure eine Verbindung des Kohlenstoffs mit Sauerstoff, Eisenoxyd eine Verbindung des Eisens mit Sauerstoff, Bleioxyd oder Bleiglätte eine solche aus Blei und Sauerstoff.

Zusammengesetzte Körper verbinden sich wiederum mit einander, und es entstehen dadurch weitere unzählige Verbindungen. So entsteht z. B. aus der Verbindung der Kalkerde mit Kohlensäure die kohlensaure Kalkerde, welche in der Natur als Kreide, Kalkstein, Tropfstein, Marmor, Kalkspath angetroffen wird. Die Verbindung des Kalis mit Kohlensäure liefert das kohlensaure Kali, im gewöhnlichen Leben Pottasche genannt. Die Soda oder das kohlensaure Natron ist eine Verbindung des Natrons mit Kohlensäure. Verbindungen des Kalis, des Natrons, der Kalkerde mit Wasser heissen Kalihydrat, Natronhydrat, Kalkerdehydrat.

Die Zusammensetzung eines Körpers betrachtet nach den einfachen Stoffen, welche eine Masse bilden, nennt man seine elementare Zusammensetzung.

An der elementaren Zusammensetzung der anorganischen Körper im Allgemeinen betheiligen sich alle einfachen Stoffe, dagegen sind die organischen Körper, ungeachtet ihrer unendlichen Mannigfaltigkeit, in welcher sie sich unseren Sinnen darbieten, nur aus 2, 3, 4, also einer sehr beschränkten Zahl einfacher Stoffe zusammengesetzt. Diese wenigen einfachen Stoffe sind: Kohlenstoff, Wasserstoff, Sauerstoff und Stickstoff, denen sich in sehr untergeordneter Stellung noch einige andere, wie Schwefel, Phosphor, Kiesel, anreihen.

Die Oxalsäure oder Kleesäure ist eine organische Verbindung von Kohlenstoff und Sauerstoff (aber in einem anderen Mengenverhältnisse wie in der Kohlensäure), der Zucker eine Verbindung von Kohlenstoff, Wasserstoff und Sauerstoff, das Chinin eine Verbindung von Kohlenstoff, Wasserstoff, Sauerstoff und Stickstoff. Der Eiweisstoff besteht aus diesen vier einfachen Stoffen und Schwefel.

Die Elemente des *Aristoteles*, welche bereits *Empedokles* (450 vor Chr.) aufstellte, betrachtete man im Verlaufe von 2000 Jahren als die Grundstoffe aller Dinge. Diese Elemente waren Feuer, Wasser, Luft und Erde. Ihre Aufstellung war das Ergebniss einer kindlich naiven Speculation, einer Philosophie, welche keine direkte Fragen an die Natur zu stellen vermochte, welche von zusammengesetzten und einfachen Körpern keine Vorstellung hatte. Jene vier Elemente lassen nicht die Auffassung von den Grundstoffen oder einfachen Körpern unserer heutigen Chemie zu, sie repräsentiren vielmehr die vier Hauptzustände, in welchen sich die Natur dem betrachtenden Auge zunächst blosslegt. Fest ist die Erde, flüssig das Wasser, luftförmig die Luft, das Feuer vertrat die geistige Form und erschien als die erschaffende, verändernde und zerstörende Naturkraft in sichtbarer, aber körperloser Form. Letzteres war daher der Inbegriff aller Thätigkeit in der Natur, welchem die drei anderen Elemente unterthan waren. Ja es bildete sich sogar die Ansicht aus, dass das eine Element in das andere verwandelt werden könne.

Das starre Festhalten an diesen vier Elementen war und blieb ein Hemmschuh für die Erfassung richtigerer Ansichten. Unsere Voreltern kannten allerdings mehrere Stoffe, welche der Reihe unserer heutigen chemischen Grundstoffe angehören, wie

z. B. Kupfer, Eisen, Zinn, Blei, Quecksilber, Silber, Gold, Schwefel, Kohlenstoff, aber die Annahme, dass sie, aus dem Element der Erde hervorgegangen, auch immer wieder in die Wesenheit der Erde zurückkehren müssten, verhinderte das Erkennen ihrer elementaren Werthe.

Bemerkungen. Robert Boyle (spr. robbert beul), geb. 1625 zu Lismore in Irland, gest. 1691, war der Sohn eines Grafen von Cork. Er sammelte seine Kenntnisse in der Schweiz (Genf), Italien und Frankreich. Man kann ihn als den ersten Chemiker ansehen, der die Kunst des Experimentirens lehrte, auf diesem Wege Thatsachen sammelte und diese zu der Erkenntniss allgemeiner Gesichtspunkte zusammenzufassen suchte. Er war der erste, welcher die Begriffsbestimmung des „Elements" aufstellte. Ueberdies ist er der eigentliche Begründer der chemischen Analyse auf nassem Wege und er war es hauptsächlich, welcher Reagentien aufsuchte und anwendete.

Lection 15.

Anziehung. Attraction.

Mit Anziehung oder Attraction bezeichnet man das Bestreben der Körper und ihrer Theile, diese mögen gleichartige oder ungleichartige sein, sich einander zu nähern, an einander zu haften oder sich zu verbinden. Zur Erklärung der Ursache dieses Bestrebens nimmt man eine Anziehungskraft in jedem Körper als vorhanden an.

Die Anziehungskraft oder Attractionskraft zeigt sich auf verschiedene Weise:

1. zwischen gleichartigen, sich eng berührenden Stoff- oder Körpertheilen als Cohäsionskraft, wenn der Erfolg ihrer Wirkung ein gleichartiges Ganze, das Verharren zu einer einheitlichen Masse ist. Der Erfolg der Cohäsionskraft bedingt die Festigkeit des Glases, des aus Krystallen von kohlensaurer Kalkerde bestehenden Marmors, des aus schwefelsaurer Kalkerde bestehenden Marienglases (*Glacies Mariae*), das Zusammenfliessen zweier Quecksilbertropfen, Wassertropfen, wenn sie bis zur gegenseitigen Berührung genähert werden;

2. als Adhäsionskraft, wenn ungleichartige Körper, welche sich an ihrer Oberfläche berühren, das Bestreben haben, an einander zu haften. Das Anhaften eines Wassertropfens an

Glas, das Leimen, das Aufsaugen von Wasser durch Schwamm finden ihre Erklärung in der Adhäsionskraft;

3. als chemische Anziehungskraft, Verwandtschaft oder Affinität zwischen ungleichartigen Stoffen, wenn diese das Bestreben haben, sich gegenseitig innig zu durchdringen, zu mischen und einen Körper zu erzeugen, welcher seiner inneren und äusseren Beschaffenheit nach denjenigen Stoffen, aus denen er besteht, unähnlich ist. Sauerstoff und Wasserstoff, zwei verschiedene luftförmige Körper, verbinden sich, der chemischen Anziehung folgend, zu Wasser; Sauerstoff und Kalium zu Kali, Kohlenstoff und Sauerstoff zu Kohlensäure.

Die Annahme der Anziehungskraft in ihren erwähnten drei Verschiedenheiten ist insofern von grosser Wichtigkeit, als sie uns erklärt, wie die Natur aus der geringen Zahl der einfachen Stoffe die unendliche Vielheit von Körpern und deren Gestalten und Formen hervorzubringen vermag. Unsere Voreltern erklärten sich die Ursache hiervon mit Hilfe der Ansicht der Pythagoräer, dass nämlich in der Natur Alles liebe, Alles empfinde.

Die Anziehungskraft in den oben erwähnten drei Verschiedenheiten interessirt den Pharmaceuten zunächst, es sei aber auch erwähnt, dass man eine electrische und eine magnetische Anziehung unterscheidet, und dass man die Anziehung der Erde zu allen irdischen Körpern, welche sich als Schwere zu erkennen giebt, und die Anziehung der Himmelskörper unter einander mit Gravitation bezeichnet. Entsprechend den verschiedenen Umständen, unter welchen die allen Körpern inwohnende Anziehungskraft zur Erscheinung kommt, nahmen die Physiker das Vorhandensein verschiedener attractorischer Kräfte an.

Bemerkungen. Attraction, von dem latein. *attrăho, attraxi, attractum, attrahĕre,* heranziehen, anziehen; *attractio,* die Anziehung; *attractorius, a, um,* anziehend. — Cohäsion von dem lat. *cohaerĕo, cohaesi, cohaesum, cohaerĕre* zusammenhängen. — Adhäsion von dem lat. *adhaerĕo* etc., anhangen, ankleben; *adhaesio,* das Anhängen. — Affinität von dem lat. *affinĭtas, ātis,* Verwandtschaft, Verschwägerung, oder *affinis, e* (ad und finis), angrenzend, durch Heirath anverwandt. — Gravitation, von dem lat. *gravis, e,* schwer, gewichtig; *gravĭtas, ātis,* die Schwere, das Gewicht. — Pythagŏras, ein Philosoph des griechischen Alterthums (geb. 584 vor Chr.)

Lection 16.

Cohäsion. Aggregat. Krystalle. Amorph. Sphäroïdische Form.

Durch die Wirkung der Cohäsionskraft werden die kleinsten Theile gleichartiger Körper bei ihrer unmittelbaren Berührung zusammengehalten. Sie ist also die Ursache der Eigenschaft eines gleichartigen Ganzen, vermöge welcher die Theile dieses letzteren einer Trennung oder einer gegenseitigen Verschiebung Widerstand leisten. Der Erfolg der Cohäsionskraft ist sonach der Zusammenhalt oder die Cohärenz gleichartiger Stofftheile, das Beharren derselben zu einem einheitlichen Ganzen. Sie ist aber nicht immer von derselben Stärke, denn wir haben harte, spröde, zähe, dehnbare, weiche, flüssige Körper; sie ist entweder mehr oder weniger stark in den harten, zähen, spröden Körpern, oder sie behauptet nur ein geringes Maass in den tropfbarflüssigen Körpern, und scheint sich endlich in den luftförmigen Körpern, die das Bestreben haben ohne Unterlass sich auszudehnen, ganz zu verlieren.

Der Körper, welcher sein Bestehen den durch Cohäsion verbundenen Stofftheilchen verdankt, ist ein Aggregat eben dieser Stofftheilchen. Die Art, wie sich ein solcher Körper als Aggregat zeigt, nennen wir deshalb seinen Aggregatzustand. Der Aggregatzustand des Eisens bei gewöhnlicher Temperatur ist ein fester, der des Wassers, des Aethers, des Quecksilbers ein tropfbarflüssiger, der des Wasserstoffs, des Sauerstoffs, des Stickstoffs ein luft- oder gasförmiger.

Das Maass oder die Kraft der Cohärenz der gleichartigen Stofftheilchen eines festen Körpers lässt sich an dem Widerstande erkennen, welchen der Körper jeder von aussen einwirkenden Kraft entgegensetzt. Man pflegt jenes Maass nach dem Gewicht zu bestimmen, indem man Stäbe fester Körper von einem gewissen Durchmesser in perpendiculärer Lage so lange mit Gewichten beschwert, bis sie zerreissen. Während dies bei einem 1 Centimeter dicken Bleistabe schon bei 120 Pfund Belastung eintritt, zerreisst ein gleich dickes Hanfseil bei 1200 Pfund, ein gleich dicker Eisendraht bei 12000 Pfund Belastung.

Durch Walzen, Pressen, Klopfen, wodurch die Stofftheilchen in noch engere Berührung gebracht werden, hat man auch Mittel in der Hand, das Maass der Cohärenz zu vermehren. Gewalztes

Blei zeigt viermal mehr Festigkeit als nicht gewalztes. Geklopftes Sohlenleder dauert im Gebrauch noch einmal so lange als nicht geklopftes.

Gleich wie wir Mittel zur Vermehrung der Cohärenz haben, so giebt es auch Mittel, die Cohärenz zu vermindern oder aufzuheben. Von den Mitteln dieser letzteren Art ist die Wärme das hervorragendste. Hartes Fichtenharz, Wachs werden in der Wärme weich und beim Zufluss von mehr Wärme schmelzen sie zu einer Flüssigkeit. Ein Stück Guttapercha, welches sich bei gewöhnlicher Temperatur sehr schwierig schneiden lässt, wird in heisses Wasser gelegt so weich, dass man es mit den Fingern in kleine dünne Stückchen zerzupfen kann. Ein Stück dünnes Horn wird in heissem Wasser oder sonst durch Wärme weich und zähe. Aus diesem Grunde darf man nicht hörnerne Geräthschaften heiss werden lassen, mit hörnernen Spateln oder Löffeln warme oder heisse Flüssigkeiten, Gemische etc. umrühren, denn sie werden weich und verändern ihre Form. Wollen wir die harten Weinsteinkrystalle (*Crystalli Tarätri*) oder Wismuthmetall (*Bismuthum*) leicht in Pulver verwandeln, so erwärmen wir diese Körper und zerstossen sie in einem erwärmten eisernen Mörser. Blei, ein so weiches Metall, wird beim Erhitzen spröde, dass es sich mit dem Hammer zerschlagen lässt. Das Zinn zeigt ein ähnliches Verhalten bei 200° C. Zink ist bei 120—150° dehnbar und lässt sich zu Blechen auswalzen, über 200° wird es aber spröde und lässt sich dann sogar pulvern.

Interessant ist der Erfolg der Cohäsionskraft, wenn ein fester Körper aus dem flüssigen Zustande in den festen übergeht, wenn seinen einzelnen Stofftheilchen die Gelegenheit gegeben ist, der Cohäsionskraft beliebig zu folgen, sich, geometrische Formen bildend, an einander zu legen, wenn ein Körper Krystalle bildet.

In einen flüssigen Zustand kann ein Körper theils durch die Wärme, durch Erhitzen, also durch Schmelzung, theils durch Auflösen in irgend einer Flüssigkeit versetzt werden. Beim Erkalten oder Erstarren des geschmolzenen Körpers oder durch Entfernung der auflösenden Flüssigkeit nimmt der Körper wiederum seinen ursprünglichen Aggregatzustand an und zwar nach Art des Körpers auf zweierlei Weise. Seine Stofftheilchen gruppiren sich entweder zu einem Aggregat von bestimmter geometrischer Form, begränzt durch ebene Flächen, er bildet Krystalle, oder er nimmt keine solche bestimmte äussere Form an. In diesem letzteren Falle heisst er gestaltlos oder amorph.

Lösen wir etwas arabisches Gummi in Wasser und lassen diese Lösung auf einem Gläschen an einem warmen Orte eintrocknen, so bleibt ein zwar durchsichtiger, aber gestaltloser Körper zurück. Lassen wir dagegen eine Lösung des Salpeters (*Kali nitricum*) oder des Salmiaks (*Ammonium muriaticum*) ebenso verdunsten, so erhalten wir einen aus Krystallen bestehenden Rückstand. Stellen wir die in der Wärme gesättigten Lösungen dieser Salze an einen kalten Ort, so sondern sich daraus grössere Krystalle ab.

Während viele Körper unter allen Verhältnissen dem Bestreben, Krystallform anzunehmen, genügen, giebt es wiederum auch andere, die je nach Umständen bald krystallisirt, bald amorph auftreten. Nehmen wir z. B. ein Stückchen Hutzucker, welcher sich uns als ein Aggregat sehr kleiner Krystallchen darstellt, lösen es in etwas heissem Wasser und kochen die Lösung ohne Umzurühren in einem Pfännchen ein, so erhalten wir nach dem Erkalten eine glasartige durchsichtige Masse, welche wegen Mangels an Krystallform amorph ist, welche wir auch in Stangen oder Streifen geformt als Gerstenzucker (*Sacchärum hordeātum*), in viereckigen Täfelchen als Bonbon kennen.

Rührt man dagegen beim Einkochen der Zuckerlösung um, so wird die Masse bis auf einen gewissen Concentrationspunkt gekommen trübe und erstarrt zu einem Haufwerk kleiner Krystallchen. Diese Erscheinung pflegt man im vorliegenden Falle mit Absterben zu bezeichnen. Uebrigens ist der sogenannte Candiszucker ein Zucker in grossen Krystallen, welche in concentrirten Zuckerlösungen anschiessen.

Beispiele von dem Bestreben der Körper, in einen krystallinischen Zustand überzugehen, wenn sie geschmolzen sind und wieder erkalten, geben Wismuth, Schwefel, Zink. Man nehme ein Stück Wismuth (*Bismuthum*), hülle es in Papier und zerschlage es mit dem Hammer. Die Bruchtheile zeigen Krystallflächen. Gegossenes Zink zeigt auf der Bruchfläche ein feines blättrig-krystallinisches Gefüge. Der Stangenschwefel (*Sulfur in baculis*) ist Schwefel, welcher geschmolzen in cylindrische Formen gegossen wurde. Bricht man eine Schwefelstange durch, so sieht man auf der Bruchfläche das krystallinische Gefüge, oft findet man darin sogar Höhlungen, angefüllt mit säulenförmigen Krystallen. Derselbe Schwefel kann aber auch in den amorphen Zustand übergeführt werden, erhitzt man ihn über seinen Schmelzpunkt hinaus und giesst man ihn dann plötzlich in kaltes Wasser. Er bildet dann eine weiche hyacinthrothe Masse, welche sich zu langen Fäden ziehen lässt und erst nach einiger Zeit erstarrt, wobei er wieder den krystallinischen Zustand und die ursprüngliche gelbe Farbe annimmt.

Tropfbare Flüssigkeiten haben das auf der Cohäsion ihrer Theilchen beruhende Bestreben die Kugelform anzunehmen, wodurch die Bildung des Tropfens erklärlich wird. Sie kommen, wenn kein Hinderniss entgegentritt, diesem Bestreben möglichst nach. Das mit etwas Arsenik versetzte geschmolzene Blei wird aus ansehnlicher Höhe (im Schrotthurme) mittelst eines eisernen, mit Bleiasche bestäubten Durchschlages in Wasser getropft. Die während des Herabfallens erkaltenden Bleitropfen bilden das aus Kügelchen bestehende Bleischrot, welches der Jäger gebraucht und der Pharmaceut beim Tariren der Gefässe benutzt. Bestäubt man eine Glas- oder Papierscheibe mit den Sporen des *Lycopodium clavātum*, dem Bärlappsamen (*Lycopodium*), und spritzt einige Tröpfchen Wasser darauf, so bilden diese vollkommene Kügelchen. Etwas Quecksilber (*Hydrargȳrum*) auf einen Teller geschüttet theilt sich in Kügelchen, und nur die grösseren Quecksilbertheile nehmen eine sphäroidische Form an, weil die Schwere ihrer Masse die Cohäsion mehr oder weniger behindert.

Bemerkungen. Cohärénz von dem lat. *cohaerĕo, cohaerēre*, zusammenhängen. — Aggregát von dem lat. *aggrĕgo* (ad-grego), *aggregāre*, beigesellen, beischaaren. — Kryståll von dem griech. κρύσταλλος, lat. *crystallus*, Eis, Bergkrystall. — Krystallinisch, griech. κρυστάλλινος, lat. *crystallĭnus, a, um*, aus Krystall bestehend, krystallähnlich, eisartig. — Amórph, gebildet aus α, dem griech. *alpha privativum*, entsprechend dem deutschen ohne, -los, μορφή (morphae), Gestalt, also ohne Gestalt, gestaltlos. Sphäroidisch, gebildet aus σφαῖρα (sphaira), Kugel, und εἶδος (eidos), Gestalt, Ansehen mit dem Begriff des Scheines. Unter Shpäroid versteht man daher nicht die Kugelgestalt, sondern eine der Kugel nahe kommende Form, eine unvollkommene Kugelgestalt; es bedeutet sphäroidisch also eine unvollkommene Kugel darstellend, der Kugelgestalt nahekommend; kugelförmig und sphärisch, griechisch σφαιρικός (sphairikos), sind dagegen synonym.

Lection 17.

Adhäsion.

Erklärten wir uns das Beharrungsbestreben eines gleichartigen Körpers zu einem einheitlichen Ganzen durch die Cohäsion seiner Stofftheilchen, so nennen wir das Bestreben zweier ungleichartiger Körper, welche mit einander in Berührung kommen, an einander zu haften, Anhaftung oder Adhäsion. Denselben Begriff giebt auch das Wort Flächenanziehung. Die Kraft, welche wir uns bei den Erscheinungen der Adhäsion thätig denken, heisst Adhäsionskraft und der Erfolg ihrer Wirkung Adhärenz.

Die Lehre von der Adhäsion erklärt uns eine unendliche Menge täglich vorkommender Erscheinungen. Tauchen wir einen trocknen Holzstab in Wasser und ziehen ihn heraus, so finden wir, dass er nass ist, denn ein Theil des Wassers haftet an seiner Oberfläche. Bestreuen wir eine Glasscheibe mit Bärlappsporen (*Lycopodium*) und kehren sie um, so sehen wir, dass nur ein Theil der Sporen herunterfällt, ein Theil aber als Staub die Glasfläche bedeckt. Füllen wir eine trockne Medicinflasche mit Weingeist oder Wasser und giessen dann die Flüssigkeit wieder heraus, so bleibt ein Theil davon an der inneren Wandung der Flasche hängen. Bedecken wir eine ebene Glasscheibe mit Wasser und legen eine andere ebene Glasscheibe darauf, so dass ihre Flächen möglichst genähert sind, so gehört eine gewisse Kraftäusserung dazu, die beiden Glasscheiben von einander zu trennen. Füllen wir eine Flasche mit kaltem Brunnenwasser oder mit Bier, welche Flüssigkeiten immer etwas freie Kohlensäure enthalten, und stellen sie an einem temperirten Orte bei Seite, so wird sich die Kohlensäure nach und nach losmachen (die Adhäsion zwischen Kohlensäuregas und Wasser oder Bier wird gelockert, geschwächt) und sie steigt in kleinen Bläschen empor, theils entweichend, theils aber sich unterhalb des Niveaus der Flüssigkeit an die Glaswandung anlegend, so dass diese mit kleinen Bläschen dicht besäet ist. Diese Bläschen verharren so lange an diesem Platze, bis eine heftige Erschütterung des Gefässes oder eine Bewegung der Flüssigkeit sie losreisst, d. h. die Adhäsion bewältigt. Hier in diesem Beispiele ist die Adhäsion des Kohlensäuregases zur Flüssigkeit durch Zwischenkunft der Wärme aufgehoben, nicht aber bei derselben Temperatur diejenige zum Glase.

Wenn wir Pflaster bereiten (z. B. *Emplastrum fuscum, Ceratum Resīnae Pini*) und die geschmolzene Masse derselben mit einem Spatel umrühren, so wird auch in Folge der Adhäsion Luft in die Masse hineingerührt. Giessen wir nun die Pflastermasse in Tafeln aus, so steigt der grösste Theil dieser Luft an die Oberfläche derselben, grössere oder kleinere Gruppen Bläschen bildend, welche erstarrend der Pflastertafel ein hässliches Aussehen geben. Wir nehmen deshalb eine glühende Holzkohle und halten sie dicht über den Bläschen, wodurch diese zersprengt werden und die Oberfläche der noch flüssigen Pflastermasse Gelegenheit, sich zu ebenen, gewinnt. Die Adhäsion der Luft an Flächen und Korpern erkennen wir noch mehr an jenen Pflastern, denn hat man ihre geschmolzene Masse nicht umgerührt und auch sorgfältig die an der Oberfläche schwimmenden Luftbläschen beseitigt, man giesst sie aber schnell in die Kapsel aus, so mischt sich die der Kapsel adhärirende Luft mit der auffallenden Pflastermasse und sammelt sich in der Ruhe in Bläschen an der Oberfläche der Pflasterschicht.

Wenn Zucker, trockne Pflanzentheile, wie Blumen, Blätter, Wurzeln, in Wasser eingerührt und in einem Destillirgefäss oder einem Kessel über freiem Feuer aufgekocht werden, so steigt das Gemisch gleich nach dem ersten schwachen Aufwallen unter Aufsteigen von vielen Blasen plötzlich hoch und über den Rand des Gefässes hinaus, wenn dieses zu sehr gefüllt war. Dieses Aufschäumen ist sehr erklärlich. Jenen trocknen Stoffen adhärirt viel Luft, auch das Wasser enthält an und für sich Luft. Die Adhäsion zwischen Luft, Wasser, Kräutern und Gefässwandung wird erst bei der Siedetemperatur des Wassers aufgehoben und daher beim Beginn des Siedens der ganze Luftgehalt auf einmal ausgetrieben. Wenn man daher Zucker mit Wasser zu Syrupen über freiem Feuer kocht, Pflanzenwässer durch Destillation darstellt, so darf man das Gefäss nur zu $2/3$ seines Rauminhaltes anfüllen. Das ist eine goldene Regel für den im Laboratorium arbeitenden Pharmaceuten, den Defectar.

Das stossende Kochen vieler Flüssigkeiten in Glasgefässen, Porcellangefässen lässt sich durch das Adhäsionsbestreben der gebildeten Dampfblasen zu dem glatten Boden dieser Kochgefässe erklären. Dieses Adhäsionsbestreben des Wasserdampfes ist bei Glas und Porcellan weit stärker als bei Metall, sogar so bedeutend, dass Wasser in porcellanenen und gläsernen Kochgeschirren einen höheren Siedepunkt erreicht, als in metallenen. (Vergl. Lect. 8.)

Das Verharren der Riechstoffe an und in Gefässen, an Colatorien (Seihetüchern) trotz Ausscheuerns und Auswaschens beruht auf Adhäsion.

Giebt man in ein kleines Schälchen doppelkohlensaures Natron (*Natrum bicarbonicum*) und etwas Wasser und giesst in das Gemisch etwas verdünnte Schwefelsäure, so tritt eine heftige Kohlensäuregasentwickelung ein. Die Kohlensäure entweicht in kleinen Bläschen mit solcher Heftigkeit, dass sie die ihr adhärirenden Flüssigkeitstheilchen mit fortreisst. Daher kann man das Stäuben der Kohlensäure mit blossen Augen sehen, und die Umgebung des Schälchens ist mit einer Unzahl kleiner Tröpfchen Flüssigkeit bedeckt. Beim Auflösen von Silber in Salpetersäure findet auch eine Gasentwickelung statt. Das Silber entzieht nämlich einem Theile der Salpetersäure Sauerstoff, und der Rest dieses Theiles Salpetersäure entweicht als Stickoxydgas, und zwar mit einer gewissen Heftigkeit. Die Stickoxydgasbläschen reissen daher Partikel der Silberlösung mit sich. Ist nun das Gefäss, worin die Lösung vorgenommen wird, klein oder flach, so spritzt auf diese Weise eine Menge der Silberlösung über den Gefässrand hinweg. Silberlösung hat aber einen Werth, und man verhütet möglichst jeden Verlust. Dies erreicht man, wenn man die Lösung in einem hohen Gefässe oder einem Glaskolben vornimmt, oder das topfförmige Gefäss mit einem Trichter oder einem abgesprengten kugeligen Kolbenboden schliesst, damit die daran spritzenden Tröpfchen sich sammeln, zusammenfliessen und in die Flüssigkeit zurücktropfen.

Die Adhäsion zwischen flüssigen und luftförmigen Körpern erklärt uns auch folgende Erscheinung. Wenn wir Wasser und Weingeist zusammengiessen, so erscheint das Gemisch momentan trübe, in Folge unzähliger kleiner Luftbläschen, welche schnell an die Oberfläche der Mischung steigend verschwinden. Der Weingeist vermag nämlich weit mehr Luft und Kohlensäure, welche er in Berührung mit Luft aufnimmt, in Absorption zu erhalten, als Wasser oder ein wässriger Weingeist. Die Adhäsion zwischen Kohlensäuregas und kaltem luftfreiem Wasser bei gewöhnlichem Luftdruck ist so stark, dass Wasser beinahe ein gleiches Volum Kohlensäure in Absorption erhalten kann. Wasser dagegen, welches atmosphärische Luft enthält, vermag bei gewöhnlichem Luftdrucke kaum den 5ten Theil seines Volumens Kohlensäuregas aufzunehmen. Die atmosphärische Luft vermindert also die Adhäsion zwischen Wasser und Kohlensäure. Das sogenannte Kohlensäure-Wasser oder Brausewasser ist unter verstärktem Drucke mit Kohlensäuregas imprägnirt. War zuvor das Wasser von der adhärirenden Luft befreit, so wird das Brausewasser beim Oeffnen der Flasche (also bei Aufhebung des Druckes) allmählich seine Kohlensäure fahren lassen. War dagegen das Wasser vor der Imprägnation mit Kohlensäure nicht von seinem Luftgehalt befreit, so wird beim Oeffnen der Flasche die Kohlensäure auf einmal unter heftigem Ueberschäumen entweichen.

Der Staub, der immer in bewegter Luft vorhanden ist, setzt sich auf und an die Gegenstände in Folge der Adhäsion, dem Staube adhäriren wiederum Wassertheilchen, welche die Luft enthält, ja die Feuchtigkeit der Luft allein condensirt sich in Folge der Adhäsion an den Flächen. Wägen wir leichte oder pulvrige Salze, z. B. schwefelsaures Chinin (*Chininum sulfuricum*) oder andere aus zarten Theilen bestehende Körper in der Schale einer Waage ab, welche nicht vorher durch Abreiben mit einem trocknen Tuche gesäubert ist, schütten dann den abgewogenen Körper aus der Schaale heraus, so finden wir, dass diese mit einer ziemlichen Schicht des Chinins oder des anderen leichten Körpers bedeckt bleibt. Diese Schicht leistet oft selbst einem starken Klopfen gegen die Schale Widerstand. Wollen wir dieses Anhängen verhindern, so dürfen wir nur vorher die Schale mit einem trocknen Tuche abreiben. Dasselbe gilt auch von den hörnernen Pulverschiffchen, in welche man die getheilten Pulver schüttet. Als Wischtuch gebrauchen wir ein leinenes, weil diesem die Feuchtigkeit besser adhärirt als einem baumwollenen oder wollenen.

An rauhen Flächen zeigt sich die Adhärenz staubiger Körper immer stärker als an glatten. Dies ist der Grund, warum wir feine Pulver in Kapseln aus glattem Papier dispensiren, zarte theure Pulver, z. B. Carmin, in Capseln aus Glanzpapier, an denen die Glanzseite nach innen liegt, abgeben. An rauhe Flächen setzen sich bildende Krystalle leichter und schneller an als an glatte. Daher wählen wir zu Krystallisationen gern steingutene Geschirre und der Fabrikant ·stellt und hängt in die Krystallisationsgefässe Holzstäbe und Hanfschnüre.

Kitten, Leimen, Löthen, Verzinnen, Versilbern, Vergolden etc. finden sämmtlich in der Adhäsion ihre Erklärung.

Ein schönes Beispiel von der Stärke der Adhäsionskraft bei festen Körpern bietet uns unter den Gesteinen der Granit, welcher ein Conglomerat aus Quarz, Feldspath und Glimmer ist. Trotz der Verschiedenheit dieser Gesteine zeigt ihr Gemenge hier sehr festen Zusammenhang.

Unter den Flüssigkeiten geben die Milch und die Emulsion ein Beispiel der Kraft der Adhäsion, denn in diesen Substanzen schwimmt das leichte Fett in Form mikroskopischer Kügelchen in der schwereren wässrig-schleimigen Flüssigkeit. Eine Oelemulsion ist nur dann gut, wenn die Oelkügelchen eine solche Kleinheit haben, dass die mit dieser Zertheilung erreichte grössere Oberfläche und die hierdurch vermehrte Adhärenz zum

Gummischleim das Cohäsionsbestreben des Oels überwiegen, die Oeltröpfchen also verhindert sind, zusammen zu fliessen.

Bemerkungen. Adhärenz vom lat. *adhaerĕo*, *ēre*, anhangen, ankleben. — Temperirt, von dem lat. *tempĕro*, *āvi*, *ātum*, *āre*, mässigen, bedeutet einen Temperaturzustand, der weder kalt noch zu warm ist, gemässigte Temperatur, circa + 20 bis 30⁰ C. warm. — Der oder das Niveau, das franz. *niveau* (sprich: niwoh), Wasserwaage, Setzwaage, bezeichnet die wagerechte Fläche einer Flüssigkeit. — Defectár, Defectarius, heisst der Pharmaceut, welcher die Arbeiten im Laboratorium besorgt, welcher dem Mangel (*defectus, us*) an zu bereitenden Medicinstoffen abhilft. Receptár, Receptarius, ist dagegen der Pharmaceut, welcher die Arzneien nach Recepten, welche gewöhnlich mit *Recĭpe* (nimm) beginnen, anfertigt und dispensirt (abgiebt). Dieser arbeitet in dem Dispensirlokal der Apotheke. — Colatorien, Colirtücher, von dem lat. *colo*, *avi*, *atum*, *āre*, durchseihen, reinigen. — Granit hat ein körniges Gefüge, daher sein Name, gebildet aus dem lat. *granum*, das Korn. — Emulsion heisst ein Gemisch aus einem Oele, besonders einem fetten Oele, einer Schleimsubstanz und Wasser. In diesem Gemisch ist das Oel so vertheilt, dass es sich darin suspendirt erhält und dem Gemisch das Ansehen der Milch giebt. Das Wort *emulsio* ist das Substantiv von *emulgĕo*, *emulsum*, *ēre*, ausmelken, abmelken.

Lection 18.

Adhäsion (Fortsetzung). Capillarität.

Zwischen manchen Körpern ist die Adhäsion oder Flächenanziehung sehr wenig thätig, oder gar nicht vorhanden. Taucht man einen Finger in Bärlappsporen und dann in kaltes Wasser, so zieht man ihn auch wieder trocken aus diesem heraus. Bestäubt man mit Bärlappsporen Papier und giesst Wasser darauf, so läuft dieses darüber hinweg, ohne das Papier nass zu machen. Schüttet man in eine trockne Flasche reines Quecksilber und giesst es dann wieder heraus, so bleibt kaum ein Kügelchen davon an der Flaschenwandung hängen, während bei dem Versuche mit Wasser von diesem viel hängen bleibt. Bringt man dagegen ein Kügelchen Quecksilber auf eine blanke Zinnfläche, so zerfliesst es augenblicklich und bedeckt in dünner festsitzender Schicht das Zinn. Auf blanken reinen Flächen vieler anderer Metalle findet in stärkerem oder geringerem Grade ähnliches statt, nicht aber auf Eisen. Da das Quecksilber auf jene Metalle mehr oder weniger auflösend wirkt, so ist es erklärlich, warum wir die Quecksilbersalbe, dieses Gemisch aus Quecksilber und Fett, nur in eisernen oder in porcellanenen Mörsern bereiten.

Giessen wir aus einem mit einer Flüssigkeit gefüllten Gefässe ohne Abgussrand oder einen Rand, der auf die Wandung des Gefässes in einem stumpfen oder rechten Winkel steht, in ein anderes Gefäss allmählich ab, so wird der Flüssigkeitsstrahl statt vom Gefässrande senkrecht nach unten zu fallen, dem Adhäsionsgesetze folgen und längs der äusseren Gefässwandung abfliessen, wir wehren hier aber und geben dem Flüssigkeitsstrahle die gewünschte Richtung, wenn wir einen Glasstab, Holzstab, Spatel so gegen den Gefässrand halten, dass der Flüssigkeitsstrahl dem Stabe adhäriren

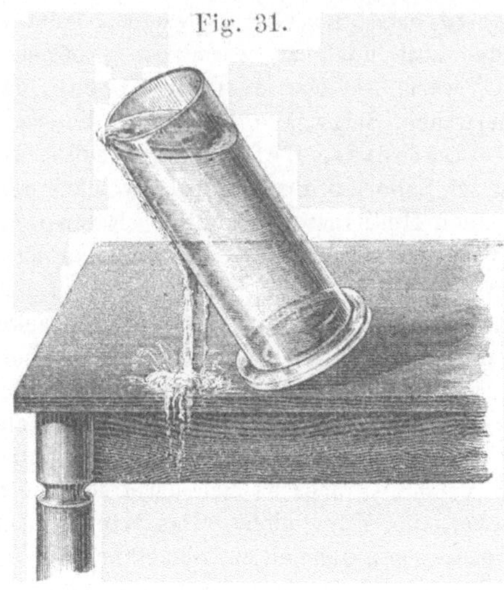

Fig. 31.

kann. Von diesem Handgriff wird oft Gebrauch gemacht. Besteht die Flüssigkeit aus Wasser, zu welchem Fettstoffe kein Adhäsionsbestreben haben, so erreicht man den im Vorhergehenden erwähnten Zweck dadurch, dass man den äusseren Rand des Gefässes oder der Flasche mit Talg, Wachs oder einem Harzlacke bestreicht.

Ein sehr hohes Maass der Adhäsion beobachten wir beim Petroleum, Benzin, Petroläther. Verdampfen wir z. B. eine Lösung eines Harzes oder eines andren Körpers in einem der beiden letzteren Kohlenwasserstoffe in einer gewöhnlichen Schale an einem warmen Orte, so finden wir einen Theil des Harzes an

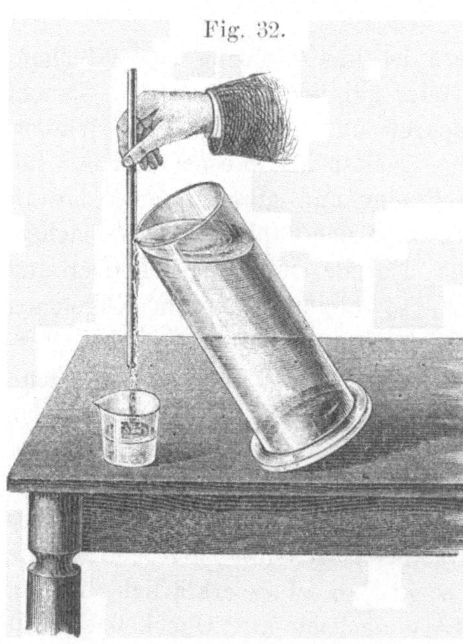

Fig. 32.

der äusseren Bodenfläche oder doch an der äusseren Wandung der Schale. Solche Lösungen muss man daher entweder in einem Glaskölbchen oder in einer Schale mit senkrechter Wandung und mattgeschliffenem Rande oder in einem Becherglase abdampfen. Trotzdem eine Petroleumlampe das Petroleum in einem dichten Behälter aus Glas oder Metallblech fasst, so finden wir nach einiger Zeit die um den Docht gelegene Aussenfläche dieses Behälters mit Petroleum benetzt.

Eine interessante Art der Adhäsion ist die sogenannte Haarröhrenanziehung oder Capillarität. Sie nannte man deshalb so, weil man sie zuerst an haarengen Glasröhrchen beobachtete. Die Adhäsion bewirkt ein Aufsteigen einer tropfbaren Flüssigkeit an der Wandung eines Gefässes, in welchem sie sich befindet, natürlich, wenn zwischen der Substanz des Gefässes und der Flüssigkeit ein Adhäsionsbestreben vorhanden und die Wandung bereits benetzt ist. Füllt man ein Glas zum Theil mit Wasser, so sieht man den Rand der Wasserfläche an der Wandung höher stehen (Fig. 34). In engen Glasröhren tritt diese Erscheinung noch sichtlicher hervor, so dass die Wasseroberfläche concav ist (Fig. 35). Je enger die Glasröhre um so mehr überwältigt das Adhäsionsbestreben die Cohäsion und Schwere der Wassertheilchen und das Wasser steigt verhältnissmässig über das ursprüngliche Niveau hinaus (Fig. 36), in sehr feinen Röhrchen, den sogenannten Haarröhren, selbst bis zur entgegengesetzten Oeffnung. Man nehme ein kleines Glastöpfchen mit Wasser, welches man mit etwas filtrirter Blauholzabkochung gefärbt hat, und stelle verschieden enge, vorher innen mit Wasser

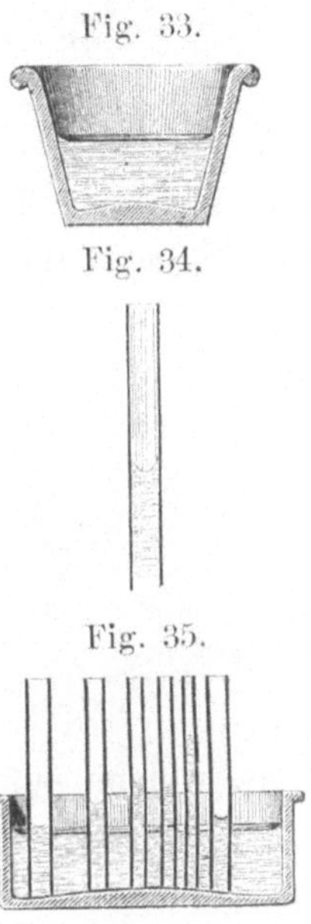

Fig. 33.

Fig. 34.

Fig. 35.

benetzte Glasröhrchen hinein, um sich von der Haarröhrchenanziehung zu überzeugen. (Fig. 37.)

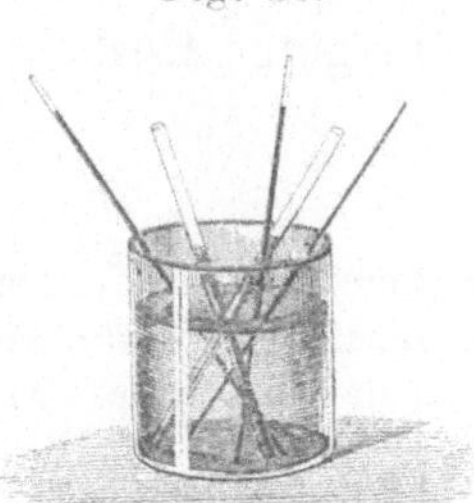

Fig. 36.

Stellen wir zwei längere Glasstäbe in ein Glas mit Wasser, welches ebenfalls mit einer Blauholzabkochung*) gefärbt ist, so nebeneinander, dass sie sich unten berühren, oder aber um ein Geringes auseinanderstehen, so sehen

*) Note siehe folgende Seite.

wir das Wasser zwischen den beiden Stäben hinaufsteigen, und dies um so höher, je mehr wir die Stäbe oben gegenseitig nähern

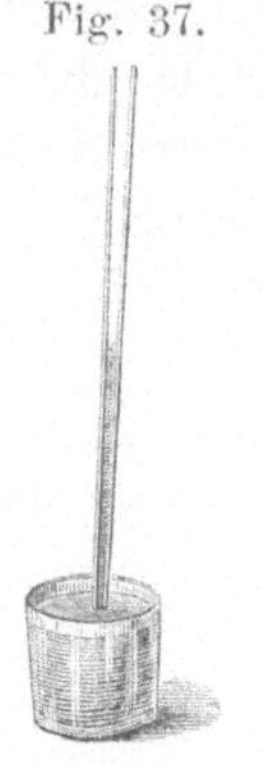

Fig. 37.

(Fig. 38). Mit diesem Vorgange lässt sich leicht die Wirkung des Dochtes und des Fliess- und Druckpapiers erklären.

Der Docht ist eben ein Bündel von baumwollenen Fasern, welche nebeneinanderliegend sich wie jene zwei Glasstäbe verhalten. Im Fliesspapier, welches wir zum Filtriren benutzen, sind es die Papierfäserchen, welche ähnlich jenen Glasstäben auf- und nebeneinander liegen. Legen wir nun einen Docht oder einen Streifen Fliesspapier so in ein Gefäss mit einer Flüssigkeit, dass ein Ende ausserhalb des Gefässes herabhängt, das andere bis unter das Niveau der Flüssigkeit hinabreicht, so steigt in Folge der Capillarität die Feuchtigkeit in dem Docht oder Papierstreifen aufwärts und tropft so lange ausserhalb ab, als das Ende des Streifens in dem Gefässe mit der Flüssigkeit in Berührung steht. (Fig. 39.) Von dieser Wirkung machen Viele den nicht sehr empfehlenswerthen Gebrauch, eine Schicht eines fetten oder flüchtigen Oels, welche auf Wasser schwimmt, von diesem abzuheben.

Fig. 38.

Wenn wir eine Glasflasche, gefüllt mit einer wässrigen oder weingeistigen Flüssigkeit, einem ätherischen Oele und dergl., mit einem eingeriebenen Glasstopfen schliessen und dann sanft schütteln, so steigt die Flüssigkeit zwischen Glasstopfen und Flaschenhalswandung in Folge der Capillarität aufwärts. Ist die Flüssigkeit eine flüchtige, so verdampft sie in der äusseren Rinne um den Glasstopfen, ist sie ein ätherisches Oel, so verharzt oder verdampft dieses an dieser Stelle. Hieraus ergiebt sich, dass ein Glasstopfen stets weniger dicht schliesst als ein guter Kork.

---

*) Man nimmt 10 Grm. Blauholzspäne (*Lignum Campechianum*), 20mal soviel heisses Wasser und circa 1 Grm. krystall. kohlensaures Natron, lässt in einem Porcellankasserol aufkochen und filtrirt nach dem Erkalten. Nach mehreren Tagen gelatinirt diese Abkochung.

Wird statt Wasser, Weingeist, Oel u. d. m. Quecksilber, welches zum Glase kein Adhäsionsbetreben hat, in ein Glasgefäss gegeben, und werden mehrere verschieden enge Glasröhrchen hineingehalten, so findet man das Quecksilber in diesen tiefer stehend und zwar mit convexer Oberfläche, um so tiefer, je enger die Glasröhre ist. Dies ist ein Beispiel einer Erscheinung, welche man mit Capillardepression bezeichnet.

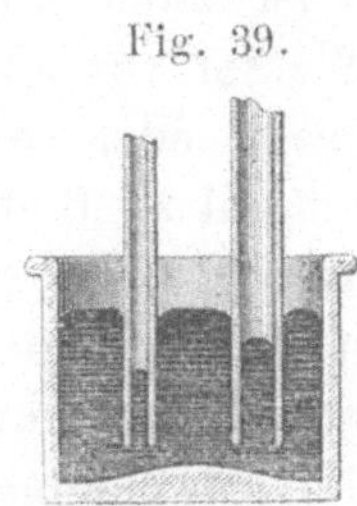

Bemerkungen. Capillarität, von dem latein. *capillus*, Haar. — Depressión von dem lat. *deprĭmo, depressi, depressum, ĕre*, herabdrücken, herabsenken; *depressio*, das Niederdrücken.

Lection 19.

Adhäsion (Fortsetzung), Schlämmen, Suspension, Schönen, Decanthiren.

Es giebt mehrere pharmaceutische und chemische Operationen, bei, welchen die Adhäsion eine hervorragende Rolle spielt.

Eine dieser Operationen ist das Schlämmen (*elutriatio; elutriāre*), welche den Zweck hat, durch Abspülen mit Wasser oder Weingeist feine zarte pulverige Substanzen von gröberen zu sondern, vorausgesetzt dass diese Substanzen in dem Wasser oder dem Weingeist nicht löslich sind. Der weisse Bolus (*Bolus alba*), auch der armenische Bolus (*Bolus Armĕna*), ersterer eine weisse kieselsäurehaltige Thonerde, letzterer eine solche mit einem Gehalt Eisenoxyd, werden noch häufig in der Pharmacie angewendet. Die durch den Handel bezogene Waare enthält gemeiniglich Sand, erkennbar zwischen den Zähnen beim Kauen einer Probe, von welchem sie durch Schlämmen befreit werden muss. Man zerrührt den Bolus mit Wasser zu einem Brei, vermischt diesen unter Umrühren mit vielem Wasser, lässt hierauf einen Augenblick absetzen und giesst nun die obere dünne Schicht von der dickeren unteren schlammigen Schicht vorsichtig ab. Letztere wird wiederum mit Wasser vermischt und das Abgiessen nach einigen Augenblicken der Ruhe wiederholt. Auf diese Weise fährt man fort, bis alle Bolustheile von dem schwereren sandigen Bodensatze abgesondert sind.

Die Erklärung ist folgende. Die feineren Thontheile bieten dem Wasser eine grössere Aussenfläche dar als die gröberen, daher ist auch die gegenseitige Adhäsion zwischen ihnen und dem Wasser vermehrt. Sie erhalten sich in dem Wasser länger schwebend oder in Suspension, als die gröberen Theile, welche sehr schnell zu Boden fallen.

In der Ruhe setzen sich die in dem abgegossenen Wasser suspendirt gewesenen feinen Bolustheile völlig ab, so dass man sie nach dem behutsamen Abgiessen des Wassers sammeln kann.

Die Anwendung des Schlämmens erleichtert die Darstellung der präparirten Austerschalen (*Conchae praeparātae*) und das Fein-seiben des sublimirten Kalomels (*Hydrargȳrum chlorātum mite*). Schlämmoperationen kommen also in der Pharmacie selten und immer nur in geringem Umfange in Ausführung, desto häufiger in der Technik beim Reinigen der Erze, der Farben, der Thone, besonders in Töpfereien und Porzellanfabriken.

Was man unter Suspension in Bezug auf pharmaceutische und chemische Arbeiten versteht, erklärt sich bereits aus dem oben Gesagten. Man suspendirt einen Körper in einer Flüssig-keit, wenn man ihn so fein vertheilt mit dieser mischt, dass er sich darin kürzere oder längere Zeit schwebend erhält. Durch-schüttelt man in einer Flasche heftig einige Tropfen Oel, z. B. Fenchelöl, Terpenthinöl, Mohnöl, mit Wasser, worin sie sich nicht lösen, so entsteht eine milchige Flüssigkeit, indem das Oel in Form unendlich kleiner Tröpfchen in dem Wasser suspendirt ist. Erst nach kürzerem oder längerem ruhigen Stehen schei-det sich das specifisch leichtere Oel ab und sammelt sich auf der Oberfläche des Wassers. Die Suspension dieser minutiösen Oeltröpfchen wird durch Adhäsion erklärt, da nach dem Gesetz der Schwere das leichtere Oel sofort mit beginnender Ruhe an die Oberfläche des specifisch schwereren Wassers steigen müsste. Die Fettkügelchen in der Milch, in den Emulsionen befinden sich in einer wässerigen Flüssigkeit in Suspension.

Das Klären oder Schönen (*clarificatio; clarificāre*) hat den Zweck, sehr feine, in einer Flüssigkeit suspendirte Körper aus dieser abzusondern und dadurch die Flüssigkeit klar zu machen. Gemeiniglich setzt man eine Substanz hinzu, welcher die suspen-dirten Körpertheilchen in Folge des Adhäsionsbestrebens anzieht und damit grössere Theilchen bildet, welche schneller zum Ab-setzen gelangen. Solche Klärungssubstanzen sind Eiweiss, Blut (wegen seines Eiweisgehaltes), Milch (wegen ihres Käsestoffgehaltes), Hausenblasenlösung, Leim, Fliesspapier, Thonerde, Kohle.

Die Reinigung des rohen Honigs gelingt durch eine Kläroperation. Der rohe Honig, zunächst mit einem gleichen bis doppelten Volum Wasser verdünnt, liefert eine sehr trübe Flüssigkeit, welche schwierig oder gar nicht durch ein Filter läuft, sich schwierig klar absetzt, also auf diese Weise von ihren trübenden Theilen kaum oder nicht zu befreien ist. Man erreicht dies in kurzer Zeit, wenn man die Flüssigkeit entweder mit Eiweiss aus den Eiern, oder mit zerzupftem Fliesspapier, oder mit grobem Holzkohlenpulver vermischt, aufkocht und das sich hierbei an der Oberfläche der kochenden Flüssigkeit abscheidende Gerinsel zuvörderst mit einem Schaumlöffel beseitigt, dann die Flüssigkeit filtrirt. Das Filtrat liefert nach Abdampfen des überflüssigen Wassers den gereinigten Honig (*Mel depurātum*). Zur Klärung der Zuckerlösungen, der Syrupe, der Molken wendet man gewöhnlich Eiweiss an, welches beim Aufkochen gerinnt. Dem Eiweissgerinsel adhäriren die suspendirten, trübe machenden Theilchen, welche mit jenem an die Oberfläche der kochenden Flüssigkeit steigen. Trübe und schwer filtrirende Fruchtsäfte mischt man mit einer geringen Quantität Milch. Die Säure der Fruchtsäfte coagulirt den Käsestoff der Milch, welcher, zu festeren Partikeln zusammengehend, den trübenden Stoff anzieht und einhüllt.

Weine und Biere mischt man mit Hausenblasenlösung oder mit äusserst fein geschnittenen aufgeweichten Hausenblasenschnitzeln und stellt sie zum Absetzen bei Seite. Es findet die Leimsubstanz der Hausenblase (*Ichthyocolla*) gewisse Stoffe in dem Biere und dem Weine, mit denen sie sich zu Gerinselhäufchen verbindet, welche im Laufe ihrer Bildung die trübenden Theile (Hefen) anziehen, umhüllen und beim Absetzenlassen mit zu Boden reissen.

Eine Flüssigkeit, welche sich klar abgesetzt hat, wird klar abgegossen oder decanthirt. Der Bodensatz, der auf dem Boden des Gefässes lagernde Satz, adhärirt mehr oder weniger der Bodenfläche, so dass sich bei vorsichtigem Neigen des Gefässes der grösste Theil der klaren Flüssigkeit abgiessen lässt. Den letzten trüben Theil filtrirt man. Das Klarabgiessen oder Decanthiren (*decanthatio; decanthāre*) ist eine sehr häufig vorkommende Operation. Um das Neigen der Gefässe, wobei stets der Bodensatz etwas aufgerüttelt wird, zu vermeiden, gebraucht man Decanthirgefässe, Töpfe oder Fässer, welche in verschiedener Höhe

Fig. 40.

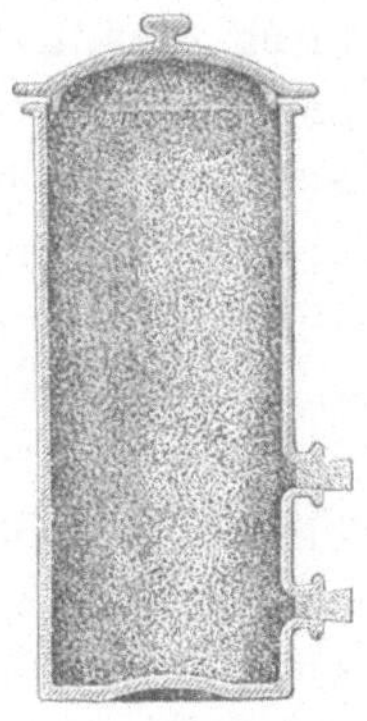

Decanthirtopf.

Fig. 41.

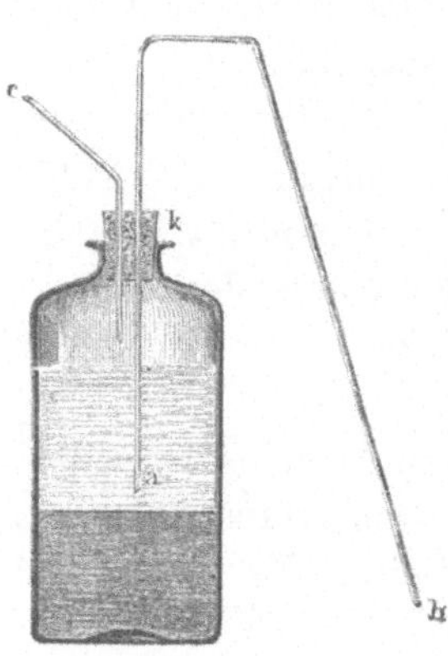

Flasche mit Heber.

ihrer Wandung Zapflöcher haben. Bei Ermangelung von Decanthirgefässen kann man auch die klare Flüssigkeitsschicht mit einem Heber abziehen. In die Flasche, welche die zu decanthirende Flüssigkeit enthält, setzt man dicht einen zweimal durchbohrten Kork k mit einem Luftrohr c und einem Heberohr, dessen Schenkel a man so weit in die Flüssigkeit hineinschiebt, als man von letzterer abheben will. Bläst man (mit einem Blasebalg oder mit dem Munde) in das Luftrohr c, so steigt in Folge des vermehrten Luftdruckes die Flüssigkeit in das Heberohr $a\,b$ und fliesst aus b ab.

Bemerkungen. Suspendiren, Suspensión vom lat. *suspendo, suspendi, suspensum, suspendĕre,* aufhängen, schwebend machen; *suspensĭo, iōnis.* — Für klären in dem besprochenen Sinne giebt es genau genommen keinen lateinischen Ausdruck und man hat es ungeschickter Weise mit *clarificare* (berühmt machen) übersetzt, weil *clarus, a, um* auch die Bedeutung klar hat. Der Lateiner specificirt das Klären und sagt: *deliquare* (durch Ab-giessen der klaren Flüssigkeit), *percolare* (durch-seihen), *despumare* (abschäumen, abseimen), *defaecare* (von den Hefen reinigen), *compurgare* (überhaupt reinigen). — Decanthiren, Decanthation, von dem neulat. *decanthare, decanthatio,* aus einem Gefässe (Becher) abgiessen. Häufig wird dieses Wort decantiren geschrieben und von dem lat. *decantare* (absingen) abgeleitet, oder wohl gar mit „über (*de*) die Kante giessen" ·verdeutscht. Beides hat keine Begründung. Unzweifelhaft ist es gebildet und abgeleitet aus *de-* (von, ab) und *canthărus* (κάνθαρος), eine Kanne, ein Trinkgeschirr (mit abgeschweiftem Rande). Der Heber, Siphon, ist ein physikalisches Instrument, bestehend aus einem winkelig gebogenen Rohr, welches also zwei Schenkel bildet, von denen ein Schenkel nothwendig der längere ist. Senkt man nun den kürzeren Schenkel in eine Flüssigkeit, nachdem man das ganze Heberrohr mit derselben Flüssigkeit oder mit Wasser gefüllt hat, so läuft sie aus dem längeren Schenkel (*b*) so lange aus, als die Oeffnung des kürzeren Schenkels sich unter dem Niveau der Flüssigkeit befindet. Die Erklärung dieses Vorganges ist folgende. Nehmen wir an, das Rohr habe zwei gleiche Schenkel $z\,c$ und $z\,x$. Gefüllt finden sich darin zwei gleiche Flüssigkeitssäulen $z\,c$ und $z\,x$. Vermöge ihrer Schwere hat jede derselben das Bestreben herabzufallen. Dies geschieht aber nicht, weil der Luftdruck auf der einen Seite gegen die Oeffnung des Schenkels $z\,x$ (angenommen die Oeffnung sei bei x), auf der anderen Seite auf die Oberfläche der Flüsssigkeit in dem Gefäss wirkt und dadurch der Bildung eines leeren Raumes innerhalb des Rohres entgegenstrebt. Bei z müsste ein leerer Raum seinen Anfang nehmen, fiele jede der Flüssigkeiten abwärts. Wären also beide Schenkel gleich lang, so würden sich beide Flüssigkeitssäulen im vollkommenen Gleichgewicht befinden. Dies ist aber beim Heber nicht der Fall. Da der Schenkel $z\,b$ länger ist als der Schenkel $z\,a$, so ist auch die Flüssigkeitssäule im Schenkel $z\,b$ länger und schwerer, hat also gegen die Flüssigkeitssäule

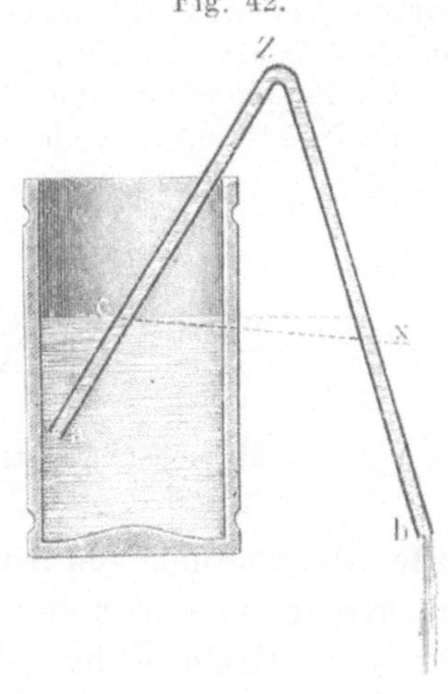

Fig. 42.

Ziehheber.

im kürzeren Schenkel das Uebergewicht. Sie fliesst daher aus und in dem Maasse dies geschieht, treibt der Luftdruck Flüssigkeit in den kürzeren Schenkel hinein, so lange bis unter dessen Oeffnung das Niveau der Flüssigkeit herabgesunken ist. In der Abbildung (Fig. 41) wird der Heber durch einen Kork gehalten, so dass er nach Bedarf auf- und abwärts geschoben werden kann. Das zweite Glasrohr in dem Korke vermittelt den Zutritt der Luft, dient aber auch gleichzeitig zum Lufteinblasen, um den Heber mit der Flüssigkeit zu füllen und ihn auf diese Weise in Funktion zu setzen. Der sogenannte Stechheber ist eine Pipette im Grossen, unten in eine enge offene Spitze auslaufend, oberhalb mit einer Oeffnung, welche man mit dem Finger (Daumen) schliessen kann. Taucht man dieses Gefäss in eine Flüssigkeit, so füllt sie sich auch soweit, als man eintaucht. Verschliesst man nun die obere Oeffnung mit dem Daumen und hebt das Gefäss aus der Flüssigkeit heraus, so fliesst nur während des Hebens etwas heraus, und die Luft über der Flüssigkeit wird um das Maass des Ausgeflossenen verdünnt. Theils durch diesen Umstand, theils durch den Druck der äusseren Luft wird die Flüssigkeitssäule in dem Gefäss erhalten, so dass aus der unteren freien Oeffnung nichts abfliessen kann. Sowie man den Daumen aber von der oberen Oeffnung wegnimmt und dem Luftdrucke von oben den Weg öffnet, fliesst die Flüssigkeit aus. Man kann auch durch Saugen an der oberen Oeffnung

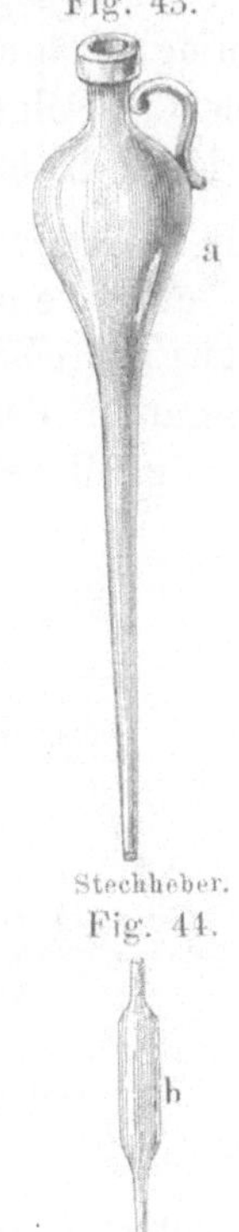

Fig. 43.

Stechheber.

Fig. 44.

Pipette.

das ganze Gefäss mit Flüssigkeit füllen, mit dem Daumen verschliessen und auf diese Weise eine Flüssigkeit aus einem Gefäss in ein anderes überfüllen. Die Pipette (*b*) ist eine ähnliche Geräthschaft in kleinerem Maass stabe, circa 5—20 Centimeter lang.

Lection 20.

Adhäsion (Fortsetzung). Filtriren. Coliren.

Die Absonderung von Körpertheilchen, welche in einer Flüssigkeit suspendirt sind und diese trübe und unrein machen, wird in den allermeisten Fällen durch Filtration, Filtriren (*filtratio; filtrare*) und durch Coliren, Durchseihen (*colatio; colare*) erreicht, indem man nämlich die Flüssigkeit durch einen porösen Körper, wie Leinwand, Flanell, Filz, ungeleimtes Papier oder Fliesspapier, Schichten Sand, gepulverten Bimstein, Glaspulver, Kohle, Asbest, sogenannte Glaswolle giesst. Diese Körper lassen die Flüssigkeit hindurchfliessen und halten die darin suspendirten Theilchen in Folge der Adhäsion zurück. Das Quell- und Brunnenwasser ist z. B. ein durch Sandschichten filtrirtes Wasser.

Unter Coliren versteht man im Allgemeinen ein Durchgiessen durch ein leinenes oder wollenes Zeugstück, das man Seihetuch (*colatorium*) nennt. Gewöhnlich bezweckt man mit der Operation des Colirens nur eine Absonderung gröberer, in der Flüssigkeit schwimmender Körper. Die durchgeseihete oder colirte Flüssigkeit nennt man die Colatur (*colatura*). Sie kann klar oder trübe sein, je nach der Beschaffenheit der Flüssigkeit. Bei anhaltendem Coliren trüber Flüssigkeiten adhäriren die trübe machenden Partikel zuletzt in solcher Menge der Zeugfaser des Colatoriums, dass die Flüssigkeit klar abtropft.

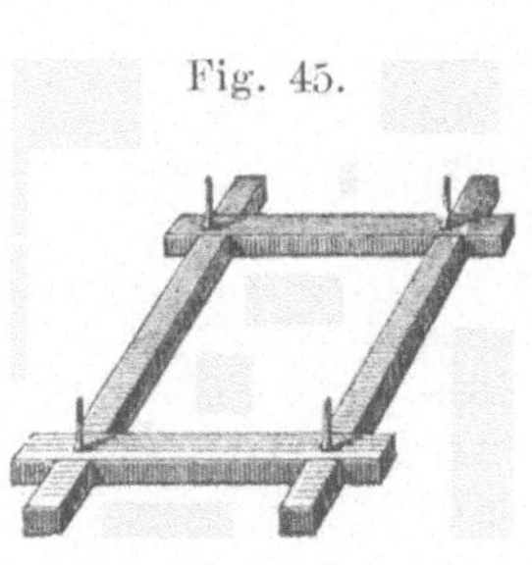

Fig. 45.

Tenakel.

Unter Filtriren versteht man insonderheit ein Durchgiessen einer Flüssigkeit durch Fliesspapier oder die anderen oben erwähnten Filtrirmittel, und man bezweckt damit das vollständige Klarmachen einer trüben Flüssigkeit, also einer solchen, welche feine, trübe machende Körper suspendirt enthält. Die Substanz oder das Mittel, durch welches man filtrirt, heisst das Filter (*filtrum*), die filtrirte Flüssigkeit das Filtrat. Das, was man nach der Filtration im Filtrum angesammelt findet, nennt man Filterrückstand.

Das Seihetuch legt man über das Gefäss, in welchem die Colatur gesammelt wird, so dass es etwas beutelförmig in das Gefäss hineinhängt, oder man spannt es, wenn das Gefäss sehr weit ist, auf ein Tenakel (*tenacŭlum, sustentaculum*). Ein Seihetuch, in Form eines spitzen Beutels genäht, heisst Spitzbeutel (*manĭca*). Der Spitzbeutel wird beim Gebrauch mit seinem Rande entweder in einem mit Häkchen versehenen eisernen Reifen oder auch in einem Tenakel aufgehängt.

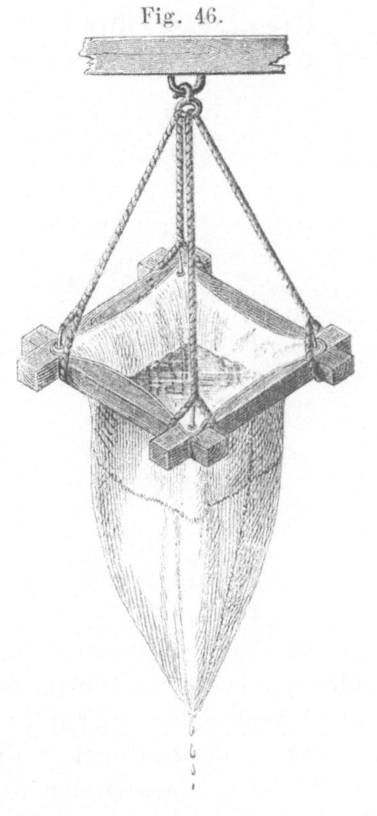

Fig. 46.

Spitzbeutel.

Das Filter aus Papier findet die häufigste Anwendung. Das Fliesspapier wird entweder, bei Filtrationen grösserer Mengen, über ein leinenes Seihetuch, das auf ein Tenakel gespannt ist, ausgebreitet, oder, wie meist geschieht, in Trichterform zusammengebogen in einen Trichter (*infundĭbŭlum*) gelegt. Um das Ablaufen der Flüssigkeit von der auswärts gekehrten Fläche des Filters zu erleichtern, steckt man zwischen Filter und Trichter Filtrirstäbchen aus Glas, welche man mit ihrer hakenförmigen Krümmung an den Trichterrand anhängt, oder Stäbchen aus Holz. Wäre der Trichter nicht innerhalb mit abwärtsgehenden Rippen versehen, so kann man das Filter auch zu einem sogenannten Sternfilter falten.

Fig. 47.

Glattes Papierfilter
in einem gläsernen Trichter.

Das glatte Filter wird aus einem Papierquadrat S in der Art gefertigt, dass dieses durch Biegung in einer seiner Diago-

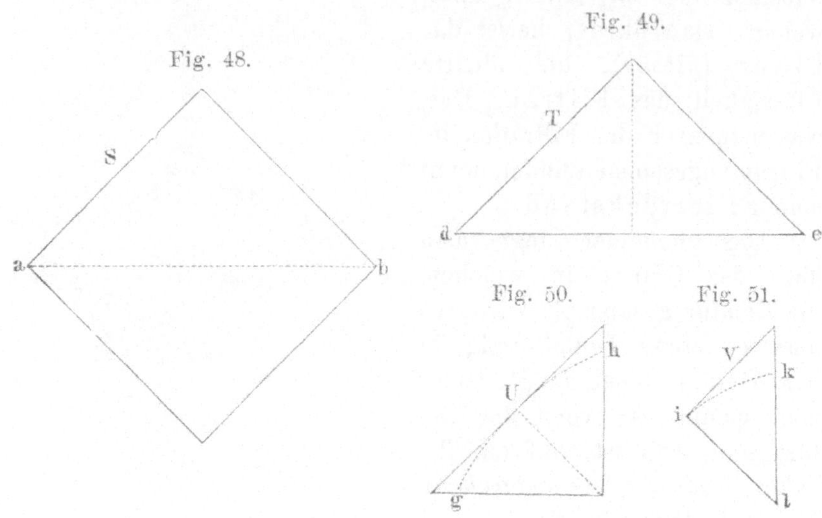

nalen (z. B. $a\,b$) zu einem Dreieck T und dieses durch Aufeinanderlegen seiner Winkel (d und e) an der Grundlinie zu dem Dreieck U zusammengelegt wird. Das Dreieck U wird nun in der Richtung eines sanften Bogens $g\,h$ abgeschnitten, oder besser durch Aufeinanderlegen seiner Ecken g und h zu dem Dreieck V gefaltet und in der Richtung einer sanften Bogenlinie $i\,k$ abgeschnitten, so dass die Seiten $i\,l$ und $k\,l$ gleich lang sind. Dann wird das Filter auseinandergelegt und in den Trichter gesteckt. (Fig. 47.)

Das Sternfilter macht man auf folgende Weise. Das Papierquadrat wird in der theilenden Linie $a\,b$ (Fig. 52) so zusammengelegt, dass ein Rechteck ($c\,d$) entsteht. Dieses faltet man

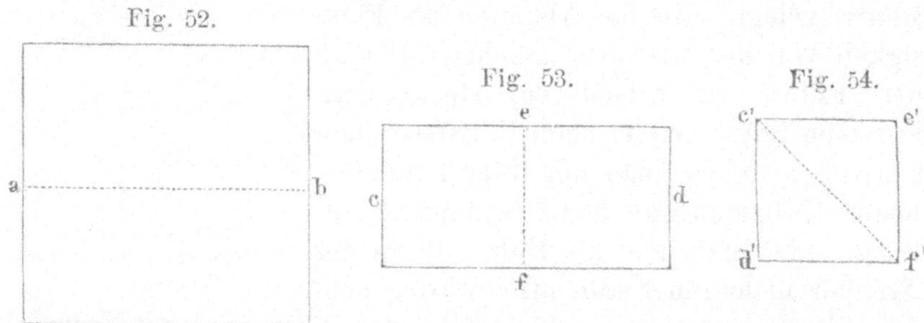

zunächst in seiner halbirenden Linie ($e\,f$), dass es wiederum ein Quadrat (Fig. 54), und weiter dieses Quadrat, dass es ein Dreieck

(Fig. 55), und dieses Dreieck noch einmal, dass es ein noch spitz-
winkligeres Dreieck (Fig. 56) wird.

Fig. 55.

Fig. 56.

Legt man nun das Papier in Lage der Faltung des Rechteckes (Fig. 57), so findet man jede Faltung in der Form eines
Dreiecks, in Summa 8 Dreiecke. Bei dem Dreieck i beginnend,

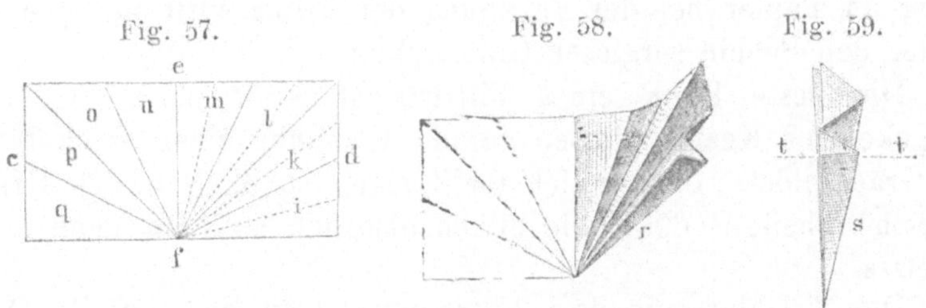

Fig. 57.

Fig. 58.

Fig. 59.

wird nun ein jedes Dreieck in der halbirenden Linie *(f i, f k,
f l* etc.) durch eine nach den entgegengesetzten Seitenflächen des
Rechteckes abwechselnd gerichtete Kniffung halbirt und zusam-
mengefaltet. Es hat dann beim Beginn der Kniffung die Form
von Fig. 58, r, nach der Vollendung die Form von Fig. 59, s, in
der Richtung der Linie tt abgeschnitten und auseinandergezogen
die Form eines Sternfilters.

Das Quadrat Papier, welches man zu
einem Filter gebraucht, richtet sich nach
der Höhe der Trichterwand $a b$ ($b d$ ist das
Abflussrohr des Trichters). Ist diese Höhe
z. B. 10 Centimeter, so fordert die Seite
des Quadrats 19,5 Centimeter Länge, also
fast das Doppelte der Höhe der Trichterwandung.

Fig. 60.

Beträgt die Winkelöffnung des Trichters 60⁰, was bei einem normalen Filtrirtrichter stets der Fall ist, so liefert das-

jenige Quadrat, dessen Diagonale zweimal so lang ist als der Durchmesser des inneren Trichterrandkreises ($a\,c$), ein bis zum Trichterrand reichendes Filter. Nach diesem Maasse kann man für jeden Filtrirtrichter eine Filterschablone aus Pappe in Scheibenform schneiden. Beträgt der Durchmesser des inneren Trichterrandkreises 10 Centimeter, so muss die Diagonale ($a\,b$ Fig. 48) des zum Filter zu machenden Papierquadrats 20 Centimeter betragen.

Das auf diese oder jene Weise zugerichtete Filter wird dann so genau die innere Fläche der Trichterwandung bedecken, dass es über diese nicht hinaussteht und man den Trichter auch noch mit einer Glasscheibe oder Deckel bedecken kann. Das Hinausragen des Filters über den Trichterrand (an dem hervorragenden Filtertheil findet eine Verdunstung der filtrirenden Flüssigkeit am stärksten statt), sowie auch eine unnütze Verschwendung an Papier bei der Fertigung der Filter wirft auf den Arbeiter den Schein sorgloser Unfertigkeit.

Die beste Form eines Filtrirtrichters ist stets die eines umgekehrten Kegels, dessen gerade Wandung einen Winkel von 60 Grad bildet. Bekanntlich theilt man den Kreis in 360 Grade (gleiche Theile). 60 Grade bilden also den sechsten Theil eines Kreises.

Der Trichter mit dem Filter wird entweder auf die Oeffnung einer Flasche oder in das Loch eines Brettes oder einer Porcellanscheibe, die auf einem Gefäss mit weiter Oeffnung liegt und Trichterhalter heisst, gesetzt, oder man bedient sich eines Trichtergestelles.

Setzt man den Trichter mit dem Filter in das Halsloch einer Flasche, so sorgt man stets dafür, dass die Luft aus der Flasche ungehindert entweichen kann. Liegt das glatte Filter dicht an der Wandung des Trichters oder verstopft möglicher Weise die Spitze des Faltenfilters das Abflussrohr und schliesst gleichzeitig der Umfang des Abflussrohres dicht den Flaschenhals, so widersteht die Luft in der Flasche, welche keinen Ausweg findet, dem Abfliessen der Flüssigkeit aus dem Trichter in die Flasche. Reicht das Abflussrohr ferner nur in Höhe des Halses in die Flasche hinein, so kann sogar der Fall eintreten, dass die Flüssigkeit filtrirt, aber nicht in die Flasche hinein, sondern dass sie in Folge des Gegendruckes der Luft und in Folge der Adhäsion an der inneren Wandung des Abflussrohres in dünner Schicht herabrinnt, sich am unteren Ende desselben sammelt und nun, der Capillarität gehorchend, zwischen Abflussrohr und Hals aufwärts-

steigt und nach Aussen abfliesst. Diesem Uebelstande, der nur
einem unachtsamen Arbeiter begegnet, weicht man aus, wenn
man zwischen Abflussrohr und Hals
ein Stück Bindfaden einschiebt (Fig. 61).
Dadurch entsteht eine Lücke, welche
der Luft freien Ausweg aus der Flasche
gewährt.

Wenn ein Filter von Papier auf
einem wollenen oder leinenen Seihetuch ausgebreitet angewendet wird,
und die Zipfel oder der Rand des
Seihetuches hängen über den Rand
des Gefässes (oder über das Tenakel)
herunter, so tritt gemeiniglich der Fall
ein, dass nach demselben Gesetze,
nach welchem ein Docht seinen Zweck
erfüllt, die im Filter befindliche Flüssigkeit an den Rand und besonders
in die Zipfel des Seihetuches steigt und abtropft. Aus diesem
Grunde wählt man für den vorliegenden Fall der Filtration nur
ein so grosses Seihetuch, dass dessen Rand oder Zipfel nicht
ausserhalb des Gefässes herabhängen.

Die Wirkung der Adhäsion oder der Haarröhrchenanziehung
wird, wie weiter oben schon erwähnt ist, schneller eingeleitet,
wenn die Glasröhrchen zuvor angefeuchtet sind. Dies ist auch
der Grund, warum man vor dem Coliren oder Filtriren trüber
oder schleimiger oder dicklicher wässeriger Flüssigkeiten das
Seihetuch oder das Filter mit Wasser anfeuchtet. Bei Verab-
säumung dieser Vorsicht erfährt man, dass oft solche Flüssigkeiten gar nicht in das Seihetuch oder das Filter eindringen
und die Adhäsion die Cohäsion der Flüssigkeit kaum zu besie-
gen vermag. Einen ähnlichen Verhalt zeigt das Kunststückchen,
eine feine Nähnadel, welche man auf wollenem Zeuge recht
trocken gerieben hat, auf Wasser schwimmen zu lassen.

Lection 21.

Adhäsion (Schluss). Endosmose. Exosmose. Dialyse. Diffusion.

Eine die Adhäsion mehr oder weniger beeinträchtigende
Einwirkung übt die Wärme aus. Als Beispiel sei hier das Fest-

sitzen der Glasstopfen in Glasgefässen erwähnt. Oft sitzen diese Stopfen so fest, dass sie die kräftigste Hand nicht herauszuheben vermag. Erwärmt man den Flaschenhals, ihn schnell um seine Axe über einer Weingeistflamme drehend, oder taucht man ihn in warmes Wasser, so lässt sich der Stopfen sehr bald lösen und herausnehmen. Obgleich die Wärme hierbei auch andere dem Zwecke günstige Wirkungen ausüben kann, z. B. eine Ausdehnung des Flaschenhalses oder eine Erweichung oder Verflüssigung der Substanz, welche den Stopfen gleichsam einkittet, so ist im Allgemeinen doch die Ueberwindung der Adhäsion der wesentlichste Theil der Operation.

Die Adhäsionskraft hat für den Chemiker und für den Pharmaceuten eine zu grosse Wichtigkeit, als dass wir auf ein anderes Thema übergehen sollten, ehe wir ihre Wirkung nicht noch an einigen Experimenten studirt hätten.

Füllen wir ein Opodeldokgläschen ganz mit starkem Weingeist (*Spiritus Vini*), tectiren es dicht mit feuchter Blase und stellen es in ein Trinkglas mit reinem Wasser, so bemerken wir nach einem Tage, dass die Tectur eine convexe Ausdehnung erlitten hat. Nehmen wir nun das Gläschen heraus und durchstechen die Tectur mit einer Nadel, so springt ein Theil des Weingeistes in einem Strahle heraus. Die Adhäsion des Wassers zur Blase ist stärker als die des Weingeistes, und es tritt daher das Wasser durch die Blase zum Weingeist, das Volum desselben vermehrend. Auf diesem Verhalten beruht auch eine früher empfohlene Methode, einen wasserhaltigen Weingeist weingeistreicher zu machen. Man füllte mit dem Weingeist Thierblasen und hing dieselben auf. Das Wasser in dem Weingeist verdunstete dabei durch die Blase. Aus demselben Grunde bewahrten die Alten ihren Wein in Schläuchen aus thierischer Haut, denn sie wussten aus Erfahrung, dass der Wein darin stärker und haltbarer werde. Anders verhält sich eine Kautschukmembran, denn diese lässt Weingeist durch, nicht aber das Wasser.

Das Hindurchtreten des Wassers durch die Blasenwand zum Weingeist nennt man Endosmose. Statt des Weingeistes kann man auch eine Kochsalzlösung oder Kupfervitriollösung nehmen, um die Erscheinung der Endosmose zu beobachten. Man nehme einen Lampencylinder, schliesse ihn an dem einen Ende mit feuchter Blase, gebe ein Quantum Kochsalzlösung hinein und stelle dann den Cylinder in der Art in ein Becherglas mit

Wasser, dass das Niveau der Flüssigkeit in dem
Lampencylinder und das des Wassers in derselben Ebene liegen. Nach einiger Zeit wird
man das Flüssigkeitsniveau im Lampencylinder
höher liegend finden.

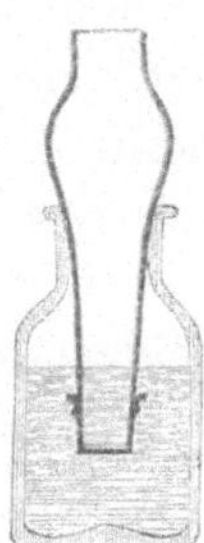
Fig. 62.

Bringt man dagegen die Salzlösung in das
Becherglas und das Wasser in den Lampencylinder, so tritt letzteres durch die Blase zu
der Salzlösung im Becherglase. Diesen Vorgang
nennt man Exosmose.

Endosmose bezeichnet also das Hinzutreten
einer Flüssigkeit zu einer anderen, welche durch
eine Membran abgeschlossen ist, Exosmose dagegen das Heraus-
treten einer Flüssigkeit aus ihrer membranösen Umhüllung. Endosmose und Exosmose befinden sich in der organischen Natur,
wo Zellen und Zellgewebe existiren, in fortlaufender Thätigkeit.
Auf demselben Umstande beruht auch die Dialyse, d. h. die
Scheidung der Substanzen durch Exosmose oder Diffusion.

Die Eigenschaft der thierischen Blase, Feuchtigkeit leicht,
andere Stoffe, wie flüchtige Oele, viele Richstoffe, nicht hindurch-
zulassen, lässt sich für die pharmaceutische Praxis verwerthen.
Um feuchte und gleichzeitig flüchtige Stoffe enthaltende Arzneikörper behufs ihrer Pulverung zu trocknen, darf man sie nur
zerstückelt in Blase gehüllt an einen trocknen Ort legen. Das
Wasser dunstet dann daraus ab, nicht aber die für die Arznei-
wirkung vielleicht sehr wichtigen flüchtigen Bestandtheile. Zu
dergleichen Arzneikörpern gehören z. B. Gummiharz, Castoreum,
Moschus, Safran.

Dass luftförmige Körper festen adhäriren, ist bereits erwähnt. Sie haben aber auch unter sich ein Adhäsionsbestreben,
so dass zwei Schichten verschiedener Luftarten, mit einander in
Berührung, sich allmählich mischen, oder mit anderen Worten:
in einander diffundiren. Die Adhäsion wird hier zur Diffusion. Die atmosphärische Luft ist ein Gemisch zweier Gasarten,
des Stickstoffs und des Sauerstoffs. In Folge ihrer Diffusions-
fähigkeit finden wir die atmosphärische Luft, wir mögen sie auf
dem Gipfel des Montblanc, an den Polen, im heissen Süden untersuchen, immer von gleicher Zusammensetzung, nämlich aus
79 Volum Stickstoff und 21 Volum Sauerstoff bestehend.

Wenn Kohle, wenn Holz verbrennt, entsteht Kohlensäure,
die Luft, welche Menschen und Thiere ausathmen, enthält Kohlensäure, einen bei gewöhnlicher Temperatur luftförmigen Körper,

in welchem weder ein Feuer brennen, noch ein Thier athmen und leben kann. Es müsste sich diese Luftart in unseren Wohnungsräumen endlich, Thier und Menschen erstickend, anhäufen, vertheilte sie sich nicht in Folge des Diffusionsbestrebens in den grossen Dunstkreis.

Auch zwischen vielen tropfbaren Flüssigkeiten besteht ein Diffusionsbestreben, denn wenn man z. B. Weingeist behutsam auf eine Schicht Wasser giebt und bei Seite stellt, so findet an der Grenze der Berührung beider Flüssigkeiten eine Diffusion, eine Durchmischung ohne äusseres Zuthun statt, welche allmählich vorschreitet.

Eine häufige pharmaceutische Operation, bei welcher sich die Adhäsion geltend macht, ist das Abtröpfeln von Flüssigkeiten. Eine Flüssigkeit hat in Folge der Cohäsion das Bestreben, Kugelgestalt anzunehmen, wird aber darin durch den Einfluss theils der eigenen Schwere, theils der Adhäsion mehr oder weniger behindert.

Der Tropfen einer Flüssigkeit, welche an dem Rande einer Glasflasche abfliesst, würde an demselben in Form einer Kugel hinabrollen, doch die Adhäsion zum Glase ist Ursache, dass er an diesem hängen bleibt, und zwar in einer der Halbkugel nahekommenden Form. Er löst sich nur dann, von dem Glasrande niederfallend, ab, wenn sein Gewicht die Kraft der Adhäsion überwindet. Beim Tröpfeln wirken Cohäsion, Adhäsion und Schwere. Da diese bei den verschiedenen Flüssigkeiten nicht gleich sind, andererseits der Rand der Flaschen bald kleiner, bald grösser, bald dicker, bald dünner ist, also verschieden grosse Flächen der Adhäsion darbietet, so ist erklärlich, wie Tropfen ein- und derselben Flüssigkeit verschieden gross und schwer an Gewicht je nach Beschaffenheit des Flaschenrandes ausfallen. Beispielsweise sei erwähnt, dass 120 Tropfen Wasser, 170 Tropfen concentrirte Schwefelsäure, 365 Tropfen Chloroform, 516 Tropfen Hoffmannstropfen, 100 Tropfen Zuckersyrup, 370 Tropfen Weingeist, jede Tropfenzahl für sich 6 Grm. wogen, als sie von ein- und demselben Flaschenrande abgetröpfelt wurden. Lässt man eine der erwähnten Flüssigkeiten am Stopfen, welchen man an den Flaschenrand hält, abtropfen, so werden die Tropfen grösser abfallen, weil der Stopfen der Adhäsion eine grössere Fläche bietet, als der Flaschenrand.

Auf dem Vorgange, welchen wir mit Endosmose und Exosmose bezeichnet haben, beruht die Darstellung eines Aufgusses *(infusum)* und einer Abkochung *(decoctum)*, ferner die Extraction der Vegetabilien. Das Zellgewebe, welches in seiner Anordnung die vegetabilische Substanz (Blüthen, Blätter, Wurzeln) bildet, ist ein Complex minutiöser Gefässe, welche die arzneilichen Stoffe einschliessen und deren Wände aus zarten Häuten bestehen. Das Wasser, welches auf das Vegetabil aufgegossen ist, dringt auf dem Wege der Endosmose in die Zellen, diese strotzend anfüllend, löst die darin gelagerten lösungsfähigen Stoffe, tritt nun in Form dieser Lösung auf dem Wege der Exosmose durch die Zellenwand und diffundirt in dem Wasser, worin die Zellencomplexe schwimmen. Die Wärme, welche zur Anwendung kommt, ist nur ein Mittel diesen Vorgang zu fördern. Beim Aufguss und der Abkochung kommt die Wärme des kochenden Wassers, bei der Digestion eine Wärme von 50 — 60⁰, bei der Maceration die mittlere Tageswärme in Anwendung.

Bemerkungen. Endosmóse (Endosmoose), gebildet aus dem griech. ἔνδον (endon), innen, hinein, ὠθέω, fut. ὤσω (otheo, oso), drängen, treiben, mit Anstrengung hinein und hinausgehen; subst. ὦσις (osis). — Exosmose, ἔξω (exo), heraus. — Diffundíren, Diffusión vom lat. *diffundo, diffūdi, diffūsum, diffundĕre* (dis und fundere), giessend verbreiten, ausbreiten. Subst. *diffusio*, das Aus- und Durcheinanderfliessen. — Dialyse, gebildet aus dem griech. διά (dia), durch, und λύω (lyo), ich mache los, befreie; διάλυσις (dialy̆sis), Auseinanderlösung, Zertrennung. *Graham* (sprich gréhämm) theilte die Körper in zwei Klassen, in Krystalloïde und Colloïde (krystallähnliche und leimähnliche Stoffe). Erstere (wie alle im Wasser löslichen Salze und Stoffe, welche im Wasser Krystallform annehmen) dringen in wässriger Lösung durch Blase, Pergamentpapier, gebrannten Thon etc., letztere (wie Leim, Eiweiss, Schleim, arabisches Gummi) nicht. Daher lassen sich beide Arten Körper in flüssigen Gemischen auf dem Wege der Exosmose trennen. Während z. B. Zucker durch die thierische Membran (Blase) oder das Pergamentpapier hindurchgeht, bleibt arabisches Gummi in diesem zurück. Die Scheidung dieser Art hat den Namen Dialyse erhalten, das mit dem Pergamentpapier bespannte Gefäss den Namen Dialysator. Dieser besteht aus einem hohen Guttaperchareif oder einem Guttaperchagefäss ohne Boden mit darübergespanntem Pergamentpapier. Den Dialysator setzt oder hängt man in ein grösseres mit Wasser gefülltes Gefäss, Exarysator genannt (ἐξαρύω, exary̆o, ausschöpfen; ἐξάρυσις, exary̆sis, das Ausschöpfen).

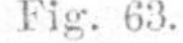

Fig. 63.

Dialytischer Apparat.

Lection 22.

Chemische Anziehung. Chemische Verwandtschaft.

Zur Erklärung der Entstehung chemischer Verbindungen hat man eine dritte Verschiedenheit der Anziehungskraft, nämlich die chemische Anziehung, auch chemische Verwandtschaft, Affinität genannt, als vorhanden angenommen.

Nehmen wir einige Krystallchen Oxalsäure (*Acidum oxalicum*), lösen sie in destillirtem Wasser und giessen dann zu dieser Lösung Kalkwasser *(Calcaria soluta, Aqua Calcariae)*, welches eine klare Auflösung von gebrannter Kalkerde in Wasser ist, so entsteht ein weisser Niederschlag, welcher das Gemisch erst milchig trübe macht und sich dann in der Ruhe zu Boden setzt. Dieser Niederschlag ist die im Wasser unlösliche oxalsaure Kalkerde, eine chemische Verbindung der Kalkerde mit der Oxalsäure. Beide Körper haben sich chemisch angezogen und zu einem dritten Körper verbunden, dessen Eigenschaften mit denen der Kalkerde und der Oxalsäure nicht mehr übereinstimmen.

Wenn wir ein Probirgläschen bis zu $^1/_4$ seines Rauminhaltes mit verdünnter Schwefelsäure (*Acidum sulfuricum dilutum*) anfüllen und dazu unter gelindem Schütteln nach und nach messerspitzenweise gebrannte Magnesia (*Magnesia usta*) setzen, bis ein Theil der letzteren nicht mehr aufgelöst wird, so bildet sich aus beiden Stoffen in Folge chemischer Verwandtschaft schwefelsaure Magnesia (*Magnesia sulfurica*), welche hier in der Flüssigkeit in Lösung bleibt. Die verdünnte Schwefelsäure ist eine sehr sauer schmeckende Flüssigkeit, die Magnesia ist ein weisses Pulver und ohne Geschmack. Die aus beiden hervorgegangene Mischung schmeckt dagegen bitter, wovon man sich durch den Geschmack überzeugen kann. Dieses bitteren Geschmackes wegen heisst die schwefelsaure Magnesia auch Bittersalz.

Legen wir ein Stück Kalkerde, d. i. gebrannten Kalk, in eine Schale, benetzen es mit Wasser und stellen es mehrere Minuten bei Seite. Das Stück wird allmählich warm, zuletzt heiss und unter Ausstossung von Wasserdämpfen zerfällt es in ein feines Pulver (gelöschten Kalk), welches eine Verbindung von Kalkerde mit Wasser ist und von dem Chemiker Kalkhydrat genannt wird. Da der gebrannte Kalk eine grosse Verwandtschaft zum Wasser hat, so kann man ihn zum Austrocknen feuchter Locale, auch zum Austrocknen von Gummiharzen und zum Trockenhalten solcher Arzneistoffe anwenden, welche leicht feucht werden oder Schimmel ansetzen. Man bewahrt deshalb dergleichen Stoffe über gebranntem Kalk auf, den man, sobald er zu Kalkhydrat zerfallen ist, durch frische Stücke ersetzt.

Die chemische Anziehung zeigt sich in den vorstehenden Beispielen als eine einfache Verwandtschaft oder Affinität (von Einigen auch mischende Verwandtschaft genannt), sie wird aber zu einer einfachen Wahlverwandtschaft, wenn einem Körper Gelegenheit gegeben ist, aus den Bestandtheilen einer chemischen Verbindung den Körper auszuwählen und sich damit zu verbinden, zu dem er eine stärkere chemische Anziehung hat.

Löst man in einem Probirgläschen einen Krystall des giftigen essigsauren Bleioxyds (*Plumbum aceticum*), gewöhnlich wegen seines süsslichen Geschmacks Bleizucker genannt, in etwas destillirtem Wasser und setzt man einige Tropfen verdünnter Schwefelsäure dazu, so entsteht ein weisser Niederschlag, welcher sich sehr bald absetzt. Er ist schwefelsaures Bleioxyd, eine in Wasser fast unlösliche Verbindung. Die Schwefelsäure hat nämlich eine grosse Verwandtschaft zum Bleioxyd, nicht aber zu der Essigsäure in dem Bleizucker, sie wählte sich daher von beiden Körpern also denjenigen aus, zu welchem sie Verwandtschaft hatte. Die von dem Bleioxyd getrennte Essigsäure bleibt in dem Wasser über dem Niederschlage gelöst. In der Verbindung des Bleioxyds mit Essigsäure wird also die Stelle der letzteren durch Schwefelsäure ersetzt.

essigsaures Bleioxyd.	{	*Essigsäure* Bleioxyd Schwefelsäure	}	schwefelsaures Bleioxyd.

Geben wir einige Krystalle essigsaures Natron (*Natrum aceticum*) in ein Porcellanschälchen und übergiessen sie mit etwas concentrirter Schwefelsäure, so entwickelt das Gemisch einen stechenden Geruch nach Essigsäure. Nähern wir einen Glasstab, welcher in Aetzammonflüssigkeit eingetaucht war, so bilden sich um den Stab dichte Nebel. Das essigsaure Natron besteht aus Natron und Essigsäure. Die zugegossene Schwefelsäure verbindet sich mit dem Natron, und die Essigsäure wird frei. Letztere lässt sich wegen ihrer Flüchtigkeit beim Annähern eines mit Aetzammonflüssigkeit (Salmiakgeist) benetzten

Stabes erkennen, indem sich der Essigsäuredampf mit dem Ammongas, das von dem Stabe abdunstet, zu essigsaurem Ammon verbindet, welches die sichtbaren Nebel bildet.

Dasselbe Experiment gelingt, wenn wir einige Krystalle des Bleizuckers mit Schwefelsäure übergiessen.

Tröpfeln wir in einem weiten Reagensgläschen zu einer Lösung des kohlensauren Kalis (*Kali carbonicum solutum; Liquor Kali carbonici*) nach und nach verdünnte Schwefelsäure, so findet ein Aufbrausen statt. Tröpfeln wir allmählich von der Säure so lange zu, bis das Aufbrausen aufhört, so haben wir in der Flüssigkeit schwefelsaures Kali, theils gelöst, theils in kleinen Krystallchen sich absetzend. Der luftförmig entweichende Körper, welcher das Aufbrausen verursachte, war Kohlensäure. Vermischt man die Mischung mit Weingeist, so fällt das schwefelsaure Kali fast gänzlich als Krystallmehl nieder, weil es in einer weingeistigen Flüssigkeit kaum löslich ist. Die Schwefelsäure hat weder zum kohlensauren Kali, noch zur Kohlensäure, welche in ihrer Verbindung mit Kali das kohlensaure Kali darstellt, Verwandtschaft, wohl aber zum Kali allein. Sie verbindet sich mit diesem und verdrängt die Kohlensäure, welche frei und ledig in Gasform entweicht und ein Aufschäumen der Flüssigkeit verursacht.

kohlensaures   {   *Kohlensäure*
Kali   {   Kali   }   schwefelsaures
    Schwefelsäure   {   Kali.

Bei der einfachen Wahlverwandtschaft entsteht eine neue Verbindung, und ein Körper wird frei, bei der doppelten Wahlverwandtschaft entstehen zwei neue Verbindungen.

Lösen wir z. B. etwas schwefelsaure Magnesia (*Magnesia sulfurica*) in Wasser und giessen zu derselben aufgelöstes kohlensaures Kali (*Liquor Kali carbonici*), so entsteht eine Fällung. Der sich abscheidende Körper ist kohlensaure Magnesia, und in der Flüssigkeit gelöst bleibt schwefelsaures Kali. Bringen wir das Ganze auf ein Filter, und waschen wir den Niederschlag im Filter mit destillirtem Wasser nach, so wird dieser beim Beträufeln mit verdünnter Schwefelsäure stark aufbrausen, ein Beweis, dass er eine kohlensaure Verbindung ist.

Schwefelsaures Kali

<table>
<tr><td>schwefelsaure
Magnesia.</td><td>{</td><td>Schwefelsäure   Kali
Magnesia Kohlensäure</td><td>}</td><td>kohlensaures
Kali.</td></tr>
</table>

kohlensaure Magnesia.

Geben wir zu einer wässrigen Lösung von Glaubersalz, krystallisirtem schwefelsauren Natron (*Natrum sulfuricum crystallisatum*), einige Tropfen einer Lösung des salpetersauren Baryts (*Baryta nitrica*), so entsteht eine weisse Fällung. Das, was fällt, ist schwefelsaurer Baryt, welcher in Wasser unlöslich ist. Die Baryterde hat eine starke Verwandtschaft zur Schwefelsäure, und wird eine Lösung eines Baryterdesalzes zu einer Flüssigkeit gegeben, welche ein schwefelsaures Salz oder auch freie Schwefelsäure enthält, so entsteht auch stets die unlösliche schwefelsaure Baryterde. Daher wird die Lösung eines Baryterdesalzes als das wichtigste Reagens auf Schwefelsäure angesehen und da angewendet, wo man in einer Flüssigkeit Schwefelsäure entdecken will. Da aber auch die kohlensaure Baryterde in Wasser unlöslich, die phosphorsaure Baryterde schwerlöslich in Wasser ist, und beide als weisse Niederschläge erhalten werden, so setzt man zu den Flüssigkeiten, welche mit Barytsalz auf Schwefelsäure geprüft werden sollen, stets soviel reine Salpetersäure (*Acidum nitricum purum*) hinzu, dass sie stark sauer reagiren. Da man einer Flüssigkeit nicht ansehen kann, ob sie sauer oder alkalisch reagirt, und man aus Vorsicht diese Beschaffenheit nicht mit der Zunge prüft, so gebraucht man für diesen Zweck Reagenspapier *(Charta exploratoria)*, von welchem man ein blaues für saure und ein rothes für alkalische Flüssigkeiten vorräthig hält. Die Farbe des blauen Reagenspapiers wird durch eine saure Flüssigkeit in Roth, die des rothen durch eine alkalische Flüssigkeit in Blau umgeändert. Man nimmt entweder von der zu prüfenden Flüssigkeit mittelst eines Glasstabes einen Tropfen auf und tupft ihn auf ein Stückchen des Reagenspapiers, oder man taucht das Ende eines langen schmalen Streifens des Papiers in die zu prüfende Flüssigkeit.

Wir wollen die gereinigte Pottasche (gereinigtes kohlensaures Kali, *Kali carbonicum depuratum*) auf eine Verunreinigung mit schwefelsaurem Kali prüfen. Wir lösen eine Messerspitze dieses Salzes in destillirtem Wasser und filtriren die Lösung, wenn sie trübe ist. Zu der klaren Lösung tröpfeln wir nun nach und nach reine Salpetersäure und schütteln um, damit die Mischung stattfindet und die Kohlensäure ungehindert entweichen kann. Es bildet sich hier salpetersaures Kali, und Kohlensäure entweicht. Findet eine Entwickelung der Kohlensäurebläschen auf weiteren Zusatz von Salpetersäure nicht mehr statt, so ist auch die Lösung damit genügend gesättigt, d. h. das Kali hat sich mit Salpetersäure verbunden, und alle Kohlensäure ist aus ihrer Verbindung mit dem Kali freigemacht. Um zu erfahren, ob auch die Salpetersäure im Ueberschuss vorhanden ist, erwärmt man, um die Kohlensäure, welche zum Theil in Folge der Adhäsion in dem Wasser der Lösung zurückgehalten wird, auszutreiben, und prüft nun mit blauem Lackmuspapier. Wird dieses roth, so ist die Flüssigkeit auch sauer. Die vom Wasser absorbirte Kohlensäure wirkt nämlich röthend auf das Lackmuspapier, wenn auch schnell vorübergehend; darum ist ein Erwärmen der Flüssigkeit zur Austreibung der Kohlensäure nothwendig. Zu der nun sauren Flüssigkeit setzt man einige Tropfen der Lösung eines Barytsalzes, z. B. des Chlorbaryums. Ist Schwefelsäure gegenwärtig, so entsteht sofort eine weisse Trübung oder bei Gegenwart von vieler Schwefelsäure eine Fällung. Wegen der Verunreinigung mit schwefelsaurem Salz ist, nebenbei bemerkt, diese Art Pottasche nicht zu verwerfen, dagegen soll reine Pottasche (reines kohlensaures Kali, *Kali carbonicum purum*) völlig frei von schwefelsaurem Salze sein.

Dieses letztere Salz hat zwar die Bezeichnung „rein," ist aber nichts desto weniger mit einer Spur Chlorkalium verunreinigt. Diese von der Deutschen Pharmacopöe zugelassene ·Verunreinigung erkennen wir, wenn wir eine Messerspitze des Salzes in Wasser lösen, mit Salpetersäure, wie vorhin angegeben ist, übersättigen und mit zwei Tropfen einer Lösung des salpetersauren Silbers versetzen. Es entsteht in der klaren Lösung eine schwache weissliche Trübung, welche die Flüssigkeitssäule opalisirend erscheineu lässt. Wäre die Trübung so stark, dass sie die Durchsichtigkeit der Flüssigkeit völlig aufhebt, so ist das reine kohlensaure Kali nicht rein genug. Silberlösung ist ein kräftiges Reagens auf Chlor, sowie auf Chlorwasserstoff (Salzsäure).

Wasser. — Reagéns, reagiren, Reaction, von dem franz. *réagir*, gegenwirken, zurückwirken (neulat. *reago, ĕre*). Unter Reaction versteht der Chemiker jede sinnlich wahrnehmbare Veränderung, welche durch chemische Einwirkung von zwei oder mehreren Substanzen auf einander hervorgebracht wird. Dass eine Barytsalzlösung in einer klaren Flüssigkeit, welche Schwefelsäure enthält, eine weisse Trübung oder Fällung hervorbringt, wodurch die Gegenwart der Schwefelsäure erkannt wird, ist eine Reaction. Reagens heisst im chemischen Sinne jeder Stoff, welcher eine Reaction hervorbringt und womit man Reactionen macht, und reagiren heisst überhaupt mit den Sinnen wahrnehmbare chemische Veränderungen hervorbringen, chemisch einwirken. Ein lösliches Barytsalz ist ein Reagens auf Schwefelsäure, Schwefelsäure ist umgekehrt ein Reagens auf Baryterde. Man reagirt auf Baryterde in ihrer Lösung, wenn man derselben Schwefelsäure zusetzt. Kalkwasser reagirt alkalisch, denn es bläut das rothe Lackmuspapier, Essig, verdünnte Schwefelsäure, Salpetersäure reagiren sauer, denn sie röthen das blaue Lackmuspapier. Diese Säuren sind auch Reagentien auf Kohlensäure, welche an Basen gebunden ist, indem dieselbe von ihnen frei gemacht wird und dann unter Aufbrausen gasförmig entweicht. Man versteht also unter Reagentien Prüfungsmittel, Probirmittel, welche geschickt sind, durch Hervorbringung einer Reaction die Gegenwart eines Stoffes erkennen zu lassen. — Lackmus *(Lacca musica)* ist ein blauer Farbstoff, welcher aus verschiedenen Lackmusflechten, wie *Roccella tinctoria*, *Lecanŏra tartarĕa* etc., im westlichen Europa bereitet wird. Das Wort Lackmus (nicht Lacmus) ist entstanden aus *lacca* (Lack) und *muscus* (Moos); also gleichsam Mooslack. Die wässrige Auflösung dieses Farbstoffes ist blau. Das damit getränkte Fliesspapier ist das blaue Lackmuspapier. Die blaue Lösung, mit einer Spur Phosphorsäure versetzt, wird roth, und das mit dieser rothen Lösung getränkte Fliesspapier liefert das rothe Reagenspapier. Man möge sich merken, dass sowohl die blaue, wie die rothe Lackmustinktur weit schärfere Reactionen geben, als das entsprechende Reagenspapier. Die blaue Tinktur bereitet man aus 10 Lackmus, 40—50 Weingeist und 200—300 oder soviel destillirtem Wasser, dass die filtrirte, mit 1—2 Aetzammonflüssigkeit versetzte Flüssigkeit in einem Reagircylinder durchsichtig, aber dunkelblau erscheint. Zur Darstellung der rothen Tinctur versetzt man die blaue Tinctur statt des Aetzammons mit 1—2 Th. oder soviel Phosphorsäure, bis eine lebhaft rothe Färbung eingetreten ist. Bei Benutzung dieser Tincturen giebt man circa 20 Tropfen in einen Reagircylinder und dann mehrere Tropfen der zu prüfenden Flüssigkeit.

Lection 23.

Disponirende Verwandtschaft.

Bei der Action der einfachen Affinität (oder der mischenden Verwandtschaft) und der einfachen und doppelten Wahlverwandtschaft geht an den Stoffen, welche der Affinität folgen, selbst keine Veränderung voraus. Zwei verschiedenartige Stoffe, allein oder aus einer chemischen Verbindung austretend, finden sich und verbinden sich mit einander in derjenigen Verfassung, wie sie eben sind. Nun kommen auch Fälle vor, in welchen zwischen zwei Stoffen nur dann die chemische Anziehung zur Thätigkeit gelangt, wenn der eine Stoff Gelegenheit findet, sich unter Zersetzung eines dritten Stoffes in der Art chemisch zu verändern oder in diejenige chemische Verfassung zu versetzen, welche ihm erlaubt, mit dem zweiten Stoffe eine chemische Verbindung zu constituiren. In einem solchen Falle hat man die chemische Anziehung disponirende (auch prädisponirende) Verwandtschaft genannt.

Beispiele werden uns den Vorgang der disponirenden Verwandtschaft deutlich machen.

Geben wir eine Messerspitze Zinkoxyd *(Zincum oxydatum)*, eine Verbindung von Zinkmetall mit Sauerstoff, in ein Reagirgläschen, giessen darauf verdünnte Schwefelsäure, so löst sich unter sanftem Schütteln das Zinkoxyd auf, indem es sich mit der Schwefelsäure zu einem leicht auflöslichen Salze, dem schwefelsauren Zinkoxyd *(Zincum sulfuricum)*, chemisch verbindet. Dies ist ein Beispiel der einfachen Verwandtschaft. Wenn wir nun in ein Reagirgläschen ein Stückchen Zinkmetall werfen und mit verdünnter Schwefelsäure (d. i. mit der 5fachen Menge destillirtem Wasser verdünnte concentrirte Schwefelsäure) übergiessen, so sehen wir von dem Zinkmetall kleine Bläschen in Strömen aufsteigen. Diese Bläschen sind mit Wasserstoffgas gefüllt. Giessen wir genügend verdünnte Schwefelsäure auf das Zink, so dauert diese Wasserstoffentwickelung in Bläschen so lange, als Zinkmetall gegenwärtig ist. Das Zink löst sich dabei auf, und die Lösung enthält schwefelsaures Zinkoxyd. Zinkmetall kann sich nicht mit Schwefelsäure verbinden, wohl aber das Zinkoxyd. Das Zink muss sich also, dem chemischen Anziehungsbestreben der Schwefelsäure gehorchend, zuvor mit Sauerstoff verbinden, es muss zu Zinkoxyd verändert werden. Die chemische Anziehung der Schwefelsäure disponirt also das Zink, sich mit Sauerstoff zu verbinden und diesen Sauerstoff dem gegenwärtigen Wasser zu entziehen. Der andere Bestandtheil des Wassers, der Wasserstoff, findet in der Mischung keinen Stoff, mit welchem er sich verbinden kann, er entweicht daher in seiner ursprünglichen Gasgestalt. Der Affinitätsprocess besteht also darin, dass Wasser in seine Bestandtheile, Wasserstoff und Sauerstoff, zerlegt wird, der Wasserstoff als Gas entweicht, der Sauerstoff aber an das Zink tritt und damit Zinkoxyd bildet, welches sich mit der Schwefelsäure verbindet und ein Salz, das schwefelsaure Zinkoxyd, darstellt.

$$\begin{array}{c} \underline{\qquad\qquad\quad \textit{Wasserstoff} \quad\Big\rangle}\ \\ \text{Zink} \qquad\qquad\qquad \text{Sauerstoff} \ \Big\rangle \ \mathbf{W\,a\,s\,s\,e\,r} \\ \text{Schwefelsäure} \end{array}$$

s c h w e f e l s a u r e s   Z i n k o x y d.

Der Vorgang ist derselbe, wenn wir einen kleinen eisernen Nagel oder eine Messerspitze gepulvertes Eisen *(Ferrum pulveratum)* in ein Reagirgläschen werfen und mit verdünnter Schwefelsäure übergiessen. Es tritt sofort eine rapide Wasserstoffgasentwickelung ein, indem sich das Eisen mit Sauerstoff zu Eisenoxydul verbindet, und dieses Eisenoxydul sich sofort mit Schwefelsäure zu schwefelsaurem Eisenoxydul *(Ferrum sulfuricum)* vereinigt. Die Lösung dieses Salzes ist eine grünliche, die Zinkauflösung ist dagegen farblos.

Es giebt nur einige Schwer-Metalle, welche in Berührung mit Säuren das Wasser zersetzen. Die bemerkenswerthesten derselben sind Eisen, Mangan, Zink.

Geben wir ein Stückchen Kupferblech (einen Pfennig) in ein Reagirgläschen und übergiessen es mit verdünnter Schwefelsäure, so zeigt sich das Kupfer intact, es wird von der Säure nicht gelöst, es entwickelt sich auch kein Wasserstoff. Das Kupfer ist also eines der Metalle, welche in Berührung mit Säuren nicht zur Zersetzung des Wassers disponirt werden. Setzen wir nun etwas Salpetersäure *(Acidum nitricum)* hinzu und erwärmen über einer Weingeistflamme, so tritt eine heftige Gasentwickelung ein, und unter Zutröpfeln von verdünnter Schwefelsäure und Salpetersäure gewinnt man eine blaue Lösung, welche schwefelsaures Kupferoxyd enthält. Hier ist das Gas, welches entwickelt wird, nicht Wasserstoffgas, sondern zunächst Stickstoffoxydgas. Die Salpetersäure ist eine chemische Verbindung des Stickstoffes mit Sauerstoff und giebt in Berührung mit Kupfer an dieses einen Theil ihres Sauerstoffes ab, es in Kupferoxyd verwandelnd; der Rest der Säure aus dieser Zersetzung, das Stickstoffoxyd, ist eine luftförmige farblose Verbindung des Stickstoffs mit weniger Sauerstoff als in der Salpetersäure, und dieser Rest entweicht gasförmig, wobei er, mit der Luft in Berührung kommend, aus dieser Sauerstoff aufnimmt und braunrothe Dämpfe (Untersalpetersäure) bildet. Dieser letztere Akt der Auflösung des Kupfers auf Zusatz von Salpetersäure ist übrigens kein Fall der disponirenden Verwandtschaft, denn die Salpetersäure hat überhaupt ein grosses Bestreben, das Kupfer auf ihre eignen Kosten zu oxydiren, sobald sie im freien Zustande dieses Metall antrifft.

Das Kupfer kann auch mit concentrirter Schwefelsäure übergossen in schwefelsaures Kupferoxyd verwandelt werden, wenn es erhitzt wird. In diesem Falle wird das Kupfer disponirt, einen Theil der Schwefelsäure zu zersetzen und Sauerstoff daraus aufzunehmen, um damit Kupferoxyd zu bilden, welches sich mit der unzersetzten Schwefelsäure zu schwefelsaurem Kupferoxyd vereinigt. Die Schwefelsäure ist eine Verbindung von Schwefel mit Sauerstoff. Indem sie einen Theil dieses Sauerstoffs an das Kupfer abgiebt, entweicht der bleibende Rest gasförmig als schweflige Säure, eine Verbindung des Schwefels mit weniger Sauerstoff als in der Schwefelsäure.

Alle Beispiele, welche im Vorstehenden gegeben sind, liefern wichtige schwefelsaure Metallsalze, welche im gewöhnlichen Leben Vitriole genannt werden: Zinkvitriol, weisser Vitriol oder schwefelsaures Zinkoxyd; Eisenvitriol, grüner Vitriol oder schwefelsaures Eisenoxydul; Kupfervitriol, blauer Vitriol oder schwefelsaures Kupferoxyd. Gewöhnlich versteht man unter Vitriole die unreinen Salze, wie sie krystallisirt in dem Handel vorkommen.

Die im Obigen gegebene Erklärung der disponirenden Verwandtschaft entspricht den Ansichten der sogenannten dualistischen Theorie. Die Ansichten der neueren chemischen Theorien lassen eine einfachere Erklärung zu, wie wir später sehen werden.

Bemerkungen. Disponirend von dem lat. *dispōno, disposŭi, disposĭtum, disponĕre*, gehörig einrichten, passend machen, disponiren, hier und da hinstellen. — Prädisponirend von dem lat. *prae* (voran, voraus) und *disponere*, also mit der Bedeutung: vorher einrichtend, vorbereitend. — Intact, unberührt, unversehrt, von dem lat. *in* (un) und *tango, tetĭgi, tactum, tangĕre*, berühren. — Vitriól, *Vitriŏlum*, ist aus dem lat. *vitrum*, Glas, oder dem Diminutiv von *vitrĭus, a, um*, gläsern, nämlich *vitriŏlus, a, um*, entstanden, weil die Vitriole in Krystallform ein glasiges Aussehen haben.

Lection 24.

Umstände, welche die chemische Verwandtschaft begünstigen.   Wärmeent
wickelung durch chemische Verwandtschaft.

Die Umstände, unter welchen die chemische Anziehung zwischen ungleichartigen Stoffen thätig wird, können sehr verschiedene sein. Im Allgemeinen wirkt die chemische Anziehung um so sicherer und zeigt sich um so erregter, je inniger die Berührung der kleinsten Theilchen der ungleichartigen Stoffe ist. Auf Grund dieser Erfahrung werden viele der festen Stoffe gepulvert, oder wenn sie in Flüssigkeiten löslich sind, aufgelöst, oder wenn sie schmelzbar sind, geschmolzen, um sie in einen flüssigen Zustand zu versetzen, ja manche Stoffe müssen sogar in einen gasförmigen Zustand versetzt werden, will man sie der chemischen Anziehung zugänglich machen.

Um zwischen zwei ungleichartigen Stoffen die chemische Anziehung zu erregen, bedarf es häufig der Wärme, und man erhitzt deshalb. Andere Stoffe verbinden sich dagegen schon bei gewöhnlicher Temperatur und entwickeln dabei Wärme, es tritt sogar in Folge der chemischen Anziehung bei einigen Stoffen eine bedeutende Temperaturerhöhung ein, welche sich nicht selten bis zum Glühen, ja selbst bis zur Feuererscheinung steigert.

Schütten wir in ein Probirgläschen zweifachkohlensaures Natron *(Natrum bicarbonicum)* und Weinsäure (*Acidum tartaricum*), von jedem eine Messerspitze und gepulvert, so lagern sich beim Schütteln die Theilchen beider Körper nebeneinander, ohne ihre chemische Anziehung geltend zu machen; giessen wir aber etwas Wasser hinzu, so verbindet sich die Weinsäure alsbald mit dem Natron des zweifachkohlensauren Natrons, und die freiwerdende Kohlensäure entweicht unter heftigem Aufbrausen des Flüssigen. Das Wasser wirkte hier auflösend und brachte die Theilchen beider Körper in eine innigere Berührung. Hätte man statt Wasser Chloroform genommen, so würde gar keine chemische Thätigkeit zum Vorschein gekommen sein, weil das Chloroform weder das zweifachkohlensaure Salz, noch die Weinsäure löst.

Im Allgemeinen gilt es als Regel, dass von zwei Körpern, welche sich chemisch verbinden sollen, beide oder wenigstens einer derselben flüssig sein müsse. Man hat diese Regel durch folgenden Spruch in Erinnerung gehalten: *Corpora non agunt nisi fluida* (nur flüssige Körper wirken auf einander). Die Bedeutung des Flüssigseins bezieht sich in diesem Spruche sowohl auf tropfbarflüssige wie elastisch-flüssige (luftförmige) Stoffe.

In den allermeisten Fällen, in welchen die chemische Anziehung thätig ist, findet, wie auch oben schon erwähnt wurde, eine Temperaturerhöhung, eine Wärmeentwickelung statt, die sich in einigen Fällen bis zur Feuererscheinung steigert.

Uebergiessen wir ein Stück gebrannten Kalk (Aetzkalk) auf einem Teller mit ungefähr seinem halben Gewicht Wasser und beobachten es, so wird es sich nach und nach erwärmen, immer heisser werden, in seiner Masse Risse bekommen und endlich unter Ausstossung von kochend heissen Wasserdämpfen zu einem weissen Pulver zerfallen, einer chemischen Verbindung von Kalkerde mit Wasser, dem Kalkhydrat. Die Wärmeentwickelung übersteigt hier den Kochpunkt des Wassers.

Wiederholen wir den Versuch, Weinsäure und zweifach kohlensaures Natron in einem Probirgläschen zu mischen und darin mit Wasser zu übergiessen. Während die Kohlensäure entweicht, können wir nicht die geringste Wärmeentwickelung wahrnehmen. Dennoch findet eine bedeutende Wärmeentwickelung statt, sie wird aber von der entwickelten Kohlensäure so sehr in Anspruch genommen, dass sie nicht nur unseren Sinnen entgeht, ja es erscheint uns sogar die Temperatur der Mischung niedriger als die der umgebenden Luft zu sein. Bekannt mit der Lehre von der latenten Wärme (Lection 7) können wir uns diesen auffallenden Umstand leicht erklären. Geht nämlich ein fester Körper in einen flüssigen oder gasförmigen Zustand über, so bedarf er hierzu einer grossen Menge Wärmestoff, die er seiner Umgebung entzieht und die er bindet. Wenn Eis zu flüssigem Wasser schmilzt, so nimmt es dabei so viel Wärme auf, dass sie hinreichen würde, Weingeist zum Sieden zu bringen. Dennoch erwärmt es sich dabei nicht. Eis von 0^0 bindet 79^0 Wärme beim Schmelzen und liefert flüssiges Wasser von 0^0. In dem zweifach kohlensauren Natron ist die Kohlensäure in einem festen Zustande. Bei ihrem Uebergange in den luftförmigen Zustand absorbirt sie eine bedeutende Menge Wärme, welche als latente von uns durch das Gefühl nicht empfunden wird. Diese Wärme nimmt sie aus ihrer Umgebung, und daher finden wir die im vorliegenden Versuche in chemischer Thätigkeit befindliche Flüssigkeit kalt.

Dass bei der chemischen Anziehung zwischen Natron und Weinsäure starke Wärmeentwickelung stattfindet, beweist folgender Versuch. Man gebe in ein Probirglas zwei Messerspitzen gepulverte Weinsäure und mische sie mit 20 — 30 Tropfen Wasser. Hierauf gebe man eine gute Messerspitze oder ein entsprechendes Stückchen trocknes Aetznatron (trocknes Natronhydrat, *Natrum causticum siccum*) hinzu. Hat man letzteres nicht zur Hand, so kann man dafür auch das trockne Aetzkali (trocknes Kalihydrat, *Kali causticum siccum*) nehmen. Diese Mischung wird sehr heiss.

Die concentrirte Schwefelsäure (*Acidum sulfuricum concentratum*) ist ein Hydrat. Sie hat eine ausserordentlich grosse Verwandtschaft zum Wasser, welche selbst so weit geht, dass sie organischen Substanzen Wasserstoff und Sauerstoff entzieht und daraus Wasser bildet, um sich mit diesem zu verbinden. Trocknes Papier besteht aus Holzfaser, Cellulose, einer Verbindung von Kohlenstoff, Wasserstoff und Sauerstoff. Bringen wir nun mittelst eines Glasstabes einige Tropfen der Säure auf ein Stück Papier (welches auf einem Teller liegt), so bräunt sich die betropfte Stelle sehr bald und wird endlich schwarz. Die Schwefelsäure entzieht in ihrem heftigen Bestreben, sich mit Wasser zu verbinden, der Cellulose Wasserstoff und Sauerstoff in einem Verhältnisse, in welchem sie Wasser bilden, und die schwarze Masse, welche entsteht, ist eine Kohlenstoff-reiche, daher auch ihre dunkle Farbe. Die concentrirte Schwefelsäure wirkt auf diese Weise zerstörend oder verkohlend auf die meisten organischen Körper. Die rauchende oder Nordhäuser Schwefelsäure (*Acid. sulfuricum fumans*), ein Gemisch aus wasserfreier Schwefelsäure und Schwefelsäurehydrat, wirkt noch heftiger zersetzend. Das Umgehen mit diesen Säuren erfordert daher stets grosse Vorsicht. Hätte man etwa aus Unvorsichtigkeit die Kleidung mit Schwefelsäure betropft, so benetze man die Stelle sofort mit Aetzammonflüssigkeit (Salmiakgeist). Das Ammon verbindet sich mit der Säure zu schwefelsaurem Ammon und hebt dadurch die zerstörende Wirkung der Säure auf. Es bietet sich überhaupt häufig die Gelegenheit, durch Säuren und Alkalien entstandene Flecke in Kleidungsstücken zu beseitigen. Säureflecke tilgt man mittelst Aetzammonflüssigkeit, Alkaliflecke (entstanden durch Lösungen von Aetzkalk, Aetznatron, Aetzkali, kohlensaurem Natron, kohlensaurem Kali) dagegen mit verdünnter Essigsäure.

Bei der Mischung der concentrirten Schwefelsäure mit Wasser findet eine beträchtliche Temperaturerhöhung statt, die sogar den Kochpunkt des Wassers übersteigt, wenn eine kleinere Menge Wasser einer grösseren Menge Schwefelsäure zugesetzt wird. Ist die Säure gehörig concentrirt, so wird in diesem letzteren Falle ein Theil des zuerst zugegossenen Wassers durch die entstehende Erhitzung plötzlich in Dampf verwandelt, welcher ein Spritzen und Prasseln verursacht. Weniger findet dies statt, wenn wir die Säure zu dem Wasser tropfen. Dies ist der Grund, warum man beim Verdünnen der Schwefelsäure mit Wasser die Säure in einem möglichst dünnen Strahle dem Wasser zusetzt. Da die Glasgefässe selten einen plötzlichen starken Temperaturwechsel aushalten, so nimmt man die Mischung in einer porcellanenen Schale vor, wobei man immer noch die Vorsicht gebraucht, die Säure nicht in einem Zuge, sondern in 3 bis 4 Pausen und unter Bewegung des Wassers mit einem Glasstabe zuzusetzen. Dabei gewinnt das Gefäss Zeit, sich nach und nach zu durchwärmen.

Die chemische Anziehung zwischen Schwefelsäure und Wasser äussert sich also durch eine beträchtliche Temperaturerhöhung.

Stellen wir einen Platintiegel auf eine Papierunterlage, füllen ihn zu $\frac{1}{3}$ seines Rauminhaltes mit rauchender Schwefelsäure und schütteln eine grössere Portion gebrannter Magnesia hinein, so steigert sich die chemische Action, durch welche beide Stoffe zu schwefelsaurer Magnesia vereinigt werden, bis zur Glühhitze, so dass das untergelegte Papier verkohlt. Da bei diesem Experiment sehr leicht ein Spritzen stattfinden kann, so halte man beim Versuch das Gesicht entfernt und führe es an einer Stelle aus, wo nichts zu verderben ist. Bei Behandlung kleiner Mengen tritt übrigens die Glühhitze nicht ein und zwar in Folge der Abkühlung durch die Umgebung.

Legen wir ein erbsengrosses Stück Phosphor, welches wir mit der Spitze einer Papierscheere erfasst haben, auf einen erwärmten Porcellanscherben, so bricht es in Flamme aus, indem es sich mit Sauerstoff der atmosphärischen Luft verbindet und zu Phosphorsäure wird. Dieser Versuch darf nur unter Aufsicht einer erfahrenen Person geschehen, denn der Phosphor erzeugt sehr gefährliche Brandwunden und wirkt, in den Magen gebracht, wie ein tödtliches Gift. Das Umgehen mit Phosphor erfordert daher grosse Vorsicht. Nicht mit Wasser benetzt, entzündet er sich schon in der Sommerwärme, ja selbst durch die

Wärme der Finger. Die Ursache dieses Verhaltens ist sein grosses Bestreben, sich mit Sauerstoff zu verbinden, welchen ihm die umgebende atmosphärische Luft darbietet. Bei niederer Temperatur genügt er diesem Bestreben nur langsamer und ohne Flammenerscheinung, indem er sich in eine im Finstern stark leuchtende Atmosphäre hüllt. Bei geringer Wärmezunahme bricht er aber in Flamme aus, und seine Verbindung mit dem Luftsauerstoff geschieht mit grosser Heftigkeit.

Ein zweiter Versuch mit Phosphor ist folgender. Man wirft in ein nach unten etwas spitz zulaufendes Glas (Champagnerglas) oder ein weites Probirglas Phosphor von der Grösse einer Erbse und füllt das Gefäss zur Hälfte mit heissem Wasser. Der Phosphor schmilzt; nicht im Contact mit atmosphärischem Sauerstoff kann er sich auch nicht entflammen. Bläst man nun vorsichtig dnrch ein enges Glasrohr Luft auf den Boden des Gefässes, so entsteht daselbst am Phosphor eine Verbrennung, welche sich im Dunkeln sehr schön wahrnehmen lässt. Hat man dies Experiment mehrere Minuten fortgesetzt und betrachtet dann den Phosphor näher, so findet man ihn zum Theil in ein röthliches Pulver verwandelt. Dieses ist gleichfalls Phosphor, sogenannter **amorpher Phosphor**, welcher sich immer da bildet, wo geschmolzener Phosphor seiner Neigung, sich mit dem Sauerstoff zu verbinden oder, was dasselbe sagt, sich zu oxydiren, nur im unvollkommenen Maasse folgen kann, wo ihm also nicht die genügende Menge Sauerstoff zu einer vollständigen Oxydirung zugeführt wird. Der amorphe Phosphor entzündet sich weit schwieriger und ist weniger giftig als der gewöhnliche.

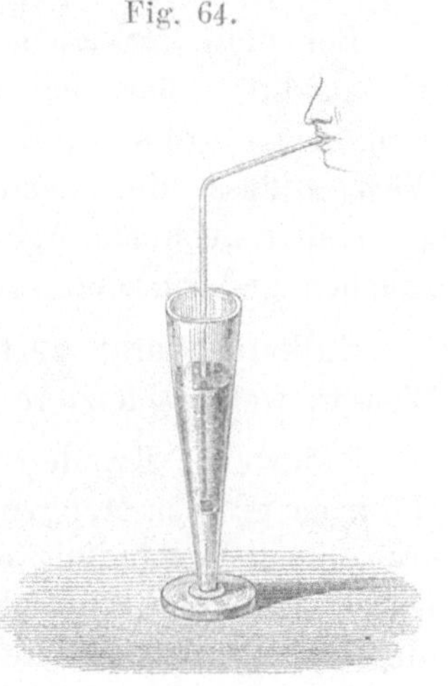

Fig. 64.

Wenn zwei Stoffe derselben Art, aus demselben Grundstoffe bestehend, verschiedene Eigenschaften, verschiedenes chemisches Verhalten zeigen, so nennt man diese Erscheinung **Allotropie** (ungleichartige Beschaffenheit). Der rothe Phosphor ist demnach eine **allotropische** Modification des gewöhnlichen Phosphors.

Bemerkungen. Contáct von dem lat. *contactus, us,* Berührung; *contingo, contĭgi, contactum, contingĕre,* von allen Seiten berühren. — Oxydiren heisst mit Sauerstoff verbinden, Oxyd eine Verbindung mit Sauerstoff, Oxydirung oder Oxydation der Act der Verbindung mit Sauerstoff, gebildet aus dem griech. ὀξύς (oxys) sauer. — Allotropíe von dem griech. ἀλλότροπος, ον (allotrŏpos, on), andersartig, veränderlich; ἄλλος, ἄλλη, ἄλλο (allos, allē, allo), ein anderer, τροπή (tropē), Wende, Abwechselung, Veränderung.

Lection 25.

Chemische Zersetzungen und Verbindungen durch Einfluss der Wärme hervorgerufen. Contactsubstanzen.

Bei den Versuchen in der vorhergehenden Lection haben wir erfahren, dass bei jeder chemischen Anziehung eine geringere oder grössere Wärmeentwickelung stattfindet und dass Wärmezufluss die chemische Anziehung befördert; die Wärme kann aber auch ein Agens werden, chemische Verbindungen aufzuheben und zu zersetzen.

Kalkerdehydrat zerfällt durch Glühen in Kalkerde und Wasser, welches letztere als Dampf entweicht.

Kalkstein, Kreide, Marmor sind Fossilien, welche in der Natur in grossen Mengen vorkommen und aus kohlensaurer Kalkerde, einer Verbindung der Kalkerde mit Kohlensäure, bestehen. Durch Glühung wird diese Verbindung zersetzt, es entweicht die Kohlensäure und die Kalkerde bleibt als Aetzkalk, gebrannter Kalk *(Calcaria usta)*, zurück.

Geben wir zwei kleine Krystalle des salpetersauren Quecksilberoxyduls *(Hydrargўrum nitrĭcum oxydulātum)* in ein trocknes Probirgläschen und erhitzen allmählich und vorsichtig, so entsteht unter Entwickelung von braunrothen salpetrigsauren Dämpfen eine heiss dunkle, erkaltet rothe Masse, welche Quecksilberoxyd *(Hydrargyrum oxydatum rubrum)* ist. Durch die Erhitzung wurde das Quecksilbersalz zerlegt. Geben wir nun eine erbsengrosse Menge rothes Quecksilberoxyd (*Hydrargyrum oxydatum rubrum*) in ein völlig trocknes Probirglas und erhitzen in einer Weingeistflamme, bis das Oxyd vom Boden des Glases verschwunden ist, so finden wir im kälteren Theile einen breiten Quecksilberbeschlag, aus kleinen Metallkügelchen bestehend, welche sich durch Reiben mit einem Glasstabe zu grösseren

Quecksilberkügelchen vereinigen. Hier wurde durch Erhitzen das Quecksilberoxyd zersetzt in Sauerstoff, welcher als Gas entwich, und in metallisches Quecksilber, welches in Dampf verwandelt sich in dem kälteren Theile des Reagirglases (bei *h*) verdichtete.

Quecksilberdämpfe sind der Gesundheit sehr schädlich. Darum hüte man sich, irgend solche einzuathmen oder um sich herum zu erzeugen. Wenn man in den beiden vorhergehenden Versuchen nur den Boden des Reagirglases erhitzt, so gelangen die Quecksilberdämpfe kaum bis zu der Oeffnung des Gefässes.

Fig. 65.

Geben wir in ein weites Probirglas etwas verdünnte Essigsäure und dazu nach und nach Kreidepulver (kohlensaure Kalkerde), bis unter gelindem Erwärmen nichts mehr gelöst wird, so erhalten wir nach dem Filtriren eine Lösung von essigsaurer Kalkerde. Setzen wir nun zu dieser Lösung einige Tropfen der Lösung des kohlensauren Ammons *(Liquor Ammonii carbonici)*, so entsteht ein weisser Niederschlag von kohlensaurer Kalkerde, indem beide Verbindungen ihre Bestandtheile gegenseitig austauschen. Kochen wir jetzt die Flüssigkeit unter sanftem Schütteln anhaltend, so verschwindet der Niederschlag und mit den Wasserdämpfen entweicht kohlensaures Ammon. In der Kochhitze überwiegt also die Verwandtschaft der Kalkerde zu der Essigsäure die des Ammons.

Der Moment einer Verbindung oder Zersetzung ist in den meisten Fällen von einer gewissen Temperatur abhängig. Wenn wir Natronbicarbonat oder doppeltkohlensaures Natron *(Natrum bicarbonicum)* mit Wasser übergiessen und erwärmen, so beobachten wir, wenn die Temperatur bis zu 80⁰ gestiegen ist, ein Aufschäumen, verursacht durch das Entweichen von Kohlensäure. Halten wir die Lösung dann eine Zeit lang kochend (circa 100⁰ C.), so ist die Hälfte der Kohlensäure völlig entwichen und die Lösung enthält nun einfachkohlensaures Natron *(Natrum carbonicum)*. Interessant ist der von einer gewissen Temperatur abhängige Moment, in welchem das sogenannte Knallpulver zur Wirkung gelangt. Man mache aus 3 Decigm. trocknem Salpeter (Kalisalpeter), 1 Decigm. trocknem kohlensaurem Kali und 1 Decigm. gewaschenen Schwefelblumen ein Pulvergemisch und erhitze nur diese Menge (nicht mehr) in einem kleinen Blech- oder Metalllöffel über der Weingeistflamme. Das Pulver schmilzt zu einer braunen Flüssigkeit, es kocht und plötzlich explodirt es mit heftigem Knalle, wobei das Blech, wenn es sehr dünn war, selbst durchschlagen wird. Der Vorgang ist hier folgender. Der Schwefel verbindet sich mit einem Theile des Kalium in dem kohlensauren Kali, ein Theil Kohlensäure entweicht, und wenn dann das Gemisch bis auf eine gewisse Temperatur erhitzt ist, so tritt der ganze Sauerstoff der Salpetersäure aus dem Salpeter an das Schwefelkalium, dieses zu schwefelsaurem Kali oxydirend, und der Stickstoff der Salpetersäure wird plötzlich frei. Daher der heftige Knall.

Als Anreger der chemischen Anziehung bethätigen sich gewisse Körper, ohne dabei irgend eine Veränderung zu erleiden. Ihre Gegenwart genügt, um die Verwandtschaft zwischen zwei Stoffen anzuregen und die gegenseitige Verbindung derselben einzuleiten. Dergleichen Stoffe nennt man Contactsubstanzen.

Platinschwamm ist fein zertheiltes Platinmetall, also ein einfacher Körper, ein Grundstoff, zur Klasse der edlen Metalle gehörend. Lässt man einen Strom Wasserstoffgas auf Platinschwamm strömen, so leitet dieser unter Erglühen, welches ohne weiteres Zuthun von selbst eintritt, die Verbindung des Wasserstoffgases mit dem Sauerstoffgase der atmosphärischen Luft ein, das Wasserstoffgas brennt mit Flamme und bildet Wasser (Wasserstoffoxyd). Lect. 13, S. 53, ist zwar die Ursache dieser Erscheinung durch die Freiwerdung der specifischen Wärme des Wasserstoffs erklärt, doch ist auch hier gleichzeitig die chemische Contactwirkung des Platinmetalls wesentlich die Ursache der Entzündung des Wasserstoffgases. *Faraday* hat nämlich beobachtet, dass ein erwärmter Platindraht schon hinreiche, einen Strom Wasserstoffgas anzuzünden, dem Platinmetall also an und für sich eine eigenthümliche Kraft beiwohne, die chemische Anziehung anzuregen. Der Platinschwamm wird als Zünder der Wasserstofffeuerzeuge (von *Döbereiner*) benutzt. Man vergleiche unten die Bemerkungen.

Platinmohr ist auch ein fein zertheiltes Platinmetall, nur in anderer Weise wie der Platinschwamm dargestellt. Platinmohr hat die besondere Eigenschaft, mit Weingeist befeuchtet diesen anzuregen, sich mit dem Sauerstoff der Luft zu verbinden und sich zu Essigsäure zu oxydiren. Der Platinmohr wirkt hier allein durch die Berührung, durch Contact, und verändert sich dabei nicht im geringsten. Die Hobelspäne des Buchenholzes besitzen eine ähnliche Kraft, wenn auch in einem weit geringeren Maasse. Lässt man über buchene Hobelspäne mit Wasser verdünnten Weingeist tröpfeln, so wird dadurch die Oxydirung des Weingeistes zu Essigsäure angeregt. Sie sind deshalb ein nothwendiges Material bei der Schnellessigfabrikation.

Wenn man chlorsaures Kali schmelzt, so lässt es seinen Sauerstoff allmählich frei, indem dieser in sehr kleinen Bläschen in der flüssigen Masse aufwärts steigt. Setzt man vor der Schmelzung etwas Braunsteinpulver zu, so erfolgt die Sauerstoffentwickelung auf einmal. Der Braunstein erleidet hierbei keine Veränderung.

Von einem Körper, welcher die Eigenschaft besitzt, allein durch seine Gegenwart, durch Berührung, die chemische Anziehung zwischen zwei anderen Körpern anzuregen oder zu veranlassen, oder chemisch verbundene Körper zu zersetzen, ohne dabei selbst eine chemische Veränderung zu erleiden, sagt man: er wirkt durch Contact, als Contactsubstanz.

Bemerkungen. *Döbereiner*, ein deutscher Chemiker und Apotheker, fand zuerst die Entzündlichkeit des Wasserstoffs durch Berührung mit Platinschwamm. Nach ihm werden daher auch die Wasserstoffzündmaschinen Döbereiner'sche Feuerzeuge genannt. Diese sind jetzt wenig im Gebrauch, doch wird der Apotheker nicht selten in Anspruch genommen, sie in Stand zu setzen. Eine Wasserstoffzündmaschine besteht aus einem Glasstopfe *c c* und einem Deckel *d*. Unterhalb des Deckels ist ein bouteillenförmiger Glascylinder (Glocke) angekittet, in welchem an einer Oese ein kupferner Draht mit einem Zinkkloben *a* hängt. Neben der Oese geht ein enger Kanal durch den Deckel, welcher bei *i* mündet und durch ein Ventil oder einen Hahn (*e*) geöffnet und geschlossen werden kann. Der Glastopf *c c* wird zu $^2/_3$ seines Raumes mit verdünnter Schwefelsäure (1 conc. Säure und

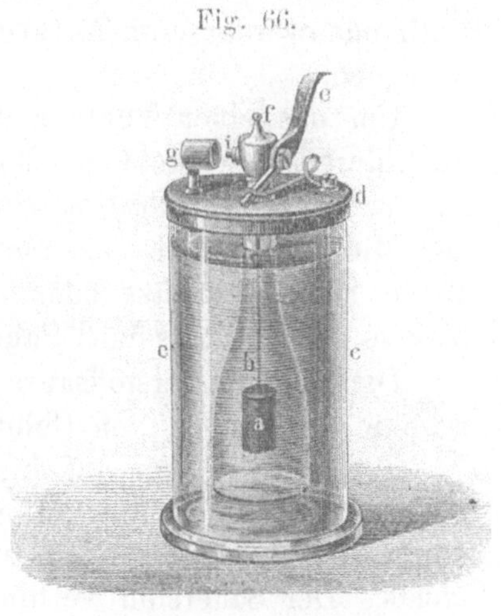

Fig. 66.

Döbereiner'sches Feuerzeug.

8 Wasser) gefüllt. Beim Druck auf *e* öffnet sich der Hahn, die Luft strömt aus *i* heraus und die Glocke *b* füllt sich mit Säure, welche, mit dem Zinkkloben in Berührung, die Entwickelung des Wasserstoffgases veranlasst. Das Wasserstoffgas füllt, wenn das Ventil wieder geschlossen ist, die Glocke *b* und verdrängt aus dieser die Säure, so dass dadurch der Zinkkloben zugleich von der Einwirkung der Säure befreit wird. Oeffnet man nun wiederum das Ventil, so strömt Wasserstoffgas unter dem Drucke der Flüssigkeitssäule in dem Topfe *c c* aus *i* heraus auf den Platinschwamm, der in einer Hülse *g* befestigt ist, und entzündet sich dort. Die besprochene Eigenschaft des Platinschwammes wird unterdrückt oder zerstört, wenn ihn fremdartige Stoffe, Dämpfe aus Fettstoffen, Schwefel, Arsen etc. verunreinigen. Daher darf man an der Maschine nicht Wachs- oder Talglichter, Schwefelhölzer etc. anzünden, und es muss zur Füllung eine möglichst reine Schwefelsäure in Anwendung kommen.

Faraday, sprich farrädeh, ein englischer Physiker. — Contact siehe S. 104 (Lect. 24).

Lection 26.

Entstehungsmoment. Licht und Electricität, als Anreger der chemischen Verwandtschaft.

Es giebt Körper, welche, mit einander in Berührung gebracht, keine chemische Anziehung, keine Verwandtschaft äussern, letztere wird aber oft mächtig erregt und thätig in dem Momente, in welchem einer derselben oder beide aus chemischen Verbindungen austreten, wenn sie sich also im Augenblicke des Entbundenwerdens, im Entstehungsmomente (*in statu nascendi*) begegnen.

Um uns einen Vorgang dieser Art zu erklären, wählen wir die Chlorgasentwickelung. Manganhyperoxyd (Braunstein, *Mangănum oxydātum natīvum*) ist ein grauschwarzes metallisch glänzendes Mineral, welches aus Manganmetall und Sauerstoff besteht. Wenn man es erhitzt oder mit einer starken Säure kocht, so lässt es die Hälfte seines Sauerstoffs frei.

Die Chlorwasserstoffsäure (Salzsäure, *Acĭdum hydrochloricum*) ist eine Verbindung von Chlor mit Wasserstoff.

Treiben wir nun auf irgend cine Weise aus dem Manganhyperoxyd jenen Antheil Sauerstoff aus und leiten dieses Gas durch die Chlorwasserstoffsäure, so verändert sich an dieser nichts. Der Sauerstoff verbindet sich nicht mit dem Wasserstoff der Chlorwasserstoffsäure. Ein anderes Verhalten tritt ein, wenn wir das Manganhyperoxyd mit Clorwasserstoffsäure übergiessen und ein wenig erwärmen. Sauerstoff wird hierbei freigemacht, dieser tritt aber sogleich im Momente seines Freiwerdens an den Wasserstoff der Säure und bildet damit Wasser, während das Chlor, von der Umarmung des Wasserstoffs befreit, als ein gelbgrünliches Gas entweicht. Der Sauerstoff verbindet sich hier also *in statu nascendi* mit dem Wasserstoff der Chlorwasserstoffsäure und bildet Wasser.

Der Versuch ist leicht zu machen, nicht im geschlossenen Raume, sondern auf dem Hofe unter freiem Himmel (*sub divo*), weil das Chlorgas auf die Lungen ungemein schädlich ist, indem es, in kleinen Mengen eingeathmet, Schnupfen und Brustbeklemmungen erzeugt, in grösseren Mengen die Gesundheit eines Menschen völlig zerstören kann. In ein Probirgläschen bringt man einige erbsengrosse Stückchen Manganhyperoxyd (Braunstein), giesst etwas Chlorwasserstoffsäure darauf und erwärmt. Der leere Raum des Gläschens wird sich alsbald mit dem gelbgrünlichen Chlorgase füllen. Hält man über der Oeffnung des Gläschens ein Stück blaues Reagenspapier (Lackmuspapier), so wird es sofort gebleicht, denn Chlorgas zerstört die vegetabilischen Farbstoffe. Würde man das Chlorgas in Wasser leiten, bis dieses damit gesättigt wäre, so gewönne man Chlorwasser (*Aqua chlorata*).

Die schlummernde chemische Anziehung zwischen zwei Körpern wird nicht selten erst dann erweckt, wenn diese mit anderen Körpern, welche sich in chemischer Thätigkeit befinden, in Berührung kommen, so dass die letzteren in ihrer chemischen Erregtheit zwischen den unthätigen Körpern Verwandtschaftsgelüste hervorrufen.

Geben wir in ein Probirgläschen ein Stück blankes Kupfer und verdünnte Schwefelsäure, so dass es von dieser genügend bedeckt ist, so bleibt es unverändert. Geben wir aber statt des Kupfers ein Stück Argentan, sogenanntes Neusilber, in die Säure, so löst sich dasselbe sammt dem Kupfer in dieser Legirung unter Wasserstoffentwickelung auf. Das Argentan ist nämlich eine Legirung von Kupfer, Nickel, Zink. Wie wir bereits wissen, gehören Nickel und Zink zu den Wasser zersetzenden Metallen. Zink, z. B. mit Schwefelsäure und Wasser in Berührung, entzieht dem letzteren den Sauerstoff, um sich als Zinkoxyd mit der Schwefelsäure zu verbinden, und Wasserstoff wird gasförmig ausgeschieden. Ebenso verhält sich Nickel.

Beide Metalle übertragen ihre Fähigkeit, das Wasser zu zersetzen, im vorliegenden Falle auf das Kupfer, welches sich in ihrer Genossenschaft nun auch unter Wasserstoffentwickelung auflöst.

Als Agentien, welche die chemische Anziehung thätig oder kräftiger machen, sind noch Licht und Electricität zu erwähnen.

Gleiche Maasstheile Chlorgas und Wasserstoffgas, im Dunkeln in einem Ballon von weissem Glase gemischt, verhalten sich gegenseitig indifferent, im diffusen Lichte, am gewöhnlichen Tageslichte wird die Verwandtschaft allmählich hervorgerufen, und die Vereinigung beider Gase zu Chlorwasserstoff findet nach und nach statt; in dem Augenblicke aber, in welchem das Gasgemisch von den directen Sonnenstrahlen getroffen wird, geht die chemische Verbindung desselben so plötzlich und mit einer solchen Heftigkeit vor sich, dass der Ballon unter gewaltiger Explosion zerschmettert wird.

Versuche, welche von heftigen Explosionen begleitet sind, soll der Unerfahrene nicht anstellen. Es genügt, den Hergang dieser Versuche mit Hilfe des Vorstellungsvermögens dem Gedächtniss einzuprägen.

Chlorwasser ist, wie wir oben erfahren haben, Wasser, welches Chlorgas gelöst enthält. Vor dem Einfluss des Lichtes geschützt, geht damit keine oder wenigstens eine sehr langsame Veränderung vor; lässt man aber Sonnenlicht darauf einwirken, so wird die Verwandtschaft des Chlors zum Wasserstoff des Wassers angeregt, Wasser wird bald zersetzt, und es entsteht Chlorwasserstoffsäure. Ist alles Chlor zu Chlorwasserstoffsäure (Salzsäure) geworden, so bleicht das Wasser nicht mehr das blaue Lackmuspapier, sondern röthet es. Wollen wir nun Chlorwasser prüfen, ob es schon in dieser Art mehr oder weniger verändert ist, so durchschütteln wir in einem Reagensgläschen kräftig mehrere Gramm des Wassers mit einigen Quecksilberkügelchen und prüfen dann mit blauem Lackmuspapier. Etwa noch vorhandenes freies Chlor verbindet sich mit dem Quecksilber zu dem nicht löslichen Quecksilberchlorür (Kalomel), die vorhandene Chlorwasserstoffsäure bleibt unberührt und im Wasser gelöst, welches daher Lackmus röthet. Es ist also nothwendig, das Chlorwasser so viel als möglich vor Licht zu schützen.

Sauerstoff und Stickstoff sind zwei permanente Gasarten, welche mit einander gemischt die atmosphärische Luft bilden. Sie verhalten sich gegenseitig völlig indifferent; lässt man aber durch ihre Mischung anhaltend electrische Funken schlagen, so verbinden sie sich an den Stellen, in welchen sie mit den Funken in Berührung kommen, zu Salpetersäure. Die Spuren Salpetersäure, welche man im Regenwasser, besonders nach Gewittern, antrifft, verdanken wahrscheinlich ihre Entstehung den electrischen Funken der Gewitter.

Bemerkungen. Legirung, von dem griech. λέγω (lego), zusammenlegen, nennt man eine durch Schmelzung erzeugte Mischung zweier oder mehrerer Metalle. Messing ist z. B. eine Legirung aus Kupfev und Zink, Glockenmetall eine Legirung aus Kupfer und Zinn. Wenn dagegen Queck silber ein Bestandtheil der Metallcomposition ist, so nennt man diese nicht Legirung, sondern Amalgam, von dem griech. ἅμα (ama), zusammen, und γαμέω (gameo), heirathen, sich verbinden. Ein Amalgam ist also eine Verbindung von Quecksilber mit anderen Metallen. — Indifferént, von dem lat. *indifferens (in* und *differo)*, keinen Unterschied habend, gleichgiltig. Ein Körper ist indifferent gegen einen anderen, wenn er zu diesem keine chemische Anziehung zeigt, gegen ihn gleichgiltig ist. — Electricität, von dem griech. ἤλεκτρον (ēlektron), Bernstein, weil man elektrische Erscheinungen zuerst am Bernstein beobachtete. — Diffús, von dem lat. *diffundo, diffūdi, diffūsum, diffundĕre*, giessend verbreiten, zerstreuen. Diffuses oder zerstreutes Licht ist das von nicht leuchtenden Körpern zurückgeworfene Licht, im Gegensatze zu dem directen Licht, welches unmittelbar von einem leuchtenden Körper, z. B. der Sonne, ausgestrahlt wird.

Lection 27.

Mechanische Einwirkungen als Anreger der chemischen Verwandtschaft.

Zur Erregung der chemischen Anziehung genügen in vielen Fällen äussere einfache mechanische Einwirkungen, wie z. B. Schlag, Stoss, Reibung. Die Beispiele, welche hier als Beleg angeführt werden, möge der Leser recht sehr beachten. Schon so mancher, welcher hiervon nichts wusste, büsste seine Unkenntniss und Unachtsamkeit mit dem Verlust einzelner Körpertheile oder des Lebens.

Das chlorsaure Kali (*Kali chloricum*) ist eine Verbindung von Kaliumoxyd und Chlorsäure, welche letztere als eine nicht zu starke Verbindung von Chlor mit Sauerstoff auch in trocknen Mischungen gern ihren Sauerstoff abgiebt und den Spruch *corpora non agunt nisi fluida* nicht immer gelten lässt.

Wenn trocknes chlorsaures Kali mit brennbaren Substanzen, wie Schwefel, Schwefelantimon und anderen Schwefelmetallen, unterschwefligsaurem Natron (*Natrum hyposulfurosum*), Kohle, Phosphor, Zucker und ähnlichen trocknen organischen Körpern, unter Reiben oder Stossen im Mörser gemischt wird, so giebt es seinen Sauerstoff meist plötzlich an diese Stoffe ab, und das Gemisch explodirt, so dass schon nicht eben grosse Mengen hinreichen, den Arbeiter zu verstümmeln, ja die Wände des Arbeitsraumes zu zertrümmern.

Das chlorsaure Kali kommt mit Schwefel, Schwefelantimon, Kohle, Lycopodium, Harzpulvern vermischt viel in der Pyrotechnik (Feuerwerkskunst) in Anwendung, und nicht selten werden dergleichen Mischungen zu gefärbten Flammen in den Apotheken angefertigt. In diesen Fällen muss das chlorsaure Kali ohne jede andere Beimischung für sich in einem reinen porcellanenen (nicht metallenen) Mörser zu Pulver zerrieben werden. Das gepulverte Salz schüttet man dann sanft auf einen Bogen Papier, behutsam daneben das Pulver des zuzumischenden brennbaren Körpers oder das in einem anderen Mörser gemachte Pulvergemisch und mischt nun beide Pulver, am besten mit einer Federfahne oder mit den Fingern, niemals mit einem harten Körper, durcheinander. Dass auch die Mischung unter Abschluss von Wärmezufluss, sowie fern von einer brennenden Kerze, einer brennenden Cigarre auszuführen ist, darf man ebenso wenig übersehen.

Abgesehen von den vielen kleineren Unglücksfällen, welche aus seinem unvorsichtigen Umgehen mit Mischungen aus chlorsaurem Kali entstanden sind, erinnert man sich einer vor circa 70 Jahren in einer Apotheke in Lübeck vorgekommenen Explosion, welche dem Pharmaceuten, der die Pulvermischung im Mörser machte, einige Körpertheile wegriss und das Apothekenlocal in ein Chaos verwandelte.

Ein ähnliches Unglück wurde 1875 aus Pernau in Russisch-Livland berichtet. Am 23. Juni wurde daselbst in der Apotheke des Herrn *Grimm* rothe bengalische Flamme bestellt; ungefähr 150 Gm. dieser Flamme bereitete ein älterer Lehrling in einem Porzellanmörser. Statt die Vorsicht zu gebrauchen, das zerriebene Kalichlorat aus dem Mörser zu schütten und die Mischung auf einem Papierbogen zu unternehmen, setzte er unreinen Schwefel hinzu und mischte mit dem Pistill beides zusammen: beim Zusammenreiben dieser zwei Substanzen erfolgte eine Explosion mit furchtbarem Knall, der in der ganzen Stadt gehört wurde. Die Verwüstung in der Apotheke war entsetzlich, da die Explosion nach allen Seiten mit gleicher Kraft gewirkt hatte. Der Lehrling, welcher mit der Bereitung beschäftigt war, wurde vollständig verstümmelt; die Hand, in welcher er das Pistill hielt, wurde mit dem Arme abgerissen und fortgeschleudert und von der anderen Hand die Finger, mit denen er den Mörser gehalten hatte; ausserdem bekam er noch fünf Mörsersplitter in die Brust und zwei in den Unterleib. Der Lehrling, obgleich so verstümmelt, lebte noch $1^1/_2$ Stunden. Einige Schritte entfernt von diesem Unglücklichen stand noch ein zweiter Lehrling, welcher nach der Explosion nach dem Hofe stürzte und dort zusammenbrach; er war fünf Tage ohne Besinnung. Auch er war schrecklich mitgenommen, das ganze Gesicht von ganz kleinen Mörsersplittern zerschossen, auch die Hände und der Oberkörper waren stark beschädigt. Ausser diesen zwei Lehrlingen war Niemand in der Apotheke, der Gehülfe war zu seinem Glücke vor einigen Minuten hinausgegangen. Auch die Apotheke sah schrecklich aus: die Scheiben waren vom starken Luftdruck alle herausgeflogen, viele Standgefässe und Gläser waren wie mit feinem Schrot durchschossen; grössere Mörsersplitter beschrieben einen Bogen durch drei volle Kräuterkästen, ein Splitter war sogar durch einen Streckbalken hindurchgetrieben; die Tische, die Wände und die Dielen waren vollständig durchlöchert und überall fand man Blut und Fleischstücke. Diese Beispiele werden genügen, bei solchen Arbeiten zur grössten Vorsicht zu mahnen.

Als die Schwefelzündhölzer aufkamen, beschäftigten sich viele Nichtchemiker mit der Fabrikation derselben, und so mancher büsste durch das trockne Zusammenreiben und Mischen des chlorsauren Kalis mit Schwefel in einem Mörser das Leben, im glücklichsten Falle einige Finger, eine Hand ein.

Alle chlorsauren Salze gleichen dem chlorsauren Kali in der erwähnten Beziehung.

Das Experimentiren mit explodirenden Substanzen unterlässt ein verständiger Mensch, wenn er daraus keinen speciellen Nutzen ziehen kann, und wenn er dennoch gefährliche Experimente vorzunehmen hat, so macht er sie an Orten, wo Leben und Gesundheit Anderer nicht gefährdet werden.

Für den Pharmaceuten haben Experimente mit explodirenden Stoffen keinen Zweck. Will er sich eine Vorstellung von dem Vorgange bei Explosionen machen, so agire er stets mit den möglichst geringsten Mengen. In einem weiten Mörser zerreibe er zuerst 1 Decigramm trocknes chlorsaures Kali, setze hierauf 5 Centigramm gewaschene Schwefelblumen (*Sulfur lo-*

tum) *) hinzu und reibe anfangs sanft, um die Mischung auf dem Boden des Mörsers auszubreiten, und dann langsam, aber stark aufdrückend. Es entsteht eine Reihe ungefährlicher lauter Verpuffungen. Dieselbe Mischung im Gewichte von 2 Decig. in etwas Papier gewickelt auf einen Ambos gelegt und durch einen starken Hammerschlag getroffen, explodirt mit dem Knalle einer kleinen Pistole.

Die Kenntniss von der tückisch höllischen Kraft vieler chemischen Verbindungen ist für den Pharmaceuten und Chemiker so nothwendig wie das A b c. Darum wollen wir uns über diesen Gegenstand noch einige Augenblicke unterhalten.

Obgleich der alte Arzt und Chemiker *Glauber* bereits das chlorsaure Kali kannte, so wird dennoch *Berthollet*, ein französischer Chemiker, für den Erfinder angesehen, welcher auch (1786—1788) die Eigenschaften dieses Salzes besonders studirte und einen besseren Ersatz für den Salpeter (salpetersaures Kali) in dem Schiesspulver gefunden zu haben glaubte. *Berthollet* wurde zur Einführung seiner Erfindung ins Praktische die Pulverfabrik zu Essonne zur Verfügung gestellt. *Letort*, der Director der Fabrik, betrachtete im Vertrauen auf die gemachten Versuche und bekannt mit den gelungenen Arbeiten *Berthollet*'s das chlorsaure Kali, als Ersatz des Kalisalpeters, für einen unentbehrlichen Bestandtheil des Schiesspulvers (sonst eines Gemisches aus Kalisalpeter, Kohle und Schwefel) und lud *Berthollet* am Tage, wo die neue Fabrikation des Schiesspulvers ihren Anfang nehmen sollte, zur Tafel. Nach derselben begab sich die Gesellschaft in den Fabrikraum. *Berthollet* hatte, wohl bekannt mit der Gefährlichkeit seines Salzes, angeordnet, dieses beim Zermahlen mit Wasser zu besprengen und stets feucht zu halten, um jede Erhitzung fern zu halten; *Letort* dagegen fand diese Vorsicht für überflüssig, und um seine Ansicht zur Geltung zu bringen, trat er selbst an einen Mörser heran und stiess mit seinem Stocke etwas fest ansitzende trockene Theile der Schiesspulvermasse von der Wandung des Mörsers ab. In demselben Augenblicke erfolgte ein fürchterlicher Knall und die Pulverfabrik lag in Trümmern, aus denen man *Letort*, dessen Tochter und vier Arbeiter als Leichname hervorzog. Durch einen wun-

---

*) Zu Mischungen des chlorsauren Kalis dürfen nur gewaschene Schwefelblumen genommen werden. Die nicht gewaschenen sind feucht und enthalten Schwefelsäure, welche auf das chlorsaure Salz zersetzend einwirkt und daher um so leichter Explosionen verursacht.

derbaren Zufall war *Berthollet* mit dem Leben davongekommen. Nachdem später die französische Militärverwaltung nochmals das *Berthollet*'sche Salz zur Pulverbereitung einzuführen versucht hatte, und mehrere Pulverfabriken das Schicksal derjenigen von Essonne erlitten hatten, stand man endlich von weiteren Versuchen ab.

In Lection 25 (S. 108) ist erwähnt, dass durch Beimischung von Manganhyperoxyd oder Braunstein zum chlorsauren Kali die Sauerstoffentwickelung ausserordentlich gefördert wird. In der That machen die Chemiker von diesem Gemische Gebrauch, wenn sie grössere Mengen Sauerstoff darzustellen haben. Vor einigen Jahren war ein englischer Chemiker im Begriff, zu demselben Behufe eine grössere Menge chlorsaures Kali und Manganhyperoxyd unter Zerreiben in einem Mörser zu mischen, als plötzlich eine fürchterliche Detonation erfolgte, welche den Chemiker und seinen Gehilfen sofort tödtete. Die Mischung hatte er oft gemacht, und sie bietet auch keine Gefahr. Zu der Mischung, welche so unglücklich ablief, hatte er aber neu angeschafften gepulverten Braunstein verwendet, und dieser war mit Schwefelantimon oder Kohle verfälscht.

Knallsilber, Knallgold, Knallquecksilber sind wegen ihrer grossen Detonationskraft ganz besonders gefährliche Substanzen. Von der Darstellung dieser Präparate möge sich jeder fernhalten, dem Gesundheit und Leben lieb sind. Der geringste Druck, geringes Reiben, das Sammeln derselben durch Scharren mit einer Federfahne, ja selbst das Darauffallen eines Tropfens Wasser genügen unter Umständen, die Zersetzung unter Explosion hervorzurufen. In einer Apotheke Londons mischte ein junger Mann für einen Kranken Silberoxyd mit Zucker durch Zusammenreiben in einem Porcellanmörser. Eine fürchterliche Explosion erfolgte, welche den jungen Mann tödtlich verstümmelte. Das Silberoxyd, eine Verbindung von Silber mit Sauerstoff, ist an und für sich nicht explosiv, das Präparat, was hier aber vorlag, war wahrscheinlich aus einer Silberlösung, welche Ammon oder irgend ein Ammonsalz enthielt, oder es war aus einer weingeisthaltigen Lösung des salpetersauren Silberoxyds (*Argentum nitricum*) gefällt und enthielt Knallsilber. Die explosive Gewalt von ungefähr 3 — 6 Decigramm der erwähnten Knallmetalle ist so gross, dass sie den Verlust einer Hand, eines Armes, eines Auges des Experimentirenden zur Folge haben kann. In der chemischen Fabrik zu Schönebeck waren die Arbeiter beschäftigt, das auf Papierbogen in kleinen Häufchen getrocknete Knallquecksilber zu sammeln. Dem dirigirenden Chemiker gingen die Arbeiter hierbei nicht vorsichtig genug um. Diese zur Vorsicht ermahnend, nahm er einen der Bogen, an welchem nur Staubspuren des Knallpräparats hafteten, und näherte ihn, den Arbeitern die Gefährlichkeit zu demonstriren, einer Flamme. Der geringfügig erscheinende Staub explodirte und zerschmetterte dem Chemiker den Arm, welcher den Bogen hielt.

Das Knallsilber ist auch eine Erfindung *Berthollet's*.

Muth und Kühnheit, welche im gewöhnlichen Leben mit Recht geschätzt werden und als Tugenden gelten, sind im Leben des Chemikers keine Tugenden. Dieser soll seine Arbeiten stets mit Einsicht, Umsicht und Vorsicht leiten. Je mehr er dies vermag, um so ehrender für ihn.

Bemerkungen. *Joh. Rudolf Glauber* war ein deutscher Arzt in Amsterdam, wo er 1668 starb. Obgleich die Kunst, Gold zu machen und den Stein der Weisen zu finden, der Zweck seiner chemischen Arbeiten war, so verdankt ihm die Chemie manches Neue und Praktische. Bei Bereitung der Chlorwasserstoffsäure (Salzsäure), welche er aus einem Gemisch von Kochsalz und Schwefelsäure destillirte, war er nicht wenig verwundert, aus dem Destillationsrückstande ein krystallisirbares, abführend wirkendes Salz zu gewinnen. Er nannte dieses Salz daher *sal mirabile* oder Wundersalz. Wir nennen es noch Glaubersalz und wissen, dass es aus einer Verbindung von Natron mit Schwefelsäure besteht, dass es schwefelsaures Natron ist. — *Berthollet*, spr. bertholeh. — *Letort*, spr. lötohr.

Lection 28.

Einflüsse von zersetzender Wirkung.

Umstände und Agentien, welche die chemische Anziehung erwecken und befördern, sind wiederum nicht selten Ursache, die Trennung chemisch verbundener Stoffe, die Zersetzung, zu veranlassen oder zu bewirken. Ist die Anziehung zwischen zwei Stoffen in einer chemischen Verbindung von einer gewissen Stärke oder hat sie ein gewisses Maass, so wird jede Einwirkung, welche die Anziehungskraft stört oder das Maass derselben überwiegt, eine Trennung der verbundenen Körper verursachen. Nur wenige Verbindungen zerfallen bei solchen störenden Einflüssen einfach in ihre Bestandtheile, gewöhnlich entstehen daraus andere chemische Verbindungen, so dass die

Zersetzung meist auch mit der Bildung neuer chemischer Verbindungen zusammenfällt.

Giessen wir in ein Probirgläschen etwas gelöstes essigsaures Ammon (*Liquor Ammonii acetici, Ammoniäcum aceticum solutum*) und werfen dazu etwas Aetzkali (*Kali causticum siccum*), so tritt sofort ein starker Ammongeruch auf, ein Geruch, wie wir ihn ähnlich am Salmiakgeist finden. Benetzen wir nun ein Glasstäbchen mit Essigsäure (*Acidum aceticum*) oder reiner Salzsäure (*Acidum hydrochloricum*) und halten das benetzte Ende des Glasstabes in die Oeffnung des Probirgläschens hinein, so bilden sich dichte weisse Nebel, an welchen wir die Gegenwart des Ammongases erkennen. Die Essigsäuredämpfe begegnen sich mit dem Ammongase und verbinden sich zu essigsaurem Ammon, welches, sich zu kleinen Bläschen *) verdichtend, den Nebel bildet. Bei der Anwendung von Salzsäure oder Chlorwasserstoffsäure entstehen Salmiaknebel (dampfförmiges Chlorwasserstoff-Ammon oder Salmiak). Im vorliegenden Experimente haben wir es mit einem Beispiele der einfachen Wahlverwandtschaft zu thun. Das essigsaure Ammon wird durch das Kali zersetzt, weil die chemische Anziehung des Kalis zur Essigsäure stärker ist, als die des Ammons. Mit der Zersetzung findet gleichzeitig eine Verbindung statt, denn es entsteht essigsaures Kali.

Die Wärme, welche so oft die chemische Anziehung belebt, deren Einwirkung ein sehr grosser Theil der chemischen Verbindungen ihr Entstehen verdankt, ist ebenso ein Agens, chemisch verbundene Körper zu trennen.

Wasser .ist eine chemische Verbindung zweier luftförmiger Stoffe, des Wasserstoffs und des Sauerstoffs. Lässt man jedes dieser Gase aus einer engen Röhre ausströmen, so dass sie sich mischen, und zündet sie an, so verbrennt der Wasserstoff unter Erzeugung einer enormen Hitze, die selbst Platinmetall zum Schmelzen bringt. Der Wasserstoff verbindet sich mit dem Sauerstoff, und es entsteht Wasserdampf. Lässt man dagegen Wasserdampf durch eine enge weissglühende Platinröhre streichen, so zerfällt das Wasser wieder in Wasserstoffgas und Sauerstoffgas.

Schwefelsäure, eine Verbindung des Schwefels mit Sauerstoff, in Dampfform durch glühende Porcellanröhren geleitet, zerfällt in schweflige Säure und Sauerstoffgas. Die schweflige

---

*) Gegen einen schwarzen Hintergrund lassen sich die Bläschen mit einer guten Loupe erkennen.

Säure ist eine saure erstickende Luftart, welche gleichfalls aus Schwefel und Sauerstoff besteht, aber ⅓ weniger Sauerstoff enthält als die Schwefelsäure. Der erstickende Dampf, welcher sich beim Brennen des Schwefels an der Luft bildet, ist diese schweflige Säure.

Kalkstein, eine natürliche kohlensaure Kalkerde, wird in den Kalköfen durch Glühhitze zersetzt. Die Kohlensäure ent- weicht und die Kalkerde bleibt als Aetzkalk (gebrannter Kalk) zurück.

In früherer Zeit versuchte man, das rothe Quecksilberoxyd (*Hydrargyrum oxydatum rubrum*) dadurch herzustellen, dass man in einem Kolben mit flachem Boden und langem engem Halse eine fingerdicke Schicht Quecksilber Monate lang in gelindem Kochen erhielt. Die sich hierbei bildenden Quecksilberdämpfe verbanden sich allmählich mit dem Sauerstoff der Luft und es entstanden geringe Mengen Quecksilberoxyd, welche sich auf der Oberfläche des Quecksilbers ansammelten. Man nannte es für sich niedergeschlagenes Quecksilberoxyd (*Mercurius praecipitatus per se*). Es war die Darstellung dieses Oxyds auf die angegebene Weise eine recht schwierige, denn wurde einmal ein wenig zu stark erhitzt, so zerfiel das bereits gebildete Quecksilberoxyd wiederum in metallisches Quecksilber und Sauerstoff.

Schon früher ist erwähnt, wie die Sonnenstrahlen die chemische Anziehung zwischen Chlorgas und Wasserstoffgas in dem Maasse erregen, dass sich ein Gemisch dieser Gase unter der Einwirkung der directen Sonnenstrahlen plötzlich mit heftigem Knalle zu Chlorwasserstoff vereinigt. Wir wissen auch, dass die Bildung dieser Säure vor sich geht, obgleich nur allmählich, wenn man ein Gefäss mit Chlorwasser dem Sonnenlichte aussetzt.

In diesen Beispielen ist uns das Licht als Erreger der chemischen Anziehung bekannt geworden; es giebt aber auch nicht wenig Fälle, in welchen es als ein die Zersetzung förderndes Agens auftritt.

Chlorsilber ist, wie wir oben erfahren haben, eine sehr weisse Verbindung von Chlor und Silber. Es entsteht sofort, wenn sich Silber und Chlor in ihren Auflösungen begegnen. Geben wir in ein Probirgläschen einige Tropfen Chlorwasserstoffsäure, verdünnen sie mit Wasser und tröpfeln hierauf einige Tropfen einer Lösung des salpetersauren Silberoxyds hinzu, so entsteht ein weisser käsiger Niederschlag, welcher Chlorsilber ist und sich in der Ruhe zu Boden setzt. Das helle Tageslicht wirkt schon darauf und macht es im Verlaufe weniger Stunden grau, selbst wenn es noch von der Flüssigkeit bedeckt ist, die Einwirkung ist aber noch weit sichtlicher, wenn man das Chlorsilber in einem Filter sammelt und dieses dann ausgebreitet dem Tageslichte oder den Sonnenstrahlen aussetzt. Es wird dann zuletzt völlig grauschwarz. Das Chlorsilber verliert im Lichte durch Verdunstung einen Theil seines Chlors und es entsteht ein Subchlorid des Silbers. Diesem Verhalten des Chlorsilbers im Lichte verdanken wir die Erfindung der Daguerreotypie, die Kunst, Lichtbilder darzustellen.

Das rothe Quecksilberoxyd wird im Sonnenlichte grau, indem es theilweise reducirt wird und dabei Quecksilber in feinster Zertheilung abscheidet.

Concentrirte Salpetersäure, eine Verbindung des Stickstoffes mit Sauerstoff, zersetzt sich, dem Lichte ausgesetzt, allmählich unter Entwickelung von Sauerstoff und Bildung einer weniger Sauerstoff enthaltenden Stickstoffsäure.

Die Eisenchloridlösung (*Liquor Ferri sesquichlorati*) zersetzt sich am Tageslichte allmählich, im directen Sonnenlichte schneller und enthält dann mehr oder weniger Eisenchlorür. Wenn eine verdünnte Probe der Eisenchloridlösung mit der Lösung des Ferridcyankaliums (des rothen Blutlaugensalzes) keinen blauen Niederschlag (Berlinerbau) giebt, so wird dieser nicht ausbleiben, wenn die Chloridlösung den Sonnenstrahlen ausgesetzt war.

Aus diesen Beispielen ersehen wir die Nothwendigkeit, dass Präparate, welche durch den Lichteinfluss eine Veränderung erleiden, in verdunkelten Gefässen oder an dunkelen Orten aufzubewahren sind, dass dagegen andere sich nur im Sonnenlichte gut und unverändert erhalten, z. B. Eisenchlorür, Eisenjodürsyrup, alle Eisenoxydulsalze. Diese Substanzen haben ein grosses Bestreben, Sauerstoff aus der Luft aufzunehmen, während die Sonnenstrahlen auf den aufgenommenen Sauerstoff wieder freimachend einwirken.

Bemerkungen. Reduciren, Reduction, von dem lat. *redūco, reduxi, reductum, reducĕre*, zurückführen. Man versteht darunter in der Chemie ein Beseitigen eines Theiles oder des ganzen Sauerstoffgehaltes eines Oxyds. Wird Bleioxyd mit Kohle eingeschmolzen, so verbindet sich der Sauerstoff desselben mit dem Kohlenstoff zu Kohlensäure, welche entweicht, und Blei bleibt als Metall zurück. Man nennt diese Operation die Reduction des Bleioxyds oder das Bleioxyd reduciren. Leitet man über Eisenoxyd unter Erhitzen Wasserstoffgas, so wird dadurch das Eisenoxyd reducirt. Es entsteht Wasser und Eisen. Auch auf Verbindungen, welche keinen Sauerstoff enthalten, aus denen aber Metalle oder sonst einfache Stoffe abgeschieden werden können, wird der Ausdruck reduciren angewendet. Schmelzt man Chlorsilber mit kohlensaurem Natron und etwas Colophonium ein, so wird dem Chlorsilber das Chlor entzogen und das Silber im regulinischen Zustande oder als Metall gewonnen. Dasselbe Resultat erreicht man, wenn man das Chlorsilber in Wasser zertheilt und nach Zusatz einiger Tropfen Salzsäure ein Stück Zink dazu legt. Silbermetall scheidet ab und das Chlor des Chlorsilbers tritt an das Zink, das leichtlösliche Chlorzink bildend. Auch in diesem Falle spricht man von der Reduction des Chlorsilbers, und das auf diese Weise gewonnene Silber heisst reducirtes Silber. Der Process besteht eigentlich in einer Deschloridation Wenn man Zinnober (eine Verbindung von Schwefel und Quecksilber *Cinnabăris)* mit gebranntem Kalk erhitzt, so bildet sich Schwefelcalcium und das Quecksilber wird frei. Geschieht dieser Process in einem Destillationsgefäss, so destillirt Quecksilber über. Auch in diesem Falle spricht man von einer Reduction des Quecksilbers.

Man kann also Oxyde, Chloride, Sulfurete der Metalle reduciren, d. h. die metallische Grundlage isoliren.

Lection 29.

Chemische Wirkung des Lichtes. Athmungsprocess.

Die Sonnenstrahlen bewirken, wie wir in der vorhergehenden Lection erfahren haben, chemische Veränderungen, sie erwärmen und leuchten nicht allein. Das farblose Sonnenlicht ist zerlegbar in verschiedenfarbige Strahlen, in Wärmestrahlen und in chemisch wirkende Strahlen.

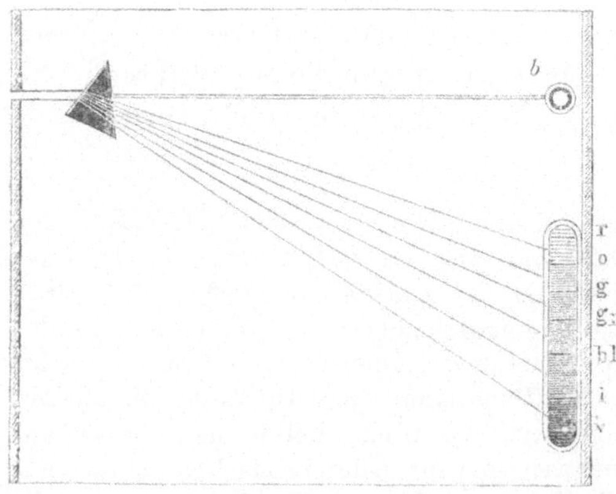

Fig. 67.

Leitet man durch eine kleine Oeffnung eines geschlossenen Fensterladens in ein finsteres Zimmer einen Sonnenlichtstrahl und lenkt man ihn durch ein Prisma ab, so erhält man statt eines hellen Lichtfleckes (bei *b*) ein längliches Farbenbild (*r v*), welches man Spectrum nennt.

Die Farbenstreifen des Spectrums

liegen nicht, sich gegenseitig abgrenzend, neben einander, sondern sie decken sich mit ihren Säumen mehr oder weniger. Daher bietet das Spectrum nicht völlig reine Farbentöne. Nach *Newton* besteht es aus sieben Farben: Roth, Orange, Gelb, Grün, Blau, Indigoblau und Violett, also aus den Farben des Regenbogens. Da jedoch Orange durch gegenseitige Deckung oder Mischung von Roth und Gelb, Grün durch Mischung aus Gelb und Blau, Violett aus Blau und Roth entstehen, so scheinen Gelb, Roth und Blau die Grund- oder Primärfarben des Lichtstrahles und keine der von *Newton* aufgezählten Farben eine reine zu sein. (Weiss und Schwarz gelten physikalisch als keine Farben, weil ersteres durch Zerstreuung aller Lichtstrahlen, letzteres durch Absorption derselben entsteht.)

Vereinigt man die farbigen Strahlen vermittelst einer Glaslinse oder durch einen Hohlspiegel, so erhält man wieder ein weisses oder ein farbloses Licht.

Mit einem Thermometer beobachtet man in dem Spectrum eine ungleiche Wärmevertheilung. Die meiste Wärme wird bei den rothen Strahlen, die geringste bei dem violetten Strahle angetroffen. Die chemische Wirkung dagegen zeigt sich im violetten Strahle am stärksten, sie ist aber in den anderen Theilen des Spectrums nicht nur ungleich, sondern auch eine verschiedene. Das im violetten Strahle geschwärzte Chlorsilber z. B. wird im rothen Strahle wieder weiss.

Die farbigen, die Wärme- und die chemisch wirkenden Strahlen decken sich im Spectrum nicht vollständig, es werden also alle drei Bestandtheile eines Lichtstrahles verschieden durch das Prisma gebrochen. So wird z. B. Chlorsilber ausserhalb des Spectrums in der Nähe des violetten Strahles geschwärzt.

Schwefelblei ist eine schwarze Verbindung aus Schwefel und Blei, welche man erhält, wenn man in eine Blei gelöst enthaltende Flüssigkeit Schwefelwasserstoff leitet. Man nehme ein Reagirgläschen, bringe mehrere Tropfen Bleiessig (*Acetum plumbicum*) und etwas Wasser hinein, darauf füge man eine Portion Schwefelwasserstoffwasser (*Aqua hydrosulfurata*) hinzu und schüttele um. Es entsteht sofort ein braunschwarzer Niederschlag, Schwefelblei, welchen man auf einem Filter sammelt. Da der Schwefelwasserstoff den stinkenden Geruch nach faulen Eiern im höchsten Maasse besitzt, er auch blanke Metalltheile der Geräthschaften schwärzt, so nimmt man den Versuch ausserhalb des Apothekenlokals vor.

Setzt man nun Schwefelblei auf Papier in dünner Schicht den Sonnenstrahlen aus, so wird es nach und nach weiss, indem es sich in schwefelsaures Bleioxyd verwandelt. Die schwarze Verbindung nimmt also unter Einfluss des Lichtes Sauerstoff aus der Luft auf und bildet damit das erwähnte farblose Salz.

Hier wirkten die Sonnenstrahlen oxydirend, sie wirken dagegen desoxydirend wenn wir ihrem Einflusse z. B. Eisenoxydsalze aussetzen. Unter Abgabe von Sauerstoff werden diese Salze mehr oder weniger zu Oxydulsalzen. Daher muss man alle Eisenoxydsalze, wie auch schon in der vorigen Lection gelehrt ist, vor Sonnenlicht geschützt aufbewahren, während wir den Lichtzutritt zu den Eisenoxydulsalzen gern gestatten.

Setzt man eine mit Wasser verdünnte Goldauflösung, in welcher man Oxalsäure aufgelöst hat, der Sonne aus, so scheidet sich metallisches Gold ab und Kohlensäure entweicht. Hier wird die Goldverbindung reducirt und die Oxalsäure, auch eine Verbindung von Kohlenstoff und Sauerstoff, zu Kohlensäure oxydirt. Statt der Goldlösung kann man auch eine Platinlösung nehmen. Der Versuch geschieht in einem kleinen Reagirgläschen mit 5—8 Tropfen der Metalllösung.

Das Bleichen (Verschiessen) der Pflanzenfarben in der Sonne beruht in einer Oxydation oder in einer Desoxydation des Farbstoffes.

Mächtig ist die oxydirende Wirkung des Sonnenlichtes auf die flüchtigen (ätherischen) und fetten Oele. Erstere verharzen schnell, letztere werden bald ranzig. Daher dürfen Pflanzentheile, welche flüchtige und fette Oele enthalten, nicht in directem Sonnenlichte getrocknet werden.

Werden Krystalle der Santonsäure (*Santonina*, *Santoninum*) dem Tageslichte ausgesetzt, so werden sie sehr schnell gelb und verwandeln sich in Photosantoninsäure.

Die chemische Wirkung ist im rothen und gelben Lichte schwächer als im blauen. Deshalb zieht man rothe oder gelbe Gläser den farblosen oder blauen zur Aufbewahrung vieler Arzneistoffe vor, und man benutzt als Aufbewahrungsgefässe der Stoffe, welche Licht sehr leicht verändert, undurchsichtige Gefässe, wie z. B. geschwärzte Gläser, Hyalithgläser.

Die lebende Pflanzenwelt verdankt dem Einflusse des Lichtes das grüne Kleid und die Farbenpracht der Blumen. Die im dunkeln Keller keimenden Kartoffelknollen und die vor Licht geschützte Spargelwurzel erzeugen farblose Schösslinge, welche an das Licht tretend grün werden. Alle aus der Erde hervortretenden Triebe der Pflanzen sind aus demselben Grunde blass. Das Blattgrün, Chlorophyll, bildet sich nur unter dem Einflusse des Sonnenlichtes.

Ehe wir zu einem anderen Thema übergehen, müssen wir uns noch über den sehr wichtigen chemischen Einfluss des Sonnenlichtes auf den grossen Haushalt der Natur unterhalten.

Die Kohlensäure haben wir bereits kennen gelernt. Sie ist eine Verbindung des Kohlenstoffs mit Sauerstoff, bei gewöhnlicher Temperatur eine Luftart, in welcher der Athmungsprocess der Thiere unmöglich ist, in welcher die Thiere ersticken. Enthielte die Luft mehrere Procente dieses Gases, so wäre auch das thierische Leben gefährdet. Dennoch ist die Erzeugung der Kohlensäure eine ausserordentlich grosse, und täglich treten unermessliche Mengen dieses Gases in die atmosphärische Luft über. Das Thier athmet in Stelle des eingeathmeten Sauerstoffs Kohlensäure aus; jedes Feuer, welches durch Holz, Kohlen, Torf genährt wird, verzehrt grosse Mengen Sauerstoff und schickt den dargebotenen Kohlenstoff als Kohlensäuregas in die Atmosphäre. Kohlensäure entsteht bei der Verwesung organischer Substanzen und bei der Gährung. Welche grossen Mengen Kohlensäuregas wälzen sich nicht unaufhörlich aus dem Schoosse der Erde, aus den Vulkanen in den Dunstkreis?

Untersuchen wir die Luft auf ihre Bestandtheile, so finden wir sie immer, trotz des enormen Sauerstoffverlustes durch das Athmen der Thiere und die Verbrennung, aus 21 Volumtheilen Sauerstoff und 79 Volumtheilen Stickstoff bestehend, und trotz des grossen Zuflusses des Kohlensäuregases im Mittel nur $^1/_{20}$ Volumtheil Kohlensäure enthaltend.

Die Kohlensäure häuft sich in der Luft nicht an, der Sauerstoff der Luft wird quantitativ nicht geringer, und das thierische Leben war bisher weder gefährdet durch ein Uebermaass an Kohlensäure, noch durch einen Mangel an Sauerstoff in der Atmosphäre. Wo bleibt die Kohlensäure? Von wo und wie wird der verloren gegangene Sauerstoff der Atmosphäre zurückerstattet und die Luft für die Lungen der Thiere tauglich erhalten? — Die Pflanzenwelt ist es, welche die Luft verbessert und das Gleichgewicht der Bestandtheile derselben aufrecht erhält. Die Blätter, das Laub der Pflanzen sind Werkzeuge, vergleichbar den Lungen der Thiere. Unter dem Einflusse des Sonnenlichtes athmen die Blätter der Pflanzen die Kohlensäure der Luft auf und zerlegen sie in Kohlenstoff und Sauerstoff. Den Kohlenstoff verbraucht die Pflanze zu ihrer Nahrung, sie assimilirt ihn, den Sauerstoff aber athmet sie wieder aus und schickt ihn in die Atmosphäre zurück.

Das thierische und das vegetabilische Leben ergänzen also ihre Bedürfnisse gegenseitig. Die grünen Theile der lebenden Pflanzen im Sonnenlichte sind das chemische Laboratorium der Natur, in welchem die Kohlensäure der Atmosphäre in Kohlenstoff und Sauerstoff zerlegt wird.

Der Engländer *Priestley* war der erste, welcher diesen Vorgang erforschte.

Bemerkungen. S p é c t r u m, lat. *spectrum*, das Bild in der Seele, Vorstellung.

Newton (spr. njuht'n), der Sohn eines Landmannes, geb. am 25. December 1642 zu Wolstrop in der Grafschaft Lincoln (spr. lingkönn) in England, ist der geniale Begründer der neueren mathematischen Physik. Die drei hauptsächlichsten Entdeckungen dieses Mannes, welche ihn unsterblich machen und welche er schon vor seinem 24. Lebensjahre der Welt offenbar machen konnte: waren; die Spaltung des farblosen Lichtes in farbige Strahlen, die Theorie der Gravitation und die Methode der Fluxionen. Er war Lehrer an der Hochschule zu Cambridge (spr. kehmbridtsch) und starb in einem Alter von 85 Jahren am 20. März 1727. —

H y a l i t h g l ä s e r sind Gefässe aus einem Glase, welches die Oxyde des Eisens, Mangans und Kupfers gelöst enthält. Das Mineral Hyalith ist farblos und durchsichtig. Richtiger ist H y a l o ï d g l a s, von ὑαλοειδής (hyaloeidēs), womit die alten Griechen einen hyacinthfarbenen Edelstein bezeichneten.

C h l o r o p h ý l l, von dem griech. χλωρός, ά, όν (chloros, a, on), grüngelb, hellgrün, und φύλλον (phyllon), Blatt. Es ist die Ursache der grünen Farbe der Pflanzen und ein Gemenge von verschiedenen Pigmenten mit Wachs. Es bildet in den Pflanzen mikroskopische Kügelchen. — A s s i m i l í r e n, von dem lat. *assimilis*, *e*, ziemlich ähnlich, also gleichsam ähnlich machen, verähnlichen. Man versteht darunter die Einverleibung der Nahrungsstoffe in die Bestandtheile des Thier- und Pflanzenkörpers und die Aehnlichmachung derselben mit diesen durch den Lebensprocess.

Priestley (spr. prihstli) war ein berühmter Chemiker und Physiker Englands, geb. 1733 in Yorkshire (spr. johrkschir). Er entdeckte (gleichzeitig mit *Scheele*) den Sauerstoff und erklärte den chemischen Vorgang beim Athmen der Thiere und Pflanzen. Er starb 1804 in Amerika (wahrscheinlich an Trichiniasis).

Lection 30.

Zersetzung durch Electricität. Katalyse.

Ein sehr mächtiges Agens, welches die Zersetzung oder die Trennung chemisch verbundener Körper zu Wege bringt, ist die Electricität, und zwar besonders diejenige, welche durch Contact entwickelt wird, welche man Galvanismus oder galvanische Electricität nennt. Mittelst derselben zerlegte der englische Chemiker *Humphry Davy* in dem ersten Decennium dieses Jahrhunderts die bis dahin als einfache Körper geltenden Alkalien und Erden. Durch die Wirkung einer kräftigen *Volta*'schen Säule zerlegte er das Kali in Kalium und Sauerstoff, das Natron in Natrium und Sauerstoff, die Kalkerde in Calcium und Sauerstoff etc.

Diese Resultate leiteten *Davy* zu der Voraussetzung, dass chemische Verbindungen, welche durch electrische Kraft zerlegt werden können, ihre Bildung auch electrischen Kräften verdanken müssten. Die Richtigkeit dieser Voraussetzung fand *Davy* in der That bestätigt, denn er beobachtete in allen den Fällen eine Electricitätsentwickelung, in welchen zwei Körper, mit gegenseitiger chemischer Verwandtschaft begabt, in gegenseitige innige Berührung gebracht wurden. Aus Thatsachen dieser Art entwickelte sich die electrochemische Theorie, deren Besprechung wir einer späteren Lection vorbehalten wollen.

In der Lection 25 war die Contractwirkung einiger Substanzen erwähnt, durch welche die chemische Verwandtschaft zwischen gewissen Körpern angeregt und die chemische Verbindung zum Austrag gebracht werde. Dieselbe Wirkung vermag aber in manchen Fällen chemische Verbindungen zu lösen, chemische Zersetzungen hervorzubringen. Die Contactwirkung dieser Art wird dann mit katalytischer Kraft, Katalyse, bezeichnet.

Die Folge der Contactwirkung ist also eine Verbindung, die Folge der Katalyse ist eine Zersetzung.

Das chlorsaure Kali (*Kali chloricum*) ist, wie wir wissen, eine Verbindung von Kaliumoxyd (Kali) mit Chlorsäure. Die Chlorsäure ist eine Verbindung des Chlors mit Sauerstoff, das Kaliumoxyd eine Verbindung des Kaliums mit Sauerstoff. Erhitzt man nun das chlorsaure Kali, so wird dadurch aller Sauerstoff daraus frei gemacht, welcher in Gasform entweicht, und

Kalium und Chlor bleiben als Chlorkalium, eine weisse Salz-substanz, zurück. Diese Abtrennung des Sauerstoffs geht weit leichter und schneller vor sich, wenn man dem chlorsauren Kali etwas gepulvertes Manganhyperoxyd (*Mangănum hyperoxydātum nativum*) beimischt. Das Manganhyperoxyd, eine Verbindung von Mangan mit Sauerstoff, erleidet hierbei nicht die geringste Veränderung und bewirkt nur durch Contact mit dem chlorsau-ren Salze eine lebhaftere Zersetzung desselben. Schon bei sehr geringer Erhitzung giebt ein Gemenge aus chlorsaurem Kali und Manganhyperoxyd den Sauerstoff ab, plötzlich beginnt, wenn die Erhitzung nur um ein Geringes gesteigert wird, das Gemisch an einem Punkte zu glühen, das Glühen verbreitet sich schnell durch die ganze Masse, und der sämmtliche Sauerstoff des chlor-sauren Salzes ist freigemacht. Wegen der rapiden Entwickelung des Gases müssen etwas weite Gasleitungsröhren in Anwendung kommen. Das Manganhyperoxyd erleidet dabei keine Verände-rung, es wirkt hier nur katalytisch. Da wir auf dieses Expe-riment bei der Besprechung des Sauerstoffs zurückkommen, so unterlassen wir diesmal seine Ausführung.

Wasserstoffhyperoxyd ist eine syrupsdicke Flüssigkeit, und zwar eine Verbindung von Wasserstoff und Sauerstoff, sie ent-hält aber noch einmal soviel Sauerstoff als das Wasser. Wird diese Flüssigkeit, mit Wasser verüdnnt, mit einem Metall oder einem Metalloxyd in Berührung gebracht, so findet sofort eine Sauerstoffgasentwickelung statt, ohne dass das Metall oder Me-talloxyd dabei eine Veränderung erleidet. Lässt man einen Tropfen des reinen Wasserstoffhyperoxyds auf Silber oder Platin fallen, so geschieht die Zersetzung unter Explosion, welche, im Finstern beobachtet, von Feuererscheinung begleitet ist.

Berzelius, der grösste Chemiker der ersten Hälfte unseres Jahrhunderts, war es, welcher die zersetzende Wirkung der Con-tactsubstanzen einer diesen letzteren innewohnenden Kraft zu-schrieb und diese Kraft als katalytische unterschied. Durch die katalytische Kraft der concentrirten Schwefelsäure erklärte er die Bildung des Aethers (*Aether*) aus Weingeist. Wird näm-lich eine Mischung von Weingeist und concentrirter Schwefel-säure bis auf eine Temperatur von 130⁰ C. erhitzt, so zerfällt der Weingeist in Aether und Wasser. Wird die Erhitzung des erwähnten Gemisches in einer Glasretorte oder einem Glaskol-ben vorgenommen, so destilliren Aether und Wasser über. Lässt man in dem Maasse, als Aether und Wasser überdestilliren, zu der Schwefelsäure fortwährend in einem dünnen Strahle Weingeist zufliessen und erhält dabei die Temperatur in der angegebenen Höhe, so spaltet sich auch dieser Weingeist in Aether und Wasser. Die Schwefelsäure erfährt hierbei so gut wie keine Veränderung. Dass es auch noch andere Erklärungen der Aetherbildung giebt, werden wir später erfahren.

Werden Stärkemehl (*Amylum*), Sägespäne, leinene Lumpen mit Wasser, welchem ein Bruchtheil Schwefelsäure zugesetzt ist, längere Zeit gekocht, so entsteht Stärkemehlzucker (Glykōse). Die Schwefelsäure erleidet hierbei keine Veränderung und bewirkt nur durch Contact die Umsetzung der elementaren Bestandtheile jener Substanzen in eine Zuckerart.

Bemerkungen. Galvanismus bezeichnet eine Electricität, durch Contact erzeugt. *Galvani* (spr. galváni), Professor der Medicin zu Bologna in Italien, beobachtete im Jahre 1789, als er Froschschenkel anatomisch präparirte und an kupfernen Häkchen an einem eisernen Stabe aufhing, dass sie verschiedene Zuckungen machten. Er erklärte sich diese Erscheinung durch das Vorhandensein einer besonderen Nerven- oder Lebensflüssigkeit, welche vermittelst der Metalle, geleitet von den Nerven, zu den Muskeln hinüberströme und die Zuckungen verursache. Die von ihm als vorhanden gedachte Flüssigkeit wurde daher galvanische, die Ursache der durch selbige erzeugten Erscheinungen Galvanismus und auch thierische Electricität genannt. *Volta*, Professor der Physik in Pavia, wiederholte die Experimente *Galvani*'s und fand, dass zu ihrem Gelingen zwei verschiedene Metalle nöthig seien, dass die galvanische Flüssigkeit weder in den Nerven noch in den Muskeln zu suchen sei, sondern dass sie durch den Contact zweier verschiedener Metalle entwickelt werde, dass hier die wirkende Kraft die Electricität sei, und dass durch die Berührung verschiedenartiger Metalle unter sich Electricität entwickelt werde. Die durch Contact verschiedenartiger Metalle hervorgerufene Electricität hat den Namen Galvanismus beibehalten. Sie unterscheidet sich von der durch Electrisirmaschine erzeugten dadurch, dass sie nicht nur in reichlichem Maasse, sondern auch in andauernder Wirkung erhalten wird. Die *Volta*'sche Säule bestand aus übereinandergeschichteten Plattenpaaren, von denen ein jedes durch Zusammenlöthen einer Kupferplatte mit einer Zinkplatte dargestellt war. Zwischen je zwei Plattenpaaren war eine angefeuchtete Pappscheibe gelegt. Wir werden später die *Volta*'sche Säule näher kennen lernen.

Katalýse, katalýtisch, von dem griech. καταλύω (katalýo), auflösen, zerstören; κατάλυσις (katalýsis), Auflösung, Zerstörung. — Contactwirkung und Katalyse werden in vielen chemischen Lehrbüchern für gleichbedeutend angeführt. Wohl kann man sagen: Verbindungen und Zersetzungen erfolgen durch Contactwirkung; gebraucht man aber den Ausdruck katalytisch, so kann sich derselbe nur auf eine Zersetzung durch Contactwirkung beziehen. — *Humphry Davy*, spr. hömmfri dehwi.

In den Lectionen ist Manganhyperoxyd, Wasserstoffhyperoxyd erwähnt. Häufig hört man dafür Mangansuperoxyd, Wasserstoffsuperoxyd. Nach den Regeln der Euphonie (Wohlklang) verbindet man bei Bildung von Kunstausdrücken möglichst nur Worte derselben alten Sprache mit einander, und nimmt nicht den einen Theil des Ausdruckes aus der lateinischen, den anderen aus der griechischen Sprache. Oxyd ist gebildet aus dem griech. ὀξύς (oxys), sauer, daher müsste man es auch nur mit dem griech. ὑπέρ (hyper), über, verbinden und nicht mit dem schen lateinigleichbedeutenden *super*. Statt Suboxyd wäre aus demselben Grunde richtiger Hypoxyd.

Lection 31.

Chemie. Bestimmte Verbindungsverhältnisse der Körper.

Die Chemie ist die Wissenschaft von den einfachen Stoffen, deren Verbindungen und den Zersetzungen dieser Verbindungen.

Dass die Zahl der einfachen Stoffe oder der Elemente beinahe die Zahl 70 erreicht, wissen wir aus der Lection 14. Daselbst sind die Elemente mit Namen aufgezählt und auch Aequivalentzahlen beigegeben, deren Zweck und Werth wir uns in dieser Lection erklären wollen. Auf die Atomzahlen kommen wir später zurück.

In einem gläsernen Kölbchen, welches 90 — 100 Grm. Wasser fassen kann, übergiessen wir 1 Grm. oder 100 Centigramm zweifachkohlensaures Kali (*Kali bicarbonicum*) mit der 25- bis 30fachen Menge destillirten Wassers und erhitzen bis zur Auflösung des Salzes. Prüfen wir die Lösung mit rothem Reagenspapier, so finden wir, dass dieses gebläut wird, dass also die Lösung des zweifach kohlensauren Kali alkalisch reagirt. Andererseits wägen wir jetzt 0,75 Grm. oder 75 Centigr. gepulverte Weinsäure (*Acidum tartaricum*) ab und setzen sie in kleinen Portionen der Auflösung des Kalisalzes zu. Die Weinsäure verdrängt die Kohlensäure aus ihrer Verbindung und verbindet sich mit dem Kali. Damit die freigemachte Kohlensäure aus der Flüssigkeit leichter entweiche, erhitzen wir das Kölbchen über der Weingeistflamme. Nach jedem Zusatz einer Portion Weinsäure beobachten wir auch eine Entwickelung von Kohlensäure, und so lange nicht die ganze Menge der abgewogenen Weinsäure hinzugesetzt ist, reagirt die Flüssigkeit alkalisch. Nachdem alle Weinsäure zugesetzt und die dem Wasser adhärirende Kohlensäure durch gelindes Aufkochen ausgetrieben ist, probiren wir die Flüssigkeit mit blauem und mit geröthetem Lackmuspapier. War die ganze Arbeit mit Accuratesse ausgeführt, und jede der verwendeten Substanzen gehörig trocken, so wird die Flüssigkeit weder sauer noch alkalisch reagiren, sie wird mit einem Worte neutral sein. Es hat sich weinsaures Kali (*Kali tartaricum*) gebildet, ein neutrales Salz, denn das Kali in 100 Theilen zweifach kohlensaurem Kali erfordert hierzu genau 75 Theile krystallisirte Weinsäure.

Wägen wir jetzt nochmals 0,75 Grm. gepulverte Weinsäure ab und schütten diese zu der vorhandenen Lösung des weinsauren Kali, so entsteht beim Umschütteln sofort ein aus sehr kleinen Krystallchen bestehender Niederschlag, und der Versuch mit blauem Reagenspapier ergiebt, dass wir jetzt ein saures Salz vor uns haben. Dieses ist das zweifach- oder saure weinsaure Kali (*Kali bitartaricum, Tartărus depurātus*). Es enthält gerade noch einmal soviel Weinsäure als das neutrale weinsaure Kali. Da es wenig löslich in Wasser ist, so scheidet es sich sofort in seiner eigenthümlichen Weise ab.

Das Kali in 100 Th. zweifach-kohlensaurem Kali geht also mit 75 Th. und auch mit $2 \times 75 = 150$ Th. Weinsäure Verbindungen ein, von denen die erstere neutral ist, die andere sauer reagirt.

Setzen wir jetzt der gewonnenen Flüssigkeit, nachdem wir sie wieder erwärmt haben, nach und nach in kleinen Portionen 0,84 Grm. oder 84 Centigr. zweifach-kohlensaures Natron (*Natrum bicarbonicum*) hinzu, so findet aufs Neue ein Freiwerden von Kohlensäure statt, das wir durch gelindes Erwärmen unterstützen, und die Flüssigkeit reagirt so lange sauer, als nicht die ganze gewogene Menge des Natronsalzes hinzugesetzt ist. Ist letztere ganz zugesetzt, so finden wir das zweifach-weinsaure Kali aufgelöst und auch die Flüssigkeit neutral. Gerade die Hälfte des Säuregehaltes des zweifach-weinsauren Kalis hat sich mit dem Natron aus 0,84 Grm. des zweifach-kohlensauren Natrons verbunden zu neutralem weinsauren Natron, welches wieder mit dem restirenden neutralen weinsaurem Kali ein in Wasser leicht lösliches Doppelsalz, eine aus zwei verschiedenen Salzen bestehende Salzverbindung, darstellt. Concentriren wir die gewonnene Lösung durch Abdampfen und stellen sie an einen kalten Ort, so schiesst dieses Doppelsalz in Krystallen an. Es ist das weinsaure Kalinatron (*Natro - Kali tartaricum, Tartarus natronatus*).

Aus diesen Beispielen sehen wir, wie der eine Körper ein gewisses und bestimmtes Gewicht von einem anderen, mit dem er eine chemische Verbindung eingeht, fordert. Wollen wir neutrale Salze, wie citronensaures Kali, schwefelsaures Kali aus 1 Grm. (100 Centigm.) zweifach - kohlensaurem Kali darstellen, so würden wir dazu 0,67 Grm. krystallisirte Citronensäure (*Acidum citricum*), sowie nahe 0,49 Grm. concentrirte Schwefelsäure (*Acid. sulfuric. conc.*) oder 2,94 Grm. verdünnte Schwefelsäure (*Acid. sulfuricum dilutum*), welche $^1/_6$ conc. Schwefelsäure enthält, nöthig haben. 75 Th. kryst. Weinsäure, 67 Th. kryst. Citronensäure, 49 Th. conc. Schwefelsäure, 294 Th. verdünnte Schwefelsäure sind Mengen, welche mit dem Kali in 100 Th. zweifach-kohlensaurem Kali neutrale Salze bilden und in Bezug zu diesem Kali gleichen Werth haben oder äquivalent sind.

Nehmen wir eine Aequivalententabelle zur Hand, so finden wir darin:

2fach-kohlensaures Kali	$KO, CO^2 + HO, CO^2$	100
conc. Schwefelsäure	$SO^3 + HO$	49
verdünnte Schwefelsäure (1:5)	$SO^3, HO + 27,2 Aq$	294
kryst. Weinsäure	$C^4H^2O^5 + HO$	75
kryst. Citronensäure (3basisch)	$C^{12}H^5O^{11}, 3HO + HO$	201

Da wir uns im Eingange des Versuchs alsbald 100 Centigramm des 2fach - kohlensauren Kali bedienten, so konnten wir die Aequivalentgewichte der anderen Substanzen auch in Centigrammen anwenden. Von der Citronensäure gebrauchten wir jedoch nur 0,67 Gm. (d. i. $\frac{2,01}{3} = 0,67$), weil dieselbe eine dreibasische Säure ist, d. h. weil sie 3 Aeq. Base fordert, um damit ein neutrales Salz zu bilden.

Wägen wir nun die Menge einer jeden dieser Säuren*) nach Centigrammen oder Grammen oder Pfunden in ein besonderes Gefäss, lösen in Wasser und setzen statt des zweifach-kohlensauren Kali andere Substanzen, welche mit jenen Säuren neutrale Salze zu bilden vermögen, hinzu, so gebrauchen wir bis zur Neutralisation entweder 84 Centigr. zweifach-kohlensaures Natron oder 20 Centigr. Magnesia (*Magnesia usta*) oder 170 Centigramm Aetzammonflüssigkeit (*Liquor Ammoni***) *caustici*). Auch diese

---

*) Statt der conc. Schwefelsäure nehmen wir zum Versuch die verdünnte Schwefelsäure. Das Resultat bleibt ja dasselbe.

**) In den Pharmakopöen findet man gewöhnlich die Benennungen *Ammoniacum* oder *Ammonium* für *Ammonum*.

Mengen sind unter sich in Bezug auf die vorhin angegebenen Säuremengen gleichwerthig oder äquivalent, denn in jener Aequivalententabelle finden wir:

2fach-kohlensaures Natron	$NaO, CO^2 + HO, CO^2$	84
Magnesia	MgO	20
Ammon	NH^3	17
Salmiakgeist (10proc.)	$NH^3 + 17HO$	170

Würden wir zu 1 Grm. oder 100 Centigr. zweifach-kohlensaurem Kali, in Wasser gelöst, $3 \times 0{,}75$ Grm. Weinsäure setzen, so würden immer nur $2 \times 0{,}75$ Grm. Weinsäure mit dem Kali zweifach-weinsaures Kali bilden. 0,75 Grm. der Weinsäure bleiben ausser Verbindung. Versetzen wir die Mischung mit Weingeist, so wird alles zweifach weinsaure Kali aus der Lösung gefällt und 0,75 Grm. Weinsäure bleiben im Weingeist gelöst.

Die Verbindung der Körper nach bestimmten Gewichtsverhältnissen beobachtete man zuerst bei der Darstellung der neutralen Salze, und durch Analyse und Experiment fand man, dass die Körper nur nach genau begrenzten und unveränderlichen Gewichtsmengen zu einer chemischen Verbindung zusammentreten, dass sich die Körper in constanten Gewichtsverhältnissen gegenseitig chemisch verbinden.

Dieses bestimmte Verhältniss charakterisirt die chemische Anziehung, insonderheit der Adhäsion und Cohäsion gegenüber, bei deren Wirkungen niemals unverrückbare Grenzen zur Wahrnehmung kommen.

Das Wasser ist oft und zu verschiedenen Zeiten analysirt und in 100 Gewichtstheilen aus 88,889 Th. Sauerstoff und 11,111 Th. Wasserstoff zusammengesetzt gefunden worden. Nehmen wir den Wasserstoff $= 1$ an, so sind also in 9 Th. Wasser 1 Th. Wasserstoff mit 8 Th. Sauerstoff verbunden.

Wenn wir $32^2/_3$ (32,6) Gewichtstheile (Gramm, Kilogramm) reines Zink mit der genügenden Menge (294 Gwth.) verdünnter Schwefelsäure übergiessen und die unter Wasserstoffentwickelung vor sich gehende Auflösung zuletzt durch Erwärmen vollständig machen, so gewinnen wir eine Lösung des schwefelsauren Zinkoxyds. Wie wir aus der Lection 23 wissen, disponirt das Zink einen bestimmten Theil des gegenwärtigen Wassers zur Zersetzung, es verbindet sich mit dem Sauerstoff desselben, um Zinkoxyd zu bilden, und Wasserstoff entweicht. Würden wir den Wasserstoff auffangen und wägen, so würde er, hätten wir das

Zinkmetall nach Grammen abgewogen, genau 1 Gramm wiegen. Würden wir ferner das in Lösung befindliche Zinkoxyd mit kohlensaurem Natron ausfällen und das gefällte kohlensaure Zinkoxyd mit Wasser auswaschen, trocknen und glühen, so würden wir genau $40^2/_3$ (40,6) Grm. Zinkoxyd erlangen. Das Zink hat sich also mit 8 Grm. Sauerstoff verbunden. 9 Grm. Wasser sind zersetzt, von welchen 1 Grm. Wasserstoff entwich und 8 Gramm Sauerstoff sich mit 32,6 Grm. Zink zu Zinkoxyd verbanden.

Wenn wir statt 32,6 Th. Zink 28 Th. Eisen nähmen, so wäre der Erfolg derselbe, denn es würden gerade 9 Th. Wasser zersetzt, indem 1 Th. Wasserstoffgas entweicht und 8 Th. Sauerstoff an das Eisen treten. Das Resultat wäre schwefelsaures Eisenoxydul (Eisenvitriol).

Die Chlorwasserstoffsäure (Salzsäure) ist eine Verbindung von $35^1/_2$ (35,5) Gewichtsth. Chlor und 1 Gewichtsth. Wasserstoff (35,5 + 1 = 36,5). Die officinelle Säure (*Acid. hydrochloricum*) besteht aus 25 Th. dieser Verbindung und 75 Th. Wasser. Würden wir 32,6 Grm. Zink mit der genügenden Menge (4 $\times$ 36,5 = 146 Grm.) der officinellen Säure übergiessen, so verbindet sich das Zink mit 35,5 Grm. Chlor zu Chlorzink und 1 Grm. Wasserstoff entweicht. Wenden wir Eisen in der Stelle des Zinks an, so würden wir genau 28 Grm. Eisen nöthig haben, um 36,5 Grm. Chlorwasserstoff zu zersetzen oder 1 Grm. Wasserstoff zu entwickeln. 28 Eisen geben mit 35,5 Chlor 63,5 Eisenchlorür.

Aus diesen Beispielen ersehen wir, dass 1 Th. Wasserstoff; 8 Th. Sauerstoff; 35,5 Th. Chlor; 32,6 Th. Zink; 28 Th. Eisen gegenseitig sich chemisch vereinigen, sich gegenseitig verdrängen und ersetzen können, dass diese Gewichtsmengen in chemischer Beziehung gleichwerthig oder äquivalent sind. Die angegebenen Zahlen finden wir in der Tabelle auf S. 57, 58 u. 59 neben den Namen der einfachen Stoffe als Aequivalentzahlen angegeben.

Bleioxyd besteht nach der Analyse aus 92,82 Proc. Blei und 7,18 Proc. Sauerstoff; Schwefelblei besteht aus 86,61 Proc. Blei und 13,38 Proc. Schwefel. Aus diesen Verbindungen lassen sich nun leicht die äquivalenten Zahlen des Bleies und des Schwefels zu den vorher erwähnten äquivalenten Zahlen berechnen. Die äquivalente Zahl des Sauerstoffs war 8 (im Verhältniss zum Wasserstoff = 1).

Sauerstoff.   Blei.   Sauerstoff. Blei.

$$7{,}18 \; : \; 92{,}82 \; = \; 8 \; : \; x \; (= 103{,}5)$$

oder

$$\frac{92{,}82 \times 8}{7{,}18} = 103{,}5,$$

d. h. 103,5 Gwth. Blei verbinden sich mit 8 Gwth. Sauerstoff zu 111,5 Gwth. Bleioxyd; 103,5 Gwth. Blei verbinden sich aber auch mit 35,5 Gwth. Chlor zu Chlorblei, ebenso 111,5 Gwth. Bleioxyd mit 36,5 Gwth. Chlorwasserstoff zu Chlorblei, nur dass die 8 Gwth. Sauerstoff des Bleioxyds mit dem 1 Gwth. Wasserstoff des Chlorwasserstoffs gleichzeitig zu Wasser zusammentreten.

Das schwarze Schwefelblei besteht laut Analyse aus 86,61 Blei und 13,38 Schwefel.

Blei.   Schwefel.   Blei.   Schwefel.

$$86{,}61 \; : \; 13{,}38 \; = \; 103{,}5 \; : \; x \; (= 16),$$

d. h. 16 Schwefel sind äquivalent 35,5 Chlor, 8 Sauerstoff, 1 Wasserstoff, 28 Eisen, 32,6 Zink. — 16 Th. Schwefel bilden mit 1 Th. Wasserstoff Schwefelwasserstoffgas, mit 28 Th. Eisen Schwefeleisen, mit 32,6 Zink Schwefelzink.

In dieser Art sind die Zahlen, welche auf S. 57, 58 u. 59 als Aequivalentgewichte den Namen der einfachen Stoffe beigesetzt sind, berechnet. Diese Zahlen heissen Aequivalentzahlen, Mischungsgewichte, Aequivalentgewichte, Aequivalente, weil sie die Gewichtsgrössen angeben, in welchen jene Stoffe sich untereinander verbinden, verdrängen, ersetzen. Damit sie sämmtlich in einem bestimmten Verhältnisse zu einander stehen, sind sie nach *Gmelin*'s Vorschlage auf den Wasserstoff, = 1 angenommen, berechnet. Dieselben Zahlen würden hervorgehen, hätte man den Sauerstoff = 8 angenommen und an die Spitze der Berechnung gestellt. Es verbinden sich daher:

8 Sauerstoff	8 Sauerstoff	8 Sauerstoff	8 Sauerstoff
mit 1 Wasserstoff	28 Eisen	32,6 Zink	103,5 Blei
zu 9 Wasser	36 Eisenoxydul	40,6 Zinkoxyd	111,5 Bleioxyd

oder

1 Wasserstoff	1 Wasserstoff	1 Wasserstoff
mit 35,5 Chlor	127 Jod	16 Schwefel
zu 36,5 Chlorwasserstoff	128 Jodwasserstoff	17 Schwefelwasserstoff
	1 Wasserstoff	
	80 Brom	
	81 Bromwasserstoff.	

Berzelius ging bei seinen Berechnungen dieser Zahlen vom Sauerstoff, $= 100$ angenommen, aus. In diesem Falle erhielt der Wasserstoff die Zahl 12,5, denn

Sauerstoff. Wasserstoff. Sauerstoff. Wasserstoff.

$8 \quad : \quad 1 \quad = \quad 100 \quad : \quad x \quad (= 12,5).$

Die Zahlen dieser Reihe mussten also 12,5 mal grösser werden als in der Reihe, in welcher der Wasserstoff $= 1$ angenommen ist. Weil in der Praxis die Behandlung kleiner Zahlen viele Bequemlichkeit bietet, so haben wir ihnen auch hier den Vorzug eingeräumt, andererseits sind sie die gebräuchlichsten.

Wie bereits schon aus einigen der vorhin angeführten Beispiele hervorgeht, ist den zusammengesetzten Körpern die Aequivalenz ebenso eigenthümlich wie den einfachen Stoffen. Daher haben sie ebenfalls Aequivalentgewichte oder sie sind von Aequivalentzahlen begleitet, und zwar ist das A e q u i v a l e n t (Aequivalentgewicht, Aequivalentzahl) eines z u s a m m e n g e s e t z t e n Körpers gleich der Summe der Aequivalente seiner Bestandtheile.

Calcium hat die Aequivalentzahl 20. Es bildet mit 1 Aeq. Sauerstoff verbunden Calciumoxyd oder Kalkerde. Da 1 Aeq. Sauerstoff $= 8$ ist, so ist auch das Aequivalentgewicht oder die Aequivalentzahl des Calciumoxyds $(20 + 8) = 28$.

Das Aequivalentgewicht des Sauerstoffs ist 8, das des Wasserstoffs 1. Da 1 Aeq. Sauerstoff mit 1 Aeq. Wasserstoff verbunden Wasser bildet, so ist das Aequivalentgewicht des Wassers $(8 + 1) = 9$.

Das Kalkerdehydrat, Calciumoxydhydrat, ist eine Verbindung von 1 Aeq. Calciumoxyd $(= 28)$ und 1 Aeq. Wasser $(= 9)$, folglich ist das Aequivalentgewicht oder die Aequivalentzahl des Calciumoxydhydrats $(28 + 9 =)$ 37.

20 Gewichtsth.	Calcium	⎫	
8	„ Sauerstoff	⎬	$=$ 28 Calciumoxyd,
1	„ Wasserstoff	⎫	
8	„ Sauerstoff	⎬	$=$ 9 Wasser
37 Gewichtsth. Calciumoxydhydrat			37 Calciumoxydhydrat.

Das Aequivalent des Bleies hatten wir (ausgehend vom Wasserstoff $= 1$) zu 103,5 gefunden. 1 Aeq. Sauerstoff und 1 Aeq. Blei bilden Bleioxyd. Das Aeq. des Bleioxyds ist 111,5, denn

8 + 103,5 = 111,5. Aus der Verbindung von 1 Aeq. Bleioxyd und 1 Aeq. Wasser entsteht 1 Aeq. Bleioxydhydrat (111,5 + 9) = 120,5.

Würde man zu einer Lösung von essigsaurem Bleioxyd (*Plumbum aceticum*) Kalkhydrat geben, so würde die Kalkerde sich mit der Essigsäure des Bleisalzes verbinden und lösliche essigsaure Kalkerde bilden, dagegen das Bleioxyd als Bleioxydhydrat ausgeschieden werden.

Das Aequivalentgewicht des krystallisirten essigsauren Bleioxyds ist 189,5. In dem Salze sind nämlich 111,5 Gwth. Bleioxyd, 51 Gwth. wasserfreie Essigsäure und (3 × 9 =) 27 Th. Krystallwasser enthalten. Diese den Aequivalenten entsprechenden Zahlen addirt ergeben 111,5 + 51 + 3 × 9 = 189,5.

Wenn wir 189,5 Gwth. des kryst. essigsauren Bleioxyds in Wasser lösen und dazu 37 Gwth. Calciumoxydhydrat setzen würden, so müssten auch genau 120,5 Gwth. Bleioxydhydrat ausgeschieden werden. Würden wir 2 Aeq. oder 2 × 189,5 Gwth. des Bleisalzes in Lösung mit nur 1 Aeq. oder 37 Gwth. Kalkhydrat versetzen, so würden immer nur 120,5 Gwth. Bleioxydhydrat ausgeschieden werden und 189,5 Gwth. des Bleisalzes unzersetzt in der Lösung verbleiben.

Diese Beispiele mögen zur Erklärung genügen, dass die Aequivalentgewichte der zusammengesetzten Körper in einem bestimmten relativen Verhältnisse zu einander stehen, ebenso wie die Aequivalentgewichte der einfachen Körper untereinander.

Bemerkungen. Die Lehre von den Gesetzen und den Gewichtsverhältnissen, in welchen die Körper oder Elemente chemische Verbindungen eingehen oder aus Verbindungen ausscheiden, hat man den Namen Stöchiometrie gegeben. Dieses Wort ist aus στοιχεῖον (stoicheion), ein erster Bestandtheil eines körperlichen Dinges, ein Grundstoff, Element, und μέτρον (metron), Maass, oder μετρέω (metreo), ich messe, zusammengesetzt. Stöchiometrie bedeutet also das Messen der Grundstoffe, hier aber ein Messen nach dem Gewichte, man versteht darunter auch überhaupt stöchiometrische Berechnungen. Letztere werden im Allgemeinen durch Regelde-tri ausgeführt.

Lection 32.

Verbindung der Körper nach ganzen Aequivalenten.

Auf dem Wege analytischer Untersuchungen gelangte man zu der Erfahrung, dass sich ein Element mit einem anderen in verschiedenen Gewichtsverhältnissen chemisch verbinden könne, dass dies aber immer nur nach Aequivalenten, und zwar nach Vielfachen der Aequivalente geschieht, oder mit anderen Worten, dass 1 Aequivalent sich mit 1, 2, 3, 4, 5, 6, 7 etc. Aequivalenten des anderen Elements, oder dass 2 Aequivalente des einen Elements sich mit 1, 3, 5, 7 etc. Aequivalenten des anderen Elements verbinden. Dies ist das Gesetz der Multiplen oder der multiplen Proportionen. Der Begründer dieses Gesetzes war *Dalton*.

Gwth.			Gwth.	
1 Wasserstoff	verbindet sich mit		8 Sauerstoff zu Wasser.	
1 Wasserstoff	„	„ „	16 Sauerstoff zu Wasserstoffhyperoxyd.	
14 Stickstoff	„	„ „	8 Sauerstoff zu Stickstoffoxydul.	
14 Stickstoff	„	„ „	16 Sauerstoff zu Stickstoffoxyd.	
14 Stickstoff	„	„ „	24 Sauerstoff zu salpetriger Säure.	
14 Stickstoff	„	„ „	32 Sauerstoff zu Untersalpetersäure.	
14 Stickstoff	„	„ „	40 Sauerstoff zu Salpetersäure.	

1 Aeq. Wasserstoff bildet also mit 1 Aeq. Sauerstoff Wasser (HO), mit 2 Aeq. Sauerstoff aber Wasserstoffhyperoxyd (HO^2). — 14 ist die Gewichtsgrösse für 1 Aeq. Stickstoff. — 1 Aeq. Stickstoff verbindet sich also mit 1, 2, 3, 4, 5 Aeq. Sauerstoff zu verschiedenen Verbindungen. Die Verbindung von 1 Aeq. Stickstoff mit 5 Aeq. Sauerstoff (NO^5) ist die Salpetersäure, welche mit der circa dreifachen Menge Wasser verdünnt die officinelle Salpetersäure (*Acidum nitricum*) darstellt.

Da die Verbindungen erfahrungsgemäss nur nach ganzen Aequivalenten vor sich gehen, so nimmt man auch an, dass dies nie nach Theilen eines Aequivalents geschehen könne. Die Aequivalentzahl des Eisens ist 28. 1 Aeq. Eisen und 1 Aeq. Sauerstoff geben 1 Aeq. Eisenoxydul (FeO). 28 Gwth. Eisen und 8 Gwth. Sauerstoff geben ($28 + 8 =$) 36 Gwth. Eisenoxydul. Treten zu 1 Aeq. oder 36 Gwth. Eisenoxydul noch 4 Gwth. Sauerstoff, so entstehen 40 Gwth. Eisenoxyd. 4 Gwth. Sauerstoff wären $= \frac{1}{2}$ Aeq. Sauerstoff. Da man keine halbe, sondern nur ganze Aequivalente zulässt, so wird das Aeq. des Eisens verdoppelt. Statt 1 Aeq. Eisen bildet mit $1^1/_2$ Aeq. Sauerstoff Eisenoxyd sagt man, 2 Aeq. Eisen verbinden sich mit 3 Aeq. Sauerstoff zu Eisenoxyd (Fe^2O^3), das Aequivalentgewicht des Eisenoxyds lautet also $2 \times 28 + 3 \times 8 = 80$.

Das Aeq. des Quecksilbers ist $= 100$. Es bilden 100 Gwth. Quecksilber mit 4 Gwth. Sauerstoff Quecksilberoxydul, mit 8 Gwth. Sauerstoff Quecksilberoxyd. Hier findet ein ähnlicher Fall statt und man sagt:

2 Aeq. Quecksilber und 1 Aeq. Sauerstoff geben 1 Aeq. Quecksilberoxydul (Hg^2O)

oder

200 Gwth. Quecksilber und 8 Gwth. Sauerstoff geben 208 Gwth. Quecksilberoxydul:

ferner

1 Aeq. Quecksilber und 1 Aeq. Sauerstoff geben 1 Aeq. Quecksilberoxyd (HgO)

oder

100 Gwth. Quecksilber und 8 Gwth. Sauerstoff geben 108 Gwth. Queksilberoxyd.

Wir kennen 5 Oxydationsstufen des Manganmetalls. In diesen Oxydationsstufen ist der Sauerstoff in einem Verhältniss wie 1, $1^1/_2$, 2, 3 und $3^1/_2$ oder wie 2, 3, 4, 6 und 7 mit Mangan verbunden:

Aeq.   Aeq.   Aeq.

1 Mangan und 1 Sauerstoff bilden 1 Manganoxydul (MnO),
2 Mangan   ,,   3 Sauerstoff   ,,   1 Manganoxyd (Mn^2O^3),
1 Mangan   ,,   2 Sauerstoff   ,,   1 Manganhyperoxyd (MnO^2),
1 Mangan   ,,   3 Sauerstoff   ,,   1 Mangansäure (MnO^3),
2 Mangan   ,,   7 Sauerstoff   ,,   1 Uebermangansäure (Mn^2O^7)

Unter diesen Oxydationsstufen sind also zwei, das Manganoxyd und die Uebermangansäure, von welchen in der Aequivalentenreihe nicht gesagt werden kann, dass darin 1 Aeq. Mangan mit $1^1/_2$ Aeq. oder $3^1/_2$ Aeq. Sauerstoff verbunden sei.

In den vier bemerkenswerthesten Verbindungen des Schwefels mit Sauerstoff (im Ganzen giebt es 7 Sauerstoffverbindungen des Schwefels) verhalten sich die Mengen des Sauerstoffs wie 1, 2, $2^1/_2$ und 3 oder wie 2, 4, 5, 6.

Aeq.   Aeq.   Aeq.

1 Schwefel u. 1 Sauerstoff bilden 1 unterschweflige Säure (SO),
1 Schwefel ,,   2 Sauerstoff   ,,   1 schweflige Säure (SO^2),

Aeq.   Aeq.   Aeq.

2 Schwefel u. 5 Sauerstoff bilden 1 Unterschwefelsäure (S^2O^5),
1 Schwefel „ 3 Sauerstoff   „   1 Schwefelsäure (SO^3).

Das Aeq. des Schwefels ist $= 16$. Mit 3 Aeq. Sauerstoff verbunden liefert es die wasserfreie Schwefelsäure (SO^3). Das Gewicht eines Aeq. wasserfreier Schwefelsäure ist also $(16 + 3 \times 8 =)\ 40$.

Auch die zusammengesetzten Körper verbinden sich unter einander stets nach ganzen Aequivalenten oder nach Vielfachen derselben. **1 oder 2 Aequivalente eines zusammengesetzten Körpers verbinden sich mit 1, 2, 3 etc. Aequivalenten eines anderen zusammengesetzten Körpers.**

1 Aeq. Schwefelsäure, verbunden mit 1 Aeq. Wasser, bildet die concentrirte oder rectificirte Schwefelsäure (*Acidum sulfuricum concentrātum*, SO^3, HO), verbunden dagegen mit 2 Aeq. Wasser stellt es ein Schwefelsäurebishydrat dar, mit 3 Aeq. Wasser ein Trishydrat. Es giebt also ein einfaches, ein zweifaches und ein dreifaches Schwefelsäurehydrat. Das Aequivalentgewicht des einfachen Hydrats oder der conc. Schwefelsäure ist 49, denn

1 Aeq. wasserfreie Schwefelsäure $= 40$
1 Aeq. Wasser $\qquad\qquad\qquad\ = 9$
1 Aeq. Schwefelsäurehydrat $\quad = 49.$

1 Aeq. Kaliumoxyd (Kali) bildet mit 1 Aeq. Schwefelsäure verbunden 1 Aeq. schwefelsaures Kali (*Kali sulfuricum*, KO, SO^3), und tritt zu dieser Verbindung 1 Aeq. Schwefelsäurehydrat hinzu, so entsteht daraus 1 Aeq. saures schwefelsaures oder zweifach-schwefelsaures Kali ($KO, SO^3 + HO, SO^3$).

Die Thatsache, dass sich die Körper nur nach Aequivalenten oder Vielfachen derselben chemisch verbinden, suchte *Dalton* durch Aufstellung seiner **atomistischen Theorie** zu erklären. Diese Theorie hat bei den Chemikern Eingang gefunden, obgleich sie mit der **dynamischen** Theorie im Widerspruche steht. *Kant* und viele andere Physiker nahmen an, dass die Materie nicht allein durch ihre Existenz, sondern auch durch zwei entgegengesetzt wirkende Kräfte, der **Anziehungskraft** und der **Abstossungskraft** (Attractions- und Repulsionskraft), bedingt sei. Vermöge der ersteren Kraft hat die Materie die Eigenschaft, sich dem Mittelpunkt ihrer Masse zu nähern, sich zusammenzuziehen, vermöge der Abstossungskraft, sich von diesem Mittelpunkt zu entfernen, sich auszudehnen. Jede Kraft, allein ihrer

Wirkung folgend, müsste die Materie entweder gleichsam in einen Punkt zusammendrängen, oder damit den unendlichen Raum ausfüllen. Nur durch das Verhältniss, in welchem die eine die andere Kraft beschränkt, entsteht ein Zustand der Ruhe, ein Gleichgewicht, in Folge dessen die Materie einen Raum erfüllt, die Materie eine Beschaffenheit gewinnt und der specifische Unterschied der Körper hervortritt.

Die dynamische Theorie lässt zwei Körper, wenn sie zu einer chemischen Verbindung zusammentreten, sich gegenseitig innig durchdringen und erblickt in den veränderten Eigenschaften der Verbindung die Folge eines veränderten Verhältnisses der attractorischen und repulsorischen Kräfte. Diese Ansicht reichte *Dalton* nicht aus, die Frage zu beantworten, warum sich die Körper nach multiplen Proportionen verbinden. Er griff daher (1804) nach der von den alten griechischen Philosophen (*Leukippos*, 500 vor Chr. Geb., und *Epikuros*, 350 vor Chr. Geb.) aufgestellten Atomtheorie zurück und stellte die Ansicht auf, dass jeder Körper als ein Aggregat von Atomen zu betrachten sei. Das Atom dachte er sich so klein, dass es nicht weiter theilbar sei, und in kugliger Gestalt. Er dachte sich ferner die Atome eines und desselben Körpers stets von gleicher Grösse und daher auch von constantem (den Aquivalenten entsprechendem) Gewichte, und weil sich 1 Atom des einen Körpers mit 1, 2, 3, 4, 5 etc. Atomen eines anderen verbinde, so müsse jede chemische Verbindung nach bestimmten Gewichtsmengen erfolgen. 1 Atom Sauerstoff z. B wiegt 8 und 1 Atom Kalium 39. Weil je 1 Atom Sauerstoff und Kalium sich zu Kaliumoxyd (Kali) verbinden, so sei auch erklärlich, warum Kaliumoxyd stets aus 8 Gwth. Sauerstoff und 39 Gwth. Kalium zusammengesetzt gefunden werde.

Das zusammengesetzte Atom betrachtete *Dalton* ebenfalls als etwas mechanisch untheilbares und das Gewicht desselben gleich der Summe der Gewichte der Atome, aus denen es zusammengesetzt ist. Das Gewicht von 1 Atom Kaliumoxyd ist (8 + 39 =) 47. 1 Atom Kaliumoxyd verbindet sich mit 1 Atom Schwefelsäure, welches 40 wiegt, zu 1 Atom schwefelsaurem Kaliumoxyd. 1 Atom dieser Verbindung wiegt also (47 + 40 =) 87.

1 Atom Schwefel (16) verbindet sich mit 3 Atomen Sauerstoff (3×8) zu 1 Atom Schwefelsäure, deren Atomgewicht $(16 + 3 \times 8 =)$ 40 ist.

Im Schwefelwasserstoff ist ein Atom (Aeq.) Wasserstoff mit einem Atom Schwefel verbunden, das Atomgewicht des Schwefelwasserstoffs ist also $(1 + 16) = 17$.

Der atomistischen Ansicht gemäss durchdringen sich die Atome heterogener Stoffe, wenn sie zu einer chemischen Verbindung zusammentreten, nicht, sondern sie lagern sich an einander. Der Bestand dieser Aneinanderlagerung ist die Folge der chemischen Anziehung. Hiermit ergab sich auch die Erklärung der gegenseitigen Zersetzung der Körper nach Aequivalenten.

Bezeichnen wir Kalium mit *Ka*, Sauerstoff mit *O*, Schwefel mit *S*, so bietet folgende Darstellung ein Bild von der Art und Weise der Aneinanderlagerung der Atome.

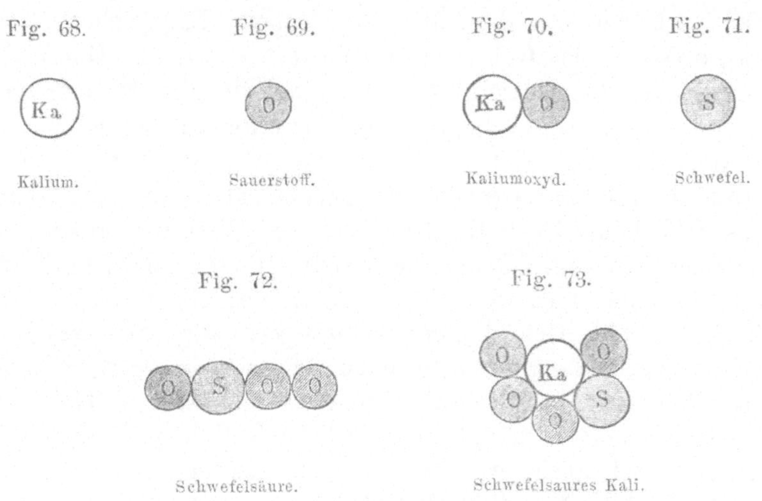

Nach dem, was über Aequivalent und Atom gesagt ist, wären beide Begriffe gleich. Statt Aequivalentgewicht könnte man Atomgewicht, statt Atomgewicht Aequivalentgewicht sagen. Nannte doch *Wollaston* (1814) auch die von *Dalton* bezeichneten Atomgewichte Aequivalente, und *Dalton* machte selbst, als er die atomistische Theorie aufstellte, darin keinen Unterschied. Weitere Thatsachen und Forschungen haben eine Trennung beider Begriffe veranlasst. Den ersten Anstoss dazu gab die Erfahrung, dass sich die luftförmigen Körper in sehr einfachen Volumverhältnissen chemisch verbinden, und die Verbindungen dieser Art im Gaszustande entweder das Volum einnehmen, welches gleich ist der Summe der Volumina der Bestandtheile oder $\frac{1}{2}$, $\frac{1}{3}$ etc. dieser Summe. Es verbinden sich z. B.

1 Maass Sauerstoff mit 2 Maass Wasserstoff zu 2 Maass Wasserdampf,

1 „ Stickstoff „ 3 „ Wasserstoff zu 2 „Ammongas.

Die Uebereinstimmung dieser Erfahrung *Gay-Lussac*'s (1808) mit *Dalton*'s atomistischer Theorie verleitete die Chemiker, Atom oder Atomgewicht und Volum eines gasförmigen Körpers für gleichwerthig zu halten, besonders auch, weil sie die specifischen Gewichte der Gase zu den Atomgewichten in einem einfachen Verhältnisse stehend antrafen.

Wenn wir vorher fanden, dass 1 Aeq. Sauerstoff mit 1 Aeq. Wasserstoff Wasser bildet, so sehen wir jetzt, dass 1 Volum Sauerstoffgas 2 Volum Wasserstoffgas zur Bildung von Wasser fordert. Wenn ferner Volum und Atom gleichwerthig angenommen werden, so ist im Wasser 1 Atom Sauerstoff mit 2 Atomen Wasserstoff verbunden, und 2 Atomgewichte Wasserstoff entsprechen einem Aequivalentgewicht Wasserstoff.

Nehmen wir das Gewicht des Aequivalents Wasserstoff = 1 an, so ist das Gewicht eines Aeq. Sauerstoff = 8, nehmen wir aber auch das Atomgewicht des Wasserstoffs = 1 an, so folgt daraus, dass das Atomgewicht des Sauerstoffs (nicht 8, sondern) = 16 ist.

Ist das Atomgewicht des Sauerstoffs = 16, so ist auch das Atomgewicht des Schwefels (nicht 16, sondern =) 32. In der Schwefelsäure sind 3 Atome Sauerstoff mit 1 Atom Schwefel oder 48 Gwth. Sauerstoff mit 32 Gwth. Schwefel verbunden, folglich ist das Gewicht eines Atoms Schwefels = 32, also doppelt so schwer als das Aequivalent Schwefel. Oder da das Gewicht von 2 Atome Wasserstoff gleich 1 Aeq. Wasserstoff sind, so besteht 1 Atom Schwefelwasserstoff aus 2 Atomen Wasserstoff und 1 Atom Schwefel und zwar in einem Verhältnisse wie 2:32. Mithin ist das Gewicht eines Atoms Schwefel = 32.

Dies genüge zur Andeutung, dass Atom, Atomgewicht, Atomzahl nicht dasselbe bedeuten wie Aequivalent, Aequivalentgewicht, Aequivalentzahl. *Berzelius* nannte die hiernach doppelt so schwer gewordenen Atome, um die von *Wollaston* angenommene Gleichbedeutung von Aequivalent und Atom zu bewahren, Doppelatome.

Bemerkungen. Proportion von dem lat. *proportio*, Verhältniss, Ebenmaass. — *Dalton* (spr. dahltn), ein englischer Chemiker, gab 1807 eine Tabelle heraus über die relativen Mengen, in welchen die Körper sich verbinden. Seine Aufstellung der atomistischen Theorie erfolgte das Jahr darauf. — Monhydrat oder Monohydrat, Bishydrat, Trishydrat sind Ausdrücke zur Bezeichnung eines Körpers, welcher mit 1, 2, 3 Aeq. Wasser verbunden ist. Von dem griech. $\mu\acute{o}\nu o\varsigma$ (monos), einer; $\beta\acute{\iota}\varsigma$ (bis), zweifach; $\tau\varrho\acute{\iota}\varsigma$ (tris), dreifach; $\H{v}\delta\omega\varrho$, Wasser; *hydratus, a, um*, mit Wasser verbunden. — Atomistisch, Atóm, von dem griech. α (alpha) *privativum* und $\tau\acute{\epsilon}\mu\nu\omega$, ich zerschneide; $\H{a}\tau o\mu o\varsigma$ (átŏmos), nicht mehr zu zerschneiden, untheilbar. — Dynámisch, von dem griech. $\delta\acute{v}\nu\alpha\mu\iota\varsigma$ (dynămis), Kraft. — Repulsión, Repulsivkraft, repulsórisch, von dem lat. *repello, repŭli, repulsum, repellĕre*, zurücktreiben, entfernen; *repulsio*, die Zurücktreibung; *repulsorius, a, um*, zurückdrängend. — Heterogén, verschiedenartig, von dem griech. $\H{\epsilon}\tau\epsilon\varrho o\varsigma$ (héteros), der andere, entgegengesetzt; $\gamma\acute{\epsilon}\nu\omega$, $\gamma\epsilon\nu\acute{\alpha}\omega$ (geno, genao), erzeugen. — *Gay-Lussac* (spr. ghä-lüssac), ein französsischer Chemiker und Physiker, fand 1805 das Wasser aus 1 Vol. Sauerstoffgas und 2 Vol. Wasserstoffgas zusammengesetzt. — *Wollaston* (spr. uolläst'n), ein englischer Chemiker und Philosoph, geb. 1766, gest. 1828, nannte die von *Dalton* berechneten Atomgewichte Aequivalente.

Lection 33.

Bedeutung und Werth der Symbole und Formeln.

Nachdem wir nun wissen, was die Zahlen bedeuten, welche neben den Namen der Elemente in der Tabelle auf S. 57, 58 u. 59 stehen, ist es nothwendig, uns auch mit der Bedeutung der Buchstaben in derselben Tabelle bekannt zu machen.

Ein jedes Element oder jeder einfache Körper wird in der chemischen Schriftsprache durch den Anfangsbuchstaben seines lateinischen Namens bezeichnet.

Sauerstoff,	*Oxygenium,*	mit	O
Stickstoff,	*Nitrogenium,*	„	N
Wasserstoff,	*Hydrogenium,*	„	H
Schwefel,	*Sulfur,*	„	S
Phosphor,	*Phosphorus,*	„	P
Kohlenstoff,	*Carbonĕum,*	„	C
Jod,	*Jodum,*	„	J.

Wenn aber die Namen zweier oder mehrerer Elemente mit demselben Buchstaben anfangen, so wird zum Unterschiede der zweite oder dritte Buchstabe des Namens dem Anfangsbuchstaben zugesetzt. Man bezeichnet daher

Kalium,	*Kalium,*	mit K u. auch Ka
Natrium,	*Natrium,*	„ Na
Calcium,	*Calcium,*	„ Ca
Baryum,	*Baryum,*	„ Ba
Magnesium,	*Magnesium,*	„ Mg
Zink,	*Zincum,*	„ Zn
Eisen,	*Ferrum,*	„ Fe
Mangan,	*Mangănum,*	„ Mn
Kupfer,	*Cuprum,*	„ Cu
Wismuth,	*Bismuthum,*	„ Bi
Quecksilber,	*Hydrargўrum,*	„ Hg
Silber,	*Argentum,*	„ Ag
Gold,	*Aurum,*	„ Au
Chlor,	*Chlorum,*	„ Cl
Brom,	*Bromum,*	„ Br

Diese Buchstaben als Zeichen oder Symbole der Elemente bezeichnen nicht blos die Namen der Elemente, sie drücken auch, weil die Elemente sich nur nach Aequivalenten oder nach Atomen verbinden, zugleich das Gewicht des Aequivalents oder des Atoms eines Elementes aus.

O bedeutet nicht nur Sauerstoff (*Oxygenium*), sondern auch 1 Aeq. oder 8 Gwth. Sauerstoff, ferner 1 Atom oder 16 Gwth. Sauerstoff. Die Zeichen für diejenigen Elemente, deren Atomgewicht doppelt so gross ist als das Aequivalentgewicht und welchen *Berzelius* die Bezeichnung Doppelatom beilegte, wurden im unteren Drittel durchstrichen, z. B. Θ, H, C.

H bedeutet Wasserstoff, und zwar 1 Aeq. oder 1 Gwth. Wasserstoff, ferner 1 At. und 1 Gwth. Wasserstoff.

HO bedeutet Wasser, aber 1 Aequivalent, in welchem 1 Gwth. Wasserstoff mit 8 Gwth. Sauerstoff verbunden ist.

KO bedeutet 1 Aeq. Kaliumoxyd (Kali), NaO dagegen 1 Aeq. Natriumoxyd (Natron), FeO 1 Aeq. Eisenoxydul.

Das Symbol für mehrere Aequivalente oder Atome eines Elements wird durch eine Zahl ausgedrückt, welche auf der rechten Seite des Buchstabens oben oder unten die Stelle eines Exponenten erhält. Um die Zeichen kenntlich zu machen, ob sie auf Aequivalent oder Atom Beziehung haben, pflegt man jene Zahl für das Aequivalent oben, für das Atom unten am Buchstaben einen Platz zu geben.

H_2O bedeutet ein Atom Wasser, bestehend aus 2 Atomen Wasserstoff und einem Atom Sauerstoff.

SO^3 bezeichnet 1 Aeq. Schwefelsäure, bestehend aus 1 Aeq. Schwefel und 3 Aeq. Sauerstoff.

NO^5 bezeichnet 1 Aeq. Salpetersäure, bestehend aus 1 Aeq. Stickstoff und 5 Aeq. Sauerstoff.

Fe^2O^3 bezeichnet 1 Aeq. Eisenoxyd, zusammengesetzt aus 2 Aeq. Eisen und 3 Aeq. Sauerstoff.

HO^2 ist 1 Aeq. Wasserstoffhyperoxyd, bestehend aus 1 Aeq. Wasserstoff und 2 Aeq. Sauerstoff.

H_2O_2 bezeichnet ein Atom Wasserstoffhyperoxyd, bestehend aus 2 Atomen Wasserstoff und zwei Atomen Sauerstoff.

CO^2 ist 1 Aeq. Kohlensäure, bestehend aus 1 Aeq. Kohlenstoff (*Carboneum*) und 2 Aeq. Sauerstoff.

CO_2 bezeichnet ein Atom Kohlensäure, bestehend aus einem Atom Kohlenstoff und zwei Atomen Sauerstoff.

H^3N oder NH^3 bedeutet 1 Aeq. Ammongas, bestehend aus 3 Aeq. Wasserstoff und 1 Aeq. Stickstoff (*Nitrogenium*).

Mehrere Aequivalente einer chemischen Verbindung werden durch eine Zahl angegeben, welche man links vor die Formel setzt.

SO^3, HO giebt 1 Aeq. des einfachen Schwefelsäurehydrats an.

$SO^3, 2HO$ dagegen 1 Aeq. des Schwefelsäurebishydrats.

$Fe^2O^3, 3SO^3$ ist die Formel für 1 Aeq. des schwefelsauren Eisenoxyds, bestehend aus 1 Aeq. Eisenoxyd und 3 Aeq. Schwefelsäure.

NaO, CO^2 ist die Formel für 1 Aeq. kohlensaures Natron,

$NaO, HO, 2CO^2$ dagegen diejenige für 1 Aeq. zweifach-kohlensaures Natron (*Natrum bicarbonicum*), denn es besteht aus 1 Aeq. Natriumoxyd, 1 Aeq. Wasser und 2 Aeq. Kohlensäure.

Werden mehrere Verbindungen, welche zusammen einen zusammengesetzten Körper darstellen, durch eine Formel bezeichnet, so wird jede derselben von der anderen durch ein Komma oder einen Punkt getrennt. Es steht

KO, CO^2 oder $KO.CO^2$ für 1 Aeq. kohlensaures Kali,

$KO, HO, 2CO^2$ oder $KO. HO. 2CO^2$ für 1 Aeq. zweifach-kohlensaures Kali oder Kalibicarbonat.

Die Verbindung zweier oder mehrerer zwei- oder mehrfach zusammengesetzter Körper bezeichnet man durch ein + oder ein ;.

$KO, SO^3 + Al^2O^3, 3SO^3$ oder $KO, SO^3; Al^2O^3, 3SO^3$ ist die Formel für den wasserfreien Kalialaun (*Alumen ustum*), eine Verbindung von schwefelsaurem Kali mit schwefelsaurer Alaunerde (Thonerde, *Alumina*).

Da auch das Krystallwasser in die krystallisirten Verbindungen nach Aequivalenten eintritt, so kann es ebenfalls durch eine Formel bezeichnet werden, und es wird diese mit der Formel des Salzes durch ein $+$ verbunden.

$NaO, SO^3 + 10HO$ bedeutet 1 Aeq. krystallisirtes schwefelsaures Natron (Glaubersalz). Die Krystalle desselben enthalten 10 Aeq. Wasser als Krystallwasser.

$KO, SO^3 + Al^2O^3, 3SO^3 + 24HO$ ist die Formel für 1 Aeq. des krystallisirten Alauns, in welchem 24 Aeq. Krystallwasser enthalten sind.

In der Praxis kürzt man einige häufig gebrauchte Formeln ab, z. B. setzt man für HO zuweilen Aq (*aqua*, das Wasser), für H^3N setzt man Am (*Ammonum* oder *Ammoniacum*).

Die Formeln der organischen Säuren und der Alkaloïde (organischer Basen) sind complicirt und lang. Der Kürze wegen wählt man häufig dafür zum Symbol einen oder zwei Anfangsbuchstaben des lateinischen Namens und setzt über das Symbol der Säure einen Strich (Minuszeichen), über das Symbol des Alkaloïds ein Kreuz (Pluszeichen), z. B.

$C^4H^3O^3$ ist die Formel für 1 Aeq. wasserfreier Essigsäure, der Kürze wegen schreibt man $\overline{A}$ (weil *aceticum acidum*).

$C^4H^2O^5$, die Formel für 1 Aeq. wasserfreier Weinsäure, kürzt man ab in $\overline{T}$ (weil *tartaricum acidum*).

$C^{20}H^{12}NO^2$, die Formel für Chinin, kürzt man ab in $\overset{+}{Ch.}$

$C^{34}H^{19}NO^6$, die Formel für Morphin, kürzt man ab in $\overset{+}{Mph.}$

Die Formeln setzt man häufig zu einem ganzen Schema zusammen, um einen chemischen Process in seiner Folge und nach Aequivalenten zu erklären und übersichtlich zu machen:

$$FeO, SO^3 \text{ und } NaO, CO^2 \text{ geben } NaO, SO^3 \text{ und } FeO, CO^2.$$

Dieses Schema würde lauten: 1 Aeq. schwefelsaures Eisenoxydul und 1 Aeq. kohlensaures Natron, beide in Wasser gelöst und in Wechselwirkung gesetzt, geben aus: 1 Aeq. schwefelsaures Natron, welches in Lösung bleibt, und 1 Aeq. kohlensaures Eisenoxydul, welches als Niederschlag ausgeschieden wird. Viele Chemiker schreiben (jedoch nicht nachahmungswerth) ein solches Schema:

$$FeO, SO^3 + NaO, CO^2 = NaO, SO^3 + FeO, CO^2.$$

Ferner:

$$CaCl \text{ und } NaO, CO^2 \text{ geben } NaCl \text{ und } CaO, CO^2, \text{ oder}$$
$$CaCl + NaO, CO^2 = NaCl + CaO, CO^2,$$

d. h. wenn 1 Aeq. Chlorcalcium und 1 Aeq. kohlensaures Natron sich begegnen, so entsteht 1 Aeq. Chlornatrium und 1 Aeq. kohlensaures Calciumoxyd (Kalkerde).

$$Fe^2O^3 + 3H = 2Fe + 3HO,$$

d. h. lässt man über 1 Aeq. glühendes Eisenoxyd Wasserstoff streichen, so wird das Oxyd reducirt, und es werden erhalten 2 Aeq. Eisenmetall und 3 Aeq. Wasser.

Bemerkungen. Zeichen und Symbol sind synonym; zwei und mehrere derselben, welche eine Verbindung bezeichnen, nennt man eine Formel, und die Zusammensetzung mehrerer Formeln zur Erklärung eines chemischen Processes ein Schema (im Plural Schemata).

Man unterscheidet empirische, rationelle und graphische Formeln. Die in dem vorstehenden Kapitel angegebenen und den Aequivalenten entsprechenden Formeln sind genau genommen nur empirische, d. h. auf Thatsachen der Erfahrung begründete, denn sie geben uns nur ein Bild von der quantitativen Zusammensetzung einer Verbindung. SO^3, HO besagt, dass das Schwefelsäurehydrat aus 40 wasserfreier Schwefelsäure und 9 Wasser besteht. Schreiben wir die Formel HO, SO^3, so sagen wir damit, dass das Wasser die Stellung einer Base einnimmt, dass die Verbindung als schwefelsaures Wasserstoffoxyd anzusehen sei. Diese Formel ist daher eine rationelle. Die in neuerer Zeit in Aufnahme kommende Typentheorie giebt uns besonders Beispiele von Formelarten. Diese Theorie betrachtet das Wasser als eine Verbindung von 2 Atomen Wasserstoff mit 1 Atom Sauerstoff und giebt demselben die empirische Formel H_2O, und die rationelle Formel $\left.\begin{matrix} H \\ H \end{matrix}\right\} O$. Die erstere Formel giebt die Zusammensetzung des Wassers an, d. h. 2 Atome ($2 \times 1 = 2$) Wasserstoff sind mit 1 Atom ($= 16$) Sauerstoff zu Wasser verbunden. Die andere Formel stellt der Theorie entsprechend 2 Gruppen dar, auf der einen Seite der Klammer die Wasserstoffatome, auf der anderen Seite das Sauerstoffatom. Diese Gruppirung repräsentirt zugleich den Typus für viele andere Verbindungen und giebt die Stelle an, in welche ein anderer Körper oder ein anderes Element unter Ausstossung des vorhandenen eintritt, dass in Stelle des einen oder anderen Atoms typischen Wasserstoffs (H) das Radical einer Säure oder das Radical einer Base eintreten kann, ohne dadurch den Typus zu verändern. Z. B.

Wasser.	Natriumhydrat.	Anhydrisches Natriumoxyd.	Salpetersäurehydrat.	Natronsalpeter.
$\left.\begin{matrix} H \\ H \end{matrix}\right\} O$	$\left.\begin{matrix} Na \\ H \end{matrix}\right\} O$	$\left.\begin{matrix} Na \\ Na \end{matrix}\right\} O$	$\left.\begin{matrix} NO^2 \\ H \end{matrix}\right\} O$	$\left.\begin{matrix} NO^2 \\ Na \end{matrix}\right\} O$

Wenn wir also die beiden ersten Formeln vergleichen, so finden wir, dass 1 At. Natrium (Na) in die Stelle von 1 At. Wasserstoff (H) eingetreten und dieses Atom Wasserstoff ausgeschieden ist. Die Folge dieser Substitution ist Natriumhydrat (caustisches Natron). Wenn wir ein Stückchen Natriummetall auf kaltes Wasser werfen, so entwickelt sich auch in der That Wasserstoff. In der 4. Formel finden wir in Stelle des einen Atoms Wasserstoffs das hypothetische Radical der Salpetersäure eingetreten und in der 5. Formel das andere Wasserstoffatom durch Natrium (Na) ersetzt. Da diese Formeln den chemischen Vorgang nach den Grundsätzen der Typentheorie erklären, so nennt man sie **rationelle** Formeln. Diese Theorie macht sich auch Bilder, welche den gegenseitigen Zusammenhang der Atome einer Verbindung darstellen. Ein solches Bild nennt man eine **graphische** Formel, z. B. vom Wasser:

$$\frac{\text{H}}{\text{H}}\bigg|\,\text{O} \qquad\qquad \text{H}\,\big|\,\text{O}\,\big|\,\text{H} \qquad\qquad \frac{\text{H}}{\text{H}}\bigg|\,\text{O}$$

Die chemischen Zeichen der Elemente stehen mit den Symbolen der alten Chemiker in keiner Beziehung. Einige dieser alten Symbole, welchen man auf Recepten und in alten Schriften zuweilen begegnet, mögen hier einen Platz finden.

für Gold, *Aurum*

„ Platina (Weissgold)

„ Silber, *Argentum* (Luna)

„ Quecksilber, *Hydrargyrum* (Mercurius)

„ Kupfer, *Cuprum* (Venus)

„ Eisen, *Ferrum* (Mars)

„ Zink, *Zincum*, Spiauter

„ Wismuth, *Bismuthum*, Markasit

„ Zinn, *Stannum* (Jupiter)

„ Blei, *Plumbum* (Saturnus)

„ Alaun, *Alumen*

„ Antimon, *Stibium*

„ Grünspan, *Aerugo*, basisch essigsaures Kupferoxyd

„ Kalkerde, *Calcaria*

„ Magnesia

„ salpetersaures Kali, *Kali nitricum*

„ zweifach weinsaures Kali, *Tartarus*

„ kohlensaures Kali, *Kali carbonicum*

„ Wasser, *Aqua*

„ Säure, *Acidum*

„ Salz, *Sal*

„ Schwefel, *Sulfur*

„ Phosphor, *Phosphorus*

„ Schwefelsäure, *Acidum sulfuricum*

„ Phosphorsäure, *Acidum phosphoricum*

„ Salpetersäure, *Acidum nitricum*

für Salzsäure, *Acidum hydrochloricum*

„ Weinsäure, *Acidum tartaricum*

„ *Aqua fontāna*, Quellwasser

„ *Aqua pluviatīlis* s. *pluvialis*, Regenwasser

„ Königswasser, *Aqua regia*, ein Gemisch aus Chlorwasserstoffsäure und Salpetersäure

„ Sublimat, sublimiren

„ Präcipitat, praecipitiren

od. für Weingeist, *Spiritus Vini*

für Vitriol

„ destilliren.

„ Feuer

„ Krebs; *Lapides Cancrorum*

„ flüchtig

„ fix

„ *Balneum Mariae*, Wasserbad

„ *Balneum vaporum*, Dampfbad

„ *Balneum arenae*, Sandbad

„ Auflösungsmittel; *Menstruum*

„ Harn, *Urina*

od. für Krystalle, krystallisiren

für Glas, *Vitrum*

„ Pulver, *Pulvis*

„ ana, d. h. von jedem gleichviel.

Lection 34.

Chemische Theorien. Phlogistische, antiphlogistische und electrochemische
Theorie.

Seit den letzten hundert Jahren sind gegen 18 chemische
Theorien aufgestellt worden. Besonders regte die Annahme der
Atome oder die atomistische Theorie das Forschen der Chemiker
nach Hypothesen oder Theorien, welche den Vorgang bei der
chemischen Verbindung und die Constitution der chemischen Verbindungen erklären, an. Dieses Forschen ist denn auch ein recht
fruchtbares gewesen und hat gegen 14 Theorien zu Tage gebracht, von denen aber ungefähr 10 theils keine, theils nur eine
kurz dauernde Aufnahme durch die Chemiker fanden. Für den
Pharmaceuten haben nur diejenigen Theorien ein Interesse, welchen viele Jahre hindurch Geltung wurde und die daher in der
pharmaceutisch-chemischen Literatur am häufigsten angetroffen
werden. Diese ihrem Wesen nach zu kennen und zu verstehen,
ist dem Pharmaceuten unerlässlich. Möge er aber nicht in dem
blinden Wahne leben, dass die neueste Theorie der Wahrheit am
nächsten komme oder sie die allein richtige sei. Eine jede der
heute noch geläufigen Theorien hat ihre schwache Seiten, so dass
sie sich so ziemlich in demselben Niveau der Zuverlässigkeit befinden. Die Zweckmässigkeit einiger nach Seiten der praktischen
Chemie hin ist sogar eine sehr fragliche.

Als sich die Chemie mit Anfang des 18. Jahrhunderts von
den hemmenden Fesseln, in welchen sie von der Goldmacher-
kunst, der Alchemie, gehalten wurde, zu befreien suchte, trat
an ihre Jünger von selbst die Forderung heran, den Ursachen
der chemischen Verbindung und den Erscheinungen, von welchen der Akt der chemischen Verbindung begleitet ist, nachzu-
forschen und sie zu erklären. Da man zu jener Zeit bei den
chemischen Forschungen und Experimenten noch nicht die
Waage zu Rathe zog, so gründeten sich alle Erklärungen auch
nur auf Vermuthungen und Ansichten, welche von dem einen
Chemiker aufgestellt, von dem anderen wieder verworfen oder
verbessert wurden, dennoch wurde nichtsdestoweniger dadurch
die chemische Wissenschaft in ihrer Entwickelung gefördert.

Phlogistische Theorie.

Georg Ernst Stahl (geb. zu Anspach 1660, gest. 1734, Professor der Medicin in Halle, zuletzt königlicher Leibarzt in Berlin) fasste schärfer als die früheren Chemiker den Begriff von chemischen Elementen auf. Er nahm, um sich die Feuererscheinung, die Wärmeentwickelung beim Akte der chemischen Verbindung zu erklären, in jedem Körper einen Brennstoff an, den er Phlogiston nannte. Er behauptete, dieses Phlogiston entweiche bei der Verbrennung und durch die Entweichung des Phlogistons (Dephlogistisation) werde der Körper in seinen Eigenschaften verändert; nähme aber der dephlogistisirte Körper wiederum Phlogiston auf, so werde er auch wieder verbrennlich. Die Kohle betrachtete er als einen hervorragend mit Phlogiston gesättigten Körper, indem er voraussetzte, dass beim Verbrennen organischer Substanzen das Phlogiston ausnahmsweise grösstentheils in der Kohle zurückbleibe.

Folgende Beispiele werden uns genügend die *Stahl'*sche oder phlogistische Theorie erläutern.

Der Phosphor ist nach dieser Theorie eine von Phlogiston durchdrungene Substanz. Beim Verbrennen des Phosphors entweicht das Phlogiston daraus, und er wird zu Phosphorsäure.

Wenn Blei an der Luft geschmolzen und erhitzt wird, so verwandelt es sich nach *Stahl* in Bleikalk (Bleioxyd), weil das Phlogiston daraus entweicht.

Heute wissen wir, dass Phosphor und Blei unter den angegebenen Umständen sich mit dem Sauerstoff der Luft verbinden, und dass die aus einem Gemisch von Sauerstoff mit Stickstoff bestehende atmosphärische Luft dadurch die Fähigkeit verliert, die Verbrennung und das Athmen der Thiere zu unterhalten. *Stahl* meinte dagegen, das aus dem brennenden Körper entweichende Phlogiston trete in die Luft über, phlogistisire dieselbe, weshalb sie die Verbrennung nicht mehr unterhalten könne.

Wenn Bleikalk (Bleioxyd) mit Kohle eingeschmolzen wird, so tritt nach *Stahl's* Ansicht die Kohle ihr Phlogiston an den Bleikalk ab, und dieser wird durch die Verbindung mit dem Phlogiston wieder zu metallischem Blei. Heute wissen wir, dass die Kohle dem Bleioxyd den Sauerstoff entzieht, dass das Bleioxyd reducirt wird, während die Kohle mit dem Sauerstoff Kohlensäuregas oder Kohlenoxydgas bildet. Die alten Chemiker nannten die Oxyde der Schwermetalle Kalke, wegen ihrer erdigen Form.

Antiphlogistische Theorie.

Nur wenige, aber richtig erkannte Thatsachen und der Gebrauch der Waage bei den chemischen Experimenten genügten, die Unhaltbarkeit der *Stahl'*schen Theorie zu beweisen. Nachdem Lord *Cavendish* über die Zusammensetzung und Bildung des Wassers Aufklärung gegeben, *John Priestley* die Construction eines pneumatischen Apparats (zum Auffangen entwickelter Gasarten) gelehrt und das Sauerstoffgas, sowie andere Gasarten entdeckt hatte, eröffneten sich dem französischen Chemiker *Lavoisier*, welcher im Besitz einer guten chemischen Waage war, klarere Blicke in die Erscheinungen und Resultate des chemischen Processes. Im Jahre 1772 bewies dieser Chemiker durch Experimente, dass Phosphor und Schwefel, wenn sie zu Säuren verbrennen, dass die Metalle, wenn sie sich in Metallkalke verwandeln, an Gewicht zunehmen, und 1785 bekämpfte er öffentlich die bis daher geltende phlogistische Theorie. Er bewies, dass die Lebensluft (Sauerstoff) nicht nur das Athmen der Thiere und die Verbrennung unterhalte, sondern auch dass sie in Verbindung mit Phosphor, Schwefel, Kohle etc. Säuren erzeuge, dass der Verbrennungsprocess in einem Oxydationsprocess bestehe, dass also der verbrennende Körper sich mit Sauerstoff verbinde und dadurch an Gewicht zunehme. Er erkannte die Zersetzung des Wassers beim Auflösen des Zinks und des Eisens in einer verdünnten Säure, dass hierbei Wasserstoff gasförmig entweicht, der Sauerstoff des Wassers aber an das Metall tritt, dieses in Oxyd verwandelnd, welches sich als solches mit der Säure verbindet.

Lavoisier war es, welcher den Wärmestoff für unwägbar erklärte und eine freie und eine gebundene (latente) Wärme unterscheiden lehrte. Er betrachtete die Gase als aus festen oder flüssigen Körpern durch Verbindung mit Wärmestoff entstanden und folgerte hieraus, dass ein Körper, wenn er sich mit Sauerstoff zu einem festen Körper verbinde, der Sauerstoff in diesem Falle seinen gebundenen Wärmestoff freilasse, letzterer die gasige Natur des Sauerstoffs bedinge, und dass dieser freiwerdende Wärmestoff die Ursache der Erhitzung oder der Feuererscheinung bei der Verbrennung in dem chemischen Processe sein müsse. Diese Erfahrungen und Schlüsse sind die Grundlagen der *Lavoisier'*schen oder antiphlogistischen Theorie.

Wie neben jedem Fortschritt eine Reaction einherläuft, so konnte es auch dieser neuen Ansicht nicht an Gegnern fehlen. In Schrift und Wort suchten diese Gegner die Richtigkeit ihrer phlogistischen Theorie zu beweisen und oft nicht ohne Scharfsinn. Aber auch selbst die Behauptung, dass dem Phlogiston eine negative (!) Schwere beiwohne, konnte die *Lavoisier*'sche Ansicht nicht mehr niederwerfen.

Lavoisier nannte seine Theorie die pneumatisch-antiphlogistische, weil er auch die Gasarten und die Erklärung derselben in dieselbe hineingezogen hatte.

Electrochemische Theorie.

Die Ansicht *Lavoisier*'s, dass die Feuererscheinung oder Wärmeentwickelung während der chemischen Verbindung eines Körpers mit Sauerstoff zu einem festen Körper der Freiwerdung des latenten Wärmestoffs des Sauerstoffgases zuzuschreiben sei, fand später Widerlegung. Bei der Verbrennung der Kohle (des Diamants) im Sauerstoffgase beobachtete man nicht nur eine sehr grosse Wärmeentwickelung, sondern auch, dass das dadurch entstandene Kohlensäuregas genau denselben Raum einnahm, welchen das Sauerstoffgas vorher innehatte, dass der Sauerstoff also nicht verdichtet wurde. Als man sogar die specifische Wärme (vergl. S. 52) des Sauerstoffgases = 0,976 und diejenige des Kohlensäuregases bedeutend grösser und zwar = 1,258 fand, so ergab sich, dass das aus der Verbrennung der Kohle in Sauerstoff entstandene Kohlensäuregas noch Wärme aufgenommen hatte und deshalb während der Verbrennung eine Temperaturverminderung hätte stattfinden müssen. Aehnliches beobachtete man beim Verbrennen des Wasserstoffgases im Sauerstoffgase, durch welchen Process man bekanntlich die grösste Hitze erzeugt. Das aus dieser Verbrennung hervorgehende Wasser hat eine grössere specifische Wärme, als verhältnissmässig Wasserstoff und Sauerstoff zusammen.

Dergleichen Thatsachen und Berechnungen deuteten natürlich auf eine andere Quelle der im Gefolge des chemischen Processes auftretenden Wärme. Ueberdies hatte man auch bei anderen chemischen Processen, an welchen Sauerstoff gar nicht betheiligt war, Feuerscheinung oder grosse Wärmeentwickelung beobachtet, wie z. B. bei der Verbindung vieler Metalle mit Schwefel, beim Zusammentreffen gebrannter Magnesia mit concentrirter Schwefelsäure, beim Vermischen concentrirter Schwefelsäure mit Wasser, beim Löschen des Kalkes. Man beobachtete ferner, dass bei der chemischen Vereinigung zweier Körper die Wärmeentwickelung um so intensiver auftritt, je grösser die chemische Verwandtschaft beider Körper ist.

Seitdem die Contactelectricität (Galvanismus) in ihren Wirkungen und Erscheinungen bekannter wurde, fand man auch die Identität der Contactelectricität mit der chemischen Verwandtschaft, und in der Contactelectricität die Quelle der Wärmeentwickelung durch den chemischen Process. Diese Erkenntniss verdrängte die antiphlogistische Theorie und wurde zur Basis der **electrochemischen Theorie.**

Bemerkungen. Phlogistón, von dem griech. $\varphi\lambda o\gamma\iota\sigma\tau\acute{o}\nu$ (phlogiston), der Brennstoff, das Verbrannte; $\varphi\lambda o\gamma\acute{\iota}\zeta\omega$ (phlogízo), ich setze in Brand. — Antiphlogistisch; $\dot{\alpha}\nu\tau\acute{\iota}$ (anti), gegen. — *Lord Cavendish* (spr. lahrd käwwndisch), ein englischer Chemiker und Physiker, machte seine vorzüglichsten chemischen Entdeckungen am Ende des verflossenen Jahrhunderts. Geb., 1735, gest. 1810. — *John Priestley* (spr. dschonn prihsstli), ein englischer Chemiker und Physiker, starb 1804 in Amerika. — Pneumátisch, von dem griech. $\pi\nu\varepsilon\tilde{v}\mu\alpha$ (pneuma), Luft; $\pi\nu\varepsilon\nu\mu\alpha\tau\iota\varkappa\acute{o}\varsigma$, $\acute{\eta}$, $\acute{o}\nu$, (pneumatikos, ae, on), zum Winde, zur Luft gehörig. — *Lavoisier* (spr. lawoasiéh), ein Franzose, geb. 1743, zeichnete sich als Staatsmann, Finanzmann und als Gelehrter aus. Der Akademie der Wissenschaften zu Paris gehörte er schon seit seinem 25. Lebensjahre an. Obgleich er seinen vielen Aemtern mit Gewissenhaftigkeit vorstand und er in seinen chemischen Arbeiten unermüdlich war, musste die Akademie 1777 bekennen: „In diesem Jahre hat Herr *Lavoisier* so viele Arbeiten eingereicht, dass es unmöglich war, sie alle zu drucken." Viele französische Chemiker waren aus Neid seine Gegner. Die französische Revolution war ausgebrochen. Am 9. August 1789 wurde auf Betrieb des Chemikers *Guyton-Morveau* ein mit Pulver beladenes Schiff auf der Seine mit Beschlag belegt. *Lavoisier* als Chef der Pulvermühlen kam in den Verdacht, die Ladung Pulver für den König bestimmt zu haben, und das Volk forderte den Kopf des Verräthers. Mit Mühe nur vermochte *Lafayette* den Sturm zu beschwören und *Lavoisier* zu retten. Nach der Hinrichtung *Ludwig's XVI.* legte *Lavoisier* alle seine Staatsämter nieder, was sein Unglück jedoch beschleunigte, denn dadurch kam der Convent in Verlegenheit. Am 1. Mai 1794 nach Schluss der täglichen Sitzung der Jacobiner beriethen die Häupter der Bergpartei über neue Schlachtopfer, welche vor das Tribunal geladen werden sollten. Auch *Lavoisier's* Name stand auf der Liste. Bei Lesung des Namens rief *Lebas*: „aber Frankreich beraubt sich des grössten Chemikers!" Wüthend entriss ihm *Robespierre* die Liste und richtete an *Fourcroy*, einen Nebenbuhler *Lavoisier's*, die Frage; „ob er sich getraue, *Lavoisier's* Stelle auszufüllen? Die Republik sei in Gefahr, man bedürfe des Pulvers und der Geschütze. Bis dahin habe nichts gefehlt." Der Gefragte erwiderte: „Ich hafte mit meinem Kopf dafür, Euch binnen weniger Monate alles zu beschaffen, was die Republik bedarf." *Fourcroy* stellte nun schriftlich auf, dass *Lavoisier* Aristokrat und entbehrlich sei.

Der unglückliche *Lavoisier* flüchtete in ein abgelegenes Zimmer des Secretariats der Akademie der Wissenschaften, des Schauplatzes seiner ruhmvollen Wirksamkeit; jedoch sein Edelmuth trieb ihn aus dem Versteck heraus, als er vernahm, dass seine sämmtlichen Kollegen, die General-pächter, dem Beile verfallen seien. Freiwillig stellte er sich dem Tribunal, welches Nichts von dem Ruhme des Gefeierten wissen wollte. Er galt diesem nicht einmal als *Lavoisier*, und man rief ihn nur als Generalpächter No. 5 auf. Die elendesten Verdächtigungen überlieferten den ersten Mann seines Jahrhunderts dem Beile des Henkers; am 8. Mai (1794) verliess er den Kerker, nm das Blutgerüst zu besteigen (W. Baer's Chemie des prakt. Lebens).

Lection 35.

Electrochemische Theorie (Fortsetzung).

Die chemische Anziehung hat nach *Davy*'s Ansicht und wie in der vorhergehenden Lection angegeben ist, ihren Grund darin, dass zwischen zwei Körpern, welche ein Verbindungsbestreben zu einander haben, ein entgegengesetztes electrisches Verhalten obwaltet, welches in dem Augenblicke der stattfindenden Verbindung zur Ausgleichung gelangt, dass chemische Anziehung und Contactelectricität eine und dieselbe Kraft sind und dass diese Contactelectricität zugleich ein Maass für die Affinität der verschiedenen Körper bedingt.

Bei jeder chemischen Verbindung und Zersetzung zeigen sich electrische Erscheinungen, und die dabei stattfindende Entwickelung von Wärme oder Feuer ist der Ausgleichung der entgegengesetzten Electricitäten zuzuschreiben. Die Feuererscheinung findet hier auf dieselbe Weise statt, wie bei der Entladung der electrischen Flasche und der electrischen Säule.

Wird das eine Ende des electromagnetischen Multiplicators mit einem flüssigen Alkali, das andere mit einer flüssigen Säure in Verbindung gesetzt, dann die Säure mit dem Alkali in Berührung gebracht, so tritt alsbald eine electrische Strömung ein, die mit dem Augenblicke aufhört, wenn die chemische Anziehung zwischen Alkali und Säure befriedigt ist.

Wenn man zwei verschiedene Metalle in gegenseitige Berührung bringt, wird auch eine electrische Spannung erregt, Electricität entwickelt. Die Anhäufung der entgegengesetzten Electricitäten in beiden Metallen ist um so grösser, je mehr diese sich durch chemisches Verhalten von einander unterscheiden. Daher entwickeln ein leicht oxydirbares Metall (Zinn, Blei) und ein schwierig oxydirbares Metall (Silber, Platin, Gold) durch Berührung die meiste Electricität. Die Art und Stärke der electrischen Spannung ist von der Verschiedenheit der sich berührenden Metalle abhängig. Kupfer in Contact mit Zink ist negativ electrisch, in Contact mit Platin dagegen positiv electrisch. Zink in Contact mit Platin wird stärker electrisch als in Contact mit Kupfer.

Die Körper, mittelst welcher man in dieser Art electrische Erscheinungen hervorruft, nennt man Electricitätserreger, Electromotoren. Solche sind Zink, Silber, Kupfer, Kohle.

Setzt man zwei Electromotoren, z. B. Zink und Kupfer, mittelst eines electricitätleitenden Zwischenkörpers, eines sogenannten Electromotoren zweiten Ranges, z. B. Wasser, Kochsalzlösung, Salmiaklösung, verdünnte Säuren, in Verbindung, so entsteht die einfache galvanische Kette. Diese heisst geschlossen, wenn beide Metalle mit einem Leiter, z. B. durch einen Metalldraht (Platindraht, Silberdraht, Messingdraht), verbunden sind.

Wird ein Kupferblechstreifen K und ein Zinkblechstreifen Z in eine Chlorammoniumlösung oder besser in eine verdünnte Schwefelsäure (1 Säure und 15 Wasser) in der Art gestellt, dass sie sich nicht berühren, so macht sich keine Veränderung bemerkbar, werden aber beide Metalle durch einen Metalldraht d in Verbindung gesetzt (wie nachstehendes Bild angiebt), so erfolgt eine Zersetzung des Wassers, dessen Wasserstoff sich am Kupfer in Bläschen ansammelt und aufwärts steigt und dessen

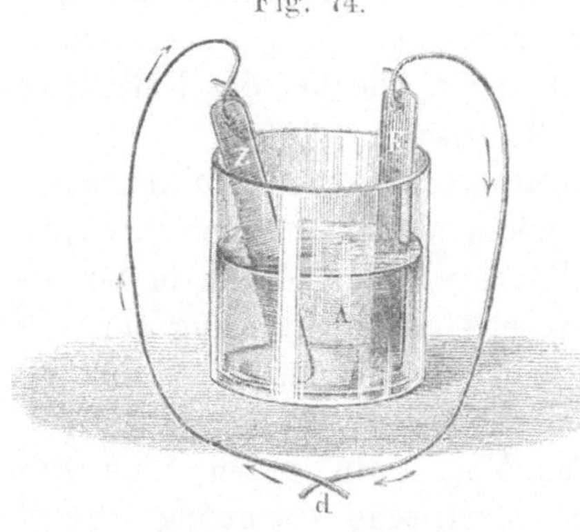

Fig. 74.

Sauerstoff am Zink frei wird. Da Zink zu den leicht oxydirbaren Metallen gehört, so verbindet sich der freiwerdende Sauerstoff mit dem Zink zu Zinkoxyd, der Sauerstoff entweicht also nicht in Gasform. Hat man zu diesem Experiment keinen Platin- oder Silberdraht, so ersetzt ihn auch ein Messingdraht. Statt des Kupferbleches kann auch ein silberner Löffel genommen werden. Die Metalldrähte, welche an den Electromotoren befestigt sind, werden Schliessungsdrähte genannt.

Die positive Electricität der Flüssigkeit strömt stets über das Kupfer zum Zink, wie dies durch Pfeile in der Fig. 74 angegeben ist. Die negative Electricität strömt in entgegengesetzter Richtung. Unter galvanischem Strom versteht man immer den positiven.

Das vorstehende Experiment kann man in abgekürzter Form wiederholen, wenn man in einem Glase (Probircylinder) einen Zinkstab Z mit einer so stark verdünnten Säure übergiesst, dass diese ohne alle Einwirkung auf das Zink ist, z. B. ein Gemisch aus 1 Th. Schwefelsäure mit 20 Th. Wasser. Uebergiesst man im Uebrigen chemisch reines Zink auch mit einer weniger verdünnten Säure, so trifft es sich, dass im Anfange jede Reaction ausbleibt. Sobald man aber den Zinkstab unter dem Niveau der Flüssigkeit mit einem Platindraht berührt, so tritt sofort die Wasserzersetzung ein und Wasserstoffgas steigt in einem Bläschenstrome von der Oberfläche des Platindrahtes auf. Der Platindraht bleibt hierbei unverändert. Legt man in dieselbe verdünnte Säure eine blanke Kupfermünze und berührt sie mit dem Zinkstabe, so bedeckt sie sich langsam mit Wasserstoffgasbläschen, die allmählich aufwärts steigen. Der electrische Strom ist also zwischen Zink und Platin grösser; als zwischen Zink und Kupfer.

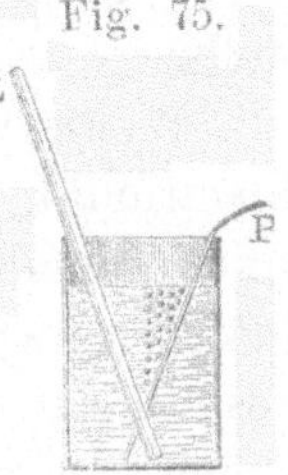

Ein interessantes Experiment und ein Beispiel der Zersetzung eines Haloïdsalzes durch den galvanischen Strom lässt sich mit demselben Apparat, wie er in Fig. 76 angegeben ist, ausführen. Man nimmt eine Glasscheibe, legt sie neben dem

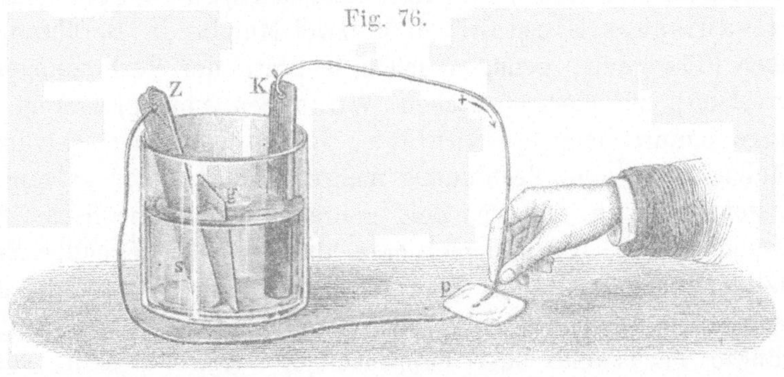

Apparat auf den Tisch, auf die Glasscheibe einen Silberthaler und unter den Silberthaler schiebt man den vom Zink kommenden Schliessungsdraht. Auf den Silberthaler legt man ein Stückchen Fliesspapier, welches mit Jodkaliumlösung getränkt und noch feucht ist. Wenn man nun mit dem Ende des vom Kupfer kommenden Schliessungsdrahtes auf dem weissen Papier Striche zieht, so treten dieselben sofort braun hervor. Jodkalium wird hierbei zersetzt, und das freigemachte Jod ist die Ursache der braunen Farbe der Striche. Der galvanische Strom geht bei der Berührung des Papiers mit dem Schliessungsdraht vom Kupfer durch das feuchte Papier und das Silber zum Zink über. Damit in dem Gefäss A sich die beiden Metalle nicht berühren, ist ein Glastäfelchen (g) dazwischen gestellt.

Wenn zwei verschiedene Metalle sich berühren, so wird Electricität erregt, dasselbe geschieht auch durch Berührung eines Metalls mit einer oder mit zwei Flüssigkeiten (Electromotoren zweiten Ranges). Folgender Versuch wird das letztere bestätigen. In ein längliches Opodeldokglas oder ein weites Probirglas giebt man eine Schicht einer concentrirten Lösung des Zinnchlorürs (*Stannum chloratum*) in Wasser, welches mit mehreren Tropfen Chlorwasserstoffsäure sauer gemacht ist, dann eine Schicht reines Wasser, so dass das Wasser auf der Zinnchlorürlösung schwimmt. Stellt man nun einen Zinnstab hinein, so löst sich in der unteren Flüssigkeit Zinn auf unter Zerlegung des gelösten Zinnchlorürs. Das hierbei ausgeschiedene Zinn sammelt sich nun an dem Zinnstabe an der Stelle, wo sich die beiden Flüssigkeitsschichten berühren, in Gestalt glänzender krystallinischer Nadeln.

Die Zersetzung der Verbindungen durch Contactelectricität nennt man Electrolyse. Eine galvanische Kette oder ein galvanisches Element, d. h. zwei Metalle in Berührung mit einer Flüssigkeit, genügen schon mehrere der Verbindungen zu zersetzen; zu electrolytischen Wirkungen von grösserem Umfange benutzt man galvanische Batterien oder galvanische Säulen, d. h. eine Verbindung mehrerer oder vieler galvanischer Ketten. Die in früherer Zeit gebräuchliche galvanische Säule besteht aus 50, 100 und mehreren übereinander liegenden Metallplattenpaaren, z. B. aus Zink (z) und Kupfer (k), welche durch dazwischen liegende, mit salziger oder saurer Flüssigkeit getränkte Tuchstücke oder Pappscheiben t getrennt sind, oder in jetziger Zeit aus einer Uebereinanderschichtung von Zink, Tuch, Kupfer, Tuch, Zink, Tuch, Kupfer etc. Diese Säule wird durch

einige Glasröhren (*S*), welche durch zwei hölzerne Scheiben (*hh*)
gehen, aufrecht gehalten und durch zwei Glasscheiben (*gg*) isolirt.

Die Endplatten sind die Pole, hier
Zinkpol und Kupferpol. Ersterer ist
der positive (+), letzterer der negative
(—). An jedem Pole befindet sich ein
Platindraht, die Poldrähte (*dd*). Werden beide Schliessungsdrähte in gegen-
seitigem Contact gehalten oder mit einander verbunden, so ist die Säule geschlossen. In diesem Zustande zeigt sie
nach Aussen keine freie Electricität, sie
wirkt dann aber chemisch. Es findet
hierbei ein beständiges Strömen der
entgegengesetzten Electricitäten durch
die verbundenen Poldrähte statt, wobei
Wärme frei wird, welche sich bis zum
Glühen, ja selbst bis zum Schmelzen
der Drähte steigern kann. Berührt man

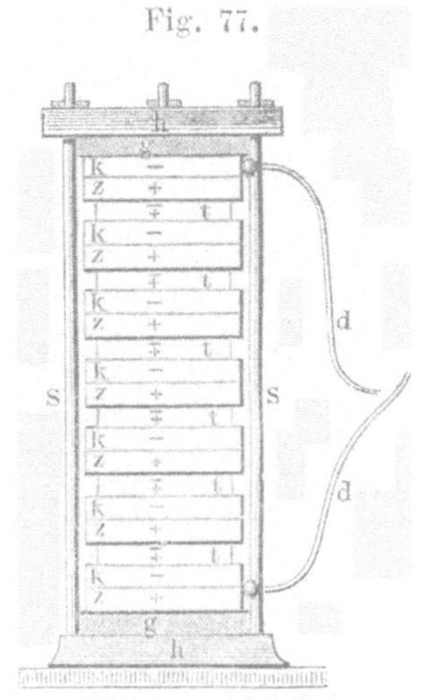

an der nicht geschlossenen Säule den einen Poldraht mit dem
anderen, so zeigen sich Lichterscheinungen, wenn die Stärke der
Säule genügend ist. Berührt man den positiven Pol (Poldraht)
mit der Zunge, den anderen mit der Hand, so empfindet man
einen säuerlichen, und wechselt man die Pole, so empfindet man
einen alkalischen Geschmack. Der positive Poldraht färbt Lackmustinktur roth, der negative die geröthete wieder blau.

Bringt man die beiden Poldrähte in ein Gefäss mit Wasser in der Art, dass ihre Enden in nicht zu grosser Entfernung von einander abstehen, so wird am Ende des negativen Poles Wasserstoff, am Ende des positiven aber Sauerstoff entwickelt. Wäre der Leitungsdraht von leicht oxydirbarem
Metalle, z. B. Kupfer, so entwickelt sich natürlich kein Sauerstoff, denn dieser oxydirt den Kupferdraht. Je grösser die Oberfläche des Metalls ist, welche mit dem zu zersetzenden Wasser
in Berührung kommt, desto rapider ist die Gasentwickelung in
Folge der Wasserzersetzung. Setzt man zum Wasser einige
Tropfen einer Säure, so ist auch das Leitungsvermögen gesteigert, und die Gasentwickelung wird lebhafter. Stets wird
bei dieser Zersetzung des Wassers in ein und derselben Zeit
dem Volum nach doppelt so viel Wasserstoff als Sauerstoff entwickelt, ein Beweis, dass die Gasentwickelung in demselben

Maasse vorschreitet, als Wasser zersetzt wird. Bekanntlich ergiebt die Verbindung von 1 Maass Sauerstoffgas mit 2 Maass Wasserstoffgas Wasser.

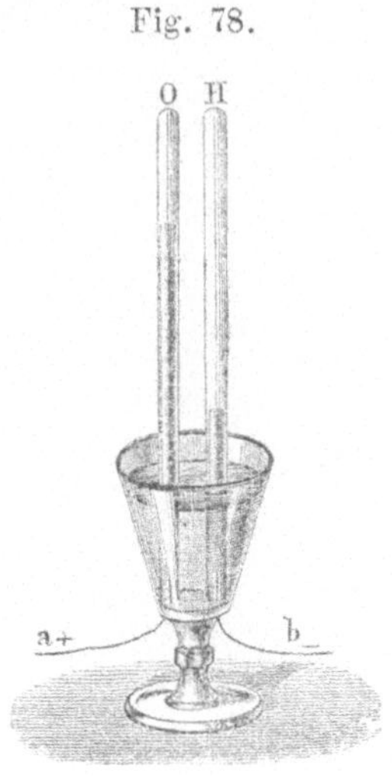

Fig. 78.

Der Vorgang der Wasserzersetzung lässt sich in folgender Weise erklären und veranschaulichen. Befindet sich Wasser zwischen den Polen a und b einer galvanischen Kette, so wirkt der positive (+) Pol auf das zunächst liegende Wasseratom 1 in der Art, dass der negative Bestandtheil, also der Sauerstoff (O), angezogen und dadurch der positive Antheil, der Wasserstoff (H), abgestossen wird. Dieser freigewordene Wasserstoff verbindet sich mit dem Sauerstoff des nächstliegenden Wasseratoms 2, dessen freiwerdender Wasserstoff den Sauerstoff des nächstfolgenden Wasseratoms bindet u. s. f., bis der Wasserstoff des am negativen Pole zunächst liegenden Wasseratoms von dem negativen (—) Pole angezogen an diesem entweicht. Man kann sich dieselbe Einwirkung in umgekehrter Ordnung vom negativen Pole aus denken, dass sich also die Wirkungen beider Pole einander entgegen kommen.

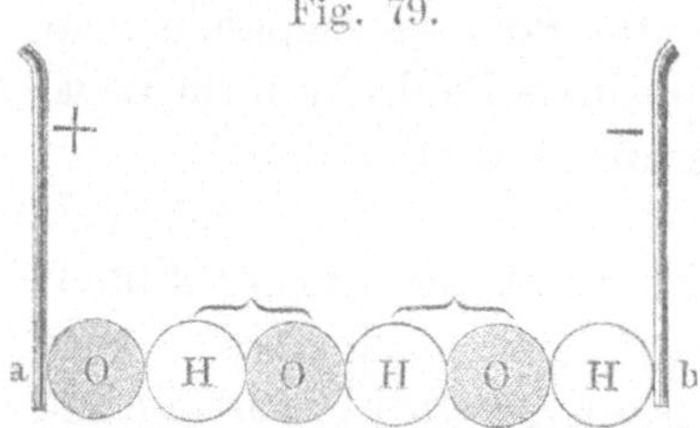

Fig. 79.

Andere Oxyde werden in gleicher Art zerlegt; der Sauerstoff wird am positiven, das Metall oder die Base am negativen Pole ausgeschieden. Auf ein Platinblech, welches mit dem positiven Pole verbunden ist, wird das Metalloxyd trocken oder mit wenigem Wasser angefeuchtet gestreut und dann mit dem negativen Polende in Berührung gebracht. Am letzteren erscheint dann das Metall. Leitet man die Drähte in eine Auflösung des schwefelsauren Kalis, so sammelt sich am positiven Pole freie Schwefelsäure, am negativen Pole freies Kali.

Wollte man Plattenpaare von Gold und Platin mit der sehr gut leitenden Salpetersäure verbinden, so entsteht kein electrischer Strom, weil weder das eine noch das andere dieser Metalle in Salpetersäure auflöslich ist, sobald aber etwas Chlorwasserstoffsäure zugesetzt würde, welche mit Salpetersäure (als Königswasser) beide Metalle aufzulösen vermag, so würde der electrische Strom auch sogleich eintreten, welcher aber auch wieder aufhört, sobald das Auflösungsbestreben des Königswassers gesättigt ist. Die Electromotoren, einer oder der andere oder beide, müssen sich also chemisch verändern, müssen durch chemische Anziehung thätig sein, um den electrischen Strom zu erzeugen. Eisen zersetzt eine schwefelsaure Kupferoxydlösung, Kupfermetall ausscheidend, weil Eisen als Eisenoxydul eine grössere Verwandtschaft zur Schwefelsäure hat als das Kupferoxyd, oder weil Eisen positiv electrischer ist als Kupfer. Wird das Eisen negativelectrisch gemacht, was geschieht, wenn man es kurze Zeit hindurch in concentrirte Salpetersäure legt, so vermag es nicht das Kupfer aus der Auflösung abzuscheiden, es erlangt aber diese Eigenschaft mit dem Augenblicke, in welchem es mit einem Eisendraht berührt wird.

Aus dem bis hierher Vorgetragenen folgt, dass die Berührungselectricität und die chemische Verwandtschaft aus derselben Quelle fliessen, oder dass sie eine und dieselbe Kraft sind, denn es ist ein alter Erfahrungssatz, dass gleiche Ursachen auch gleiche Wirkungen haben.

Eine chemische Verbindung zweier Körper ist somit nur möglich, wenn ein electrischer Gegensatz zwischen ihnen vorhanden ist, wenn der eine positive, der andere negative Electricität äussert.

Berzelius nahm (1819) die von *Davy* (1812) aufgestellte electrochemische Theorie auf, jedoch mit der Modification, dass die Electricität der Körper nicht Folge des Contactes derselben sei, sondern als eine der Materie zugehörige Eigenschaft angesehen werden müsse, dass jedes Atom zwei Pole habe, einen positivelectrischen und einen negativelectrischen, dass ein Körper positiv electrisch sei, wenn die positive Electricität, und negativ electrisch, wenn die negative Electricität vorwalte, dass sich die Atome zweier sich verbindender Körper mit ihren Polen von entgegengesetzter Electricität unter Ausgleichung derselben aneinanderlegen und diese Ausgleichung die Ursache der Wärme- und Lichterscheinungen sei.

Wegen des Vorhandenseins beider Electricitäten in den Körpern und wegen des Vorwaltens der einen Electricität vor der anderen lassen sich die Körper nicht in absolut positivelectrische und negativelectrische eintheilen, sie lassen sich nur nach ihrem gegenseitigen electrischen Verhalten in eine Reihe, electrische Spannungsreihe, setzen, welche mit dem absolut negativ-electrischen Sauerstoff beginnt und in welcher jeder Körper im Allgemeinen sich positivelectrisch zu den vorhergehenden verhält, z. B.

1. Sauerstoff	10. Chrom	19. Silber	28. Zink
2. Schwefel	11. Bor	20. Kupfer	29. Mangan
3. Stickstoff	12. Kohlenstoff	21. Wismuth	30. Aluminium
4. Fluor	13. Antimon	22. Zinn	31. Magnesium
5. Chlor	14. Kiesel	23. Blei	32. Calcium
6. Brom	15. Wasserstoff	24. Cadmium	33. Strontium
7. Jod	16. Gold	25. Cobalt	34. Baryum
8. Phosphor	17. Platin	26. Nickel	35. Natrium
9. Arsen	18. Quecksilber	27. Eisen	36. Kalium.

Nur das Verhalten chemischer Verbindungen im electrischen Strome lässt die Stellung der Bestandtheile unter sich bezüglich der Stärke ihrer chemischen Affinität erkennen. Ein Körper kann zweien anderen gegenüber sich gegen den einen positiv, gegen den anderen negativ verhalten. Schwefel ist z. B. negativ gegen Kalium, dagegen positiv gegen Chlor. Dies letztere Beispiel stimmt nicht mit der vorstehenden electrischen Reihe .der Elemente und zeigt, wie diese Reihe genügend Positives nicht darbietet.

Der aus einer Verbindung am negativen Pole abgeschiedene, also der positive Körper ist stets der basische oder der metallische Theil der Verbindung; der am positiven Pole abgeschiedene, also der negative, vertritt die Stelle, welche z. B. eine Säure in einem Salze einnimmt. Nennen wir beispielsweise den positiven Bestandtheil Base, den negativen Säure, so ist im schwefelsauren Kali (KO, SO^3) das Kaliumoxyd die Base, die Schwefelsäure die Säure, im Kalkhydrat (CaO, HO) das Calciumoxyd die Base, das Wasser der Stellvertreter der Säure, dagegen in dem Schwefelsäurehydrat (HO, SO^3 oder SO^3, HO) das Wasser die Base; im Wasser (HO) ist der Wasserstoff die Base, der Sauerstoff der Stellvertreter der Säure, im Chlorwasserstoff (HCl) der Wasserstoff die Base, das Chlor der Stellvertreter der Säure.

Die Ansicht, dass eine chemische Verbindung nur aus der Vereinigung zweier Körper, von welchen der eine die Stelle der Base, der andere die Stelle der Säure ausfüllt, hervorgehen könne, ist die Grundlage der dualistischen Theorie oder Binärtheorie, welche gleichsam als ein Hauptzweig der electrochemischen Theorie *Berzelius* angesehen werden muss. Diese Binärtheorie hat bis heute Geltung gehabt, wenigstens haben mehrere hervorragende Chemiker sie ihrer praktischen Zweckmässigkeit wegen noch nicht fallen lassen.

Die Kenntniss von dem Verhalten der Körper als Base und Säure hat insofern Wichtigkeit, weil bei der Aufstellung der chemischen Formeln dem basischen oder metallischen Theile der Verbindung stets der erste Platz eingeräumt wird. Man schreibt also nicht SO^3, KO, sondern KO, SO^3, nicht OH, sondern HO, nicht ClH, sondern HCl, nicht OCa, sondern CaO. Bei den Säurehydraten nimmt man diese Ordnung jedoch nicht so genau. Man schreibt z. B. SO^3,HO.

Bemerkungen. Electromótor, im Plural Electromotóre, Electricitätsbeweger, von dem griech. $\mathring{\eta}\lambda\varepsilon\varkappa\tau\varrho o\nu$ (ēlectron), Bernstein, und dem lat. *mōtŏr*, Gen. *motōris*, der Beweger. — Electrolýse, electrolýtisch, von dem griech. $\mathring{\eta}\lambda\varepsilon\varkappa\tau\varrho o\nu$ und $\lambda\acute{\upsilon}\omega$ (lyo), ich löse auf, binde los; $\mathring{\eta}$ $\lambda\acute{\upsilon}\sigma\iota\varsigma$ (hē lysis), die Auflösung. — *Faraday* (spr. farrädeh), ein englischer Physiker, nannte die Zersetzung durch Contactelectricität Electrolyse; den durch den galvanischen Strom zerlegbaren Körper Electrolýt; die Stellen, wo der galvanische Strom aus- und eintritt, die Pole, Electroden (von dem griech. $\mathring{\eta}$ $\mathring{o}\delta\acute{o}\varsigma$ [hē hodos], der Weg), die positive Electrode oder das Ende des positiven Poles Anode (von dem griech. $\mathring{a}\nu\acute{a}$ [aná], auf, hinauf, und $\mathring{o}\delta\acute{o}\varsigma$, Weg), die negative Electrode dagegen Kathode (von dem griech. $\varkappa\alpha\tau\acute{a}$ [katá], herab, hernieder, und $\mathring{o}\delta\acute{o}\varsigma$, Weg). Latein. *electrŏdus, anŏdus, cathŏdus*, sämmtlich Feminina. Das an der Anode Abgeschiedene nannte *Faraday* Anion, das an der Kathode Abgeschiedene Kation. — Das electrolytische Gesetz *Faraday*'s besagt, dass der galvanische Strom von einer gewissen Stärke in einer und derselben Zeitdauer die Verbindungen in einem äquivalentaren Verhältnisse zu einander zersetze, dass z. B. 9 Th. Wasser, 36,5 Th. Chlorwasserstoff, 47 Th. Kaliumoxyd von einem gleichen Strome und in derselben Zeit in ihre Bestandtheile zerlegt werden.

Fig. 80.

Fig. 81.

Um von der Wirkung des galvanischen Stromes eine Vorstellung zu gewinnen, versuche man folgendes leicht auszuführendes Experiment. Ein von seinem Boden befreites Glas oder ein offener Glascylinder wird an dem einen Ende mit feuchter Blase geschlossen und mit einem dreizinkigen Drahtreif umlegt (Fig. 80), welchen man mit Siegellack an dem Glase befestigt. Dann nimmt man einen dicken Metallstreifen, dargestellt durch Löthung aus circa 10 Centim. langem Zinkblech und circa 30 Centim. langem Kupferblech. Diesen Metallstreifen (Fig. 81) biegt man in der Weise,

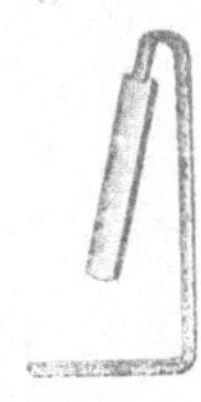

dass der Zinkstreifen sich gegen den horizontalen Schenkel des Kupferstreifens wie ein Haken abwärts neigt. Auf den horizontalen Theil des
Kupferstreifens (unter die Blase) legt man eine (nicht gangbare!) Münze,
von dessen Gepräge man einen Kupferabdruck
haben will, reibt das Gepräge mit Baumöl ein,
wischt es dann mit Fliesspapier ab, bedeckt aber
die Seite oder Stellen der Münze, an welche sich
kein Kupfer ansetzen soll, mit Wachs oder Talg.
Den Blechstreifen hängt man nun an den mit
Blase geschlossenen Cylinder, welcher zu $3/4$ mit
einem Gemisch aus 1 Th. conc. Schwefelsäure
und 16 Th. Wasser angefüllt ist, und stellt den
Cylinder in ein Glasgefäss, welches eine möglichst gesättigte Kupfervitriollösung und einige
Kupfervitriolkrystalle enthält (Fig. 82). Der so
vorgerichtete Apparat wird bei Seite gestellt.

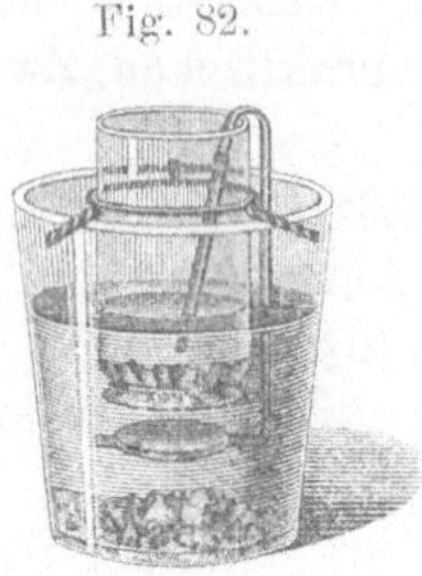

Nach mehreren Tagen ist die Münze (Electrode) mit einer Kupferschicht
belegt, welche einen vertieften Abdruck des Gepräges der Münze darstellt
und als Form zur Darstellung eines erhabenen Abdruckes auf dieselbe
Weise dienen kann. Ist die Schwefelsäure im Cylinder mit Zink gesättigt,
so ersetzt man sie durch eine neue Portion. Dieses Experiment liefert ein
praktisches Beispiel der Galvanoplastik. Statt der Münze kann auch
als Matrize ein Wachs-, Stearin-, Gyps-, Guttapercha-Abdruck eines Gepräges genommen werden, nur muss die Fläche, welche den galvanoplastischen Abdruck liefern soll, leitend gemacht sein, was man erreicht,
wenn sie mittelst eines Pinsels mit präparirtem Graphit, Silberpulver etc.
bestrichen wird. Die Erklärung des Vorganges wäre folgende: Der Kupfervitriol oder schwefelsaures Kupferoxyd wird in Schwefelsäure und Kupferoxyd, das Wasser in Sauerstoff und Wasserstoff zerlegt. Der Sauerstoff tritt
an der Anode (Zink) aus, ebenso die Schwefelsäure und es entsteht hier
schwefelsaures Zinkoxyd. Der Wasserstoff geht, so wie das Kupferoxyd,
an die Kathode, verbindet sich mit dem Sauerstoff desselben zu Wasser,
und Kupfer scheidet metallisch aus. Ist der galvanische Strom gemässigt
und schwach, so scheidet das Kupfer cohärent, bei heftigem Strome (bei
starker Wasserstoffentwickelung) als braunes Pulver aus. Zink, Zinn, Eisen
dürfen zur Matrize nicht genommen werden, denn diese Metalle wirken auf
die Kupfervitriollösung zersetzend oder werden vielmehr von der Kupfervitriollösung angegriffen. Wäre die metallene Matrize nicht mit Baumöl
abgerieben, so würde der Kupferbeschlag nicht davon zu trennen sein. —
Humphry Davy (spr. hömmfri dehwi), geb. 1778, gest. 1829 in Genf, war
Professor der Chemie an der Royal Institution in London.

Lection 36.

Chemische Verbindungen und ihre Nomenclatur nach der dualistischen Theorie.

Ein zusammengesetzter Körper kann aus der chemischen
Vereinigung sowohl zweier und mehrerer einfacher Körper,

als auch zweier und mehrerer zusammengesetzter Körper hervorgehen, und wird durch einen Namen bezeichnet. Chlornatrium (NaCl) ist der Name für die Verbindung von Natrium mit Chlor, Quecksilberchlorür (Hg^2Cl) der Name für die Verbindung von 2 Aeq. Quecksilber mit 1 Aeq Chlor, Quecksilberchlorid (HgCl) der Name der Verbindung von 1 Aeq. Quecksilber mit 1 Aeq. Chlor, schwefelsaures Kaliumoxyd (KO, SO^3) der Name der Verbindung von 1 Aeq. Kaliumoxyd mit 1 Aeq. Schwefelsäure.

Viele der Verbindungen haben oft mehrere Namen, welche sie erhielten je nach den Umständen, unter denen man sie entdeckte, oder entsprechend ihren Eigenschaften, oder auch nach den Grundsätzen der verschiedenen Ansichten über die Constitution chemischer Verbindungen. Kochsalz ist z. B. der empirische Namen für Chlornatrium, Calomel der empirische Namen für Quecksilberchlorür, Sublimat ein gleicher für Quecksilberchlorid, Doppelsalz ein gleicher für das schwefelsaure Kaliumoxyd. Chlornatrium, Quecksilberchlorür etc. sind Benennungen, welche man mit rationell bezeichnet, d. h. den Grundsätzen eines chemischen Systems entsprechend. *Hydrargyrum chloratum mite* ist theils eine rationelle, theils eine empirische Benennung des Calomels, letztere wegen des *mite*. Aehnlich steht es mit dem *Hydrargyrum bichloratum corrosivum*, in welcher Benennung *corrosivum* der empirische Theil ist. Beide Substanzen sind Verbindungen des Quecksilbers mit Chlor, die erstere ist aber in ihrer Wirkung auf den lebenden thierischen Organismus mild (*mite*), letztere giftig und ätzend (*corrosivum*). Man hat in der Pharmacie die empirischen Bezeichnungen zur Verhütung von Verwechselungen beibehalten.

Zusammengesetzte Körper, welche in chemischer Hinsicht ein den Elementen gleiches Verhalten zeigen und wie diese analoge Verbindungen einzugehen vermögen, nennt man zusammengesetzte Radicale, zum Unterschiede von den einfachen Stoffen, den Elementen, den einfachen Radicalen. Das Aethyl (C^4H^5) ist z. B. eine Verbindung von Kohlenstoff mit Wasserstoff, welche wie Kalium, Natrium u. a. mit Sauerstoff, Chlor, Jod etc. Verbindungen eingeht. Aethyloxyd oder Aether (C^4H^5O), Chloraethyl (C^4H^5Cl) sind Verbindungen, welche dem Natriumoxyd (NaO) und dem Chlornatrium (NaCl) analog constituirt sind.

Die chemischen Verbindungen werden zunächst in zwei grosse Abtheilungen geschichtet, nämlich in organische und anorganische. Zu den organischen rechnet man diejenigen, welche Erzeugnisse des Lebensprocesses der Thiere und Pflanzen sind, oder welche sich aus solchen Erzeugnissen auf künstlichem Wege darstellen lassen, z. B. Chinin, Aether, Stärkemehl, Benzoësäure, Oxalsäure, Essigsäure, Cyan. Die constituirenden Elemente dieser Abtheilung sind vorzugsweise Kohlenstoff (C), Wasserstoff (H), Sauerstoff (O) und Stickstoff (N).

Die Schichtung in organische und anorganische Verbindungen ist übrigens nicht scharf begrenzt, denn theils gehen organische Körper mit anorganischen Verbindungen ein, theils giebt es Körper der organischen Natur, welche sich aus anorganischen Verbindungen erzeugen lassen, wie z. B. der Harnstoff.

Die anorganischen Verbindungen sind als Erzeugnisse der leblosen Natur zu betrachten und können fast sämmtlich aus den Elementen, welche ihre Zusammensetzung ausmachen, künstlich dargestellt werden.

Es sind verschiedene Ansichten über die Constitution der Verbindungen oder die Gruppirung der Elemente in den Verbindungen aufgestellt worden. Nach der in der vorhergehenden Lection besprochenen electrochemischen Theorie ist zur Entstehung einer chemischen Verbindung ein electrischer Gegensatz nothwendig, es müssen also in jeder Verbindung auch zwei Theile als vorhanden angenommen werden, entweder zwei Elemente oder zwei zusammengesetzte Körper, und hierauf ist die dualistische Theorie begründet.

Die dualistische Theorie oder Binärtheorie betrachtet jede chemische Verbindung aus zwei Bestandtheilen entstanden und schichtet die chemischen Verbindungen in drei Ordnungen.

Die erste Ordnung umfasst die chemischen Verbindungen eines Radicals mit einem anderen, gleichviel ob diese Radicale einfache oder zusammengesetzte sind. Verbindungen der ersten Ordnung sind z. B.

Natriumoxyd oder Natron, zusammengesetzt aus Natrium und Sauerstoff, $Na + O$ (oder NaO).

Schwefelsäure, zusammengesetzt aus Schwefel und Sauerstoff, $S + 3O$ (oder SO^3).

Ammon oder Ammoniak (die Luftart im Salmiakgeist), zusammengesetzt aus Wasserstoff und Stickstoff, $3H + N$ (oder H^3N oder NH^3).

Ammonium, aus denselben Stoffen bestehend, aber 4 Aeq. Wasserstoff enthaltend, also H^4N oder NH^4. Dem Ammonium giebt man zuweilen die empirische Formel oder das Symbol Am.

Ammoniumoxyd oder Ammon, eine Verbindung von Ammonium mit Sauerstoff, $NH^4 + O$ (oder NH^4O oder AmO). Hier ist Ammonium das zusammengesetzte Radical.

Cyan, zusammengesetzt aus Kohlenstoff und Stickstoff, $2C + N$ (oder C^2N oder Cy).

Cyanwasserstoff oder Blausäure, zusammengesetzt aus Cyan und Wasserstoff, $C^2N + H$ (oder HCy). Cyan ist hier ein zusammengesetztes Radical.

Cyankalium, zusammengesetzt aus Kalium und Cyan, $K + C^2N$ (oder KCy).

Cyanammonium, zusammengesetzt aus Ammonium und Cyan, $NH^4 + C^2N$ (oder NH^4Cy oder AmCy). Hier sind zwei zusammengesetzte Radicale verbunden.

Aethyl, zusammengesetzt aus Kohlenstoff und Wasserstoff, $4C + 5H$ (oder C^4H^5, auch Ae).

Aethyloxyd oder Aether, zusammengesetzt aus Aethyl und Sauerstoff, $C^4H^5 + O$ (oder C^4H^5O oder AeO). Hier ist Aethyl das zusammengesetzte Radical.

Wasser, zusammengesetzt aus Wasserstoff und Sauerstoff, HO.

Die zweite Ordnung umfasst die chemischen Verbindungen, welche aus der Vereinigung zweier Verbindungen der ersten Ordnung entstehen. Z. B.

schwefelsaures Natriumoxyd, zusammengesetzt aus Natriumoxyd und Schwefelsäure, $NaO + SO^3$ (oder NaO, SO^3);

schwefelsaures Ammoniumoxyd (schwefelsaures Ammon oder Ammoniak) zusammengesetzt aus Ammoniumoxyd und Schwefelsäure, $NH^4O + SO^3$ (oder NH^4O, SO^3 oder AmO, SO^3);

schwefelsaures Aethyloxyd, zusammengesetzt aus Aethyloxyd und Schwefelsäure, $C^4H^5O + SO^3$ (oder C^4H^5O, SO^3 oder AeO, SO^3);

Aethyloxydhydrat oder Weingeist, zusammengesetzt aus Aethyloxyd und Wasser, $C^4H^5O + HO$ (oder C^4H^5O, HO oder $C^4H^6O^2$ oder AeO, HO).

Die dritte Ordnung umfasst diejenigen chemischen Verbindungen, welche aus der Vereinigung zweier Verbindungen der zweiten Ordnung hervorgehen, z. B.

Wasserfreier Alaun oder wasserfreier Kalialaun, zusammengesetzt aus schwefelsaurem Kaliumoxyd und schwefelsaurem Aluminiumoxyd, $KO, SO^3 + Al^2O^3, 3SO^3$.

Nach der dualistischen Theorie ist also jede Verbindung, welcher Ordnung sie auch angehören mag, zunächst aus zwei ungleichartigen Körpern entstanden. Diese Annahme ist eine directe Folgerung der electrochemischen Theorie, nach welcher eine chemische Verbindung nur durch die Ausgleichung eines electrischen Gegensatzes entstehen kann. Der Aether, welcher aus Weingeist bereitet wird, ist eine chemische Verbindung aus Kohlenstoff, Wasserstoff und Sauerstoff (C^4H^5O). Da die electrochemische Theorie zur Bildung einer chemischen Verbindung die Ausgleichung eines electrischen Gegensatzes bedingt, also zwei Körper fordert, so stellten *Berzelius* und *Liebig* ein dem Kalium, Natrium etc. entsprechendes zusammengesetztes Radical auf, welches sie Aethyl nannten (C^4H^5), welches mit Sauerstoff verbunden das Aethyloxyd oder den Aether (C^4H^5O) darstellt. Den Weingeist sahen sie für das Hydrat des Aethers an $(C^4H^5O + HO)$. Das Aethyl war nicht dargestellt, es war ein hypothetisches Radical. Später stellte man das Aethyl in der That dar.

Die wasserfreie Essigsäure ist eine Verbindung von Kohlenstoff, Wasserstoff, Sauerstoff $(C^4H^3O^3)$. Dem Prinzip der electrochemischen Theorie entsprechend betrachtet man sie zusammengesetzt aus einem hypothetischen Radical, Acetyl (C^4H^3) genannt, und Sauerstoff, also $C^4H^3 + 3O$.

Will man die chemische Verbindung nach der Zahl der in ihr vertretenen Elemente bezeichnen, so unterscheidet man binäre, ternäre, quaternäre, quinäre d. h. aus 2, 3, 4, 5 Elementen bestehende Verbindungen. Aethyl, Kali, Natron, Chlornatrium sind binäre; Aethyloxyd, Aethyloxydhydrat, Essigsäure, Cyankalium, Ammoniumoxyd sind ternäre; Chinin $(C^{20}H^{12}NO^2)$, schwefelsaures Ammoniumoxyd (NH^4O, SO^3) sind quaternäre, die Proteinkörper, wie Albumin, Casein sind quinäre Verbindungen. Letztere bestehen aus Kohlenstoff, Wasserstoff, Stickstoff, Sauerstoff und Schwefel.

Die Nomenclatur der nach der Binär- oder dualistischen Theorie zusammengesetzt angenommenen Körper umfasst theils empirische Namen (wie Aether, Weingeist, Essigäther, Salzsäure, Glaubersalz, Calomel) theils der Theorie entsprechend gebildete Namen (wie essigsaures Aethyloxyd, Chlorwasserstoffsäure, weinsaures Kaliumoxyd, Kalihydrat). Die Praxis in der Chemie fordert kurze Namen, daher gebraucht man öfter den kürzeren empirischen Namen oder kürzt den theoretischen Namen ab. So findet man häufig Salzsäure für Chlorwasserstoffsäure, Ammon für Ammoniak, Salmiak für Chlorammonium, Blutlaugensalz für Ferrocyankalium, Aetzkali für Kaliumoxydhydrat etc. im Gebrauch. Früher hatte man auch eine Nomenclatur der Salze, welche heute wieder mit Recht in Aufnahme kommt und darin besteht, dass man dem Namen des Salzes den Säurenamen zu Grunde legt. Statt schwefelsaures Kali oder schwefelsaures Kaliumoxyd sagt man Kalisulfat, statt schwefligsaures Natriumoxyd Natronsulfit, statt unterschwefligsaures Natron Natronhyposulfit, statt übermangansaures Kali Kalihypermanganat. Die — *ige Säure* endigt den Namen also auf „*it*", die —*säure* auf „*at*".

Acetate	sind essigsaure Salze	(wegen *Acidum aceticum*)
Arseniate	„ arsensaure Salze	(„ *Ac. arsenicicum*)
Arseniite	„ arsenigsaure Salze	(„ *Ac. arsenicosum*)
Bicarbonate	„ doppeltkohlensaure S.	(„ *Ac. carbonicum*)
Bichromate	„ doppeltchromsaure S.	(„ *Ac. chromicum*)
Borate	„ borsaure Salze	(„ *Ac. boricum*)
Carbonate	„ kohlensaure Salze	(„ *Ac. carbonicum*)
Chlorate	„ chlorsaure Salze	(„ *Ac. chloricum*)
Chromate	„ chromsaure Salze	(„ *Ac. chromicum*)
Hyperchlorate	„ überchlorsaure S.	(„ *Ac. hyperchloricum*)
Hypermanganate	s. übermangansaure S.	(„ *Ac. hypermanganicum*)
Hypochlorite	sind unterchlorigsaure S.	(„ *Ac. hypochlorosum*)
Hyposulfite	„ unterschwefligsaure S.	(„ *Ac. hyposulfurosum*)
Jodate	„ jodsaure Salze	(„ *Ac. jodicum*)
Lactate	„ milchsaure Salze	(„ *Ac. lacticum*)
Manganate	„ mangansaure Salze	(„ *Ac. manganicum*)
Nitrate	„ salpetersaure Salze	(„ *Ac. nitricum*)
Nitrite	„ salpetrigsaure S.	(„ *Ac. nitrosum*)
Oxalate	„ oxalsaure Salze	(„ *Ac. oxalicum*)
Phosphate	„ phosphorsaure S.	(„ *Ac. phosphoricum*)
Phosphite	„ phosphorigsaure S.	(„ *Ac. phosphorosum*)
Silicate	„ kieselsaure Salze	(„ *Ac. silicicum*)
Stannate	„ zinnsaure Salze	(„ *Ac. stannicum*)
Succinate	„ bernsteinsaure S.	(„ *Ac. succinicum*)
Sulfate	„ schwefelsaure S.	(„ *Ac. sulfuricum*)
Sulfite	„ schwefligsaure S.	(„ *Ac. sulfurosum*)
Tartrate	„ weinsaure Salze	(„ *Ac. tartaricum*)

Man hat sich hier vor Verwechselungen zu bewahren, so sind z. B. **Sulfide** Verbindungen eines Metalls mit Schwefel, wie Antimonsulfid (*Stibium sulfuratum aurantiacum*), dagegen ist **Kalksulfit** eine Verbindung von Calciumoxyd mit schwefliger Säure. **Kalichlorat** ist chlorsaures Kali, *Calcaria chlorata* mit Chlor geschwängerte Kalkerde d. i. Kalkhypochlorit, *Calcium chloratum Chlorcalium*. **Silberchlorid** oder Chlorsilber ist eine Verbindung von Chlor mit Silbermetall, **Natronchlorit** dagegen eine Verbindung des Natrons mit chloriger Säure.

Bemerkungen. Nomenclatúr, lat. *nomenclatūra*, Benennung, Namensverzeichniss, gebildet aus dem lat. *nomen*, Name, und dem griech. καλῶ (kalo), ich rufe, benenne. — Empírisch, lat. *empirĭcus, a, um*, griech. ἐμπειρικός, ή, όν, nach Erfahrung, nach angestellten Untersuchungen handelnd, verfahrend; ἐμπειρία (empeiria), Erfahrung. — Cálomel, lat. *calomĕlas*, genit. *calomelănos*, zusammengesetzt aus dem griech. καλός (kalos), schön, und μέλας (melas), schwarz, weil aus einer grauen oder schwarzen Mischung durch Sublimation ein weisser Körper, der Calomel, gewonnen wurde. — Der Sublimat, *Mercurius (Hydrargyrum) sublimatus*. Uebrigens heisst eine durch Sublimation gewonnene Substanz „das" Sublimat, latein. *sublimatum*. — Radicál, Grundlage, von dem lat. *radix*, gen. *radĭcis*, die Wurzel. — Analóg, ähnlich, übereinstimmend, aus dem griech. ἀναλογικός, ή, όν (analogikos, ē, on), oder ἀνά (ana) und λόγος (logos), Wort, Vernunft. — Dualistisch, lat. *duālis, e* (von *duo*), zwei enthaltend. — Hypothétisch, voraussetzlich, angenommen. Hypothése, griech. ὑπόθεσις (hypothĕsis) (von ὑπό, unter, und τίθημι, ich stelle, setze) Grundsatz, aufgestellte Bedingung, Ansicht. — Binär, Ternär etc. von dem lat. *bini*, je zwei, *terni*, je drei, *quaterni, quini*.

Lection 37.

Chemische Verbindungen und deren Nomenclatur nach der dualistischen
Theorie (Fortsetzung).

Die chemischen Verbindungen haben je nach der Art ihrer Bestandtheile und nach ihrem chemischen Verhalten unterscheidende Bezeichnungen erhalten.

Oxyde sind überhaupt Verbindungen mit Sauerstoff, welcher sich, ausser mit Fluor, mit allen übrigen Elementen verbinden kann. Man theilt die Oxyde nach ihrem chemischen Verhalten in drei Gruppen, nämlich in **Sauerstoffsäuren**, **basische Oxyde** und **indifferente Oxyde.**

Sauerstoffsäuren unterscheiden sich von den anderen **Oxyden**, besonders wenn sie in Wasser löslich sind, durch einen

sauren Geschmack; durch die Eigenschaft die blaue Lackmusfarbe in eine rothe umzuwandeln, vornehmlich aber dadurch,
dass sie mit basischen Oxyden Verbindungen eingehen,
welche Salze genannt werden. Die Säuren mit einfachem
Radical (wie Schwefelsäure, Salpetersäure, Kohlensäure) gehören
der anorganischen, die Säuren mit zusammengesetzem Radical
meistens der organischen Chemie an, wie Weinsäure, Essigsäure.

Basische Oxyde oder Sauerstoffbasen haben mehren-
theils, wenn sie in Wasser löslich sind, einen laugenhaften Geschmack und wandeln die durch Säure geröthete Lackmusfarbe
wieder in Blau um. Ihre hauptsächlichste chemische Eigenschaft ist diejenige, dass sie mit den Sauerstoffsäuren verbunden Salze bilden. Kaliumoxyd (Kali), Natriumoxyd (Natron), Calciumoxyd (Kalkerde), Magnesiumoxyd (Magnesia, Bittererde), Baryumoxyd (Baryterde), Bleioxyd, Silberoxyd etc.
sind basische Oxyde oder Sauerstoffbasen der anorganischen
Natur; Chinin, Morphin, Strychnin, Aethyloxyd sind organische
Basen.

Sauerstoffsäuren und Sauerstoffbasen stehen sich als Körper
gegenüber, welche Verwandtschaft zu einander haben und sich
durch die Fähigkeit, sich gegenseitig zu verbinden und dadurch
Salze zu bilden, ganz besonders charakterisiren. Diese Salze
werden als Sauerstoffsalze unterschieden. Das basische Oxyd
in einem solchen Salze heisst die Base (Basis) des Salzes.

Nehmen wir ein Cylinderglas, geben in dasselbe mehrere
Gramm officinelle Salpetersäure (*Acidum nitricum purum*) und
tröpfeln nach und nach Kalihydratlösung (Aetzkalilauge, *Liquor
Kali caustici, Kali hydricum solutum*) hinzu, bis nach gelinder
Agitation rothes und blaues Lackmuspapier in die Flüssigkeit
getaucht nicht mehr verändert werden, so ist die Säure neutralisirt und in der Flüssigkeit salpetersaures Kali (KO, NO^5)
enthalten, bestehend aus Salpetersäure (NO^5) und Kaliumoxyd
(KO). Dampfen wir die Flüssigkeit ein, so erhalten wir einen
weissen Salzrückstand, welcher weder sauer noch laugenhaft, sondern kühlend salzig schmeckt, und sich in seiner wässrigen Lösung indifferent verhält, in welchem also die entgegengesetzten
Eigenschaften der Säure und der Base sich gegenseitig aufgehoben und ausgeglichen haben.

Manche Säuren sind jedoch nicht fähig, die basischen Eigenschaften eines Oxyds völlig zu überwinden oder auszugleichen,
wie z. B. die Kohlensäure (CO^2), die Borsäure (BO^3), die Kieselsäure (SiO^3), die arsenige Säure (AsO^3). Die kohlensauren

Salze reagiren meist alkalisch, wie das kohlensaure Kaliumoxyd (Pottasche, KO, CO^2), das kohlensaure Natriumoxyd (NaO, CO^2), die kohlensaure Kalkerde (CaO, CO^2). Selbst die sauren oder zweifach kohlensauren Salze der Alkalien reagiren auf Lackmus noch alkalisch. Man nehme eine Messerspitze des zweifach-kohlensauren Natrons ($NaO, HO + 2CO^2$) auf die Zunge, um einen schwachen alkalischen Geschmack des Salzes zu erkennen. Der Borax, ebenfalls ein zweifach borsaures Natronsalz ($NaO, 2BO^3 + 10HO$) reagirt alkalisch. Solche Säuren nennt man auch wohl schwache Säuren. Die sauren Salze anderer Säuren schmecken und reagiren stark sauer, z. B. das zweifach weinsaure Kali (Weinstein, *Kali bitartaricum*, $KO, HO + 2\overline{T}$).

Es giebt auch Sauerstoffbasen, welche die sauren Eigenschaften vieler Säuren nicht ganz auszugleichen vermögen. Hierher gehören die basischen Oxyde der meisten Schwermetalle (vgl. S. 58). Daher kommt es, dass schwefelsaures Eisenoxydul, schwefelsaures Kupferoxyd, schwefelsaures Zinkoxyd, essigsaures Bleioxyd, essigsaures Kupferoxyd sauer reagiren. Salpetersaures Silber ist dagegen ein neutrales (weder sauer noch alkalisch reagirendes) Salz.

Wie wir weiterhin sehen werden, wird trotz der alkalischen Reaction das kohlensaure Kali (KO, CO^2) dennoch nicht als basisches Salz, das schwefelsaure Zinkoxyd (*Zincum sulfuricum*, ZnO, SO^3) trotz der sauren Reaction nicht als saures Salz angesehen.

Der vulgäre Begriff **Salz** ist den Eigenschaften des Kochsalzes (Chlornatrium, $NaCl$) entnommen. Der Nichtchemiker versteht wie die Chemiker der alten Zeit unter Salz gewöhnlich einen krystallisirten, in Wasser löslichen, salzig schmeckenden Körper. Die heutige Chemie hat eine andere Auffassung gewonnen, denn sie versetzt jeden aus der Verbindung einer Base mit einer Säure resultirenden Körper in die Klasse der chemischen Verbindungen, welche als **Salze** unterschieden werden. Das kohlensaure Calciumoxyd (die Kreide, CaO, CO^2), das chromsaure Bleioxyd (Chromgelb, PbO, CrO^3) sind nach chemischer Ansicht eben so gut Salze wie das krystallisirte kohlensaure Natriumoxyd (Soda, $NaO, CO^2 + 10HO$) und das salpetersaure Kaliumoxyd (Kalisalpeter, KO, NO^5), weil in jeder dieser Verbindungen eine Säure und eine Base vertreten sind.

Die alten Chemiker nannten überhaupt jeden krystallisirten Körper, zumal wenn er in Wasser löslich war, Salz. Daher stammen noch die Benennungen *Sal Succini* für Bernsteinsäure, *Sal essentiale Tartari* für *Acidum tartaricum*, Weinsäure.

Die Sauerstoffsalze unterscheidet der Chemiker als neutrale (oder normale), als saure und als basische Salze, nicht aber deswegen, weil die ersteren indifferent gegen Lackmus sind, die Lösungen der zweiten sauer und die der letzteren alkalisch reagiren, sondern aus stöchiometrischen Gründen, nämlich nach dem Aequivalentverhältniss der Säure zu dem Sauerstoff der Base.

Zu den neutralen Sauerstoffsalzen gehören alle Salze, welche auf 1 Aeq. Sauerstoff der Base 1 Aeq. der Säure enthalten, sie mögen neutral, sauer oder alkalisch reagiren. Da es einen Widerspruch einschliesst, ein sauer oder alkalisch reagirendes Salz, ein neutrales zu nennen, so ist die Bezeichnung normales Salz richtiger und immer vorzuziehen.

Das schwefelsaure Kali (KO,SO^3), die schwefelsaure Magnesia (MgO, SO^3), das schwefelsaure Eisenoxydul (FeO, SO^3), das schwefelsaure Kupferoxyd (CuO, SO^3) sind neutrale Salze, weil in ihnen stets ein Aeq. Säure einem Aeq. Sauerstoff der Base gegenübersteht. Aus demselben Grunde sind schwefelsaures Eisenoxyd ($Fe^2O^3, 3SO^3$), salpetersaures Wismuthoxyd ($BiO^3, 3NO^5$), schwefelsaures Aluminiumoxyd oder schwefelsaure Alaunerde ($Al^2O^3, 3SO^3$) neutrale Salze, denn sie enthalten trotz ihrer sauren Reaction auf je 1 Aeq. des Sauerstoffs der Base auch 1 Aeq. Säure. Da die Basis 3 Aeq. Sauerstoff enthält, so erfordert sie auch zur Bildung eines neutralen Salzes 3 Aeq. der Säure.

Zu den sauren Sauerstoffsalzen rechnet man die Verbindungen, welche auf je 1 Aeq. Sauerstoff der Base, 2, 3 und mehr Aequivalente Säure enthalten und man sagt zweifach-, dreifach- etc. saure Salze.

Das zweifach-kohlensaure Kali ($KO, HO, 2CO^2$ oder $KO, CO^2 + HO, CO^2$), das zweifach-kohlensaure Natron ($NaO, HO, 2CO^2$), das zweifach-schwefelsaure Natron ($NaO, HO, 2SO^3$) sind nach der dualistischen Theorie saure Salze, obgleich die beiden ersteren alkalisch reagiren. Genau genommen sind es Doppelsalze und zwar neutrale Salze, in welchen neben dem Metalloxyde auch Wasser (Wasserstoffoxyd, HO) als Base vorhanden ist, also das Aequivalentverhältniss des Sauerstoffs der Base zur Säure wie 1 zu 1 obwaltet. Die Chemiker haben jedoch auf dieses basische Wasser deshalb keine Rücksicht genommen, weil sie Verbindungen einer Säure mit Wasser (Wasserstoffoxyd) überhaupt nicht in die Kategorie der Sauerstoffsalze verlegt haben. Im Uebrigen giebt es auch saure Salze ohne basisches Wasser,

z. B. das zweifach-chromsaure Kali ($KO,2CrO^3$), das in schwacher Glühhitze geschmolzene zweifach-schwefelsaure Natron ($NaO,2SO^3$). Bei den zweifach-kohlensauren Salzen ist das Aeq. basischen Wassers zur Constitution des Salzes sogar wesentlich, denn erhitzt man sie stark, so verflüchtigt sich auch Schritt für Schritt mit der Verdampfung des Wassers 1 Aeq. Kohlensäure, und einfach-kohlensaures Salz bleibt zurück. Auf diesem Verhalten in der Hitze beruht die Darstellung des reinen kohlensauren Kalis (*Kali carbonicum purum*) aus dem zweifach-kohlensauren Kali.

($KO,HO,2CO^2$ giebt KO,CO^2 und HO und CO^2).

Ein basisches Sauerstoffsalz ist dasjenige, welches mehr Base enthält als die entsprechende neutrale Verbindung, in welchem also mehr als 1 Aeq. Base vorhanden ist. Das präcipitirte salpetersaure Wismuthoxyd (*Bismuthum subnitricum*, $5BiO^3,4NO^5 + 9HO$) ist ein basisches Salz, das Bleisalz im Bleiessig (*Liquor Plumbi subacetici*) ist anderthalbfach basisch essigsaures Bleioxyd ($3PbO,2\overline{A} + HO$). Man kann letzteres auch ein $^2/_3$ essigsaures Salz nennen. In den basischen Salzen enthält jedes Aequivalent des Oxyds, welches den normalen Satz in der neutralen Verbindung überschreitet, gewöhnlich auch Hydratwasser. Daher sagt man für obiges Salz auch wohl essigsaures Bleioxydhydrat ($2PbO,\overline{A}^2 + PbO,HO$) und schiebt in den lateinischen Namen ein *hydrico-* oder ein *hydrato-* ein (*Liquor Plumbi hydrico-acetici*). *Magnesia hydrico-carbonica* (Magnesia alba) ist basisch kohlensaures Magnesiumoxyd oder kohlensaures Magnesiumoxydhydrat ($5MgO,4CO^2 + 5HO$ oder $4MgO,4CO^2 + MgO + 5HO$ oder $4[MgO, CO^2] + MgO + 5HO$).

Die Bildung der Namen der Salze ergiebt sich bereits aus dem vorher Gesagten. Deutsch wird der Name der Säure in ein Adjectiv verwandelt und dem Namen des basischen Oxyds vorgesetzt, z. B. schwefelsaures Kaliumoxyd, essigsaures Bleioxyd, $^2/_3$-essigsaures Bleioxyd. Im Lateinischen setzt man das Adjectiv hinter das Substantiv, also *Kali sulfuricum*, *Plumbum oxydatum aceticum*.

Häufig bedient man sich, wie uns aus der Lect. 36 bekannt ist, der älteren kurzen und daher praktischen Benennungen, z. B. Kalisulfat für schwefelsaures Kali (*Sulfas kalicus*), Natronnitrat für salpetersaures Natriumoxyd (*Nitras natricus*), Natronsulfit für schwefligsaures Natriumoxyd (*Sulfis natricus*), Natronhyposulfit für unterschwefligsaures Natriumoxyd (*Hyposulfis natricus*), Barytcarbonat für kohlensaures Baryumoxyd (*Carbo-*

nas baryticus), **Kalitartrat** für weinsaures Kaliumoxyd (*Tartras kalicus*), **Kalibitartrat** (*Bitartras kalicus*).

Die Doppelsalze benennt man in der Art, dass man die Namen der beiden Basen zu einem Worte vereint und dieses durch das Adjectiv des Säurenamens bezeichnet, z. B. schwefelsaure Kali-Thonerde (Kalialaun), weinsaures Kali-Natron (*Natro-Kali tartaricum*, *Tartarus natronatus*), weinsaures Antimonoxyd-Kali (Brechweinstein, *Stibio-Kali tartaricum*, *Tartarus stibiatus*). Im Deutschen wird bei der Zusammenwerfung der Namen der beiden Oxyde der Namen des electropositiveren, im Lateinischen dagegen umgekehrt der Name des weniger electropositiven Oxyds vorangestellt. In der gewöhnlichen Praxis meidet man lange Benennungen und wählt dafür die gebräuchlicheren empirischen Namen.

Bemerkungen. Was unter neutralem, saurem, basischem Salze zu verstehen ist, wurde in vorstehender Lection gesagt. Einen ganz anderen Sinn hat es, wenn man von neutral, sauer oder basisch reagirenden Salzen spricht. In diesem Falle bleibt das Verhältniss von Säure zur Base ausser allem Betracht und soll damit nur das Verhalten des Salzes zu Lackmus oder einem anderen Reagenspapier angegeben werden. — *Sulfas*, gen. *atis*, masc., ein schwefelsaures Salz. — *Sulfis*, gen. *itis*, masc., ein schwefligsaures Salz.

Lection 38.

Chemische Verbindungeu und ihre Nomenclatur nach der dualistischen Theorie (Fortsetzung).

Die Oxyde unterscheidet man, wie wir in der vorhergehenden Lection gesehen haben, als Sauerstoffsäuren, Sauerstoffbasen und indifferente Oxyde.

Indifferente Oxyde sind Verbindungen eines Radicals mit Sauerstoff, welche sowohl der Eigenschaften einer Säure wie derjenigen einer Base ermangeln, welche also keine Salze bilden können. Kohlenoxyd (CO), Stickstoffoxydul (NO), Stickstoffoxyd (NO^2) sind indifferente Oxyde. Es giebt aber auch amphotere Oxyde, d. h. solche Oxyde, welche je nach Umständen indifferent sich verhalten, aber auch mit einer Base verbunden die Stelle einer Säure, mit einer Säure verbunden die Stelle einer Base einnehmen, ohne in dem einen Falle basische im anderen Falle saure Eigenschaften zu neutralisiren oder auszugleichen. Solche Oxyde sind das Wasser (Wasserstoffoxyd, HO), die Thonerde, Zinnoxyd. Die Verbindungen des Wassers mit einer Base oder einer Säure nennt man Hydrat, z. B. Kaliumoxydhydrat oder Aetzkali (KO,HO), Calciumoxydhydrat oder Kalkhydrat (CaO,HO), braunes Eisenoxydhydrat (Fe^2O^3,3HO), in welchen Verbindungen das Wasser die Stellung einer Säure einnimmt. In Verbindungen, wie im Schwefelsäurehydrat oder in der concentrirten Schwefelsäure (HO,SO^3), im Essigsäurehydrat (*Acidum aceticum*, $HO + C^4H^3O^3$ oder $\overline{A}$,HO), in der dreibasischen Phosphorsäure ($3HO,PO^5$), vertritt das Wasser die Stelle einer Base. Die Thonerde (Aluminiumoxyd) und das Zinnoxyd bilden mit Säuren und mit den Alkalien verbunden Salze. Letztere sind thonsaure Salze oder Aluminate, zinnsaure Salze oder Stannate. Das Aethyloxyd oder der Aether (C^4H^5O) ist für sich ein indifferentes Oxyd, im *status nascendi*, bei seinem Austritt aus dem Weingeist oder dem Aethyloxydhydrat (C^4H^5O,HO) vereinigt es sich leicht mit Säuren und giebt damit den Sauerstoffsalzen analoge Verbindungen; z. B. das essigsaure Aethyloxyd (Essigäther, *Aether aceticus*).

Von den Oxyden giebt es mehrere Arten. Ist von einem Metalle z. B. nur ein basisches Oxyd vorhanden, so nennt man es einfach Oxyd, wie Kaliumoxyd, Calciumoxyd. Giebt es zwei Oxyde desselben Metalls mit basischen Eigenschaften, so wird das mit der geringeren Menge Sauerstoff Oxydul, das mit der grösseren Menge Sauerstoff Oxyd genannt, z. B.

Eisenoxydul, FeO	Eisenoxyd, Fe^2O^3
Manganoxydul, MnO	Manganoxyd, Mn^2O^3
Kupferoxydul, Cu^2O	Kupferoxyd, CuO
Quecksilberoxydul Hg^2O	Quecksilberoxyd, HgO

Ausser solchen bestimmten Oxydationsstufen eines Metalls giebt es andere, welche sich mit Säuren nicht verbinden können, also keine basischen Eigenschaften besitzen. Man nennt diese Suboxydule (Hypoxydule), wenn sie weniger Sauerstoff wie das Oxydul, oder Suboxyde (Hypoxyde), wenn sie weniger Sauerstoff als das Oxyd enthalten. Ferner unterscheidet man Superoxydule und Superoxyde (Hyperoxydule, Hyperoxyde), je nachdem ein nicht basisches Oxyd mehr Sauerstoff enthält als das Oxydul und das Oxyd. Z. B.

Bleisuboxyd, Pb^2O Silberoxydul, Ag^2O
Bleioxyd, PbO Silberoxyd, AgO
Bleisuperoxyd, PbO^2 Silbersuperoxyd, AgO^2.

Wasserstoffoxyd (Wasser), HO
Wasserstoffsuperoxyd, HO^2.

Will man das Mengenverhältniss des Sauerstoffs in den Oxyden ausdrücken, so wählt man Bezeichnungen, wie Bisoxyd, Sesquioxyd. Das Bisoxyd enthält doppelt, das Sesquioxyd $1^1/_2$ mal so viel Sauerstoff als das (einfache) Oxyd. Z. B.

Bleisuboxyd, Pb^2O Zinnoxydul, SnO
Bleioxyd, PbO Zinnsesquioxydul, Sn^2O^3
Bleisesquioxyd, Pb^2O^3 Zinnoxyd od. Zinnsäure, SnO^2.
Bleihyperoxyd (Bleibisoxyd), PbO^2.

Auch indifferente Oxyde der nicht metallischen Elemente hat man als Oxyde und Oxydule unterschieden.

Stickstoffoxydul, NO.
Stickstoffoxyd, NO^2.

Die Oxyde des Kalium, Natrium, Lithium, Ammonium (NH^4) umfasst man mit der Bezeichnung: Alkalien, die Oxyde des Calcium, Baryum, Strontium, oft auch des Magnesium mit der Bezeichnung alkalische Erden. Die Oxyde des Aluminium, Zirconium etc. bilden die eigentlichen Erden. Die Oxyde aller dieser drei Klassen Leichtmetalle haben in der gewöhnlichen Sprache der Chemiker ihre älteren kurzen Namen behalten:

Neuere Benennung:	Aeltere empirische Benennung:
Kaliumoxyd (KO)	Kali (*Kali*)
Natriumoxyd (NaO)	Natron (*Natrum*)
Lithiumoxyd (LiO)	Lithon (*Lithōnum, Lithium*)
Ammoniumoxyd (NH^4O)	Ammon, Ammoniak (*Ammōnum, Ammoniăcum*)
Calciumoxyd (CaO)	Kalkerde, Kalk (*Calcaria*)
Baryumoxyd (BaO)	Baryterde, Baryt (*Baryta*)
Strontiumoxyd (SrO)	Strontianerde, Strontian (*Strontiāna*)
Aluminiumoxyd (Al^2O^3)	Thonerde, Alaunerde (*Alumĭna*)
Magnesiumoxyd (MgO)	Talkerde, Bittererde, Magnesia (*Magnesĭa*).

Ein und dasselbe Radical vermag in mehreren Verhältnissen mit Sauerstoff Verbindungen einzugehen, und mit dem Sauerstoff nicht nur indifferente Oxyde und basische Oxyde, sondern auch S ä u r e n zu bilden. War nur eine kräftige Sauerstoffverbindung als Säure bekannt, so wurde sie einfach mit dem Namen des Radicals und unmittelbar darangehängtem „säure" bezeichnet, z. B. die Verbindung 1 Aeq. Schwefels mit 3 Aeq. Sauerstoff (SO^3) wurde als mächtige Säure S c h w e f e l s ä u r e, die Verbindung von 1 Aeq. Phosphor mit 5 Aeq. Sauerstoff (PO^5) P h o s p h o r s ä u r e genannt.

Die sauerstoffärmere Säure desselben Radicals benannte man in der Weise, dass man den Namen des Radicals durch die Endung „i g e" oder „i c h t e" in ein Adjectiv verwandelte und dies vor das Wort „S ä u r e" setzte, z. B. schweflige Säure (SO^2), phosphorige Säure (PO^3). Dafür setzt man auch wohl die kürzere Bezeichnung Schwefligsäure, Phosphorigsäure.

Lieferte dasselbe Radical noch mehrere Sauerstoffverbindungen mit dem Charakter einer Säure, so wurde diejenige mit weniger Sauerstoff als die beiden vorher erwähnten Säurestufen durch Vorsetzung des Wortes „U n t e r" oder „H y p o" oder „S u b," und diejenige mit mehr Sauerstoff durch Vorsetzung des „U e b e r" oder „H y p e r" oder „S u p e r" unterschieden.

Radical: Schwefel, S.

unterschweflige (hyposchweflige) Säure (Unterschwefligsäure), SO od. S^2O^2

schweflige Säure (Schwefligsäure), SO^2
Unterschwefelsäure (Hyposchwefelsäure), S^2O^5
Schwefelsäure, SO^3.

Es giebt noch zwei Sauerstoffsäuren des Schwefels, welche nach der Zahl der Aequivalente des darin enthaltenen Schwefels benannt werden. Man gab schon der Unterschwefelsäure den Namen

Dithionsäure, S^2O^5. Ferner

Trithionsäure, S^3O^5

Tetrathionsäure, S^4O^5.

<table>
<tr><td>

Radical: Phosphor, P.

unterphosphorige Säure, PO
phosphorige Säure, PO^3
Phosphorsäure, PO^5

</td><td>

Radical: Chlor, Cl.

unterchlorige Säure, ClO
chlorige Säure, ClO^3
Unterchlorsäure, ClO^4
Chlorsäure, ClO^5
Ueberchlorsäure, ClO^7.

</td></tr>
</table>

Bemerkungen. Amphotér, griech. ἀμφότερος, α, ον (amphotĕros) *uterque*, beides zugleich. — Oxydúl stammt von dem lat. Diminutiv von *oxȳdum*, nämlich *oxydŭlum*. — Súboxyd, Súperoxyd, aus dem lat. *sub*, unter, *super*, über, und Oxyd zusammengesetzt. — Hypo-, Hyper-, von dem griech. ὑπό, unter, ὑπέρ, über. — Di-, tri-, tetra-, griech. δίς (dis) doppelt, τρίς (tris) dreimal, τέτρα- (tetra-) viermal. — Thion (Dithionsäure), griech. ϑεῖον (theiŏn), Schwefel.

Lection 39.

Chemische Verbindungen und ihre Nomenclatur nach der dualistischen Theorie. (Fortsetzung).

Nicht nur der Sauerstoff, auch andere nichtmetallische Elemente (Metalloïde), wie Chlor, Brom, Jod, Fluor, Schwefel, Selen, sowie die zuzammengesetzten Körper Cyan, Rhodan, Schwefelcyan) etc. gehen mit Radicalen Verbindungen ein, welche den Oxyden analog sind. Existirt nur eine Verbindung zwischen einem Metalloïd und einem anderen Element, so wird ihr Name durch einfache Zusammenstellung der Namen beider verbundenen Elemente gebildet, z. B.

Chlorkalium,	KCl	Schwefelblei,	PbS
Chlornatrium,	$NaCl$	Schwefelsilber,	AgS
Jodkalium,	KJ	Schwefelwasserstoff,	HS
Fluorcalcium,	$CaFl$	Schwefelkohlenstoff,	CS^2
Cyankalium,	KCy	Rhodankalium,	$KCyS^2$.

Dem Ausdruck „Oxydul" entsprechen Chlorür, Bromür, Jodür, Cyanür, Sulfür etc., z. B.

Quecksilberoxydul, Hg^2O	Quecksilberchlorür,	Hg^2Cl
	Quecksilberjodür,	Hg^2J
	Quecksilbersulfür,	Hg^2S
Eisenoxydul, ... FeO	Eisenchlorür,	$FeCl$
	Eisenjodür,	FeJ
	Eisensulfür,	FeS

Dem Ausdruck „Oxyd" entsprechen die Ausdrücke Chlorid, Bromid, Jodid, Cyanid, Sulfid etc., z. B.

Quecksilberoxyd, HgO	Quecksilberchlorid,	$HgCl$
	Quecksilberjodid,	HgJ
	Quecksilbersulfid,	HgS

Eisenoxyd, ... Fe^{2}O^3 $\begin{cases} \text{Eisenchlorid,} & \text{Fe}^2\text{Cl}^3 \\ \text{Eisencyanid,} & \text{Fe}^2\text{Cy}^3 \end{cases}$

Nicht ungewöhnlich, wenngleich weniger praktisch, ist es, die Verbindungen dieser Art unter Angabe der Mengenverhältnisse zu benennen, z. B.

Einfach-Jodquecksilber = Quecksilberjodür, Hg^{2}J
Zweifach-Jodquecksilber = Quecksilberjodid, HgJ
Fünffach-Schwefelantimon = Antimonsulfid, SbS^5
Eisensesquichlorid = Eisenchlorid, Fe^{2}Cl^3.

Nach demselben Modus, wie sich zwei Sauerstoffverbindungen zu einem Salze verbinden, können dies auch die Chlor-, Cyan- und Schwefelverbindungen etc. Das eine Chlorid, Cyanid, Sulfid etc. ist in einer solchen Verbindung der electropositive, das andere der electronegative Bestandtheil. Beide verhalten sich wie Sauerstoffbase und Sauerstoffsäure. Obgleich diese Verbindungen den einfachen Sauerstoffsalzen entsprechen, so nennt man sie dennoch Doppelchloride, Doppelcyanide, Doppelsulfide. *Berzelius* hielt sie sogar für Doppelsalze. Verbindungen dieser Art sind z. B.

Chlorplatinkalium od. Kaliumplatinchlorid,   KCl,PtCl^2,
    bestehend aus Chlorkalium und Platinchlorid;
Chlorgoldnatrium oder Natriumgoldchlorid,   NaCl,AuCl^3,
    bestehend aus Chlornatrium und Goldchlorid;
Natriumgoldchlorür, ...   NaCl,AuCl,
    bestehend aus Chlornatrium und Goldchlorür;
Schwefelantimon-Schwefelnatrium od. Natriumantimonsulfid, ...   3NaS,SbS^5,
    bestehend aus 3 Aeq. Schwefelnatrium und 1 Aeq. Antimonsulfid;
Kaliumeisencyanür (gelbes Blutlaugensalz),   2KCy,FeCy,
    bestehend aus 2 Aeq. Cyankalium und 1 Aeq. Eisencyanür;
Kaliumeisencyanid (rothes Blutlaugensalz),   3KCy,Fe^{2}Cy^3,
    bestehend aus 3 Aeq. Cyankalium und 1 Aeq. Eisencyanid.

Die den Basen entsprechenden Schwefelverbindungen nennt man Sulfurete, die den Säuren entsprechenden Sulfide. Demnach ist NaS, Einfach-Schwefelnatrium, ein Sulfuret; SbS^5, Fünffach-Schwefelantimon (Goldschwefel), ein Sulfid. Die Verbindung 3NaS,SbS^5, Natriumantimonsulfid oder Natriumsulfantimoniat (*Schlippe*'sches Salz) ist also ein Schwefelsalz, welches von *Otto*,

vordem Professor der Chemie in Braunschweig, auch sulfantimon-
saures Natriumsulfuret genannt wurde.

Verbindungen des Schwefelwasserstoffs mit Sulfureten erhielten
die Bezeichnung Sulfhydrate, z. B. Schwefelwasserstoff-Schwe-
felcalcium oder Calciumsulfhydrat, CaS,HS; Schwefelwasserstoff-
Schwefelammonium, Ammoniumsulfhydrat, NH^{4}S,HS.

Verbindungen der Metalle unter einander heissen Legi-
rungen. Messing ist z. B. eine Legirung von Kupfer und Zink.
Neusilber, Alfenide, Argentan sind Benennungen einer Legirung
aus Kupfer, Zink und Nickel. Ist Quecksilber ein Bestandtheil
in der Legirung, so nennt man sie Amalgam. Silberamalgam,
Zinnamalgam sind Verbindungen oder Mischungen des Silbers
mit Quecksilber, des Zinns mit Quecksilber.

Nachdem wir uns mit den Namen der hauptsächlichsten
Verbindungen beschäftigt haben, wollen wir nicht ver-
säumen, uns auch mit den Wasserstoffsäuren und mit dem Vorgange bekannt zu machen, welcher nach dualistischer Ansicht
bei ihrer Verbindung mit den basischen Oxyden stattfindet.

Wasserstoffsäuren. Chlor, Brom, Jod, Fluor, Cyan, Rhodan
(Schwefelcyan) etc. bilden mit Wasserstoff Verbindungen, welche
durch dieselben Eigenschaften charakterisirt sind, wie die Sauerstoffsäuren. Diese Wasserstoffverbindungen werden daher Wasserstoffsäuren genannt. Chlorwasserstoff, HCl; Bromwasserstoff,
HBr; Jodwasserstoff, HJ; Fluorwasserstoff, HFl; Cyanwasserstoff (HCy oder HC^{2}N); Rhodanwasserstoff (HCyS^2) sind Säuren und man sagt daher Chlorwasserstoffsäure (Salzsäure), Cyanwasserstoffsäure (Blausäure) etc. Diese Säuren zeigen ein besonderes Verhalten gegen die basischen Oxyde, sie verbinden
sich nämlich mit diesen nicht direkt, wie man früher glaubte,
sondern sie zersetzen sich und verbinden sich gegenseitig in
der Art, dass der Wasserstoff der Säure mit dem Sauerstoff des
Oxyds Wasser bildet und das Radical der Säure mit dem Radical des Oxyds in Verbindung tritt. Bei der Begegnung eines
basischen Oxyds und einer Wasserstoffsäure entsteht also immer
Wasser (HO). Da die gleichzeitig resultirende Verbindung aus
den Radicalen des Oxyds und der Säure ähnliche Eigenschaften
wie ein Sauerstoffsalz zeigt, hat man sie auch in die Kategorie
der Salze gesetzt. Da die Elemente Chlor, Brom, Jod, Fluor,
und die zusammengesetzten Körper Cyan, Rhodan (Schwefelcyan) etc. mit basischen Radicalen Salze bilden, erhielten diese
Stoffe die Bezeichnung Salzbildner, Halogene, und ihre den

Sauerstoffsalzen ähnlichen Verbindungen die Bezeichnung Haloidsalze.

Wenn Baryumoxyd oder Baryterde (BaO) mit Chlorwasserstoff (HCl) zu gleichviel Aequivalenten in gegenseitige Berührung gebracht werden, so resultirt aus ihrer Verbindung Wasser (HO) und Chlorbaryum (BaCl).

$$\begin{array}{ll}
\text{Baryumoxyd} & = \text{Baryum, Ba} + \text{Sauerstoff, O} \\
\text{Chlorwasserstoff} & = \text{Chlor, Cl} + \text{Wasserstoff H}
\end{array}$$

Chlorbaryum, BaCl und Wasser, HO.

Wird ein Aeq. Eisenoxyd (Fe^2O^3) in Chlorwasserstoffsäure (HCl) gelöst, so gehören hierzu von letzterer 3 Aeq., denn das Eisenoxyd enthält 3 Aeq. Sauerstoff.

$$\begin{array}{lll}
\text{1 Aeq. Eisenoxyd,} & Fe^2O^3 & = \text{Eisen, 2Fe} + \text{Sauerstoff, 3O} \\
\text{3 Aeq. Chlorwasserstoff,} & 3HCl & = \text{Chlor, 3Cl} + \text{Wasserstoff, 3H}
\end{array}$$

1 Aeq. Eisenchlorid = Fe^2Cl^3 u. 3 Aeq. Wasser, 3HO.

Die Verbindungen zwischen Schwefelwasserstoff (HS), auch Hydrothionsäure genannt, und einem Oxyde erfolgen in derselben Weise, wie bei den Wasserstoffsäuren der Halogene. Der Wasserstoff des Schwefelwasserstoffs tritt mit dem Sauerstoff des Oxyds zu Wasser zusammen und der Schwefel mit dem Radical des Oxyds zu einem Schwefelmetall.

$$\begin{array}{lll}
\text{Bleioxyd,} & PbO & = \text{Blei, Pb} + \text{Sauerstoff, O} \\
\text{Schwefelwasserstoff,} & HS & = \text{Schwefel, S} + \text{Wasserstoff, H}
\end{array}$$

Schwefelblei, PbS u. Wasser, HO.

Die Verbindungen der Salzbildner oder Halogene mit Wasserstoff haben einfach zusammengesetzte Namen. Man sagt Chlorwasserstoff, Jodwasserstoff, Cyanwasserstoff etc. und hängt zum Ueberfluss auch wohl die Bezeichnung „säure" an, also Chlorwasserstoffsäure, Cyanwasserstoffsäure. Einige gebrauchen die Benennungen: Hydrochlorsäure, Hydrojodsäure, Hydrocyansäure etc. Lateinisch heissen diese Namen *Acidum hydrochloricum* oder *chlorhydricum, Acidum hydrojodicum* oder *jodhydricum.*

Haloïdsalze sind die Verbindungen, welche unmittelbar aus der chemischen Vereinigung eines Salzbildners oder Halogens mit einem basischen Radicale entstehen, wie Jodkalium, Chlornatrium, Cyankalium. Sie bilden eine besondere Klasse der Salze, denn die Sauerstoffsalze, welche aus der Vereinigung eines Oxyds mit einer Sauerstoffsäure hervorgehen, und die

Schwefelsalze, welche durch Verbindung der Sulferete (Schwefelblasen) mit Sulfiden entstehen, werden durch die Bezeichnung Amphidsalze unterschieden, weil in diesen electropositive und electronegative Bestandtheile beider, der Base und der Säure, vorhanden sind.

Bemerkungen. Sulfurét, Sulfíd, von dem lat. *sulfur* (*sulphur*), der Schwefel. Legirung, von dem griech. λέγω (lego), ich lege zusammen, dazu. — Amalgám (lat. *amalgăma*), angeblich ein Wort arabischen Ursprungs, Quecksilberbrei. — Halogén, ein Salzbildner, gebildet aus dem griech. ἅς, gen. ἁλός (hals, halos), Salz, und γενω (geno) erzeugen. — Haloid (oft mit Halogen verwechselt), gebildet aus dem griech. ἅς, Salz, und εἶδος (eidos), Gestalt, Bild. — Amphidsalze, von dem griechischen ἄμφω (ampho), beide, und εἶδος. — Haloidsalz ist ein selten gebrauchter Ausdruck und man sagt besser Chlormetall, Brommetall, Jodmetall. — Die Chlormetalle sind fast alle in Wasser leicht löslich. Ausnahmen sind Chlorsilber und Quecksilberchlorür (Calomel), welche gar nicht in Wasser löslich sind, und Chlorblei, welches sehr schwer darin löslich ist.

Lection 40.

Substitutionstheorie. Typentheorie. Nomenclatur (Schluss).

Die in neuerer Zeit üblich gewordene Typentheorie betrachtet nicht wie die dualistische Theorie oder Binärtheorie die chemische Verbindung aus zwei näheren Bestandtheilen hervorgegangen, sondern sie nimmt jeden chemisch entstandenen Körper als ein abgeschlossenes Ganze an, dessen constituirende Theile eine binäre Schichtung oder eine Scheidung in zwei nähere Bestandtheile nicht zulassen, welche aber nach bestimmten Modellen, Mustern oder Grundformen, Typen genannt, gruppirt sind. Solche Modelle sind der

I.	II.	III.	IV.
Wasserstofftypus.	Wassertypus.	Ammontypus.	Sumpfgas- od. Kohlenwasserstofftypus.
$\left.\begin{array}{c}H\\H\end{array}\right\}$	$\left.\begin{array}{c}H\\H\end{array}\right\} O$	$\left.\begin{array}{c}H\\H\\H\end{array}\right\} N$	$\left.\begin{array}{c}H\\H\\H\\H\end{array}\right\} C$

oder Vielfache derselben z. B.

$$\left.\begin{array}{l}H_2 \\ H_2\end{array}\right. \qquad \left.\begin{array}{l}H_2 \\ H_2\end{array}\right\} O_2 \qquad \left.\begin{array}{l}H_3 \\ H_3\end{array}\right\} O_3 \qquad \left.\begin{array}{l}H_4 \\ H_4\end{array}\right\} O_4$$

Wenn wir im Wassertypus hier die Formel HHO oder H_2O angegeben finden, obgleich wir nach der dualistischen Ansicht HO ($= 9$) schrieben, so sei nochmals daran erinnert, dass die Typentheorie nicht Aequivalente sondern Atome annimmt, deren Gewichte sie aus verschiedenen physikalischen Eigenschaften berechnet. Wie wir aus der Lection 32 (S. 141) wissen, verbinden sich 2 Volume Wasserstoffgas mit 1 Volum Sauerstoffgas zu Wasser, und da Volum und Atom auch nach der Typentheorie gleichbedeutend angenommen werden, so besteht das Wasser aus 2 Atomen Wasserstoff und 1 Atom Sauerstoff. Das Volum- oder Atomgewicht des Wasserstoffs nimmt die Typentheorie $= 1$ an und berechnet dem entsprechend die Volum - oder Atomgewichte der übrigen Elemente. Da das Wasser (H_2O) 2 Atome Wasserstoff ($H = 1$) enthält, so ist das Atomgewicht des Sauerstoffs (O) $= 16$, das Molekülgewicht des Wasser ($2 + 16 =$) 18. Das Aequivalentgewicht des Wassers ist ($1 + 8 =$) 9. Obgleich die Gewichte verschieden sind, so ist nichts desto weniger das Gewichtsverhältniss dasselbe. Aus der Annahme der Atomgewichte von $H = 1$ und $O = 16$ ergeben sich z. B. folgende Atomgewichte.

	Atomgewicht.			Aequivalentgewicht.	
Wasserstoff	H =	1		H =	1
Sauerstoff	O =	16		O =	8
Schwefel	S =	32		S =	16
Kohlenstoff	C =	12		C =	6
Chlor	Cl =	35,5		Cl =	35,5
Jod	J =	127		J =	127
Stickstoff	N =	14		N =	14
Calcium	Ca =	40		Ca =	20.

Da nach der Typentheorie aus der Vereinigung zweier oder mehrerer gleichartiger oder ungleichartiger Atome das Molekül hervorgeht, so sind die Molekülgewichte des

Wasserstoffs	HH	oder	H_2	=	2
Wassers	HHO	„	H_2O	=	18
Ammons	HHHN	„	H_3N	=	17.

Diese Notizen mögen vorläufig ausreichen, um uns in der Typentheorie die Orientirung zu erleichtern. In einer späteren Lection werden wir bei diesem Gegenstande etwas länger verweilen.

Die Anhänger der Typentheorie bezeichnen das Element Wasserstoff mit *Hydrium* und demgemäss ein basisches Hydrat mit Hydriumoxyd oder Hydroxyd, z. B. Natronhydrat mit Natriumhydroxyd, Bleioxydhydrat mit Bleihydroxyd, Schwefelsäurehydrat mit Schwefelhydrosäure oder Hydriumsulfat.

Die anorganischen Verbindungen lassen sich fast sämmtlich auf den Wasserstoff- und Wassertypus zurückführen, z. B.

Wasserstofftypus.	Jodwasserstoff (Hydriumjodid).	Chlorwasserstoff (Hydriumchlorid).	Chlornatrium (Natriumchlorid).
$\left.\begin{array}{l}H\\H\end{array}\right\}$	$\left.\begin{array}{l}J\\H\end{array}\right\}$	$\left.\begin{array}{l}Cl\\H\end{array}\right\}$	$\left.\begin{array}{l}Cl\\Na\end{array}\right\}$

$$\text{Jodkalium (Kaliumjodid).}$$

$$\left.\begin{array}{l}J\\Ka\end{array}\right\}$$

Wassertypus.	Kaliumhydrat (Kaliumhydroxyd).	Natriumhydrat (Natriumhydroxyd)	Natriumnitrat.
$\left.\begin{array}{l}H\\H\end{array}\right\}O$	$\left.\begin{array}{l}K\\H\end{array}\right\}O$	$\left.\begin{array}{l}Na\\H\end{array}\right\}O$	$\left.\begin{array}{l}NO_2\\Na\end{array}\right\}O$

$$\text{Salpetersäurehydrat (Hydriumnitrat).}$$

$$\left.\begin{array}{l}NO_2\\H\end{array}\right\}O$$

Indem die dualistische Theorie annimmt, dass eine Verbindung aus 2 Elementen oder 2 zusammengesetzten Körpern, welche sich in einem chemischen Gegensatze befinden, entsteht, dass sich z. B. Kaliumoxyd mit Wasser zu Kaliumoxydhydrat, das Natriumoxyd mit Wasser zu Natriumoxydhydrat, mit Salpetersäure zu salpetersaurem Natriumoxyd verbindet, nimmt die Typentheorie eine Substitution der Atome oder Moleküle in einem Typus durch andere Atome oder Moleküle an, so dass der Typus, die Art der Anordnung und Lagerung der Atome und Moleküle in dem Typus, keine Aenderung erleidet. Tritt ein Atom in eine Verbindung ein, so verdrängt es auch ein darin bereits vorhandenes Atom und zwar aus derselben Stelle des Typus, in welche es eintritt. In dem Wasserstofftypus $\left.\begin{array}{l}H\\H\end{array}\right\}$ sind

2 Stellen, von denen jede durch 1 Atom Wasserstoff ausgefüllt ist. Tritt 1 Atom Chlor ein, so tritt dieses auch nur in eine Stelle des typischen Wasserstoffs ein $\left(\text{Cl und } {\text{H} \atop \text{H}}\right\} \text{ geben } {\text{Cl} \atop \text{H}}\right\} \text{ und H}\right)$ und es entsteht Chlorwasserstoff oder Salzsäure. Tritt in die Stelle des zweiten Atoms Wasserstoff Natrium (Na) ein, so erhalten wir Natriumchlorid oder Chlornatrium $\left({\text{Cl} \atop \text{H}}\right\} \text{ und Na geben}$ ${\text{Cl} \atop \text{Na}}\right\} \text{ und H}\right)$. In jedem dieser Fälle wird das verdrängte Atom Wasserstoff frei.

Lassen wir auf Wasser Natrium einwirken, so verdrängt dieses 1 Atom Wasserstoff und wir erhalten unter Ausscheidung von Wasserstoff Natriumhydroxyd oder Natriumhydrat. $\left({\text{H} \atop \text{H}}\right\} \text{O und}$ Na geben ${\text{H} \atop \text{Na}}\right\} \text{O und H}\right)$. Uebergiessen wir das Natriumhydroxyd mit Salpetersäurehydrat oder Hydriumnitrat $\left({\text{NO}_2 \atop \text{H}}\right\} \text{O}\right)$, so tritt unter Freilassung von Wasser das Natrium in die zweite Stelle des Wasserstoffs und das Resultat ist salpetersaures Natrium oder Natriumnitrat

$$ {\text{NO}_2 \atop \text{H}}\right\} \text{O und } {\text{H} \atop \text{Na}}\right\} \text{O geben } {\text{NO}_2 \atop \text{Na}}\right\} \text{O und } {\text{H} \atop \text{H}}\right\} \text{O.} $$

Der Dualist lässt Natriumoxyd und Salpetersäure zusammentreten, er gewinnt daher salpetersaures **Natriumoxyd** oder Natronnitrat. Die dualistische Theorie addirt in einem Salze die näheren Bestandtheile und drückt diese Addition auch in dem Namen des Salzes aus. Kaliumoxyd oder Kali und Schwefelsäure zu einem Salze verbunden nennt sie schwefelsaures Kaliumoxyd oder schwefelsaures Kali oder Kalisulfat. Die Typentheorie betrachtet die chemische Verbindung dagegen nach einem Typus constituirt, der als unabänderlicher Atomencomplex nicht in nähere Bestandtheile zerlegt werden kann. Vergleichen wir die empirischen Formeln der Salze beider Theorien, so ist auch hierin schon der Unterschied genügend ausgeprägt. Die Formel der Schwefelsäure ist nach der Typentheorie H_2SO_4, nach der dualistischen Theorie HO,SO^3.

Kaliumsulfat	K_2SO_4	—	KO,SO^3	Kaliumoxydsulfat
Natriumsulfat	Na_2SO_4	—	NaO,SO^3	Natriumoxydsulfat
Calciumsulfat	$CaSO_4$	—	CaO,SO^3	Calciumoxydsulfat
Magnesiumsulfat	$MgSO_4$	—	MgO,SO^3	Magnesiumoxydsulfat
Baryumsulfat	$BaSO_4$	—	BaO,SO^3	Baryumoxydsulfat
Zinksulfat	$ZnSO_4$	—	ZnO,SO^3	Zinkoxydsulfat.

In die Formel der Schwefelsäure, wie sie von der Typentheorie aufgestellt ist, sehen wir nur das Metall eintreten, um das Salz zu constituiren, in die dualistische Formel dagegen stets das Metalloxyd.

Nach diesen Ausführungen ergiebt sich die Erklärung, warum es nach der Typentheorie kein Natriumoxydhydrat oder Natronhydrat, kein salpetersaures Natriumoxyd oder Natronnitrat, kein schwefelsaures Natriumoxyd etc. giebt, und dass sie Natriumhydrat oder Natriumhydroxyd, salpetersaures Natrium oder Natriumnitrat, schwefelsaures Natrium oder Natriumsulfat sagen muss. Um eine nomenklatorische Unterscheidung zwischen schwefelsaurem Eisenoxydul und schwefelsaurem Eisenoxyd zu haben, nennt sie ersteres Ferrosumsulfat oder Ferrosulfat, letzteres Ferricumsulfat oder Ferrisulfat. Quecksilberoxydulnitrat würde sie Hydrargyrosumnitrat oder Mercuronitrat, Quecksilberoxydnitrat dagegen Hydrargyricumnitrat oder Mercurinitrat benennen.

Bemerkungen. Substitutión, das lat. *substitutio*, das Setzen an die Stelle eines anderen; *substitŭo, tui, tūtum, ĕre*, an die Stelle einer Sache setzen, substituiren. — Typus, Type, von dem griech. τύπος (typos), Form, Urbild, Vorbild, Muster. — Molecül, von dem franz. *la molécule*, Klümpchen, Kügelchen, Molecül (latein. *moles, is*, die Masse, Last; Diminut. *molecŭla, ae*, die kleine Last), hat in chemischer Beziehung nach *Gerhardt's* Ansicht eine andere Bedeutung als Aequivalent und Atom, obgleich im weiteren Sinne Atom und Molecül synonym gebraucht werden. Das Aequivalent giebt die Gewichtsmengen an, in welchen sich die Elemente verbinden, das Atom entspricht der kleinsten Menge eines Elements, welche in einer Verbindung vorkommen kann, das Molekül aber besteht aus 2 oder mehreren Elementaratomen und repräsentirt die kleinste Menge eines Körpers, welche mit einem anderen Körper eine Reaction hervorbringt oder überhaupt im freien Zustande existirt. H und O oder 1 Wasserstoff und 8 Sauerstoff geben die Aequivalentgewichte an, in welchen beide Stoffe 1 Aeq. HO oder Wasser bilden. Zwei Atome Wasserstoff bilden ein Molecül Wasserstoff. Zwei Atome Wasserstoff und 1 Atom Sauerstoff bilden ein Molecül Wasser. — *Dumas* (spr. dümah) und *Gerhardt*, zwei franz. Chemiker, sind die eigentlichen Urheber und Begründer der Typentheorie. *Dumas* stellte zuerst die Substitutionstheorie oder metaleptische Theorie auf (Metalepsie, griech. μετάληψις [metalēpsis], Nachfolge, Veränderung, Tausch; μεταλαμβάνω, fut. μεταλήψομαι, Antheil nehmen, vertauschen). *Dumas* bewies durch Experiment und Beispiele aus der organischen Chemie, wie wenig die Substitution der Elemente von einem electrischen Gegensatze berührt wird. Wenn Chlor z. B. unter Einfluss des Sonnenlichtes auf Essigsäurehydrat ($C^4H^3O^3 + HO$) einwirkt, so verdrängt das Chlor 1, 2 selbst alle 3 Aequivalente Wasserstoff aus der Verbindung und tritt in die Stelle desselben. Aus $C^4H^3O^3$ wird $C^4Cl^3O^3$. Diese Verbindung ist die Chloressigsäure, d. h. Essigsäure, deren 3 Aeq. Wasserstoff durch 3 Aeq. Chlor substituirt sind. Essigsäure und Chloressigsäure sind zwei Verbindungen eines und desselben Typus, nicht allein was ihre Zusammensetzung betrifft, ihre physischen und chemischen Eigenschaften zeigen zugleich eine Analogie, welche beweist, wie das Chlor den Wasserstoff selbst in der Art ersetzt, dass aus der Substitution keine äussere Veränderung mit der Verbindung vorgeht. *Dumas* betrachtete die organische Verbindung als ein Atomencomplex, in welchem die Atome in bestimmter Gruppirung sich befinden und in dieser Art einen Typus, ein Vorbild, darstellen, aus welchem ein Elementaratom oder ein Molecül (Kohlenstoff ausgenommen), austreten und durch ein anderes Elementaratom oder Molekül ersetzt werden könne, ohne dass der Typus der Atomgruppirung verändert werde. *Gerhardt* betrachtete dagegen alle organischen wie anorganischen Verbindungen nach folgenden 3 Typen oder Musterformeln constituirt: $\left.\begin{matrix} H\\ H \end{matrix}\right\}$ $\left.\begin{matrix} H\\ H \end{matrix}\right\}O$ $\left.\begin{matrix} H\\ H\\ H \end{matrix}\right\}N$,

und wies nach, dass in diesen Typen nicht nur der Wasserstoff, sondern auch der Sauerstoff und der Stickstoff durch andere Elemente vertreten werden könne.

Lection 41.

Krystalle. Krystallformen. Isomorphie. Krystallwasser. Verwittern der
Krystalle. Halhydratwasser.

Es giebt viele Substanzen, welche bei ihrem Uebergange aus dem tropfbar-flüssigen oder aus dem dampfförmigen Zustande in den festen regelmässige, von ebenen Flächen begrenzte Gestalten bilden, welche man Krystalle nennt. Die Entstehung der Krystalle wird als eine Folge ungestörter Cohäsionskraft angesehen, welcher die kleinsten Theilchen einer Substanz Folge leisten. Denkt man sich diese kleinsten Theile als Atome (vgl. S. 139) und schichtet dieselben neben- und aufeinander, so ist die Entstehung regelmässiger Formen sofort erklärt. Beistehende Figuren mögen das hier Gesagte versinnlichen.

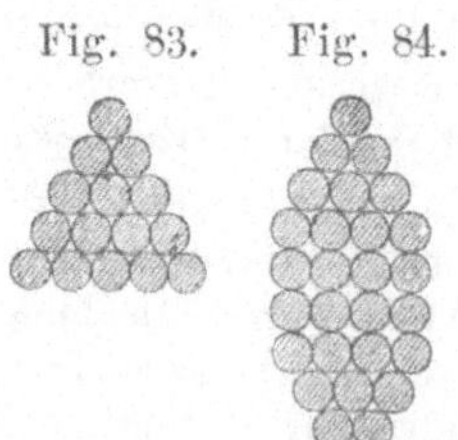

Fig. 83. Fig. 84.

Die Krystallgestalten sind ausserordentlich mannigfaltig, dennoch führt sie die Krystallographie auf 6 Grundformen oder primitive Krystallformen zurück, und man nennt die von letzteren abgeleiteten Formen abgeleitete oder secundäre Krystallformen. Diese entstehen durch verschiedene Abstumpfung der Ecken und Kanten der primitiven Krystallformen. Der Krystall bietet neben der äusseren Krystallisation auch eine innere, das Gefüge, welches sich oft schon von Aussen durch Streifen und Furchen offenbart, in deren Richtung sich ein Krystall abblättern und spalten lässt, ohne wesentlich an Regelmässigkeit seiner Form Einbusse zu erleiden.

Charakteristische äussere Merkmale an einem Krystall sind Flächen, Kanten, Ecken, Winkel. Ist ein natürlich entstandener Körper mit diesen Merkmalen ausgestattet, so sagt man, er ist ein krystallisirter Körper, mangeln dagegen an einem Körper diese äusseren Merkmale, er zeigt aber in seinem Innern ein den Krystallen angehöriges Gefüge, also eine innere Krystallisation, so nennt man ihn krystallinisch. Auch solchen Körpern, welche aus unvollkommenen und in ihrer Form unbestimmbaren Krystallen bestehen, oder welche Krystall-Conglomerate bilden, an welchen die Form der Krystalle undeutlich ist, pflegt man gleichfalls die Bezeichnung krystallinisch beizulegen. Jodkalium, Chlornatrium bilden erkennbare Würfel, zuweilen auch Oktaeder. In diesen Formen sind sie daher krystallisirte Substanzen, dagegen nennt man sublimirtes kohlensaures Ammon (*Ammonum carbonicum*), sublimirtes Quecksilberchlorid (*Hydrargyrum bichloratum corrosivum*), sublimirtes Quecksilberchlorür (*Hydrargyrum chloratum mite*), Marmor (natürliche kohlensaure Kalkerde), Alabaster (natürliche schwefelsaure Kalkerde), Hutzucker krystallinische Substanzen. Sind die Krystalle sehr klein, dass sie in ihrer Zusammenhäufung einem Pulver gleichen, so spricht man von einem krystallinischem Pulver oder Krystallmehl. Geschmolzenes Wismuthmetall, Zink, Zinn erstarren krystallinisch, d. h. das erstarrte Metall bildet ein Aggregat von Krystallen, welche unter sich cohäriren.

Die in der Natur vorkommenden Krystalle sind übrigens nur im seltneren Falle vollkommene. Störungen während ihrer Entstehung verursachen Verzerrungen oder Mängel an der eigentlichen Krystallform, dennoch erstrecken sich diese selten so weit, dass nicht aus dem ausgebildeten Krystalltheile der Charakter der vollkommenen Krystalle zu erkennen wäre.

Bemerkenswerthe Flächen, welche einen Krystall begrenzen, sind:

das Quadrat (Tetragon), eine Fläche mit 4 gleichen Seiten und 4 rechten Winkeln. Vom Quadrat abgeleitet ist das regelmässige Oktagon (Achteck);

Fig. 85.　　　　　　Fig. 86.

Quadrat.　　　　　　regelm. Oktagon.

das regelmässige Hexagon (Sechseck), von welchem sich das regelmässige Dodekagon (Zwölfeck) ableiten lässt;

Fig. 87.　　　　　　Fig. 88.

regelm. Hexagon.　　　　　　regelm. Dodekagon.

der Rhombus (Raute), ein verschobenes Viereck mit gleichen Seiten, aber mit zwei stumpfen und zwei spitzen Winkeln. Hiervon ist abzuleiten das Rechteck oder rechtwinklige ungleichseitige Viereck und das Rhomboïd, ein schiefwinkliges Viereck mit parallelen ungleichen Seiten;

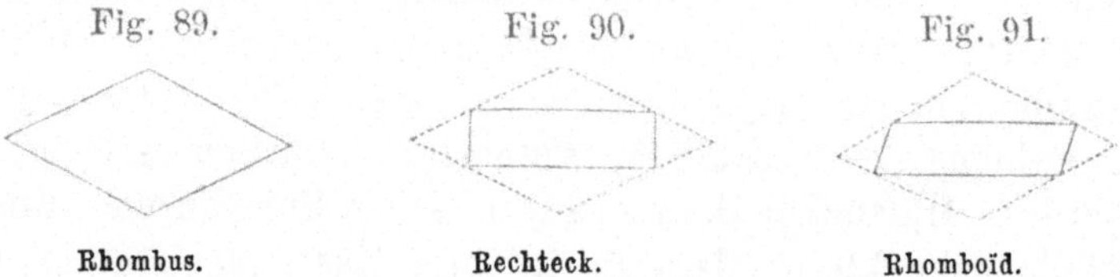

Fig. 89.　　　　Fig. 90.　　　　Fig. 91.

Rhombus.　　　　Rechteck.　　　　Rhomboïd.

Das Trapez, ein unregelmässiges Viereck, nur mit einem Paar paralleler Gegenseiten, und das Trapezoïd, ein unregelmässiges Viereck, in welchem auch nicht zwei Seiten parallel sind. Gemeinlich nennt man Trapez überhaupt jedes unregelmässige Viereck;

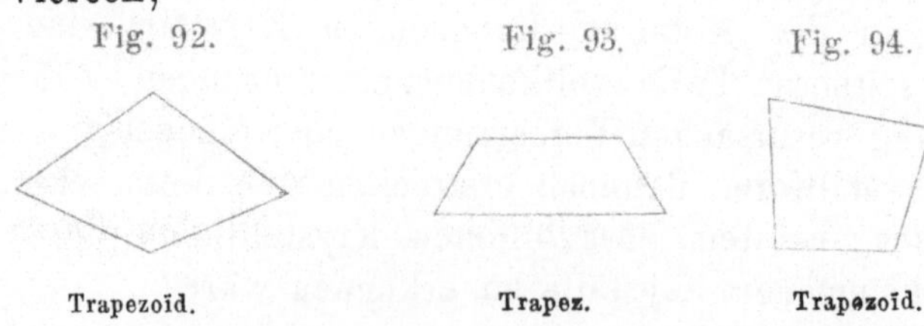

Fig. 92.　　　　Fig. 93.　　　　Fig. 94.

Trapezoïd.　　　　Trapez.　　　　Trapezoïd.

das Dreieck; eine von 3 Seiten begrenzte Fläche;

Fig. 95.

Dreieck.

das Pentagon (Fünfeck), eine von 5 Seiten eingeschlossene Fläche.

Fig. 96.

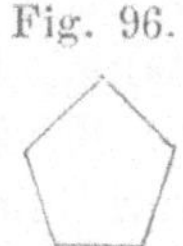

gleichseitiges Pentagon.

Wenn zwei Flächen unter irgend einem Winkel zusammenstossen, so entsteht längs ihrer Berührung eine Kante. In dem Punkte, in welchem drei oder mehrere Flächen sich berühren, oder, was dasselbe ist, wo drei oder mehrere Kanten zusammenstossen, entsteht eine Ecke. Flächen, Kanten, Ecken sind die Begrenzungselemente eines Krystalls.

Ein Krystall kann nie weniger denn 4 Flächen haben. Nach der Zahl oder nach der Art der die Krystallform einschliessenden Flächen unterscheidet man: Tetraëder (4flächner), Hexaëder (6flächner), Oktaëder (8flächner), Dodekaëder (12flächner), Ikosaëder (20flächner), Ikositetraëder (24flächner) etc., Würfel, Rhomboëder, Trapezoëder, Rhombendodekaëder (Granatoëder) etc.

Die Krystallographie unterscheidet, wie schon oben bemerkt ist, sechs Grundformen der Krystalle, auf welche sich die übrigen Krystallformen zurückführen lassen. Diese Grundformen bilden das Gerippe der Krystallsysteme, bei welchen die Lage der Basis des Krystalls oder die Lagen- und Längenverhältnisse der Krystallachsen als Ausgangspunkte dienen. *Hauy, Weiss, Mohs, Rose, Naumann, Hausmann* haben sich in Betreff der Krystallographie grosse Verdienste erworben. *Hauy*, ein Franzose, stellte zuerst ein Krystallsystem auf. Das *Weiss*'sche System ist immer noch das maassgebende.

Substanzen gleicher Art, welche krystallisiren, pflegen Formen anzunehmen, welche einem und demselben Krystallsystem angehören oder sich nur von einer Grundform ableiten lassen, einige wenige dagegen bilden Krystalle aus den Formenreihen zweier verschiedener Krystallsysteme, z. B. bildet der aus seinen Auflösungen krystallisirende Schwefel rhombische Pyramiden, die Krystallform aber, welche der geschmolzene Schwefel beim Abkühlen annimmt, gehört dem klinorrhombischen System an. Stoffe, die in Formen auftreten, welche zwei verschiedenen Krystallsystemen angehören, werden dimorph genannt. Polymorphe Stoffe, d. h. solche Stoffe, deren Formen zu mehr als zwei Krystallsystemen gehören, sind sehr selten.

Pseudomorphosen oder Afterkrystalle sind sonderbare, durch einen dem betreffenden Stoff nicht zukommenden Krystallisationsakt entstandene Krystalle. Erstarrt eine Masse in einer Höhlung, welche vordem ein Krystall einnahm, oder erleidet ein Krystall in seiner Substanz eine totale chemische Veränderung oder Zersetzung ohne gleichzeitige Destruction der Krystallform, so nennt man solche Gebilde Pseudomorphosen. Das in Würfeln krystallisirende Eisenbisulfuret (FeS^2) findet man z. B. in Eisenoxydhydrat (Fe^2O^3,HO) verwandelt, welches immer noch die Würfelform inne hat. Treten viele Krystalle dicht gedrängt aus einer krystallinischen Masse hervor oder bedecken die Krystalle dichtstehend eine gemeinschaftliche Unterlage, so pflegt man solche Krystallmassen Drusen zu nennen.

Einige Krystallformen als Beispiele.

Der Würfel, Kubus, Hexaëder. Er hat 6 gleiche Quadratflächen und durchweg rechte Winkel. In dieser Form krystallisiren Chlornatrium (Kochsalz, NaCl), Chlorkalium (KCl), Jodkalium (KJ), Bromkalium (KBr), wasserfreies Bromnatrium (NaBr), Flussspath (Fluorcalcium, CaFl), also sämmtlich Verbindungen, in welchen die Elemente in gleicher Art oder in analoger Weise verbunden sind. Solche Verbindungen nennt man isomorphe, die Erscheinung selbst Isomorphie. Chlorkalium ist z. B. isomorph dem Chlornatrium. Einige der genannten Verbindungen schiessen unter Umständen auch in Oktaëdern an, es ist jedoch diese Form keine Abweichung, indem das Oktaëder aus dem Würfel durch Abstumpfung der Ecken entsteht. Das Oktaëder ist also eine abgeleitete Form des Würfels.

Fig. 97.

Würfel.

Das regelmässige Oktaëder (Achtflächner) ist dadurch kenntlich, dass eine jede durch 4 Kanten desselben gelegte Ebene als Durchschnittsfigur stets ein Quadrat bildet. In dieser Form krystallisiren alle Alaune, z. B. der

$$\text{Kalialaun} \quad = KO,SO^3 \quad + Al^2O^3,3SO^3 + 24HO$$
$$\text{Ammonalaun} \quad = NH^4O,SO^3 \quad + Al^2O^3,3SO^3 + 24HO$$
$$\text{Kalieisenalaun} = KO,SO^3 \quad + Fe^2O^3,3SO^3 + 24HO,$$

also auch isomorphe Doppelsalze. Dieselbe Krystallform haben bisweilen Chlorammonium (Salmiak NH^4Cl), salpetersaurer Baryt (BaO,NO^5), salpetersaurer Strontian (SrO,NO^5), salpetersaures Bleioxyd (PbO, NO^5),

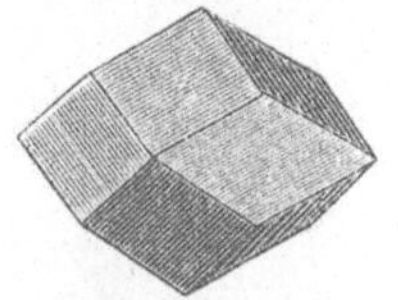

regelm. Oktaëder.

Das Rhombendodekaëder wird auch Granatoëder genannt, weil diese Form gemeiniglich am Granat gefunden wird. Es ist von 12 gleichen Rhombenflächen begrenzt. In Combinationen aus Rhombendodekaëder, Würfel und Oktaëder krystallisiren zuweilen die Alaune, auch der Phosphor.

Rhombendodekaëder.

Das Quadratoktaëder besteht aus 2 vierseitigen, von gleichschenkligen Dreiecken begrenzten Pyramiden. Eine durch 4 Ecken gelegte Ebene bildet kein Quadrat, es heisst deshalb aber quadratisch, weil seine Basis (die gemeinsame Grundfläche beider Pyramiden) ein Quadrat ist. Man unterscheidet spitze und stumpfe Quadratoktaëder, je nachdem die Pyramiden hoch oder niedrig sind. In Form abgestumpfter Quadratoktaëder krystallisirt das Blutlaugensalz oder Kaliumeisencyanür (*Kalium ferro-cyanatum*). Eine abgeleitete Form ist.

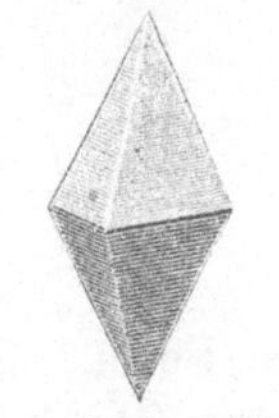

(spitzes) Quadratoktaëder.

abgestumpftes Quadratoktaëder.

die quadratische Säule, Quadratprisma, welche Form man z. B. beim Blutlaugensalz und arsensaurem Kali antrifft.

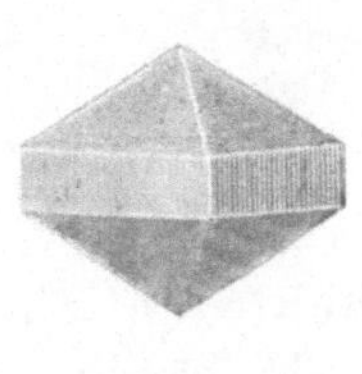

einfache quadratische Säulen.

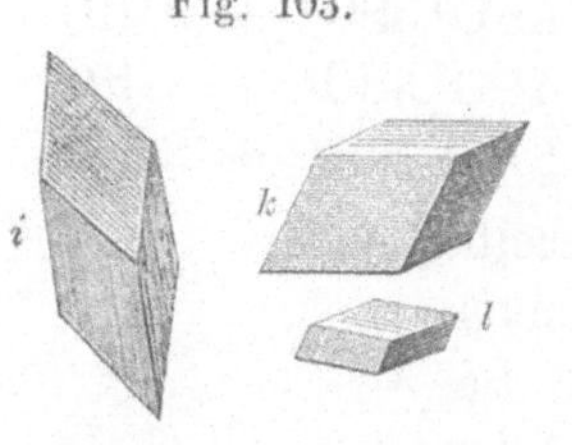

Fig. 103.

i, k, Rhomboëder; l, rhomboëdrische Tafel.

Das Rhomboëder ist von 6 gleichen oder ähnlichen Rhombenflächen begrenzt. In dieser Form krystallisirt das salpetersaure Natron (NaO, NO^5), der Kalkspath (CaO, CO^2), Turmalin, Galmei, Zinnober etc.

Die hexagonale oder sechsseitige Säule oder das hexagonale Prisma, eine von der vorhergehenden Form abge-

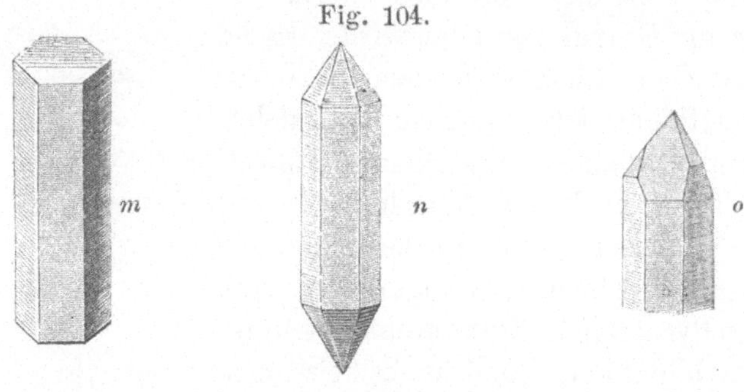

Fig. 104.

hexagonale Prismen.

leitete Form. Stumpfe gestreifte Säulen (wie *m*) bildet gewöhnlich das Glaubersalz (schwefelsaures Natron, $NaO, SO^3 + 10HO$). Die Formen *n* und *o* gehören dem Bergkrystall (krystall. Kieselerde) an. Kalkspath, Quarz, Graphit zeigen oft ähnliche Formen.

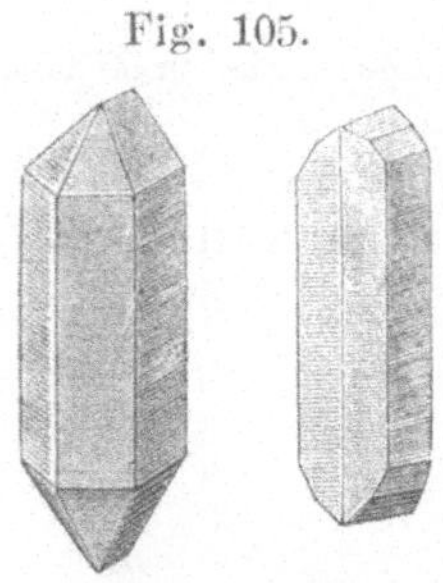

Fig. 105.

rhombische Säulen.

Das Rhombenoktaëder unterscheidet sich vom Quadratoktaëder durch eine rhombische Basis. Davon abgeleitete Formen sind rhombische Säulen, in verschiedenen Abänderungen, in welchen Formen man das Bittersalz (schwefelsaure Magnesia, $MgO, SO^3 + 7HO$), den Zinkvitriol (schwefelsaures Zinkoxyd, $ZnO, SO^3 + 7HO$), Kalisalpeter (salpetersaures Kali, KO, NO^5) krystallisirt antrifft.

Schiefen rhombischen Säulen oder Prismen begegnet man sehr häufig, z. B. beim schwefelsauren und salpetersauren Kali, kohlensauren Natron, schwefelsauren Eisenoxydul, schwefelsauren Zinkoxyd, Oxalsäure (*r*). Die Form *s* trifft man beim

Zucker und beim essigsauren Bleioxyd (PbO, $\bar{A}$ + 3HO), t und u beim schwefelsauren Eisenoxydul (FeO,SO^3 + 7HO) an.

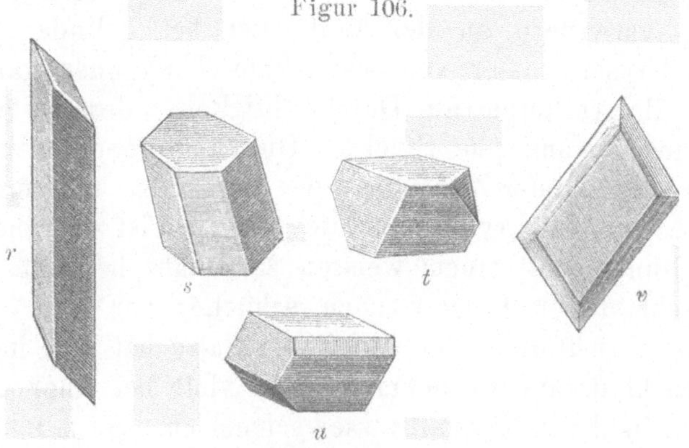

Figur 106.

Schiefe rhombische Säulen.

Ein Theil krystallisationsfähiger Substanzen und Verbindungen krystallisirt wasserfrei, d. h. die Krystalle derselben enthalten kein Wasser, z. B. salpetersaures Kali (KO, NO^5), schwefelsaures Kali (KO, SO^3), chlorsaures Kali (KO, ClO^5), salpetersaures Natron (NaO, NO^5), Jod, Schwefel etc. Ein anderer Theil jener Substanzen nimmt dagegen bei der Bildung von Krystallen Wasser auf und zwar stets in bestimmten Gewichtsverhältnissen, welche Einfache oder Multipeln des Aequivalentgewichtes des Wassers sind. Dieses Wasser ist das Krystallisationswasser. Es findet sich genau genommen nicht in chemischer Verbindung, ist aber eine unerlässliche Bedingung zum Aufbau der Krystalle. Das Glaubersalz ist schwefelsaures Natron mit 10 Aequival. Krystallwasser, also NaO,SO^3 + 10HO; die Alaune enthalten sämmtlich 24 Aeq. Krystallwasser.

Ein und dasselbe Salz kann das Krystallwasser in verschiedenen Gewichtsverhältnissen aufnehmen und damit Krystalle verschiedener Form darstellen. Die Temperatur ist bei diesem Vorgange von wesentlichem Einflusse. Eine gesättigte Glaubersalzlösung scheidet bei einer Temperatur von 33 bis 40° C. in Rhombenoktaëdern aus, welche kein Krystallwasser enthalten. Dasselbe wasserfreie Salz entsteht in dem in seinem Krystallwasser geschmolzenen Glaubersalze. Eine übersättigte Lösung desselben Salzes giebt unterhalb + 12° C. harte Krystalle mit 7 Aeq. Wasser. Das Bittersalz ist schwefelsaure Magnesia mit 7 Aeq. Krystallwasser (MgO, SO^3 + 7HO). Bei 30 bis 40°

krystallisirend bindet es 6 Aeq. Krystallwasser, unter 0^0 krystallisirend 12 Aeq.

Die meisten krystallisirten Salze, welche Krystallwasser enthalten, verwittern an der Luft oder bei gelinder Wärme, d. h. das Krystallwasser verdunstet zum Theil oder ganz, und die Krystalle verlieren an Durchsichtigkeit oder zerfallen zu Pulver oder in amorphe Stücke. Diesen Vorgang nennt man das Verwittern oder Zerfallen der Krystalle. Legt man einen hyalinen Glaubersalzkrystall an die Luft, so ist er schon nach wenigen Stunden mit einem weissen Salzstaube bedeckt. In der Wärme geht dieser Process noch schneller vor sich. Bei der Darstellung verwitterter oder zerfallener Salze hat man im Uebrigen Rücksicht darauf zu nehmen, dass viele bei einer gewissen Temperatur in ihrem Krystallwasser schmelzen. So z. B. schmilzt Glaubersalz bei 33^0, das Bittersalz bei circa 40^0. Behufs der Verwitterung lässt man daher einen Theil des Krystallwassers an der Luft bei gewöhnlicher Temperatur abdunsten, ehe man die Salze zur Vollendung der Austrocknung an einen warmen Ort bringt.

Wenn ein starrer Körper in einen flüssigen, ein starrer oder ein flüssiger in einen luftförmigen Aggregatzustand übergeht, so macht er eine gewisse Menge Wärmestoff latent (S. 23). Dies geschieht auch beim Auflösen krystallisirter Körper, besonders der Salze. Löst man z. B. wasserfreie Salze wie Jodkalium, Bromkalium, Chlorammonium Salpeter in Wasser, so findet eine Temperaturerniedrigung in Folge des Latentwerdens von Wärme statt. Nächst der Salzsubstanz absorbirt auch das Krystallwasser, welches eisähnliches Wasser ist, zum Flüssigwerden fast 80^0 Wärme und erzeugt dadurch Kälte. Daher werden wasserfreie und Krystallwasser-haltige Salze zu sogenannten Kältemischungen benutzt. Unter letzteren zeichnet sich ein Gemisch aus 8 Th. kryst. Glaubersalz und 5 Th. roher concentrirter Salzsäure (Chlorwasserstoffsäure) besonders aus. Bei dieser Mischung entsteht aus der Hälfte des Glaubersalzes (wasserfreies) Kochsalz; und das Krystallwasser des Glaubersalzes wird dadurch auf einmal flüssig, so dass eine Temperaturerniedrigung um 25^0 C. eintritt. Vergl. auch S. 27.

Wenn man Eisenvitriol oder krystallisirtes schwefelsaures Eisenoxydul $(FeO, SO^3 + 7HO)$ zerreibt oder gelind erwärmt, so entweichen allmählich durch Verdunstung 6 Aeq. des Krystallwassers, das siebente Aeq. des Krystallwassers erfordert eine Erhitzung bis zu 280^0 C., ehe es verdampft. Aehnlich verhält sich das Bittersalz (kryst. schwefelsaure Magnesia, MgO,SO^3 + 7HO), welches bei mässiger Wärme 6 Acq. Krystallwasser verliert, zur Austreibung des letzten Aeq. aber eine Erhitzung über 200^0 C. erfordert. Es ist, wie wir aus diesen Beispielen ersehen, das Krystallwasser nicht gleich fest gebunden. In den angegebenen Beispielen finden wir 1 Aeq. Wasser fester und inniger gebunden als die übrigen 6 Aeq. Da nun noch die Erfahrung lehrt, dass dieses eine Aeq. Wasser in jenen Salzen durch 1 Aeq. eines anderen Salzes vertreten werden kann, oft ohne selbst die Krystallform zu verändern, so nennt es *Graham* Halhydratwasser oder Constitutionswasser. Daher schreibt man oft in stöchiometrischen Formeln dieses Wasser von dem Krystallwasser getrennt. Man schreibt also

$$FeO,SO^3 + HO + 6HO \text{ statt } FeO,SO^3 + 7HO$$
$$MgO,SO^3 + HO + 6HO \text{ statt } MgO,SO^3 + 7HO.$$

Beispiele solcher Salze verbunden mit einem anderen Salze, welches das Halbhydratwasser vertritt, sind das schwefelsaure Eisenoxydul - Ammon (*Ferro - Ammonium sulfuricum*, schwefelsaures Eisenoxydulammon), mit der Formel:

$$NH^4O,SO^3 + FeO,SO^3 + 6HO,$$

und die schwefelsaure Kalimagnesia mit der Formel:

$$KaO,SO^3 + MgO,SO^3 + 6HO.$$

Zu erwähnen ist noch, dass viele Chemiker das Krystallwasser in den stöchiometrischen Formeln nicht mit HO, sondern mit *Aq.* oder *aq.* bezeichnen. Sie schreiben FeO,SO^3 + 7 Aq. oder FeO,SO^3,HO + 6aq.

Bemerkungen. Krystáll, von dem griech. $\varkappa\varrho\acute{\nu}\sigma\tau\alpha\lambda\lambda o\varsigma$ (krystallos), Bergkrystall, Krystall, durchsichtiger Edelstein. ($\tau\grave{o}$ $\varkappa\varrho\acute{\nu}o\varsigma$, die Kälte, das Eis; $\varkappa\varrho\nu\sigma\tau\alpha\acute{\iota}\nu\omega$, gefrieren machen). — Tetragón, Pentagón, Hexagón, Oktagón, Dódekagón, von d. griech. $\tau\acute{\epsilon}\tau\varrho\alpha$- (4), $\pi\acute{\epsilon}\nu\tau\epsilon$ (5), $\H{\epsilon}\xi$ (6), $\grave{o}\varkappa\tau\acute{\omega}$ (8), $\delta\acute{\omega}\delta\epsilon\varkappa\alpha$ (12), (tetra, pente, hex, octo, dodeka) und $\gamma\tilde{\omega}\nu o\varsigma$ (gōnos), Winkel, Ecke. — Rhómbus, Raute, von dem griech. $\varrho\acute{o}\mu\beta o\varsigma$ (rhombos), ein verschobenes Viereck mit gleichen parallelen Seiten. — Rhomboïd, rautenähnlich, von dem griech. $\varrho\acute{o}\mu\beta o\varsigma$ und $\epsilon\tilde{\iota}\delta o\varsigma$ (eidos), Gestalt; $\varrho o\mu\beta o\epsilon\iota\delta\acute{\eta}\varsigma$ (rhomboeidēs), von der Gestalt eines Rhombus. — Trapéz, von dem griech. $\tau\varrho\acute{\alpha}\pi\epsilon\zeta\alpha$ (trapeza), Tisch, Tafel, Platte. — Tetraéder, von dem griech. $\tau\acute{\epsilon}\tau\varrho\alpha$- (4) und $\H{\epsilon}\delta\varrho\alpha$ (hedra), Sitz, Bank, Fläche. — Isomórph, gleichgestaltig, Isomorphie, von dem griech. $\H{\iota}\sigma o\varsigma$, $\H{\iota}\sigma\eta$, $\H{\iota}\sigma o\nu$ (isos, isē, ison) ähnlich, gleich, und $\mu o\varrho\varphi\acute{\eta}$ (morphē) Gestalt. — Dimorph, zweifachgestaltig, Dimorphísmus, Doppelgestaltung, von dem griech. $\delta\acute{\iota}\varsigma$ (dis), zweifach, doppelt, und $\mu o \varrho \varphi \acute{\eta}$. — Polymórph, vielgestaltig, vom griech. $\pi o \lambda\acute{v}\varsigma$ (polÿs) viel, und $\mu o \varrho \varphi \acute{\eta}$. — Halhydrátwasser (Salzhydratwasser), von dem griech. $\mathring{\alpha}\lambda\varsigma$, gen. $\mathring{\alpha}\lambda\acute{o}\varsigma$ (hals, halos), Salz, und $\mathring{v}\delta\omega\varrho$ (hÿdōr) Wasser; $\mathring{v}\delta\varrho o$- (hydro-), in Zusammensetzungen. —

Lection 42.

Krystallisationsoperationen.   Krystallisationspunkt.   Effloresciren. Mutterlauge.

Krystallisationsfähige Substanzen scheiden aus ihren Auflösungen, wenn das Auflösungsmittel (Wasser, Weingeist) in irgend einer Weise vermindert wird, auch in Krystallen aus. Mit wenigen Ausnahmen löst Wasser, Weingeist etc. mit Zunahme der Temperatur mehr und mehr eines krystallisirbaren Körpers, oder die Löslichkeit eines Körpers in einer Flüssigkeit steigt in dem Maasse, wie die Temperatur dieser letzteren zunimmt. Mit Abnahme der Temperatur geht auch die Auflöslichkeit zurück, und der gelöste Körper scheidet in dem Maasse der Abkühlung in Krystallen aus; die Lösung, welche dann verbleibt, ist eine ihrer Temperatur entsprechend gesättigte Lösung.

Geben wir in ein porcellanenes Kasserol circa 60 Grm. (60 Cubicc.) destillirtes Wasser, erhitzen über einer Weingeistlampe und schütten dazu eine anderthalbfache Quantität des rohen Kalisalpeters *(Kali nitricum crudum)*. Filtriren wir die unter Umrühren und Aufkochen bewirkte Lösung noch heiss (in einem vorher erwärmten Glastrichter) und stellen sie an einen Ort, wo sie langsam erkaltet, einen Tag bei Seite, so finden wir nach dieser Zeit fast 60 Grm. des Salpeters in prismatischen Krystallen angeschossen. Wir giessen dann die Flüssigkeit, die Mutterlauge, welche neben Salpeter die verunreinigenden Salze des Salpeters enthält, von den Krystallen ab, diese aber sammeln wir in einem Glastrichter und lassen sie darin abtropfen. Durch Umkrystallisiren haben wir hier unreinen Salpeter gereinigt. Machen wir die Mutterlauge durch Abdampfen gehaltreicher an Salz und stellen sie wieder zur Krystallisation bei Seite, so gewinnen wir einen weiteren Theil des gelösten Salpeters in Krystallen.

Hätten wir in jene 60 Grm. Wasser unter Kochen so viel Salpeter eingetragen, als sich nur löste, so würden wir circa 200 Grm. dazu verbraucht haben und wir hätten eine beim Kochpunkt der Lösung (115°) gesättigte Salpeterlösung gewonnen. Liessen wir diese (bei 115°) gesättigte Lösung erkalten, so würde der grösste Theil des Salzes auskrystallisirt sein. Die Mutterlauge wäre dann immer eine gesättigte Lösung bei der Temperatur, bis zu welcher die Abkühlung stattfand.

Enthält eine Lösung nur wenig der krystallisirbaren Substanz, so muss sie durch Abdampfen so weit gemindert werden, bis sie an den Punkt gelangt, wo sie nicht die ganze Menge des Aufgelösten in Auflösung zu halten vermag, oder bis sie mit der krystallisirbaren Substanz gleichsam übersättigt ist. Dieser Punkt, der **Krystallisationspunkt**, giebt sich durch die Ausscheidung von Krystallen in Form eines Häutchens an der Oberfläche der Lösung zu erkennen. Lässt man nun die Lösung erkalten, so schreitet die Krystallisation an den Wandungen des Gefässes weiter fort, weil hier die Abkühlung am stärksten ist.

Es giebt aber auch einige krystallisirbare Substanzen, deren Lösungen beim Abdampfen dieses Krystallisationshäutchen nicht zeigen, z. B. das weinsaure Kali-Natron (*Natro-Kali tartaricum* oder *Tartarus natronatus*, $KO,\overline{T} + NaO,\overline{T} + 8HO$). In diesem Falle giebt man einige Tropfen der heissen Lösung auf eine kalte Glasscheibe. Findet in diesem Tropfen sofort eine Ausscheidung kleiner Krystallchen statt, so ist die Lösung auch bei dem Punkte angelangt, wo man sie zur Krystallisation bei Seite stellt.

Die geeignetsten Gefässe zu Krystallisationen (Krystallirgefässe) sind porcellanene oder irdene, weniger gläserne. In chemischen Fabriken lässt man grosse Mengen der Salze in hölzernen Fässern oder Bottigen krystallisiren. An rauhe Flächen setzen sich die Krystalle schneller und ergiebiger an.

Umstände, welche die Bildung schöner oder grosser Krystalle fördern, sind Ruhe, langsames Erkalten, allmähliches Verdunsten des Auflösungsmittels, nicht zu sehr übersättigte Lösungen, überhaupt ein langsamer Gang der Krystallisation. Dagegen wird die Entstehung kleiner oder undeutlicher Krystalle durch schnelles Erkalten, durch rasches Verdunsten, durch Erschütterung und Umrühren der Lösung begünstigt. Letzteres, die **gestörte Krystallisation**, geschieht sogar oft absichtlich, wie z. B. bei schwefelsaurer Magnesia, schwefelsaurem Zinkoxyd, um diese Salze in kleinen spiessigen Krystallen zu gewinnen, oder wie bei dem salpetersauren Kali, weil sich zwischen und in den grösseren Krystallen Höhlungen bilden, welche Mutterlauge einschliessen.

Die nach dem Anschiessen der Krystalle übrig bleibende Lösung wird, wie oben erwähnt ist, Mutterlauge genannt. Durch Abgiessen und Abtropfenlassen wird die Mutterlauge von den Krystallen gesondert. Zu diesem Zwecke bringt man die Krystalle auf ein Colatorium oder in einen Siebtrichter aus Porcellan oder Steingut oder besser in einen gewöhnlichen Glastrichter. Enthält die Mutterlauge überdies noch fremdartige, verunreinigende Substanzen, so werden die Krystalle mit der möglichst geringsten Menge des kalten Auflösungsmittels abgewaschen. Durch Abdunstenlassen an der Luft, oder in der Wärme oder durch Pressen zwischen Fliesspapier trocknet man die Krystalle ab. Salze, welche leicht verwittern, darf man natürlich nicht in der Wärme abtrocknen, ebenso wenig Krystalle, welche leicht schmelzen, wie z. B. Glaubersalz, Eisenvitriol.

Nach der Beschaffenheit und Eigenthümlichkeit eines krystallisirbaren Körpers richtet sich die Krystallisationsoperation, das Sammeln und das Trocknen der Krystalle. Das Kochsalz, Chlornatrium NaCl, hat z. B. die auffallende Eigenschaft in kaltem und heissem Wasser gleich löslich zu sein. Dampft man eine gesättigte Kochsalzlösung ab, so scheidet sich auch das Salz in demselben Verhältnisse in kleinen trüben würfligen Krystallen ab, als Wasser verdampft. Will man grössere und durchsichtigere Krystalle gewinnen, so muss man die Lösung an einem gelindwarmen Orte allmählich abdunsten lassen. Einige Salze, wie Jodkalium, Kaliumeisencyanid, Salmiak, blühen aus oder effloresciren während des Krystallisationsaktes, auch schon während des Abdampfens ihrer Lösungen. Die Lösungen dieser Salze setzen nämlich im Umkreise ihrer Oberfläche Krystallschichten an und zwischen diesen und der Gefässwandung steigt in Folge der Capillarität die Lösung in die Höhe, verdunstet und setzt oberhalb des ersten Krystallansatzes weitere Krystalle an, unter welchen fort die Lösung weiter hinaufsteigt und Krystalle absetzt und so weiter, bis die Krystallisation über den Rand des Gefässes hinweg nach der Aussenwand steigt. Durch öfteres Abstossen der Krystallrinden über der Lösung muss daher diesem Vorgange Einhalt geschehen.

In ähnlicher Weise geht das Auswittern des Salpeters an Felsen, am Erdboden, an alten Gemäuern vor sich.

Lection 43.

Schwere der Körper. Absolutes Gewicht. Wage.

Die Körper ziehen sich gegenseitig an. Die Stärke der Anziehung ist der Masse jedes Körpers proportional, d. h. sie ist um so grösser, je mehr der Körper Masse enthält. Die Erdkugel zieht alle Körper an, welche auf ihr befindlich sind, und umgekehrt ziehen diese Körper die Erdkugel an. Da jedoch die Masse dieser Körper gegen die Masse der Erdkugel verschwindend klein ist, so entgeht das von ihr ausgehende Anziehungsbestreben unserer Wahrnehmung, und wir beachten daher nur die Anziehung, welche die Erde gegen die auf ihr befindlichen Körper ausübt.

Diese Anziehung des Erdkörpers, auch Schwerkraft, Gravitation genannt, äussert sich sichtlich durch das Bestreben der Körper, sich der Erde zu nähern, auf diese zurückzufallen, wenn sie von ihr getrennt werden. Die Schwerkraft ist allein die Ursache der Schwere der Körper, weil die Körper vermöge derselben einen Druck auf jedes Hinderniss ausüben, welches sich ihrer Bewegung zur Erde hin entgegenstellt. Insofern alle Theile gleich stark der Anziehungskraft folgen, ist auch der Druck um so grösser, je grösser ihre Masse ist. Die Grösse oder Stärke des Druckes, welchen ein Körper ausübt, nennt man das Gewicht desselben.

Die Bestimmung des Gewichtes geschieht auf der Wage mittelst gewisser Maasseinheiten, der Gewichte. Die Operation zur Ermittelung der Maasseinheiten, welche erforderlich sind, einen Körper auf der Wage im Gleichgewicht zu erhalten, nennt man das Wägen, und die Summe dieser Maasseinheiten das absolute Gewicht des Körpers. „Ein Stück Kreide wiegt vier Pfund“ heisst: das Stück Kreide übt einen Druck auf seine Unterlage aus, wie vier der Maasseinheiten, welche man Pfunde nennt.

Das Wägen der Gefässe, in denen wir Substanzen auf der Wage abwägen wollen, heisst tariren, das Gewicht des tarirten Gefässes heisst die Tara. Das Gewicht der in ein tarirtes Gefäss hineingewogenen Substanz ist das Nettogewicht dieser Substanz. Die Summe der Gewichte der Substanz und der Tara ist das Bruttogewicht. Man habe z. B. Honig in einem Topfe abgewogen. Der Topf wiegt 500 Grm. oder 0,5 Kilogrm. Die Tara beträgt also 500 Grm. Der in den Topf eingefüllte und durch Wägung bestimmte Honig wiegt 2,5 Kilogramm. 2,5 Kilogrm. ist das Nettogewicht des Honigs. Die Summe dieses Nettogewichtes und der Tara, also 2,5 + 0,5 = 3,0 Kilogrm. ist das Bruttogewicht. Netto bedeutet das reine Gewicht der Waare, brutto das Gesammtgewicht der Verpackung (Emballage) und der Waare.

Die Wage ist eine Vorrichtung, auf welcher wir einen Körper wägen. Sie besteht aus dem Wagebalken und zwei Schalen. An dem Wagebalken, welcher einen gleicharmigen Hebel repräsentirt, unterscheidet man drei Hauptpunkte: den Drehpunkt oder Unterstützungspunkt *(Hypomochlium)* und die beiden Angriffspunkte der Kraft und der Last oder die beiden Aufhängepunkte. Der Drehpunkt (h) ist da, wo der Balken vermöge einer stählernen Axe in Gestalt einer Schneide in den Pfannen (pp) der Scheere liegt. An den Enden des Balkens, in welchen die Schneiden zum Aufhängen der Schalen sind, befinden sich die Aufhängepunkte (a' und a''). In der Mitte oberhalb oder unterhalb des Wagebalkens und rechtwinklig zu diesem ist ein metallener nadelförmiger Stab, die Zunge *(z)*,

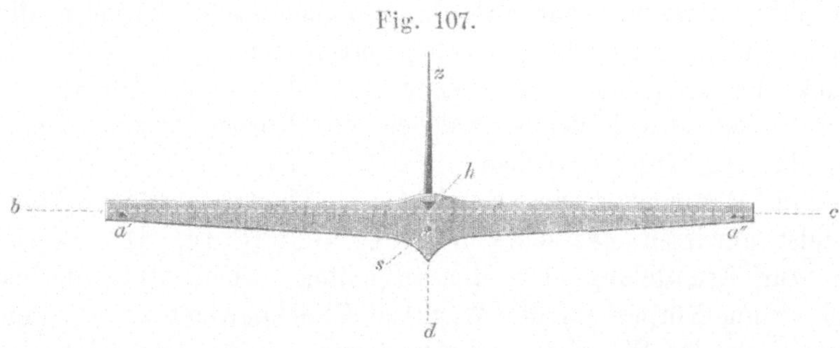

aufgeschraubt, welcher die horizontale Lage des Wagebalkens durch lothrechte Stellung anzeigt.

Die Richtigkeit der Wage wird durch folgende Umstände bedingt. Der Drehpunkt muss über dem Schwerpunkt des Balkens liegen. Den Schwerpunkt *(s)* findet man, wenn man den Balken mit seiner Zunge auf seiner breiten Seite auf der Spitze eines Nagels balancirt. Da, wo der Balken in horizontaler Lage von der Spitze des Nagels getragen wird, ist auch der Schwerpunkt. Dieser muss lothrecht unter dem Drehpunkte liegen. Fielen Schwer- und Drehpunkt in einen Punkt zusammen, so würde der Balken in jeder Lage, die man ihm giebt, verharren, und Schwingungen desselben wären nicht möglich. Läge der Schwerpunkt über dem Drehpunkt, so würde der Balken, aus seiner horizontalen Lage gebracht, nach der einen oder anderen Seite herunterhängen und würde, wenn die Scheere es nicht hinderte, seine obere Seite nach unten kehren. Niemals könnte er in die horizontale Lage von selbst zurückkehren.

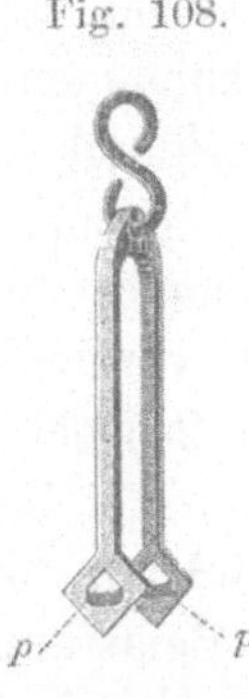

Die Aufhängepunkte und der Drehpunkt müssen in einer und derselben Ebene liegen, oder die Aufhängepunkte und die Schneide der Axe müssen sich durch eine gerade Linie ($c\,b$, Fig. 107) verbinden lassen. Läge der Drehpunkt unter dieser Linie, so würde auch der Schwerpunkt mit zunehmender Belastung der Wage sich dem Drehpunkte in gleichem Maasse nähern. Steigt dann das Maass der Belastung so weit, dass Schwer- und Drehpunkt zusammenfallen, oder der erstere über den letzteren fällt, so hören im ersteren Falle die Schwingungen auf, und im anderen Falle schnappt die Wage über. Läge dagegen der Drehpunkt über jener Linie, so würde der Schwerpunkt mit zunehmender Belastung tiefer rücken und die Wage an Empfindlichkeit abnehmen.

Endlich muss ein Aufhängepunkt vom Drehpunkt ebenso weit entfernt liegen wie der andere, weil bei gleicher Belastung der Schalen die Wage stets nach der Seite des längeren Armes ausschlagen würde.

Die Empfindlichkeit der Wage nimmt zu, je näher der Schwerpunkt dem Drehpunkte liegt, je geringer die Reibung der Schneiden auf ihren Stützpunkten, den Pfannen, und je leichter der Wagebalken ist.

Die Empfindlichkeit jeder Wage wird um so geringer, als die Belastung zunimmt. Daher hat man für den Gebrauch Wagen für kleinere und für grössere Gewichte. Auf einer Decigrammwage kann man nicht mit Grammen, auf einer Grammwage nicht mit 10-Grammgewichten wägen. Auf einer Decigrammwage wägt man bis höchstens 1 Grm., auf einer Grammwage höchstens bis zu 3 Grm., auf einer 10-Grammwage höchstens bis zu 15 Grm. Die in den Dispensirlokalen der Apotheken vorhandenen Tarirwagen, welche an einem Stativ hängen, sind gewöhnlich von der Stärke, dass man darauf höchstens bis zu 500 Gramm Bruttogewicht wägen kann. Handwagen zur Bestimmung des Nettogewichtes trockner Substanzen sind mehrere vorhanden, um darauf ein Nettogewicht von durchschnittlich 2 Decigrm., 1 Grm., 5, 10, 25, 50, 150, 300 Grm. zu bestimmen. Der Wagebalken, aus Messing (weniger gut aus Stahl) bestehend, muss von einer Festigkeit und Stärke sein, dass er bei Belastung der Wage mit einem ihrer Grösse entsprechenden Gewicht sich nicht biegt. Die Schneide der Axe und die Schneiden der Aufhängepunkte und die Pfannen in der Scheere müssen aus gut gehärtetem Stahl bestehen. Um die Reibung zu mindern, bestreicht man die Schneiden und Pfannen dünn mit wenig Paraffin enthaltendem Olivenöl und hält sie auch so weit als thunlich von Staub, Schmutz und verdicktem Oel rein.

Der Balken einer guten Wage muss, wie aus dem Gesagten hervorgeht, mit seinen unter sich gleich schweren Schalen, sich selbst überlassen, die horizontale Lage behaupten und auf beiden Schalen mit gleichen (der Grösse der Wage entsprechenden) Gewichten belastet und dadurch in Schwingungen versetzt, in die horizontale Lage zurückkehren, dieses auch dann thun, wenn die Gewichte mit einander vertauscht werden. Die Empfindlichkeit der Wage ergiebt sich durch den auffallenden Ausschlag bei Belastung einer der Schalen mit einem verhältnissmässig kleinen Gewichte.

Beim Gebrauch der kleinen Tarirwage ist die Schale rechts für die Wägung der Gefässe und der Substanz, die Schale links zur Belastung mit den Gewichten. Während des Einwägens der flüssigen Substanz drückt das Endglied des Zeigefingers der linken Hand sanft auf die Schale zur rechten Hand, um durch das Gefühl die Nähe des eintretenden Gleichgewichts der Wage zu erkennen. Ist das Gleichgewicht nahe, so giesst man die Flüssigkeit vorsichtig in dünnem Strahle oder in Tropfen. Ein Uebergewicht davon in Mischungen ist ein Verlust und giebt dem Gemisch das Gepräge einer lüderlichen Arbeit. Vom pharmaceutischen Interesse ausgehend verdient ein ungenaues Wägen streng verdammt zu werden. Das richtige Tariren und Einwägen wird nur geläufig, wenn man von dem Augenblicke an, mit welchem man anfängt an der Tarirwage zu arbeiten, jedes Wägen stets mit der vorhin erwähnten Sorgsamkeit zur Erkennung des eintretenden Gleichgewichtes aus-

führt. Ein exacter und gewissenhafter Apotheker wägt
stets richtig.

Die Handwagen fasst man beim Gebrauch mit Daumen und
Zeigefinger der linken Hand am Aufhängering der Scheere, oder
man steckt den Daumen bis zur Wurzel des Nagels in den Ring
und umfasst den oberen Theil der
Scheere mit den übrigen Fingern in
der Art, dass der Zunge ein kleiner
Spielraum für ihre Schwingungen
zwischen Handteller und dem ober-
sten Gliede des kleinen Fingers verbleibt. An diesen Theilen der Hand
erfährt man durch das Gefühl, ob
das Gleichgewicht der Wage bei Belastung der Schale rechts nahe ist.
Die lothrechte Lage der Zunge prüft
man durch das Auge, indem man die Hand etwas öffnet. Sehr
kleine Wagen (Granwagen) prüft man auf das Gleichgewicht nur
mit dem Auge. Macht der Balken der Handwage starke Schwingungen, so stellt man die Wageschalen auf die ebene Tischplatte,
um sie zur Ruhe zu bringen, was eben angeht, da die Aufhänge-
schnüre der Schalen gleiche Länge
haben. Man nennt dies „die Wage
arretiren.“

Die Handwagen hat man, ehe man
sie in den Gebrauch nimmt, stets
an den beiden Aufhängepunkten zu
mustern, weil sich dort häufig der
Haken an der Schnur der Schalen
am Aufhängering aufschürzt. Dadurch
wird der Aufhängepunkt verrückt und
auf der Wage lässt sich nicht richtig
wägen.

Fig. 109.

Fig. 110.

Die Schalen der Handwagen werden nach jedem Gebrauch
sofort mit einem leinenen Tuche gereinigt. Das Gleiche gilt
auch für die Tarirwage, wenn sie beim Gebrauch auf irgend
eine Weise verunreinigt wäre.

Bemerkungen. Gravitatión, von dem lat. *gravis, e*, schwer; *gravĭtas
ātis*, Schwere, Last. — Absolút, von dem lat. *absolvo, vi, ūtum, ĕre*, ab-
lösen, vollenden; *absolūtus, a, um*, vollendet, für sich bestehend, in keiner
Beziehung stehend, unbeziehlich (im Gegensatz von relativ). — Tára,

tariren, von dem ital. *tarare*, abziehen, abrechnen; *tara*, Abzug. — Nétto, das ital. *netto*, rein, unverfälscht, nett. — Brútto, das ital. *brutto*, hässlich, unbearbeitet, roh. — Hypomochlium, das griech. ὑπομόχλιον (hypomochlion), die Unterlage, der Stützpunkt des Hebels; ὑπο, unter, μοχλός (mochlos), Hebel, Hebebaum. — Arretiren, von dem franz. *arréter*, aufhalten, hemmen, anhalten.

Lection 44.

Gewichte. Hohlmaasse.

Die Pharmacie hatte früher immer ein besonderes Gewicht, welches man Apothekergewicht nannte. Es war in Betreff der Theilung das Nürnberger oder Römische Medicinalgewicht, in Betreff der Grösse aber in den verschiedenen Ländern auch verschieden, indem das Medicinalpfund (= 12 Unzen) stets gleich ³/₄ Pfund des jeweilig gültigen bürgerlichen oder Handelsgewichtes (*pondus civile*) gehalten wurde. War das Handelspfund grösser, so war auch das Medicinalpfund grösser als in dem Lande, welches ein kleineres Handelspfund hatte. Das Oesterreichische Medicinalgewicht war z. B. um ¹/₅ schwerer als das Preussische. Die Theilung des Medicinalgewichts (*pondus medicinale*) ist 1 Pfund, *Libra*, = 12 Unzen. — 1 Unze, *Unica*, = 8 Drachmen. — 1 Drachme, *Drachma*, = 3 Scrupel. — 1 Scrupel, *Scrupulus*, = 20 Gran. Der (das) Gran, *Granum*, ist die kleinste Einheit des Medicinalgewichts. Folgendes Schema erleichtert die Uebersicht:

$$
\begin{array}{rcrcrcr}
1 \text{ Pfund} &=& 12 \text{ Unzen} &=& 96 \text{ Drachm.} &=& 288 \text{ Scrupel} = 5760 \text{ Gran} \\
1 \; \text{,,} &=& 8 \; \text{,,} &=& 24 \; \text{,,} &=& 480 \; \text{,,} \\
1 \; \text{,,} &=& 3 \; \text{,,} &=& 60 \; \text{,,} \\
1 \; \text{,,} &=& 20 \; \text{,,}
\end{array}
$$

Nachstehende Abkürzungen und symbolische Zeichen für die Einheiten des Apothekergewichts hatte die Schreibweise der Mediciner gebräuchlich gemacht:

1 Medicinalpfund	= *Libr.j*	= ℔ j
1 Unze	= *Unc.j*	= ℥ j
1 Drachme	= *Dr.j*	= ʒ j
1 Scrupel	= *Scrpl.j*	= ℈ j
1 Gran	= *Gr.j*	
1 Tropfen	= *Gtt.j*	(Gutta j).

Gebräuchliche Benennungen für Theilgewichte waren: *Semilibra* (= Unc. 6), *Semiuncia* oder *Semuncia* (= Unc. $^1/_2$), *Semidrachma* (= Dr. $^1/_2$), *Sesquiuncia* (= Unc. $1^1/_2$).

Sehr alte und nicht mehr vorkommende Gewichtsbezeichnungen sind:

> *Fascicŭlus*, ein Bund, = F = Unc. 1 = Grm. 30.
> *Manipŭlus*, eine Hand voll, = M = Unc. $^1/_2$ = Grm. 15.
> *Pugillus* (Prise), soviel als man zwischen drei Fingern
>   fassen kann, = Drachm. $^1/_2$ = Grm. 2.
> *Mensura*, Maass, Quart, = Mens. oder Ms. = Unc. 36 (=
>   1100 Grm.).

Auf den schriftlichen Verordnungen der Aerzte, den Recepten, waren bei Gebrauch dieses Apothekergewichts die Gewichtsmengen gewöhnlich durch Römische Zahlenzeichen angegeben, ausgenommen die Bruchzahlen, welche mit arabischen Ziffern geschrieben wurden.

$^1/_{10}$ Gran = *Grani decima* (sc. *pars*) = Gr. $^1/_{10}$
$^1/_8$ Gran = *Grani octans* = Gr. $^1/_8$
$^1/_6$ Gran = *Grani sextans* = Gr. $^1/_6$
$^1/_4$ Gran = *Grani quadrans* = Gr. $^1/_4$
$^1/_3$ Gran = *Grani triens* = Gr. $^1/_3$
$^1/_2$ Gran = *Grani semis* = Gr. $^1/_2$ = Gr. β.

1 = *j* od. I	10 = χ od. X	20 = χχ od. XX
$1^1/_2$ = *jβ*	11 = χ*j* od. XI	21 = χχ*j* od. XXI
2 = *jj* od. II	12 = χ*jj* od. XII	30 = χχχ od. XXX
3 = *jjj* od. III	13 = χ*jjj* od. XIII	40 = χ*ℒ* od. XL
4 = *jν* od. IV	14 = χ*jν* od. XIV	50 = *ℒ* od. L
5 = *ν* od. V	15 = χ*ν* od. XV	60 = *ℒ*χ od. LX
6 = *νj* od. VI	16 = χ*νj* od. XVI	90 = χ*C* od. XC
7 = *νjj* od. VII	17 = χ*νjj* od. XVII	100 = *C* od. C
8 = *νjjj* od. VIII	18 = χ*νjjj* od. XVIII	500 = *D* od. D
8 = *jχ* od. IX	19 = χ*jχ* od. XIX	1000 = *M* od. M.

Einige Beispiele werden über den Gebrauch dieser Gewichtssymbole und Zahlenzeichen belehren.

℞ *Kreosoti Gtt. ν*   Recipe: Kreosoti Guttas quinque,
    Ol. Amygdal. ℥β   Olei Amygdalarum Unciam dimidiam,
    Gummi arab. ℨjj   Gummi Arabici Drachmas duas.

F. c.	Fiant cum
Aq. Foenic. ℥*v*	Aquae Foeniculi Unciis quinque
emulsio, cui adde	emulsio, cui adde
Morphini mur. Gr. jj	Morphini muriatici Grana duo.
Syr. Sacch. ℥*β*	Syrupi Sacchari Unciam dimidiam.
D. S. etc.	Detur, signetur etc.

℞ *Opii pulv. Gr. jβ*   Recipe: Opii pulv. Granum unum et di-
midium,

Rd. Ipecac. Gr. $^1/_4$	Radicis Ipecacuanhae Grani quadrantem,
Camphor. trit. Gr. jv	Camphorae tritae Grana quatuor,
Sacch. alb. Э*j*	Sacchari albi Scrupulum.
M. f. p. D. tal. dos. vj	Misce. Fiat pulvis. Dentur tales doses sex.
S. etc.	Signentur etc.

Jetzt ist das Apothekergewicht verlassen und das auf rationelle Principien begründete **Grammgewicht**, welches längst auch von der wissenschaftlichen Welt als das beste anerkannt war, eingeführt.

Das **Grammgewicht** beruht auf dem in Frankreich zuerst angenommenen metrischen System, und wird deshalb auch **metrisches Gewicht** genannt. Das **Meter** (franz. *le mètre*) ist der $^1/_{10,000000}$ Theil eines Erdquadranten (der Länge des vierten Theiles eines Meridians) und die Grundlage des metrischen Systems. Die Eintheilung geschieht nach dem Decimalsystem durch Multiplication und Division. Die Namen der durch Multiplication entstandenen Maasseinheiten sind durch griechische, der durch Division entstandenen durch lateinische Zahlwörter unterschieden.

$$
\begin{array}{rll}
1 \text{ Meter} &= 1 \text{ Meter} & (= 3{,}1862 \text{ Preuss. Fuss}) \\
10 \;\; '' &= 1 \text{ Dekameter} & \\
100 \;\; '' &= 1 \text{ Hektometer} & \\
1000 \;\; '' &= 1 \text{ Kilometer} & \\
^1/_{10} \;\; '' &= 1 \text{ Decimeter} & (0{,}1 \text{ Meter}) \\
^1/_{100} \;\; '' &= 1 \text{ Centimeter} & (0{,}01 \;\; '' \;\;) \\
^1/_{1000} \;\; '' &= 1 \text{ Millimeter} & (0{,}001 \;\; '' \;\;)
\end{array}
$$

Das Hohlmaass entspricht diesem Längenmaasse. Als Einheit ist das **Litér** (franz. *le litre*) angenommen, welches einem Volum von 1000 Cubikcentimetern Wasser bei + 4,1° C. entspricht.

$$1 \text{ Liter} = 1 \text{ Liter} (= 1000 \text{ Grm. Wasser bei} + 4{,}1^0)$$

10	„	= 1 Dekaliter
100	„	= 1 Hektoliter
1000	„	= 1 Kiloliter (= 1 Cubikmeter)
$^1/_{10}$	„	= 1 Deciliter
$^1/_{100}$	„	= 1 Centiliter
$^1/_{1000}$	„	= 1 Milliliter (= 1 Cubikcentimeter = 1 Gramm Wasser),

Die Grundeinheit des Gewichtes ist das Gramm (franz. *le gramme*). Dieses ist nämlich das Gewicht eines Cubikcentimeters Wasser, bei dem Punkte der grössten Dichtigkeit, also bei + 4,1° C., im luftleeren Raume gewogen. Aus dem Gramm werden in derselben Weise wie beim Längen- und Hohlmaasse Ueber- und Untertheilungen gemacht.

1 Gramm	= 1 Gramm (= 1 Cubikcentimeter Wasser)	
10	„	= 1 Dekagramm
100	„	= 1 Hektogramm
1000	„	= 1 Kilogramm (abgekürzt Kilo)
$^1/_{10}$	„	= 1 Decigramm (0,1 Gramm)
$^1/_{100}$	„	= 1 Centigramm (0,01 „)
$^1/_{1000}$	„	= 1 Milligramm (0,001 „)

In der Schriftsprache geschieht die Bezeichnung nach Art der Decimalbrüche, indem die Zahl der ganzen Grammen durch ein Komma von den Zahlen der Untertheilungen getrennt wird.

0,005 Gramm =	5 Milligramm
0,032 „ =	3 Centigrm. + 2 Milligrm. oder 32 Milligrm.
0,12 „ =	1 Decigrm. + 2 Centigrm. oder 12 Centigrm.
1 od. 1,0 „ =	1 Grm.
10 od. 10,0 „ =	10 Grm.
15,5 „ =	15 Grm. + 5 Decigr. oder 155 Decigrm.
15,54 „ =	15 Grm. + 5 „ + 4 Centigrm.
115,546 „ =	115 Grm. + 5 „ + 4 „ + 6 Milligrm.

Die Stelle, welche eine Zahl vor oder nach dem Komma einnimmt, bestimmt also den Gewichtswerth derselben. 1245,66 Gramm kann man daher auflösen in 1 Kilogrm. + 2 Hektogrm. + 4 Dekagrm. + 5 Grm. + 6 Decigrm. + 6 Centigrm., man liest aber die Zahl kurz wie einen Decimalbruch und hängt die Gewichtsbezeichnung „Gramm" an, also: Einmalhundert vierundzwanzigtausend fünfhundert sechsundsechzig Tausendstel Gramm. In der Praxis pflegt man allgemein die Zahlen, wenn keine oder nur eine Zahl vor dem Komma steht, als eine ganze Zahl zu lesen und mit der Gewichtseinheit zu benennen, welche die letzte Zahl ausdrückt

statt	0,3	Grm.	($^3/_{10}$ Grm.) lies:	3	Decigrm.
„	1,3	„	($^{13}/_{10}$ Grm.) „	13	Decigrm.
„	0,02	„	($^2/_{100}$ Grm.) „	2	Centigrm.
„	0,33	„	($^{33}/_{100}$ Grm.) „	33	Centigrm.
„	2,35	„	($^{235}/_{100}$ Grm.) „	235	Centigrm. oder 2 Grm. und 35 Centigrm.
„	15,46	„	($15^{46}/_{100}$ Grm.) „	15	Grm. u. 46 Centigr.
„	6,5	„	($6^5/_{10}$ Grm.) „	65	Decigrm.
„	0,006	„	($^6/_{1000}$ Grm.) „	6	Milligrm.
„	0,125	„	($^{125}/_{1000}$ Grm.) „	125	Milligrm.

Behufs Uebersetzung des alten Apothekergewichts in Grammgewicht giebt es Reductionstabellen als bequeme Hilfsmittel. Wenn es nicht auf minutiöse Genauigkeit ankommt, so rechnet man

1	Unz.	=	30 Grm.
2	Drachm.	=	7,5 Grm.
1	Drachm.	=	4 (genauer 3,75) Grm.
10	Gran	=	6 Decigrm.
1	Gran	=	6 Centigrm.

Auf den Recepten werden die Namen der Gewichte des metrischen Systems verschieden abgekürzt und die Zahlen mit arabischen Ziffern, nie mit lateinischen Zahlenzeichen, angegeben. In der Pharmacie in Deutschland kennt man nur Pfunde, *Libra* 1 = 500 Gramm, und nur das Gramm mit seinen Untertheilungen.

Grm., Gm., G.,	für Gramm
Decigr., Decig., Deci., Dgr.	für Decigramm
Centigr., Centig., Centi., Cent., Ctg., Cgr.	für Centigramm
Milligr., Milli., Mllg., Mgr., M.	für Milligramm.

℞	*Jodi Decig. 41*	Recipe: Jodi Decigramma quadraginta et unum,
	Ferri pulv. G. 2	Ferri pulverati Grammata duo,
	Aquae G. 8	Aquae Grammata octo,
	Mellis G. 5	Mellis Grammata quinque,

Ŗ *Rd. Althaeae*   Radicis Althaeae,
   Rd. Liquirit. aa Cen-   Radicis Liquiritiae ana Centigrammata
    tig. 175.   centum septuaginta quinque.
M. l. a., ut f. pil. 100.   Misce lege artis, ut fiant pilulae centum.

Da in der Pharmacie Deutschlands nur das Gramm und seine Untertheilungen im Gebrauch sind, so ist es üblich geworden, auf Recepten gar nicht den Gewichtsnamen zu verzeichnen und die Gewichtszahl in der Form éines Decimalbruches anzugeben. Ein solcher Decimalbruch auf einem Recepte erfordert also bei seiner Lesung ein *„scilicet Gramma“* oder *„Grammăta“*. Man liest also

Ŗ *Morph. acet. 0,005*   Recipe: Morphīni acetici Milligrammăta
                quinque,
   Rad. Glycyrrh. 0,05   Radīcis Glycyrrhizae Centigrammata
                quinque,
   Sacchari 0,25   Sacchari Centigrammata viginti quinque,
   Rad. Alth. 0,001   Radīcis Althaeae Milligramma,
   Aq. dest. q. s.   Aquae destillatae quantum sufficit.
M., ut fiat pastillus (s.   Misceantur, ut fiat pastillus. Dentur
  bolus). D. tales pa-   tales pastilli decem.
  stilli 10.
S. Hustenpastillen, den   Signa etc.
  Tag über 2 — 3 zu
  nehmen.
    Für Herrn N.
Ŗ *Chlorali hydr. 2,0*   Recipe: Chlorali hydrati Grammata duo,
  Syrupi Liquirit. 60,0   Syrupi Liquiritae Grammata sexaginta,
  Chloroformii Gtt. 4   Chloroformii Guttas quatuor,
  Aq. Foenic. 90,0.   Aquae Foeniculi Grammata nonaginta.
M. D. S. Alle zwei   Misce, da, signa.
  Stunden einen Ess-
  löffel.

Bemerkungen. In neuerer Zeit suchte man gewöhnlich in irgend einer Theilung eines gebräuchlichen Längenmaasses auch die Grundlage für das Gewicht. Die Längenmaasse in den verschiedenen Ländern, Provinzen, Städten waren überaus verschieden und keines derselben beruhte auf ratjonellen Grundlagen. Das schon vor dem Bauernkriege ausgesprochene Verlangen aller Gebildeten nach gleichem Maass und Gewicht bewog *Chr. Huyghens* (spr. heugens), einen holländischen Physiker († 1695), zuerst, die Länge eines einfachen Secundenpendels als Längenmaasseinheit vorzuschlagen. Wenngleich man später diese Länge auf den verschiedenen Breitengraden der Erdkugel verschieden fand, hätte man die Pendellänge irgend eines bestimmten Breitengrades als Maasseinheit annehmen können, was jedoch nicht geschah. Ein Zeitgenosse *Huyghens'*, der Astronom *Gabriel Mouton* (spr. mutong) in Lyon, machte den Vorschlag, die Maasseinheit aus der Länge eines Erdmeridians abzuleiten und empfahl die Länge eines Meridianbogens von einer Minute, welche er „Meile" genannt wissen wollte. Auch dieser Vorschlag blieb 100 Jahre vergessen, bis 1789 mehrere französische Städte durch Deputirte um Herstellung eines allgemeinen Maasses petitionirten und der Gegenstand durch den Minister *Talleyrand-Perigord* (spr. taläráng-perighór) der Nationalversammlung vorgelegt wurde. Zunächst fasste man den *Huyghens*'schen Vorschlag auf, eine Commission, aus Physikern bestehend, verwarf ihn aber, weil die Secundentheilung eine willkürliche und die Pendellänge zu kurz sei. Diese Commission befürwortete dagegen als Normalmaass den Meridianquadranten (den vierten Theil eines Meridians). Hierzu sollte ein Meridianbogen von Dünkirchen bis Barcelona gemessen, daraus die Länge eines Meridianquadranten berechnet und der zehnmillionenste Theil desselben als Fundamentalmaass angenommen werden; die Gewichtseinheit wollten sie aus einem diesem Maasse entsprechenden Cubikmaasse Wasser von bestimmter Temperatur ableiten. Obgleich die erste franz. Revolution diese Commission auflöste und die bereits begonnenen Gradmessungen unterbleiben mussten, so wurden die Arbeiten 3 Jahre später wieder von mehreren Gelehrten (*Berthollet, Hauy, Laplace* etc.) aufgenommen, der zehnmillionenste Theil des Meridianquadranten als Fundamentalmaass durch Gesetz anerkannt und Meter (*Mètre*) genannt. Nach *Van Swinden*'s Vorschlag wurden die Vielfachen des Meters durch Vorsetzung griechischer, die Unterabtheilungen durch Vorsetzung lateinischer Zahlwörter (vergl. S. 43 u. 207) bezeichnet.

Zur Bestimmung des Gewichts wurde das Gewicht eines Cubikdecimeters destill. Wassers bei $+ 4,1^0$ C. (also bei der grössten Dichte desselben), gewogen im luftleeren Raume, angenommen. Das Gewicht eines Cubikdecimeters Wasser wurde Kilogramm und seine dekadischen Untertheilungen Hektogramm, Dekagramm, Gramm, Decigramm, Centigramm, Milligramm genannt. Das Volum eines Kilogramms Wasser erhielt als Hohlmaass den Namen Litre oder Liter.

Lection 45.

Specifisches Gewicht. Dichtigkeit der Körper. Aräometer.

Von zwei Körpern von gleichem absolutem Gewicht kann ein jeder verschiedenen Rauminhalt, verschiedenes Volum haben, z. B. 1 Pfund Blei und 1 Pfund Wachs. Letzteres nimmt einen fast zwölfmal grösseren Raum als das Blei ein. Umgekehrt kann daher von zwei Körpern von gleichem Rauminhalte ein jeder verschiedenes absolutes Gewicht haben. Das Gewicht eines Cubikmeters Blei ist zwölfmal grösser als das eines Kubikmeters Wachs. Dieses Gewichtsverhältniss der Körper von gleichem Volum nennt man im Gegensatz zum absoluten Gewicht ihr relatives oder specifisches Gewicht. Specifisches Gewicht ist der gebräuchlichere Ausdruck und wird in der Schriftsprache verschieden abgekürzt wiedergegeben, z. B. sp. G., spec. Gew. (lat. *p. sp., pond. spec., pondus specificum*).

Die Grösse des specifischen Gewichts steht mit der Dichtigkeit der Körper in gleichem Verhältnisse, d. h. je dichter ein Körper ist, je mehr Massentheile sein Volum enthält, um so grösser ist auch sein specifisches Gewicht. 1 Cubikcentimeter Gold wiegt $19\frac{1}{3}$ mal so schwer als ein Cubikc. Wasser, es ist also die Dichtigkeit des Goldes $19\frac{1}{3}$ mal grösser als die des Wassers. Umgekehrt nimmt Wasser ein $19\frac{1}{3}$ mal grösseres Volum ein als ein gleiches Gewicht Gold. Das Gold ist also $19\frac{1}{3}$ mal so dicht oder specifisch schwerer als das Wasser, das Wasser dagegen $19\frac{1}{3}$ mal specifisch leichter als das Gold. Das Quecksilber ist $13\frac{1}{2}$ mal specifisch schwerer als Wasser, und das Wasser $13\frac{1}{2}$ mal specifisch leichter als das Quecksilber, d. h. wiegt ein Cubikcentimeter Wasser 1 Gramm, so wiegt ein Cubikcentimeter Quecksilber 13,5 Gramm. Die Dichtigkeit des Quecksilbers ist also $13\frac{1}{2}$ mal grösser als die des Wassers. Derjenige von zwei Körpern, welcher bei gleichem Gewicht das geringere Volum einnimmt, ist auch der dichtere oder specifisch schwerere, derjenige, welcher das grössere Volum einnimmt, der weniger dichte oder specifisch leichtere.

Um diese Dichtigkeitsverhältnisse der tropfbar flüssigen und festen Körper durch bestimmte Zahlen auszudrücken, sind die Physiker übereingekommen, das Gewicht eines beliebigen Volums jener Körper mit dem Gewichte eines gleichen Volums Wasser zu vergleichen und das specifische Gewicht des Wassers = 1 oder 1,000 anzuehmen. Das Wasser wählte man, weil es überall zu haben und auch rein zu beschaffen ist.

Man findet das Dichtigkeitsmaass oder das specifische Gewicht eines festen oder flüssigen Körpers, wenn man das Gewicht eines Volums dieses Körpers mit dem Gewicht eines gleichen Volums Wasser vergleicht und das specifische Gewicht des Wassers als Einheit, = 1, annimmt.

Ein Hohlgefäss, bis zum äussersten Rande seiner Oeffnung gefüllt, fasse genau 100 Grm. destill. Wasser. Füllen wir es mit Quecksilber, so wird das Gewicht desselben 1358,8 Grm.

betragen, das specifische Gewicht würde also, das des Wassers = 1 angenommen, sein = 13,588.

$$100 : 1358,8 = 1 : 13,588.$$

Füllen wir dasselbe Gefäss mit einem 90procentigen Weingeist, so wird dessen Gewicht 83,3 Gramm betragen, das spec. Gewicht des Weingeistes wäre also, das Wasser = 1 angenommen, = 0,833, denn

$$100 : 83,3 = 1 : 0,833$$

Da bei diesen Rechnungen sich gewöhnlich Bruchtheile ergeben und man der Kürze halber· diese Bruchtheile nicht gern ausspricht, und man auch ferner die das spec. Gewicht ergebende Zahl meist nur bis zu drei Decimalstellen berechnet, so denkt man sich der Zahl 1, welche das spec. Gewicht des Wassers repräsentirt, drei Nullen angefügt, also = 1000. Man sagt oder liest daher: das spec. Gewicht des Wassers ist = Tausend, das des Goldes = 19361, das des Quecksilbers = 13588. Das spec. Gewicht des 90procentigen Weingeistes ist 833. Der Kürze halber sagt man nicht $^{833}/_{1000}$, sondern nur 833 (nämlich das spec. Gewicht des Wassers = 1000 gedacht).

Bei der Bestimmung des specifischen Gewichts ist es unerlässlich, auf die Temperatur Rücksicht zu nehmen, weil die Wärme von wesentlichem Einfluss auf die Dichtigkeit der Körper ist. Bei Aufnahme von Wärme dehnen sich bekanntlich alle Körper aus und nehmen am Volum zu. Da das Wasser ausnahmsweise bei $+ 4^\circ$ C. seine grösste Dichte erlangt, so sind die specifischen Gewichte der Körper in wissenschaftlichen Werken gewöhnlich auf das spec. Gewicht des Wassers bei dessen grösster Dichte, also bei $+ 4^\circ$ C., bezogen. In der Praxis steht diese Temperatur nicht immer zu Gebote oder es müssten die Wägungen durch umständliche Rechnungen auf jenes Wärmemaass zurückgeführt werden. Dies ist der Grund, warum die Pharmakopöen irgend einen Wärmegrad aus der mittleren Tagestemperatur vorschreiben, bei welchem die Bestimmung des spec. Gewichts geschehen soll. *Pharmacopoea Germanica* schreibt eine Temperatur von 15° C., andere Pharmacopöen eine Temperatur von $17,5^\circ$ C. (die sogenannte mittlere Temperatur) vor.

Wie man bei Bestimmung des spec. Gewichts der festen und tropfbar flüssigen Körper von dem spec. Gewicht des Wassers = 1 oder 1,000 ausgeht, so hat man für die gas- und dampfförmigen Körper das spec. Gewicht der atmosphärischen Luft (auch wohl das des Sauerstoffs oder des Wasserstoffs) als Einheit angenommen.

Bemerkungen. Genau genommen ist zwischen **relativem** Gewicht und **specifischem** Gewicht ein Unterschied. Wenn der durch Gewichtseinheiten gemessene Druck, welchen ein Körper in Folge seiner Schwere auf seine Unterlage ausübt, das **absolute** Gewicht desselben genannt wird, so sind die absoluten Gewichte der Körper von einem und demselben Volum, mit einander verglichen, auch die **relativen** Gewichte derselben. Wird von jedem der Körper ein gleiches Volum, z. B. ein Cubikcentimeter, gewogen, so repräsentiren die Zahlen, welche das absolute Gewicht dieser gleichen Volume ausdrücken, die relativen Gewichte der Körper.

1 Cubikcentimeter	Gold	wiegt	19,361	Gramm
1	„ Quecksilber	„	13,588	„
1	„ Silber	„	10,500	„
1	„ Eisen	„	7,788	„
1	„ Wasser	„	1,000	„

Werden diese relativen Gewichte mit einem absoluten Gewicht irgend eines Körpers von demselben Volum in ein gleiches Verhältniss gestellt, und wird die Dichtigkeit dieses letzteren Körpers als Einheit angenommen, so repräsentiren die daraus hervorgehenden Zahlen auch die **Eigenschwere** oder das **specifische Gewicht** jener Körper. Da hier zufällig 1 Cubikcent. Wasser 1 Gramm wiegt, so sind, die Dichte des Wassers gleich 1 angenommen, 19,361 für Gold; 13,588 für Quecksilber; 10,500 für Silber, 7,788 für Eisen die specifischen Gewichte für die genannten Körper in Zahlen ausgedrückt.

Da nach dem metrischen Gewichtssystem 1 Cubikcentimeter Wasser = 1 Gramm, und 1 Cubikdecimeter = 1 Liter oder in Gewicht = 1 Kilogramm oder = 1000 Grm. ist, so repräsentiren die specifischen Gewichte der festen und flüssigen Körper gleichzeitig auch die absoluten Gewichte. 19,361 Kilogramm Gold würden z. B. 1 Liter ausfüllen; 1 Liter höchstrectificirter Weingeist wiegt 833 Grm.; 1 Liter Quecksilber 13,588 Kilogrm.

Lection 46.

Bestimmung des specifischen Gewichts fester Körper.

Durch das Archimedische Gesetz, dass jeder Körper in eine Flüssigkeit untergetaucht von seinem absoluten Gewicht gerade soviel verliert, als die Menge der Flüssigkeit wiegt, welche er verdrängt, ist die Bestimmung des specifischen Gewichts fester

Körper leicht gemacht. Wenn man einem Cubikctm. Gold z. B., welcher 19,361 Grm. schwer ist, in Wasser untertaucht, so muss er nothwendig auch 1 Cubikctm. Wasser verdrängen. Um 1,0 Grm. wird nach dem Archimedischen Gesetz 1 Cubikctm. Gold, in Wasser getaucht, leichter. Es ergiebt sich also, dass es gleichgültig ist, ob man das Volum des Goldes oder eines anderen starren Körpers kennt oder nicht; was er am Gewicht im Wasser verliert, ist gerade das Gewicht des ihm gleichen Volums Wasser.

Da man nun das spec. Gewicht eines Körpers findet, wenn man sein absolutes Gewicht mit dem absoluten Gewichte eines gleichen Volums Wasser vergleicht, so wägt man den Körper erst in der Luft, hierauf in destillirtem Wasser und setzt die Rechnung in folgender Art an:

„Wie sich verhält das absolute Gewicht des verdrängten Wassers zu dem absoluten Gewicht des gegebenen Körpers, so verhält sich auch das specifische Gewicht des Wassers = 1000 zu x."

Gesetzt ein Stück geschmiedetes Eisen im Gewichte von 31,156 Grm. wiegt in Wasser getaucht 27,156 Grm., so ist das Gewicht des verdrängten Wassers (31,156 — 27,156) = 4 Grm. Um das spec. Gewicht des Schmiedeeisens zu erfahren, machen wir folgende Rechnung:

$$4 : 31{,}156 = 1{,}000 : x \ (= 7{,}789)$$

oder wir dividiren einfach mit dem Gewichte des Wassers in das Gewicht des Eisens ($\frac{31{,}156}{4} = 7{,}789$). Das spec. Gewicht des Schmiedeeisens ist also = 7,789.

Eine jede gutziehende Handwage genügt zu diesen Wägungen. Die Wägung im Wasser geschieht in der Weise, dass man den Körper mit einem Seidenfaden, einem Menschenhaar, einem sehr feinen Draht etc. befestigt und damit an eine Schale der Wage aufhängt. Bequemer ist die sogenannte hydrostatische Wage, welche sich von der gewöhnlichen Wage nur dadurch unterscheidet, dass bei ihr eine der Schalen unterhalb ein Häkchen zum Aufhängen des zu wägenden Körpers hat. Eine solche Wage trifft man jedoch selten an, man kann sie aber leicht ersetzen, wenn man einen recht dünnen Messingdraht oder Platindraht mit einer Drahtzange zusammenwindet, so dass er an dem einen Ende eine Oese bildet, in welche man den zu wägenden Körper einklemmt. Das andere Ende biegt man zu einem Haken

um zum Anhängen
an die Schnur einer
der Schalen der Wage.
Gegen die Mitte giebt
man dem Draht eine
scharfe Einbiegung
zur Bezeichnung des
Punktes (a), bis zu
welchem er bei der
Wägung in das Was-
ser eingetaucht wer-
den soll. Ehe man
zur Wägung schreitet,
bringt man durch Ge-
wichte beide Schalen
in das Gleichgewicht,
wobei man den Draht
bis zur Marke (a), in
das Wasser eintaucht.
Dann klemmt man

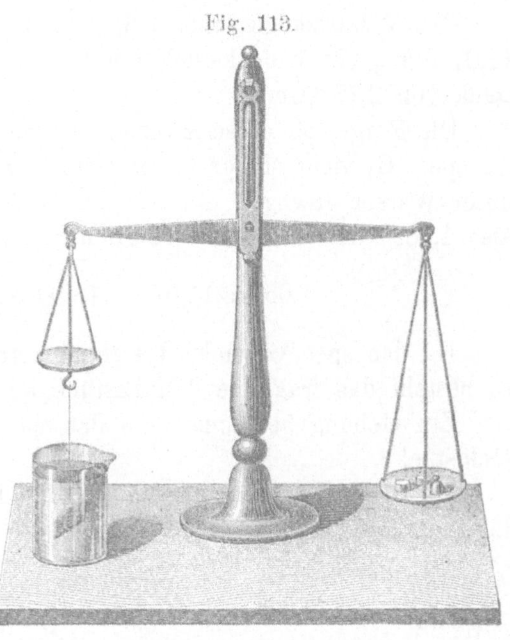

Fig. 113.

Hydrostatische Wage.

den Körper, dessen absolutes Gewicht man
bereits kennt, in die Oese des Drahts
und wägt wie vorgeschrieben ist. Gesetzt
man hätte ein verdächtig aussehendes
20-Markstück, und man wollte die Frage,
ob es aus Gold oder einem vergoldeten
unedlen Metalle besteht, durch sein spec.
Gewicht beantworten. Das absolute Gewicht des 20-Markstückes sei 7,95 (oder
8,0—0,05) Grm., im Wasser habe es eine
Schwere von 7,54 Grm. Das Gewicht des
durch das 20-Markstück verdrängten Wassers ist also 0,41 Grm. Folglich

$$0,41 : 7,95 = 1,000 : x \ (19,390).$$

Da das specifische Gewicht des Goldes
= 19,2 bis 19,5 ist, so besteht das fragliche 20-Markstück auch aus Gold.

Ein 10-Markstück ist ungefähr 3,97
(oder 4,0—0,03) Grm. schwer und würde
unter Wasser gewogen 3,765 (oder 3,97 —
0,205) Grm. ergeben.

Fig. 114.

Ein 2-Markstück aus Silber hat ein Gewicht von circa 11,07 Grm., ein 1-Markstück ein Gewicht von 5,55, ein $\frac{1}{2}$-Markstück von 2,77 Grm.

Die Frage, ob diese Münzen aus Silber bestehen, wird durch ihr spec. Gewicht sicher beantwortet. Jenes 2-Markstück ergiebt unter Wasser gewogen ein Gewicht von 10,007 Grm., verdrängt also 1,063 Grm. Wasser. Folglich

$$1,063 : 11,07 = 1,000 : x \ (10,41)$$

Da das spec. Gewicht des gemünzten Silbers 10,3 bis 10,5 ist, so besteht das fragliche 2-Markstück auch aus Silber.

Zur Uebung bestimme man das spec. Gewicht der erwähnten Geldstücke.

Die spec. Gewichte der hauptsächlichsten Metalle und Metalllegirungen sind

Antimon	6,65— 6,72	Platin, geschmolzen	20,9
Argentan	8,4 — 8,5	„ gehämmert	21,25
Blei	11,33—11,45	„ Draht	21,4
Eisen, gegossen	7,0 — 7,5	Quecksilber	13,55
„ geschmiedet	7,6 — 7,8	Silber, gegossen	10,46—10,62
Gold, gegossen	19,23—19,25	„ gehämmert	10,5 —10,6
„ gehämmert	19,5	„ gemünzt	10,35—10,5
„ gemünzt	19,25—19,4	Wismuth	9,82— 9,85
Kupfer, gegossen	8,67— 8,90	Zink, gegossen	6,86— 7,22
„ gehämmert	8,88— 9,00	„ gehämmert	7,19— 7,21
„ Japanisches	8,43	Zinn	7,3 — 7,5
Messing	8,40— 8,70	Aluminium, gehämm.	2,6 — 2,67

Den festen Körper, dessen spec. Gewicht man bestimmen will, befeuchtet man zuvor mit Wasser, damit in Folge der Adhäsion nicht Luftblasen an seiner Oberfläche hängen bleiben, wenn er in das Wasser getaucht wird, auch darf er nicht bei der Wägung die Gefässwandung berühren.

Wäre der Körper um vieles leichter als Wasser, so hängt man an jenen Draht ein Metallstück, welches schwer genug ist, den gegebenen Körper unter die Oberfläche des Wassers herabzuziehen. Dieses Metallstück unter Wasser gehört dann zur Tara des Drahtes bis zur Marke a, Fig. 114.

Besteht der Körper aus kleinen Stücken, oder ist er ein Pulver, so bringt man ihn nach der Bestimmung seines absoluten Gewichts in ein mit Glasstopfen verschliessbares Glasgefäss, von dem man vorher genau ermittelt hat, wie viel es geschlossen Wasser von mittlerer Temperatur fassen kann. Das absolute Gewicht dieser Wassermenge, einschliesslich des Gewichtes des Gefässes mit Stopfen, und das Gewicht des gegebenen Körpers werden addirt, hierauf der Körper in das Glasgefäss geschüttet, dieses mit Wasser von mittlerer Temperatur total gefüllt, verschlossen und wiederum gewogen. Gefäss sammt Inhalt wiegen nun weniger als die vorhin durch Addition gefundene Gewichtssumme. Was sie weniger wiegen, ist die Menge Wasser, welche der Körper verdrängt. Gesetzt das Glasgefäss, mit Wasser total gefüllt und mit dem Glasstopfen verschlossen, wiege 60 Grm., das Gewicht einer Portion Eisenfeile 46,5 Grm., so würde die Summe beider Gewichte = 106,5 Grm. sein. Die Portion Eisenfeile wird nun in das Glasgefäss geschüttet, dieses mit Wasser gefüllt und geschlossen, so dass auch nicht das geringste Luftbläschen darin verbleibt, und wiederum gewogen. Es ergäbe sich jetzt ein Gesammtgewicht von 100,5 Grm., so ist durch die Eisenfeile ein Volum Wasser im Gewicht von 6 Grm. verdrängt, oder die 46,5 Grm. Eisenfeile nehmen ein Volum Wasser im Gewicht von 6 Grm. ein. Die Rechnung würde also lauten

$$6 : 46{,}5 = 1{,}000 : x \ (= 7{,}750).$$

Das specifische Gewicht der Eisenfeile ist also 7,750.

Ist der feste Körper porös, in Wasser unlöslich, er saugt aber von diesem auf, so bestimmt man erst sein absolutes Gewicht, legt ihn in Wasser, damit er sich vollsauge, lässt ihn abtropfen und wägt ihn wieder. Nachdem man das Gewicht Wasser kennt, welches seine Poren füllt, wägt man ihn dann unter Wasser. Von dem Gewichtsverluste unter Wasser ist das Gewicht des eingesogenen Wassers abzuziehen, mit dem Reste dividirt man alsdann in das absolute Gewicht des Körpers. Z. B.

ein Stück Eisenerz wiegt in der Luft	21 Grm.
von Wasser durchdrungen	30 „
dieses Wasser wiegt also	9 „
unter Wasser verliert das vollgesogene Erz	15 „
9 von 15 abgezogen giebt	6 „

$$6 : 21 = 1{,}000 : x \ (= 3{,}5).$$

Wäre der Körper in Wasser auflöslich, so muss man statt des Wassers eine Flüssigkeit wählen, worin er nicht löslich ist, nur darf man nicht das specifische Gewicht des Wassers, sondern dafür das der angewendeten Flüssigkeit in Rechnung setzen. Z. B. es wäre das spec. Gewicht der krystallisirten Oxalsäure zu bestimmen. Da dieselbe in Wasser und in Weingeist löslich ist, so wägt man sie in Steinöl (Petroleum). Das spec. Gewicht desselben hätte man bei mittlerer Temperatur zu 0,800 gefunden. Das Gewicht der Oxalsäure ist 10 Grm., in jener weiter unten erwähnten Flasche, welche nun statt des Wassers mit Steinöl gefüllt ist, verliert diese Portion Oxalsäure 5,308 Grm. am Gewicht. Folglich

$$5{,}308 : 10 = 0{,}800 : x \; (= 1{,}507).$$

Das specifische Gewicht der Oxalsäure wäre somit 1,507.

Bemerkungen. Das oben erwähnte hydrostatische Gesetz, nach welchem ein Körper genau soviel an seinem Gewichte verliert, als die Schwere eines gleichen Volums der Flüssigkeit beträgt, in welche er untergetaucht ist, entdeckte zuerst *Archimedes* (geb. um 287 vor Chr.), der berühmteste Mathematiker seiner Zeit. Sein Verwandter, der König *Hiero* von Syrakus, hatte einem Goldschmied, wie erzählt wird, 20 Pfd. Gold zur Anfertigung einer Krone geliefert. *Archimedes,* beauftragt einen etwaigen Unterschleif oder eine Beimischung eines weniger werthen Metalls zu dem Golde der Krone zu untersuchen, ohne diese zu zerbrechen oder zu beschädigen, fand, dass sein Körper aus der ganz gefüllten Badewanne nicht nur Wasser verdränge, dass auch sein Körper in dem Wasser gehoben, also leichter werde. Mit dem bekannten Ausrufe „ich habe es gefunden" verliess er das Bad und ermittelte auf Grund des von ihm aufgestellten Princips, dass in der Krone circa 1 Pfund des Goldes durch Silber ersetzt war.

Lection 47.

Bestimmung des specifischen Gewichts flüssiger Körper.

Die Bestimmung des specifischen Gewichtes tropfbarer Flüssigkeiten ist eine sich sehr häufig wiederholende Operation des Pharmaceuten, und dieser muss daher über die Ausführung dieser Operation nicht nur gut unterrichtet sein, er muss sich auch die genügende praktische Geschicklichkeit dazu anzueignen suchen.

Hier gelten dieselben Principien, wie bei der entsprechenden Wägung der festen Körper. Die Ausführung kann sehr verschieden sein. Man benutzt diese oder jene Methode, je nachdem man diese oder jene Geräthschaften zur Hand hat, d. h. man richtet sich nach den Umständen. Nur die in den pharmaceutischen Officinen gemeinlich gebräuchlichen Methoden mögen hier Erwähnung und Erklärung finden.

1. Am wenigsten umständlich, einfach in der Ausführung und genau ist die Methode, die Dichtigkeit einer Flüssigkeit aus dem Gewichtsverlust eines eingetauchten Körpers zu berechnen. Man nimmt einen bolzenförmig gestalteten Glaskörper mit etwas Bleischrot oder Quecksilber gefüllt, welcher an dem einen Ende zugeschmolzen, an dem anderen Ende ausgezogen und zu einer Oese zum Aufhängen umgebogen ist. Diesen Glaskörper (Senkgläschen) macht sich der Pharmaceut selbst, wenn er ihn nicht kaufen will. Eine Wage mit circa 18 — 25 Centim. langem Wagebalken, deren Empfindlichkeit bis auf 3 Centigr. reicht, ist mit einer Schale d und einem Gegengewicht c mit einem hakenförmig gebogenen dünnen Platindraht e versehen, an welchem letzteren der Glaskörper aufgehängt wird. Man bestimmt ein für alle mal den Gewichtsverlust, welchen der Glaskörper unter destill. Wasser von bestimmter Temperatur erleidet, und notirt diesen Gewichtsverlust und die Temperatur auf der äusseren Fläche mit einem Diamant. Sein Gewichtsverlust in einer gegebenen Flüssigkeit ist das Gewicht eines ihm gleichen Volums der Flüssigkeit, zu dem sein Gewichtsverlust (in Wasser gewogen) sich verhält wie 1,000 : x.

Fig. 115.

Senkgläschen.

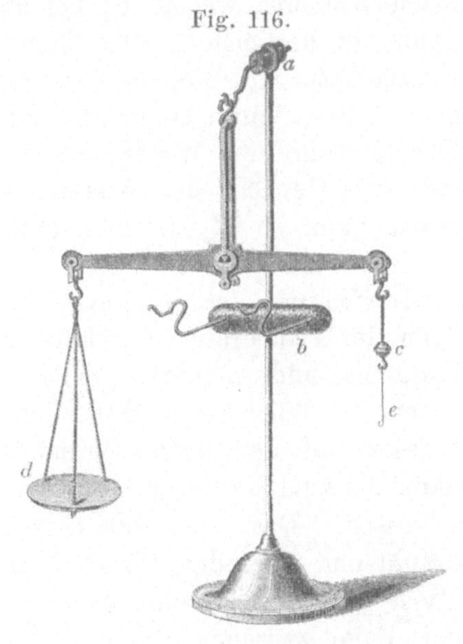

Fig. 116.

Gesetzt es wäre die Dichtigkeit einer käuflichen Schwefelsäure zu erforschen:

Im Wasser von 16° C. verliert der Glaskörper 6 Grm.
in der Schwefelsäure von derselben Temperatur 11 „

so stellt sich das Verhältniss:

$$6 : 11 = 1{,}000 : x \; (= 1{,}833).$$

Ist der Glaskörper gerade von einem solchen Volum, dass er im Wasser 10 Grm. an seinem Gewicht verliert, so bedarf es keiner Rechnung, und sein Gewichtsverlust in irgend einer anderen Flüssigkeit giebt zugleich das specifische Gewicht derselben an. Dieselbe Schwefelsäure würde z. B. einen solchen Glaskörper um 18,33 Grm. leichter machen und die Rechnung

$$10 : 18{,}33 = 1{,}000 : x \; (= 1{,}833)$$

wäre erspart.

Dass bei der Wägung auf die Temperatur möglichst Rücksicht zu nehmen, der Glaskörper völlig untergetaucht sein muss, dieser auch nicht an die Wandung des Gefässes anstossen oder anliegen darf, wissen wir bereits.

2. Eine andere Methode der Dichtigkeitsbestimmung einer tropfbaren Flüssigkeit ist, ein gläsernes Fläschchen mit konisch geformtem Glasstopfen zu tariren und die Gewichtsmenge destillirten Wassers, welche es bei einer gewissen Temperatur fassen kann, zu bestimmen. Das Gewicht des Wassers nebst Tara des Fläschchens mit Stopfen und auch die Temperatur verzeichnet man mittelst eines Diamants auf dem Fläschchen, um sich für fernere Fälle eine Wiederholung dieser Arbeit zu ersparen. Da man das Gewicht des Wassers kennt, welches das Fläschchen fassen kann, so ist es leicht, damit auch das spec. Gewicht einer anderen Flüssigkeit zu finden. Das innen völlig trockne Fläschchen wird mit der gegebenen Flüssigkeit bis zum Halse gefüllt, dann die Temperatur durch Hineinhalten der Thermometerkugel bestimmt und nöthigen Falls eine abweichende Temperatur durch die Wärme der Hand oder durch Abkühlung mit kaltem Wasser auf den gewünschten Grad gebracht, das Fläschchen dann bis zum Rande gefüllt und mit dem konischen Stopfen geschlossen. Das, was der Stopfen hierbei an Flüssigkeit verdrängt und über den Flaschenrand treibt, wird sofort mit einem Tuche abgewischt, ein etwa verbleibender Flüssigkeitsring an der Fuge zwischen Stopfen und Flaschenrand nöthigen Falls mit der Spritzflasche beseitigt oder mit einem Streifen Fliesspapier weggenommen. Ausserhalb an der Flasche darf nicht das Geringste, weder Wasser noch andere Flüssigkeit haften. Dann wird gewogen. Die Gewichtsmenge des Wassers, welche die Flasche fassen kann, verhält sich zu der Gewichtsmenge

der gegebenen Flüssigkeit, wie das spec. Gewicht des Wassers (= 1,000) zu dem spec. Gewicht der Flüssigkeit $= x$. Gesetzt es wäre das specifische Gewicht eines Chloroforms zu bebestimmen:

das Fläschchen fasst Wasser von 16⁰ C.   56   Grm.

das Fläschchen fasst Chloroform von 16⁰ C.   83,44   „

$$56 : 83,44 = 1,000 : x \; (= 1,490)$$

oder man dividirt einfach mit dem Gewicht des Wassers in das des Chloroforms. $\frac{83,44}{56} = 1,490$.

Ist nun das Fläschchen von der Grösse, dass es bei einer gewissen Temperatur genau 10 oder 100 Grm. fasst, so ist man der Rechnung überhoben. Ein 10 Grammglas würde bei 16⁰ C. von obigem Chloroform 14,9 Gramm fassen, denn $10 : 14,9 = 1,000 : 1,490$.

Bei dem Füllen dieses Fläschchens mit dem Wasser oder einer anderen Flüssigkeit gebe man wohl darauf Acht, dass der ganze innere Raum desselben vollständig gefüllt sei, dass also keine Luftblase zurückbleibe, oder sich eine solche beim Einsenken des Stopfens bilde, dass auch an der äusseren Fläche des Fläschchens und seines Stopfens nichts von der Flüssigkeit haften bleibe. Lässt man diese Punkte unbeachtet, so erhält man ein fehlerhaftes Resultat. Ferner adhärirt der Flüssigkeit, welche man eingiesst, stets etwas Luft, welche in der Ruhe sich zu Bläschen ansammelt, die aufwärts steigen und sich unter dem Halse des Fläschchens sammeln. Auch diese Bläschen müssen entfernt werden. Wollen sie nicht durch Neigen des Fläschchens in den Flaschenhals aufsteigen, so muss man ihre Adhäsion zum Glase mit Hilfe eines gekrümmten Platindrahtes stören und sie zum Steigen veranlassen.

Zur Genügung der angegebenen Vorsichtsmaassregel bei Anwendung einer Glasflasche (eines 10- oder 100-Grammglases) muss diese auch eine entsprechende Form haben. Der Halsrandring muss möglichst wagerecht abstehen oder er kann besser gänzlich fehlen, auch soll der innere Halsrand an seiner äussersten Kante dicht an

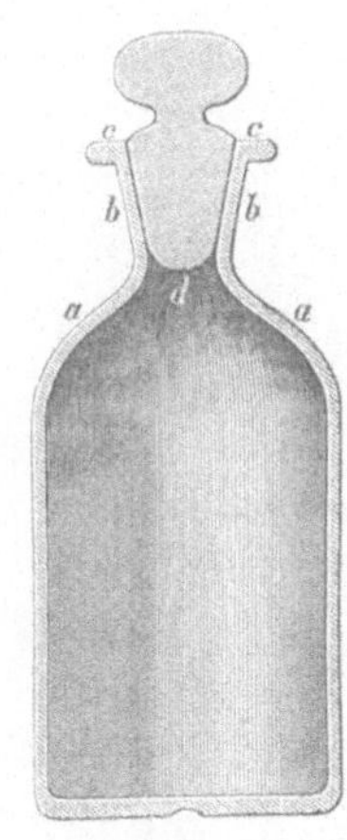

Fig. 117.

Form eines 100-Grammglases
im Verticalschnitt.

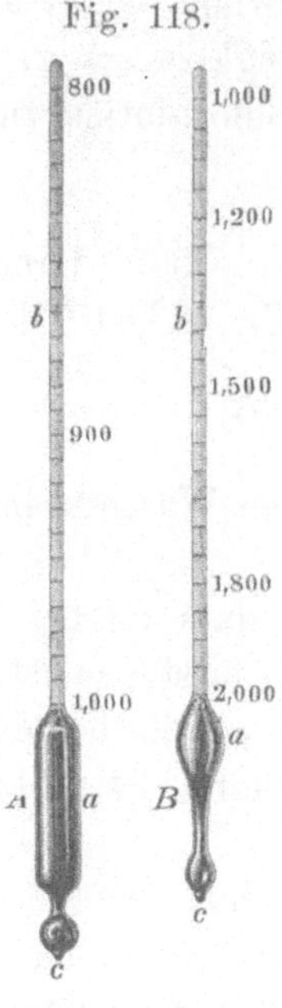

Aräometerspindeln.

Fig. 119.

Alkoholometer mit
Thermometer.

dem Stopfen anliegen, damit er um den Stopfen (bei $c\,c$) keine Rinne oder Vertiefung bildet. Der Flaschenhals ($b\,b$) und der entsprechende Theil des Stopfens müssen nach unten konisch zulaufen, damit beim Einsetzen des Stopfens in die ganz gefüllte Flasche dieser die überflüssige Flüssigkeit verdrängt, ohne sie zusammenzupressen. Diesem Zwecke hilft eine kugelförmige Abrundung (d) der untersten Fläche des Stopfenkörpers. Endlich muss die Wandung ($a\,a$) des Flaschenkörpers, welche von dem Halse abtritt, mit diesem und auch mit dem unteren Theile der Flasche einen ziemlich stumpfen Winkel bilden, damit die aus der Flüssigkeit aufsteigenden Luftbläschen hier möglichst wenig gehindert sind, in den Hals zu gelangen.

3. In der vulgären Praxis bestimmt man die Dichtigkeit der Flüssigkeiten mit Aräometern oder Senkwagen, geschlossenen Cylindern von Glas, an ihrem unteren Ende mit Schrot oder Quecksilber beschwert. Sie gründen sich auf das Princip, dass der in einer Flüssigkeit schwimmende Körper so weit in diese einsinkt, bis das durch den eingesunkenen Theil verdrängte Flüssigkeitsvolum ein dem schwimmenden Körper gleiches Gewicht hat. Je specifisch schwerer, oder besser: je dichter die Flüssigkeit ist, je weniger tief, und je specifisch leichter oder je weniger dicht die Flüssigkeit ist, desto tiefer wird ein Aräometer darin einsinken.

Man hat Aräometer für Flüssigkeiten, welche leichter (Fig. A), und Aräometer für Flüssigkeiten, welche schwerer als Wasser sind (Fig. B). In dem oberen oder dünnen Theile b (dem Halse) ist die Skala. Daher heissen sie auch Skalenaräometer. Man hat Aräometerspindeln für specielle Flüssigkeiten, wie Lauge, Milch

(Lactometer), Bier, Weingeist (Alkoholometer). Sie sind nur zu häufig unzuverlässig. Zu den Aräometern von *Gay-Lussac* (Volumeter), *Beaumé, Beck, Cartier* etc., deren Skale in Grade getheilt ist, giebt es Tabellen, welche diese Grade mit den Zahlen des specifischen Gewichts vergleichen.

Die in manchen Apotheken vorhandenen Alkoholometer von *Tralles, Meissner* etc. sind Aräometerspindeln, deren Skale den Gehalt des Weingeistes nach Procenten angiebt. Diese Instrumente sind um so brauchbarer, wenn sie ein Thermometer (*a*) einschliessen. 0^0 auf der Thermometerskale giebt hier die Normaltemperatur ($17,5^0$ C.) für das Instrument oder die Wägung an. Für jeden Grad über 0^0, um welchen der Weingeist wärmer ist, wird 1 Proc. vom Weingeistgehalt abgezogen, ebenso für jeden Grad unter 0^0 wird 1 Proc. addirt.

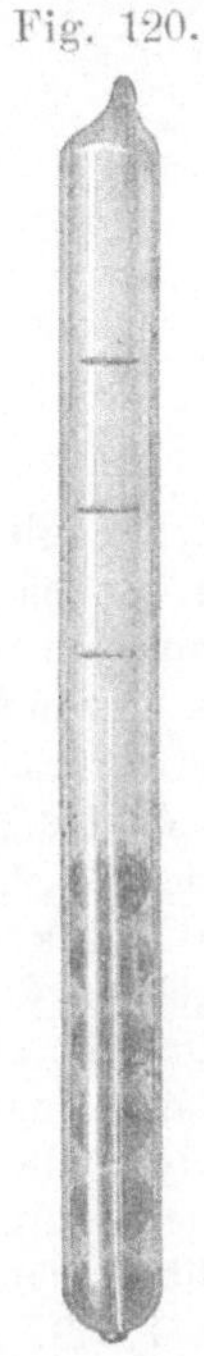

Fig. 120.

Consistenzmesser.

Im Ganzen eignen sich Aräometer nicht für die pharmaceutische Praxis, dennoch benutzt der Defectar in einigen Fällen, z. B. bei Bereitung des gereinigten Honigs und der Aetzlauge, Senkwagen (Consistenzmesser), welche er sich selbst anfertigt. Er nimmt ein im Lichten circa 5 Millim. weites Glasrohr von 8—10 Centim. Länge, schmelzt es an dem einen Ende, und nach Belastung mit mehreren Schrotkügelchen auch am anderen Ende zu, das untere Ende abgerundet, das obere Ende spitzig schliessend. In einer genau bereiteten Lösung von 67 Th. Zucker in 33 Th. destillirtem Wasser bezeichnet man die Punkte, bis zu welchen das Glasrohr einsinkt, mit einem Feilstrich, und zwar in der Lösung mit einer Temperatur von 20, von 50 und von 80^0 C. Ein solcher Consistenzmesser ist dann für gereinigten Honig und für Aetzlaugen von 1,333 spec. Gewicht bei $17,5^0$ C. anwendbar. Streicht man die Feilstriche mit einer Lösung von salpetersaurem Silberoxyd aus und erhitzt, so fallen die Querstriche besser in die Augen.

Bemerkungen. Zur Anwendung der Methode 1 hat *Mohr* eine besondere Wage eingerichtet, welche auch Eingang gefunden hat, und von den

Mechanikern mit Accuratesse angefertigt wird. Die sogenannte *Mohr*'sche Wage hängt an einem Stativ und hat einen Balken, dessen eine Hälfte von der Mitte des Drehpunktes bis zur Mitte des Aufhängepunktes genau in 10 gleiche Theile, markirt durch Feileinschnitte, getheilt ist. Diese Einschnitte sind vom Drehpunkte aus anfangend mit 1 bis 10 numerirt. Der

Fig. 121.

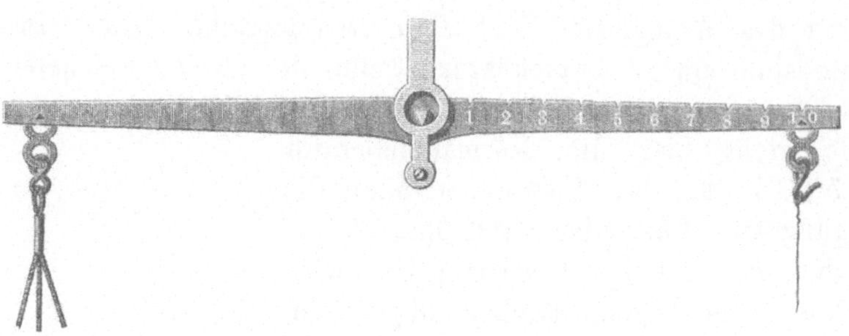

Glaskörper, zugleich ein kleines Thermometer, hängt an einem circa 12 Centim. langen feinen Platindraht. Dazu ist eine Art Laufgewichte aus Draht, sämmtlich in einen spitzen Winkel gebogen, gegeben, darunter zwei Exemplare a, von denen ein jedes gerade so schwer ist, wie das durch den Glaskörper verdrängte Wasser; ein zweites Exemplar b ist $1/10$ so schwer wie a, ein drittes Exemplar c $1/10$ so schwer wie b. Beim Gebrauch wird die Tara des Glaskörpers, durch ein bereits bekanntes Gewicht oder ein für diesen Zweck bestimmtes Taragewichtsstück besorgt, der Glaskörper in die gegebene Flüssigkeit eingesenkt, und nun von jenen winkelig gebogenen Drähten oder Laufgewichten, mit den grösseren anfangend, in die Feileinschnitte gehängt, bis das Gleichgewicht hergestellt ist. Wäre das spec. Gewicht einer Flüssigkeit gleich dem des Wassers, so würde das Gleichgewicht durch Aufhängen des Drahtes a an dem Haken, an welchem der Glaskörper hängt, hergestellt sein. Wäre das spec. Gewicht der Flüssigkeit $= 1,843$, so würde der erste Draht a am Haken, der andere Draht a in dem Feileinschnitte 8, der Draht b in dem Feileinschnitte 4,

Fig. 122.

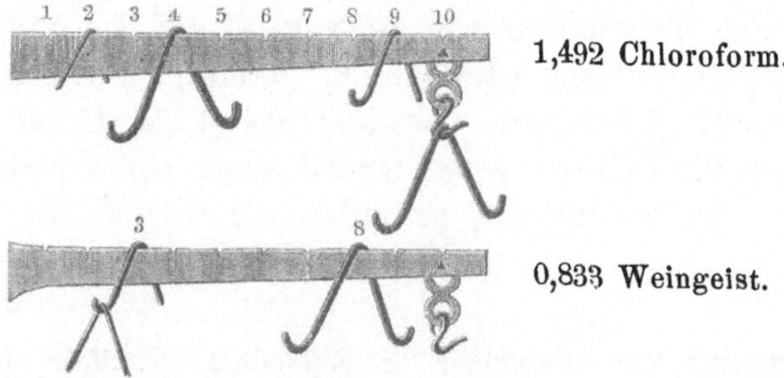

1,492 Chloroform.

0,833 Weingeist.

der Draht *c* in dem Feileinschnitte 3 hängend das Gleichgewicht der Wage herstellen. Man liest also das spec. Gewicht nach der Reihenfolge der Schwere der Drähte von dem Wagebalken ab, indem der erste Draht am Haken 1,000, der andere Draht *a* die erste, der Draht *b* die zweite, der Draht *c* die dritte Decimalstelle angiebt. Kommen zwei der Drähte in einen Feileinschnitt, so wird der kleinere an den grösseren Draht gehängt, zu welchem Zweck die Drähte an ihren Schenkelenden hakenförmig gebogen sind. Vorstehende durch Abbildung erläuterten Beispiele geben genügend die Weise an, wie man das specifische Gewicht abzulesen hat.

Zur Vermeidung eines Irrthums sei erwähnt, dass *Mohr* in seiner pharm. Technik mit Senkgläschen ein Cylinderglas mit Fuss bezeichnet, in welches die mittelst vorstehender Wage zu wägende Flüssigkeit gegossen wird.

Die oben in Fig. 116 angegebene Wage ist zum Zweck der Bestimmung des spec. Gewichtes von der Hand des Pharmaceuten dargestellt. Das Stativ stammt von einer ausser Dienst gesetzten Schiebeöllampe, deren Ring *a* einen starken Kork umspannt, durch welchen ein Wagehalter, aus starkem Messingdraht gebogen, gesteckt ist. In *b* ist eine Arretirungsvorrichtung, aus einem langen runden Korkholz bestehend, in der Mitte quer durchbohrt und auf die Stativstange geschoben. Zwei starke Messingdrähte durch das Korkholz gesteckt ersetzen die Arretirungsstäbe. Das Korkholz lässt sich auf und ab an der Stativstange schieben; *c* ist eine Bleikugel, *e* ein feiner Platindraht zum Anhängen des Glaskörpers; *c* und *e* halten der aus dünnem Messingblech geschnittenen Schale *d* das Gleichgewicht. Die auf das spec. Gewicht zu prüfende Flüssigkeit giebt man in ein Champagnerglas oder einen Glascylinder, oder wenn die Oeffnung des Standgefässes weit genug ist, so kann man auch in diesem die Wägung vornehmen. Eine *Mohr'*-sche Wage kostet 10—12 Thaler, eine wie vorstehend extemporirte Vorrichtung kommt höchstens 2 Thaler zu stehen. —

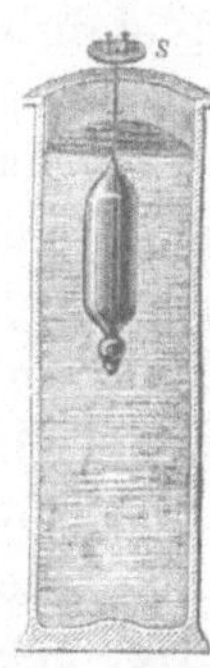

Fig. 123.

Nicholson'sches
Aräometer.

Hin und wieder findet man in den Apotheken die *Nicholson'*sche Senkwage oder vielmehr eine Senkwage nach *Nicholson'*schem Princip construirt. Sie besteht aus einem unten durch Quecksilber beschwerten hohlen Glaskörper, welchem oberhalb ein Glasstab oder ein starker Platindraht mit einer Marke eingeschmolzen ist. Der Platindraht trägt eine kleine Schale *s* von Glas oder Blech, auf welche man Gewichte legt, bis die Wage bis zu jener Marke in die gegebene Flüssigkeit einsinkt. — *Nicholson* (sprich níkkols'n), ein englischer Physiker und Chemiker († 1815). — Aräométer, Senkspindel, Dichtigkeitsmesser, von dem griech. ἀραιός, ά, όν (araios, a, on), von geringem Volum, dünn, schmal, locker, und μέτρον (metron), Maass, Messinstrument. — Aräometríe, die Kunst, die Dichtigkeit der Flüssigkeiten zu messen. — Voluméter (auch Volúmeter), Raummaassmesser. — Consistenz, Dichtheit; consistent, dicht, derb, von d. lat. *consisto, constĭti, consistĕre*, stehen bleiben (nicht mehr fliessen).—*Gay-Lussac* (spr. gäh-lüssack), *Beaumé* (spr. bohmé), *Cartier* (sprich kartieh), sämmtlich franz. Physiker.

Lection 48.

Allgemeines über chemische Theorien.

Um eine Vorstellung zu gewinnen, in welcher Weise die chemische Verbindung und Zersetzung vor sich geht, in welche Beziehung die elementaren sowohl, als auch die zusammengesetzten Körper zu einander treten, ist die chemische Theorie eine unabweisbare Nothwendigkeit. Fortschreitend mit dem Umfange der chemischen Forschung und der gesammelten Thatsachen ist auch die Zahl der chemischen Theorien und Hypothesen eine grössere geworden. Theorien werden aufgestellt und wieder verlassen, um neueren Eingang zu verschaffen. Die Chemie ist eben eine Erfahrungswissenschaft, eine Wissenschaft, welche mit Thatsachen rechnet. Sie hält daher irgend eine Hypothese so lange für die richtigere oder bessere, als mit derselben die beobachteten chemischen Vorgänge am leichtesten sich erklären lassen. Sobald Thatsachen und Erscheinungen beobachtet werden, welche mit jener Theorie nicht in Uebereinstimmung zu bringen sind oder den Grundzügen derselben widersprechen, so lässt man sie fallen, und wendet sich einer solchen zu, welche die genügendere Erklärung zu geben vermag. In dieser Weise sind seit Beginn dieses Jahrhunderts etwa zehn verschiedene chemische Theorien aufgestellt und meist auch wieder verlassen worden. Nur drei derselben haben heute noch eine beschränkte Geltung in so fern, als eine jede derselben nur von einem Theile der Chemiker gepflegt wird. Der Grund dieses Umstandes erklärt sich zur Genüge daraus, dass jede dieser Theorien immer noch viele Schwächen und Mängel aufweist, und keine im Stande ist, für alle auf dem Felde der chemischen Forschung gewonnenen Erscheinungen und Thatsachen eine Erklärung zu geben.

Der angehende Chemiker ist nur zu geneigt, die ihm zuerst demonstrirte oder als neuste gepriesene chemische Theorie auch als die allein richtige anzusehen: Die Mängel dieser Theorie kommen entweder erst später zu seiner Erkenntniss oder er verlässt sie, um einer neu auftretenden Theorie sich zuzuwenden. *Lorscheid* sagt in seinem Lehrbuch der organischen Chemie sehr treffend:

„Die Theorien erscheinen und verschwinden; nur in den Thatsachen allein liegt der sich stets mehrende Schatz der Wissenschaft. Es kann daher auch niemals von der Richtigkeit, sondern nur von der Zweckmässigkeit einer Theorie die Rede sein. Auch die modernen Theorien haben ihre Schwächen; dieselben aber deshalb zu verwerfen, würde ebenso thöricht sein, wie andererseits auf ihre Untrüglichkeit zu bauen. Die Nothwendigkeit der Theorie überhaupt bleibt immer bestehen."

Um die chemische Wissenschaft recht und sicher aufzufassen, wird das Studium der wichtigsten Theorien, sowohl der ältern wie der neueren, zur Nothwendigkeit. Dies hat besonders auch für den Pharmaceuten Geltung, da die sich ihm darbietenden Hilfsmittel und sonstigen pharmaceutisch-wissenschaftlichen Verhältnisse nie eine und dieselbe chemische Theorie zur Grundlage haben, die eine Pharmakopöe den ältern, die andere den neueren theoretischen Anschauungen folgt.

Die *Stahl'*sche oder phlogistische und die *Lavoisier'*sche oder antiphlogistische Theorie, welche wir schon früher kennen gelernt haben (Lection 34), sind seit 1812 gänzlich verlassen. Die darauf folgenden Theorien bis auf die neuste der Structurtheorie, haben als Grundlage die atomistische Hypothese, nach welcher die Materie aus kleinen, untheilbaren Massentheilchen, den Atomen, zusammengesetzt angesehen wird. Die erste Theorie, welche auf der atomistischen Hypothese ihren Ausbau fand, war die electrochemische (vergl. Lection 34 u. 35).

Die electrochemische Theorie erwuchs aus den Forschungen *Davy's* (1812), nach welchen sich die Körper, zwischen denen chemische Anziehung obwaltet, in einem electrischen Gegensatze befinden. Der eine sei electropositiv, der andere electronegativ. Dieser electrische Gegensatz trete in dem Momente auf, in welchem sie in gegenseitige Berührung kommen, und ihre chemische Vereinigung erfolge aus der Ausgleichung der entgegengesetzten Electricitäten. *Berzelius* nahm (1819) die Ansicht *Davy's* auf, jedoch mit der Abänderung, dass das electrische Verhalten nicht durch gegenseitige Berührung zweier Körper hervorgerufen werde, sondern dass Electricität der Materie von Hause aus innewohne und jedes Atom mit einem electropositiven und einem electronegativen Pole begabt sei; in dem electropositiven Körper sei die positive, in dem electronegativen die negative Electricität vorwaltend. Die Elemente lassen sich je nach dem Vorwalten der einen oder anderen Electricität in eine Reihe (Spannungsreihe) ordnen, an deren Spitze der absolut negative Sauerstoff seinen Platz finde etc. Eine chemische Verbindung bedinge jederzeit zwei Körper mit entgegengesetzten Electricitäten etc.

Jede Salzverbindung entstehe aus der Vereinigung einer Basis, eines Körpers von vorwaltend positiver Electricität, mit einer Säure, einem Körper mit vorwaltend negativer Electricität.

Diese Ansicht *Berzelius'*, des grössten Chemikers seiner Zeit († 1848) war also eine Abänderung der electrochemischen Theorie *Davy's*, und wurde daher gemeinhin auch nur electrochemische Theorie genannt. Später, als sich *Dumas'* Typentheorie und *Gerhardt's* Unitartheorie Geltung verschafften, erhielt die mit diesen Theorien im directen Widerspruch befindliche electrochemische die Bezeichnung dualistische Theorie oder Binärtheorie (vergl. auch Lection 36).

Diese dualistische Theorie hat bis auf den heutigen Tag in sofern Geltung, als sie vielen älteren und jüngeren Chemikern und Pharmaceuten noch als Richtschnur bei praktischen und literarischen Arbeiten dient. Sie wird auch in Betreff der Uebersichtlichkeit der ihr zugehörigen Formeln für die chemischen Verbindungen noch lange Zeit praktischen Werth behalten. Die Nomenclatur dieser Theorie hat sich im Verlaufe eines halben Jahrhunderts so sehr eingebürgert, dass dieselbe noch in den neusten Pharmacopöen Anwendung gefunden hat und selbst vielfach von Anhängern der neuen Theorien, wahrscheinlich aus Gewohnheit, nicht verlassen ist.

Die seit 1831 beobachteten Thatsachen, dass Chlor, Brom, Jod und andere negativ electrische Elemente, selbst zusammengesetzte Körper den positiv electrischen Wasserstoff in den organischen Verbindungen zu ersetzen vermögen, ohne den chemischen Charakter derselben abzuändern, waren geeignet, die electrochemische Theorie bis in ihre Grundlagen hinein zu erschüttern. Vergeblich blieben die Bemühungen, diese Thatsachen mit den electrochemischen Ansichten in Einklang zu bringen. Dieselben neu entdeckten Thatsachen brachten gleichzeitig die bisher übliche Erklärung der chemischen Verwandtschaft zum Falle, lieferten aber die ersten Grundlagen zu der von *Laurent* 1835 aufgestellten Substitutionstheorie, der *Dumas*'schen Typentheorie, sowie der *Gerhardt*'schen Unitartheorie, über welche wir in den folgenden Lectionen weitere Erklärungen finden werden. Diese Theorien, in ihrem verbesserten Aufbaue und verschmolzen mit der Radicaltheorie oder der Annahme von zusammengesetzten Radicalen, pflegte man mit der Bezeichnung „moderne Chemie" zu characterisiren.

Aus der Annahme der Molecüle (physikalischen Atome), dem Gebrauch der durch die *Gerhardt*'sche Unitartheorie eingeführten

Molecularformeln und der Ansicht von der Werthigkeit der Elemente, den Ergebnissen aus dem Aufbau der Typen-Theorie, hat sich eine neuere Theorie, die der chemischen Structur oder Structurtheorie, herausgebildet. Diese Theorie wurde 1861 von *Butlerow* in die Wissenschaft eingeführt. Das Ziel derselben ist, die Gesetze der Aneinanderreihung und Lagerung der Atome in den chemischen Verbindungen zu erforschen. Sie ist daher auch Theorie der chemischen Constitution, Theorie der Atomverkettung genannt worden. Behufs der bildlichen oder graphischen Demonstration stellt sie die Atome der einwerthigen Körper als kleine Kugeln (O), die Atome der zweiwerthigen als Doppelkugeln (OO), die der dreiwerthigen als dreifache (OOO), die der vierwerthigen als vierfache Kugeln (OOOO) dar. Dem Wesen und Werthe dieser Theorie werden wir in einer besonderen Lection näher treten.

Dass auch die Structurtheorie ebenso wie ihre Vorgängerinnen auf Hypothesen aufgebaut ist und sie zu ihrer Sicherstellung zu manchen sonderbaren Aufstellungen und Voraussetzungen die Zuflucht nehmen muss, gewährt ihr keine Aussicht auf eine allgemeine Annahme oder auf eine längere Dauer.

Jede der hier erwähnten Theorien ist, bei ihrer Einführung in die Wissenschaft, wie die Erfahrung ergiebt, als eine unumstössliche Wahrheit begrüsst, aber alle sind auch, selbst bis auf die Structurtheorie, als irrthümliche erkannt worden. Die Schuld an diesem Schicksale scheint allein der atomistischen Hypothese, dem Ausgangspunkte dieser Theorien, anzugehören.

Lection 49.

Organische Chemie. Theorie der zusammengesetzten Radicale. Substitutionstheorie. Typentheorie.

Zu den organischen Körpern zählt man alle die Substanzen, welche die Natur unter Mitwirkung der Lebensthätigkeit des pflanzlichen und thierischen Organismus aus Kohlenstoff durch Verbindung mit Wasserstoff, Sauerstoff und Stickstoff aufbaut. Aber auch diese natürlichen Kohlenstoffverbindungen lassen sich mit Hilfe chemischer und physikalischer Kräfte in andere unzählige, mehr oder weniger ähnliche Verbindungen umwandeln, an deren Constitution selbst Elemente der anorganischen Natur Theil nehmen können, ohne dass daran der Charakter einer organischen Verbindung verloren geht. Die Chemie, welche sich ausschliesslich mit diesen Kohlenstoffverbindungen beschäftigt, unterscheidet man als organische Chemie.

Die Ansichten über die Constitution der anorganischen Verbindungen sind auch auf die organischen Verbindungen übertragen worden. Nach der electrochemischen oder dualistischen Theorie umfasst eine Verbindung stets zwei nähere Bestandtheile, einen electropositiven und einen electronegativen. Das salpetersaure Kaliumoxyd besteht nach derselben nicht aus Kalium, Stickstoff und Sauerstoff ($K + N + 6O$), vereinigt zu einem einzigen Atomencomplex, sondern aus zwei Theilen, dem Kaliumoxyd (KO) und der Salpetersäure (NO^5), also den Oxyden zweier einfachen Radicale, des Kalium und des Stickstoffs. Das gleiche Verbindungsverhältniss nahm *Berzelius* (1817) bei den organischen Körpern und Verbindungen an, indem er fand, dass sehr viele organische sauerstoffhaltige Körper sich wie anorganische Oxyde verhalten und in bestimmten Gewichtsverhältnissen nicht nur unter sich, sondern auch mit anorganischen Oxyden Verbindungen eingehen. Er betrachtete daher die organischen sauerstoffhaltigen Oxyde als Oxyde zusammengesetzter Radicale. Nach dieser Theorie nehmen die zusammengesetzten Radicale in ihrer Verbindung dieselbe Stellung ein, wie die einfachen Radicale oder die Elemente in den anorganischen Verbindungen.

Nach der Theorie der zusammengesetzten Radicale ist z. B. der aus Kohlenstoff, Wasserstoff und Sauerstoff bestehende Aether (C^4H^5O) das Oxyd eines aus Kohlenstoff und Wasserstoff bestehenden Radicals, des Aethyls ($C^4H^5 = Ae$), also Aethyloxyd ($C^4H^5 + O = AeO$). Der Weingeist ($C^4H^6O^2$) ist das Hydrat des Aethyloxyds (also $C^4H^5O + HO = AeO,HO$). Die Essigsäure ($C^4H^3O^3 = \overline{A}$) ist nach derselben Theorie das Oxyd des Acetyls ($C^4H^3 = Ac$), also Acetylsäure ($C^4H^3 + 3O + AcO^3$). In dem Essigäther oder essigsauren Aethyloxyd sind die Oxyde beider zusammengesetzten Radicale, des Aethyls und des Acetyls, verbunden (= $C^4H^5O + C^4H^3O^3 = AeO,AcO^3$). Die aus der Mischung von Weingeist mit conc. Schwefelsäure hervorgehende Aetherschwefelsäure ist ein zweifach-schwefelsaures Aethyloxyd ($AeO,SO^3 + HO,SO^3$), also ein saures Salz wie das zweifach-schwefelsaure Kaliumoxyd ($KO,SO^3 + HO,SO^3$). Die Analogie zwischen den anorganischen und organischen Verbindungen einfacher und zusammengesetzter Radicale ergiebt sich z. B. aus folgender Zusammenstellung:

Kalium . . . . K
Aethyl . . . . Ae $\quad$ = C^4H^5
Chlorkalium . . . . KCl
Aethylchlorür . . . . AeCl $\quad$ = C^4H^5Cl
Kaliumoxyd . . . . KO
Aethyloxyd . . . . AeO $\quad$ = C^4H^5O
Kaliumoxydhydrat . . . . KO,HO
Aethyloxydhydrat (Weingeist) . . . AeO,HO $\quad$ = C^4H^5O,HO
essigsaures Kaliumoxyd . . . . . KO,$\overline{A}$ $\quad$ = $KO,C^4H^3O^3$
essigsaures Aethyloxyd (Essigäther) AeO,$\overline{A}$ $\quad$ = $C^4H^5O,C^4H^3O^3$
2fach schwefelsaures Kaliumoxyd . KO,SO^3 + HO,SO^3
2fach schwefelsaures Aethyloxyd . AeO,SO^3 + HO,SO^3
$\quad$ oder Aetherschwefelsäure $\quad$ = $C^4H^5O,HO,2SO^3$.

Bereits haben wir früher zusammengesetzte Radicale kennen gelernt, welche sich wie die halogenen Elemente verhalten, das Cyan (C^2N = Cy) und das Schwefelcyan oder Rhodan (C^2NS^2 = CyS = Csy = Rn).

$$\begin{array}{ll} \text{Chlorkalium} & \text{KCl} \\ \text{Cyankalium} & \text{KCy} \\ \text{Rhodankalium} & \text{KCsy.} \end{array}$$

Die organischen Radicale sind theils binär, theils ternär oder quaternär zusammengesetzt. Die binären bestehen aus Kohlenstoff und Wasserstoff (ihre Namen endigen sich auf -yl), oder aus Kohlenstoff und Stickstoff (ihre Namen endigen sich meist auf -an), oder aus Kohlenstoff, Wasserstoff und Sauerstoff.

C^4H^5 = Aethyl. — C^2H^3 = Methyl. — $C^{14}H^5$ = Benzyl. — $C^{14}H^5O^2$ = Benzoyl. — C^2N = Cyan. — C^2NS^2 = Rhodan.

Die organischen Radicale bilden mit Sauerstoff wie die Elemente entweder Basen oder Säuren.

Aethyl,	C^4H^5 = Ae	Aethyloxyd (Aether)	C^4H^5O = AeO
Methyl,	C^2H^3 = Mt	Methyloxyd (Methyläther)	C^2H^3O = MtO
Amyl,	$C^{10}H^{11}$ = Ayl	Amyloxyd (Amyläther)	$C^{10}H^{11}O$ = AylO
Acetyl,	C^4H^3	Acetylsäure (Essigsäure)	$C^4H^3O^3$
Formyl,	C^2H	Formylsäure (Ameisensäure)	$C^2H\ O^3$
Benzoyl,	$C^{14}H^5O^2$	Benzoësäure	$C^{14}H^5O^3$.

Aus der Vereinigung dieser Basen und Säuren gehen Verbindungen hervor, welche wie Salze constituirt sind:

$$\text{essigsaures Aethyloxyd} = \text{AeO},\overline{\text{A}} = C^4\,H^5\,O,C^4H^3O^3;$$
$$\text{essigsaures Methyloxyd} = \text{MtO},\overline{\text{A}} = C^2\,H^3\,O,C^4H^3O^3;$$
$$\text{essigsaures Amyloxyd} = \text{AylO},\overline{\text{A}} = C^{10}H^{11}O,C^4H^3O^3.$$

Auch verbinden sich die basischen organischen Radicale mit den einfachen Halogenen und erzeugen Verbindungen von der Constitution der Haloïdsalze.

$$\text{Aethylchlorür} = \text{AeCl} = C^4\,H^5\,Cl$$
$$\text{Methylchlorür} = \text{MtCl} = C^2\,H^3\,Cl$$
$$\text{Amylchlorür} = \text{AylCl} = C^{10}H^{11}Cl.$$

Viele der zusammengesetzten Radicale sind isolirt dargestellt worden, viele andere auch nicht und sind ebenso hypothetisch, wie das Ammonium (H^4N). Obgleich die Annahme der zusammengesetzten Radicale die chemische Wissenschaft ausserordentlich gefördert hat, so wurden dennoch eine Menge Thatsachen bekannt, welche die Existenz der zusammengesetzten Radicale sehr in Frage stellten und die Aufnahme der **Substitutionstheorie** und der **Theorie der chemischen Typen** anbahnten. Durch Erfahrung und Experiment fand man, dass z. B. die einfachen Halogene, wie Chlor, Brom, Jod, ja selbst zusammengesetzte Körper, wie Untersalpetersäure (NO_2), den Wasserstoff in organischen Verbindungen vertreten können, ohne den chemischen Charakter der Verbindung in der Art zu verändern, wie es die Theorie der zusammengesetzten Radicale voraussetzt. Man fand sogar in mehreren Fällen, dass 1, 2 und mehrere Wasserstoffatome einer organischen Verbindung durch 1, 2 und mehrere Atome der Halogene etc. substituirt werden konnten, und dass trotzdem die Substitutionsprodukte sich ganz analog der ursprünglichen Substanz verhielten. Die Substitutionstheorie betrachtet, wie wir aus der Lection 40 (Seite 181) wissen, jede chemische Verbindung als ein abgeschlossenes Ganze, dessen Elementarmolecüle, so lange sie verbunden sind, keine Schichtung in zwei Theile oder nähere Bestandtheile zulassen. Während die dualistische Ansicht die Essigsäure als Hydrat des Essigsäureanhydrids ($= C^4H^3O^3 + HO$) betrachtet, kennt die Substitutionstheorie nur eine Essigsäure von der Formel $C_2H_4O_2$. Bei Einwirkung von trocknem Chlorgas auf Essigsäure im Sonnenlicht werden 3 Atome Wasserstoff deplacirt, welche im Augenblicke ihres Austritts mit Chlor sich verbinden und als Chlor-wasserstoff (Salzsäure) auftreten, und in Stelle jener drei Atome Wasserstoff treten 3 Atome Chlor. Das Substitutionsprodukt ist dann die Chloressigsäure (Trichloressigsäure [$C_2HCl_3O_2$]).

Aus $C_2H_4O_2$ und 6Cl entstehen $C_2\,{}^{H}_{Cl_3}\,O_2$ und 3HCl.

Die Chloressigsäure ist der Essigsäure in vielen Beziehungen ähnlich, sättigt wie letztere dieselbe Menge alkalischer Base, giebt mit Silberlösung keine Chlorreaction und liefert auch analoge Zersetzungsprodukte. Durch Erhitzen mit überschüssigem Alkali zerfällt die Essigsäure in Kohlensäure (CO_2) und Methylwasserstoff oder Sumpfgas (CH_4), die Chloressigsäure in Kohlensäure und Chloroform ($CHCl_3$). Letzteres ist ein Methylwasserstoff, in welchem 3 Atome H durch 3 Atome Cl ausgetauscht oder substituirt sind.

Essigsäure.   Kohlensäure.   Methylwasserstoff.

$$C_2\,H_4\,O_2 \text{ zerfällt in } CO_2 \text{ und } CH_4 \left(\text{ oder } C{}^{H}_{H_3} \right)$$

Chloressigsäure.   Chloroform.

$$C_2\,{}^{H}_{Cl_3}\,O_2 \text{ zerfällt in } CO_2 \text{ und } CHCl_3 \left(\text{ oder } C{}^{H}_{Cl_3} \right).$$

Lässt man auf Chloressigsäure Wasserstoff im *status nascendi* einwirken, so werden die Chloräquivalente wiederum deplacirt, durch Wasserstoff ersetzt, und die Essigsäure ist regenerirt.

Das Benzol oder Steinkohlen-Benzin (C_6H_6) ist ein Produkt aus der trocknen Destillation der Steinkohlen. Trägt man dasselbe in kleinen Portionen in erwärmte rauchende Salpetersäure (HNO_3), so wird unter Bildung von Wasser (H_2O) Wasserstoff deplacirt, und in Stelle desselben tritt Untersalpetersäure (NO_2). Das Substitutionsprodukt ist Nitrobenzol (C_6H_5 [NO_2], eine nach Bittermandelöl riechende Flüssigkeit, gewöhnlich Mirbanessenz genannt, welche zu Parfümeriezwecken Anwendung findet.

Benzol.   Salpetersäure.   Wasser.   Nitrobenzol.

$$\text{Aus } C_6\,{}^{H_5}_{H}\Big\} \text{ und } HNO_3 \text{ entstehen } H_2O \text{ und } C_6\,{}^{H_5}_{NO_2}\Big\}.$$

Hier haben wir ein Beispiel einer Substitution durch Nitrirung. Der Erfolg dieser Reaction ist eine Nitroverbindung.

Im Gegensatz zur electrochemischen Radicaltheorie, welche jede chemische Verbindung binär zusammengesetzt ansieht, betrachtet *Dumas*, Theorie die chemische Verbindung als ein Ganzes einer Gruppe verschiedenartiger Atome. Nach dieser Theorie giebt die Zahl und Anordnung der Elementaratome innerhalb einer Verbindung das Muster oder den Typus derselben an. Sie theilt die organischen Verbindungen je nach der Anzahl der in einer Verbindung enthaltenen Elementaratome in Gruppen, welche sie als mechanische Typen (Molecular-Typen) unterscheidet. Die Classification der Verbindungen eines mechanischen Typus führt sie nach Aehnlichkeit, Anordnung und chemischer Beschaffenheit der Elementaratome aus und gelangt dadurch zu dem chemischen Typus der Verbindungen. Der mechanische Typus, von der Anzahl der verbundenen Atome abhängig, bildet den Rahmen zu den chemischen Typen; er bezeichnet gleichsam die Familie der Verbindungen, der chemische Typus das Geschlecht derselben. Einem mechanischen Typus gehören an:

$$a. \quad \text{Essigsäure} \quad\ldots\ldots\quad C_2H_4O_2$$
$$b. \quad \text{Chloressigsäure} \quad\ldots\ldots\quad C_2Cl_3HO_2$$
$$c. \quad \text{essigsaures Kalium} \quad\ldots\quad C_2H_3KO_2$$
$$d. \quad \text{Aethylchlorid} \quad\ldots\ldots\quad C_2H_5Cl$$
$$e. \quad \text{Aethyljodid} \quad\ldots\ldots\quad C_2H_5J,$$

denn jede dieser Substanzen umfasst eine gleiche Anzahl (8) Elementaratome, es haben aber die drei ersteren (a, b, c) in der Anordnung der Atome und in chemischer Beziehung eine Aehnlichkeit, wesshalb sie einem chemischen Typus angehören, welcher aber verschieden ist von demjenigen der zwei letzteren Substanzen (d, e). Die Classification dieser Art vereinigt zwar die Substitutionsprodukte, verlegte aber auch viele andere analoge Verbindungen (z. B. Essigsäure, Ameisensäure, Buttersäure) in verschiedene mechanische Typen. Ferner war der Begriff eines zusammengesetzten Radicals ohne Zerreissung der mechanischen Typen nicht zu entbehren. Der Essigäther (Essigsäure-Aether) z. B. hätte aus dem Typus der Essigsäure, das Nitrobenzol aus dem Typus des Benzols verwiesen werden müssen.

Essigsäure.	Essigäther.	Benzol.	Nitrobenzol.
$C_2 \begin{smallmatrix} H_3 \\ H \end{smallmatrix} O_2$	$C_2 \begin{smallmatrix} H_3 \\ [C_2H_5] \end{smallmatrix} O_2$	$C_6 \begin{smallmatrix} H_5 \\ H \end{smallmatrix}$	$C_6 \begin{smallmatrix} H_5 \\ [NO_2] \end{smallmatrix}$

Als die Substitutionisten die Existenz der Radicale zugeben mussten, schritten sie zu der Verbindung der Radicaltheorie mit der Typentheorie. Diese Verbindung wurde die Grundlage der neueren Typentheorie und auch die Grundlage der heutigen sogenannten modernen Chemie. Die Typentheorie vereinigt nicht nur die Vortheile der Radicaltheorie mit denen der Substitutionstheorie, sie versucht auch eine feste Classification nach Typen (Musterformeln) und Reihen analoger Körper. Der Begriff Typus ist weiter ausgedehnt und findet auf alle organischen und anorganischen Verbindungen Anwendung. Die Typentheorie beherrscht also nicht ausschliesslich die organische Chemie.

Ehe wir der Typentheorie unsere Aufmerksamkeit zuwenden, sei noch die Theorie von den Homologen erwähnt. Eine wichtige Beobachtung für die Feststellung der Constitutionsformeln der organischen Verbindungen war die bestimmte Beziehung zwischen den physikalischen Eigenschaften und der Zusammensetzung der Verbindungen. Man hat Körper, welche in ihren Eigenschaften und chemischem Verhalten eine gewisse Uebereinstimmung zeigen und deren Formeln z. B. um ein Kohlenstoffatom und 2 Wasserstoffatome $(= n\,CH_2)$ differiren, in Reihen vereinigt, welche den Namen homologe Reihen erhalten haben. Je geringer die Differenz von nCH_2 in den Formeln zweier Verbindungen ist, um so weniger sind sie in ihren Eigenschaften von einander abweichend, und je grösser diese Differenz, oder was dasselbe sagt, je grösser der Abstand zweier Verbindungen in einer homologen Reihe von einander ist, um so mehr tritt auch die Verschiedenheit ihrer Eigenschaften hervor.

Homologe Reihen sind z. B. folgende, der Raumersparniss halber hier sehr abgekürzt:

flüchtige Säuren:		Alkohole:	
Ameisensäure	$C\,H_2\,O_2$	Methylalkohol	$C\,H_4\,O$
Essigsäure	$C_2H_4\,O_2$	Aethylalkohol	$C_2H_6\,O$
Propionsäure	$C_3H_6\,O_2$	Propylalkohol	$C_3H_8\,O$
Buttersäure	$C_4H_8\,O_2$	Butylalkohol	$C_4H_{10}O$
Valeriansäure	$C_5H_{10}O_2$	Amylalkohol	$C_5H_{12}O$

Kohlenwasserstoffe:		org. Basen:	
Aethylen (Elayl)	$C_2\,H_4$	Anilin	$C_6\,H_7\,N$
Propylen	$C_3\,H_6$	Toluidin	$C_7\,H_9\,N$
Butylen	$C_4\,H_8$	Xylidin	$C_8\,H_{11}N$
Amylen	$C_5\,H_{10}$	Cumidin	$C_9\,H_{13}N$
Caprolen	$C_6\,H_{12}$	Cymidin	$C_{10}H_{15}N.$

Die Siedepunkte der Glieder einer solchen homologen Reihe lassen eine auffallende Regelmässigkeit erkennen. Durch Versuche ist constatirt worden, dass der Siedepunkt einer homologen Substanz mit Zunahme von je CH_2 in der Formel gewöhnlich um 19^0 C. höher hinaufrückt. Dieses Gesetz erlaubt daher die Berechnung des Siedepunktes der Verbindungen einer homologen Reihe, wenn der Siedepunkt nur eines Gliedes derselben bekannt ist.

Säuren		Siedepunkt
Ameisensäure . .	$C\,H_2\,O_2$	100^0
Essigsäure . . .	$C_2H_4\,O_2$	119^0
Propionsäure . .	$C_3H_6\,O_2$	138^0
Buttersäure . . .	$C_4H_8\,O_2$	157^0
Valeriansäure . .	$C_5H_{10}O_2$	176^0

Bemerkungen. *Dumas* (spr. dümah), franz. Chemiker, geb. 1800. — Homológ, griech. ὁμόλογος (homológos), übereinstimmend.

Lection 50.

Typentheorie. Moderne Chemie.

Ehe wir uns mit dem Inhalte dieser und der folgenden Lectionen näher bekannt machen, wollen wir nochmals die Lect. 40 studiren. Dann werden wir die Grundzüge der Typentheorie mit Leichtigkeit auffassen. Ebenso wollen wir die Bemerkungen auf S. 146 durchsehen, um uns den Begriff von empirischer, rationeller und graphischer Formel in das Gedächtniss zurückzurufen.

Die neuere Typentheorie oder die sogenannte moderne Chemie erstreckt sich, wie wir bereits wissen, nicht wie die ältere Typentheorie auf die Kohlenstoffverbindungen oder die organische Chemie, sie hat auch die anorganischen Verbindungen in ihren Kreis gezogen.

Die Typentheorie bestimmt die Elemente nicht nach Aequivalenten, sondern nach Atomen. Keineswegs sind, wie wir auch schon aus der Lection 32 wissen, Atom und Aequivalent und Atomgewicht und Aequivalentgewicht dieselben Begriffe. Sie sind wesentlich von einander verschieden, wenn auch in einigen Fällen Atomgewicht und Aequivalentgewicht gleichgross sind. Wollen wir uns in die moderne Chemie hineinleben, so müssen wir uns, damit wir keinen Irrungen anheim fallen, vorläufig von den Aequivalenten völlig lossagen.

Die Materie ist nach der Ansicht der Chemiker und Physiker, welche der modernen Chemie huldigen, nicht ins Unendliche theilbar, sondern man betrachtet sie aus unendlich kleinen, von einander abgesonderten, untheilbaren, elastischen Theilchen, Massentheilchen, Molecülen, bestehend. Diese Molecüle, oder wegen ihrer mechanischen Untheilbarkeit physikalische Atome, denkt man sich nicht ruhend, vielmehr in einer Bewegung begriffen, welche durch die der Materie innewohnende Wärme veranlasst ist. Hieraus erfolgt der Aggregatzustand eines Körpers. In dem flüssigen und dem festen Körper wirkt die Attraction, im ersteren im geringeren Maasse als im letzteren. Hören die Attraktionskräfte zwischen den Molecülen auf, zur Geltung zu kommen, so befindet sich der Körper im gasförmigen Zustande. Die Molecüle werden nicht mehr durch die Attraktionskräfte an einander gekettet, und ihrer steten Bewegung folgend weichen sie, sich von einander entfernend, nach allen Richtungen hin.

Durch Experiment ist es eine Thatsache, dass alle Gase und alle in den gasförmigen Zustand übergeführten Körper sich gegen Druck und Wärme gleich verhalten. Hieraus folgerte schon vor 65 Jahren *Avogadro*, dass die Anzahl der Molecüle in gleichen Volumen der verschiedenen Gase bei demselben Druck und derselben Temperatur gleich gross sei. Daraus ergiebt sich die Folgerung, dass die absoluten Gewichte der Molecüle der verschiedenen Gase sich zu einander verhalten wie die specifischen Gewichte derselben, oder, mit anderen Worten, dass das specifische Gewicht der Gase auch das Moleculargewicht angiebt.

Wenn wir das Molecül für mechanisch untheilbar ansehen, so müssen wir es dennoch für chemisch theilbar halten. Wie wir wissen (Lect. 32, S. 141), bilden 2 Vol. Wasserstoffgas, sich zu Wasser oxydirend, mit 1 Vol. Sauerstoffgas 2 Volume Wasserdampf, also gerade soviel Molecüle Wasserdampf als Wasserstoffmolecüle in die Verbindung eintreten. Da aber nur 1 Vol. Sauerstoff, also halb soviel Molecüle, dazu verbraucht werden, so musste sich jedes Molecül Sauerstoff halbiren, damit jede Hälfte eines Moleküls sich mit einem Molecül Wasserstoff verbinden konnte. Nehmen wir noch ein anderes Beispiel zur Hand:

Cblorwasserstoff (Salzsäure) geht aus der chemischen Vereinigung von 1 Vol. Wasserstoffgas mit 1 Vol. Chlorgas hervor. Das Resultat sind 2 Vol. Chlorwasserstoffdampf. Wäre das Resultat 1 Vol. Chlorwasserstoff, so hätte sich auch, da gleiche Volume gleichviel Molecüle enthalten, je 1 Molecül Wasserstoff mit 1 Molecül Chlor zu 1 Molecül Chlorwasserstoff verbunden. Das Resultat der Verbindung sind aber 2 Vol. Chlorwasserstoff, woraus folgt, dass sich jedes Molecül des einen und des anderen Gases theilte und sich je zwei der Hälften zu je einem Molecül Chlorwasserstoff vereinigten. Die Molecüle des Wasserstoffs, Sauerstoffs und Chlors sind nach dieser Definition theilbar, ebenso die Molecüle anderer Elemente. Einen solchen Theil des Molecüls, da es als die kleinste Menge eines Elements auftritt, welche in einem Molecül einer Verbindung vorkommt, nennt man Atom.

Nehmen wir diesen Theil eines Wasserstoffmolecüls, also das Gewicht des Wasserstoffatoms, $= 1$ an, so ist das Moleculargewicht des Wasserstoffs $= 2$, denn 1 Molecül besteht aus 2 Atomen Wasserstoff.

In derselben Weise lässt sich aus ähnlichen Thatsachen folgern, dass die Molecüle von Sauerstoff, Chlor, Jod, Brom, Schwefel, Selen, Stickstoff aus 2 Atomen, Phosphor und Arsen dagegen aus 4 Atomen bestehen. Hiernach kann ein Atom eines Elements nicht im freien, d. h. im nicht gebundenen Zustande bestehen, dasselbe kann als solches nur in einer Verbindung vorhanden sein. Es ist also ein Atom eines Elements die kleinste Menge, mit welcher dieses an einer chemischen Verbindung Theil nimmt. Treten Atome eines Elements aus einer chemischen Verbindung aus, so vereinigen sich auch wiederum 2 oder mehr Atome im Moment des Freiwerdens zu einem Molecül, — oder mit andern Worten, die Atome treten zur Bildung der kleinsten Mengen zusammen, in welchen das Element im freien Zustande bestehen kann und in welchen es überhaupt eine Reaction hervorbringt, in chemische Action einzutreten vermag oder chemisch wahrnehmbar wird.

Aus der chemischen Verbindung verschiedener elementarer Atome geht ein Molecül der Verbindung hervor. Das Wassermolecül besteht aus 2 Atomen Wasserstoff und 1 Atom Sauerstoff, das Chlorwasserstoffmolecül (Salzsäuremolecül) aus 1 Atom Wasserstoff und 1 Atom Chlor.

Ist das Quantitätsverhältniss, in welchem sich 2 Elemente chemisch verbinden, bekannt, und diese sind Gase oder in den gasförmigen Zustand überführbar, so ist es auch nicht schwierig, das Moleculargewicht und das Atomgewicht durch Berechnung zu finden. Da nach dem *Avogadro*'schen Gesetz in einem Volum zweier Gasarten auch gleichviel Molecüle enthalten sind, so giebt das specifische Gewicht der Gasart (das des Wasserstoffgases = 1 angenommen) auch zugleich das Moleculargewicht an. Ist letzteres vom Wasserstoff = 2, so findet man damit verglichen das Moleculargewicht des Sauerstoffs zu 32. Da das Sauerstoffmolecül aus 2 Atomen besteht, so ist das Atomgewicht des Sauerstoffs auch 16.

Da im Wasser 2 Atome Wasserstoff mit 1 Atom Sauerstoff vereinigt sind, so ist das Moleculargewicht des Wassers (2 + 16 =) 18. — Die Dichte des Chlorgases ist zu 71 gefunden worden, d. h. das Chlorgas ist 71mal schwerer als Wasserstoffgas, das Moleculargewicht des Chlors ist also = 71. Da im Chlorwasserstoff 1 Atom Wasserstoff und 1 Atom Chlor sich gegenseitig gebunden haben, das Molecül jedes dieser Gase 2 Atome enthält, so ist das Moleculargewicht des Chlorwasserstoffs (1 + 35,5 =) 36,5.

Das Moleculargewicht des Sumpf- oder Grubengases ist zu 16 gefunden*), da aber vor allen anderen Kohlenstoffverbindungen in dem Sumpfgase die geringste Menge Kohlenstoff gebunden ist, so sind darin 1 Atom Kohlenstoff mit 4 Atom Wasserstoff verbunden. Das Sumpfgas enthält nun aber in 16 Gewichtstheilen 12 Gewichtstheile Kohlenstoff, folglich ist auch das Atomgewicht des Kohlenstoffs = 12.

Auf eine ähnliche Weise sind die Molecular- und Atomgewichte sehr vieler Elemente bestimmt. Es giebt nun aber Elemente, welche nicht in den gasförmigen Zustand überzuführen oder welche nur durch hohe Temperatur gasförmig zu machen sind, wo also die Dichtebestimmung des Gases sehr schwierig

---

*) Die Dampfdichte des Sumfgases (die atmosph. Luft = 1) ist zu 0,55416 gefunden, die des Wasserstoffs zu 0,06927. Da 0,06927 : 0,55416 = 2 : x (= 16), so ist das Sumpfgas 8mal specifisch schwerer als Wasserstoffgas oder das Gewicht eines Molecüls Wasserstoff, welches wir gleich 2 gesetzt haben, verhält sich zu dem Molecülgewicht des Sumpfgases wie 2 : 16.

oder nicht ausführbar ist. Für die meisten dieser Fälle hilft dann das von *Dulong* und *Petit* aufgestellte Gesetz (die Atome der Elemente haben eine gleiche Wärmecapacität, oder um den Atomgewichten proportionale Mengen der Elemente um 1^0 C. höher zu erwärmen, ist stets dieselbe Wärmemenge erforderlich). Dieses Gesetz lässt sich auch ausdrücken: die specifische Wärme zweier Elemente verhält sich umgekehrt wie die Atomgewichte derselben; oder noch mit anderen Worten: das Produkt aus Atomgewicht und specifischer Wärme ist annähernd stets constant, es ergiebt sich also eine gleichgrosse Atomwärme (ungefähr 6 bis 6,6).

Wenn wir die Temperatur von 75 Grm. Arsen, 122 Grm Antimon, 23 Grm, Natrium, 32 Grm. Schwefel um 1^0 C. erhöhen, so gebrauchen wir dazu fast dieselbe Wärmemenge (6 bis 6,6^0). Haben wir also von irgend einem Element die spec. Wärme erforscht, so dürfen wir nur mit dieser Zahl in 6 bis 6,6 dividiren um das Atomgewicht des Elements annähernd zu erfahren.

Die specifische Wärme des Arsens wurde zu 0,0814 gefunden, und (75 $\times$ 0,0814 = 6,1) das Atomgewicht desselben ist zu 75 berechnet. — Die specifische Wärme des Antimons ist zu 0,0508 gefunden und (122 $\times$ 0,0508 = 6,2) das Atomgewicht desselben wurde zu 122 berechnet.

Auf einige Elemente lässt sich auch das Gesetz von *Dulong* und *Petit* nicht anwenden, und in diesen wenigen Fällen hat man das Atomgewicht aus sonstigen analogen Verhältnissen anderer Elemente, deren Atomgewicht bekannt war, berechnet.

Obgleich die Atomgewichte der Elemente bereits neben den Aequivalentgewichten in Lection 14, S. 57 u. f. angegeben sind, so dürfte dennoch eine kurze Uebersicht der Atom- und Moleculargewichte der für die Pharmacie wichtigsten Elemente hier einen Platz finden.

Name des Elements.	Symbol des Atoms.	Atom-gewicht H = 1.	Symbol des Molecüls	Mole-cular-gewicht	Aequi-valent-gewicht H = 1.
Aluminium.	Al	27,5	Al_2	55	7513
Antimonium.	Sb	122	Sb_2	244	122
Arsenium	As	75	As_4	300	75
Baryum	Ba	137	Ba_2	274	68,5
Blei *(Plumbum)*	Pb	207	Pb_2	414	103,5
Bor *(Boratium)*	B	11	B_2	22	11
Brom	Br	80	Br_2	160	80
Cadmium.	Cd	112	Cd	112	56
Calcium	Ca	40	Ca_2	80	20
Chlor	Cl	35,5	Cl_2	71	35,5
Chrom	Cr	53	Cr_2	106	26,5
Eisen *(Ferrum)*	Fe	56	Fe_2	112	28
Fluor	Fl	19	Fl_2	38	19
Gold *(Aurum)*	Au	197	Au_2	394	197
Jod	J	127	J_2	254	127
Kalium	K	39	K_2	78	39
Kohlenstoff *(Carboneum)* . . .	C	12	C_2	24	6
Kupfer *(Cuprum)*	Cu	63,5	Cu_2	127	31,75
Magnesium	Mg	24	Mg_2	48	12
Mangan	Mn	55	Mn_2	110	27,5
Natrium	Na	23	Na_2	46	23
Phosphor	P	31	P_4	124	31
Platin	Pt	197	Pt_2	394	98,5
Quecksilber *(Hydrargyrum)* .	Hg	200	Hg	200	100
Sauerstoff *(Oxygenium)*	O	16	O_2	32	8
Schwefel *(Sulfur)*	S	32	S_2	64	16
Silber *(Argentum)*	Ag	108	Ag_2	216	108
Silicium	Si	28	Si_2	56	14
Stickstoff *(Nitrogenium)* . . .	N	14	N_2	28	14
Wasserstoff *(Hydrogenium)* .	H	1	H_2	2	1
Wismuth *(Bismuthum)*	Bi	210	Bi_2	420	210
Zink	Zn	65	Zn	65	32,5
Zinn *(Stannum)*	Sn	118	Sn_2	236	59

Lection 51.

Moderne Chemie (Fortsetzung).

Nachdem wir wissen, was wir unter Atom und Molecül, unter Atomgewicht und Moleculargewicht zu verstehen haben, wie wir diese aus physikalischen Verhältnissen der Elemente und deren Verbindungen berechnen können, wollen wir einen Blick auf die graphischen Symbole werfen, welche man heute häufig anwendet, um dem Lernenden von den Grundzügen der Typentheorie ein Bild zu geben.

Die Lection 40 hat uns über den Typus einer chemischen Verbindung und den Bau des Typus belehrt. Die heutige Lection wird uns denselben Gegenstand in einer anderen Form zum Verständniss bringen.

Die nächstliegende Bestimmung von Molecül und Atom erfolgte aus dem Volum der Gase und dem Gewichte dieser Gasvolume. Um nun eine bildliche Vorstellung von dem Volumverhältniss der Gase, welche sich chemisch verbinden, zu geben, setzt man in Stelle der gleichen Volume gleich grosse Quadrate und die 4 Prototype der chemischen Verbindungen repräsentiren folgende Symbole:

1) **Wasserstoff**
1 Vol. + 1 Vol. = 2 Vol.

$$\boxed{H} \;+\; \boxed{H} \;=\; \boxed{H\,H}$$

oder
Clorwasserstoff
1 Vol. + 1 Vol. = 2 Vol.

$$\boxed{H} \;+\; \boxed{Cl} \;=\; \boxed{H\,Cl}$$

2) **Wasser**
2 Vol. + 1 Vol. = 2 Vol.

$$\left.\begin{array}{c}\boxed{H}\\\boxed{H}\end{array}\right\} \;+\; \boxed{O} \;=\; \boxed{H^2 O}$$

3) **Ammongas**
3 Vol. + 1 Vol. = 2 Vol.

$$\left.\begin{array}{c}\boxed{H}\\\boxed{H}\\\boxed{H}\end{array}\right\} \;+\; \boxed{N} \;=\; \boxed{H^3 N}$$

4) **Sumpfgas**
4 Vol. + (1 Vol. =) 2 Vol.

$$\left.\begin{array}{c}\boxed{H}\\\boxed{H}\\\boxed{H}\\\boxed{H}\end{array}\right\} \;+\; \boxed{C} \;=\; \boxed{H^4 C}$$

Diese graphische Darstellung zeigt uns die Gleichheit der Volume der gasförmigen Elemente, wie sie sich zu Verbindungen constituiren, und die Structurverhältnisse dieser Verbindungen.

1 Vol. Wasserstoff u. 1 Vol. Wasserstoff bild. 2 Vol. Wasserstoff
1 Vol. Wasserstoff u. 1 Vol. Chlor   bild. 2 Vol. Chlorwasserstoff
2 Vol. Wasserstoff u. 1 Vol. Sauerstoff   bild. 2 Vol. Wasserdampf
3 Vol. Wasserstoff u. 1 Vol. Stickstoff   bild. 2 Vol. Ammongas.

Das 4. Symbol giebt an, dass 4 Vol. Wasserstoff mit Kohlenstoff, welcher bisher nicht in Gasform übergeführt werden konnte, auch nur 2 Vol. Sumpfgas ergeben. Dieses Productvolum berechtigt, den Kohlenstoff in gasiger Form anzunehmen nnd sein chemisches Zeichen in ein Quadrat einzuschliessen.

Die Gasvolume, welche zu einer Verbindung nothwendig sind, sind gleich gross, verschieden aber sind ihre Gewichte. Setzen wir für das Gewicht des Wasserstoffvolums 1, so werden diese Gewichte oder Volumgewichte nicht nur zugleich das Gewichtsverhältniss angeben, in welchen sich die gasigen Körper zu chemischen Verbindungen constituiren, sondern auch das Volumgewicht der Verbindung selbst, ferner die Atomgewichte und Moleculargewichte.

Ist das Gewicht eines Vol. Wasserstoffgas $= 1$ angenommen, so ist das Gewicht eines gleichen Vol. Chlors $= 35{,}5$, vom Sauerstoff 16, vom Stickstoff 14, vom Chlorwasserstoff 18,25, vom Wasserdampf 9, vom Ammongas 8,5, vom Sumpfgas 8.

$$1)\ \boxed{\underset{1}{H}} + \boxed{\underset{35{,}5}{Cl}} = \boxed{HCl\ 36{,}5} \qquad 2)\ \left.\begin{array}{c}\boxed{\underset{1}{H}}\\[-2pt]\boxed{\underset{1}{H}}\end{array}\right\} + \boxed{\underset{16}{O}} = \boxed{H^2O\ 18}$$

$$3)\ \left.\begin{array}{c}\boxed{\underset{1}{H}}\\[-2pt]\boxed{\underset{1}{H}}\\[-2pt]\boxed{\underset{1}{H}}\end{array}\right\} + \boxed{\underset{14}{N}} = \boxed{H^3N\ 17} \qquad 4)\ \left.\begin{array}{c}\boxed{\underset{1}{H}}\\[-2pt]\boxed{\underset{1}{H}}\\[-2pt]\boxed{\underset{1}{H}}\\[-2pt]\boxed{\underset{1}{H}}\end{array}\right\} + \boxed{\underset{12}{C}} = \boxed{H^4C\ 16}$$

Wollten wir die procentische Zusammensetzung des Wassers berechnen, so würden wir ganz zu demselben Resultat gelangen, welches uns die Anwendung des Aequivalentgewichts darbietet.

$$1 + 1 \text{ Wasserstoff} + 16 \text{ Sauerstoff} = 18 \text{ Wasser.}$$

H_2O O   Wasser. Sauerstoff.   Aeq. HO   Aeq. O   Wasser.   Sauerstoff.
18 : 16 $=$ 100 : 88,89   9 : 8 $=$ 100 : 88,89.

Das Resultat der Rechnung bleibt dasselbe, nämlich 88,89 Proc. Sauerstoff in 100 Th. Wasser. Diese Gleichheit der Resultate der Rechnung verbleibt auch in allen anderen Fällen und giebt uns den Beweis, dass die Atom- und Molekulargewichte der modernen Chemie den praktischen Werth der Aequivalentgewichte nicht alteriren, dass wir bei den Berechnungen mit Atomzahlen sowohl wie mit den Aequivalentzahlen zu gleichen Resultaten gelangen.

Der Kohlenstoff lässt sich, wie schon erwähnt wurde, nicht in Gasform überführen, das Gewicht des hypothetischen Kohlenstoffgases lässt sich aber aus seinen gasigen Verbindungen berechnen. Sumpfgas zeigt eine Dampfdichte von 0,55416, Wasserstoffgas von 0,06927 (die atmosphärische Luft $= 1$ angenommen), folglich ist das Volumgewicht des Sumpfgases $= 8$ (das Volumgewicht des Wasserstoffs $= 1$ angenommen).

$$0,06927 : 0,55416 = 1 : 8.$$

Da 4 Vol. Wasserstoff mit dem Kohlenstoff 2 Vol. Sumpfgas geben, das Gewicht dieser beiden Volume $(2 \times 8 =)$ 16 ist, so sind in dem Sumpfgase auch 4 Gewichtstheile Wasserstoff mit $(16 - 4 =)$ 12 Gewichtsth. Kohlenstoff verbunden. Das Volumgewicht des hypothetischen Kohlenstoffgases wäre sonach mit 12 anzunehmen. Das Moleculargewicht des Sumpfgases ist $= 16$, das Atomgewicht des Kohlenstoffs also $= 12$.

In den bisher gegebenen Beispielen ist das Volumgewicht der elementaren Gase gleich dem Verbindungsgewicht, das Volumgewicht der Verbindung halb so gross als deren Gewicht. Wiegen 2 Vol. Ammongas 17, so muss das Gewicht eines Vol. $= 8,5$ sein. Eine Ausnahme finden wir beim Phosphor und Arsen, welche wie der Stickstoff (mit dem Volumgew. 14) mit 3 Vol. Wasserstoff nach dem Ammonprototyp Phosphorwasserstoff und Arsenwasserstoff bilden. Das Volumgewicht des Arsendampfes ist (das Volumgew. des Wasserstoffs $= 1$) zu 150 erforscht, d. h. der Arsendampf ist 150mal schwerer als Wasserstoffgas. Im Arsenwasserstoff (H_3As) sind aber nur durch Analyse 75 Gewichtsth. (also $1/2$ Volumgewicht) Arsen mit 3 Gewichtsth. Wasserstoff verbunden. Demnach ist im Arsenwasserstoff auch nur $1/2$ Vol. Arsendampf anzunehmen. Ein Gleiches gilt vom Phosphorwasserstoff (H_3P). Das Volumgew. des Phosphordampfes (das des Wasserstoffs $= 1$) ist zu 62 bestimmt, im Phosphorwasserstoff sind aber 3 Gewichtsth. Wasserstoff mit 31 Gewichtsth. Phosphor verbunden. Es ist also hier auch nur $1/2$ Volum Phosphordampf mit 3 Vol. Wasserstoffgas in Verbindung.

Ammongas.   Arsenwasserstoff.   Phosphorwasserstoff.

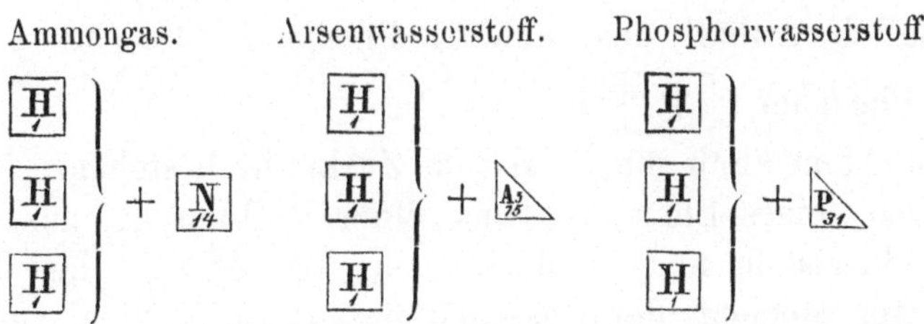

Diese graphische Darstellung vergegenwärtigt die Halbvolumigkeit des Arsens und Phosphors in den Verbindungen. Das Productvolum ist übrigens auch hier dasselbe, nämlich $= 2$ Vol. Arsenwasserstoff und 2 Vol. Phosphorwasserstoff. Das Volumgewicht des ersteren ist also 39 $\left(= \frac{75 + 1 + 1 + 1}{2}\right)$, das des letzteren 17 $\left(= \frac{31 + 1 + 1 + 1}{2}\right)$

Wenn die Symbole H, Cl, O, N die Volumgewichte und Verbindungsgewichte repräsentiren, so vergegenwärtigen uns die Symbole As und P nur die Verbindungsgewichte oder die Gewichte der halben Volume.

Das Molecül einer Verbindung entsteht aus der chemischen Vereinigung eines oder mehrerer Atome eines Elementes mit einem oder mehreren Atomen eines anderen. Das Molecül Chlorwasserstoff besteht aus 1 Atom Chlor und 1 At. Wasserstoff, das Molecül Wasser aus 2 At. Wasserstoff und 1 At. Sauerstoff, das Molecül Ammon aus 3 At. Wasserstoff und 1 At. Stickstoff. Das Moleculargewicht einer Verbindung ist gleich der Summe der Gewichte der constituirenden Atome. Aus der Verbindung zweier oder mehr Atome desselben Elementes entsteht ebenfalls ein Molecül. Aus diesen Andeutungen geht hervor, dass die moderne Chemie von den Elementen Atome und Molecüle, von den Verbindungen nur Molecüle annimmt, dass sie nur den Elementen Atomgewichte, den Verbindungen nur Moleculargewichte beilegt. Vergleicht man die aus der Dampfdichte berechneten Moleculargewichte von Wasserstoff, Sauerstoff, Chlor, Jod, Brom, Schwefel, Stickstoff etc. mit den Atomgewichten, so ergiebt sich, dass die Molecüle dieser Elemente aus 2 Atomen, dagegen beim Phosphor und Arsen aus 4 Atomen bestehen. Die Dichte des Moleküls Wasserstoffs ($\boxed{\text{H H}}$) $= 2$ angenommen, ergiebt für Chlor eine Dichte von 71, für Phosphor 124, für Arsen 300. Da die geringste Menge Chlor, welche in eine Verbindung eintreten kann, also ein Atom $= 35{,}5$ ist, so enthält das Molecül 2 Atome, denn $2 \times 35{,}5 = 71$. Die geringste Menge Phosphor in einer Verbindung, also 1 Atom, im Vergleich zum Wasserstoff $= 1$, wiegt

31, folglich enthält das Molecül Phosphor ($4 \times 31 = 124$) 4 Atome Phosphor ().

Ein Atom kann nie in freiem Zustande bestehen. Scheiden die Atome eines Elementes aus einer Verbindung aus, so geschieht dies auch nur in derjenigen Begrenzung, dass sich die Atome im Moment der Ausscheidung zu Molecülen vereinigen. Beim Quecksilber und Cadmium sind Atomgewicht und Moleculargewicht gleich, das Molecül dieser Metalle ist also chemisch nicht theilbar.

Lection 52.

Moderne Chemie (Fortsetzung). Werthigkeit.

Die moderne Chemie erwägt den Verbindungswerth der Körper, die Kraft, vermöge welcher das Atom eines Elements 1, 2, 3, 4 etc. Atome eines anderen Elements chemisch bindet, und nennt sie Werthigkeit, Valenz, Affinivalenz, Atomigkeit. Aus derselben deducirt der Chemiker die Zahl der Atome, welche zu einer Verbindung gefordert wird, oder welche eine Verbindung constituirt.

Die Elemente lassen sich in Betreff der erwähnten Verbindungskraft in zwei Gruppen theilen. Die eine Gruppe umfasst die Elemente, welche nur in einem einzigen Quantitätsverhältnisse Verbindungen eingehen, deren jedes Atom durch ein Atom eines anderen Elements, mit welchem es eine chemische Verbindung eingeht, gesättigt wird. Hierher gehören z. B. Wasserstoff, Chlor, Brom, Jod, Fluor, Kalium, Natrium, Silber, denn z. B. wird 1 Atom Wasserstoff durch 1 At. Chlor gesättigt, 1 Atom Chlor durch 1 Atom Natrium, Silber etc. Die andere Gruppe umfasst ziemlich alle übrigen Elemente, welche sich in mehreren Verhältnissen unter sich oder mit denen aus der ersten Gruppe verbinden können. Während 1 Atom Chlor nur 1 At. Wasserstoff zu binden vermag, bindet der Sauerstoff 2, der Stickstoff 3, der Kohlenstoff 4 Atome Wasserstoff. Aus diesem Grunde ist Chlor einwerthig (monovalent, einatomig, monaffin), der Sauerstoff zweiwerthig (bivalent, zweiatomig, biaffin), der Stickstoff dreiwerthig (trivalent, dreiatomig, triaffin), der

Kohlenstoff vierwerthig (quadrivalent etc.) oder man sagt: das Chlor besitzt eine, der Sauerstoff 2, der Stickstoff 3, der Kohlenstoff 4 Affinitäten, denn der Sauerstoff sättigt die Affinität von 2, der Stickstoff die von 3, der Kohlenstoff die von 4 Atomen Wasserstoff.

Phosphor und Arsen sind dreiwerthig, denn wie der Stickstoff vermögen sie die Affinitäten von 3 Atomen Wasserstoff zu binden. Wismuth ist dreiwerthig, denn es sättigt die Affinitäten von 3 Atomen Chlor ($BiCl_3$). Silicium, das Radical in der Kieselsäure, ist vierwerthig oder quadrivalent, denn 1 At. sättigt 4 Atome Chlor (d. h. eines einwerthigen Elements), auch bildet es mit 4 At. Wasserstoff eine Verbindung, welche sich dem Typus des Sumpfgases anschliesst. Der Bau eines Molecüls, aus Atomen zweier ein- oder zweiwerthigen Elemente bestehend, ist äusserst einfach, indem in jedem Atom nur eine oder zwei Anziehungsrichtungen in Thätigkeit treten. Im Atom eines drei- oder vierwerthigen Elements sind 3 oder 4 Anziehungspunkte gegeben, der Bau der daraus sich entwickelnden Verbindungen ist weniger einfach, und er wird um so complicirter, je mehr Anziehungspunkte oder Affinitäten zur Wirkung gelangen. Die Grösse der Werthigkeit oder die Zahl der Affinitäten eines Elements wird gewöhnlich aus den Verbindungen entnommen, welche es mit einwerthigen Elementen eingeht.

In einer Verbindung ist die Sättigung oder Befriedigung aller Affinitäten eines vielwerthigen Elements durch ein anderes Element gerade nicht erforderlich, es können sich daran auch die Atome anderer Elemente (einfacher Radicale) oder selbst zusammengesetzte Radicale betheiligen. Ferner kann in einer Verbindung die Zahl der Affinitäten nur zum Theil von einem anderen Element gesättigt sein, die übrigen sind freie Affinitäten, welche einer Befriedigung entgegen sehen.

Sind in einer Verbindung nicht alle Affinitäten eines Elements gesättigt, z. B. wie im Stickstoffdioxyd (NO oder N_2O_2) oder im Kohlenoxyd (CO), so ist die Verbindung eine ungesättigte, ein ungeschlossenes Molecül bildende, dagegen ist eine Verbindung, in welcher alle Affinitäten gesättigt sind, wie im Wasser (H_2O), in der Kohlensäure, eine gesättigte und das Molecül ist ein geschlossenes. Letzteres ist nicht weiter verbindungsfähig, das ungesättigte Molecül dagegen kann immer noch weitere Atome eines anderen Elementes binden, als es noch über freie Affinitäten zu verfügen hat.

H ist einwerthig $= \bigcirc$, O zweiwerthig $= \bigcirc\bigcirc$, N dreiwerthig $= \bigcirc\bigcirc\bigcirc$, Kohlenstoff vierwerthig $= \bigcirc\bigcirc\bigcirc\bigcirc$.

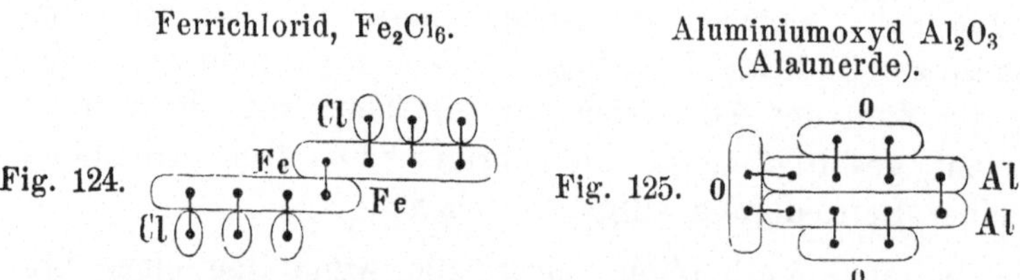

Wasser, H_2O $\quad = \begin{smallmatrix}\bigcirc\bigcirc\\\bigcirc\bigcirc\end{smallmatrix}$ ist eine gesättigte

Kohlensäure, CO_2 $\quad =$ ist eine gesättigte

Kohlenoxyd, CO $\quad =$ ist eine ungesättigte

Stickstoffdioxyd, $N_2O_2 =$ ist eine ungesättigte

Verbindung.

Wichtig ist es zu wissen, dass die Ausgleichung der Affinitäten nicht nur zwischen Atomen verschiedener Elemente, sondern auch zwischen Atomen ein und desselben Elementes stattfinden kann. Das Molecül des Eisens oder Aluminium z. B., dieser nach theoretischer Berechnung vierwerthigen Elemente, (von welchen aber aus praktischen Gründen viele Chemiker Eisen in die Reihe der zweiwerthigen und Aluminium in die der dreiwerthigen stellen) lässt sich nicht in zwei Atome auflösen, und man nimmt daher an, dass die beiden im Eisenmolecül vorhandenen und mit je 4 Affinitäten begabten Atome dadurch zusammengehalten werden, dass sich in Bezug zu den Ferriverbindungen je eine, in Bezug zu den Ferroverbindungen je zwei Affinitäten gegenseitig sättigen.

Geben wir dem vierwerthigen oder mit vier Affinitäten begabten Eisen oder dem Aluminium das Symbol $(\bullet\;\bullet\;\bullet\;\bullet)$, dem zweiwerthigen Sauerstoff das Symbol $(\bullet\;\bullet)$, dem einwerthigen Chlor das Symbol $(\bullet)$, so erhalten wir folgende Schemata:

Ferrichlorid, Fe_2Cl_6.

Aluminiumoxyd Al_2O_3
(Alaunerde).

Fig. 124.

Fig. 125.

In diesen Symbolen ist jede Affinität durch einen Punkt angedeutet und die Bindung der Affinitäten durch einen Strich, welcher je zwei der Punkte verbindet. In der Mitte der Fig. 124 sehen wir die beiden Eisenatome durch die gegenseitige Bindung von zwei Affinitäten aneinander gekettet, in Fig. 125 finden wir die Verkettung der beiden Aluminiumatome am Ende rechts. In Fig. 124 ist die Affinität jedes Chloratoms durch eine Affinität des Eisenatoms, in Fig. 125 jede der beiden Affinitäten eines Sauerstoffatoms durch eine Affinität des Aluminiumatoms gebunden. Das Schema für das Aluminiumoxyd lässt sich auch auf Ferrioxyd (Fe_2O_3) beziehen, wir dürfen nur statt Al ein Fe setzen. Ebenso erhalten wir das Schema für Aluminiumchlorid (Al_2Cl_6), wenn wir statt Fe ein Al setzen.

Die Werthigkeit oder Valenz, welche ein Element oder ein zusammengesetztes Radical in einer Verbindung zur Geltung bringt, wird durch Striche oder römische Zahlen über dem Symbol angegeben, z. B.

$$\overset{I}{Cl}. \quad \overset{I}{H}. \quad \overset{}{K'}. \quad \overset{}{O}. \quad \overset{II}{S}. \quad Ca''. \quad \overset{}{N}. \quad P'''. \quad \overset{III}{As}. \quad \overset{IV}{C}. \quad \overset{IV}{Fe''''}. \quad \overset{IV}{Al}.$$

Die Bezeichnung in einer Formel würde aber lauten

$$\overset{I}{K} \atop Cl \Big\} \qquad \overset{II}{Fe} \atop Cl_2 \Big\} \qquad (CH)''' \atop Cl_3 \Big\} \qquad \overset{I}{SbO} \atop H \Big\} O \qquad \overset{III}{SbO} \atop H_3 \Big\} O_3$$

Kaliumchlorid.   Ferrochlorid.   Chloroform.   Antimonoxydhydrat.   Antimonsäure.
(Antimonhydroxyd).   (Antimonhydrosäure).

Ein Atom Eisen besitzt zwei Valenzen, zwei Atome Eisen aber sechs. Je nachdem nun in eine Verbindung 1 oder 2 Atome Eisen eintreten unterscheidet man **monatome** (oder Ferro-) und **diatome** (oder Ferri-) Eisen-Verbindungen. Die Valenzzahl im ersteren Falle ist II, im anderen Falle III

$$\overset{II}{Fe} \atop H_2 \Big\} O_2 \qquad \overset{II}{Fe} \atop Cl \Big\} \qquad \overset{III}{Fe_2} \atop H_6 \Big\} O_6 \qquad \overset{III}{Fe_2} \atop Cl_6 \Big\}$$

Ferrohydroxyd   Ferrochlorid   Ferrihydroxyd   Ferrichlorid
(Eisenoxydulhydrat).   (Eisenchlorür).   (Eisenoxydhydrat).   (Eisenchlorid).

Man schreibt aber auch $\quad \overset{VI}{Fe_2} \atop Cl_6 \Big\} \qquad \overset{VI}{Fe_2} \atop H_6 \Big\} O_6$

Die Bezeichnung für die Einatomigkeit wird gewöhnlich unterlassen.

Einwerthige (univalente) **Elemente:** Wasserstoff, Chlor, Jod, Brom, Fluor; —
Kalium, Natrium, Lithium, Cäsium, Rubidium; —
Thallium, Silber.

Zweiwerthige (bivalente): Sauerstoff, Schwefel, Selen, Tellur; —
Calcium, Baryum, Strontium, Magnesium; —
Eisen, Mangan, Uran, Zink, Cadmium, Blei, Kupfer, Quecksilber, Nickel, Cobalt, Chrom.

Dreiwerthige (trivalente): Stickstoff, Phosphor, Arsen, An-
   timon; —
   Bor; — Aluminium; — Wismuth, Gold.
Vierwerthige (quadrivalente): Kohlenstoff, Silicium; — Zinn,
   Wolfram,
   Platin, Palladium, Osnium, Ruthenium, Rhodium, Iridium.
Fünfwerthige (quinquevalente): Tantal, Niobium.
Sechswerthige (sexvalente): Molybdän.

Die Werthigkeit ist für mehrere Elemente keine unabänder-
liche, denn unter Umständen kann ihre Zahl steigen oder fallen.
Jod ist z. B. einwerthig, im Trichlorid (JCl^3) ist es dreiwerthig.
Da es in den meisten Fällen einwerthig auftritt, so hat man es
auch in die Reihe der einwerthigen Elemente gestellt. Stickstoff, Phosphor, Antimon, welche zu den dreiwerthigen Elementen
gerechnet werden, sind unter Umständen auch fünfwerthig (z. B.
Phosphorchlorid, PCl^5).

Diese Abänderlichkeit der Werthigkeit ersehen wir am
besten, wenn wir die folgende von *Arendt* in seinem Lehrbuche
der anorganischen Chemie gegebene Tabelle mit dem vorstehenden,
dem *Lorscheid*'schen Lehrbuche entnommenen Verzeichnisse vergleichen.

Werthigkeits-Tabelle der wichtigsten Elemente.

Ein-werthig.	Zwei-werthig.	Drei-werthig.	Vier-werthig.	Fünf-werthig.
H	O	Bo	C	N
Cl	S		Si	P
Br	Mg	Au	Al	As
J	Ca	Bi	Cr	Sb
Fl	Ba		Fe	
K	Sr		Mn	
Na	Zn		Co	
Ag	Pb		Ni	
	Hg		U	
	Cu		Sn	
			Pt	

Lection 53.

Moderne Chemie (Fortsetzung).

Der Typus Chlorwasserstoff (Hydriumchlorid) $\left.{}^{Cl}_{H}\right\}$ oder der Typus Wasserstoff $\left.{}^{H}_{H}\right\}$ und der Typus Wasser (Hydriumoxyd) $\left.{}^{H}_{H}\right\}$o reichen für die meisten Verbindungen der anorganischen Chemie aus.

Im Chlorwasserstofftypus kann in Stelle des (typischen) Cl oder H jedes andere Atom oder Molecül eines einwerthigen Radicals (wie Jod, Brom, Kalium, Natrium, Silber, Ammonium) eintreten, z. B.

Hydriumjodid　　Kaliumchlorid　Kaliumjodid Ammoniumchlorid Silberchlorid
(Jodwasserstoff).　(Chlorkalium).　(Jodkalium).　　(Salmiak).　　(Chlorsilber).

$$\left.{}^{J'}_{H'}\right\} \qquad \left.{}^{Cl'}_{K'}\right\} \qquad \left.{}^{J'}_{K'}\right\} \qquad \left.{}^{Cl}_{NH_4}\right\} \qquad \left.{}^{Cl}_{Ag}\right\}$$

und es wird in dem einen wie im anderen Falle die Affinität des einen Atoms durch die des anderen ausgeglichen oder gesättigt.

Die Verbindungen mehr- oder vielwerthiger (polyvalenter) Elemente schliessen sich einem Mehrfachen des Chlorwasserstofftypus (einem condensirten Typus Chlorwasserstoff) an. Als Beispiel mögen die Chloride des 2werthigen Calcium, des 3werthigen Wismuths, des 4werthigen Zinns dienen

Calciumchlorid　　Wismuthchlorid　　Stannichlorid
(Chlorcalcium).　　(Chlorwismuth).　　(Zinnchlorid).

$$\left.{}^{\dot{C}l_2}_{Ca''}\right\} \qquad \left.{}^{Cl'_3}_{Bi'''}\right\} \qquad \left.{}^{Cl'_4}_{Sn^{IV}}\right\}$$

Es kann eine Stelle im Typus auch durch Atome oder Molecüle zweier oder mehrerer einfacher oder zusammengesetzter Radicale ausgefüllt werden, z. B.

Kaliumplatinchlorid　Kaliumsilbercyanid
(Chlorplatinkalium)　(Cyansilberkalium)　Chloroform.　　Jodoform.
(KaCl + PtCl²)　　(KaCy + AgCy)

$$\left.{}^{Cl_6}_{PtK_2}\right\} \qquad \left.{}^{Cy_2}_{Ag\dot{K}}\right\} \qquad \left.{}^{Cl_3}_{\ddot{C}H}\right\} \qquad \left.{}^{J'_3}_{\ddot{C}H}\right\}$$

Dem Typus des Wassers entsprechen die Oxyde, Hydroxyde, (Hydrate) und Sauerstoffsalze der Radicale. Wenn wir ein Stück Natrium oder Kalium auf Wasser werfen, so entsteht unter heftiger Wasserstoffgasentwickelung eine Lösung des Natriumhydroxyds (Natriumoxydhydrats).

$$\left.\begin{array}{l}H\\H\end{array}\right\}O \text{ und Na geben } \left.\begin{array}{l}H\\Na\end{array}\right\}O \qquad \left.\begin{array}{l}H\\H\end{array}\right\}O \text{ und K geben } \left.\begin{array}{l}H\\K\end{array}\right\}O$$

Wird Natriumoxyd in Wasser aufgelöst, so entsteht Natriumhydroxyd (Natronhydrat) und das Schema ist:

$$\left.\begin{array}{l}Na\\Na\end{array}\right\}O \text{ und } \left.\begin{array}{l}H\\H\end{array}\right\}O \text{ geben } \left.\begin{array}{l}Na\\H\end{array}\right\}O \text{ und } \left.\begin{array}{l}H\\Na\end{array}\right\}O \text{ oder } 2\left(\left.\begin{array}{l}H\\Na\end{array}\right\}O\right)$$

Ammoniumoxyd	Ammoniumhydroxyd	Anhydrische	Salpetersäure
(hypothetisch).	(hypothetisch).	Salpetersäure.	(Salpeterhydrosäure).

$$\left.\begin{array}{l}H_4N\\H_4N\end{array}\right\}O \qquad \left.\begin{array}{l}H\\H_4N\end{array}\right\}O \qquad \left.\begin{array}{l}NO_2\\NO_2\end{array}\right\}O \qquad \left.\begin{array}{l}NO_2\\H\end{array}\right\}O$$

Essigsäure.   Aether (Aethyloxyd).   Weingeist (Aethylhydroxyd).

$$\left.\begin{array}{l}C_2H_3O\\H\end{array}\right\}O \qquad \left.\begin{array}{l}C_2H_5\\C_2H_5\end{array}\right\}O \qquad \left.\begin{array}{l}C_2H_5\\H\end{array}\right\}O$$

Die Verbindungen der 2werthigen oder bivalenten Elemente und zusammengesetzten Radicale ordnen sich dem zweifachen Typus Wasser unter.

Calciumhydroxyd
Calciumoxyd.   Wasser.   (Kalkhydrat).

$$\left.\begin{array}{l}Ca''\\Ca''\end{array}\right\}O_2 \text{ und } \left.\begin{array}{l}H_2\\H_2\end{array}\right\}O_2 \text{ geben } \left.\begin{array}{l}Ca''\\H_2\end{array}\right\}O_2 \text{ und } \left.\begin{array}{l}H_2\\Ca''\end{array}\right\}O_2 \text{ oder } 2\left(\left.\begin{array}{l}H_2\\Ca\end{array}\right\}O_2\right)$$

Magnesiumoxyd	Magnesiumhydroxyd	Mercurioxyd	Bleihydroxyd
(Magnesia).	(Magnesiahydrat).	(Quecksilberoxyd).	(Bleioxydhydrat).

$$\left.\begin{array}{l}Mg''\\Mg''\end{array}\right\}O_2 \qquad \left.\begin{array}{l}Mg''\\H_2\end{array}\right\}O_2 \qquad \left.\begin{array}{l}Hg''\\Hg''\end{array}\right\}O_2 \qquad \left.\begin{array}{l}Pb''\\H_2\end{array}\right\}O_2$$

Natriumcarbonat.   Natriumbicarbonat.   Calciumcarbonat.
(Hydriumnatrinmcarbonat).

$$\left.\begin{array}{l}C\overset{..}{O}\\Na'_2\end{array}\right\}O_2 \qquad \left.\begin{array}{l}C\overset{..}{O}\\NaH\end{array}\right\}O_2 \qquad \left.\begin{array}{l}C\overset{..}{O}\\Ca''\end{array}\right\}O_2 \ .$$

Verbindungen 3werthiger Elemente und zusammengesetzter Radicale sind nach einem condensirten (dem dreifachen) Typus Wasser constituirt

Wismuthoxyd.	Phosphorsäure-anhydrid.	Phosphorsäure (Phosphorhydrosäure).	Arsensäure (Arsenhydrosäure).

$$\left.\begin{array}{l}Bi'''\\Bi'''\end{array}\right\}O_3 \qquad \left.\begin{array}{l}PO\\PO\end{array}\right\}O_3 \qquad \left.\begin{array}{l}PO\\H_3\end{array}\right\}O_3 \qquad \left.\begin{array}{l}AsO\\H_3\end{array}\right\}O_3$$

Die Formel des Wismuthhydrats ist $\left.\begin{smallmatrix}Bi\\H\end{smallmatrix}\right\}O_2$, nach dem Vorstehenden würde sie $\left.\begin{smallmatrix}Bi\\H_3\end{smallmatrix}\right\}O_3$ lauten müssen, sie repräsentirt aber 2 Wassermolecüle $\left(\left.\begin{smallmatrix}H_2\\H_2\end{smallmatrix}\right\}O_2\right)$, von deren 4 Wasserstoffatomen 3 durch das 3werthige Wismuth ersetzt werden. Wenn wir das Wismuthhydrat erhitzen, so zerfällt es in Wasser und Wismuthoxyd

$$2\left(\left.\begin{matrix}Bi\\H\end{matrix}\right\}O_2\right) \text{ geben } \left.\begin{matrix}Bi\\Bi\end{matrix}\right\}O_3 \text{ und } \left.\begin{matrix}H\\H\end{matrix}\right\}O$$

Borsäure.	Borsäure (Hydriumborat.)	Natriumborat.	Natriumbiborat (Borax NaO, 2BO³).
$\left.\begin{matrix}B'''\\B'''\end{matrix}\right\}O_3$	$\left.\begin{matrix}B\\H_3\end{matrix}\right\}O_3$	$\left.\begin{matrix}B\\Na\end{matrix}\right\}O_2$	$\left.\begin{matrix}B_4\\Na_2\end{matrix}\right\}O_7$

Das Eisen bildet mit den einwerthigen Radicalen zwei Reihen Verbindungen. Da in der ersten Reihe nur 1 Eisenatom (Fe = 56) eintritt, so verhält es sich wie ein 2werthiges (Ferrochlorid, Eisenchlorür, $\left.\begin{matrix}Fe\\Cl_2\end{matrix}\right\}$). Derselben Reihe gehören auch die Verbindungen mit 2werthigen Elementen an (wie Ferrooxyd, Eisenoxydul $\left.\begin{matrix}Fe\\Fe\end{matrix}\right\}O_2$, Ferrosulfid, Schwefeleisen $\left.\begin{matrix}Fe\\S''\end{matrix}\right\}$). Die andere Reihe enthält nicht das Atom Fe, sonder das Doppelatom Fe_2 (= 112), und dieses erweist sich 6werthig, weil eine Affinität des einen Atoms durch eine Affinität des andren Atoms gebunden wird. 2 Atome Eisen wirken zusammen mit $2 \times 4 = 8$ Affinitäten, da aber davon 2 Affinitäten sich bereits gegenseitig gesättigt haben, so können nur noch die übrigen 6 freien Affinitäten zu Wirkung gelangen. Das Radical Fe_2 verbindet sich daher mit 6 Atomen eines einwerthigen Elements, oder mit drei Atomen eines 2werthigen. Daher für Eisensesquichlorid die Formel $\left.\begin{matrix}Cl^6\\Fe^2\end{matrix}\right\}$, für Eisenoxyd Fe_2O_3, für Sesquischwefeleisen Fe_2S_3. Ein ganz ähnliches Verhalten treffen wir bei den anderen Elementen der Eisengruppe (Aluminium, Mangan, Chrom, Nickel, Kobalt etc.) an. Vom Aluminium z. B. ist kein Beispiel bekannt, wo es nur mit einem Atome in eine Verbindung eintritt, es kommen stets 2 Atome zur Reaction. Danach läge Grund vor, das Aluminium für 8werthig. anzunehmen, jedoch der Isomorphismus der Alaunverbindungen und der Eisenverbindungen (Ferricum, Fe_2) nöthigen in den Aluminiumverbindungen die Existenz von einem Doppelatom = Al_2 anzunehmen. Daher Alaunerde Al_2O_3, Aluminiumchlorid Al_2Cl_6.

Die Sauerstoffsäuren oder Oxysäuren gestalten sich, wie schon vorhin bemerkt ist, nach dem Typus Wasser. Die für uns wichtigsten sind:

Kohlensäureanhydrid.	Hydriumcarbonat (Kohlensäurehydrat) (hypothetisch).	Hydriumsulfat (Schwefelsäurehydrat).	Hydriumnitrat (Salpetersäurehydrat).
$\left.\begin{matrix}CO\\CO\end{matrix}\right\}O_2$	$\left.\begin{matrix}CO\\H_2\end{matrix}\right\}O_2$	$\left.\begin{matrix}SO_2\\H_2\end{matrix}\right\}O_2$	$\left.\begin{matrix}NO_2\\H\end{matrix}\right\}O$

Hydriumchlorat (Chlorsäurehydrat) (hypothetisch).

a-Phosphorsäure.

b-Phosphorsäure (Pyrophosphorsäure).

c-Phosphorsäure (gewöhnliche).

$$\left.\begin{array}{l} ClO^2 \\ H \end{array}\right\} O \qquad \left.\begin{array}{l} PO \\ H \end{array}\right\} O_2 \qquad \left.\begin{array}{l} 2PO \\ H_4 \end{array}\right\} O_5 \qquad \left.\begin{array}{l} PO \\ H_3 \end{array}\right\} O_3$$

Hydriumchromat (Chromsäurehydrat) (hypothetisch.)

Oxalsäure.

Essigsäure.

Essigsäureanhydrid.

$$\left.\begin{array}{l} CrO^2 \\ H_2 \end{array}\right\} O_2 \qquad \left.\begin{array}{l} C_2O_2 \\ H_2 \end{array}\right\} O_2 \qquad \left.\begin{array}{l} C_2H_3O \\ H \end{array}\right\} O \qquad \left.\begin{array}{l} C_2H_3O \\ C_2H_3O \end{array}\right\} O$$

Formeln verschiedener Salze:

Kaliumcarbonat. Natriumdicarbonat. Calciumcarbonat. Bleicarbonat.

$$\left.\begin{array}{l} CO \\ K'_2 \end{array}\right\} O_2 \qquad \left.\begin{array}{l} CO \\ Na'H' \end{array}\right\} O_2 \qquad \left.\begin{array}{l} CO \\ Ca'' \end{array}\right\} O_2 \qquad \left.\begin{array}{l} CO \\ Pb'' \end{array}\right\} O_2$$

Kaliumsulfat. Kaliumdisulfat. Baryumsulfat. Aluminiumsulfat.

$$\left.\begin{array}{l} SO_2 \\ K'_2 \end{array}\right\} O_2 \qquad \left.\begin{array}{l} SO_2 \\ K'H' \end{array}\right\} O_2 \qquad \left.\begin{array}{l} SO_2 \\ Ba'' \end{array}\right\} O_2 \qquad \left.\begin{array}{l} 3SO \\ Al_2 \end{array}\right\} O_6$$

Kaliumacetat. Ammoniumacetat. Bleiacetat.

$$\left.\begin{array}{l} C_2H_3O \\ K' \end{array}\right\} O \qquad \left.\begin{array}{l} C_2H_3O \\ \overset{I}{H_4N} \end{array}\right\} O \qquad \left.\begin{array}{l} C_2H_3O \\ \overset{II}{Pb} \end{array}\right\} O_2 + 3H_2O$$

Kalialaun. Eisenalaun.

$$\left.\begin{array}{l} \overset{II}{(SO_2)_3} \\ \underset{VI}{} \\ Al_2 \end{array}\right\} \overset{II}{O_6} + \left.\begin{array}{l} \overset{II}{SO_2} \\ \underset{I}{} \\ K_2 \end{array}\right\} \overset{II}{O_2} + 24H_2O \qquad \left.\begin{array}{l} \overset{II}{(SO_2)_3} \\ \underset{VI}{} \\ Fe_2 \end{array}\right\} \overset{II}{O_6} + \left.\begin{array}{l} \overset{II}{SO_2} \\ \underset{I}{} \\ K_2 \end{array}\right\} \overset{II}{O_6} + 24H_2O$$

Zur Darstellung von Kaliumacetat verwendet man Essigsäurehydrat und Kaliumbicarbonat

Kaliumdicarbonat. Essigsäure. Kaliumacetat. Wasser. Kohlensäure.

$$\left.\begin{array}{l} CO \\ KH \end{array}\right\} O_2 \text{ u. } \left.\begin{array}{l} C_2H_3O \\ H \end{array}\right\} O \text{ geben } \left.\begin{array}{l} C_2H_3O \\ K \end{array}\right\} O \text{ u. } \left.\begin{array}{l} H \\ H \end{array}\right\} O \text{ u. } CO_2$$

Aus der Einwirkung von 1 Molecül Hydriumsulfat auf 1 Molecül Natriumnitrat gehen Natriumdisulfat (Hydriumnatriumsulfat) und Salpetersäure (Hydriumnitrat) hervor

Natriumnitrat. Schwefelsäure. Natriumdisulfat. Salpetersäure.

$$\left.\begin{array}{l} \overset{I}{NO_2} \\ \underset{I}{Na} \end{array}\right\} O \text{ und } \left.\begin{array}{l} \overset{II}{SO_2} \\ \underset{I}{H_2} \end{array}\right\} O_2 \text{ geben } \left.\begin{array}{l} \overset{II}{SO_2} \\ \underset{I}{NaH} \end{array}\right\} O_2 \text{ und } \left.\begin{array}{l} \overset{I}{NO_2} \\ \underset{I}{H} \end{array}\right\} O$$

Wenn man ein Gemisch aus Ammongas und Sauerstoffgas auf einen Platinschwamm ausströmen lässt, verbrennt es zu Salpetersäure und Wasser

Ammon.   Sauerstoff.   Salpetersäure.   Wasser.

$$\left.\begin{array}{l}H\\H\\H\end{array}\right\}N \text{ und } 2\left(\begin{array}{l}O\\O\end{array}\right\} \text{ geben } \left.\begin{array}{l}NO_2\\H\end{array}\right\}O \text{ und } \left.\begin{array}{l}H\\H\end{array}\right\}O$$

Wenn sich Baryumchlorid und Schwefelsäure (Hydriumsulfat) in ihren Lösungen begegnen, so fällt Baryumsulfat nieder und Chlorwasserstoff (Hydriumchlorid) bleibt in der Lösung.

Schwefelsäure.   Baryumchlorid.   Baryumsulfat.   Chlorwasserstoff.

$$\left.\begin{array}{l}\overset{II}{SO_2}\\H_2\end{array}\right\}O_2 \text{ und } \left.\begin{array}{l}\overset{II}{Ba_2}\\Cl_2\end{array}\right\} \text{ geben } \left.\begin{array}{l}SO_2\\Ba\end{array}\right\}O_2 \text{ und } 2\left(\begin{array}{l}H\\Cl\end{array}\right\}\right)$$

Begegnen sich Natriumsulfat und Baryumchlorid, so fällt Baryumsulfat nieder und Natriumchlorid bleibt gelöst

Natriumsulfat.   Baryumchlorid.   Baryumsulfat.   Natriumchlorid.

$$\left.\begin{array}{l}SO_2\\Na_2\end{array}\right\}O_2 \text{ und } \left.\begin{array}{l}Ba\\Cl_2\end{array}\right\} \text{ geben } \left.\begin{array}{l}SO_2\\Ba\end{array}\right\}O_2 \text{ und } 2\left(\begin{array}{l}Cl\\Na\end{array}\right\}\right)$$

Quecksilberoxyd erhitzt zerfällt in Quecksilber und Sauerstoff

Quecksilberoxyd.   Quecksilber.   Sauerstoff.

$$\left.\begin{array}{l}Hg\\Hg\end{array}\right\}O_2 \text{ geben } 2\,Hg \text{ und } \left.\begin{array}{l}O\\O\end{array}\right\}$$

Bei der Einwirkung von Schwefelsäure (Hydriumsulfat) auf Manganhyperoxyd entstehen Manganosulfat (Manganoxydulsulfat), Wasser und Sauerstoff

Braunstein.   Schwefelsäure.   Manganosulfat.   Wasser.   Sauerstoff.

$$\left.\begin{array}{l}Mn\\Mn\end{array}\right\}O_4 \text{ u. } 2\left(\begin{array}{l}SO_2\\H_2\end{array}\right\}O_2\right) \text{ geben } 2\left(\begin{array}{l}SO_2\\Mn\end{array}\right\}O_2\right) \text{ u. } 2\left(\begin{array}{l}H\\H\end{array}\right\}O_2\right) \text{ u. } \left.\begin{array}{l}O\\O\end{array}\right\}$$

Wenn wir Silber in Salpetersäure (Hydriumnitrat) lösen, so gewinnen wir Silbernitrat, Wasser und Stickstoffoxyd

Silber   Salpetersäurehydrat.   Silbernitrat.   Wasser.   Stickoxyd.

$$\left.\begin{array}{l}Ag\\Ag\\Ag\end{array}\right\} \text{ und } 4\left(\begin{array}{l}NO_2\\H\end{array}\right\}O\right) \text{ geben } 3\left(\begin{array}{l}NO_2\\Ag\end{array}\right\}O\right) \text{ und } 2\left(\begin{array}{l}H\\H\end{array}\right\}O\right) \text{ und } NO$$

Beim Auflösen von Eisen in Salzsäure (Hydriumchlorid) entsteht Ferrochlorid und Wasserstoff wird frei

Eisen.   Salzsäure.   Ferrochlorid.   Wasserstoff.

$$Fe \text{ und } 2\left(\begin{array}{l}H\\Cl\end{array}\right\}\right) \text{ geben } \left.\begin{array}{l}Fe\\Cl_2\end{array}\right\} \text{ und } 2H$$

Beim Auflösen von Eisen in verdünnter Schwefelsäure erzeugt sich Ferrosulfat (Eisenoxydulsulfat) und Wasserstoff wird frei

$$\text{Fe und } \left.\begin{array}{l}SO_2\\H_2\end{array}\right\} O_2 \text{ geben } \left.\begin{array}{l}SO_2\\Fe\end{array}\right\} O_2 \text{ und } 2H$$

Sättigen wir eine Ferrochloridlösung mit Chlorgas, so wird es in Ferrichlorid verwandelt

$$\underset{\substack{\text{Ferrochlorid}\\(\text{Eisenchlorür}).}}{} \quad \underset{\text{Chlor.}}{} \quad \underset{\substack{\text{Ferrichlorid}\\(\text{Eisenchlorid}).}}{}$$

$$2\left(\left.\begin{array}{l}Fe\\Cl_2\end{array}\right\}\right) \text{ und } \left.\begin{array}{l}Cl\\Cl\end{array}\right\} \text{ geben } \left.\begin{array}{l}Fe_2\\Cl_6\end{array}\right\}$$

Zersetzen wir Salmiak (Ammoniumchlorid) durch Calciumhydroxyd (hydratische Kalkerde), so resultiren Calciumchlorid Wasser und Ammon

$$2\left(\left.\begin{array}{l}NH_4\\Cl\end{array}\right\}\right) \text{ und } \left.\begin{array}{l}Ca\\H_2\end{array}\right\} O_2 \text{ geben } \left.\begin{array}{l}Ca\\Cl_2\end{array}\right\} \text{ und } 2\left(\left.\begin{array}{l}H\\H\end{array}\right\} O\right) \text{ und } NH_3$$

Diese Beispiele dürften genügen, das Wesen der Typentheorie oder der modernen Chemie aufzufassen und ein Verständniss der chemischen Werke, welche die vor ihrem Niedergange bereits stehende Theorie zur Grundlage haben, zu gewinnen. Dass sie nie eine Stabilität erlangen würde, war voraus zu sehen, denn der Umfang ihrer Mängel war nicht geringer wie bei der dualistischen Chemie. Sagte doch schon vor mehreren Jahren der berühmte Chemiker *Kekulé:*

„Die typische Anschauung ist nichts weiter als ein Vergleichen der verschiedenen Verbindungen in Bezug auf ihre Zusammensetzung, nicht etwa eine wirkliche Theorie, welche uns die Zusammensetzung selbst kennen lehrt. Die verschiedenen Typen sind also nicht etwa durch verschiedene Constitution scharf getrennte Classen von Verbindungen, es sind vielmehr bewegliche Gruppen, in die man immer die Verbindungen zusammenstellt, welche den Eigenschaften nach, die man besonders hervorheben will, eine gewisse Analogie zeigen."

Die der dualistischen oder Binärtheorie entgegenstehenden Principien der *Gerhardt*'schen Unitartheorie waren Veranlassung zur Aufstellung der empirischen Molecularformeln, welche als eine praktische Form auch von der modernen Chemie beibehalten sind. Damit das Auge des Lernenden diese Molecularformeln leichter auffasse, so möge hier eine Reihe derselben mit den Formeln der Binartheorie verglichen einen Platz finden.

	Binäre Formeln (Aequivalent).	Unitäre Formeln (empirische Molecularformeln) (Atom).	
Wasser	HO	H_2O	
Salpetersäure	NO^5,HO	HNO	
Schwefelsäure	SO^3,HO	H_2SO_4	
Phosphorsäure·	$PO^5,3HO$	H_3PO_4	
Essigsäure	$C^4H^3O^3+HO$	$C_2H_4O_2$	
Weinsäure	$C^8H^4O^{10}+2HO$	$C_4H_6O_6$	
Kaliumcarbonat	KO,CO^2	CK_2O_3	od. K_2CO_3
Natriumcarbonat	NaO,CO^2	CNa_2O_3	„ Na_2CO_3
Magnesiumcarbonat	MgO,CO^2	$CMgO_3$	„ $MgCO_3$
Calciumcarbonat	CaO,CO^2	$CCaO_3$	„ $CaCO_3$
Ferrocarbonat	FeO,CO^2	$CFeO_3$	„ $FeCO_3$
Kaliumnitrat	KO,NO^5	NKO_3	„ KNO_3
Natriumnitrat	NaO,NO^5	$NNaO_3$	„ $NaNO_3$
Calciumnitrat	CaO,NO^5	N_2CaO_6	„ CaN_2O_6
Baryumnitrat	BaO,NO^5	N_2BaO_6	„ BaN_2O_6
Kaliumsulfat	KO,SO^3	SK_2O_4	„ K_2SO_4
Natriumsulfat	NaO,SO^3	SNa_2O_4	„ Na_2SO_4
Magnesiumsulfat	MgO,SO^3	$SMgO_4$	„ $MgSO_4$
Calciumsulfat	CaO,SO^3	$SCaO_4$	„ $CaSO_4$
Ferrosulfat	FeO,SO^3	$SFeO_4$	„ $FeSO_4$
Ferrisulfat	$Fe^2O^3,3SO^3$	$S_3Fe_2O_{12}$	„ $Fe_2(SO_4)_3$
Zinksulfat	ZnO,SO^3	$SZnO_4$	„ $ZnSO_4$
Kaliumacetat	$KO,C^4H^3O^3$	$C_2H_3KO_2$	„ $C_2KH_3O_2$
Essigsäure-Aethyläther	$C^4H^5O,C^4H^3O^3$	$C_2H_3(C_2H_5)O_2$	
Kaliumtartrat	$2KO,C^8H^4O^{10}$	$C_4H_4K_2O_6$	„ $C_4K_2H_4O_6$
Kaliumbitartrat	$KO,HO,C^8H^4O^{10}$	$C_4H_5KO_6$	„ $C_4KH_5O_6$

Lection 54.

Sauerstoff. Eigenschaften. Darstellung.

(Die chemischen Zeichen und Formeln in Beziehung zur Binartheorie sind in dieser und den folgenden Lectionen in Cursivschrift wieder gegeben.)

Der Sauerstoff (Oxygen, *Oxygenium*) ist nicht nur das verbreitetste, es ist auch das wichtigste unter den chemischen Elementen. Wenngleich er frei und ungebunden nur einige Male als Medicament Anwendung gefunden hat und seine Darstellung im pharmaceutischen Laboratorium kaum gefordert wird, so tritt er dennoch bei den meisten chemischen und pharmaceutischen Operationen und Processen als ein bald günstiges, bald störendes, aber immer mächtiges Agens auf, so dass wir genöthigt sind, sein Wesen und Wirken näher kennen zu lernen.

Der Sauerstoff ist im freien Zustande ein farb-, geruch- und geschmackloses permanentes Gas. Sein spec. Gewicht ist 1,10563, das spec. Gewicht der atmosphärischen Luft $= 1$ angenommen. Sein Aequivalentgewicht ist 8, sein Atomgewicht 16 (Wasserstoff $= 1$ angenommen), sein chemisches Zeichen O, weil sein lateinischer Name *Oxygenium* ist. Er unterscheidet sich von den übrigen Gasen besonders dadurch, dass ein in ihn hineingehaltener glimmender Holzspan in Flamme ausbricht, überhaupt brennbare Körper in ihm lebhaft verbrennen.

Pristley erkannte im Jahre 1774 zuerst den Sauerstoff als eine eigenthümliche Luftart und nannte ihn dephlogistisirte Luft, 1775 fand *Scheele*, unbekannt mit *Pristley*'s Entdeckung, dieselbe Luftart und nannte sie Feuerluft; später erhielt sie den Namen Lebensluft, bis *Lavoisier* (1780) ihr den Namen *Oxygène* gab, wegen ihrer Eigenschaft, mit vielen Stoffen Säuren zu erzeugen. Den Namen *Oxygène* übersetzten die deutschen Chemiker mit „Sauerstoff".

Dass die atmosphärische Luft ein Gemisch aus Sauerstoff und Stickstoff, das Wasser eine Verbindung von Wasserstoff und Sauerstoff ist, wissen wir. Die Luft wie das Wasser bieten uns zwar grosse Mengen Sauerstoff, dennoch können wir ihn daraus theils nicht auf geradem Wege, theils nicht mit Leichtigkeit ausscheiden, der Chemiker nimmt daher für diesen Zweck zu anderen Sauerstoffverbindungen seine Zuflucht.

Den reinsten Sauerstoff liefert das Kaliumchlorat oder chlorsaure Kali ($KClO_3$ oder KO, ClO^5), jenes Salz, welches wir in Lection 27 als einen sehr vorsichtig zu behandelnden Körper kennen gelernt haben. Dieses Salz enthält 3 Atome oder 6 Aequivalente Sauerstoff. Noch vor beginnender Rothglühhitze schmilzt es zu einer klaren Flüssigkeit, lässt bei dieser Temperatur seinen sämmtlichen Sauerstoff allmählich frei, welcher in Gasform entweicht, und Kaliumchlorid oder Chlorkalium (KCl) bleibt endlich zurück.

$$2\left({\textstyle {K \atop ClO_2}}\bigg|O\right) = 2\left({\textstyle {K \atop Cl}}\bigg|\right) + 3\left({\textstyle {O \atop O}}\bigg|\right) \text{ oder}$$

$$2KClO_3 = 2KCl + 3O_2$$

$$(KO, \ ClO^5 = KCl + 6O).$$

Das Atom-Gewicht des Kaliumchlorats ist $= 122{,}5$, das des Sauerstoffs $= 16$. Man kann also aus 12,25 Grm. des Kaliumchlorats $(3 \times 1{,}6 =)$ 4,8 Grm. Sauerstoffgas gewinnen, welche bei 18^0 C. ein Volum von circa 3,38 Liter (3380 C. C.) einnehmen.

Will man sich Sauerstoffgas aus dem Kaliumchlorat darstellen, so nehme man nicht mehr als 6 Grm. des Salzes, schütte diese Menge in eine kleine Retorte oder ein Kölbchen, welche Gefässe aber nur zu $^1/_{20} - ^1/_{15}$ ihres Rauminhaltes angefüllt werden, weil gegen das Ende der Zersetzung das geschmolzene Salz stark aufschäumt. Auch darf das Gasleitungsrohr nicht zu eng sein, damit das bei jenem Aufschäumen in grösserer Menge freiwerdende Sauerstoffgas unbehindert entweichen kann. Tritt das Aufschäumen ein, so sucht man die Flamme etwas zu mässigen. Die Gasentwickelung wird erleichtert, wenn man dem Kaliumchlorat $^1/_2 - ^3/_4$ seines Gewichtes grob gepulverten Braunstein beimischt. Bei Anwendung dieses Gemisches beginnt dasselbe plötzlich an einer Stelle zu glühen, welche Erscheinung sich dann durch die ganze Masse verbreitet. Durch diesen Akt ist die Gasentwickelung zugleich ausserordentlich lebhaft und schnell beendigt. Für das kleinere Experiment ist es besser, das reine chlorsaure Kali anzuwenden, denn der Anfänger kann die Entwickelung des Sauerstoffgases, welches in unzähligen kleinen Bläschen aus der geschmolzenen und klarflüssigen Salzmasse aufsteigt, besser beobachten, und kann er wegen der langsameren Gasentwickelung gleichzeitig mehrere Experimente nach einander vornehmen.

In einen völlig trocknen, zwei Finger langen und eine starke, 1,5 Centm. weiten Probircylinder gebe man circa 2 Grm. chlorsaures Kali und setze auf den Cylinder mit Hülfe eines gut weichgedrückten Korkes ein S-förmig gebogenes Glasrohr. (Ueber das Biegen des Glasrohres siehe unter den Bemerkungen.) Es ist wesentlich, sich genau nach vorstehender Anweisung zu richten. Diesen Apparat befestigt man in einem (*Magnus*'schen) Halter oder in einer anderen feststehenden Klemme. Es ist wohl zu beachten, dass das schmelzende Kaliumchlorat mit dem Korke, welcher ein brennbarer Körper ist, in keine Berührung komme! Nun erhitzt man das Salz nach geschehener Vorwärmung, jedoch nur mässig. Es schmilzt und die Sauerstoffentwickelung geht vor sich. Sobald man annehmen kann, dass der Cylinder mit Sauerstoff gefüllt ist, und Sauerstoff aus dem Glasrohre ausströmt, nähert man der Oeffnung des Glasrohres ein glimmendes

Fig. 124.

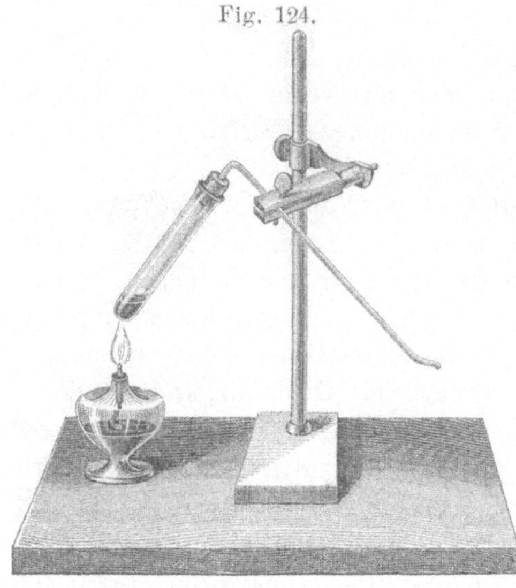

Holzstäbchen (abgebranntes Zündhölzchen), den glimmenden Docht einer Kerze, einen glühenden Zündschwamm. Diese Substanzen entzünden sich und brennen mit ungemein hellleuchtender Flamme.

Das Sauerstoffgas kann man in Flaschen auffangen und sammeln. Der Chemiker benutzt dazu eine pneumatische Wanne, ein offenes Gefäss u mit einer Bank b aus Blech, welche ein Loch hat, in welches die Mündung des Gasleitungsrohrs eingeschoben werden kann. Die nachstehende Abbildung genügt zur Erklärung dieser Vorrichtung. Das entwickelte Sauerstoffgas steigt aus der Mündung des Gasleitungsrohres in dem Wasser, womit der über diese Mündung gestellte Glascylinder c gefüllt ist, aufwärts, verdrängt das Wasser und füllt endlich den Cylinder (Recipient) an. Bei einiger Vorsicht bei der Manipulation kann ein Waschbecken und eine gewöhnliche Flasche zu

Fig. 125.

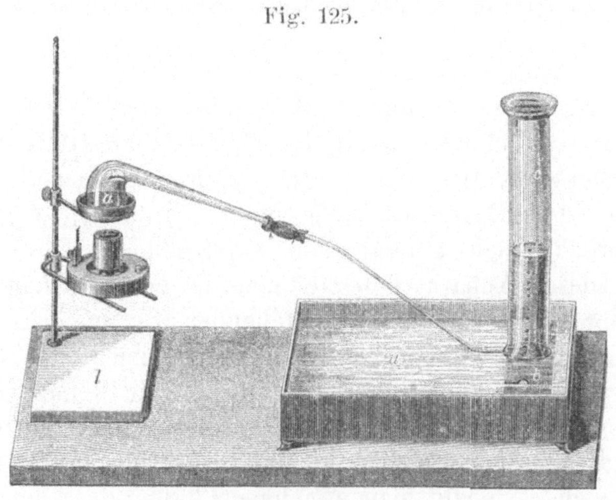

Pneumatische Wanne mit Wasser gefüllt.

demselben Zweck dienen (Fig. 126).
Ist jener Glascylinder mit Gas gefüllt, so schliesst man seine Oeffnung noch unter dem Wasserniveau
mit einer Glasplatte und stellt ihn
aufrecht bei Seite. Die mit Gas
gefüllte Flasche schliesst man in
gleicher Weise mit einem Kork.

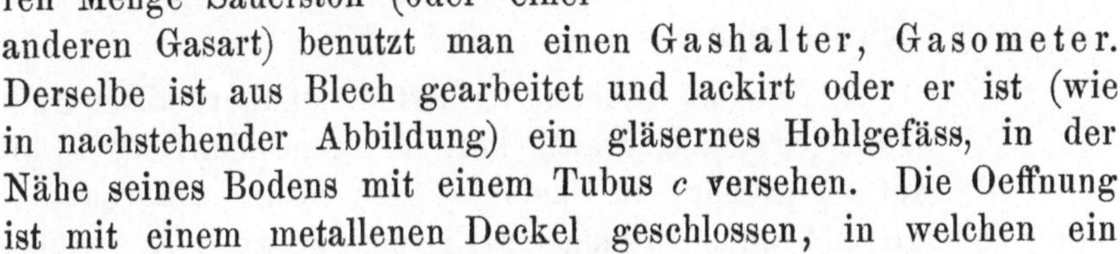

Fig. 126.

Zur Reservirung einer grösseren Menge Sauerstoff (oder einer
anderen Gasart) benutzt man einen Gashalter, Gasometer.
Derselbe ist aus Blech gearbeitet und lackirt oder er ist (wie
in nachstehender Abbildung) ein gläsernes Hohlgefäss, in der
Nähe seines Bodens mit einem Tubus c versehen. Die Oeffnung
ist mit einem metallenen Deckel geschlossen, in welchen ein
durch einen Hahn verschliessbares
Rohr b und ein in gleicher Weise
verschliessbares Trichterrohr, welches bis auf den Boden hinabreicht,
dicht eingesetzt sind. Um dieses
Reservoir mit Sauerstoff oder einem
anderen Gase zu beschicken, füllt
man es nach Verschluss des Tubus
c und Oeffnung des Hahnes b durch
das Trichterrohr total mit Wasser,
schliesst dann die Hähne a und b,
öffnet den Tubus c und leitet durch
ein Glasrohr d den Sauerstoff hinein. Da auf das Wasser in dem
Gasometer von oben kein Luftdruck
stattfindet, so fliesst aus dem Tubus
c nur in dem Maasse Wasser aus,
als Sauerstoffgas eintritt. Ist das
Gasometer mit dem Gase gefüllt und
das Wasser also bis auf eine Schicht,
welche ausreicht den Tubus c abzuschliessen, verdrängt, so wird auch

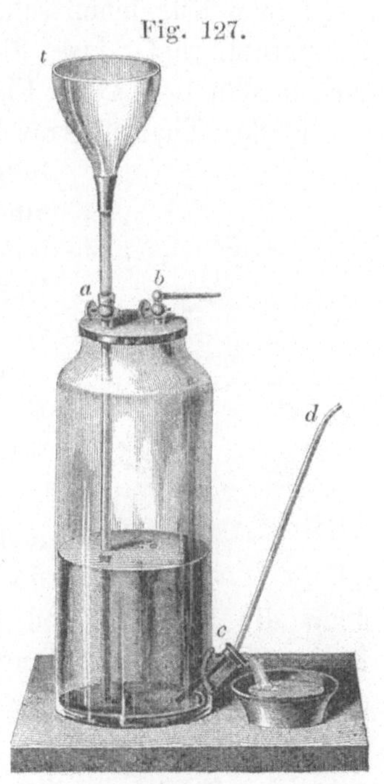

Fig. 127.

Gasometer.

letzterer geschlossen. Um Gas aus diesem Reservoir zu entnehmen, öffnet man den Hahn a, giesst Wasser in das Trichterrohr und öffnet den Hahn b. Durch den Druck der Wassersäule
in dem Trichterrohr wird das Gas aus dem Hahn b heraus-
gedrängt.

Eine Verbrennung erfolgt im Sauerstoffgase stets mit grösserem Glanze und unter Entwickelung grosser Hitze. Senkt man ein Stück brennenden Wachsstock mit Hilfe eines Drahtes in eine Flasche mit Sauerstoffgas, so brennt es mit starkem Licht-

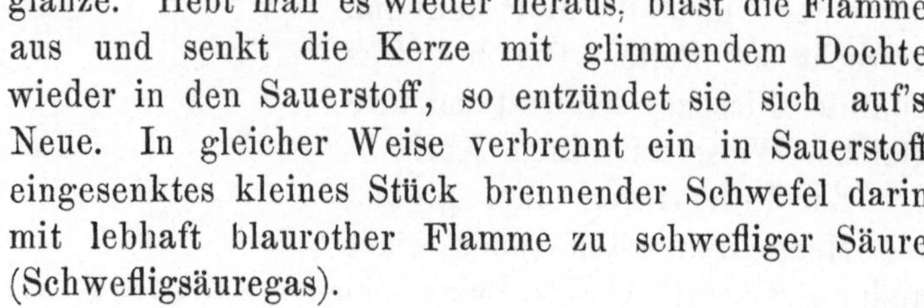

glanze. Hebt man es wieder heraus, bläst die Flamme aus und senkt die Kerze mit glimmendem Dochte wieder in den Sauerstoff, so entzündet sie sich auf's Neue. In gleicher Weise verbrennt ein in Sauerstoff eingesenktes kleines Stück brennender Schwefel darin mit lebhaft blaurother Flamme zu schwefliger Säure (Schwefligsäuregas).

Fig. 128.

Bis zum Glühen erhitzter dünner Eisendraht (dünnster Clavierdraht) hört in atmosphärischer Luft auf zu glühen, in Sauerstoff eingesenkt verbrennt er unter lebhaftem Funkensprühen zu Eisenoxyd (Fe_2O_3), welches zu kleinen Kügelchen schmelzend, niedertropft und eine so hohe Temperatur hat, dass die Kügelchen unter Wasser fortglühen oder in den Boden der Flasche einschmelzen. Dieses Experiment ist in der That überraschend und glänzend. Zu seiner Aus-

Fig. 129

führung wickelt man den Eisendraht um einen runden Stab (Bleistift) und macht ihn auf diese Weise zu einer Spirale. Das eine Ende derselben steckt man in einen Kork, an das andere Ende spiesst man ein Stückchen Zündschwamm auf. Diesen brennt man an und senkt die Spirale in die Flasche mit Sauerstoff.

Es giebt auch noch andere Bereitungsmethoden des Sauerstoffgases, welche jedoch nur ein theoretisches Interesse haben, denn die billigste und bequemste ist bis jetzt diejenige aus Kaliumchlorat. Der Sauerstoff daraus ist möglichst rein, denn er enthält höchstens eine unmerkliche Spur Chlor. Man gewinnt Sauerstoffgas ferner:

1. durch Glühen des gepulverten Braunsteins oder Mangandioxyds, Manganhyperoxyds (MnO_2 oder MnO^2). Die bessere Sorte dieses Minerals ist der Pyrolusit. In der Glühhitze wird daraus $1/3$ des Sauerstoffes frei, und das Mineral verwandelt sich in Mangantetroxyd (Mn_3O_4) oder nach der dual. Th. Manganoxyduloxyd (MnO, Mn^2O^3).

$$3\left(\overset{\text{II}}{\text{Mn}}\Big\} \, O_2\right) = \begin{matrix}\overset{\text{II}}{\text{Mn}}\\[2pt] \underset{\text{Mn}_2}{\text{III}}\end{matrix}\Big\} \, O_4 + \left.\begin{matrix}O\\O\end{matrix}\right\} \quad \text{oder} \quad 3\text{MnO}_2 = \text{Mn}_3\text{O}_4 + \text{O}_2$$

$$(3\,MnO^2 = MnO\,,\,Mn^2O^3 + 2O).$$

Die Glühung geschieht in einem eisernen Rohre. Das Sauerstoffgas ist unrein und muss gewaschen werden, d. h. man muss es durch Wasser streichen lassen.

2. durch Kochung von Manganhyperoxyd (MnO_2 od. MnO^2) in concentrirter Schwefelsäure (H_2SO_4 oder SO^3,HO). Auf diesem Wege gewinnt man die Hälfte des Sauerstoffs aus dem Manganhyperoxyd, indem die Schwefelsäure (nach der dualistischen Ansicht) in ihrer starken Verwandtschaft zum Manganooxyd oder Manganoxydul (MnO) das Manganhyperoxyd veranlasst, die Hälfte seines Sauerstoffs frei zü lassen. Das Resultat des Processes ist Manganosulfat oder schwefelsaures Manganoxydul (MnSO_4 oder MnO,SO^3) und Sauerstoff.

$$2\left(\overset{\text{II}}{\text{Mn}}\Big\} O_2\right) + 2\left(\begin{matrix}\text{H}_2\\ \text{SO}_2\end{matrix}\Big\} O_2\right) = 2\left(\begin{matrix}\overset{\text{II}}{\text{Mn}}\\ \text{SO}_2\end{matrix}\Big\} O_2\right) + 2\left(\begin{matrix}\text{H}\\ \text{H}\end{matrix}\Big\} O\right) + \left.\begin{matrix}O\\O\end{matrix}\right\}$$

$$\text{oder} \quad 2\text{MnO}_2 + 2\text{H}_2\text{SO}_4 = 2\text{MnSO}_4 + 2\text{H}_2\text{O} + \text{O}_2$$

$$(MnO^2 + SO^3 = MnO\,,\,SO^3 + O).$$

3. durch Kochen einer Mischung aus Kaliumdichromat ($\text{K}_2\text{Cr}_2\text{O}_7$) oder zweifach chromsaurem Kali ($KO,\,2\,CrO^3$) und conc. Schwefelsäure (H_2SO_4 oder SO^3,HO). 3 Theile des zerriebenen Salzes werden in einem Kolben mit 4 Th. conc. Schwefelsäure übergossen. Das Sauerstoffgas entwickelt sich ruhig und anhaltend. Diese Bereitungsmethode empfiehlt sich vor den anderen nächst der aus Kaliumchlorat. Das Kaliumdichromat oder rothe Kaliumchromat giebt 15—16 Proc. seines Gewichtes Sauerstoff aus. Das Resultat des Processes ist Chromalaun (Kaliumchromisulfat, $\text{Cr}_2\text{K}_2[\text{SO}_4]_4 + 24\text{aq}$), indem die Chromsäure unter Abgabe von Sauerstoff in Chromoxyd übergeht

$$\begin{matrix}\text{K}_2\\ (\text{CrO}_2)_2\end{matrix}\Big\} O_3 + 4\left(\begin{matrix}\text{H}_2\\ \text{SO}_2\end{matrix}\Big\} O_2\right) = \begin{matrix}\text{Cr}_2\\ (\text{SO}_2)_3\end{matrix}\Big\} O_6 \,;\, \begin{matrix}\text{K}_2\\ \text{SO}_2\end{matrix}\Big\} O_2 + 4\left(\begin{matrix}\text{H}\\ \text{H}\end{matrix}\Big\} O\right) + O_3.$$

$$\text{K}_2\text{Cr}_2\text{O}_7 + 4\text{H}_2\text{SO}_4 = \text{Cr}_2\text{K}_2(\text{SO}_4)_4 + 4\text{H}_2\text{O} + \text{O}_3$$

$$(KO\,,\,2\,CrO^3 + 4\,SO^3 = KO\,,\,SO^3\,;\,Cr^2O^3\,,\,3\,SO^3 + 3O).$$

Giebt man nach Austreibung des Sauerstoffs der Mischung etwas Wasser hinzu und stellt sie bei Seite, so bilden sich nach längerer Zeit Krystalle des Chromalauns in tiefpurpurfarbenen Octaëdern. Auch im vorstehenden Beispiele ist das Bestreben der mächtigen Schwefelsäure, sich mit einer Base zu verbinden, die Ursache, welche die Chromsäure disponirt, Sauerstoff frei zu lassen und in Chromoxyd überzugehen.

4. durch schwaches Glühen von Mercurioxyd oder rothem Quecksilberoxyd (HgO oder *HgO*), welches fast $7^1/_2$ Proc. seines Gewichtes Sauerstoff ausgiebt. Es zerfällt hierbei in Quecksilber (Hg) und Sauerstoff. $HgO = Hg + O$.

5. durch Electrolyse, durch Zersetzung des Wassers in Sauerstoff und Wasserstoff (vergl. S. 158).

6. durch Dialyse aus der atmosphärischen Luft, indem dünne zarte Kautschukhäutchen die Eigenschaft haben, Sauerstoff leichter durchzulassen als Stickstoff. Die dialysirte Luft enthält nach *Graham* fast noch einmal soviel Sauerstoff als die gewöhnliche Luft. Die vom Wasser absorbirte Luft enthält übrigens verhältnissmässig auch mehr Sauerstoff als in der Atmosphäre.

Bemerkungen. Oxygén, *Oxygène* (spr. oxyschän), *Oxygenïum*, von dem griech. ὀξύς (oxys), sauer, und γεννάω (gennáo), ich erzeuge, also Oxyde oder Säuren erzeugender Stoff. — Ein permanentes Gas ist dasjenige, welches weder durch Druck noch durch Kälte in einen anderen Aggregatzustand übergeführt werden kann. — Dephlogistisirte Luft nannte der Engländer *Pristley* (spr. prihsstli) desshalb den Sauerstoff, weil er diese Luftart unbrennbar fand, sie also nach der damals geltenden phlogistischen Theorie kein Phlogiston (Brennstoff) enthielt. Der Sauerstoff ist unbrennbar, und alle die Körper oder Elemente, welche sich mit Sauerstoff verbinden, kann man zum Gegensatz brennbar nennen. — Pneumatische Wanne, jedes nicht zu tiefe Gefäss, welches beim Auffangen einer Luft- oder Gasart anwendbar ist; πνεῦμα (pneuma), Hauch, Wind, Luft; πνευματικός (pneumatikos), zum Winde, zur Luft gehörig. — Der oder das Gasometer, Gasbehälter, Gasmesser, von dem deutschen Gas und dem griech. μέτρον (metron), Maass. Das Wort Gas wurde von *Joh. von Helmont* († 1664) zuerst gebraucht. Er bildete es wahrscheinlich aus dem niederdeutschen oder holländischen Gesch, Gaescht, Gischt, womit man die schaummachenden Luftarten der Gährflüssigkeiten bezeichnet. —

Scheele, geb. 1742 zu Stralsund, war Apotheker, zuletzt Verwalter der Apotheke in Köping in Schweden († 1786). Seinen Arbeiten und Forschungen verdankt die neuere Chemie die wichtigsten Fortschritte. Er entdeckte z. B. das Glycerin, welches bisher auch den Namen *Scheel*'sches Süss (Oelsüss) trug. — *Graham* (spr. gräëm), Professor der Chemie in London. † 1869. —

Das Biegen der Glasröhren ist eine sich häufig wiederholende Arbeit, welche zwar nicht schwierig ist, aber eine gewisse Umsicht erfordert, wenn die Biegung schön gerundet, dem Auge gefällig, und sie auch haltbar sein soll. Man hat Glasröhren von schwer schmelzbarem und von weichem Glase. Erstere (Kaliglas) werden in der Rothglühhitze kaum weich, letztere (Natronglas) aber in derselben Temperatur weich und biegsam. Die Röhren aus weichem Glase gebraucht man zu Gasentwickelungsvorrichtungen, zu Destillationen etc. Die Stelle, an welcher die Biegung stattfinden soll, wird zuerst ungefähr in der Ausdehnung einer Fingergliedlänge und unter sanftem Drehen um ihre Axe in der Flamme einer einfachen Weingeistlampe (bei dünnen Röhren) oder einer solchen mit doppeltem Luftzuge (bei stärkeren Röhren) in der Art erhitzt, dass der obere mehr leuchtende Theil der Flamme das Glas umspült. Dann lässt man die Flammenspitze auf die Mitte der Stelle einwirken, wobei man durch sanften Druck mittelst beider Hände die Biegung *a* auszuführen sucht. Diese erfolgt nach und nach, wenn das Glas weich wird. Lässt man das Glas zu weich werden, und man führt dann die Biegung aus, so entsteht eine Abflachung an der Aussenseite *b* und eine Verdickung des Glases an der Innenseite der Biegung. Die gebogene Stelle ist dann enger als der übrige Theil der Röhre, und diese bricht an der Biegung leicht auseinander. In einer Gasflamme lässt sich das Biegen leichter und schneller ausführen, aber die Röhren springen dann oft nach dem Erkalten an der Biegung. Um diesem Uebelstande vorzubeugen, muss man die zu biegende Stelle erst über der Gasflamme erhitzen, dann allmählich in die Flamme senken, biegen und nach dem Biegen sehr allmählich erkalten lassen. — C.C. ist die gebräuchliche Abkürzung für Cubiccentimeter.

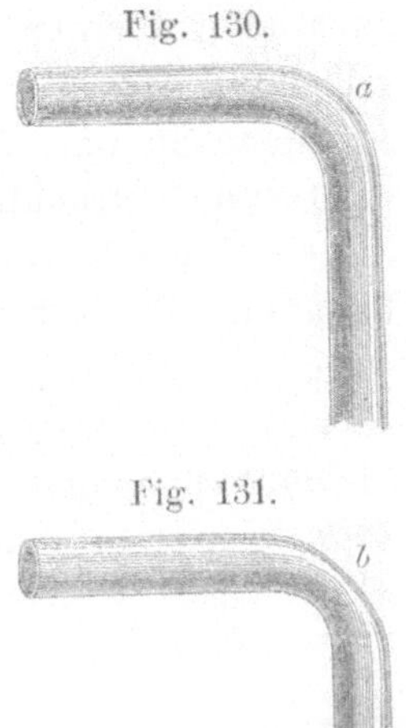

Fig. 130.

Fig. 131.

Lection 55.

Sauerstoff (Fortsetzung). Oxyde. Ein- und mehrbasische Säuren. Hydrigkeit der Säuren. Oxydation. Reduction.

Der Sauerstoff ist insofern von grosser Wichtigkeit, als er mit allen übrigen einfachen Stoffen, nur Fluor ausgenommen, chemische Verbindungen einzugehen vermag. Ein sehr grosser Theil dieser einfachen Stoffe äussert auch eine hervorragende starke Verwandtschaft oder chemische Anziehung zum Sauerstoff, so dass der Akt ihrer Verbindung damit häufig von Feuererscheinung begleitet ist. Aus diesen Gründen räumte die electrochemische Theorie dem Sauerstoff in der electrischen Spannungsreihe (S. 160) die erste Stelle unter den electronegativen Körpern ein. Während die letzteren in gewissen Verbindungen den positivelektrischen Bestandtheil repräsentiren können, vermag dies der Sauerstoff niemals.

Den Process der Verbindung eines Körpers mit Sauerstoff nennt man Oxydation, und die Verbindung selbst im Allgemeinen Oxyd. Da der Sauerstoff vornehmlich sich mit allen übrigen einfachen Stoffen, wie bereits bemerkt (Fluor ausgenommen), verbinden kann, so ist die Zahl der oxydirten Körper auch eine überaus grosse, und da dies oft mit einem und demselben Körper nach verschiedenen Gewichtsverhältnissen geschieht, so entstehen eine Menge Oxydationsstufen, welche die Zahl der Oxyde beträchtlich vermehren. Vom Phosphor sind uns z. B. 3, vom Chlor 5, vom Eisen 3, vom Wasserstoff 2 Oxydationsstufen bekannt. Es verbinden sich

Gwth.		Gwth. Sauerstoff				Anhydride
31,5 Phosphor	mit	8	zu	Unterphosphorigsäure,	PO oder	P_2O
31,5 „	„	24	„	Phosphorigsäure,	PO_3 „	P_2O_3
31,5 „	„	40	„	Phosphorsäure,	PO^5 „	P_2O_5
35,5 Chlor	„	8	„	Unterchlorigsäure,	ClO „	Cl_2O
35,5 „	„	24	„	Chlorigsäure,	ClO^3 „	Cl_2O_3
35,5 „	„	32	„	Unterschlorsäure[1],	ClO^4 „	Cl_2O_4
35,5 „	„	40	„	Chlorsäure,	ClO^5 „	Cl_2O_5
35,5 „	„	56	„	Ueberchlorsäure,	ClO^7 „	Cl_2O_7
28 Eisen	„	8	„	Eisenoxydul,	FeO „	FeO
28 „	„	16	„	Eisenoxyd,	Fe^2O^3 „	Fe_2O_3
28 „	„	24	„	Eisensäure,	FeO^3 „	FeO_3
1 Wasserstoff	„	8	„	Wasser,	HO „	H_2O
1 „	„	16	„	Wasserstoffhyperoxyd,	HO^2 „	H_2O_2

Die Oxyde lassen sich nach der dualistischen Ansicht, wie schon in Lection 37 angegeben ist, in drei Gruppen schichten, nämlich in Sauerstoffbasen, in Sauerstoffsäuren und in indifferente Oxyde. Daselbst ist auch gesagt, dass aus der Verbindung der Sauerstoffbasen mit Sauerstoffsäuren die Sauerstoffsalze entstehen. Die indifferenten Oxyde lernten wir in Lection 38 als Suboxyde (Hypoxyde) und als Superoxyde (Hyperoxyde) unterscheiden. Die Oxydationsstufen einiger elementaren Stoffe zählen Basen, Säuren und indifferente Oxyde auf, z. B. die Oxydationsstufen des Mangans:

				Anhydride
Manganoxydul,	MnO	⎱ Basen	Manganooxyd	MnO
Manganoxyd,	Mn^2O^3	⎰	Manganioxyd	Mn_2O_3
Manganhyperoxyd,	MnO^2	indiff.	Mangandioxyd	MnO_2
Mangansäure,	MnO^3	⎱ Säuren	Mangansäure	MnO_3
Uebermangansäure	Mn^2O^7	⎰	Uebermangansäure	Mn_2O_7

---

[1]) Die neuere Chemie nennt diese Verbindung Chlortetroxyd.

Die dualistische Theorie unterscheidet die Säuren als einbasische, zweibasische und dreibasische, je nachdem sie
mit 1, 2, 3 Aequivalenten einer Base Salzverbindungen darstellen.
Schwefelsäure (SO^3), Kohlensäure (CO^2), Salpetersäure (NO^5)
a-Phosphorsäure (Metaphosphorsäure PO^5,HO) sind einbasische,
Säuren; b-Phosphorsäure (Pyrophosphorsäure, $PO^5,2HO$), Weinsäure sind zweibasisch; c-Phosphorsäure ($PO^5,3HO$), Citronensäure
sind dreibasisch.

Die neuere Chemie, welche die Sauerstoffsäuren (Oxysäuren)
als Verbindungen des Wasserstoffs (Hydrium) mit einem zusammengesetzten Radical ansieht, bezeichnet dieselben nicht mit 1-,
2-, 3- etc. basisch, sondern mit monohydrisch, dihydrisch,
trihydrisch etc. Die monohydrischen Säuren enthalten 1 Atom
Wasserstoff, die dihydrischen 2 Atome Wasserstoff u. s. f., in
dessen Stelle gleich viel Atome eines einfachen oder zusammengesetzten Radicals eintreten können.

Eine monohydrische Oxysäure ist Salpetersäure (Hy-
driumnitrat, Salpeterhydrosäure) $= \left.\begin{array}{c} NO_2 \\ H \end{array}\right\} O$ oder HNO_3; Kalium-

nitrat $= \left.\begin{array}{c} NO_2 \\ K \end{array}\right\} O$ oder KNO_3. Schwefelsäure (Hydriumsulfat,

Schwefelhydrosäure) ist dihydrisch, $= \left.\begin{array}{c} SO_2 \\ H_2 \end{array}\right\} O_2$ oder H_2SO_4;

Natriumsulfat $= \left.\begin{array}{c} SO_2 \\ Na_2 \end{array}\right\} O_2$ oder Na_2SO_4. Die gewöhnliche Phosphorsäure (Trihydriumphosphat) ist eine trihydrische Oxy-
säure $= \left.\begin{array}{c} PO \\ H_3 \end{array}\right\} O_3$ oder H_3PO_4; das normale Natriumphosphat
$= Na_3PO_4$; das officinelle Natriumphosphat ist Hydriumdinatrium-
phosphat $= \left.\begin{array}{c} PO \\ HNa_2 \end{array}\right\} O_3$ oder HNa_2PO_4.

Nach der Typentheorie gehören 2 Molecüle gewöhnlicher
Phosphorsäure zur Darstellung der Pyrophosphorsäure,

$$\left.\begin{array}{c} \left.\begin{array}{c} PO \\ H_3 \end{array}\right\} O_3 \\ \left.\begin{array}{c} PO \\ H_3 \end{array}\right\} O_3 \end{array}\right\} - \left.\begin{array}{c} H \\ H \end{array}\right\} O = \left.\begin{array}{c} \left.\begin{array}{c} PO \\ H_2 \end{array}\right\} \\ \left.\begin{array}{c} PO \\ H_2 \end{array}\right\} \end{array}\right\} O_5 = \left.\begin{array}{c} (PO)_2 \\ H_4 \end{array}\right\} O_5 = \begin{array}{c} PO \left\{ \begin{array}{c} OH \\ OH \end{array} \right. \\ O \\ PO \left\{ \begin{array}{c} OH \\ OH \end{array} \right. \end{array}$$

aus 2 Molecülen der Phosphorsäure tritt also 1 Molecül Wasser
aus. $2(H_3PO_4) - H_2O = H_4P_2O_7$.

Ein Gleiches findet bei der Umwandlung des officinellen Natriumphosphats (Hydriumdinatriumphosphat) in Pyrophosphat statt

$$\left.\begin{array}{l}PO \\ HNa_2\end{array}\right\}O_3 \left.\begin{array}{l} \\ \end{array}\right| - \left.\begin{array}{l}H \\ H\end{array}\right\}O = \left.\begin{array}{l}PO \\ Na_2\end{array}\right\} \left.\begin{array}{l} \\ \end{array}\right| O_5 = \left.\begin{array}{l}(PO)_2 \\ Na_1\end{array}\right\}O_5 = \left.\begin{array}{l}ONa \\ ONa \\ O \\ ONa \\ ONa\end{array}\right.$$

$$\left.\begin{array}{l}PO \\ HNa_2\end{array}\right\}O_3 \qquad \left.\begin{array}{l}PO \\ Na_2\end{array}\right\} \qquad PO\left\{\begin{array}{l}ONa \\ ONa \\ \\ ONa \\ ONa\end{array}\right.$$

Beim Glühen der Pyrophosphorsäure tritt ein weiteres Molecül Wasser aus und es hinterbleibt Metaphosphorsäure

$$\left.\begin{array}{l}(PO)_2 \\ H_4\end{array}\right\}O_5 - \left.\begin{array}{l}H \\ H\end{array}\right\}O = \left.\begin{array}{l}(PO)_2 \\ H_2\end{array}\right\}O_4 = 2\left(\left.\begin{array}{l}PO \\ H\end{array}\right\}O_2\right).$$

$$H_4P_2O_7 - H_2O = 2(HPO_3).$$

Wenn wir die gewöhnliche (c) Phosphorsäure abdampfen und bis zu 210^0 C. erhitzen, so geht 1 Aeq. Wasser durch Verdampfung verloren, und als Rückstand haben wir die zweibasische Phosphorsäure, b-Phosphorsäure, auch Pyrophosphorsäure genannt, vor uns. Das Hydrat dieser Säure hat die Formel $2HO,PO^5$. Wenn wir das officinelle krystallisirte phosphorsaure Natron $(2NaO,HO,PO^5 + 24HO)$ erhitzen, so verdampft das Krystallwasser schon bei gelinder Hitze, das Aequivalent basischen Wassers aber erst bei beginnendem Rothglühen, und als Rückstand bleibt pyrophosphorsaures Natron $(2NaO,bPO^5)$, welches mit 10 Aeq. Krystallwasser krystallisirt $(=2NaO,bPO^5+10HO)$ in der Pharmacie Verwendung findet.

Erhitzen wir die Hydrate der gewöhnlichen oder der Pyrophosphorsäure bis zum Glühen, so entweicht unter Verdampfung das Hydratwasser bis auf 1 Aequivalent, und als Rückstand in Gestalt einer glasigen Masse verbleibt einbasische oder a-Phosphorsäure, auch Metaphosphorsäure genannt. Aus dieser Säure besteht zum grössten Theile das *Acidum phosphoricum glaciale* der Apotheken. Die Formel des Hydrats ist HO,PO^5. Durch Glühen des Salzes $NaO,2HO,cPO^5$ würde das Natronsalz NaO,aPO^5 darzustellen sein.

Alle drei chemischen Modificationen der Phosphorsäure verhalten sich auch gegen Reagentien verschieden. Wenn wir die Lösung des officinellen c-phosphorsauren Natrium mit einer Lösung des Silbernitrats (*Argentum nitricum*, $AgNO_3$) versetzen, so fällt gelbes Silberphosphat (Ag_3PO_4 oder $3AgO,cPO^5$). (Silberpyrophosphat und Silbermetaphosphat sind weiss.) Die Meta- oder a-Phosphorsäure fällt Eiweiss aus der wässrigen Lösung (b- und c-Phosphorsäure fällen Eiweiss nicht).

Sauerstoffsalze, die Verbindungen von Sauerstoffbasen mit Sauerstoffsäuren, in welchen auf 1 Aeq. Sauerstoff der Base 1 Aeq. einbasischer Säure angetroffen wird, bilden nach dualistischer Ansicht die sogenannten neutralen (normalen) Salze (vergl. Lection 37). Ist in einem Salze dies Verhältniss auf Seite der Base überschritten, so wird das Salz ein basisches, ist dagegen jenes Verhältniss auf Seite der Säure überschritten, so wird es saures Salz genannt. Eine saure alkalische Reaction des Salzes ist für diese Bezeichnung nicht entscheidend. Neutrale Salze sind z. B.:

schwefelsaures Natron (NaO, SO^3) (ist neutral)

schwefelsaures Eisenoxydul (FeO, SO^3)

essigsaures Bleioxyd $(PbO, \overline{A})$ (reagiren sauer).

schwefelsaures Eisenoxyd $(Fe^2O^3, 3SO^3)$

Nach der Typentheorie entsteht ein normales oder neutrales Salz, wenn 1 At. Wasserstoff (Hydrium) der Säure genau durch 1 At. Radical ersetzt wird. Im anderen Falle entsteht ein anormales Salz, entweder ein basisches oder saures z. B.

$$\text{Schwefelsäure.} \qquad \underset{\text{Kaliumsulfat.}}{\text{(neutrales)}} \qquad\qquad \underset{\text{Kaliumsulfat.}}{\text{saures}}$$

$$\left.\begin{matrix} SO_2 \\ H_2 \end{matrix}\right\} O_2 + K_2 = \left.\begin{matrix} SO^2 \\ K_2 \end{matrix}\right\} O_2 \qquad \left.\begin{matrix} SO_2 \\ H_2 \end{matrix}\right\} O_2 + K = \left.\begin{matrix} SO_2 \\ HK \end{matrix}\right\} O_2$$

In der Zeit, als man noch nicht die metallischen Grundlagen der Alkalien und Erden kannte, unterschied man Neutralsalze, Mittelsalze und Metallsalze. Man nannte die neutralen Salze der Alkalien Neutralsalze, die der Erden Mittelsalze und die Salze der Schwermetalle Metallsalze. Nur die letztere Bezeichnung findet heute noch Anwendung.

Die Oxydation kommt bei Darstellung verschiedener Präparate, häufig in der Analyse, der chemischen Untersuchung, zur Anwendung. Kräftige Oxydationsmittel sind Salpetersäure (HNO_3 oder HO, NO^5) und auch das Chlor (Cl), welches letztere allein für sich oder in dem Königswasser, einem Gemisch aus 3 Th. Chlorwasserstoffsäure (HCl) und 1 Th. Salpetersäure, benutzt wird. Durch einige praktische Versuche wollen wir uns von der oxydirenden Wirkung beider Substanzen eine Vorstellung machen. Geben wir in einem Reagircylinder ein Stückchen Kupfer, ungefähr 0,5 Gm. schwer, und übergiessen dasselbe mit 4,5—5,0 Gm. officineller reiner Salpetersäure, so bemerken wir, dass sich das Metallstück mit farblosen Bläschen bedeckt, welche sich losreissen und an die Oberfläche der Flüssigkeit steigen. Wenn wir die Flüssigkeit nur um ein Weniges erwärmen, so wird die Gasentwickelung lebhafter, die aufsteigenden Bläschen erzeugen ein Schäumen und die Luftart, welche entweicht, nimmt eine röthlichgelbe Farbe an, welche im oberen Theile des Cylinders intensiver rothgelb erscheint, als über dem Niveau der Flüssigkeit. Die Flüssigkeit färbt sich blau, ein Beweis, dass sie nun Kupfer gelöst enthält.

Der Process verläuft nach der dualistischen Ansicht in folgender Weise: Das Kupfer sucht seinem Bestreben, sich mit Sauerstoff zu Oxyd zu verbinden, zu genügen, und die Salpetersäure (NO^5) giebt einen Theil ihres Sauerstoffs leicht ab. Hier in dem vorliegenden Falle findet also eine directe Oxydation des Kupfers statt, denn ein Aeq. Salpetersäure tritt 3 Aeq. Sauerstoff an das Kupfer ab und der Rest der Salpetersäure entweicht als Stickoxyd (Stickstoffoxyd, NO^2). Letzteres ist ein farbloses Gas, und wie uns bekannt ist, auch ein indifferentes Oxyd. Tritt dieses farblose Gas an die Luft, so nimmt es aus dieser Sauerstoff auf und oxydirt sich zu Untersalpetersäure (NO^4), welche sich in Gestalt eines rothgelben Dampfes zu erkennen giebt. War das Kupfer mit der genügenden Menge Salpetersäure übergossen, so enthält die gewonnene Lösung Kupfernitrat (CuO,NO^5). Folgendes Schema erklärt den Vorgang:

$$3Cu + 4(NO^5) = 3(CuO,NO^5) + NO^2. \quad NO^2 + 2O = NO^4.$$

Nach der Typentheorie tritt das Kupfer in die Stelle einer entsprechenden Menge Wasserstoffs der Salpetersäure, Cuprinitrat bildend, der verdrängte Wasserstoff bindet aber in statu nascendi Sauerstoff aus einem anderen Theil Salpetersäure und scheidet als Wasser aus. Der Rest der zersetzten Salpetersäure entweicht als Stickoxyd (Stickstoffdioxyd, N_2O_2 oder NO), welches mit Sauerstoff der Luft Untersalpetersäure (Stickstofftetroxyd, N_2O_4) bildet und als braunrother Dampf auftritt.

$$16 \left(\begin{matrix} NO_2 \\ H \end{matrix} \Big| \, O \right) + 3Cu_2 = 6 \left(\begin{matrix} (NO_2)_2 \\ Cu \end{matrix} \Big| \, O_2 \right) + 8 \left(\begin{matrix} H \\ H \end{matrix} \Big| \, O \right) + 4NO.$$

$$16HNO_3 + 3Cu_2 = 6CuN_2O_6 + 8H_2O + 4NO.$$

Jetzt giessen wir (ausserhalb des Dispensirlocals) die Kupfernitratlösung in ein Porcellantiegelchen, trocknen sie bei gelinder Wärme ein und erhitzen dann die trockene Masse bis zum Glühen. Als Glührückstand verbleibt Cuprioxyd oder Kupferoxyd in Form eines schwarzen Pulvers, des *Cuprum oxydatum nigrum (Rademacheri)*, als Gase entwichen Sauerstoff und Stickoxyd, welches letztere sich, mit dem Sauerstoff der Luft in Berührung kommend, in Untersalpetersäure oder Stickstofftetroxyd verwandelt.

Das Chlor wirkt indirect und zwar insofern oxydirend, als es eine grosse Verwandtschaft zum Wasserstoff hat, denselben dem Wasser entzieht und den Sauerstoff frei macht, welcher *in statu nascendi* sich mit der gegenwärtigen Substanz, welche Verwandtschaft zum Sauerstoff hat, verbindet. — Cl und HO geben HCl und O. Wenn wir in eine erwärmte Lösung des Ferrosulfats oder schwefelsauren Eisenoxyduls ($FeSO_4 + 7H_2O$ oder $FeO, SO^3 + 7HO$), welche wir noch mit Schwefelsäure (H_2SO_4 oder SO^3, HO) versetzt haben, Chlorgas leiten, so resultirt eine Lösung von Ferrisulfat oder schwefelsaurem Eisenoxyd ($Fe_2 [SO_4]_3$ oder $Fe^2O^3, 3SO^3$).

$$2FeSO_4 + H_2SO_4 + Cl_2 = Fe_2(SO_4)_3 + 2HCl.$$
$$2(FeO, SO^3) + SO^3, HO + Cl = Fe^2O, 3SO^3 \text{ u. } HCl.$$

Chlor ist auch das oxydirende Agens im Königswasser *(Acidum chloro-nitrosum)*. Dieses ist ein Gemisch aus Salpetersäure und Chlorwasserstoffsäure. Diese beiden Säuren zersetzen sich gegenseitig, indem Stickoxyd und Chlor frei werden.

$$2HNO_3 + 6HCl = 2NO + 4H_2O + 3Cl_2$$
$$NO^5 + 3HCl = NO^2 + 3HO + 3Cl$$

Geben wir in ein Reagirgläschen 0,5 Gm. Eisenvitriol (krystallisirtes Ferrosulfat) und 20 Tropfen verdünnte Schwefelsäure, so erhalten wir beim Erwärmen eine wenig gefärbte grünliche Lösung. Wenn wir dazu 10 Tropfen der officinellen Chlorwasserstoffsäure und 15 Tropfen Salpetersäure giessen, so findet sofort eine heftige Reaction statt. Unter Entwickelung dunkelrothgelber Dämpfe färbt sich die Flüssigkeit dunkelbraun, und kochen wir nach dem ersten Aufschäumen einige Male auf, so haben wir in dem Reagirglase eine Ferrisulfatlösung. Um uns davon zu überzeugen, setzen wir einen Tropfen einer Ferridcyankalium- oder Kaliumferricyanidlösung auf eine Porcellanfläche und geben dazu einen Tropfen der Eisenlösung. Aus beiden Tropfen geht keine Farbenveränderung hervor. Es würde dagegen eine blaue Farbenreaction eintreten, wäre nicht alles Ferrosalz in Ferrisalz verwandelt worden. Wenn wir statt des Eisenvitriols Ferrochlorid ($FeCl_2$) oder Eisenchlorür ($FeCl$) nehmen, es mit Königswasser übergiessen und bis zum Aufkochen erhitzen, so erhalten wir Ferrichlorid (Fe_2Cl_6) oder Eisenchlorid (Fe^2Cl^3), eine Verbindung, aus welcher wie auch aus dem Ferrisulfat Aetzammon Ferrihydroxyd ($H_6Fe_2O_6$) oder Eisenoxydhydrat ($Fe^2O^3, 3HO$) abscheidet.

Wollen wir Spuren Mangan in irgend einer Verbindung entdecken, so oxydiren wir dasselbe zu Mangansäure (MnO_3), deren Alkalisalze beim Auflösen in Wasser eine schön violettroth gefärbte Flüssigkeit (Kaliumhypermanganatlösung) liefern. Auf einen dünnen Porcellanscherben oder ein Silberblech giebt man 3—4 Tropfen Aetzkalilauge (Kaliumhydroxydlösung), einige Körnchen Salpeter und dazu sehr wenig der gepulverten manganhaltigen Substanz (z. B. Braunstein), lässt einkochen und erhitzt (ein Erhitzen bis zur Glühhitze ist nicht erforderlich). Uebergiesst man die dunkelblaugrüne rückständige Schicht (Kaliummanganat) mit Wasser, so erhält man eine grünlichviolette oder violettrothe Lösung.

Bemerkungen. Oxydatión, oxydiren, von Oxyd abgeleitete Formen. — Desoxydation, zusammengesetzt aus dem latein. *de* (von, weg) und Oxydation. — Fluor ist ein Element, welches aus seiner Verbindung abgeschieden ein heftiges Bestreben zeigt, sich mit anderen Elementen zu verbinden. Es gehört zu den Halogenen, wie Chlor, Brom, Jod. Mit Wasserstoff bildet es die Flusssäure oder Fluorwasserstoffsäure (HFl oder HF). Der Flussspath ist ein Mineral, aus Calciumfluorid oder Fluorcalcium (CaFl$_2$ od. *CaFl*) bestehend. Er erhielt seinen Namen, weil er als Flussmittel bei verschiedenen metallurgischen Processen, besonders beim Schmelzen der Erze, Anwendung fand. Der Name Fluor ist abgeleitet von dem lat. *fluo, fluxi, fluctum, fluĕre,* fliessen; *fluŏr, fluōris,* das Fliessen, die fliessende Feuchtigkeit. — Pyro- hat die Bedeutung: durch Hitze oder Feuer erzeugt, brenzlich; gebildet aus dem griech. πῦρ, gen. πυρός (pyr, pyros), Feuer. — Para-, nebenbei, nebenher (mit dem Begriff der Umwandlung); von dem griech. παρά (para). — Meta-, das griech. μετά (meta), zwischen, nach, dazu (mit dem Begriff der Aufeinanderfolge, des Dazukommens zu schon Vorhandenem). — Metáll, von d. griech. μετά und ἄλλος (allos), anderer, weil ein Metall stets in Gesellschaft mit anderen vorkommt. — Die Oxyde der Schwermetalle nannten die alten Chemiker Metallkalke. — Königswasser, *Aqua regia,* ist eine empirische Benennung, weil man nur damit das Gold, den König der Metalle, aufzulösen vermochte.

Lection 56.

Sauerstoff. Reduction. Desoxydation. Ausbringung der Metalle.

Die Verbindungen der Körper mit Sauerstoff sind mehr oder weniger fest. Während die Oxyde der Leichtmetalle, wie Kaliumoxyd, Natriumoxyd, Calciumoxyd selbst in der stärksten Glühhitze keinen Sauerstoff abgeben, zerfallen andere Oxyde, wie Mercurooxyd (Hg$_2$O), bei geringer Erwärmung, Mercurioxyd (HgO), Silberoxyd (Ag$_2$O oder *AgO*) bei beginnender Rothglühhitze in Quecksilber und Sauerstoffgas, in Silber und Sauerstoffgas. Soll der Sauerstoff aus einem Oxyde entfernt werden, so lässt man auf dasselbe einen Körper in irgend einer

Weise einwirken, welcher zum Sauerstoff eine grössere Verwandtschaft hat, als die Grundlage des oxydirten Körpers. Die Freimachung eines Körpers aus seiner Verbindung mit Sauerstoff oder mit einem anderen Elemente nennt man, wie wir bereits wissen (S. 119), Reduction. Die Reduction vermittelnde oder reducirende Körper sind besonders Kohlenstoff (Kohle) und Wasserstoff. Die hüttenmännische Darstellung der meisten Metalle ist eine Reduction. Eisenerze, Zinkerze, Zinnerze, Bleierze, welche aus Oxyden dieser Metalle bestehen, werden mit Kohle eingeschmolzen. Der Kohlenstoff (C) verbindet sich dabei mit dem Sauerstoff des Oxyds und entweicht entweder als Kohlensäure (CO_2) oder als Kohlenoxydgas (CO). Enthält das Erz zugleich das Metall als Schwefelmetall oder kieselsaure Verbindungen (Silicate), so setzt der Hüttenmann noch Kalkerde (Calciumoxyd, CaO) dazu. In diesem Falle reducirt die Kohle zum Theil Calciumoxyd, und das resultirende Calcium verbindet sich mit dem Schwefel des Erzes zu Calciumsulfid, Schwefelcalcium (CaS), das Metall freilassend, oder die Kalkerde verbindet sich mit der Kieselsäure.

Bei der Eisenausbringung findet z. B. ein Reductionsprocess von grossartigem Umfange statt. Die Eisenerze sind entweder Eisenoxyde, wie der Magneteisenstein ($FeFe_2O_4$ oder FeO, Fe^2O^3), Rotheisenstein (Fe^2O^3), Brauneisenstein ($Fe_4H_6O_9$ oder $2Fe^2O^3$, $3HO$), Spatheisenstein ($FeCO_3$ oder FeO, CO^2) oder es ist eine Schwefelverbindung, wie Schwefelkies, (Eisendisulfid, FeS_2 oder FeS^2) Arsenikkies (Misspickel, FeSAs oder $FeS^2, FeAs$); Magnetkies (Fe^7S^8) etc. Diese Erze kommen häufig gemischt vor. Die Erze werden zerklopft und an der Luft erhitzt („geröstet"), um das Eisen theils in Oxyd zu verwandeln, theils soviel als möglich Schwefel, Arsen und Wasser zu verflüchtigen, dann gattirt, d. h. Erze mit vielem und geringerem Eisenoxydgehalt werden gemischt, und nun mit Zuschlägen (Kalk, Thon, Quarz, natürlichem Calciumfluorid) gemengt, um die Schmelzung und Schlackenbildung zu befördern, und dann in den Hochofen gebracht. Die umstehende Abbildung vergegenwärtigt die Form und Einrichtung eines Hochofens.

Der aus festem Gemäuer aufgerichtete Ofen umfasst einen Hohlraum (e d o), den sogenannten Kernschacht, welcher oben mit einem engeren Hohlraum (r o o r), der Gicht, ausläuft, unter der Gicht sich erweiternd, den Schacht, etwas tiefer den Kohlensack bildet, und sich nach unten zu der sogenannten Rast verengt. Der unterste Theil (e), das Gestell, läuft mit

dem Herde (*n*) aus. Hier ist der Raum, wo sich das geschmolzene Eisenmetall mit den Schlacken sammelt. Der Herd

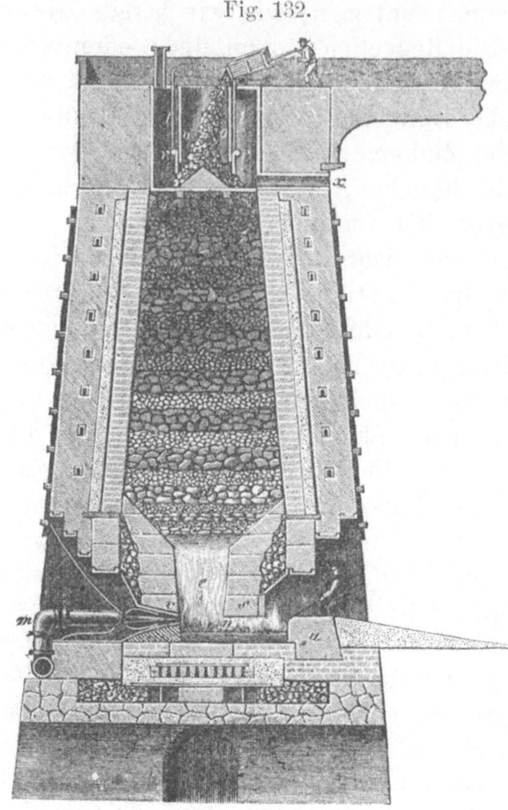

Fig. 132.

ist auf der einen Seite
(der offnen Brust)
mit dem Tümpel-
stein (*s*), dem Wall-
stein (*u*) versehen,
auf der anderen Seite
münden in den Herd
eine oder zwei Dü-
sen (*v*), durch welche
während der Schmel-
zung ein anhaltender
Luftstrom mittelst ei-
nes durch Dampf ge-
triebenen Gebläses in
die glühende, aus Erz,
Zuschlägen und Koh-
len zusammengeschüt-
tete Masse eingetrie-
ben wird. Kommt ein
solcher Hochofen in
Betrieb, so zündet man
zuerst auf der Sohle
des Herdes ein Feuer
aus Holz, Kohlen und
Coaks an, und unter-
stützt es durch das Ge-
bläse. Nachdem durch
die Gicht zuerst noch eine genügende Menge Coaks und Feuerungs-
material nachgefüllt ist, werden Erz und Coaks mit Hilfe kleiner
Handwagen (Hunde) in abwechselnden Schichten durch die
Gicht aufgeschüttet und damit der Schacht ganz gefüllt. Der
Schacht wird in dieser Weise auch gefüllt erhalten, während das
reducirte geschmolzene Eisen mit den Schlacken auf die Sohle
des Herdes herabfliesst. Die specifisch leichteren Schlacken
sammeln sich über dem flüssigen Eisen (*n*). Hat sich endlich
im Verlaufe eines oder mehrerer Tage eine ausreichende Menge
Eisen auf dem Herde angesammelt, so wird der Lehmstein
(eine aus Lehm und Kohle bestehende Masse, womit eine Oeffnung, Stichöffnung, in dem Herde zwischen Wallstein und
den Herdbacken verstoft ist) herausgenommen, und das ge-

schmolzene weissglühende Metall fliesst in angelegte Formen und Rinnen ab. Während dieser Operation und nach Schluss der Stichöffnung mit Lehmstein nimmt die Beschickung und Schmelzarbeit (Hüttenreise, Schmelzcamagne) ihren ungestörten Fortgang. Das ausgeflossene Eisen ist Roheisen, Gusseisen, ein unreines Eisen, denn es enthält noch kleine Mengen Kohle, Schwefel, Arsen, Kiesel etc.

Die Kohle wirkt in der Weissgluth reducirend auf das Eisenoxyd des Erzes und verbindet sich mit dem Sauerstoff desselben, theils zu Kohlensäure (CO_2), theils zu Kohlenoxydgas (CO), welche Gase durch einen Kanal (x) unter der Gicht in die Gebläse (Windtrommel) geleitet und noch heiss mit Luft gemischt durch die Düsen (v) in den Schacht wiederum eingetrieben werden. Das Kohlenoxydgas wirkt schon an und für sich reducirend, weil es noch Sauerstoff aufnimmt und sich im Kohlensäure oxydirt.

Durch einen Oxydationsprocess (Puddling- oder Frischprocess) erfährt das Roheisen eine Reinigung. Es wird nämlich wiederum in besonderen Oefen geschmolzen und Luft darüber hinweg und hineingeblasen, wobei sich Schwefel, Arsen, Phosphor mit dem Sauerstoff der Luft verbinden (verbrennen) und sich im oxydirten Zustande verflüchtigen.

Kali ist eine Verbindung von Kaliummetall mit Sauerstoff (K_2O oder KO), Natron eine solche von Natriummetall mit Sauerstoff (Na_2O oder NaO). Zur Darstellung des Kalium oder des Natrium werden die trocknen kohlensauren Salze mit Kohle innig gemischt, in Retorten aus Schmiedeeisen einer starken Glühhitze ausgesetzt und die aus dem Gemisch hervortretenden Kalium- oder Natrium-Dämpfe unter Petroleum aufgefangen. Beide Leichtmetalle sind silberweis, bei Rothglühhitze in Dampfform übergehend. Ihre Darstellung geschieht, wie wir sehen, durch Reduction der Oxyde Kali und Natron durch Kohle, welche mit dem Sauerstoff derselben Kohlenoxydgas (CO) bildet und die Metalle aus der Verbindung mit Sauerstoff frei macht. Aus K_2O und C entstehen K_2 und CO oder aus KO und C entstehen K und CO. Da sich diese Leichtmetalle mit dem Luftsauerstoff in Berührung schnell wieder zu Kali oder Natron oxydiren, so bewahrt man sie unter Petroleum (Steinöl) auf, welche Flüssigkeit keinen Sauerstoff enthält und aus einer Verbindung des Kohlenstoffs mit Wasserstoff besteht.

Leitet man über glühendes Ferrioxyd (Fe_2O_3) Wasserstoffgas (H), so verbindet sich letzteres mit dem Sauerstoff des Eisenoxyds zu Wasser, und Eisen bleibt zurück. Aus Fe_2O_3 und $3H_2$ resultiren Fe_2 und $3H_2O$ oder aus Fe^2O^3 und $3H$ resultiren $2Fe$ und $3HO$. Das auf diese Weise reducirte Eisen ist das als Arznei gebrauchte *Ferrum hydrogenio reductum*.

Kalium und Natrium können wiederum als kräftige Reductionsmittel gebraucht werden. Das Aluminium (Al), die metallische Grundlage der Alaunerde (Thonerde), wird als Aluminiumchlorid (Al_2Cl_6 oder Al^2Cl^3) durch Glühen mit Natrium dargestellt. Aus Al_2Cl_6 und $6Na$ resultiren $6NaCl$ (Natriumchlorid) und Al_2 oder aus Al^2Cl^3 und $3Na$ entstehen $3NaCl$ (Chlornatrium) und $2Al$. Hier geschieht die Reduction nicht durch Desoxydation, sondern durch Dechloridation, durch Chlorentziehung.

Will der Chemiker speciell die Reduction eines Körpers aus der Verbindung mit Sauerstoff bezeichnen, so unterscheidet er diesen Process als Desoxydation, er lässt aber die Bezeichnung Reduction immer da gelten, wo ein Metall aus irgend einer Verbindung abgeschieden wird.

Lection 57.

Sauerstoff (Fortsetzung). Verbrennung.

Im gewöhnlichen Leben versteht man unter Verbrennung jede von Wärmeentwickelung und Feuererscheinung begleitete chemische Vereinigung mit Sauerstoff. Genau genommen ist also die Verbrennung ein Oxydationsprocess, welcher unter wahrnehmbarer Wärme- und Lichtentwickelung stattfindet. Man unterscheidet eine Verbrennung ohne Flamme und mit Flamme.

Die Verbrennung ohne Flamme erfolgt, wenn der brennbare Körper bei der Temperatur, welche er während der Verbrennung erzeugt, nicht flüchtig ist. Glühendes Eisen verbrennt, d. h. oxydirt sich mit dem Sauerstoff der Luft in Berührung zu Ferriferrooxyd (Hammerschlag) ohne Erzeugung einer Flamme. Ebenso verbrennt reine Kohle unter Glühung an ihrer Oberfläche zu Kohlensäuregas. Die Oxydation oder Verbrennung findet bei den fixen brennbaren Körpern also direct an deren Oberfläche statt. Eine Flamme entsteht dagegen, wenn der verbrennende Körper bei seiner Verbrennungstemperatur flüchtig ist, oder wenn er brennbare flüchtige Bestandtheile enthält, oder sich aus ihm brennbare flüchtige Stoffe während der Verbrennung entwickeln. Die Bildung der Flamme ist durch dampf- und gasförmige Substanzen, welche sich unter Glühung oxydiren, bedingt. Die durch die Hitze erzeugten Dämpfe und Gase steigen in der atmosphärischen Luft in die Höhe und erzeugen verbrennend die Erscheinung, welche Flamme genannt wird. Die brennbaren Gase sind in Folge der Erhitzung leichter als die atmosphärische Luft, sie steigen also in dieser aufwärts. Indem sie zugleich an ihrer Aussenseite mit dem Sauerstoff der Luft in Berührung verbrennen, der innere Gastheil aber erst bei weiterem Aufsteigen zur Verbrennung gelangt, entsteht die kegelförmige Gestalt der Flamme.

Flüchtige brennbare Körper sind z. B. Phosphor, Schwefel, Weingeist, Aether, Steinöl. Angezündet verbrennt der Phosphor mit hellleuchtender Flamme, indem sich der aufsteigende Phosphordampf zu Phosphorsäureanhydrid (P_2O_5 oder PO^5) oxydirt. Aehnlich verbrennt der Dampf des angezündeten Schwefels mit blauer Flamme zu Schwefligsäuregas (SO_2 oder SO^2). Weingeist und Aether bestehen aus Kohlenstoff, Wasserstoff und Sauerstoff. Die Formel des Weingeistes ist C_2H_6O oder $C^4H^6O^2$, die des Aethers $C_4H_{10}O$ oder C^4H^5O. Von diesen Bestandtheilen sind der Kohlenstoff und der Wasserstoff die brennbaren Körper. Der Dampf des brennenden Weingeistes und Aethers liefert Kohlensäure (CO_2) und Wasser (H_2O) als Oxydations- oder Verbrennungsproducte. Das Steinöl besteht nur aus Kohlenwasserstoffverbindungen, seine Verbrennungsproducte sind gleichfalls Kohlensäure und Wasser.

Erst bei höherer Temperatur flüchtige oder nicht flüchtige brennbare Körper sind Oel, Talg, Holz, Braunkohle, Steinkohle. Sie brennen sämmtlich mit Flamme, weil sich aus ihnen in Folge der Verbrennungshitze brennbare Gase (Kohlenwasserstoffgase) entwickeln. Dass die Flamme-erzeugenden Gase eines dieser Materialien in der That brennbar sind, ersehen wir aus dem Versuch, wenn wir nämlich eine brennende Kerze ausblasen und dem aus dem Dochte aufsteigenden Dampfe ein Licht nähern. Dieser Dampf entzündet sich sofort und zündet die Kerze wieder an. Auch die Verbrennungsproducte der vorgenannten Materialien sind Kohlensäure und Wasser.

Um uns zu überzeugen, dass die Verbrennungsprodukte in der That aus Kohlensäuregas und Wasser bestehen, nehmen wir eine kalte Flasche mit etwas weiter Oeffnung und lassen in diese eine Licht- oder Weingeistflamme hineinbrennen. Die Flasche beschlägt innen sofort mit Wasser, und wenn wir dann in die

Flasche etwas klares Kalkwasser giessen und darin umschütteln, so wird es trübe, indem die gelöste Kalkerde sich mit der

Fig. 133.

Kohlensäure zu dem in Wasser nichtlöslichen Calciumcarbonat oder kohlensauren Kalk verbindet. Wenn wir ein kaltes Gefäss über eine Weingeistflamme stellen, so beschlägt anfangs die Aussenseite desselben. Setzen wir einen kalten Glascylinder über die Flamme einer Petroleumlampe, so beschlägt er innen sofort mit Wasser. Dieser Beschlag verschwindet natürlich, wenn der Cylinder heiss wird.

Soll ein Körper in den Verbrennungsakt eintreten, so bedarf er dazu einer gewissen Temperatur. Diese nennt man seine Entzündungstemperatur. Sie ist für die verschiedenen Körper ungleich. Phosphor z. B. entzündet sich an der Luft schon bei geringer Erwärmung (60^0 C.), reine Kohle dagegen erfordert dazu ein Erhitzen bis zum Glühen. Körper, welche nur eine geringe Entzündungstemperatur fordern, wie z.B. der Phosphor, nennt man leichtentzündliche Körper, gegenüber den schwerentzündlichen, z. B. Zink. Es giebt aber auch Körper, welche schon bei niedriger Temperatur sich an der Luft entzünden und sich unter Erglühen oder mit Flamme oxydiren. Solche Körper nennt man selbstentzündliche. Zu diesen gehören das selbstentzündliche Phosphorwasserstoffgas, besonders aber die sogenannten Pyrophore. Wenn man über rothglühendes Eisenoxyd trocknes Wasserstoffgas leitet, so wird es unter Bildung von Wasser reducirt. Bei schwacher Glühhitze (dunkler Rothglühhitze) findet die Reduction zwar auch statt, aber das reducirte Eisen ist dann pyrophorisch. Mit der atmosphärischen Luft in Berührung gebracht zieht es so begierig Sauerstoff an, dass es sich entzündet und unter Bildung von Ferroferrioxyd oder Eisenoxyduloxyd verbrennt. Die Selbstentzündlichkeit einer pyrophorischen Substanz beruht stets in dem Gehalt eines leicht oxydirbaren Körpers, der sich darin im höchst fein zertheilten Zustande befindet.

In Folge der Verbrennung wird gewöhnlich soviel Wärme entwickelt, dass die Temperatur des brennenden Körpers nicht unter die Entzündungstemperatur sinkt, der Körper also in dem Zustande weiter zu brennen verbleibt, wenn ihm, selbstversändlich, Sauerstoff zufliesst. Sobald jedoch dem brennenden Körper die zu dem Fortbrennen nothwendige Wärme entzogen wird,

seine Temperatur also unter die Entzündungstemperatur herabsinkt, so hört er auch auf zu brennen. Wollen wir die Verbrennung eines Körpers abbrechen, so hindern wir den Zufluss des
Luftsauerstoffs oder legen ihn auf einen kalten Körper. Die
Oefen in den Laboratorien haben zwei mit Thüren verschliessbare
Oeffnnngen, von welchen die obere zur Beschickung des Ofens
mit Brennmaterial (Holz, Kohle, Torf) dient, die untere, Zugloch
genannt, den Zufluss des atmosphärischen Sauerstoffs zum Brennmaterial gestattet. Letzteres liegt auf einem Rost. Wollen wir
das Ofenfeuer mehr oder weniger mässigen, so erreichen wir dies
durch verhältnissmässige Verringerung des Luftzutrittes oder
durch mehr oder weniger unvollkommenen Verschluss der Thür
des Zugloches. Schliessen wir diese ganz, so sperren wir dadurch
den Zutritt des Luftsauerstoffes zum Feuerheerde ab, und die
Verbrennung wird ganz unterbrochen.

Haben wir uns zu irgend einer Operation eines Feuers aus
Holzkohlen bedient, so lassen wir die brennenden Kohlen nicht
verbrennen, sondern legen sie mit Hülfe einer Kohlenzange in
geringer Entfernung neben einander auf den kalten Erdboden,
auf das Steinpflaster des Laboratoriums oder auf ein kaltes Metallblech. Dort sinkt ihre Temperatur bald unter die ihnen eigene
Entzündungstemperatur und sie verlöschen. Die Einrichtung der
Davy'schen Sicherheitslampe ist auf diesen Umstand begründet.
Diese Lampe ist eine gewöhnliche, von einem Metalldrahtgewebe
umschlossene Oellampe, welche der Bergmann als Leuchte in den
Schachten der Steinkohlenbergwerke gebraucht. In diesen Schachten entwickeln sich oft grosse Mengen leichten oder Einfach-
Kohlenwasserstoffgases (CH_4 oder C^2H^4), auch schlagende Wetter,
feurige Schwaden, Sumpfluft genannt, welches Gas mit Sauerstoff der atmosphärischen Luft gemischt und angezündet furcht-
bare Explosionen verursacht. Aehnlich verhalten sich Gemische
von Wasserstoff und atmosphärischer Luft, von Leuchtgas und atmosphärischer Luft. Bringt man die brennende *Davy*'sche Sicherheitslampe in einen Raum, welcher mit einem der erwähnten
explosiven Gasgemische angefüllt ist, so tritt dieses zwar durch
die Maschen der Drahtumhüllung in den Lampenraum, entzündet
sich darin, die Flamme erleidet aber an dem Metallgewebe eine
solche Abkühlung, dass sie durch dasselbe nicht hindurchtritt.
Die Flamme erlischt innerhalb des Lampenraumes und entzündet
nicht das ausserhalb befindliche Gas.

Dass die Flamme brennender Gase ein Drahtnetz nicht
durchdringt, sehen wir, wenn wir ein solches quer in die Flamme

eines Lichtes halten. Stücke kupfernen Drahtnetzes benutzt man zuweilen zu Unterlagen von Glaskolben und anderen gläsernen

Fig. 134.

oder porcellanenen Koch-Geräthschaften, damit die Flamme nicht direct den Boden treffen und den Zusammenhalt des Gefässes gefährden kann. Ein solches Drahtnetz ersetzt das kleine Sandbad, es absorbirt aber auch eine so grosse Menge der Wärme, dass die Kochung weit langsamer in Gang kommt und man doppelt soviel Brennmaterial dazu bedarf als bei directer Einwirkung der Flamme.

Viele der mit Flamme brennenden Körper gebrauchen wir zum Leuchten, wie Holz, Wachs, Talg, Paraffin, Rüböl etc. Betrachten wir eine Flamme dieser Leuchtstoffe näher, so finden wir sie aus verschiedenen Theilen zusammengesetzt. Zünden wir eine neue Talg- oder Wachskerze an, so brennt der Baumwollendocht rasch nieder und bringt die Fettsubstanz der Kerze zum Schmelzen. Das geschmolzene Fett steigt in Folge der Capillarität in dem Docht aufwärts, gelangt in die Flamme des Dochtes und wird durch die Hitze derselben in gasförmige Producte zersetzt. Es entstehen brennbare Gase, namentlich schweres Kohlenwasserstoffgas (C_2H_4 oder C^4H^4), welche wenig leuchtend den brennenden Theil des Dochtes umgeben und den stets etwas dunkleren Kern (a) der Flamme bilden. Diese Gase entzünden sich sofort, da sie aber nicht mit einer ausreichenden Menge Sauerstoff der Luft in Berührung kommen, so verbrennen sie nicht vollständig. Zuerzt verbrennt der grössere Theil Wasserstoff und Kohlenstoff in einem Verhältnisse, wie sie das leichte Kohlenwasserstoffgas zusammensetzen (CH_4), und ein Theil des Kohlenstoffs (C) wird weissglühend abgeschieden, welcher letztere den leuchtenden Theil (b) der Kerzenflamme bildet. Bei ungehindertem Zutritt der Luft verbrennt auch dieser weissglühende Kohlenstoff nebst dem übrigen Kohlenwasserstoffgase

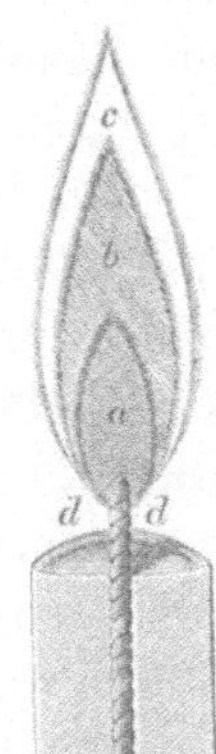

Fig. 135.

Fig. 136.

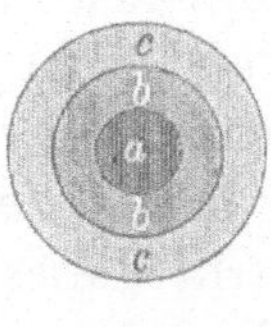

Querdurchschnitt der Kerzenflamme.

Längendurchschnitt der Kerzenflamme.

zu Kohlensäure und Wasser, welcher Akt sich durch einen wenig leuchtenden Saum *c* um den stark leuchtenden Kegel *b* kennzeichnet. Die Oxydation der Gase zu Kohlensäure und Wasser findet unten an dem Dochte (*dd*) kaum statt, weil die zu- und aufwärtsströmende Luft an dieser Stelle abkühlend wirkt. Je mehr weissglühender Kohlenstoff in dem mittleren Theil der Flamme abgeschieden wird, um so hellleuchtender ist diese. Hält man eine kalte Stricknadel auf einen Augenblick quer durch die Flamme, so beschlägt sie so weit mit Kohlenstoff (Russ), als sie von dem weissglühenden Kohlenstoffkegel umspült wird. Da der Docht von den Gasen umgeben und zu ihm der Zutritt der Luft gehindert ist, so verbrennt er nicht, sondern verkohlt.

Die Flamme des Holzes, der Stein- und Braunkohle hat eine ähnliche Zusammensetzung wie die der Talg- und Wachskerze. Die daraus entwickelten brennbaren Gase enthalten vornehmlich schweres Kohlenwasserstoffgas, den Hauptbestandtheil des Leuchtgases.

Die Weingeistflamme leuchtet nicht, weil in ihr eine Ausscheidung von weissglühender Kohle nicht stattfindet. Auch die Flammen des Wasserstoffgases, des leichten Kohlenwasserstoffgases leuchten aus demselben Grunde wenig. Dagegen geben Phosphor, Zink, Magnesium hellleuchtende Flammen. In der Phosphorflamme ist es die wasserfreie Phosphorsäure, in der Zinkflamme Zinkoxyd, in der Magnesiumflamme Magnesiumoxyd (Magnesia), welche im glühenden Zustande die Ursache des Leuchtens sind. Eine nicht leuchtende Flamme lässt sich leuchtend machen, wenn man sie einen festen Körper (Kalk, Platin) umspülen lässt, welcher durch sie in Glühung versetzt wird. Das auf Leuchtthürmen gebrauchte *Drummond*'sche Licht (Siderallicht) wird dadurch erzeugt, dass man die Flamme des Wasserstoffgases oder eines Gemisches aus Sauerstoff und Wasserstoff (Knallgas) auf einen Cylinder aus Kalkerde strömen lässt.

Bei Löthrohrversuchen benutzen wir den inneren leuchtenden Theil der Kerze zum Desoxydiren, die äussere Flammenhülle zum Oxydiren. Dort wirken die heissen Kohlenwasserstoffgase und der weissglühende Kohlenstoff, hier die Hitze der Flamme und der Zutritt des Luftsauerstoffs. Die grösste Hitze einer Flamme concentrirt sich in der Spitze derselben. Aus diesem Grunde erreicht man den Zweck der Kochung in einem Gefässe völlig, wenn den Boden desselben die Spitze der Weingeistflamme trifft. Eine grössere Flamme nützt dazu weniger, und in ihr verdampfen Weingeistdämpfe unvollkommen verbrannt.

Fig. 137.

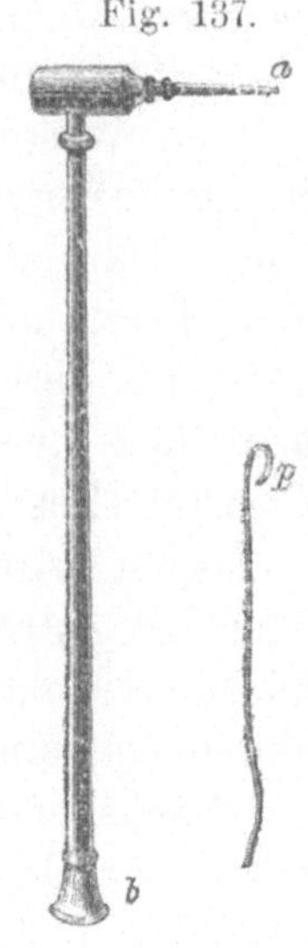

Löthrohr. Platindraht
mit Oehr.

Bemerkungen. Phósphor, verdeutscht Lichtträger, von d. griech. φῶς, gen. φωτός (phos, photos), Licht und φέρω oder φορέω (phero, phoreo), ich trage. — Pyrophór, verdeutscht Feuerträger, von d. griech. πῦρ, gen. πυρός (pyr, pyros), Feuer, und φορέω, ich trage. Pyrophore erhält man aus Brechweinstein (weinsaurem Antimonoxydkali), weinsaurem Blei, den *Homberg*'schen Pyrophor aus einem Gemisch des gebrannten Kalialauns mit Kohle oder Zucker. Die Glühung muss in zugedeckten Tiegeln sehr vorsichtig und nur so weit ausgedehnt werden, dass gerade die Zersetzung und Verkohlung stattfindet. Man kann das Glühen kleiner Mengen in Probircylindern vornehmen, es darf die Flamme aber das Glas nicht berühren. Pyrophore werden in sehr kleinen gut verstopften Flaschen aufbewahrt. Mit der Luft in Berührung gebracht, entzünden sie sich und verglimmen. — *Davy*, spr. dehwi. — *Drummond*, spr. drömmönd. — Löthrohr ist ein in einem Winkel gebogenes Rohr, vermittelst desselben man in und durch die Flamme einer Kerze einen Luftstrom bläst, um eine vollständige Verbrennung und dadurch zugleich eine grössere Hitze zu erzielen. Die kleine Oeffnung *a*, gewöhnlich mit einer durchbohrten Platinspitze armirt, wird in den Theil der Flamme gebracht, welchen man benutzen will. Die innere Flamme desoxydirt und heisst Reductionsflamme, die äussere Hülle, besonders aber die Spitze der Flamme oxydirt und heisst die Oxydationsflamme. Das Mundstück *b* wird an den Mund gesetzt und durch dasselbe Luft in das Rohr geblasen. Diese Luft soll jedoch nicht aus den Lungen kommen, welche zur Verbrennung wenig tauglich ist, sondern man athmet Luft durch die Nase und bläst sie direct durch Zusammenziehen der Backenmuskeln in das Löthrohr. Durch einige Uebung kann man sich diesen Kunstgriff leicht aneignen. Als Unterlage des zu glühenden, zu desoxydirenden oder zu oxydirenden Körpers dient ein eben geschnittenes Holzkohlenstück oder ein fingerlanges Stück Platindraht, dessen Ende zu einem Oehr oder einem Haken (*p*) umgebogen ist. Den zu erhitzenden Gegenstand, im Umfange einer Erbse, legt man in ein Grübchen der Kohle, oder man nimmt ihn mit dem feucht gemachten Oehr des Platindrahtes auf. Zur Reduction eignet sich das Kohlenstück. Zur Uebung behandle man auf der Kohle einen kleinen Krystall Bleizucker, Zinkoxyd, Wismuthpräcipitat, Brechweinstein und beachte die Oxydbeschläge, welche sich auf der Kohle bilden. Bleioxyd und Wismuthoxyd geben z. B. einen gelben, Zinkoxyd einen gelben, beim Erkalten weiss werdenden, Antimonoxyd einen weissen Beschlag.

Lection 58.

Sauerstoff. Verbrennung (Fortsetzung). Verwesung. Respirationsprocess.
Ozon.

Ein brennbarer Körper kann nur dann an der Luft verbrennen, wenn letztere an ihn ungehindert und zu seiner Oxydation in genügender Menge herantritt. Findet dies nicht statt, so erlischt er, oder er verkohlt, oder die Flamme russt. Schieben wir ein brennendes Holzstäbchen nach und nach in ein Probirgläschen, so vermag sich die Flamme ausserhalb zu erhalten, innerhalb des Glases, wo der Luftzutritt gehindert ist, findet nur eine Verkohlung statt. Auf diesem Umstand beruht die Darstellung der Holzkohlen in den Kohlenmeilern. Haufen, welche aus Schichten Holzscheiten aufgebaut sind, werden mit Erde oder Rasen bedeckt und angezündet. Durch Oeffnungen in der Rasendecke lässt man nur mangelhaft Luft zu dem brennenden Holze treten; die Verbrennung erstreckt sich

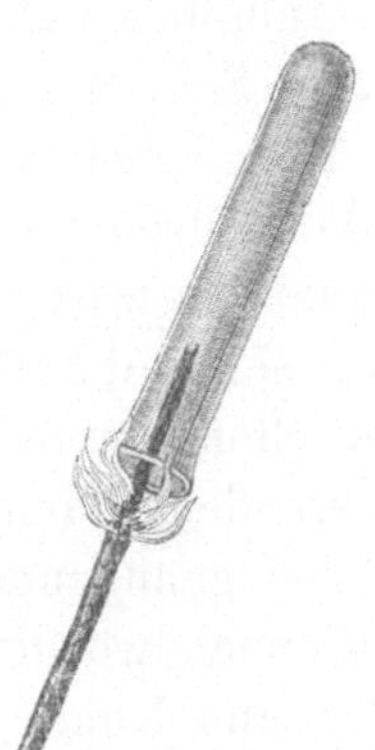

Fig. 138.

hier weniger auf den Kohlenstoff der Cellulose, als auf die übrigen Bestandtheile des Holzes. Dieses verbrennt also nicht vollkommen unter Hinterlassung der Asche (seiner mineralischen Bestandtheile), sondern es verkohlt. Die Güte der Holzkohle, welche wir als Brennmaterial zur Heizung der Windöfen in unseren Laboratorien gebrauchen, ergiebt sich aus der Eigenschaft, dass sie beim Erhitzen keine Dämpfe entwickelt und weder mit leuchtender noch russender Flamme brennt. Die Kohle erzeugt bei ihrer Verbrennung eine grössere Hitze als das Holz, von welchem sie stammt. Diesen Umstand wollen wir uns erklären.

Der Hauptbestandtheil des Holzes ist Cellulose oder Zellstoff. Dieser besteht aus Kohlenstoff, Wasserstoff und Sauerstoff. Die Zellen der Cellulose bergen Substanzen verschiedener Art und von ähnlicher Zusammensetzung, welche während des Vegetationsprocesses darin abgelagert sind. Die Hitze, welche brennendes Holz entwickelt, wird durch die Oxydation des Kohlenstoffs und Wasserstoffs durch den Luftsauerstoff bedingt. Zuvörderst ist also eine bedeutende Wärmemenge erforderlich, welche das Holz in Kohle, Wasserstoff, Kohlenwasserstoffe, Wasser etc. zersetzt. Das durch diese Zersetzung entstehende Wasser, sowie das stets im Holze vorhandene Feuchtigkeitswasser (15—25 Proc.) müssen in Dampf verwandelt werden. Wie bekannt macht das Wasser, wenn es in Dampf übergeht, eine bedeutende Menge Wärme latent (siehe Lect. 7), welche in ihrer Wirkung nach Aussen verschwindet und der Hitzeentwickelung verloren geht. Dies ist der Grund, warum feuchtes Holz schlechter brennt und heizt als trockenes.

Es kann übrigens das Holz nie die Hitze hervorbringen, wie der in ihm vorhandene Kohlenstoff, wenn dieser allein verbrennt.

Aehnliches gilt von den Coaks, den durch Glühen von Brandharzen, Schwefel, Feuchtigkeit etc. befreiten Steinkohlen.

Der Kienruss wird durch unvollkommene Verbrennung kohlenstoffreicher, besonders harziger Stoffe (Fichtenholz, Pech) erzeugt, Lampenschwarz durch unvollkommene Verbrennung von Oelen und Fetten in besonders construirten Lampen. Diese kohligen Stoffe in feinzertheilter Form sind die Kohlentheile in der leuchtenden Flamme, welche weissglühend ausgeschieden werden und bei genügendem Zutritt des Luftsauerstoffs zu Kohlensäure verbrennen würden.

Wenn Kohle unvollkommen oder bei gehindertem Luftzutritt verbrennt, so bildet sie nicht als Verbrennungsproduct Kohlensäure (CO_2), sondern das giftig und erstickend wirkende Kohlenoxydgas (CO). Je nach der Natur des brennenden organischen Körpers erzeugen sich bei der unvollkommenen Verbrennung verschiedene andere Producte, wie Brandharze, Theer, Kreosot, Paraffin, Essigsäure, Ammoniak, Acroleïn, gasige Kohlenwasserstoffe u. d. m. Werden Holz und andere vegetabilische Substanzen in Destillationsgefässen verkohlt, so gewinnt man als Destillationsproducte Theer, Holzgeist, Essigsäure; animalische Substanzen liefern dagegen stinkendes Thieröl und Ammon (H_3N) nebst Kohlensäure, Acroleïn etc.

Insofern man Verbrennung und Oxydationsprocess für gleichlautend angesehen hat, unterscheidet man auch wohl eine langsame Verbrennung. Eine solche ist weder von Lichterscheinungen begleitet, noch entwickelt sie eine Temparatur, die den Namen Hitze verdient. Sie ist ein allmählich vorschreitender Oxydationsprocess. Es wird hierbei zwar dieselbe Wärmemenge entwickelt, wie bei der Verbrennung mit Lichtentwickelung, aber in längerer Zeitdauer, wobei sie unmerklich von der Umgebung des langsam verbrennenden Körpers aufgenommen wird.

Das, was wir im Leben mit Verwesung bezeichnen, ist ein langsamer Verbrennungsprocess. Todte organische Substanzen, die Ueberreste der Pflanzen, die Absonderungen der Thiere verwesen; ihre Bestandtheile oxydirt der Luftsauerstoff zu Kohlensäure und Wasser, welche in den Dunstkreis übergehen, und eine kohlenstoffreichere Substanz, Humus oder Dammerde genannt, bleibt als Rückstand aus dieser langsamen Verbrennung. Die Oxydation des mit Wasser verdünnten Weingeistes an der Luft zu Essigsäure unter Einwirkung eines Ferments ist ein Verwesungsakt. Bei der Verwesung stickstoffhaltiger Substanzen bei Gegenwart von Basen, wie Kalk, Kali oxydirt sich der Stickstoff zu Salpetersäure (NO^5). Auf diese Weise entsteht die Salpetererde, wie sie an einigen Orten auf dem Erdboden auswittert und in den Salpeterplantagen (Salpeterfabriken) absichtlich erzeugt wurde.

Der Respirationsprocess der Thiere ist ein langsamer Verbrennungsprocess. Das venöse, mit Kohlenstoff überladene, daher dunkle Blut tritt aus dem Herzen in die Lungen, woselbst mit der eingeathmeten Luft in Berührung ein Theil jenes Kohlenstoffs zu Kohlensäure verbrennt und als solche ausgeathmet wird. Das durch Abgabe seines überschüssigen Kohlenstoffs hellroth gewordene Blut tritt bekanntlich als arterielles in den Blutumlauf zurück. Dieser Verbrennungsprocess ist eine Wärmequelle des Thierkörpers. Die ausgeathmete Luft ist sauerstoffarm, aber reich an Kohlensäure.

Bei der Darstellung, Filtration und Aufbewahrung von Lösungen der Hydrate der Alkalien, des Baryts, des basisch essigsauren Bleies, des Kalkwassers, wo die Kohlensäure der Luft von den genannten Substanzen begierig angezogen wird, denken wir stets daran, dass sich in den Räumen, wo Menschen athmen und offne Kohlenfeuer brennen, eine an Kohlensäuregas reiche Luft befindet. Um diese für die Zwecke unserer Arbeiten ungünstige Kohlensäure möglichst wegzuräumen, stellen wir in Schüsseln oder Kästen Schichten von Aetzkalkhydrat aus, denn dieses zieht begierig die Kohlensäure an, damit Calciumcarbonat bildend.

Aktiver Sauerstoff. Der Sauerstoff zeigt unter gewissen Umständen abweichende Eigenschaften, und namentlich vermag er in einen Zustand überzugehen, in welchem er sich direkt mit anderen Körpern (z. B. Silber) verbindet oder Verbindungen (z. B. Kaliumjodid) zersetzt. Da der gewöhnliche Sauerstoff diese Eigenschaften nicht äussert, so hat man jene Allotropie des Sauerstoffs aktiven Sauerstoff genannt. *Schönbein*, vormals Professor der Chemie an der Universität Basel, erkannte den aktiven Sauerstoff 1839 zuerst und nannte ihn Ozon.

Später fand man, dass der aktive Sauerstoff sogar in zwei Modifikationen auftrete, welche man als Ozon (negativ-electrischer Sauerstoff ⊖) und Antozon (positiv-electrischer Sauerstoff ⊕) unterschied.

Die Ozon genannte Modification des aktiven Sauerstoffs entsteht durch Berührung des electrischen Funkens mit Sauerstoffgas oder mit dem Sauerstoff der Luft, durch electrolytische Zersetzung des Wassers und macht sich durch einen eigenthümlichen Geruch kenntlich. Sie ist die Ursache des eigenthümlichen Geruchs nach einem Blitzstrahl, in der Umgebung in Thätigkeit befindlicher Electrisirmaschinen, des Sauerstoffgases, welches bei Zersetzung des Wassers durch galvanische Electricität (S. 158) gewonnen wird. Ozon entsteht ferner in Folge verschiedener Oxydationsprocesse bei niederer Temperatur, wenn sich z. B. Phosphor in Gegenwart von Wasser an der Luft oxydirt, wenn Terpentinöl an der Luft, besonders im Sonnenschein verdunstet. Es entwickelt sich in reichlicher Menge beim Auflösen von Kaliumhypermanganat in kalter concentrirter Schwefelsäure.

Durch Erhitzen oder durch Vereinigung mit Antozon geht das Ozon in den gewöhnlichen Sauerstoff über. Im reinen Zustande, unvermischt mit gewöhnlichem Sauerstoff, hat man es noch nicht darstellen können.

Die chemischen Eigenschaften des Ozons bestehen darin, dass es aus Kaliumjodid Jod freimacht, dass es ein grosses Bestreben äussert, sich mit Metallen zu verbinden, dass es Metalle, selbst Silber, in Superoxyde, Schwefelmetalle in schwefelsaure Salze verwandelt, Guajakharztinktur bläut, Pflanzenfarben bleicht, die faulige Gährung unterbricht, Miasmen zerstört.

Das Antozon, die andere Modification des allotropischen Sauerstoffs, unterscheidet sich vom Ozon weder durch den Geruch, noch durch seine oxydirende und bleichende Kraft, nur zersetzt es Kaliumjodid nicht, bläut nicht Guajakharztinktur und oxydirt das Wasser sofort zu Wasserstoffhyperoxyd. Es tritt stets neben dem Ozon auf, verbindet sich aber *in statu nascendi* mit gegenwärtigem Wasser zu Wasserstoffhyperoxyd. Der Sauerstoff, welchen man durch Wasser oder verdünnte Schwefelsäure aus den Hyperoxyden des Kalium, Natrium, Baryum abscheidet, gehört zum Theil dem Antozon an. *Nasse* und *Engler* behaupten, dass Antozon nichts weiter denn Wasserstoffhyperoxyd sei.

Die sauerstoffreichen Oxyde hat man, je nachdem sie vorzugsweise Ozon oder Antozon liefern, in Ozonide und Antozonide geschichtet. Ozonide sind Uebermangansäure, Ueberchromsäure, Chromsäure, Manganhyperoxyd, Bleihyperoxyd, Unterchlorigsäure (im Chlorkalk als unterchlorigsaures Calcium, neben Kalkerde vorhanden). Für Antozonide hält man die Hyperoxyde des Kalium, Natrium, Baryum, Wasserstoffs.

Aus der Verbindung des Ozons mit Antozon geht der gewöhnliche oder inaktive Sauerstoff hervor. Ozon wirkt in geringer Menge eingeathmet in ähnlicher Weise wie Chlorgas. Es findet sich in kleinen Mengen in der Atmosphäre, in erheblichen Mengen zu manchen Zeiten (bei bedecktem Himmel) in der die Vegetation tragenden Erddecke.

Zum Nachweise des Ozons bedient man sich der Ozonometer, Papierstreifen, welche mit Kaliumjodid haltigem Stärkekleister getränkt sind. Je intensiver die von dem Ozon bewirkte Blaufärbung des Papiers ist, in um so grössere Menge war Ozon vorhanden.

Bemerkungen. Asche ist der Rückstand verbrannter organischer Stoffe. Die Pflanzen nehmen aus dem zersetzten Gestein des Bodens, der sie trägt, Kalium, Natrium, Calcium, Magnesium, Eisen, Mangan in Verbindung mit Kieselsäure, Phosphorsäure, Schwefelsäure, Kohlensäure, oder die Haloidverbindungen, wie Chlornatrium, Jodnatrium, Fluorcalcium auf, lösen diese mineralischen Stoffe theils für sich, theils in Verbindung mit organischen Säuren in ihrem Safte und lagern sie häufig in Krystallform in ihren Zellen ab, die Kieselsäure (Kieselerde) oft in sehr grossen Mengen, wie in den Getreidehalmen, Riedgräsern, dem Schachtelhalm *(Equisetum)*. Einige Theile des Bambusrohrs enthalten Kieselsäure in solcher Menge, dass sie am Stahle Funken geben. Der Getreidehalm erlangt dadurch seine Steifheit und der Schachtelhalm seine Schärfe, wesshalb letzterer zum Glätten und Poliren des Holzes gebraucht wird. Viele Pflanzen enthalten auch Salpetersäure Salze. Beim Verbrennen des Vegetabils bleiben jene mineralischen Stoffe als Asche zurück. Die Landpflanzen geben eine vorzugsweise Kali-haltige, die Meer- und Strandpflanzen eine vorzugsweise Natron-haltige Asche. Daher wird der grösste Theil der im Handel vorkommenden Pottasche oder des rohen kohlensauren Kalium durch Auslaugen der Asche von Landpflanzen (besonders harter Holzarten), die Soda oder das rohe kohlen saure Natrium aus der Asche der Strand- und Meerpflanzen gewonnen. In der Asche thierischer Theile findet sich vorwiegend Natrium und Calcium an Phosphorsäure gebunden. Die Asche der Knochen (Knochenerde) besteht aus phosphorsaurem Calcium. — **Metallaschen**, wie Zinnasche, Zinkasche, Bleiasche, sind Metalloxyde, welche sich an der Oberfläche des geschmolzenen Metalls unter Zutritt des Luftsauerstoffs bilden. — **Cellulóse**, Zellstoff (vom lat. *cella*, Zelle, Behälter, Kammer) ist die organische, aus einer Verbindung von Kohlenstoff, Wasserstoff und Sauerstoff bestehende Substanz, welche die Zellenmembran oder Zellhaut bildet. Die chemische Formel ihrer Zusammensetzung ist $C_6H_{10}O_5$. Zucker, Stärkemehl, Gummi haben eine ähnliche Zusammensetzung. Da in ihnen der Kohlenstoff gerade mit soviel Wasserstoff und Sauerstoff verbunden ist, wie letztere Wasser bilden, so hat man diese organischen Substanzen **Kohlehydrate** genannt. **Coak**, engl. (spr. kohk). — **Kreosót**, eine Flüssigkeit, welche bei der trocknen Destillation des Holzes (Buchenholzes) gewonnen wird, welche auch als Bestandtheil des Rauches das wirksame Princip beim Räuchern des Fleisches ausmacht. Weil sie Fleisch conservirt und vor Fäulniss schützt, hat sie den Namen Kreosot erhalten; von d. griech. κρέας (kreas) Fleisch, und σώζω (sozo), ich erhalte. — **Paraffín** wird durch trockne Destillation des Holzes und der Stein- und Braunkohlen gewonnen. Es ist ein weisser durchscheinender fester Kohlenwasserstoff, welcher sich weder in alkalischen Laugen noch in Säuren löst, noch mit diesen Verbindungen eingeht, daher sein Name, gebildet aus dem lat. *parum*, wenig, und *affinis*, verwandt. — Acroleïn ist der stinkende, Augen und Nasenschleimhäute stark reizende Theil des Dampfes der durch Hitze zersetzten Fette; von dem latein. *acer, acris, acre*, scharf, und *olĕum*, Oel. —

Verwesung ist nicht mit Fäulniss zu verwechseln. Sie ist ein durch langsame Oxydation bedingter Zersetzungsprocess organischer Substanzen, und findet nur bei Gegenwart von Feuchtigkeit und Luft (Sauerstoff) statt. Die Fäulniss ist durch die Umsetzung organischer stickstoffhaltiger Substanzen charakterisirt. Sie kann auch bei Abschluss der Luft stattfinden und giebt sich durch Entwickelung stinkender Gase zu erkennen. Bei der Verwesung treten besonders Kohlensäure, bei der Fäulniss Ammon (NH_3) und auch Kohlensäure als Zersetzungsprodukte auf. — Húmus, Dammerde (lat. *humus*, Erdboden), nennt man die ganz oder theilweise dem Verwesungsakte unterlegenen organischen Substanzen im Erdboden. Daher: Huminsubstanzen. —

Der Respirationsvorgang ist in Wahrheit ein anderer, als oben angegeben ist. Das Blut tritt nach Vollendung des grossen Kreislaufes dunkelroth und mit Kohlensäure gesättigt in die rechte Herzkammer und wird mittelst des Herzschlages durch die gablig getheilte Lungenschlagader in die beiden Lungenflügel getrieben. Hier kommt es mit der eingeathmeten Luft nicht in unmittelbare Berührung, denn beide bleiben durch die zarten Häutchen der Lungenbläschen getrennt, aber auf dem Wege der Exosmose tritt die Kohlensäure des Blutes aus und auf dem Wege der Endosmose der Sauerstoff der Luft zum Blute, dieses in hellrothes arterielles Blut verwandelnd. Die Blutkörperchen dieses Blutes, nun mit Sauerstoff erfüllt, werden im Blutstrome bis in die feinsten Gefässe der Körpertheile geführt, setzen hier den Sauerstoff ab und nehmen dafür die in Folge der Functionen dieser Theile erzeugte Kohlensäure auf, werden dunkler und eilen zum Herzen oder vielmehr zu den Lungen zurück, um darin die Kohlensäure abzugeben und Sauerstoff wieder aufzunehmen. —

Actív, thätig, Wirkung äussernd; inactív, unthätig; von dem lat. *ago, egi, actum, agĕre*, in Bewegung setzen, wirken. — Ozón, von d. griech. ὄζω, ὄζειν (ozo, ozein), riechen. — Antozón von d. griech. ἀντι (anti), gegen, und ὄζειν.

Lection 59.

Wasserstoff. Eigenschaften und Anwendung desselben. Arsenwasserstoff. Durch Wasserstoff reducirtes Eisen.

Wasserstoffgas ist wie das Sauerstoffgas ein permanentes Gas, welches also weder durch Druck noch Kälte in einen flüssigen oder festen Zustand übergeführt werden kann. Rein ist es geschmack-, geruch- und farblos, und die leichteste Gasart. (Sein spec. Gewicht ist 0,069, die atmosphärische Luft = 1 angenommen.)

Frei kommt es in der Natur nicht vor (vielleicht nur in den Eruptionsgasen einiger Vulkane), in grösster Menge aber verbunden mit Sauerstoff im Wasser.

Wegen seiner geringen specifischen Schwere verwendete man es früher zum Füllen der Luftballons. Heute nimmt man dazu das leichter zu beschaffende Leuchtgas (Kohlenwasserstoffgas). Der Chemiker benutzt das Wasserstoffgas sehr häufig als Reductionsmittel, der Pharmaceut nur zur Reduction des Eisenoxyds behufs Darstellung des reducirten Eisens *(Ferrum hydrogenio reductum)*. Bei einigen pharmaceutischen Operationen und zwar beim Auflösen des Eisens und des Zinks in verdünnten Säuren tritt es als gasiges Nebenproduct auf, welches man unbenutzt in die Luft treten lässt. Die Erzeugung des Wasserstoffgases ist uns nicht ganz fremd, denn schon früher war mitgetheilt, dass Leichtmetalle wie Kalium und Natrium, das Wasser, diese Verbindung von Wasserstoff und Sauerstoff, unter Feuererscheinung und unter Deplacirung des Wasserstoffs zersetzen, wobei sie zu Kalium- oder Natriumhydroxyd (HKO und HNaO) oder Kaliumoxydhydrat oder Natriumoxydhydrat (*KO, HO* und *NaO, HO*) werden.

$$2\left(\left.{H \atop H}\right\} O\right) + \left.{Na \atop Na}\right\} = 2\left(\left.{H \atop Na}\right\} O\right) + \left.{H \atop H}\right\}$$

$$2H_2O + Na_2 = 2HNaO + H_2. \qquad HO + Na = NaO + H.$$

Wir wissen, dass Wasserdämpfe, durch glühende, mit eisernen Nägeln oder Draht gefüllte Röhren geleitet, in Wasserstoff und Sauerstoff zersetzt werden, indem der Sauerstoff mit dem Eisen zu Ferroferrioxyd oder Eisenoxyduloxyd zusammentritt. Endlich haben wir uns wiederholt mit dem Process der Wasserstoffentwickelung beschäftigt, welcher beim Auflösen von Zink (Zn) und Eisen (Fe) in verdünnten Säuren stattfindet. Wir mögen Zinkmetall mit verdünnter Schwefelsäure (H_2SO_4 + Aq.) oder mit verdünnter Chlorwasserstoffsäure (HCl + Aq.) übergiessen, in einem und dem anderen Falle wird Wasserstoff entwickelt.

Schwefelsäure Zink   Zinksulfat Wasserstoff   Schwefelsäure   Eisen

$$\left.{H_2 \atop SO_2}\right\} O_2 + Zn = \left.{Zn \atop SO_2}\right\} O_2 + \left.{H \atop H}\right\} \text{ oder } 2\left(\left.{H_2 \atop SO_2}\right\} O_2\right) + \left.{Fe \atop Fe}\right\}$$

Ferrosulfat.   Wasserstoff.

$$= 2\left(\left.{Fe \atop SO_2}\right\} O_2\right) + 2\left(\left.{H \atop H}\right\}\right)$$

$$H_2SO_4 + Zn = ZnSO_4 + H_2 \text{ oder } 2H_2SO_4 + Fe_2 = 2FeSO_4 + 2H_2$$

$$SO^3, HO + Zn = ZnO, SO^3 + H \text{ oder } SO^3, HO + Fe = FeO, SO^3 + H.$$

Ein Gemenge von Wasserstoffgas und Luft oder Wasserstoffgas (2 Volum) und Sauerstoffgas (1 Volum) ist das sogenannte Knallgas. Ein solches Gemenge in einem Ballon oder Glasgefäss durch ein genähertes Licht oder durch den electrischen Funken angezündet, verbrennt mit gewaltiger Detonation und starkem Knalle unter Zertrümmerung des Gefässes. Die Wasserstoffflamme erzeugt eine ausserordentliche Hitze, durch welche das aus der Verbrennung hervorgehende Wassergas plötzlich stark ausgedehnt, durch die umgebende Luft aber sofort wieder abgekühlt und verdichtet wird. Die durch das Wassergas geschiedenen Luftschichten erzeugen durch das plötzliche und heftige Zusammenschlagen den starken Knall. Sollten wir Gelegenheit nehmen, mit Wasserstoffgas zu experimentiren, so nehmen wir stets darauf Bedacht, Wasserstoffgas, so lange es mit Sauerstoff oder Luft gemischt ist, nicht anzuzünden. Nicht allein Wasserstoffgas, auch alle gasigen Kohlenwasserstoffe, Benzindämpfe, Petroleumdämpfe, selbst Aether-, Weingeist- und Terpenthinöldämpfe erzeugen mit atmosphärischer Luft detonirende oder explosive Mischungen. Die Unglücksfälle durch Entzündung der schlagenden Wetter (des leichten Kohlenwasserstoffgases) in den Bergwerken, durch Entzündung mit Leuchtgas gemischter Luft sind sehr häufig vorgekommen und wiederholen sich immer wieder.

Im Uebrigen wird die Flamme des Knallgasgebläses bei der Anfertigung platinener Gefässe und Geräthschaften angewendet, jedoch mit der Vorsicht, dass man Wasserstoffgas und Sauerstoffgas, jedes Gas gesondert, aus zwei dicht aneinanderliegenden engen Röhren ausströmen und sich dabei mischen lässt. Die Flamme des Knallgases entwickelt die stärkste Hitze, welche Metalle, selbst das Platinmetall, mit Leichtigkeit schmelzt.

Das aus einer Platinspitze austretende reine Wasserstoffgas brennt mit wenig sichtbarer Flamme, das aus Glasröhren ausströmende Gas und unreines Wasserstoffgas giebt eine mehr oder weniger gefärbte und leuchtende Flamme.

Zum Experiment nehmen wir ein Glasgefäss, welches circa 120 Grm. Wasser fassen kann, füllen dasselbe zur Hälfte mit verdünnter Schwefelsäure und einigen kleinen Stücken Zink und setzen einen durchbohrten Kork mit einem Glasrohr auf, welches in eine enge offene Spitze ausgezogen ist. Die Wasserstoffentwickelung findet statt, dennoch dürfen wir nicht zu früh das aus der Glasspitze ausströmende Gas anzünden, weil in der Flasche noch atmosphärische Luft enthalten, also die Möglichkeit einer

Detonation gegeben ist. Nachdem die Gasentwickelung 10—15 Minuten gedauert hat, kann die atmosphärische Luft aus der Flasche verdrängt sein. Dann zündet man an, aus Vorsicht mit abgewendetem Gesicht.

Fig. 139.

Ist das Zink rein, so ist häufig die Wasserstoffentwickelung träge und unbedeutend. Es ist daher rathsam, mit dem Zink zugleich eine kleine silberne Münze oder ein Stückchen Platinblech in die Säure zu werfen. (Vergl. S. 155).

Ein Uebelstand ist es, dass bei Gebrauch des vorstehend angegebenen Apparats theils durch die Wasserstoffgasbläschen fortgerissen, theils durch Verdampfung der Flüssigkeit sich Wassertröpfchen in dem Glasröhrchen ansammeln und die Ausströmungsöffnung verstopfen. Man hindert diesen Umstand, wenn man auf die Flüssigkeit im Gefäss eine Centimeter hohe Schicht Leuchtpetroleum giesst. Bei dieser Vorsicht kann das Glasgefäss bis zu $^2/_3$ angefüllt sein, und die Wasserstoffflamme brennt so lange, als ausreichende Gasentwickelung stattfindet. Ferner kann man auch mit dem Glasrohr, aus welchem das Gas ausströmt, ein weites Glasrohr, mit gezupfter lockerer Baumwolle angefüllt, verbinden, welches die mechanisch fortgerissenen Wassertröpfchen zurückhält.

Das Wasserstoffgas verbrennt zu Wasser, indem es sich mit dem Sauerstoff der Luft verbindet, daher sein lateinischer Name *Hydrogenium*, Wasser erzeugender Stoff. Halten wir über der Wasserstoffflamme die Oeffnung eines kalten Opodeldokglases, so beschlägt die innere Fläche desselben mit Wasser, welches sich nach und nach vermehrend zu grösseren Tropfen ansammelt und niedertropft.

Wird ein chemisch reines Zink, reine Schwefelsäure und reines Wasser angewendet, so ist das Wasserstoffgas rein. Das Zink des Handels enthält zuweilen neben Spuren anderer Metalle auch Spuren oder kleine Mengen Arsen (As), Antimon (Sb), Schwefel und Kohlenstoff. Diese vier genannten Substanzen haben Verwandtschaft zum Wasserstoff, besonders in dessen *status nascendi*, und erzeugen damit gasige Verbindungen, welche mit dem Wasserstoffgase entweichen und dieses oft äusserst übelriechend machen. Arsenwasserstoff wirkt schon in kleinen Mengen geathmet giftig. Es ist der Gesundheit äusserst gefährlich. Die Wasserstoffentwickelung aus unreinem Zink nimmt man daher an einem freien oder luftigen Orte, nicht im Apothekenlokal vor.

Dieser Arsenwasserstoff (H_3As) verbrennt an der Luft zu Arsenigsäure (As_2O_3 oder AsO^3) und Wasser. — Antimonwasserstoff (H_3Sb oder SbH^3) verbrennt zu Antimonoxyd (Sb_2O_3 oder SbO^3) und Wasser.

Das Wasserstoffgas aus Eisen ist immer übelriechend, da dieses stets Spuren Schwefel, Phosphor, Arsen, besonders aber Kohlenstoff enthält. Das Phosphorwasserstoffgas (H^3P oder PH^3) hat gleichfalls einen äusserst unangenehmen Geruch. Aus diesen Andeutungen ergiebt sich die Nothwendigkeit, die Auflösung von Zink oder Eisen in Säuren an einem abgesonderten Orte vorzunehmen.

Der oben S. 291 angegebene kleine Apparat aus einem Gefäss, Kork und Glasrohr mit ausgezogener Spitze ist der sogenannte *Marsh*'sche Apparat in primitiver Form, mit welchem sich unter Beihilfe der Leuchtpetroleumdecke leicht jede Spur einer Arsenverbindung (ausgenommen Schwefelarsen und freies metallisches Arsen) nachweisen lässt. Nehmen wir zum Versuch reine verdünnte Schwefelsäure, chemisch reines Zink (gewöhnlich in Stäbchenform) und reines destillirtes Wasser, so erlangen wir daraus ein reines Wasserstoffgas. Geben wir zu diesen Stoffen 2—3 Tropfen *Fowler*'sche Solution, oder einige Stäubchen weissen Arsenik (Arsenigsäure), oder etwas der abgeschabten arsenhaltigen Farbe eine Tapete, so enthält das Wasserstoffgas auch Arsenwasserstoffgas. Die Flamme setzt an einen darübergehaltenen weissen Porcellanscherben Arsenigsäure an, nähert man aber den Scherben so weit, dass die kleine Flamme die Porcellanfläche berührt, so wird entweder die Arsenigsäure von dem Wasserstoff reducirt, und an der Porcellanfläche entsteht ein dunkler metallischglänzender Fleck, oder Arsenwasserstoff verbrennt unvollkommen und setzt braunen Arsenwasserstoff (HAs_2), welcher ein fester Körper ist, ab. Solche Flecke lassen sich in Menge in wenigen Augenblicken erzeugen. Um sie nicht mit Antimonflecken zu verwechseln, nimmt man mit einem Glasstabe einen Tropfen Salpetersäure auf, betupft damit einige Flecke und giebt einen Tropfen einer Lösung des salpetersauren Silberoxyds dazu. Hält man nun einen mit Aetzammonflüssigkeit benetzten Stab darüber, um die freie Säure abzustumpfen, so wird arsenigsaures Silberoxyd erzeugt und abgeschieden, welches durch seine gelbe Farbe charakterisirt ist. Antimonflecke verändern sich ebenso behandelt nicht.

Hätten wir in Stelle der reinen Schwefelsäure eine arsen. haltige oder eine arsenhaltige Chlorwasserstoffsäure (natürlich stets mit Wasser verdünnt) genommen, so würden wir ebenfalls Arsenflecke erhalten haben. Da die rohe Schwefelsäure stets mit Salpetersäure, die rohe Salzsäure zuweilen mit freiem Chlor verunreinigt, Salpetersäure und freies Chlor der Bildung von Arsenwasserstoff hinderlich sind, so erlangt man die Arsenflecke oft erst nach längerer Zeit der Wasserstoffgasentwickelung.

Wird das Zinkmetall mit concentrirter oder nur wenig verdünnter Schwefelsäure übergossen, so wirkt das entwickelte Wasserstoffgas desoxydirend auf die Schwefelsäure, und es wird Wasserstoff frei, welcher mit Schwefelwasserstoff verunreinigt ist. Die Schwefelsäure muss also zum Zweck der Wasserstoffentwickelung verdünnt sein.

Behufs der Reduction des Eisenoxyds und Darstellung des reducirten Eisens ist es nothwendig, das Wasserstoffgas zuvor von beigemischtem Wasserdampfe zu befreien, es auszutrocknen, ehe man es über das glühende Eisenoxyd leitet. Als austrocknende Substanz benutzt man hierzu wasserfreies oder geschmolzenes Calciumchlorid ($CaCl_2$). Mit Stücken dieses Haloidsalzes, welches sehr hygroskopisch ist, wird ein Glasrohr (Chlorcalciumrohr) oder ein Gefäss angefüllt und mit dem Gasleitungsrohr verbunden. Der Chemiker gebraucht das durch Erhitzen und Schmelzen wasserfrei gemachte Calciumchlorid oder Chlorcalcium häufig vorzugsweise als wasserentziehendes Mittel, weil es eine neutrale Substanz ist, dagegen wird concentrirte Schwefelsäure und Aetzkalk, jene wegen ihrer energisch sauren, dieser wegen seiner alkalischen Eigenschaften, nur unter gewissen Umständen für denselben Zweck verwendbar. Im vorliegenden Falle könnten auch diese beiden Substanzen als Entwässerungsmittel dienen, da sie auf Wasserstoff keinen Einfluss ausüben.

Nur die Darstellung des durch Wasserstoff reducirten Eisens bietet dem Pharmaceuten Gelegenheit, mit freiem Wasserstoff zu arbeiten: Eine Glasflasche a wird circa zu $1/5$ mit Zinkstückchen beschickt, auf die Flasche ein zweimal durchbohrter Kork mit einer Trichterröhre b und einem Gasleitungsrohre c eingesetzt, lelzteres mit dem Chorcalciumrohr d mittelst Korks in dichte Verbindung gesetzt, und in gleicher Weise das Chlorcalciumrohr mit einem zu einer Kugel ausgeblasenen Glasrohr f verbunden. Dieses Glasrohr ist ein offenes. Wird nun durch das Trichterrohr b auf das Zink verdünnte Schwefelsäure gegossen, so erfolgt die Entwickelung von Wasserstoffgas. Das Wasserstoffgas tritt unter allmählicher Verdrängung der atmosphärischen Luft durch das Rohr c in das Calciumrohr d, hier

seinen Feuchtigkeitsgehalt abgebend, dann in das Reductionsrohr
f und aus diesem durch die Oeffnung g in die Luft. Die Kugel

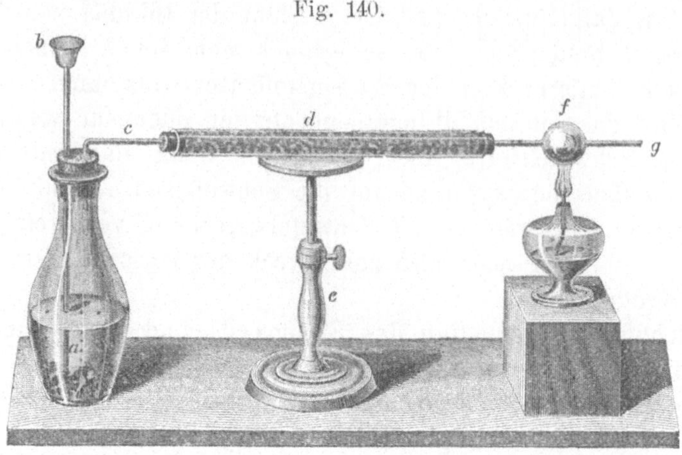

Fig. 140.

Apparat zur Reducirung des Eisenoxyds durch Wasserstoff.

f ist mit getrocknetem Ferrihydroxyd halb angefüllt, welches
durch eine Weingeistflamme bis zum mässigen Glühen erhitzt und
in dieser Temperatur erhalten wird. Bei dieser Temperatur
reducirt der Wasserstoff das Eisenoxyd, indem er sich mit dem
Sauerstoff desselben zu Wasser verbindet. Dieses Wasser tritt
aus der Oeffnung g in Dampfform aus. Die Reduction ist vollendet, sobald ein an die Oeffnung g gehaltener kalter Glascylinder nicht mehr mit Wasser beschlägt. Dann wird die Flamme
entfernt und noch so lange Wasserstoffgas hindurch geleitet, bis
die Kugel f mit ihrem Inhalte erkaltet ist. Behufs einer anhal-
tenden Wasserstoffentwickelung wird durch das Trichterrohr b
von Zeit zu Zeit verdünnte Schwefelsäure nachgegossen.

Geschah die Reduction nicht unter Glühen oder nur bei sehr
schwachem Glühen des Ferrioxyds, so ist das reducirte Eisen
pyrophorisch, d. h. es entzündet sich dann, an die atmosphärische
Luft gebracht, von selbst und verbrennt wiederum zu Oxyd. Zur
Darstellung im Grossen nimmt man in Stelle des gläsernen
Reductionsrohres ein längeres und weiteres eisernes oder porcellanenes Rohr, welches in seiner ganzen Länge mit Ferrihydroxyd
beschickt ist und durch ein Kohlenfeuer in mässiger Glühung
erhalten wird. Der Process der Reduction des Ferrioxyds ergiebt
sich aus dem Schema:

$$Fe_2O_3 + 3H_2 = 3H_2O + 2Fe \text{ oder } \mathit{Fe^2O^3 + 3H = 3HO + 2Fe}.$$

Dass Zink und Schwefelsäure frei von Arsen sein müssen, errathen wir aus dem weiter oben Gesagten, im anderen Falle würde das reducirte Eisen mit metallischem Arsen verunreinigt sein. Wäre ferner das Ferrioxyd Schwefelsäure-haltig, was der Fall ist, wenn man es aus seiner schwefelsauren Auflösung mittelst Alkali gefällt hätte, so würde auch dieser geringe Gehalt an basisch schwefelsaurem Eisenoxyd reducirt werden, das reducirte Eisen Schwefeleisen enthalten, und mit Säuren übergossen oder in dem Magen mit den Säuren desselben in Berührung gebracht Schwefelwasserstoff, ein nach faulen Eiern riechendes Gas, entwickeln.

Das käufliche reducirte Eisen ist häufig Schwefeleisen-haltig, und da man in neuerer Zeit statt Wasserstoff Leuchtgas (Kohlenwasserstoff) als Reductionsmittel anwendet, auch oft kohlehaltig und schwärzlich statt grau. Auch andere Metalloxyde (z. B. Kupferoxyd) lassen sich in derselben Weise wie das Eisenoxyd reduciren.

Bemerkungen. Hydrogén, *Hydrogenïum*, von d. griech. ὕδωρ (hydor), Wasser und γεννάω (gennao), ich erzeuge. Im Deutschen wird oft Hydrogen, Oxygen u. a. aus dem Französischen (Hydrogène, Oxygène) abgeleitet und auch so ausgesprochen, also: hydroschän, oxyschän. — *Marsh* (spr. marsch), ein engl. Chemiker († 1846). — *Fowler* (spr. fauler), ein Engländer, erst Pharmaceut, dann Arzt († 1801), führte den Arsenik in den Arzneischatz ein. Seine Mineralauflösung, jetzt noch officinell unter dem Namen *Solutio Fowleri* (spr. fauleri), *Liquor Kali arsenicōsi*, ist eine Lösung der Arsenigsäure, des weissen Arseniks, in 90 Theilen Wasser, welches Kaliumcarbonat enthält. Von dieser Lösung dürfen, und zwar nur auf Verordnung eines Arztes, nicht mehr als 7,5 Grm. auf einmal dispensirt, sie darf auch nicht nach demselben Recepte reïterirt (wiederholt dispensirt) werden. Das betreffende Recept wird, nach Gesetz, nie zurückgegeben, sondern als Giftschein aufbewahrt. Mehr als 8 Tropfen sind als eine gefährliche Dosis zu erachten!

Lection 60.

Wasser. Aufbewahrung organischer Arzneikörper.

Von Verbindungen des Wasserstoffs mit Sauerstoff sind uns zwei bekannt geworden, das Wasser, H_2O oder HO und das Wasserstoffsuperoxyd H_2O_2 oder HO^2.

Das Wasser ist im reinen Zustande geruch- und geschmacklos, in dünner Schicht völlig farblos, in sehr dicken Schichten bläulich, durchsichtig und bei mittlerer Temperatur circa 800mal specifisch schwerer oder dichter als die atmosphärische Luft. Bei 4⁰ C. (genau 4,1⁰) erreicht das Wasser seine grösste Dichtigkeit, unter 0⁰ erstarrt es zu Eis, welches wieder specifisch leichter als kaltes Wasser ist. Bei 100⁰ C. kocht es und verwandelt sich in Dampf, welcher ein 1700mal grösseres Volum als das flüssige Wasser einnimmt. Der Dampf oder besser Wassergas ist um $^1/_3$ leichter als die atmosphärische Luft (sein spec. Gewicht ist circa 0,6) und von der Durchsichtigkeit der Luft, daher unsichtbar. Was man im gewöhnlichen Leben Wasserdampf nennt, ist mit Luft gemischtes Wassergas, welches eine Abkühlung erfahren hat, in Folge welcher es zu kleinen lufthaltigen Bläschen verdichtet ist, die in ihrer grossen Menge das Licht so vielfältig reflectiren, dass sie dadurch dem Auge sichtbar werden. Die Bezeichnung Wasserdampf ist in der Chemie und Physik für Wassergas angenommen. Wenn also wissenschaftlich von Wasserdampf die Rede ist, so wird darunter das in Gasform verwandelte Wasser verstanden. Man unterscheidet daher auch einen sichtbaren und unsichtbaren Wasserdampf.

Auch unter dem Kochpunkte verdampft das Wasser, selbst Eis verdampft. Das Verdampfen unter dem Kochpunkte nennt man Verdunsten. Je niedriger die Temperatur ist, um so geringer ist auch die Verdunstung, sie steigt aber mit Zunahme der Oberfläche, welche das Wasser der atmosphärischen Luft darbietet. Wenn wir wässrige Flüssigkeiten abdampfen *(evaporāre)*, so nehmen wir diese Operation *(evaporatio)* nicht in tiefen und hohen, sondern in flachen und weiten Gefässen vor. Die Luft, welche mit Wasser in Berührung ist, überhaupt die ganze Atmosphäre oder der Dunstkreis enthält in Folge der Verdunstung des Wassers stets nicht sichtbaren und auch sichtbaren Wasserdampf (letzteren als Wolken, Nebel).

Dieser Wasserdampfgehalt der Luft ist für den Pharmaceuten ein Gegenstand, der bei Aufbewahrung vieler Substanzen, welche hygroskopisch sind, ganz besonders der Beachtung werth ist. Kaliumhydroxyd oder Kalihydrat *(Kali causticum)*, Natriumhydroxyd oder Natronhydrat *(Natrum causticum)*, gebrannte Kalkerde *(Culcaria usta)*, Calciumchlorid *(Calcium chloratum)*, Pottasche und reines Kaliumcarbonat *(Kali carbonicum)*, glasige Phosphorsäure *(Acidum phosphoricum glaciale)* etc. sind z. B. Substanzen, welche begierig das gasige Wasser der Luft anziehen, aufnehmen und feucht werden. Einige derselben zerfliessen sogar in dem verdichteten Wasser. Die concentrirte Schwefelsäure vermag selbst ein Mehrfaches ihres Gewichtes Wasser anzuziehen. Solche hygroskopische Substanzen müssen daher zur Erhaltung ihrer Eigenthümlichkeiten sorgsam vor Zutritt der Luft geschützt und desshalb in wohl verschlossenen Gefässen aufbewahrt werden.

Ein gewisser Wassergehalt der Luft ist übrigens für das thierische und pflanzliche Leben eine Nothwendigkeit, denn eine überaus trockne Luft zeigt sich der Gesundheit der Thiere und dem Gedeihen der Pflanzen nachtheilig. Thiere und Pflanzen enthalten bedeutende Mengen Wasser, welches zur ungestörten Lebensthätigkeit ihrer Organe unentbehrlich ist. Fleisch enthält 60—75 Procent Wasser, Pflanzentheile 50—90 Proc. Dem Arzneischatz gehören mehrere thierische und besonders viele vegetabilische Substanzen an. Zu den thierischen Substanzen gehören z. B. Canthariden, Moschus, Bibergeil *(Castorĕum)*, getrockneter Laabmagen *(Stomăchus vitulīnus, Abomāsum*, der vierte Magen der Wiederkäuer), zu den vegetabilischen die grosse Zahl der Samen, Kräuter, Wurzeln, Hölzer. Sie enthalten im frischen Zustande grosse Mengen Wasser, welches zum grössten Theile entfernt werden muss, wenn sie ohne Hinzuthun einer fremden, ihrer Conservirung dienlichen Substanz aufbewahrt werden sollen. Das Austrocknen oder die Abdunstung des Wassergehalts geschieht, je nach der Beschaffenheit der Körper selbst oder der in jenen Substanzen enthaltenen arzneilichen Stoffe, entweder an der Luft, oder durch Anwendung künstlicher Wärme, oder durch Umgebung mit hygroskopischen Körpern. Moschus und Bibergeil hüllt man in thierische Blase, welche die Exosmose des Wasserdampfes, weniger die der flüchtigen Stoffe zulässt. Die vegetabilischen Stoffe werden meist an der Luft, die hygroskopischen derselben zuletzt auch durch eine sehr geminderte künstliche Wärme getrocknet, d. h. von ihrem Wasser- oder Feuchtigkeitsgehalte soweit befreit, dass ihre Aufbewahrung in geschlossenen Gefässen ausführbar ist. In dicht geschlossenen Gefässen werden alle Arzneikörper aufbewahrt, welche flüchtige Stoffe enthalten oder welche hygroskopisch sind, oder an der freien Luft ihre natürliche Farbe verlieren. Werden diese Körper in nicht gehörig trocknem Zustande in dicht geschlossenen Gefässen gehalten, so bietet die gegenwärtige Feuchtigkeit bei mangelndem Luftzutritt Veranlassung zur Gährung oder Vermoderung, und begünsteigt die Entstehung und Vegetation kleiner Algen, Schimmelpilze oder die Erzeugung von Milben. Der Körper nimmt einen dumpfen, modrigen Geruch an, und seine arzneilichen Stoffe, welche er enthält, sind dann mehr oder weniger zerstört. Bei

animalischen und stickstoffhaltigen vegetabilischen Körpern entsteht unter denselben Umständen die faulige Gährung, oder bei
weniger gehindertem Luftzutritt eine Vermoderung unter Entstehung von Pilzen, Schimmel und Milben. Die faulige Gährung
ist stets da möglich, wo Stickstoff zugleich ein Bestandtheil des
organischen Körpers ist. Durch den Gährungsakt setzen sich
die elementaren Bestandtheile in der Art um, dass daraus Kohlenwasserstoffe, Ammon (H_3N), Kohlensäure, Wasser entstehen.
Da die organischen Stoffe meist kleine Mengen schwefelsaurer
Salze, selbst Schwefel und Phosphor enthalten, so treten neben
den vorgenannten Zersetzungsprodukten auch stinkende Gasarten,
wie Schwefelwasserstoff, Phosphorwasserstoff, auf. Daher stammt
der stinkende Geruch in fauliger Gährung begriffener organischer
Körper.

Aus dem Gesagten ergiebt sich, dass organischen Körpern,
welche von dem grössten Theile ihres Wassergehaltes befreit und
in einen trocknen Zustand versetzt sind, eine der hauptsächlichsten Bedingungen mangelt, unter welchen eine Vermoderung
oder eine Fäulniss überhaupt möglich ist. Gehörig ausgetrocknete
Canthariden *(Cantharides)* werden daher in dichten Blechbüchsen
oder anderen dichten Gefässen nie Schimmel oder Milben (z. B.
Acărus coleopteratōrum) erzeugen. Die Vegetation des Schimmel-
pilzes und die Lebensfähigkeit der Milben ist nur bei vorwie-
gendem Feuchtigkeitsgehalt möglich. In den Arnikablüthen
(Flores Arnĭcae), in welchen die Arnikafliege *(Trypēta arnicivŏra)*
ihre schwarze Larve birgt, geht auch diese zu Grunde, wenn die
Blüthe gehörig ausgetrocknet ist. Ein Gleiches gilt von der
Angelikawurzel *(Radix Angelicae)* und anderen Wurzeln, welche
leicht dem Wurmfrasse (durch die Larven des Bohrkäfers, *Ptinus
fur* Lin., und des Nagekäfers, *Anobium panicĕum* Fabr.) unterworfen sind. Bei gehöriger Trockenheit können diese Larven
nicht existiren.

Das Austrocknen erfordert natürlich alle Sorgsamkeit des
Pharmaceuten, damit nicht auch die flüchtigen Arzneibestand-
theile des Körpers verloren gehen. Daher wird das Austrocknen möglichst allmählich und bei gelinder Wärme (circa 25^0 C.)
ausgeführt.

Da mit wenigen Ausnahmen die festen organischen und anorganischen Körper, besonders die pulverförmigen bis zu einem
gewissen Maasse hygroskopisch sind, und sie, obgleich getrocknet, mit der Luft ferner in Berührung Feuchtigkeit aufnehmen,
so ist es geboten, die Körper nach dem Austrocknen sofort in

trocknen und gut zu verschliessenden Gefässen behufs der Aufbewahrung unterzubringen.

Es giebt nur wenige organische Körper, welche der Pharmaceut im feuchten Zustande aufbewahrt. Solchen Körpern werden dann sogenannte antiseptische oder fäulnisswidrige Substanzen zugesetzt. Durch Destillation des Wassers über Blumenblätter der Rose stellt man das Rosenwasser dar. Um dieses Destillat zu jeder Zeit des Jahres zu bereiten, bewahrt man die Rosenblumenblätter mit Kochsalz (Natriumchlorid) zusammengeschichtet *(Flores Rosārum salīti)*. Das Kochsalz entzieht dem frischen Vegetabil einen grossen Theil der Feuchtigkeit und wirkt auf diese Weise der freiwilligen Entmischung entgegen, also antiseptisch. Starker Weingeist wirkt ähnlich, und man kann Ameisen, mit etwas Weingeist übergossen, über Jahr und Tag aufbewahren. Der zuweilen gegen Hydrophobie gebrauchte Maiwurm (*Meloë Proscarabaeus* Linn.) wird in konsistentem Honig aufbewahrt *(Meloës majāles melle condīti)*, denn concentrirte Zuckerlösungen wirken antiseptisch.

Viele hygroskopische Substanzen, welche zugleich in Wasser löslich sind, vermögen soviel Feuchtigkeit aus der Luft anzuziehen, dass sie sich darin lösen und zerfliessen. Diese Substanzen nennt man **zerfliessliche**. Dazu gehören vornehmlich Calciumchlorid, Magnesiumchlorid, Kaliumacetat, Kaliumcarbonat, Natriumlactat. Natriumchlorid ist ein luftbeständiger Salzkörper, ist aber als Kochsalz in feuchter Luft zerfliesslich, wenn es Calciumchlorid und Magnesiumchlorid enthält. Die alten Pharmaceuten stellten die officinelle Lösung des aus dem Weinstein bereiteten, reinen kohlensauren Kalium durch Zerfliessenlassen dar und nannten sie *Olĕum Tartāri per deliquium;* der heutige Name ist *Liquor Kali carbonici,* denn man stellt sie jetzt einfach durch Auflösen von trocknem Kaliumcarbonat in destill. Wasser dar. Zerfliessliche Substanzen fordern dichtgeschlossene Aufbewahrungsgefässe.

Das Wasser ist ein wichtiges Auflösungsmittel, und nimmt Geruch, Geschmack und Farbe der gelösten Stoffe an. Die Menge der Stoffe, welche Wasser zu lösen vermag, ist nach der Verschiedenheit der Stoffe auch verschieden. In 100 Th. Wasser von mittlerer Temperatur können sich lösen: Baryumchlorid 40 Th., Kaliumnitrat 30 Th., Natriumnitrat 60 Th., dagegen wird 1 Th. Calciumhydroxyd (Kalkerdehydrat) nur von 750 Th. Wasser, 1 Th. Calciumsulfat (Gyps) von 420 Th. Wasser gelöst. Mit Zunahme der Temperatur wächst auch im Allgemeinen die Lösungskraft des Wassers. 100 Th. kochendes Wasser lösen z. B.

240 Th. Kaliumnitrat. Einige wenige Salze machen hier eine Ausnahme, z. B. Natriumchlorid (Kochsalz), welches in kaltem und heissem Wasser gleich löslich ist. Auch fehlen nicht Beispiele von Substanzen und Salzen, deren Löslichkeit mit der Temperatur abnimmt. 1 Th. Kalkerde ist z. B. erst in 1450 Th. kochendem Wasser löslich, 1 Th. Calciumsulfat erfordert bei 100º C. 460 Th. Wasser zur Lösung.

Behufs Darstellung von Lösungen pflegt man die zu lösende Substanz in das Wasser zu schütten und mit und ohne Anwendung von Wärme die Lösung unter wiederholtem Umrühren zu bewerkstelligen. Bequemer ist das Verfahren, die zu lösende Substanz dicht unter dem Niveau des Wassers zu placiren. Man

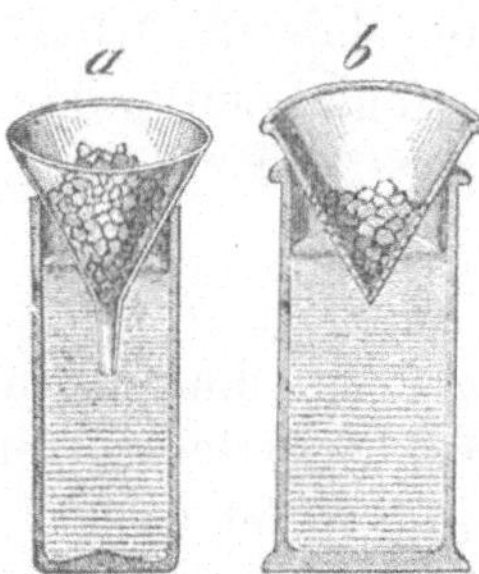

Fig. 141.

giebt die Substanz in einen Trichter oder ein porcellanenes oder blechernes Sieb und hängt sie in das Wasser oder das Lösungsmittel *(menstrŭum)* hinein. Die specifisch schwerere Lösung, welche sich in dem Trichter bildet, sinkt nach unten und macht dem Zutritt einer frischen Portion des Lösungsmittels zur Substanz freie Bahn. Dieser Vorgang geht fort und fort, und die Lösung ist in kurzer Zeit vollendet. Wird die Substanz in das Wasser geschüttet, so bildet sich am Boden des Gefässes eine gesättigte Lösung, welche das ungelöst Gebliebene umgiebt und, wenn nicht umgerührt wird, den Lösungsprocess unterbricht.

Wenn das Wasser soviel eines Salzes oder einer anderen Substanz gelöst hat, als es bei einer gewissen Temperatur zu lösen vermag, so nennt man eine solche Lösung eine gesättigte oder concentrirte. Man sagt daher z. B. eine bei 20º gesättigte Glaubersalzlösung.

Der Kochpunkt der wässrigen Lösung eines Salzes und vieler anderer Substanzen liegt gemeiniglich höher als der des Wassers. Es siedet z. B. eine

gesättigte Kochsalzlösung   bei 109º C.
    „   Kalisalpeterlösung   „   115º C.
    „   Caliumchloridlösung „   150º C.

Der Chemiker macht sich diese physikalische Eigenschaft der Lösungen zu Nutze, wenn er Destillationen bei Temperaturen über dem Wasserkochpunkte vornehmen will. Statt des Wasserbades bedient er sich dann eines Bades mit Calciumchloridlösung. Der Wasserdampf dieser kochenden Salzlösungen hat, wie wir aus einer früheren Mittheilung wissen, keine höhere Temperatur als der Dampf des kochenden Wassers.

Wie Wasser Salze und viele andere feste Substanzen löst, vermag es auch gasförmige Körper aufzulösen oder zu absorbiren. Die Menge des gelöstes Gases richtet sich nach der Temperatur und dem Druck, unter welchem die Auflösung geschieht. Das Wasser löst um so mehr Gas, als seine Temperatur niedrig und der Druck hoch ist. Wasser von gewöhnlicher Temperatur und bei gewöhnlichem Luftdruck löst z. B. ein gleiches Volum Kohlensäuregas, bei 5 Atmosphären Druck aber 7 Volum dieses Gases. Das Brunnenwasser (Quellwasser) enthält atmosphärische Luft und Kohlensäure gelöst, durch Erwärmen und Kochen werden diese Luftarten wieder daraus entfernt. Auch feste Substanzen, welche in solchem mit Gasen geschwängerten Wasser gelöst werden, verdrängen diese Gase aus dem Wasser. Daher kommt das Aufschäumen des Selterserwassers und des Champagnerweins, wenn man darin Zucker löst.

Es absorbirt bei gewöhnlicher Temperatur und gewöhnlichem Luftdrucke 1 Volum Wasser:

Ammongas	circa 600	Volum
Chlorwasserstoffgas	„ 500	„
Schwefelwasserstoffgas	„ $2^{1}/_2$	„
Chlorgas	„ 2	„
Kohlensäure	„ 1	„

Einige Auflösungen dieser Art sind officinell. Der Salmiakgeist oder die Aetzammonflüssigkeit *(Liquor Ammonii caustici)* ist Wasser, welches 10 Gewichtsprocente Ammongas gelöst enthält. Die Chlorwasserstoffsäure oder Salzsäure *(Acidum hydrochloricum)* ist eine Auflösung von 25 Gewichtsth. Chlorwasserstoffgas in 75 Gewichtsth. Wasser. Chlorwasser *(Aqua chlorata, Liquor Chlori)* ist Wasser, welches Chlor in Lösung hält. Schwefelwasserstoffwasser *(Aqua hydrosulfurata, Acidum hydrosulfuricum)* ist mit Schwefelwasserstoffgas (H_2S oder HS) geschwängertes Wasser. Diese Präparate werden sämmtlich in der Weise bereitet, dass man die Gasart bei gewöhnlichem Luftdruck direct in Wasser von gewöhnlicher Temperatur hineinleitet. Diese Operation werden wir in einer folgenden Lection näher kennen lernen.

Lection 61.

Reines Wasser. Mineral-, Brunnen-, Regenwasser.

Das Wasser spielt in der Pharmacie eine hervorragende Rolle. Es ist theils das am häufigsten angewendete Auflösungsmittel der Arzneistoffe, theils ist es bei der Darstellung einer grossen Menge in der Pharmacie unentbehrlicher Stoffe nothwendig, theils findet es eine ökonomische Verwendung in dem Laboratorium und dem Dispensirlokal. Für den einen Zweck ist dieses, für den anderen jenes Wasser brauchbar, und daher die Kenntniss von der Beschaffenheit der verschiedenen Wässer wichtig.

Die Natur bietet uns das Wasser auf verschiedenen Wegen dar. Man unterscheidet Regenwasser, Flusswasser, Quellwasser und Mineralwasser. Alle diese Arten unterscheiden sich von einander nur durch einen geringeren oder grösseren Gehalt an luftartigen, organischen und anorganischen Stoffen. Reines Wasser, welches also keine fremdartigen Stoffe gelöst enthält, wird durch Destillation des natürlichen Wassers dargestellt.

Mineralwässer sind diejenigen Wässer, welche grössere Mengen Luftarten und Salze gelöst enthalten und desshalb als Heilmittel gebraucht werden. Enthalten sie viel Kohlensäuregas gelöst, so nennt man sie Säuerlinge oder Sauerbrunnen, enthalten sie Schwefelwasserstoffgas oder Schwefelverbindungen, so heissen sie Schwefelwässer oder hepatische Wässer. Bitterwässer enthalten vorwiegend Magnesiumsulfat (Bittersalz), Stahlwässer enthalten Ferrocarbonat oder kohlensaures Eisenoxydul. Salzsoolen sind Kochsalzlösungen, welche die Natur bereitet hat. Die Mineralwässer treten als Quellen zu Tage und heissen natürliche. Die auf chemischem Wege nachgeahmten Mineralwässer werden künstliche genannt.

Brunnenwasser oder Quellwasser, gemeines Wasser *(Aqua fontāna, Aqua commūnis)* enthält gemeiniglich kleine Mengen Kohlensäuregas und Calciumcarbonat (kohlensaure Kalkerde), welches durch die freie Kohlensäure in Lösung gehalten ist, oft enthält es auch in sehr kleinen Mengen Calciumsulfat, Natriumchlorid, Magnesiumchlorid, Calciumnitrat, Ammoniumcarbonat (schwefelsaure Kalkerde, Chlornatrium, Chlormagnesium, salpetersaure Kalkerde, kohlensaures Ammon), Kieselsäure, organische

Substanzen, nicht selten kleine vegetabilische Gebilde aus der Reihe der Algen. Je weniger ein Brunnenwasser von diesen Substanzen enthält, um so reiner ist es. Dem Gehalt an Kohlensäure neben den kleinen Mengen gelöster kohlensaurer Kalkerde verdankt das Quellwasser die Eigenschaft des erfrischenden Geschmacks und die Verwendung als Trinkwasser. Quellwasser, welches längere Zeit an der Luft gestanden und dadurch den grössten Theil seines Kohlensäuregehaltes verloren hat, schmeckt fade.

Obgleich das Quellwasser ein durch Erd- und Sandschichten filtrirtes Wasser ist, so wird es für Zwecke des Recepturgeschäftes noch einmal filtrirt durch Kohle, durch Sandschichten oder durch Fliesspapier und als *Aqua filtrāta* zur Hand gehalten. Das filtrirte Wasser wird nur dann dispensirt, wenn der Arzt ausdrücklich *Aqua communis* oder *fontāna* vorgeschrieben hat.

Nicht jedes Quellwasser kann zur Bereitung der Extracte, der Syrupe, Mixturen, zur Aufbewahrung der Blutegel etc. gebraucht werden, und zwar dann nicht, wenn es zu viel Salze oder zu viel organische Substanzen gelöst enthält. Ein Quellwasser, von welchem 2000 Th. durch Verdampfen 1 Th. Salzrückstand geben, ist schon für die pharmaceutische Verwendung verwerflich, besonders aber, wenn dieser Verdampfungsrückstand braun oder schwärzlich gefärbt ist, welcher letztere Umstand auf einen starken Gehalt an organischen Substanzen hindeutet. Ein solches Wasser ist auch nicht farblos. Die Bereitung derjenigen Arzneikörper, welche Gerbstoffe (Gerbsäuren) enthalten, mit stark kalkerdehaltigem Wasser ist überhaupt verwerflich, weil die Gerbstoffe mit der Kalkerde unlösliche Verbindungen bilden.

Calciumcarbonat ist in dem Quellwasser durch freie Kohlensäure in Lösung gehalten. Beim Erhitzen oder Kochen des Wassers wird die freie Kohlensäure verflüchtigt, und das Calciumcarbonat scheidet ab. Durch Verdampfen des Wassers bleiben ferner die gelösten übrigen Salze, wie Calciumsulfat zurück. Auf diese Weise entsteht der Kesselstein in Kochgefässen und Dampfkesseln, welcher in Form einer dichten erdigen Schicht dem Boden des Kochgefässes anhängt.

Die Bezeichnung hartes Wasser, welche das Quellwasser oder Brunnenwasser zum Unterschiede von dem weichen Wasser, dem Fluss- oder Regenwasser, erhalten hat, bezieht sich nur auf den Gehalt von Salzen der Erden (Kalkerde, Bittererde). Hartes Wasser wird von den Hausfrauen nicht zum Kochen der Hülsenfrüchte (Erbsen, Linsen, Bohnen) gebraucht, weil die Kalkerde des Wassers mit dem Legumin (Pflanzencaseïn) dieser Samen eine unlösliche Verbindung eingeht, welche in dünner Schicht den Samen umgiebt und die Einwirkung des kochenden Wassers auf den übrigen Theil hindert. In hartem Wasser kochen daher Hülsenfrüchte nicht weich. Die Köchin setzt, wenn sie zum erwähnten Zwecke nicht weiches Wasser zur Hand hat, dem harten Wasser etwas Pottasche (Kaliumcarbonat) oder Soda (Natriumcarbonat) zu, um die Kalkerde daraus zu fällen.

Hartes Wasser ist zum Waschen mit Seife nicht anwendbar, denn die Salze der Erden, welche es gelöst enthält, zersetzen die Seife, welche eine salzähnliche Verbindung der Fettsäuren mit Kalium oder Natrium ist. Die Kalkerde und die Bittererde des harten Wassers entziehen dem fettsauren Alkali die Fettsäuren und bilden damit in Wasser unlösliche Verbindungen, welche sich zum Theil fest an die Zeugfaser der Gewebe ansetzen und sich davon durch Abspülen mit Wasser nur unvollkommen entfernen lassen. Beim Aufbewahren der Wäsche werden diese Kalk- und Bittererdeseifen (Calcium- und Magnesiumseifen) ranzig und die Ursache des bekannten unangenehmen Geruches frischer Wäsche. Enthält das harte Wasser auch Eisenoxydsalze (Ferrisalze) gelöst, was nicht so sehr selten ist, so entsteht auch eine unlösliche Eisenseife, welche die Wäsche gelb färbt.

Mischen wir basisch essigsaure Bleilösung (*Acetum plumbicum*) mit hartem Wasser, so entsteht eine milchige Flüssigkeit, indem die im Wasser vorhandene Kohlensäure und die an Calcium oder Magnesium gebundene Kohlensäure und Schwefelsäure die Bildung von kohlensaurem und schwefelsaurem Blei veranlassen, welche in Wasser unlöslich sind und die milchige Trübung verursachen. Auch andere Metallsalze (Mercurichlorid und auch andere Mercurisalze, Kupfersalze etc.) werden beim Auflösen in hartem Wasser mehr oder weniger zersetzt.

Theils bedarf der Pharmaceut zu seinen Arbeiten, theils verordnet der Arzt zu den Arzneilösungen ein reines Wasser, welches frei ist von Kohlensäure, den Salzen der Erden und Ammoniumcarbonat. Ein solches reines Wasser ist das destillirte. Zu seiner Darstellung werden 10 Theile Brunnenwasser in die Destillirblase gegeben und davon nur 8 Th. abdestillirt, nachdem hiervon der zuerst übergehende Theil als unbrauchbar beseitigt ist. In Folge der Kochung des Wassers in der Blase entweicht zuerst der grössere Theil der Kohlensäure, und der zuerst überdestillirende Theil Wasser hält auch noch Kohlensäure absorbirt.

Desshalb muss dieser Theil weggeworfen werden. Dieses Verfahren genügt, wenn das Brunnenwasser kein Ammoniumcarbonat enthält, im anderen Falle würde das ganze Destillat mit diesem Salze, weil es sich nur allmählich mit den Wasserdämpfen verflüchtigt, verunreinigt sein. Enthält das zu verwendende Brunnenwasser Ammon, so ist es geboten, ihm etwas Alaun zuzusetzen, dessen Schwefelsäure das Ammonium bindet und in Ammoniumsulfat (schwefelsaures Ammon), ein in den kochendheissen Wasserdämpfen nicht flüchtiges Salz, verwandelt.

Das destillirte Wasser muss klar, farb-, geruch- und geschmacklos sein und weder auf blaues noch rothes Lackmuspapier farbeverändernd einwirken. Der sogenannte, von einem geringen Ozongehalte herrührende Blasengeruch, welcher dem frisch destillirten Wasser anzuhängen pflegt, verschwindet nach wenigen Tagen.

Da das destillirte Wasser keine festen Bestandtheile enthält, so hinterlässt eine nicht zu kleine Menge verdampft auch keinen Rückstand.

Mischt man destillirtes Wasser mit klarem Kalkwasser (Calciumhydroxydlösung), so trübt sich die Mischung bei Gegenwart von Kohlensäure, indem Calciumcarbonat oder kohlensaure Kalkerde, eine in Wasser unlösliche Verbindung, entsteht. Auch eine weisse Trübung auf Zusatz einiger Tropfen Bleiessig zu dem destillirten Wasser verräth Kohlensäure, indem Bleicarbonat oder kohlensaures Bleioxyd entsteht, welches Salz gleichfalls in Wasser unlöslich ist.

Ein Ammongehalt wird durch eine weisse Trübung erkannt, wenn man dem destillirten Wasser einige Tropfen einer klaren wässrigen Mercuri- oder Quecksilberchloridlösung zusetzt. Die weisse Trübung ist Mercuriammoniumchlorid, Quecksilberchloroamid, auch weisser Präcipitat genannt (*Hydrargyrum praecipitatum album*), welche chemische Verbindung stets entsteht, wenn Mercurichlorid mit freiem Ammoniumhydroxyd oder auch Ammoniumcarbonat zusammentrifft.

Einen Gehalt an Chlorverbindungen (wie Calciumchlorid, Natriumchlorid) erkennt man an einer weissen Trübung auf Zusatz einiger Tropfen einer Lösung des Silbernitrats oder salpetersauren Silberoxyds ($AgNO_3$ oder AgO,NO^5). Letzteres ist bekanntlich das empfindlichste Reagens auf Chlor, welches mit Silber das in Wasser unlösliche Silberchlorid (AgCl) bildet.

$$\left.\begin{array}{l} NO_2 \\ Ag \end{array}\right\} O + \left.\begin{array}{l} Na \\ Cl \end{array}\right\} = \left.\begin{array}{l} NO_2 \\ Na \end{array}\right\} O + \left.\begin{array}{l} Ag \\ Cl \end{array}\right\}$$

$$\text{Silbernitrat} \quad \text{Natrium-} \quad \text{Natrium-} \quad \text{Silberchlorid}$$
$$\text{chlorid} \qquad \text{nitrat}$$
$$\text{oder } AgNO_3 + NaCl = NaNO_3 + AgCl$$
$$\text{oder } AgO,NO^5 + NaCl = NaO,NO^5 + AgCl$$

$$\text{Hydriumchlorid} \quad \text{Hydriumnitrat}$$
$$\left.\begin{array}{c}NO_2\\Ag\end{array}\right\}O + \left.\begin{array}{c}Cl\\H\end{array}\right\} = \left.\begin{array}{c}NO_2\\H\end{array}\right\} + \left.\begin{array}{c}Ag\\Cl\end{array}\right\}$$

$$\text{Chlorwasserstoff} \quad \text{Salpetersäure}$$
$$\text{oder } AgO,NO^5 + HCl = NO^5,HO + AgCl.$$

Da Silberlösung auch mit einigen anderen Substanzen weisse Trübungen giebt, so pflegt man die zu prüfende Flüssigkeit vor dem Zusatz des Reagens mit reiner Salpetersäure sauer zu machen. Dieses Ansäuern ist immer nothwendig, wenn man Quellwasser auf einen Chlorgehalt untersucht.

Die Gegenwart von Sulfaten oder schwefelsauren Salzen im Wasser erforscht man durch eine Lösung des Baryumchlorids oder Chlorbaryum (BaCl$_2$ oder $BaCl$) oder des Baryumnitrats oder der salpetersauren Baryterde (BaN$_2$O$_6$ oder BaO,NO^5), denn die Baryterde und Schwefelsäure bilden, wo sie sich begegnen, in Wasser unlösliches Baryumsulfat oder schwefelsaure Baryterde (Schwerspath) (BaSO$_4$ oder BaO,SO^3), welches Salz sich als eine weisse Trübung oder Fällung zu erkennen giebt. Da Baryumhydroxyd oder Baryterde auch mit anderen Stoffen weisse schwerlösliche, aber in freier Säure lösliche Verbindungen eingeht, so macht man gewöhnlich die zu prüfende Flüssigkeit vor der Prüfung mit etwas Salpetersäure oder Chlorwasserstoffsäure sauer.

$$\text{Baryum-} \quad \text{Schwefelsäure} \qquad \text{Chlorwasser-} \quad \text{Baryumsulfat}$$
$$\text{chlorid} \qquad\qquad\qquad \text{stoffsäure}$$
$$\left.\begin{array}{c}\overset{''}{Ba}\\Cl_2\end{array}\right\} + \left.\begin{array}{c}SO_2\\H_2\end{array}\right\}O_2 = 2\left(\left.\begin{array}{c}Cl\\H\end{array}\right\}\right) + \left.\begin{array}{c}SO_2\\Ba\end{array}\right\}O_2$$

$$\text{oder } \overset{''}{Ba}Cl_2 + H_2SO_4 = 2ClH + \overset{''}{Ba}SO_4$$
$$\text{Chlorbaryum} \quad \text{Schwefelsäure-} \qquad\qquad \text{Barytsulfat}$$
$$\text{hydrat}$$
$$\text{oder } BaCl + HO,SO^3 = HCl + BaO,SO^3.$$

Einen Gehalt an Kalkerde erforscht man mit Oxalsäure (C$_2$H$_2$O$_4$ oder C^2O^3), welche ein specifisches Reagens auf Kalkerde ist. Zu der mit einigen Tropfen Aetzammonflüssigkeit alkalisch gemachten Probe Wasser setzt man einige Tropfen einer Lösung der Oxalsäure oder des Ammoniumoxalats. In Form einer weissen Trübung oder Fällung entsteht Calciumoxalat oder oxalsaure Kalkerde, welche in Wasser, besonders in ammoniakalischem, und auch bei Gegenwart freier Essigsäure, unlöslich ist. Weil bei Gegenwart von Spuren Calciumhydroxyd oder Kalkerde die Reaction nicht sofort entsteht, so ist ein minutenlanges Abwarten erforderlich.

$$\underset{\text{oxalat}}{\text{Ammonium-}} \qquad \text{Calciumsulfat} \qquad \underset{\text{sulfat}}{\text{Ammonium-}} \qquad \text{Calciumoxalat}$$

$$\left.\begin{array}{l} C_2O_2 \\ (NH_4)_2 \end{array}\right\} O_2 + \left.\begin{array}{l} SO_2 \\ \overset{..}{Ca}{''} \end{array}\right\} O_2 = \left.\begin{array}{l} SO_2 \\ (NH_4)_2 \end{array}\right\} O_2 + \left.\begin{array}{l} C_2O_2 \\ \overset{..}{Ca}{''} \end{array}\right\} O_2$$

$$\text{oder} \quad C_2(NH_4)_2O_4 + CaSO_4 = (NH_4)_2SO_4 + C_2CaO_4$$

$$\text{Ammonoxalat} \quad \text{Kalksulfat} \qquad \text{Ammonsulfat} \quad \text{Kalkoxalat.}$$

$$\text{oder} \quad NH^4O,C^2O^3 + CaO,SO^3 = NH^4O,SO^3 + CaO,C^2O^3$$

Das Silbernitrat und das Baryumchlorid sind also zwei ganz vornehmliche Reagentien, das erstere auf Chlor, das letztere auf Schwefelsäure. Sie kommen sehr häufig in den Gebrauch und müssen daher dem Gedächtniss eingeprägt werden. Ein Gleiches gilt von der Oxalsäure als Reagens auf Kalkerde.

Manche organische Substanzen des Quellwassers sind flüchtig und finden sich daher im destillirten Wasser wieder. Man entdeckt sie, wenn man zu einer Probe des Wassers mehrere Tropfen verdünnte Schwefelsäure und soviel einer Lösung des Kaliumhypermanganats oder übermangansauren Kalis setzt, dass eine im Reagirglase noch durchsichtig bleibende violettrothe Mischung entsteht. Bei Abwesenheit organischer Materie behält die Mischung die angegebene Farbe auf länger denn 10 Minuten, im anderen Falle verschwindet die violettrothe Farbe sehr bald, indem die Uebermangansäure ($HMnO_4$ od. HO,Mn^2O^7) Sauerstoff an die organische Substanz abgiebt, diese also oxydirt, und zu Manganooxyd oder Manganoxydul (MnO) wird, welches mit der Schwefelsäure ein fast farbloses Salz bildet.

Zur Uebung versuchen wir sämmtliche vorstehenden Reactionen, zuerst mit gewöhnlichem Brunnenwasser, weil sie mit diesem sicher eintreten. Hat man Reactionen selbst ausgeführt und ihr Erscheinen beobachtet, so erlangt man auch Sicherheit im Erkennen und Unterscheiden derselben.

Flusswasser, das aus Flüssen, Bächen entnommene Wasser, enthält keine oder kaum Spuren Kohlensäure und daher auch fast kein Calciumcarbonat, höchstens Spuren Sulfate, Natriumchlorid, Calciumchlorid etc., dagegen viel organische Substanzen. Reiner ist das **Regenwasser**. Fluss- und Regenwasser nennt man **weiches Wasser**, weil sie wegen Mangels gelöster Salze der Erden Seife nicht in der oben erwähnten Art zersetzen. Das

Wasser aus Flüssen, welche durch stark bevölkerte Landschaften und Städte strömen, ist gemeinhin ein mit vielen thierischen Auswurfstoffen überladenes Wasser.

Lection 62.

Kohlenstoff. Natürliche Kohlenarten.

Der Kohlenstoff (*Carboneum*) ist ein in der Natur überall verbreiteter und in grossen Mengen vorkommender Stoff. Verbunden mit Sauerstoff macht er als Kohlensäure theils einen nicht unbedeutenden Bestandtheil des Dunstkreises aus, theils bildet er als Bestandtheil des Calciumcarbonats (Kreide) einen hauptsächlichen Theil des Erdbodens und grosser ausgedehnter Gebirgsmassen. Alle vegetabilischen und animalischen Stoffe sind bis auf verschwindende Ausnahmen Kohlenstoffverbindungen. Die mächtigen Stein- und Braunkohlenlager sind Ueberreste einer früheren Pflanzenwelt.

Der Kohlenstoff zeigt sich uns in verschiedenen Formen und Zuständen, von welchen die wissenswerthesten folgende sind:

Der Diamant (Demant) ist krystallisirter Kohlenstoff und der härteste aller bekannten Körper. Er besitzt das stärkste Lichtbrechungsvermögen und daher einen eigenthümlichen starken Glanz. Wärme und Electricität leitet er schlecht. Nur bei hoher Temperatur verbrennt er mit Sauerstoff in Berührung zu Kohlensäure. Die Krystallform des Diamants ist das regelmässige Oktaëder. Rein ist er farblos, nicht selten durch einen Gehalt fremdartiger Stoffe verschieden gefärbt. Seine vornehmsten Fundorte sind Ostindien und Brasilien. Gewöhnlich ist der Diamantkrystall, wie er gefunden wird, mit einer Kruste bedeckt, die ihn sehr unscheinbar macht. Das Schleifen des Diamants kann nur mit seinem eigenen Staube, Diamantbord genannt, geschehen. Ausser seiner Verwendung zum Schmuck gebraucht man den Diamant zum Schreiben und Ritzen auf Glas und zum Spalten des Glases. Man unterscheidet den Schreibdiamant von dem Glaserdiamant, denn mit ersterem kann man kein Glas spalten. Die Ecke oder eine geradlinige Kante ritzt nur, dagegen spaltet eine gekrümmte Kante, gleichsam wie ein Keil wirkend, das Glas. Es hat daher der Glaserdiamant eine convex-gekrümmte

Kante, der Schreibdiamant eine Spitze. Die künstliche Darstellung des Diamants, die Krystallisation des Kohlenstoffs, ist bis jetzt nicht geglückt. Eine zweite Modification des Kohlenstoffs ist der

Graphit, auch Reissblei, Wasserblei genannt (*Plumbāgo, Graphītes*), ein in abgerundeten Massen und auch in grossen dünnen sechsseitigen Tafeln krystallisirt vorkommendes Mineral. Er ist undurchsichtig, metallglänzend, dunkelbleigrau, fettig anzufühlen und abfärbend, leitet die Wärme schlecht, desto besser die Electricität. Nur bei hoher Weissglühhitze verbrennt er zu Kohlensäure und hinterlässt $^{1}/_{3} - ^{1}/_{2}$ Proc. Aschenbestandtheile. Er ist reiner Kohlenstoff, mehr oder weniger durch natürlich beigemischtes Eisen, Thon, Kalkerde, Kieselerde etc. verunreinigt. Es giebt auch einen künstlichen Graphit (Hochofengraphit), welcher sich in den Hochöfen aus dem Roheisen, welches mit Kohlenstoff übersättigt ist, in krystallinischen Plättchen ausscheidet, und zwar härter und reiner als der natürliche. Löst man Gusseisen in Chlorwasserstoffsäure auf, so bleibt Graphit (graphitischer Kohlenstoff) in Form kleiner zarter Plättchen ungelöst zurück.

Graphit findet eine vielfache technische Anwendung, welche auch für den Pharmaceuten von Interesse ist. In feines Pulver verwandelter Graphit mit Wasser angerieben ist z. B. ein vortrefflicher, vor Rost schützender Ueberzug eiserner Geräthschaften, besonders derjenigen, welche starker Hitze ausgesetzt werden. (Daher der Name Eisenschwärze). Mittelst einer Bürste reibt man mit dem angefeuchteten Graphit die Windöfen und eisernen Ofenthüren in den Laboratorien ein. Die sogenannten Passauer oder Ypser Schmelztiegel (Graphittiegel) werden aus einem Gemisch aus Graphit und Thon gebrannt und besonders zu Metallreductionen und Metallschmelzungen gebraucht.

Der gereinigte und in ein höchst feines Pulver verwandelte Graphit (*Graphites depuratus, Plumbago depurata*) hat noch einen Platz im Arzneischatz behalten. Zu seiner Darstellung wird die reinste Handelssorte (von Borrowdale in der Landschaft Cumberland) fein gepulvert, durch Schlämmen gereinigt, behufs Entfernung der in ihr vorhandenen metallischen und erdigen Verunreinigungen zuerst mit einem Gemisch von Chlorwasserstoffsäure und Salpetersäure (Königswasser) ausgekocht, mit Wasser ausgewaschen, dann zur Entfernung der Kieselsäure mit Aetznatronlauge behandelt, wieder ausgewaschen und getrocknet.

Die Kohle (*carbo*), welche künstlich aus organischen Körpern dargestellt wird, unterscheidet man als vegetabilische und animalische. Sie ist amorph und kein reiner Kohlenstoff, denn sie enthält ausser den mineralischen Aschenbestandtheilen grössere oder kleinere Mengen Wasserstoff und Sauerstoff, zu welchen Elementen bei der aus thierischen Substanzen gewonnenen Kohle noch Stickstoff tritt. Die Kohle kann man für den Rückstand einer trocknen Destillation ansehen. Die Holzkohle wird durch eine Operation dieser Art in Kohlenmeilern oder in grossen eisernen Retorten dargestellt. Die Produkte dieser trocknen Destillation, die sogenannten Brenzprodukte, bestehen aus Theer, oder Brandharzen, brenzlichen Oelen, Holzgeist und Säuren. Unter den Säuren ist es besonders Essigsäure, welche auf diese Weise im Grossen dargestellt wird, und theils als roher Holzessig (*Acetum pyrolignosum, Acetum ligni empyreumaticum*), theils gereinigt zur Darstellung des Speiseessigs, oder an Natron gebunden als rohes Natriumacetat oder essigsaures Natron (Rothsalz) in den Handel kommt.

Die Elementarbestandtheile der Pflanzenstoffe sind vornehmlich Kohlenstoff, Wasserstoff und Sauerstoff, eine ganze Reihe Pflanzenstoffe haben sogar von den Chemikern den Namen Kohlchydrate erhalten, weil ihre chemische Zusammensetzung gleichsam einer Verbindung des Kohlenstoffs mit Wasser entspricht. Die Cellulose (Holzfaser), das Stärkemehl (*Amylum*), Dextrin, Gummi oder Pflanzenschleim werden durch die Formel $C_6H_{10}O_5$ oder $C^{12}H^{10}O^{10}$, der Rohrzucker und der Milchzucker (*Saccharum Lactis*) durch die Formel $C_{12}H_{22}O_{11}$ oder $C^{12}H^{11}O^{11}$, der Traubenzucker (Glukose), der Fruchtzucker durch die Formel $C_6H_{12}O_6$ oder $C^{12}H^{12}O^{12}$, repräsentirt. Wasserstoff und Sauerstoff sind also in diesen Verbindungen in demselben Verhältnisse, in welchem sie Wasser bilden, mit Kohlenstoff chemisch liirt. Werden diese Kohlehydrate unter Absperrung des Luftzutritts erhitzt, so entweicht der Sauerstoff theils in Verbindung mit Wasserstoff als Wasser, theils in Verbindung mit Kohlenstoff als Kohlensäure und Kohlenoxydgas. Ein Theil des Wasserstoffs entweicht mit Kohlenstoff verbunden als Kohlenwasserstoff, und mit Koklenstoff und Sauerstoff verbunden in Form von Stoffen, wie wir sie oben als Brenzprodukte bezeichnet haben. Reichen Wasserstoff und Sauerstoff soweit hin, mit nur einem Theile des Kohlenstoffs flüchtige Produkte zu bilden, so bleibt Kohle als Rest des Kohlenstoffs zurück. Die Kohle des Holzes bewahrt dabei die Struktur des Holzes und ist daher sehr porös und leicht, die Kohle der anderen Kohlehydrate, welche in der Zersetzungshitze schmelzen, ist mehr oder weniger dicht und glänzend (Glanzkohle). Die Holzkohle ist ein schlechter Wärme- und Electricitätsleiter.

Die Brenzprodukte aus vegetabilischen Substanzen sind wegen ihres Gehaltes an Säuren durch saure Beschaffenheit charakterisirt, dagegen sind diejenigen aus thierischen Substanzen, in welchen auch Stickstoff ein hervorragender Elementarbestandtheil ist, ammoniakalisch, indem der Wasserstoff mit einem Theil Stickstoff Ammon (H^3N) und ähnliche Verbindungen erzeugt. Ein Theil des Stickstoffs bleibt in der Kohle zurück. Als Produkte der trocknen Destillation thierischer Substanzen wird vorzugsweise das die Brandharze vertretende Thieröl (*Oleum animale foetidum*) und eine Flüssigkeit gewonnen, welche Ammoniumcarbonat oder kohlensaures Ammon gelöst enthält und früher als *Liquor Ammonii carbonici pyro-oleosus* officinell war, jetzt aber durch Auflösen von Ammoniumcarbonat und rectificirtem Thieröl in Wasser dargestellt wird.

Die aus stickstoffhaltigem Kohlenstoff und den Aschenbestandtheilen (der Knochenerde, hauptsächlich Calciumphosphat enthaltend) bestehende thierische Kohle kommt als Knochenkohle, Beinschwarz, gebranntes Elfenbein (*Spodium, Ebur ustum*) in den Handel.

Natürliche vorkommende Kohlenarten sind Steinkohle, Braunkohle und Torf, welche genau genommen als überaus kohlenstoffreiche Verbindungen zu betrachten und durch freiwillige Zersetzung der Pflanzenkörper entstanden sind.

Die Steinkohlen sind die Ueberreste einer vorweltlichen Vegetation und finden sich in mächtigen Lagern, aus denen sie bergmännisch zu Tage gefördert werden. Sie bilden derbe, blättrige oder schiefrige, schwarze Massen, schwerer als Wasser, welche an der Luft mit russender Flamme brennen. Von der Braunkohle unterscheidet sich die Steinkohle dadurch, dass sie meist braunschwarz bis schwarz ist und Kalilauge nicht braun färbt. Sie enthält 70—85 Proc. Kohlenstoff, 5—10 Proc. Sauerstoff und 5—8 Proc. Wasserstoff, aber auch kleine Mengen Stickstoff und Schwefeleisen, daher sie bei der trocknen Destillation auch Ammongas und Schwefelwasserstoffgas (H_2S oder HS) liefert. Anthracit ist eine sehr reine Steinkohle.

Der Kohle-Rückstand aus der trocknen Destillation der Steinkohle sind die Kohks (engl. *coaks*), welche sich schwer entzünden lassen, aber unter starkem Luftzuge wegen ihrer Dichtheit eine starke Hitze ausgeben.

Die **Braunkohlen** sind der Ueberrest einer vorweltlichen Vegetation, welche auf diejenige folgte, die das Material zur Steinkohlenbildung hergab. Die Braunkohle (Lignit) bildet gleichsam das Mittelglied zwischen Steinkohle und Torf, und enthält mehr Wasserstoff und Sauerstoff, auch weit mehr erdige Theile als die Steinkohle. Sie hat meist eine braune Farbe und färbt Kalilauge braun.

Torf ist ein jüngstes kohlenstoffreiches Zersetzungs-Gebilde der Moorpflanzen, besonders der Torfmoose (*Sphagnum capillifolium, cymbifolium* etc.).

Steinkohle, Braunkohle und Torf gebrauchen wir zur Heizung auch in unseren Laboratorien. Die beiden letzteren sind zur Heizung metallener Apparate verwerflich, wenn sie grössere Mengen Eisenkies, d. i. Schwefeleisen, enthalten. In Folge der Verbrennung entsteht aus dem Schwefel schweflige Säure, welche die von der Flamme bestrichenen Theile des metallenen Apparats zerstört.

Der **Kienruss**, Lampenruss, ist eine leichte feinzertheilte Kohle, welche aus der Flamme kohlenstoffreicher Substanzen, wie des Harzes, Oeles, kienigen Holzes etc. unter unvollkommenem Luftzutritt und Abkühlung sich abscheidet.

Wie aus den vorstehenden Notizen hervorgeht, zeigt sich der Kohlenstoff in verschiedenen Modificationen oder in mehreren allotropischen Zuständen, im Diamant als eine durchsichtige, im Graphit als eine bleigraue undurchsichtige krystallinische Substanz, in dem künstlich dargestellten dagegen amorph. Man hat daher die Kohlenstoffmodificationen als Alpha-Kohlenstoff, αC (Diamant), Beta-Kohlenstoff, βC (Graphit) und Gamma-Kohlenstoff, γC (amorphen Kohlenstoff), unterschieden.

Wenngleich die Kohle nach ihrem verschiedenen Herkommen so grosse physikalische Verschiedenheiten zeigt, so ist der Kohlenstoff der verschiedenen Kohlen ein und dasselbe Element, denn er liefert dieselben chemischen Verbindungen. Er ist stets unschmelzbar, und zeigt sich in starken Glühfeuern feuerbeständig*).

Bemerkungen. *Carboněum* (auch *Carbogenium*), von d. lat. *carbo*, Kohle. — Diamánt, auch Démant, vom griech. ἀδάμας, und dem lat. *adămas*, gen.

---

*) Auf eine absolute Feuerbeständigkeit darf wohl kein Körper Anspruch machen, und wie Versuche des Dr. *Elsner* in den Glühöfen der Berliner Porcellanfabrik auswiesen, ist Kohlenstoff bei einer Glühhitze von 2500⁰ C. flüchtig und sublimirbar.

adamantis, der Diamant, das härteste Erz (eigentlich der Unbezwingbare).
— G r a p h i t, lat. *graphītes*, gen. *graphitae*, oder *plumbūgo* (Reissblei), von
d. griech. γράφω, γράφειν (grapho, graphein), schreiben; γραφίς (graphis),
Griffel zum Schreiben; weil aus Graphit die Bleifedern gemacht werden.
— Y p s oder I p s, eine Stadt in Oesterreich, P a s s a u, eine Stadt in Baiern
— B o r r o w d a l e (spr. borrodähl), Dorf in der engl. Grafschaft Cumberland.
(spr. kömmberländ). — *Amȳlum*, Stärkemehl, ohne Mühle bereitet, gebildet
aus d. griech. α privativum und μύλη (mylae) Mühle.—A n t h r a c i t, von d.
griech. ἀνδραχίτης (anthrakitēs), kohlenartig; ἄνϑραξ, gen. ἄνϑραχος (anthrax,
kos), Kohle. Das lat. *lithanthrax*, gen. *cis*, Steinkohle, zusammengesetzt aus
λίϑος (lithos), Stein, und ἄνϑραξ.

Lection 63.

Kohlenstoff (Forts.). Officinelle Kohlenarten.

Einige der künstlich dargestellten Kohlenarten haben ganz
besonders schätzbare physikalische Eigenschaften, aus welchen
man nicht nur im gemeinen Leben, sondern auch in der The-
rapie und Pharmacie Nutzen zieht.

Die Kohle, vorwiegend die Holzkohle, besitzt die Fähigkeit
aller porösen Körper, Gase zu absorbiren und in sich zu verdichten. In den Poren und feinen Kanälchen der Holzkohle
steigen in Folge der Adhäsion oder Capillarität die Gase ebenso
aufwärts wie die Flüssigkeiten in den Haarröhrchen, und an
die Fläche der Kohle hängen sich Gase, wie Wasser an Holz,
Glas etc. Diese Anziehung ist um so grösser, je poröser die
Kohle ist. Welche Fläche die Kohle der Adhäsion darbietet,
kann man daraus ermessen, dass 1 Cubikcentimeter Holzkohle
ca. 3000 Quadratcentimeter einer Fläche ausfüllen würde, könnte
man die Wände ihrer Poren auseinanderlegen. Die Buchsbaum-
kohle ist die dichteste, aber zugleich die poröseste der Holzkohlen,
daher zeigt sich ihre Absorptionsfähigkeit auch ausserordentlich
kräftig. 1 Volum dieser Kohle, wenn sie frisch geglüht und unter
Abschluss der Luft erkaltet ist, absorbirt

90 Vol. Ammongas
55   „   Schwefelwasserstoffgas
35   „   Kohlensäuregas
9   „   Sauerstoffgas.

Obgleich dieses starke Absorptionsvermögen der Kohle um
Vieles geschmälert ist, wenn dieselbe schon feuchte atmosphä

rische Luft aufgesogen hat, so bleibt dennoch die Holzkohle ein vortreffliches Desinfectionsmittel, um in Wohnungsräumen, Latrinen, dumpfen Kellern stinkende Gase und Miasmen zu absorbiren, also die Luft zu reinigen, stinkendes Wasser durch Filtration trinkbar zu machen. Eine frisch geglühte Kohle ist natürlich am wirksamsten. Durch Erhitzen der mit Gasen beladenen Kohle kann diese für denselben Zweck wieder brauchbar gemacht werden.

Die Holzkohle ist auch ein antiseptisches, d. h. fäulnisswidriges Mittel. Fleisch und andere animalische Stoffe in Kohlenpulver eingehüllt widerstehen der Fäulniss auf lange Zeit. Daher verkohlt man auch die innere Oberfläche der Dauben der Wasserfässer der Seeschiffe, der Wasserständer unserer Küchen. Man verkohlt aus demselben Grunde die unteren Theile der Zaunpfähle und schützt dadurch das unter der verkohlten Fläche liegende Holz vor Fäulniss und Verwesung. Denselben Zweck hatte man im Auge, als man den Zahnpulvern Kohlenpulver zumischte, und man die Fäulniss der Zähne (*caries*) allein äusseren Ursachen zuschrieb.

Die Holzkohle zeigt ferner ein starkes Absorptionsvermögen gegen flüssige riechende Stoffe. Man benutzt sie daher, um Flüssigkeiten von Riechstoffen verschiedener Art zu befreien. Mischt man z. B. zu 10 Grm. gepulverter frischer Holzkohle einige Tropfen Nelkenöl (*Oleum Caryophyllorum*), so wird man das Gemisch dennoch geruchlos finden. Schüttelt man aromatisches Wasser (*Aqua aromatica*) mit Holzkohle, so erhält man daraus ein geruchloses Filtrat. Der rohe Weingeist (*Spiritus Vini*) enthält Fuselöl, jenen den Geschmacks- und Geruchssinn unangenehm irritirenden Stoff, welchen die Chemiker zum Unterschiede vom Weingeist oder Aethylalkohol (C_2H_6O oder $C^4H^5O + HO$) Amylalkohol ($C_5H_{12}O$ od. $C^{10}H^{11}O + HO$) genannt haben. Obgleich Aethylalkohol und Amylalkohol homologe Substanzen sind, so hat die Kohle zu letzterem dennoch eine grössere Anziehungskraft. Wenn man daher fuseligen Weingeist vor der Rectification mit frisch geglühter Kohle macerirt, so absorbirt die Kohle den Amylalkohol und befreit den Weingeist von dem Fuselgeruch. Widersinnig ist es, Kohle und Weingeist zusammen in die Destillirblase zu geben und letzteren über Kohlen zu rectificiren, denn die Kochhitze hebt die Adhäsion zwischen Amylalkohol und Kohle wieder auf.

Eine andere eigenthümliche Adhäsions-Wirkung der Kohle, besonders der thierischen oder stickstoffhaltigen Kohle, ist diejenige, organische Farbstoffe und Extraktivstoffe aus Flüssigkeiten aufzunehmen, also gefärbte Lösungen zu entfärben. Durch Maceration mit Kohle kann man rothen Wein, verdünnte rothe Tinte, Indigolösung entfärben. Gefärbte Salzlösungen entfärbt der Pharmaceut durch Maceration mit thierischer Kohle. In der Zuckerfabrikation spielt die Knochenkohle eine hervorragende Rolle, denn nur mittelst derselben lassen sich die Zuckerlösungen entfärben.

Das Entfärbungsvermögen der Kohle hängt sehr von ihrer Beschaffenheit ab. Während das der Holzkohle unbedeutend ist, ist das der thierischen Kohle ein mehr oder weniger starkes, je nach ihrer porösen Beschaffenheit, welche wiederum von dem Gehalt an anorganischen Stoffen abhängig ist. Die Knochen bestehen neben organischer Substanz hauptsächlich aus Calciumphosphat und wenig Calciumcarbonat. Wenn man selbst vegetabilische Substanzen mit anorganischen Stoffen, z. B. Thonerde, innig mischt und verkohlt, so geben auch sie eine gut entfärbende Kohle. Das Entfärbungsvermögen nimmt zu, wenn man die anorganischen Beimischungen der Kohle entzieht. Der Chemiker und Pharmaceut bedient sich meist der gereinigten Knochenkohle oder Thierkohle, Blutlaugenkohle, Blutkohle.

Die gereinigte Knochenkohle (*Carbo animalis depuratus*) bereitet man in der Weise, dass man die grob gepulverte Knochenkohle mit verdünnter Salzsäure (Chlorwasserstoffsäure) digerirt und mit reinem destillirten Wasser vollständig auswäscht. Die Salzsäure bewirkt die Lösung und Extraction der in der Kohle gegenwärtigen Knochenerde. Die auf diese Weise gereinigte und noch feuchte Kohle wirkt kräftiger als nach dem Trocknen.

Die **Blutlaugenkohle** ist der Glührückstand eines Gemisches aus stickstoffreicher Thier- und Blutkohle, Kaliumcarbonat und Eisenfeile, aus welchem mittelst Wassers das in Folge der Glühung entstandene Kaliumferrocyanid oder Kaliumeisencyanür, gelbes Blutlaugensalz (*Kalium ferro-cyanatum;* $K_4 Fe Cy_6 + 3H_2O$ oder $2KCy, Fe Cy + 3HO$) ausgelaugt ist.

Blutkohle, oft auch Blutlaugenkohle genannt, bereitet man aus einem Gemisch von 4 Th. frischem Blut und 1 Th. gereinigtem kohlensauren Kali, Eintrocknen der Mischung und Glühen derselben in einem bedeckten Tiegel, so lange als Dämpfe daraus entweichen. Den Glührückstand kocht man hier zuerst mit Wasser, dann mit Salzsäure aus, süsst dann wieder mit Wasser aus, trocknet und glüht noch einmal die Kohle schwach. Da das Blut Eisen enthält, so entsteht auch hier durch die Glühung etwas Kaliumeisencyanür welches zuvörderst durch Auswaschen (Aussüssen) mit Wasser beseitigt werden muss. Würde man dagegen die Kohle zuerst mit Salzsäure behandeln, so müsste aus dem Kaliumeisencyanür eine entsprechende Menge Berlinerblau (Ferriferrocyanid od. Eisencyanürcyanid) entstehen, welches in Salzsäure und Wasser unlöslich ist und in der Kohle verbleiben würde.

Der Blutkohle sehr nahe steht in dem Entfärbungsvermögen die gereinigte Knochenkohle, wenn dieselbe nach Beseitigung der Knochenerde mit kohlensaurem Kali gemischt, nochmals geglüht und dann wie die Blutkohle ausgewaschen wird.

Die Entfärbung einer schwefelsauren Indigolösung, welche $^1/_{1000}$ Indigo enthält, durch Knochenkohle, $= 1$ gesetzt, giebt folgende Skale:

Gewöhnliche Knochenkohle =	1	Gewöhnl. Knochenkohle	= 1
Gereingte Knochenkohle =	2	Geglühter Kienruss	= 4
„ mit Pottasche geglüht =	45	Kienruss mit Pottasche ge-	
Blutkohle =	50	geglüht	= 35

Ein eigenthümliches Verhalten zeigt die Kohle, und wieder vorzugsweise die Thierkohle, gegen chemische Verbindungen, welches wir uns nur durch ein überaus starkes Adhäsionsvermögen derselben oder durch electromotorische Kraft erklären können.

Die Thierkohle schlägt nämlich aus vielen Lösungen, welche Ferrisalze enthalten Ferrioxyd, aus verdünnten Lösungen des Bleiacetats (Bleizuckers) und vieler Kupfersalze Blei und Kupfer metallisch aus. Ebenso schlägt sie schwerlösliche Salze (z. B. Calciumsulfat oder schwefelsaure Kalkerde) aus Lösungen auf sich nieder, so wie alle solche Substanzen, welche sich in Flüssigkeiten in Suspension befinden. Deshalb reinigt man den Honig durch Zusatz von Holzkohle, Zuckerrübensaft, Lösungen eisen- und kupferhaltiger Pottasche (rohen Kaliumcarbonats) mittelst Knochenkohle. Bitterstoffe, organische Basen (Alkaloïde) entzieht sie den wässrigen Auflösungen. Mit gereinigter Knochenkohle oder Blutkohle kann man also Lösungen Bitterstoffe der Pflanzen, wie Aloë, Digitalin, und Alkaloïde, wie Chinin, Strychnin, Morphin entziehen, so dass das Lösungsmittel dieser Stoffe nach der Behandlung mit der Kohle geschmacklos abgesondert werden kann. Durch kochenden Weingeist kann man der Kohle diese Stoffe wieder entziehen. Wenn man daher die Kohle zur Entfärbung von nicht sauren Alkaloïdlösungen anwendet, so ist auch mit der

Entfärbung ein grösserer oder geringerer Verlust an Alkaloïd verbunden.

Die Wiederbelebung (*revivificatio*) der gebrauchten Kohle, wodurch diese wieder ihr Flächenanziehungsvermögen zurückerlangt, geschieht auf verschiedene Weise, z. B. durch Kochen mit Salzsäure, Wasser, Weingeist, durch Ausglühen.

Es sind verschiedene Kohlen officinell. Von den Pflanzenkohlen:

Die Kohle des Fichten- und Lindenholzes in Pulverform, *Carbo pulveratus, Carbo vegetabilis s. Tiliae pulveratus*, und diese gereinigt, als *Carbo praeparatus s. purus*, nämlich durch Auswaschen mit Wasser von den Alkalitheilen der Aschenbestandtheile befreit, getrocknet und höchst fein gepulvert. Die Brodkohle, *Carbo Panis*, enthält etwas Stickstoffkohle aus den Klebertheilen des Getreidemehles. Man stellt sie durch Glühen ausgedörrter Brodstücke in unglasurten und mit einem Deckel geschlossenen Töpfergeschirr und durch Pulvern dar. Die Glühung geschieht nur so lange, als brennbare Gase und Dämpfe aus dem Gefässe aufsteigen.

Glanzruss, *Fuligo splendens*, nicht zu verwechseln mit dem durch unvollkommene Verbrennung dargestellten Kienruss, dem Flatterruss, ist keine Kohle, sondern eine kohlenstoffreiche, mit Stoffen der trocknen Destillation getränkte, braunschwarze, glänzende Substanz, welche sich in der Nähe der Küchenfeuer im Schornstein ansetzt. Man reinigt diese als Arznei gebrauchte Substanz durch Auflösen in Wasser, Filtriren und Eindampfen der Lösung.

Von den thierischen Kohlen sind officinell:

Knochenkohle (Spodium, gebranntes Elfenbein, *Carbo Ossium, Ebur ustum*) und dieselbe gereinigt, mit verdünnter Salzsäure von der Knochenerde befreit, als gereinigte thierische Kohle oder gereinigte Thierkohle, *Carbo animalis depuratus, Carbo Ossium depuratus*.

Fleischkohle *Carbo Carnis, Carbo animalis*, eine sehr stickstoffhaltige Kohle, wird aus fettlosem knorpelhaltigen Kalboder Hammelfleisch dargestellt. Sie dient als Medicament.

Schwammkohle, *Carbo Spongiae, Spongia usta, Spongia tosta*, wird aus Waschschwamm oder dem grobporigen Pferdeschwamm, welcher durch Klopfen mit einem hölzernen Hammer von kalkigen Concretionen, Sand und Steinen befreit ist, durch schwaches Glühen wie die Brodkohle dargestellt. Eigentlich soll die Röstung nur bis zur schwachen Verkohlung ausgedehnt sein.

Diese Kohle ist stickstoff- und jodhaltig. Wegen ihres Jodgehaltes wird sie als innerliches Medicament gegen Kropf gebraucht.

Man hüte sich vor einer Verwechselung der gereinigten thierischen Kohle, *Carbo animalis depuratus*, mit der nur als Arzneistoff dienenden Fleischkohle, welche die Deutsche Pharmakopöe auch mit dem Namen *Carbo animalis* belegt hat.

Alle Kohlenarten müssen, wenn sie ihre Wirksamkeit bewahren sollen, in wohlverstopften Glasflaschen aufbewahrt werden.

Lection 64.

Kohlenstoff (Fortsetzung) und Verbindungen desselben.

Der Kohlenstoff ist ein brennbarer Stoff und verbindet sich bei hoher Temperatur mit Sauerstoff. Da er sich dabei nicht in Dampf verwandelt, so brennt er auch nicht mit Flamme, sondern er glüht nur. Die schwachen bläulichen Flammen, welche wir an den brennenden Holzkohlen beobachten, entstehen aus dem Wasserstoffgehalt der Holzkohle. Tritt zum brennenden Kohlenstoff genügend Sauerstoff hinzu, so verbrennt er zu Kohlensäuregas (Kohlensäureanhydrid, Kohlendioxyd, CO_2 oder CO^2), bei ungenügendem Sauerstoffzutritt zu dem giftigen (Kohlenoxydgase (Carbonoxyd Kohlenmonoxyd, CO). Eine dritte Oxydationsstufe ist die Kleesäure oder Oxalsäure ($C_2H_2O_4$ od. HO,C^2O^3). Diese Säure entsteht nicht direct aus der Verbindung des Kohlenstoffs mit Sauerstoff, sondern wird durch Oxydation des Kohlenstoffs in organischer Verbindung, besonders der Kohlehydrate, mittelst des Sauerstoffs der Salpetersäure oder beim Zusammenschmelzen des Kaliumhydroxyds (Kalihydrats) mit Kohlehydraten künstlich und fabrikmässig erzeugt. Die Oxalsäure ist in der Natur sehr verbreitet und kommt frei in der Kichererbse (*Cicer arietinum*), an Kalium gebunden im Sauerklee (*Oxalis Acetosella*), in mehreren *Rumex*-arten, sehr gewöhnlich an Kalkerde gebunden als oxalsaure Kalkerde (besonders in der Rhabarberwurzel) vor. Sie ist ein Hauptbestandtheil der Harnsteine, welche Maulbeersteine genannt werden. Ferner ist sie ein gewöhnlicher Bestandtheil des Harns, des Guanos. Als Ferrooxalat od. oxalsaures Eisenoxydul findet sie sich im Mineralreiche im Humboldtit (Oxalit, welcher in einigen Braun- und Steinkohlenlagern angetroffen wird.

Dass die Oxalsäure ein specielles Reagens auf Kalkerde ist, indem sie damit in amoniakalischer oder essigsaurer Lösung einen in Wasser unlöslichen Niederschlag von Calciumoxalat oder oxalsaurer Kalkerde (C_2CaO_4 oder CaO, C^2O^3) bildet, haben wir schon früher erfahren. Wird der mit verschiedenen Mengen Krystallwasser verbundene Niederschlag schwach geglüht, so zerfällt die Oxalsäure in Kohlenoxydgas (CO) und Kohlensäureanhydrid (CO_2) und Wasser.

$$C_2H_2O_4 = CO^2 + CO + H_2O \quad \text{od.} \quad HO, C^2O^3 = CO^2 + CO + HO.$$

Die Kohlensäure bleibt mit dem Calcium verbunden, Kohlenoxydgas und Wasser aber entweichen. Auf diese Weise wird in der chemischen Analyse die Kalkerde quantitativ bestimmt und als Calciumcarbonat gewogen.

Uebergiesst man krystallisirte Oxalsäure oder ein Oxalat mit concentrirter Schwefelsäure, so entzieht diese der Säure das zu ihrem Bestande nothwendige Hydriumoxyd oder Wasser oder dem Oxalate die Base und die Oxalsäure zerfällt in Kohlenoxydgas, Kohlensäure, welche unter Aufbrausen gasförmig entweichen, und Wasser. Dieses Experiment ist mit ein Paar Messerspitzen Oxalsäure oder Oxalium leicht ausgeführt.

Führen wir einem Molecül Oxalsäure noch 1 Atom Sauerstoff *in statu nascendi* zu, so verbindet sie sich damit und das Resultat ist die Bildung von Kohlensäure.

Oxalsäure Sauerstoff Wasser Kohlensäureanhydrid

$$\left. \begin{array}{l} C_2O_2 \\ H_2 \end{array} \right\} O_2 + O = \left. \begin{array}{l} H \\ H \end{array} \right\} O + (CO_2)_2$$

Auch dieses Experiment wollen wir versuchen und damit gleichzeitig eine Prüfung des Braunsteins verbinden.

Der Braunstein. das natürliche Manganhyperoxyd *(Mangănum hyperoxydātum s. oxydātum natīvum)* enthält verschiedene erdige Beimischungen. Sein Werth ist um so grösser, je mehr reines Manganhyperoxyd (Mangandioxyd, MnO_2 oder MnO^2) er enthält. Für die Zwecke des Pharmaceuten soll dieser Gehalt wenigstens 60 Proc. betragen. Uebergiesst man den Braunstein mit concentrirter Schwefelsäure, so wirkt diese in ihrem Bestreben, sich mit einer Base zu einem Salze zu verbinden, auf das indifferente Oxyd, das Manganhyperoxyd, welches die Hälfte seines Sauerstoffes freilässt, zu Manganooxyd od. Manganoxydul (MnO) wird und mit der Schwefelsäure ein Salz, das Manganosulfat, ($MnSO_4$ oder MnO, SO^3) darstellt. Tritt nun der freigemachte Sauerstoff im Momente des Freiwerdens in die Zusammensetzung der Oxalsäure ein, so verwandelt er diese in Kohlensäureanhydrid.

Mangan- Hydrium- Mangano- Wasser Sau- Sau- Oxalsäure Wasser Kohlendioxyd sulfat sulfat er- er- säureanstoff stoff hydrid

$$MnO_2 + H_2SO_4 = MnSO_4 + H_2O + O. \quad O + C_2H_2O_4 = H_2O + (CO_2)_2$$

Mangan- Schwe- Oxal- schwefelsaures Kohlenhyperoxyd felsäure säure Manganoxydul säure

$$\text{oder } MnO^2 + SO^3 + C^2O^3 = MnO,SO^3 + 2CO^2$$

Da 1 Molekül Mangandioxyd 1 Atom Sauerstoff bei der vorher erwähnten Einwirkung der Schwefelsäure freilässt, so lässt sich auch aus der Menge der gebildeten Kohlensäure die Menge des Mangandioxyds genau berechnen.

In ein leichtes Stehkölbchen von circa 50 CC. oder 50 Gm. Rauminhalt geben wir 10 Gm. conc. Schwefelsäure, 15 Gm. Wasser und nach geschehener Mischung 4 od. 5 Gm. kryst. Oxalsäure, verschliessen das Kölbchen nach dem Erkalten mit einem durchbohrten Korkstopfen, in dessen Durchbohrung ein dünnes, auf beiden Seiten offenes Glasröhrchen, gefüllt mit lockerer Baumwolle, eingesetzt ist. Von dem Kölbchen mit Inhalt und Glasrohr nimmt man nun genau Tara, welche man sich wohl bemerkt. Nun öffnet man das Kölbchen wieder und schiebt eine ebenfalls tarirte, aus feinem Filtrirpapier gefaltete Patrone, welche genau 2 Gm. des höchstfeingepulverten Braunsteins enthält, durch den Hals des Kölbchens und schliesst dieses sofort mit dem Kork mit Glasrohr. Durch sanftes Agitiren zerreisst die Papierpatrone und ihr Inhalt verbreitet sich in der Flüssigkeit. Erwärmt man, so würde die Kohlensäureentwickelung mit zu grosser Heftigkeit vor sich gehen. Die Feuchtigkeit, welche die allmählich entweichende Kohlensäure mit sich reisst, wird von der Baumwolle im Glasrohre zurückgehalten. Man lässt den Apparat 1 Tag hindurch an einem Orte stehen, dessen Temperatur zwischen 20—25° C. liegt. Dann erst erwärmt man den Inhalt des Kölbchens schnell, jedoch nur bis zum einmaligen gelinden Aufwallen, lässt erkalten und wägt den ganzen Apparat mit seinem nun farblosen Inhalt. Gesetzt, die Tara

des Kölbchens mit Schwefelsäure, Oxalsäure, Wasser,

Kork und Glasrohr betrug . . . . 55,00 Grm.

der Patrone mit Braunstein . . . . 2,25 „

so war die Totaltara   57,25 Grm.

Nach der Reaction wog der Apparat . . . . 56,00 Grm.,

es beträgt also der Gewichtsverlust 1,25 Grm., d. h. 1,25 Grm. Kohlensäure waren entwichen. Da $2CO^2$ entsprechen MnO^2, so waren in 2 Grm. des Braunsteins,

$$2CO^2 \quad MnO^2 \quad \text{Kohlensäure} \qquad \text{Braunstein}$$
$$2\times 22 : 43{,}6 = 1{,}25 \text{ Grm.} : x \ (= 1{,}24 \text{ Grm.})$$

oder, wenn wir die Moleculargewichte heranziehen,

$$2CO_2 \quad MnO_2 \quad \text{Kohlensäureanhydrid} \quad \text{Mangandioxyd}$$
$$2\times 44 : 87{,}2 = 1{,}25 \text{ Grm.} : x \ (= 1{,}24 \text{ Grm.})$$

1,24 Grm. Manganhyperoxyd enthalten, oder der Braunstein enthielt (2 : 1,24 = 100 : x) 62 Proc. Manganhyperoxyd. Beobachtet man das oben angegebene Verhältniss von Braunstein zu Oxalsäure etc., so darf man nur den Gewichtsverlust mit 50 multipliciren, um den Procentgehalt des Braunsteins zu erfahren. $50\times 124 = 62$ Proc.

Das Sauerkleesalz, Kleesalz (*Oxalium*) ist ein saures Salz, Hydrium-Kaliumoxalat ($HKC_2O_4+H_2O$) oder zweifach oxalsaures Kali ($KO, C^2O^3, HO, C^2O^3 + 2HO$), welches früher im Grossen aus dem Sauerklee (*Oxalis acetosella*) dargestellt wurde. Man gebraucht es gelöst zum Putzen von Kupfer und Messing und zum Ausmachen von Tintenflecken, indem es mit Eisenoxyd (einem Bestandtheil der Tinte) eine leicht auflösliche und daher leicht wegzuwaschende Doppelverbindung bildet. Innerlich genommen sind Sauerkleesalz und Oxalsäure nicht ohne giftige Wirkung und oft schnell tödtend. Eine *Dosis toxica* für Kinder ist 3—5 Grm., für Erwachsene 10—15 Grm. Daraus ergiebt sich die Nothwendigkeit einiger Vorsicht beim Verkauf und die jedesmalige Signatur der Umhüllung.

Lection 65.

Kohlenoxydgas. Kohlensäure. Saturationen.

Der Kohlenstoff giebt also mit Sauerstoff

Kohlenmonoxyd CO (Kohlenoxyd CO)

Oxalsäureanhydrid C_2O_3 (Oxalsäure C^2O^3)

Kohlensäureanhydrid CO_2 (Kohlensäure CO^2)

(Kohlendioxyd).

Alle 3 Oxydationsstufen gehören genau genommen wie alle Kohlenstoffverbindungen in die organische Chemie.

Das Kohlenoxydgas, eine farb-, geruch- und geschmacklose permanente Gasart, entsteht bei unvollkommener Verbrennung der Kohle, beim Glühen von Kohle mit Metalloxyden oder mit kohlensaurem Calcium. Zum Athmen taugt es nicht, es vergiftet eingeathmet das Blut und wirkt daher tödtend. Es verbrennt mit bläulicher Farbe, ist wenig specifisch leichter als die atmosphärische Luft, und als ein Hauptbestandtheil des gefährlichen Kohlendunstes allgemein bekannt, welcher sich in den zu früh geschlossenen geheizten Oefen entwickelt, auch in unseren Laboratorien bei matter Feuerung im Windofen entsteht.

Die Kohlensäure, welche als farbloses Gas in unendlich grossen Mengen beim Athmen der Thiere, bei der Verwesung der organischen Stoffe, bei vielen Gährungsprocessen erzeugt wird und in bedeutenden Mengen dem Erdboden, den Kohlenflötzen und den Kratern der Vulkane entsteigt, haben wir schon früher kennen gelernt, auch wissen wir, dass durch die grünen Theile der Pflanzenwelt unter Einwirkung des Sonnenlichtes die Kohlensäure der Atmosphäre zerlegt, der Kohlenstoff von ihnen als Nahrung und Material ihres Aufbaues zurückbehalten und der Sauerstoff ausgeathmet wird. In einer Kohlensäureatmosphäre verlöschen brennende Körper und ersticken die Thiere. Durch die grosse Ansammlung von Kohlensäuregas haben die Hundsgrotte bei Neapel und die Dunsthöhle bei Pyrmont Berühmtheit erlangt. Kommen Hunde und andere kleine Thiere in diese Höhlen, aus deren Boden die Kohlensäure hervorströmt, so ersticken sie, während Menschen darin aufrecht stehend verweilen können. Die Kohlensäure ist nämlich $1^1/_2$mal so schwer als die atmosphärische Luft und sammelt sich daher zunächst am Boden, von wo aus sie sich allmählich durch Diffusion mit der umgebenden Luft mischt. In Bergwerken, in Kellern, wo Weine gähren, und in tiefen Brunnen sammelt sich besonders Kohlensäure an; daher soll man diese Orte stets mit einer gewissen Vorsicht betreten.

Bei einem Drucke von 36 Atmosphären und 0^0 verdichtet sich die Kohlensäure zu einer farblosen tropfbaren Flüssigkeit, welche eine solche Verdunstungskälte ($- 100^0$ C.) erzeugt, dass sie selbst beim Verdunsten zu schneeartigen Krystallnadeln erstarrt. Durch Verdunstung der tropfbar-flüssigen Kohlensäure kann man daher die stärkste Kälte erzeugen. Feuchtes Lackmuspapier röthet sie vorübergehend. Kaltes Wasser von 0^0 verschluckt $1^3/_4$ Volum, Wasser von mittlerer Temperatur fast ein gleiches Volum Kohlensäuregas, doch kann es unter mehrfachem Atmosphärendruck mit mehreren Volumen Kohlensäure imprägnirt werden. Die natürlichen und künstlichen Säuerlinge, Sodawasser, künstlicher und natürlicher Champagnerwein sind moussirende Getränke, welche unter einem Drucke von mehreren Atmosphären mit Kohlensäuregas imprägnirt sind. Bei der künstlichen Imprägnation geschieht dies durch Pumpvorrichtungen (Luftpumpen), in der Natur bei den Mineralwässern durch den eigenen Druck des Kohlensäuregases, der in geschlossenen Räumen in Folge der grossen Menge der Kohlensäure und des Ausdehnungsbestrebens derselben erzeugt wird. Wird das geschlossene Gefäss, welches mit einer mit Kohlensäure übersättigten Flüssigkeit gefüllt ist, geöffnet, so hört auch der Druck auf, und ein grosser Theil der Kohlensäure entströmt unter starkem Aufschäumen der Flüssigkeit. Durch Schütteln, noch mehr durch Erwärmen wird die Adhäsion zwischen dieser Flüssigkeit und dem Rest des Kohlensäuregases gelockert. Aus diesen Gründen bewahrt man mit Kohlensäure absichtlich gesättigte Flüssigkeiten an einem kühlen Orte auf und vermeidet auch, sie zu schütteln.

Mit freier Kohlensäure geschwängerte Arzneimischungen sind die Saturationen, ein Gegenstand der pharmaceutischen Receptirkunst. Unter Saturation (*saturatio*) versteht man eine ohne Anwendung von Wärme frisch bereitete flüssige Arzneimischung aus einem kohlensauren Alkali und einer Säure, in einem Verhältnisse, in welchem sich beide neutralisiren, welche Arzneimischung aber noch den Antheil der freigemachten Kohlensäure gelöst enthält, den sie unter dem gewöhnlichen Atmosphärendrucke zurückzuhalten vermag. Als Beispiel diene folgende ärztliche Formel:

> Rɉ *Kali carbonici Grammata quinque (5,0).*
> *Saturentur*
> *Aceti crudi quantitate sufficiente.*
> *Tum admisce*
> *Syrupi Rubi Idaei Grammata viginti (20,0).*
> *D. S.*

In alter Zeit gab man das Kaliumcarbonat in einen Mörser und setzte unter Umrühren mit dem Pistill so lange von dem Essig hinzu, bis sich die Mischung gegen Reagenspapier indifferent zeigte. Dann kolirte oder filtrirte man die Mischung, weil das verwendete Carbonat nie ganz frei von Schmutztheilen war. Auf diese Weise erhielt der Kranke eine Lösung von Kaliumacetat oder essigsaurem Kali, welche nur noch Spuren freier Kohlensäure enthielt, obgleich ein ziemlich grosser Gehalt davon dem Arzte erwünscht war. Jetzt hält der Pharmaceut die Lösung eines reinen Kaliumcarbonats und auch den Essig (verdünntere Essigsäure) von einem bestimmten Gehalte und filtrirt vorräthig, so dass er beide in dem Verhältniss, in welchem sie sich neutralisiren, in die Flasche einwägt, sie durch ein sanftes Bewegen der Flasche mischt, dann den Syrup zusetzt, die Flasche verkorkt und zur Dispensation bereit macht. Auf diese Weise behandelt hält die Flüssigkeit eine genügende, den Wünschen des Arztes entsprechende Menge Kohlensäure (Kohlensäureanhydrid zurück.

Es sei bemerkt, dass die Kohlensäure der Binärtheorie Kohlensäureanhydrid der modernen Chemie ist, dass eine Kohlenhydrosäure (Kohlensäurehydrat, H_2CO_3 od. CO^2,HO) nicht existirt. Man nimmt an, dass letztere durch eine Hydrosäure frei gemacht, sofort in Kohlensäureanhydrid und Hydriumoxyd zerfällt.

$$\left.\begin{array}{l} H_2 \\ CO \end{array}\right\} O_2 \text{ zerfällt in } CO_2 \text{ und } H_2O.$$

Das in dieser hypothetischen Hydrosäure angenommene Radical (Carbonyl, CO) ist zweiwerthig.

Zur Darstellung der Kohlensäure übergiesst man ein Carbonat (kohlensaures Salz) mit einer starken Säure. Billige Carbonate sind: Magnesit (natürliches Magnesiumcarbonat), auch Marmor, Kreide und Kalkstein, welche natürliche Calciumcarbonate sind. Da Calcium mit Schwefelsäure ein sehr schwerlösliches Salz (Calciumsulfat oder schwefelsaure Kalkerde) liefert, so wendet man hier diese Säure nicht an, sondern die Salzsäure oder Chlorwasserstoffsäure (HCl). Es entsteht damit das in Wasser leichtlösliche Calciumchlorid oder Chlorcalcium ($CaCl_2$ oder $CaCl$).

$$\overset{\text{Calciumcarbonat}}{\left.\begin{array}{l} CO \\ Ca \end{array}\right\} O_2} + 2\overset{\substack{\text{Salzsäure}\\\text{(Hydriumchlorid)}}}{\left(\begin{array}{l} H \\ Cl \end{array}\right\}\right)} = \overset{\substack{\text{Calcium-}\\\text{chlorid}}}{\left.\begin{array}{l} Ca \\ Cl_2 \end{array}\right\}} + \overset{\text{Wasser}}{\left.\begin{array}{l} H \\ H \end{array}\right\} O} + \overset{\substack{\text{Kohlensäure-}\\\text{anhydrid}}}{CO_2}$$

$$\text{oder } CaCO_3 + 2HCl = CaCl_2 + H_2O + CO_2$$

$$\text{oder } \underset{\substack{\text{kohlensaure}\\\text{Kalkerde}}}{CaO,CO^2} + \underset{\substack{\text{Chlorwasser-}\\\text{stoffsäure}}}{HCl} = \underset{\substack{\text{Chlorcal-}\\\text{cium}}}{CaCl} + \underset{\text{Wasser}}{HO} + \underset{\substack{\text{Kohlen-}\\\text{säure}}}{CO^2}$$

Um kleine Mengen Kohlensäure zu entwickeln, bedient man sich des Hydriumnatriumcarbonats oder Natriumdicarbonats ($HNaCO_3$) oder zweifach kohlensauren Natrons ($NaO,HO,2CO_2$) und zersetzt dieses Salz mit verdünnter Schwefelsäure. Es ent-

steht in diesem Falle Natriumsulfat oder schwefelsaures Natron
($Na_2 SO_4$ oder NaO,SO^3).

Kohlen-

Natriumbicarbonat Schwefelsäure Natriumsulfat   Wasser säurean-
hydrid

$$2\left(\begin{matrix}CO\\HNa\end{matrix}\right\}O_2\right) + \begin{matrix}SO_2\\H_2\end{matrix}\right\}O_2 = \begin{matrix}SO_2\\Na_2\end{matrix}\right\}O_2 + 2\left(\begin{matrix}H\\H\end{matrix}\right\}O\right) + 2CO_2$$

oder $HNaCO_3 \quad + \quad H_2SO_4 \quad = \quad Na_2SO_4 \quad + \quad 2H_2O \ +2CO_2$

od. $NaO,HO,2CO^2 \ + \ SO^3,HO = \ NaO,SO^3 \ + \quad 2HO \ +2CO^2$.

Das Aequivalent-Gewicht des zweifach-kohlensauren Natrons
ist 84, das der kohlensauren Kalkerde 50, das der Kohlensäure 22.
Es liefern also 50 Grm. des Kalksalzes 22 Grm. Kohlensäure,
84 Grm. des Natronsalzes aber $2 \times 22 = 44$ Grm. Kohlensäure.
Da 1 Liter Kohlensäuregas bei mittlerer Temperatur fast 1,9 Grm.
wiegt, so erhält man aus 4 Grm. zweifach-kohlensaurem Natron
etwas mehr als 1 Liter Kohlensäuregas. Folgen wir bei dieser
Berechnung der neueren Theorie, so würden wir sagen: Das
Moleculargewicht des Hydriumnatriumcarbonats ist 84, das des Calciumcarbonats 100, das des Kohlensäureanhydrids 44. Es liefern
also sowohl 84 Grm. des ersteren Salzes als auch 100 Grm. des
anderen 44 Grm. Kohlensäureanhydrid etc.

Ein einfacher Apparat zur Entwickelung der Kohlensäure
besteht aus einer Flasche a mit Trichterrohr b und Gasleitungs-

Fig. 142.   Fig. 143.

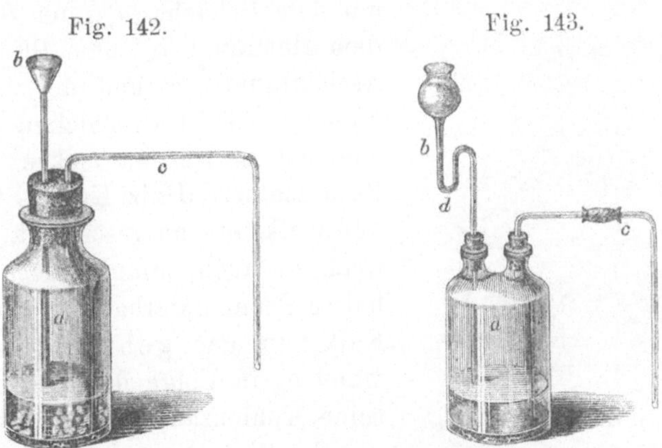

Apparate zur Kohlensäureentwickelung
mit Trichterrohr   mit Welter'schem Sicherheitsrohr.

rohr c. In die Flasche giebt man das Carbonat nebst der ausreichenden Menge Wasser, die Ausflussöffnung des Trichterrohrs
zu verschliessen, und giesst durch letzteres nach und nach die
verdünnte Schwefelsäure oder verdünnte Salzsäure.

In Fig. 143 ist eine Flasche mit zwei Hälsen oder eine bitubulirte Flasche als Entwickelungsgefäss angewendet und derselben ein *Welter*'sches Sicherheitsrohr in Stelle des Trichters aufgesetzt. Dieses Sicherheitsrohr hat hier nur den Vortheil, dass es in der Biegung d durch die eingegossene Säure abgeschlossen ist und die in dem Rohr frei werdende Kohlensäure nicht durch dasselbe nach aussen entweichen kann.

Die Darstellung der Kohlensäure im pharmaceutischen Laboratorium geschieht entweder behufs der Darstellung des Kaliumbicarbonats, oder zur Fällung von Calciumhydroxyd (Kalkerde) oder Baryumhydroxyd (Baryterde) aus wässriger Lösung als in Wasser unlösliche Carbonate.

Die Kohlensäure ist eine sehr schwache Säure. Ihre Salze, ausgenommen die Monocarbonate der Alkalimetalle, werden in der Hitze zerlegt. Hierauf beruht die Darstellung des gebrannten Kalkes (*Calcaria usta*) in den Kalkbrennereien, indem man natürliches Calciumcarbonat, den Kalkstein, einer starken Glühhitze aussetzt. Die Kohlensäure entweicht, und Calciumoxyd oder ätzende Kalkerde (CaO) bleibt als feuerbeständiger Theil zurück.

Die beistehende Abbildung giebt uns eine Vorstellung von der Einrichtung eines Kalkofens mit ununterbrochenem oder continuirlichem Gange. Der Ofen ist ein 8—12 Meter hoher Schachtofen, mit dem Schacht (d), der Gicht (f), dem Heizraum (a), dem Rost (b), dem Aschenraum ($e\,c$) und der Ausziehöffnung (g). Beim Beschicken eines solchen Ofens werden lockre Schichten Brennmaterial (Holz, Kohle, Steinkohle) und Kalkstein aufgeschüttet, im Heizraum a, auch anfangs in g, ein lebhaftes Feuer unterhalten. Sobald der Kalkstein gar gebrannt ist, d. h. wenn er in Folge der Weissglühhitze seine Kohlensäure verloren hat, wird mit der Einfüllung von Kalkstein und Brennmaterial durch die Gicht f fortgefahren, während ein Arbeiter an der Ausziehöffnung g mit eisernen Haken den gargebrannten Kalk herauszieht. Auf diese Weise wird der Brand eine Woche und länger unterhalten.

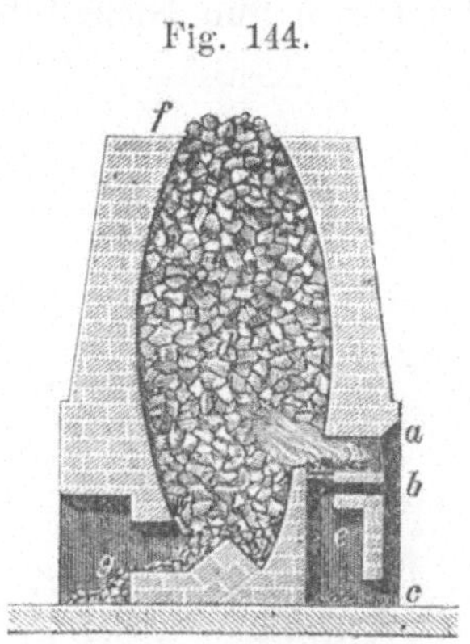

Fig. 144.

Kalkofen mit continuirlichem Gange.

Zur Darstellung eines reineren Aetzkalkes glüht man in Tiegeln kleinere Stücke weissen Marmors, bekanntlich ein natürliches Calciumcarbonat in krystallinischem Aggregatzustande. Die officinelle weisse oder kohlensaure Magnesia (*Magnesia alba s. carbonica*) ist ein Gemisch aus Magnesiumcarbonat und Magnesiumhydroxyd ($MgCO_3$ und H_2MgO_2) oder aus kohlensaurer Magnesia (*MgO,CO²*) und Magnesiahydrat (*MgO,HO*). Sie ist das Material, aus welcher durch Austreibung der Kohlensäure und des Hydratwassers bei schwacher Glühhitze die gebrannte Magnesia, Magnesiumoxyd (MgO, *Magnesia usta*) bereitet wird. Man stampft die kohlensaure Magnesia in einen Hessischen Tiegel ein, welchen man alsdann mit einem Dachziegelstück zugedeckt zwischen Kohlen im Windofen so lange glüht, bis eine herausgenommene Probe mit Wasser geschüttelt auf Zusatz von verdünnter Schwefelsäure nicht mehr Kohlensäurebläschen entwickelt.

In einer klaren Flüssigkeit kann man das Aufsteigen der Bläschen leicht beobachten, in einer trüben (die vorliegende Probe ist anfangs trübe) wenig, man kann dann aber das Geräusch der an der Oberfläche der Flüssigkeit platzenden Bläschen mit dem Gehör sehr deutlich und sicher wahrnehmen. Zur Uebung nehme man ein Probirglas, gebe eine bohnengrosse Menge der weissen Magnesia und Wasser hinein, dann nach kräftigem Umschütteln, etwas verdünnte Schwefelsäure und prüfe den Vorgang der Kohlensäureentwickelung mit Auge und Ohr.

Die Carbonate der Schwermetalle sind noch weniger unter dem Einflusse der Hitze beständig. Das Zinksubcarbonat oder basisch-kohlensaure Zinkoxyd ist gleichfalls eine Verbindung von Zinkcarbonat ($ZnCO_3$ oder *ZnO,CO²*) und Zinkhydroxyd oder Zinkoxydhydrat (H_2ZnO_2 oder *ZnO,HO*). Dieses Carbonat, getrocknet und erhitzt, verliert die Kohlensäure und das Hydratwasser bereits bei einer Temperatur, welche weit unter dem Punkte der Rothglühhitze liegt. Man kann daher zur Darstellung des reinen Zinkoxyds (*Zincum oxydatum*) das basische Zinkcarbonat gut ausgetrocknet in einem Glaskolben über mässigem Kohlenfeuer erhitzen, bis eine herausgenommene Probe mit Wasser gemischt auf Zusatz von verdünnter Schwefelsäure keine Kohlensäurebläschen entwickelt. Der Inhalt des Kolbens muss während des Erhitzens einige Male durchschüttelt werden, weil das Zinkoyxd (wie auch die Magnesia) ein schlechter Wärmeleiter ist. Jetzt wird ein reines Zinkoxyd auf den Zinkhütten dadurch hergestellt, dass man in Retorten aus feuerfestem Thon Zinkmetall bei Weissglühhitze in Dampf verwandelt und den Zinkdampf in einen heissen Luftstrom ausströmen lässt. Der Zinkdampf verbrennt in der Luft zu Zinkoxyd, das heisst: das Zink verbindet sich mit dem Sauerstoff der Luft und bildet Zinkoxyd, welches unter dem Namen Zinkweiss in den Handel kommt und als *Zincum oxydatum venale* officinell ist.

Um uns von der geringen Stabilität der Carbonate der Schwermetalle zu überzeugen, geben wir in ein Porcellanschälchen einige Messerspitzen Bleiweiss (*Cerussa*), eine Verbindung von Bleicarbonat ($PbCO_3$ oder PbO,CO^2) mit Bleihydroxyd oder Bleioxydhydrat (H_2PbO_2 oder PbO,HO), und erhitzen es mässig über einer Weingeistflamme. Das weisse Pulver verwandelt sich unter Verlust von Kohlensäure und Wasser alsbald in ein gelbröthliches und wird zu Bleioxyd (*Plumbum oxydatum, Lithargyrum*). Das käufliche Bleioxyd (Bleiglätte) enthält in Folge Aufnahme von Kohlensäure aus der Luft kleine Mengen Bleicarbonat, welches bei manchen analytischen Operationen recht störend ist. Durch Erhitzen der Bleiglätte lässt sich diese Kohlensäure austreiben. Diese Operation geschieht (in einem eisernen Gefäss) entweder bei einer sehr gelinden Hitze ($150-200^0$) oder bei einer Hitze, in welcher das Bleioxyd schmilzt (500^0), denn zwischen diesen Hitzpunkten nimmt das Bleioxyd Sauerstoff aus der Luft auf, und es entsteht Bleitetroxyd oder Mennige (*Minium*), bestehend aus Bleimonoxyd oder Bleioxyd (PbO) und Bleidioxyd oder Bleisuperoxyd (PbO_2 oder PbO^2).

Lection 66.

Kohlenstoff (Fortsetzung). Kohlensäuresalze (Carbonate).

Die Kohlensäure wird, wie wir auch schon aus der vorigen Lection wissen, nur von den Alkalimetallen (Kalium, Natrium) oder nach der dualistischen Ansicht von den fixen Alkalien (Kaliumoxyd und Natriumoxyd) auch in starker Glühhitze festgehalten, dagegen entweicht sie aus ihrer Verbindung mit vielen anderen Basen, wie den Erden und Oxyden der Schwermetalle schon bei geringer Hitze, es tritt ihr sogar in vielen Fällen das Wasser als Stellvertreter der Säure feindlich entgegen und verdrängt sie. Wenn wir zu einer kalten Lösung des Bittersalzes, Magnesiumsulfats oder schwefelsaurer Magnesia ($MgSO_4 +$ $7H_2O$ oder $MgO,SO^3 + 7HO$) eine kalte Lösung des Natriumcarbonats oder kohlensauren Natrons ($NaCO_3$ oder NaO,CO^2)

setzen, so entsteht, ohne Gasentwickelung, ein voluminöser weisser Niederschlag von Magnesiumcarbonat oder neutraler kohlensaurer Magnesia (MgCO$_3$ oder MgO, CO^2).

$$\text{Magnesium-} \atop \text{sulfat.} \qquad \text{Natriumcar-} \atop \text{bonat.} \qquad \text{Natriumsulfat.} \qquad \text{Magnesiumcar-} \atop \text{bonat.}$$

$$\left.{SO_2 \atop Mg}\right\}O_2 \;+\; \left.{CO \atop Na_2}\right\}O_2 \;=\; \left.{SO_2 \atop Na_2}\right\}O_2 \;+\; \left.{CO \atop Mg}\right\}O_2$$

oder MgSO$_4$ + Na$_2$CO$_3$ = Na$_2$SO$_4$ + MgCO$_3$

oder MgO, SO^3 + NaO, CO^2 = NaO, SO^3 + MgO, CO^2

Stellen wir die Flüssigkeit mit dem Niederschlage 3—4 Tage an einem kalten Ort bei Seite, so wird er dichter, nimmt die Form drusenähnlicher Krystalle an und ist Magnesiumcarbonat oder neutrale kohlensaure Magnesia (MgCO$_3$ + 3H$_2$O oder MgO, $CO^2 + 3HO$), welches Carbonat im Wasser schon bei gelindem Erwärmen Kohlensäure fahren lässt und zu einem basischen Salze wird.

Nehmen wir dieselbe Fällung in heissen Flüssigkeiten vor, so tritt das Wasser als Stellvertreter der Säure auf, es verdrängt einen Theil der Kohlensäure, welcher entweicht, und der lockere Niederschlag ist eine Verbindung (Gemisch?) von Magnesiumcarbonat mit Magnesiumhydroxyd oder von einfach-kohlensaurer Magnesia mit Magnesiahydrat (H$_2$MgO$_2$ oder MgO, HO). In letzterer Weise wird die weisse oder basisch kohlensaure Magnesia (*Magnesia hydrico-carbonica*) fabrikmässig dargestellt. Der voluminöse Niederschlag wird mit vielem Wasser ausgewaschen, getrocknet und in parallelipipedische Stücke geschnitten in den Handel gebracht.

Den vorerwähnten Vorgang treffen wir bei der Bereitung des Zinksubcarbonats oder basisch-kohlensauren Zinkoxyds (*Zincum hydrico-carbonicum*) an, aus welchem durch Erhitzen das reine Zinkoxyd dargestellt wird. Durch Zusatz einer kalten Lösung des Natriumcarbonats zu einer kalten Lösung des Zinksulfats entsteht ein stark voluminöser Niederschlag, welcher neutrales Zinkcarbonat ist und beim Stehen allmählich, Kohlensäure verlierend, zu Zinksubcarbonat oder basischem kohlensauren Zinkoxyd und dichter wird. Diese Umwandlung erfolgt alsbald bei Fällung aus der heissen Lösung. Letztere macht man gern, weil sich voluminöse Niederschläge schwieriger mit Wasser auswaschen lassen als dichtere.

Manche Basen, z. B. das Ferrioxyd, verbinden sich gar nicht mit Kohlensäure, ein Ferricarbonat existirt also nicht. Das Ferrocarbonat oder kohlensaure Eisenoxydul ($FeCO_3$ oder FeO, CO^2), welches aus der Lösung des krystallisirten Ferrosulfats oder schwefelsauren Eisenoxyduls ($FeSO_4 + 7H_2O$ oder $FeO,SO^3 + 7HO$) mittelst einer Lösung des Natriumcarbonats gefällt wird, ist, so lange es von der Fällungsflüssigkeit bedeckt bleibt, ein weisser Niederschlag, der aber mit der atmosphärischen Luft in Berührung unter Aufnahme von Sauerstoff zum Theil in Ferrioxyd übergeht und einen entsprechenden Theil Kohlensäure frei lässt. Dieser Niederschlag, mit Wasser ausgewaschen und getrocknet, besteht dann aus Ferrihydroxyd (Eisenoxydhydrat) und nur einer ganz unbedeutenden Menge Ferrocarbonat (kohlensaurem Eisenoxydul). In dem Verhältnisse, als Ferrioxyd entsteht, entweicht auch Kohlensäureanhydrid. Dieses Präparat war das früher gebräuchliche *Ferrum carbonicum*, *Ferrum oxydatum fuscum*, in dessen Stelle die neueren Pharmakopöen das aus Ferrisulfat (schwefelsaurem Eisenoxyd) gefällte, ausgewaschene und bei sehr gelinder Wärme getrocknete Ferrihydroxyd (Eisenoxydhydrat, *Ferrum hydricum*, *Ferrum oxydatum fuscum*) gesetzt haben.

Man löse in einem weiten Reagirglase 0,5 Grm. reines Ferrosulfat (*Ferrum sulfuricum crystallisatum*) in circa 15 Grm. kaltem destillirtem Wasser auf und setze der Lösung tropfenweise gelöstes Natriumcarbonat hinzu. Jeder niederfallende Tropfen dieser Lösung erzeugt einen weissen Niederschlag, ohne dass Kohlensäure entweicht. Geben wir diesen Niederschlag auf ein Filter, so wird er schon graugrün, und einige Augenblicke später, wenn er nicht durch eine Schicht Flüssigkeit vor der Berührung mit Luft geschützt ist, dunkler und dunkler, zuletzt schwarzbraun. Beim Trocknen wird er durch und durch dunkelbraun und besteht nun aus Eisenoxydhydrat. Die vorübergehende schwärzliche Farbe ist durch die Bildung von Ferroferrihydroxyd oder Eisenoxyduloxydhydrat bedingt. Die Bildung des Ferrioxyds möglichst zu verhindern, hält der Laborant das aus der Mischung von Ferrosulfat mit Natriumbicarbonat entstandene Ferrocarbonat fortwährend von einer Wasserschicht bedeckt, um die atmosphärische Luft davon abzuhalten.

Bei Darstellung des *Ferrum carbonicum saccharatum* mischt der Laborant dem frisch gefällten Ferrocarbonat od. kohlensauren Eisenoxydul Zuckerlösung zu, und wäscht es durch Aufgiessen von Zuckerwasser, Absetzenlassen und Klarabgiessen von dem anhängenden

Natriumsulfat rein, wobei er stets bedacht ist, es mit einer Wasserschicht bedeckt zu halten, um es so viel als möglich dem Contact der Luft zu entziehen. Endlich trocknet er das Ferrocarbonat im Wasserbade mit Zucker ein, weil der Zucker erfahrungsgemäss die Oxydirung des Ferrooxyds zu Ferrioxyd, wenn auch nicht ganz, so doch einigermassen behindert.

Ein Bleisubcarbonat oder basisch-kohlensaures Bleioxyd ist das Bleiweiss (*Cerussa*, *Plumbum hydrico-carbonicum*). Wird Bleiacetat oder essigsaures Bleioxyd ($Pb[C_2H_3O_2]_2 + 3H_2O$ oder $Pb\overline{O,A} + 3HO$) in Wasser gelöst und mit gelöstem Natriumcarbonat oder kohlensaurem Natron (Na_2CO_3 oder NaO,CO^2) kalt gefällt oder präcipitirt, so ist der Niederschlag oder das Präcipitat Bleicarbonat oder neutrales kohlensaures Bleioxyd ($PbCO_3$ oder PbO,CO^2). In heissen Lösungen fällt ein Subcarbonat oder basisches Salz, welches nämlich neben neutralem Salze Bleihydroxyd oder Bleioxydhydrat (H_2PbO_2 oder PbO,HO) enthält. Letzteres ist um so reichlicher vertreten, je heisser die Lösung während der Fällung war. Das Bleiweiss des Handels wird fabrikmässig (in Frankreich) durch Einleiten von Kohlensäuregas in eine Lösung des Bleisubacetats oder basisch-essigsauren Bleioxyds (Bleiessig) dargestellt. Nach der alten holländischen Methode begräbt man mit Essig besprengte Bleiplatten in Töpfen unter feuchter Lohe und Pferdedünger, welche in Gährung gerathen (Mistbäder). Auf diese Weise befinden sich die Bleiplatten in einer Atmosphäre von Luft, Kohlensäure, Feuchtigkeit und Essigdämpfen, und sie wandeln sich unter Aufnahme von Sauerstoff, Kohlensäure und Wasser in Bleisubcarbonat oder basisches kohlensaures Bleioxyd.

Die fixen Alkalimetalle, wie Kalium und Natrium, können mit Kohlensäure neutrale und saure Salze bilden. Normale Carbonate oder Monocarbonate oder einfach-kohlensaure Salze sind Kaliumcarbonat oder kohlensaures Kali und Natriumcarbonat oder kohlensaures Natron. Die Bicarbonate oder zweifach-kohlensauren Salze betrachtet die Binärtheorie als Doppelverbindungen von einfach-kohlensaurem Alkali mit kohlensaurem Wasserstoffoxyd.

		Hydrium-	Hydrium-
		kaliumcarbonat.	natriumcarbonat.
Kaliumcar-	Natriumcar-	(Kaliumdicar-	(Natriumdicar-
bonat.	bonat.	bonat.)	bonat).

$$\left.\begin{matrix} CO \\ K_2 \end{matrix}\right\}O_2 \qquad \left.\begin{matrix} CO \\ Na_2 \end{matrix}\right\}O_2 \qquad \left.\begin{matrix} CO \\ HK \end{matrix}\right\}O_2 \qquad \left.\begin{matrix} CO \\ HNa \end{matrix}\right\}O_2$$

oder K_2CO_3 $\quad$ Na_2CO_3 $\quad$ $HKCO^3$ $\quad$ $HNaCO_3$

oder KO, CO^2 $\quad$ NaO, CO^2 $\quad$ KO, CO^2 $\quad$ NaO, CO^2

$$+ HO, CO^2 \quad + HO, CO^2$$

Beim Erhitzen dieser Bicarbonate entweichen Wasser und Kohlensäure in ihrem äquivalenten Gewichtsverhältnisse gleichen Schritt haltend, und normales oder neutrales Carbonat ist das Endresultat dieser Zersetzung. Beim Erhitzen der Lösungen über 80^0 C. findet der erwähnte Zersetzungsprocess statt, erhitzt man diese Salze aber im trocknen Zustande, so gehört eine Temperatur dazu, welche 300^0 C. nahe liegt. Man sieht aus diesem Beispiele, dass die Gegenwart des Wassers die Zersetzung um vieles erleichtert.

Dass die Kohlensäure eine sehr schwache Säure ist und nicht vermag, die basischen Eigenschaften der Alkalien zu neutralisiren, ist schon früher erwähnt. Daher ist es erklärlich, warum die normalen Carbonate der Alkalien stark alkalisch reagiren und rothes Lackmuspapier bläuen. Selbst in den Bicarbonaten der Alkalien, welche man als saure Salze zu betrachten pflegt, ist die Base nicht vollständig gesättigt, und es zeigen auch diese noch eine sehr geringe Alkalinität.

Ausser diesen beiden Carbonaten des Natrium und Kalium giebt es auch Sesquicarbonate derselben Basen, welche krystallisiren, für die Pharmacie aber kein Interesse bieten.

Das Ammon (Ammoniak, H^3N) oder vielmehr das hypothetische Ammonium (H_4N) scheint nur Sesquicarbonat und Bicarbonat oder $1^1/_2$- und 2fach-kohlensaures Salz zu bilden, worüber wir uns in einer späteren Lection unterhalten wollen.

Kaliumcarbonat, kohlensaures Kali. Kalium (K) oder vielmehr Kali (Kaliumoxyd, K_2O oder KO), ist in der Natur ausserordentlich verbreitet, besonders als Feldspath, ein Doppelsilicat, aus Kaliumsilicat und Aluminiumsilicat oder aus kieselsaurem Kali und kieselsaurer Thonerde ($K_2Al_2Si_6O_{16}$ od. $KO, SiO^3 + Al^2O^3, 3SiO^3$) bestehend. Der Feldspath ist im verwitterten Zustande ein Bestandtheil des fruchtbaren Bodens, der Ackererde, er wird hier durch die Einwirkung der Kohlensäure der Atmosphäre unter

Abscheidung von Kieselsäure zersetzt und das entstandene Kaliumcarbonat gelangt unter Vermittelung des Wassers in die Pflanzen unter Bildung verschiedener Pflanzensäuresalze. Daher finden wir die Asche der Landpflanzen, besonders die der Laubhölzer, reich an Kaliumcarbonat oder kohlensaurem Kali. Durch Auslaugen der Asche mit Wasser werden Lösungen des Kaliumcarbonats gewonnen, welche geringere Mengen Kaliumchlorid, Kaliumsulfat, Natriumsalze, Eisensalze etc. enthalten. Die Lösungen (Laugen) werden in gusseisernen Kesseln bis zur Trockne eingedampft, dann durch Glühen von anhängenden organischen Substanzen befreit und entwässert, und kommen in Gestalt weisser oder weisslicher stückiger Salzmassen als Potasche, rohes Kaliumcarbonat (*Cinĕres clavellāti, Kali carbonicum crudum*), in den Handel. Wegen dieses Herkommens hat das Kali auch den Namen vegetabilisches Alkali erhalten.

In neuerer Zeit hat sich in dem Salzlager bei Stassfurt eine ergiebige Kaliquelle eröffnet. Aus dem in diesem Salzlager in unendlichen Massen zu Tage geförderten Carnallit (einer krystallisirten Verbindung von Kaliumchlorid mit Magnesiumchlorid) wird das Kaliumchlorid (KCl) abgeschieden und in gleicher Weise in Kaliumcarbonat verwandelt, wie das Natriumchlorid (Kochsalz) in Natriumcarbonat oder Soda.

Löst man die Potasche in gleich viel kaltem Wasser, reinigt die Lösung durch Absetzenlassen und Coliren durch Leinwand, und dampft sie endlich in blanken eisernen Kesseln unter beständigem Umrühren zur Trockne ein, so gewinnt man gereinigte Potasche oder gereinigtes kohlensaures Kali (*Kali carbonicum depuratum*). Es enthält noch die leicht löslichen Verunreinigungen des rohen Salzes.

Das reine Kaliumcarbonat (*Kali carbonicum purum*) wird durch Erhitzen des Hydriumkaliumcarbonats oder des zweifachkohlensauren Kalis dargestellt. Früher erlangte man es durch Glühen oder Einäschern des Hydriumkaliumtartrats oder Kaliumbitartrats, des zweifach-weinsauren Kalis (Weinstein, *Tartărus depuratus*), oder durch Abbrennen eines Gemisches aus Kaliumbitartrat und Kaliumnitrat.

Bei diesen Operationen entstand im ersteren Falle die Kohlensäure durch Einäschern oder Verbrennung der Weinsäure und im zweiten durch Oxydation des Kohlenstoffs (C) der Weinsäure mittelst des Sauerstoffs der Salpetersäure. Das aus dem Weinstein dargestellte reine kohlensaure Kalium erhielt den Namen *Sal Tartari*, Weinsteinsalz, und *Kali carbonicum e Tartăro*.

Das Kaliumcarbonat scheidet beim langsamen Eindampfen seiner concentrirten Lösungen in Krystallen mit Krystallwasser verbunden (K_2CO_3 + $2H_2O$ oder $KO,CO^2 + 2HO$) ab. Durch stärkeres Erhitzen dieses Salzes entweicht das Krystallwasser und als Rückstand verbleibt das officinelle Carbonat mit nur geringem Wassergehalt.

Das Hydriumkaliumcarbonat, Kaliumdicarbonat, zweifachkohlensaure Kali (*Kali bicarbonicum*, $HKCO_3$ oder KO,CO^2 + HO,CO^2) entsteht, wenn man feuchtes Kaliumcarbonat in Schüsseln an Orten, wo sich Kohlensäure ansammelt, z. B. in Kellern und Räumen, wo Weingährung stattfindet, aufstellt, oder wenn man Kohlensäure in concentrirte Lösungen des Kaliumcarbonats leitet. Bei letzterer Darstellung geht viel Kohlensäure, welche nicht absorbirt wird, verloren. Die einfachste und bequemste Methode ist, 25—26 Th. gereinigte Potasche in 25 Th. kaltem Wasser zu lösen, die Lösung durch Leinwand zu koliren, mit 4 Th. grobgepulverter Holzkohle zu mischen und bei gelinder Wärme einzutrocknen. Die trockne Masse wird grob gepulvert mit angefeuchtetem groben Kohlenpulver gemischt, das Gemisch in einen passenden Topf gegeben und unter Umrühren ein starker Strom Kohlensäure in den Topf hineingeschickt. Das Gemisch absorbirt mit heftiger Begierde die Kohlensäure und erwärmt sich dabei bis zu 60—80° C. Das Kohlenpulver ist hier der Ueberträger des Gases zum Salze. Das Gemisch wird mit seinem doppelten Gewicht destillirtem Wasser von 70° C. ausgelaugt und die filtrirte Lösung zur Krystallisation bei Seite gestellt. Durch Umkrystallisation reinigt man das gewonnene Salz. Früher verkohlte man Weinstein, wodurch man ein kohlehaltiges Kaliumcarbonat erhielt, welches mit Kohlensäure in Berührung gebracht wurde.

$$\left.\begin{matrix} CO \\ K_2 \end{matrix}\right\}O_2 + \left.\begin{matrix} CO \\ H_2 \end{matrix}\right\}O_2 = 2\left(\left.\begin{matrix} CO \\ HK \end{matrix}\right\}O_2\right) \text{ od. } K_2CO_3 + H_2O + CO_2 = 2HKCO_3$$

od. $KO,CO^2 + HO + CO^2 = KO,CO^2 + HO,CO^2$ od. $KO,HO,2CO_2$

Bei dem Auflösen und Abdampfen der Lösungen des Kaliumbicarbonats darf man nicht vergessen, dass dieses Salz bei einer Temperatur über 80° C. anfängt Kohlensäure freizulassen.

Wird das Kaliumdicarbonat in einem flachen blanken trocknen eisernen Kessel wenigstens bis auf 300° C. erhitzt, so entweicht das basische Wasser nebst der von demselben gebundenen

Kohlensäure, und Kaliummonocarbonat (*Kali carbonicum purum*) bleibt zurück.

Das Kaliumdicarbonat charakterisirt sich durch sein Verhalten gegen eine Lösung des Magnesiumsulfats (Bittersalz). Werden die dünnen Lösungen beider Salze gemischt, so bleibt die Mischung klar, weil daraus das entstehende Magnesiumcarbonat wegen Gegenwart freier Kohlensäure gelöst bleibt. Die sonst in Wasser unlöslichen Carbonate der Erden sind in Wasser, welches freie Kohlensäure enthält, mehr oder weniger löslich. Enthält das Dicarbonat Kaliummonocarbonat, so entsteht in der Lösung des Magnesiumsulfats ein weisser Niederschlag, aus Magnesiumcarbonat bestehend.

Das Kaliumcarbonat ist hygroskopisch, daher erfordert seine Aufbewahrung Abschluss der Luftfeuchtigkeit.

Bemerkungen. Präcipitiren, niederschlagen; Präcipitation, Fällung, Niederschlagung; das Präcipitat, Niederschlag, vom lat. *praecipito, āre*, jählings herabstürzen. Wenn auf irgend eine Weise ein Körper aus seiner Lösung in kurzer Zeit abgeschieden wird, so nennt man diese Operation Präcipitation. Ist die Ursache der Fällung ein chemischer Körper, so nennt man ihn das Präcipitations- oder Fällungsmittel. Wenn wir zu einer Auflösung des Bittersalzes eine Potaschenlösung setzen, so wird Magnesiumcarbonat präcipitirt. Die Potasche ist das Fällungsmittel. — Der Präcipitat ist ein alter Name für *Hydrargyrum oxydatum rubrum* und *Hydrargyrum amidato-bichloratum*. Ersteres wurde rother, letzteres weisser Präcipitat genannt.

Lection 67.

Kohlenstoff (Fortsetzung). Kohlensäuresalze (Carbonate). Aetzlaugen.

Natriumcarbonat, kohlensaures Natron, Soda. Das Natron wird im Gegensatze zum Kali oder vegetabilischen Alkali auch mineralisches Alkali genannt, weil man es in alten Zeiten nur aus dem Mineralreiche bezog. Man fand es als kohlensaures Salz in den Natronseen Aegyptens, in Ungarn hier und da aus dem Boden ausgewittert. Dann gewann man (in Spanien) das Natriumcarbonat aus der natronreichen Asche verschiedener Meer-Strandgewächse (*Salsŏla*- und *Salicornia*-Arten) ähnlich wie die Potasche. Jetzt wird dieses Salz in grossem Maassstabe aus Kochsalz dargestellt. Daher spricht man von einer natürlichen und einer künstlichen Soda.

Die von *Leblanc* gefundene Darstellung des rohen kohlensauren Natrium oder der künstlichen Soda (*Natrum carbonicum crudum*) aus Natriumchlorid geschieht in folgender Weise. Das Natrium des Kochsalzes oder Natriumchlorids (NaCl) wird zuerst in Sulfat umgewandelt und zu diesem Zwecke in besonderen Oefen mit wasserhaltiger Schwefelsäure, sogenannter Kammersäure, übergossen und erhitzt. Unter Austreibung von Chlorwasserstoff entsteht Natriumsulfat.

Natriumchlorid. Schwefelsäure. Natriumsulfat. Hydriumchlorid.

$$2 \left({Cl \atop Na} \right\} \right) \; + \; {SO_2 \atop H_2} \right\} O_2 \; = \; {SO_2 \atop Na_2} \right\} O_2 \; + \; 2 \left({Cl \atop H} \right\} \right)$$

$$\text{od. } 2\,NaCl \; + \; H_2SO_4 \; = \; Na_2SO_4 \; + \; 2\,HCl$$

$$\text{od. } NaCl \; + \; HO,SO^3 \; = \; NaO,SO^3 + \; HCl$$

Chlornatrium.   Schwefelsäurehydrat.   Schwefelsaures Natron.   Schwefelsaures Chlorwasserstoff.

Das Natriumsulfat wird in Flammenöfen mit Kalkstein (Calciumcarbonat, $CaCO_3$ oder CaO, CO^2) und Kohle heftig geglüht und in Rohsoda verwandelt. Die Kohle wirkt reducirend. Sie entzieht dem Natriumsalze allen Sauerstoff, wird zu Kohlenoxydgas (CO), und aus schwefelsaurem Natrium entsteht Natriumsulfid oder Schwefelnatrium.

Natriumsulfat. Kohlenstoff. Kohlenoxyd. Natriumsulfid.

$$ {SO_2 \atop Na_2} \right\} O_2 \; + \; 2\,C_2 \; = \; 4\,CO \; + \; {Na \atop Na} \right\} S$$

$$\text{od. } SO_2 \left\{ {ONa+ \atop ONa+} \right. \; 2\,C_2 \; = \; 4\,CO \; + \; {Na \atop Na} \right\} S$$

$$\text{od. } Na_2SO_4 \; + \; 2\,C_2 \; = \; 4\,CO \; + \; Na_2S$$

$$\text{od. } NaO,SO^3 + \; 4\,C \; = \; 4\,CO \; + \; NaS$$

Schwefelsaures Natron.   Schwefelnatrium.

Das Natriumsulfid zersetzt sich mit dem kohlensauren Calcium, welches im Ueberschuss zugesetzt ist, und es resultiren kohlensaures Natrium, Calciumoxyd + Calciumsulfid, eine in Wasser fast unlösliche Verbindung, und Kohlensäure.

Natriumsulfid. Calciumcarbonat. Natriumcar- Calcium- u. Calcium- Kohlen-
                          bonat.   sulfid   oxyd.   säure.

$$3\left(\genfrac{}{}{0pt}{}{Na}{Na}\!\right\}\,S\,\Big) \;+\; 4\!\left(\genfrac{}{}{0pt}{}{CO}{Ca}\!\right\}\,O_2\Big) \;=\; 3\!\left(\genfrac{}{}{0pt}{}{CO}{Na_2}\!\right\}O_2\Big) \;+\; 3\!\left(\genfrac{}{}{0pt}{}{Ca}{S}\!\right\}\Big) \;+\; CaO \;+\; CO_2$$

oder

$$3NaS \;+\; 4(CaO,CO^2) \;=\; 3(NaO,CO^2) \;+\; 3CaS;\; CaO \;+\; CO^2$$

Schwefel-   Kohlensaure   Kohlensaures   Calciumoxy-   Kohlen-
natrium.   Kalkerde.   Natron.   sulfid.   säure.

Durch Auslaugen mit Wasser wird dieser Schmelze das leicht lösliche Natriumcarbonat entzogen, die Lösung desselben dann zur Krystallisation gebracht. Schwefelsaures Natrium und kohlensaures Calcium zersetzen sich nicht gegenseitig, dagegen leicht Natriumsulfid mit kohlensaurem Calcium.

Von der Einrichtung eines Flammenofens geben uns die beiden folgenden Zeichnungen eine Vorstellung. Die Flamme

Fig. 145.

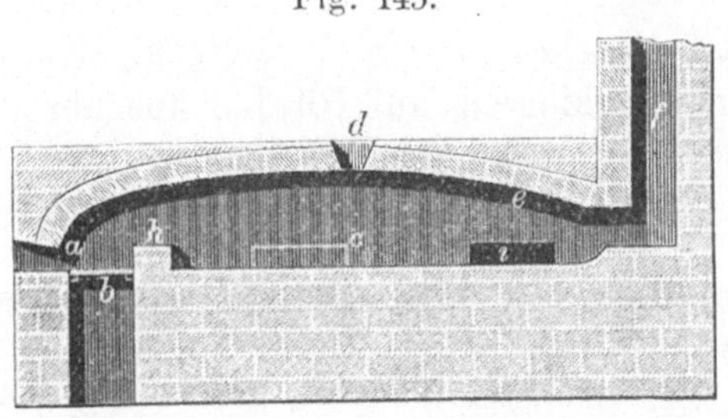

Leerer Flammenofen. *a* Feuerloch, *b* Rost mit Aschenfall, *h* Feuerbrücke, *ci* Herdsohle, *d* Einfüllöffnung, *i* nnd *c* Schür- oder Krücklöcher, *f* Schornstein.

Fig. 146.

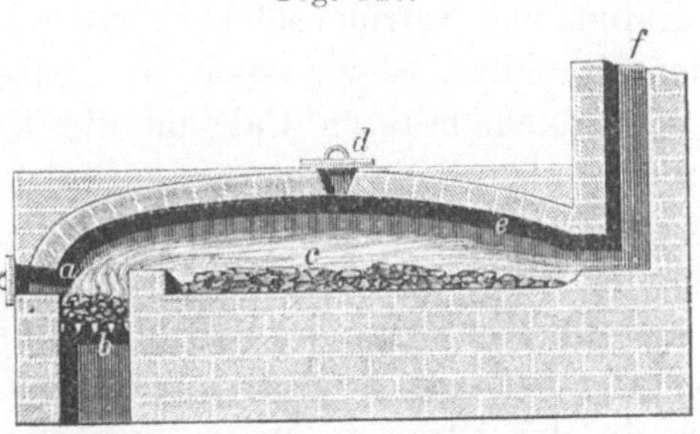

Flammenofen in Thätigkeit, beschickt mit Natriumsulfat, Kalkstein und Kohle.

streicht über die Oberfläche der zu glühenden Masse, welche in
d eingefüllt und von den Oeffnungen c und i aus mit Krücken
öfter umgerührt wird.

Die rohe Soda kommt in grossen wasserhaltigen Krystallen
($NaCO_3$ + 10 aq. od. $NaO,CO^2 + 10HO$), und auch durch Erhitzen von dem Krystallwasser zum grössten Theile befreit als
calcinirte Soda in den Handel.

Durch Umkrystallisiren wird das rohe Salz gereinigt. Zu
dieser Operation benutzt man die Eigenschaft des Natriumcarbo
nats, beim Eindampfen concentrirter Lösungen sich mit 1 Molecül
oder 1 Aeq. Wasser verbunden abzusondern. Dieses Salz sammelt
man, wäscht es ab und krystallisirt es bei gewöhnlicher Temperatur um.

**Hydriumnatriumcarbonat, Natriumdicarbonat,
zweifach-kohlensaures Natron** (*Natrum bicarbonicum*) wird
im Grossen dadurch hergestellt, dass man auf zerfallenes Natriumcarbonat, welches circa 1 Molecül Krystallwasser enthält, in dünnen Schichten auf Hürden ausgebreitet ist und sich
in abgeschlossenen gemauerten Kammern befindet, Kohlensäuregas leitet.

$$\underset{\text{Natriumcarbonat}}{\left.\begin{array}{l}CO\\Na_2\end{array}\right\}O_2} + H_2O \text{ und } CO_2 \text{ geben } 2\,\underset{\text{Natriumdicarbonat}}{\left(\left.\begin{array}{l}CO\\HNa\end{array}\right\}O_2\right)}$$

od. $NaO,CO^2 + HO$ und CO^2 geben $NaO,CO^2 + HO,CO^2$.

kohlensaures Natron   Kohlensäure   2fach-kohlensaures Natron

Obgleich Kalium und Natrium stärkere Basen als Calcium sind
und sie in der Glühhitze, sowie auch in concentrirter Lösung
beim Kochen dem kohlensauren Calcium die Kohlensäure entziehen, so vermag dennoch das Calciumhydroxyd oder Kalkerdehydrat (H_2CaO_2 od. CaO,HO) die Carbonate beider Alkalimetalle
in deren verdünnten Lösung in der Weise zu zersetzen, dass Calciumcarbonat und Alkalimetallhydroxyd oder Alkalihydrat (Aetzalkali) entstehen. Setzt man zu 1 Molecül Kaliumcarbonat, welches mindestens in der 12fachen Menge kochenden Wassers gelöst ist, 1 Molecül Calciumhydroxyd, so entstehen Calciumcarbonat und Kaliumhydroxyd. Ersteres scheidet als ein weisser
Bodensatz aus, letzteres wird vom gegenwärtigen Wasser gelöst.

<table>
<tr><td>Kaliumcar-
bonat.</td><td>Calcium-
hydroxyd.</td><td>Kalium-
hydroxyd.</td><td>Calcium-
carbonat.</td></tr>
</table>

$$\left.\begin{array}{c}CO\\K_2\end{array}\right\}O_2 \;+\; \left.\begin{array}{c}H_2\\Ca\end{array}\right\}O_2 \;=\; 2\left(\left.\begin{array}{c}H\\K\end{array}\right\}O\right) \;+\; \left.\begin{array}{c}CO\\Ca\end{array}\right\}O_2$$

$$\text{oder } K_2CO_3 \;+\; H_2CaO_2 \;=\; 2HKO \;+\; CaCO_3$$

$$\text{oder } KO,CO^2 \;+\; CaO,HO = KO,HO \;+\; CaO,CO^2$$

<table>
<tr><td>Kohlensaures
Kali.</td><td>Kalkhydrat.</td><td>Kalihydrat.</td><td>Kohlensaure
Kalkerde.</td></tr>
</table>

Die durch Klarabgiessen und Filtration von dem Calciumcarbonat oder der kohlensauren Kalkerde gesonderte Kaliumhydroxydlösung oder Kalihydratlösung liefert, in einem eisernen Kessel durch Abdampfen bis auf ein spec. Gew. von 1,33 concentrirt, die officinelle Aetzkalilauge (*Kali hydricum solutum, Liquor Kali caustici*), welche sich durch Abdampfen und Eintrocknen in einem silbernen Kessel in trockenes Kaliumhydroxyd, Kalihydrat, trockenes Aetzkali (*Kali hydricum s. causticum siccum*), eine farblose Salzmasse darstellend, verwandeln lässt.

Die Entkohlensäuerung durch Aetzkalk geht auch schon bei gewöhnlicher Temperatur vor sich, wenn die Lösung des Alkalicarbonats noch etwas stärker mit Wasser verdünnt wird.

In der oben angegebenen Weise stellt man auch die Aetznatronlauge (*Liquor Natri caustici*) und das trockne Aetznatron (*Natrum causticum siccum*) dar. Der Aetzkalistein (*Kali causticum fusum*) ist Kaliumhydroxyd oder Aetzkalihydrat, welches in einem silbernen Kessel geschmolzen und in stählerne Cylinderformen ausgegossen wurde.

Die ätzenden Alkalien, trocken und in Lösung, ziehen mit Begierde Kohlensäure aus der Luft an. Da sie im trocknen Zustande auch hygroskopisch sind, so müssen sie in gut verstopften (mit Stopfen aus vulkanisirtem Kautschuk geschlossenen) Glasgefässen aufbewahrt werden. Der Verschluss der Gefässe mittelst Glasstopfen ist hier zu vermeiden, weil die Aetzalkalien auf matte Glasflächen auflösend einwirken und dadurch die Glasstopfen nach und nach so fest einkitten, dass sich diese ohne Zerstörung nicht mehr herausziehen lassen. Statt der matt eingeschliffenen Glasstopfen benutzt man auch im vorliegenden Falle polirte.

Bemerkungen. Vor der ersten französischen Revolution war nur die natürliche und die spanische Soda im Gebrauch. Als aber Frankreich 1792 mit dem ganzen übrigen Europa in Krieg verwickelt und es ihm unmöglich war, sich von Aussen Zufuhr der für seine Industrie nöthigen Rohstoffe zu verschaffen, ward es die wichtigste Aufgabe der Technik, aus inländischen vorhandenen Stoffen selbst das Fehlende zu schaffen. Die von dem Wohlfahrtsausschusse (1794) ergangene Aufforderung, dass die Bürger ihre Ansichten und Erfahrungen über Sodafabrikation einer Commission übergeben sollten, hatte das Resultat, dass ein Verfahren der Sodafabrikation des Bürgers *Leblanc* (spr. leblan'g) als das zweckmässigste anerkannt und in die Oeffentlichkeit gebracht wurde. Mit diesem Verfahren eröffnete sich der Industrie eine Epoche der grossartigsten Entwickelung.

Lection 68.

Kohlenstoff (Fortsetzung). Schwefelkohlenstoff. Cyan. Ferrocyan.

Eine der Kohlensäure analog zusammengesetzte Substanz ist der **Schwefelkohlenstoff**, denn seine Formel ist CS_2 oder *CS^2*.

Der **Schwefelkohlenstoff**, Carbondisulfid, Schwefelalcohol (*Carbonĕum sulfurātum, Alcohol Sulfŭris*) ist eine farblose, stark lichtbrechende, sehr bewegliche, eigenthümlich riechende, sehr flüchtige und **leicht entzündliche** Flüssigkeit, $1^1/_4$ mal schwerer als Wasser. In Wasser ist er kaum löslich. Um ihn vor Verflüchtigung zu schützen, bewahrte man ihn früher unter einer Schicht Wasser, welches auf ihm schwimmt, auf. Es ist jedoch besser, ihn in gut mit Korken verschlossenen Gefässen zu bewahren, weil beim Dispensiren die gehörige Absonderung des Wassers ihre Schwierigkeit hat. Man hüte sich, ihn in der Nähe eines brennenden Lichtes aus grösseren Gefässen in kleinere überzufüllen. Er muss wegen seiner Leichtentzündlichkeit und besonders derjenigen seines Dampfes mit derselben Sorgfältigkeit behandelt werden wie Aether, Benzin, Steinöl. Seine Verbrennungsprodukte sind Kohlensäure und Schwefligsäure.

$$CS_2 + O_6 = CO_2 + 2SO_2 \text{ oder } CS^2 + 6O = CO^2 + 2SO^2$$

Sein Dampf bildet mit Sauerstoff oder atmosphärischer Luft gemischt ein heftig detonirendes Knallgas.

Beim Verdunsten erzeugt Schwefelkohlenstoff eine bedeutende Temperaturerniedrigung. Ueberlässt man ihn in dünner Schicht an einem zugigen Orte mit einigen Tropfen Wasser der freiwilligen Verdunstung, so hinterlässt er das Wasser als Schnee oder Eis. Das Experiment macht man in einem kleinen weiten

Glasschälchen, welches man hinter das Zugthürchen eines kalten Feuerloches stellt.

Der Schwefelkohlenstoff löst bei gewöhnlicher Temperatur Phosphor, Jod, Schwefel, fette und flüchtige Oele etc. in bedeutenden Mengen. Eine Schwefellösung, dem freiwilligen Verdunsten überlassen, giebt schöne Schwefelkrystalle in rhombischen Octaëdern. Die Lösung des Schwefels in Schwefelkohlenstoff gebraucht man in der Technik zum Vulkanisiren des Kautschuks. Diese Substanz nimmt begierig Schwefel auf und erlangt dadurch die Eigenschaft, bei verschiedenen Temperaturen gleich elastisch zu sein und dem Einflusse der Hitze besser zu widerstehen.

Der Schwefelkohlenstoff hat wegen seiner analogen Zusammensetzung mit der Kohlensäure, und weil er mit basischen Schwefelmetallen Verbindungen eingeht, von welchen viele sogar dieselbe Krystallform wie kohlensaure Salze zeigen, von den Chemikern den Namen Sulfokohlensäure erhalten. Seine Verbindungen mit Schwefelmetallen sind daher sulfokohlensaure Salze oder Sulfocarbonate. Eine solche Verbindung ist z. B. das Kaliumsulfocarbonat, K_2CS_3 oder KS, CS^2.

Der Schwefelkohlenstoff wird in grossen Massen dargestellt und zwar durch Hinüberleiten von Schwefeldämpfen über glühende Kohlen. Die Kohle verbrennt hierbei in derselben Weise wie mit Sauerstoff, nur ist das Produkt der Verbrennung Schwefelkohlenstoff (CS_2) und nicht Kohlensäure (CO_2).

Cyan. Cyanwasserstoff. Eine andere wichtige Verbindung des Kohlenstoffs ist diejenige mit Stickstoff, das Cyan, CN oder C^2N oder Cy. Kohlenstoff und Stickstoff verbinden sich nicht direct man erhält ihre Verbindung aber durch die chemische Einwirkung starker Basen, wie Kalium und Natrium, auf Kohlenstoff und Stickstoff.

Cyan entsteht daher, wenn Substanzen, welche Kohlenstoff und Stickstoff enthalten, mit fixen Alkalien geglüht werden. Es ist ein Produkt der Glühung von stickstoffhaltiger Kohle (thierischer Kohle, Blutkohle) mit fixen Alkalien. Die Kohle reducirt hierbei das Kaliumoxyd zu Kalium, welches den Kohlenstoff und Stickstoff zur Verbindung, zur Bildung von Cyan disponirt, mit welchem es sich dann zu Cyankalium (KCy) vereinigt. Diese letztere Verbindung ist auch in kleinen Mengen in dem Kaliumcarbonat oder kohlensauren Kali vertreten, welches man durch Abbrennen eines Gemisches von Kohle mit Kaliumnitrat darstellt.

Cyan ist ein farbloses, stechend riechendes, eingeathmet giftig wirkendes Gas, und wird rein dargestellt durch gelindes Erhitzen von Mercuricyanid oder Cyanquecksilber ($HgCy_2$ oder *HgCy*), welches dabei in Metall und Cyan zerfällt.

Das Cyan ist ein zusammengesetztes Halogen, denn es verhält sich in chemischer Beziehung wie die einfachen Halogene: Chlor, Brom, Jod, Fluor. Wie die einfachen Halogene mit Wasserstoff Wasserstoffsäuren, mit Metallen salzähnliche Verbindungen bilden, ebenso erzeugt das Cyan mit Wasserstoff Blausäure oder Cyanwasserstoffsäure (HCN oder HCy), mit den Metallen salzähnliche Verbindungen, von welchen letzteren sich das Kaliumcyanid oder Cyankalium (KCy) durch Giftigkeit auszeichnet.

C y a n w a s s e r s t o f f s ä u r e, Hydriumcyanid, Blausäure

$$\overset{IV\ III\ I}{C\ N\ H} = CNH = \left.\begin{matrix} CN \\ H \end{matrix}\right\} = \left.\begin{matrix} Cy \\ H \end{matrix}\right\} = HCy = $$

verbindet sich mit den Basen in derselben Weise wie die Wasserstoffsäuren der einfachen Halogene. Cyanwasserstoffsäure und Kaliumhydroxyd ergeben bei ihrer Begegnung Kaliumcyanid und Wasser.

Hydrium-   Kaliumhy-   Kalium-   Wasser.
cyanid.   droxyd.   cyanid.

$$\left.\begin{matrix} Cy \\ H \end{matrix}\right| + \left.\begin{matrix} H \\ K \end{matrix}\right\}O = \left.\begin{matrix} Cy \\ K \end{matrix}\right\} + \left.\begin{matrix} H \\ H \end{matrix}\right\}O$$

$$\text{od. } HCy + KO = KCy + HO$$

Cyanwasser- Kalium-   Cyan-   Wasser.
stoff.   oxyd.   kalium.

Aus Mercurioxyd oder Quecksilberoxyd und Cyanwasserstoff entstehen Mercuricyanid und Wasser.

Hydriumcyanid.   Mercurioxyd. Mercuri- Wasser.
cyanid.

$$\left.\begin{matrix} Cy \\ H \end{matrix}\right\} + \left.\begin{matrix} H \\ Cy \end{matrix}\right\} + \left.\begin{matrix} Hg \\ O \end{matrix}\right\} = \left.\begin{matrix} Hg \\ Cy_2 \end{matrix}\right\} + \left.\begin{matrix} H \\ H \end{matrix}\right\}O$$

$$\text{od. } HCy \qquad + HgO = HgCy = HO$$

Cyanwasserstoff. Quecksilber- Cyanqueck- Wasser.
oxyd.   silber.

Wenn Kaliumcyanid mit Schwefelsäure übergossen wird, so entstehen Kaliumsulfat oder schwefelsaures Kali und Cyanwasserstoff.

$$2\begin{pmatrix} Cy \\ K \end{pmatrix} + \left.\begin{matrix} SO_2 \\ H_2 \end{matrix}\right\} O_2 = \left.\begin{matrix} SO_2 \\ K_2 \end{matrix}\right\} O_2 + 2\begin{pmatrix} Cy \\ H \end{pmatrix}$$

od. $2KCy + H_2SO_4 = K_2SO_4 + 2HCy$

od. $KCy + SO^3,HO = KO,SO^3 + HCy$

Kaliumcyanid.　Hydriumsulfat.　Kaliumsulfat.　Hydriumcyanid.

Cyankalium.　Schwefelsäurehydrat.　Schwefelsaures Kali.　Cyanwasserstoff

Die Cyanwasserstoffsäure, gewöhnlich Blausäure genannt, ist das heftigste Gift. Innerlich und in Wunden gebracht, auch als Dampf aufgeathmet, wirken schon sehr kleine Mengen mit Blitzesschnelle tödtend, durch Gerinnung des Blutes und Lähmung der Nerventhätigkeit. In der Kälte stellt sie eine farblose Flüssigkeit von durchdringendem Bittermandelgeruch dar. Sie wird gebildet bei der Destillation der Blätter, Blüthen und Samen mehrerer Steinfruchtgewächse, besonders der Gattungen *Prunus* und *Amygdălus*. Die bitteren Mandeln (*Amygdalae amārae*, *Semen Amygdali amarum*) geben zu Pulver zerstossen mit Wasser ein Destillat, das Bittermandelwasser (*Aqua Amygdalarum amararum*), welches eine verdünnte Auflösung der Blausäure ist, denn es enthält 0,1 Procent HCy. Das Kirschlorbeerwasser (*Aqua Lauro-Cerăsi*) ist ein ähnliches Destillat aus den Blättern des Kirschlorbeers (*Prunus Lauro-Cerăsus L.*). Das Kirschwasser (*Aqua Cerasōrum*) ist dagegen ein sehr wenig Blausäure haltendes wässriges Destillat aus den Kirschkernen (den Samen der *Prunus Cerasus L.*), welches jetzt durch ein Gemisch aus 1 Th. Bittermandelwasser und 19 Th. destillirtem ersetzt wird und daher auch die Bezeichnung *Aqua Amigdalarum amararum diluta* erhalten hat. Die Blausäure präexistirt in den Samen, Blättern etc. der vorerwähnten Pflanzen nicht, sondern entsteht erst durch eine eigenthümliche katalytische Einwirkung (S. 125) des Emulsins unter Beihilfe des Wassers auf das in jenen Pflanzentheilen vorhandene Amygdalin.

Emulsin, auch Synaptas genannt, ist Pflanzenalbumin und ein Hauptbestandtheil der Mandelsamen. Amygdalin ($C_{20}H_{27}NO_{11}$ oder $C^{40}H^{27}NO^{22}$) ist ein stickstoffhaltiges Glykosid. Beide befinden sich neben einander in den bitteren Mandeln. Zerreibt man bittere Mandeln mit Wasser, so wirkt das Emulsin katalytisch auf Amygdalin, und dieses zerfällt, am schnellsten in einer Wärme von 40 — 50⁰ C., in Bittermandelöl (Benzoyl-Aldehyd), Blausäure und Zucker, sowie einige andere Nebenprodukte.

Amygdalin. Wasser. Bittermandelöl. Blausäure.   Zucker.

$C_{20}H_{27}NO_{11} + 2H_2O$ geb. C_7H_6O und HCN und $2C_6H_{12}O_6$

$C^{40}H^{27}NO^{22} + 4HO$ geb. $C^{14}H^6O^2$ und HC^2N und $2C^{12}H^{12}O^{12}$

Dem ätherischen Bittermandelöl kann die Blausäure durch Behandeln mit Aetzkali entzogen werden. Das von Blausäure befreite Oel ist Benzoyl-Aldehyd oder Benzaldehyd und nicht giftig.

Die pharmaceutischen blausäurehaltigen Wässer enthalten, wie leicht erklärlich, neben Cyanwasserstoffsäure auch flüchtiges Bittermandelöl (*Oleum Amygdalarum amararum aethereum*) und das flüchtige Bittermandelöl enthält Cyanwasserstoffsäure. Desshalb ist auch dieses Oel sehr giftig. Verwechselt darf es nicht werden mit dem fetten Oel aus den bitteren Mandeln (*Oleum Amygdalarum*), welches man durch Pressen derselben gewinnt und mit dem fetten Oel aus den süssen Mandeln Aehnlichkeit hat.

Früher war auch eine verdünnte Blausäure und zwar mit einem Gehalt von 2 Procent Cyanwasserstoff officinell (*Acidum hydrocyanicum, Acidum Borussicum*). Man stellte sie durch Destillation von Wasser oder Weingeist über Kaliumferrocyanid und Schwefelsäure dar, oder indem man das aus dem Kaliumferrocyanid durch Schwefelsäure frei gemachte Cyanwasserstoffgas in Weingeist leitete.

Das Cyan geht mit Eisen Verbindungen ein, welche ihrer Zusammensetzung nach dem Ferrooxyd (Eisenoxydul) und dem Ferrioxyd (Eisenoxyd) entsprechen. Sie sind das Ferrocyanid oder Eisencyanür (FeCy$_2$ oder Cfy oder *FeCy*) und das Ferricyanid oder Eisencyanid (Fe$_2$Cy$_6$ oder *Fe²Cy³* oder Cfdy).

Das Ferrocyanid giebt mit Kaliumcyanid ein krystallisirtes Doppelsalz, Kaliumferrocyanid, Kaliumeisencyanür, gelbes Blutlaugensalz (K$_4$Cfy + 3H$_2$O oder 4KCy + FeCy$_2$ + 3 Aq oder *2KCy,FeCy + 3HO*), das Ferricyanid oder Eisencyanid giebt mit Kaliumcyanid, das Kaliumferricyanid od. Kaliumeisencyanid, Ferridcyankalium, rothes Blutlaugensalz (K$_6$Cfdy oder 6KCy + Fe$_2$Cy$_6$ oder *3KaCy,Fe²Cy³*).

Man betrachtet die Verbindungen des Cyans mit Eisen als Radicale, welche mit Wasserstoff verbunden Säuren, mit metallischen Radicalen Salze geben.

Ferrocyanid oder Ferrocyan, Cfy, giebt mit Wasserstoff Ferrocyanwasserstoffsäure (H_4Cfy oder H^2Cfy), mit Kalium das Kaliumferrocyanid, welches krystallisirt mit 3 Aeq. Wasser das nicht giftige officinelle gelbe Blutlaugensalz (*Kalium ferrocyanatum, Kali zooticum, Kali Borussicum*) darstellt.

Ferricyanid oder Ferridcyan bildet mit Wasserstoff die Ferridcyanwasserstoffsäure (H_6Cfdy oder H^3Cfdy), mit Kalium das Ferridcyankalium, jenes Salz, welches auch rothes Blutlaugensalz (*Kalium ferricyanatum*) genannt wird. Letztere Verbindung entsteht aus dem Kaliumferrocyanid, wenn man demselben einen Theil seines Kaliumgehalts durch Chlor, Brom oder Sauerstoff entzieht, gewöhnlich indem man in die Lösung Chlorgas leitet. Als Nebenprodukt entsteht Kaliumchlorid (KCl).

$$2\left(\begin{matrix}FeCy_6 \\ K_4\end{matrix}\right) + \left.\begin{matrix}Cl \\ Cl\end{matrix}\right\} = \left.\begin{matrix}Fe_2Cy_{12} \\ K_6\end{matrix}\right\} + 2\left(\begin{matrix}K \\ Cl\end{matrix}\right)$$

$$\text{oder} \quad 2(K_4Cfy) \ + \ Cl_2 \ = \ K_6Cfdy \ + \ 2KCl$$

$$\text{oder} \quad 2(K^2Cfy) \ + \ Cl \ = \ K^3Cfdy \ + \ KCl$$

Das Kaliumferrocyanid oder Ferrocyankalium und das Kaliumferricyanid oder Ferridcyankalium sind als Reagentien im Gebrauch. Ersteres erzeugt in Lösungen des Ferrioxyds, das andere in Lösungen des Ferrooxyds blaue Niederschläge, Verbindungen des Ferrocyanid mit Ferricyanid und Wasser in verschiedenen Verhältnissen. Will man erforschen, ob in einer neutralen oder sauren Lösung ein Ferrosalz vorhanden ist, so mischt man Kaliumferricyanidlösung hinzu. Ferrisalz erforscht man durch Kaliumferrocyanidlösung. In beiden Fällen entsteht ein blauer, in salzhaltigen und sauren Flüssigkeiten unlöslicher Niederschlag, welcher aber in Aetzalkalilösung unter Entfärbung löslich ist, auch gehörig ausgewaschen in Wasser löslich wird. Fällt man verdünnte Ferrichloridlösung mit Kaliumferrocyanid und wäscht den Niederschlag vollständig aus, so löst sich zuletzt der blaue Niederschlag in Wasser mit tief blauer Farbe.

Auch in den sauren und neutralen Lösungen der Salze der übrigen Schwermetalle erzeugt Kaliumferrocyanidlösung Niederschläge, von denen der in Ferrisalzen besonders durch seine blaue Farbe charakterisirt ist.

Der blaue Niederschlag, welchen Kaliumferrocyanid oder gelbes Blutlaugensalz in Ferrisalzlösungen hervorbringt, ist das

sogenannte **Berlinerblau**, Ferroferricyanid, *Ferrum cyanatum.*
Denjenigen durch Kaliumferricyanid oder rothes Blutlaugensalz in
Ferrosalz erzeugt hat man mit *Turnbull's* Blau bezeichnet. Die im
Handel vorkommenden blauen Farben dieser Art sind keine reinen
Eisencyanide und enthalten Thonerde und andere Zusätze.

Kaliumferrocyanid oder gelbes Blutlaugensalz wird fabrikmässig dargestellt, indem man Potasche in grossen Tiegeln in
glühenden Fluss bringt und dann nach und nach stickstoffhaltige
Kohle (aus Blut, Horn, Lederabfällen) mit Eisenfeile dazusetzt.

Fig. 147.

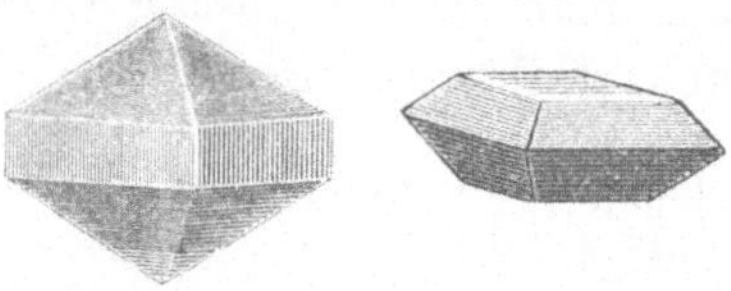

Krystallformen des Kaliumferrocyanids.

Es ist ein Salz, welches krystallisirt schöne gelbe luft-
beständige quadratische Säulen darstellt. Wird es geglüht, so schmilzt es und zerfällt in das farblose Kaliumcyanid und kohlenstoffhaltiges
Eisen, welches letztere häufig
als reducirtes Eisen in den
Handel kommt. Diese Unterschiebung erkennt man sehr bald,
wenn man das fragliche Eisen in überschüssiger verdünnter
Chlorwasserstoffsäure auflöst, wo alsdann der Kohlenstoff ungelöst zurückbleibt.

Wenn Behufs **Darstellung der Blausäure** durch Destillation das Kaliumferrocyanid mit wässriger Schwefelsäure übergossen und erhitzt wird, so wird Cyanwasserstoff (HCy) **frei**, welcher überdestillirt, und als Rückstand verbleibt Kaliumsulfat
(K_2SO_4 od. KO,SO^3) nebst einer Verbindung aus Ferrocyanid mit
Kaliumcyanid.

Kaliumcyanid und Cyanwasserstoffsäure sind bekanntlich giftige
Substanzen, von welchen ersteres zu galvanoplastischen Zwecken
häufige Anwendung findet. Der Verkauf des Kaliumcyanids geschieht nur gegen Giftschein an sichere Personen und die Abgabe von Blausäure nur auf Vorschrift eines Arztes, in welchem
Falle das betreffende Recept als Giftschein reservirt wird. Das
Kaliumferrocyanid ist, wie schon bemerkt wurde, nicht giftig.

Mit Sauerstoff bildet das Cyan die **Cyansäure** und die
Knallsäure, welche isomer sind $\left.\begin{array}{c}Cy\\H\end{array}\right\}O$ od. CONH od. C_2NO).
Letztere ist wegen ihrer fürchterlichen Detonationskraft eine ge-
fährliche Verbindung.

Bemerkungen. Kautschuk, Caoutschuc, Federharz, *Gummi elasticum*, *Resīna elastica*, ist der eingetrocknete Milchsaft verschiedener Bäume. Der ostindische kommt von mehreren *Ficusarten*, *Ficus elastica*, *racemosa*, der amerikanische von *Siphonia elastica*. — Vulkanisirter Kautschuck ist mit Schwefel verbundener Kautschuk. — Cyan (spr. cyán), auch Cyanogen (cyanogén) genannt, von dem griech. *κυάνεος, α, ον* (kyaneos, a, on), dunkelblau, erhielt seinen Namen wegen seiner Eigenschaft, mit Eisen blaue Verbindungen zu erzeugen. Daher stammt auch der Name Blausäure für Cyanwasserstoff oder Hydriumcyanid. Das Berlinerblau wurde im Jahre 1710 zuerst in Berlin von einem Fabrikanten *Diesbach* zufällig entdeckt. Daher stammt der Name Berlinerblau oder Preussisches Blau (*Ferrum Borussicum*), und auf diese Weise ging das Eigenschaftswort „*Borussicum*" auch auf Präparate aus dem Berlinerblau über; *Kali Borussicum* für Kaliumferrocyanid; *Acidum Borussicum* für Blausäure. — Emulsin (emulsín), von dem latein. *emulgĕo, emulsum, emulgēre*, abmelken, Milch gewinnen. Eine Emulsion aus Pflanzensamen ist jene milchähnliche wässrige Flüssigkeit, Samenmilch, welche das fette Oel und die Proteinstoffe der Samen in höchst feinzertheilter Form suspendirt enthält. Man hat dem auf Amygdalin wie ein Ferment wirkenden Albumin der Mandeln, Pfirsichkerne etc. den Namen Emulsin gegeben, weil es ein Bestandtheil der Mandelemulsion (*emulsĭo amygdalĭna*) ist, und in dieser Form ganz besonders als Ferment des Amygdalins wirkt. — Synaptas (synáptas), von dem griech. *συνάπτω* (synapto), ich vereinige, bringe zusammen. — Glukoside (glukosíde), auch Glykoside, von dem griech. *γλύκος* (glykos), Most, oder *γλυκύς, γλυκεῖα, γλυκύ* (glykys, glykeia, glyky), süss, nennt man Verbindungen eigener Art, welche sich durch Einwirkung von Säuren, Alkalien und Fermenten in Zucker und eine oder mehrere andere Verbindungen spalten. Glukoside sind z. B. Amygdalin, Salicin, Jalapin, die Galläpfelgerbsäure. Das Salicin (aus der Weidenrinde dargestellt) zerfällt durch Einwirkung des Emulsins, der verdünnten Schwefelsäure oder Salzsäure in Traubenzucker und Saligenin. Die Galläpfelgerbsäure zerfällt durch Einwirkung von Säuren, Alkalien, Fermenten in Traubenzucker und Gallussäure. —

Isomer (isomér), von dem griech. *ἰσομερής* (isomerēs), von gleichen Theilen, nennt man Körper von gleicher elementarer Zusammensetzung, welche aber in physikalischer und chemischer Beziehung verschieden sind. Die Erscheinung selbst heisst Isomerie. Eine isomere Verbindung ist z. B. das Zinnoxyd (SnO_2), welches in zwei Modifikationen auftritt, nämlich auflöslich in den stärkeren Säuren und nicht auflöslich in denselben. Die drei Phosphorsäuren (S. 257) sind gleichfalls isomere Verbindungen. Enthalten isomere Körper die relative, aber nicht die absolute Anzahl Elementar-Atome, so nennt man sie polymer, und diese Eigenschaft Polymerie. Weingeist (C_2H_6O oder $C^4H^6O^2$) und Methyloxyd oder Methyläther (C_2H_6O oder C^2H^3O) sind nach Ansicht der älteren Theorie polymer, denn Qualität und Quantität der Bestandtheile sind relativ dieselben, die Anzahl der Atome ist aber eine verschiedene. Ist in isomeren Verbindungen die gleiche Anzahl Elementaratome vorhanden, sie sind aber verschieden gruppirt, so nennt man sie metamer zusammengesetzt, und diese Art der Zusammensetzung **Metamerie**. Harnstoff und cyansaures Ammonium sind z. B. metamer oder metamerisch, denn

$$\text{Harnstoff} = CON_2H_4 \quad \text{oder} \quad C^2H^4N^2O^2.$$
$$\text{cyansaures Ammoniumoxyd} = CNO(NH_4) \text{ oder } NH^4O + NC^2O.$$

Polymer, von dem griech. πόλυς (polys) viel, μέρος (meros) Theil. — **Metamer**, von dem griechischen μετά (meta) zugleich, zusammt, hinterher, in Zusammensetzungen mit dem Begriff der Gemeinschaft.

Lection 69.

Chlor.

Unter den einfachen Körpern finden wir Chlor, Brom, Jod, Fluor zu einer Gruppe vereinigt, welche die Ueberschrift **Halogene** oder **Salzbilder** erhielt, weil diese Körper die Eigenschaft haben, mit Metallen Verbindungen einzugehen, welche den Salzen aus Sauerstoffsäuren ähnlich sind. In wie fern sich die Verbindungen der Halogene mit Metallen als **Haloidsalze** von den Amphidsalzen unterscheiden, haben wir bereits in Lection 39 erfahren. Wir wissen auch, dass es zusammengesetzte Körper giebt, welche sich den einfachen Halogenen gleich verhalten, wie z. B. das Cyan.

Von den einfachen Halogenen sind bei gewöhnlicher Temperatur Chlor und Fluor Gase, Brom eine Flüssigkeit, Jod ein fester Körper. Die Dämpfe aller dieser Halogene sind für die Lungen giftige Substanzen. Ein Experimentiren damit erfordert alle Vorsicht, weil die Wirkungen der Dämpfe der Halogene auf die Respirationsorgane oft dauernde Nachtheile, und im wenig günstigen Falle ein unheilbares Lungenübel zur Folge haben können.

Hier bietet sich die Gelegenheit die Bemerkung anzuknüpfen, dass es Menschen giebt, welche gegen die Gesundheit ihrer Mitmenschen eine gewisse Gleichgültigkeit, oft sogar einen gewissen Grad von Rohheit offenbaren, für welche man wenig Gründe der Entschuldigung findet. An Rohheit streifen die Spässe, welche darin bestehen, dass man Personen, um sie zu erschrecken, in Gefässe hineinriechen lässt, welche den Lungen feindliche Gase oder solche Gase ausdünstende Flüssigkeiten enthalten, denn man kann nie ermessen, in wie weit die Gesundheit dadurch gestört wird. Es sind zwar durch solche rohen Spässe herbeigeführte Fälle mit letalem Ausgange nur sehr wenige bekannt, es sind aber die Fälle mit grösserer oder geringerer Störung der Gesundheit nur zu häufig vorgekommen. Als ein Apothekerlehrling in Dr. vor mehreren Jahren ein junges Mädchen in einen Chlorgasentwickelungskolben, den zu reinigen er beauftragt war, riechen liess, ahnte er nicht, dass dieser rohe Spass auf der Stelle den Tod des Mädchens herbeiführen würde. Unverzeihlich ist die Gleichgültigkeit gegen die Gesundheit Anderer, wenn man ohne Warnung und Information Untergebene mit Arbeiten mit schädlichen Gasarten beauftragt. In einer Apotheke Schlesiens wurde der unerfahrene Lehrling in das Laboratorium gesendet, den Apparat von der Chlorwasserbereitung zu reinigen und bei Seite zu bringen. Dieser Lehrling, ein kräftiger junger Mann, hatte bei der ihm befohlenen Verrichtung reichlich Chlorgas eingeathmet. Zwar stellte sich alsbald nur ein starker Schnupfen ein, welcher ihn aber nicht mehr verliess. Nach zwei Jahren verstarb der junge Mann an Lungenschwindsucht. Wie viele Pharmaceuten und Chemiker sind siech an ihren Lungen, ohne die Entstehungsursache zu kennen. Die Chemiker *Pelletier* in Bayonne und *Roë* in Dublin fanden ihren Tod durch eine Einathmung von Chlorgas. *Mulder* erwähnt einen Apotheker in Holland, welcher eine grosse Flasche mit Chlorwasser zerbrach und zwei Tage nach dem Vorfalle in Folge des Einathmens von Chlor starb. Im chemischen Laboratorium zu Edinburg hatte Professor *Stewart* das Unglück, eine Flasche mit concentrirter Salpetersäure zu zerbrechen, so dass sich der Inhalt auf den Boden ergoss. *Stewart* und sein Assistent schöpften die Säure, soweit es möglich war, auf, und beide athmeten den Salpetersäuredunst wohl über eine Stunde ein. Beide Männer verliessen scheinbar gesund das Laboratorium, doch bald stellten sich Athmungsbeschwerden ein und trotz aller ärztlichen Hilfe starb *Stewart* nach 10 Stunden, der Assistent nach 24 Stunden.

Nicht immer offenbart sich der schädliche Einfluss eingeathmeter lungenfeindlicher Gasarten sofort, er erweckt aber leicht Krankheitsdispositionen, welche schlummern und im anderen Falle vielleicht nie zum Austrage kommen würden.

Das Chlor (*Chlorum*) ist ein gasförmiger Körper, welcher sich von den meisten anderen Gasarten durch eine grünlichgelbe Farbe, welcher er auch seinen Namen verdankt und durch den erstickenden Geruch unterscheidet. Chlor ist fast $2^{1}/_{2}$mal so schwer als die atmosphärische Luft und kann bei einem Drucke von 5—6 Atmosphären in eine gelbe Flüssigkeit übergeführt werden.

In der Natur trifft man das Chlor nie frei an, dagegen in grossen Mengen in Verbindung mit Natrium in dem Natriumchlorid, welches ein vornehmlicher Bestandtheil des Meerwassers ist und sich in fester Form als Steinsalz (*Sal gemmae*) in ausgedehnten Lagern unter der Erdoberfläche findet. Ein mehr oder weniger reines Natriumchlorid ist das Kochsalz (*Sal culināre*), in Form kleiner undeutlicher Würfel krystallisirt.

Um das Chlorgas und seine Farbe kennen zu lernen, nehmen wir ein nicht zu enges trocknes Reagirglas zur Hand, schütten in dasselbe circa 1 Grm. gepulvertes Manganhyperoxyd (Braunstein, *Mănganum oxydatum natīvum*) und giessen an einem zugigen oder freien Orte (auf dem Hofe) circa 4 Grm. rohe Chlorwasserstoffsäure, Salzsäure (*Acidum muriaticum crudum*) darauf. Es entwickelt sich sofort das grünlich gelbe Gas, wenn die Salzsäure genügend concentrirt war. Ein gelindes Anwärmen mit einer Weingeistflamme vermehrt die Gasentwickelung. Halten wir über die Oeffnung des Reagirglases angefeuchtetes blaues Lackmuspapier, so sehen wir es schnell bleichen, denn es ist eine Eigenschaft des freien Chlors, die vegetabilischen Farben zu zersetzen und zu zerstören. Daher wird es bei der künstlichen Bleiche (Schnellbleiche) der Gespinnste häufig angewendet. Nicht allein auf Farbstoffe, überhaupt auf die meisten organischen Stoffe und Gebilde wirkt es zerstörend, ebenso auf die gasigen Wasserstoffverbindungen. Aus diesem Grunde ist das Chlor auch das wirksamste Desinfectionsmittel. Diese Eigenschaften des Chlors lassen sich aus der starken Verwandtschaft desselben zum Wasserstoff erklären, mit welchem es sich zu Chlorwasserstoff (HCl) verbindet. Da die Pflanzen- und Thierstoffe Wasserstoff enthalten, so veranlasst das hinzutretende Chlor, indem es aus der Kette der verbundenen Elemente den Wasserstoff herausreisst oder in die Stelle des Wasserstoffs eintritt, Veränderungen und Umsetzungen. Farbige Stoffe werden farblos, stinkende werden geruchlos, die Zelle, der Grundbau des organischen Lebens, zerfällt u. s. f. Dies ist der Grund, warum das Chlorgas ein Gift für alle lebenden Wesen und Gebilde ist, sie mögen dem Thier- oder Pflanzenreiche angehören.

Im pharmaceutischen Laboratorium leitet man das Chlorgas in Wasser, welches $2\frac{1}{2}$ Volum des Gases bei circa 12° C. auflöst. Dieses mit Chlorgas geschwängerte Wasser ist das Chlorwasser (*Aqua chlorata*; *Liquor Chlori*). Zur Darstellung wird ein Kolben mit haselnussgrossen Stücken Braunstein, dem natürlichen Mangandioxyd oder Manganhyperoxyd (MnO_2 od. *MnO^2*),

bis fast zur Mitte des Halses angefüllt, dann halb mit roher Salzsäure beschickt, und dem Kolben ein Kork oder Kautschukstopfen
mit einem zweimal gebogenen Gasleitungsrohr und einem Sicherheitsrohr dicht aufgesetzt. Den Kolben stellt man entweder in
ein Wasserbad oder ein Sandbad, oder wenn er klein ist, erhitzt
man ihn mit einer kleinen Weingeistflamme. Das Chlorgas entwickelt sich leicht. Man leitet es in eine Flasche a aus weissem
Glase, welche halb mit destillirtem Wasser von circa 12⁰ C. ge-

Fig. 148.

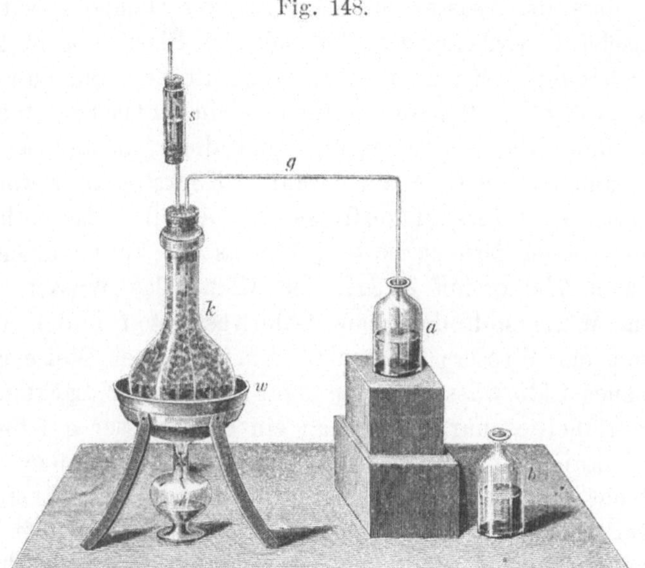

Apparat zur Bereitung des Chlorwassers.

füllt ist. Eine zweite ähnliche Flasche b, halb mit Wasser gefüllt, steht zur Hand. Man leitet nun das Gas in das Wasser
der einen Flasche. Das Wasser verschluckt es nicht mit hin-
reichender Begierde, sondern nur allmählich, eine beträchtlichere
Menge des Chlorgases steigt in Blasen durch das Wasser und
sammelt sich in dem leeren Theil der Flasche, die atmosphärische
Luft daselbst verdrängend, da es 2½mal specifisch schwerer als die
Luft ist. Ist der leere Theil der Flasche mit dem grünlichgelben
Gase gefüllt, so nimmt man die Flasche mit halb abgewendeten
Gesicht fort und legt die andere Flasche (b) vor. Die Flasche a
verschliesst man mit der Handfläche oder, wenn ihre Oeffnung
nicht sehr weit ist, mit dem Daumen und schüttelt kräftig. Das

Wasser absorbirt das durch das Schütteln in kleine Bläschen zertheilte Chlor sofort. Die Handfläche oder der Daumen wird nach dieser Operation gegen die Oeffnung der Flasche ohne unser Zuthun gedrückt, weil in Folge der Absorption des Chlors durch das Wasser ein luftverdünnter Raum in der Flasche entstanden ist. In das Wasser dieser Flasche wird wiederholt Chlorgas geleitet und sie jedesmal, wenn sich ihr leerer Theil grünlichgelb gefärbt zeigt, in gleicher Weise geschüttelt, bis nach dem Schütteln jener Druck auf Hand oder Daumen nicht mehr stattfindet, ein Beweis, dass das Wasser mit Chlorgas zur Genüge gesättigt ist. Die Flasche *b* wird abwechselnd mit der Flasche *a* in gleicher Weise behandelt. Mit dem mit Chlor gesättigten und daher grüngelblich gefärbten Wasser werden kleine Flaschen mit dicht schliessenden Glasstopfen gefüllt und diese alsbald an einem dunklen und kühlen Orte aufbewahrt. Korkstopfen werden vom Chlorwasser bald zerstört (zerfressen). Tageslicht ist nothwendig vom Chlorwasser fern zu halten, weil es die Verwandtschaft des Chlors zum Wasserstoff erregt, das Chlor das Wasser zersetzt, mit dem Wasserstoff desselben Chlorwasserstoff bildet und den Sauerstoff des Wassers freimacht. Ein in dieser Weise gänzlich verdorbenes Chlorwasser bleicht dann nicht mehr Lackmuspapier sondern röthet es nur. Wie man ein Chlorwasser auf die angegebene Veränderung prüft, ist S. 110 bereits angegeben.

Ist das Wasser, welches man mit Chlorgas sättigt, sehr kalt, so bemerkt man die Bildung einer gelblichen, in dem Wasser herumschwimmenden krystallinischen Substanz, Chlorhydrat, einer Verbindung von Chlor mit 5 Molekülen oder 10 Aeq. Wasser ($= Cl + 5H_2O$ od. *Cl + 10HO*), welche schon bei einigen Wärmegraden wieder in Chlorgas und Wasser zerfällt.

Der Process der Chlorentwickelung aus Chlorwasserstoffsäure und Mangansuperoxyd ist folgender: Das Mangansuperoxyd tauscht seine Bestandtheile mit denen der Chlorwasserstoffsäure aus, und es entsteht ein dem Mangansuperoxyd entsprechendes Mangansuperchlorid (Mangantetrachlorid) und Wasser.

$$\text{Mangandioxyd} \quad \text{Hydriumchlorid} \quad \text{Wasser} \quad \text{Mangantetrachlorid.}$$

$$\left.\text{Mn}\right\} O_2 + 4 \left(\begin{matrix}\text{Cl}\\\text{H}\end{matrix}\right\}\!\!\bigg) = 2 \left(\begin{matrix}\text{H}\\\text{H}\end{matrix}\right\} O\bigg) + \left.\text{Mn}\right\} \text{Cl}_4$$

$$\text{oder MnO}_2 \quad + \quad 4\,\text{HCl} \quad = \quad 2\,\text{H}_2\text{O} \quad + \text{MnCl}_4$$

$$\text{oder } \textit{MnO}^2 \quad + \quad \textit{2HCl} \quad = \quad \textit{2HO} \quad + \textit{MnCl}^2.$$

$$\text{Mangansuperoxyd.} \quad \text{Chlorwasserstoff.} \quad \text{Wasser.} \quad \text{Mangansuperchlorid.}$$

Das Mangansuperchlorid hat keine Beständigkeit und zerfällt schon bei gewöhnlicher Temperatur, schneller noch in der Wärme in Manganochlorid oder Manganchlorür ($MnCl_2$ od. $MnCl$) und Chlor, welches letztere als Gas entweicht.

$$MnCl_4 \text{ zerfällt in } MnCl_2 \text{ und } Cl_2$$
$$\text{oder } MnCl^2 \text{ zerfällt in } MnCl \text{ und } Cl.$$

Wird das Chlor aus Natriumchlorid, Schwefelsäure und Mangansuperoxyd entwickelt, so ist der Process insofern derselbe, als aus Natriumchlorid (NaCl) und Schwefelsäure Chlorwasserstoffsäure hervorgeht, welche als solche auf das Mangansuperoxyd in erwähnter Weise einwirkt.

Kommen Chlorwasserstoffsäure und sehr sauerstoffreiche Verbindungen in Wechselwirkung, so wird immer Chlor entwickelt. Wie Mangansuperoxyd verhalten sich z. B. Bleidioxyd oder Bleisuperoxyd (PbO_2 oder PbO^2), Kaliumdichromat oder zweifachchromsaures Kali ($K_2Cr_2O_7$ oder $KO,2CrO^3$), Kaliumchlorat oder chlorsaures Kali ($KClO_3$ oder KO,ClO^5) u. a. Der Braunstein ist ein billiges Material, und das Chlor lässt sich damit bei gelinder Wärme entwickeln. Wenn man die Chlorentwickelung abbricht, die Lösung des entstandenen Manganochlorids (welche gewöhnlich mit Ferrichlorid, Calciumchlorid etc. verunreinigt ist) abgiesst, das vorhandene, im Kolben unberührt gebliebene Mangansuperoxyd gehörig mit Wasser abwäscht, so kann man es wieder zu einer folgenden Chlorentwickelung anwenden.

Der Chemiker und auch der Pharmaceut gebraucht das Chlor als ein kräftiges Oxydationsmittel. Dies klingt zwar zu paradox, doch finden wir die Erklärung, wenn wir sagen: auf indirectem Wege, und zwar zersetzt es als Oxydationsmittel gegenwärtiges Wasser, mit dem Wasserstoff desselben Chlorwasserstoff bildend und Sauerstoff freimachend, welcher *in statu nascendi* oder als ozonisirter Sauerstoff kräftig bestrebt ist, sich mit anderen gegenwärtigen Körpern zu verbinden.

Begegnen sich z. B. Schwefligsäure und Chlor in wässriger Lösung, so wird diese Säure sofort zu Schwefelsäure oxydirt.

Schwefligsäure. Wasser. Chlor. Chlorwasserstoff. Schwefelsäure.

$$\left.\begin{matrix} SO \\ H_2 \end{matrix}\right\}O_2 + \left.\begin{matrix} H \\ H \end{matrix}\right\}O + \left.\begin{matrix} Cl \\ Cl \end{matrix}\right\} = 2\left(\left.\begin{matrix} Cl \\ H \end{matrix}\right\}\right) + \left.\begin{matrix} SO_2 \\ H_2 \end{matrix}\right\}O_2$$

$$\text{oder } H_2SO_3 + H_2O + Cl_2 = 2HCl + H_2SO_4$$

$$\text{oder } SO^2 + HO + Cl = HCl + SO^3.$$

Man benutzt daher in der Technik Natriumsulfit oder schwefligsaures Natron als Antichlor, um die Einwirkung des freien Chlors auf organische Substanzen (Gespinnstfasern) zu unterbrechen. Schütten wir in Chlorwasser ein Ferrosalz, so wird dieses in ein Ferrisalz umgewandelt. Die Stärke des Chlorwassers kann man daher mit krystallisirtem Ferrosulfat oder schwefelsaurem Eisenoxydul prüfen. Je 1 Molecül aus Ferrooxyd entstandenes Ferrioxyd entspricht einem Atom Chlor, od. je 1 Aeq. gebildetes Eisenoxyd entspricht einem Aequivalent Chlor, denn

$$2\left(\begin{matrix}SO_2\\Fe\end{matrix}\right\}O_2 + 7\,aq\right) + \begin{matrix}SO_2\\H_2\end{matrix}\right\}O_2 + \begin{matrix}Cl\\Cl\end{matrix}\right\} = \begin{matrix}(SO_2)_3\\Fe_2\end{matrix}\right\}O_6 + 2\left(\begin{matrix}Cl\\H\end{matrix}\right\}\right)$$

Kryst. Ferrosulfat. — Schwefelsäure. — Chlor. — Ferrisulfat. — Chlorwasserstoff.

oder

$$2(FeSO_4 + 7\,aq) + H_2SO_4 + Cl_2 = Fe_2S_3O_{12} + 2HCl$$

oder

$$2(FeO,SO^3 + 7\,aq) + HO,SO^3 + Cl = Fe^2O^3,3SO^3 + HCl$$

Schwefelsaures Eisenoxydul. — Schwefelsäure. — Chlor. — Schwefelsaures Eisenoxyd. — Chlorwasserstoff.

In 100 Th. Chlorwasser sollen nach der Pharmacopoea Germanica mindestens 0,383 Th. freies Chlor gelöst enthalten sein. Da 2 Molecüle kryst. Ferrosulfat = 556 und 1 Mol. Chlor = 71 wiegen, so müssen durch 0,383 Th. Chlor auch 3 Th. des Ferrosulfats in Ferrisalz verwandelt werden, oder da 2 Aeq. krystallisirtes schwefelsaures Eisenoxydul $(FeO,SO_3 + 7HO = 2 \times 139$ $=)$ 278, und 1 Aeq. Chlor $= 35,5$ wiegen, so müssen durch 0,383 Th. Chlor auch 3 Th. des Eisensalzes oxydirt werden.

Cl_2	$2(FeSO_4+7aq)$		Chlor		kryst. Ferrosulfat
71	:	556	=	0,383	: 3.

Cl	$2(FeO,SO^3+7HO)$		Chlor		Eisenvitriol
oder 35,5	:	278	=	0,383	: 3.

Würden wir zu 50 Grm. Chlorwasser 1,5 Grm. des Eisensalzes werfen und umschüttelnd lösen (100 : 3 = 50 : 1,5), so müsste auch alles Ferrosalz in Ferrisalz verwandelt sein, wenn das Wasser genügend mit Chlor gesättigt war. Diese Veränderung erforscht man durch Zusatz einer dünnen Lösung von Kaliumhypermanganat oder übermangansaurem Kali, dessen Säure sich nur mit Ferrosalz zersetzt und entfärbt, oder durch einige Tropfen einer Lösung des Kaliumferricyanids, welches sich mit Ferrioxyd nicht verändert, mit Ferrooxydul aber Berlinerblau (Ferriferrocyanid) erzeugt. In jenem Falle würde eine Entfärbung der zugesetzten Lösung, im zweiten Falle ein Blauwerden einen ungenügenden Gehalt des Chlorwassers anzeigen.

Es ist instructiv, wenn zur Uebung diese Prüfung des Chlorwassers ausgeführt wird.

Dass man die Chlorgasdarstellung entweder unter einem gut ziehenden Schornsteine oder an einem freien Orte, wo das etwa in die Atmosphäre abfliessende Chlorgas nicht lästig fällt, vorzunehmen hat, möge hier noch einmal in Erinnerung gebracht sein.

Bemerkungen. *Scheele*, Apotheker in Köping in Schweden, entdeckte das Chlor 1774, als er bei der Untersuchung des Braunsteins, diesen mit Salzsäure (Chlorwasserstoffsäure) übergoss. Er hielt dieses Gas nach den damaligen Ansichten von dem Phlogiston für dephlogistisirte Salzsäure. *Berthollet* (spr. bertöleh) nannte es nach der antiphlogistischen Theorie oxygenirte Salzsäure. Erst *Davy* (spr. dehwi) erkannte 1810 die elementare Natur des Chlors und nannte es Chlorine (vom griech. $\chi\lambda\omega\varrho\delta\varsigma$, gelblich grün).

Bei allen Gasentwickelungen, welche durch Wärme im Gange erhalten werden, ist die Anwendung der sogenannten Sicherheitsröhren nothwendig. Gesetzt man entwickelte aus der Flüssigkeit *a* Chlorgas und leitete dasselbe in das Wasser *c*. So lange die Entwickelung des Chlors durch die Wärme der Flamme stattfindet, füllt sich der Kolben *k* mit Chlorgas und hält dem äusseren Luftdrucke das Gleichgewicht. Was mehr an Gas entwickelt wird, steigt durch das Gasleitungsrohr *b* in und durch das Wasser der Vorlage *c*. Verlischt durch Zufall die heizende Flamme, so hört auch die Gasentwickelung auf, der Kolben und sein Inhalt erkaltet, das etwa darin vorhandene Gas wird von der kalten Flüssigkeit *a* absorbirt, und es entsteht über der Flüssigkeit *a* ein Raum, der nur spärlich mit Chlorgas gefüllt ist, oder die Gasentwickelung ist beendet, das Chlor ausgetrieben, und es entsteht bei nicht genügender Erhitzung über *a* ein luftleerer Raum, der nur spärlich mit etwas Wasserdampf gefüllt ist. In einem oder dem anderen Falle wird die äussere Luft das gestörte Gleichgewicht herzustellen suchen. Sie drückt auf die Flüssigkeit *c* in der Vorlage und treibt dieselbe durch das Gasleitungsrohr *b* nach dem Kolben

Fig. 149.

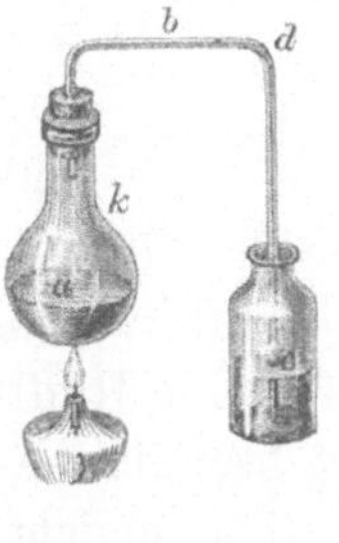

über, womit Materialverlust und verlorene Arbeit verbunden sind. Um diesen störenden Vorkommnissen sicher zu begegnen, setzt man auf den Kolben oder das Gasentwickelungsgefäss ein offenes Rohr, in welchem eine geringe Flüssigkeitsschicht, Sperrflüssigkeit, den inneren Raum des Gefässes von der äusseren Luft abschliesst, durch welche Sperrflüssigkeit aber auch die äussere Luft, als auf dem kürzesten Wege in das Gasentwickelungsgefäss eindringen kann, wenn in diesem ein gasverdünnter Raum entsteht.

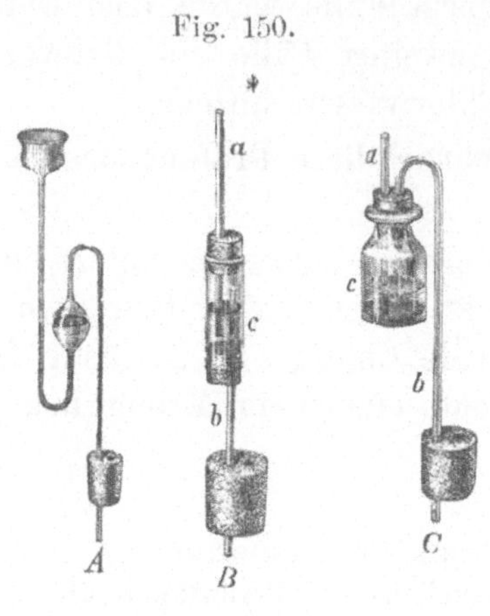

Fig. 150.

Sicherheitsrohre.

Die Höhe der Sperrflüssigkeit muss natürlich eine geringere sein als eine Flüssigkeitssäule $c\,d$ (siehe Fig. 150), bis zu welcher Höhe die Flüssigkeit der Vorlage gedrückt werden muss, um in den Kolben zu gelangen. Solche Rohre mit Sperrflüssigkeit, wozu gemeiniglich Wasser dient, sind die Sicherheitsröhren aus Glas. Das Sicherheitsrohr (sogenannte *Welter*'sche Sicherheitsröhre), wie *A* angiebt, liebt der Chemiker, es ist aber sehr zerbrechlich. Der Pharmaceut construirt sich daher solche, welche fester sind oder leicht einen Wiederersatz erlauben, wie z. B. Fig. *B* und *C*. Das Rohr *B* besteht aus einem Cylinder *c* von starkem Glase, Porcellan oder Weissblech, mit Korken geschlossen. In Stelle dieses Cylinders ist in Fig. *C* ein Opodeldokglas gesetzt. Das Uebrige dieser selbst zubereiteten Vorrichtungen ersieht man aus den Abbildungen.

Lection 70.

Chlor (Fortsetzung). Chlorwasserstoffsäure.

Chlor verbindet sich mit Wasserstoff zu **Chlorwasserstoff** oder **Hydriumchlorid** (HCl), einem coërcibelen, farblosen, nicht brennbaren Gase, welches schwerer als die Luft ist, Lackmus nicht bleicht, sondern röthet, und mit Wasser in Berührung gebracht von diesem begierig verschluckt wird. In der Natur trifft man Chlorwasserstoff häufig in den Dampfausströmungen der Vulkane an, auch ist er ein normaler Bestandtheil des Magensaftes. Dass er sich stets da erzeugt, wo Chlor auf Wasserstoffverbindungen einwirkt, wissen wir aus der vorhergehenden Lection.

Ein Gemisch gleicher Volume Chlorgas und Wasserstoffgas verhält sich im Dunklen ruhend, aber unter Einwirkung des gewöhnlichen Tageslichtes verliert sich nach und nach die grüngelbe Farbe des Chlors und beide Gase verbinden sich allmählich zu farblosem Chlorwasserstoffgas, setzt man aber das Gemisch der Einwirkung der directen Sonnenstrahlen aus, so findet die Verbindung sofort und unter heftiger Explosion statt. Dieser letztere Process kann sogar im Dunklen herbeigeführt werden, wenn das Chlorgas vorher einige Zeit den Sonnenstrahlen ausgesetzt wird. 1 Volum Chlorgas und 1 Volum Wasserstoffgas geben 2 Vol. Chlorwasserstoffgas.

$$\boxed{\overset{\text{H}}{_{1}}} \;+\; \boxed{\overset{\text{Cl}}{_{35,5}}} \;=\; \boxed{\text{H Cl}}$$

Bringt man eine ausreichend genährte Wasserstoffflamme in Chlorgas, so brennt sie fort unter Bildung von Chlorwasserstoff.

Reines Wasser, welches 25 Procent Chlorwasserstoff gelöst enthält, ist die officinelle reine **Chlorwasserstoffsäure** oder **Salzsäure** (*Acidum hydrochloricum*). Die rohe Säure, rohe **Salzsäure**, Salzgeist (*Acidum hydrochloricum crudum*, *Acidum muriaticum crudum*, *Spiritus Salis*) enthält neben einigen Verunreinigungen 30 und mehr Proc. Chlorwasserstoff gelöst und ist stark rauchend. Die reine Säure wird nicht aus Chlor und Wasserstoff zusammengesetzt, sondern durch Zerlegung des Natriumchlorids (des Kochsalzes) mittelst wasserhaltiger Schwefelsäure dargestellt. Kommen Natriumchlorid und Hydriumsulfat oder Schwefelsäurehydrat in Wechselwirkung, so vertauschen Natrium und Hydrium ihre Plätze, oder nach der Binartheorie oxydirt der Sauerstoff des Wassers das Natrium, welches sich mit der Schwefelsäure zu schwefelsaurem Natriumoxyd vereinigt, der Wasserstoff aber tritt im *status nascendi* an das Chlor des Chlornatriums und bildet damit Chlorwasserstoffgas.

Natriumchlorid.   Hydrium-   Natriumsulfat.   Hydriumchlorid.
sulfat.

$$2\left(\left.\begin{array}{l}\text{Cl}\\ \text{Na}\end{array}\right\}\right) + \left.\begin{array}{l}\text{SO}_2\\ \text{H}_2\end{array}\right\}\text{O}_2 = \left.\begin{array}{l}\text{SO}_2\\ \text{Na}_2\end{array}\right\}\text{O}_2 + 2\left(\left.\begin{array}{l}\text{Cl}\\ \text{H}\end{array}\right\}\right)$$

$$\text{oder } 2\,\text{NaCl} + \text{H}_2\text{SO}_4 = \text{Na}_2\text{SO}_4 + 2\,\text{HCl}$$

$$\text{oder } NaCl + SO^3,HO = NaO,SO^3 + HCl$$

Chlornatrium.   Schwefelsäure- Schwefelsaures Chlorwasser-
hydrat.   Natron.   stoff.

Leitet man das Chlorwasserstoffgas in Wasser, so wird es von diesem absorbirt. Auf diese Weise gewinnt man die Chlorwasserstoffsäure. In der Praxis findet das hier angegebene Verhältniss des Natriumchlorids und der Schwefelsäure keine Anwendung, denn die Erfahrung hat ergeben, dass in Folge der Neigung des Natrium, mit der Schwefelsäure ein Disulfat zu bilden, bei Mischungen nach obigen Formeln nur die Hälfte des Natriumchlorids zersetzt wird. Zunächst entsteht aus der Mischung Natriumdisulfat, dessen Schwefelsäure so innig und fest gebunden ist, dass es die zweite Hälfte des Natriumchlorids unbehelligt lässt. Nur erst bei einer der Glühhitze nahe kommenden Temperatur wirkt das Natriumdisulfat auf die unzersetzt gebliebene Hälfte des Natriumchlorids, mit diesem normales Natriumsulfat bildend und Chlorwasserstoff in Freiheit setzend.

Um nun die Zerlegung des Natriumchlorids leicht und bei geringer Erhitzung zu bewerkstelligen, lassen die Vorschriften zur Darstellung der Chlorwasserstoffsäure 1 Molecül oder 2 Aeq. Schwefelsäure auf 1 Mol. od. 1 Aeq. Natriumchlorid einwirken. Dadurch wird das ganze Natriumchlorid auf einmal zerlegt, und es entstehen Natriumdisulfat und Chlorwasserstoff.

<table>
<tr><td>Natrium-
chlorid.</td><td>Hydrium-
sulfat.</td><td>Hydriumnatrium-
sulfat
(Natriumdisulfat).</td><td>Hydrium-
chlorid.</td></tr>
</table>

$$\left.\begin{array}{l}Cl\\Na\end{array}\right\} + \left.\begin{array}{l}SO_2\\H_2\end{array}\right\}O_2 = \left.\begin{array}{l}SO_2\\HNa\end{array}\right\}O_2 \qquad + \left.\begin{array}{l}Cl\\H\end{array}\right\}$$

$$\text{oder } NaCl + H_2SO_4 = HNaSO_4 \qquad\qquad + HCl$$

$$\text{oder } NaCl + 2(SO_3,HO) = NaO,SO^3 + HO,SO^3 + HCl$$

<table>
<tr><td>Chlor-
natrium.</td><td>Schwefel-
säure.</td><td>2fach schwefelsaures
Natron.</td><td>Chlor-
wasserstoff.</td></tr>
</table>

Das Moleculargewicht und Aequivalent-Gewicht des Natriumchlorids ist 58,5, das des Aequivalents Schwefelsäurehydrat 49, das des Molecüls 98. Auf 10 Th. Kochsalz werden in einem Kolben 18 Th. concentrirter Schwefelsäure, welche mit 2 Th. Wasser verdünnt ist, gegossen.

$$\begin{array}{ccccccc}NaCl & & H_2SO_4 & & \text{Kochsalz.} & & \text{conc. Schwefelsäure.}\\ 58,5 & : & 98 & = & 10 & : & x\ (=16{,}752).\end{array}$$

Die einfache englische Schwefelsäure enthält gewöhnlich etwas mehr Wasser als das einfache Hydrat, daher die Uebersetzung von 16,752 Th. in 18 Th. Schwefelsäure gerechtfertigt ist.

Der Kolben wird mit dem Kochsalz beschickt, mit einem Kork nebst tief herabreichendem Trichterrohr und einem Gasleitungsrohr geschlossen, und der Kork, damit er dem zu entwickelnden Gase keine Nebenwege bietet, auch noch mit dem oberen Theile eines in heissem Wasser erweichten Kautschukbeutels oder mit einer Kautschukkappe mit zwei Rohransätzen *m* armirt. Das äussere Ende des Gasleitungsrohres wird in das destillirte Wasser der Vorlage um ein Weniges eingetaucht, weil das daraus austretende Chlorwasserstoffgas sofort und begierig von dem Wasser absorbirt wird. Bei anderen Gasen, welche weniger leicht absorbirt werden, lässt man das Gasleitungsrohr bis auf den Boden der Vorlage hinabreichen. Ist der Apparat in jener Weise arrangirt, so giesst man die Schwefelsäure durch das Trichterrohr *b* ein.

Die Chlorwasserstoffentwickelung beginnt sogleich und wird durch gelindes Feuer zu Ende geführt. Die Blasen, welche anfangs an die Oberfläche des Wassers der Vorlage steigen, sind atmosphärische Luft aus dem Kolben, welche durch Chlorwasserstoffgas verdrängt, einen Ausweg sucht. Jede in das Wasser eintretende Chlorwasserstoffgasblase wird dagegen vom Wasser aufgenommen, und dieser Theil des mit Gas gesättigten Wassers, dadurch specifisch schwerer geworden, sinkt abwärts und macht einer neuen Portion Wasser um die Oeffnung des Gasleitungsrohres Platz.

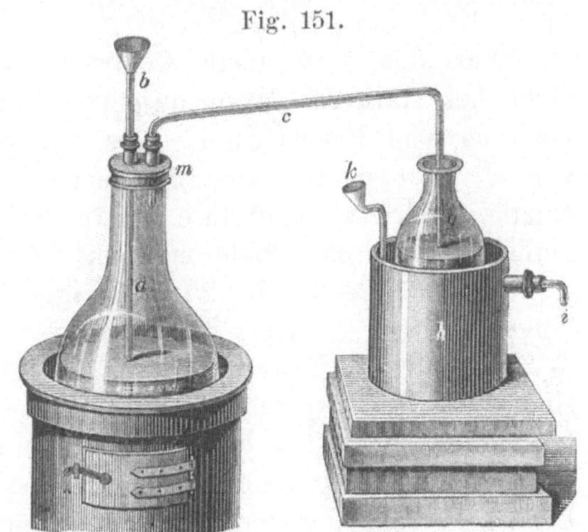

Fig. 151.

Das Chlorwasserstoffgas geht in Folge seiner Auflösung in Wasser aus dem luftförmigen in den tropfbarflüssigen Aggregatzustand über, es wird daher die latente Wärme, durch welche sein luftförmiger Zustand bedingt ist, frei, und die Temperatur des Absorptionswassers steigt verhältnissmässig. Aus diesem Grunde kühlt man die Vorlage ab, indem man sie mit kaltem Wasser umgiebt. In beistehender Abbildung ist ein blecherner sogenannter Kühltopf, dessen Trichterrohr k bis auf den Boden herabsteigt und zum Einfliessenlassen von kaltem Wasser, und dessen seitliches Ausflussrohr i zum Abfliessen des erwärmten Kühlwassers dient, angegeben.

Die Vorlage enthält eine gewisse Menge Wasser (15 Th.). Da die Zersetzung 1 Molecüls oder 1 Aeq. Natriumchlorids wegen Einwirkung von 1 Molecül oder 2 Aeq. Schwefelsäure eine vollständige ist, so kann man auch berechnen, um wie viel jene Wassermenge durch Auflösung des Chlorwasserstoffs an Gewicht zunimmt. Das Aeq.-Gewicht des Chlorwasserstoffs ist 36,5. Ein Aeq. Chlornatrium (= 58,5) giebt 36,5 Chlorwasserstoff aus, folglich müssen 10 Th. trocknes Natriumchlorid fast 6,27 Th. Chlorwasserstoff liefern.

$$\text{NaCl} \quad\quad \text{HCl} \quad\quad \text{Natriumchlorid} \quad\quad \text{Chlorwasserstoff}$$
$$58,5 \quad : \quad 36,5 \quad = \quad 10 \quad : \quad x \ (= 6,24).$$

War das verwendete Chlornatrium vor der Verwendung nicht bei stärkerer Hitze ausgetrocknet, so enthielt es immer noch so viel Feuchtigkeit, dass wir eben nur eine Ausbeute von 6 Th. Chlorwasserstoff annehmen können. Da die officinelle Chlorwasserstoffsäure genau 25 Procent Chlorwasserstoff enthalten soll, so müsste man aus 10 Th. Natriumchlorid circa $(4 \times 6 =)$ 24 Theile 25procentiger Chlorwasserstoffsäure erlangen.

In die Vorlage waren 15 Th. destill. Wasser gegeben, dazu sind 6 Th. Chlorwasserstoff gekommen, folglich wird ihr Inhalt $(15 + 6 =)$ 21 Th. betragen. Hatte man die Vorlage genau tarirt, die hineingegebene Menge Wasser genau gewogen, so kann man nach der Operation das Gewicht des dazugekommenen Chlorwasserstoffs bestimmen und nach dem Gewichte desselben ermessen, wie viel destillirtes Wasser dazu gegeben werden muss, um eine 25proc. Säure zu erlangen. Hier im vorliegenden Falle würden 21 Th. der in der Vorlage befindlichen Flüssigkeit bis auf 24 Th. zu verdünnen sein. Dieses Verdünnungsmaass ist natürlich nur ein annäherndes, denn während der Operation ist auch etwas Feuchtigkeit aus dem Kolbeninhalt in die Vorlage übergeführt, oder es kann das Kochsalz mit schwefelsaurem Natrium mehr oder weniger verunreinigt sein, oder auch etwas Chlorwasserstoff an irgend einer Fuge des Kolbenverschlusses auf einen unrechten Weg gerathen und verloren gegangen sein. Man bestimmt daher den Chlorwasserstoffgehalt aus dem spec. Gewicht der Flüssigkeit der Vorlage und verdünnt dann bis zum vorschriftsmässigen Gehalt. Eine 25proc. Säure hat ein spec. Gewicht von 1,124 bei 15° C. Man hat Gehaltstabellen, welche den verschiedenen Procentgehalt und die entsprechenden spec. Gewichte angeben. Z. B.

Proc. Chlor-wasserstoff.	Spec. Gew.	Proc. Chlor-wasserstoff.	Spec. Gew.
29	1,143	26	1,128
28,75	1,142	25,75	1,127
28,5	1,141	25,5	1,126
28,25	1,140	25,25	1,124
28	1,138	25	1,123
27,75	1,137	24,75	1,122
27,5	1,136	24,5	1,121
27,25	1,135	24,25	1,119
27	1,133	24	1,118.

Gesetzt, die Flüssigkeit der Vorlage, im Gewichte von 1050 Grm., habe ein spec. Gewicht von 1,141 ergeben. Eine Säure dieser Dichtigkeit enthält nach vorstehender Tabelle 28,5 Proc. Chlorwasserstoff. Die Aufgabe ist nun, diese 28,5procentige Säure in eine 25procentige zu verwandeln. Da zur Erzielung eines geringeren Procent-Gehaltes durch Zusatz von Wasser eine Vermehrung der Quantität der Flüssigkeit stattfindet, so haben wir hier ein Beispiel der sogenannten umgekehrten Regeldetri. Die Rechnung lautet also

Proc.	Proc.	Grm.	Grm.
25	: 28,5	= 1050	: x (= 1197).

Jene 1050 Grm. der 28,5 proc. Säure müssen also bis auf 1197 Grm. mit destillirt. Wasser verdünnt werden, oder jene 1050 Grm. der 28,5proc. Säure müssen mit (1197 — 1050 =) 147 Grm. destillirt. Wasser verdünnt werden, um eine 25procentige Säure darzustellen.

Diese Arbeit, die Stellung einer Flüssigkeit auf einen bestimmten Procentgehalt, wiederholt sich in der pharmaceutischen Praxis sehr häufig, das vorstehende Beispiel ist daher für Fälle dieser Art maassgebend.

An dem Apparate der Chlorwasserstoffgasentwickelung (Fig.151) dient als Sicherheitsrohr das Trichterrohr b, welches insofern nach Aussen abgesperrt ist, als sich seine Ausflussöffnung unter dem Niveau der Flüssigkeit im Kolben befindet. Bei einer durch irgend einen Zufall cessirten Gasentwickelung tritt äussere Luft behufs Ausgleichung des verminderten Druckes im Kolben durch die geringe Schicht Sperrflüssigkeit.

Andere schreiben vor, das Chlorwasserstoffgas, ehe man es in das Absorptionswasser treten lässt, zu waschen. Eine solche Vornahme hat vielleicht eine Berechtigung, wenn weniger als 1 Mol. Schwefelsäure zur Zersetzung 1 Mol. Natriumchlorids, und desshalb eine bedeutend stärkere Hitze, oder auch eine selenhaltige Schwefelsäure in Anwendung kommen. Behufs der Waschung wird dann zwischen Kolben und Vorlage eine Flasche mit 3 Oeffnungen eingeschoben, wie in nachstehender Abbildung angegeben ist. Diese Mittelflasche d ist eine sogenannte *Woulf*'sche Flasche, worin sich eine geringe Wasserschicht befindet, in welche das Gasleitungsrohr h hinabreicht. Ein zweites Gasleitungsrohr (i) verbindet die *Woulf*'sche Flasche mit der Vorlage (f). Das Gas ist also genöthigt, durch eine kleine Wasserschicht zu steigen und hier weniger flüchtige Substanzen, die es mit sich führt, abzusetzen, ehe es in die Vorlage gelangt. Das Waschwasser sättigt sich natürlich zuerst mit dem Gase und lässt dann das übrige Gas unbehelligt durch sich hindurchtreten. Als Sicherheitsrohr ist hier das Rohr e eingesetzt. Mindert sich der Druck im Kolben (c), so steigt zunächst das Waschwasser der Mittelflasche (d) insoweit in den Kolben über, als die Oeffnung des Gasleitungsrohres h eintaucht, und die äussere Luft tritt durch das Rohr e ein. Damit letzteres stets ab-

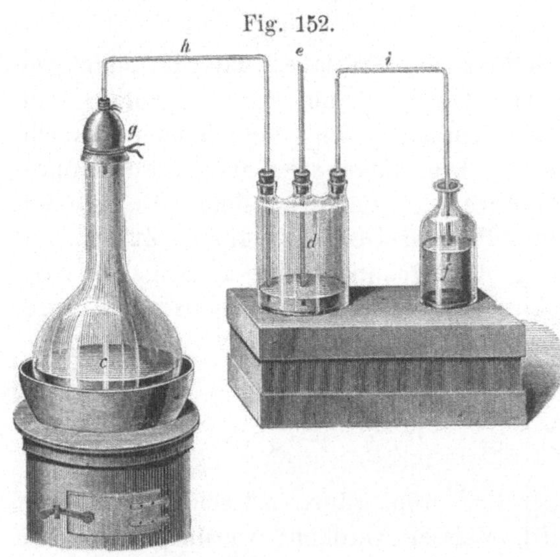

Fig. 152.

gesperrt bleibt, muss es um ein Geringes tiefer in die Waschflüssigkeit hinabreichen als das Rohr h.

Hier im vorliegenden Falle färbt sich die Waschflüssigkeit
in der Mittelflasche (d) gelb, indem der Chlorwasserstoff von den
Korken, womit der Verschluss ausgeführt ist, organische Substanz auflöst.

Die 25 procentige reine Chlorwasserstoffsäure ist eine farblose wasserhelle Flüssigkeit, welche wenig oder nicht raucht.
Die käufliche rohe und stärkere Säure ist gewöhnlich durch organische Substanz oder Ferrichlorid gelblich gefärbt und raucht
an der Luft, weil sie mehr Chlorwasserstoff gelöst enthält. Die
Erscheinung des Rauchens hat man damit erklärt, dass das von
der flüssigen Säure aufsteigende Chlorwasserstoffgas sich mit
der Feuchtigkeit der Luft verdichte und damit jene sichtbaren
Dämpfe bilde. Diese Erklärung ist jedoch keine richtige, denn
wenn man Chlorwasserstoffgas in eine Glasflasche leitet, welche
etwas Wasser enthält, deren Luftinhalt also mit Feuchtigkeit
geschwängert ist, so entstehen dennoch keine Nebel. Wenn man
die Darstellung der Säure auf eine noch weit leichtere und be-
quemere Weise ausführt, indem man 5 Th. Chlornatrium und
9 Th. Schwefelsäure, aber mit 3 Theilen Wasser verdünnt, in
eine Retorte giebt, und der Retorte ohne jede Lutirung einen

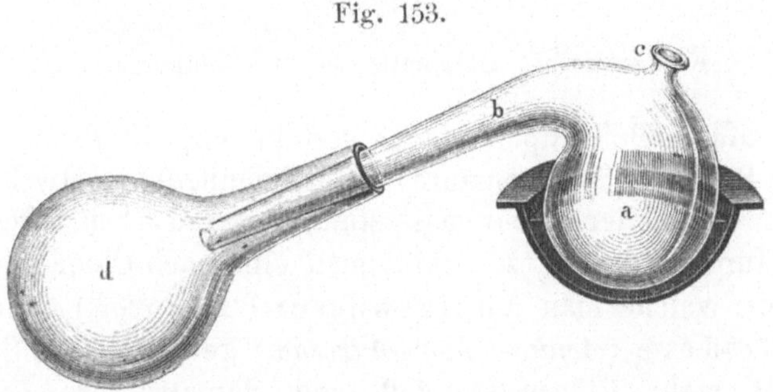

Fig. 153.

Kolben mit dem Absorptionswasser vorlegt, so dass der Retor-
tenhals möglichst tief in den Kolben hineinreicht, so strömt das
durch mässige Wärme entwickelte Chlorwasserstoffgas in den
Kolbenbauch über und sinkt ohne alle Nebelbildung in das
Wasser nieder. Man wird in diesem Falle nicht behaupten wol-
len, dass die Luft in dem Kolben ohne Feuchtigkeit wäre. Das
Rauchen der wässrigen Chlorwasserstoffsäure ist nur durch den
Ammongehalt der atmosphärischen Luft bedingt. Indem sich

Chlorwasserstoff (HCl) und Ammon (NH_3) begegnen, entsteht Salmiak, Ammoniumchlorid, Chlorammonium (NH_4Cl) und zwar hier in einer solchen weitgehenden Zertheilung, dass sich dieses Salz in Dampfform viele Stunden hindurch als Nebel erhält. In den Räumen der Apotheke und in Räumen, in welchen Thiere und Menschen ausdünsten und athmen, ist immer eine ammonhaltige Luft. Auch die atmosphärische Luft im Freien ist nie ohne Ammongehalt.

Die Eigenschaft des Ammongases, mit Chlorwasserstoffgas sichtbare Nebel zu bilden, kann man benutzen, um die Luftdichtigkeit eines Apparates zu prüfen. Bringt man in einem solchen mehrere Gramm Aetzammon zur Verdampfung und nähert den Fugen von aussen einen mit verdünnter (12,5proc.) und nicht rauchender Chlorwasserstoffsäure benetzten Glasstab, so zeigen entstehende Nebel die geringsten Undichten an. Wollen wir dagegen erforschen, ob auch der Kork- oder Gummiverschluss des weiter oben erwähnten Gasentwickelungskolbens (Fig. 151 und 152) dicht ist, so nähern wir seinen Fugen einen mit Aetzammonflüssigkeit benetzten Stab.

Lection 71.

Königswasser. Officinelle Chlorverbindungen.

Die officinelle Salpetersäure besteht aus 75 Proc. Wasser und 30 Procent Salpetersäure (Hydriumnitrat). Mischt man 2 Th. der officinellen Chlorwasserstoffsäure und 1 Th. officineller Salpetersäure zusammen, so erhält man eine nach Chlor riechende Flüssigkeit, welche man Königswasser (*Aqua regis*) oder Salpetersalzsäure (*Acidum chloro-nitrosum*) getauft hat. Sie enthält nicht mehr Chlorwasserstoff und Salpetersäure, sondern beide Stoffe haben sich gegenseitig in der Art zersetzt, dass der Wasserstoff des Chlorwasserstoffs mit einer entsprechenden Menge Sauerstoff aus der Salpetersäure Wasser bildete, und Stickstoffdioxyd (N_2O_2) oder nach alter Ansicht Stickstoffoxyd (NO^2) und freies Chlor entstand, oder, was wahrscheinlicher ist, es entstand Wasser und freies Chlor nebst Chloruntersalpetersäure, einer Untersalpetersäure (NO_2 oder NO^4), in welcher die Hälfte des Sauerstoffs durch Chlor (also $= NOCl_2$ oder NO^2Cl^2) vertreten sind.

Hydriumnitrat.   Hydrium-   Stickstoff- Wasser.   Chlor.
                  chlorid.   dioxyd.

$$2HNO_3 \; + \; 6HCl \; = \; N_2O_2 \; + \; 4H_2O \; + \; 3Cl_2$$
$$NO^5 \; + \; 3HCl = \; NO^2 \; + \; 3HO \; + \; 3Cl$$

Salpetersäure. Chlorwasser- Stickoxyd. Wasser.   Chlor.
                stoff.

oder

Chloruntersalpeter-
säure.

$$2HNO_3 \; + \; 6HCl \; = 2(NOCl_2) \; + \; 4H_2O \; + \; Cl_2$$
$$NO^5 \; + \; 3HCl \; = \; NO^2Cl^2 \; + \; 3HO \; + \; Cl.$$

Diesem Säuregemisch (gewöhnlich aus 3 Th. Salzsäure und 1 Th. Salpetersäure dargestellt) gaben die Alchymisten den Namen Königswasser, weil es das einzige Mittel war, mit welchem sie den König der Metalle, das Gold, aufzulösen vermochten. Heute wissen wir, dass das freie und locker gebundene Chlor des Gemisches das goldauflösende Agens ist.

Das Gold (Au) verbindet sich nur mit im *status nascendi* befindlichem Sauerstoff, und seine Oxyde sind so schwache Basen, dass sie mit Sauerstoffsäuren keine Verbindungen eingehen. Keine Säure wirkt lösend auf Gold, nur das Königswasser vermag es wegen seines freien Chlorgehaltes. Zur Darstellung des officinellen Natriumgoldchlorids oder Chlorgoldnatrium (*Auro-Natrium chloratum*, *Aurum muriaticum natronatum*), welches krystallisirt der Formel $NaCl, AuCl_3 + 2H_2O$ entspricht, wird in einem Glaskolben reines Gold in Königswasser unter mässigem Erhitzen gelöst. Hierbei verbinden sich Chlor und Gold zu Goldchlorid ($AuCl_3$), und es entwickeln sich rothgelbe Dämpfe, welche Untersalpetersäuredampf (N_2O_4 oder NO^4) sind und aus dem entweichenden Stickstoffoxyd (N_2O_2 oder NO^2) dadurch entstehen, dass dieses Gas beim Austritt, mit der Luft in Berührung kommend, Sauerstoff aus der Luft aufnimmt und damit die braunrothe Dämpfe bildende Untersalpetersäure erzeugt. Nimmt man zur Auflösung ein Dukatengoldstück, gewöhnlich eine Legirung des Goldes mit 1 Proc. Silber, so entsteht neben Goldchlorid auch Silberchlorid ($AgCl$), welches aber ungelöst bleibt und durch Filtration der mit Wasser verdünnten Goldlösung abgesondert wird.

Wie bereits früher erwähnt wurde, ist Silberlösung (eine Lösung des salpetersauren Silbers) ein Reagens auf Chlor, und umgekehrt sind Lösungen von Chlorverbindungen, wie Natriumchlorid, Chlorwasserstoffsäure, specifische Reagentien auf gelöstes Silber. Das daraus hervorgehende Silberchlorid ist in verdünnter Salpetersäure und in Wasser ganz unlöslich. Bei seiner Fällung macht es, wenn es in geringen Spuren vorhanden ist, die Flüssigkeit opalisirend, in grösserer Menge scheidet es sich in käsigen Flocken ab. Daher spricht man von einem käsigen Niederschlage des Silberchlorids. Durch überschüssiges freies Ammon wird es gelöst. Am Sonnenlicht schwärzt es sich und beim Erhitzen (bei 260^0 C.) schmilzt es, dann nach dem Erkalten eine hornähnliche Substanz darstellend, in welcher Form es auch als Mineral gefunden wird. Die alten Chemiker nannten das Chlorsilber deshalb Hornsilber, welcher Namen auch noch heute von den Mineralogen gebraucht und anderen natürlich vorkommenden Chlormetallen angepasst wird, denn man hat Hornblei ($PbCl_2$ od. $Pb\,Cl$), Hornquecksilber (Hg_2Cl_2 od. Hg^2Cl). Hornblende ist eine Kieselsäure-Verbindung der Kalkerde oder Magnesia.

Mit dem Eisen giebt das Chlor zwei Verbindungen, Ferrochlorid oder Eisenchlorür ($FeCl_2$ od. $Fe\,Cl$) und Ferrichlorid oder Eisenchlorid (Fe_2Cl_6 od. Fe^2Cl^3), von welchen ersteres dem Ferrooxyd (FeO), letzteres dem Ferrioxyd (Fe_2O_3) analog zusammengesetzt ist.

Das Ferrochlorid, Eisenprotochlorid, Eisenchlorür (*Ferrum chloratum*) kann einfach durch Einwirkung von Chlorgas auf einen Ueberschuss von Eisen, ferner durch Erhitzen von Eisen in einem Strome Chlorwasserstoffgas (Fe und 2HCl geben $FeCl_2$ und H_2) erzeugt werden, leichter und bequemer aber nach Vorschrift der Pharmacopöen durch Auflösen von Eisen in wässriger Chlorwasserstoffsäure. In den beiden ersteren Fällen erhält man es wasserfrei in Form einer weissen schuppigen Substanz, im letzteren Falle aber wasserhaltig, und durch Abdampfen der Lösung in Form grünlicher Krystalle ($FeCl_2 + 4H_2O$ oder $FeCl + 4HO$).

Zu den officinellen Eisenpräparaten verwendet man stets das reinere Eisen, zu welchem das weiche Eisen, wie Draht, kleine Nägel, gehören. Nach Vorschrift der *Pharm. Germanica* sollen 110 Th. Eisen mit 520 Th. der 25procentigen Chlorwasserstoffsäure übergossen werden. Der Process, welcher hier stattfindet, besteht darin, dass das Eisen in die Stelle des Wasserstoffs des Chlorwasserstoffs (Hydriumchlorids) eintritt und jener Wasserstoff frei wird oder nach Ansicht der electrochemischen

Theorie, dass sich das Eisen mit dem Chlor des Chlorwasserstoffs zu Eisenchlorür verbindet und Wasserstoff gasförmig abgeschieden wird.

$$\mathrm{Fe} + 2\left(\begin{matrix} \mathrm{Cl} \\ \mathrm{H} \end{matrix}\right) = \begin{matrix} \mathrm{Cl_2} \\ \mathrm{Fe} \end{matrix} + \begin{matrix} \mathrm{H} \\ \mathrm{H} \end{matrix}$$

$$\text{oder } Fe + HCl = FeCl + H.$$

Damit die fremden, das Eisen verunreinigenden Metalle, z. B. Kupfer, nicht in Lösung übergehen, und weil das Eisen auch Kohlenstoff enthält, ist ein Ueberschuss von Eisen vorgeschrieben, denn auf 1 Aeq. der 25procent. Chlorwasserstoffsäure ($HCl + 12,16$ Aq. $= 146$) genügt theoretisch 1 Aeq. Eisen ($Fe = 28$), mithin auf 520 Th. der officinellen Säure 99,7 Th. Eisen,

$$\begin{matrix} HCl + 12,16\ Aq. & & Fe & & \text{off. Säure} & & \text{Eisen} \\ 146 & : & 28 & = & 520 & : & x\ (= 99{,}7), \end{matrix}$$

die *Pharmacopöe* schreibt aber 110 Th. Eisen vor. So lange Eisen im Ueberschuss vorhanden ist, prävalirt seine chemische Anziehung zum Chlor, und die verunreinigenden Metalle bleiben ungelöst.

Im Anfange der Einwirkung der Säure auf das Eisen findet eine lebhafte Wasserstoffentwickelung statt, später wird diese spärlicher und muss durch die Wärme des Wasserbades unterstützt werden. Die Lösung des Ferrochlorids wird schnell filtrirt, dann mit 1 Th. Chlorwasserstoffsäure versetzt und bis auf ein Gewicht von 1000 Th. mit destill. Wasser verdünnt als *Liquor Ferri chlorati* aufbewahrt. Diese Anordnungen haben ihren guten Grund. Durch eine schnelle Filtration wird die Zeit, in welcher die Lösung mit der Luft in Berührung ist, möglichst abgekürzt. Die Ferrosalz- oder Eisenoxydulsalzlösungen und auch die denselben entsprechenden Haloïdverbindungen, wie Ferrochlorid, ziehen begierig den Sauerstoff der Luft an und bilden damit Ferrioxyd (Fe_2O_3), aus welchem im vorliegenden Falle, bei Gegenwart überschüssiger Chlorwasserstoffsäure Eisenchlorid (Fe_2Cl_6) entsteht.

Ist nicht überschüssige Chlorwasserstoffsäure vorhanden, so entstehen Oxychloride, d. h. angebliche Verbindungen von Ferrioxyd mit Ferrichlorid, welche ocherfarbene Bodensätze bilden.

Zur Verhinderung dieser unvermeidlichen Bodensätze lässt die Vorschrift der Ferrochloridlösung eine geringe Menge freier Chlorwasserstoffsäure zusetzen.

Wenn die filtrirte grünliche Auflösung durch entstandenes Ferrichlorid bereits gelblich gefärbt ist, darf man sie nur den Sonnenstrahlen aussetzen, um ihr die natürliche Farbe wiederzugeben. Die Sonnenstrahlen wirken desoxydirend, und das Ferrichlorid geht wieder in Ferrochlorid über. Wenn man die filtrirte Lösung eindampft, den Salzrückstand, der dann stets oxydhaltig und daher gelblich geworden ist, zerreibt und ihn in flachen Tellern der Einwirkung der directen Sonnenstrahlen aussetzt, so geht die Desoxydation sichtlich vor sich. Nach genügender Insolation, so nennt man die absichtliche Einwirkung des directen Sonnenlichtes, erhält man ein fast farbloses krystallinisches Pulver, welches frei von Chlorid und Oxyd ist und der Formel $FeCl_2 + 2H_2O$ oder $Fe\,Cl + 2HO$ entspricht. Die Aufbewahrung des Ferrochlorids in trockner wie in flüssiger Form fordert kleinere ganz gefüllte und gut verstopfte Flaschen, um den Luftsauerstoff möglichst abzuhalten.

Ferrichlorid, Eisenperchlorid, Eisenchlorid, Anderthalbfach-Chloreisen, Fe_2Cl_6 oder $Fe^2\,Cl^3$ (*Ferrum sesquichloratum*) entsteht, wenn man in die erwärmte wässrige Lösung des Ferrochlorids ($FeCl_2$ oder $Fe\,Cl$) Chlorgas bis zur Uebersättigung leitet. Das Chlor tritt hierbei direct an das Ferrochlorid.

$$2FeCl_2 \text{ und } Cl_2 \text{ geben } Fe_2Cl_6$$
$$\text{oder } 2Fe\,Cl \text{ und } Cl \text{ geben } Fe^2\,Cl^3.$$

Beim Abdampfen der Lösung wird der aufgelöste Chlorüberschuss verflüchtigt.

Leitet man das Chlorgas in die kalte Ferrochloridlösung, so erfolgt die Ferrichloridbildung äusserst langsam, und der grössere Theil des Chlorgases steigt durch die Lösung in die Luft, wird aber die chemische Anziehung durch Erwärmen angeregt, die Lösung des Ferrochlorids bis auf circa 60° C. erhitzt, so findet eine energische Absorption des Chlorgases statt, und in kurzer Zeit ist das Präparat fertig.

Diese Chloridirung lässt sich auch durch Zusatz von Chlorwasserstoffsäure und Salpetersäure zu der kochend heissen und concentrirten Lösung schnell und sicher bewerkstelligen. Man berechnet sich annähernd die nöthigen Mengen dieser Säuren, da man ja den Gehalt der Lösung an Ferrochlorid kennt. 2 Molectüle Ferrochlorid ($2FeCl_2 = 127 \times 2$) erfordern 1 Molecül Chlor ($Cl_2 = 71$) oder 2 Aeq. Eisenchlorür ($2FeCl = 2 \times 63,5$) erfordern 1 Aeq. Chlor ($=35,5$), um in Ferrichlorid übergeführt zu werden.

Nehmen wir nun zum Königswasser, dem bequemsten Chloridationsmittel, unsere Zuflucht, so müsste die zu verwendende Quantität desselben zunächst 2 Molecüle Chlorwasserstoffsäure ($2HCl = 36,5 \times 2$) oder 1 Mol. Chlor oder 1 Aeq. Chlorwasserstoffsäure ($HCl = 36,5$ oder 1 Aeq. Chlor ($Cl = 35,5$) enthalten.

100 Th. der officinellen Ferrochloridlösung, welche 10 Th. Eisen oder 22,7 Th. Ferrochlorid enthalten,

$$\begin{array}{ccccccccccc}
Fe & FeCl_2 & \text{Eisen} & & & Fe & FeCl & \text{Eisen} & \text{Eisen-} \\
& & & & & & & & \text{chlorür} \\
56 & : & 127 & = & 10 & : & x & \text{oder } 28 & : & 63,5 & = & 10 & : & x(=22,7)
\end{array}$$

erfordern ein Königswasser, gemischt aus circa 27 Th. 25proc. Chlorwasserstoffsäure und 12,5 bis 13 Th. einer Salpetersäure von 1,185 spec. Gew., denn

$$\begin{array}{ccccc}
2FeCl & & HCl & \text{Ferrochlorid} & \text{Chlorwasserstoff} \\
2 \times 63,5 & : & 36,5 & = & 22,7 & : & x\,(= 6,534),
\end{array}$$

und da im Königswasser 3 Aeq. Chlorwasserstoffsäure und 1 Aeq. wasserfreier Salpetersäure ($NO^5 = 54$) vertreten sein müssen; so erfordern 6,524 Chlorwasserstoff 3,217 wasserfreie Salpetersäure.

$$\begin{array}{ccccc}
3HCl & & NO^5 & \text{Chlorwasserstoff} & \text{Salpetersäure} \\
3 \times 36,5 = 109,5 & : & 54 & = & 6,524 & : & x\,(= 3,217).
\end{array}$$

Da in der officinellen reinen Salzsäure 25 Proc. wasserfreies Hydriumchlorid enthalten sind, so darf man jenen Posten nur mit 4 multipliciren, also $4 \times 6,524 = 26,096$ offic. Chlorwasserstoffsäure.

Da in der officinellen reinen Salpetersäure 25,71 Proc. anhydrische (30 Proc. hydrische) Säure enthalten sind, so hat man den Posten 3,217 auf eine solche wässrige Säure zu berechnen

$$25,71 \,:\, 100 \;=\; 3,217 \,:\, x\,(= 12,5)$$

12,5 Th. der officinellen Salpetersäure enthalten also 3,217 anhydrische Salpetersäure.

Um der vollständigen Chloridbildung sicher zu sein, setzt man von dem Gemisch dieser beiden Säuren einen geringen Ueberschuss hinzu, der durch Verdampfen wieder ausgetrieben wird, denn wir wissen, dass in dem Königswasser weder die eine noch die andere Säure in ihrer Individualität vorhanden ist, dass das Chlor und das Stickstoffoxyd darin zwei Stoffe sind, welche schon durch mässiges Erwärmen gasige Form annehmen und entweichen. Darum wird die mit dem Königswasser versetzte Eisenlösung durch Eindampfen concentrirt, bis die rothbraunen Dämpfe der Untersalpetersäure nicht mehr zum Vorschein kommen.

Die Ferrichloridlösung wird durch Verdünnen mit Wasser in ähnlicher Weise auf das vorgeschriebene spec. Gewicht gebracht, wie wir es bei der Darstellung der officinellen Chlorwasserstoffsäure kennen gelernt haben (S. 361). Die alten Chemiker nannten diese Lösung *Oleum Martis.*

Um zu prüfen, ob das Ferrochlorid Ferrichlorid, das Ferrichlorid Ferrochlorid enthält, gebrauchen wir zwei uns bereits bekannte Reagentien, nämlich das gelbe und das rothe Blutlaugensalz. Entsteht in der mit Wasser verdünnten Lösung des Ferrochlorids durch einige Tropfen einer Lösung des Kaliumferrocyanids (des gelben Blutlaugensalzes) eine blaue Färbung, so enthält sie Ferrichlorid, und entsteht in der verdünnten Ferrichloridlösung mit Kaliumferricyanid (rothem Blutlaugensalz) auch eine blaue Färbung, so enthält sie Ferrochlorid (vergl. S. 355). Es verhalten sich die Reactionen der Eisenchloride ähnlich den entsprechenden Oxydverbindungen. Man kann auch das Ferrichlorid mittelst einer Lösung des Kaliumhypermanganats oder übermangansauren Kalis auf einen Ferrochloridgehalt prüfen. Dieses Salz bildet nämlich eine dunkelpurpurrothe Lösung, welche sich sofort entfärbt, wenn die darin enthaltene Uebermangansäure einen Körper trifft, an welchen sie Säuerstoff abgeben kann, wobei sie zu Manganooxyd oder Manganioxyd reducirt wird.

Beim Auflösen von Ferrioxyd in Chlorwasserstoffsäure entsteht Ferrichlorid:

Ferrihydroxyd.   Hydrium-   Ferrichlorid.   Wasser.
chlorid.

$$\left.\begin{matrix} Fe_2 \\ H_6 \end{matrix}\right\}O_6 \;+\; 6\left(\begin{matrix} H \\ Cl \end{matrix}\right\}\right) \;=\; \left.\begin{matrix} Fe_2 \\ Cl_6 \end{matrix}\right\} \;+\; 6\left(\begin{matrix} H \\ H \end{matrix}\right\}O\right)$$

oder $Fe^2O^3 \;+\; 3\,HCl \;=\; Fe^2Cl^3 + 3\,HO$

Eisenoxyd.   Chlorwasser-   Eisenchlorid. Wasser.
stoff.

Conc. Eisenchloridlösungen zerfallen beim Erhitzen allmählich in Ferrioxyd und Chlorwasserstoff.

Ferrichlorid. Hydriumoxyd. Ferrioxyd.   Hydriumchlorid.

$$\left.\begin{array}{l}\mathrm{Fe_2}\\ \mathrm{Cl_6}\end{array}\right\} + 3\left(\left.\begin{array}{l}\mathrm{H}\\ \mathrm{H}\end{array}\right\}\mathrm{O}\right) = \mathrm{Fe_2O_3} + 6\left(\left.\begin{array}{l}\mathrm{H}\\ \mathrm{Cl}\end{array}\right\}\right)$$

oder $Fe^2Cl^3 + 3HO \quad = Fe^2O^3 + 3HCl$

Eisenchlorid.   Wasser.   Eisenoxyd.   Chlorwasserstoff.

Das Ferrioxyd bleibt anfangs in der unzersetzten Flüssigkeit gelöst, Chlorwasserstoff entweicht mit den Wasserdämpfen. Daher kommt es, dass die durch Eindampfen concentrirte Ferrichloridlösung und das trockne oder krystallisirte Ferrichlorid von Ferrioxyd oder vielmehr von Ferrihydroxyd selten frei sind.

Ein eigenthümliches Ferriperoxychlorid ist das sogenannte dialysirte Eisen, eine wässrige Lösung des Ferrihydroxyds (Eisenoxydterhydrats) in Ferrichloridflüssigkeit, welche sich dadurch chemisch von einer gewöhnlichen Ferrioxychloridlösung unterscheidet, dass sie mit Silbernitratlösung versetzt keinen Silberchlorid-(Chlorsilber-)Niederschlag giebt, Man kann sie darstellen entweder durch Dialyse (dieses Peroxychlorid ist Colloïdsubstanz, vergl. S. 89) oder durch Maceration des frisch gefällten Ferrihydroxyds in Ferrichloridflüssigkeit.

Lection 72.

Officinelle Chlorverbindungen (Fortsetzung).

Zinkchlorid oder Chlorzink ($\mathrm{ZnCl_2}$ oder $ZnCl$). Da es nur eine Verbindung des Zinks mit Chlor giebt, wie auch von diesem Metall nur eine basische Oxydationsstufe, nämlich das Zinkoxyd (ZnO), existirt, so sagt man laut der electrochemischen Theorie nicht Zinkchlorür oder Zinkchlorid, sondern Chlorzink.

Wenn man Zinkmetall mit verdünnter Chlorwasserstoffsäure übergiesst, so entsteht Zinkchlorid, und Wasserstoff entweicht.

$$\mathrm{Zn''} + 2\left(\left.\begin{array}{l}\mathrm{Cl}\\ \mathrm{H}\end{array}\right\}\right) = \mathrm{Zn''}\left\{\begin{array}{l}\mathrm{Cl}\\ \mathrm{Cl}\end{array} + \left.\begin{array}{l}\mathrm{H}\\ \mathrm{H}\end{array}\right\} \text{ od. } Zn + HCl = ZnCl + H.\right.$$

Bei dieser Darstellungsweise bringt man, wie bei der Auflösung des Eisens in Chlorwasserstoffsäure, einen Ueberschuss von Metall in Anwendung. Beim käuflichen Zink ist dies um so nothwendiger, weil es mit kleinen Mengen verschiedener an-

24*

derer Metalle (Kupfer, Cadmium, Blei) verunreinigt ist, welche
aber ungelöst bleiben, so lange das mit stärkerer chemischer
Verwandtschaftskraft ausgestattete und electropositivere Zinkmetall
vorwaltet.

Das Zinkchlorid (*Zincum chloratum*, *Zincum muriaticum*) ist
ein farbloses leicht lösliches und sehr hygroskopisches Salz und
wird durch Eindampfen der filtrirten Lösung bis zur Trockne gewonnen. Man bereitet es auch durch Auflösen von käuflichem Zinkoxyd (ZnO) in verdünnter Chlorwasserstoffsäure, setzt aber dem
Zinkoxyd, welches mit den Oxyden oben erwähnter Metalle verunreinigt sein kann, noch ein Stückchen Zinkmetall hinzu, um
der Abscheidung dieser Metalle sicher zu sein.

$$\left.\begin{matrix}H_2\\Zn\end{matrix}\right\}O_2 \;+\; 2\left(\begin{matrix}H\;|\\Cl\,|\end{matrix}\right) \;=\; \left.\begin{matrix}Cl_2\\Zn\end{matrix}\right\} \;+\; 2\left(\begin{matrix}H\\H\end{matrix}\right\}O\right)$$

Zinkhydroxyd.   Hydrium-chlorid.   Zinkchlorid.   Hydrium-oxyd.

$$ZnO \;+\; HCl \;=\; ZnCl \;+\; HO$$

Zinkoxyd.   Chlorwasser-stoff   Chlorzink.   Wasser.

Das Zinkchlorid theilt auch die Eigenschaft des Ferrichlorids,
nämlich beim Abdampfen der Lösung unter Kochen allmählich
in Zinkoxyd und Chlorwasserstoff zu zerfallen, von welchen letzterer verdampft, ersteres sich in dem unzersetzten Zinkchlorid
auflöst und damit ein Oxychlorid bildet.

Die Zinkchloridlösung wird also nur bei mässiger Wärme bis
zur Darstellung eines trocknen Pulvers eingedampft. Da dieses
Salz sehr hygroskopisch ist und zerfliesst, wird es sofort und
noch warm in kleine gut zu verstopfende Flaschen gefüllt.

In älterer Zeit stellte man das Chlorzink durch Destillation, z. B. aus wasserfreiem schwefelsauren Zink und Natriumchlorid dar.

$$\left.\begin{matrix}SO_2\\Zn''\end{matrix}\right\}O_2 \;+\; 2\left(\begin{matrix}Cl\;|\\Na\,|\end{matrix}\right) \;=\; \left.\begin{matrix}SO_2\\Na_2\end{matrix}\right\}O_2 \;+\; \left.\begin{matrix}Cl_2\\Zn\end{matrix}\right\}$$

Zinksulfat.   Natriumchlorid.   Natrium-sulfat.   Zinkchlorid.

$$\text{oder}\quad ZnSO_4 \;+\; 2\,NaCl \;=\; Na_2SO_4 \;+\; ZnCl_2$$

$$\text{oder}\quad ZnO,SO^3 \;+\; NaCl \;=\; NaO,SO^3 \;+\; ZnCl$$

Schwefelsaures Zinkoxyd.   Chlornatrium.   Schwefelsaures Natriumoxyd.   Chlorzink.

Das nichtflüchtige Natriumsulfat blieb in der Retorte als Rückstand, das Zinkchlorid destillirte über und sammelte sich in der Vorlage als Flüssigkeit, welche beim Abkühlen zu einer weissen durchscheinenden Masse erstarrte und Zinkbutter (*Butyrum Zinci*) genannt wurde.

Das Chlorzink ist eine scharf ätzend wirkende Substanz.

Eine andere häufig noch medicinisch angewendete Chlorverbindung ist das Antimontrichlorid oder Antimonchlorid ($SbCl_3$ oder *Sb Cl³*). Man hat dieses Chlorid auch Chlorantimon oder Antimonchlorür genannt, zum Unterschiede von dem Antimonsuperchlorid oder Antimonpentachlorid ($SbCl_5$), welches früher auch mit Antimonchlorid bezeichnet wurde. Das Antimonchlorid wird als Lösung dargestellt (*Liquor Stibii chlorati, Butyrum Antimonii*).

Die gebräuchliche Darstellung besteht in der Auflösung des schwarzen Schwefelantimons in roher Salzsäure unter Digestion in einem Kolben, und in dem Concentriren der Lösung durch Abdampfen derselben in einer Retorte. Das schwarze Schwefelantimon, Antimontrisulfid (Sb_2S_3 oder *Sb S³*), das *Antimonium crudum, Stibium sulfuratum nigrum* der Apotheken, ist ein unter dem Namen Grauspiessglanzerz vorkommendes Mineral, mehr oder weniger mit Gangarten wie Schwefelblei, Schwefelarsen u. a. verunreinigt. Bei der Behandlung mit Chlorwasserstoffsäure (HCl) sind Antimonchlorid ($SbCl_3$) und Schwefelwasserstoff oder Hydriumsulfid (H_2S oder *HS*) die Resultate des chemischen Processes:

$$Sb_2S_3 \; + \; 6HCl \; = \; 2SbCl_3 \; + \; 3H_2S$$
$$\text{oder } SbS^3 \; + \; 3HCl \; = \; Sb\,Cl^3 \; + \; 3HS.$$

Der Schwefelwasserstoff entweicht als Gas, welches durch seinen widrigen stinkenden Geruch nach faulen Eiern charakterisirt ist und dessen Einathmung wegen seiner giftigen Wirkung sorgsam vermieden werden muss. Das Lösen des Schwefelantimons kann daher nur unter einem gut ziehenden Schornsteine oder im Freien ausgeführt werden. Hatte man das Antimontrisulfid im Ueberschuss angewendet, so kommt das verunreinigende Arsen nicht in Lösung, und wenn man die durch Glaswolle oder durch Asbest (Federalaun) filtrirte Antimonchloridlösung durch Abdampfen concentrirt, so scheidet sich in der Kälte das etwa vorhandene und schwer lösliche Bleichlorid ab.

In älterer Zeit wurde das Antimonchlorid durch Destillation aus einem Gemisch von unreinem Antimonoxyd (*Vitrum Antimonii*, *Crocus Antimonii*), Natriumchlorid und Schwefelsäure gewonnen. Es destillirte als ölige Flüssigkeit über und erstarrte zu einer durchscheinenden weichen Masse, welche man Spiessglanzbutter (*Butyrum Antimonii*) nannte.

Auch die Lösung dieses Chlorids hat vorwiegend die Neigung Chlorwasserstoff auszudunsten, indem es bei Gegenwart von Wasser allmählich in Antimonoxyd und Chlorwasserstoff zerfällt. Daher kommt die Eigenschaft des Rauchens der concentrirten Antimonchloridlösungen;

$$2SbCl_3 \; + \; 3H_2O \; = \; Sb_2O_3 \; + \; 6HCl$$
$$\text{oder} \quad Sb\,Cl^3 \; + \; 3HO \; = \; SbO^3 \; + \; 3HCl.$$

Das dabei entstehende Antimonoxyd löst sich unter Bildung eines Oxychlorids (SbClO).

Die Antimonchloridflüssigkeit ist ein heftiges Aetzmittel, sie muss daher wie das Chlorzink mit Vorsicht gehandhabt und darf nur gegen ärztliche Vorschrift dispensirt werden.

Das Antimonchlorid wird durch Wasser leicht zersetzt. Wenn man eine klare concentrirte Antimonchloridlösung mit einem 2- und mehrfachen Volum Wasser vermischt, so trübt sie sich sofort, und es fällt ein weisses schweres Pulver nieder, welches ein Oxychlorid ist und aus Antimonchlorid und Antimonoxyd in verschiedenen Verhältnissen besteht. Die über dem Niederschlage stehende Flüssigkeit enthält neben geringen Mengen Antimonchlorid freie Chlorwasserstoffsäure.

Der Niederschlag trägt den Namen Algarothpulver (*Pulvis Algarothi*, *Mercurius Vitae*). Digerirt man ihn mit einer Lösung des Natriumcarbonats, so wird auch der letzte Antheil Chlorid zersetzt und in Antimonoxyd (Sb$_2$O$_3$ oder *SbO³*, *Stibium oxydatum*) verwandelt.

Zwei sehr wichtige Chloride des Arzneischatzes sind das Mercurochlorid oder Quecksilberchlorür (Hg$_2$Cl$_2$ oder *Hg²Cl*) und das Mercurichlorid oder Quecksilberchlorid (HgCl$_2$ oder *HgCl*).

Das Mercurichlorid, Quecksilberbichlorid oder ätzendes Quecksilberchlorid (*Hydrargyrum bichloratum corrosivum*), auch im gewöhnlichen Leben Sublimat genannt, entsteht bei der Einwirkung des Chlorgases auf erhitztes Queck-

silber oder durch Auflösen von Quecksilberoxyd in Chlorwasserstoffsäure:

$$HgO \;+\; 2HCl \;=\; HgCl_2 \;+\; H_2O$$
$$oder \;\; HgO \;+\; HCl \;=\; HgCl \;+\; HO.$$

Die Darstellung geschieht in chemischen Fabriken durch Sublimation eines Gemisches aus gleichen Theilen Mercurisulfat oder
schwefelsaurem Quecksilberoxyd ($HgSO_4$ od. HgO,SO^3) und Kochsalz ($NaCl$) in weithalsigen Retorten:

Mercurisulfat.   Natriumchlorid.   Mercuri-   Natriumchlorid.   sulfat.

$$\left.\begin{array}{l}SO_2\\Hg\end{array}\right\}O_2 \;+\; 2\left(\begin{array}{l}Cl\;\\Na\end{array}\right) \;=\; \left.\begin{array}{l}Cl_2\\Hg\end{array}\right\} \;+\; \left.\begin{array}{l}SO_2\\Na_2\end{array}\right\}O_2$$

$$oder \;\; HgSO_4 \;+\; 2\,NaCl \;=\; HgCl_2 + \; NaSO_4$$

$$oder \;\; HgO,SO^3 + \; NaCl \;=\; HgCl + \; NaO,SO^3$$

Schwefelsaures Chlornatrium.   Quecksilber-   Schwefel-
Quecksilber-   chlorid.   saures
oxyd.   Natron.

Beide Salze tauschen also ihre Bestandtheile aus, und es entstehen das nichtflüchtige Natriumsulfat und das in der Hitze
sublimirbare Mercurichlorid. Da das Mercurisulfat stets kleine
Mengen Mercurosalz (Oxydulsalz) beigemengt enthält, so versetzt
der Fabrikant das Sublimationsgemisch mit etwas Mangansuperoxyd (Braunstein), welches indifferente Oxyd mit einem Theil
seines Sauerstoffs das Mercurooxyd in Mercurioxyd umwandelt.
Das Mercurichlorid setzt sich in dem Halse und an die Wölbung
der Retorten in salzähnlichen Krusten an, welche am Ende der
Sublimationsoperation durch einen starken aber kurzen und
schnellen Wärmezufluss bis zum anfangenden Schmelzen gebracht
werden, um ihnen die dichtere krystallinische Beschaffenheit zu
geben.

Betrachten wir das ätzende Quecksilberchlorid in unserem
Vorrathsgefässe, so finden wir es in Gestalt schwerer weisslicher
krystallinischer, auf dem Bruche körnig krystallisirter Stücken
und Kuchen, welche geritzt keinen gelben Strich geben und
zerrieben ein weisses Pulver liefern. An dem nicht gelben
Striche beim Ritzen unterscheiden wir besonders dieses giftige
Präparat von dem ihm ähnlichen sublimirten Mercurochlorid oder
Quecksilberchlorür, welches beim Ritzen einen gelben Strich giebt.

Wenn wir diese Probe einige Male versucht haben, dürfte sie unserem Gedächtnisse nicht wieder verloren gehen.

Durch eine langsame Sublimation oder aus concentrirten Lösungen erhält man das Mercurichlorid in Krystallen. Es ist in circa 13 Th. Wasser von mittlerer Temperatur, leichter in Aether und Weingeist löslich. Ferner ist es ein sehr heftiges ätzendes Gift und muss daher mit der grössten Vorsicht gehandhabt werden. Will man es zu Pulver zerreiben, so nimmt man diese Arbeit in einem porcellanenen Mörser vor, besprengt es aber mit einigen Tropfen starkem Weingeist zur Verhütung des Stäubens. Für diesen Behuf und zum Zweck der Dispensation sind porcellanene Mörser, Löffel, Wagen, Hornspatel, signirt mit „Sublimat,“ vorhanden. Die Dämpfe des Mercurichlorids sind ebenfalls sehr giftig. Auch der Dampf kochender Mercurichloridlösungen enthält stets Spuren dieses giftigen Haloïdsalzes.

Das Mercurichlorid verhält sich wie eine Chlorosäure gegenüber den Chlorobasen, z. B. dem Natriumchlorid, Ammoniumchlorid (Salmiak), denn es bildet damit Doppelchloride, in welchen es gleichsam die Stelle einer Säure einnimmt. Das sogenannte Alembrothsalz ist ein solches Doppelchlorid, bestehend aus Ammoniumchlorid und Mercurichlorid.

Die wässrigen Lösungen des Mercurichlorids werden durch Licht in das unlösliche Mercurochlorid und Chlorwasserstoff zerlegt und Sauerstoff entweicht.

$$2\,HgCl_2 \;+\; H_2O \;=\; Hg_2Cl_2 \;+\; 2\,HCl \;+\; O$$
$$\text{oder } 2\,Hg\,Cl \;+\; HO \;=\; Hg^2\,Cl \;+\; HCl \;+\; O$$

Im Uebrigen wird es weder durch Schwefelsäure, Salpetersäure noch eine andere starke Sauerstoffsäure zersetzt. Mit Eiweisslösung giebt seine Lösung einen unlöslichen Niederschlag. Daher gilt Eiweiss als bestes Gegenmittel bei Mercurichloridvergiftung, doch dürfte ein Gemisch aus Blattgold oder Blattsilber, Eisenpulver und Zuckersaft vorzuziehen sein, welches das Chlorid zersetzt unter Abscheidung von metallischem Quecksilber und Bildung von Ferrochlorid. Das Gold oder Silber dient hier nur als Electromotor.

Das Mercurochlorid, Quecksilberprotochlorid oder Quecksilberchlorür, Hg_2Cl_2 oder $Hg^2\,Cl$, Kalomel (*Hydrargyrum chloratum mite. Calomelas*) enthält nur halb soviel Chlor als das ätzende Chlorid. Es unterscheidet sich durch seine Unauflöslichkeit und durch seine milde, nicht ätzende Wirkung hinreichend von dem ätzenden Quecksilberchlorid. In der Natur findet man es selten als Quecksilberhornerz. Dargestellt wird es auf trocknem Wege durch Sublimation, oder auf nassem Wege durch Fällung, und *à la vapeur*, d. h. durch Mischen von Mercurochloriddämpfen mit Wasserdämpfen.

Zu pharmaceutischen und medicinischen Zwecken muss der sublimirte Kalomel zuvor zu einem unfühlbaren Pulver zerrieben (präparirt) werden (*Hydrargyrum chloratum mite praeparatum*), während das auf andere Weise dargestellte ein solches in noch höherem Grade darstellt, dennoch giebt man dem sublimirten den Vorzug, weil es als Arzneisubstanz entschieden milder wirkt. Aeusserlich als Einstäube - oder Einstreupulver kommt der sogenannte Dampfkalomel in Anwendung, da seine Krystallpartikel minder gegenseitig adhäriren und er daher in einen lockeren Staub versetzt werden kann.

Behufs Darstellung des sublimirten Mercurochlorids, des eigentlichen Kalomels, werden 4 Th. Mercurichlorid und 3 Th. metallisches Quecksilber in einer Reibschale unter Besprengen mit Weingeist oder destillirtem Wasser innig gemischt, dann in einer porcellanenen Schale unter starkem Erhitzen ausgetrocknet, in Glasgefässe, welche mit Kreidestopfen geschlossen werden, gefüllt und im Sandbade sublimirt. Hier wird also 1 Molecül Mercurichlorid ($HgCl_2 = 271$) mit 1 Molecül Quecksilber ($Hg = 200$) oder 1 Aeq. ätzendes Quecksilberchlorid ($HgCl = 135,5$) mit 1 Aeq. Quecksilber ($Hg = 100$) in Verbindung gesetzt, denn

$$\underset{135,5}{HgCl} \quad : \quad \underset{100}{Hg} \quad \text{Quecksilberchlorid} \quad \text{Quecksilber}$$
$$135,5 \quad : \quad 100 \quad = \quad 4 \text{ Th.} \quad : \quad x \, (=2{,}95) \text{ Th.}$$

Die Verbindung geht schon beim Zusammenreiben vor sich und wird durch die Sublimationshitze nur vervollständigt. In den Fabriken wird der Kalomel aus einem Gemisch von Mercurisulfat, Quecksilber und Kochsalz sublimirt.

Mercurisulfat. Queck- Natriumchlorid. Mercuro- Natriumsulfat.
silber. chlorid.

$$\left.\begin{matrix}SO_2\\ Hg\end{matrix}\right\}O_2 \; + \; Hg \; + \; 2\left(\begin{matrix}Cl\\ Na\end{matrix}\right\rangle) \; = \; \left.\begin{matrix}Cl_2\\ Hg_2\end{matrix}\right\} \; + \; \left.\begin{matrix}SO_2\\ Na_2\end{matrix}\right\}O_2$$

oder $HgSO_4 \; + \; Hg \; + \; 2\,NaCl \; = \; Hg_2Cl_2 + \; Na_2SO_4$

oder $HgO,SO^3 + \; Hg \; + \; NaCl \; = \; Hg^2Cl + \; NaO,SO^3.$

Auf nassem Wege (*via humida*) kann der Kalomel aus jeder Mercurosalz- oder Quecksilberoxydulsalzlösung mit Chlorwasserstoffsäure oder Natriumchlorid oder Ammoniumchlorid gefällt werden. Durch Auflösen von Quecksilber in Salpetersäure stellt man Mercuronitrat oder salpetersaures Quecksilberoxydul ($Hg_2 N_2 O_6$ oder Hg^2O, NO^5) dar, welches in verdünnter Lösung mit Natriumchlorid (NaCl) versetzt Kalomel fallen lässt.

$$Hg_2N_2O_6 \;+\; 2\,NaCl \;=\; Hg_2Cl_2 \;+\; 2\,NaNO_3$$
$$\text{oder}\quad Hg^2O, NO^5 + \; NaCl \;=\; Hg^2Cl. \;+\; NaO, NO^5$$

Auch kann man aus einer wässrigen Mercurichloridlösung durch einströmendes Schwefligsäuregas (SO_2 oder SO^2) Mercurochlorid fällen, wobei als Nebenproducte Hydriumchlorid oder Chlorwasserstoff und Hydriumsulfat oder Schwefelsäure entstehen.

Mercurichlorid. Schweflig- Wasser. Mercuro- Chlorwas- Schwefelsäure. chlorid. serstoff. säure.

$$2\begin{pmatrix}Cl_2\\Hg\end{pmatrix} + \left.\begin{matrix}SO\\H_2\end{matrix}\right\}O_2 + \left.\begin{matrix}H\\H\end{matrix}\right\}O = \left.\begin{matrix}Cl_2\\Hg_2\end{matrix}\right\} + 2\begin{pmatrix}Cl\\H\end{pmatrix} + \left.\begin{matrix}SO_2\\H_2\end{matrix}\right\}O_2$$

od. $2\,HgCl \;+\; SO^2 \;+\; HO \;=\; Hg^2Cl + HCl \;+\; SO^3.$

Das sublimirte Quecksilberchlorür bildet schwere weissliche durchscheinende, strahlig krystallinische Massen, welche geritzt einen gelben Strich und durch Zerreiben ein gelblichweisses Pulver geben. Das auf nassem Wege bereitete ist ein weisses und weit lockeres Pulver.

Die Verwandlung des Kalomels in ein unfühlbares Pulver, das Lävigiren, geschieht in porcellanenen Reibschalen unter Befeuchten mit Wasser, welche Arbeit beendet ist, wenn mit einer einfachen Lupe (mit bewaffnetem Auge) keine glänzenden Partikel (Krystalltrümmer) mehr zu entdecken sind. Da der sublimirte Kalomel stets mit etwas Mercurichlorid verunreinigt ist, so muss diese giftige Substanz durch Auswaschen mit Wasser oder Weingeist vollständig entfernt werden. Wenn man eine erbsengrosse Menge lävigirten Kalomels mit etwas Weingeist angefeuchtet auf eine blanke Eisenfläche bringt, findet keine Reaction statt, enthält es aber nur eine kleine Spur des Quecksilberchlorids, so erfolgt in einer Minute eine Abscheidung von metallischem Quecksilber, und auf dem Eisen entsteht ein schwarzer Fleck. Wenn der mit Chlorid verunreinigte Kalomel mit Wasser oder Weingeist geschüttelt, die Flüssigkeit durch ein doppeltes Filter gegossen und das Filtrat mit Schwefelwasserstoffwasser (Hydriumsulfid in Wasser gelöst) versetzt wird, so entsteht eine schwärzliche Trübung von Schwefelquecksilber (Mercurisulfid, HgS)

$$HgCl_2 \ + \ H_2S \ = \ HgS \ + \ 2HCl$$
$$\text{oder } Hg\,Cl \ + \ HS \ = \ Hg\,S \ + \ HCl.$$

Das Tageslicht, noch mehr das directe Sonnenlicht, wirken auf den Kalomel reducirend, und es entstehen kleine Mengen Quecksilbermetall und Mercurichlorid:

$$Hg_2Cl_2 \text{ geben } Hg \text{ und } HgCl_2$$
$$\text{oder } Hg^2Cl \text{ geben } Hg \text{ und } Hg\,Cl.$$

Deshalb muss dies Präparat vor Licht geschützt werden. Auch viele organische Substanzen wirken in ähnlicher Weise; in alten Kalomel-haltigen Pillen und Pulvern findet man daher häufig ätzendes Quecksilberchlorid. Selbst Mischungen aus Zucker und Kalomel unterliegen dieser Veränderung und wirken dann giftig. Deshalb dürfen solche Mischungen nicht vorräthig gehalten werden. Der Arzt verbietet wegen dieser Chloridbildung beim Gebrauch des Kalomels den Genuss salziger Speisen, er giebt aus demselben Grunde dem Kranken auch nicht zu gleicher Zeit Kalomel und eine Salmiakmixtur oder Jod- und Bromverbindungen, blausäurehaltige Substanzen, wie Bittermandelwasser.

Lection 73.

Stickstoff. Salpetersäure.

Stickstoff, auch Stickgas, Azot, Nitrogen genannt (*Nitrogenium*), macht frei oder ungebunden einen beträchtlichen Bestandtheil der atmospärischen Luft aus, welche ein Gemisch aus 79 Vol. Stickstoff und 21 Vol. Sauerstoff ist. In verschiedener Verbindung kommt er in Thier- und Pflanzenstoffen und deren fossilen Ueberresten (Steinkohlen), so wie auch im Mineralreich in den Nitraten des Natrium und Kalium vor. Er bildet ein permanentes farbloses Gas ohne hervorragende Eigenschaften und hat seinen Namen erhalten, weil er weder das Athmen noch die Verbrennung unterhält.

Der Beweiss, dass die atmosphärische Luft nur ein Gemisch aus Stickstoffgas und Sauerstoffgas ist, ergiebt sich bei der Absorption der Luft durch das Wasser. Wasser, welches mit Luft in Berührung ist, absorbirt nämlich Luft, aber in einem anderen Mischungsverhältniss, und zwar ist die Luft im Wasser um vieles sauerstoffreicher. Diese absorbirte Luft kann selbst aus 34 Volumprocenten Sauerstoff und nur 66 Volumproc. Stickstoff bestehen. Es ist dies ein wesentlicher günstiger Umstand für das Leben der Wasserthiere. Aus diesem Beispiele ersehen wir, dass ein indifferentes Auflösungsmittel, wie es das Wasser ist, die Bestandtheile der Luft in verschiedene Mengen sondert, was nicht der Fall sein könnte, wären Stickstoff und Sauerstoff der atmosphärischen Luft chemisch verbunden.

Wie wir wissen, steht das Volumen zweier sich chemisch verbindender Gase zu dem Volumen der Verbindung stets in einem einfachen Verhältnisse. Da 100 Vol. der atmosphärischen Luft aus 79 Vol. Stickstoff und 21 Vol. Sauerstoff bestehen, kann auch von diesem einfachen Verhältnisse nicht die Rede sein und die Luft nicht als eine chemische Verbindung angesehen werden.

Vorgänge, bei welchen der Luft der Sauerstoff entzogen wird, haben wir schon mehrere kennen gelernt, wie z. B. den Athmungsprocess der Thiere, die Verbrennung, Verwesung, Salpeterbildung, Gährung, das Rosten der Metalle etc. Das Verwittern des Schwefelkieses (Schwefeleisens), welcher sich in Berührung mit Feuchtigkeit und Luft zu schwefelsaurem Salze (Eisenvitriol) oxydirt, die Oxydation des Ferrooxyds zu Ferrioxyd an der Oberfläche der Erde und eine Unzahl ähnlicher Oxydationen sind weitere Vorgänge, durch welche der Luft Sauerstoff entzogen wird. Der Stickstoffgehalt der Luft müsste also ein grösserer werden, wenn die grünen Theile der lebenden Pflanzenwelt den geschwundenen Sauerstoff nicht reproducirten. (Vergl. S. 123.)

Ueber die Verhältnisse der Bestandtheile der Luft sind wir durch die eudiometrischen Versuche der Chemiker und Physiker aufgeklärt worden. Eudiometrie ist die Lehre, die Güte (den Sauerstoffgehalt) der Luft zu messen, und eudiometrische Stoffe nennt man alle jene Substanzen, welche der Luft Sauerstoff entziehen. Z. B. dienen Phosphor beim Verbrennen, Wasserstoffgas, entzündet vermittelst des electrischen Funkens, als eudiometrische Substanzen. Rothglühendes Kupfer entzieht der Luft vollständig den Sauerstoff unter Bildung von Kupferoxyd und Hinterlassung des Stickstoffgases.

Reines Stickstoffgas (N) wird unter Bildung von Ammoniumchlorid oder Chlorammonium ($NH_4 Cl$) aus Ammon ($H_3 N$) entwickelt, wenn man durch caustische Ammonflüssigkeit

Chlorgas leitet und dabei freies Ammon in Ueberschuss verbleibt, denn

$$8 \begin{pmatrix} \left. \begin{matrix} H \\ H \\ H \end{matrix} \right\} N \end{pmatrix} + 3 \begin{pmatrix} \left. \begin{matrix} Cl \\ Cl \end{matrix} \right\} \end{pmatrix} = 6 \begin{pmatrix} \left. \begin{matrix} N H_4 \\ Cl \end{matrix} \right\} \end{pmatrix} + \left. \begin{matrix} N \\ N \end{matrix} \right\}$$

$$\text{oder } 8\,NH_3 \quad + \quad 3Cl_2 \quad = \quad 6\,NH_4Cl \quad + \quad 2N$$

$$\text{oder } 4\,H^3N \quad + \quad 3\,Cl \quad = \quad 3\,H^4NCl \quad + \quad N$$

oder wenn man Ammoniumchlorid in Clorkalklösung einträgt.

Diese Methode der Stickstoffdarstellung versuchen wir in keinem Falle, sondern bringen nur das Theoretische daran zu unserer Auffassung. Vergl. die unter den „Bemerkungen" gemachten Angaben.

Stickstoff verbindet sich mit dem Sauerstoff in 5 verschiedenen Verhältnissen:

Stickstoffmonoxyd, Stickstoffprotoxyd,
Stickoxydul . . . . N_2O od. NO

Stickstoffdioxyd, Stickoxyd, Stickstoff-
oxyd . . . . N_2O_2 od. NO od. NO^2

Stickstofftrioxyd, Salpetrigsäureanhy-
drid, *salpetrige Säure* . . . . . N_2O_3 od. NO^3

Stickstofftetroxyd, Untersalpetersäure-
anhydrid . . . . N_2O_4 od. NO_2 od. NO^4

Stickstoffpentoxyd, Salpetersäureanhy-
drid, *Salpetersäure* . . . . . . N_2O_5 od. NO^5

Structurformeln dieser Stickstoffverbindungen wären:

$$\text{Stickstoffmonoxyd } \begin{matrix} N = N \\ \diagdown \;\; \diagup \\ O \end{matrix} ; \quad \text{Stickstoffdioxyd } N = O$$

$$\text{Stickstofftrioxyd } \overset{III}{O N} - O - \overset{III}{N O} \text{ od. } O \left\{ \begin{matrix} NO \\ NO \end{matrix} \right.$$

$$\text{Hydriumnitrit, Salpetrigsäure } ON - OH \text{ od. } O \left\{ \begin{matrix} NO \\ H \end{matrix} \right. \text{ od. }$$

$$\text{Stickstofftetroxyd } ON - O - O - NO \text{ od. } ON - O - NO_2 \text{ od. } O \left\{ \begin{matrix} NO \\ NO_2 \end{matrix} \right.$$

$$\text{Stickstoffpentoxyd } ON - O - O - O - NO \text{ od. } O_2N - O - NO_2 \text{ od.}$$

$$O \left\{ \begin{matrix} NO_2 \\ NO_2 \end{matrix} \right.$$

$$\text{Hydriumnitrat, Salpetersäure } \overset{III}{O N} - \overset{II}{O} - - OH \text{ od. } O_2N - OH \text{ od. }$$

Von diesen Verbindungen interessirt uns zunächst das Pentoxyd oder die Salpetersäure. Sie entsteht direct aus Stickstoff und Sauerstoff an den Stellen der atmosphärischen Luft, welche mit dem electrischen Funken in Berührung kommen. Daher findet man im Gewitterregenwasser stets Spuren Salpetersäure, gewöhnlich an Ammon gebunden. Sie entsteht ferner neben Wasser durch Verbrennung eines Gemisches aus Sauerstoffgas und Ammongas (NH_3). In der Natur entsteht sie in grösster Menge durch freiwillige Oxydation des Stickstoffs organischer Substanzen und des Ammons, besonders bei Gegenwart starker Basen, wie Kali, Kalkerde. Wenn stickstoffhaltige Substanzen, wie Blut, Harn, thierische Abgänge, gemischt mit Kali, Kalkerde, an der Luft faulen, so wird der Stickstoff durch den Luftsauerstoff zu Salpetersäure oxydirt, welche sich mit den gegenwärtigen Basen verbindet. Auf diese Weise entstehen die Salpeterauswitterungen am Erdboden, in Höhlen, an Mauern. Dieser Process wurde sogar künstlich in den Salpeterplantagen veranlasst, indem man Haufen gemischt aus Erde, Mergel (eine aus kohlensaurer Kalkerde und Thon bestehende Erde), Asche und thierischen Abgängen anhaltend mit Harn feucht erhielt und auf diese Weise viele Monate hindurch faulen und verwesen liess. Aus dem Stickstoff entsteht nämlich in Folge der Fäulniss Ammon, dessen Stickstoff in Gegenwart starker Basen der Oxydation oder Verwesung zu Salpetersäure unterliegt. Bedingungen für den günstigen Verlauf dieses Processes sind Gegenwart von Feuchtigkeit, Lockerheit des Gemisches und eine der Fäulniss und Verwesung günstige Temperatur. Die Atmosphäre enthält im Uebrigen auch Ammon, und daher ist die Bildung von Salpeter (*Sal petrae*) an und in porösen Gebirgs- und Erdschichten, welche Alkalien und alkalische Erden enthalten, sehr leicht erklärlich.

Die reife Salpetererde der Salpeterplantagen, so wie auch die der Auswitterung an der Erdoberfläche (der Kehrsalpeter) enthalten neben Kaliumnitrat oder salpetersaurem Kali auch Calciumnitrat oder salpetersaure Kalkerde, welche Salze sich durch Wasser ausziehen lassen, und von welchen die Kalkerde durch Zusatz von Potasche als Calciumcarbonat oder kohlensaure Kalkerde gefällt und beseitigt werden kann.

Calciumnitrat.   Kaliumcarbonat.   Calcium-   Kaliumnitrat.
carbonat.

$$\begin{matrix} (NO_2)_2 \\ Ca'' \end{matrix} \Big\} O_2 \;+\; \begin{matrix} CO \\ K_2 \end{matrix} \Big\} O_2 \;=\; \begin{matrix} CO \\ Ca \end{matrix} \Big\} O_2 \;+\; 2 \left(\begin{matrix} NO_2 \\ K \end{matrix} \Big\} O \right)$$

oder $CaN_2O_6 \;+\; K_2CO_3 \;=\; CaCO_3 \;+\; 2KNO_3$

oder $CaO,NO^5 \;+\; KO,CO^2 = CaO,CO^2 + KO,NO^5$

Salpetersaure   Kohlensaures   Kohlensaure   Salpetersaures
Kalkerde.   Kali.   Kalkerde.   Kali.

Durch Filtration und Eindampfen der Lösung des Kaliumnitrats und wiederholte Krystallisation wird der krystallisirte Kalisalpeter gewonnen, welcher eine grosse Verwendung in der Pyrotechnik (zu Schiesspulver), in der Hauswirthschaft (zum Einpökeln des Fleisches), auch als Medicáment findet, und früher das Material zur Darstellung der Salpetersäure lieferte.

Die Darstellung einer reinen Salpetersäure (*Acidum nitricum purum*) im pharmaceutischen Laboratorium geschah bisher in folgender Weise. Ein Theil Kaliumnitrat wird in

Fig. 154.

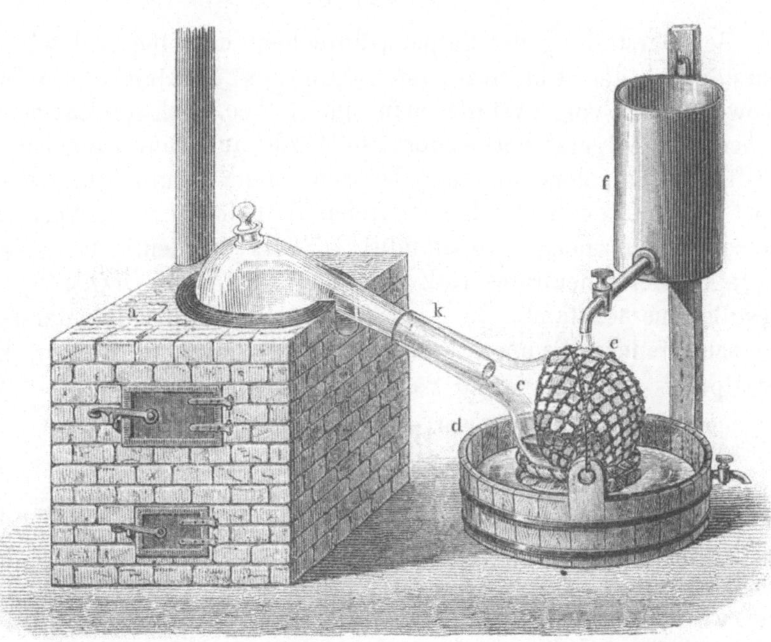

eine in einer Sandkapelle (*a*) liegende Retorte *b* gegeben und mit 1 Theile conc. englischer Schwefelsäure übergossen. Auf den

Hals der Retorte wird ohne Lutirung ein Kolben (*c*) als Vorlage geschoben und dann die Destillation anfangs durch mässige Heizung der Kapelle begonnen, später bei verstärkter Hitze fortgeführt, bis der Retortenrückstand zu einer flüssigen klaren Masse geschmolzen ist. Wenn die Vorlage, welche mit einem Netz umlegt ist, anfängt heiss zu werden, so lässt man auf dieselbe kaltes Wasser fliessen. War der Kalisalpeter rein, so ist es auch das Destillat.

Die Zersetzung eines Molecüls (oder eines Aequivalents) Kalisalpeters geschieht hier durch 1 Molecül (oder 2 Aeq.) Schwefelsäure, so dass saures Kaliumsulfat, Kaliumdisulfat (oder zweifachschwefelsaures Kali) entsteht und Salpetersäure, Hydriumnitrat (oder Salpetersäurehydrat) frei wird.

$$\underset{\text{Kaliumnitrat.}}{\left.\begin{array}{c}NO_2\\K\end{array}\right\}O} + \underset{\text{Schwefelsäure.}}{\left.\begin{array}{c}SO_2\\H_2\end{array}\right\}O_2} + \underset{\substack{\text{Kaliumdi-}\\\text{sulfat.}}}{\left.\begin{array}{c}SO_2\\HK\end{array}\right\}O_2} + \underset{\text{Salpetersäure.}}{\left.\begin{array}{c}NO_2\\H\end{array}\right\}O}$$

$$\text{oder} \quad KNO_3 + H_2SO_4 + HKSO_4 + HNO_3$$

$$\text{oder} \quad KO,NO^5 + 2(HO,SO^3) = KO,HO,2SO^3 + HO,NO^5.$$

Bei Darstellung der Salpetersäure liegt derselbe Fall wie bei Darstellung der Chlorwasserstoffsäure aus Natriumchlorid und Schwefelsäure vor. Würde man nur 1 Aeq. Schwefelsäure auf 1 Aeq. Kalisalpeter verwenden, so würde auch nur zunächst die Hälfte des Salpeters, und erst bei sehr hoher Temperatur, welche den elementaren Bestand der freien Salpetersäure lockert, die ganze Salpetermenge vollständig zersetzt werden. In diesem Falle verbleibt neutrales Kaliumsulfat (K_2SO_4 oder KO,SO^3) als Destillationsrückstand. In einer den Kochpunkt der Salpetersäure überschreitenden Temperatur zerfällt diese Säure in Wasser, Untersalpetersäure (NO^4) und Sauerstoff:

$$2HNO_3 = H_2O + N_2O_4 + O$$

$$\text{oder} \quad NO^5,HO = HO + NO^4 + O,$$

von welchen die Untersalpetersäure theils in rothen Dämpfen entweicht, theils sich in der destillirten Säure löst, diese roth färbt und stark rauchend macht. Auf diese Weise wird auch die **rauchende Salpetersäure** (*Acidum nitricum fumans, Spiritus Nitri fumans*) dargestellt, welche sich ausserdem von der reinen officinellen dadurch unterscheidet, dass sie die Salpetersäure als Monohydrosäure oder als einfaches Hydrat (HNO_3 oder NO^5, *HO*) enthält.

Der gereinigte Kalisalpeter ist nicht rein und enthält Kaliumchlorid oder Natriumchlorid. In diesem Falle entwickeln sich daraus beim Aufgiessen der concentrirten Schwefelsäure dunkle rothbraune Dämpfe, welche aus Chlor und Untersalpetersäure bestehen, denn der Wasserstoff des freiwerdenden Chlorwasserstoffs (HCl) entzieht der Salpetersäure Sauerstoff, bildet damit Wasser, und der Rest der Salpetersäureelemente tritt als Untersalpetersäure auf.

Da diese gasigen Produkte schon bei gelinder Hitze entweichen, so kann man der Retorte eine andere Vorlage geben, wenn eine chlorfreie Salpetersäure beginnt überzugehen, d. h. wenn die Dämpfe der Salpetersäure farblos geworden sind. Es kann auch das ganze Destillat in einer Vorlage gesammelt, dann in eine reine Tubulatretorte eingefüllt und nach dem Vorlegen eines Kolbens so lange erhitzt werden, bis eine Probe der destillirenden Flüssigkeit aufhört, eine Chlorreaction zu geben. Der Rückstand in der Retorte ist dann reine Salpetersäure.

Die Prüfung auf Chlor geschieht, wie uns bereits bekannt ist, mit einigen Tropfen einer wässrigen Lösung des Silbernitrats. Es entsteht bei Gegenwart von Chlor eine weisse Trübung oder eine Fällung von Silberchlorid (AgCl), welches durch seine Unlöslichkeit in Wasser und verdünnten Säuren charakterisirt ist. Wenn wir hier die sehr concentrirte Salpetersäure in einem Probircylinder mit einigen Tropfen des Reagens mischen, so kann es kommen, dass trotz der Gegenwart einer Spur Chlor keine Trübung erfolgt. Dieses Verhalten hat seinen Grund darin, dass Silberchlorid in concentrirter Salpetersäure nicht ganz unlöslich ist. Vor dem Versuch ist die Säure also mit destillirtem Wasser zu verdünnen.

Früher fällte man sogar aus der destillirten Salpetersäure das Chlor durch Silbernitrat, liess das Silberchlorid absetzen und rectificirte die klar abgegossene Säure. Man erhielt aber immer wieder ein chlorhaltiges Destillat, denn in der Destillationstemperatur zersetzte die mächtige Salpetersäure das in Lösung übergegangene Silberchlorid.

Der grösste Theil der in den Handel kommenden Salpetersäure wird aus dem gereinigten Natronsalpeter oder Natriumnitrat ($NaNO_3$ oder NaO,NO^5), welches Salz auf der Grenze zwischen Chili und Peru gegraben und roh als Chilisalpeter in grossen Quantitäten nach Europa gebracht wird, dargestellt und zwar in ähnlicher Weise wie aus dem Kalisalpeter, indem 1 Molecül des

Salzes mit 1 Molecül Schwefelsäure der Destillation unterworfen wird.

Natriumnitrat Schwefelsäure Natriumdisulfat Salpetersäure
$$NaNO_3 \ + \ H_2SO_4 \ = \ HNaSO_4 \ + \ HNO_3.$$

Die rohe Salpetersäure, das sogenannte Scheidewasser (*Acidum nitricum crudum, Spiritus Nitri*) ist mit Chlor, auch wohl mit Schwefelsäure verunreinigt. Wie man aus dieser Säure eine reine Säure destillirt, ist bereits S. 35 erwähnt.

Die Salpetersäure wird vor Sonnenlicht geschützt aufbewahrt, weil dieses auf sie zersetzend einwirkt und sie in Untersalpetersäure und Sauerstoff zerlegt.

Bemerkungen. Den Namen A z ó t (von dem griech. α p r i v a t i v u m und $\zeta\omega\acute{\eta}$ (zoē), Leben) erhielt der Stickstoff, weil er unfähig ist, das Athmen, das Leben zu unterhalten. — *Nitrum* ist eine alte Benennung des Kalisalpeters, welche noch von alten Aerzten gebraucht wird. Was die alten Griechen unter $\nu\acute{\iota}\tau\varrho o\nu$ (nitron) verstanden, war das Natron aus den ägyptischen Natronseen und das Laugensalz aus der Asche des Holzes. Die Aehnlichkeit des Vorkommens des kohlensauren Natrons und des Salpeters als Auswitterungen war Ursache, dass später der Salpeter N i t r u m genannt wurde. — *Nitrogenium*, Nitrum erzeugender Stoff. — E u d i o m e - t r i e , von dem griechischen $\epsilon\upsilon\delta\acute{\iota}\alpha$ (eudia), heitere Luft, und $\mu\acute{\epsilon}\tau\varrho o\nu$ (metron), Maass.

Die Darstellung des Stickstoffs durch Hineinleiten des Chlorgases in Aetzammonflüssigkeit ist so lange gefahrlos, als freies Ammon im Ueberschuss ist. Der dabei entstehende Chlorwasserstoff verbindet sich mit einer äquivalenten Menge unzersetzten Ammons zu Salmiak oder Ammoniumchlorid (NH_4Cl), während das Stickstoffgas entweicht. Sobald jedoch alles Ammon in Ammoniumchlorid verwandelt ist, das Chlor also kein freies Ammon mehr antrifft, geht die Zersetzung auf das Ammoniumchlorid über und nimmt eine andere Weise an. Es bildet sich alsdann eine sehr g e f ä h r l i c h e Verbindung, C h l o r s t i c k s t o f f (NCl_3), welche sich in ölähnlichen orangefarbenen Tropfen abscheidet.

$$NH_4Cl \ + \ 3Cl_2 \ = \ 4HCl \ + \ Cl_3N \ \text{od.} \ H^4NCl \ \text{und} \ 6Cl \ \text{liefern} \ 4HCl \ \text{und} \ Cl^3N.$$

Diese Substanz, welche mit vielen Körpern (Oel, Fett, Phosphor etc.) nur in Berührung kommend, unter der heftigsten Explosion in Chlorgas und Stickstoffgas zerfällt, und durch welche ihr Erfinder *Dulong* (spr. dülon'g) ein Auge verlor und eine Verstümmelung seiner Hände erlitt, ist insofern beachtenswerth, als wir uns vor ihrer Bildung hüten sollen. Sie entsteht in allen Fällen, in welchen Chlor auf Ammonsalze einwirkt. Aus diesem Grunde stellt der Chemiker den Stickstoff nur mit äusserster Vorsicht in der angegebenen Weise aus Ammon dar. Die Formel des Chlorstickstoffs entspricht derjenigen des Ammons (Cl_3N und H_3N). Auch Brom und Jod substituiren in gleicher Weise den Wasserstoff des Ammons und erzeugen äusserst explosive Körper. Jodstickstoff $= J^3N$, Bromstickstoff $= Br^3N$. Diese Substitutionsproducte sind T r i a m i n e , man sagt daher auch Trichloramin, Trijodamin etc. Es folgt aus vorstehenden Bemerkungen, dass das Auflösen von Jod und Brom in Salmiakgeist oder Ammoniumsalzlösung mit aller Vorsicht geschehen muss.

$$\text{Ammon} \qquad \text{Chlorstickstoff} \qquad \text{Jodstickstoff}$$

$$NH_3 = \left.\begin{matrix} H \\ H \\ H \end{matrix}\right\}N\,; \quad NCl_3 = \left.\begin{matrix} Cl \\ Cl \\ Cl \end{matrix}\right\}N\,; \quad NJ_3 = \left.\begin{matrix} J \\ J \\ J \end{matrix}\right\}N$$

Lection 74.

Salpetersäure (Forts.). Salpetersaure Salze.

Die reine Salpetersäure, eine monohydrische Oxysäure, ist eine farblose, stechend sauer und eigenthümlich riechende, ätzende Flüssigkeit. Die meisten organischen Substanzen werden durch Salpetersäure verändert und zersetzt. Sie färbt die thierische Haut, Fingernägel, Federn, Wolle, Seide, Holz, Kork etc. gelb, weshalb sie in der Technik als Beizmittel und auch zum Gelbfärben Anwendung findet.

Da die Salpetersäure leicht einen Theil ihres Sauerstoffs an andere oxydirbare Körper abgiebt, so ist sie ein vielgebrauchtes Oxydationsmittel an und für sich auf nassem Wege, in Verbindung mit einem Alkali auch auf trocknem Wege. Sie giebt bei diesem Process Sauerstoff ab und wird zu Stickstoffdioxyd oder Stickstoffoxyd (NO oder NO^2), welches als Gas entweicht und die Eigenschaft hat, mit der Luft in Berührung kommend, Sauerstoff aus derselben aufzunehmen und damit Stickstofftetroxyd oder Untersalpetersäuredampf (NO_2 oder NO^4) zu bilden, welcher sich durch seine rothbraune Farbe dem Auge zu erkennen giebt. Diese aus der Zersetzung der Salpetersäure resultirenden Dämpfe pflegt man gemeinhin mit „salpetrige Dämpfe" zu bezeichnen. Uebergiessen wir einen Kupferpfennig mit Salpetersäure, so können wir die Lebhaftigkeit des Oxydationsprocesses vortrefflich wahrnehmen. Das Kupfer (Cu) löst sich unter Zersetzung der Salpetersäure und das entweichende Stickstoffoxydgas bildet, an die Luft tretend, die charakteristisch braunroth gefärbten Dämpfe der Untersalpetersäure.

$$\overset{\text{Salpetersäure.}}{} \qquad \overset{\text{Kupfer.}}{} \qquad \overset{\text{Cuprinitat.}}{} \qquad \overset{\text{sichser.}}{} \qquad \overset{\text{Stick-stoff-dioxyd.}}{}$$

$$8\left(\left.\begin{matrix} NO_2 \\ H \end{matrix}\right\}O\right) + 3\,\overset{II}{Cu} = 3\left(\left.\begin{matrix} (NO_2)_2 \\ Cu \end{matrix}\right\}O_2\right) + 8\,HNO_3 \Big) + 2\,NO$$

$$\text{od. } 8\,HNO_3 \quad + 3\,Cu \quad = 3\,CuN_2O_6 \quad + 4\,NO^5 \quad + 2\,NO$$

$$\text{od. } 4\,NO^5 \quad + 3\,Cu \quad = 3(CuO,NO^5) \qquad\qquad + NO^2$$

Nach der dualistischen Ansicht entzieht das Kupfer der Salpetersäure einen Theil ihres Sauerstoffs, sich in Kupferoxyd verwandelnd. Der Rest der zersetzten Salpetersäure entweicht als Stickoxyd und das Kupferoxyd bildet mit der unzersetzt gebliebenen Salpetersäure salpetersaures Kupferoxyd. Eine Erklärung dieses Vorganges nach der modernen Ansicht entnehme man dem oben angegebenen Schema.

$$NO + O = NO_2 \text{ od. } NO^2 \text{ und } 2O \text{ geben } NO^4.$$

Geben wir einige Tropfen der Kupferlösung in ein Reagirglas und setzen dazu eine überschüssige Menge Aetzammonflüssigkeit, so erhalten wir eine gesättigt blaue Flüssigkeit. Wegen dieser Farbenreaction ist Aetzammon ein Reagens auf Kupfer.

Bei Oxydationen mit Salpetersäure ist gemeiniglich nur die Beihilfe geringer Wärme nöthig. Die Oxydation durch Salpetersäuresalze erfordert zu ihrer Einleitung meist eine Glühtemperatur, sie ist dann aber so energisch, dass sie in vielen Fällen mit einer Schnelligkeit und Heftigkeit stattfindet, welche man mit Deton-ation bezeichnet. Dies wissen wir von dem Schiesspulver, welches eine Mischung aus Kalisalpeter, Kohle und Schwefel ist. Kohle und Schwefel sind hier die Substanzen, welche durch den Sauerstoff der Salpetersäure, deren Stickstoff frei wird, oxydirt werden. Aus der Kohle entsteht Kohlensäure und Kohlenoxydgas, aus einem Theil des Schwefels Schwefelsäure. Wegen dieses Bestrebens der Salpetersäure, brennbare Körper zu oxydiren, also die Verbrennung zu fördern, imprägnirt (salpetrisirt) man Substanzen, wie Papier, Schwamm, Lunten, mit Salpeter.

Mit einigen organischen Substanzen geht sie bei gewöhnlicher Temperatur Verbindungen ein, ohne Aeusserung eines Oxydationsprocesses und ohne die Individualität dieser Substanzen zu zerstören. Beispiele hierzu bieten uns die Schiessbaumwolle, die Collodiumwolle und andere Nitroverbindungen. Die Baumwolle (*Gossypium*), die fasrige Samenbekleidung in den Früchten verschiedener *Gossypium*- und *Bombax*-Arten, ist eine ziemlich reine Cellulose, jene Substanz, welche das Material der Pflanzenzelle bildet, und deren Elementarbestandtheile in einem Verhältnisse veinunden sind, dass man sie als ein Hydrat des Kohlenstoffs siachtet und zu den Kohlehydraten zählt. Ihre Formel ist $C^{12}\ O_5$ oder $C^{12}H^{10}O^{10}$ (verdoppelt $C^{24}H^{20}O^{20}$). Wird die Baumwffs in ein Gemisch aus conc. Salpetersäure und conc. Schwefelsäure bei gewöhnlicher Temperatur eingeweicht, so erhält man ein Präparat, welches mit Wasser ausgewaschen und getrocknet eine Gewichtszunahme ergiebt, äusserlich zwar keine Veränderung erfahren hat, dennoch aber aus einer Cellulose besteht, in welcher 3 Molecüle NO$\cdot$ in Stelle von 3 Atomen Hydrium eingetreten sind.

$$\text{Cellulose.} \qquad \text{Salpetersäure.} \qquad \text{Trinitrocellulose.} \qquad \text{Wasser.}$$

$$\left.\begin{array}{l}C_6H_5\\H_5\end{array}\right\}O_5 \;+\; 3\left(\left.\begin{array}{l}NO_2\\H\end{array}\right\}O\right) \;=\; \left.\begin{array}{l}C_6H_5\\(NO_2)_3H_2\end{array}\right\}O_5 \;+\; 3\left.\begin{array}{l}H\\H\end{array}\right\}O$$

Die dualistische Ansicht betrachtet diese Nitroverbindung als eine Cellulose, in welcher 3 Aeq. Wasser ($3HO$) durch 3 Aeq. Salpetersäure ($3NO^5$) substituirt sind. Ist die Formel der reinen Cellulose $C^{24}H^{20}O^{20}$, so ist die der Salpetersäure - Cellulose $C^{24}H^{17}O^{17}(NO^5)^3$. Diese Trinitrocellulose hat den Namen Colloxylin erhalten, weil es sich in einem Gemisch aus Weingeist und Aether löst und damit jenes Präparat giebt, welches Collodium genannt wird. Bei längerer Einwirkung höchst concentrirter Salpetersäure, oder sicherer bei längerer Einwirkung eines Gemisches aus Kalisalpeter und conc. Schwefelsäure treten 4 bis 5 Molecüle NO_2 in die Cellulose ein und es entsteht zunächst eine Tetranitrocellulose, zuletzt eine Pentanitrocellulose. Diese Nitroverbindungen stellen die sogenannte Schiessbaumwolle dar, welche aber nicht in einem Gemisch aus Weingeist und Aether löslich ist, aus denen also kein Collodium dargestellt werden kann. Die Schiessbaumwolle hat man auch mit Pyroxylin bezeichnet und diese Benennung sogar auf das Colloxylin oder die Trinitrocellulose übertragen.

Eine dem Colloxylin ähnliche Nitroverbindung ist das Nitroglycerin (*Glycerinum nitrosatum, Glonoinum* der Homöopathen), jene dicklich fliessende Substanz, welche in besonderen Fabriken im Grossen dargestellt und als Sprengmittel gebraucht wird. Man gewinnt es durch Eintröpfeln von Glycerin ($C_3H_8O_3$) in ein kalt gehaltenes Gemisch aus conc. Schwefelsäure und conc. Salpetersäure und Verdünnen des Säuregemisches mit Wasser, wobei sich das Nitroglycerin in Form eines Oeles abscheidet. Die Chemiker geben ihm folgende Formeln:

$$C_3H_5N_3O_9 = \left.\begin{array}{l}C_3H_5\\(NO_2)_3\end{array}\right\}O_3 = \begin{array}{l}CH_2(ONO_2)\\ \;\;|\\ CH\,(ONO_2)\\ \;\;|\\ CH_2(ONO_2)\end{array}$$

Im pharmaceutischen Laboratorium gebrauchen wir die Salpetersäure hauptsächlich als Oxydationsmittel und zur Erzeugung einiger Nitrate.

Alle Schwermetalle, nur Gold und Platin ausgenommen, lassen sich durch Salpetersäure in Oxyde verwandeln, welche sich mit Ausnahme von Zinnoxyd und Antimonoxyd in Salpetersäure als Nitrate auflösen. Gold und Platin werden von der Salpetersäure nicht angegriffen, Zinn und Antimon werden zwar oxydirt, bilden aber keine Nitrate und bleiben daher in der Salpetersäure, womit man sie behandelt, als Oxyde ungelöst.

Die Auflösung des Zinkmetalls in concentrirter Salpetersäure bietet nichts Auffallendes. Das Metall wird in derselben Weise wie das Kupfer zu einem Nitrat gelöst. Abweichend ist der Vorgang bei Einwirkung verdünnter Salpetersäure auf Zink. Die verdünnte Säure löst das Zink unter Entwickelung von Wasserstoff, welcher in *statu nascendi* mit allem Sauerstoff freier Salpetersäure Wasser und mit dem Stickstoff Ammon bildet.

$$\mathrm{HNO_3} + 8\,\mathrm{H} = 3\,\mathrm{H_2O} + \mathrm{NH_3}.$$

Die Salpetersäure bietet in ihrem Verhalten zu den Metallen mehrere Abweichungen, je nachdem sie mehr oder weniger concentrirt oder verdünnt ist. Eisen wird z. B. von dem Hydriumnitrat oder Salpetersäurehydrat ($\mathrm{HNO_3}$ oder NO^5,HO) nicht angegriffen, sogar in einen passiven Zustand versetzt, in welchem es keine chemische Anziehung offenbart. Der passive Zustand wird gehoben, wenn man es mit Zink oder aktivem Eisen berührt. Zinn wird von conc. Salpetersäure kaum angegriffen. Silber löst sich in der Kälte in Salpetersäure ohne Gasentwickelung, indem Salpetrigsäure entsteht, welche in der Flüssigkeit gelöst bleibt.

Silbernitrat oder **salpetersaures Silberoxyd**, $\mathrm{AgNO_3}$ oder AgO,NO^5 (*Argentum nitricum*), ist eine Verbindung, welche krystallisirt kein Wasser enthält und geschmolzen und in Stäbchenform unter dem Namen **Höllenstein** (*Lapis infernalis, Argentum nitricum fusum*) eine wichtige Rolle im Arzneischatze spielt. Ebenso wichtig ist dieses Salz für den Chemiker, denn es ist ein Reagens auf Chlor und dessen Verbindungen, indem es damit das in verdünnten Säuren und in Wasser unlösliche, dagegen in Aetzammonflüssigkeit leicht lösliche Silberchlorid oder Chlorsilber (AgCl) darstellt. Man darf jedoch hierbei nicht übersehen, dass Silberlösungen in Lösungen der Jodide, Bromide und Cyanide ähnliche unlösliche Niederschläge erzeugen. Silber-

bromid und Silberjodid sind gelblichweiss, letzteres in Aetzammonflüssigkeit beinahe unlöslich, das Silbercyanid ist weiss,
schwärzt sich aber in der Fällungsflüssigkeit am Sonnenlichte
nicht. Das Silberchlorid wird durch Einwirkung des Lichtes zuerst
grauviolett, dann schwärzlich unter Abgabe von Chlor und Ausscheiden von Silbermetall.

Silbernitrat ist ein Aetzmittel, indem es durch organische
Stoffe reducirt wird oder indem es mit seinem Sauerstoff organische Stoffe oxydirt. Dieser Process endigt mit der Abscheidung
metallischen Silbers und daraus folgender Schwärzung der organischen Substanz. Betupft man die Haut, Leinwand, Holz etc.
mit Silberlösung, so erfolgt bald oder nach einiger Zeit eine
Schwärzung der betupften Stelle. Wegen dieses Verhaltens enthalten die sogenannten unauslöschlichen Tinten zum Zeichnen der
Wäsche Silbernitrat. Die Silberflecke aus der Wäsche verschwinden durch Behandeln mit einer Lösung des höchst giftigen
Kaliumcyanids, deren flecktilgende Wirkung durch Zusatz einiger
Tropfen Jodtinktur noch verstärkt werden kann.

Die Darstellung des Silbernitrats ist einfach. Reines Silber
(3 Th.) wird mit officineller reiner Salpetersäure (8 Th.) in
einem Kolben übergossen. Die Auflösung, durch mässige Wärme
unterstützt, geht rasch von Statten. Silber wird hierbei unter Austritt von Stickstoffdioxyd (N_2O_2) und Wasser in Nitrat übergeführt. Nach dualistischer Ansicht wird das Silber auf Kosten
des Sauerstoffs eines Theiles der Salpetersäure und unter Ausscheidung von Stickstoffoxydgas (NO^2) oxydirt, und das Silberoxyd verbindet sich mit der übrigen unzersetzten Salpetersäure
zu salpetersaurem Silberoxyd.

Hydriumnitrat   Silber   Silbernitrat   Wasser.   Stickstoffdioxyd

$$8 \left({NO_2 \atop H} \right\}O \right) + 3 \left({Ag \atop Ag} \right\} \right) = 6 \left({NO_2 \atop Ag} \right\}O \right) + 4 \left({H \atop H} \right\}O \right) + N_2O_2$$

oder

$$4\,HNO_3 + 3\,Ag = 3\,AgNO_3 + 2\,H_2O + NO$$

oder

$$4\,NO^5 + 3\,Ag = 3\,(AgO, NO^5) + NO^2$$

Salpeter-   Silber   salpetersaures   Stickoxyd.
säure   Silberoxyd

Das an die Luft tretende Stickstoffdioxydgas nimmt aus dieser
Sauerstoff auf und verwandelt sich in Untersalpetersäure (NO_2

oder N_2O_4 oder NO[1]), welche in Gestalt rothbrauner Dämpfe entweicht.

Die mit etwas destillirtem Wasser verdünnte und dann filtrirte Lösung des Silbernitrats wird durch Erhitzen in einem porcellanenen Kasserol und unter Umrühren zur Trockne eingedampft, um nicht allein das Wasser, sondern auch überschüssige Salpetersäure zu entfernen. Löst man die von Säure befreite Salzmasse in wenig Wasser und stellt sie vor Staub geschützt an einem lauwarmen Ort bei Seite, so verdunstet allmählich das Wasser, und das Salz schiesst in schönen farblosen Tafeln an.

Enthielt das verwendete Silber Kupfer (die früheren Thaler enthielten z. B. 10 Proc. Kupfer), so lässt sich bei Darstellung grosser Mengen das Cuprinitrat oder salpetersaure Kupferoxyd zwar durch Krystallisation scheiden, denn das Kupfersalz bleibt in der Mutterlauge gelöst, bei Darstellung kleiner Mengen des Silbernitrats aber wäre diese Scheidung eine zu unvollkommene. Man benutzt daher das Silberoxyd (AgO), welches man aus einem entsprechenden Theil der Silberlösung durch Kaliumhydroxydlösung oder Kalilauge (*Liquor Kali caustici*) ausfällt.

Silbernitrat	Kaliumhydroxyd	Kaliumnitrat	Silberoxyd	Wasser
$2\,AgNO_3$ +	$2\,HKO$ =	$2\,KNO_3$ +	Ag_2O +	H_2O

$$\text{od. } AgO,NO^5 + \quad KO = \quad KO,NO^5 + \quad AgO$$

| salpetersaures Silberoxyd | Kali | salpeters. Kali | Silberoxyd. | |

Das Silberoxyd ist ein graubrauner Niederschlag, welcher ausgewaschen der warmen kupfernitrathaltigen Silberlösung soweit zugesetzt wird, bis sich eine kleine filtrirte Probe der Lösung mit überschüssiger Aetzammonflüssigkeit gemischt nicht mehr blau färbt. Aetzammonflüssigkeit ist bekanntlich ein Reagens auf Kupfersalze, mit denen sie gesättigt blaue Lösungen giebt. Das Silber in dem Silberoxyd nimmt die Stelle des Kupfers ein und Cuprioxyd wird abgeschieden oder nach dualistischer Ansicht verdrängt das Silberoxyd das Kupferoxyd aus der salpetersauren Verbindung und tritt in dessen Stelle. Das Cuprioxyd wird durch Filtration der Flüssigkeit gesondert.

Kennt man den Kupfergehalt des in Salpetersäure gelösten Silbers, so kann man auch genau die Menge Silberoxyd bestimmen, welche zur Fällung des Cuprioxyds erforderlich ist. Ein Molecül Cuprioxyd und zwei Molecüle Silberoxyd, oder 1 Atom Kupfer und 2 Atome Silber sind gleichwerthig. Zur Abscheidung des Cuprioxyds aus einem Molecül des Nitrats ist das Silberoxyd aus 2 Molecülen Silbernitrat erforderlich

1 Mol. Cuprinitrat, $CuN_2O_6 = 187,5$ enthält 63,5 Kupfermetall.

2 Mol. Silbernitrat, $2AgNO_3 = 2 \times 170 = 340$ enthalten $2 \times 108 = 216$ Silbermetall.

Hätte das gelöste Silber z. B. 6,35 Kupfer enthalten, so würde man 21,6 Silbermetall in Salpetersäure lösen und aus der Silbernitratlösung das Silberoxyd mittelst Natriumhydroxyds fällen.

Leichter ist die Beseitigung des Kupfers wegen des Umstandes, dass das Cuprinitrat beim Erhitzen früher seine Salpetersäure fahren lässt als das Silbernitrat. Man erhitzt über einer freien Flamme die eingetrocknete Silberlösung, bis sie schmilzt und ruhig fliesst, und so lange, bis keine gefärbten Dämpfe mehr entstehen, die Masse von dem ausgeschiedenen Kupferoxyd schwarz gefärbt ist und eine kleine Probe mit Wasser gelöst und filtrirt sich nicht mehr mit überschüssiger Aetzammonflüssigkeit blau färbt. Es kann bei diesem Process auch etwas Silbersalz zersetzt und metallisches Silber abgeschieden sein (was nicht verloren geht), die Salzmasse liefert aber in Wasser gelöst und filtrirt eine reine Silberlösung. Das Kupfernitrat zerfällt in der Hitze einfach in Cuprioxyd und Salpetersäureanhydrid, diese aber, weil Wasser mangelt, sofort in Stickstoffdioxyd und Sauerstoff. Das Stickstoffdioxyd geht mit der Luft in Berührung kommend in Untersalpetersäure über. Diese letztere Methode der Reinigung des Silbernitrats lässt sich sehr wohl im Kleinen versuchen. Man löse eine nicht mehr gültige alte Silbermünze, nehme jedoch die Operationen nicht in dem Dispensirraume der Apotheke vor. Man hüte sich vor dem Einathmen der salpetrigen Dämpfe!

Wird das eingetrocknete und durch Schmelzung fliessend gemachte Silbernitrat in Höllensteinformen (Formen aus Stahl, Glas mit einer Reihe 10—15 Ctm. langer Kanäle) gegossen, so gewinnt man den Höllenstein. Dieser und auch das krystallisirte Salz schwärzen sich nicht am Licht, was nur geschieht, wenn sie mit Staub oder anderen organischen Substanzen in Berührung kommen. Um eine Schwärzung jedoch sicherer zu verhüten, bewahrt man es so viel als möglich vor Licht geschützt.

Wismuthsubnitrat oder **basisch salpetersaures Wismuthoxyd** (*Bismuthum subnitricum, Bismuthum hydrico-nitricum, Magisterium Bismuthi*) ist eine farblose, aus sehr kleinen Krystallen bestehende Verbindung von 1 Mol. Wismuthnitrat oder salpetersaurem Wismuthoxyd (BiN_3O_9 oder $Bi(NO_3)_3$ oder BiO^3, $3NO^5$), mit 2 und mehr Mol. Wismuthhydroxyd oder Wismuthoxydhydrat ($HBiO_2$ oder BiO^3, HO). Aus dem Wismuthmetall (Bi), welches dreiwerthig ist, entsteht durch Lösung in Salpetersäure, unter Entweichen von Stickstoffdioxyd, Wismuthnitrat

$$\text{Wismuth Hydriumnitrat} \qquad \text{Wismuthnitrat} \qquad \text{Wasser} \quad \text{Stickstoff-dioxyd}$$

$$\left.\begin{matrix}\text{Bi}\\\text{Bi}\end{matrix}\right\} + 8\left(\left.\begin{matrix}\text{NO}_2\\\text{H}\end{matrix}\right\}\text{O}\right) = 2\left(\left.\begin{matrix}(\text{NO}_2)_3\\\text{Bi}\end{matrix}\right\}\text{O}_3\ \right) + 4\left(\left.\begin{matrix}\text{H}\\\text{H}\end{matrix}\right\}\text{O}\right) + \text{N}_2\text{O}_2$$

$$\text{od. Bi}^{\text{III}} + 4\,\text{HNO}_3 \quad = \quad \text{Bi(NO}_3)_3 \quad + 2(\text{H}_2\text{O}) \quad + \text{NO}$$

$$\text{od. } Bi + 4NO^5 \quad = \quad BiO,3NO^5 + \qquad\qquad NO^2$$

$$\underset{\text{säure}}{\text{Salpeter-}} \qquad\qquad \underset{\text{Wismuthoxyd}}{\text{salpetersaures}} \qquad\qquad \text{Stickoxyd}$$

und das Stickstoffdioxyd oxydirt sich an die Luft tretend zu den rothbraunen Dämpfen der Untersalpetersäure.

Die Lösung des Wismuthnitrats, welches nach den theoretischen Ansichten ein neutrales Salz ist, obgleich es stark sauer reagirt, verträgt nur eine geringe Beimischung von Wasser, womit man sie zum Zweck der Filtration oder des Klarabsetzens und der Decanthation verdünnt. Es ist eine besondere Eigenthümlichkeit der Wismuthsalze, sich in einer geringen Menge Wasser klar zu lösen, aber auf Zusatz von vielem Wasser in ein basisches unlösliches und ein saures gelöst bleibendes Salz zu zerfallen. Man nehme 5 Decigramme des *Bismuthum hydriconitricum*, gebe in einem Probirglase 20 Tropfen reiner Salpetersäure hinzu und löse unter gelindem Erwärmen. Die Lösung ist farblos und klar. Setzt man nun ein 12—15faches Volum kaltes Wasser hinzu und schüttelt um, so entsteht ein weisser Niederschlag von kleinen zarten seidenglänzenden Lamellen, welcher wieder basisches Salz ist. Filtrirt man nun die Flüssigkeit ab und versetzt selbe mit einigen Tropfen irgend einer starken Base, wie Aetzammonflüssigkeit oder der Lösung des kohlensauren Kalium, so wird auch das saure, gelöst gebliebene Salz zersetzt, und es fällt wiederum ein basisches Wismuthsalz. Wir erklären uns dies Verhalten der Wismuthsalze gegen Wasser einfach aus einer stärkeren Verwandtschaft des Wismuths zum Hydroxyd als zur Säure.

Die aus dem käuflichen Wismuth mit Salpetersäure gewonnene Lösung verdünnt man mit so viel destillirtem Wasser, bis eine geringe Trübung eintritt. Man lässt absetzen und filtrirt durch Glaswolle. Die völlig klare Lösung des Wismuthnitrats wird durch Eindampfen concentrirt und in einem tarirten Porcellangefässe zur Krystallisation bei Seite gestellt. Die dann anschiessenden Krystalle sind neutrales Salz und enthalten 4,5 Mol. oder 9 Aeq. Krystallwasser ($2\,BiN_3O_9 + 9\,H_2O$ oder $Bi\,O^3, 3\,NO^5 + 9\,HO$). In der Mutterlauge sind neben Wismuthsalz noch die salpetersauren Salze der Metalle enthalten, mit welchen das Wismuthmetall verunreinigt war. Enthielt das Wismuth Spuren Arsen, so finden wir dieses in dem aus der Verdünnung der Nitratlösung mit Wasser entstandenen Bodensatze als Wismutharseniat, welches in einer verdünnten Wismuthnitratlösung nicht löslich ist. Nach dem Abtropfen der Mutterlauge von den Krystallen sollen nach der Vorschrift der *Pharmacopoea Germanica* diese Krystalle zunächst mit wenig Wasser, welches mit einer geringen Menge Salpetersäure sauer gemacht ist, abgewaschen und dann mit 4 Th. destillirtem Wasser zerrieben und gemischt in eine grössere, aber bestimmte Menge (21 Th.) kochend heisses Wasser eingetragen werden. Es findet hier nun die oben erwähnte Zersetzung statt. Mit heissem Wasser entsteht ein Niederschlag aus kleinen Prismen, mit kaltem Wasser ein Niederschlag aus kleinen Schüppchen bestehend, beide Niederschläge von verschiedener Zusammensetzung; ersterer enthält weniger, letzterer mehr Wismuthhydroxyd. Wird dieser Niederschlag mit mehr und mehr Wasser ausgewaschen, so schreitet seine Zersetzung vor, und das Salz wird immer basischer. Darum soll er auch nach Vorschrift nicht mit zu vielem Wasser ausgewaschen werden. Getrocknet ist er das *Bismuthum subnitricum*.

Ein weiteres officinelles Nitrat ist das krystallisirte **Mercuronitrat oder salpetersaure Quecksilberoxydul** $Hg_2N_2O_6 + 2\,H_2O$ oder $Hg^2\,O, NO^5 + 2\,HO$ (*Hydrargyrum oxydulatum nitricum crystallisatum*). Die Vorschrift der Pharmakopöen lässt in einem Gefässe Quecksilber mit einem gleichen Gewichte der reinen officinellen wasserhaltigen Salpetersäure übergiessen und circa 3 Tage bei gewöhnlicher Temperatur bei Seite stellen. Die Nitratbildung geht dabei in der bekannten Weise langsam vor sich, und es schiessen farblose Krystalle von der durch obige Formel angegebenen Zusammensetzung an, welche man in einem Glastrichterchen sammelt und abtropfen lässt.

$$
\begin{array}{ccccc}
\text{Queck-} & \text{Hydriumnitrat} & \text{Mercuronitrat} & \text{Wasser} & \text{Stickstoff-} \\
\text{silber} & & & & \text{dioxyd}
\end{array}
$$

$$
3\left(\!\begin{array}{l}Hg\,\rvert\\Hg\,\rfloor\end{array}\!\right) + 8\left(\!\begin{array}{l}NO_2\,\rvert\\H\end{array}\!\rfloor O\right) = 3\left(\!\begin{array}{l}(NO_2)_2\,\rvert\\Hg_2\end{array}\!\rfloor O_2\right) + 4\left(\!\begin{array}{l}H\,\rvert\\II\,\rfloor\end{array}\!O\right) + N_2O_2
$$

oder

$$
6\,Hg^{II} \quad + 8\,HNO_3 \quad = 3\,Hg_2N_2O_6 \quad +\ 4\,H_2O \quad +2\,NO
$$

oder

$$
6\,Hg \quad + 4\,NO^5 \quad = 3(Hg^2O,NO^5) + \qquad NO^2
$$

$$
\begin{array}{ccc}
\text{Salpetersäure} & \text{salpetersaures} & \text{Stickoxyd.} \\
 & \text{Quecksilberoxydul} &
\end{array}
$$

Würde man Metall und Säure noch länger in Berührung lassen, so giebt auch das bereits gebildete normale Mercuronitrat Säure ab und es entstehen basische Nitrate. Alle diese Mercuronitrate sind unter Einwirkung von Wasser wenig beständig und zerfallen in mehr oder weniger basische Salze, durch anhaltendes Kochen mit Wasser sogar in Quecksilbermetall und den Salpeterturpeth $(4HgO,NO^5)$, ein basisches Mercurinitrat oder Quecksilberoxydnitrat. Hieraus erklärt sich auch der Umstand, dass behufs Darstellung der Lösung des Mercuronitrats *(Hydrargyrum oxydulatum nitricum solutum, Liquor Hydrargyri nitrici oxydulati)* bei Auflösung des Salzes noch freie Salpetersäure zugesetzt werden muss. Verwechselt darf diese Lösung nicht werden mit der in früherer Zeit officinellen Lösung des Mercurinitrats oder salpetersauren Quecksilberoxyds (HgN_2O_6 oder HgO,NO^5), *Liquor Hydrargyri nitrici oxydati*. Verordnet der Arzt nur Liquor Hydrargyri nitrici, so ist damit immer nur die Mercuronitratlösung gemeint.

Diese Quecksilberlösungen sind sehr giftige Präparate.

Bemerkungen. Colloxylin, Collodiumwolle, vom griech. κόλλα (kolla), Leim, und ξύλον (xylon), Holz (für Cellulose). Pyroxylin, häufig gebrauchter Name der Schiessbaumwolle, auch der Collodiumwolle, von dem griech. πῦρ (pyr), Feuer, und ξύλον. — Glonoïn, nach *Wittstein's* Angabe von dem Homöopathen *Hering* aus dem Anfangsbuchstaben folgender Worte zusammengesetzt: Glyceryl-Oxyd-Nitrogen-Oxyd, und die Endung „in" angehängt. Alle diese Nitricate oder Nitroverbindungen zersetzen sich, bis zu einer gewissen Temperatur erhitzt, plötzlich und zerfallen in gasige Producte, in geschlossenem Raume unter heftiger Explosion.

Lection 75.

Ammon. Ammonium.

Ammon, Ammoniak (NH_3 oder NH^3), Ammonium (NH_4 oder NH^4 oder Am), Ammoniumoxyd ($[NH_4]_2O$ oder NH^4O) sind drei Verbindungen, welche in ihrem chemischen Verhalten viel Interessantes darbieten.

Wie wir oben in der vorhergehenden Lection bei Auflösung von Zink in verdünnter Salpetersäure erfahren haben, bildet sich aus Wasserstoff und Stickstoff, wenn sie sich *in statu nascendi* begegnen, Ammon. Es entsteht in ähnlicher Weise bei der fauligen Gährung und auch durch trockne Destillation stickstoffhaltiger, besonders thierischer Substanzen. Wir erkennen es, wenn es frei oder nicht an starke Säuren gebunden ist, an dem eigenthümlich stechenden Geruch, wie ihn uns der Salmiakgeist und das Ammoniumcarbonat darbieten und dann an den Nebeln, welche sich um einen mit Essigsäure oder verdünnter Salzsäure benetzten Glasstab bilden, wenn wir denselben in eine ammonhaltige Atmosphäre bringen.

Das Ammon, häufig Ammoniak genannt, ist ein farbloses coërcibeles Gas, specifisch leichter als die Luft. Schon die alten Chemiker hatten gefunden, dass das Ammon wie das Kali ätzend wirke und mit Säuren den Kaliumsalzen ähnliche Salze bilde; daher nannten sie es flüchtiges Alkali, flüchtiges Laugensalz. In neuerer Zeit wurde die wahre Zusammensetzung des Ammons (zuerst durch *Berthollet*) erforscht und die Bildung und Constitution der Ammoniumsalze erkannt. Aus der Isomorphie dieser Salze und der Kaliumsalze kam man um so mehr zu der Ueberzeugung, dass in den Salzen des Ammonium eben so ein metallisches Radical vorhanden sein müsse, wie es in den Kaliumsalzen das Kalium ist. Dieses zusammengesetzte metallische, heute nicht mehr hypothetische Radical nannte man Ammonium.

Hypothetische oder noch nicht isolirt vorkommende Verbindungen des Ammonium (NH_4 oder Am).

Ammoniumoxyd $\qquad$ $(NH_4)_2O$ oder NH^4O
Ammoniumhydroxyd $H(NH_4)O$.

Scheidet man die letztere Verbindung durch eine stärkere Base, z. B. Kaliumhydroxyd ab, so zerfällt sie sofort in Ammon und Wasser.

$$H(NH_4)O = NH_3 + H_2O.$$

Um die Uebereinstimmung der Ammoniumsalze und Kalium-
oder Natriumsalze klarer aufzufassen, mögen hier die Formeln
dieser Salze neben einander einen Platz erhalten.

Ammoniumsulfat

$$\left.\begin{array}{l}SO_2'' \\ (NH_4)_2\end{array}\right\}O_2 \quad \text{od.} \quad \left.\begin{array}{l}SO^2 \\ Am_2\end{array}\right\}O_2 \quad \text{od.} \quad SO_2\left\{\begin{array}{l}OAm \\ OAm\end{array}\right. \quad \text{od.} \quad (NH_4)_2SO_4$$

Kaliumsulfat   Natriumsulfat   Kaliumsulfat

$$\left.\begin{array}{l}SO_2 \\ K_2\end{array}\right\}O_2 \qquad \left.\begin{array}{l}SO_2 \\ Na_2\end{array}\right\}O_2 \qquad SO_2\left\{\begin{array}{l}OK \\ OK\end{array}\right. \quad \text{od.} \quad K_2SO_4$$

Ammoniumnitrat   Kaliumnitrat   Ammoniumnitrat   Kaliumnitrat

$$\left.\begin{array}{l}NO_2 \\ NH_4\end{array}\right\}O \qquad \left.\begin{array}{l}NO_2 \\ Am\end{array}\right\}O \qquad \left.\begin{array}{l}NO_2 \\ K\end{array}\right\}O \qquad (NH_4)NO_3 \qquad KNO_3$$

Ammoniumchlorid   Kaliumchlorid

$$\left.\begin{array}{l}Cl \\ NH_4\end{array}\right\} \qquad \left.\begin{array}{l}Cl \\ Am\end{array}\right\} \qquad (NH_4)Cl \qquad \left.\begin{array}{l}Cl \\ K\end{array}\right\} \qquad KCl$$

$$
\begin{array}{lll}
AmO, SO^3 & = & \text{schwefelsaures Ammoniumoxyd} \\
KO, SO^3 & = & \text{schwefelsaures Kaliumoxyd} \\
\hline
AmO, NO^5 & = & \text{salpetersaures Ammoniumoxyd} \\
KO, NO^5 & = & \text{salpetersaures Kaliumoxyd} \\
\hline
Am\,Cl & = & \text{Chlorammonium} \\
KCl & = & \text{Chlorkalium.}
\end{array}
$$

Ammon, Ammoniak, Ammonium (*Ammonum, Ammoniacum,
Ammonium*) werden häufig als gleichbedeutend durcheinander ge-
worfen. Das Ammoniak und *Ammoniacum* sind überflüssig lange
Namen, wofür Ammon oder *Ammonum* nicht weniger verständ-
lich, aber kürzer und bequemer sind.

Das Ammongas, in Wasser geleitet, wird von diesem aufgelöst und bildet damit eine klare farblose Flüssigkeit, welche
mit einem Gehalt von 10 Proc. Ammon (NH_3) den officinellen
Salmiakgeist, Aetzammonflüssigkeit (*Liquor Ammoni cau-
sticus*) darstellt. Die Bereitung dieser Flüssigkeit beruht auf dem
Umstand, dass stärkere Basen, wie Kaliumhydroxyd, Natriumhydroxyd, Calciumhydroxyd mit einem Ammoniumsalze in Wechselwirkung gesetzt aus letzterem Ammongas abscheiden, dass das
Ammoniumoxyd beim Austritt aus einer Salzverbindung in Ammongas (NH_3) und Wasser zerfällt.

$$\left.\begin{array}{l} NH_4 \\ NH_4 \end{array}\right\}O = 2NH_3 + H_2O \text{ od. } NH^4O = NH^3 + HO.$$

Wird 1 Mol. Calciumhydroxyd mit 2 Mol. Ammoniumchlorid gemischt und erhitzt, so entweicht Ammon und Wasser wird frei.

Ammoniumchlorid	Calcium-hydroxyd	Ammon	Wasser	Calciumchlorid
$2NH_4Cl$	$+ \overset{II}{H_2}CaO_2$	$= 2NH_3$	$+ 2H_2O$	$+ CaCl_2.$

Oder wird unter Rücksicht auf die electrochemische Theorie 1 Aeq. Chlorammonium (H^4NCl) 1 Aeq. Calciumoxyd, Kalkerde (CaO), gesetzt, so verbindet sich das Calcium mit dem Chlor zu Chlorcalcium ($CaCl$), der bis dahin an Calcium gebundene Sauerstoff tritt an 1 Aeq. Wasserstoff des Ammonium, damit Wasser bildend, und Ammon (H^3N) scheidet als Gas aus.

$$H^4NCl \text{ und } CaO \text{ geben } CaCl \text{ und } HO \text{ und } H^3N.$$

Nach der früher üblichen Vorschrift werden gewöhnlich gleiche Theile Salmiak und gebrannter Kalk, welcher durch Besprengen mit Wasser in Kalkhydrat verwandelt ist, in Wechselwirkung gesetzt, obgleich

$2NH_4Cl$		CaO		Salmiak		Aetzkalk
$2 \times 53,5$	:	56	$=$	10	:	$x(= 5,23)$ oder

H^4NCl		CaO		Salmiak		Aetzkalk
$53,5$	:	28	$=$	10	:	$x(= 5,23)$

also 6 Th. Kalkerde mehr denn genügen, 10 Th. Salmiak zu zersetzen. Es enthält nämlich der Aetzkalk meist etwas Thonerde und kieselsaure Verbindungen, und dann ist er ein zu billiges Material, als dass man ihn nicht mit der Absicht auf eine vollständige Zersetzung des Ammoniumchlorids im Ueberschuss anwenden könnte.

Gelöschter Aetzkalk, gepulverter Salmiak und Wasser werden in ein Gefäss von Eisen (a), oder in einen Glaskolben gegeben, diesem Gefäss dicht ein Gasleitungsrohr b nebst Sicherheitsrohr c aufgesetzt und dem anderen Ende des Gasleitungsrohres eine Flasche f mit einer gemessenen Quantität destillirtem Wasser vorgelegt. Beim Erhitzen des Gasentwickelungsgefässes wird anfangs mit dem Ammongase auch die atmosphärische Luft ausgetrieben, und die in der Vorlage f aus dem Gasleitungsrohr austretenden Gasblasen steigen meist bis an die Oberfläche der

Flüssigkeit, wo sie aus dieser mit bullerndem Geräusch entweichen. Nach Austreibung der Luft tritt nur Ammongas in die
Vorlage, und die in das Wasser tretende Gasblase wird sofort

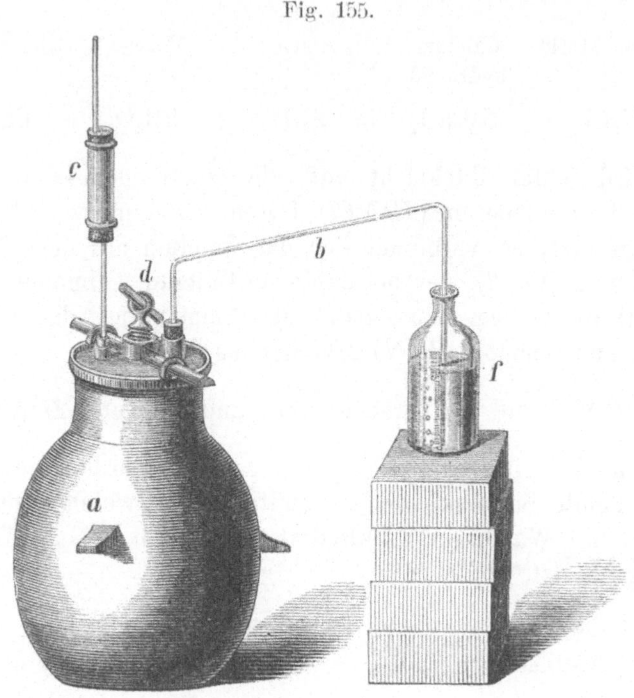

Fig. 155.

Apparat zur Salmiakgeistbereitung.

von diesem aufgelöst. Durch das darauf folgende Zusammenfallen des Raumes der Gasblasen entsteht ein klapperndes Geräusch,
welches man durch Heizen des Entwickelungsgefässes im ruhigen
Tempo zu erhalten sucht.

Die Absorptionsflüssigkeit in der Vorlage nimmt nach und
nach an Volum zu und wird warm, denn das Ammongas kommt
nicht nur aus einem heissen Gefäss, es lässt auch beim Uebergang in den tropfbar-flüssigen Zustand seine latente Wärme
frei. Das kalte Wasser absorbirt dagegen das Ammongas leichter und hält das aufgenommene fester zurück. Die Vorlage muss
also anhaltend gekühlt werden, wozu man den in Fig. 151,
Seite 359 erwähnten Kühltopf verwendet.

Weil das mit Ammongas geschwängerte Wasser specifisch
leichter ist und daher aufwärts steigt, ist es nothwendig, dass das

Gasleitungsrohr bis auf den Boden der Vorlage hinabreicht. Bei Darstellung der Chlorwasserstoffsäure lässt man das Rohr nur um ein Geringes in das Wasser eintauchen, denn das mit Chlorwasserstoff beladene Wasser ist specifisch schwerer und sinkt nach unten.

Wenn trotz stärkerer Erhitzung die Gasentwickelung aufhört, ist auch die Operation beendet. Die Flüssigkeit der Vorlage wird dann mit so viel destillirtem Wasser gemischt, dass sie 10 Procent Ammongas enthält oder bei 15⁰ C. ein spec. Gewicht von 0,960 hat. In welcher Weise dies geschieht, ist Seite 361 erwähnt.

Zur Darstellung einer chemisch reinen Aetzammonflüssigkeit placirt man zwischen Entwickelungsgefäss und Vorlage eine Waschflasche (d) mit wenig Wasser und einem Sicherheitsrohr

Figur 156.

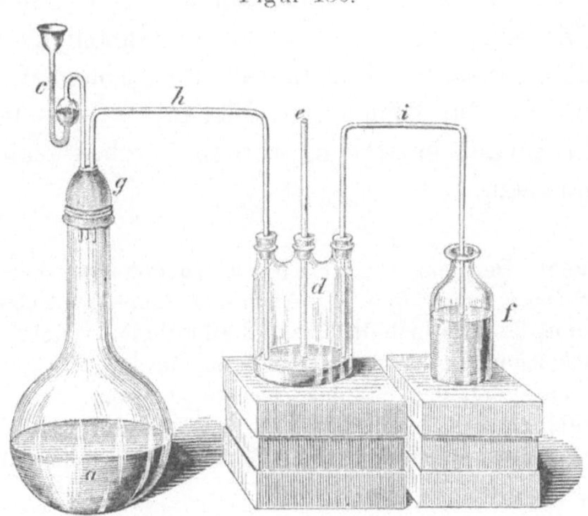

(e). Man kann dann in den Kolben (a) den käuflichen sogenannten doppelten Salmiakgeist, welcher 19—20 Proc. Ammongas enthält, geben, dem Kolben ein Sicherheitsrohr aufsetzen und bei anfangs sehr vorsichtiger und geringer Erwärmung das Ammongas in die Vorlage übertreiben.

Bei der Entwickelung der Gase aus wasserhaltigen Substanzen steigt Wasserdampf in das Gasleitungsrohr, verdichtet sich daselbst und sammelt sich zu einer kleinen flüssigen Säule an, welche das Lumen des Rohres ausfüllend durch das Gas gedrängt sich hin- und herschiebt, sich auch auf Augenblicke, wenn das Rohr eine nach der Vorlage zu etwas steigende Richtung hat, am unteren Ende (*c*) ansammelt und unter Zutritt der Adhäsion zum Glase nicht abtropft. Diese störende Flüssigkeitssäule kommt weniger zum Vorschein, wenn man das Rohr *(b)* bei *d* schräg abschneidet, weil dann das Abtropfen erleichtert ist.

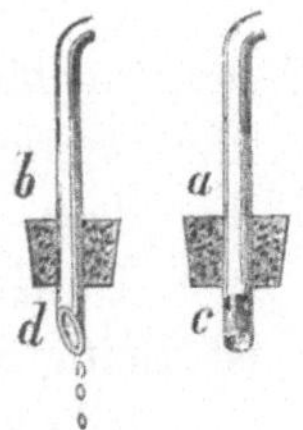

Fig. 157.

Die Aetzammonflüssigkeit ist farblos und dunstet unaufhörlich Ammongas aus. Man hält sie daher in gut verstopften Gefässen an einem kalten Orte. Da sie ätzend ist, kann sie für den innerlichen Gebrauch bei Thieren nur mit der 30—50fachen Menge Wasser verdünnt in Anwendung kommen. Mit fetten Oelen gemischt liefert sie dickflüssige milchähnliche Flüssigkeiten, Linimente genannt, in welchen sich die Fettkügelchen in ähnlicher Weise wie bei der Milch und Emulsion in Suspension befinden. In der Emulsion ist das die Adhäsion zwischen Oel und Wasser befördernde Zwischenmittel das Arabische Gummi, in der Samen-Emulsion das Pflanzeneiweiss, in der thierischen Milch das Caseïn, im Liniment das Ammongas. Flecke, welche durch Säuren auf gefärbten Zeugen entstehen, werden durch Aetzammonflüssigkeit weggenommen.

Bemerkungen. Der Name Ammoniak kommt von dem lateinischen Adjectiv *ammoniăcus. a, um,* d. h. aus Ammonia, einer Landschaft in Libyen, oder aus Ammon, der Haupstadt dieser Landschaft, welche ihren Namen von dem griechischen ἄμμος (ammos), Sand, herleitet. Aus dieser Gegend brachte man zuerst den Salmiak *(sal ammoniacum)*, welchen man daselbst wahrscheinlich aus dem Miste der Kameele durch Sublimation darstellte. Die Chemiker accentuiren Ammoniák, Ammón, Ammónium.

Lection 76.

Ammoniumsalze. Amid. Imid. Amin.

Das Ammongas (H^3N) geht mit anhydrischen Oxysäuren oder wasserfreien Sauerstoffsäuren allerdings Verbindungen ein, welche jedoch mit Salzen keine Aehnlichkeit haben und aus welchen durch eine fixe Base, z. B. Aetzkalk, kein Ammongas abgeschieden wird. Bei Gegenwart von Wasser nimmt das Ammongas Hydriumoxyd auf und verwandelt sich in eine starke Base, das

Ammoniumhydroxyd, welches mit Säuren wie Salze charakterisirte Verbindungen darstellt.

Die Ammoniumsalze verflüchtigen sich beim Erhitzen. Diejenigen mit starken und weniger flüchtigen Säuren zersetzen sich jedoch vor der Verflüchtigung, indem sie in Ammongas und Hydrosäure zerfallen, z. B. das schwefelsaure Ammonium, Ammoniumsulfat.

$$(NH_4)_2SO_4 \text{ giebt aus: } 2NH_3 \text{ und } H_2SO_4$$
$$\text{oder } H^4NO,SO^3 \text{ giebt aus: } H^3N \text{ und } HO,SO^3.$$

Bringt man 2 Vol. trockenes Ammongas und 1 Vol. Kohlensäureanhydrid zusammen, so entsteht eine Verbindung, in Gestalt eines weissen Pulvers, welche nach Ammongas riecht und bei 60^0 C. unzersetzt sublimirt. Sie hat die Formel

$$\left.\begin{array}{l} NH_2,CO \\ NH_4 \end{array}\right\} O \text{ od. } CO_2(NH_3)_2 \text{ od. } H^3N,CO^2$$

und ist carbaminsaures Ammon genannt worden. Erst mit Wasser in Berührung verwandelt sie sich in kohlensaures Ammonium und zeigt dann die Eigenschaften der Carbonate der Alkalimetalle.

Ammoniumcarbonat, Ammoniumsesquicarbonat, kohlensaures Ammon, flüchtiges Salz (*Ammonum carbonicum, Ammonium carbonicum*), welches grosse farblose krystallinische Stücke von stark ammoniakalischem Geruche darstellt, ist als eine Verbindung jenes carbaminsauren oder wasserfreien kohlensauren Ammons mit Ammoniumdicarbonat oder zweifach-kohlensaurem Ammoniumoxyd ($H(NH_4)CO_3$ od. $H^4NO,CO^2 + HO,CO^2$), also

$$= 2H(NH_4)CO_3 + CO_2(NH_3)_2 = (NH_4)_4C_3O_8$$
$$\text{od.} = H^4NO,CO^2 + HO,CO^2 + H^3N,CO^2 =$$
$$AmO,HO,2CO^2 + H^3N,CO^2$$

zu betrachten. An der Luft liegend lässt es wasserleeres kohlensaures Ammon oder carbaminsaures Ammon frei, und endlich hinterbleibt Ammoniumdicarbonat als ein weisses geruchloses Pulver. Löst man das käufliche kohlensaure Ammon in Weingeist oder in wenigem Wasser, so löst sich die wasserleere Verbindung, und Ammoniumdicarbonat bleibt ungelöst. Das durch Weingeist gefällte Dicarbonat war die ehemals officinelle *Offa Helmontii*. Diesem Dicarbonate kommt die modern theoretische Benennung Hydriumammoniumcarbonat zu, denn $H(NH_4)CO_3$.

In der Praxis betrachtete man früher das käufliche Ammonium-carbonat als eine Verbindung von 3 Aeq. Kohlensäure mit 2 Aeq. Ammoniumoxyd, also als $1^{1}/_{2}$ fach kohlensaures Ammon von der Formel $2H^{4}NO,3CO^{2}$ oder $2AmO,3CO^{2}$, es hat jedoch gewöhnlich eine Zusammensetzung, welche dieser Formel nur einiger Maassen nahe kommt.

Ammoniumcarbonat entsteht bei der fauligen Gährung stickstoffhaltiger Substanzen, z. B. thierischer Abgänge, bei der trocknen Destillation der Steinkohlen und bei der Verkohlung thierischer Substanzen. Es wurde früher hauptsächlich als Pro-duct aus der trocknen Destillation thierischer stickstoffhaltiger Substanzen (wie Horn, Klauen etc.), durchdrungen von dem gleichzeitig entstehenden stinkenden Thieröl (*Oleum animale foe-tidum*), gewonnen und kam entweder nochmals sublimirt als Hirschhornsalz (*Sal Cornu Cervi volatile*, *Ammonium carbonicum pyro-oleosum*) oder durch Vermischen mit thierischer Kohle und Bolus und wiederholte Sublimation gereinigt als flüchtiges Salz, in den Handel. Jetzt wird es durch Sublimation eines Gemisches von Ammoniumsulfat mit Calciumcarbonat oder kohlensaurer Kalk-erde (Kreide) oder eines Gemisches von Ammoniumchlorid (NH_4Cl oder $H^{4}NCl$) mit Kreide in gusseisernen oder irdenen Sublimir-gefässen dargestellt. Aus

$3(NH_4)_2SO_4$ u. $3CaCO_3$ od. aus $3(H^{4}NO,SO^{3})$ u. $3(CaO,CO^{2})$ entstehen:

a) $3CaSO_4$ od. $3(CaO,SO^{3})$ als Sublimationsrückstand (Calciumsulfat),

b) $(NH_4)_4C_3O_8$ od. $2H^{4}NO + 3CO^{2}$ als Sublimat (Ammoniumcarbonat),

c) $(NH_3)_2$ u. H_2O od. $H^{3}N$ u. HO entweichen (Ammon u. Wasser).

Das Ammoniumcarbonat wird als Medicament und auch zur Darstellung verschiedener Ammoniumsalze gebraucht, meist findet es aber als Zusatz zu dem Teige der Backwaaren Anwendung, indem sich in Folge gelinder Backwärme die wasserfreie Ver-bindung (das carbaminsaure Ammon) schon bei gelinder Wärme verflüchtigt, und dadurch das Backwerk blasig und locker wird. Diesem Zwecke kann aber nur das durchsichtig krystallinische Salz dienen, nicht wenn es bereits zerfallen ist und meist aus Ammoniumdicarbonat besteht, welches sich erst bei stärkerer Hitze verflüchtigt, nachdem also der Teig bereits fast ausge-backen ist. Am besten bewahrt man das Salz in Weissblechge-fässen. Ein zerfallenes Salz benutzt man zur Darstellung von Ammoniumsalzen. Der gemeine Mann nennt das reine krystalli-nische Ammoniumcarbonat häufig noch Hirschhornsalz.

Ammoniumchlorid, Chlorammonium, Chlorwasserstoff-
ammoniak, Salmiak, salzsaures Ammon (*Ammonium chloratum,
Ammoniacum hydrochloricum, Ammonium muriaticum, Sal ammoniacum*) sind Namen für die Verbindung des Ammonium mit Chlor
oder des Ammons mit Chlorwasserstoff, NH_4Cl. Der früher in
den Handel kommende Salmiak wurde in Aegypten durch Sublimation des Russes aus den Schornsteinen der ärmeren Leute gewonnen, welche eine Art Torf und Kameeldünger als Brennmaterial benutzen. Jetzt wird er aus Ammoniumsulfat und Kochsalz (Natriumchlorid) entweder durch Sublimation oder durch gegenseitige Zersetzung beider Salze in ihren Lösungen und Krystallisation gewonnen. Es entstehen hierbei Natriumsulfat oder
schwefelsaures Natron und Ammoniumchlorid.

Ammoniumsulfat Natriumchlorid Natriumsulfat Ammoniumchlorid

$$(NH_4)_2SO_4 \ + \ 2NaCl \ = \ Na_2SO_4 \ + \ 2NH^4Cl$$
$$\text{od. } H^4NO, SO^3 \ + \ NaCl \ = \ NaO, SO^3 + \ H^4NCl.$$

Auch wird der Salmiak direct durch Sättigung des ammoniakalischen Wassers der Leuchtgasfabriken mit Salzsäure, Eindampfen der Lösung und Krystallisation dargestellt. Er ist ein
geruchloses, stechend salzig schmeckendes Salz, sublimirt (raffinirt) in convex-concaven farblosen krystallinischen Kuchen oder
solchen Stücken, schnell aus concentrirten heissen Lösungen
krystallisirt in langen biegsamen prismatischen, langsam krystallisirt in länglich octaëdrischen oder tetraëdrischen Krystallen.
An der Luft ist er beständig, d. h. an der Luft verändert er
sich nicht, durch starke Erhitzung verdampft er aber vollständig in Gestalt eines weissen dichten Dampfes, welcher grosse
Flächenanziehung (Adhäsion) zur Luft zu erkennen giebt, indem
er trotz Abkühlung sich in der Luft lange schwebend erhält.

Der sublimirte Salmiak ist ein fast reines Präparat, der
krystallisirte oder sogenannte Braunschweiger ist nicht immer
rein und enthält oft Natriumsulfat oder schwefelsaures Natron.

Mit Schwefel kann sich Ammonium in mehreren Verhältnissen verbinden, von welchen Verbindungen für uns das Ammoniumhydrosulfid oder Schwefelwasserstoff-Schwe-
felammonium, Ammoniumsulfhydrat (NH_5S od. H^4NS, HS)
die wichtigste ist und in einer der folgenden Lectionen Erwähnung finden wird.

Amid und Imid sind zwei ebenso hypothetische Verbindungen wie das Ammoniumoxyd. Sie gehen beide aus dem Am-

mon durch Wasserstoffverlust hervor und sind nur in ihren Verbindungen bekannt.

$$\begin{aligned}
&\text{Ammonium} \quad . \; . \quad NH_4\\
&\text{Ammon} \quad . \; . \; . \; . \quad NH_3\\
&\text{Amid} \quad . \; . \; . \; . \quad NH_2\\
&\text{Imid} \quad . \; . \; . \; . \quad NH.
\end{aligned}$$

Das **Amid** (NH_2) entsteht durch Deplacirung eines Atoms Wasserstoff des Ammons $= NH_3$. In Stelle des ausgeschiedenen Wasserstoffs tritt dann ein anderes Radical, wie Kalium, Natrium, Quecksilber, Aethyl, Phenyl. Ein Amid ist also eine Verbindung von der Form des Typus Ammon, in welchem 1 Atom H durch ein Atom eines Radicals ersetzt ist. Eine Verbindung dieser Art nennt man **Amidid**. Beim Erhitzen von Kalium in trocknem Ammongase wird Wasserstoff frei, und es entsteht eine grüne Verbindung, Kaliumamidid oder Amidkalium. Löst man sie in Wasser, so zerfällt sie unter Aufnahme der Wasserbestandtheile in Kaliumhydroxyd und Ammongas.

$$KH_2N \; + \; H_2O \; = \; HKO \; + \; H_3N.$$
$$\text{od. } KH^2N \; + \; HO \; = \; KO \; + \; H^3N.$$

Tritt in die Stelle eines Wasserstoffmolecüls in einem Doppelmolecüle Ammon $(NH_3)_2$ ein Molecül des zweiwerthigen Quecksilbers (Hg'') ein, so entsteht ein Mercuriamidid oder Amidquecksilber ($Hg''H_2H_2N_2$).

Ammon	Kaliumamidid Amidkalium (Monamid)	Mercuriamidid Amidquecksilber (Diamid)
$\left.\begin{aligned}H\\H\\H\end{aligned}\right\}N$	$\left.\begin{aligned}H\\H\\K\end{aligned}\right\}N$	$\left.\begin{aligned}H_2\\H_2\\Hg''\end{aligned}\right\}N_2$

Der weisse Quecksilberpräcipitat, Quecksilberamidchlorid, Mercurichloroamidid, Quecksilberchloroamidid (*Hydrargyrum amidāto-bichlorātum*, *Hydrargyrum ammoniato-muriaticum*, *Hydrargyrum praecipitatum album*) ist eine Mercuriamid-Verbindung. Wird Mercurichlorid oder ätzendes Quecksilberchlorid (Sublimat) in Wasser gelöst und in verdünnte Aetzammonflüssigkeit gegossen, so entsteht ein weisser Niederschlag, welcher mit wenig Wasser abgewaschen und getrocknet jenen weissen Quecksilberpräcipitat darstellt. Nach dualistischer Anschauung lässt sich der weisse Präcipitat als eine Verbindung von Quecksilberchlorid (*Hg Cl*) mit Quecksilberamidid (*HgH²N*), also $= HgCl + HgH^2N$, betrachten, und zwar hat die Hälfte des Chlors des Quecksilberchlorids dem Ammon (*H³N*) die Bestandtheile zur Bildung von

Chlorammonium (H^4NCl) entzogen, das an dieses Chlor gebunden gewesene Quecksilber hat sich im *status nascendi* mit dem Rest des Ammons (dem Amid, H^2N) zu Quecksilberamidid, und dieses letztere mit der zweiten Hälfte des Quecksilberchlorids, was unzersetzt blieb, verbunden und als weisser Niederschlag abgeschieden. Das Chlorammonium bleibt gelöst. Hier ist es das Chlor, welches dem Ammon Wasserstoff entzieht und es in Amid verwandelt. Dadurch, dass nun Quecksilber in die Stelle des dem Ammon entzogenen Wasserstoffs eintritt, geht ein Quecksilberamidid hervor.

Ammon   Chlor   Amid   Chlorammonium.

$2H^3N$ und Cl geben H^2N und H^4NCl.

Aus 2 Aeq. Ammon und 1 Aeq. Chlor entstehen also Amid und Chlorammonium.

Quecksilberchlorid Ammon   Quecksilberchloroamidid Chlorammonium

$2HgCl$ und $2H^3N$ geben $HgCl + HgH^2N$ und H^4NCl.

Die Gruppirung der elementaren Bestandtheile ist bequemer und leichter, wenn wir bei der Substitutionstheorie die Erklärung einholen, wenn wir das Quecksilberchloroamidid als ein **Dimercuriammoniumchlorid**, d. h. als ein Doppelmolecül Ammoniumchlorid $(NH_4Cl_2)_2$ betrachten, in welchem 2 Mol. Wasserstoff durch 2 Mol. Quecksilber (Hg'') substituirt sind.

Ammoniumchlorid   Dimercuriammonium-   Monomercuriam-
chlorid   moniumchlorid

$$\left.\begin{array}{l}\text{H}\\\text{H}\\\text{H}\\\text{H}\end{array}\right\}\text{NCl}\qquad\left.\begin{array}{l}\text{H}_2\\\text{H}_2\\\text{Hg''}\\\text{Hg''}\end{array}\right\}\text{N}_2\text{Cl}_2\qquad\left.\begin{array}{l}\text{H}_2\\\text{H}_2\\\text{H}_2\\\text{Hg''}\end{array}\right\}\text{N}_2\text{Cl}_2$$

Aus der gegenseitigen chemischen Wirkung von Ammon auf eine Mercurichloridlösung entstehen in Lösung bleibendes Ammoniumchlorid und das in Wasser unlösliche Dimercuriammoniumchlorid. Diese Ansicht hat in so weit eine Berechtigung, als auch ein (Mono-) Mercuriammoniumchlorid $\left(\begin{smallmatrix}\text{H}_6\\\text{Hg''}\end{smallmatrix}\right\}\text{N}_2\text{Cl}_2)$ existirt.

Das Dimercuriammoniumchlorid ist der sogenannte **nicht schmelzbare** und officinelle Präcipitat, d. h. es verflüchtigt sich beim Erhitzen, ohne vorher zu schmelzen. Nach einer älteren Vorschrift stellte man den weissen Präcipitat dar durch Fällen einer Lösung von Mercurichlorid und Ammoniumchlorid mittelst

Natroncarbonats. Der auf diese Weise dargestellte Präcipitat ist der sogenannte **schmelzbare**, d. h. beim Erhitzen schmilzt er vor der Verflüchtigung. Er ist ein Gemisch aus Dimercuriammoniumchlorid und Monomercuriammoniumchlorid.

Der weisse Quecksilberpräcipitat ist ein giftiger Körper und wird daher auch in der Reihe der Gifte aufbewahrt. Er findet nur eine äusserliche Anwendung.

Amine, Aminbasen nennt man solche Verbindungen der Alkohole, welche sich vom Typus $\left.\begin{array}{l}H\\H\\H\end{array}\right\}N$ ableiten lassen und man unterscheidet sie als **Amidbasen**, in welchen 1 H durch ein Alcoholradical, **Imidbasen**, in welchen 2 H durch 2 Alkoholradicale, **Nitrilbasen** in welchen 3 H durch drei Alkoholradicale substituirt sind. Das Radical Aethyl C_2H_5 möge als Beispiel dienen.

$$\left.\begin{array}{l}C_2H_5\\H\\H\end{array}\right\}N \qquad \left.\begin{array}{l}C_2H_5\\C_2H_5\\H\end{array}\right\}N \qquad \left.\begin{array}{l}C_2H_5\\C_2H_5\\C_2H_5\end{array}\right\}N$$

Aethylamin,   Diäthylamin,   Triäthylamin,
Amidbasis   Imidbasis   Nitrilbasis.

Das **Anilin** ist eine Amidbase, Phenylamin, ein Ammon, in welchem 1 Atom Wasserstoff durch 1 Molecül des Radicals Phenyl (C_6H_5) vertreten ist, das **Toluidin** eine Amidbase, Benzylamin, ein Ammon, in welchem ein Atom Wasserstoff durch 1 Molecül des Radicals Benzyl (C_7H_7) vertreten ist. Xylidin, Cumidin sind ebenfalls Amidbasen.

Anilin   Toluidin   Xylidin   Cumidin

$$\left.\begin{array}{l}C_6H_5\\H\\H\end{array}\right\}N \quad \left.\begin{array}{l}C_7H_7\\H\\H\end{array}\right\}N \quad \left.\begin{array}{l}C_8H_9\\H\\H\end{array}\right\}N \quad \left.\begin{array}{l}C_9H_{11}\\H\\H\end{array}\right\}N$$

Phenylamin   Benzylamin

Cuprisulfatammoniak, schwefelsaures Kupferoxyd-Ammoniak (*Ammoniacum cuprico-sulfuricum, Cuprum sulfuricum ammoniatum, Cuprum ammoniacale*) ist eine Verbindung, welche die moderne Chemie keinem Normaltypus anzuschliessen vermag. Daher die empirische Formel $CuSO_4 + 4NH_3 + H_2O$. Die electrochemische Theorie betrachtete es als eine Verbindung von schwefelsaurem Ammoniumoxyd (H^4NO,SO^3) und Kupferoxyd-ammoniak (H^3N, CuO). Wird schwefelsaures Kupferoxyd, Kupfervitriol, in Aetzammonflüssigkeit eingetragen, so entsteht eine dunkelblaue Lösung, aus welcher auf Zusatz von Weingeist kleine gesättigt blaue Krystalle gefällt werden, welche das vorbenannte Präparat darstellen. Die dualistische Formel ist $H^4NO, SO^3 +$ H^3N, CuO.

Bemerkungen. Amid (corrumpirte Zusamensetzung aus Ammon und $\varepsilon\tilde{\iota}\delta\omega$ [eido], ich sehe ähnlich) wurde vorzugsweise im Oxamid näher erkannt. Erhitzt man Ammoniumoxalat oder oxalsaures Ammon ($C_2[NH_4]_2O_4$ oder H_4NO, C_2O_3), so entsteht Wasser, welches überdestillirt, und eine Verbindung $N_2H_4C_2O_2$ od. $H^2NC^2O^2$, das Oxamid, bleibt zurück.

$$\text{Ammoniumoxalat}\quad\text{Wasser}\quad\text{Oxamid}$$
$$C_2(NH_4)_2O_4 \;=\; 2H_2O \;+\; N_2H_4(C_2O_2)$$
$$\text{oder}\; H_4NO, C^2O^3 \;=\; 2HO \;+\; H^2NC^2O^2.$$

Es bildet ein weisses neutrales Pulver, welches mit einer Alkalilösung oder einer starken Säure in Ammongas und Oxalsäure zerfällt. In ähnlicher Weise entstehen Benzamid aus benzoësaurem Ammon, Citramid aus citronensaurem Ammon etc. Die Amide der Säuren sind gleichsam Verbindungen des Radicals der Säure mit Amid. Das Radical der Oxalsäure $\left(\begin{matrix}C_2O_2\\H_2\end{matrix}\middle)O_2\right)$ ist Oxalyl (C_2O_2), das Radical der Benzoësäure ist Benzoyl (C_7H_5O), von der Essigsäure das Acetyl (C_2H_3O), das Oxamyd also ist eine Verbindung des Kohlenoxyds mit Amid ($H^2N + C^2O^2$). Das Benzamid ist eine Verbindung des Benzoyls ($C^{14}H^5O^2$), des Radicals der Benzoësäure ($C^{14}H^5O^3$), mit Amid, also $= H^2N + C^{14}H^5O^2$. Die Säureamide sind also Ammon, in welchem H durch ein Radical einer organischen Säure ersetzt ist.

$$\textit{Oxamid}\qquad\qquad\textit{Benzamid}\qquad\qquad\textit{Acetamid}$$
$$\left.\begin{matrix}C_2O_2\\H_2\\H_2\end{matrix}\right\}N_2 \qquad\qquad \left.\begin{matrix}C_7H_5O\\H\\H\end{matrix}\right\}N \qquad\qquad \left.\begin{matrix}C_2H_3O\\H\\H\end{matrix}\right\}N.$$

Lection 77.

Schwefel. Schweflige Säure. Unterschweflige Säure.

Schwefel (*Sulfur*, *Sulphur*) ist ein einfacher Körper, ein Element, und gehört der Reihe der Nichtmetalle an. Er findet sich in der Natur weit verbreitet theils frei als gediegener Schwefel in der Nähe von Vulkanen, in grosser Menge besonders auf Sicilien, theils verbunden mit Metallen, welche Schwefelverbindungen oder Sulfide der Mineraloge Glanze, Kiese, Blenden nennt (z. B. Bleiglanz PbS, Eisenkies FeS_2, Zinkblende ZnS), theils in Schwefelsäure und Sulfaten, z. B. im Calciumsulfat oder schwefelsaurer Kalkerde (Gyps), Baryumsulfat oder schwefelsaurer Baryterde (Schwerspath etc.). In der organischen Natur ist er ein Bestandtheil der Proteïnsubstanzen (z. B. des Albumins, Caseïns, des Klebers), der thierischen Hornsubstanz, der Haare, der Samenhaut der Cruciferen, der *Asa foetida*, des flüchtigen Senföls etc.

Im Handel kommt er hauptsächlich in zwei Formen, nämlich als **Stangenschwefel** (*Sulfur citrīnum, Sulfur in bacŭlis*) und als **sublimirter Schwefel, Schwefelblumen** (*Sulfur sublimatum, Flores Sulfŭris*) vor.

Der Schwefel wird entweder durch einfaches Ausschmelzen oder durch Destillation von den beigemengten erdigen Theilen, der Gangart, getrennt. In einigen Gegenden gewinnt man ihn aus dem Schwefelkies (Eisendisulfid oder Zweifach-Schwefeleisen, FeS_2), welches beim Erhitzen die Hälfte seines Schwefels freilässt und zu Eisenmonosulfid oder Einfach-Schwefeleisen (FeS) wird. Geschmolzen und in Formen gegossen liefert der Schwefel den Stangenschwefel. Der in gusseisernen Retorten durch Erhitzen des rohen Schwefels erzeugte, in gemauerte, kalt gehaltene Kammern geleitete Schwefeldampf verdichtet sich zu einem Pulver, den Schwefelblumen oder sublimirtem Schwefel. Der Rückstand der Sublimation besteht aus erdigen Theilen, mehr oder weniger Schwefel enthaltend, und kommt als **Rossschwefel** oder **grauer Schwefel** (*Sulfur caballīnum, Sulfur grisĕum*) in den Handel.

Der Schwefel kann in alle drei Aggregatzustände übergeführt werden. Bei gewöhnlicher Temperatur ist er fest, von hellgelber (schwefelgelber) Farbe und in Schwefelkohlenstoff löslich. Beim Schmelzen zeigt er eigenthümliche Erscheinungen. Er schmilzt nämlich bei 111° C. zu einer hellgelben dünnen Flüssigkeit, welche stärker erhitzt dunkler, bei 250° C. fast schwarz und zähflüssig und nicht mehr giessbar wird, weiter erhitzt kehrt die frühere Dünnflüssigkeit, jedoch nicht die gelbe Farbe, zurück und endlich fängt er an bei 420° C. zu sieden und sich in einen braunrothen Dampf zu verwandeln. Giesst man den geschmolzenen zähflüssig werdenden Schwefel in kaltes Wasser, so behält er diese Consistenz und braunrothe Farbe noch lange Zeit, trotz der Abkühlung, bei. In diesem Zustande (**amorpher Schwefel** genannt) verwendet man ihn zu Abgüssen von Münzen und anderen Gegenständen. Er ist in Schwefelkohlenstoff nicht löslich.

Der Schwefel kann zwei ganz verschiedene Krystallformen annehmen, er ist also dimorph. Der in der Natur krystallisirt gefundene, so wie der aus der Lösung in Schwefelkohlenstoff, Terpenthinöl etc. sich abscheidende Schwefel bildet gelbe durchscheinende rhombische Oktaëder, welche Gestalt er auch bei der Sublimation annimmt; der geschmolzene und langsam erstarrende Schwefel bildet dagegen durchscheinende schiefe rhombische Säulen, welche aber nach einiger Zeit opak werden nnd in kleine rhombische Oktaëder zerfallen. Diese Verschiedenheit der Krystallform hat ihren Grund in einer Allotropie, und man hat die in Rhombenoctaëdern auftretende allotropische Modification Alpha-Schwefel (αS), die andere Beta-Schwefel (βS) genannt. In dem geschmolzenen Zustande, in welchem der Schwefel in Folge schneller Abkühlung lange Zeit durchscheinend, weich und zähe bleibt, repräsentirt er die dritte allotropische Form, den sogenannten amorphen oder Gamma-Schwefel (γS). Diese allotropischen Modificationen unterscheiden sich von einander durch ein verschiedenes spec. Gewicht ihrer Dämpfe, Löslichkeit und Unlöslichkeit in Schwefelkohlenstoff etc. Unter Umständen geht eine Modification in die andere über. Je nach dem allotropischen Zustande unterscheidet man den Schwefel als 1) amorphen, 2) octaëdrischen, 3) prismatischen.

Schwefel aus Lösungen krystallisirt.

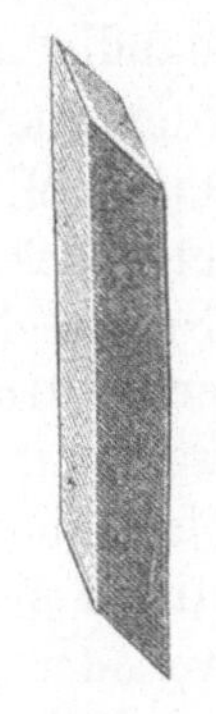

Schwefelkrystall aus geschmolzenem Schwefel.

Der Schwefelbalsam (*Balsamum Sulfuris, Oleum Lini sulfuratum*) wird bereitet durch Auflösen. von 1 Th. gepulvertem Schwefel in 5—6 Th. kochendem Leinöl. Der Schwefel löst sich in dem kochenden Oele, scheidet aber nach dem Erkalten zum Theil in Gestalt eines krystallinischen Pulvers ab, wenn die Temperatur des Oels nicht über 250⁰ gestiegen war. Das Oel bleibt flüssig und löst sich trübe in Terpenthinöl. Geschieht die Lösung des Schwefels über jenen Temperaturgrad hinaus, so geht der Schwefel in die Gammamodification oder den amorphen Zustand über und bleibt dann nicht nur gelöst, er bildet auch mit dem Oel eine dunkelbraunrothe steife Gelatine, den wahren Schwefelbalsam, welche mit Terpenthinöl eine klare Lösung giebt. Ein wesentlicher Punkt bei

Darstellung dieses Präparats ist eine möglichst allmählich gesteigerte Erhitzung des Leinöls in einem eisernen Kessel und unter Umrühren.

Der reine Schwefel hat, da er in Wasser nicht löslich und bei gewöhnlicher Temperatur auch nicht flüchtig ist, weder Geruch noch Geschmack, entwickelt aber gerieben, in Folge der dadurch entstehenden Erwärmung, einen schwachen eigenthümlichen Geruch. Durch Reiben wird er electrisch. Daher kommt es, dass er sich beim Reiben in einer porcellanenen Reibschale an Schale und Pistill fest ansetzt und er sich desshalb nur schwierig zu einem feineren Pulver zerreiben lässt.

Der Schwefel ist ein brennbarer Körper. Mit atmosphärischer Luft in Berührung und fast bis auf 300^0 erhitzt oder angezündet bricht er in eine blaue Flamme aus und verbrennt zu Schwefligsäure (SO_2), einem erstickenden und vegetabilische Farben zerstörenden Gase.

Der sublimirte Schwefel ist reiner als Stangenschwefel, ihm adhärirt jedoch aus seiner Bereitung, in Folge einer langsamen Oxydation eines Theiles seines Dampfes durch den nicht vollständig abgeschlossenen Sauerstoff der Luft, stets etwas Schwefelsäure, und da diese sehr hygroscopisch ist, auch Feuchtigkeit. Mit einem sublimirten Schwefel geschütteltes Wasser röthet Lackmuspapier. Durch Auswaschen mit Wasser wird die Schwefelsäure entfernt und durch Austrocknen bei sehr gelinder Wärme und Durchschlagen durch ein Sieb auch das Wasser und etwa andere von der Verpackung herrührende mechanisch beigemischte Unreinigkeiten, wie Stroh, Holz etc. Der in dieser Weise gereinigte sublimirte Schwefel ist der gereinigte oder gewaschene Schwefel (*Sulfur depuratum*, *Sulfur lotum*). Eine langsame Oxydation findet auch nach dem Auswaschen und Trocknen statt, wenn Luftfeuchtigkeit und Luft zugleich ungehinderten Zutritt haben. Daher zeigt ein schlecht aufbewahrter gereinigter Schwefel nach längerer Zeit eine schwach saure Reaction. Diese Oxydation ist eine langsame flammenlose Verbrennung. Zunächst entsteht Schwefligsäure, welche sich bei Gegenwart von Feuchtigkeit sofort zu Schwefelsäure oxydirt.

Der Schwefel gehört gemäss der Binärtheorie hinsichtlich seiner chemischen Beziehungen zu den Amphigenen. Wie wir bereits wissen, bilden Chlor, Brom, Jod, Fluor, Cyan, Schwefelcyan etc. eine chemische Gruppe mit der Ueberschrift Halogene oder Salzbilder, weil sie mit Metallen Verbindungen, Haloïdsalze, erzeugen, welche den Sauerstoffsalzen ähnlich sind.

Den Halogenen gegenüber wurden (von *Berzelius*) Sauerstoff, Schwefel, Selen und Tellur als Amphigene gruppirt, weil sie Verbindungen zweierlei Art, nämlich Basen und Säuren, hervorbringen, aus welchen wiederum die Amphidsalze hervorgehen. Die Sauerstoffverbindungen sind entweder Basen, oder sie sind Säuren, und die Verbindung einer Sauerstoffbase mit einer Sauerstoffsäure ist ein Sauerstoffsalz. Analog dem Sauerstoff geht auch der Schwefel mit anderen Körpern Verbindungen ein, welche sich als Basen und als Säuren charakterisiren und sich unter einander zu Schwefelsalzen verbinden. Die Sulfobasen nannte man daher Sulfurete, die Sulfosäuren Sulfide.

Natriumoxyd	Natriumsulfuret	Antimonsäure	Antimonpentasulfid (Sulfantimosäure)
NaO	NaS	SO^5	SbS^5

$3NaS,SbS^5$ (*Schlippe*'sches Salz), Natriumsulfantimoniat.

Das *Schlippe*'sche Salz, aus welchem der Goldschwefel (Antimonpentasulfid) dargestellt wird, ist ein wohl krystallisirtes Schwefelsalz, eine Verbindung von Einfach-Schwefelnatrium oder Natriumsulfuret (NaS) mit Fünffach-Schwefelantimon (SbS^5).

Die moderne Chemie nennt alle den Oxyden entsprechende Schwefelverbindungen Sulfide und unterscheidet Sulfobasen (entsprechend den Oxybasen) und Sulfosäuren (entsprechend den Oxysäuren) gegenüber den indifferenten und den eigentlichen Sulfiden (entsprechend den indifferenten und den eigentlichen Oxyden). Eine Sulfobase entsteht z. B. durch Einwirkung von Schwefelwasserstoff auf ein in Lösung befindliches basisches Hydroxyd.

Kalium-hyrdoxyd	Schwefelwas-serstoff	Wasser	Kaliumhydro-suifid

$$\left.{H\atop K}\right\}O \;+\; \left.{H\atop H}\right\}S \;=\; \left.{H\atop H}\right\}O \;+\; \left.{H\atop K}\right\}S$$

Sulfosäuren sind nur wenige bekannt und existiren meist nur in den Sulfosalzen.

Kohlensäure (hypoth. Hydrium-carbonat)	Sulfocarbonsäure (hypoth. Hydriumsulfo-carbonat)	Kaliumsulfocarbonat

$$\left.{(CO)''\atop H_2}\right\}O_2 \qquad \left.{(CS)''\atop H_2}\right\}S_2 \qquad \left.{(CS)''\atop K_2}\right\}S_2$$

Antimonsäure (Hydriumantimoniat)	Natriumsulfantimoniat

$$\left.{(SbO)^{III}\atop H_3}\right\}O_3 \qquad \left.{(SbS)^{III}\atop Na_3}\right\}S_3$$

Wie Sauerstoff Superoxyde erzeugt, ebenso kann der Schwefel mit vielen Radicalen Superfulfide darstellen, welche beim Uebergange in eine Sulfobase in ähnlicher Weise Schwefel freilassen, wie ein Superoxyd beim Uebergang in ein basisches Oxyd Sauerstoff abgiebt.

Eine dem Wasser (H_2O od. *HO*) analog zusammengesetzte Verbindung ist der Schwefelwasserstoff (H_2S od. *HS*). Sie ist ein Hydriumsulfid oder Wasserstoffsulfid, früher auch Schwefelwasserstoffsäure, Hydrothionsäure genannt.

Von Verbindungen des Schwefels mit Sauerstoff sind 7 bekannt, von welchen folgende vier die zuerst entdeckten und für die practische Pharmacie und Chemie die wichtigsten sind:

		Hydrosäuren	Anhydride
Unterschweflige Säure,	$H_2S_2O_3$	S_2O_2	S^2O^2
Schweflige Säure,	H_2SO_3	SO_2	SO^2
Unterschwefelsäure,	$H_2S_2O_6$	S_2O_5	S^2O^5
Schwefelsäure,	H_2SO_4	SO_3	SO^3

In neuerer Zeit lernte man noch drei andere Oxydationsstufen des Schwefels mit dem Charakter der Säuren darstellen, welche in die Reihe jener vier länger bekannten Säuren eingeschoben werden mussten. Zur Erlangung einer übersichtlichen Nomenclatur aller 7 Säuren wurde nach *Berzilius'* Vorschlag die Säure des Schwefels Thionsäure (von d. griech. ϑεῖον, theion, Schwefel) genannt und die Aequivalentmengen des Schwefels in einer jeden der Säuren durch Vorsetzung des entsprechenden Zahlwortes angegeben. Es entstanden dadurch folgende, übrigens selten gebrauchte Namen:

Hydrosäuren	Anhydride		
$H_2S_2O_3$	S_2O_2	S^2O^2	dithionige Säure (Unterschwefligsäure)
$H_2S_5O_6$	S_5O_5	S^5O^5	Pentathionsäure
$H_2S_4O_6$	S_4O_5	S^4O^5	Tetrathionsäure
$H_2S_3O_6$	S_3O_5	S^3O^5	Trithionsäure
H_2SO_3	SO_2	SO^2	monothionige Säure (Schwefligsäure)
$H_2S_2O_6$	S_2O_5	S^2O^5	Dithionsäure (Unterschwefelsäure)
H_2SO_4	SO_3	SO^3	Monothionsäure (Schwefelsäure).

Struckturformeln

Schwefligsäureanhydrid oder Schwefeldioxyd

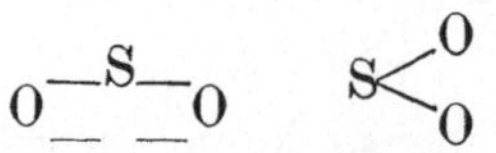

Schwefelsäureanhydrid oder Schwefeltrioxyd

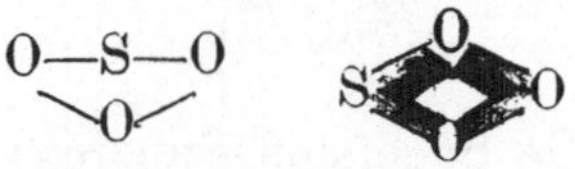

Hydriumsulfat oder Schwefelsäure

$$H—O—O—S—O—O—H \text{ oder } HO.SO.OH$$

Das Radikal der Schwefligsäure ist SO'' = [symbol], das Radical der Schwefelsäure, das Sulfuryl = SO_2'' = [symbol]. Im ersteren sind 2 Verwandtschaftseinheiten, im letzteren 4 gebunden, und in jedem Molecül sind 2 Verwandtschaftseinheiten, welche nach aussen wirken.

Von diesen Oxydationsstufen entsteht nur die Schwefligsäure, monothionige Säure oder Schwefeldioxyd direct aus Schwefel und Sauerstoff und zwar beim Verbrennen des Schwefels an der Luft oder im Sauerstoffgase. Man stellt sie gewöhnlich durch Desoxydation der Schwefelsäure dar und erhält sie als ein farbloses, den Lungen äusserst feindliches Gas, welches nicht brennbar ist, sich also nicht durch Verbrennung auf eine höhere Oxydationsstufe bringen lässt; es erstickt sogar das Feuer, worauf sich die Anwendung feuerlöschender Patronen gründet. Diese enthalten Gemische aus Salpeter und Kohle mit einer weit grösseren Menge Schwefel als im Schiesspulver und erzeugen durch Verbrennung Schwefligsäure und Kohlensäure, in welchen beiden Luftarten kein Feuer brennen kann. Durch Kälte oder durch Druck lässt sich die Schwefligsäure zu einer Flüssigkeit verdichten. Leitet man das Schwefligsäuregas in Wasser von mittlerer Temperatur, so wird es von diesem bis zu circa 25 Volum aufgelöst, leitet man es in Wasser, welches die kohlensauren Verbindungen der Alkalien oder Erden enthält, so entstehen schwefligsaure Salze unter Entweichen von Kohlensäure. Zur Darstellung des Gases wird Kohle mit concentrirter Schwefelsäure in einem Kolben mit Gasleitungsrohr und Sicherheitsrohr erhitzt. Die Gasentwickelung geht leicht und unter gleichzeitiger Entwickelung von gasiger Kohlensäure (CO_2) und Kohlenoxydgas (CO) von Statten.

$$3H_2SO_4 + 2C = 3SO_2 + CO_2 + CO + 3H_2O$$

oder $3SO^3 + 2C = 3SO^2 + CO^2 + CO$.

Reine Schwefligsäure stellt man durch Erhitzen von Kupfermetallschnitzeln in conc. Schwefelsäure dar.

Kupfer   Schwefelsäure   Cuprisulfat   Wasser Schwefligsäure

$$\left.\begin{matrix}Cu\\Cu\end{matrix}\right\} + 4\left(\begin{matrix}SO_2\\H_2\end{matrix}\right\}O_2\right) = 2\left(\begin{matrix}SO_2\\Cu\end{matrix}\right\}O_2\right) + 4\left(\begin{matrix}H\\H\end{matrix}\right\}O\right) + 2SO_2$$

oder Cu_2 $4H_2SO_4$ $= 2\ CuSO_4$ $+ 4\ H_2O$ $+ 2SO_2$

Nach Ansicht der Binärtheorie oxydirt sich das Kupfer auf Kosten der Hälfte der Schwefelsäure zu Kupferoxyd (CuO), welches mit der unzersetzten Säure-Hälfte als schwefelsaures Kupferoxyd im Rückstande bleibt. Die desoxydirte Säure entweicht als schweflige Säure. Cu und $2SO^3$ geben CuO,SO^3 und SO^2. Das Schwefligsäuregas in seiner wässrigen Lösung betrachtet man als Hydrosäure, welche bisher nicht isolirt werden konnte. Wenn man die wässrige Lösung durch Abdampfen concentrirt, so zerfällt die Hydrosäure in gasiges Anhydrid und Wasser. Aehnliches finden wir bei der Kohlensäure, dessen Hydroverbindung ebenfalls eine hypothetische ist. Das in Wasser gelöste Ammon (Salmiakgeist) wird als ein Hydroxyd angesehen, welches aber keine Beständigkeit hat und beim Verdunsten oder Entweichen aus dem Wasser sofort in Ammon und Wasser zerfällt. $H(NH_4)O$ $= NH_3 + H_2O$. Diese Annahmen gehören zu den schwachen Seiten der modernen Theorie.

Bei Gegenwart von Wasser und in Berührung mit Luft geht die Schwefligsäure allmählich in Schwefelsäure über. Oxyden, in welchen der Sauerstoff nicht sehr fest gebunden ist, entzieht sie Sauerstoff. Sie ist deshalb ein kräftiges Desoxydationsmittel. Vegetabilische Farben zerstört sie oder sie geht damit farblose Verbindungen ein, aus welchen sie durch eine stärkere Säure abgeschieden werden kann. Eine Rose, welche neben brennendem Schwefel unter einer Glasglocke (durch Schwefligsäuregas) entfärbt ist, erlangt ihre Farbe durch Eintauchen in verdünnte Schwefelsäure wieder. Auf diese Weise kann man eine zur Hälfte weisse, zur Hälfte rothe Rose darstellen.

Schwefligsäure in Wasser gelöst oder in Dampfform ist ein gewöhnlich gebrauchtes Bleichmittel für animalische Stoffe, wie Seide, Wolle, Schwämme, Federn etc. Chlor färbt diese Stoffe gelb, entfärbt aber die vegetabilischen Stoffe, wie Baumwolle, Leinen, Papier. Flecke von Wein, Fruchtsäften in Zeugen entfernt man durch Schwefligsäure. Man benetzt den Fleck mit etwas Wasser und hält ihn in genügender Entfernung über einen brennenden Schwefelfaden. Nach geschehener Bleichung wird mit Wasser ausgewaschen, damit nicht die freie Säure das Gewebe zerstöre.

Freies Chlor, Jod, Brom oxydiren unter Beihilfe von Wasser die Schwefligsäure zu Schwefelsäure unter gleichzeitiger Bildung der Wasserstoffsäuren jener Halogene.

$$SO_2 + 2Cl + 2H_2O = H_2SO_4 + 2HCl$$
$$\text{oder } SO^2 + Cl + HO = SO^3 + HCl.$$

Mit Salpetersäure oxydirt sich die Schwefligsäure auf Kosten derselben zu Schwefelsäure, und der Salpetersäurerest ist entweder Stickstofftetroxyd, Untersalpetersäure (N_2O_4 oder NO^4) oder auch Stickstoffdioxyd, Stickstoffoxyd (N_2O_2 od. NO od. NO^2).

Die Schwefligsäure ist eine schwache Säure, wenn auch eine stärkere als Kohlensäure. Sie wird aus ihren Verbindungen durch Schwefelsäure und zwar stets als Schwefligsäureanhydrid freigemacht.

Die Schwefligsäuresalze nennt man Sulfite. Natriumsulfit, Magnesiumsulfit (oder schwefligsaures Natron, schwefligsaure Magnesia) haben medicinische Anwendung gefunden, Calciumsulfit oder schwefligsaure Kalkerde wird für technische Zwecke sogar im Grossen dargestellt. Indem die schweflige Säure jede Gährung unterbricht und zurückhält, setzt man das schwefligsaure Natrium in geringer Menge leicht gährenden Flüssigkeiten, wie dünnen Zuckersäften, Limonaden und ähnlichen Getränken, behufs der Conservirung derselben, zu.

Hypothetisches Hydriumsulfit, Schweflige Hydrosäure.   Natriumsulfit.   Magnesiumsulfit.   Calciumsulfit.

$$\left.\begin{array}{l}SO'' \\ H_2\end{array}\right\}O_2 = SO\left\{\begin{array}{l}OH \\ OH\end{array}\right. \qquad \left.\begin{array}{l}SO \\ Na_2\end{array}\right\}O_2 \qquad \left.\begin{array}{l}SO \\ Mg''\end{array}\right\}O_2 \qquad \left.\begin{array}{l}SO \\ Ca''\end{array}\right\}O_2$$

Unterschwefligsäure, Hydriumhyposulfit, unterschweflige Säure (dithionige Säure, S_2O_2) ist nur in ihren Salzen gekannt, von welchem das Natriumhyposulfit oder unterschwefligsaure Natron (*Natrum subsulfurosum*) in der Medicin, Chemie und Technik vielseitige Anwendung findet. Wird sie aus ihrer Salzverbindung durch Zusatz einer Säure (verdünnter Schwefelsäure, Salzsäure) abgeschieden, so zerfällt sie sofort in Schwefel und anhydrische Schwefligsäure:

$$S^2O^2 \text{ zerfällt in } SO^2 \text{ und } S.$$

Ihre Darstellung besteht darin, dass man eine concentrirte Lösung des Natriumsulfits, welche man durch Hineinleiten von Schwefligsäuregas in eine concentrirte Lösung des Natriumcarbonats darstellt, mit sublimirtem Schwefel kocht. Der Schwefel wird von der Schwefligsäure gelöst, welche sich damit zu Unterschwefligsäure verbindet.

Natriumsulfit.   Schwefel.   Natriumhyposulfit.

$$2\left(\left.\begin{array}{l}SO \\ Na_2\end{array}\right\}O_2\right) + \left.\begin{array}{l}S \\ S\end{array}\right\} = 2\left(\left.\begin{array}{l}S_2O \\ Na_2\end{array}\right\}O_2\right)$$

$$2Na_2SO_2 + S_2 = 2Na_2S_2O_3 \text{ od. } NaO,SO^2 + S = NaO,S^2O^2.$$

Hyposulfite entstehen ferner, wenn Hydroxyde und auch Carbonate der Alkalien mit Schwefel zusammengeschmolzen oder deren Lösungen mit Schwefel gekocht werden. Neben einem Sulfid entsteht ein Hyposulfit. Durch Zusammenschmelzen von 1 Th. Schwefel und 2 Th. Pottasche (Kaliumcarbonat) wird die officinelle S c h w e f e l l e b e r (*Kalium sulfuratum*) dargestellt. Hierbei entweicht Kohlensäure, und es entstehen Kaliumtrisulfid oder 3fach-Schwefelkalium (K_2S_3 od. KS^3) und Kaliumhyposulfit ($K_2S_2O_3$ od. KO,S^2O^2). Den Sauerstoff zur Bildung von Unterschwefligsäure giebt nach Ansicht der Binärtheorie der Theil des Kaliumoxyds her, welcher zu Kalium reducirt mit Schwefel sich zu einem Sulfid oder Schwefelmetall verbindet.

$$3K_2CO_3 \quad + 8S = 2K_2S_3 \quad + K_2S_2O_3 \quad + 3CO_2$$
$$\text{od. } 3(KO,CO^2) + 8S = 2KS^3 + KO,S^2O^2 + 3CO^2.$$

Nur bei starkem Erhitzen geht das unterschwefligsaure Salz unter gleichzeitiger Bildung von Pentasulfid in ein schwefelsaures über, denn

$$4(K_2S_2O_3) \quad = 3K_2SO_4 \quad + K_2S_5$$
$$4(KO,S^2O^2) = 3(KO,SO^3) + KS^5.$$

Das Natriumhyposulfit oder unterschwefligsaure Natron ist ein Lösungsmittel des Silberjodids, Silberchlorids, des Bleisulfats und vieler anderen in Wasser nicht oder schwer löslichen Salze. Mit freiem Chlor in Wirkung gesetzt entsteht aus der Unterschwefligsäure Schwefelsäure und Chlorwasserstoff.

Natriumhy-   Chlor.   Wasser. Natriumdisulfat. Chlorwas-
posulfit.   serstoff.

$$Na_2S_2O_3 + 8Cl + 5H_2O = 2HNaSO_4 + 8HCl$$
$$\text{od. } S^2O^2 \text{ und } 4Cl \text{ und } 4HO \text{ geben } 2SO^3 \text{ und } 4HCl.$$

Schwefligsäure. Chlor.   Wasser.   Schwefelsäure. Chlorwas-
serstoff.

Aus diesem Grunde wird das Natronhyposulfit in den Bleichereien als A n t i c h l o r viel angewendet.

Bei Darstellung einer Jodkaliumsalbe mit Schweinefett und etwas Wasser wird diese nicht selten gelb, wenn das Fett etwas Fettsäure und das Kaliumjodid, wie gewöhnlich, Spuren Kaliumjodats oder jodsauren Kalis (KJO_3 od. KO,JO^5) enthält, indem eine Ausscheidung von Jod stattfindet. Die Fettsäure (oder jede andere Säure) entbindet aus dem Kaliumjodid (KJ) bei Gegenwart von Wasser (H_2O) Jodwasserstoff (HJ). Letzteres zersetzt sich mit der Jodsäure (HJO_3 od. JO^5) in freies Jod und Wasser:

$$5HJ + HJO_3 = 6J + 3H_2O$$

od. $5HJ + JO^5 = 6J + 5HO$

Ein geringer Zusatz von Natriumhyposulfit zum Kaliumjodid verhindert das Gelbwerden der Salbe, denn 2 Molecüle Natriumhyposulfit und 1 Molecül Jod setzen sich in Natriumjodid und Natriumtetrathionat oder tetrathionsaures Natron ($Na_2S_4O_6$ oder NaO, S^4O^5) um, und beide Salze sind farblos.

$$2\left(\begin{matrix}S_2O'' \\ Na_2\end{matrix}\Big\}O_2\right) + \begin{matrix}J \\ J\end{matrix}\Big\} = N_2\Big\{\begin{matrix}J \\ J\end{matrix} + \begin{matrix}S_4O_4'' \\ Na_2\end{matrix}\Big\}O_2$$

$$2Na_2S_2O_3 + J_2 = 2NaJ + Na_2S_4O_6$$

od. $2(NaO, S^2O^2) + J = NaJ + NaO, S^4O^5.$

Man kann daher frische Jodflecke aus Zeugen, von den Händen etc. leicht mit einer concentrirten Lösung des Natriumhyposulfits entfernen.

Mittelst Jods bestimmt man die Güte des käuflichen Natriumhyposulfits, welches häufig mit Natriumsulfat zu stark verunreinigt ist. 2 Mol. Natriumhyposulfit ($= 248 \times 2 = 496$) müssen mit 1 Mol. Jod ($= 127 \times 2 = 254$) in Wasser eine farblose Lösung geben. Die Pharmacopoea Germanica lässt nur eine geringe Verunreinigung mit Natriumsulfat (Glaubersalz) zu, indem sie aus 1 Th. Natriumhyposulfit und $^1/_2$ Th. Jod in Wasser eine farblose Lösung fordert. (An der betreffenden Stelle jener Pharmacopöe soll 1 Th. Jod durch 1 Th. Natriumhyposulfit entfärbt werden. Diese Angabe schliesst einen Druckfehler ein.)

Lection 78.

Schwefelsäure.

Es giebt zwei verschiedene Handelssorten Schwefelsäure, englische Schwefelsäure *(Acidum sulfuricum Anglicum)* und rauchende oder Nordhäuser Schwefelsäure, Vitriolöl *(Acidum sulfuricum fumans)*. Aus der ersteren bereitet der Chemiker eine reine Säure *(Acidum sulfuricum rectificatum s. purum)*.

Die grosse Wichtigkeit, welche die Schwefelsäure in der Pharmacie, besonders aber in der Chemie und chemischen Technik gewonnen hat, und der mächtige Einfluss, den die Schwefelsäurefabrikation, angetrieben und nothwendig gemacht durch die Sodafabrikation, indirect auf die Kultur des Menschengeschlechtes ausübte, gebieten, uns genauer mit dieser mächtigen Säure bekannt zu machen.

Die Schwefelsäure ist in der Natur weit und viel verbreitet. Frei treffen wir sie nur in der Nähe der Vulkane an, und zwar durch Oxydation der schwefligen Säure entstanden. Interessant ist vor allem der *Rio Vinaigre*, der Essigfluss, welcher am Vulkan Purace in den Anden (Südamerikas) entspringt und dessen Wasser in 10000 Theilen circa 11 Th. freie Schwefelsäure nnd 9 Th. freie Salzsäure enthält, welcher nach *Boussingault*'s Berechnung im Jahre 300000 Centner Schwefelsäure und 240000 Centner Chlorwasserstoff in das Weltmeer wälzt. Die Soursprings (Sauerquellen) in Tennessee enthalten sogar soviel Schwefelsäure, dass die nächste Umgebung aus einer mehrere Centimeter dicken Schicht verkohlter Pflanzenreste besteht. An Basen gebundene Schwefelsäure birgt die Natur unermessliche Massen. Der Gyps, der Alabaster, das Marienglas (*Galcies Mariae*) sind wasserhaltiges Calciumsulfat oder schwefelsaure Kalkerde ($CaSO_4 + 2H_2O$ oder $CaO,SO_3 + 2HO$), Anhydrit ist das wasserfreie Salz. Schwerspath ist Baryumsulfat oder schwefelsaure Baryterde ($BaSO_4$ oder BaO,SO^3), Alaunstein ein Doppelsalz aus Aluminiumsulfat und Kaliumsulfat oder schwefelsaurer Thonerde und schwefelsaurem Kali bestehend.

Die Schwefelsäure kannte schon der Perser *Rhazes* (in der Mitte des 10. Jahrh.), denn er spricht in seinem „grossen Licht der Lichter" von einem durch Destillation aus Eisenvitriol gewonnenen Oele, eine ausführliche Beschreibung der Darstellung des Vitriolöls durch Destillation des Eisenvitriols giebt jedoch zuerst *Basilius Valentinus* (im 15. Jahrh.). Die ersten Versuche, die Schwefelsäure durch Verbrennen des Schwefels und Oxydation mittelst der Säure des Salpeters darzustellen, machten im 17. Jahrhundert die franz. Chemiker *Lefèvre* und *Lémeri*, welchen Process endlich der Engländer Dr. *Roebuck* in Birmingham 1774 in mit Bleiplatten ausgeschlagenen Kammern im Grossen ausführte. Noch heute wird die rauchende oder nordhäuser Schwefelsäure durch Destillation aus dem Eisenvitriol und die englische Schwefelsäure durch Verbrennen des Schwefels und durch Oxydation der daraus hervorgehenden schwefligen Säure mittelst Salpetersäure in Bleikammern dargestellt. Für das Geld, mit welchem man vor einigen hundert Jahren ein Pfund Schwefelsäure bezahlte, kauft man heute 2 Ctr. derselben Säure.

Die rauchende Schwefelsäure, das eigentliche Vitriolöl, ist eine Lösung von Schwefelsäureanhydrid oder wasserfreier Schwefelsäure (SO_3) in Schwefelhydrosäure oder dem einfachen Schwefelsäurehydrat (H_2SO_4 od. SO^3,HO). Sie wird durch Destillation aus dem Eisenvitriol, Ferrosulfat oder schwefelsauren Eisenoxydul ($FeSO_4 + 7H_2O$ oder $FeO,SO^3 + 7HO$), welches als Nebenprodukt bei mehreren metallurgischen Processen und auch durch Rösten und Verwittern des Schwefelkieses (FeS_2) gewonnen wird, dargestellt. Schwefelkies, Ferrobisulfid, Zweifach-Schwefeleisen wird durch Rösten von der Hälfte seines Schwefelgehalts befreit, indem man diesen Schwefel entweder in geschlossenen Apparaten abdestillirt, oder den Schwefelkies mit Brennmaterial durchschichtet an der Luft verbrennt, in welchem letzteren Falle jene Schwefelhälfte in Schwefligsäure übergeführt und als solche verflüchtigt wird. Der geröstete Schwefelkies ist Ferromonosulfid, Einfach-Schwefeleisen (FeS). Dieser oder auch natürlich verwitterter Schwefelkies wird in Haufen aufgeschüttet und von Zeit zu Zeit mit Wasser angefeuchtet. Feucht und mit atmosphärischer Luft in Berührung findet die Verwitterung oder Vitriolbildung statt, indem sich der Schwefel, oder nach der Binärtheorie Eisen und Schwefel mit Sauerstoff der Luft verbinden und zu Ferrosulfat oder schwefelsaurem Eisenoxydul werden.

$$FeS + 2O_2 = FeSO_4 \text{ oder } FeS + 4O = FeO,SO^3.$$

Dieser Process geht unter bedeutender Wärmeentwickelung vor sich, besteht also in einer langsamen Verbrennung des Schwefeleisens, deren Endresultat Ferrosulfat ist. Dieses Salz wird durch Auslaugen mit Wasser ausgezogen und krystallisirt als grüner Vitriol, Eisenvitriol (*Ferrum sulfuricum crudum, Vitriolum Martis*), in den Handel gebracht. Die Mutterlaugen aus dieser Krystallisation werden eingedampft und calcinirt, d. h. durch Erhitzen vom Krystallwasser befreit. Sechs Siebentel des Krystallwassers des Eisenvitriols verdampfen schon bei geringer Wärme, das letzte Siebentel, welches das Constitutionswasser darstellt, verflüchtigt sich in höherer Temperatur. Bei diesem Process oxydirt sich auch ein Theil Ferrooxyds (FeO) zu Ferrioxyd (Fe_2O_3). Diese Oxydation wird möglichst gefördert und selbst die Calcination soweit fortgeführt, bis schweflige Säure anfängt zu entweichen. In starker Hitze oxydirt sich nämlich das Ferrooxyd zu Ferrioxyd auf

Kosten eines Theiles der Schwefelsäure, indem letztere Sauerstoff abgiebt und in Schwefligsäure übergeht. Der calcininirte Eisenvitriol enthält also viel Ferrisubsulfat, er giebt auch um so mehr Schwefelsäure aus, je mehr darin das Ferrosalz gegen Ferrisalz oder das Oxydul gegen das Eisenoxyd zurücktritt. Es werden damit Retorten aus Schmelztiegelmasse beschickt, und den Retorten kolbenförmige Recipienten mit etwas englischer Schwefelsäure vorgelegt. 100 und mehr Retorten werden in einen soge-

Fig. 160.

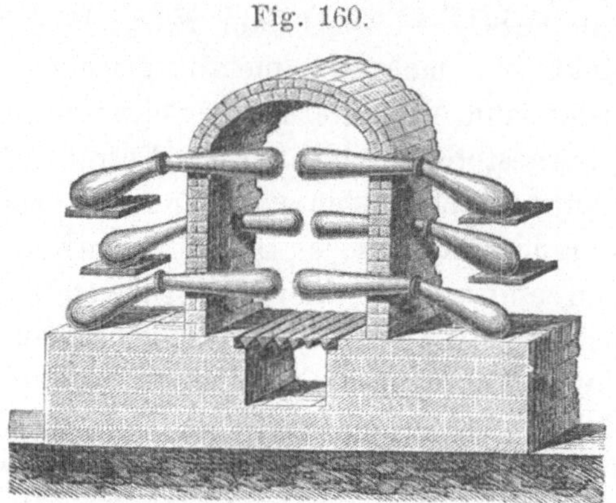

Brennofen zur Darstellung rauchender Schwefelsäure.

nannten Galeerenofen (Brennofen) eingelegt und erhitzt. Im Anfange der Feuerung verwandelt sich das etwa noch vorhandene Eisenoxydul auf Kosten des Sauerstoffs eines Theiles Schwefelsäure in Eisenoxyd, und schweflige Säure entweicht als Gas. Mit zunehmender Hitze trennt sich die Schwefelsäure von dem Eisenoxyd und destillirt als ein dichter weisser Dampf wasserfrei in die Recipienten über, wo sie sich in der engl. Schwefelsäure auflöst und diese rauchend macht. Der Retortenrückstand ist ein unreines Eisenoxyd und kommt unter dem Namen Colcothar, Englisch-Roth, Todtenkopf (*Caput mortuum*), in den Handel.

Schwefelsäure   Schwefelsäure-anhydrid   rauchende Schwefelsäure.

$$SO_2''\begin{Bmatrix} OH \\ OH \end{Bmatrix} + SO_2 = SO_2''\begin{Bmatrix} OH \\ O \\ OH \end{Bmatrix}\ \text{oder}\ \begin{Bmatrix} (SO_2'')_2 \\ H_2 \end{Bmatrix} O_3$$

od. $SO^3,HO + SO^3 = 2SO^3,HO$

Schwefelsäure-hydrat   wasserleere Schwefelsäure   Schwefelsäurehalbhydrat.

Beim Erhitzen der rauchenden Schwefelsäure in einer Retorte entweicht schon bei gelinder Wärme die anhydrische Schwefelsäure. Diese verdichtet sich in der trocknen und abgekühlten Vorlage in Gestalt langer weisser asbestartiger Nadeln, welche bei circa 20⁰ C. zu einer farblosen Flüssigkeit schmelzen und bei 35⁰ sieden. Nach längerer Aufbewahrung zeigt das Schwefelsäureanhydrid eine allotropische Veränderung, denn dann schmilzt es erst bei der Temperatur des kochend heissen Wassers.

Englische Schwefelsäure, im Handel nur Schwefelsäure genannt. Wie in der vorhergehenden Lection erwähnt ist, nimmt die Schwefligsäure (SO_2), besonders in ihrer Lösung, aus der Luft allmählich Sauerstoff auf und geht in Schwefelsäure über. Dieser Oxydationsprocess wird dagegen schnell gefördert, wenn man ihr eine Substanz darbietet, welche leicht Sauerstoff abtritt. Eine solche Substanz ist die Salpetersäure (HNO_3), welche sich bekanntlich eines Theiles ihres Sauerstoffs leicht entäussert und in das gasige Stickstoffdioxyd, Stickoxydgas (N_2O_2 od. NO) übergeht.

Das Stickstoffdioxyd nimmt, mit atmosphärischer Luft in Berührung kommend, daraus Sauerstoff auf und verwandelt sich in die braunrothen Dämpfe der Untersalpetersäure (NO_2 od. NO^4). Geräth die Untersalpetersäure mit Wasser oder Wasserdampf in Mischung, so wird ihr Bestand erschüttert, und sie zerfällt in Salpetersäure und Stickstoffdioxydgas.

Diese regenerirte Salpetersäure oxydirt, wenn ihr weitere Mengen Schwefligsäure zugeführt werden, diese Säure zu Schwefelsäure. Das aus ihr als Rest hervorgehende Stickstoffdioxydgas durchläuft die Verwandlungsphasen in Untersalpetersäure und Salpetersäure auf's Neue, wenn es mit atmosphärischer Luft und Wasserdampf ausreichend versorgt wird, und geht immer wieder als Stickstoffdioxydgas hervor. Dadurch, dass die Salpetersäure durch Vermittelung des Stickstoffdioxydgases auf Kosten des Luftsauerstoffs sich continuirlich regeneriren lässt, wird es erklärlich, warum grosse Mengen Schwefligsäure durch sehr geringe Mengen Salpetersäure zu Schwefelsäure oxydirt werden können. Im Ganzen ist es also der Sauerstoff der atmosphärischen Luft, welcher zur Producirung der Schwefelsäure aus Schwefligsäure in Anspruch genommen wird. Der dienstfertige Zuträger des Sauerstoffs unter Beihilfe des Wassers ist das Stickstoffdioxyd. Die Fabrikation der englischen Schwefelsäure besteht eben darin, dass die Gase und Dämpfe von Schwefligsäure, Luft, Wasser und Stickstoffdioxyd in stetiger Mischung erhalten werden.

Der Apparat, worin dies geschieht, besteht aus einem System grosser, mit Bleiplatten ausgeschlagener Kammern (c, d, e, f, g), welche nach Angabe der hier folgenden Zeichnung des Durchschnittes mit einander communiciren, und aus zwei Oefen, a dem Schwefelofen und w dem Wasserdampfentwickler, welcher letzterer durch die Rohrleitung r r r die Kammern mit dem nöthigen Wasserdampfe versieht und vermöge des Dampfstromes den Luftzug durch das Kammersystem unterstützt.

Fig. 161.

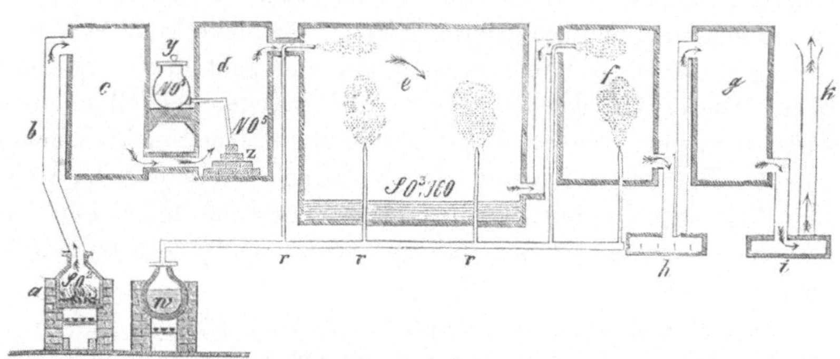

In dem Schwefelofen (a) wird der Schwefel oder der Schwefelkies auf einer erhitzten gusseisernen Platte unter Zuströmung der äusseren Luft verbrannt, der Schwefel also in Schwefligsäure verwandelt, welche in Dampfform durch das Rohr b aufsteigend in die erste Kammer (c) eintritt, wo sie sich genugsam mit atmosphärischer Luft mischt und dann nach der zweiten Kammer (d) überströmt. Hier in diesem Raume befinden sich mehrere terrassenförmige Gestelle aus Steingut (z), auf welche man in einem dünnen Strahle Salpetersäure fliessen lässt. Diese Säure breitet sich in dünnster Schicht aus und bietet dem Dampfe der Schwefligsäure eine möglichst grosse Berührungsfläche dar. Theils oxydirt sich hier die Schwefligsäure auf Kosten der Salpetersäure zu Schwefelsäure, theils strömt ein Theil unverändert mit Untersalpetersäuredampf gemengt in die grosse Bleikammer (e), wo der oben auseinandergesetzte chemische Process in grösster Ausdehnung stattfindet. Der erzeugte Schwefelsäuredampf wird von dem hier befindlichen Wasser begierig aufgenommen. In den Kammern f und g und in dem aus mehreren communicirenden Abtheilungen bestehenden Raume h werden die der Hauptkammer entschlüpften Säuredämpfe verdichtet, und es wiederholt sich hier im kleineren Umfange der Oxydationsprocess, wie er in der Hauptkammer stattfindet. Endlich steigt der letzte geringe Rest der Oxyde des Stickstoffs mit dem Stickstoff der verbrauchten Luft gemischt durch den Schlott k in's Freie. Aber auch hier müssen die Reste der Gase aus der Salpetersäure, das Stickstoffdioxyd und die Untersalpetersäure, eine feuchte und mit Schwefelsäure getränkte Schicht Kohks (den Denitrificateur) durchwandern, um aufgenommen und zu ferneren gleichen Oxydationszwecken verwendet zu werden.

Recapituliren wir das Vorstehende durch folgende Schemata:

1. Verbrennung des Schwefels an der Luft behufs Darstellung von Schwefligsäure. $S_2 + 2O_2 = 2SO_2$ od. $S + 2O = SO^2$.

2. Schwefligsäure mit Salpetersäure im Contact wird zu Schwefelsäure unter Austritt von Untersalpetersäure oder Stickstofftetroxyd

$$SO_2 + 2\left(\begin{matrix}NO_2\\H\end{matrix}\right\}O\right) = \begin{matrix}SO_2\\H_2\end{matrix}\right\}\ O_2 + 2NO_2\ (\text{od. } N_2O_4)$$

$$SO^2 + \qquad NO^5 \quad = \quad SO^3 \quad + NO^4.$$

Schwefligsäureanhydrid — Salpetersäure — Schwefelsäure — Untersalpetersäure

3. Untersalpetersäure oder Stickstofftetroxyd mit Wasserdampf im Contact liefert Salpetersäure (Stickstoffpentoxyd) und Stickstoffdioxyd

Untersalpetersäure — Wasser — Salpetersäure — Stickstoffdioxyd

$$3NO_2 + \begin{matrix}H\\H\end{matrix}\right\}O = 2\left(\begin{matrix}NO_2\\H\end{matrix}\right\}O\right) + \ NO$$

$$\text{oder } 6NO_2 + 2H_2O = 4HNO_3 \qquad + \quad 2NO\ (\text{od. } N_2O_2)$$

$$3NO^4 + 2HO = 2(HO,NO^5) \quad + \quad NO^2$$

4. Stickstoffdioxyd mit dem Sauerstoff der Luft im Contact wird wieder zu Untersalpetersäure

$$2NO + \begin{matrix}O\\O\end{matrix}\right\} = 2NO_2\ (\text{od. } N_2O_4)\ \text{od. } NO^2 + 2O = NO^4.$$

Wenn bei diesen Processen der Wasserdampf nicht in genügender Menge hinzutritt, so bilden sich farblose sogenannte Bleikammerkrystalle ($HSNO_5$), bestehend aus Schwefelsäure und Salpetrigsäure (Stickstofftrioxyd) oder aus $2SO_3 + N_2O_3 + H_2O$.

Die aus den Bleikammern kommende Schwefelsäure ist die sogenannte Kammersäure. Sie enthält circa 66 Proc. Schwefelhydrosäure. Zunächst wird sie in offenen Bleipfannen bei einer

Temperatur unter 200⁰ abgedampft, dann in einer Destillirblase aus Platin weiter erhitzt, bis ihre Temperatur fast den Kochpunkt der concentrirten Schwefelsäure oder des einfachen Säurehydrats (325⁰) erreicht hat. Beim Erhitzen bis zu 200⁰ verdampft aus der Säure nur Wasser, und beim Erhitzen in der Platinblase destillirt eine sehr wasserhaltige Säure über. Sobald die Säure in der Platinblase eine Temperatur von fast 325⁰ erreicht, hat sie annähernd den Concentrationspunkt des einfachen Säurehydrats (SO^3, HO) erlangt und wird nun aus der Blase durch mit kaltem Wasser abgekühlte Röhren in gläserne Ballons übergefüllt und in den Handel gebracht. Sie ist natürlich mehr oder weniger mit Bleisulfat, Oxydationsstufen des Stickstoffs und, wenn das Material, woraus man die Schwefligsäure erzeugte, arsenhaltig war, auch mit Arsenigsäure verunreinigt.

Die engl. Schwefelsäure hat ein spec. Gew. von 1,830 bis 1,833 und enthält nur circa 94 Proc. des einfachen Säurehydrats, dessen spec. Gewicht bei 16⁰ C. 1,845 beträgt. Die rauchende oder nordhäuser Schwefelsäure ist eine Lösung von Schwefelsäureanhydrid in Schwefelsäure. Ihr spec. Gewicht ist bedeutend höher. Sie wird in der Technik zum Auflösen des Indigo gebraucht, in dem pharmaceutischen Laboratorium aber, um durch Zumischung die englische Schwefelsäure zu verstärken und bis auf die Concentration des einfachen Säurehydrats (spec. Gew. 1,845) zu bringen.

Unter gewöhnlicher concentrirter Schwefelsäure versteht man die englische Säure. Meist ist sie farblos. Eine bräunliche Färbung zeugt von hineingefallenem Staub und anderen organischen Stoffen, denn sie wirkt bekanntlich wegen ihrer heftigen Anziehung zum Wasser verkohlend auf organische Stoffe, indem sie ihnen Wasserstoff und Sauerstoff in dem Verhältniss der Wasserbildung entzieht und einen kohlenstoffreicheren Körper bildet, durch welchen sie sich braun oder schwarz färbt. Aus derselben Ursache ist sie auch ätzend, und man muss bei Handhabung derselben sich soviel als möglich vor Bespritzen und Begiessen des Gesichtes, der Hände, der Kleider in Acht nehmen. Im Handverkauf, in welchem sie von dem Publikum oft unter dem Namen Vitriolöl gefordert wird, giebt man sie aus Vorsicht nie in Tassenköpfen und Trinkgläsern ab.

Wegen ihrer grossen Verwandtschaft zum Wasser erhitzt sie sich stark beim Vermischen damit. Giesst man wenig Wasser zu der conc. Schwefelsäure, so steigt die Temperatur bis über den Kochpunkt des Wassers, von welchem ein Theil, plötzlich in

Dampf verwandelt, Säure umherschleudert. Es ist daher zur Regel geworden, das Verdünnungswasser in einer Schale oder einem Topf mit einem Glasstabe in eine wirbelnde Bewegung zu versetzen und gleichzeitig die conc. Säure in einem dünnen Strahle dazuzugiessen.

Das Umgehen mit rauchender Schwefelsäure erfordert ganz besondere Vorsicht, weil diese Säure noch ätzender wirkt als die englische. Hierbei ist besonders zu erwähnen, dass die rauchende Säure schon bei 0^0 erstarrt, indem die Verbindung $H_2(SO_2)_2O_3$ oder $SO^3,HO + SO^3$ zu einer krystallinischen Masse zusammengeht, welche in der übrigen Säure (H_2SO_4 od. SO^3,HO) schwimmt. Beim Ueberfüllen aus einem Gefäss (z. B. einer Steinkruke) in ein anderes und beim Neigen des Gefässes fällt plötzlich die erstarrte Säuremasse vom Boden gegen die Oeffnung und schleudert die flüssige Säure mit Vehemenz heraus. Die englische Säure erstarrt erst bei circa 30^0 Kälte.

Zur Darstellung einiger Präparate, besonders der officinellen verdünnten Säure (*Acidum sulfuricum dilutum*), und als Reagens wird eine reine Säure (*Acidum sulfuricum purum s. rectificatum*) gefordert. Dieselbe wird aus der englischen Säure dargestellt.

Die englische Schwefelsäure enthält mehr Wasser als das einfache Hydrat (H_2SO_4), ferner stets Stickstoffoxyde als Rest der Salpetersäure, welche bei der Darstellung Anwendung findet, und Bleisulfat oder schwefelsaures Bleioxyd, nicht selten auch Arsenigsäure (As_2O_3 od. AsO^3) oder Arsensäure (As_2O_5 od. AsO^5), oder sie ist braun gefärbt. Verunreinigungen mit Gyps, Kaliumsulfat und anderen Salzen sind seltener. Die Reinigung geschieht durch Destillation, welche insofern Beschwerlichkeiten bietet, als die Schwefelsäure bei hoher Temperatur (325^0 C.) destillirt und die Säure in Glasgefässen heftig stossend kocht. Die letztere Erscheinung erklärt sich einerseits durch die bedeutende Adhäsion der Säuredampfblasen an die Glaswandung, und andererseits durch das während der Destillation sich pulvrig ausscheidende und an den Boden des Destillirgefässes sich anlegende Bleisulfat. Man schwächt dieses stossende Kochen bedeutend ab, wenn man dem Boden der Retorte eine dickere Sandschicht unterlegt, die Seiten derselben aber nur mit einer dünnen Sandschicht umgiebt. Bei diesem Arrangement findet das Kochen nur von den Seitenwandungen der Retorte aus statt. Man giebt auch zu demselben Zwecke in die Retorte eine grosse Menge Platinblechschnitzel, welche von der Säure kaum angegriffen werden, oder bohnengrosse Stücke reiner Glasscherben. In dem einen und dem anderen

Falle erreicht man die Bildung nur kleiner Säuredampfblasen. Da die Säure in Platingefässen leicht und ohne Stossen kocht, wird sie jetzt nur in chemischen Fabriken, in welchen man für diesen Zweck eine Platinretorte zur Hand hält, bereitet. Trotzdem ist die Kenntniss von der Schwefelsäuredestillation für den Pharmaceuten unerlässlich, denn diese Operation erfordert verschiedene Maassnahmen, welche sich für andere Fälle verwerthen lassen. Die folgende Abbildung vergegenwärtigt einen für den vorliegenden Zweck brauchbaren Apparat.

In eine aus starkem Schwarzblech gefügte Kapelle a, g, in einen Windofen gesetzt, ist eine passende Retorte aus halbweissem und durchweg gleich dünnem Glase so eingelegt, dass sie mit dem Boden auf einer dickeren Sandschicht ruht, ihre Seiten aber von einer sehr dünnen Sandschicht umgeben sind. Damit sich die Säuredämpfe an der Wölbung der Retorte durch Luftkühlung weniger verdichten und in den Bauch der Retorte zurückfliessen, bedeckt man die Wölbung der Retorte mit einer Kappe aus Eisenblech, Thon oder einem Topfe b, welcher an der

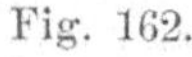

Fig. 162.

Stelle des Austritts des Retortenhalses passend ausgebrochen ist. Zur Abhaltung der Hitze der Feuerung von dem Retortenhalse ist ein Dachziegelstück c auf den Rand des Ofens gelegt. Der als Recipient dienende Kolben d wird nicht stark abgekühlt, denn die übergehende, in Tropfen abfliessende Säure hat eine bedeutend hohe Temperatur. Eine Abkühlung mit sehr kaltem Wasser würde sicher ein Zerreissen des Kolbens herbeiführen. Eine Abkühlung besorgt hier zum Theil die äussere Luft und sie ist oft ausreichend, wie bei fast allen destillirenden Flüssigkeiten, die einen sehr hohen Kochpunkt haben. In die Fuge zwischen Retortenhals und Kolbenhals sind einige Stücke gebogenes Platinblech (p) festliegend eingeschoben, damit beim stossenden Kochen der Säure der Stoss des Retortenhalses nicht direct gegen das Glas des Kolbenhalses fällt, was im anderen Falle eine Zertrümmerung des Apparates zur Folge haben könnte.

Da von den Verunreinigungen der englischen Schwefelsäure Wasser, Stickstoffoxyde und Arsenigsäure flüchtig sind, das erstere als eine sehr wässrige Säure zuerst überdestillirt, also leicht beseitigt werden kann, die beiden anderen Verunreinigungen aber das ganze Destillat verunreinigen, so setzt man der Säure in der Retorte behufs Zerstörung der Stickstoffoxyde circa $^1/_2$ Procent Ammoniumsulfat oder schwefelsaures Ammon zu. Bei der Destillationshitze zersetzt sich das Ammon mit Stickstoffdioxyd gegenseitig unter Erzeugung von Wasser und Freiwerden von Stickstoff, welcher als Gas leicht entweicht.

$$3NO + 2NH_3 = 3H_2O + 5N$$
$$3NO^2 + 2H^3N = 6HO + 5N.$$

Enthält die rohe Säure Arsenigsäure (As_2O_3), so verwandelt man dieselbe vor der Destillation in Arsensäure (As_2O_5), welche bei der Temperatur der kochenden Schwefelsäure nicht flüchtig ist. Man setzt der Säure, bevor man sie in die Retorte giebt, circa 1 Proc. concentrirter Salpetersäure zu und erhitzt, bis ein Theil der wässrigen Schwefelsäure übergegangen ist. Die Arsenigsäure oxydirt sich auf Kosten der Salpetersäure.

$$3\left(\begin{matrix}AsO^{III}\\AsO^{III}\end{matrix}\Big\rbrace O\right) + 4\left(\begin{matrix}NO_2\\H\end{matrix}\Big\rbrace O\right) = 3\left(\begin{matrix}AsO^{III}\\AsO^{III}\end{matrix}\Big\rbrace O_3\right) + 4NO + 2\left(\begin{matrix}H\\H\end{matrix}\Big\rbrace O\right)$$

Arsenigsäurean-   Salpetersäure   Arsensäurean-   Stickstoff-   Wasser
hydrid   hydrid   dioxyd

oder

$$3As_2O_3 + 4HNO_3 = 3As_2O_5 + 4NO + 2H_2O$$

oder

$$3AsO + 2NO^5 = 3AsO^5 + 2NO^5$$

Arsenigsäure   Salpetersäure   Arsensäure   Stickoxyd.

Das in der Schwefelsäure nun restirende Stickstoffdioxyd wird, nachdem die Retorte mit ihrem Inhalte etwas abgekühlt ist, durch Zusatz von wenigem Ammoniumsulfat und Kochung der Säure zersetzt. Der zuerst übergehende wässrige Theil (circa der neunte Theil der eingelegten rohen Säure) wird beseitigt und ein anderer trockner Kolben, dessen Abkühlung vorsichtig zu leiten ist, vorgelegt zum Auffangen der reinen concentrirten Schwefelsäure, von welcher man circa 5 —6 Neuntel von dem Volum der eingelegten rohen Säure sammelt.

Diese reine Säure ist das einfache Schwefelsäurehydrat, Hydriumsulfat (H_2SO_4 od. SO^3,HO). Sie wird in mit Glasstopfen geschlossenen Glasflaschen abgesondert aufbewahrt. Zum innerlichen Gebrauche verschreibt der Arzt nur die verdünnte Schwefelsäure, nie diese concentrirte.

Bemerkungen. *Lefèvre*, (spr. lefähwr) und *Lémeri* (spr. lehmeri), berühmte Chemiker Frankreichs, lebten im vorigen Jahrhundert. — *Roebuck* (spr. roh'böck). — Birmingham (spr. börrmingämm). — Calciniren (von dem latein. *calx*, Kalk) bedeutet eigentlich, unter Erhitzen bis zum Glühen oxydiren (verkalken). Früher nannte man nämlich die Metalloxyde Metallkalke. Im Allgemeinen versteht man unter Calciniren, Calcination, ein Erhitzen bis zum Glühen. *Magnesia calcinata* ist z. B. geglühte Magnesia. — Galeerenofen ist ein länglicher Ofen mit einer doppelten Reihe Kapellen, in welche die Retorten so eingelegt werden, dass sie mit ihren Schnäbeln aus den beiden Längsseiten des Ofens heraussehen, wie die Ruder einer Galeere. Durch eine einzige Feuerung werden sämmtliche Kapellen geheizt.

Lection 79.

Schwefelsäure (Fortsetzung). Schwefelsäure-Salze.

Die Schwefelsäure ist eine sehr mächtige Säure und verdrängt unter günstigen Umständen alle übrigen Säuren aus deren Verbindungen. Daher gebraucht man sie zum Abscheiden der Salpetersäure aus dem Salpeter, der Essigsäure aus dem Natriumacetat oder essigsauren Natron. Sie verdrängt auch die Phosphorsäure und die Borsäure (Boraxsäure) aus den Salzen derselben, dennoch wird sie von diesen beiden Säuren bei höherer Temperatur abgeschieden. Diese Eigenthümlichkeit hat ihren Grund in der Flüchtigkeit der Schwefelsäure bei einer Temperatur

(325⁰ C.), in welcher sowohl die Phosphorsäure als die Borsäure nicht flüchtig sind.

Mit fast allen basischen Substanzen erzeugt die Schwefelsäure Salze. Auf die Schwermetalle wirkt sie in zweierlei Weise. Mit Wasser verdünnt löst sie unter Wasserstoffgasentwickelung Eisen, Zink, Cadmium, Nickel, Kobalt, Uran, auch Zinn auf. Der Process, welcher hierbei stattfindet, ist uns bekannt. Die anderen Schwermetalle, wie Kupfer, Blei, Quecksilber, Silber, werden von verdünnter Schwefelsäure nicht gelöst, dagegen von wenig verdünnter oder concentrirter Schwefelsäure unter Beihilfe von Wärme in der Weise gelöst oder in Sulfat verwandelt, dass ein Theil der Schwefelsäure Sauerstoff abgiebt und zu Schwefligsäure reducirt wird, welche gasförmig entweicht, während ein anderer Theil Schwefelsäure mit dem Metall ein Schwefelsäuresalz bildet. Wird z. B. 1 Mol. Kupfer (Cu₂) mit 4 Mol. Schwefelsäure erhitzt, so gehen aus der Reaction 2 Mol. Schwefligsäure und 2 Mol. Cuprisulfat oder schwefelsaures Kupferoxyd hervor.

$$
\begin{array}{cccc}
\text{Kupfer} & \text{Hydriumsulfat} & \text{Cuprisulfat} & \text{Wasser} \quad \text{Schweflig-}\\
 & \text{(Schwefelsäure)} & & \text{säureanhydrid}
\end{array}
$$

$$
\left.\begin{matrix} Cu'' \\ Cu'' \end{matrix}\right\} + 4\left(\left.\begin{matrix} SO_2'' \\ H_2 \end{matrix}\right\}O_2\right) = 2\left(\left.\begin{matrix} SO_2'' \\ Cu'' \end{matrix}\right\}O_2\right) + 4\left(\left.\begin{matrix} H \\ H \end{matrix}\right\}O\right) + 2SO_2
$$

oder

$$
Cu + 2H_2SO_4 = \left.\begin{matrix} SO_2 \\ Cu \end{matrix}\right\}O_2 + 2H_2O + SO_2
$$

oder

$$
Cu + 2SO^3 = CuO,SO^3 + SO^2
$$

In dieser Weise wird auch das reine Cuprisulfat oder s c h w e f e l - s a u r e K u p f e r o x y d, Kupfervitriol (*Cuprum sulfuricum purum*, $CuSO_4 + 5H_2O$ oder $CuO,SO^3 + 5HO$) dargestellt und zwar aus reinem Kupferblech und reiner Schwefelsäure, verdünnt mit ¹/₃ ihres Gewichtes Wasser. Die Operation geschieht in einem Kolben, welcher im Sandbade steht und mit Sicherheitsrohr und Gasleitungsrohr versehen ist. Die Schwefligsäure leitet man in Wasser und stellt auf diese Weise gleichzeitig eine Lösung der Schwefligsäure dar. Bequemer und billiger erreicht man natürlich denselben Zweck, wenn man die Oxydation durch Salpetersäure bewerkstelligt und auf 3 Mol. Kupfer nur 6 Mol. Schwefelsäure und 4 Mol. Salpetersäure verwendet.

$$3\begin{pmatrix} Cu \\ Cu \end{pmatrix} + 6\left(\begin{matrix} SO_2 \\ H_2 \end{matrix}\Big\} O_2 \right) + 4\left(\begin{matrix} NO_2 \\ H \end{matrix}\Big\} O\right) = 6\left(\begin{matrix} SO_2 \\ Cu \end{matrix}\Big\} O_2\right)$$

$$+ 8\left(\begin{matrix} H \\ H \end{matrix}\Big\} O\right) + 4NO$$

od. $3Cu + 3H_2SO_4 + 2HNO_3 = 3CuSO_4 \quad\ + 4H_2O + 2NO$

od. $3\,Cu + 3\,SO^3 \quad + NO^5 \quad = 3(CuO,SO^3) \qquad + NO^2.$

Kupfer wird in einem Kolben, welcher im Sandbade steht, mit der mässig verdünnten Schwefelsäure übergossen, nach und nach mit der Salpetersäure versetzt und zuletzt die Lösung einige Male aufgekocht. Das als Rest der Salpetersäure aufsteigende Stickstoffdioxydgas oxydirt sich durch Aufnahme von Luftsauerstoff und geht in die braunrothen Dämpfe der Untersalpetersäure über.

Nach der Binärtheorie wird das Kupfer in Kupferoxyd verwandelt und dieses verbindet sich mit der Schwefelsäure zu schwefelsaurem Kupferoxyd.

Das in lasurblauen rhombischen Säulen krystallisirte Cuprisulfat enthält 5 Molecüle Krystallwasser. Durch Umkrystallisiren aus dem käuflichen Kupfervitriol, welcher gewöhnlich mit Ferrosulfat oder schwefelsaurem Eisenoxydul verunreinigt ist, lässt sich ein reines Salz kaum oder doch nur schwierig darstellen. Es ist ein Aetzmittel, wird aber auch innerlich in kleinen Gaben als Emeticum angewendet.

Das Mercurisulfat oder schwefelsaure Quecksilberoxyd ($HgSO_4$ oder HgO,SO^3), aus welchem fabrikmässig durch Sublimation mit Chlornatrium der Sublimat, durch Sublimation mit Chlornatrium und metallischem Quecksilber der Kalomel dargestellt wird, gewinnt man durch Oxydation des Quecksilbermetalls mittelst Schwefelsäure.

Wird dieses weisse Salz mit vielem Wasser behandelt, so zerfällt es in ein gelbes basisches Salz, sogenannten mineralischen Turpith ($3HgO,SO^3$), und in ein saures gelöst bleibendes Salz.

Das krystallisirte Ferrosulfat oder schwefelsaure Eisenoxydul (*Ferrum sulfuricum crystallisatum* $FeSO_4+7aq$ od. FeO,SO^3+7HO) gewinnt man durch Auflösen von Eisen in verdünnter Schwefelsäure, Filtration und Krystallisation der Lösung. Die Lösung erfolgt unter Abscheidung von Wasserstoff.

$$Fe \ +\ H_2SO_4 \ =\ FeSO_4 \ +\ H_2$$
$$\text{od. } Fe \ +\ SO^3,HO =\ FeO,SO^3 +\ H.$$

Der Schwefelsäure wird ein Ueberschuss von Eisen aus denselben Gründen dargeboten, wie sie bei Darstellung des Ferrochlorids erwähnt sind. Aus dem käuflichen grünen Vitriol, der sehr unrein und eisenoxydhaltig ist, stellt man das reine Salz nicht dar. Da die Ferrosalze Sauerstoff aus der Luft aufnehmen und in Ferrisalze übergehen, diese zu ihrer Constitution mehr Schwefelsäure als das Ferrosalz fordern und sich bei Mangel an Säure in normales Ferrisulfat und Ferrihydroxyd scheiden, welches letztere als Bodensatz niederfällt, so setzt man der Lösung, aus welcher das Ferrosulfat krystallisiren soll, etwas freie Schwefelsäure zu.

Fig. 163.

Schiefe rhombische Säulen, in welchen die Vitriole krystallisiren.

Diese hält das Ferrioxyd, welches die Krystalle trübe machen würde, in Lösung. Das Ferrosulfat krystallisirt wie die anderen Vitriole in schiefen rhombischen Säulen oder Prismen. Diese haben eine blaugrüne oder grüne Farbe. Sind sie gelblich oder bräunlich gelb, so enthalten sie Ferrisulfat oder Ferrihydroxyd. Nicht gehörig abgetrocknete Krystalle sind dieser Oxydation besonders leicht unterworfen.

Bei gelinder Wärme verwittert das Salz, und dann in der Wärme des Wasserbades erhitzt verliert es $^6/_7$ seines Krystallwassers. Es stellt dann das *Ferrum sulfuricum siccum* dar. Das letzte 7tel des Krystallwassers, welches die Stelle des Constitutionswassers einnimmt, weicht erst einer Temperatur von 300° C. Wasserfrei ist es ein weisses Pulver (*Ferrum sulfuricum calcinatum*). Auch der blaue Kupfervitriol ist wasserfrei fast farblos. Daraus ersieht man, dass das Krystallwasser bei vielen Salzen eine wesentliche Ursache der Farbe der Krystalle bildet.

Der rohe Eisenvitriol wird in Hüttenwerken aus Eisenkiesen (FeS_2) durch Rösten, Auslaugen und Krystallisation dargestellt. $FeS_2 + 3O_2 = SO_2 + FeSO_4$.

Das normale Ferrisulfat oder neutrale schwefelsaure Eisenoxyd (*Ferrum oxydatum sulfuricum*, $Fe_2(SO_2)_3O_6$ oder $Fe_2(SO_4)_3$ od. $Fe^2O^3,3SO_3$) kennt man wasserfrei als weisses, etwas wasserhaltig als ein braungelbliches Pulver, oder in wässriger Lösung als eine gelbbraune Flüssigkeit. In der Nähe von Copiapo in Chili befindet sich ein mächtiges Lager dieses Sulfats, in welchem es auch in 6seitigen Prismen (als Coquimbit, $Fe_2(SO_4)_3 + 9\,aq$) angetroffen wird. Künstlich konnte es in deutlichen Krystallen bis jetzt nicht dargestellt werden. Im Uebrigen giebt das Ferrioxyd mit Schwefelsäure mehrere basische Verbindungen, oder Ferrisulfat verbindet sich in verschiedenen Verhältnissen mit Ferrihydroxyd.

Ferrisulfat erlangt man, wenn man in einem porcellanenen Kasserol 2 Mol. Ferrosulfat und 1 Mol. Schwefelsäure mit sehr wenig Wasser bis zum Kochen erhitzt und unter Umrühren nach und nach Salpetersäure hinzutröpfelt, solange die braunrothen Dämpfe der Untersalpetersäure auftreten. Die Salpetersäure wirkt hier oxydirend.

$$2\left(\genfrac{}{}{0pt}{}{SO_2{}''}{Fe''}\Big\}O_2\right) + \genfrac{}{}{0pt}{}{SO_2{}''}{H_2}\Big\}O_2 + O = \genfrac{}{}{0pt}{}{(SO_2{}'')_3}{Fe_2{}^{VI}}\Big\}O_6 + \genfrac{}{}{0pt}{}{H}{H}\Big\}O$$

od. $2\,FeSO_4$ $+ H_2SO_4$ $+ O =$ $Fe_2(SO_4)_3 + H_2O$

od. $2(FeO,SO^3)$ $+ SO^3$ $+ O =$ $Fe^2O^3,3SO^3$

Über den Termen stehen die Bezeichnungen: Ferrosulfat — Hydriumsulfat — Sauerstoff — Ferrisulfat — Wasser; darunter: schwefelsaures Eisenoxydul — Schwefelsäure — Sauerstoff — schwefelsaures Eisenoxyd.

Ein etwaiger Ueberschuss zugesetzter Salpetersäure wird durch Verdampfen aus der kochenden Flüssigkeit entfernt. Bei jedesmaligem Zusatz der Salpetersäure im Anfange färbt sich die Flüssigkeit dunkelbraun, weil das in Folge der Oxydation des Ferrosalzes entstehende Stickstoffdioxyd von dem noch unzersetzten Ferrosalze mit dunkel- bis schwarzbrauner Farbe absorbirt und dann erst in Folge der Hitze wieder freigelassen wird.

Diese letztere Erscheinung wird als Reaction auf Salpetersäure benutzt. Man gebe in ein Probirglas circa 3 Grm. Wasser, löse 1—2 Decigrm. Salpeter darin und werfe einen nicht zu kleinen Krystall des Ferrosulfats hinein. Giesst man nun behutsam circa ein halbes bis gleiches Volum reiner conc. Schwefelsäure in der Weise dazu, dass die Säure an der Wandung sanft hinabgleitet, so umhüllt sich der Krystall mit einer dunkelbraunen Wolke, und die ganze Flüssigkeit nimmt diese Farbe an. Die letztere Erscheinung bleibt aus, wenn sehr geringe Spuren Salpetersäure gegenwärtig sind. Die Reaction wird nur sicher gewonnen, wenn die angegebene Reihenfolge der Reagentien innegehalten wird.

Die Lösung des Ferrisulfats ist wie überhaupt alle Ferrisalze vor Sonnenlicht geschützt aufzubewahren, um die Reduction zu Ferrosalz oder Eisenoxydulsalz zu verhindern.

Reines Zinksulfat oder reines schwefelsaures Zinkoxyd (*Zincum sulfuricum*, $ZnSO_4 + 7aq$ oder $ZnO,SO^3 + 7HO$) ist ein farbloses, in rhombischen Prismen krystallisirtes Salz, welches durch Auflösen von Zink (Zn) in verdünnter Schwefelsäure,

$$\text{Zink} \quad \text{Hydriumsulfat} \qquad \text{Zinksulfat} \qquad \text{Wasserstoff}$$

$$Zn'' + \left.{\begin{matrix} SO_2'' \\ H_2 \end{matrix}}\right\} O_2 = \left.{\begin{matrix} SO_2 \\ Zn'' \end{matrix}}\right\} O_2 + \left.{\begin{matrix} H \\ H \end{matrix}}\right\}$$

$$\text{od. } Zn + H_2SO_4 = ZnSO_4 + H_2$$

$$\text{od. } Zn + SO^3 + HO = ZnO,SO^3 + H$$

$$\text{Zink} \quad \text{Schwefel-Was-} \quad \text{schwefelsaures} \quad \text{Wasser-}$$
$$\text{säure} \quad \text{ser} \qquad \text{Zinkoxyd} \qquad \text{stoff}$$

oder durch Auflösen des käuflichen Zinkoxyds (ZnO) in verdünnter Schwefelsäure und Krystallisation dargestellt wird. Im ersteren Falle wird ein Ueberschuss des Zinkmetalls der verdünnten Schwefelsäure dargeboten, damit die das Zinkmetall verunreinigenden fremden Metalle nicht in Lösung kommen. Im zweiten Falle giebt man zu der heissen Lösung des käuflichen Zinkoxyds in der verdünnten Schwefelsäure behufs Abscheidung der verunreinigenden Metalle ein Stück Zink.

Das Zink ist nächst Eisen und Mangan das electropositivere in der Reihe der Schwermetalle und fällt sicher Kupfer, Blei, Cadmium, Zinn aus ihren Lösungen, nicht aber Eisen und das dem Eisen nahe stehende Mangan, welche beide gewöhnliche Begleiter des Zinkmetalls und auch zuweilen des Zinkoxyds sind. Eisen und Mangan gelangen als Ferro- und Manganosalze oder als Oxydule zugleich mit dem Zink in Lösung, es ist jedoch ihre Abscheidung keine schwierige. Sowohl das Ferrooxyd als auch das Manganooxyd oder die Oxydule des Eisens und des Mangans sind mächtige Basen und können durch Zinkoxyd nicht verdrängt werden, dagegen sind ihre höheren Oxyde (Ferrioxyd, Manganioxyd) um so schwächere Basen und weichen als solche dem stärkeren Zinkoxyd. Es müssen also in der Zinklösung zunächst Ferro- und Manganosalz in Ferri- und Manganisalze oder Eisenoxydul und Manganoxydul in Oxyde übergeführt werden. Dieses kann geschehen durch Chlor oder ein passendes Superoxyd.

$$\underset{\text{Ferrosulfat}}{6\left(\begin{matrix}SO_2{''}\\Fe{''}\end{matrix}\right\}O_2\Big)} + \underset{\text{Chlor}}{3\left(\begin{matrix}Cl\\Cl\end{matrix}\right)} = \underset{\text{Ferrisulfat}}{2\left(\begin{matrix}(SO_2{''})_3\\Fe_2\end{matrix}\right\}O_6\Big)} + \underset{\text{Ferrichlorid}}{Fe_2\left\{\begin{matrix}Cl_3\\Cl_3\end{matrix}\right.}$$

$$\text{od. } 6FeSO_4 \quad + 3Cl_2 \quad = 2Fe_2(SO_4)_3 \quad + Fe_2Cl_6$$

$$\text{od. } \underset{\substack{\text{schwefelsaures}\\\text{Eisenoxydul}}}{6\,(FeO,SO^3)} + \underset{\text{Chlor}}{3\,Cl} = \underset{\substack{\text{schwefelsaures}\\\text{Eisenoxyd}}}{2\,(Fe^2O^3,3SO^3)} + \underset{\text{Eisenchlorid.}}{Fe^2\,Cl^3}$$

Da es bei Darstellung reiner Salze stets misslich ist, fremde Säuren hineinzubringen, so verdient hier das Bleisuperoxyd (PbO_2) vor den anderen Oxydationsmitteln den Vorzug. In der Digestionswärme giebt es die Hälfte seines Sauerstoffs ohne Schwierigkeit an die Oxydule und wird selbst zu Bleioxyd (PbO), einer schwächeren Base, als es das Zinkoxyd ist.

Im Uebrigen erzeugt das Bleioxyd mit Schwefelsäure aus dem Zinksalze Bleisulfat, welches wegen seiner Unlöslichkeit durch Filtration abgeschieden wird. Nach geschehener Ueberführung jener Oxydule in Oxyd wird der Zinksalzlösung Zinkoxyd zugesetzt, welches das Ferrioxyd und Manganioxyd abscheidet. Auf 20 — 25 Theile gelösten Zinkmetalls genügt 1 Theil Bleisuperoxyd und $1\frac{1}{2}$ Theil käuflichen Zinkoxyds.

Die endlich filtrirte Lösung giebt durch Abdampfen concentrirt und bei gestörter Krystallisation farblose rhombische Prismen, welche denen des Bittersalzes, Magnesiumsulfats ($MgSO_4 + 7$ aq oder $MgO,SO^3 + 7HO$), völlig ähnlich sind. Man hüte sich also, beide Salze mit einander zu verwechseln. Das Zinksalz wirkt ätzend und brechenerregend, das Magnesiasalz mild und purgirend. Ersteres reagirt sauer, letzteres ist neutral.

Die Darstellung reiner Sulfate des Eisens, Kupfers und Zinks durch Umkrystallisiren der entsprechenden käuflichen Vitriole ist, wie schon oben bemerkt wurde, kaum möglich, und zwar wegen des Isomorphismus derselben. Isomorphe Körper haben analoge

Zusammensetzung, nehmen eine gleiche Krystallform an und können sich in Verbindungen gegenseitig ganz oder theilweise vertreten, ohne dass die Krystallform dadurch abgeändert wird. Daher bilden auch isomorphe Körper, sich mechanisch neben einanderlegend, gemeinschaftlich einen Krystall. Wenn wir eine Kalisalpeterlösung, welche Natriumchlorid enthält, zur Krystallisation bringen, so schiesst zunächst das Kaliumnitrat oder salpetersaure Kali (KNO_3 od. KO,NO^5) in rhombischen Säulen an, und das Natriumchlorid ($NaCl$), welches in regulären Würfeln krystallisirt, bleibt in der Mutterlauge gelöst. Beide Salze sind nicht isomorph. Lassen wir dagegen eine Lösung des Zinksulfats ($ZnSO_4$ + 7aq oder $ZnO,SO^3 + 7HO$), welches verunreinigt ist mit:

$$\text{Ferrosulfat} \quad (FeSO_4 + 7\,\text{aq od. } FeO,SO^3 + 7HO)$$
$$\text{Magnesiasulfat} \ (MgSO_4 + 7\,\text{aq od. } MgO,SO^3 + 7HO)$$
$$\text{Manganosulfat} \ (MnSO_4 + 7\,\text{aq od. } MnO,SO^3 + 7HO)$$

krystallisiren, so bleiben diese Salze, weil sie dem Zinksulfat isomorph sind, nicht in der Mutterlauge, sondern constituiren mit letzterem gemeinschaftliche Krystalle.

Das Ferrosulfat krystallisirt mit 7 Mol. Krystallwasser, das Cuprisulfat dagegen nur mit 5 Mol., der Isomorphismus beider Salze disponirt aber das Eisensalz, als geringe Beimischung des Kupfersalzes, auch nur mit 5 Mol. Krystallwasser in Gemeinschaft mit dem Kupfersalz einen Krystall zu bilden. So ist es umgekehrt, wenn das Kupfersalz als Verunreinigung des Eisensalzes auftritt.

Aus Gemischen und Lösungen mehrerer isomorpher Körper lässt sich also keiner derselben durch Krystallisation rein abscheiden.

Die käuflichen oder rohen Vitriole werden meist durch Rösten oder Oxydation mittelst des Luftsauerstoffes aus den entsprechenden Schwefelmetallen dargestellt, der Eisenvitriol aus dem Schwefelkies (FeS_2), der Zinkvitriol aus der Zinkblende (ZnS), der Kupfervitriol aus dem Kupferkies ($CuFeS_2$ oder $CuS + FeS$). In Bergwerken mit Kupferkies entstehen durch Oxydation an der Luft unter Beihilfe der Feuchtigkeit schwefelsaure Salze des Kupfers und Eisens, welche sich in den Grubenwässern auflösen. Grubenwässer dieser Art sind die sogenannten Cementwässer. In diese wirft man altes Eisen und fällt dadurch das Kupfer metallisch aus.

$$CuSO_4 \; + \; Fe \; = \; FeSO_4 \; + \; Cu$$
$$\text{oder} \quad CuO,SO^3 + \; Fe \; = \; FeO,SO^3 + \; Cu.$$

In dem im Cementwasser vorhandenen Cuprisulfat, schwefelsauren Kupferoxyd, wird das Kupfer also durch das Eisen deplacirt. Nach Fällung des Kupfers enthält das Wasser Ferrosulfat gelöst, welches durch Krystallisation abgeschieden als Eisenvitriol in den Handel gebracht wird. Daher stammt auch der zuweilen noch gehörte Namen **Kupferwasser** für Eisenvitriol.

Bemerkungen. Vor einem halben Jahrhundert unterschied man einen mineralischen und einen vegetabilischen Turpith. Der mineralische war das basisch schwefelsaure Quecksilberoxyd, der vegetabilische die Wurzel von *Ipomoea Turpethum*, welche in Betreff der Bestandtheile und der purgirenden Wirkung mit den Jalapenknollen einiger Maassen übereinstimmt. Der Name Turpith oder Turpeth kommt von dem lat. *turpis*, *turpe*, hässlich, ungestaltet, weil jene Stoffe im Aussehen, Geschmack und Wirkung die Bezeichnung „hässlich" verdienten.

Lection 80.

Schwefelwasserstoff. Schwefelammonium.

Schwefelwasserstoff, Hydriumsulfid =

$$\left.\begin{array}{l} H \\ H \end{array}\right\} S \quad \text{od.} \quad H_2S \; \left(= \; \right) \quad \text{od.} \quad HS$$

ist also von derselben Struktur wie das Wasser (H_2O), nach der electrochemischen Ansicht eine dem Wasser (HO) analoge Verbindung. Schwefel und Wasserstoff verbinden sich direkt nur schwierig, leicht aber im *status nascendi*. Wenn Einfach-Schwefeleisen (Ferrosulfid, Eisensulfür, FeS) mit verdünnter Schwefelsäure übergossen wird, so vertauschen das Eisen und das basische Hydrium der Schwefelsäure gegenseitig ihre Stellen und der Erfolg ist Hydriumsulfid und Ferrosulfat.

Ferrosulfid Hydriumsulfat Hydrium- Ferrosulfat
sulfid

$$\left.\begin{array}{l} S \\ Fe'' \end{array}\right\} + \left.\begin{array}{l} SO_2 \\ H_2 \end{array}\right\} O = \left.\begin{array}{l} H \\ H \end{array}\right\} S + \left.\begin{array}{l} SO_2 \\ Fe'' \end{array}\right\} O_2$$
$$\text{od.} \quad FeS \; + \; H_2SO_4 \; = \; H_2S \; + \; FeSO_4.$$

Nach der Binärtheorie wird hierbei nach dem Gesetz der disponirenden Verwandtschaft Wasser zersetzt, dessen Sauerstoff das Eisen (Fe) in Oxydul (FeO) verwandelt, dessen Wasserstoff aber im *status nascendi* sich mit dem Schwefel des Schwefelmetalls zu Schwefelwasserstoffgas vereinigt. Das Eisenoxydul verbindet sich gleichzeitig mit der Schwefelsäure zu schwefelsaurem Eisenoxydul (FeO, SO^3);

$$FeS \text{ und } SO^3, HO \text{ geben } FeO, SO^3 \text{ und } HS.$$

Uebergiesst man das Einfachschwefeleisen mit Salzsäure oder mit Chlorwasserstoffsäure (HCl), so entstehen Schwefelwasserstoff und Ferrochlorid oder Eisenchlorür ($FeCl_2$ oder $FeCl$)

$$FeS + 2HCl = H_2S + FeCl_2$$
$$\text{oder } FeS + HCl = HS + FeCl.$$

Schwefelwasserstoffgas tritt auch bei der fauligen Gährung schwefehaltiger organischer Stoffe auf, wie z. B. des Eiweisses. Daher ist der Geruch fauliger Eier und des Schwefelwasserstoffs derselbe. Ferner entwickelt sich dieses stinkende Gas, wenn organische Stoffe in Gegenwart von Calciumsulfat oder schwefelsaurer Kalkerde (Gyps) faulen. Es findet hier eine Reduction der Schwefelsäure statt, deren Schwefel sich mit dem nascirenden Wasserstoff zu Schwefelwasserstoff verbindet. Auf diese Weise entsteht der stinkende Geruch der thierischen Auswurfstoffe und auch einiger Brunnenwässer, wenn dieselben ursprünglich gypshaltig sind und durch faulende hölzerne Brunnenröhren laufen oder mit diesen in Berührung stehen.

Schwefelwasserstoff ist ein farbloses Gas, welches nur unter sehr starkem Drucke tropfbar flüssig wird. Eingeathmet wirkt es giftig. Luft, welche 1 Volumproc. dieses Gases enthält, kann eingeathmet tödtlich wirken. Auf kleine Vögel wirkt schon eine Luft mit weniger denn $^1/_{10}$ Volumproc. tödtend. Die nicht seltenen plötzlichen Todesfälle bei den die Latrinen räumenden Arbeitern werden durch das Einathmen dieses Gases herbeigeführt. Als Gegenmittel dient ein vorsichtiges Riechen an verdünntem Chlorwasser oder einer verdünnten Chlorkalklösung. Das Chlorgas zersetzt das Schwefelwasserstoffgas augenblicklich, indem es demselben den Wasserstoff entzieht und Schwefel abscheidet.

$$H_2S + Cl_2 = 2HCl + S$$
$$\text{oder } HS + Cl = HCl + S.$$

Daher sind Chlor und Chlorkalk die besten und sichersten Desinfectionsmittel. In gleicher Weise wirken die anderen Halogene Jod und Brom. Aus vorstehenden Angaben ersieht man, dass eben kleine Mengen Chlorkalk ausreichen, grössere Latrinenräume von der hepatischen Luft zu befreien.

Sauerstoffverbindungen, welche leicht Sauerstoff abgeben, zersetzen den Schwefelwasserstoff unter Oxydation des Wasserstoffs zu Wasser, wie z. B. Jodsäure (J_2O_5 od. JO^5), Untersalpetersäure (NO_2 od. NO^4), Unterchlorigsäure (Cl_2O od. ClO), Ferri- oder Eisenoxyd (Fe_2O_3). Letzteres wird durch Schwefelwasserstoff unter Abscheidung von Schwefel zu Ferrooxyd oder Eisenoxydul (FeO) reducirt.

$$Fe_2O_3 \;+\; H_2S \;=\; 2FeO \;+\; H_2O \;+\; S$$
$$\text{oder } Fe^2O^3 \;+\; HS \;=\; 2FeO \;+\; HO \;+\; S.$$

Auch der Sauerstoff der Luft wirkt oxydirend, wenn auch etwas langsam; es entsteht Wasser und freier Schwefel.

$$O \;+\; H_2S \;=\; H_2O \;+\; S$$
$$\text{oder } O \;+\; HS \;=\; HO \;+\; S.$$

Viele Metalle (wie Gold, Silber, Kupfer, Blei) entziehen dem Schwefelwasserstoff den Schwefel, damit Schwefelmetalle bildend, und machen den Wasserstoff frei. Daher kommt das Anlaufen und Schwarzwerden der Metallgeräthschaften in einer Luft, welche Schwefelwasserstoff enthält, wie z. B. in der Nähe der Kloaken.

Bei Begegnung des Schwefelwasserstoffs mit Schwermetallverbindungen geht die Zersetzung besonders leicht vor sich. Schüttelt man Calomel mit Schwefelwasserstoffwasser, so färbt er sich schwarz, und das Gemisch enthält Mercurosulfid und Chlorwasserstoff.

$$Hg_2Cl_2 \;+\; H_2S \;=\; 2HCl \;+\; Hg_2S$$
$$\text{oder } Hg^2Cl \;+\; HS \;=\; HCl \;+\; Hg^2S.$$

Giesst man in einem Probirgläschen zum Wasser, welches nur wenig Bleiacetat oder einige Tropfen Bleiessig enthält, Schwefelwasserstoffwasser, so erfolgt sofort ein schwarzbrauner Niederschlag.

$$\underset{\text{Bleiacetat}}{\left.{\scriptstyle (C_2H_3O)_2 \atop Pb}\right\}O_2} \;+\; \underset{\text{Hydriumsulfid}}{\left.{H \atop H}\right\}S} \;+\; \underset{\text{Essigsäure}}{2\left({C_2H_3O \atop H}\right)O} \;+\; \underset{\text{Bleisulfid}}{PbS.}$$

Wegen dieses Verhaltens ist Schwefelwasserstoff ein vortreffliches und auch unentbehrliches Reagens in der chemischen Analyse, besonders schon desshalb, weil ein Theil der Metalle der
Umwandlung in Sulfid oder Schwefelmetall in ihrer sauren Lösung, ein anderer Theil derselben nur in der neutralen oder alkalischen Lösung unterliegt, und mehrere der Metallsulfide
charakteristische Farben haben. Schwefelcadmium, Schwefelarsen
sind z. B. gelb, Schwefelantimon orange, Schwefelmangan
fleischfarben, Schwefelzink weiss, die übrigen Schwefelmetalle
braun oder schwarz (nur Stannooxyd oder Zinnoxydul liefert
eine braune und Stannioxyd oder Zinnoxyd eine gelbe Schwefelverbindung).

A. Aus alkalischen Flüssigkeiten fällt Schwefelwasserstoff Eisen, Mangan, Kobalt, Nickel, Zink. Da diese
Metallsulfide durch verdünnte Säuren leicht zersetzt und gelöst
werden, so können sie auch nicht in sauren Lösungen entstehen.

B. Nur aus sauren nicht aus alkalischen Flüssigkeiten fällt
Schwefelwasserstoff: Arsen, Antimon, Zinn, Gold und Platin.
Die Schwefelmetalle dieser Reihe sind nämlich Sulfosäuren, welche
mit den Alkalimetallen, oder nach der Binärtheorie mit den Sul-
fureten oder Sulfobasen, wie Schwefelammonium, Schwefel-
kalium, Schwefelnatrium, in Wasser lösliche Schwefelsalze
(Sulfosalze) liefern. Da diese Sulfosäuren aber in verdünnten
Säuren nicht löslich sind, so scheiden sie sich nur aus sauren
Flüssigkeiten ab.

C. Quecksilber, Silber, Kupfer, Blei, Wismuth und
Cadmium werden durch Schwefelwasserstoff aus saurer wie
aus alkalischer Lösung als Schwefelmetalle gefällt, weil ihre
Sulfide im Allgemeinen weder Sulfobasen noch Sulfosäuren sind,
und weder durch eine verdünnte Säure zersetzt, noch von Basen
oder Alkalimetallhydroxydlösungen gelöst werden.

Hat man die unter B und C erwähnten Metalle aus der
sauren Lösung als Schwefelmetalle abgeschieden, kann man
beide Gruppen vollständig trennen, denn jene Sulfosäuren sind
in einer Schwefelammoniumlösung löslich, die Schwefelmetalle
der Reihe C aber nicht.

Die erwähnten Gruppen der durch Schwefelwasserstoff fällbaren Metalle, und die Umstände, unter welchen sie aus ihren
Lösungen als Schwefelmetalle fällbar sind, müssen dem Gedächtniss einverleibt werden, weil die Kenntniss davon zum Verständniss des Ganges der chemischen Analyse und bei Ausführung der Prüfung der Arzneimittel unumgänglich nöthig ist.

In die Lösungen der Metalle leitet man, behufs Fällung derselben als Schwefelmetalle, entweder Schwefelwasserstoffgas, oder man versetzt sie, wo es sich um die Fällung unbedeutender Mengen handelt, wie bei Prüfung der Arzneimittel auf Metalle, mit Schwefelwasserstoffwasser, auch Hydrothionsäure genannt (*Aqua hydrosulfurata*), im Ueberschuss, d. h. bis nicht nur das Metall vollständig in Schwefelmetall verwandelt ist, sondern auch das Gemisch noch nach freiem Schwefelwasserstoff riecht. Die Darstellung des Schwefelwasserstoffgases geschieht gewöhnlich aus dem künstlich dargestellten Ferrosulfid oder Einfach-Schwefeleisen (FeS) und verdünnter Schwefelsäure ohne Anwendnng von Wärme, selten aus dem natürlichen grauen Schwefelantimon, Antimontrisulfid (*Stibium sulfuratum nigrum*, Sb_2S_3 oder SbS^3) und verdünnter Chlorwasserstoffsäure unter Erwärmen. Der Schwefelwasserstoff aus jenem Material, welches nicht immer frei von metallischem Eisen ist, enthält mitunter Wasserstoffgas, welches aber dem Zwecke der Anwendung nicht hinderlich ist.

Jenes Schwefeleisen stellt man durch Bestreuen weissglühenden Eisens mit Schwefel dar, wobei man das gebildete, in glühenden Fluss gerathene Schwefeleisen in kaltes Wasser abtropfen lässt, oder durch Glühen von Eisenfeilspänen und Schwefel in einem Tiegel.

Als Gasentwickelungsflaschen kann man sich ähnlicher bedienen wie bei Darstellung der Kohlensäure. In die Flasche (*a*), circa von $^1/_2$ Liter Rauminhalt, giebt man 50 Grm. Schwefeleisen in kleinen Stücken und etwas Wasser zum Absperren des Sicherheitsrohres, und giesst nach und nach in Portionen

Fig. 161.

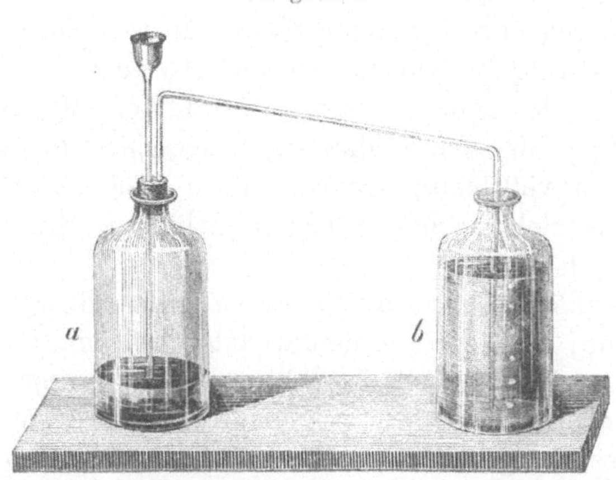

die nöthige verdünnte Schwefelsäure ein, um eine allmähliche und anhaltende Gasentwickelung zu unterhalten. Auf 10 Th. Schwefeleisen verbraucht man 12 Th. englische Schwefelsäure, verdünnt mit dem Sechsfachen ihres Gewichtes Wasser.

Das Gas leitet man in destillirtes Wasser, indem man das äussere Ende des Gasleitungsrohres bis auf den Boden der Vorlage hinabreichen lässt. Den Apparat stellt man an einen schattigen luftigen Ort, wo das von dem Wasser nicht absorbirte Gas ohne Belästigung für die Umgebung fortgeführt wird. Da Schwefelwasserstoffgas vom Wasser nicht mit Begierde aufgenommen wird, so ist es gut, das Ende des Leitungsrohres zu einer engeren Oeffnung auszuziehen.

Das Wasser absorbirt bei mittlerer Temperatur circa sein $2^{1}/_{2}$faches Volum Schwefelwasserstoffgas. In kleinere Flaschen umgegossen, bei dichtem Verschluss der ganz gefüllten Flaschen und geschützt vor Tageslicht hält sich das Schwefelwasserstoffwasser lange Zeit brauchbar, wenn sich auch während dieser Zeit eine Spur Schwefel abscheiden sollte. Das Wasser enthält bekanntlich stets etwas atmosphärische Luft gelöst, und der Sauerstoff der Luft ist Ursache der Zersetzung eines Theiles des Gases, denn $H_2S + O = H_2O + S$ oder $HS + O = HO + S$.

Schwefelwasserstoff verhält sich wie eine Säure, er verändert aber nach Art der schwachen Säuren (wie z. B. der Kohlensäure) Lackmus nur in Weinroth. Starke Säuren erzeugen bekanntlich damit eine zwiebelrothe Färbung.

Leitet man in eine Lösung des Aetzkalis (Kaliumhydroxyds) eine genügende Menge Schwefelwasserstoffgas, so entsteht unter Abscheidung von Wasser Kaliumhydrosulfid, von der Binärtheorie Kaliumsulfhydrat genannt, eine Verbindung von der Structur des Kaliumhydroxyds oder analog dem Kaliumoxydhydrat zusammengesetzt.

$$\begin{array}{cccc} \text{Kalium-} & \text{Hydrium-} & \text{Kaliumhydro-} & \text{Hydrium-} \\ \text{hydroxyd} & \text{sulfid} & \text{sulfid} & \text{oxyd} \\ HKO & + \; H_2S & = \; HKS & + \; H_2O \end{array}$$

$$\text{od.} \; KO,HO + 2HS = KS,HS + 2HO$$

$$\begin{array}{cccc} \text{Kalihydrat} & \text{Schwefel-} & \text{Kaliumsulf-} & \text{Wasser} \\ & \text{wasserstoff} & \text{hydrat} & \end{array}$$

Die Lösung des Kaliumhydrosulfids ist farblos, stark alkalisch, löst Schwefel auf und färbt sich damit gelb, indem Supersulfide oder Polysulfurete entstehen.

Aehnlich ist das Resultat, wenn Aetz-Natron in Stelle von Aetz-Kali genommen wird.

Leitet man Schwefelwasserstoff in die Lösung des Aetzammons, welches in seiner wässrigen Lösung als Ammoniumhydroxyd betrachtet wird, so entsteht Ammoniumhydrosulfid oder Ammoniumsulfhydrat, gewöhnlich Schwefelammonium oder Hydrothionammonium genannt.

Ammonium-   Hydrium-   Ammmonium-   Hydrium-
hydroxyd   sulfid   hydrosulfid   oxyd

$$\left.\begin{array}{l}H\\NH_4\end{array}\right\}O \;+\; \left.\begin{array}{l}H\\H\end{array}\right\}S \;=\; \left.\begin{array}{l}H\\NH_4\end{array}\right\}S \;+\; \left.\begin{array}{l}H\\H\end{array}\right\}O$$

oder $H(NH_4)O \;+\; H_2S \;=\; H(NH_4)S \;+\; H_2O$

oder $H^3N \;+\; 2HS \;=\; H^4NS,H\dot{S}$

Ammon   Schwefel-   Ammoniumsulf-
wasserstoff   hydrat

Das in wässriger Lösung befindliche und als mächtige Sulfobase wirkende Ammoniumhydrosulfid oder Ammoniumsulfhydrat (*Ammonium hydrosulfuratum solutum, Liquor Ammonii sulfurati*) ist eine stark alkalische und stinkende Flüssigkeit. Es findet zuweilen als Medicament, besonders aber in der chemischen Analyse Anwendung, und zwar einerseits zur Auflösung der Schwefelmetalle, welche der Reihe der Sulfosäuren angehören, andererseits zur Fällung der nur aus alkalischer Lösung durch Schwefelwasserstoff fällbaren Metalle. Man stellt die Flüssigkeit einfach durch Hineinleiten von Schwefelwasserstoff in Aetzammonflüssigkeit dar. Sie ist farblos, färbt sich aber mit der Luft in Berührung gelb. Der Sauerstoff der Luft oxydirt nämlich den Wasserstoff des Schwefelwasserstoffs zu Wasser und macht Schwefel frei. Der freie Schwefel wird aber sofort gelöst, die Flüssigkeit färbt sich gelb und es entsteht ein Polysulfid, z. B. Ammoniumdisulfid oder Ammoniumbissulfuret. Durch andauernde Einwirkung der Luft deplacirt der Sauerstoff noch mehr Schwefel und es entstehen durch Lösung des ausgeschiedenen Schwefels höhere Polysulfide, gleichzeitig auch kleine Mengen Ammoniumhyposulfit oder unterschwefligsaures Ammon ($[NH_4]_2S_2O_3$ od. NH^4O,S^2O^2). Die Anwendung eines gelb gewordenen Präparats in der Analyse bietet kein Hinderniss, enthält es aber in starrer Form ausgeschiedenen Schwefel, so ist es zu verwerfen.

Wird ein Alkalimetallhydrosulfid oder eine Sulfobase durch Zusatz einer Säure zersetzt, so entweicht Schwefelwasserstoff, und das Radical des Hydrosulfids bildet mit der Säure ein Salz. Hier findet also eine Schwefelabscheidung nicht statt.

Kalium-   Hydrium-   Kalium-   Hydrium-
hydrosulfid   sulfat   sulfat   sulfid

$$2(HKS) \; + \; H_2SO_4 \; = \; K_2SO_4 \; + \; 2(H_2S)$$

oder $KS \; + \; SO^3,HO = KO,SO^3 + HS$

Kaliumsul-   Schwefelsäure-   schwefel-   Schwefel-
furet   hydrat   saures Kali   wasserstoff

Ammonium-   Hydrium-   Ammonium-   Hydrium-
hydrosulfid   chlorid   chlorid   sulfid

$$H(NH_4)S \; + \quad HCl \quad = \quad NH_4Cl \; + \; H_2S$$

oder $NH^4S,HS + \quad HCl \quad = \quad NH^4Cl \; + \; 2HS$

Ammonium-   Chlorwasser-   Chloram-   Schwefel-
sulfhydrat   stoff   monium   wasserstoff

Enthält das Hydrosulfid oder Sulfhydrat Schwefel gelöst, oder enthält es ein Polysulfid, so wird der gelöste Schwefel als Niederschlag abgeschieden.

Es giebt noch eine zweite Schwefelungsstufe des Wasserstoffs von der Structur des Wasserstoffsuperoxyds (H_2O_2), nämlich das **Hydriumsupersulfid**, Hydriumdisulfid, Doppelschwefelwasserstoff (H_2S_2), eine widrig riechende Flüssigkeit, welche entsteht, wenn ein Polysulfid enthaltendes Hydrosulfid in Salzsäure eingetragen wird. Nur bei Darstellung des präcipitirten Schwefels bietet es ein theoretisches Interesse.

Bemerkungen. Das Verhalten des Schwefelwasserstoffs zu den Metallen ist mit Sorgfalt aufzufassen, weil man dadurch zu einem klaren Verständniss des Ganges der anorganischen Analyse gelangt. Um nun dem Gedächtniss den Gegenstand geläufiger zu machen, mag hier folgender Reim einen Platz finden.

Aus saurer Lösung fällt HS,
Was sie enthält Metallisches
Quecksilber, Silber, Kupfer, Blei,
Wismuth und Cadmium dabei,
Und wirft als Sulfosäuren hin
Arsenum, Antimon und Zinn,
Es schont selbst Gold nicht und Platin.

Wenn Alkali die Lösung hält,
HS auch dann noch tapfer fällt
Das Eisen, Mangan, Kobalt, Nickel,
Und Zink bis auf das letzte Pickel;
Uran, auch amphibolisch Thall,
Sie kämen jedenfalls zum Fall.

Behufs der Untersuchung wird die betreffende Flüssigkeit mit Chlorwasserstoffsäure nur schwach angesäuert (aus zu saurer Flüssigkeit z. B. würde Blei gar nicht als Schwefelblei fallen) und mit ausreichendem Schwefelwasserstoffwasser versetzt. Der lockere Niederschlag wird durch Erwärmen der Flüssigkeit dichter und flockiger. Die als Sulfosäuren fallenden Metalle werden durch Schütteln des ausgewaschenen Niederschlages mit einer Lösung des Schwefelammonium gelöst und durch Filtration abgesondert. Das ungelöst gebliebene Schwefelmetall wird mit mässig verdünnter Salpetersäure übergossen und erwärmt. Löst es sich nicht, so ist es Schwefelquecksilber. Die davon abfiltrirte salpetersaure Flüssigkeit wird mit wenigem Wasser verdünnt nun mit Chlorwasserstoffsäure versetzt. Ein käsiger Niederschlag zeigt dann Silber an. Auf Zusatz von Aetzammon im Ueberschuss färbt sie sich blau, wenn sie Kupfer enthält, und entsteht auf Zusatz von Schwefelsäure eine weisse Fällung, so verräth dieselbe Blei. Wismuth verräth sich durch eine Trübung, wenn man die salpetersaure Lösung durch Eindampfen concentrirt und dann mit vielem Wasser mischt, weil das gelöste Wismuthsalz durch Wasser in eine unlösliche basische und eine lösliche saure Verbindung zerlegt wird. Das Schwefelcadmium ist an seiner gelben Farbe zu erkennen.

Die in der Schwefelammoniumlösung gelösten Sulfosäuren werden durch Zusatz von Chlorwasserstoffsäure im Ueberschuss wieder ausgefällt und zwar Antimon orangeroth, Arsen gelb (beide beim Glühen flüchtig), Zinn gelb (aber nicht flüchtig), Gold und Platin schwarzbraun. Schwefelarsen ist in einer Ammoncarbonatlösung löslich, Schwefelantimon nicht. Schwefelzinn verwandelt sich beim Glühen an der Luft in weisses Zinnoxyd, welches mit Schwefelwasserstoffwasser übergossen sich gelb färbt.

Jene Lösung, welche man ansäuerte und aus welcher man alsdann die Metalle mit Schwefelwasserstoff gefällt hatte, wird mit Ammon alkalisch gemacht und entweder mit Schwefelammonium oder Schwefelwasserstoff versetzt. Es fallen dann Eisen schwarz, Mangan fleischfarben, Zink weiss. Zu bemerken ist, dass Zink auch aus der stark mit Essigsäure sauer gemachten Lösung durch Schwefelwasserstoff vollständig als weisses Schwefelzink gefällt werden kann, dass das gefällte Schwefeleisen in Essigsäure und stark verdünnter Salzsäure leicht löslich, Schwefelkobalt und Schwefelnickel in diesen etwas stark verdünnten Säuren sehr schwer, in der Kälte fast nicht löslich sind. Die Scheidung der Metalle dieser Gruppe ist also nicht so sehr schwierig. Das Schwefelammonium fällt auch die Thonerde und das Chromoxyd, wenn sie gegenwärtig sind, aber nicht als Schwefelverbindungen, sondern als Oxyde, die dadurch gefällte Thonerde ist aber in Aetzkalilauge leicht löslich, ebenso das Chromoxyd (nicht jene Schwefelmetalle). Kocht man die Aetzkali haltende Lösung längere Zeit, so fällt das Chromoxyd vollständig als ein Hydroxyd wieder aus, während die Thonerde (Aluminiumhydroxyd) gelöst bleibt.

Wenn ein Anfänger zur Uebung Analysen ausführen soll, so gebe man ihm anfangs stets Lösungen, welche nur ein Metallsalz enthalten. Nur anf dem Wege leichter Analysen gewinnt der Anfänger Geschmack am Analysiren.

Dass die Operationen mit Schwefelwasserstoff und Schwefelammonium weder im Dispensirlokal noch im Laboratorium, sondern nur an einem gesonderten luftigen Orte ausgeführt werden dürfen, dass ferner das Aufathmen schwefelwasserstoffhaltiger Luft ernstliche Gesundheitsstörungen zur Folge haben kann, ist wohl zu beachten.

Lection 81.

Schwefelleber. Präcipitirter Schwefel.

Das Kalium verbindet sich mit Schwefel in 5 bekannten Verhältnissen, und zwar 1 Molecül oder Aeq. Kalium mit 1, 2, 3, 4, 5 Atomen oder Aeq. Schwefel. Von diesen Schwefelungsstufen des Kalium ist keine eine Sulfobase und nur das Kaliummonosulfid (K_2S oder KS) durch Auflösen in Wasser in Kaliumhydrosulfid (HKS) verwandelt, ist eine Sulfobase. Die neuere chemische Theorie bezeichnet diese Schwefelungsstufen mit Kaliummonosulfid, Kaliumdisulfid, Kaliumtrisulfid, Kaliumtetrasulfid, Kaliumpentasulfid, die ältere Theorie mit Kaliumsulfuret, Kaliumbissulfuret, Kaliumtersulfuret, Kaliumquatersulfuret, Kaliumquinquiessulfuret.

Die sogenannte Schwefelleber (*Hepar Sulfuris, Kalium sulfuratum*) ist im Wesentlichen ein Trisulfid des Kalium (K_2S_3 od. KS^3), gemischt mit Kaliumhyposulfit oder unterschwefligsaurem Kali ($K_2S_2O_3$ od. KO,S^2O^2). Es werden in einem eisernen Kessel bei gelindem Feuer 2 Th. Kaliumcarbonat mit 1 Th. Schwefel zusammengeschmolzen und erhitzt, so lange die Masse in Folge des Entweichens von Kohlensäure aufschäumt. Die ruhig fliessende Masse wird auf ein mit fettem Oel abgeriebenes Blech oder in einen mit Oel ausgeriebenen Mörser gegossen, nach dem Erkalten schnell in ein starkgrobes Pulver verwandelt und in die trocknen Vorrathsflaschen gebracht, denn das Präparat ist sehr hygroskopisch.

Wird Kaliumcarbonat mit Schwefel erhitzt, so entweicht während der Bildung der Schwefelleber die Kohlensäure und verursacht ein Schäumen der geschmolzenen Masse. Der Sauerstoff aus einem Theile Kaliumoxyds erzeugt mit einem Theile des des Schwefels Unterschwefligsäure, welche sich mit einem anderen Theile Kalium zu Kaliumhyposulfit verbindet, während sich das übrige Kalium mit dem übrigen Schwefel zu Dreifach-Schwefelkalium oder Kaliumtrisulfid vereinigt.

$$3(K_2O) + S_8 = K_2S_2O_3 + 2(K_2S_3)$$
$$\text{oder } 3KO + 8S = KO,S^2O^2 + 2KS^3;$$

Kalium- carbonat	Schwefel	Kalium- hyposulfit	Kalium- trisulfid	Kohlensäure- anhydrid

$$3(K_2CO_3) + S_8 = K_2S_2O_3 + 2(K_2S_3) + 3(CO_2)$$
$$\text{oder } 3(KO,CO^2) + 8S = KO,S^2O^2 + 2KS^3 + 3CO^2$$

Wenn bei der Schmelzung eine zu starke Hitze in Anwendung kommt, so zerfällt das Kaliumhyposulfit oder unterschwefligsaure Kali in Kaliumsulfat oder schwefelsaures Kali und Kaliumpentasulfid oder Fünffach-Schwefelkalium, denn:

$$\underset{\text{Kaliumhyposulfit}}{4(K_2S_2O_3)} \text{ zerfallen in } \underset{\text{Kaliumsulfat}}{3(K_2SO_4)} \text{ und } \underset{\text{Kaliumpentasulfid}}{K_2S_5}$$

$$\text{oder } \underset{\substack{\text{unterschwefligsaures}\\ \text{Kali}}}{4(KO,S^2O^2)} \text{ zerfallen in } \underset{\substack{\text{schwefelsaures}\\ \text{Kali}}}{3(KO,SO^3)} \text{ und } \underset{\substack{\text{Kaliumquin-}\\ \text{quiessulfuret.}}}{KS^5}$$

Die Schwefelleber reagirt alkalisch, hat eine leberbraune Farbe und ein glasiges Gefüge; ein Zeichen, dass sie durch Schmelzung oder auf trocknem Wege dargestellt ist. In schlecht verstopften Flaschen wird sie durch die Feuchtigkeit und den Sauerstoff der Luft zersetzt und zum grössten Theil in Kaliumhyposulfit, Kaliumsulfat und freien Schwefel verwandelt. Die gute Schwefelleber giebt mit Wasser eine braungelbe Lösung, welche auf Zusatz von Säure reichlich Schwefelwasserstoffgas freilässt Hierbei gelangt nur der Schwefel, welcher mit Kalium das Monosulfid bilden würde, zur Bildung von Schwefelwasserstoff, der übrige Schwefel wird gefällt und macht die Flüssigkeit trübe.

$$\underset{\substack{\text{Kaliumtri-}\\ \text{sulfid}}}{K_2S_3} + \underset{\substack{\text{Hydrium-}\\ \text{sulfat}}}{H_2SO_4} = \underset{\substack{\text{Kalium-}\\ \text{sulfat}}}{K_2SO_4} + \underset{\substack{\text{Hydrium-}\\ \text{sulfid}}}{H_2S} + \underset{\text{Schwefel}}{S_2}$$

$$\text{oder } \underset{\substack{\text{Kaliumter-}\\ \text{sulfuret}}}{KS^3} + \underset{\substack{\text{Schwefel-}\\ \text{säurehydrat}}}{SO^3,HO} = \underset{\substack{\text{schwefelsaures}\\ \text{Kali}}}{KO,SO^3} + \underset{\substack{\text{Schwe-}\\ \text{felwasserstoff}}}{HS} + \underset{\text{Schwefel}}{2S}$$

Wird in eine kochende wässrige Lösung des Aetzkalis Schwefel eingetragen, so entstehen je nach der Menge des Schwefels Polysulfide (Polysulfurete) unter gleichzeitiger Bildung von Hyposulfit oder unterschwefligsaurem Salze.

Der aus einem solchen Super- oder Polysulfid durch eine Säure gefällte Schwefel ist officinell und hat den Namen Schwefelmilch (*Lac Sulfuris, Sulfur praecipitatum*) erhalten. Er stellt einen höchst fein zertheilten Schwefel dar. Den Namen Schwefelmilch erhielt er, weil er bei der Fällung einige Zeit in der Flüssigkeit suspendirt bleibt und sie milchig macht. Man könnte diesen Schwefel aus den Polysulfiden des Kalium oder Natrium darstellen, doch nimmt man dazu ein aus gebranntem Kalk leichter und billiger herzustellendes Calciumsupersulfid, und zwar die höchste Schwefelungsstufe des Calcium, das Calciumpentasulfid oder Quinquiessulfuret (CaS_5).

Circa 10 Theile gebrannte Kalkerde (Calciumoxyd, CaO) werden mit Wasser besprengt und gelöscht, d. h. in Calciumhydroxyd oder Kalkerdehydrat verwandelt, mit einer genügenden Menge Wasser und 23 Th. sublimirtem Schwefel in einen eisernen Kessel gegeben und über eine Stunde unter Umrühren gekocht. In dieser Temperatur entstehen aus dem Gemisch zunächst Calciumpentasulfid und Calciumhyposulfit.

$$\underset{\text{hydroxyd}}{\text{Calcium-}} \quad \text{Schwefel} \quad \underset{\text{pentasulfid}}{\text{Calcium-}} \quad \underset{\text{hyposulfit}}{\text{Calcium-}}$$
$$3(H_2CaO_2) + S_{12} = 2(CaS_5) + CaS_2O_3$$
$$\text{od. } 3\,CaO + 12\,S = 2\,CaS^5 + CaO,S^2O^2$$

Calciumoxyd Schwefel Fünffach unterschweflig-
Schwefelcalcium saure Kalkerde

In der Siedehitze zerfällt jedoch das unterschwefligsaure Calcium in das in Wasser schwerlösliche schwefligsaure Calcium (Calciumsulfit) und in freien Schwefel.

$$\text{Calciumhyposulfit} \qquad \text{Calciumsulfit} \quad \text{Schwefel}$$
$$CaS_2O_3 \text{ zerfällt in } CaSO_3 \text{ und } S$$
$$\text{od. } CaO,S^2O^2 \text{ zerfällt in } CaO,SO^2 \text{ und } S$$

unterschwefligsaures   schwefligsaures Schwefel
Calciumoxyd   Calciumoxyd

Dieser Schwefel wird zur Bildung des Polysulfids verwendet. Das Endresultat der Kochung ergiebt das folgende Schema:

$$\text{Calciumhydroxyd} \qquad\qquad\qquad \text{Calciumsulfit}$$
$$3(H_2CaO_2) + S_{11} = 2(CaS_5) + CaSO_3 + 3H_2O$$
$$\text{od. } 3\,CaO + 11\,S = 2\,CaS^5 + CaO,SO^2$$

Calciumoxyd   schwefligs. Kalk

Nach der Kochung wird mit etwas Wasser verdünnt, und die Lösung, durch Klarabsetzenlassen und Filtration gesondert, bis auf das 50fache des verwendeten Aetzkalkes mit Wasser verdünnt und nun durch Zusatz einer Säure zersetzt. Da die Kalkerde mit Schwefelsäure ein wenig lösliches Salz (Calciumsulfat) bildet, mit Chlorwasserstoffsäure aber ein leichtlösliches (Calciumchlorid), so fällt man den Schwefel mit dieser letzteren Säure aus. Zur Fällung gelangen von den 10 Atomen Schwefel aus den 2 Mol. Calciumpentasulfid nur 8 Atome, die übrigen 2 Atome Schwefel würden auf Zusatz von überschüssiger Säure nur als Schwefelwasserstoffgas entweichen. Da dieses Gas unnöthiger

Weise die Luft verpestet, so setzt man nur soviel stark mit Wasser verdünnte Chlorwasserstoffsäure zu der Lösung des Sulfids, als eben zur Ausfällung jener 8 At. Schwefel nöthig ist.

$$\text{Calciumhydrosulfid}$$
$$2(CaS_5) + 2(HCl) = CaCl_2 + H_2CaS_2 + S_8$$
$$\text{od. } 2\,CaS^5 + HCl = Ca\,Cl + CaS,HS + 8S$$
$$\text{Calciumsulfhydrat}$$

Wenn nämlich eine Säure auf ein alkalisches Supersulfid einwirkt, so tritt sie nur in eine chemische Beziehung zu der darin vorhandenen Sulfobase, hier also zu dem aus 2 Mol. CaS_5 hervorgehenden Calciumhydrosulfid, der übrige Schwefel scheidet aus

$$2(CaS_5) + \text{aq. liefern } 2(H_2CaS_2) \text{ und } S_8.$$

2 Molecüle Chlorwasserstoff mit 2 Mol. der Sulfobase H_2CaS_2 in Wechselwirkung gesetzt, veranlassen die Bildung von Calciumchlorid und Calciumhydrosulfid.

Letzteres wird auf Zusatz von Säure (Hydriumchlorid) in Calciumchlorid und Schwefelwasserstoff (Hydriumsulfid) verwandelt, aber Schwefel fällt nicht mehr daraus.

$$\left.\begin{matrix}\text{Calciumhydro-}\\\text{sulfid}\end{matrix}\right. \qquad \left.\begin{matrix}\text{Hydrium-}\\\text{chlorid}\end{matrix}\right. \qquad \left.\begin{matrix}\text{Calcium-}\\\text{chlorid}\end{matrix}\right. \qquad \left.\begin{matrix}\text{Hydrium-}\\\text{sulfid}\end{matrix}\right.$$

$$\left.\begin{matrix}H_2\\Ca\end{matrix}\right\} S_2 + 2\left(\begin{matrix}H\\Cl\end{matrix}\right\} \right) = \overset{..}{Ca}\left\{\begin{matrix}Cl\\Cl\end{matrix}\right. + 2\left(\begin{matrix}H\\H\end{matrix}\right\} S \right)$$

$$\text{od. } H_2CaS_2 + 2HCl = CaCl_2 + 2(H_2S)$$
$$\text{od. } CaS,HS + HCl = Ca\,Cl + 2HS$$

$$\left.\begin{matrix}\text{Calciumsulf-}\\\text{hydrat}\end{matrix}\right. \quad \left.\begin{matrix}\text{Chlorwasser-}\\\text{stoffsäure}\end{matrix}\right. \quad \left.\begin{matrix}\text{Chlorcal-}\\\text{cium}\end{matrix}\right. \quad \left.\begin{matrix}\text{Schwefelwas-}\\\text{serstoff.}\end{matrix}\right.$$

Auf eine Abkochung aus circa 10 Th. Kalkerde und 21 Th. Schwefel wären 20 Th. der 25proc. Salzsäure schon mehr denn genügend.

Mit dem Bestehenlassen des alkalischen Calciumhydrosulfids bei der Fällung erreicht man noch andere erwünschte Zwecke. Der Schwefel enthält nicht selten Schwefelarsen, eine Sulfosäure, welche aus ihrer Lösung in einer Sulfobase durch überschüssige Säure ausgefällt wird. So lange also in der Fällungsflüssigkeit das mit alkalischen Eigenschaften ausgestattete Calciumhydrosulfid vorwaltet, bleibt auch das Schwefelarsen (Arsensulfid) gelöst. Da die Schwefelcalciumlösung vor der Fällung mit gemeinem Wasser (d. h. Quellwasser) verdünnt, der gefällte Schwefel auch mit gemeinem Wasser ausgewaschen wird, dieses Wasser gewöhnlich Calciumcarbonat oder kohlensaure Kalkerde und nicht selten Eisensalze gelöst enthält, so können Calciumcarbonat und Schwefeleisen den Niederschlag verunreinigen. Zur Beseitigung derselben wird der gefällte und ausgewaschene Schwefel mit etwas verdünnter Salzsäure macerirt und wiederum mit Wasser ausgewaschen.

In früherer Zeit, wo man den Process der Schwefelfällung weniger durchschaute, setzte man die Säure zu der Calciumsupersulfidlösung bis zum Ueberschuss. Dadurch wurde also nicht allein das Hydrosulfid zersetzt, sondern auch etwa gegenwärtiges Schwefelarsen gefällt.

Lection 82.

Schwefelquecksilber. Schwefelantimon.

Das Quecksilber (Hg) giebt mit Schwefel zwei schwarze Verbindungsstufen, welche mit dem Mercurooxyd oder Quecksilberoxydul (Hg_2O) und dem Mercurioxyd oder Quecksilberoxyd (HgO) gleiche Structur haben oder denselben entsprechen, nämlich das Mercurosulfid, Halb-Schwefelquecksilber oder Quecksilbersubsulfuret (Hg_2S) und das Mercurisulfid, Einfach-Schwefelquecksilber oder Quecksilbersulfuret (HgS).

Mercurosulfid wird durch Schwefelwasserstoff aus Mercurosalzlösungen (Quecksilberoxydullösungen) gefällt. Es ist von schwarzer Farbe. Wie das Mercurooxyd durch Stoss, Reiben, Erwärmen, Sonnenlicht leicht in metallisches Quecksilber und Mercurioxyd zerfällt, ebenso unbeständig ist auch dieses Sulfid denn es zerfällt unter ähnlichen Einflüssen in Mercurisulfid und Metall.

Hg_2O zerfällt in HgO und Hg. Hg_2S zerfällt in HgS und Hg.

Mercurisulfid (HgS) wird durch Schwefelwasserstoff aus Mercurisalzlösungen gefällt und unterscheidet sich von den Sulfiden anderer Metalle, dass es durch verdünnte Salpetersäure selbst in der Kochhitze keine Zersetzung erleidet. Wenn man zu einer Lösung des Mercurioxyds oder des Mercurichlorids oder ätzenden Quecksilberchlorids (HgCl) eine nur ungenügende Menge Schwefelwasserstoff setzt, so entsteht anfangs keine schwarze, sondern eine weissliche Fällung, welche eine Verbindung des Mercurisalzes mit Mercurisulfid ist, z. B. $2HgS + HgCl$. Durch weiteren Zusatz von Schwefelwasserstoff wird auch diese Verbindung zersetzt und alles Quecksilber in schwarzes Sulfid verwandelt.

Mercurisulfid existirt in 2 allotropischen Zuständen, amorph und krystallisirt. Das schwarze Mercurisulfid ist amorph. Erhitzt man es, so verflüchtigt es sich und sublimirt in carminrothen sechsseitigen Krystallen, welche den Zinnober (*Cinnabaris*; *Hydrargyrum sulfuratum rubrum*) darstellen. Der Zinnober ist gegen verdünnte Salpetersäure ebenso unempfindlich wie das amorphe Mercurisulfid.

Den Zinnober, welcher als das wichtigste Quecksilbererz an vielen Orten bergmännisch gefördert wird, stellt man theils durch Sublimation eines innigen Gemisches aus 2 Mol. Quecksilber und 1 Mol. Schwefel, oder gleichviel Aeq. beider Stoffe, theils durch Behandeln eines solchen Gemisches mit einer Lösung einer starken Sulfobase, welche freies Alkali enthält, dar. Wenn man z. B. 10 Th. reines Quecksilber, 4 Th. Schwefel und 25 Th. Kalilauge mit circa 15 Proc. anhydrischem Kaligehalt stark durchschüttelt, digerirt und längere Zeit bei Seite stellt, bildet sich die rothe Modification in Form eines feinen Pulvers. Der Zinnober ist indifferent gegen starke Sulfobasen, die durch Fällung mit Schwefelwasserstoff gewonnene amorphe Form verhält sich dagegen wie eine Sulfosäure. Letztere bildet z. B. mit Kaliummonosulfid wasserhaltige farblose nadelförmige Krystalle. Zinnober ist wegen seiner Unlöslichkeit in sauren und alkalischen Flüssigkeiten als Medicament ganz unwirksam, das amorphe wahrscheinlich auch.

Das officinelle Schwefelquecksilber ist ein Gemisch aus amorphem Mercurisulfid und Schwefel. Man stellt es dar durch Zusammenreiben von gleichen Theilen Quecksilber und Schwefel bei gelinder Wärme, bis aus einer Probe durch Schütteln mit kalter verdünnter Salpetersäure keine Spur Quecksilber gelöst wird. Die Vorschrift bezweckt also in der Mischung die Erzeugung eines amorphen Sulfids. Dieses Präparat (*Hydrargyrum sulfuratum*) hat von den alten Chemikern wegen seiner schwarzen Farbe den Namen Quecksilbermohr, mineralischer Mohr (*Aethiops mineralis*), erhalten. Es ist geschmacklos und verflüchtet sich beim Erhitzen vollständig.

Nun giebt es noch zwei officinelle Schwefelverbindungen, welche vollständige Sulfosäuren sind, nämlich das dem Antimonoxyd oder der Antimonigsäure entsprechende Dreifach-Schwefelantimon und das der Antimonsäure entsprechende Fünffach-Schwefelantimon.

$$\left.\begin{array}{l}\text{Antimonigsäure}\\\text{Antimonoxyd}\end{array}\right\}\ \mathrm{Sb_2O_3}\ \text{od.}\ Sb\,O^3 \qquad \left.\begin{array}{l}\text{Antimontrisulfid}\\\text{3fach Schwefel-}\\\text{antimon}\end{array}\right\}\ \mathrm{Sb_2S_3}\ \text{od.}\ Sb\,S^3$$

$$\left.\begin{array}{l}\text{Antimonsäure-}\\\text{anhydrid}\end{array}\right\}\ \mathrm{Sb_2O_5}\ \text{od.}\ Sb\,O_5 \qquad \left.\begin{array}{l}\text{Antimonpenta-}\\\text{sulfid}\\\text{5fach Schwefel-}\\\text{antimon}\end{array}\right\}\ \mathrm{Sb_2S_5}\ \text{od.}\ Sb\,S_5$$

Antimontrisulfid, Antimonsulfür, kommt in der Natur in dunkelgrauen, metallisch glänzenden strahlig - krystallinischen Massen vor, von den Mineralogen Antimonglanz und Grauspiessglanzerz genannt. Von den dieses Erz begleitenden Bergarten, wie Quarz, Schwerspath, Schwefelblei, Schwefelkupfer etc. wird es durch den Saigerprocess befreit. Man schüttet nämlich das Erz in nach unten sich verengende Töpfe, welche in ihrem Boden ein Loch haben und auf kleinere Töpfe, welche in Asche oder Erde stehen, gestellt sind. Es wird ein Feuer um die oberen Töpfe gemacht, und das leichtschmelzende Antimonerz fliesst durch die Bodenöffnung des Topfes in den unteren Topf, das geschmolzene Erz saigert von der Bergart, welche im oberen Topfe zurückbleibt, ab. Der gesaigerte Antimonglanz, mit kleinen Mengen Schwefelblei, Schwefelkupfer, Schwefelarsen etc. verunreinigt, kommt daher in abgestumpften kegelförmigen Kuchen unter Namen, wie *Antimonium crudum*, Schwefelspiessglanz, Spiessglanz (*Stibium sulfuratum nigrum*) in den Handel. Diejenige Handelssorte, welche nur unmerkliche Spuren Schwefelarsen enthält, wie die von Rosenau in Ungarn und diejenige aus England, worin auch wenig Schwefelblei und Schwefelkupfer enthalten ist, ist officinell und darf nur zu einem unfühlbaren Pulver zerrieben oder lävigirt (*Stibium sulfuratum laevigatum*), auch gänzlich oder doch so viel als möglich von Arsen befreit als Medicament für Menschen Anwendung finden. Durch Maceration dieses feinen Pulvers mit Aetzammonflüssigkeit, welche Schwefelarsen leicht, Schwefelantimon nur unbedeutend löst, kann das Schwefelarsen daraus entfernt werden.

Das Antimontrisulfid nimmt zwei allotropische oder physikalisch verschiedene Formen an, welche sich in Hinsicht ihrer Farbe aber umgekehrt wie die des Mercurisulfids verhalten. Das krystallisirte Antimontrisulfid ist grauschwarz, graphitglänzend und geht durch Schmelzen und plötzliche Abkühlung in die amorphe Form über, welche braun oder rothbraun ist. Man erhält sie auch mit mehr oder weniger Wasser verbunden dunkel bis feurig orange durch Fällung auf nassem Wege. Durch

Schmelzung geht das amorphe Präparat wieder in die krystallisirte Form über und wird grauschwarz. Das amorphe oder rothbraune Antimontrisulfid hat von den Alchymisten wegen seiner Farbe den Namen Kermes erhalten. In der Pharmacie unterscheidet man einen antimonoxydfreien und einen oxydhaltigen Kermes.

Wenn 6 Mol. Kaliumhydroxyd in Lösung und 1 Mol. Antimontrisulfid oder 3 Aeq. Aetzkalilauge mit 1 Aeq. Dreifach-Schwefelantimon gekocht werden, so entstehen Kaliumhydrosulfid oder Schwefelkalium und Antimonoxyd:

$$3(HKO) + Sb_2S_3 = 3(HKS) + Sb_2O_3$$
$$\text{od. } 3KO + SbS^3 = 3KS + SbO^3.$$

Die Lösung des Kaliumhydrosulfids löst das Antimonoxyd auf. Wird diese Lösung nun mit einer Säure zersetzt, z. B. mit verdünnter Schwefelsäure, so entweicht kein Schwefelwasserstoff, weil letzterer gerade hinreicht, das Antimonoxyd in Antimontrisulfid zu verwandeln.

Kaliumhy-drosulfid	Hydriumsulfat	Kaliumsulfat	Hydrium-sulfid

$$6(HKS) + 3(H_2SO_4) = 3(K_2SO_4) + 6(H_2S)$$

Antimon-oxyd	Hydriumsulfid	Wasser	Antimontri-sulfid

$$2(Sb_2O_3) + 6(H_2S) = 6(H_2O) + 2(Sb_2S_3)$$
$$\text{od. } 3KS + 3(SO^3,HO) = 3(KO,SO^3) + 3HS;$$
$$SbO^3 + 3HS = 3HO + SbS^3.$$

Dieses Schwefelantimon fällt nieder und ist der oxydfreie Kermes (*Stibium sulfuratum rubĕum sine oxÿdo.*)

Wenn 6 Mol. oder 3 Aeq. Alkali, z. B. Natriumcarbonat in Wasser gelöst, mit 2 Mol. oder 2 Aeq. Antimontrisulfid gekocht werden, so ist der Process insofern ein anderer, als Kohlensäure entweicht und die Hälfte des Antimonsulfids als Sulfosäure nebst dem entstandenen Antimonoxyd von dem Natriumhydrosulfid, der Sulfobase, aufgelöst wird. Beim Erkalten der Lösung scheidet ein Theil des Antimontrisulfids in amorpher Form mit Antimonoxyd in mikroskopischen Krystallen aus. Der freiwillige Niederschlag ist also ein Gemisch aus amorphem Antimontrisulfid und Antimonoxyd in unbestimmtem Verhältnisse. Ausgewaschen und getrocknet stellt er den officinellen Mineralkermes (*Stibium sulfuratum rubeum cum oxÿdo*) dar. Die *Pharm. Germanica* hat ihn unter dem einfachen Namen *Stibium sulfuratum rubeum* aufgenommen. Wegen seines Antimonoxydgehaltes ist er ein sehr heroisches Mittel, welches mit aller Vorsicht zu dispensiren ist.

Antimonpentasulfid, Antimonsupersulfid, Sulfantimonsäure, hat wegen seiner Farbe auch den Namen **Goldschwefel** oder **Sulfaurat** (*Stibium sulfuratum aurantiäcum*, *Sulfur aurātum*) erhalten. Es ist eine dreibasische Sulfosäure und wird aus seiner Verbindung mit einer Sulfobase durch eine Säure abgeschieden. Ein gut und leicht in grossen gelblichen Tetraëdern krystallisirendes Sulfosalz ist das **Natriumsulfantimoniat** (Na_3SbS_4 + 9aq. oder *$3NaS$*, *SbS^5* + *$18HO$*), nach seinem Entdecker gewöhnlich *Schlippe*'sches Salz genannt. Der Darstellung des Goldschwefels geht die Darstellung des Natriumsulfantimoniats voraus. Zu diesem Behufe werden einer kochenden Lösung des Natriumcarbonats, Antimontrisulfid und soviel Schwefel zugesetzt, dass Antimonpentasulfid entstehen kann. Die Kohlensäure entweicht und neben Natriumsulfantimoniat entsteht Natriumantimoniat. Auf je 1 Mol. oder 1 Aeq. Antimontrisulfid müssen also 1 Mol. oder 2 Aeq. Schwefel in Anwendung kommen.

Sb_2S_3 u. S_2 geben Sb_2S_5 od. *SbS^3* u. *$2S$* geb. *SbS^5*.

Der Process, welcher bei Kochung von Natriumcarbonat, Antimontrisulfid und Schwefel vor sich geht, endigt mit der Bildung von Natriumsulfantimoniat und antimonsaurem Natrium (Natriumantimoniat).

$$\underset{\text{Natriumcarbonat}}{9(Na_2CO_3)} + \underset{\substack{\text{Antimontri-}\\\text{sulfid}}}{4(Sb_2S_3)} + \underset{\text{Schwefel}}{4S_2} = \underset{\substack{\text{Natriumsulfanti-}\\\text{moniat}}}{5(Na_3SbS_4)}$$

$$+ \underset{\text{Natriumantimoniat}}{3(NaSbO_3)} + \underset{\substack{\text{Kohlensäure-}\\\text{anhydrid}}}{9(CO_2)}$$

$$\text{od. } \underset{\substack{\text{Kohlensaures}\\\text{Natron}}}{18(NaO, CO^2)} + \underset{\substack{\text{3fach-Schwe-}\\\text{felantimon}}}{8SbS^3} + \underset{\text{Schwefel}}{16S} = \underset{\substack{\text{Natriumsulfanti-}\\\text{moniat}}}{5(3NaS, SbS^5)}$$

$$+ \underset{\substack{\text{Antimonsaures}\\\text{Natron}}}{3(NaO, SbO^5)} + \underset{\text{Kohlensäure}}{18 CO^2}$$

Ein Theil des Natriumcarbonats giebt also Sauerstoff an dasjenige Antimon zur Bildung von Antimonsäure ab, dessen Schwefel zur Bildung von Schwefelnatrium, der Sulfobase, in Anspruch genommen wird. Das entstehende antimonsaure Natrium ist in Wasser und auch in der Lösung des Sulfantimoniats unlöslich. Aus der heiss filtrirten Lösung krystallisirt beim Erkalten das Natriumsulantimoniat aus. Die Krystalle werden in einem Glastrichter gesammelt, mit verdünnter Natronlauge abgewaschen, in Wasser gelöst und mit Schwefelsäure, welche mit einer grossen Menge Wasser verdünnt ist, gefällt. Hierbei entweicht nur der Schwefel der Sulfobase als Schwefelwasserstoff, und Antimonpentasulfid scheidet als ein orangefarbenes Pulver aus.

$$2(Na_3SbS_4) + 3(H_2SO_4) = 3(Na_2SO_4) + 3(H_2S) + Sb_2S^5$$

od. $3NaS,SbS^5 + 3(SO^3,HO) = 3(NaO,SO^3) + 3HS + SbS^5.$

Natriumsulfan-timoniat	Hydriumsulfat	Natriumsulfat	Hydrium-Antimonsulfid pentasulfid

Natriumsulfan-timoniat	Schwefelsäure-hydrat	Schwefelsaures Natron	Schwefel-wasserstoff Schwefel-antimon 5fach

Das Abwaschen der Krystalle des Natriumsulfantimoniats mit verdünnter Natronlauge ist nothwendig, weil die Mutterlauge vollständig entfernt werden muss, denn diese enthält das etwaige Schwefelarsen aus dem rohen Schwefelantimon und Schwefel, sie ist auch nicht frei von Natriumpolysulfid, der Ursache ihrer gelbbraunen Farbe. Wird letzteres, wie es in der Praxis nur gewöhnlich geschieht, nicht vollständig beseitigt, so fällt bei der Zersetzung durch Säure auch eine entsprechende Menge freier Schwefel nieder.

Die Vorschrift fordert, die Lösung des Natriumsulfantimoniats der verdünnten Säure zuzusetzen, damit während der Fällung die Säure dem Sulfosalze gegenüber stets im Ueberschuss verbleibt, was um so eher gestattet ist, weil verdünnte Säuren das Antimonpentasulfid nicht zersetzen. Im entgegengesetzten Falle der Fällung adhäriren dem niederfallenden Antimonpentasulfid unbedeutende Mengen des Sulfosalzes, welche aber ausreichen, den Niederschlag missfarbig zu machen, und welche nur durch längere Maceration mit verdünnter Säure entfernt werden können.

Alle Schwefelpräparate sind sorgsam in gut verstopften Gefässen aufzubewahren, weil der Schwefel durch den Sauerstoff der Luft und Luftfeuchtigkeit allmählich oxydirt wird. In dem präcipitirten Schwefel entsteht Schwefelsäure, in dem Goldschwefel Schwefelsäure und brechenerregendes Antimonoxyd.

$$Sb_2S_5O9_2 ++ 5(H_2O) = Sb_2O_3 + 5(H_2SO_4)$$

od. $SbS^5 + 18O = SbO^3 + 5SO^3.$

Der Goldschwefel reagirt daher gewöhnlich sauer. Ist die Säure durch den Geschmack erkennbar, so muss er aufs Neue mit Wasser ausgewaschen werden.

Bemerkungen Das off. Schwefelkalium erhielt den Namen S c h w e f e l l e b e r wegen seiner leberähnlichen Farbe, das Fünffach-Schwefelantimon den Namen G o l d s c h w e f e l wegen seiner Goldfarbe, das amorphe Dreifach-Schwefelantimon den Namen M i n e r a l k e r m e s wegen Farbeähnlichkeit mit den Kermeskörnern (*Grana Kermes*), den trächtigen Weibchen der Kermeseichenschildlaus (*Coccus Ilïcis*). — K e r m e s, arab., Wurm.

Lection 83.

Phosphor.

Der P h o s p h o r (P) ist jener einfache Körper, welchen wir mit Bedacht in einem mit Wasser gefüllten Glase, welches in eine Blechbüchse gestellt ist, an einem kühlen Orte und abgeschlossen von anderen Medicamenten aufbewahren. Diese Vorsorge geschieht, weil es leicht entzündlich und in Substanz ein Gift ist.

Bei gewöhnlicher Temperatur hat der Phosphor die Consistenz des weissen Wachses, in der Kälte ist er spröde. Im letzteren Falle entstehen beim Zerschneiden einer Phosphorstange mit einem Messer oder einer Scheere kleine Splitter, welche wegen der leichten Entzündlichkeit und Giftigkeit unsere Sorgfalt besonders in Anspruch nehmen, weil sie sich leicht an die Finger oder andere Gegenstände anhängen.

Der Phosphor kommt in fingerdicken runden Stangen in den Handel. Im völlig reinen Zustande ist er farblos und durchsichtig, der des Handels ist gewöhnlich gelb oder gelblich, und nach längerer Aufbewahrung unter Wasser, welches lufthaltig ist, wird die äussere Schicht weiss und undurchsichtig. Indem der Sauerstoff der in dem Wasser befindlichen Luft unter Erzeugung phosphoriger Säure Phosphor oxydirt, aber nicht gleichmässig über die ganze Oberfläche des Phosphorstückes hinweg, sondern an den Stellen, an welchen die Textur des Phosphors Poren darbietet, wird auch die glatte Phosphorschicht unterbrochen und matt. Das Wasser enthält dann phosphorige Säure. Dieser Process wird wesentlich durch Lichteinfluss unterstützt. Der weisse Phosphor ist also gleichsam ein durch Sauerstoff corrodirter Phosphor. Im Uebrigen vermag der Phosphor in mehrere allotropische Modificationen überzugehen. Der gewöhnliche gelbliche und officinelle besteht hauptsächlich aus krystallinischem Phosphor, denn er kann aus seiner Lösung in Schwefelkohlenstoff in Krystallen gewonnen werden. Beim Erhitzen (bis zu 245°) im luftleeren Raume oder in einer indifferenten Gasart oder durch Einwirkung des Sonnenlichtes geht er in rothen oder amorphen Phosphor über. Letzterer ist specifisch schwerer als der gelbliche, rothbraun, nicht giftig und unlöslich in Schwefelkohlenstoff. Während sich der gewöhnliche Phosphor an der Luft unter Leuchten zu Phosphorigsäure (P_2O_3 od. PO^3) oxydirt, welche einen knoblauchartigen Geruch verbreitet, bleibt der amorphe Phosphor unverändert. Letzterer ist desshalb auch ohne Geruch und leuchtet nicht, geht aber durch Erhitzen (bis auf 261°) wieder in gewöhnlichen Phosphor über. Eine durch ein schnelles Abkühlen geschmolzenen Phosphors angeblich erzeugte schwarze Modification ist öfter beobachtet worden. Die gelbliche Farbe des gewöhnlichen oder krystallinischen Phosphors rührt von einer geringen Beimischung des rothen oder amorphen Phosphors her.

Das Leuchten des Phosphors beruht auf einem Verbrennungsakt und zwar in der freiwilligen langsamen Oxydation durch den Luftsauerstoff. Aber auch selbst die in Folge dieses Oxydationsprocesses entstehende wasserfreie und den Phosphor wie einen weissen Dampf umhüllende Phosphorigsäure leuchtet gleichfalls, denn ein Theil derselben oxydirt sich weiter zu Phosphorsäure. Bei mittlerer Temperatur wird diese langsame Oxydation nach und nach heftiger, und der Phosphor entzündet sich. Wenn man daher Phosphor und ganz besonders in der wärmeren Jahreszeit abwägt, so fasst und hält man die einzelnen Stücke mit einer Pincette oder einer Scheere.

Bei 45° C. schmilzt der Phosphor, und ist er dabei mit atmosphärischer Luft in Berührung, so entzündet er sich und verbrennt mit sprühender Flamme zu Phosphorsäure. Unter Wasser geschieht die Schmelzung ganz gefahrlos. Hat man etwas Phosphor in einer Flasche oder einem Kölbchen mit kaltem Wasser übergossen, dann durch gelindes Erwärmen geschmolzen, so lässt er sich durch Schütteln des Gefässes in ein Pulver verwandeln, doch backen die Partikel desselben beim Erkalten gewöhnlich aneinander, weil der Phosphor wie das Wachs vor dem völligen Erstarren einen weichen und zähen Zustand durchläuft. Dieses Aneinanderbacken der Partikel wird um vieles oder gänzlich gehindert, wenn in dem Wasser krystallisirte Substanzen, wie Salmiak, Zucker etc. gelöst sind. Der amorphe Phosphor schmilzt erst bei 250⁰.

Bei 290⁰ siedet der Phosphor und bildet einen farblosen Dampf. Aber auch in der Siedhitze des Wassers ist er flüchtig und destillirt mit den Wasserdämpfen über. Auf diesem Verhalten beruht die Nachweisung des freien Phosphors in Flüssigkeiten. Werfen wir ein bis zwei Köpfchen gewöhnlicher Reibzündhölzchen oder ein nadelkopfgrosses Stückchen Phosphor in ein nicht zu enges Reagirglas, geben etwas Wasser dazu und erhitzen an einem finsteren Orte zum Kochen, so erblicken wir feurig leuchtende Dämpfe aus der Flüssigkeit aufsteigen. Diese Dämpfe sind Phosphordämpfe, welche mit dem Sauerstoff der Luft in Berührung kommend, sich zu Phosphorigsäure oxydiren. Das Leuchten dieser Dämpfe, wie auch das Leuchten des Phosphors, wird durch einige Körper ganz unterdrückt, wie z. B. durch Dämpfe des Schwefelkohlenstoffs, Aethers, Terpenthinöls, Gewürznelkenöls, der schwefligen Säure, wohl dadurch, dass diese Substanzen den Sauerstoff selbst zunächst in Anspruch nehmen.

Der Phosphor kommt nicht frei, aber in grossen Mengen oxydirt und zwar als Phosphorsäure an Basen gebunden sowohl in der organischen wie anorganischen Natur vor. Wichtige Minerale sind z. B. Apatit, Phosphorit, Osteolit, hauptsächlich aus Tri-Calciumphosphat (basisch-phosphorsaurer Kalkerde) bestehend. Dieses Phosphat ist ein allgemein verbreiteter Bestandtheil der Ackerkrume, aus welcher sie von den Pflanzen aufgenommen wird. Daher enthält die Asche aller Pflanzen phosphorsaure Salze. Reich daran sind besonders die Samen der Getreidearten, in welchen die Phosphate des Calcium und Magnesium (phosphorsaure Kalkerde und phosphorsaure Magnesia) wesentliche Bestandtheile sind. Aber auch im Thierreiche ist die Phosphorsäure überall verbreitet und in allen Theilen des Thierkörpers vertreten. Das Calciumphosphat dient hier als alleiniges Material zum Aufbau des Knochengerüstes.

Die Knochen bestehen aus annähernd 60 Proc. Knochenerde und 40 Proc. Leim, Fett, Feuchtigkeit. Im Ofenfeuer brennen die Knochen mit lebhafter Flamme, und die Knochenerde, welche aus circa $^4/_5$ Calciumphosphat ($Ca_3P_2O_8$ od. $3CaO,PO^5$), und geringen Mengen Calciumcarbonat, Magnesiumphosphat, Calciumfluorid zusammengesetzt ist, bleibt in Gestalt der Knochen zurück. Sie ist jetzt das Material, woraus man den Phosphor darstellt.

Dieses Calciumphosphat, auch Tricalciumphosphat, neutrales Calciumphosphat genannt, ist eine in Wasser unlössliche Verbindung, welche sich durch die an und für sich stärkere Schwefelsäure nur so weit zersetzen lässt, dass Calciumsulfat oder schwefelsaure Kalkerde, ein bekanntlich in Wasser sehr schwerlösliches Salz, und übersaures Calciumphosphat, Mono-Calciumphosphat (saure phosphorsaure Kalkerde, $H_4CaP_2O_9$ oder $CaO,2HO,PO^5$), welches in Wasser löslich ist, entstehen.

Tri-Calcium-phosphat	Hydriumsulfat	Calciumsulfat	Mono-Calciumphosphat

$$\begin{matrix}(PO''')_2 \\ Ca_3{''}\end{matrix}\Big\} O_6 \;+\; 2\left(\begin{matrix}SO_2 \\ H_2\end{matrix}\Big\} O_2\right) \;=\; 2\left(\begin{matrix}SO_2{''} \\ Ca{''}\end{matrix}\Big\} O_2\right) \;+\; \begin{matrix}(PO''')_2 \\ Ca \\ H_4\end{matrix}\Big\} O_6$$

od. $Ca_3P_2O_8$ + $2(H_2SO_4)$ = $2(CaSO_4)$ + $H_4CaP_2O_9$

od. $3CaO,PO^5$ + $2(SO^3,HO)$ = $2(CaO,SO^3)$ + $CaO,2HO,PO^5$.

basisch phosphorsaure Kalkerde	Schwefelsäurehydrat	Schwefelsaure Kalkerde	saure phosphorsaure Kalkerde

Die gewöhnliche Phosphorsäure, Hydriumphosphat (H_3PO_4 oder $3HO,PO^5$) ist eine dreibasische Säure und auch in der Knochenerde vollständig durch Calcium gesättigt. Die Schwefelsäure vermag dieser Verbindung nur $^2/_3$ des Calcium zu entreissen und sich mit denselben als Calciumsulfat abzuscheiden, in Lösung bleibt dann aber das sogenannte Mono-Calciumphosphat (saure phosphorsaure Kalkerde), in welchem jene $^2/_3$ Calcium durch Hydrium ersetzt sind.

Die in Pulver verwandelte Knochenerde wird mit Wasser angerührt und mit der entsprechenden Menge Schwefelsäure zersetzt. Das Calciumsulfat (Gyps) setzt sich ab, und in der Flüssigkeit gelöst bleibt das übersaure Calciumphosphat. Es lieferte die filtrirte Lösung, durch Abdampfen bis auf einen gewissen Concentrationsgrad gebracht, das frühere officinelle *Acidum phosphoricum ex ossibus* (Knochenphosphorsäure). Jetzt wird diese Lösung nur dargestellt, um daraus fabrikmässig den Phosphor zu gewinnen. Sie wird nämlich zur Syrupconsistenz eingeengt mit $^1/_5$ ihres Gewichts Kohlenpulver gemischt und bei einer schwachen Rothglühhitze getrocknet, um aus der Verbindung das basische Wasser zu entfernen, also das *c*-phosphorsaure Salz möglichst in *a*-phosphorsaures oder metaphosphorsaures zu verwandeln.

$H_4CaP_2O_8$ wird verw. in CaP_2O_6 oder $CaO,2HO,PO^5$ in CaO,PO^5. Mit dem trocknen Gemisch füllt man Retorten aus feuerfestem Thon, welche zu mehreren in einen Flammenofen gesetzt werden, und deren eine jede mit ihrem Halse in eine kupferne Vorlage (V) mit Wasser mündet. Jede Vorlage steht in einem mit Wasser von circa 40° C. gefüllten Gefäss (w), damit der Phosphor geschmolzen erhalten bleibt, dagegen werden die Vorlagen von oben durch Besprengen mit kaltem Wasser abgekühlt. Jede Vorlage hat eine Oeffnung (o) zum Ausströmen der Gase und eine Oeffnung (r) zum Abfliessen überflüssigen Wassers. Die

Fig. 165.

Retorten erhitzt man bis zum Weissglühen. Bei dieser Temperatur reducirt die Kohle die Phosphorsäure. Es entweichen hauptsächlich Kohlenoxydgas (CO) und Phosphordämpfe, welche letztere in dem Wasser der Vorlage verdichtet werden.

$$2(P_2O_5) + 5C_2 = 2P_2 + 10CO \text{ oder } PO^5 + 5C = P + 5CO.$$

Die Reduction erstreckt sich jedoch nur auf $^2/_3$ der Phosphorsäure, so dass als Rückstand Tricalciumphosphat oder basische phosphorsaure Kalkerde verbleibt. Der rohe Phosphor ist durch Kohle und aus der Retorte mechanisch übergerissene Aschentheile verunreinigt. Man presst ihn geschmolzen unter Wasser durch Gemsleder und giesst ihn unter Wasser in Stangenformen.

Bemerkungen. Der Name Phosphor, so wie der Ausdruck Phosphorescenz, womit man die Eigenschaft der Körper im Dunkeln zu leuchten, bezeichnet, waren schon vor der Zeit der Entdeckung des Phosphors im Gebrauch. *Phosphŏrus* nannten die alten Römer den Morgenstern. Dies Wort verdeutscht heisst Lichtbringer, Lichtträger, von $\varphi\tilde{\omega}\varsigma$ (phōs), Licht, und $\varphi\acute{\varepsilon}\varrho\omega$ (phero), ich trage. *Phosphorus lapidĕus* hiess auch der Bologneser oder Bononische Leuchtstein, welcher von dem Schuhmacher *Vincenz Cascariolo* in Bologna 1602 entdeckt wurde und kohlehaltiges Schwefelbaryum (BaS) war. Er wurde aus einem Gemisch von gepulvertem

Schwerspath (Baryumsulfat), Gummi, Traganth und Eiweiss durch Glühen in einem mässigen Kohlenfeuer dargestellt. Der *Phosphorus hermeticus Baldewein's* (1674) soll Calciumnitrat oder salpetersaure Kalkerde gewesen sein. Den *Homberg*'schen Phosphor (1693) haben wir schon (S. 282) kennen gelernt. Der *Canton*'sche (1768) war ein kohlehaltiges Schwefelcalcium. Die Substanz, welche heute Phosphor heisst, wurde von einem bankerotten Kaufmann, mit Namen *Brand*, 1669 zu Hamburg entdeckt, welcher seine Verhältnisse durch Auffindung des Steins der Weisen verbessern wollte. Damals suchte man diesen Stein auch in den menschlichen Excrementen, und so kam es, dass *Brand* Harn eindampfte und in der Glühhitze destillirte. Der Harn enthält phosphorsaure Salze als normale Bestandtheile, wie saures phosphorsaures Natrium, Calcium und Magnesium, aber auch eine Menge organischer Stoffe, deren Kohlenstoff in der Glühhitze auf Phosphorsäure reducirend wirkt. Es ist also die Gewinnung des Phosphors aus Harn leicht erklärlich. *Kunkel*, Chemiker in Wittenberg, entdeckte den Phosphor 1674, nachdem er erfahren hatte, das sich *Brand* des Harns bediente. Erst 1737 wurde die Vorschrift dieser Darstellungsweise allgemein bekannt, da sie von jedem bis dahin als tiefes Geheimniss bewahrt war. Da der Harn, welchen ein Mensch in 24 Stunden lässt, circa 4 Grm. Phosphorsäure enthält und nur ein Theil derselben zu Phosphor reducirt wird, so mussten zur Darstellung von 500 Grm. Harnphosphors wenigstens 20,000 Liter Harn verbraucht werden. In England wurde (1680) der Phosphor zuerst fabrikmässig dargestellt und das Loth (15 Grm.) mit circa 10 Ducaten verkauft. Erst 1743 erkannte der Chemiker *Marggraf* in Berlin (der Entdecker des Zuckers in der Runkelrübe) die Phosphorsäure in dem Harne als das Phosphor-liefernde Material. Als *Gahn* 1770 endlich die Zusammensetzung der Knochenerde erforscht hatte, war auch die ergiebigste Phosphorquelle erschlossen.

Die Substanzen, welche durch Insolation (durch Aussetzen an das Sonnenlicht) leuchtend werden, indem sie Licht aufsaugen und im Dunklen wieder ausstrahlen, nennt man Lichtsauger, Phosphore. Das Leuchten des Bologneser Leuchtsteins, des *Canton*'schen und *Baldewein*'schen Phosphors, des Turmalins, manches Diamants beruht in dieser lichtsaugenden Eigenschaft. Calciumnitrat muss vor der Insolation bis zum Schmelzen erhitzt werden.

Lection 84.

Säuren des Phosphors.

Der Phosphor bildet mit Sauerstoff in einem Verhältniss von 1, 3 und 5 drei Verbindungen mit dem Charakter der Säuren:

<table>
<tr><td rowspan="3">Anhydride</td><td>Unterphosphorigsäure</td><td>(P_2O) od. PO</td></tr>
<tr><td>Phosphorigsäure</td><td>P_2O_3 od. PO^3</td></tr>
<tr><td>Phosphorsäure</td><td>P_2O_5 od. PO^5</td></tr>
</table>

Hydrosäuren.

Unterphosphorigsäure, Hydriumhypophosphit, H_3PO_2 od. H_2PO{OH

Phosphorigsäure, Hydriumphosphit $\qquad$ H_3PO_3 od. HPO ${OH \atop OH}$

Phosphorsäure, Hydriumphosphat $\qquad$ H_3PO_4 od. PO ${OH \atop OH \atop OH}$

Die **Unterphosphorigsäure**, Hydriumhypophosphit, ist nur als Hydrosäure gekannt. Sie entsteht, wenn man auf Phosphor eine starke alkalische Base bei Gegenwart von Wasser einwirken lässt. Wenn man Kalkmilch (ein Gemisch aus Calciumhydroxyd oder Kalkhydrat und Wasser), Aetzkalilösung, Aetznatronlösung, Aetzbarytlösung mit Phosphor, welcher in kleine Stücke zerschnitten ist, kocht, so entweicht selbstentzündliches Phosphorwasserstoffgas (H_3P), und gleichzeitig entsteht ein unterphosphorigsaures Salz, ein Hypophosphit.

Kaliumhydroxyd $\qquad$ Wasser $\quad$ Phosphor $\quad$ Kaliumhyposulfit $\quad$ Phosphorwasserstoff

$$3\left({H \atop K}O\right) + 3\left({H \atop H}O\right) + {P_2 \atop P_2} = 3\left({PH_2O \atop K}O\right) + {H \atop H \atop H}P$$

od. $3HKO \quad + 3H_2O \quad + P_4 = 3H_2KPO_2 \quad + H_3P$

od. $3(KO,HO) + \qquad\qquad 4P = 3(KO,PO) \quad + H^3P$

Die Alkalibase disponirt also den Phosphor Wasser zu zersetzen, dessen Sauerstoff zur Bildung von Unterphosphorigsäure und dessen Wasserstoff zur Bildung von Phosphorwasserstoff veranlasst werden. Dieser Process findet auch bei gewöhnlicher Temperatur statt, nur langsamer. Wenn man 4 Th. Phosphor, den man durch Schütteln in heissem Wasser granulirt hat, mit einer Kalkmilch aus circa 10 Th. Aetzkalk und 30 Th. Wasser gemischt in einer offenen weithalsigen Flasche an einem warmen oder auch an einem kalten, aber abgesonderten Orte bei Seite stellt und zuweilen umrührt oder schüttelt, so schäumt die Masse ein wenig unter Entweichen brennbaren Phosphorwasserstoffgases, und nach einigen Wochen, wenn dieses stinkende Gas nicht mehr entwickelt wird, ist der Phosphor in Unterphosphorigsäure verwandelt. Aus der Masse sammelt man das in Lösung übergegangene Calciumhypophosphit oder die unterphosphorigsaure Kalkerde (*Calcaria hypophosphorosa s. subphosphorosa*, $H_4Ca P_2 O_4$ oder

$CaO, PO + 2HO$) durch Filtration, fällt etwa mitgelöste Kalkerde durch Hineinleiten von Kohlensäure und dampft die Lösung nach Beseitigung des kohlensauren Calcium im Wasserbade zur Trockne ein. Aus dem Kalksalze lässt sich auf dem Wege der Wechselzersetzung mittelst Natriumcarbonats leicht das Natriumhyposulfit oder unterphosphorigsaure Natron (*Natrum hyphophosphorosum*, H_2NaPO_2 od. $NaO,PO + 2HO$) darstellen. Dieses Salz ist leicht zerfliesslich.

Das Eintrocknen dieser Hypophosphite darf nur im Wasserbade stattfinden, weil sie nicht ohne das in der Formel bemerkte Hydriumoxyd (Wasser) bestehen können. Beim Eintrocknen über freier Flamme kann eine zu starke Erhitzung nicht vermieden werden, und die Unterphosphorigsäure zerfällt plötzlich in Phosphorsäure und Phosphorwasserstoff. Dieser Process geschieht mit heftiger Explosion. Die hierbei gebildete Phosphorsäure bleibt mit der Base des Salzes verbunden. Eine solche Zersetzung im weniger umfangreichen Maasse erleidet das Salz in dem sauren Verdauungssafte des Magens. Es darf daher nicht in sauren Lösungen genommen werden, im anderen Falle erzeugt es ekelerregendes Aufstossen und andere Beschwerden.

Die Phosphorigsäure, Hydriumphosphit, entsteht bei der langsamen Verbrennung des Phosphors. Zu ihrer Darstellung stellt man an einem kühlen Orte einen Glastrichter auf eine Flasche mit etwas Wasser, und in den Trichter mehrere Phosphorstangen, von welchen eine jede von der anderen durch ein Stück gleichdicken Glasrohres oder durch einen Glasstab getrennt gehalten wird, oder eine jede ist in ein Glasrohr gesteckt. Das Ganze bedeckt man mit einer offenen Glasflasche, deren Boden abgesprengt ist. Die Oxydation findet langsam und allmählich unter Leuchten des Phosphors statt. Der schwere Dampf der anhydrischen Phosphorigsäure senkt sich in die Flasche, wird von dem Wasser aufgelöst und geht in Hydriumsulfit oder wasserhaltige Phosphorigsäure über. Die Phosphorstangen dürfen sich nicht gegenseitig berühren, weil sich die durch die langsame Verbrennung entwickelte Wärme anhäufen und bis zur Entzündungstemperatur des Phosphor steigern könnte.

Die in der Flasche befindliche Säure enthält neben Phosphorigsäure auch Phosphorsäure, weil erstere aus der Luft Sauerstoff aufnimmt und sich zum Theil in Phosphorsäure verwandelt. Früher hielt man dieses Säuregemisch für eine beson-

dere Oxydationsstufe des Phosphors und nannte es phosphatige Säure.

Beim Kochen der conc. und syrupdicken Lösung der Phosphorigsäure oder des Hydrats der phosphorigen Säure (H_3PO_3
od. $PO^3,3HO$) zerfällt diese wie die Unterphosphorigsäure in
Phosphorsäure und Phosphorwasserstoffgas. Die Phosphorigsäure
wirkt beim Erhitzen auf viele Oxyde reducirend und schlägt aus
Quecksilber-, Silber- und Kupferoxydlösungen die Metalle nieder,
aus der Arsenigsäure scheidet sie metallisches Arsen ab.

Hydrium-phosphit	Hydriumar-senit	Hydriumphos-phat	Wasser	Arsen
$3(H_3PO_3)$	$+\ 2(H_3AsO_3)$	$=\ 3(H_3PO_4)$	$+\ 3(H_2O)$	$+\ As_2$
od. $3PO^3$	$+\ 2AsO^3$	$=\ 3PO^5$		$+\ 2As$
Phosphorig-säure	Arsenigsäure	Phosphor-säure		Arsen

Die Phosphorsäure ist die höchste Oxydationsstufe des
Phosphors. Im anhydrischen Zustande entsteht die beim lebhaften Verbrennen des Phosphors an der Luft. Behufs versuchs-
weiser Darstellung der Phosphorsäure durch Verbrennung legt
man ein mit Fliesspapier behutsam abgetrocknetes Stückchen
Phosphor in ein flaches Porzellanschälchen, welches in der Mitte
eines grossen Tellers steht, zündet es mit
der heissgemachten Spitze eines Glasstabes
an und stürzt eine ziemlich weite und hohe
Glasglocke darüber. Aus der Flamme des
Phosphors treten dicke weisse Dämpfe hervor, welche die Glocke anfüllen und sich
bei trockner Luft zu schneeweissen Flocken
an der Glockenwandung verdichten. Diese
Flocken sind Phosphorsäureanhydrid (P_2O_5 oder PO^5). Sie
ziehen schnell Luftfeuchtigkeit an und zerfliessen zu einer farblosen Flüssigkeit. Nach der Verbrennung hinterlässt der Phosphor, wenn er in dem kleinen Raume der Glocke nicht die genügende Menge Sauerstoff findet, einen gelbrothen oder rothen
Rückstand, bestehend aus rothem amorphem Phosphor und gewöhnlichem Phosphor. Diese kleine, zu nichts verwendbare Menge
Rückstand wirft man in Papier gehüllt in irgend eine Feuerung.

Fig. 166.

Die officinelle Phosphorsäure (*Acidum phosphoricum*)
ist eine Lösung der Phosphorhydrosäure, Orthophosphorsäure,
des Hydriumphosphats, Phosphorsäurehydrats (H_3PO_4 od. $PO^5,3HO$)

in Wasser. Man stellt sie direct aus dem Phosphor durch Oxydation mittelst Salpetersäure dar. Eine Tubulatretorte beschickt man zuerst mit 12 Th. einer officinellen oder 30proc. Salpetersäure und schiebt durch den Tubus der mit dem Halse aufwärts gestellten Retorte behutsam 1 Th. Phosphor hinein (s. Fig. 167). Würde man die Phosphorstangen von Oben in die Säure werfen, so würden sie unbedingt den Boden der Retorte zertrümmern, denn der Phosphor hat ein spec. Gewicht von 1,8. Die Retorte stellt man in ein Sandbad oder in ein Wasserbad, legt lose einen Kolben vor (s. Fig. 18, S. 34) und erhitzt. Das Sandbad erhitzt man mässig und allmählich. Die Oxydation des Phosphors beginnt schon mit dem Punkte, wo der Phosphor schmilzt, und die Lösung kann zuletzt bei der Temperatur des kochenden Wassers vollendet werden. Retorte

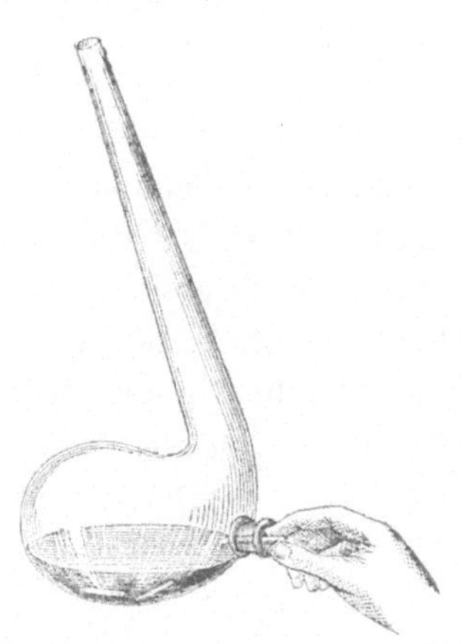

Fig. 167.

und Vorlage füllen sich mit gelbröthlichen Dämpfen, und bei dem Erhitzen im Sandbade destillirt auch verdünnte Salpetersäure mit kleinen Phosphormengen über. Diese Flüssigkeit giesst man zeitweilig in die Retorte durch einen Trichter, welchen man in den Tubus der Retorte einsetzt und während der Operation auch an dieser Stelle lässt, zurück. Eine Gefahr ist bei dieser Operation nicht vorhanden, wohl aber, wenn man eine concentrirte Salpetersäure verwendet, in welchem Falle die salpetrigen Gase nicht nur mit explosiver Heftigkeit entstehen, der Phosphor sich entzündet und nach allen Seiten hin geschleudert wird. Der Phosphor entzieht der Salpetersäure Sauerstoff und oxydirt sich zu Phosphorsäure. Die Salpetersäure wird dadurch zu Stikstoffoxydgas reducirt, welches entweicht und mit Luft in Berührung kommend Sauerstoff aufnimmt und in Untersalpetersäure übergeht. Die Flüssigkeit in der Retorte enthält nach der Auflösung des Phosphors Phosphorsäure, aber auch mässige Mengen Phosphorigsäure und einen stark verdünnten Salpetersäurerest. Sie wird in einem porzellanenen Gefäss bis zur Syrupsdicke oder soweit abgedampft, bis keine röthlich gefärbten Dämpfe mehr entweichen. Die Salpetersäure ist in jener Flüssigkeit bereits so verdünnt, dass sie die gegenwärtige Phosphorigsäure nicht zu Phosphorsäure zu oxydiren vermag. Beim Eindampfen geht zuerst das Wasser fort, die Salpetersäure wird concentrirt und übt dann erst eine oxydirende Wirkung auf die Phosphorigsäure aus. Daher entstehen die salpetrigen Dämpfe beim Eindampfen. War der Phosphor mit Arsen verunreinigt, so enthält die Flüssigkeit auch Arsenigsäure. Mit zunehmender Concentration und Erhitzung und nach Austreibung der Salpetersäure tritt dann ein Punkt ein, wo die etwa noch gegenwärtige Phosphorigsäure die Arsenigsäure desoxydirt und metallisches Arsen abscheidet, welches sich in Form schwärzlicher Punkte an die Wandung der Abdampfschale ansetzt. Die erklärende Formel für diesen Vorgang haben wir schon oben unter Phosphorigsäure (S. 465) kennen gelernt. Der syrupdicke Verdampfungsrückstand wird mit etwas Wasser verdünnt, in eine Flasche gebracht und mit Schwefelwasserstoffwasser einen Tag digerirt. Dadurch wird die Fällung des Arsens, welches als Arsenigsäure, auch als Arsensäure in der Phosphorsäure etwa vorhanden ist, bezweckt. Wie wir wissen, fällt Schwefelwasserstoff das Arsen aus seiner sauren Lösung als Arsentrisulfid oder gelbes Schwefelarsen, aus der Arsenigsäure schneller, aus der Arsensäure jedoch langsamer, daher die längere Digestion.

$$As_2O_3 + 3(H_2S) = As_2S_3 + 3H_2O$$
$$\text{od. } AsO^3 + 3HS = AsS^3 + 3HO.$$

Bei der Fällung aus Arsensäure fällt Arsentrisulfid und Schwefel.

$$As_2O_5 + 5(H_2S) = As_2S_3 + S_2 + 5(H_2O)$$
$$\text{od. } AsO^5 + 5HS = AsS^3 + S^2 + 5HO.$$

Die durch Filtration von dem Schwefelarsen befreite Flüssigkeit wird durch Abdampfen in einem porcellanenen Gefässe eingeengt, um überschüssigen Schwefelwasserstoff zu verjagen, und endlich auf das vorschriftsmässige spec. Gewicht gebracht.

Man kann auch die oben S. 464 beschriebene phosphatige Säure in Phosphorsäure verwandeln, wenn man sie in einer Porcellanschale erhitzt und dabei nach und nach mit Salpetersäure versetzt, bis keine Untersalpetersäuredämpfe mehr entstehen, also die phosphorige Säure vollständig zu Phosphorsäure oxydirt ist.

Bemerkungen. Wir haben Phosphorwasserstoff (H_3P), Antimonwasserstoff (H_3Sb) und Arsenwasserstoff (H_3As) kennen gelernt. Ihre Zusammensetzung wird uns erinnerlich bleiben, da sie nach dem Typus des Ammons (H_3N) gebildet sind. Von Phosphorwasserstoffen existiren noch ein flüssiger und ein fester, jedoch von anderer quantitativer Zusammensetzung. — Marcerien und Digeriren, Maceration und Digestion sind in der

Pharmacie zwei streng unterschiedene Operationen. Maceriren (latein. *macerāre*) heisst: einwässern, einweichen irgend einen Körper in einer Flüssigkeit von mittlerer Temperatur (15 bis 18⁰ C.). Digeriren (lat. *digĕro, digessi, digestum, digerĕre*, flüssigmachen, auflösen, verdauen) bezeichnet ein Maceriren in der Wärme, gewöhnlich bei einer Temperatur von 50—70⁰ C. — Orth-, Ortho- von dem griech. ὄϱϑος (orthos) gerad, recht, richtig.

Lection 85.

Phosphate.

Wie wir aus Lection 55, S. 267 u. 268 bereits wissen, kann die Phosphorsäure in 3 verschiedenen Modificationen auftreten, welchen nach der Theorie der mehratomigen Radicale das dreiwerthige Radical PO (Phosphoryl ≟ ⬡) gemeinsam ist.

1) c-Phosphorsäure,   Orthophosphorsäure,   nach dualistischer Ansicht
Hydriumphosphat   dreibasische Phosphorsäure

$$H_3PO_4 \;=\; \left.\begin{matrix} \overset{III}{PO} \\ H_3 \end{matrix}\right\}O_3 \;=\; PO\left\{\begin{matrix} OH \\ OH \\ OH \end{matrix}\right. \qquad\qquad 3HO \;+\; PO^5$$

2) b-Phosphorsäure,   Pyrophosphorsäure,   zweibasische Phosphorsäure
Diphosphorsäure,
Hydriumpyrophosphat,

$$H_4P_2O_7 \;=\; \left.\begin{matrix} (PO)_2 \\ H^4 \end{matrix}\right\}O_5 \;=\; \begin{matrix} PO\left\{\begin{matrix}OH\\OH\end{matrix}\right. \\ O \\ PO\left\{\begin{matrix}OH\\OH\end{matrix}\right. \end{matrix} \qquad\qquad 2HO \;+\; PO^5$$

3) a-Phosphorsäure,   Metaphosphorsäure,   einbasische Phosphorsäure
Hydriummetaphosphat,

$$HPO_3 \;=\; \left.\begin{matrix}PO\\H\end{matrix}\right\}O_2 \;=\; PO\left\{\begin{matrix}O\\OH\end{matrix}\right. \qquad\qquad HO \;+\; PO^5.$$

Wird die gewöhnliche Phosphorsäure oder c-Phosphorsäure bis auf 210⁰ C. erhitzt, so verliert sie H und O und es resultirt die Pyrophosphorsäure. Aus 2 Mol. c-Phosphorsäure treten H_2 und O aus und es resultirt 1 Mol. Pyrophosphorsäure.

$$\left.\begin{array}{c}\left.\begin{array}{c}PO \\ H_3\end{array}\right\}O_3 \\[1em] \left.\begin{array}{c}PO \\ H_3\end{array}\right\}O_3\end{array}\right\} - \left.\begin{array}{c}H \\ H\end{array}\right\}O \;=\; \left.\begin{array}{c}\left.\begin{array}{c}PO \\ H_2\end{array}\right\} \\[1em] \left.\begin{array}{c}PO \\ H_2\end{array}\right\}\end{array}\right\}O_5 \;=\; \left.\begin{array}{c}(PO)_2 \\ H_4\end{array}\right\}O_5 \;=\; \begin{array}{c}PO\left\{\begin{array}{c}OH \\ OH\end{array}\right. \\[0.5em] O \\[0.5em] PO\left\{\begin{array}{c}OH \\ OH\end{array}\right.\end{array}$$

od. $2(H_3PO_4) - H_2O = H_4P_2O_7$ od. *3HO,PO⁵—HO=2HO,PO⁵*

Wird die Pyrophosphorsäure bis zum Glühen erhitzt, so resultirt unter Austritt von H und O Metaphosphorsäure. 1 Mol. Pyrophosphorsäure liefert 2 Mol. Metaphosphorsäure.

$$\left.\begin{array}{c}(PO)_2 \\ H_4\end{array}\right\}O_5 \;-\; \left.\begin{array}{c}H \\ H\end{array}\right\}O \;=\; \left.\begin{array}{c}(PO)_2 \\ H_2\end{array}\right\}O_4 \;=\; 2\left(\left.\begin{array}{c}PO \\ H\end{array}\right\}O_2\right)$$

od. $H_4P_2O_7 - H_2O = 2(HPO_3)$ od. *2HO,PO⁵—HO=HO,PO⁵.*

Die Metaphosphorsäure entsteht auch zunächst beim Auflösen von Phosphorsäureanhydrid in Wasser. Sie unterscheidet sich von den vorhergehenden Modificationen dadurch, dass sie Eiweiss coagulirt.

Die gewöhnliche oder *c*-Phosphorsäure, wie sie in dem officinellen Acidum phosphoricum in wässriger Verdünnung vertreten ist, unterscheidet sich dadurch, dass sie mit Silbernitrat einen gelben Niederschlag

$$= Ag_3PO_4 \;=\; \left.\begin{array}{c}PO \\ Ag_3\end{array}\right\}O_3 \;=\; PO\left\{\begin{array}{c}OAg \\ OAg \\ OAg\end{array}\right. \text{ oder } \textit{3AgO,PO⁵}$$

liefert. Der Silberniederschlag aus den anderen beiden Modificationen ist weiss.

Die Atome H in einer oder der anderen Phosphorsäure können durch Metallatome ersetzt werden und es entstehen die entsprechenden Phosphate. Die Ortho- oder gewöhnliche Phosphorsäure ist trihydrisch und dreibasisch und bildet, wenn alle 3 At. H durch Metallbase ersetzt sind, neutrale Phosphate, wenn aber nur ein oder 2 At. H durch Metallbase ersetzt sind, saure Salze, z. B.

Trinatriumphosphat, normales od. neutrales Natriumphosphat	Dinatriumphosphat (Hydriumdinatriumphosphat) saures Natriumphosphat	Mononatriumphosphat (Dihydriumnatriumphosphat) übersaures Natriumphosphat
$\left.\begin{array}{c}PO \\ Na_3\end{array}\right\}O_3$	$\left.\begin{array}{c}PO \\ HNa_2\end{array}\right\}O_3$	$\left.\begin{array}{c}PO \\ H_2Na\end{array}\right\}O_3$
od. Na_3PO_4	$(HNa_2)PO_4$	$(H_2Na)PO_4$

470

od. $3NaO,PO^5$ $2NaO,HO,PO^5$ $NaO,2HO,PO^5$

basisch phosphor-   neutrales phosphor-   saures phosphorsaures Natron   saures Natron   saures Natron

Von diesen Salzen ist das Dinatriumphosphat in krystallisirter Form, *Natrum phosphoricum*, phosphorsaures Natron, $(HNa_2)PO_4 + 12\,aq.$ oder $2NaO,HO,PO^5 + 24HO$, officinell. Es bildet schwach alkalisch reagirende, farblose, schief rhombische Krystalle, welche an der Luft, ohne die Krystallform einzubüssen, leicht verwittern, daher in gut geschlossenen Glasgefässen aufbewahrt werden müssen. Dieses Phosphat hat die Eigenthümlichkeit, bei einer Wärme unter 30^0 C. mit $12\,aq.$, über 30^0 C. mit $7\,aq.$ zu krystallisiren. Es ist nicht mit dem Natrum pyrophosphoricum zu verwechseln. Es giebt mit Silbernitrat einen gelben, das Pyrophosphat aber einen weissen Niederschlag.

Die Darstellung geschieht aus der Knochenphosphorsäure (Monocalciumphosphat), deren Lösung mit Natriumcarbonat schwach alkalisch gemacht, aufgekocht, filtrirt und durch Abdampfen und Beiseitestellen zur Krystallisation gebracht wird.

Monocalcium-   Natriumcarbonat   Dinatrium-   Kohlensäure-
phosphat   phosphat   anhydrid

$$\left.\begin{array}{l}(PO)_2\\H_4Ca\end{array}\right\}O_6 \; + \; 2\left(\left.\begin{array}{l}CO\\Na_2\end{array}\right\}O_2\right) \; = \; 2\left(\left.\begin{array}{l}PO\\HNa_2\end{array}\right\}O_3\right) \; + \; CO_2$$

Calciumcarbonat   Wasser

$$+ \; \left.\begin{array}{l}CO\\Ca\end{array}\right\}O_2 \; + \; \left.\begin{array}{l}H\\H\end{array}\right\}O$$

Hierbei scheidet also Calciumcarbonat als Niederschlag aus und Kohlensäure entweicht.

Wird das krystallisirte Dinatriumphosphat zerstossen und an einem warmen Orte, zuletzt im Wasserbade von seinem Krystallwasser befreit, hierauf in einem Hessischen Tiegel bis zum Schmelzen und zur schwachen Rothgluth oder so lange erhitzt, bis eine herausgenommene Probe in Wasser gelöst mit Silbernitrat nicht mehr einen gelben, sondern einen weissen Niederschlag giebt, so ist das Salz in Natriumpyrophosphat verwandelt. Bei dieser Behandlung entweicht aus 2 Molecülen des wasserfreien Dinatriumphosphats 1 Mol. Wasser. Da die Pyrophosphorsäure eine tetrahydrische ist, d. h. 4 durch Metallatome ersetzbare Atome Wasserstoff enthält, so sind auch in dem Natriumpyrophosphat 4 Atome Natrium vertreten.

$$\text{Dinatriumphosphat} \qquad \text{Wasser} \qquad\qquad \text{Natriumpyrophosphat}$$

$$\left.\begin{array}{l}\left.\begin{array}{l}PO\\HNa_2\end{array}\right\}O_3\\[4pt]\left.\begin{array}{l}PO\\HNa_2\end{array}\right\}O_3\end{array}\right\} \;-\; \left.\begin{array}{l}H\\H\end{array}\right\}O \;=\; \left.\begin{array}{l}(PO)_2\\Na_4\end{array}\right\}O_5 \;=\; \begin{array}{l}PO\left\{\begin{array}{l}ONa\\ONa\end{array}\right.\\O\\PO\left\{\begin{array}{l}ONa\\ONa\end{array}\right.\end{array}$$

od. $\quad 2(HNa_2PO_4) \;-\; H_2O \;=\; Na_4P_2O_7$

od. $\quad 2NaO,HO,PO^5 \;-\; HO \;=\; 2NaO,PO^5.$

Wird die Schmelze in Wasser gelöst und zur Krystallisation gebracht, so schiesst das Salz in farblosen schief rhombischen Tafeln oder Säulen an, welche mit 10 Th. Wasser eine neutrale Lösung liefern. Diese Lösung geht beim längeren Stehen nach und nach in eine Dinatriumphosphatlösung über.

Das Natriumpyrophosphat, pyrophosphorsaures Natron, *Natrum pyrophosphoricum*, ist officinell und findet bei Darstellung des Ferrinatriumpyrophosphats, pyrophosphorsauren Eisenoxyd-Natrons, *Natrum pyrophosphoricum ferratum*, Anwendung. Hierzu versetzt man eine kalte Natriumpyrophosphatlösung unter Umrühren so lange mit kleinen Portionen Ferrichloridlösung. als der jedesmal entstehende Niederschlag wieder in Lösung übergeht. Das Ferripyrophosphat (*Ferrum pyrophosphoricum*, $Fe_4P_6O_{21} + 9\,aq$ oder $2Fe^2O^3,3bPO^5 + 9HO$) ist ein weissliches Pulver, kaum in Wasser, wohl aber in einer Natronpyrophosphatlösung löslich. Wird letztere Lösung mit Weingeist versetzt, in welchem weder das eine noch das andere Pyrophosphat löslich ist, so fallen beide zugleich in Gestalt eines weissen Pulvers aus. Dieses Pulver stellt getrocknet jenes *Natrum pyrophosphoricum ferratum* dar. Es löst sich langsam, aber vollständig in Wasser. Wird diese Lösung zum Kochen erhitzt, so gehen die darin vorhandenen Pyrophosphate in Orthophosphate über und das Ferriorthophosphat scheidet als ein weisses Pulver aus der Flüssigkeit aus.

Das hier erwähnte Ferriorthophosphat, phosphorsaures Eisenoxyd, *Ferrum phosphoricum album*, war in früherer Zeit officinell, wurde aber durch Fällung der Ferrichloridflüssigkeit mittelst Dinatriumphosphat dargestellt.

Das noch heute officinelle Ferrophosphat, phosphorsaure Eisenoxydul, *Ferrum phosphoricum (caeruleum)*, wird durch Fällung einer Ferrosulfatlösung mittelst einer Dinatriumphosphatlösung dargestellt. Der frische Niederschlag ist weiss, wird aber an der Luft unter theilweiser Oxydation zu Ferriphosphat lavendel- oder graublau. Geschieht die Trocknung des Niederschlages bei einer

Wärme über 25⁰, so greift die Umsetzung in Ferrisalz mehr und mehr um sich und das Pulver wird braun. Das officinelle blaue Phosphat ist ein Gemisch aus Ferro- und Ferrisulfat.

Werden 3 Mol. Ferrosulfat und 2 Mol. Dinatriumphosphat in Wechselwirkung versetzt, so fällt normales Ferrophosphat nieder und die Flüssigkeit enthält 2 Mol. Natriumsulfat und 1 Mol. freie Schwefelsäure.

$$\text{Ferrosulfat} \quad \text{Dinatriumphosphat} \quad \text{Ferrophosphat} \quad \text{Natriumsulfat} \quad \text{Hydriumsulfat}$$

$$3\left(\begin{matrix}SO_2'' \\ Fe''\end{matrix}\right\}O_2\Big) + 2\left(\begin{matrix}PO''' \\ HNa_2\end{matrix}\right\}O_3\Big) = \begin{matrix}(PO''')_2 \\ Fe_3''\end{matrix}\right\}O_6 + 2\left(\begin{matrix}SO_2 \\ Na_2\end{matrix}\right\}O_2\Big) + \begin{matrix}SO_2 \\ H_2\end{matrix}\right\}O_2$$

$$3(FeSO_4) + 2(HNa_2PO_4) = Fe_3P_2O_8 + 2(Na_2SO_4) + H_2SO_4$$

$$3FeO,SO^3 + 2NaO,HO,PO^5 = 3FeO,PO^5 + 2(NaO,SO^3) + HO,SO^3$$

schwefelsaures neutrales phosphor-   phosphor-   schwefelsaures   Schwefel-
Eisenoxydul   saures Natron   saures Eisen-   Natron   säure
oxydul

Phosphorsalz, Ammoniumnatriumphosphat, *Sal microcosmicum, Sal fusibile urinae*, ist ein Orthophosphat von der Formel

$$H(H_4N)NaPO_4 \text{ od. } \begin{matrix}PO \\ H(H_4N)Na\end{matrix}\right\}O_3 \text{ od. } PO\left\{\begin{matrix}O(H_4N) \\ OH \\ ONa\end{matrix}\right.$$

Es wurde in alter Zeit aus dem Harne gewonnen, heute aber durch Lösung von 6 Th. krystallisirtem Dinatriumphosphat und 1 Th. Ammoniumchlorid in Wasser und Krystallisation dargestellt. Man gebraucht es zu Löthrohrversuchen, indem es in Glühung versetzte Metalloxyde löst und damit verschieden gefärbte glasige Massen giebt. Durch Glühung wird es in $NaPO_3$, also in Natriummetaphosphat verwandelt.

Lection 86.

Arsen. Arsenverbindungen.

Phosphor, Arsen und Antimon nähern sich in ihren chemischen Beziehungen. Obgleich das Arsen in seinen physikalischen Eigenschaften den Metallen zugerechnet werden könnte, so haben seine Verbindungen mit denen des Phosphors eine grosse Aehnlichkeit. Andererseits schliesst es sich in chemischer und physikalischer Beziehung dem Antimon an, welches man in die Reihe der Metalle zu setzen pflegt, während man Phosphor und Arsen zu den Nichtmetallen rechnet, weil nämlich beide kein basisches Oxyd aufweisen.

Das Arsen (*Arsenum*, *Arsenium*, As) ist von stahlgrauer Farbe, metallisch glänzend und spröde. (Spec. Gew. 5,8). Es kommt gewöhnlich in Rhomboëdern krystallisirt unter den Namen Fliegenstein, Scherbenkobalt, Näpfchenkobalt (*Cobaltum crystallisatum*), in den Handel.

Es geht mit Sauerstoff zwei Verbindungen ein:

Arsenigsäureanhydrid, Arsentrioxyd As_2O_3 od. AsO^3

Arsensäureanhydrid, Arsenpentoxyd As_2O_5 od. AsO^5

Das Suboxyd entsteht an der Oberfläche der Arsenkrystalle unter Einfluss des Sauerstoffs feuchter Luft und bildet eine matte grauschwarze pulvrige Substanz. Beim Erhitzen zerfällt es in Arsen und Arsenigsäure.

Arsenigsäureanhydrid, arsenige Säure, Arsenik, weisser Arsenik (*Acidum arsenicōsum*, *Arsenĭcum album*) entsteht, wenn Arsen oder arsenhaltige Erze unter Luftzutritt erhitzt werden. Man stellt sie im Grossen in den Arsenikhütten durch Rösten (Erhitzen unter Luftzutritt) arsenreicher Erze, wie Arsenkies oder Misspickel (FeAsS) und Arseneisen (Fe_2As_3), dar, indem man die Dämpfe der Arsenigsäure in Kammern leitet, wo sie sich zu einem weissen Pulver (Giftmehl) verdichten. Durch eine zweite Sublimation wird das Giftmehl gereinigt und zwar bei einer Temperatur, in welcher es zugleich in einer durchsichtigen glasähnlichen, schwach gelblichen Masse, amorpher arseniger Säure, zusammenschmilzt. Nach einiger Zeit wird diese amorphe Säure undurchsichtig, weiss und porcellanartig, indem sie in die krystallinische Modification übergeht. Von diesen allotropischen Formen findet man gewöhnlich die krystallinische in den Apotheken vorräthig, selten beide Formen durchmischt.

Bei ungefähr 200° verwandelt sich die Arsenigsäure in einen geruchlosen Dampf, streut man dagegen einige Körnchen derselben auf eine glühende Kohle, so wird sie zu Arsen reducirt, dessen Dampf einen Knoblauchgeruch verbreitet. Dieser Geruch ist ein charakteristisches Kennzeichen des verdampfenden Arsens.

Giebt man einige Körnchen der Arsenigsäure in ein trocknes Reagirglas und erhitzt langsam, so sublimirt sie nach dem kälteren Theile des Glases und setzt sich daselbst in Gestalt kleiner diamantglänzender Octaëder an, welche sich mittelst der Lupe sehr gut erkennen lassen.

Die Arsenigsäure hat keinen besonderen Geschmack, durch welchen sie sich erkennen liesse. Der Geschmack ist süsslich zu nennen und hinterlässt im Munde das Gefühl der Schärfe. Die Löslichkeit der Säure in Wasser ist eine verschiedene. Die amorphe Säure ist weit löslicher als die krystallinische, welche circa 60 Th. Wasser von mittlerer Temperatur zur Lösung erfordert.

Die Arsenigsäure ist in jeder Form ein starkes Gift. Eine Menge von mehr als 5 Milligramm ist schon als eine gefährliche Dosis zu betrachten. Sie wird daher, auch der Vorschrift gemäss, als starkes Gift in den Apotheken abgesondert und unter Verschluss aufbewahrt. In Substanz wird sie nur zu technischen Zwecken an zuverlässige Personen gegen Giftschein abgegeben. Als Gift gegen Ungeziefer darf sie mit Russ unansehnlich gemacht, aber stets nur gegen Giftschein und mit „Gift" bezeichnet, abgegeben werden. Ist sie ein Bestandtheil einer Medicin, so wird das betreffende Recept als Giftschein aufbewahrt. Eine Reïteratur des Recepts darf nur auf besondere Ordination des Arztes geschehen. Der Schrank, worin sich der Arsenikvorrath befindet, enthält vorschriftsmässig einen porcellanenen Mörser, Löffel, Wagschalen verschiedener Grösse, sämmtlich mit „Arsenicum ✝✝✝" bezeichnet.

Das Hydriumarsenit, die Arsenighydrosäure (H_3AsO_3) ist isolirt nicht gekannt und nur in den Arseniten oder Arsenigsäuresalzen vertreten, oder man nimmt an, dass das Hydriumarsenit in der wässrigen Lösung des Anhydrids vorhanden ist, denn

$$\left.\begin{array}{l} AsO''' \\ AsO''' \end{array}\right\}O + 3\left(\left.\begin{array}{l} H \\ H \end{array}\right\}O\right) = \left.\begin{array}{l} AsO \\ H_3 \end{array}\right\}O_2 + \left.\begin{array}{l} H_3 \\ AsO \end{array}\right\}O_2$$

Von Arseniten ist nur das Kaliumarsenit oder arsenigsaure Kali in wässriger Lösung (*Liquor Kali arsenicosi, Solutio Fowleri*) officinell, über welche bereits S. 295 Mittheilungen gemacht sind. Zur Darstellung dieser Lösung soll nur die Arsenigsäure in Stücken verwendet werden, weil die gepulverte Säure oder das Giftmehl des Handels meist mit Gyps und anderen Substanzen verunreinigt ist.

Da die krystallinische Arsenigsäure sich sehr schwer in Wasser, selbst bei Anwendung von Wärme und Zusatz von Kaliumcarbonat löst, so wird sie vor der Lösung mit einer gleichen Menge Kaliumcarbonat und sehr wenig Wasser in einem Reagircylinder über einer Flamme bis zum Aufkochen der Mischung erhitzt und auf diese Weise in den amorphen Zustand übergeführt, in welchem sie sich auch sogleich in der concentrirten'Kaliumcarbonatlösung auflöst. Der Kochpunkt letzterer Lösung liegt nämlich um 25 bis 30⁰ C. über demjenigen des Wassers und reicht aus die schwerlösliche krystallinische Arsenigsäure in die leichter lösliche amorphe überzuführen.

Cupriarsenit oder arsenigsaures Kupferoxyd wird in der Oelmalerei unter dem Namen *Scheel'*sches Grün gebraucht.

Durch Oxydation, z. B. durch Digestion in Königswasser oder Kochen mit Salpetersäure verwandelt sich die Arsenigsäure in Arsensäure, Hydriumarsenat (H_3AsO_4), welche beim Verdunsten ihrer Lösung in rhombischen Krystallen, $2(H_3AsO_4) + H_2O$, ausscheidet, beim Erhitzen bis zu 150⁰ C. unter Austritt von Wasser in Pyroarsensäure ($H_4As_2O_7$), in einer Wärme von 200⁰ in Metarsensäure ($HAsO_3$), weitererhitzt endlich in Arsensäureanhydrid (As_2O_5) übergeht. Die Arsensäure bietet also dieselben Veränderungen wie die Phosphorsäure und ihre Verbindungen sind auch nach Structur und Typus mit denen der Phosphorsäure parallel. In starker Rothglühhitze zerfällt die Arsensäure in Arsenigsäure, welche sublimirt, und in Sauerstoffgas.

Die Arsensäure ist eine trihydrische und dreibasische Säure, wie die Phosphorsäure.

Die Arsensäure und ihre Salze (Arsenate) sind ebenso giftig wie die Arsenigsäure.

Als das beste und sicherste Gegengift der Arsenpräparate wurde vor ungefähr vier Decennien von *Bunsen* und *Berthold* das Eisenoxydhydrat erkannt, und zwar das frisch aus kalter Lösung gefällte braune amorphe Ferrihydroxyd, Eisenoxydterhydrat ($H_6Fe_2O_6$ od. $Fe^2O^3,3HO$), welches mit den Arsensäuren unlösliche Verbindungen eingeht. Früher musste dieses Hydrat unter Wasser in den Apotheken vorräthig gehalten werden (*Ferrum hydricum in Aqua, Antidotum Arsenici*), da es aber auch unter Wasser allmählich in das braunrothe metamorphe Hydroxyd, Eisenoxydbishydrat ($H_4Fe_2O_5$ od. $Fe^2O^3,2HO$), übergeht und sich als solches nicht mehr wirksam zeigt, muss jetzt die Bereitung *ex tempore*, d. h. frisch vor der Dispensation geschehen und zwar durch Mischen von einer kalten verdünnten Lösung des Ferrisulfats mit in Wasser zertheilter gebrannter Magnesia.

$$\underset{\text{Ferrisulfat}}{\left.\begin{array}{l}(SO''_2)_3\\ Fe_2{}^{VI}\end{array}\right\}O_6} + 3\underset{\substack{\text{Magnesiumhy-}\\ \text{droxyd}}}{\left(\begin{array}{l}H_2\\ Mg''\end{array}\right\}O_2\right)} = \underset{\substack{\text{Ferrihy-}\\ \text{droxyd}}}{\left.\begin{array}{l}H_6\\ Fe_2\end{array}\right\}O_6} + 3\underset{\text{Magnesiumsulfat}}{\left(\begin{array}{l}SO_2\\ Mg\end{array}\right\}O_2\right)}$$

$$\text{od. } Fe_2(SO_4)_3 + 3(H_2MgO_2) = H_6Fe_2O_6 + 3(MgSO_4)$$

$$\text{od. } Fe^2O^3,3SO^3 + 3(MgO,HO) = Fe^2O^3,3HO + 3(MgO,SO^3)$$

schwefelsaures Eisenoxyd   Magnesiahydrat   Eisenoxydterhydrat   schwefelsaure Magnesia

Die Mischung enthält, wenn sie bei niedriger Temperatur gemacht wird, Eisenoxydterhydrat und Bittersalz. Die Vorschrift der Pharmacopoea Germanica giebt genau die Mengen kalten Wassers an, womit einerseits vor der Mischung die Ferrisulfatlösung zu verdünnen, andererseits die Magnesia anzureiben ist. Würde man weniger Wasser nehmen, so würde in Folge der chemischen Reaction im stärkeren Maasse Wärme entwickelt werden, die Mischung würde sich also erwärmen und den Uebergang eines Theiles des Terhydrats in Bishydrat begünstigen. Letzteres ist aber möglichst zu vermeiden, soll das Präparat als Antidotum des Arseniks nützen.

Dieses Präparat hat in der Pharmakopoea Germanica den Namen *Antidŏtum Arsenĭci* erhalten. Pharmacopoea Austriaca enthält ein *Antidotum Arsenici albi*, welches jedoch nur ein Gemisch aus 70 Th. gebrannter Magnesia mit 500 Th. Wasser, also eine sogenannte Magnesiamilch ist.

Es giebt mehrere Schwefelungsstufen des Arsens, von welchen das

Arsendisulfid, Zweifach-Schwefelarsen As_2S_2 od. *AsS^2*
Arsentrisulfid, Dreifach-Schwefelarsen As_2S_3 od. *AsS^3*
Arsenpentasulfid, Fünffach-Schwefelarsen As_2S_5 od. *AsS^5*

die wichtigsten sind. Letztere verhalten sich wie Sulfosäuren und geben mit Sulfobasen scharf ausgeprägte Sulfosalze.

Arsendisulfid, Zweifach-Schwefelarsen (As_2S_2 od. AsS), auch **rothes** Schwefelarsen, **Realgar**, genannt, entspricht keiner Oxydationsstufe des Arsens. Man findet es mitunter, meist mit Arsenigsäure verunreinigt, unter der Signatur „*Arsenicum rubrum*" in den Apotheken vorräthig. Es bildet mehr oder weniger glasige Stücke von rothgelber bis rubinrother Farbe. Es wird in der Pyrotechnik und auch als Farbmaterial gebraucht.

Arsentrisulfid, Dreifach-Schwefelarsen (As_2S_3 od. *AsS^3*), auch **gelbes** Schwefelarsen, **Rauschgelb, Operment, Auripigment** (*Auripigmentum*) genannt, wird in der Natur krystallisirt oder in

Massen angetroffen und bergmännisch gewonnen, meist aber durch Zusammenschmelzen von Arsen mit Schwefel künstlich dargestellt. Es entsteht, wenn eine salzsaure Lösung der Arsenigsäure durch Schwefelwasserstoff gefällt wird.

$$As_2O_3 + 3(H_2S) = As_2S_3 + 3(H_2O)$$
$$\text{od. } AsO^3 + 3HS = AsS^3 + 3HO.$$

Eine therapeutische Anwendung hat dieses meist mit arseniger Säure verunreinigte Präparat nicht. Mit Kalkhydrat und Wasser vermischt liefert es den Enthaarungsbrei, *Rhusma*, dessen sich bei uns die altgläubigen Israëliten zur Auflösung des Barthaares bedienen. Aus der Mischung entsteht Calciumarsenit od. arsenigsaure Kalkerde und Schwefelcalcium (CaS).

Das Calciumarsenit ist eine unlösliche Verbindung, und das Schwefelcalcium diejenige Substanz, welche die Eigenschaft besitzt, schnell das thierische Haar zu lösen. Diese Methode der Barthaarentfernung ist gar nicht so gefährlich, wie man glaubt, denn die basisch arsenigsaure Kalkerde ist wegen ihrer Unlöslichkeit kaum als Gift zu erachten. Das Rhusma wird zwar durch ein Calciumhydrosulfid, Calciumsulfhydrat (H_2CaS_2 oder *CaS,HS*) ebenso gut ersetzt, es ist aber diese Substanz zu stinkend und wäre, um die Respirationsöffnungen aufgetragen, wegen des anhaltend daraus freiwerdenden Schwefelwasserstoffs nicht nur unerträglich, sondern auch giftig.

In der Färberei wird eine Lösung des Auripigments in Kalilauge zum Desoxydiren (Entfärben) des Indigo benutzt. Früher wurde das Auripigment wegen seiner schönen lebhaften gelben Farbe als Farbmaterial (Königsgelb) gebraucht.

Das der Arsensäure (As_2O_5) entsprechende, und deshalb auch wohl mit Sulfarsensäure bezeichnete Arsenpentasulfid (As_2S_5) entsteht durch Fällung saurer Arsensäurelösungen mittelst Schwefelwasserstoffs. Frei hat es keine Beständigkeit und zerfällt alsbald in Dreifach-Schwefelarsen und Schwefel.

$$As_2S_5 = As_2S_3 + S_2 \text{ od. } AsS^5 = AsS^3 + 2S.$$

Mit Wasserstoff giebt das Arsen zwei Verbindungen, den gasigen Arsenwasserstoff (H_3As) und den festen (H_2As_4). Die erstere äusserst giftige und unangenehm riechende Verbindung entsteht beim Auflösen von Zinkmetall in verdünnter Schwefelsäure bei Gegenwart der Arsensäuren. Wie wir wissen, löst sich Zinkmetall in verdünnter Schwefelsäure unter Wasserstoffgasentwickelung. Gleichzeitig werden gegenwärtige Arsensäuren reducirt und das ausscheidende Arsen verbindet sich in seinem *status nascendi* mit dem gleichzeitig im *status nascendi* befindlichen Wasserstoff zu dem gasigen Arsenwasserstoff, welcher sich dem übrigen Wasserstoffe beimengt. Dieser Vorzug erlaubt die Nachweisung der geringsten Spuren der Arsensäuren in irgend einer Flüssigkeit und liegt dem sogenannten *Marsh*'schen Verfahren des Arseniknachweises zum Grunde. In Lection 59 ist dieselbe bereits erwähnt und besprochen worden.

Die Entstehung des Arsenwasserstoffgases wird gehindert, wenn Salpetersäure oder deren Derivate gegenwärtig sind, denn in diesem Falle entsteht der feste Arsenwasserstoff, welcher sich theils an das Zinkmetall anlegt, theils in braunen Flocken in der Flüssigkeit herumschwimmt. Wenn man daher ein Nitrat auf einen Arsengehalt nach der *Marsh*'schen Methode prüfen will, so muss die Salpetersäure daraus zuvörderst entfernt werden. Das Wismuthsubnitrat (*Bismuthum nitricum praecipitatum*), welches häufig auf Arsengehalt geprüft wird, muss aus dem angegebenen Grunde zuerst mit Schwefelsäure übergossen und durch Erhitzen eingetrocknet werden, um alle Salpetersäure daraus zu verjagen. Dann erst giebt man es in den *Marsh*'schen Apparat. Die Schwefelsäure, welche zur Auflösung des Zinks in Anwendung kommt, darf aus gleichem Grunde nicht mit Salpetersäure verunreinigt sein.

Da bei Einwirkung verdünnter Schwefelsäure oder verdünnter Chlorwasserstoffsäure auf Zinkmetall bei Gegenwart von Schwefligsäure auch Schwefelwasserstoff entsteht, welcher aus dem Arsen Arsensulfid erzeugen würde, so ist Schwefligsäure vor der Probe durch Oxydation (z. B. mittelst Chlorwassers oder Bromwassers) in Schwefelsäure überzuführen.

Die Verbindung des Arsens mit Wasserstoff in dem gasigen Arsenwasserstoff ist nicht sehr fest. Erhitzt man eine Stelle eines Glasrohres, durch welches dieses Gas, auch mit Wasserstoffgas gemengt, hindurchströmt, zum Glühen, so zerfällt das Arsenwasserstoffgas in seine Bestandtheile, und das freigewordene Arsen legt sich in Gestalt eines metallglänzenden Beschlages in dem kälteren Theile des Glasrohres an. Für den vorliegenden Zweck hat man Glasröhren aus hartem Glase. Der Apparat zu diesem Versuche besteht aus der Gasentwickelungsflasche f, dem Trichterrohr g, dem Gasleitungsrohr $a\,e$. Letzteres ist zusammengesetzt aus dem in einem Winkel gebogenen Stück a aus weichem Glase, einem Stück weitem Glasrohr b, gefüllt mit lockerer Baumwolle, und einem Stück in eine dünne Spitze ausgezogenem Rohr $c\,e$

aus hartem Kaliglase. Die Verbindung des Baumwollenrohres mit
a und *c e* ist durch Korke vermittelt.

Die locker eingeschobene reine Baumwolle hat die Bestimmung, die von
dem entwickelten Gase fertgerisse-
nen Wassertröpfchen zurückzuhalten.
Ueberdies kann in die Flasche *f* eine
Schicht Brenn - Petroleum gegeben
werden, wie wir dies schon früher
gethan haben (S. 291 und folg.). Bei
grösseren Versuchen setzt man in
die Stelle des Baumwollenrohres ein
Chlorcalciumrohr (vergl. Seite 294).

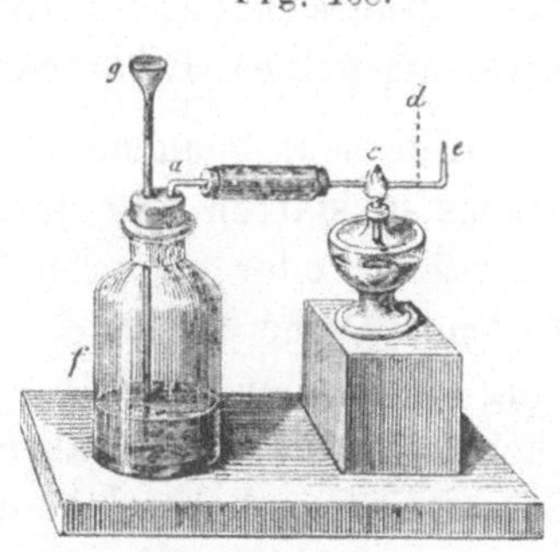

Man giebt zunächst in die Entwickelungsflasche reines Zink und
reine verdünnte Schwefelsäure, und wenn man annehmen kann,
dass die atmosphärische Luft von dem entwickelten Wasserstoffgase
verdrängt ist, giesst man etwas der Lösung des Arseniks durch
das Trichterrohr *g* in die Flasche. Wird das Rohr *c e* bei *c*
glühend gemacht, so setzt sich ungefähr innerhalb der Stelle *d*
der Arsenspiegel an. Nach dieser Operation kann man das Gas
bei *e* anzünden und an weissen Porcellanscherben die bekannten
Arsenflecke entstehen lassen. Schwefelarsen liefert kein Arsenwasserstoffgas, und Salpetersäure, freies Chlor, Quecksilbersalze,
überhaupt alle Substanzen, welche oxydirend auf Arsenwasserstoff wirken, verhindern auch die Entstehung des Gases. Eine
Schwefelarsen-haltige Substanz erfordert daher für das vorstehende Experiment zuvor ein abwechselndes Befeuchten mit Salpetersäure und concentrirter reiner Schwefelsäure und jedesma-
liges Eintrocknen durch Erhitzen, um das Schwefelarsen in Arsensäure zu verwandeln und die etwa anhängende organische Substanz völlig zu zerstören.

Aehnlich wie Arsenwasserstoff entsteht aus Antimonverbin-
dungen Antimonwasserstoff, welcher ähnliche Beschläge und Flecke
giebt. Letztere, sie mögen aus Arsen oder Antimon bestehen,
verschwinden in einer Chlorgasatmosphäre (man erzeugt diese
durch Uebergiessen von Chlorkalk mit starkverdünnter Salzsäure),
betupft man aber die Fleckstellen hierauf mit Silbernitratlösung,
so entsteht in Stelle des Arsenfleckes ein rother, aus arsensaurem
Silber bestehend, in der Stelle des Antimonfleckes entsteht dagegen ein weisser. — Leitet man das Arsenwasserstoffgas in eine
Lösung des Silbernitrats (AgNO$_3$), so scheidet in derselben alles
Antimon als schwarzes Antimonsilber (Ag$_3$Sb) aus, das Arsen wird

aber unter Abscheidung von Silbermetall in Arsenigsäure verwandelt und bleibt in der Flüssigkeit gelöst, aus welcher die Arsenigsäure nach der Neutralisation mit Ammon durch Silbernitrat als gelbes Silberarsenit gefällt werden kann.

Eine sehr bequeme Methode des Nachweises einer Säure des Arsens in starren und flüssigen Substanzen, welche frei von Salpetersäure oder anderen oxydirenden Substanzen sind, ist die *Bettendorf*'sche Methode. Sie findet speciell Anwendung bei Prüfung der rohen Salzsäure auf Arsengehalt, sie lässt sich aber auch auf andere Substanzen, nachdem sie mit Salpetersäure und Schwefelsäure behandelt und dann in reiner Salzsäure aufgelöst sind, anwenden. Wenn man nach dieser Methode eine concentrirte arsenhaltige Salzsäure mit Stannochlorid versetzt und erwärmt, so setzen sich Stannochlorid und Arsenigsäure (oder auch Arsenchlorid) in Stannichlorid und Arsenmetall um, welches die Flüssigkeit braun färbt.

Stannochlorid   Arsenig-   Hydrium-   Stannichlorid   Wasser   Arsen
säure   chlorid

$$3\left({Cl_2 \atop Sn''}\right) + {AsO \atop AsO}O + 6\left({Cl \atop H}\right) = 3\left({Cl_4 \atop Sn^{IV}}\right) + 3\left({H \atop H}O\right) + {As \atop As}$$

$$3(SnCl_2) + As_2O_3 + 6(HCl) = 3(SnCl_4) + 3(H_2O) + As_2.$$

Man gebe in einen fingerweiten Reagircylinder circa 10 Grm. der rohen rauchenden Salzsäure und 1—2 Grm. Stannochlorid (Zinnchlorür), agitire sanft und erhitze bis zum Aufkochen. Tritt keine Bräunung ein, so ist die Salzsäure arsenfrei. Nun werfe man ein nadelkopfgrosses Stückchen Arsenigsäure dazu und erwärme wieder, um die braune Färbung eintreten zu sehen. In der Ruhe setzt sich das Arsen zu Boden. Will man die englische Schwefelsäure auf Arsengehalt prüfen, so gebe man circa 15 Grm. in einen weiteren Reagircylinder, verdünne mit einem halben Volum Wasser, versetzt mit circa 10 Grm. reinem Natriumchlorid (Kochsalz) und 2 Grm. Stannochlorid und erwärmt unter Agitation. Den hierbei sich freimachenden Chlorwasserstoffdampf vermeide man aufzuathmen. Das bei dieser *Bettendorf*'schen Probe ausscheidende Arsen enthält mehrere Procent Zinnmetall.

Ein von der Pharmacopoea Germanica acceptirtes Verfahren des Nachweises von Arsen und Schwefligsäure in der officinellen reinen 25proc. Salzsäure hat das von *Hager* angegebene Verfahren des Nachweises der Hydrüre des Arsens, Antimons, Schwefels und Phosphors zur Grundlage. Es entwickelt sich nämlich bei Einwirkung von verdünnter Schwefelsäure oder verdünnter Salzsäure auf chemisch reines Zink neben Wasserstoffgas:

a. Schwefelwasserstoff bei Gegenwart von Schwefligsäure, Unterschwefligsäure und den übrigen unfertigen Oxydationsstufen des Schwefels, selbst bei Gegenwart schwefelhaltiger Proteïnstoffe.

b. Phosphorwasserstoff bei Gegenwart von Phosphor, Phosphorigsäure, Unterphosphorigsäure, Phosphormetallen, selbst phosphorhaltiger Proteïnstoffe.

c. Arsenwasserstoff bei Gegenwart von Arsenigsäure und Arsensäure.

d. Antimonwasserstoff bei Gegenwart der Oxyde des Antimons.

Diese sämmtlichen Hydrüre schwärzen mit Silbernitrat getränktes Papier; mit Bleiacetat getränktes Papier bräunen nur Schwefelwasserstoff u. Phosphorwasserstoff. Mit Cuprisulfat getränktes Papier wird nicht durch Phosphorwasserstoff geschwärzt.

Zur Ausführung der von bemerkter Pharmacopöe angegebenen Methode zur Prüfung der Salzsäure auf Schwefligsäure und Arsen werden einige Stückchen chemisch reinen Zinks in einem etwas langen Reagircylinder mit der Salzsäure, welche mit einer zweifachen Menge destillirtem Wasser verdünnt ist, übergossen, so dass der Cylinder circa bis zu einem Achtel seines Rauminhaltes gefüllt ist (*a*). In den oberen Theil des Cylinders schiebt man einen Bausch mit Bleiacetatlösung durchnässter Baumwolle (*b*) und bedeckt das Gefäss mit Fliesspa-

Fig. 169.

pier *(p)*, welches mit Silbernitratlösung betropft ist, oder mit einem gläsernen Hohlstopfen, in welchen man eine Rolle jenes Papiers eingeschoben hat *(c)*. Diese Vorrichtung ist durch beistehende Figur *A* bildlich vergegenwärtigt. Nach einer halben Stunde der Gasentwickelung soll weder die Baumwolle noch das Papier geschwärzt sein. Im ersteren Falle würde eine Verunreinigung der Salzsäure mit Schwefligsäure, im anderen Falle mit Arsenigsäure angedeutet werden. Der entwickelte Schwefelwasserstoff wird durch den mit Bleiacetat getränkten Baumwollenbausch zurückgehalten und zersetzt, dagegen steigt Arsenwasserstoff unzersetzt bis zur Decke mit dem Papier mit Silberlösung empor.

Bemerkungen. Arsen (arsén). Der Name Arsenik (*Arsenicum*) wird schon von *Dioskorïdes*, einem griech. Arzte zu Nero's Zeiten, erwähnt. Man leitet ihn ab von ἄρσην (arsēn), stark, kräftig, und εἴκειν (eikein), ähnlich sein, oder von ὁ ἄρσην, der Mann, und νικαῖν (nikain), tödten; also eine Substanz, welche einen starken Mann tödtet. — Auripigment, d. i. *pigmentum auri*, Goldfarbe. —

Bei Untersuchungen auf Arsen ist es stets von Wichtigkeit, den Arsenspiegel darzustellen, entweder mit Hilfe des *Marsh*'schen Apparats oder auf folgende Weise: Die trockne arsenige Säure, Arsensäure oder Verbindungen dieser Säuren vermischt man mit circa 1 Vol. Kaliumcyanid und circa 3 Vol. durch Erhitzen ausgetrocknetem Natriumcarbonat, und schüttet eine erbsengrosse Menge dieses Gemisches in die Kugel *(a)* oder in die Spitze einer trocknen und reinen Reductionsröhre. Man erwärmt ein wenig, um alle Feuchtigkeit aus dem Gemenge zu vertreiben. Diese setzt sich

Fig. 170.

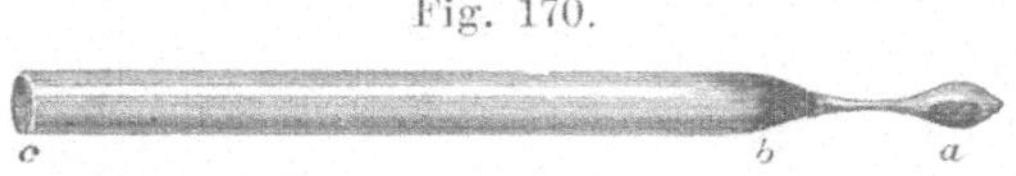

zunächst in dem kälteren Theile der Röhre an, man treibt sie aber mittelst der Weingeistflamme weiter, bis endlich zur Oeffnung der Röhre hinaus. Nach dem Erkalten der Röhre erhitzt man das Reductionsgemisch unter allmählicher Steigerung der Hitze. Das Gemisch schmilzt, und unter Gasentwickelung setzt sich ein vorzüglich schöner Arsenspiegel im nächstliegenden kalten Theile der Röhre (bei *b*) an. Schwefelarsen, welches überschüssigen Schwefel enthält, oder welches mit anderen Sulfoverbindungen vermischt ist, giebt in dieser Weise keinen Spiegel. Diese Verbindungen müssen zur Reduction geschickt gemacht werden, indem man sie wiederholt mit conc. Salpetersäure befeuchtet und bei gelinder Wärme eintrocknet, bis sie vollständig oxydirt sind. Man nimmt den oxydirten Rückstand mit trocknem Natriumcarbonat auf, mischt dann das Kaliumcyanid hinzu und bringt das Gemisch in die Reductionsröhre. Auch mache man folgenden Reductionsversuch. Ein Körnchen Arsenigsäure bringt man in das äusserste geschlossene Ende (*a*) einer Reductionsröhre und schiebt dann in den verengten Theil einen zarten Splitter gut ausgeglühter Holzkohle, so dass er dicht über dem Arsenikkörnchen (bei *b*) zu liegen kommt. Dann erhitzt

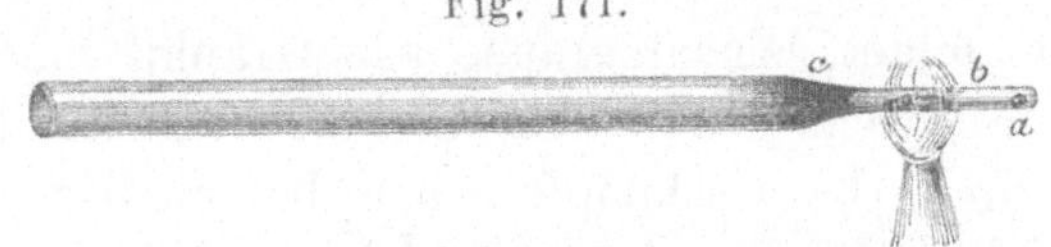

Fig. 171.

man die Stelle, wo der Kohlensplitter liegt, zuerst bis zum Glühen und wendet hierauf das Röhrchen nach und nach aufwärts, so dass das Arsenikkorn und der Kohlensplitter der Flamme zugleich ausgesetzt sind. Die Arsenigsäure verdampft, wird beim Durchgange durch die glühende Kohle reducirt, und das Arsen legt sich im kälteren Theile der Röhre (bei *c*) als Spiegel an. Diese Reductionsröhrchen stellt man sich dadurch her, dass man circa 15 Centim. lange Stücke Glasrohr in der Mitte über breiter Flamme allmählich auszieht und die ausgezogenen Enden zuschmilzt.

Lection 87.

Jod. Brom. Jodverbindungen.

Die einfachen Halogene sind Chlor, Brom, Jod und Fluor. Da wir uns mit dem Chlor und seinen wichtigsten Verbindungen bereits bekannt gemacht haben, Fluor nur ein rein chemisches Interesse bietet, Jod (J) und Brom (Br) aber für Pharmacie und Medicin von grosser Wichtigkeit sind, so wollen wir uns in dieser Lection mit diesen beiden letzteren beschäftigen.

Jod gehört zu den in der Natur verbreitetsten Elementen, wenngleich es nirgends in bedeutenden Mengen angetroffen wird. Es kommt wie Chlor und Brom niemals frei vor, sondern stets verbunden mit anderen Elementen. In einem mexikanischen Silbererze fand man Silberjodid (AgJ). Im Uebrigen ist es der häufigste Begleiter der natürlichen Chlorverbindungen, am meisten als Kaliumjodid, Natriumjodid, Magnesiumjodid. Man findet es im Meerwasser, in vielen Salzsoolen und Mineralwässern, in den allermeisten Seepflanzen, besonders den *Fucus*-Arten (Seetangen), im Badeschwamm, auch in den Seethieren, z. B. den Häringen, den Schalen der Seekrebse, im Leberthran (dem Fette aus den Lebern von *Gadus-Morrhua* und anderen *Gadus*-Arten). Da man das Jod in geringen Spuren in der Asche unserer Süsswasserthiere, Süsswasserpflanzen und Landpflanzen antrifft, so ist es auch ein Bestandtheil des süssen Wassers und der fruchtbaren

31*

Ackererde. Man hat es in den Steinkohlen, dem Torf, in Wein, Milch, Eiern, der Runkelrübenmelasse etc. angetroffen. Ein öfterer Begleiter des Jods ist das Brom.

Das Jod bildet schwarzgraue, wie Graphit metallisch glänzende, krystallinische Blättchen, welche fast 5 mal so schwer als Wasser sind. Es verdampft schon bei niedriger Temperatur und äussert dabei einen eigenthümlichen, einigermaassen chlorähnlichen Geruch. Der Geschmack ist herb und scharf. Bei 107⁰ schmilzt es zu einer schwarzbraunen Flüssigkeit, bei 175⁰ siedet es und verwandelt sich in einen intensiv violettrothen Dampf, welcher mehr denn 8 mal so schwer als die atmosphärische Luft ist. Man merke sich hierbei, dass die Ausdünstung des Jods, der Joddampf, ebenso den Lungen feindlich ist und auf organische Gebilde zerstörend einwirkt wie Chlor- und Bromdampf, dass man sich davor sorgsam zu hüten hat. Das Jod wird deshalb auch in gläsernen Gefässen mit Glasstopfen, welche Gefässe wiederum in einem grösseren gut verstopften Gefässe stehen, aufbewahrt. Hat man Jod abzuwägen, Jodmischungen zu machen, so verrichtet man dies an einem freien luftigen Orte und nicht in dem Dispensirlokale. Abgesehen von der schädlichen Einwirkung auf die Lungen darf man auch nicht übersehen, dass der Joddampf wie der Dampf des Chlors und Broms, corrodirend auf die Stahltheile der Wagen und anderer Geräthschaften einwirkt. Organische Stoffe, wie z. B. Haut, Nägel, Horn, Gewebe, färbt das Jod gelbbraun.

Nehmen wir jetzt einen trocknen, etwas langen Reagircylinder zur Hand, werfen etwa ein linsengrosses Blättchen Jod hinein und erwärmen über der Weingeistflamme. Das Jod verwandelt sich in den erwähnten violetten schweren Dampf, welcher sich im kälteren Theile des Cylinders zu kleinen metallisch glänzenden Krystallblättchen verdichtet. Giessen wir nach dem Erkalten des Cylinders circa 50 Tropfen Schwefelkohlenstoff, Steinkohlenbenzin oder Chloroform hinein, so löst sich das Jod mit der Farbe des Joddampfes, d. h. die Lösung bildet eine violette Flüssigkeit. Dies ist eine besondere Eigenthümlichkeit, denn Aether und Weingeist lösen das Jod mit brauner, Petroleumbenzin mit himbeerrother Farbe. 7000 Th. Wasser lösen circa 1 Th. Jod, die Lösung ist aber nur gelblich gefärbt.

Ein vorzügliches Reagens auf freies Jod ist das Stärkemehl. Bringen wir in einen Reagircylinder etwas Wasser, geben dazu einen Tropfen Jodtinktur (*Tinctura Jodi*), eine Auflösung von Jod in Weingeist, und dann einige Stärkemehlkörnchen oder in

Wasser gelösten Stärkemehlkleister, so färbt sich das Stärkemehl blau oder violett. Umgekehrt ist daher Jod ein Reagens auf Stärkemehl.

Die Entdeckung des Jods datirt aus dem Jahre 1812. Der Sodafabrikant *Courtois* in Paris dampfte die salzigen Auszüge aus der Barille und dem Varec (der Asche von Strand- und Seegewächsen) in eisernen Kesseln ein und fand, dass die nach dem Auskrystallisiren der Salze verbleibende Mutterlauge die Oberfläche des Kessels stark ätzte und zerstörte. Bei der chemischen Untersuchung der Mutterlauge fand man das Jod. Das meiste des im Handel vorkommenden Jods wird noch heute aus den Mutterlaugen der Aschen der See- und Strandgewächse, in Schottland aus dem Kelp, in Frankreich aus dem Varec gewonnen. Nachdem man aus den Laugen dieser Aschen das kohlensaure Natrium, schwefelsaure Natrium und Kaliumchlorid abgeschieden hat, bringt man die concentrirten Mutterlaugen (Jodlaugen), welche das Jod hauptsächlich als Natriumjodid (NaJ) enthalten, in bleierne Retorten, giebt Braunstein und concentrirte Schwefelsäure hinzu und destillirt das Jod in gläserne Ballons ab. Der chemische Process ist hier ähnlich wie bei der Chlorentwickelung. Die Schwefelsäure scheidet Jodwasserstoff (HJ) aus, dessen Wasserstoff mit Sauerstoff aus dem Manganhyperoxyd Wasser bildet, und dessen Jod dadurch frei wird.

<table>
<tr><td>Natrium-
jodid</td><td>Mangan-
dioxyd</td><td>Hydrium-
sulfat</td><td>Natrium-
sulfat</td><td>Mangano-
sulfat</td><td>Wasser</td><td>Jod</td></tr>
</table>

$$2(\text{NaJ}) + \text{MnO}_2 + 2(\text{H}_2\text{SO}_4) = \text{Na}_2\text{SO}_4 + \text{MnSO}_4 + 2(\text{H}_2\text{O}) + \text{J}_2$$

$$\text{od. } NaJ + MnO^2 + 2(SO^3,HO) = NaO,SO^3 + MnO,SO^3 + 2HO + J$$

<table>
<tr><td>Jod-
natrium</td><td>Mangan-
hyperoxyd</td><td>Schwefel-
säurehydrat</td><td>schwefel-
saures
Natron</td><td>schwefelsaures
Manganoxydul</td><td>Wasser</td><td>Jod</td></tr>
</table>

Da die Mutterlaugen aber neben Natriumjodid auch Natriumchlorid und Kaliumchlorid enthalten, das freie Chlor aber das Jod aus den Verbindungen verdrängt, so ist der Process der Jodabscheidung hier in so weit modificirt, als zunächst durch die Einwirkung von Mangandioxyd und Schwefelsäure auf die Metallchloride Chlor frei wird, und das freie Chlor das Jod in den Jodmetallen deplacirt. — In französischen Jodfabriken leitet man sogar in die mit Schwefelsäure angesäuerten Jodlaugen eine genau ausreichende Menge Chlorgas. Das Jod scheidet sich pulverförmig ab. Man sammelt es in Zuckerhutformen aus Thon, lässt es abtropfen und sublimirt es dann aus Retorten, welche ganz von Sand umschüttet sind, in irdene Vorlagen über. Die Lauge, aus welcher das Jod durch Chlor mit Vorsicht gefällt ist, enthält noch Brommetalle. Die Lauge wird zur Trockne eingedampft und der Rückstand mit Braunstein und Schwefelsäure in Retorten erhitzt. Es wird dann in derselben Weise das Brom frei wie Chlor und Jod. Der Bromdampf wird in Vorlagen verdichtet.

Diese Methoden der Joddarstellung lassen sich auch für die chemische Analyse verwenden, wenn man die Gegenwart von Jod in irgend einer Verbindung nachweisen will.

Man gebe in einen Reagircylinder 2 Gramm Wasser, löse darin circa 1 Decigrm. Kaliumjodid, setze dann einige Körnchen Manganhyperoxyd und einige Tropfen conc. Schwefelsäure dazu. Klemmt man mittelst eines Korkes einen Streifen Papier, welcher mit Stärkekleister bestrichen ist, in die Oeffnung des Cylinders, erwärmt die Flüssigkeit ein wenig und stellt bei Seite, so wird sich jener Papierstreifen nach und nach blau färben. Auf diese Weise lassen sich Spuren Jod im Harn (nach dem innerlichen Gebrauch von Jodkalium gelassen), in der Schwammkohle (*Spongia tosta*), in Salzsoolen nachweisen. Oder man macht die klare Flüssigkeit, welche eine Jodverbindung enthält, mit etwas Schwefelsäure sauer, giebt etwas Chlorwasser, dann nach der Mischung Schwefelkohlenstoff oder Chloroform dazu und schüttelt um. Letztere beiden Flüssigkeiten nehmen das freigemachte Jod auf und sammeln sich in Gestalt einer violettgefärbten Schicht am Boden des Probircylinders. Auch concentrirte Ferrichloridlösung scheidet in saurer Lösung das Jod aus der Jodidverbindung ab. Man verfährt hier mit Chloroform wie vorhin. Sind neben den Jodmetallen Brommetalle gegenwärtig, so wird auch gleichzeitig Brom frei. In einem solchen Falle ist es zweckmässiger, der Flüssigkeit Untersalpetersäure-haltige Salpetersäure (*Acid. nitricum fumans*) zuzusetzen. Die Untersalpetersäure (NO^4) macht das Jod, aber nicht das Brom frei.

Hydrium- Untersal- Wasser Stickoxyd Jod
   jodid   petersäure

$$2HJ + NO_2 = H_2O + NO + 2J.$$

Der Flüssigkeit kann man dann durch Schütteln mit Schwefelkohlenstoff das Jod völlig entziehen, hierauf abgiessen, mit Chlorwasser versetzen und mit Aether schütteln, welcher das freigemachte Brom aufnimmt und sich in der Ruhe als vorübergehend gelbgefärbte Schicht oberhalb ansammelt.

Mit Wasserstoff bildet das Jod **Jodwasserstoff**, Jodwasserstoffsäure, HJ (*Acidum hydrojodicum*), eine der Chlorwasserstoffsäure (HCl) analoge Verbindung. Man stellt sie dadurch her, dass man in Wasser, worin Jod zertheilt ist, Schwefelwasserstoffgas (H_2S) leitet, bis alles Jod verschwunden und in Jodwasserstoff verwandelt ist. Schwefel scheidet sich hierbei aus.

$$J_2 + H_2S = 2HJ + S \quad \text{od.} \quad J + HS = HJ + S.$$

Mit Sauerstoff giebt Jod mehrere Verbindungen, von welchen die **Jodsäure** Hydriumjodat (HJO_3), oder Jodsäureanhydrid (J_2O_5 od. JO^5) und die Ueberjodsäure, Hydriumperjodat (HJO_4) oder Ueberjodsäureanhydrid (J_2O_7 od. JO^7) genau bekannt sind.

Von den Jodmetallen sind das Kaliumjodid (KJ), das Mercurojodid oder Quecksilberjodür (Hg_2J_2 od. Hg^2J), das Mercurijodid oder Quecksilberjodid (HgJ_2 od. HgJ), das Ferrojodid oder Eisenjodür (FeJ_2 od. FeJ) officinell. Dieselben gehören zu demselben Typus und haben dieselbe Structur wie die entsprechenden Chlormetalle.

Kaliumjodid, Jodkalium (*Kalium jodatum*) wird fabrikmässig auf verschiedene Weise dargestellt, z. B. durch Auflösen von Jod in einer erwärmten reinen Aetzkalilauge, bis diese schwach gelblich ist. Es entstehen hierbei Kaliumjodid und Kaliumjodat oder jodsaures Kali. Das Kaliumoxyd, dessen Kalium sich mit Jod verbindet, giebt seinen Sauerstoff an einen Theil des Jods ab, welcher dadurch zu Jodsäure wird. Die Jodsäure verbindet sich mit dem Kalium, welches nicht schon zu Kaliumjodid geworden ist, zu dem etwas schwerlöslichen Kaliumjodat

Kaliumhydroxyd   Jod   Kaliumjodid   Kaliumjodat   Wasser

$$6\left(\genfrac{}{}{0pt}{}{H}{K}\!\Big|\,O\right) + 3\left(\genfrac{}{}{0pt}{}{J}{J}\Big|\right) = 5\left(\genfrac{}{}{0pt}{}{J}{K}\Big|\right) + \genfrac{}{}{0pt}{}{JO_2}{K}\Big\}\,O + 3\left(\genfrac{}{}{0pt}{}{H}{H}\Big|\,O\right)$$

od. $6(HKO) + 3J_2 = 5(KJ) + KJO_3 + 3(H_2O)$

od. $6KO + 5J = 5KJ + KO,JO^5$

Kali   Jod   Jodkalium   jodsaures Kali

Behufs der Reduction des jodsauren Kalium wird die Flüssigkeit mit Kohlenpulver gemischt, in einem eisernen Gefäss eingetrocknet und schwach geglüht. Die Kohle entzieht unter Bildung von Kohlensäure dem Jodat den Sauerstoff und führt dieses in Kaliumjodid über:

Kaliumjodat   Kohle   Kaliumjodid   Kohlensäureanhydrid

$$2\left(\genfrac{}{}{0pt}{}{JO_2}{K}\Big\}\,O\right) + 3C = 2\left(\genfrac{}{}{0pt}{}{J}{K}\Big|\right) + 3CO_2$$

od. $2(KJO_3) + 3C = 2(KJ) + 3CO_2$

Die geglühte kohlige Masse löst man in Wasser, filtrirt die Lösung und bringt sie zur Krystallisation.

Die völlige Beseitigung des Kaliumjodats oder jodsauren Kalis ist ein wichtiger Punkt für die Darstellung eines reinen Kaliumjodids. Ein mit Kaliumjodat verunreinigtes Kaliumjodid giebt nämlich mit farblosen, Spuren Säure enthaltenden Substanzen (destillirten Pflanzenwässern, Fett) keine farblosen Mischungen oder Lösungen, denn die Säure scheidet Jodwasserstoff aus und dieser zersetzt sich mit Jodsäure unter Abscheidung von Jod. Wir prüfen daher das Kaliumjodid auf Jodat, indem wir seine Lösung mit verdünnter Schwefelsäure sauer machen.

$$\text{Hydriumjodat} \qquad \text{Hydriumjodid} \qquad \text{Wasser} \qquad \text{Jod}$$

$$2\left(\begin{matrix}JO_2\\H\end{matrix}\right\}O\right) + 10\left(\begin{matrix}H\\J\end{matrix}\right\}\right) = 6\left(\begin{matrix}H\\H\end{matrix}\right\}O\right) + 6\left(\begin{matrix}J\\J\end{matrix}\right\}\right)$$

$$\text{od. } 2(HJO_3) \quad + \quad 10(HJ) \quad = \quad 6(H_2O) \quad + \quad 6J_2$$

$$\text{od. } JO^5 \qquad\quad + \quad 5HJ \quad = \quad 5HO \qquad + \quad 6J$$

$$\text{Jodsäure} \qquad \text{Jodwasserstoff} \qquad \text{Wasser} \qquad \text{Jod}$$

Die krystallisirenden Kaliumjodidlaugen effloresciren und steigen über die Wandung des Krystallisirgefässes hinweg. Man sucht daher möglichst reine Kaliumjodidlösungen darzustellen und die Krystallisation derselben in der Wärme zu bewerkstelligen.

Das Kaliumjodid bildet farblose, durchscheinende oder porcellanartig weisse, würflige Krystalle, von welchen 4 Theile sich in 3 Th. kaltem Wasser lösen. Seine Lösung nimmt leicht noch mehr Jod auf und giebt damit eine dunkelbraune klare Flüssigkeit.

Kaliumbromid, Bromkalium (KBr), ein dem Kaliumjodid sehr ähnliches Salz wird auch ganz in derselben Weise wie dieses dargestellt.

Die Darstellung des dem Kalomel analogen **Mercurojodids** oder **Quecksilberjodürs** (*Hydrargyrum jodatum* [*viride v. flavum*]), (Hg$_2$J$_2$ od. *Hg²J*) besteht einfach darin, dass man in einem Porcellanmörser 8 Th. Quecksilber mit 5 Th. Jod unter Besprengen mit Weingeist zusammenreibt, und das unter Selbsterhitzung zu einem grünlich gelben Pulver gewordene Gemisch mit Weingeist gehörig auswäscht, um etwa entstandenes Mercurijodid, welches so giftig wie das ätzende Quecksilberchlorid ist, zu beseitigen.

$$Hg_2 + J_2 = Hg_2J_2 \text{ od. } 2Hg + J = Hg^2J.$$

Mercurijodid oder **rothes Quecksilberjodid** (*Hydrargyrum bijodatum rubrum*) ist eine rothe, aus kleinen Krystallen bestehende und sehr giftige Verbindung. Man stellt sie einfach durch Mischung zweier wässriger Lösungen aus 1 Mol. Mercurichlorid und 2 Mol. Kaliumjodid dar. Aus der Mischung beider Haloïdsalze entstehen durch wechselseitigen Austausch der Bestandtheile das leichtlösliche Kaliumchlorid und das in Wasser nur unbedeutend lösliche Mercurijodid.

$$HgCl_2 + 2(KJ) = 2(KCl) + HgJ_2 \text{ od. } Hg\,Cl + KJ = KCl + HgJ.$$

Das rothe Mercurijodid ist ein schweres scharlachrothes Pulver, löslich in Weingeist, Aether, Chloroform, Kaliumjodidlösung, wenig löslich in Wasser. Aufbewahrt wird es neben dem Sublimat.

Ferrojodid, Eisenjodür (*Ferrum jodatum*, FeJ_2 od. *FeJ*) ist trocken nicht zu conserviren, indem es sich an der Luft oxydirt und in Ferrijodid und Ferrioxyd zersetzt; das Eisenjodid dunstet Jod aus. Jene Oxydation zurückzuhalten, dampft man die filtrirte Ferrojodidlösung mit Milchzucker zur Trockne ein und bewahrt den Rückstand als *Ferrum jodatum saccharatum* vor dem Zutritt der Luft sorgfältig geschützt.

Wenn man Eisenpulver und Jod zusammenschüttet, so entsteht unter heftiger Erhitzung Ferrojodid oder Eisenjodür in Form einer braunen Substanz. Leicht ist es, diese Verbindung in wässriger Lösung darzustellen. Man giebt Eisenpulver in Wasser und setzt Jod dazu. Unter sanfter Bewegung der Flüssigkeit verbinden sich beide Elemente, und es entsteht eine schwach grünliche Lösung von Ferrojodid, welche filtrirt und durch Zusatz von Zucker zum Syrup gemacht, den *Syrupus Ferri jodati* darstellt. Dieser muss am Sonnenlichte, gleichzeitig in Contact mit einigen Stücken reinem Eisendraht aufbewahrt werden, um den Bestand des Ferrojodids zu erhalten.

Bleijodid, Jodblei (*Plumbum jodatum*) resultirt als ein schön pomeranzengelber, in Wasser unbedeutend löslicher Niederschlag, wenn man Kaliumjodid und Bleinitrat oder Bleiacetat in wässriger Lösung mischt.

$$
\begin{array}{cccc}
\text{Bleinitrat} & \text{Kaliumjodid} & \text{Bleijodid} & \text{Kaliumnitrat} \\
\left.\begin{matrix}(NO_2)_2\\ Pb''\end{matrix}\right\} O_2 & + \ 2\left(\begin{matrix}J\\ K\end{matrix}\right\}\right) & = \ \left.\begin{matrix}J_2\\ Pb''\end{matrix}\right\} & + \ 2\left(\begin{matrix}NO_2\\ K\end{matrix}\right\} O\right)
\end{array}
$$

$$\text{od. } PbN_2O_6 \quad + \ 2(KJ) \ = \ PbJ_2 \ + \ 2(KNO_3)$$

$$\text{od. } PbO,NO^5 \quad + \ KJ \quad = \ PbJ \ + \ KO,NO^5$$

salpetersaures Jodkalium Jodblei salpetersaures
Bleioxyd   Kali

Es muss bei geringer Wärme getrocknet werden, weil es in starker

Hitze schmilzt, Jod ausdunstet, Sauerstoff aus der Luft aufnimmt und zu einem oxydhaltigen Jodid wird.

Silberjodid, Jodsilber (AgJ) ist zwar keine als Arzneimittel verwendete Substanz, jedoch haben wir damit bei Prüfung einiger Arzneikörper auf Jodgehalt oder eine Verunreinigung mit einen Jodid zu thun. Wie wir wissen geben Chloride, Bromide, Jodide, Cyanide, Rhodanide mit Sibernitratlösung Niederschläge, welche in Wasser und verdünnten Säuren unlöslich sind. Silberjodid unterscheidet sich in der Reihe dieser Niederschläge theils dadurch, dass es nicht völlig weiss, sondern gelblich ist und dass es sich in verdünnter Aetzammonflüssigkeit beinahe unlöslich erweist. Wir wollen dieses Verhalten zur Prüfung des Kaliumjodids auf eine Verunreinigung mit Kaliumchlorid oder Kaliumbromid verwerthen. Zu einer Lösung von genau 0,3 Grm. Kaliumjodid in 6—8 CC. destillirtem Wasser geben wir eine Lösung von 0,4 Silbernitrat in einer gleichen Menge Wasser, versetzen nach der Mischung mit 3—4 Grm. Aetzammonflüssigkeit und schütteln kräftig um. Hierauf wird filtrirt und das Filtrat mit circa 5 Grm. oder soviel Salpetersäure versetzt, dass es stark sauer reagirt. Lag reines Kaliumjodid vor, so trübt sich die Flüssigkeit unbedeutend, sie bietet eine sogenannte opalescirende (die Durchsichtigkeit nicht völlig aufhebende) Trübung. Der trübende Körper ist die Spur Silberjodid, welche von der ammoniakalischen Flüssigkeit aus dem Niederschlage gelöst wurde. Giebt sie dagegen eine starke weisse Trübung, welche ihre Durchsichtigkeit völlig aufhebt, oder giebt sie einen starken weissen Niederschlag, so ist derselbe Silberchlorid oder Silberbromid und das Kaliumjodid ist reichlich mit Chlorid oder Bromid des Kalium verunreinigt.

Die Jodmittel sind im Allgemeinen starkwirkende Medicamente und daher mit der nothwendigen Vorsicht zu dispensiren.

Bemerkungen. Jod, Jodine (jodíne), erhielt wie das Chlor wegen der Farbe des Dampfes seinen Namen. Da man den Joddampf veilchenblau fand, entnahm man den Namen Jod dem griech. ἰώδης, ἰώδες (iodēs, iodes) veilchenfarbig, von ἴον (ion), Veilchen, und εἶδος (eidos), Gestalt, Beschaffenheit. — *Courtois*, spr. kurtŏa. — *Brom, Bromum*, wurde 1826 vom Apotheker *Balard* (spr. balahr) in Montpellier, in der Mutterlauge des Seesalzes entdeckt und Brom genannt, von βρῶμος (bromos), Gestank bockender Thiere. Es bildet bei gewöhnlicher Temperatur eine dunkelbraunrothe, in dünner Schicht hyacinthrothe, chlorähnlich riechende, scharf ätzend schmekkende Flüssigkeit, fast 3mal so schwer als Wasser. Man pflegt es, um seine Verdunstuug zu verhindern, mit einer Schicht Wasser bedeckt in

Gläsern mit Glasstopfen und verschlossen in einem zweiten Gefäss aufzubewahren. Sein Dampf ist ebenso gefährlich für die Lungen wie Chlorgas.
In seinem chemischen Verhalten steht es zwischen Chlor und Jod. — Jodflecke auf der Haut nimmt man mit Natriumhyposulfitlösung weg.

Lection 88.

Unterchlorigsaure Salze. Chlorsaures Kalium.

Es existiren mehrere Verbindungen des Chlors mit Sauerstoff

$HClO$ Unterchlorigsäure
$HClO_2$ Chlorigsäure
$HClO_3$ Chlorsäure
$HClO_4$ Ueberchlorsäure.

Von diesen bieten nur die Unterchlorigsäure und die Chlorsäure
dem Pharmaceuten ein Interesse.

Unterchlorigsäure, unterchlorige Säure (Hydriumhypochlorit), Hydriumchlorot $(HClO)$. Unterchlorigsäureanhydrid
$(Cl^2O$ od. $ClO)$. Jener Apotheker *Balard*, welcher das Brom
entdeckte, stellte auch diese Säure zuerst dar, indem er in eine
mit Chlorgas gefüllte Flasche rothes Quecksilberoxyd (Mercurioxyd)
und Wasser brachte. Er erhielt dadurch eine wässrige Lösung
der genannten Säure, während sich Marcurioxychlorid, eine
schwerlösliche Verbindung von Mercurichlorid mit Mercurioxyd
abgeschieden hatte. Das Unterchlorigsäure - Anhydrid stellt man
durch Leiten von Chlorgas über kalt gehaltenes Mercurioxyd dar.

$$2HgO + 2Cl_2 = Hg_2OCl_2 + Cl_2O$$
$$\text{od. } 2HgO + 2Cl = HgCl,HgO + ClO.$$

Bei der Lösung des Unterchlorigsäureanhydrids, welches eine
bei 20° C. siedende, dunkelrothe, leicht detonirende Flüssigkeit
darstellt, entsteht Unterchlorigsäure oder Hydriumhypochlorit.

$$\left.{Cl \atop Cl}\right\}O + \left.{H \atop H}\right\}O = 2\left({Cl \atop H}\right\}O\right)$$
$$\text{od. } Cl_2O + H_2O = 2HClO.$$

Indem diese Säure ihren Sauerstoff leicht an andere Körper abgiebt und diese oxydirt, das dabei freiwerdende Chlor gleichzeitig seine oxydirende Wirkung ausübt, so zerstört die Unterchlo-

rigsäure organische Körper kräftiger und zeigt sich als ein noch einmal so starkes Oxydationsmittel als Chlorgas allein.

$$2Cl_2 + 2(H_2O) = 4(HCl) + O_2 \text{ u. } 2(Cl_2O) + 2(H_2O)$$
$$= 4(HCl) + 2O_2.$$

Mit Chlorwasserstoffsäure zersetzt sie sich unter Bildung von Wasser und freiem Chlor.

$$HClO + HCl = H_2O + Cl_2 \text{ od. } ClO + HCl = HO + 2Cl.$$

Die Unterchlorigsäure ist eine schwache Säure, welche selbst die Kohlensäure nicht auszutreiben vermag, ihre Salze (Hypochlorite) werden sogar durch Kohlensäure zerlegt. Daher haben alle ihre Salze einen Chlorgeruch.

Die Unterchlorigsäure entsteht immer, wenn man Chlorgas auf die Hydroxyde der Metalle der fixen Alkalien und der alkalischen Erden einwirken lässt. Leitet man z. B. in eine kalte Aetznatronlösung Chlorgas, so erfolgt ein ähnlicher Vorgang wie bei der Einwirkung von Chlor auf Quecksilberoxyd. Die Hälfte des Chlors verbindet sich mit einem entsprechenden Theile Natrium zu Natriumchlorid, die andere Hälfte aber mit dem dadurch vom Natriumhydroxyd geschiedenen Hydroxyd zu Unterchlorigsäure, welche sich mit dem Natriumreste zu unterchlorigsaurem Natrium, Natriumhypochlorit, vereinigt. Es entsteht also stets ein Metallchlorid und ein Hypochlorit

Natrium- hydroxyd	Chlor	Natrium- chlorid	Natriumhypo- chlorit	Wasser
$2(HNaO)$	$+ Cl_2$	$= NaCl$	$+ NaClO$	$+ H_2O$

$$\text{od. } 2NaO \quad + 2Cl = NaCl + NaO,ClO$$

Natron	Chlor	Chlorna- trium	unterchlorig- saures Natron

Wird Chlorgas in eine Lösung des Natriumcarbonats geleitet, so entsteht zunächst kein unterchlorigsaures Salz, sondern freie Unterchlorigsäure neben Natriumchlorid und Natriumdicarbonat, denn die Unterchlorigsäure vermag die Kohlensäure aus den Verbindungen derselben nicht zu deplaciren.

Natriumcar- bonat	Wasser	Chlor	Natrium- chlorid	Natriumdicarbonat	Hydrium- hypo- chlorit
Na_2CO_3	$+ H_2O$	$+ Cl_2$	$= NaCl$	$+ HNaCO_3$	$+ HClO$

$$\text{od. } 2(NaO,CO^2) + HO + 2Cl = NaCl + NaO,HO,2CO^2 + ClO$$

Kohlensaures Natron		Chlorna- trium	doppelt kohlens. Natron	Unter- chlorig- säure

Fährt man mit dem Hineinleiten des Chlorgases in diese Lösung fort, so zersetzt das Chlor auch das Natriumdicarbonat und es entstehen unter Entwickelung von Kohlensäuregas Natriumchlorid und freie Unterschlorigsäure, so dass die Flüssigkeit endlich eine Lösung des Natriumchlorids und der Unterschlorigsäure repräsentirt. Nimmt man statt des Natriumcarbonats Kaliumcarbonat, so bleibt der Vorgang derselbe.

Die Chlorkaliflüssigkeit, *Javelle*'sche Lauge, *Eau de Javelle*, welche früher zum Entfernen der Fruchtflecke aus Weisswäsche gebraucht wurde, bereitete man durch Hineinleiten von Chlorgas in eine verdünnte wässrige Lösung des Kaliumcarbonats. In neuerer Zeit hat im Handel die Chlornatronflüssigkeit, *Labarraque*'sche Flüssigkeit, *Eau de Labarraque* (*Liquor Natri chlorati s. hypochlorosi*) die Chlorkaliflüssigkeit verdrängt. Die auch officinelle Chlornatronflüssigkeit wird nicht mehr durch Einleiten von Chlor in Natroncarbonatlösung dargestellt, sondern durch eine wässrige Lösung des Chlorkalkes, aus welcher man durch eine Lösung des Natriumcarbonats die Kalkerde gefällt hat, ersetzt. Eine solche Flüssigkeit enthält in der That neben Natriumchlorid unterchlorigsaures Natrium, aber keine freie Unterchlorigsäure.

Calciumhypo- chlorit	Natrium- carbonat	Calciumcar- bonat	Natriumhypo- chlorit
$CaCl_2O_2$	$+ Na_2CO_3$	$= CaCO_3$	$+ 2(NaClO)$
od. CaO, ClO	$+ NaO, CO^2$	$= CaO, CO^2$	$+ NaO, ClO$
Unterchlorig- saurer Kalk	kohlensaures Natron	Kohlensaure Kalkerde	unterchlorig- saures Natron.

Zur Darstellung der officinellen Chlornatronflüssigkeit werden 20 Th. Chlorkalk in 100 Th. kaltem Wasser zertheilt mit einer kalten Lösung von 25 Th. rohem krystallisirtem Natriumcarbonat in 500 Th. Wasser gemischt, zum Absetzen bei Seite gestellt und endlich decanthirt, d. h. klar abgegossen. Der aus Calciumcarbonat bestehende Bodensatz wird weggeworfen.

Die Bildung freier Unterchlorigsäure in der vorhin erwähnten Weise findet auch dann statt, wenn man Chlorgas in Lösungen anderer Alkalisalze, z. B. des Natriumsulfats (Glaubersalz), leitet. Es entstehen in diesem Falle Natriumchlorid, freie Unterchlorigsäure und Natriumdisulfat. Aus solcher Lösung kann man wässrige Unterchlorigsäure abdestilliren.

Der Process der Bildung der Unterchlorigsäure findet im

Uebrigen nur dann statt, wenn die Lösung des ätzenden Alkali oder des Alkalicarbonats nicht zu concentrirt und auch nicht warm oder heiss ist. Leitet man Chlorgas in eine heisse Kaliumhydroxydlösung, so entsteht neben Kaliumchlorid nicht Kaliumhypochlorit, sondern Kaliumchlorat oder chlorsaures Kali

$$6\left(\!\begin{smallmatrix}H\\K\end{smallmatrix}\!\right\}O\,\right) \;+\; 3\left(\!\begin{smallmatrix}Cl\\Cl\end{smallmatrix}\!\right) \;=\; 5\left(\!\begin{smallmatrix}Cl\\K\end{smallmatrix}\!\right) \;+\; \begin{smallmatrix}ClO_2\\K\end{smallmatrix}\!\Big\}O_3 \;+\; 3\left(\!\begin{smallmatrix}H\\H\end{smallmatrix}\!\right\}O\,\right)$$

Kaliumhydroxyd — Chlor — Kaliumchlorid — Kaliumchlorat — Wasser

od. $6(HKO) \;+\; 3Cl_2 \;=\; 5(KCl) \;+\; KClO_3 \;+\; 3(H^2O)$

od. *$6\,KO \;+\; 6\,Cl \;=\; 5\,KCl \;+\; KO,ClO^5$*

Kaliumoxyd — Chlor — Chlorkalium — chlorsaures Kali

Kaliumchlorat, chlorsaures Kali, Kalichlorat (*Kali chloricum*), wurde früher auf diese Weise dargestellt, nur nahm man statt Kaliumhydroxyd, Kaliumcarbonat, denn die Chlorsäure verdrängt die Kohlensäure vollständig aus den Carbonaten. Jetzt leitet man das Chlor in erwärmte Kalkmilch und erzeugt auf diese Weise Calciumchlorat neben Calciumchlorid:

Calciumhydroxyd — Chlor — Calciumchlorid — Calciumchlorat — Wasser

$$6(H_2CaO_2) \;+\; 6Cl_2 \;=\; 5(CaCl_2) \;+\; CaCl_2O_6 \;+\; 6(H_2O)$$

od. *$6\,CaO \;+\; 6\,Cl \;=\; 5\,CaCl \;+\; CaO,ClO^5$*

Calciumoxyd — Chlor — Chlorcalcium — Chlorsaure Kalkerde

Die Lösung dieser Salze versetzt man mit Kaliumchlorid, welches mit dem chlorsauren Calcium die Bestandtheile austauscht. Calciumchlorid und Kaliumchlorat entstehen:

Calciumchlorat — Kaliumchlorid — Calciumchlorid — Kaliumchlorat

$$\begin{smallmatrix}(ClO_2)_2\\Ca''\end{smallmatrix}\!\Big\}O_2 \;+\; 2\left(\!\begin{smallmatrix}Cl\\K\end{smallmatrix}\!\right) \;=\; \begin{smallmatrix}Cl_2\\Ca''\end{smallmatrix}\!\Big\} \;+\; 2\left(\!\begin{smallmatrix}ClO_2\\K\end{smallmatrix}\!\right\}O\,\right)$$

od. $CaCl_2O_6 \;+\; 2(KCl) \;=\; CaCl_2 \;+\; 2(KClO_3)$

od. *$CaO,ClO^5 \;+\; KCl \;=\; CaCl \;+\; KO,ClO^5$*

chlorsaure Kalkerde — Chlorkalium — Chlorcalcium — chlorsaures Kali

Aus der durch Eindampfen concentrirten Lösung scheidet das schwerlösliche Kaliumchlorat in Krystallen ab, deren Mutterlauge nur das leicht lösliche Calciumchlorid enthält.

Dass das Kaliumchlorat oder chlorsaure Kali unter Umständen eine sehr gefährliche Substanz ist, wissen wir aus der Lection 27 (S. 111 u. f.).

Eine für Pharmacie und Technik sehr wichtige unterchlorigsaure Verbindung ist der Chlorkalk, auch Bleichkalk, unterchlorigsaure Kalkerde (*Calcaria hypochlorosa, Calcaria chlorata s. oxymuriatica*) genannt, ein Gemisch aus Calciumhypochlorit oder unterchlorigsaurer Kalkerde ($CaCl_2O_2$ od. *CaO,ClO*), Calciumchlorid, Chlorcalcium ($CaCl_2$ od. *CaCl*) und Calciumhydroxyd oder Kalkhydrat (H_2CaO_2 od. *CaO,HO*).

Wenn man in kalte Kalkmilch Chlorgas, so viel als aufgenommen wird, leitet, so entstehen Calciumchlorid und unterchlorigsaures Calcium. In dieser Weise stellt man auch den Chlorkalk dar, wenn er alsbald·verbraucht werden kann. Der in den Handel kommende Chlorkalk ist nicht flüssig, sondern ein trocknes oder wenig feuchtes Pulver, und enthält auch Calciumhydroxyd. Dieser letztere Umstand hat seine eigene Bewandtniss.

Leitet man auf trocknes Calciumhydroxyd Chlorgas, so bleibt die Hälfte desselben vom Chlor unberührt und scheinen Calciumhypochlorit, Calciumchlorid und Calciumhydroxyd im Chlorkalk in chemischer Verbindung zu bestehen, deren Bestand auf dem Calciumhydroxyd basirt. Das in Weingeist leicht lösliche Calciumchlorid lässt sich nicht durch Weingeist aus dem Chlorkalk extrahiren.

Löst man Chlorkalk in Wasser, so lösen sich Calciumchlorid und Calciumhypochlorit, das Calciumhydroxyd bleibt aber ungelöst. Versetzt man eine solche Lösung mit einer Säure oder übergiesst man Chlorkalk mit einer verdünnten Säure, so kommt die darin enthaltene ganze Chlormenge zur Wirkung oder mit anderen Worten, die ganze Chlormenge wird frei. Die Säure zersetzt nämlich das unterchlorigsaure Calcium und das Calciumchlorid. Es werden gleichzeitig Unterchlorigsäure (HClO) und Chlorwasserstoff (HCl) frei und aus der gegenseitigen Einwirkung beider resultiren Wasser und Chlor.

Chlorkalk	Schwefelsäure	Calcium-sulfat	Unterchlorig-säure	Chlorwas-serstoff

$$CaCl_2O_2 + CaCl_2 + 2H_2SO_4 = 2CaSO_4 + 2HClO + 2HCl.$$

$$2HClO + 2HCl = 2H_2O + 2Cl_2.$$

Was hier in diesem Schema die Schwefelsäure als zersetzende Säure andeutet, bewirkt auch die Kohlensäure der Luft. Daher exhalirt der Chlorkalk fortwährend Chlor.

Nach einer neueren Ansicht sättigen sich Calcium und Sauerstoff, obgleich zweiatomige Elemente unvollständig und ihre Verbindung bildet die zweiatomige Gruppe CaO", Calcyl. Dieses Radical verbinde sich mit Sauerstoff, Chlor etc. Das durch Einwirkung von Wasserstoffsuperoxyd auf Kalk entstehende CaOO sei Calcyloxyd, und das durch Einwirkung von Chlor entstehende CaOCl$_2$ sei Calcylchlorid mit der typischen Formel $\left.\begin{matrix} CaO \\ Cl_2 \end{matrix}\right\}$. Tritt zu dieser Verbindung eine Säure z. B. Kohlensäure, so resultiren daraus Calciumcarbonat und freies Chlor.

$$\left.\begin{matrix} CaO \\ Cl_2 \end{matrix}\right\} + CO_2 = \left.\begin{matrix} CO \\ Ca \end{matrix}\right\}O_2 + \left.\begin{matrix} Cl \\ Cl \end{matrix}\right\}$$

Hiernach wäre der trockene Chlorkalk ein Gemenge von Calcylchlorid und Calciumhydroxyd.

Der Gehalt an wirkendem Chlor im käuflichen Chlorkalk beträgt höchstens 30 Proc. vom Gewichte desselben, gewöhnlich macht er nur 10—20 Proc. aus. Die *Pharm. Germanica* verlangt im Chlorkalk wenigstens 25 Proc. wirksames Chlor. Sie lässt 100 Th. Chlorkalk mit Wasser anreiben und mit einer angesäuerten Lösung von 196 Th. krystallisirtem Ferrosulfat, dessen Lösung man mit Chlorwasserstoffsäure sauer gemacht hat, versetzen. Das Sauermachen bezweckt die Freimachung des ganzen Chlorgehalts des Chlorkalkes. Dass diese Prüfung sich auf die Ueberführung des Ferrosalzes in Ferrisalz oder nach der alten Ansicht auf die Oxydation des Eisenoxyduls zu Oxyd mittelst des freien Chlors stützt, ist in der Lection 69, S. 354 und 355 auseinander gesetzt

Chlorkalk kann sich mit Substanzen, welche sich leicht oxydiren nicht in Mischung erhalten. Unter diesen Substanzen sind besonders Schwefel, Ammonsalze, Amide, Glycerin zu bemerken, welche in Mischung mit Chlorkalk von unkundigen Aerzten vorgeschrieben werden. Dergleichen Mischungen explodiren mit oder ohne Flamme. Da der Chlorkalk, besonders bei längerem Aufbewahren, kleine Mengen Calciumchlorat bildet, so kann schon aus diesem Umstande beim Mischen mit Schwefel eine heftige Explosion erfolgen.

Chlorreicher Chlorkalk ist nicht selten einer plötzlichen Selbstentmischung unter Zertrümmerung der Gefässe, worin er verschlossen ist, ausgesetzt. Die Ursache dieser Erscheinung ist noch nicht genau erkannt.

Die Aufbewahrung des Chlorkalkes in dicht geschlossenen Gefässen, sowie auch geschützt vor dem Tageslichte und an einem trocknen kalten Orte stellt sich als eine Nothwendigkeit heraus, denn es ist der Zutritt der Kohlensäure und der Feuchtigkeit der Luft abzuhalten, um die Chlorexhalation zu hindern. Das Tageslicht und auch Wärme bewirken eine allmähliche Zersetzung. Man pflegt den Chlorkalk in irdenen glassirten Töpfen zu dispensiren.

Von den Halogenen bildet nur noch Brom eine der Unterchlorigsäure entsprechende Verbindung (HBrO).

Bemerkungen. Chlorkalk und Chlorcalcium, *Calcaria chlorata* und *Calcium chloratum*, sind nicht zu verwechseln. Chlorkalk und *Calcaria chlorata* sind empirische Namen für das Präparat, welches auch *Calcaria hypochlorosa* genannt wird. Die Chlorkalklösung, welche Aerzte zuweilen verordnen, bereitet man durch Zerreiben von 1 Th. Chlorkalk in einem porcellanenen Mörser mit 8 bis 10 Th. kaltem Wasser, Absetzenlassen und Filtration.

Lection 89.

Bor. Borax.

Bor, Boron (B) ist ein einfacher, zu den Nichtmetallen gehörender Körper, welcher sich durch Reduction der Borsäure (BO^3) in drei Modificationen darstellen lässt, nämlich amorph, graphitähnlich und diamantartig. Die letztere Modification ist insofern interessant, als ihre Entdecker in derselben einen ebenbürtigen Ersatz des Diamants erkannten. *Wöhler* und der Entdecker des Aluminium, *Deville*, setzten Borsäure oder amorphes Bor mit Aluminium (der metallischen Grundlage der Thonerde) einem Glühfeuer aus. Als sie die Schmelze mit Säuren und Alkalilösungen behandelten und dadurch das Aluminium auflösten, blieben Borkrystalle zurück. Diese Borkrystalle (Bordiamanten) zeigen sich unschmelzbar, unverbrennlich und unlöslich in Säuren. Sie haben, wenn man von der Krystallform absieht, eine überraschende Aehnlichkeit mit den Diamanten hinsichtlich des Glanzes, Lichtbrechungsvermögens und der Härte. Der Diamant, obgleich der härteste Körper, kann durch krystallisirtes Bor geritzt werden. Die Farbe der Borkrystalle ist verschieden und wahrscheinlich durch unwesentliche Beimischungen (z. B. Kohlenstoff) bedingt. Man hat die Bordiamanten braun, gelb und farblos gewonnen.

Wie aus dem vorstehend Angegebenen folgt, hat Bor in physikalischer Beziehung eine grosse Aehnlichkeit mit Kohlenstoff, aber auch in chemischer Beziehung sind sich beide Elemente ähnlich. Sie werden daher bei der Gruppirung der Elemente gewöhnlich zusammengestellt.

In der Natur kommt Bor nur als Borsäure frei oder an Basen gebunden vor. Der Tinkal, ein mit fettiger Materie verunreinigter Borax oder Dinatriumborat, wurde schon seit den ältesten Zeiten aus Ostindien nach Europa gebracht. Der arabische Chemiker *Geber* nennt ihn in seinen Werken Baurach, woraus der Sprachgebrauch zuerst Borach, dann Borax gemacht hat. Im östlichen Asien giebt es Seen, aus deren Wasser sich beim Verdunsten der Tinkal absetzt. Boracit und Stassfurtit sind Verbindungen des borsauren Magnesium mit Magnesiumchlorid, Larderellit borsaures Ammonium. Ein vulkanisches Sublimationsproduct ist der Sassolin, freie Borsäure, welcher bei Sasso und an mehreren anderen vulkanischen Orten Italiens angetroffen wird. In den Aschen sehr vieler Vegetabilien hat man Spuren Borsäure angetroffen.

Die Gewinnung der Borsäure wird in den toskanischen Maremmen in riesigem Umfange betrieben. Die Maremmen, welche eine circa 7 Meilen lange Strecke einnehmen, bilden eine wellige vegetationslose Gegend, aus deren sandig-mergeligem, zerborstenen, gespaltenen und zerklüfteten Boden zahlreiche kochendheisse Gas- und Dampfströme (*suffioni*) aufsteigen, welche bei stillem Wetter die ganze Gegend in einen dichten Dampfschleier hüllen. Die Maremmen erscheinen gleich einem Complex zahlreicher kleiner Krater unterirdischer Vulkane, der Boden kocht und zittert unter den Füssen und ist mit unzählig verschiedenen, den vulkanischen Ursprung andeutenden Krystallisationen und Auswitterungen besäet, welche kaum eine Spur Vegetation aufkommen lassen. Inmitten dieser tristen Landschaft erhebt sich der aus schwarzem Mergel und weissem Kalkstein aufgethürmte Monte Cerboli (*Mons Cerberi*), welchen Berg die frommen Umwohner der Maremmen früher für den Eingang zur Hölle hielten. Die Dämpfe dieser kleinen Krater bestehen aus Wasserdampf, schwefliger Säure, Schwefelwasserstoff, Kohlensäure und auch Borsäure und fördern abwechselnd kleine Wassersäulen zu Tage, welche reich an Salzen verschiedener Art und Borsäure sind.

Nachdem der Hofapotheker *Höffner* aus Florenz (1776) in den Wasseransammlungen dieser kleinen Dampfkrater Borsäure entdeckt hatte, entstand hier eine rege Industrie, welche durch den Grafen *Larderel* (1818) einen mächtigen Aufschwung erhielt. Ueber je zwei und mehreren der kleinen Dampfkrater mauert man steinerne Bassins oder Lagunen, 30—50 Fuss im Durchmesser. Diese Bassins sind terrassenförmig gestellt, so dass der flüssige Inhalt des einen Bassins *(a)* durch eine Rohrleitung in das nächst andere tiefer liegende *(b)* abgelassen werden kann. In das am höchsten liegende Bassin lässt man Wasser aus der nächsten Quelle oder dem nächsten Bache einfliessen, und durch dieses Wasser die aus den natürlichen Kanälen des Erdbodens mit einiger Vehemenz ausströmenden, mehr denn kochend heissen Dämpfe hindurchtreten. Das Wasser nimmt die condensirbaren Dämpfe, besonders die Borsäure auf, wird gleichzeitig heiss und verdampft, eine concentrirtere Lösung zurücklassend. Ist die Lösung im ersten am höchsten liegenden Bassin *(a)* einiger Maassen concentrirt, so lässt man sie in das nächstfolgende Bassin *(b)* abfliessen, wo sie sich mehr und mehr durch die darin eintretenden Dämpfe und durch Abdampfen concentrirt, um dann in ähnlicher Weise noch einige Bassins derselben Art zu durchwandern. Hierauf bringt man die in den Lagunen concentrirten Lösungen in grosse Reservoirs *c d* (*vasci*), wo sie in der Ruhe Gyps, Thon, Schlamm, Schwefel etc. absetzen. Die klar abgesetzten Lösungen lässt man nun in terrassenförmig aufgestellte bleierne Pfannen (*caldaje*) abfliessen, welche gleichfalls durch den Dampf aus den Erdspalten, den man unter diesem Kessel-

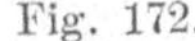

Fig. 172.

system hinweg leitet, erhitzt werden. Sind die Lösungen endlich krystallisationsreif, so kommen sie in mit Blei ausgeschlagene Bottige, wo die Borsäure, besonders mit schwefelsauren Salzen verunreinigt, auskrystallisirt. Die Mutterlaugen bringt man wieder in die Bassins zurück.

Das Interessanteste an diesen Operationen ist die Art und Weise, mit welcher die Natur dienstbar gemacht ist. Man sieht weder Maschinen, noch Herde, noch Feuer, noch Rohmaterial, wie sie die moderne Industrie fordert. Die richtige Benutzung des welligen Terrains und der Hitze der kochendheissen natürlichen Dampfströme reicht aus, circa 300 Lagunen in mehr denn 10 Fabriken auszubeuten, in 500 Abdampfpfannen sieden zu lassen, jährlich mehr denn 1 Million Centner Wasser zu verdampfen und fast 22,000 Centner rohe Borsäure darzustellen. Neben der Production der Borsäure sucht man aber auch die Bestandtheile der Mutterlaugen zu verwerthen, und mit Hilfe der Hitze der natürlichen Dampfströme bereitet man Eisenvitriol, schwefelsaures Ammon, Salmiak, Alaun etc.

Aus dem unreinen natürlichen Borax (Tinkal) und aus der rohen Borsäure durch Uebersättigen mit kohlensaurem Natrium stellt man den raffinirten oder venetianischen Borax dar. Im Handel unterscheidet man zwei Arten Borax, einen gewöhnlichen oder prismatischen ($Na_2B_4O_7 + 10$ aq od. $NaO,2BO^3 + 10HO$), welcher auch das officinelle Dinatriumborat oder zweifach-borsaure Natron (*Natrum biboracicum s. biboricum*) ist, und einen oktaëdrischen Borax ($Na_2B_4O_7 + 5$ aq. oder $NaO,2BO^3 + 5HO$). Der erstere bildet Prismen oder schiefe rhombische Säulen, der letztere dagegen oktaëdrische Krystalle, welche entstehen, wenn man die Boraxlösung bei einer Temperatur von circa 60° krystallisiren lässt.

Die Boraxkrystalle sind farblos und verwittern nicht, wenn sie frei von kohlensaurem Natrium sind. Gewöhnlich sind die Krystalle in Folge oberflächlicher Verwitterung weiss bestäubt. Obgleich der Borax nach der Theorie ein saures Salz ist, so reagirt seine Lösung dennoch alkalisch. Die Borsäure ist nämlich eine sehr schwache Säure, wie die Kohlensäure, deren zweifach-sauren Salze, wie bekannt, auch alkalisch reagiren. Der Borax löst sich in circa 12 Th. kaltem Wasser. Beim Erhitzen bläht er sich wie der Alaun, unter Verdampfen des Krystallwassers, auf und geht in eine weisse blasig lockere Masse (*Borax ustus*) über, welche bei noch stärkerer Hitze zu einem klaren farblosen zähflüssigen Glase schmilzt (Boraxglas). Dieses wasserfreie Binatriumborat hat die Eigenschaft, in der Schmelzhitze viele Metalloxyde aufzulösen, oder sich damit zu schmelzbaren glasartigen Salzen zu verbinden. Je nach dem gelösten Metalloxyde ist auch dieses Salz verschieden gefärbt.

Man nehme das Löthrohr und den Platindraht mit Oehr zur Hand, befeuchte das Oehr mit destill. Wasser (in der Praxis pflegt man mit Speichel zu befeuchten), nehme damit eine linsengrosse Portion gepulverten Borax auf und erhitze diese vor dem Löthrohre, bis man eine klare farblose Boraxperle erhalten hat. Die erkaltete Boraxperle befeuchte man ein Wenig mit der Zunge, drücke sie an Bleiglätte (Bleioxyd), damit von derselben etwas hängen bleibe, und erhitze in der äusseren Löthrohrflamme (Oxydationsflamme) bis zur Schmelzung. Das Bleioxyd wird aufgelöst, und die Boraxperle bleibt farblos und durchsichtig. Machen wir nun denselben Versuch in Stelle des Bleioxyds mit Eisenoxyd, so wie mit Antimonoxyd, so erhalten wir eine gelbe, gelbrothe oder gelbbbraune, mit Kupferoxyd oder Chromoxyd eine grüne, mit Kobaltoxyd eine blaue, mit einem Manganoxyde eine violette bis braunschwarze Perle. Zinnoxyd giebt eine farblose, aber milchige Perle.

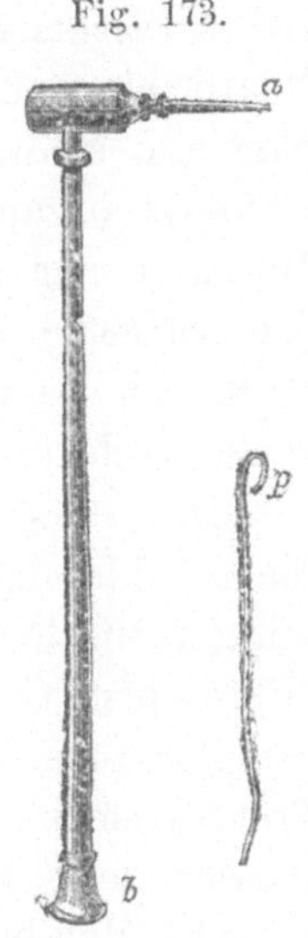

Fig. 173.

Löthrohr. Platindrath mit Oehr.

Wegen seiner auflösenden Eigenschaft bezüglich der Metalloxyde und auch der Erden ist der Borax ein häufiger Bestandtheil der Glasflüsse, Glasuren und Porcellanfarben (meist kieselsaure und borsaure Metalloxyde). Ferner wurde er schon in alten Zeiten zum Löthen der Metalle verwendet. Das Löthen besteht in dem Zusammenkitten zweier Metallflächen in der Hitze mittelst eines leichter schmelzbaren Metalls oder einer solchen Metalllegirung, Loth genannt. Ist die Metallfläche mit einer Oxydschicht bedeckt, so haftet das Loth nicht, d. h. das Zusammenschmelzen der Metalloberfläche mit dem Lothe kann wegen der dazwischen liegenden Oxydschicht nicht stattfinden. Man bestreut daher die Löthstelle mit Boraxpulver, welches beim Erhitzen die Oxydschicht und auch das durch Erhitzen des Lothes entstehende Oxyd auflöst und die Metallflächen rein macht. Beim Löthen von Zinn und Zink verwendet man für denselben Zweck Salzsäure oder Zinkchlorid.

In der Pharmacie findet der Borax Anwendung zur Darstellung des **Boraxweinsteins** *(Kali tartaricum boraxātum, Tartārus boraxātus, Cremor Tartari solubilis)*, eine eigenthümliche hygroskopische Substanz, welche man gleichsam als eine Lösung des Kaliumbitartrats oder zweifach-weinsauren Kalis in Borax betrachten kann. Es giebt wenigstens keinen Umstand an diesem Präparat, welcher eine chemische Verbindung andeutet.

Die **Borsäure**, Boraxsäure *(Acidum boracīcum s. boricum, Sal sedatīvum Hombergii*, H_3BO_3 oder $BO^3 + 3HO)$ findet in der Pharmacie und Medicin selten, in der Oekonomie als Antizymoticum und schwaches Antisepticum, d. h. als ein die Gährung und Fäulniss organischer Substanzen zurückhaltendes oder störendes Mittel, in der Technik aber zur Darstellung künstlicher Edelsteine (der Strasse) Anwendung. Man stellt die Borsäure durch Auflösen von Borax in wenig heissem Wasser und Fällen mit Chlorwasserstoffsäure oder Salpetersäure dar.

Die Borsäure gebraucht circa 25 Th. Wasser zur Lösung. Sie scheidet sich in Gestalt kleiner perlmutterglänzender sechsseitiger Blättchen ab, ist geruchlos und von schwach säuerlichem, bitterlichem Geschmack.

Borsäure bietet eine Parallele zur Phosphorsäure. Wird das Trihydriumborat (H_3BO_3) auf 80^0 C. erhitzt, so verliert sie 1 Mol. Wasser und wird zu HBO_2 (Pyroborsäure) und weiterhin zu $H_2B_4O_7$ (Metaborsäure).

Die Borsäure hat die merkwürdige Eigenschaft, in ihren Lösungen sich mit den Dämpfen des Lösungsmittels zu verflüchtigen, dagegen zeigt sie sich trocken und in der gewöhnlichen Glühhitze feuerbeständig und verdrängt andere Säuren (nicht aber die Kieselsäure) aus den Salzverbindungen.

Ihre Auflösung färbt, wie Essigsäure und Schwefelwasserstoff, Lackmusblau nur weinroth, nicht hellroth wie die stärkeren Säuren, dagegen bräunt sie gelbes Curcumapapier wie die Alkalien, sogar wenn sie mit anderen Säuren (z. B. Chlorwasserstoff) gemischt ist. Diese Reaction ist somit eine ganz charakteristische. Im Uebrigen löst sich die Borsäure auch in Weingeist, und eine weingeistige Borsäurelösung brennt mit schön grüngesäumter Flamme. Diese Eigenthümlichkeit wird besonders zum Erkennen der Borsäure benutzt. In einen kleinen Porcellantiegel giebt man etwas der borsauren Verbindung, übergiesst sie zuerst behufs Abscheidung der Borsäure mit concentrirter Schwefelsäure und dann mit Weingeist. Diesen zündet man an und rührt mit einem Glasstabe behutsam um.

Bemerkungen. Dem Kohlenstoff und Bor steht in physikalischer und chemischer Beziehung **Kiesel**, *Silicium*, Si, nahe. Silicium ist gleichfalls in einem amorphen und einem krystallisirt-graphitähnlichen Zustande bekannt. Es gehört zu den in der Natur verbreitetsten Stoffen, denn es ist die metalloidische Grundlage der Kieselsäure (SiO_2 od. SiO^3 od. SiO^2), welche fast in allen Gesteinen vorkommt und als Sand den hauptsächlichsten Theil der Erdrinde ausmacht. Bergkrystall und Quarz sind krystallisirte Kieselsäure. Ersterer bildet regelmässige sechsseitige Säulen, an den Enden durch eine sechsseitige Pyramide zugespitzt. Was man im gewöhnlichen Leben **Kiesel** nennt, ist Kieselsäure. Thon ist eine kieselsaure Thonerde (Aluminiumsilicat), Kaolin oder Porcellanthon eine reine kieselsaure Thonerde, Mergel ein Gemisch von kieselsaurer Thonerde und kohlensaurer Kalkerde oder von Aluminiumsilicat und Calciumcarbonat. Feldspathe sind Doppelsalze der kieselsauren Thonerde mit kieselsauren Alkalien. **Glas** ist eine durch Glühhitze und Schmelzung hervorgebrachte amorphe Verbindung der Kieselsäure (des Quarzes und Quarzsandes) mit verschiedenen Basen, wie Kali, Natron, Kalk, Magnesia, Bleioxyd, Eisenoxydul etc. Je mehr Kieselsäure es enthällt, desto widerstandsfähiger zeigt es sich gegen chemisch einwirkende Stoffe.

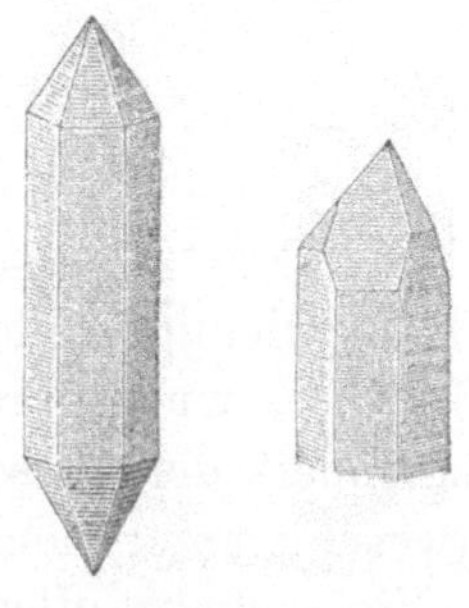

Fig. 174.

Bergkrystall.

Kali giebt ein schweres schmelzbares Glas als Natron, und Bleioxyd ein sehr weiches Glas (engl. Krystallglas). In Gefässen dieses letzteren Glases werden alkalische Laugen bleihaltig. **Wasserglas** (*Kali silicium, Natrum silicium*) ist eine Lösung von Kalium- oder Natriumsilicat, welche sich durch einen Gehalt an freiem Alkalimetallhydroxyd und durch seine Auflöslichkeit in Wasser von dem gewöhnlichen Glase unterscheidet. Man hat ein **Kali**- und ein **Natron-Wasserglas**; beide gemischt liefern das **Doppelwasserglas**.

Die Kieselsäure kennt man in zwei Modificationen, als **krystallisirte** (Bergkrystall, Quarz) und als **amorphe** (Opal). Im krystallisirten Zustande ist s'e unlöslich in Wasser und Säuren (ausgenommen in Fluorwasserstoffsäure, HFl), sowie in den Lösungen der ätzenden und kohlensauren Alkalien. Die amorphe Kieselsäure der Natur ist aus der Zersetzung von Silicaten durch Einfluss Kohlensäure-haltiger Wässer entstanden. Sie bildet meist glasige Massen mit muscheligem Bruch. Aus den Auflösungen der Silicate wird sie gallertartig abgeschieden und ist dann in Wasser und den Lösungen der Alkalien löslich. Getrocknet und geglüht bildet sie ein weisses, fast unlösliches Pulver. Die amorphe Kieselsäure ist eine Hydrosäure, Hydriumsilicat (H_4SiO_4), und wegen ihrer Löslichkeit ist sie ein Bestandtheil vieler Mineralwässer. Die lebenden organisirten Wesen nehmen die lösliche Kieselsäure aus dem Erdboden und dem Wasser auf, wovon die Halme der Getreidearten, das Bambusrohr, die Pflanzenaschen, die Kieselpanzer der Algen Zeugniss ablegen. Die Kieselsäure ist feuerbeständig und deplacirt in der Glühhitze die anderen mineralischen Säuren.

Wöhler, Professor in Göttingen (geboren 1800). — *Deville* (spr. dewihl'), ein franz. Chemiker. — **Maremmen**, sumpfige Gegenden am Meere (ital.

maremma). — Lagune bezeichnet Sumpf (ital. *lacuna* oder *laguna*). — *Cerboli*, spr. tscherboli. — *Vasca*, ital. (spr. waszka), Kufe, Bottig. — *Caldaja*, ital. (spr. kaldaja), Kessel. — *Börax*, Gen. *borăcis*, oft als Femininum gebraucht, ist ein Masculinum, indem es ein die lateinische Sprache aufgenommenes Fremdwort (das arabische *baurach*) ist. — In neuerer Zeit hat man in Peru (Prov. Tarapaca) ein mächtiges Lager von Calciumborat oder zweifach-borsaurer Kalkerde, Hayesin genannt, aufgefunden.

Lection 90.

Fäulniss. Gährung.

Ein wichtiges Thema in der organischen Chemie umfasst diejenige Zersetzung organischer Substanzen, welche je nach der Beschaffenheit der Zersetzungsprodukte als Fäulniss, Gährung und Verwesung unterschieden wird.

Viele stickstoffhaltige Substanzen des Thier- und Pflanzenreichs erleiden bei gewöhnlicher Temperatur unter dem Einflusse der Luft und des Wassers eine Veränderung ihrer Zusammensetzung, eine Umsetzung ihrer Elementarbestandtheile, eine Selbstentmischung, und es gehen daraus einfacher zusammengesetzte Verbindungen hervor. Verbreiten letztere zugleich einen stinkenden oder ammoniakalischen Geruch, so nennt man diese Art der Umsetzung Fäulniss, faulige Gährung.

Die Fäulniss ist nur bei Gegenwart von Wasser oder Feuchtigkeit und bei einer Temperatur über dem 0-Punkt möglich. Atmosphärische Luft genügt die Fäulniss einzuleiten, und wenn diese ihren Anfang genommen hat, kann sie auch bei Abschluss der Luft vorschreiten. Eine Temperatur von 12—35⁰ C. ist dem Fäulnissprocesse am förderlichsten. Frost und Siedehitze heben ihn auf. Erreger der Fäulniss scheinen organisirte Wesen der niedersten Stufe des Pflanzen- und Thierlebens zu sein.

Die fäulnissfähigen Substanzen durchlaufen während ihrer freiwilligen Zersetzung eine Reihe von Umsetzungen, welche in die Umwandlung des Kohlenstoffs in Kohlensäure und Kohlenwasserstoff, des Wasserstoffs in Wasser, des Stickstoffs in Ammon auslaufen, und bei Gegenwart von Phosphor und Schwefel die Bildung von Phosphorwasserstoff und Schwefelwasserstoff veranlassen. Besonders fäulnissfähige Stoffe sind Albumin, Casëin, Fibrin (die sogenannten Proteïnstoffe), Leim, Galle, Gehirnsubstanz, thierische Excremente.

Hat der Fäulnissprocess an einem Theile der fäulnissfähigen Substanz Platz gegriffen, so schreitet er durch die ganze Masse der·Substanz stetig fort; auch genügt der Contact einer fäulnissfähigen Substanz mit einer unerheblichen Quantität faulender Substanz, um den Fäulnissprocess einzuleiten.

Viele organische Substanzen, wie die Kohlehydrate, Zucker und Stärkemehl, mehrere organische Säuren und Pflanzenbasen, sind unfähig, in den Zersetzungsprocess, welchen man Fäulniss nennt, einzutreten. Solche fäulnissunfähige Substanzen unterliegen aber dann einer Zersetzung oder Umsetzung ihrer Elementarbestandtheile, wenn sie mit faulenden Substanzen in Berührung kommen. Eine derartige Zersetzung fäulnissunfähiger Substanzen unterscheidet man als Gährung und bezeichnet den die Gährung veranlassenden, eiweissartigen, faulenden oder in der Selbstentmischung begriffenen Körper mit Ferment.

Die Wirkung des Ferments hat man auf verschiedene Weise zu erklären gesucht. Nach *Berzelius* wohnt dem Ferment eine katalytische Kraft bei, und es genügt die Berührung mit dem gährungsfähigen Stoffe, diesen zur Umsetzung seiner Atome zu disponiren. *Liebig* hält theils die Wirkung des Ferments von dem Zutritt der Luft (also von einer Oxydation) abhängig, theils betrachtet er das Ferment als einen Körper, dessen Atome sich im Zustande der Umsetzungsbewegung befinden, welche Bewegung sich auf die Atome des gährungsfähigen Körpers überträgt und diese zu einer neuen Gruppirung veranlasst. Das Ferment nimmt dabei keinen Antheil an der Umsetzung der gährenden Substanz.

Einer Erscheinung letzterer Art, einer Uebertragung der Bewegung auf ruhende Atome, begegnet man auch in der anorganischen Chemie. Platin ist z. B. in Salpetersäure unlöslich, es wird aber, mit Silber legirt, durch diese Säure gelöst. Die Bewegung der Silberatome theilt sich in diesem Falle den Platinatomen mit. Chlorstickstoff, Wasserstoffsuperoxyd und andere Verbindungen zersetzen sich schon durch Berührung mit anderen Körpern. Eine concentrirte Salzlösung setzt oft keine Krystalle ab, eine erschütternde Bewegung, das Hineinwerfen eines Krystalls genügt, den Krystallisationsakt in Gang zu bringen. Wasser kann in der Ruhe bis einige Grad unter 0 abgekühlt werden, ohne zu Eis zu erstarren, eine geringe Erschütterung genügt aber, dies plötzlich zu bewirken. Ebenso kann in der Ruhe Wasser mehrere Grad über den Kochpunkt erhitzt werden, jedoch eine Erschütterung veranlasst seine plötzliche Umwandlung in

Dampf. Dieser letztere Umstand erklärt die Ursache mancher Dampfkesselexplosionen. Diese Beispiele sind angeführt, weil sie gewissermaassen zu Gunsten der *Liebig*'schen Gährungstheorie sprechen.

Die Untersuchungen des französischen Chemikers *Pasteur* haben das Unhaltbare dieser Ansicht von der Gährung nachgewiesen. *Pasteur* fand, dass die Gährung durch eine Vegetation des niederen Thier- und Pflanzenlebens bedingt sei. Walten bei einer gährungsfähigen Substanz oder Flüssigkeit alle die Umstände ob, welche einer Gährung günstig sind, so bedarf es nicht einmal des Zusatzes eines Ferments, um die Gährung einzuleiten, indem die Luft die Keime zur Entstehung jener Gebilde des niederen Thier- und Pflanzenlebens herzuführt. Der Contact mit der atmosphärischen Luft genügt in den meisten Fällen, eine Selbstgährung zu veranlassen und zu unterhalten. Jene für Fermente gehaltenen eiweissartigen Körper liefern nach *Pasteur* nur Stoffe, welche zur Ernährung der die Gährung bewirkenden organisirten Gebilde dienen. Es ist also die Gährung eine Folge der Lebensthätigkeit der organisirten Fermentkörper.

Trotz dieser Thatsachen pflegt mancher Chemiker mit Gährung auch die Umsetzungen zu benennen, welche Glukoside im Contact mit gewissen Substanzen, denen alle Vitalität abgeht, erleiden.

Es giebt mehrere Mittel, welche die faulige Gährung nicht aufkommen lassen oder, wenn sie eingetreten ist, aufhalten. Diese Mittel nennt man antiseptische. Die wichtigste derselben sind Kreosot, Phenylalkohol (Phenylsäure, Carbolsäure), Kohle, Weingeist, Chloroform, Schwefelsäure, Borsäure etc. Der Phenylalkohol und das Kreosot sind hauptsächliche Bestandtheile des Holzessigs *(Acidum pyrolignōsum)* und des Rauches aus der Feuerung mit Buchenholz, Eichenholz, Ellernholz. Das Räuchern der Fleischwaaren beruht in der langsamen Imprägnation mit Holzessig oder mit den Bestandtheilen des Rauches. Andere Mittel, wie Chlor, Unterchlorigsäure, Uebermangansäure, Schwefligsäure wirken chemisch, indem sie die Produkte der fauligen Gährung zerstören oder zersetzen und dadurch geruchlos machen. Solche Mittel nennt man desinficirende und ihre Anwendung Desinfection.

Die Producte vieler gährungsähnlicher Vorgänge sind von der Natur des Ferments und von der Temperatur, unter welcher der Umsetzungsprocess verläuft, abhängig. Einige Substanzen bedürfen sogar eines bestimmten Ferments, um in den gährungsähnlichen Process eintreten zu können. Das **Amygdalin**, ein in den bitteren Mandeln enthaltenes und stickstoffhaltiges Glukosid, zerfällt mit Emulsin (Synaptas) in Berührung in Bittermandelöl, Blausäure und Zucker. (Vergl. S. 343.)

<table>
<tr><td>Amygdalin</td><td></td><td></td><td>Bittermandelöl
(Benzaldehyd)</td><td>Cyanwasser-
stoff</td><td></td><td>Zucker</td></tr>
</table>

$$C_{20}H_{27}NO_{11} \ + \ 2H_2O \ = \ C_7H_6O \ + \ HCN \ + \ 2(C_6H_{12}O_6).$$

Das **Senföl**, welches aus dem gepulverten schwarzen Senfsamen *(Semen Sināpis)*, den Samen der *Brassica nigra Koch*, durch Destillation mit Wasser gewonnen wird und ein Sulfocyanid des Allyls, Schwefelcyanallyl, Allylrhodanid, Rhodanallyl (C_4H_5NS oder C_3H_5Csy) ist, präexistirt nicht in diesem Samen, sondern entsteht durch Umsetzung der **Myronsäure** in Berührung mit einem dem Emulsin verwandten Stoffe, dem **Myrosin**. Die Myronsäure ist nur in dem schwarzen Senfsamen und zwar als mironsaures Kalium anzutreffen, das Myrosin ist in dem schwarzen und auch in dem gelben Senfsamen *(Semen Erūcae*, Samen von *Sināpis alba Linn.)* enthalten.

Das myronsaure Kalium spaltet sich in Senföl, Zucker und Kaliumbisulfat

<table>
<tr><td>myronsaures Kalium</td><td></td><td>Senföl</td><td></td><td>Zucker</td></tr>
</table>

$$KC_{20}H_{18}NS_2O_{10} \ = \ C_4H_5NS \ + \ C_6H_{12}O_6 \ +$$

Kaliumbisulfat

$$HKSO_4$$

In den frischen Säften der Früchte (auch in dem Safte der Rüben) ist eine gummiartige Substanz enthalten, welche **Pectin** oder **Pectose** genannt worden ist und die Eigenschaft hat, mit Zucker eine gallertartige Verbindung einzugehen. In dem Pflanzensafte befindet sich neben Pectin zugleich ein Ferment, **Pectase** genannt. In dem durch Auspressen gewonnenen Fruchtsafte disponirt bei günstiger Temperatur ($20—25^0$ C.) die Pectase das Pectin zunächst in Pectinsäure, zuletzt in **Metapectinsäure** überzugehen. Letztere hat nicht mehr die Eigenschaft, mit Zuckerlösung zu gelatiniren. Dies ist der Grund, warum man den Saft der Kirschen, Himbeeren, Brombeeren, Berberitzen, Citronen etc., ehe man ihn mit Zucker zu einem *Syrupus* verkocht, einige Tage bei Seite stellt. Der Uebergang des Pectins und der Pectinsäure in Metapectinsäure ist von keiner Gasentwickelung begleitet. Eine solche wird in dem angegebenen Falle zwar in den Fruchtsäften beobachtet, entsteht aber durch Gährung des in den Säften vorhandenen Fruchtzuckers, welcher sich in Weingeist und Kohlensäure spaltet.

Die Galläpfelgerbsäure, Tannin (*Acidum tannicum*), ist in den Galläpfeln enthalten und wird aus diesen durch Weingeist und Aether ausgezogen. Ihre Formel ist $C_{27}H_{22}O_{17}$. In den Galläpfeln befindet sich zugleich ein Ferment. Wird Galläpfelpulver mit Wasser gemischt einer Gährung ausgesetzt, so zerfällt die Gerbsäure in Gallussäure und Zucker.

$$\text{Gerbsäure} \quad \text{Wasser} \quad \text{Gallussäure} \quad \text{Zucker}$$
$$C_{27}H_{22}O_{17} + 4H_2O = 3C_7H_6O_5 + C_6H_{12}O_6.$$

Neben der Art der Fermente ist aber auch die Temperatur von ganz wesentlichem Einflusse auf die Umsetzungsweise des gährungsfähigen Körpers und die Beschaffenheit der Gährungsprodukte.

Der Rohrzucker $(C_{12}H_{22}O_{11})$ geht während einer Gährung zunächst stets in Traubenzucker $(C_6H_{12}O_6)$ über. Der Traubenzucker zerfällt mit Hefe in Berührung in Weingeist (C_2H_6O) und Kohlensäure (CO_2).

$$\text{Traubenzucker} \quad \text{Weingeist} \quad \text{Kohlensäure}$$
$$C_6H_{12}O_6 = 2C_2H_6O + 2CO_2$$

1 Mol. Zucker mit faulendem Käse und Calciumcarbonat in Berührung zerfällt bei 20⁰ bis 35⁰ C. in 2 Mol. Milchsäure, Milchsäurehydrat $(C_3H_6O_3)$;

$$\text{Traubenzucker} \quad\quad\quad \text{Milchsäure}$$
$$C_6H_{12}O_6 \text{ zerfällt in } 2(C_3H_6O_3)$$

bei einer Temperatur von 35—40⁰ C. dagegen in Buttersäure, Kohlensäure und Wasserstoff:

$$\text{Traubenzucker} \quad\quad\quad \text{Buttersäure}$$
$$C_6H_{12}O_6 \text{ zerfällt in } C_4H_8O_2 \text{ und } 2CO_2 \text{ und } H_4$$

oder der Zucker zerfällt zunächst in 2 Atome Milchsäure und die Milchsäure in Buttersäure, Kohlensäure und Wasserstoff:

$$\text{Milchsäure} \quad\quad\quad \text{Buttersäure}$$
$$2(C_3H_6O_3) \text{ geben } C_4H_8O_2 \text{ und } 2CO_2 \text{ und } H_4$$

Die Fermente für Amygdalin, Pectin, Gerbsäure können durch verdünnte mineralische Säuren ersetzt werden, welche durch die Gährung keine Veränderung erleiden und auch mit den Gährungsproducten keine Verbindungen eingehen, sich also wie Fermente verhalten. Diese verdünnten Säuren wirken rein katalytisch.

Auch die Umwandlung des Rohrzuckers in Traubenzucker, die Umwandlung der Cellulose (Holzfaser), des Stärkemehls und anderer Kohlehydrate in Dextrin und Traubenzucker durch Behandlung mit verdünnten Säuren, lassen sich den gährungsähnlichen Processen beizählen. Wenn Stärkemehl ($C_6H_{10}O_5$) mit Wasser, welches circa 2 Proc. freie Schwefelsäure oder Oxalsäure enthält, so lange in der Siedehitze des kochenden Wassers erhalten wird, bis das Ganze zu einer dünnen gleichförmigen Flüssigkeit geworden ist, hierauf die Säure mit Kalkerde (Kreide) abgestumpft und die Flüssigkeit filtrirt und eingedampft wird, so erhält man eine weissliche gummiähnliche Masse, D e x t r i n oder Stärkegummi ($C_6H_{10}O_5$). Wird die Erhitzung fortgesetzt, so wird auch das Dextrin unter Aufnahme von H_2O in Traubenzucker oder Glukose ($C_6H_{12}O_6$) verwandelt. Bei Darstellung des reinen Dextrins ist es wesentlich, mit der Erhitzung der Oxalsäure enthaltenden Stärkelösung rechtzeitig aufzuhören, selbst, wenn noch Spuren Stärke auf Zusatz von Jodwasser erkennbar wären. Im anderen Falle würde die Bildung von Glukose vorschreiten. Da während der Umsetzung des Stärkemehles in Dextrin, auch die Glukosebildung nicht ausgeschlossen ist, so wird das Dextrin (nach Vorschrift der Pharmacopoea Germanica bereitet) nie frei von Glukose sein.

Der Traubenzucker oder die Glukose ist weniger süss als Rohrzucker. Er ist ein Bestandtheil aller süssen Früchte, auch des Honigs, wird in geringer Menge im Blute und der Leber angetroffen und bildet in der Zuckerharnruhr (*diabētes mellītus*) einen reichlichen Bestandtheil des Harns.

Man unterscheidet eine s c h l e i m i g e Gährung, wenn zuckerhaltige Pflanzensäfte (wie Zwiebelsaft, der Saft verschiedener Rüben) unter Entwickelung von Kohlensäure oder auch Wasserstoffgas als Umsetzungsproducte keinen Weingeist, sondern Milchsäure, Mannit und einen gummiähnlichen, schleimigen, selbst fadenziehenden Körper liefern.

Die E s s i g - oder E s s i g s ä u r e - G ä h r u n g gehört genau genommen nicht zn den vorstehend angeführten Gährungsprocessen, sie ist vielmehr ein Verwesungsprocess und besteht in der Oxydation des Weingeistes (C_2H_6O), welcher zunächst 1 Mol.

Wasserstoff unter Wasserbildung abgiebt und in Aldehyd (C_2H_4O) übergeht. Der Aldehyd nimmt weiter 1 At. Sauerstoff auf und verwandelt sich in Essigsäure ($C_2H_4O_2$). Der Weingeist nimmt also beim Uebergang in Essigsäure im Ganzen 2 Atome Sauerstoff auf und bildet 1 Mol. Wasser.

Aethylalkohol.   Essigsäure.

C_2H_6O und O_2 geben $C_2H_4O_2$ und H_2O

Bemerkungen. Proteïnstoffe, Proteinkörper (von πρῶτος, prōtos, der erste, oder πρωτεύω, proteuo, ich nehme den ersten Platz ein) sind chemisch indifferente Verbindungen des Thier- u. Pflanzenreichs, in welchen Stickstoff u. Schwefel neben Kohlenstoff Wasserstoff u. Sauerstoff wesentliche Bestandtheile bilden. Sie werden in den Pflanzen erzeugt und gehen als Nahrung in den Thierkörper über, wo sie mannigfache Modificationen erleiden. Man nennt sie auch Blutbilder, weil sie die wirklich blutbildenden Stoffe darstellen. Da der thierische Körper seine ganze Nahrung aus dem Blute erhält, so sind sie die ernährenden Stoffe, im Gegensatz zu den Kohlehydraten (Zucker, Stärkemehl), welche durch Oxydation die thierische Wärme erzeugen und als Respirationsmittel gelten. Proteinstoffe sind das Albumin (Eiweiss), Fibrin (Kleber, Blutfaserstoff, Fleischfaserstoff), Casein (Käsestoff) in verschiedenen Modificationen. Emulsin ist z. B. eine Form des Albumins. Das Pflanzenfibrin (Kleber), wie es in dem Getreidesamen vorkommt, unterliegt beim Keimungsprocess einer Veränderung und geht in einen stickstofffreien Körper über, welcher die Eigenschaft hat, grosse Mengen Stärkemehl mit Wasser vermischt bei einer Temperatur bis zu 70° C. zunächst in Dextrin, dann in Traubenzucker zu verwandeln. Diesen mit den Eigenschaften eines Ferments begabten Körper hat man Diastase genannt, von d. griech. διάστασις (diastäsis), Spaltung, Trennung. Man spricht auch das Diastas, die Diastäse und Diastáse. — Dextrin ist eine dem arabischen Gummi ähnliche Substanz, welche mit Jodwasser keine Farbenreaction giebt, während Stärkemehl damit sich dunkelblau färbt. Den Namen Dextrin erhielt es, weil es den polarisirten Lichtstrahl nach rechts (*dexter*, rechts) dreht.

Antiseptisch, fäulnisswidrig, von dem griech. σήπω (sēpō) faul machen, σηπτικός, ή. όν (sēptikos, ē on) Fäulniss bewirkend. — Desinfection, desinficirend, von dem lat. *de*, von, weg, und *inficio, feci, fectum ĕre*, verpesten, anstecken

Hefe wird zwar zu den Fermenten gerechnet, jedoch ist sie kein in Zersetzung befindlicher Proteinstoff. Sie ist das Ferment in der weinigen oder „Alkohol"-Gährung und organisirtes Wesen, und zwar auf eine der niedrigsten Stufe der Organisation befindliche Pflanze. Nach *Ehrenberg* schwimmen in der atmosphärischen Luft Keime mikroskopischer organisirter Wesen, welche, auf einen geeigneten Boden (z. B. die Proteinstoffe) fallend, sich entwickeln und Wesen niederer Organisation, wie Algen, Infusorien etc. erzeugen und sich fortpflanzen. Auf diese Weise entsteht die Hefe, welche die Eigenschaft hat, Zucker in Lösung in Weingeist und Kohlensäure zu spalten. Unter dem Mikroskope erscheint die Hefe in Gestalt kleiner Sphäroïde als einzelne und aneinander gereihte, mit Flüssigkeit gefüllte und Kerne einschliessende Pflanzenzellen. Weinhefe, Bierhefe sind einigermaassen von einander verschieden. Oberhefe nennt man die sich an der Oberfläche der gährenden Flüssigkeit ansammelnde Hefe, Unterhefe scheidet sich am Boden des Gährgefässes ab.

Synaptas, von d. Griech. $\sigma v v \acute{\alpha} \pi \tau \omega$ (synapto), ich verbinde, hier in Beziehung der Verbindung des Oels mit Wasser. — Allyl (C_3H_5) ist das Radical des Allyläthers (C_3H_5O) und des Allylalkohols (C_3H_6O). Der Name ist entnommen von *allium*, Knoblauch, und $\H{v}\lambda\eta$ (hylae), Stoff, Materie, weil das Allilsulfid ($[C_3H_5]_2S$) das flüchtige Oel des Knoblauchs (*Allium sativum*) bildet. Das Senföl besteht hauptsächlich aus der Verbindung des Allyls mit Schwefelcyan oder Rhodan (CNS oder CyS oder Csy), einem zusammengesetzten Halogene. Daher Senföl $= \left.\begin{array}{c} C_3H_5 \\ CN \end{array}\right\} S$

Myrosin, Myronsäure, von d. griech. $\mu\acute{v}\varrho ov$ (myron), ausfliessender Pflanzensaft, duftendes Oel. — Der Traubenzucker zeichnet sich durch die Eigenschaft aus, viele alkalische Metalloxydlösungen zu reduciren. Eine überschüssiges Kali haltende Lösung Cuprisulfat und Kaliumtartrat, oder Trommer'sche oder Fehling'sche alkalische Kupferlösung mit Traubenzuckerlösung erwärmt, lässt rothes Cuprooxyd oder Kupferoxydul (Cu_2O) fallen. Traubenzuckerlösung scheidet beim Kochen mit einer freies Kaliumhydroxyd haltenden weinsauren Wismuthlösung metallisches Wismuth ab.

Lection 91.

Weingeist.

Wie wir aus der vorhergehenden Lection erfahren haben, giebt es mehrere Arten der Gährung, welche man nach den Gährungsproducten unterscheidet; weinige oder geistige, schleimige Gährung, Essigsäure-, Milchsäure-, Buttersäure-, Pectinsäure-Gährung.

Der Weingeist ist ein Umsetzungsproduct des Zuckers durch die weinige Gährung. Der grösste Theil des im Handel vorkommenden Weingeistes (*Spiritus Vini*) ist aus den Kartoffeln, den Wurzelknollen des *Solanum tuberosum*, bereitet. Die Kartoffeln sind reich an Stärkemehl ($C_6H_{10}O_5$). Sie werden gewaschen, gekocht und dann zerrieben mit warmem Wasser und Malzschrot (6 Proc.) eingemaischt. Das Malz ist gekeimter Gersten- und Weizensamen und enthält Diastase, einen fermentähnlichen Körper, welcher die Eigenschaft hat, Stärkemehl in Dextrin und zuletzt in Traubenzucker umzuwandeln. Nachdem in Folge der Einmaischung die Zuckerbildung vollendet ist, wird die Kartoffelmaische (Würze) mit Hefe (Bierhefe) aufgestellt (versetzt) und bei einer Temperatur von circa 20⁰ C. der Gährung überlassen.

1 Mol. Traubenzucker ($C_6H_{12}O_6$) zerfällt hierbei in 2 Mol. Weingeist (C_2H_6O) und 2 Mol. Kohlensäure, welche unter allmählichem Schäumen entweicht.

$$C_6H_{12}O_6 \text{ zerfällt in } 2(C_2H_6O) \text{ und } 2(CO_2).$$

Aus der weingahren Maische wird der Weingeist durch Destillation abgeschieden. Der Rückstand in der Blase ist die Schlempe. Das sehr wässrige Destillat (Lutter) wird nochmals destillirt. Dem dann zuerst übergehenden stärkeren Weingeist (Vorlauf, Vorsprung) folgt zuletzt ein schwächerer Weingeist (Nachlauf).

Andere stärkemehlhaltige Stoffe, wie Getreidesamen, Reis, werden in ähnlicher Weise behandelt.

Als Producte der weinigen Gährung treten ausser Weingeist und Kohlensäure in kleineren Mengen Glycerin, Bernsteinsäure, Fettstoffe, immer aber ein Fermentöl oder Fuselöl auf, welches an Geruch und Geschmack eben so verschieden ist wie der zuckerhaltige oder gährfähige Körper. Die Fuselöle ertheilen dem Weingeist besonderen Geruch und Geschmack und charakterisiren die verschiedenen Branntweine.

Das Fuselöl des Kartoffelbranntweins ist der Amylalkohol ($C_5H_{12}O$), eine dem Weingeist oder Aethylalkohol (C_2H_6O) homologe Verbindung von widrigem Geruche und Geschmacke. Das Fuselöl des Kornbranntweins ist weniger widrig. Man hat es Kornöl (*Oleum siticum*) genannt. Der aus Reis bereitete Arak, der aus Traubenwein gewonnene Cognac oder Franzbranntwein (*Spiritus Vini Gallici*), der aus dem gegohrenen Saft des Zuckerrohrs gewonnene Rum haben ihre eigenen Fuselöle, welche das Arom ausmachen. Im Cognac ist es hauptsächlich der Oenantäther, im Arak und Rum der Buttersäure-Aether.

Die Entfuselung des Weingeistes oder die Trennung von den ihn begleitenden Fuselölen, welche sämmtlich einen höheren Kochpunkt als der Weingeist haben, geschieht durch Rectification aus dem Wasserbade, auch wohl nach vorhergehender Maceration des Weingeistes mit Holzkohle.

In der Pharmacie unterschied man früher einen absoluten oder wasserfreien, einen alkoholisirten, einen höchstrectificirten und einen rectificirten Weingeist. Der wasserfreie Weingeist hat bei $16{,}5^0$ C. ein spec. Gew. von 0,795, der des Handels enthält jedoch immer noch 1—2 Proc. Wasser. Der höchstrectificirte heisst jetzt einfach Weingeist (*Spiritus*), der rectificirte verdünnter Weingeist (*Spiritus dilutus*).

	Spec. Gew.	Enthält Weingeist
absoluter Weingeist . . . . (*Spiritus Vini absolutus*)	0,795—0,801	100—98 Vol. Proc.
alkoholisirter Weingeist . . . (*Spir. Vini alcoholisatus*)	0,810—0,820	96—94 „ „
Weingeist (*Spiritus Vini*) . . . (*Spir. Vini rectificatissimus*)	0,830—0,834	91—90 „ „
verdünnter Weingeist . . . . (*Sp. Vini rectificatus, Spirit. dilutus*)	0,892—0,893	69—68 „ „
Branntwein (*Spiritus Frumenti*)	0,957—0,960	37—35 „ „

Unter dem nackten Namen Alkohol versteht man in der Praxis gewöhnlich den Weingeist von 0,830 — 0,834 sp. G. Im Handel bezeichnet man ihn mit „90procentiger Spiritus," weil er 90 Volumprocente wasserfreien Weingeist enthält und nach dem *Tralles*'schen Alkoholometer auch 90 Grade (Procente) angiebt.

Der reine Weingeist ist eine farblose, dünne, leicht entzündliche, nicht unangenehm riechende, aber brennend schmeckende Flüssigkeit. Da er grosse Verwandtschaft zum Wasser hat, so entzieht er, in den Mund genommen, den Schleimhäuten die Feuchtigkeit und verursacht dadurch den brennenden Geschmack. Aus demselben Grunde erwärmt sich der Weingeist beim Mischen mit Wasser. Noch unter 80^0 C. siedet er, erstarrt aber noch nicht bei -90^0 C. Im Allgemeinen absorbirt er Gasarten in weit grösserer Menge als das Wasser, bei 0^0 z. B. circa 30 Volum atmosphärischer Luft, 400 Volum Kohlensäure. Daher kommt auch das Perlen, wenn man Weingeist mit Wasser mischt, indem die Mischung die Menge des vom Weingeist aufgenommenen Gases nicht in Absorption erhalten kann. Der Weingeist vermag mit einigen Salzen Verbindungen einzugehen, indem er die Rolle des Krystallwassers übernimmt, wie z. B. mit Calciumchlorid. Dergleichen Verbindungen heissen Alkoholate.

Nach der Theorie der zusammengesetzten Radicale ist der Weingeist das Hydroxyd des Aethyls. Daher der Name Aethylalkohol.

Aethyl C_2H_5

Aethyloxyd (Aether) $\quad C_4H_{10}O = \left. \begin{array}{l} C_2H_5 \\ C_2H_5 \end{array} \right\} O$

Aethylhydroxyd (Weingeist) $C_2H_6O = \left. \begin{array}{l} C_2H_5 \\ H \end{array} \right\} O$

Aethylalkohol.

Wenn man 1 Mol. Weingeist oder Aethylalkohol mit 1 Mol. Schwefelsäure (Hydriumsulfat) mischt, so entsteht unter Austritt eines Mol. Wasser eine **gepaarte Säure**, die **Aethylschwefelsäure, Aetherschwefelsäure**, nach folgendem Schema:

$$\text{Aethylalkohol} \quad \text{Schwefelsäure} \quad \text{Aethylschwefelsäure}$$

$$\left.\begin{array}{l} C_2H_5 \\ H \end{array}\right\} O \;+\; \left.\begin{array}{l} SO_2 \\ H_2 \end{array}\right\} O_2 \;=\; \left.\begin{array}{l} SO_2 \\ (C_2H_5)H \end{array}\right\} O_2 \;+\; \left.\begin{array}{l} H \\ H \end{array}\right\} O$$

$$\text{oder } C_2H_6O \;+\; H_2SO_4. \;=\; H(C_2H_5)SO_4 \;+\; H_2O$$

Die Aethylschwefelsäure, welche auch in dem *Haller*'schen Sauer (*Mixtura sulfurica acida*) enthalten ist, verbindet sich mit Radicalen zu Salzen z. B. Natriumaethylsulfat, $Na(C_2H_5)SO_4$, Baryumaethylsulfat $Ba''(C_2H_5)_2(SO_4)_2$.

Während Schwefelsäure durch Baryumsalzlösungen gefällt wird, wird die Aethylschwefelsäure dadurch nicht verändert. Das Baryumäthylsulfat zerfällt aber mit Wasser gemischt in Weingeist, Baryumsulfat und gewöhnliche Schwefelsäure.

Giebt man 1 Mol. Aethylschwefelsäure und 1 Mol. entwässertes Natriumacetat in eine Retorte und erhitzt im Wasserbade, so destillirt **Aethylacetat, essigsaures Aethyl**, Essigsäure-Aethyläther, **Essigäther** (*Aether aceticus*) über und im Rückstande verbleibt Natriumdisulfat.

$$\text{Natriumacetat} \quad \text{Aethylschwefelsäure} \quad \text{Aethylacetat} \quad \text{Hydriumnatriumsulfat}$$

$$\left.\begin{array}{l} C_2H_3O \\ Na \end{array}\right\} O \;+\; \left.\begin{array}{l} SO_2 \\ H(C_2H_5) \end{array}\right\} O_2 \;=\; \left.\begin{array}{l} C_2H_3O \\ (C_2H_5) \end{array}\right\} O \;+\; \left.\begin{array}{l} SO_2 \\ HNa \end{array}\right\} O_2$$

$$\text{oder } NaC_2H_3O_2 \;+\; H(C_2H_5)SO_4 = (C_2H_5)C_2H_3O + HNaSO_4$$

In ähnlicher Weise lassen sich viele andere ähnliche Aetherverbindungen darstellen, während jedoch der Essigäther bei 74^0 C. überdestillirt, liegt der Siedepunkt des Buttersäure-Aethers (Ananasäthers), des Valeriansäure-Aethers (Obstäthers) über dem Kochpunkte des Wassers.

Nach der Vorschrift der Pharmacopöen wird zur Darstellung des Essigäthers ein Gemisch aus 1 Mol. conc. Schwefelsäure und 1 Mol. Weingeist in einen Kolben oder eine Tubulat-Retorte gegeben, dann 1 Mol. des von seinem Krystallwasser befreiten Natriumacetats dazu geschüttet und aus dem Wasserbade der Essigäther abdestillirt. Der Kolben oder die Retorte ist mit einem *Liebig*'schen Kühler und Vorlage verbunden (vergl. Fig. 21, S. 38).

Erhitzt man in einer Retorte 1 Mol. Aetherschwefelsäure bis circa 140⁰ C. und lässt dann 1 Mol. Weingeist zufliessen, so zerfällt die Aetherschwefelsäure damit in Schwefelsäure und Aethyloxyd oder Aether.

$$\underset{\text{säure}}{\text{Aethylschwefel-}} \qquad \text{Aethylalkohol} \qquad \text{Aether} \qquad \text{Schwefelsäure}$$

$$\left.\begin{matrix} SO_2 \\ H(C_2H_5) \end{matrix}\right\} O_2 + \left.\begin{matrix} C_2H_5 \\ H \end{matrix}\right\} O = \left.\begin{matrix} C_2H_5 \\ C_2H_5 \end{matrix}\right\} O + \left.\begin{matrix} SO_2 \\ H_2 \end{matrix}\right\} O_2$$

$$\text{oder } H(C_2H_5)SO_4 + C_2H_6O = (C_2H_5)_2O + H_2SO_4$$

Lässt man zu diesem heissen Gemisch 2 Molecüle Weingeist fliessen, so bildet 1 Mol. desselben mit der freigewordenen Schwefelsäure auf's Neue Aethylschwefelsäure, und der erwähnte Process setzt sich bei circa 140⁰ C. weiter fort. Die Darstellung des Aethers im Grossen geschieht in der angegebenen Weise. In grossen gläsernen oder bleiernen Retorten erhält man ein Gemisch aus conc. Schwefelsäure und Weingeist bei einer Temperatur von circa 140⁰ C. und lässt durch ein enges Glasrohr ununterbrochen soviel starken Weingeist in die Mischung eintreten, als Aether überdestillirt, oder dass das Niveau des Retorteninhaltes stets in gleicher Höhe bleibt.

Hat man ungefähr fünfmal soviel Weingeist zufliessen lassen, als das Gewicht der Schwefelsäure beträgt, so ist diese in einer Verfassung, dass sie die Abspaltung des Aethyls aus dem Weingeist nur noch unvollkommen bewirkt. Das Destillat ist ein wasser- und weingeisthaltiger Aether. Man schüttelt es mit dünner Kalkmilch, entwässert es auch wohl mit geschmolzenem Calciumchlorid und unterwirft es einer Rectification.

Der Aether (*Aether*) früher auch Schwefeläther (*Aether sulfuricus*) genannt, ist eine neutrale, sehr leicht entzündliche Flüssigkeit, deren Dampf mit Luft eine ähnliche Knallluft wie ein Gemisch aus Wasserstoffgas und Sauerstoffgas bildet. Es ist daher zum Gesetz geworden, Aether nicht bei Licht aus einem Gefässe in ein anderes überzugiessen, auch Aetherdestillationen nicht in Räumen vorzunehmen, wo Ofenfeuer brennen. Er siedet schon bei 35⁰, auch dehnt er sich in der Wärme stark aus. Man füllt aus letzterem Grunde die Vorrathsgefässe damit nur zu $^4/_5$ ihres Rauminhaltes an, und lüftet den Stopfen des Gefässes, wenn man es aus einem kalten in einen wärmeren Raum versetzt. Unglückfälle durch Aetherentzündung wiederholen sich oft und mahnen dringend zur Vorsicht.

Von den verschiedenen Aetherverbindungen ist das Aethylnitrit, salpetrigsaures Aethyloxyd, Salpetrigsäure-Aether, Salpeteräther (*Aether nitrosus*, [C_2H_5]NO_2) in weingeistiger Verdünnung als Salpeterätherweingeist *(Spiritus Aetheris nitrosi, Spiritus nitrico-aethereus)* officinell. Man kann ihn einfach durch Einleiten von Salpetrigsäure, Salpetrigsäureanhydrid (N_2O_3), in Weingeist darstellen, er bildet sich aber auch, gemengt mit anderen Producten, beim Destilliren eines Gemisches aus Weingeist und Salpetersäure.

Bei Einwirkung von Chlorwasserstoff auf Aethylalkohol entsteht Aethylchlorid, von Jodwasserstoff auf Aethylalkohol Aethyljodid etc.

$$
\begin{array}{cccc}
\text{Aethylal-} & \text{Hydrium-} & \text{Aethyl-} & \text{Wasser} \\
\text{kohol} & \text{chlorid} & \text{chlorid} &
\end{array}
$$

$$
\left.\begin{array}{c}C_2H_5 \\ H\end{array}\right\}O + \left.\begin{array}{c}H \\ Cl\end{array}\right\} = \left.\begin{array}{c}C_2H_5 \\ Cl\end{array}\right\} + \left.\begin{array}{c}H \\ H\end{array}\right\}O
$$

$$
\text{od. } C_2H_6O + HCl = C_2H_5Cl + H_2O
$$

Ferner können in den Typus des Aethyls und Aethylalkohols anorganische Radicale eintreten z. B.

$$
\text{Zinkaethyl } \left.\begin{array}{c}(C_2H_5)_2 \\ Zn\end{array}\right\} \qquad \text{Kalium-} \left.\begin{array}{c}C_2H_5 \\ K\end{array}\right\}O \quad \text{alkoholat}
$$

Alle zusammengesetzten Aetherarten werden beim Zusammenbringen mit den Hydroxyden der Alkalimetalle zersetzt in Weingeist unter Bildung eines Salzes. Essigäther oder Aethylacetat und Kaliumhydroxyd geben Kaliumacetat und Weingeist, Aethylnitrit oder Salpetrigsäure-Aethyläther und Aetzkali Kaliumnitrit und Weingeist.

Es entstehen auch noch andere Alkoholderivate, wenn Cl, Br, J den Wasserstoff der Alkoholradicale theilweise und ganz ersetzt z. B.

$$
\begin{array}{ccc}
\text{Aethyl-} & \text{Monochlor-} & \text{Dichloräthyl-} \\
\text{äther} & \text{aethyläther} & \text{äther}
\end{array}
$$

$$
\left.\begin{array}{c}C_2H_5 \\ C_2H_5\end{array}\right\}O \qquad \left.\begin{array}{c}CH_4Cl \\ CH_4Cl\end{array}\right\}O \qquad \left.\begin{array}{c}CH_3Cl_2 \\ CH_3Cl_2\end{array}\right\}O
$$

Die Derivate dieser Art geben mit Silbersalzen keine Reaction, während Derivate, in welchen das Hydrium oder der typische Wasserstoff durch Cl, Br, J vertreten ist, wie z. B. in Aethylchlorid, $(C_2H_5)Cl$, mit Silbersalzen reagiren und die Abscheidung von Chlorid, Bromid, Jodid des Silbers zulassen.

Wie erwähnt ist, bildet sich bei der weinigen Gährung des Kartoffelstärkemehls ein Fuselöl, welches sich durch seinen widrigen Geruch und brennenden Geschmak von anderen Fuselölen wesentlich unterscheidet. Das Kartoffelfuselöl ist ein Alkohol und Amylalkohol $(C_5H_{12}O)$ genannt worden. Man schüttelt die bei der Rectification des Kartoffelbranntweins zuletzt übergehende milchige Flüssigkeit mit Wasser und rectificirt das sich dadurch ölig abscheidende Fuselöl für sich allein. In Wasser löst es sich nur unbedeutend, lässt sich aber mit Weingeist in allen Verhältnissen mischen. Es brennt mit leuchtender russender Flamme. Sein Kochpunkt liegt zwischen 120 bis 130⁰ C., sein spec. Gew. ist 0,818 bei 15⁰ C. Dieser Amylalkohol bietet insofern ein Interesse, als er Aetherverbindungen eingeht, welche sich durch angenehme Fruchtgerüche auszeichnen. Das Radical des Amylalkohols ist das Amyl (C_5H_{11}), dessen Verbindungen denen des Aethyls analog sind. Amyloxyd oder Amyläther = $(C_5H_{11})_2O$.

Ein anderer Alkohol ist der Methylalkohol oder Holzgeist (CH_4O), welcher bei der trocknen Destillation und Verkohlung des Holzes neben anderen Producten, wie Essigsäure, Aceton, Theer etc., gewonnen wird. Man stellt ihn aus dem rohen Holzgeist durch wiederholte Rectification und durch Entwässerung mit geschmolzenem Chlorcalcium rein dar. Er ist dem Aethylalkohol sehr ähnlich und wird auch in der Technik in Stelle desselben verwendet. Sein Siedepunkt ist gegen 62⁰ C.

Das Radical des Methylalkohols ist das Methyl (C_2H_6) od. $[CH_3]_2)$ welches anologe Verbindungen wie das Aethyl eingeht.

Zur Uebersicht mögen hier aus den homologen Reihen der einwerthigen Alkohole und deren Verbindungen einige Beispiele Platz finden.

Radicale.

Methyl	Aethyl	Propyl	Butyl	Amyl
CH_3	C_2H_5	C_3H_7	C_4H_9	C_5H_{11}

Aether.

Methyläther, Methyloxyd	Aethyläther, Aethyloxyd	Propyläther, Propyloxyd	Butyläther, Butyloxyd	Amyläther Amyloxyd
$\left.\begin{matrix}CH_3\\CH_3\end{matrix}\right\}O$	$\left.\begin{matrix}C_2H_5\\C_2H_5\end{matrix}\right\}O$	$\left.\begin{matrix}C_3H_7\\C_3H_7\end{matrix}\right\}O$	$\left.\begin{matrix}C_4H_9\\C_4H_9\end{matrix}\right\}O$	$\left.\begin{matrix}C_5H_{11}\\C_5H_{11}\end{matrix}\right\}O$
C_2H_6O	$C_4H_{10}O$	$C_6H_{14}O$	$C_8H_{18}O$	$C_{10}H_{22}O$

Alkohole.

Methylal- kohol	Aethyl- alkohol	Propylal- kohol	Butylalkohol	Amylalkohol
$\left.\begin{matrix}CH_3\\H\end{matrix}\right\}O$	$\left.\begin{matrix}C_2H_5\\H\end{matrix}\right\}O$	$\left.\begin{matrix}C_3H_7\\H\end{matrix}\right\}O$	$\left.\begin{matrix}C_4H_9\\H\end{matrix}\right\}O$	$\left.\begin{matrix}C_5H_{11}\\H\end{matrix}\right\}O$
CH_4O	C_2H_6O	C_3H_8O	$C_4H_{10}O$	$C_5H_{12}O$

Sulfate der Alkoholradicale.

Methylsulfat	Aethylsulfat			Amylsulfat
$\left.\begin{matrix}SO_2\\(CH_3)H\end{matrix}\right\}O$	$\left.\begin{matrix}SO_2\\(C_2H_5)H\end{matrix}\right\}O_2$	—	—	$\left.\begin{matrix}SO_2\\(C_5H_{11})H\end{matrix}\right\}O_2$
$H(CH_3)SO_4$	$H(C_2H_5)SO_4$	—	—	$H(C_5H_{11})SO_4$

Essigsäure Methyläther Methylacetat	Essigsäure Aethyläther Aethylacetat			Essigsäure Anyl- äther Amylacetat
$\left.\begin{matrix}C_2H_3O\\CH_3\end{matrix}\right\}O$	$\left.\begin{matrix}C_2H_3O\\C_2H_5\end{matrix}\right\}O$	—	—	$\left.\begin{matrix}C_2H_3O\\C_5H_{11}\end{matrix}\right\}O$
$(CH_3)C_2H_3O_2$	$(C_2H_5)C_2H_3O_2$	—	—	$(C_5H_{11})C_2H_3O_2$
$C_3H_6O_2$	$C_4H_8O_2$	—	—	$C_7H_{14}O^2$

Das **Chloroform** $(CHCl_3)$ ist das zweite Chlorsubstitutionsproduct des Methylchlorids (CH_3Cl) oder das dritte Chlorsubstitutionsproduct des Methylwasserstoffs

$$CH_3.H = Methylwasserstoff = CHHHH$$
$$CH_3.Cl = Methylchlorid = CHHHCl$$
$$CH_2Cl.Cl = Methyldichlorid = CHHClCl$$
$$CHCl_2.Cl = Methyltrichlorid = CHClClCl$$
$$CCl_3.Cl = Chlorkohlenstoff = CClClClCl$$

Früher hielt man es für das dreifache Chlorid des hypothetischen Radicals **Formyl**. Daher die Namen Formylterchlorid, Formylsuperchlorid und Chloroform. Man stellt es durch Destillation eines Gemisches aus Chlorkalk, Wasser und Weingeist dar. In Stelle des Weingeistes können Methylalkohol, Essigsäure, Aceton, Terpenthinöl genommen werden. Das Product ist Chloroform. Aus der Trichloressigsäure entsteht es beim Kochen mit Ammon. Diese Säure zerfällt dabei in Kohlensäure und Chloroform:

$$\left(\begin{matrix}\text{Essigsäure}\\C_2H_4O_2\end{matrix}\right). \quad \underset{\text{Trichloressigsäure}}{C_2Cl_3HO_2} = \underset{\text{Chloroform}}{CHCl_3} + \underset{\text{Kohlensäure}}{CO_2}$$

Auch das Chloralhydrat oder das Hydrat des Trichloraldehyds mit Kaliumhydroxyd durchschüttelt zerfällt in Chloroform und Ameisensäure.

$$\underset{\text{Chloralhydrat}}{C_2HCl_3O} + H_2O + \underset{\substack{\text{Kalium-}\\\text{hydroxyd}}}{HKO} = \underset{\text{Chloroform}}{CHCl_3} \text{ und } \underset{\text{Ameisensäure}}{CH_2O_2}.$$

Das Chloroform ist eine farblose, süsslich schmeckende Flüssigkeit von 1,498 spec. Gew. bei 15⁰ C. Hat es ein höheres spec. Gewicht, so enthält es auch höhere Chlorsubstitute und zeigt dann grosse Neigung zur Selbstentmischung, welche leicht durch directes Sonnenlicht veranlasst, nicht aber durch völliges Abhalten des Lichtes zurückgehalten werden kann. Ein geringer Weingeistgehalt conservirt den Elementarbestand des Chloroformes. Das Chloroform wird als Anaestheticum, d. h. als ein beim Einathmen Bewusstlosigkeit und Gefühllosigkeit erzeugendes Mittel gebraucht. Ein in der Zersetzung begriffenes Chloroform würde eingeathmet unfehlbar den Tod herbeiführen. Vor der Dispensation ist es jedenfalls wenigstens durch den Geruch zu prüfen.

Eine dem Chloroform ähnliche Substanz ist das Bromoform ($CHBr_3$), dagegen ist das Jodoform (CHJ_3) eine in gelben, saffranähnlich riechenden, kleinen Sternchen krystallisirende Substanz.

$$\underset{\text{Chloroform}}{\left.\begin{matrix}CH\\Cl_3\end{matrix}\right\}} \qquad \underset{\text{Bromoform}}{\left.\begin{matrix}CH\\Br_3\end{matrix}\right\}} \qquad \underset{\text{Jodoform}}{\left.\begin{matrix}CH\\J_3\end{matrix}\right\}}$$

Jodoform (Trijodmethan) entsteht durch Einwirkung von Jod und Kaliumhydroxyd auf Aethylalkohol, Aldehyd, Aceton.

Bemerkungen. Malz (*Malthum*) ist Getreidesamen, gemeinlich Gerstensamen, der durch Befeuchten zur Hervortreibung der Wurzelkeime veranlasst und dann an der Luft (Luftmalz) oder in künstlicher Wärme getrocknet ist (Darrmalz). Die durch den Keimungsprocess erzeugte Diastase wirkt auf das Stärkemehl der Getreidesamen und verwandelt es in Dextrin und Traubenzucker. Der sogenannte Malzextrakt enthält daher hauptsächlich Dextrin und Traubenzucker. —

Aethyl, Amyl, zusammengesetzt aus *Aether*, *Amўlum* und ὕλη (hylae), Stoff. — Methyl zusammengesetzt aus d. griech. μέϑυ (methy), Wein, und ὕλη, Stoff.

Lection 92.

Essigsäure. Essig. Essiggährung.

Ueberblicken wir folgende (abgekürzte) homologe Reihen:

<table>
<tr><td colspan="2">Alkoholradicale</td><td colspan="2">Säureradicale
(Oxykohlenwasserstoffradicale,</td></tr>
<tr><td>CH_3</td><td>= Methyl</td><td>CHO</td><td>= Formyl</td></tr>
<tr><td>C_2H_5</td><td>= Aethyl</td><td>C_2H_3O</td><td>= Acetyl</td></tr>
<tr><td>C_3H_7</td><td>= Propyl</td><td>C_3H_5O</td><td>= Propionyl</td></tr>
<tr><td>C_4H_9</td><td>= Butyl</td><td>C_4H_7O</td><td>= Butyryl</td></tr>
<tr><td>C_5H_{11}</td><td>= Amyl</td><td>C_5H_9O</td><td>= Valeryl</td></tr>
<tr><td colspan="2">Alkohole</td><td colspan="2">Säuren</td></tr>
<tr><td>CH_4O</td><td>= Methylalkohol</td><td>CH_2O_2</td><td>Ameisensäure</td></tr>
<tr><td>C_2H_6O</td><td>= Aethylalkohol</td><td>$C_2H_4O_2$</td><td>Essigsäure</td></tr>
<tr><td>C_3H_8O</td><td>= Propylalkohol</td><td>$C_3H_6O_2$</td><td>Propionsäure</td></tr>
<tr><td>$C_4H_{10}O$</td><td>= Butylalkohol</td><td>$C_4H_8O_2$</td><td>Buttersäure</td></tr>
<tr><td>$C_5H_{12}O$</td><td>= Amylalkohol</td><td>$C_5H_{10}O_2$</td><td>Valeriansäure,</td></tr>
</table>

Hieraus ergiebt sich der Connex zwischen Aethyl, Acetyl, Aethylalkohol und Essigsäure.

Essigsäure bildet sich bei der trocknen Destillation des Holzes und ähnlicher Körper, so wie durch Einwirkung oxydirender Substanzen auf Weingeist, Aether, Aldehyd, beim Schmelzen der Kohlehydrate, der Weinsäure, der Citronensäure mit Aetzkali. Im Grossen wird sie durch die sogenannte Essiggährung aus dem Weingeist (Aethylalkohol) oder durch trockne Destillation des Holzes dargestellt.

Die Essigsäurebildung aus Weingeist geschieht durch eine zweimal sich wiederholende Oxydation. Durch die erste Oxydation werden dem Weingeist unter Bildung von 1 Mol. Wasser 1 Mol. Wasserstoff entzogen und derselbe in Aldehyd ($C_4H_4O_2$) verwandelt.

$$\underset{\text{alkohol}}{\text{Aethyl-}} \quad \underset{\text{stoff}}{\text{Sauer-}} \quad \text{Wasser} \quad \text{Aldehyd.}$$
$$C_2H_6O + O = H_2O \text{ und } C_2H_4O.$$

Durch die zweite Oxydation verwandelt sich der Aldehyd unter Aufnahme von Sauerstoff in Essigsäure (Hydriumacetat).

Aldehyd   Sauer-   Essig-
stoff   säure

$$C_2H_4O + O = C_2H_4O_2.$$

Bei jedem dieser beiden Oxydationsmomente tritt 1 At. Sauerstoff in Wirkung, im ersten werden aber dadurch 1 Mol. Wasserstoff dem Weingeist entzogen, im zweiten tritt 1 At. Sauerstoff in die elementare Zusammensetzung des Weingeistes ein.

Stellt man ein Schälchen (*a*) mit Platinmohr (Platinmetall im höchst fein zertheilten Zustande) auf einen Teller, bedeckt diesen mit einer Glasflasche (*b*), deren Boden abgesprengt ist, in der Art

Fig. 175.

dass die Luft ungehinderten Zutritt hat, und lässt man nun aus einer feinen Spitze (*c*) eines Trichters allmählich Weingeist auf den Platinmohr tropfen, so verwandelt sich der Weingeist in Berührung mit dem Platinmohr unter Temperaturerhöhung und unter Aufnahme von Luftsauerstoff in Aldehyd, welcher sich durch Verbindung mit weiterem Luftsauerstoff zu Essigsäure oxydirt. Letztere verdichtet sich an der kalten Wandung der Flasche und rinnt in Tropfen nieder. Der in den Zwischenräumen der Platinpartikel sich anhäufende Sauerstoff der Luft ist Ursache der Umwandlung des Weingeistes in Aldehyd, und der Sauerstoff der ungehindert hinzutretenden Luft oxydirt den Aldehyd zu Essigsäure. Die Erzeugung der Essigsäure aus Weingeist beruht also auf einem Oxydations- und Verwesungsprocess und hat daher genau genommen keine Aehnlichkeit mit der Gährung, welche ein Umsetzen der elementaren Bestandtheile eines zusammengesetzten Körpers, selbst bei Luftabschluss, bedingt.

Der Essig (*Acetum crudum*) ist eine verdünnte Essigsäure, eine Mischung von circa $5^2/_3$ Th. Essigsäure mit $94^1/_3$ Th. Wasser, welche mehr oder weniger mit anderen vegetabilischen Stoffen und mit Salzen, welche Bestandtheile des Brunnenwassers sind, verunreinigt ist.

Die Essigfabrikation geschieht nach drei verschiedenen Methoden:

1. Durch Gährung zuckerhaltiger Flüssigkeiten. Im ersten Stadium der Gährung geht hier die Umsetzung des Zuckers in Weingeist vor sich, im zweiten Stadium findet die Oxydation des Weingeistes zu Essigsäure statt. Auf diese Weise werden Weinessig, Bieressig, Malzessig, Fruchtessig bereitet. Zuckerhaltige Flüssigkeiten, mit Hefe und Essig versetzt, werden in grossen Bottigen (Säurefässer) wochenlang in den Essigstuben in einer Temperatur von 25—35⁰ C. erhalten.

2. Weingeist, mit dem 6fachen Volum Wasser verdünnt und mit circa 2 Volum fertigem Essig gemischt, setzt man, auf eine möglichst grosse Oberfläche vertheilt, der atmosphärischen Luft aus. Diese Darstellungsmethode ist die sogenannte Schnellessigfabrikation. Man lässt den verdünnten Weingeist wiederholt tropfenweise über weissbuchene Hobelspäne, welche vorher mit Essig und Branntwein durchtränkt sind, fliessen, wobei für Zutritt der atmosphärischen Luft gesorgt wird. Die Hobelspäne füllen hier die Stelle des Platinmohrs aus. Ein Essigbilder oder Gradirfass besteht in einem aufrecht stehenden, mit jenen Hobelspänen (b) lose gefüllten Fasse, dessen oberer Boden siebförmig durchlöchert ist. In jedem Siebloche hängt ein durch einen Knoten geschürztes Bindfadenstück, an welchem das aufgegossene Essiggut tropfenweise herabsickern kann.

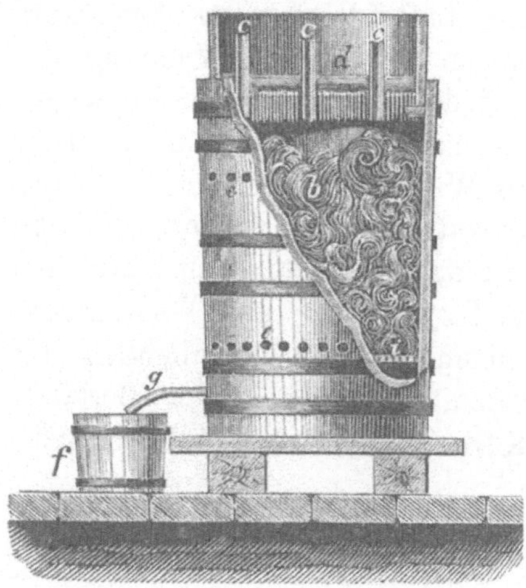

Fig. 176.

Essig-Gradirfass.

Statt dieses Siebbodens setzt man auch dem Fasse eine ähnlich eingerichtete Siebbütte (d) auf. Die Hobelspäne ruhen auf einem durchlöcherten Zwischenboden (i). Im oberen Umfange und auch im unteren Umfange des Fasses ist eine Reihe Luftlöcher (ee) schräg von oben nach unten gebohrt, ebenso sind Luftlöcher (cc) in der Siebbütte, um den Zutritt der athmospärischen Luft zu vermitteln. Bei schwachem Luftzutritt kann die Oxydation des Adehyds zu Essigsäure nicht stattfinden, bei zu starkem Luftzutritt schreitet die Oxydation in dem Maasse vor, dass die gebildete Essigsäure in Kohlensäure und Wasser verwandelt wird ($C_2H_4O_2$ und $4O$ geben

$2CO_2$ und $2H_2O$). Nachdem das aus dem Hahn (g) abfliessende Essiggut noch 2 bis 3 andere Gradirfässer durchlaufen hat, ist es in Essig verwandelt.

3. Bei der Verkohlung des Holzes in grossen eisernen Retorten oder eisernen Cylindern destillirt neben Theer, Brandölen, Kreosot, Holzgeist (Methylalkohol) besonders anfangs eine wässrige saure Flüssigkeit über, welche hauptsächlich Essigsäure enthält und auch als Holzessig, Holzsäure (*Acetum pyro-lignosum*) in den Handel gebracht wird. Diese Flüssigkeit wird mit Kalkerde gesättigt, und die von ausgeschiedenen brenzlichen Producten befreite Lösung des Calciumacetats mit Natriumsulfat zersetzt. Aus dieser Mischung resultiren Calciumsulfat und Natriumacetat. Ersteres scheidet sich ab, und das in Lösung bleibende Natriumacetat sammelt man durch Krystallisation. Letzteres wird behufs Verflüchtigung und Zerstörung der Brandöle stark erhitzt und, durch wiederholte Krystallisation gereinigt, als Rothsalz (*Natrum aceticum crudum*) theils in den Handel gebracht, theils auf concentrirten Essig verarbeitet.

Officinell sind concentrirte Essigsäure (Essigsäurehydrat), eine verdünnte Essigsäure und ein reiner oder destillirter Essig, welchen letzteren man durch Mischung von verdünnter Essigsäure mit destillirtem Wasser darstellt.

Fig. 177.

Die reine Essigsäure (*Acidum aceticum*) ist das Hydriumacetat oder Essigsäurehydrat ($C_2H_4O_2$ oder $C^4H^3O^3 + HO$). Sie hat auch den Namen Eisessig erhalten, weil sie bei niedriger Temperatur zu einer Krystallmasse erstarrt, welche erst bei $+ 16^0$ wieder flüssig wird. Man stellt diese concentrirte Essigsäure aus dem Natriumacetat dar. Dieses Salz krystallisirt mit 3 Mol. od. 6 Aeq. Krystallwasser, welches beim Erhitzen leicht verdampft. 2 Mol. des vom Krystallwasser befreiten Natriumacetats werden in eine Retorte (*r*), welche mit *Liebig*'schem Kühler und Vorlage verbunden ist, gegeben und mit 1—2 Mol. conc. Schwefelsäure übergossen. Der Erfolg aus der gegenseitigen Einwirkung ist Hydriumacetat und normales Natriumsulfat oder Hydriumnatriumsulfat, je nach dem 1 oder 2 Mol. Hydriumsulfat verwendet werden.

$$\underset{\text{Natriumacetat}}{2\left(\begin{matrix}C_2H_3O\\Na\end{matrix}\Big\}O\right)} + \underset{\text{Hydriumsulfat}}{\begin{matrix}SO_2\\H_2\end{matrix}\Big\}O_2} = \underset{\text{Natriumsulfat}}{\begin{matrix}SO_2\\Na_2\end{matrix}\Big\}O_2} + \underset{\text{Hydriumacetat}}{2\left(\begin{matrix}C_2H_3O\\H\end{matrix}\Big\}O\right)}$$

$$\begin{matrix}C_2H_3O\\Na\end{matrix}\Big\}O + \begin{matrix}SO_2\\H_2\end{matrix}\Big\}O_2 = \underset{\text{Natriumdisulfat}}{\begin{matrix}SO_2\\HNa\end{matrix}\Big\}O_2} + \begin{matrix}C_2H_3O\\H\end{matrix}\Big\}O$$

Die Retorte soll vorgewärmt sein, ehe die Schwefelsäure aufgegossen wird. In Folge der chemischen Reaction der Schwefelsäure auf das Natriumsalz tritt eine Temperaturerhöhung ein, durch welche sogar ein Theil der freigemachten Essigsäure in Dampf verwandelt wird, so dass anfangs Essigsäure ohne Heizung überdestillirt. Geschieht die Mischung in der kalten Retorte, so würde diese durch den plötzlichen Temperaturwechsel zerreissen oder zerspringen. Wenn die freiwillige Destillation der Essigsäure, welche bei 120^0 C. siedet, matter wird, unterstützt man sie durch mässige Heizung. Kommen 1 Mol. Natriumacetat und 1 Mol. Schwefelsäure in Anwendung, so resultirt eine während der Destillation flüssige Salzmasse, aus welcher sich die Essigsäure leicht und in kürzerer Zeit abdestilliren lässt. Bei 2 Mol. Natriumacetat und 1 Mol. Schwefelsäure ist die Masse in der Retorte nicht flüssig, und die Destillation muss schliesslich bei weit höherer Temperatur geschehen, um das Hydriumacetat völlig abzudestilliren. Diese höhere Temperatur hat wieder brenzliche Producte zur Folge. Da das rohe Natriumacetat nicht selten etwas Natriumchlorid enthält, so ist das Destillat gewöhnlich mit Chlorwasserstoffsäure verunreinigt. Durch Rectification über eine geringe Menge wasserfreien Natriumacetats wird diese Verunreinigung beseitigt. Wäre dagegen das Destillat mit schwefliger Säure verunreinigt, was vorkommt, wenn das zur Darstellung verwendete Natriumacetat organische Schmutztheile enthielt, so schüttelt man es mit etwas Kaliumdichromat oder doppelchromsaurem Kali ($K_2Cr_2O_7$ oder $KO,2CrO^3$). Chromsäure (CrO_3) giebt an die Schwefligsäure Sauerstoff ab, verwandelt diese in Schwefelsäure und geht in Chromoxyd (Chromsesquioxyd, Cr_2O_3) über.

Durch Rectification der Essigsäure über etwas wasserfreien Natriumacetats wird auch die hierbei gebildete Schwefelsäure entfernt.

Die conc. Essigsäure bildet eine farblose, bei einer Temperatur von wenigen Wärmegraden erstarrende Flüssigkeit. Sie hat einen stechend sauren Geruch und ätzend sauren Geschmack. Auf die Haut gebracht zeigt sie sich ätzend, überhaupt ist das Aufathmen essigsaurer Dämpfe den Lungen sehr schädlich.

Die verdünnte Essigsäure (*Acidum aceticum dilutum*), früher auch concentrirter Essig (*Acetum concentratum*) genannt, enthält 30 Proc. Hydriumacetat. Sie wird durch Mischung einer concentrirten Essigsäure mit destillirtem Wasser dargestellt.

Die Glieder der eingangs dieser Lection des Raumes halber abgekürzten homologen Reihen unterscheiden sich von einander durch ein Mehr oder Weniger von $(CH_2)n$. Sie zeigen uns, dass die Oxykohlenwasserstoffradicale aus den Alkoholradicalen durch Substitution von H_2 durch 1 At. O entstehen, dass jedem Alkoholradicale (Kohlenwasserstoffradical) ein Säureradical (Oxykohlenwasserstoffradical), also jedem Alkohol eine Säure entspricht.

Die in jenen homologen Reihen erwähnten Säuren, also auch die Essigsäure, gehören zu den Fettsäuren. Man hat nämlich die den primären Alkoholen entsprechenden einbasischen Säuren von der Formel CnH_2nO_2 mit dem Namen Fettsäuren belegt, weil sie als Bestandtheile der Fette des Thier- und Pflanzenreiches angetroffen werden.

Fettsäurereihe:

Ameisensäure	C	H_2	O_2	Laurinsäure	C_{12}	H_{24}	O_2
Essigsäure	C_2	H_4	O_2	Myristinsäure	C_{14}	H_{28}	O_2
Propionsäure	C_3	H_6	O_2	Palmitinsäure	C_{16}	H_{32}	O_2
Buttersäure	C_4	H_8	O_2	Margarinsäure	C_{17}	H_{34}	O_2
Valeriansäure	C_5	H_{10}	O_2	Stearinsäure	C_{18}	H_{36}	O_2
Capronsäure	C_6	H_{12}	O_2	Arachinsäure	C_{20}	H_{40}	O_2
Oenanthylsäure	C_7	H_{14}	O_2	Behensäure	C_{22}	H_{44}	O_2
Caprylsäure	C_8	H_{16}	O_2	Hyänasäure	C_{25}	H_{50}	O_2
Pelargonsäure	C_9	H_{18}	O_2	Cerotinsäure	C_{27}	H_{54}	O_2
Caprinsäure	C_{10}	H_{20}	O_2	Melissensäure	C_{30}	H_{60}	O_2

Die in der Columne links aufgeführten Säuren lassen sich unzersetzt destilliren und werden daher als flüchtige Fettsäuren unterschieden.

Die Fettsäuren entstehen aus den entsprechenden Alkoholen durch Austritt, beziehentlich Oxydation von H_2 und durch Aufnahme von O.

$$\underset{\text{Aethylalkohol}}{C_2H_6O} - H_2 = \underset{\text{Acetaldehyd}}{C_2H_4O}. \qquad \underset{\text{Acetaldehyd}}{C_2H_4O} + O = \underset{\text{Essigsäure}}{C_2H_4O_2}$$

$$\underset{\text{Butylalkohol}}{C_4H_{10}O} - H_2 = \underset{\text{Butylaldehyd}}{C_4H_8O}. \qquad \underset{\text{Butylaldehyd}}{C_4H_8O} + O = \underset{\text{Buttersäure}}{C_4H_8O_2}$$

Bemerkungen. Aldehýd ist ein durch Verstümmelung von *Alcohol dehydrogenātus* gebildetes Wort. Der Acétaldehyd, Acet-Aldehyd (von *acetum* und Aldehyd) bildet rein eine neutrale farblose, erstickend riechende, die Augen zu Thränen reizende Flüssigkeit, welche schon bei 22° C. siedet und wegen seiner Begierde, Sauerstoff aufzunehmen und in Essigsäure überzugehen, die Oxyde vieler Metalle (besonders der edlen) reducirt. Wenn Weingeist eine unvollkommene Verbrennung (Oxydation) erleidet, so entsteht neben anderen Producten auch Aldehyd. Wenn man einen durch Umwickeln um einen Bleistift zu einer Spirale gewundenen Platindraht in einer

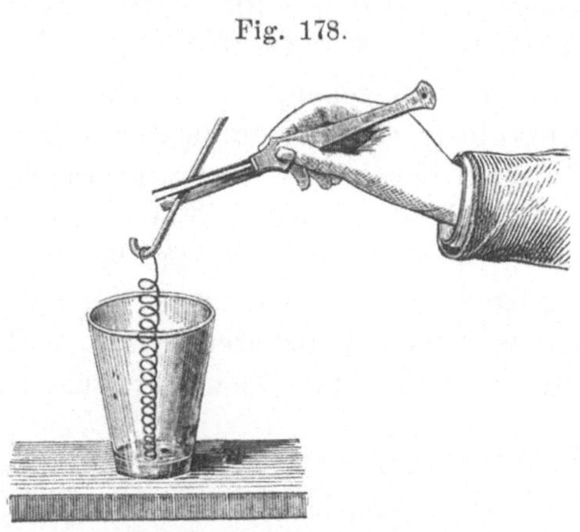

Fig. 178.

Weingeistflamme weissglühend macht und schnell in ein angewärmtes Glas, dessen Boden mit wenig Weingeist bedeckt ist, hält, so glüht er in dem Weingeistdampfe fort. Der Weingeist unterliegt dabei einer unvollkommenen Verbrennung zu Aldehyd, dennoch reicht die dadurch frei werdende Wärme hin, die Glühung des Drahtes zu unterhalten. Die Aldehydbildung lässt sich bei diesem Experiment durch den Geruch erkennen. Denselben Geruch bemerkt man, wenn man eine Weingeistflamme durch ein Drahtnetz niederdrückt, wodurch ein ausreichender Sauerstoffzutritt zur Flamme gehindert wird. Das sogenannte Glühlämpchen ist eine Weingeistlampe, über deren Docht eine Spirale von dünnem Platindraht angebracht ist. Zündet man die Lampe an, lässt die Spirale erglühen und löscht dann die Flamme aus, so glüht die Spirale in dem Weingeistdampfe weiter unter Bildung von Aldehyd, Essigsäure, Kohlensäure und der durch ihren scharfen Geruch sich kennbar machenden Lampensäure (Aldehydsäure, acetylige Säure). Dem

Weingeist für die Glühlampe, welche als Räucherlampe Anwendung findet, setzt man Aether und wohlriechende Oele zu. Ein Glühlämpchen stellt Fig. 179 dar.

Propýlalkohol findet sich unter den Gährungsproducten der Weintrestern neben Aethylalkohol, Butylalkohol, Amylalkohol. — Propionsäure entsteht bei der Gährung des Glycerins mittelst Hefe. Der Name ist zusammengesetzt aus $\pi\rho\tilde{\omega}\tau o\varsigma$ (prōtos), der vorderste, erste, vornehmste und $\pi\tilde{\iota}o\nu$ (pion), Fett. — Die Endung yl ist entnommen von $\tilde{v}\lambda\eta$ (hylae) Stoff, Materie. — Butýl, Butyrýl, zusammengesetzt von *butyrum*, Butter und $\tilde{v}\lambda\eta$. — Butylalkohol entsteht besonders bei der weinigen Gährung der Runkelrübenmelasse neben Amylalkohol. — Valeriansäure, Valeryl, gebildet aus *Valeriana*, Baldrian.

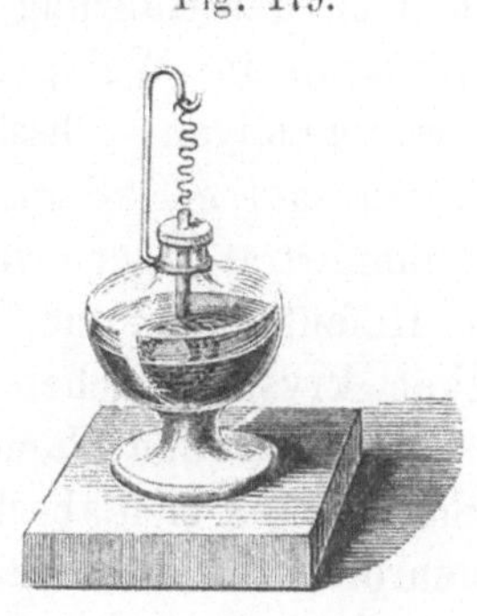
Fig. 179.

Die Valeriansäure befindet sich in der Baldrianwurzel und kann daraus durch Destillation dargestellt werden. Künstlich erzeugt man sie durch Oxydation des Amylalkohols mittelst Chromsäure.

Der Allylalkohol zeigt in seinen Verbindungsverhältnissen grosse Aehnlichkeit mit dem Aethylalkohol. Die Verbindungen des Allyls (C_3H_5) haben einen Senfgeruch. Durch Oxydation entsteht aus dem Allylalkohol ein Aldehyd, das Acroleïn, und eine Säure.

$$\underset{\text{Allylalkohol}}{C_3H_6O} + O = H_2O + \underset{\text{Acroleïn}}{C_3H_4O}.$$

$$\underset{\text{Acroleïn}}{C_3H_4O} + O = \underset{\text{Acrylsäure}}{C_3H_4O_2}.$$

Die Formel des Allyläthers ist $[C_3H_5]_2O$. Das flüchtige Senföl ist Allylsulfocyanat od. Schwefelcyanallyl C_4H_5NS od. C^6H^5, C^2NS^2, das Knoblauchöl ist Schwefelallyl $C_6H_{10}S$ od. C^6H^5S. Letzteres findet man ausser im Knoblauch in vielen Cruciferen und im Asand.

Lection 93.

Nichtflüchtige officinelle Säuren. Weinstein. Weinsäure.

Weinsäure, Hydriumtartrat	Kaliumtartrat (neutrales)	Saures Kaliumtartrat
$C_4H_6O_6$	$K_2C_4H_4O_6$	$KC_4H_5O_6$
$\left.\begin{array}{c}C_4H_2O_2\\H_4\end{array}\right\}O_4$	$\left.\begin{array}{c}C_4H_2O_2\\H_2K_2\end{array}\right\}O_4$	$\left.\begin{array}{c}C_4H_2O_2\\H_2HK\end{array}\right\}O_4$
$C^8H^4O^{10}$	$2KO, C^8H^4O^{10}$	$KO, HO, C^8H^4O^{10}$

Die ältere Chemie bediente sich des Symbols $\overline{T}$ für $C^8H^4O^{10}$. Im Saft der Weinreben finden sich neben Traubenzucker und Fermentstoffen auch verschiedene Salze in Lösung, welche sich nach der Gährung des Saftes und der Umsetzung des Traubenzuckers in Weingeist, wegen ihrer geringeren Löslichkeit in weingeistigen Flüssigkeiten, abscheiden. Zu diesen Salzen gehören saures Kaliumtartrat oder zweifach-weinsaures Kali und Calciumtartrat oder weinsaure Kalkerde, welche sich gemischt mit Hefentheilen und Farbstoff beim Lagern junger Weine in dicken krystallinischen Krusten an die Wandungen der Fässer ansetzen und den Namen Weinstein erhalten haben. Die aus rothem Weine sich abscheidenden Krusten sind mehr oder weniger braunroth oder roth *(Tartărus ruber)*, aus weissem Wein weisslich schmutzig oder bräunlich weiss (*Tartărus crudus albus*). Beide Sorten Weinstein kommen als roher Weinstein (*Tartărus crudus*) in den Handel. In besonderen Fabriken wird der rohe Weinstein behufs Abscheidung des Farbstoffs und der Schleimstoffe mit Thon und Kohle gemischt in kochendem Wasser gelöst. Aus der siedend heiss filtrirten Lösung scheidet beim Erkalten der Weinstein in Rhombenoctaёdern, welche in Krusten zusammenhängen, aus. Er enthält noch kleine Mengen Calciumtartrat, Ferritartrat, Farbstoff. Durch Bleichen an der Sonne, wodurch das Ferritartrat in Ferrotartrat verwandelt, der Farbstoff aber zerstört wird, macht man ihn möglichst farblos und

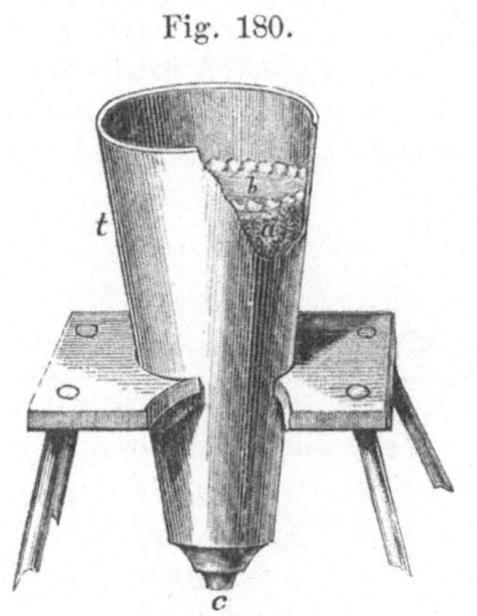

Fig. 180.

bringt ihn als gereinigten Weinstein, Weinsteinrahm (*Tartărus depurātus, Cremor Tartari*) in den Handel. Für den medicinischen und pharmaceutischen Gebrauch befreit man ihn dadurch vollständig von der Kalkerde (Calciumtartrat), dass man ihn fein gepulvert in einen Deplacirtrichter (*t*) bringt, dessen Ausflussöffnung (*c*) mit einem lockeren Bäuschchen locker gewebter Leinwand geschlossen ist. Auf die Oberfläche der Weinsteinpulverschicht wird eine Papierscheibe mit aufwärtsgebogenem Rande (*b*) gelegt und auf diese Papierscheibe destillirtes Wasser gegossen, welchem circa 10 Proc. Salzsäure zugesetzt sind. Auf

10 Th. Weinstein genügt 1 Th. rohe Salzsäure. Dieses Wasser durchdringt allmählich das Weinsteinpulver *(a)* und zersetzt das Calciumtartrat, wodurch das leichtlösliche Calciumchlorid und freie Weinsäure entstehen. Es löst auch die Oxyde des Eisens und fliesst endlich unterhalb ab. Jede weiter (auf *b*) aufgegossene Flüssigkeit drängt die unter ihr liegende Flüssigkeitsschicht abwärts, so dass anfangs die unterste Flüssigkeitsschicht in dem Trichter auch die an Chlorcalcium reichere ist. Durch Nachgiessen von kaltem Wasser wird endlich die Waschflüssigkeit völlig verdrängt. Das nur noch durch Wasser feuchte Pulver wird getrocknet und als **kalkfreier Weinstein** (*Kali bitartaricum purum*) aufbewahrt.

Das vorstehende Verfahren ist die sogenannte Deplacirmethode, weil bei derselben eine Flüssigkeitsschicht durch eine andere aus ihrer Stelle verdrängt wird.

Der Weinstein oder das saure Kaliumtartrat ist ein saures Salz, in Wasser schwer löslich, in Weingeist unlöslich. Ein Theil des Salzes fordert über 200 Th. kaltes Wasser, dagegen nur 15 Th. kochendes Wasser zur Lösung.

Aus dem Weinstein wird die Weinsäure oder Weinsteinsäure (*Acidum tartaricum)* gewonnen. Obgleich sie, auch an Kalium oder Calcium gebunden, ausser in den Weintrauben noch in den Tamarindenfrüchten, den Vogelbeeren (den Früchten der *Sorbus Aucuparia*), den Maulbeeren, der Ananas, den Gurken, der Meerzwiebel, sowie in dem Kraute von *Chelidonium majus*, in einigen *Rumex*-Arten etc. vorkommt, so ist die Darstellung daraus keine lohnende.

Zur Darstellung der Weinsäure aus dem sauren Kaliumtartrat oder zweifach-weinsauren Kali werden 2 Mol. dieses Salzes in Pulverform mit der 5fachen Menge kochenden Wassers angerührt und mit 1 Mol. Calciumhydroxyd, Kalkerdehydrat, versetzt, d. h. neutralisirt, bis also die saure Reaction der Flüssigkeit verschwunden ist. Es entstehen hier Calciumtartrat und neutrales Kaliumtartrat, von welchen das erstere Salz sich als ein unlösliches Pulver abscheidet.

Saures Kalium-tartrat	Calcium-hydroxyd	neutrales Kalium-tartrat	Calciumtartrat	Wasser
$2(KC_4H_5O_6)$ +	H_2CaO_2 =	$K_2C_4H_4O_6$ +	$Ca''C_4H_4O_6$ +	$2(H_2O)$

oder

zweifach wein-saures Kali	Kalkerde	weinsaures Kali	weinsaure Kalkerde	Wasser.
$KO,HO,\overline{T}$ +	CaO =	$KO,\overline{T}$ +	$CaO,\overline{T}$ +	HO

Das in Lösung bleibende neutrale Kaliumtartrat kann nicht durch Kalkerde zersetzt werden, denn Kali ist eine stärkere Base als Kalkerde. Die Zersetzung und Fällung der Weinsäure als Calciumtartrat geschieht daher durch ein Kalksalz, welches dem Kalium eine stärkere Säure darbietet, als die Weinsäure ist. Ein solches Kalksalz ist das Calciumchlorid, welches der Lösung des Kaliumtartrats zugesetzt wird. Es resultiren aus der Mischung Kaliumchlorid und Calciumtartrat.

$$\underset{\text{Kaliumtartrat}}{K_2C_4H_4O_6} + \underset{\substack{\text{Calcium-}\\\text{chlorid}}}{CaCl_2} = \underset{\text{Kaliumchlorid}}{2(KCl)} + \underset{\substack{\text{Calciumtar-}\\\text{trat}}}{CaC_4H_4O_6}$$

$$\underset{\substack{\text{weinsaures}\\\text{Kali}}}{KO,\overline{T}} + \underset{\substack{\text{Chlorcal-}\\\text{cium}}}{CaCl} = \underset{\text{Chlorkalium}}{KCl} + \underset{\substack{\text{weinsaure}\\\text{Kalkerde.}}}{CaO,\overline{T}}$$

Es wird also die Weinsäure des Weinsteins in zwei getrennten Processen als Calciumtartrat gefällt.

1 Mol. des gesammelten und mit Wasser ausgewaschenen Calciumtartrats wird mit 1 Mol. Schwefelsäure versetzt, und unter Freimachung von Weinsäure entsteht Calciumsulfat, schwefelsaure Kalkerde, ein in Wasser äusserst wenig lösliches Salz.

$$\underset{\text{Calciumtartrat}}{CaC_4H_4O_6} + \underset{\substack{\text{Hydrium-}\\\text{sulfat}}}{H_2SO_4} = \underset{\text{Calciumsulfat}}{CaSO_4} + \underset{\text{Weinsäure}}{C_4H_6O_6}$$

$$\underset{\substack{\text{weinsaure}\\\text{Kalkerde}}}{CaO\,\overline{T}} + \underset{\substack{\text{Schwefel-}\\\text{säurehydrat}}}{HO,SO^3} = \underset{\substack{\text{schwefelsaure}\\\text{Kalkerde}}}{CaO,SO^3} + \underset{\text{Weinsäure.}}{HO,\overline{T}}$$

Die durch Filtration abgesonderte Weinsäurelösung wird bis zur dünnen Syrupconsistenz eingedampft, behufs Entfernung des wenigen gelösten Gypses absetzen gelassen, nochmals filtrirt und zur Krystallisation gebracht.

Die Weinsäure krystallisirt in grossen farblosen prismatischen Krystallen, welche sich an der Luft nicht verändern und schon in $1\frac{1}{2}$ Th. kaltem Wasser löslich sind. Werden die Krystalle an der Luft feucht, so sind sie mit Schwefelsäure verunreinigt.

Die Weinsäure ist vieratomig, d. h. ihre 4 typischen Wasserstoffatome können durch andere Radicale ersetzt werden, sie ist aber nur zweibasisch, d. h. nur zwei der typischen Wasseratome sind durch ein Alkalimetall zu ersetzen. Wegen dieses letzteren

Umstandes bildet sie mit den Alkalimetallen zwei Reihen Salze, neutrale und saure.

saures Kaliumtartrat   neutrales Kaliumtartrat   neutrales Calciumtartrat

$$\left.\begin{array}{l}C_4H_2O_2\ ^{IV}\\ H_2HK\end{array}\right\}O_4 \qquad \left.\begin{array}{l}C_4H_2O_2\ ^{IV}\\ H_2K_2\end{array}\right\}O_4 \qquad \left.\begin{array}{l}C_4H_2O_2\ ^{IV}\\ H_2Ca''\end{array}\right\}O_4$$

Das neutrale Kaliumtartrat oder weinsaure Kali (*Kali tartaricum, Tartarus tartarisatus*) wird durch Sättigung des sauren Kaliumtartrats mittelst Kaliumcarbonats, auch Kaliumdicarbonats dargestellt.

saures Kaliumtartrat   Kaliumcarbonat   neutrales Kaliumtartrat   Kohlensäureanhydrid   Wasser

$$2\left(\left.\begin{array}{l}C_4H_2O_2\\ H_2HK\end{array}\right\}O_4\right) + \left.\begin{array}{l}CO\\ K_2\end{array}\right\}O_2 = 2\left(\left.\begin{array}{l}C_4H_2O_2\\ H_2K_2\end{array}\right\}O_4\right) + CO_2 + \left.\begin{array}{l}H\\ H\end{array}\right\}O$$

od. $2(KC_4H_5O_6)$ $+ K_2CO_3 = 2(K_2C_4H_4O_6)$ $+ CO_2 + H_2O$

od. $KO,\overline{T};HO\,\overline{T} + KO,CO_2 = 2(KO,\overline{T})$ $+ CO^2 + HO$

Kalibitartrat   kohlensaures Kali   weinsaures Kali   Kohlensäure   Wasser

Geschieht die Sättigung mit Natriumcarbonat, so entsteht das Natriumkaliumtartrat oder **weinsaure Kali-Natron**, Seignettesalz (*Natro-Kali tartaricum, Tartarus natronatus*)

$$\left.\begin{array}{l}C_4H_2O_2\\ H_2KNa\end{array}\right\}O_4 \ \text{od. } KNaC_4H_4O_6 \ \text{od. } KO,\overline{T};NaO,\overline{T}.$$

Geschieht die Sättigung mit Aetzammonflüssigkeit, so entsteht ein sehr leichtlösliches Salz, das Ammoniumkaliumtartrat oder **weinsaure Kali-Ammon** (*Ammono-Kali tartaricum, Tartarus ammoniātus, Tartarus solubilis*), welches mit 4 Mol. oder 8 Aeq. Wasser krystallisirt.

$$\left.\begin{array}{l}C_4H_2O_2\\ H_2(NH_4)K\end{array}\right\}O_4 \ \text{od. } K(NH_4)C_4H_4O_6 \ \text{od. } KO,\overline{T};H^4NO,\overline{T}.$$

Weil beim Concentriren der Lösung in der Wärme Ammon abdunstet, so muss man mit Ammon übersättigen, so dass dieses stets im geringen Ueberschuss vorhanden ist.

Alle drei Salze sind neutrale, gut krystallisirende Verbindungen, das Ammonsalz dunstet aber allmählich Ammon ab, und es entsteht darin wieder saures Kaliumsalz. Es ist daher in gut verstopften Flaschen zu bewahren.

Bei der Einwirkung des sauren Kaliumtartrats auf eine mehratomige Base, z. B. auf Antimonhydroxyd H_3SbO_3, wird das zweite basische Wasserstoffatom durch eine Sauerstoff enthaltende Base ersetzt. Wenn wir 1 Mol. saures Kaliumtartrat mit 1 Mol. Antimonhydroxyd und Wasser kochen, erhalten wir eine Lösung, aus welcher der sogenannte Brechweinstein, weinsaures Antimonoxydkali (*Tartarus stibiatus*, *Tartarus emeticus*, *Stibio-Kali tartaricum*) krystallisirt. Ein Hydriumatom ist darin durch ein einwerthiges sauerstoffhaltiges Radical = SbO (Stibyl oder Antimonyl) ersetzt. Aehnlich wie Antimonoxyd verhalten sich Borsäure, Ferrioxyd, Arsenigsäure.

<table>
<tr><td align="center">Antimonylkalium-
tartrat</td><td align="center">Boricokalium-
tartrat</td><td align="center">Ferricokalium-
tartrat</td></tr>
</table>

$$\left.\begin{array}{l}C_4H_2O_2 \\ H_2(SbO)K\end{array}\right\}O_4 \qquad \left.\begin{array}{l}C_4H_2O_2 \\ H_2(BO)K\end{array}\right\}O_4 \qquad \left.\begin{array}{l}(C_4H_2O_2)_2 \\ H_4(Fe_2O_2)K_2\end{array}\right\}O_8$$

Kaliumstibyltartrat

Der Brechweinstein oder das Antimonylkaliumtartrat krystallisirt wie der Weinstein in farblosen rhombischen Oktaëdern, welche sich in 14 Th. kaltem Wasser lösen. Er wirkt heftig brechenerregend, selbst in kleinen Gaben.

Die Formel des Boricokaliumtartrats repräsentirt den *Tartarus boraxatus* der französischen Pharmacopoë, welche dieses Präparat aus Weinstein und Borsäure bereiten lässt.

Die Traubensäure ($C_4H_6O_6$ + aq) ist eine der Modificationen der Weinsteinsäure. Sie wird desshalb Paraweinsäure genannt. Sie findet sich an Kalium gebunden stets in geringer Menge im rohen Weinstein. Ihre Salze entsprechen denjenigen der Weinsäure, sie unterscheidet sich aber von letzterer durch die Unlöslichkeit ihres Calciumsalzes in Ammoniumsalzlösungen und in freier Traubensäure. Man sammelt sie aus den Mutterlaugen der Weinsäuresalze.

Lection 94.

Citronensäure. Aepfelsäure.

Citronensäure (Hydriumcitrat)

$$C_6H_8O_7 \text{ od. } \left.\begin{array}{l}C_6H_4O_3 \\ H(H_3)\end{array}\right\}O_4 \text{ od. } C_3H_4(OH)\left\{\begin{array}{l}CO(OH) \\ CO(OH) \\ CO(OH)\end{array}\right.$$

<table>
<tr><td align="center">empirische</td><td align="center">typische</td><td align="center">Structurformel</td></tr>
</table>

Die Citronensäure findet sich, gewöhnlich von Aepfelsäure begleitet, in den allermeisten Säften saurer Früchte, vorzugsweise in den Citronen. Sie ist eine 4atomige Säure, denn ihre 4 Atome typischen Wasserstoffs können durch andere Radicale ersetzt werden. Z. B. in dem Kupfersalze

$$\left.\begin{array}{c}(C_6H_4O_3)^{IV}\\ \overset{''}{Cu}_2\end{array}\right\}O_4 \text{ vertreten } Cu_2 \text{ die Stelle von } H_4.$$

Sie ist ferner eine 3basische Säure, d. h. sie liefert mit Alkalimetallen 3 Reihen Salze, neutrale (dreimetallische), saure oder einsäurige (zweimetallische), und zweisäurige (einmetallische).

Trikaliumcitrat   Dikaliumcitrat   Monokaliumcitrat

$$\left.\begin{array}{c}C_6H_4O_3\\ HK_3\end{array}\right\}O_4 \qquad \left.\begin{array}{c}C_6H_4O_3\\ HK_2H\end{array}\right\}O_4 \qquad \left.\begin{array}{c}C_6H_4O_3\\ HKH_2\end{array}\right\}O_4$$

neutrales   einsäuriges   zweisäuriges
Kaliumcitrat   Kaliumcitrat   Kaliumcitrat

Das Calciumcitrat oder Kalksalz hat die Eigenschaft, in kaltem Wasser löslich, in kochend heissem Wasser unlöslich zu sein. Behufs Darstellung der Säure wird der kochend heisse Citronensaft mit Kreide gesättigt, das niederfallende neutrale Calciumcitrat mit kochendem Wasser abgewaschen und mit 3 Mol. Schwefelsäure zersetzt. Das Resultat ist das in Wasser wenig lösliche Calciumsulfat und leichtlösliche freie Citronensäure. Die Darstellung der Citronensäure gleicht also der Darstellung der Weinsäure.

Tricalciumcitrat   Schwefelsäure   Citronensäure   Calciumsulfat

$$\left.\begin{array}{c}(C_6H_4O_3)_2\\ H_2\overset{''}{Ca}_3\end{array}\right\}O_8 + 3\left(\left.\begin{array}{c}SO_2\\ H_2\end{array}\right\}O_2\right) = 2\left(\left.\begin{array}{c}C_6H_4O_3\\ HH_3\end{array}\right\}O_4\right) + 3\left(\left.\begin{array}{c}SO_2\\ Ca\end{array}\right\}O_2\right)$$

$$3CaO,C^{12}H^5O^{11} + 3(SO^3,HO) = 3HO,C^{12}H^5O^{11} + 3(CaO,SO^3).$$

citronensaure Kalkerde   Citronensäure   schwefelsaure Kalkerde

Die Citrone, die Frucht des Citronenbaumes (*Citrus Limonum Risso*), enthält ein in circa 10häutige Fächer getheiltes Fleisch, aus kleinen Bläschen bestehend, welche einen sauren Saft, Citronensaft, enthalten. In jedem Fache sind auch zwei verkehrteiförmige Samen, welche aber bitter schmecken. Bei Darstellung des frischen Citronensaftes (*Succus Citri recens*), welcher eine häufige Anwendung zu Saturationen findet, dürfen desshalb diese Samen nicht zerdrückt werden. Soll der Saft aufbewahrt oder mit Zucker zu einem Syrup gemacht werden, so sind zuvor die in ihm enthaltenen Pectinstoffe durch eine kurze gelinde Gährung zu zerstören, indem man den Saft 2 Tage an einem Orte von circa 25° C. stehen lässt. Am dritten Tage kocht man ihn in einem Porcellangefäss einmal auf und filtrirt ihn nach dem Absetzen. Mit dem klaren Saft füllt man Flaschen ganz an, setzt diese in ein Wasserbad, erwärmt das Wasserbad auf ungefähr 80° C. und verkorkt die noch heissen Flaschen luftdicht. An einem kalten dunklen Orte lässt sich der auf diese Weise behandelte Saft lange Zeit, ohne dass er eine Veränderung erleidet, aufbewahren. Durch das Aufkochen des gährenden Saftes wird die Gährung unterbrochen und die Kraft der Fermentkörper zerstört. Das Erhitzen in den Flaschen auf circa 80° bezweckt die Austreibung der von dem Safte absorbirten atmosphärischen Luft und die Verdünnung derjenigen Luft, welche etwa zwischen Kork und Flüssigkeit beim Verkorken hinterbleibt. In ähnlicher Weise kann man auch andere Fruchtsäfte behufs ihrer Conservirung behandeln.

Unter Einwirkung der Hitze geht die Citronensäure in verschiedene andere Säuren über. Bis zum Schmelzen erhitzt und längere Zeit in dieser Temperatur erhalten, verliert sie H_2O und bildet die Aconitsäure, welche in mehreren *Aconītum*-Arten und auch im *Equisētum fluviatīle* natürlich vorkommt. Bei der trockenen Destillation der Citronensäure zerfällt die Aconitsäure in zwei neue isomere, aber zweibasische Säuren und in Kohlensäure. Diese Säuren, die Itaconsäure und Citraconsäure finden sich im Destillat.

$$\text{Citronensäure} \qquad \text{Wasser} \qquad \text{Aconitsäure}$$

$$\left.\begin{array}{c}C_6H_4O_3\\H_4\end{array}\right\}O_4 = \left.\begin{array}{c}H\\H\end{array}\right\}O + \left.\begin{array}{c}C_6H_3O_3'''\\H_3\end{array}\right\}O_3$$

$$\text{Aconitsäure} \qquad \begin{array}{c}\text{Kohlensäure-}\\\text{anhydrid}\end{array} \qquad \begin{array}{c}\text{Itacon-}\\\text{säure}\end{array}$$

$$\left.\begin{array}{c}C_6H_3O_3\\H_3\end{array}\right\}O = CO_2 + \left.\begin{array}{c}C_5H_4O_2''\\H_2\end{array}\right\}O_2$$

Beim Schmelzen der Citronensäure mit Kaliumhydroxyd zerfällt die Citronensäure unter Zutritt von H_2O in Oxalsäure und Essigsäure, oder vielmehr die Schmelze enthält Kaliumoxalat und Kaliumacetat.

$$\text{Citronensäure} \qquad\qquad \text{Oxalsäure} \qquad \text{Essigsäure}$$

$$C_6H_8O_7 + H_2O = C_2H_2O_4 + 2\,(C_2H_4O_2)$$

Die Aepfelsäure (*Acidum malicum*) findet sich meist neben

Citronensäure in mehreren sauren Fruchtsäften, in grösster Menge in den sauren Aepfeln und den Vogelbeeren.

Aepfelsäure (Hydriummalat)

$$C_4H_6O_5 \text{ od. } \left.\begin{array}{c}C_4H_3O_2 \\ H(H_2)\end{array}\right\}O_3 \text{ od. } C_4H_3O_2{}^{III}\left\{\begin{array}{l}OH \\ OH \\ OH\end{array}\right.$$

Sie ist eine dreiatomige, aber zweibasische Säure. In dem *Extractum Ferri pomatum* ist sie mit Eisenoxyd und Eisenoxydul verbunden. Dieses Extract bereitet man in der Weise, dass die sauren und nicht ganz reifen Aepfel zerstampft, mit zerschnittenem Stroh (Häcksel) gemischt und gepresst werden. Der Saft wird mit gepulvertem Eisen digerirt. Unter Wasserstoffentwickelung löst die freie Aepfelsäure des Saftes das Eisen auf. Wenn die Gasentwickelung aufhört, wird die Flüssigkeit mit Wasser verdünnt, zum Absetzen bei Seite gestellt, filtrirt und endlich zur Extraktdicke abgedampft.

Calciummalat oder äpfelsaure Kalkerde ist ein in Wasser leicht lösliches Salz.

Beim Erhitzen über 150° C. verwandelt sich die Aepfelsäure unter Wasserverlust in Fumarsäure, welche in *Fumaria officinalis*, im Isländischen Moose, in einigen Schwämmen etc. natürlich vorkommt. Beim Erhitzen der Fumarsäure über 200° destillirt sie, ohne zu schmelzen, über. Das Destillat ist eine der Fumarsäure isomere Säure, Maleïnsäure.

Der Entdecker der Citronensäure und Aepfelsäure war *Scheele*, Apotheker in Köping in Schweden († 1786), die Weinsäure stellte er zuerst dar.

Lection 95.

Gerbstoffe. Gerbsäuren.

Die Familie der Gerbstoffe umfasst eine unendliche Zahl Glieder, welche ausschliesslich dem Pflanzenreiche angehören und wie es scheint, allein in den perennirenden Pflanzen angetroffen werden. Der älteste Repräsentant der Gerbstoffe ist derjenige der Eichenrinde, welcher schon vor undenklichen Zeiten zum Gerben der Thierfelle benutzt wurde. Der letztere Umstand gab Gelegenheit, den Namen Gerbstoff auf andere ähnlich sich verhaltende Substanzen zu übertragen. Alle Gerbstoffe sind schwache Säuren, desshalb die Bezeichnung: Gerbsäuren. Sie sind, die im Gelbholze (*Lignum Mori tinctoriae*) vorkommende Moringerbsäure ausgenommen, amorph oder doch nur undeutlich krystallisirend, farblos oder gelblich, in Wasser, Weingeist, seltener in Aether löslich, schmecken herb und zusammenziehend, jedoch nicht sauer, und haben die Eigenschaft, Leim und Eiweiss aus den Lösungen derselben zu fällen. Die Eigenschaft mit thierischer Membran, welche sich beim Kochen mit Wasser in Leim verwandelt, eine unlösliche, der Fäulniss widerstehende Verbindung einzugehen (zu gerben), kommt, genau genommen, nur wenigen Gerbstoffen zu. Mit den meisten Alkaloiden und mit den Salzen der Schwermetalle (besonders des Bleies), sowie mit den Salzen der Erden bilden die Gerbstoffe Niederschläge, auch mit den nicht zu sehr verdünnten Mineralsäuren gehen sie in Wasser etwas schwerlösliche Verbindungen ein. Die Gerbstoffe sind nicht flüchtig und zersetzen sich beim Erhitzen. Man pflegt sie je nach der Farbe der Niederschläge mit Ferrisalzen, in Eisen blau und Eisen grün fällende zu schichten. Eisen blau oder violett fällende Gerbstoffe finden sich z. B. in allen Theilen der Eiche, der Rinde der Weide, Kastanie, Buche, Birke, in der Rhabarberwurzel, Nelkenwurzel (*Radix Caryophyllatae*), Natterwurzel (*Rhizema Bistortae*), in den Bärentraubenblättern (*Folia Uvae Ursi*), den Blumenblättern der Rose, den Granatschalen. Der Eisen grün fällende Gerbstoff findet sich in Katechu, Kino, Zimmt, Chinarinde, Ratanha etc. Da jedoch die Gerbstoffe einer und derselben Rubrik in vieler Beziehung ein abweichendes Verhalten zeigen, so hat man sie richtiger nach ihrer Abstammung unterschieden, z. B. als Eichengerbsäure (*Acidum quercitannicum*), Gallusgerbsäure (*Acid. gallotannicum*), Katechugerbsäure (*Acid. mimotannicum*), Kinogerbsäure (*Acid. coccotannicum*), Chinagerbsäure (*Acid. cinchotannicum*), Kaffeegerbsäure etc.

Die Eigenschaft der Gerbstoffe, sich mit der thierischen Haut zu in Wasser völlig unlöslichen Substanzen (Leder) zu verbinden, welche der Einwirkung von Luft und Feuchtigkeit im hohen Grade widerstehen und nicht faulen, kommt ganz besonders der Eichengerbsäure, dem in der Rinde der Eiche befindlichen Gerbstoffe zu. Andere Gerbstoffe theilen diese Eigenschaft im geringeren Grade. Man kann einer Gerbstofflösung durch Hineinlegen eines Stückes Thierhaut den Gerbstoff völlig entziehen. Die chemisch am besten studirte und officinelle Gerbsäure ist die Galläpfelgerbsäure oder Gallusgerbsäure (*Acidum tannicum, Tanninum*),

in der Praxis des Chemikers und Pharmaceuten gewöhnlich nur
Gerbsäure oder Tannin genannt.

Die Galläpfel (*Gallae*) sind
krankhafte Auswüchse an den Blatt-
knospen der *Quercus infectoria, Q. Aegi-
lops, Q. Cerris, Q. Esculus* etc. Sie
entstehen in Folge des Stichs der
Gallwespe (*Cynips Gallae tinctoriae*),
eines zu den Ichneumoniden oder
Schlupfwespen gehörenden Insekts.

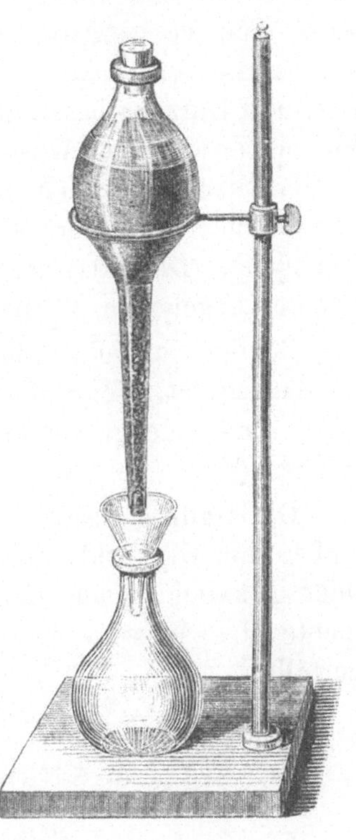

Um aus den Galläpfeln die Gerbsäure zu extrahiren, bedient man sich
des Aethers, welchem man Wasser
und Weingeist zugesetzt hat. In
wasser- und weingeistfreiem Aether
ist die Gallusgerbsäure nicht löslich.
In einen Scheidetrichter oder einen
sogenannten Stechheber, dessen Ausflussöffnung mit einer lockeren Schicht
Baumwolle und einem Korkstopfen
geschlossen ist, schüttet man die grob-
körnig gestossenen und von dem
feinen Pulver befreiten Galläpfel und
übergiesst diese mit einem Gemisch
aus 12 Vol. Aether, $1^1/_2$ Vol. Weingeist und 1 Vol. destill. Wasser.
Nach 48stündigem Stehenlassen entfernt man den Korkstopfen
und lässt die sich unterhalb im Stechheber angesammelte syrupsdicke Gerbsäurelösung in ein untergestelltes Gefäss ablaufen.
Das Aufgiessen eines ähnlichen Aethergemisches, Stehenlassen etc.
wird in gleicher Weise wiederholt. Die abgelaufenen Flüssigkeiten, zusammengegossen und gemischt, scheiden sich in zwei
Schichten. Die untere syrupdicke Schicht ist eine concentrirte
Lösung der Gerbsäure, die obere dünnflüssige Schicht besteht
hauptsächlich aus Aether, welcher geringe Mengen Chlorophyll,
Fett, Harze, Gallussäure, wie diese in den Galläpfeln vorkommen,
im Uebrigen aber sehr wenig Gerbsäure enthält. Die untere
Schicht ist eine concentrirte wässrige Gerbsäurelösung, welche
viel Aether gelöst enthält und diesen beim Eindampfen im Wasserbade mit einiger Hartnäckigkeit zurückhält, so dass in der völlig
trocknen Gallusgerbsäure immer noch Spuren Aether angetroffen
werden. Diese concentrirte Lösung giebt eingetrocknet und aus-

getrocknet ein leichtes lockeres poröses Präparat, welches sich, da es nicht ganz frei ist von Fett und Harz, in destillirtem Wasser etwas trübe löst. Behufs Erlangung einer klar löslichen Gerbsäure wird jene concentrirte Gerbsäurelösung, theils um den Aether daraus zu verdrängen, theils die sehr unwesentlichen Mengen Fett und Harz zu beseitigen, zweimal mit dem dritten Theile ihres Volums destillirtem Wasser vermischt und damit durchschüttelt. In der Ruhe trennt sich die Mischung jedesmal in zwei Schichten, von welchen die untere eine wässrige, an Aether arme Gerbsäurelösung ist. Die wässrigen Lösungen werden durch einen Scheidetrichter abgehoben, filtrirt und im Wasserbade eingetrocknet.

Bei der Darstellung ist die Anwendung eiserner Geräthschaften nicht gestattet, denn die Gerbsäure löst wie andere Säuren das Eisen und erzeugt mit dem gelösten Eisen blauschwarze Verbindungen (schwarze Tinte).

Die Gallusgerbsäure ist, gleich wenigen der anderen Gerbstoffe, ein Glykosid, welches beim Behandeln mit Mineralsäuren oder Alkalien, auch durch Gährung unter Aufnahme der Elemente des Wassers in Zucker (Glykose) und Gallussäure zerfällt.

$$\overset{\text{Gallusgerbsäure}}{C_{27}H_{22}O_{17}} + 5(H_2O) = \overset{\text{Gallussäure}}{3(C_7H_6O_5)} + \overset{\text{Glykose}}{C_6H_{12}O_6} + aq.$$

Die Glykose liefert beim Gährungsakt die Kohlensäure. Das Ferment, welches diesen Zersetzungsprocess veranlasst, ist in den Galläpfeln vorhanden. Man löst die Gallusgerbsäure in Wasser, versetzt die Lösung mit Galläpfelpulver und lässt sie bei einer Temperatur von circa 20 bis 25° mehrere Monate stehen. Die heiss filtrirte Lösung setzt Gallussäurekrystalle ab, welche durch wiederholtes Umkrystallisiren und durch Behandeln mittelst Thierkohle endlich farblos erhalten werden.

Auch in Gemischen mit Aetzalkalilösungen, schnell beim Kochen, verwandelt sich die Gallusgerbsäure in Gallussäure und Zucker, letzterer aber zugleich in humusartige Substanzen.

Dieser Vorgang findet im geringeren Umfange auch in kalten Lösungen des Natriumcarbonats und Natriumdicarbonats statt. Man löse unter Schütteln 1,0 Grm. Tannin in einer kalten wässrigen Lösung von 5,0 Grm. Natriumdicarbonat in circa 100,0 Grm. Wasser und stelle einige Stunden bei Seite. Die Flüssigkeit färbt sich nach und nach braun und wird zuletzt braunschwarz.

Bei Luftabschluss bleibt die wässrige Gerbsäurelösung unverändert, bei Luftzutritt nimmt sie aber allmählich Sauerstoff auf und unter Kohlensäureentwickelung scheidet sich Gallussäure ab.

Beim Erhitzen der trocknen Gallussäure bis zu circa 210⁰ C. in einem Strome Kohlensäuregas, also bei Luftabschluss, zerfällt sie in Kohlensäure und Pyrogallussäure (Brenzgallussäure), welche in farblosen glänzenden Krystallen sublimirt.

$$\begin{array}{ccccc}
\text{Gallussäure} & \text{Kohlensäure-} & & \text{Pyrogallus-} \\
& \text{anhydrid} & & \text{säure} \\
\left.\begin{array}{c} C_7H_2O^{IV} \\ H_4 \end{array}\right\} O_4 & = & CO_2 & + & \left.\begin{array}{c} C_6H_3 \\ H_3 \end{array}\right\} O_3 \\
\text{oder } C_7H_6O_5 & = & CO_2 & + & C_6H_6O_3
\end{array}$$

Die **Gallussäure** (*Acidum gallicum*) bildet farblose seidenglänzende Nadeln, welche in 100 Th. kaltem, 3 Th. kochendem Wasser löslich sind. Sie fällt nicht Leim und Alkaloide. Aus Gold- und Silbersalzen fällt die Gallussäure die Metalle regulinisch. Die **Pyrogallussäure** (*Acidum pyrogallicum*) schmeckt bitter, röthet nicht Lackmuspapier und ist in Wasser leicht löslich. Sie reducirt die edlen Metalle wie die Gallussäure, und wird daher in der Photographie viel angewendet. Mit Alkalilösungen gemischt zieht sie mit Begierde Sauerstoff aus der Luft an und färbt sich dabei braun bis schwarz. Man benutzt sie daher, den Sauerstoffgehalt in Gasgemengen quantitativ zu bestimmen. Beide Säuren färben Eisenlösungen violettblau.

Lection 96.

Fette.

Die Körper, welche man mit dem Namen **Fette** bezeichnet, sind in der Thier- und Pflanzenwelt ungemein verbreitet. Sie sind stickstofffreie, aber kohlenstoffreiche Verbindungen sogenannter Fettsäuren mit Fettbasen und unterscheiden sich von den ätherischen oder flüchtigen Oelen, dass sie auf Papier oder Zeug einen durchscheinenden Fleck verursachen, welcher durch Erwärmen nicht verschwindet. Sie sind sämmtlich specifisch leichter als Wasser, im Uebrigen in Wasser unlöslich, mehr oder weniger löslich in Weingeist, leichtlöslich in Aether, Chloroform,

Schwefelkohlenstoff, flüchtigen Oelen, Benzol. Völlig rein sind sie farblos, geruch- und geschmacklos und verändern Lackmus auf keine Weise. Je nach ihrer Consistenz bei gewöhnlicher Temperatur unterscheidet man sie im gewöhnlichen Leben als Wachs, Talg, wenn sie fest oder hart sind, als Fett, Schmalz, Butter, wenn sie weiche Consistenz haben, und als Oel, Thran, wenn sie flüssig sind. Das aus den Pflanzen stammende Fett bezeichnet man auch wohl mit Oel, das des Thierreiches je nach der Consistenz mit Talg und Fett, und nennt das Fett der Seethiere Thran.

Im Pflanzenreiche findet sich das Fett in grösster Menge in den Samen und zwar in den Samenlappen (Cotyledonen) angehäuft, seltener im Fleisch der Früchte, wie z. B. in den Früchten der *Olea Europaea*, des Oelbaumes, welche das Olivenöl liefern. Reich an ölführenden Samen sind unter anderen die Familien der Cruciferen und Drupaceen. Das Fett ist in den Pflanzentheilen in besonderen Zellen eingeschlossen, welche behufs Gewinnung des Fettes zerrissen werden, entweder durch Zerstampfen, Zerreiben, oder auch durch Zersprengen unter Mithilfe der Wärme, indem das durch Wärme sich ausdehnende Fett die Zellwand auseinanderdrückt. Die Absonderung des Fettes geschieht gewöhnlich durch Auspressen bei gewöhnlicher Temperatur, oder unter Mithilfe der Wärme, wenn das Fett eine feste Consistenz hat und flüssig gemacht werden muss. Die Erfahrung lehrt, dass die flüssigen Fette durch kalte Pressung gewonnen milder sind und sich besser conserviren. Die Pharmacie sorgt daher möglichst für kaltgepresste Oele, erlaubt jedoch eine Erhöhung der Wärme bis auf höchstens 30⁰ C., durch welche Temperatur sie den Begriff der kalten Pressung nicht alterirt hält. Die Gewinnung der Oele im Grossen wird stets nur durch heisse Pressung ausgeführt. Mohnöl, Wallnussöl, Leinöl, Rüböl, Sesamöl, Sonnenblumensamenöl, sämmtlich flüssige Fette des Handels, werden durch heisse Pressung gewonnen. Das für den innerlichen Gebrauch vorzugsweise bestimmte Mandelöl stellt der Apotheker selbst durch kaltes Pressen der gepulverten Mandelsamen dar. Da die Wärme die Oele flüssiger macht, so ist auch die Ausbeute der Oele durch heisses Pressen stets eine grössere. Seitdem man es versteht, Schwefelkohlenstoff zu einem äusserst billigen Preise darzustellen, extrahirt man in einigen Fabriken die zermahlenen Samen mit Schwefelkohlenstoff durch Deplacirung. Bei der Untersuchung der Samen auf Art und Menge ihres Oelgehaltes bedient man sich des Aethers oder Schwefelkohlenstoffs als Extractionsmittel. Beim Verdampfen des Lösungsmittels bleibt das Fett zurück.

Das durch Auspressen gewonnene Oel enthält stets Schleim- und Proteïnstoffe suspendirt, von welchen es durch Absetzenlassen, Klarabgiessen und Filtration befreit wird.

Samen oder Früchte, welche wenig fettes Oel enthalten, rührt man im zerstossenen oder zermahlenen Zustande mit wenig kochend heissem Wasser an und presst heiss das Wasser mit dem Oele aus. Dieses Verfahren geschieht gewöhnlich bei der Darstellung des *Oleum Nucistae*, des Oeles aus den Muskatnüssen, (den Samen von *Myristica fragrans*) und dem Oel aus den Lorbeeren (den von der Steinschale befreiten Früchten von *Laurus nobilis*), seltener bei Darstellung des Cacaoöls (*Oleum Cacao*), dem starren Oel der Samen von *Theobroma Cacao*.

Unter den Pflanzenfetten bilden die Wachsarten eine besondere Klasse. Der grünlich-graue zarte Ueberzug der Pflaumen und anderer Früchte und Pflanzentheile besteht aus Wachskörnchen. Dichtere Wachsüberzüge haben die Früchte der Myriceen, des *Croton sebiferum*, *Rhus succedanĕa*, der Stamm von *Ceroxylon andicŏla* etc. An Stamm und Blattstielen des Zuckerrohrs (*Saccharum officinarum*) findet sich ein Wachs, welches man Cerosin genannt hat. Man findet übrigens Wachs in Verbindung mit Chlorophyll oder Blattgrün, dem Stoffe, welchem die Pflanzen ihre grüne Farbe verdanken und auch in vielen Milchsäften. In neuerer Zeit kommen aus überseeischen Ländern verschiedene Arten Pflanzenwachs in den Handel, welche eine grössere oder geringere Aehnlichkeit mit dem Bienenwachs haben, z. B. das Palmwachs (Ceroxylin) von *Ceroxўlon andicŏla*, oder von der in Brasilien heimischen Wachspalme (*Corўpha cerifĕra*), welches Harz enthält und so hart ist, dass es sich pulvern lässt. Das Japanische Wachs (*Cera Japonica*) wird aus den Früchten von der in Japan einheimischen *Rhus succedanea L.* und der in China einheimischen *Rhus Chinensis Miller* gewonnen. Alle diese Wachsarten sind meist härter als das Bienenwachs und nicht brauchbar in der Pharmacie, weil ihre Mischungen mit anderen Fetten sehr zum Ranzigwerden neigen.

Im Thierreich findet sich das Fett theils frei, theils in Zellen eingeschlossen, besonders angehäuft in der Fetthaut, im Netz der Bauchhöhle, um die Nieren, im Knochenmark etc. Die für die Pharmacie wichtigen thierischen Fette sind Schweinefett, Rindertalg, Schöpsentalg und Bienenwachs. Das bessere und consistentere Fett ist stets das aus dem Netze, welches in der Bauchhöhle von der Lende bis zur Brustgegend gelagert ist und beim Schweine im gewöhnlichen Leben Schmeer oder Lendenfett genannt wird. Dieses Fett wird zerschnitten und, da es von den Fleischern gewöhnlich mit Salz bestreut ist, behufs Beseitigung des Salzes und auch anhängenden Blutes und Schleimes, wiederholt mit kaltem Wasser abgewaschen, ehe man es auslässt, d. h. durch Schmelzung in der Wasserbadwärme von dem Zellgewebe, welches das Fett einschliesst, befreit. Durch Ausschmelzen über freiem Feuer nimmt das Fett sehr leicht einen vorstechenden Fett- oder Bratengeruch an. Von dem Zellgewebe wird das Fett entweder durch Coliren oder durch Auspressen gesondert. In gleicher Weise sondert man das Talg aus dem Lendenfett der Rinder, Schaafe, Hirsche. Beim Ausschmelzen im Fabrikbetriebe setzt man den Fettmassen geringe Mengen Aetzlauge oder conc. Schwefelsäure zu, welche Stoffe die Zerstörung des Zellgewebes befördern sollen.

Das Fett des Schweines ist bei gewöhnlicher Temperatur starr, aber weich, das der Wiederkäuer ist fest und wird Talg genannt. Das Fett der Hunde, Dachse, Gänse ist halbflüssig. Das officinelle Wachs (*Cera, Cera citrina*) ist das Bienenwachs, ein Secret der Biene (*Apis mellifica*), aus welchem dieser Hautflügler die zur Aufbewahrung des Honigs und zum Schutz der Brut dienenden Zellen aufbaut. Früher glaubte man, dass die Bienen das Wachs von den Pflanzenblüthen sammeln, nachdem man aber beobachtet hatte, dass die Arbeitsbienen bei ausschliesslichem Genuss von Zucker auch Wachs erzeugen und dieses durch Umwandlung des Zuckers gebildet werde, erkannte man auch den Wachserzeugungsvorgang. Der verschluckte Blüthenstaub nebst Pflanzensaft gelangt in den Honigmagen, aus welchem er theils als Honig ausgebrochen wird, theils aber in einen zweiten Magen übergeht und dann als Wachs unter den Ringen des Hinterleibes zur Ausschwitzung gelangt.

Die Fette sind den zusammengesetzten Aethern ähnliche Verbindungen fetter Säuren mit Fettbasen. Letztere, die Fettbasen, sind isolirt nicht gekannt, wohl aber in Verbindung mit fetten Säuren oder als Hydroxyde. Diese sind die Hydroxyde zusammengesetzter Radicale, von welchen das Glyceryl, Cetyl, Ceryl, Myricyl, Capryl, Oenanthyl die wichtigsten sind. Werden diese Fettbasen aus ihren fettsauren Verbindungen durch Hydroxyde abgeschieden, so nehmen sie im *status nascendi* Hn u. On auf und verwandeln sich in Hydroxyde oder Alkohole, ganz wie in ähnlicher Weise das Aethyl, aus einer seiner Säure-Verbindungen austretend, sich in Aethylhydroxyd oder Weingeist verwandelt. Glycerylalkohol, Glycerylhydroxyd, Oelsüss, ist das bekannte **Glycerin** ($C_3H_8O_3$). Die Verbindungen des Glyceryls mit Säuren heissen **Glyceride**.

Glycerin oder Glycerylhydroxyd

$$C_3H_8O_3 \quad \text{od.} \quad \left.\begin{matrix} C_3H_5 \\ H_3 \end{matrix}\right\}O_3 \quad \text{od.} \quad \overset{III}{C_3H_5}\left\{\begin{matrix} OH \\ OH \\ OH \end{matrix}\right.$$

Tributyrin.	Triolein.	Tripalmitin.	Tristearin
$\left.\begin{matrix} C_3H_3 \\ (C_4H_7O_3) \end{matrix}\right\}O_3$	$\left.\begin{matrix} C_3H_5 \\ (C_{18}H_{33}O_3) \end{matrix}\right\}O_3$	$\left.\begin{matrix} C_3H_5 \\ (C_{16}H_{31}O)_3 \end{matrix}\right\}O_3$	$\left.\begin{matrix} C_3H_5 \\ (C_{18}H_{35}O)_3 \end{matrix}\right\}O_3$
Tributtersäureglyceryläther. Glyceryltributyrat.	Triölsäureglyceryläther. Glyceryltrioleat.	Tripalmitinsäureglyceriläther. Glyceryltripalmitat.	Tristearinsäureglyceryläther, Glyceryltristearat.

Die in den natürlichen Fetten mit den Fettbasen verbundenen Säuren sind sehr mannigfaltig, z. B. Oelsäure oder Oleïnsäure, Margarinsäure, Palmitinsäure, Talgsäure oder Stearinsäure, Cerotinsäure etc. Von der Consistenz der Fettsäuren und der Glyceride dieser Säuren, sowie von der Quantität, welche ein Fett von diesen Glyceriden enthält, ist auch gemeiniglich die Consistenz des Fettes abhängig. Die Oelsäure ist eine flüssige fette Säure, und auch ihr Glycerid, das Oleïn (Troleïn, Elaïn), ist flüssig. In den flüssigen Pflanzenölen (wie Mandelöl, Olivenöl) ist das Oleïn vorwiegend. Die Stearinsäure ist bei gewöhnlicher Temperatur fest, und das ebenso consistente Glycerid dieser Säure, das **Stearin** (Tristearin) bildet den Hauptbestandtheil der Talgarten. Die Margarinsäure (von einigen Chemikern als ein Gemenge der Palmitinsäure mit Stearinsäure angesehen) ist bei gewöhnlicher Temperatur starr, ebenso das Glycerid dieser Säure, das **Margarin**, welches neben Stearin einen Hauptbestandtheil des Schweinefettes und auch der Butter ausmacht.

Vollkommen reine Fette halten sich bei Luftabschluss unverändert, nehmen aber an der Luft mehr oder weniger schnell Sauerstoff, theils auch Feuchtigkeit auf, zeigen eine saure Reaction und erfahren eine partielle Zerlegung in Glycerin und Fettsäure. Diese Veränderung verräth sich deutlich durch einen widrigen eigenthümlichen, mit „ranzig" oder „rancid" näher bezeichneten Geruch und Geschmack. Den Zustand eines in dieser Weise sich verändernden Fettes nennt man Rancidität. Es hat der erwähnte Vorgang viel Aehnliches mit der Gährung, er zeigt sich auch progressiv, wenn unverändertes Fett mit geringen Mengen eines bereits ranciden Fettes gemischt ist, oder tritt überhaupt um so sicherer ein, wenn das Fett aus den organischen Theilen, von welchen es entnommen wurde, neben Feuchtigkeit Schleim-, Proteïn- und andere ähnliche Stoffe enthält. Diese Stoffe wirken wie Fermente. Hieraus entnehmen wir alle die Vorsichtsmaassregeln, unter welchen wir die Fette conserviren sollen. Durch Absetzenlassen unter Luftabschluss, Klarabgiessen und, wenn es nicht zu umgehen ist, durch Filtration befreien wir die flüssigen Oele so viel als möglich von den ungehörigen Fermentstoffen und füllen sie klar in Flaschen bis unter den Pfropfen. Dabei darf die Flasche keinen älteren Oelrest enthalten, und der Pfropfen muss ein neuer sein. Auch hier lässt sich die Methode in Anwendung bringen, welche in Betreff der Aufbewahrung der Fruchtsäfte empfohlen wurde. Man erwärmt die mit dem Oel gefüllten Flaschen im Wasserbade bis auf circa 60° C., und verkorkt sie dicht in dieser Wärme. In ähnlicher Weise kann auch das Schweinefett behandelt werden, welches in gut und dicht verstopften Flaschen an einem schattigen und kühlen Orte viele Jahre hindurch unverändert bleibt.

Jene rancide Zersetzung der Fette wird ganz besonders durch Sonnenlicht unterstützt. Daher sind alle an der Luft und der Sonne gebleichten Fettstoffe ranzig. Selbst das weisse Wachs (*Cera alba*) macht hiervon keine Ausnahme und hat die Eigenschaft, seine Rancidität auf andere Fette, mit welchen es gemischt ist, zu übertragen. Einige Fettstoffe sind mehr geneigt zum Ranzigwerden als andere. Das weisse Schöpsentalg wird viel eher und schneller ranzig als das weniger weisse oder gelbliche Rindertalg, und das Talg alter Rinder neigt mehr zur Rancidität als das der jungen Rinder. Die Fabrikanten von cosmetischen Pomaden bedienen sich aus diesem Grunde nur des Talges junger Rinder. Hoffentlich wird mit der Zeit aus den Pharmacopöen auch das wie ein Zopf an dem Arzneischatz hängende weisse Wachs und das Schöpsentalg ganz verschwinden.

Unter den flüssigen Fetten unterscheidet man trocknende und nicht trocknende Oele. Wenn man z. B. Leinöl, Mohnöl, Wallnusöl, Hanföl, fettes Senfsamenöl, Crotonöl in dünner Schicht ausstreicht und der Luft aussetzt oder in einem flachen Schälchen einer lauwarmen Temperatur überlässt, so ziehen diese Oele mit grosser Begierde Sauerstoff an, werden dick, zuletzt fest und bilden endlich eine trockne Firnissschicht. Die Oele dieser Art nennt man trocknende Oele zum Unterschiede von den nicht eintrocknenden Oelen, wie Olivenöl, Süssmandelöl, Rüböl. Die Ursache dieser Erscheinung liegt in einer chemischen Verschiedenheit der Fettstoffe in den Oelen. Die nicht trocknenden Oele bestehen hauptsächlich aus Oleïn, dem Glyceride der Oelsäure, die trocknenden Oele aber aus Olin, dem Glyceride der Olinsäure. Der letztere Fettstoff ist (durch *Mulder*) besonders in dem Leinöl (*Oleum Lini*) studirt und Linoleïn, die Säure dieses Glycerids Linoleïnsäure (Leinölsäure) genannt worden. Das Oxydationsproduct des Linoleïns erhielt den Namen Linoxyn.

Das Oleïn lässt sich vom Olin oder Linoleïn auch durch Reactionen unterscheiden. Die Untersalpetersäure verwandelt nämlich das flüssige Oleïn (Elaïn) in eine isomere Fettsubstanz, das Elaïdin, und die Oelsäure in die isomere Elaïdinsäure, welche beide Stoffe bei gewöhnlicher Temperatur eine starre Consistenz haben. Das Linoleïn und die Linoleïnsäure werden durch Untersalpetersäure nicht zum Erstarren gebracht. Damit haben wir ein Mittel in der Hand, trocknende Oele von nicht trocknenden Oelen zu unterscheiden. Wir nehmen zwei Reagirgläser zur Hand, geben einige Kupferschnitzel oder Quecksilberkügelchen, dann gleiche Volume (circa 4 Grm.) officinelle Salpetersäure und Oel, in das eine Glas Leinöl oder Mohnöl, in das andere Olivenöl oder Erdnussöl hinein, und stellen mehrere Stunden bei Seite. Das Olivenöl oder Erdnussöl erstarrt zu einer weisslichen Masse, das Leinöl oder Mohnöl bleibt flüssig. Wäre dem Olivenöl oder Erdnussöl ein trocknendes Oel beigemischt, so bleibt dieser Theil der Beimischung flüssig.

Wie im Leinöl und anderen trocknenden Oelen neben Linoleïn auch etwas Oleïn, Palmitin etc. Bestandtheile sind, so enthalten mehrere nicht trocknende Oele auch mehr oder weniger Linoleïn und zeigen daher an der Luft eine Neigung zum Eintrocknen. Solche Oele, welche die Eigenschaften der eintrocknenden und nicht eintrocknenden Oele im unvollkommenen Maasse zeigen, unterscheidet man als unbestimmte Oele, zu welchen das Sesamöl (*Oleum Sesämi*), Sonnenblumenöl, Madiaöl, raffinirtes Baumwollensamenöl (*Oleum Gossypii*), auch das aus den meisten Sorten bitterer Mandeln ausgepresste Oel zu rechnen sind. In dünner Schicht ausgestrichen trocknen sie theilweise ein, ihr Rückstand wird aber nicht hart oder firnissartig. Dass solche Oele zu Salben oder Haarölen nicht viel taugen, ergiebt sich aus dem Gesagten. Durch Untersalpetersäure werden diese unbestimmten Oele auch nur unvollkommen in Elaïdin verwandelt.

Die Sauerstoffabsorption der trocknenden und unbestimmten Oele steigert sich ausserordentlich, wenn dieselben der Luft eine grosse Berührungsfläche darbieten, und kann nach und nach sogar eine Wärme bis zur Entzündung entwickeln. Diese Fälle treten ein, wenn in den Spinnereien Wolle oder Baumwolle mit diesen Oelen gefettet an der Luft liegen. Hier soll nur das rohe Olivenöl (Baumöl) zur Verwendung kommen, es wird jedoch dieses Oel nicht selten mit trocknenden oder unbestimmten Oelen verfälscht in den Handel gebracht.

Bemerkungen. Elaïn (elaín), Oelstoff, von dem griech. ἐλαϊνός (elaïnos), vom Oelbaum, ölig. — Elaïdin, von Elaïn und εἴδομαι (eidŏmai) ähnlich sein. — Oleïn (oleín) und Olín (olin), von d. lat. *olĕum*, Oel. — Stearin (stearín), Talgstoff, von d. griech. στέαρ (stear), Talg. — Die weisse harte krystallinische Fettsubstanz, welche im Handel Stearin genannt wird, ist Stearinsäure. — Margarin (margarín), von d. lat. *margarīta*, die Perlmutter, weil dieser Fettstoff in perlmutterglänzenden Blättchen krystallisirt. — Das Bienenwachs besteht hauptsächlich aus einem in heissem Weingeist löslichen Theil, freier Cerotinsäure (auch Cerin genannt), und einem in heissem Weingeist unlöslichen Theil, palmitinsaurem Myricyl (Palmitinsäure-Myricyläther, auch Myricin genannt). — Cerotínsäure, von dem griech. κηρός (kēros), Wachs. — Das Japanische Wachs besteht aus mehreren Glyceriden. — Myricín, von μυρίκη (myrĭkē), Tamariskenbaum. *Myrica cerifera* liefert das amerikanische, *Myrica cordifolia* das afrikanische Pflanzenwachs. — In der Muskatbutter ist neben Oleïn das Myristin, das Glycerid der Myristinsäure, enthalten. — Myristin von μύρον (myron), Salbe, Oel, wohlriechender Pflanzensaft. — In dem Lorbeeröl ist der feste Theil das Laurostearin, das Glycerid der Laurostearinsäure. — Wallrath (*Cetacĕum, Sperma Ceti*), ein thierisches Fett, findet sich in besonderen Höhlen der Schädelknochen verschiedener Physeter- und Delphinarten. (Die Walle, *Cetacĕa*, sind bekanntlich Meersäugethiere.) Der Wallrath besteht zum grösseren Theile aus palmitinsaurem Cetyl (Palmitinsäure-Cetyläther, Cetin). — Das Palmöl, ein gelbes weiches Fett aus der Frucht der *Cocos butyracĕa* oder *Elăis Guianensis*, enthält hauptsächlich Palmitin, das Glycerid der Palmitinsäure, neben Stearin und Olein. — Das Cocosnussöl (von *Cocos nucifera*) besteht aus Glyceriden der Capronsäure, Caprylsäure und anderer Säuren der Fettsäurereihe, Palmitin, Stearin, Laurostearin.

Glyceryl, Glycerin, von d. griech. γλυκερός (glykĕros), süsslich, wegen des süssen Geschmacks des Glycerins. Früher nannte man das Glycerin Oelsüss oder nach dem Namen seines Entdeckers Scheele'sches Süss. Es ist auch ein Glied unter den Producten der weinigen Gährung. Ehe man das Radical Glyceryl annahm, hielt man nach *Berzelius* die Fette für Verbindungen des Oxydes eines Radicals, welches Lipyl (C^3H^2) genannt wurde. (Von d. griech. λίπα [lipa], Fett, Oel.) Das Lipyloxyd (C^3H^2O) nimmt nach der Theorie aber beim Austritt aus den Fettsäureverbindungen ein Drittel Wasser mehr als das Glyceryloxyd auf, um Glycerin darzustellen. Glyceryloxyd und Lipyloxyd sind also theoretisch nicht identisch.

Lection 97.

Fette (Fortsetzung). Seifen. Glycerin.

Die Fette sind im Allgemeinen nicht ohne Zersetzung flüchtig, können aber meist eine Temperatur bis zu 250⁰ C. ertragen, ohne sich wesentlich zu verändern. Stärker erhitzt gerathen sie in's Sieden und liefern verschiedene Zersetzungsproducte, wie gasförmige, flüssige und feste Kohlenwasserstoffe, verschiedene fette Säuren, brenzliche Fettsäuren (Sebacylsäure), Kohlensäure, Acroleïn, Acrylsäure.

Das Acroleïn (auch Acrol genannt) ist ein Zersetzungsproduct des Glycerins (Glycerylhydroxyds). Es bildet den scharfen, Augen und Lungen unerträglich reizenden, eigenthümlich riechenden Dampf bei Einwirkung grosser Hitze auf Fette, welche Glyceride sind. Rein ist es eine farblose Flüssigkeit. An dem Acroleïngeruch erkennt man die Beimischung von Glyceriden (Talg) zu Bienenwachs, welches bekanntlich kein Glycerid enthält. Einen baumwollenen Docht macht man mit dem fraglichen Wachs zu einer Kerze, zündet ihn an und bläst die Flamme nach einigen Augenblicken wieder aus. Der Dampf aus dem glimmenden Docht ist stinkend und beissend, wenn das Wachs Talg oder Pflanzenwachs enthält.

Acroleïn, Acrylsäurealdehyd, entsteht aus dem Glycerin einfach durch Wasserverlust.

$$\underset{\text{Glycerylhydroxyd}}{C_3H_8O_3} \quad - \quad \underset{\text{Wasser}}{2(H_2O)} \quad = \quad \underset{\text{Acroleïn}}{C_3H_4O} \text{ oder}$$

es ist das Aldehyd der Acrylsäure (Acronsäure, $C_3H_4O_2$), welche durch Oxydation aus dem Acroleïn dargestellt werden kann.

Die Fette lassen sich, wie uns bekannt ist, als neutrale Verbindungen der Fettsäuren mit Fettbasen betrachten, welche den zusammengesetzten Aethern ähnlich sind. Die meisten Fette, wie Mandelöl, Olivenöl, Schweinefett, Talg, sind Glyceride, d. h. Verbindungen des Glyceryls mit fetten Säuren. Wenn man ein Fett dieser Art mit einer anorganischen Base zusammenbringt, welche stark genug ist, das Glyceryl als Glycerin abzuscheiden, so entsteht ein fettsaures Salz, welches mit dem Namen Seife belegt worden ist. Wenn man Natronlauge und Mandelöl mischt und erwärmt, so entsteht oleinsaures Natrium. Aus der Einwirkung von Natronlauge auf Olivenöl, Schweinefett, Talg entstehen oleïnsaures, margarinsaures und stearinsaures Natrium. Das Glyceryl verbindet sich im Augenblicke der Ausscheidung mit Wasser und wird zu Glycerin (Glycerylhydroxyd, Glycerylalkohol). Den Process der Ausscheidung des Glycerylhydroxyds, verbunden mit der chemischen Vereinigung der Fettsäuren mit einem anorganischen Radical, nennt man Seifenbildung, Saponification.

In den natürlichen Glyceriden ist stets 1 Mol. Glyceryl mit 3 Mol. Fettsäure verbunden, denn das Glyceryl ist ein dreisäuriges Radical, das Glycerin ein dreisäuriger Alkohol. Bei der Verseifung tritt das Glyceryl als Glycerin aus und in Stelle des Glyceryls tritt das Metall des anorganischen Oxyds. Verseifen wir Stearin mit Natriumhydroxyd, so können wir den Vorgang im folgenden Schema vergegenwärtigen.

$$\underset{\text{Tristearin}}{C_3H_5(C_{18}H_{35}O_2)_3} + \underset{\text{Natriumhydroxyd}}{3\,(HNaO)} = \underset{\text{Glycerin}}{C_3H_8O_3} + \underset{\text{Natriumstearat}}{3\,(NaC_{18}H_{35}O_2)}$$

Wenn wir dieses Natriumstearat durch Zusatz einer genügenden Menge verdünnter Schwefelsäure zersetzen, so entstehen Natriumsulfat, und die fette Säure scheidet sich als Hydriumstearat ab.

$$\underset{\text{Natriumstearat}}{2\,(NaC_{18}H_{35}O_2)} + \underset{\text{Hydriumsulfat}}{H_2SO_4} = \underset{\text{Natriumsulfat}}{2\,(Na_2SO_4)} + \underset{\text{Hydriumstearat}}{2\,(C_{18}H_{36}O_2)}$$

Wollen wir aus einem natürlichen Glycerid eine Seife darstellen, so müssen wir auf 1 Mol. desselben auch stets 3 Mol. einer einwerthigen Base einwirken lassen.

Die Seifen haben verschiedene Eigenschaften je nach der Natur der Base. Man unterscheidet in Wasser lösliche und in Wasser unlösliche Seifen. Die löslichen Seifen haben Kali oder Natron zur Basis und sind diejenigen Verbindungen, welche im gewöhnlichen Leben Seife genannt werden. Dagegen sind die mit den alkalischen Erden (Kalkerde, Baryt, Strontianerde, Magnesia) und den Oxyden der Schwermetalle (Eisenoxyd, Bleioxyd, Zinkoxyd) gewonnenen Seifen in Wasser unlöslich. Die fettsauren Verbindungen der Schwermetalle bezeichnet der Pharmaceut mit Pflaster, z. B. Eisenpflaster, Bleipflaster. Bringt man eine Lösung einer Alkaliseife mit einer Lösung eines Salzes der Erden oder Schwermetalle zusammen, so findet ein Austausch der Bestandtheile statt, und neben der Verbindung des Alkalimetalls mit der Säure des Erd- oder Metallsalzes entsteht eine unlösliche Seife. Darum meidet man das Waschen mittelst Seife in kalkhaltigem und eisenhaltigem Wasser.

Kali bildet meist weiche oder schmierige Seifen (grüne oder schwarze Seife, *Sapo viridis s. niger*), Natron dagegen harte Seifen. Die Hausseife, die medicinische Seife, die spanische Seife sind Natronseifen.

Die Darstellung der Seife geschieht einfach durch Mischung des flüssigen oder geschmolzenen Fettes mit einer nicht zu concentrirten Lösung des Natronhydroxyds und Digestion der Mischung unter öfterem Umrühren. Bei sehr verdünnter Lauge ist die Einwirkung der Kochhitze erforderlich. Die anfangs milchige Flüssigkeit bildet nach vollendeter Saponification einen völlig klaren Seifenleim. Verdünnt man eine Probe desselben in einem Reagirglase mit einem gleichen Volum destill. Wasser, so muss sie auch eine völlig klare Flüssigkeit geben. Wäre sie trübe, so würde dies ein Zeichen von nicht zersetztem Fette sein und die Mischung den Zusatz einer entsprechenden Menge Natronlauge nöthig haben. Der nach vollständiger Saponification gewonnene Seifenleim ist eine Lösung der Natronseife in Wasser, Glycerin und dem etwaigen Ueberschuss Natronlauge. Die Abscheidung der Seife aus dieser Lösung ist nicht schwierig, denn setzt man dem Seifenleim eine Lösung eines neutralen Alkalisalzes, wie z. B. des Natriumchlorids, Natriumsulfats, hinzu, so sondert sich die Seife, sich auf der Oberfläche der Flüssigkeit ansammelnd, sofort ab. Der Grund dieser Erscheinung liegt einfach darin, dass die Seifen in Lösungen der erwähnten Salze unlöslich sind. Gemeiniglich bedient man sich des Kochsalzes. Daher hat die Abscheidung der Seife in der gedachten Weise auch die technische Bezeichnung Aussalzen erhalten. Die Flüssigkeit, aus welcher die Seife durch Aussalzen abgeschieden ist, wird Unterlauge genannt.

Eine aus reinen Fetten dargestellte, durch Aussalzen von überschüssigem Alkali und Glycerin befreite und ausgetrocknete Seife ist die medicinische Seife (*Sapo medicatus*). Die Natronseife aus Olivenöl dargestellt ist die sogenannte Oelseife (*Sapo oleaceus*). Sie kommt unter Namen wie Marseiller, Venedische, Spanische Seife (*Sapo Venětus, Sapo Hispanicus*) in den Handel. Die Hausseife (*Sapo domesticus*) ist eine unreine Natronseife, gewöhnlich aus Talg bereitet.

Die Darstellungsweise der Bleiseife, des Bleipflasters (*Emplastrum Plumbi simplex*), weicht in sofern von derjenigen einer Natronseife ab, als das Bleioxyd nicht als Hydroxyd und auch nicht in Wasser gelöst in Anwendung kommen kann, und die fettsaure Bleiverbindung wegen ihrer Unlöslichkeit in Wasser keinen Seifenleim bildet. Eine völlige Absonderung des Glycerins aus dieser Bleiseife wird auch nicht beabsichtigt, weil diese mit etwas Glycerin gemischt eine gewisse Geschmeidigkeit bewahrt, welche der Verwendung als Pflaster sehr willkommen ist.

Zur Darstellung des Bleipflasters werden nach Vorschrift der Pharmakopöen 5 Th. höchstfeingepulvertes Bleioxyd, 9 Th. Olivenöl (Baumöl) und Wasser unter beständigem Umrühren gekocht, bis eine beim Kneten mit kaltem Wasser nicht mehr an den Fingern klebende Masse entstanden ist. Bei dieser Operation geht das Bleioxyd in Bleihydroxyd über, gewinnt dadurch an basischer Thätigkeit und zersetzt das Glycerid, welches hier ein margarinsaures und oleïnsaures Glyceryl ist. Das Blei tritt in die Stelle des Glyceryls und dieses wird als Glycerylhydroxyd oder Glycerin frei. Bei der Darstellung dieses Pflasters ist es eine Hauptsorge des Arbeiters, dass es der kochenden Mischung nie an Wasser fehlt, welches in dem Maasse, als es verdampft, anhaltend zugetröpfelt werden muss. Das Wasser ist nothwendig zur Erzeugung des Bleihydroxyds, andererseits verhindert es eine Ueberhitzung und daraus folgende Bräunung des Pflasters. Das fertige Pflaster bildet mit Wasser geknetet eine plastische, steife, weisse Masse. Dasselbe ist jedoch keine neutrale Seife wie die medicinische, sondern eine basische, denn es findet sich darin Bleihydroxyd im Ueberschuss. Die vorgeschlagene Darstellung durch Wechselzersetzung aus Natronseife und essigsaurem Bleioxyd, wodurch nur eine neutrale Bleiseife entsteht, liefert demnach kein dem officinellen Bleipflaster entsprechendes Präparat. Bei der Darstellung des Bleiweisspflasters (*Emplastrum Cerussae*) werden Bleioxyd, Bleiweiss, Olivenöl und Wasser in gleicher Weise behandelt. Das Bleiweiss ist ein Bleisubcarbonat oder basisches kohlensaures Bleioxyd, eine Verbindung von neutralem Bleicarbonat mit Bleihydroxyd, von welchen das letztere mit basischer Thätigkeit auf das Glycerid einwirkt.

Wenn bei Kochung des Bleipflasters von Hause aus kein Wasser zugesetzt wird, wie bei Darstellung des *Emplastrum fuscum* (*Emplastrum Minii adustum*), so findet dennoch die Bildung einer Bleiseife statt, indem das ausscheidende Glyceryl das Wasser den Elementarbestandtheilen des Fettes entzieht, und dadurch theils aus der Oleïn- und Margarinsäure andere Säuren der Fettsäurereihe entstehen, theils Kohlensäure und Kohlenwasserstoff gasförmig entweichen. Bei der Hitze (circa 300°), wo in diesem Falle die Saponification vor sich geht, wird das gebildete Glycerin theils verflüchtigt, theils zersetzt und in Acroleïn verwandelt.

Das Glycerin (*Glycerina, Glycerinum*) tritt, wie wir bereits wissen, bei der Verseifung der Fette als Nebenproduct auf. Anfangs wurde es durch Auswaschen der Bleipflastermasse gesammelt, jetzt wird es aber, da sein Verbrauch in der Medicin und Technik ein ausserordentlich grosser ist, fabrikmässig dargestellt und besonders bei der Darstellung der Stearinsäure (Stearin) als Nebenproduct gewonnen. Talg wird mit Kalk verseift und aus der in Wasser unlöslichen Kalkseife das Glycerin mit Wasser ausgezogen. Durch die noch kalkhaltige Glycerinlösung wird Kohlensäure geleitet, und . die Kalkerde auf diese Weise als kohlensaure Kalkerde beseitigt. Aus der beim Aussalzen der Seifen erhaltenen Unterlauge wird das Glycerin in der Weise gewonnen, dass man dieselbe mit Salzsäure oder Schwefelsäure genau neutralisirt, die erzeugten Salze grösstentheils durch Krystallisation abscheidet, die Mutterlauge in eine Destillirblase bringt und durch ihre obere Schicht einen Strom überhitzten (unter hohem Druck erzeugten) Wasserdampf schickt. Das Glycerin destillirt dabei in dem Dampfstrome über. Die Concentration der Glycerinlösungen muss im Vacuum vorgenommen werden, weil dieselben beim Abdampfen an der Luft sich theilweise zersetzen und sich bräunen.

Das reine Glycerin ist eine neutrale, farblose, süss schmekkende, geruchlose, syrupdicke Flüssigkeit, welche mit Begierde Feuchtigkeit aufsaugt. Im luftleeren Raume lässt es sich ungefähr bei 200^0 C. unverändert überdestilliren. Es ist ein dreisäuriger Alkohol mit der empirischen Formel $C_3H_8O_3$, welche sich im Sinne der dualistischen Theorie zu $C^6H^5O^3 + 3HO$ gestaltet.

Nitroglycerin, Trinitroglycerin, Sprengöl, das früher von den Homöopathen als Arzneimittel gebrauchte Glonoïn, heute ein wichtiges Sprengmaterial, entsteht durch Einwirkung von Salpetersäure auf Glycerin. In ein kaltes Gemisch aus 12 Vol. concentrirter Schwefelsäure und 6 Vol. concentrirter Salpetersäure giesst man 1 Vol. Glycerin. Nach circa 10 Minuten fällt man das entstandene Nitroglycerin durch Verdünnen der Mischung mit Wasser und wäscht es mit Wasser ab. Es ist eine gelbliche, geruchlose, wie Oel fliessende, in Wasser untersinkende, in der Kälte zu langen Nadeln erstarrende Flüssigkeit, welche durch Druck, Stoss, Schlag heftig explodirt und dabei eine 5—6 mal stärkere Wirkung als Schiesspulver ausübt. Es ist auch eine giftige Substanz.

Glycerylhydroxyd Salpetersäure   Nitroglycerin   Wasser

$$\left.\begin{array}{c}C_3H_5\\H_3\end{array}\right\}O_3 + 3\left(\left.\begin{array}{c}NO_2\\H\end{array}\right\}O\right) = \left.\begin{array}{c}C_3H_5\\(NO_2)_3\end{array}\right\}O_3 + 3\left(\left.\begin{array}{c}H\\H\end{array}\right\}O\right)$$

Lection 98.

Benzoësäure. Bernsteinsäure.

Von den organischen Säuren, welche officinell sind, können zwei durch Sublimation gewonnen werden. Es sind dies die Benzoësäure und die Bernsteinsäure. Beide Säuren lassen sich auch auf künstlichem Wege darstellen.

Die Benzoësäure (*Acidum benzoicum*) findet man in grösster Menge im Benzoëharz, in geringen Mengen auch in vielen anderen Harzen und Balsamen vor. Man trifft sie in kleinen Mengen im frischen und verfaulten Harn und im Castoreum an. Durch Oxydation entsteht sie aus dem Bittermandelöl (Benzaldehyd), der Zimmtsäure, den Proteïnsubstanzen etc. Aus der im Harne der grasfressenden Thiere in Menge vorkommenden Hippursäure wird sie sowohl durch Einwirkung von Alkalien und Säuren in der Kochhitze, als auch durch Gährung nach folgender Gleichung erzeugt:

Hippursäure   Wasser   Benzoësäure   Glycocoll

$$C_9H_9NO_3 + H_2O = C_7H_6O_2 + C_2H_5NO_2.$$

Die in die Verdauungswege eingeführte Benzoësäure findet sich dagegen im Harne als Hippursäure wieder.

Man unterscheidet eine auf trocknem Wege d. h. durch Sublimation bereitete Benzoësäure, Benzoëblumen (*Acid. benzoicum sublimatum*, *Flores Benzoës*) und eine auf nassem Wege bereitete (*Acid. benzoicum crystallisatum*). Letztere ist farblos und geruchlos, den Krystallen der ersteren hängt dagegen ein flüchtiges Oel von angenehmem Vanillegeruch an, welches die Ursache ist, dass die Benzoëblumen mit der Zeit gelblich werden. Die auf die eine oder die andere Weise dargestellte Säure bildet zarte farblose atlasglänzende undurchsichtige Nadeln oder Blättchen.

Behufs Darstellung der Benzoëblumen giebt man in ein flaches eisernes Kasserol *a* eine daumdicke Schicht gepulverte Benzoë, überspannt das Kasserol mit einer Scheibe mittelst einiger feiner Nadelstiche durchlöcherten Fliesspapiers *o*, deren Rand durch Kleister an den äusseren Rand des Kasserols festgeklebt wird, und stülpt darüber eine Düte aus starrem glatten Papier *c*. Das Kasserol setzt man auf eine mit einer dünnen Sandschicht bedeckte Eisenplatte *e* und er-hitzt über dem Windofen mehrere Stunden hindurch, wobei man sich hütet, an dem Apparat zu rütteln. Bei einer Temperatur von 120—150⁰ wird die Benzoë-säure in Dampf verwandelt, wel-cher durch die als Diaphragma dienende Papierscheibe hindurch-tritt und sich in der Papierdüte zu schönen Krystallen verdichtet und ansetzt. Jene Papierscheibe hat den Zweck, den schnellen Uebergang der Hitze in die als

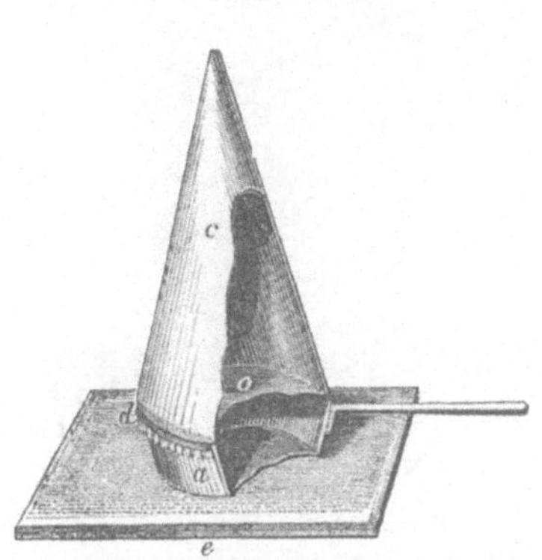
Fig. 182.

Recipient dienende Papierdüte zu verhindern. Beim Rütteln des Apparats fallen die Krystallflocken auf die Papierscheibe, schmel-zen daselbst und werden vom Papier aufgesogen. Im kleinen Versuch nimmt man einen eisernen Pillenmörser, setzt darüber die Papierdüte und erhitzt den Mörser mittelst einer Weingeist-flamme.

Die Darstellung der sublimirten Benzoësäure in grösserer Menge ist eine Arbeit, welche wegen ihrer Resultate Vergnügen macht und nur eine verständige Regulirung der Hitze fordert. Man nimmt ein circa 6 Centim. hohes und circa 30 Centim. Durchmesser haltendes, gusseisernes, innen emaillirtes Kasserol (*t*) wie man es in den Eisenhandlungen kauft, lässt den Rand glatt feilen und einen Deckel (*v*) aus Eisenblech darauf machen, welcher eine kleine und eine grosse, 10 Centim. im Durchmesser haltende Tubusöffnung hat. Die kleine Oeffnung (*o*) wird mit einem Kork geschlossen, und dient dazu, das Ende der Subli-mation zu erfahren. Auf die grosse Tubusöffnung (*s*) wird ein circa 40 Centimeter hoher, nach unten konisch zulaufender Cy-linder aus dünner Pappe, mit Schreibpapier ausgeklebt, aufge-setzt. In der Mitte und unterhalb in diesem Pappcylinder liegen zwei Scheiben Gaze wagerecht, welche als Ansatzpunkte für die Benzoësäurekrystalle dienen. Der Cylinder wird, wenn die Sublimation beginnt und die Feuchtigkeit aus der Benzoë verdunstet ist, mit einer Glasscheibe (*d*) bedeckt. Das Kasserol beschickt man bis zur Hälfte seiner Höhe mit grobgepulverter Benzoë, welche man vorher an einem lauwarmen Orte ausgetrocknet hat. Die Fuge zwischen Deckel und Kasserol schliesst man durch etwas Mehlkleister. Der Apparat wird auf eine mit Sand bestreute Eisenplatte (c), welche auf einem Windofen liegt, gestellt und durch Heizung in Function gesetzt. Durch die Glasscheibe lässt sich das Ansetzen der Krystalle beobachten.

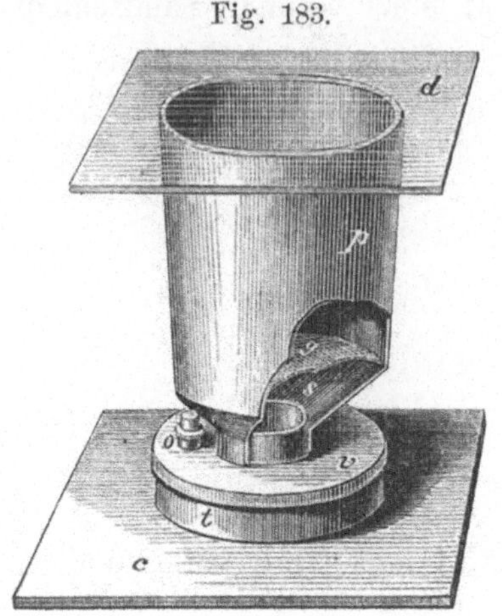

Fig. 183.

Auf nassem Wege kocht man die gepulverte Benzoë mit dünner Kalkmilch oder einer Lösung des Natriumcarbonats aus und fällt aus den auf diese Weise durch Filtration gewonnenen Lösungen des Calciumbenzoats oder der benzoësauren Kalkerde oder des Natriumbenzoats oder benzoësauren Natrons durch Zusatz von Chlorwasserstoffsäure die Benzoësäure aus. Diese Ausfällung ist dadurch erleichtert, dass die Säure circa 500 Theile kaltes Wasser zur Lösung bedarf. Da sie schon von 12 Theile kochendem Wasser gelöst wird, so lässt sie sich bequem durch Krystallisation aus Wasser reinigen. Ihre Lösungen in Wasser durch Abdampfen zu concentriren, ist nicht ohne Verlust ausführbar, weil sie sich zum Theil mit den Wasserdämpfen verflüchtigt. Solche Lösungen sättigt man mit Natriumcarbonat, concentrirt sie durch Abdampfen und fällt dann die Benzoësäure durch eine verdünnte mineralische Säure.

Das Radical der Benzoësäure ($C_7H_6O_2$) ist das Benzoyl (C_7H_5O). Daher ist die typische Formel der Benzoësäure $\left.{C_7H_5O \atop H}\right\}O$.

Das Hydrür des Benzoyls oder der Aldehyd der Benzoësäure ist der Benzoylwasserstoff, Benzaldehyd (C_7H_6O), das uns unter dem Namen ätherisches Bittermandelöl (*Oleum Amygdalārum aethereum*) bekannte Gährungsproduct des Amygdalins. Es sind mehrere Verbindungen des Benzoyls oder Substitutionsproducte des Benzoylwasserstoffs bekannt, z. B.

Benzoylwasserstoff	Benzoylchlorid	Benzoyljodür	Benzamid
$\left.{C_7H_5O \atop H}\right\}$	$\left.{C_7H_5O \atop Cl}\right\}$	$\left.{C_7H_5O \atop J}\right\}$	$\left.{C_7H_5O \atop H \atop H}\right\}N.$

Diese und mehrere andere lassen sich aus dem Bittermandelöl darstellen.

Unter Einfluss oxydirender Substanzen und auch in Berührung mit dem Sauerstoff der Luft nimmt der Benzaldehyd Sauerstoff auf und verwandelt sich in Benzoësäure.

$$\text{Benzaldehyd} \qquad\qquad \text{Benzoësäure}$$
$$2\left({C_7H_5O \atop H}\right) + {O \atop O} = 2\left({C_7H_3O \atop H}O\right).$$

Der Vorgang der Benzoësäurebildung gleicht hier in vieler Beziehung der Bildung der Essigsäure aus dem Acetaldehyd.

$$\text{Acetaldehyd} \qquad\qquad \text{Essigsäure}$$
$$2\left({C_2H_3O \atop H}\right) + {O \atop O} = 2\left({C_2H_3O \atop H}O\right).$$

Wird der Dampf der Benzoësäure durch ein rothglühendes Rohr oder über glühenden Kalk geleitet, so zerfällt sie in Benzol und Kohlensäure.

$$\text{Benzoësäure} \qquad \text{Benzol} \qquad \text{Kohlensäure}$$
$$C_7H_6O_2 \;=\; C_6H_6 \;+\; CO_2.$$

Werden Benzoësäure oder Benzoate mit überschüssigem Alkali der trocknen Destillation unterworfen, so destillirt Benzol und Wasser über und im Rückstande bleibt ein Carbonat.

$$\text{Benzoësäure} \quad \text{Calciumhydroxyd} \quad \text{Benzol} \qquad \text{Wasser} \quad \text{Calciumcarbonat}$$
$$C_7H_6O_2 \;+\; H_2CaO_2 \;=\; C_6H_6 \;+\; H_2O \;+\; CaCO_3.$$

Werden Benzoate für sich der trocknen Destillation unterworfen, so destillirt Benzon, auch Benzophenon, Benzoketon genannt ($C_{13}H_{10}O$), Benzol (C_6H_6), Diphenyl ($C_{12}H_{10}$) über.

Ketone oder Acetone entstehen bei der trocknen Destillation der Calciumsalze einatomiger organischer Säuren. Aus 2 Mol. dieser Säuren treten 1 At. C und 2 At. O an Calcium, welches als Carbonat im Rückstande verbleibt. Der elementare Rest der Säure destillirt als Keton über.

$$\text{Calciumacetat} \qquad \text{Calciumcarbonat} \qquad \text{Aceton}$$
$$Ca(C_2H_3O_2)_2 \;=\; CaCO_3 \;+\; C_3H_6O$$

Das Benzon ist das Aceton der Benzoësäure.

$$\text{Calciumbenzoat} \qquad \text{Calciumcarbonat} \qquad \text{Benzon}$$
$$Ca(C_7H_5O_2)_2 \;=\; CaCO_3 \;+\; C_{13}H_{10}O$$

Erhitzt man das Benzon mit Natronkalk (einem Gemisch aus Aetznatron und gebranntem Kalk), so zerfällt es in Benzoësäure, welche sich mit dem Natrium verbindet, und in Benzol.

Das Benzol (C_6H_6), gemeiniglich Benzin genannt, ist ein Phenylwasserstoff $\left(\begin{smallmatrix} C_6H_5 \\ H \end{smallmatrix}\right)$. Es entsteht auf verschiedenen Wegen: bei der Destillation der Benzoësäure mit dem dreifachen Gewicht Calciumhydroxyd, beim Leiten des Weingeist- oder Essigsäuredampfes über rothglühende Bimsteinstücke etc. In grösster Menge wird es bei der Destillation der Steinkohlen gewonnen. Die unter dem Namen Benzin im Handel vorkommenden Destillationsproducte aus den Braunkohlen und dem Petroleum stimmen mit dem Steinkohlenbenzin nicht überein. Das Benzol, Steinkohlenbenzin ist eine das Licht stark brechende, farblose, bei 82^0 C. siedende, bei 3^0 C. erstarrende, in Wasser unlösliche Flüssigkeit.

Durch Einwirkung conc. Salpetersäure auf Benzol entsteht eine giftige, dem Bittermandelöl ähnlich riechende Flüssigkeit, Nitrobenzol $\left(\begin{smallmatrix} C_6H_5 \\ (NO_2) \end{smallmatrix}\right)$, welche zu Parfümeriezwecken Anwendung findet und als künstliches Bittermandelöl, *Essence de Mirbane*, in den Handel kommt.

Bei Einwirkung reducirender Substanzen auf Nitrobenzol entsteht Anilin (C_6H_7N). Nitrobenzin gemischt mit Schwefelammonium, mit Salzsäure, Zink und Weingeist, mit Eisenfeile und Essigsäure, mit einer Auflösung arseniger Säure in Natronlauge verwandelt sich in Anilin, welches bei der trocknen Destillation des Indigo entdeckt wurde und einen wesentlichen Bestandtheil der Destillationsproducte des Steinkohlentheers ausmacht.

Nitrobenzol   Wasserstoff   Anilin   Wasser

$$C_6H_5(NO_2) + 3H_2 = C_6H_5(NH_2) + 2H_2O$$

Nitrobenzol   Wasser   Eisen   Anilin   Ferrioxyd

$$C_6H_5(NO_2) + H_2O + Fe_2 = C_6H_5(NH_2) + Fe_2O_3$$

Das Anilin, Amidobenzol, ist eine Amidbase, ein Phenylamin, ein Ammoniak, in welchem ein Wasserstoffatom durch Phenyl (C_6H_5) substituirt ist.

Ammoniak oder Ammon $\left.\begin{smallmatrix} H \\ H \\ H \end{smallmatrix}\right\} N$ Anilin oder Phenylamin $\left.\begin{smallmatrix} C_6H_5 \\ H \\ H \end{smallmatrix}\right\} N$ od. $\left.\begin{smallmatrix} C_6H_5 \\ (NH_2) \end{smallmatrix}\right\}$

oder ein Benzol, in welchem der typische Wasserstoff durch Amid (NH_2) ersetzt ist, daher die Bezeichnung Amidobenzol.

Das Anilin bildet mit Säuren Salze wie das Ammoniak. Es ist eine farblose, ölartige, weinartig riechende Flüssigkeit, welche bei 185⁰ siedet. Das Riechen an Anilin ist schädlich, und eingenommen wirkt es wie Gift.

Die Bernsteinsäure (*Acidum succinicum*) wurde zuerst im Bernstein, einem an der Ostseeküste häufigen fossilen Harze des vorweltlichen *Pinites succinifer*, gefunden. Man findet sie auch in einigen Pflanzen, z. B. dem Wermuth (*Artemisia Absinthium*), und in einigen thierischen Flüssigkeiten. Sie entsteht ferner bei der Gährung vieler organischen Stoffe, z. B. bei der weinigen Gährung, der Gährung der Aepfelsäure, Akonitsäure, endlich bei der Oxydation einiger fetten Säuren.

Bei der trocknen Destillation des Bernsteins destillirt neben Brandharzen ein flüchtiges Oel (*Oleum Succini*) und Wasser über, welches Bernsteinsäure gelöst enthält, theils setzt sich Bernsteinsäure an die obere Wölbung und im Halse der Retorte in braunen, mit empyreumatischem Oele getränkten Krystallen an. Durch Erhitzen mit verdünnter Salpetersäure und Umkrystallisiren wird die braungefärbte rohe Säure gereinigt und farblos gemacht. Officinell jedoch ist nur die durch Umkrystallisiren gereinigte und noch gelblich gefärbte Säure. Sie ist eine zweibasische Säure.

$$C_4H_6O_4 \text{ od. } \left.\begin{matrix} C_4H_4O_2 \\ H_2 \end{matrix}\right\} O_2 \text{ od. } C_4H_4O_2 \left\{\begin{matrix} OH \\ OH \end{matrix}\right.$$

Wird Kaliummalat oder äpfelsaure Kalkerde mit Wasser und faulem Käse circa 2 Tage bei einer Temperatur von 30—40⁰ C. stehen gelassen, so zerfällt die Aepfelsäure in Bernsteinsäure, Essigsäure, Kohlensäure und Wasser.

Aepfelsäure   Bernsteinsäure   Essigsäure   Kohlen-   Wasser
säure

$$3\left(C_4H_3O_2 \left\{\begin{matrix} OH \\ OH \\ OH \end{matrix}\right.\right) = 2\left(C_4H_4O_2'' \left\{\begin{matrix} OH \\ OH \end{matrix}\right.\right) + \left.\begin{matrix} C_2H_3O \\ H \end{matrix}\right\}O + 2CO_2 + \left.\begin{matrix} H \\ H \end{matrix}\right\}O$$

oder

$$3(C_4H_6O_5) \quad = 2(C_4H_6O_4) \quad + C_2H_4O_2 + 2CO_2 + H_2O.$$

Bei schleppender Gährung findet jedoch Wasserstoffentwickelung statt, und neben Bernsteinsäure entsteht auch Buttersäure.

Aus Lösungen neutraler Eisenoxydsalze fällt auf Zusatz bernsteinsauren Alkalisalzes bernsteinsaures Eisenoxyd in zimmtbrauner Farbe.

Bemerkungen. Phenýl (Theerstoff) von dem griech. $\varphi\alpha\acute{\iota}\nu\omega$ (phaino), scheinen, leuchten, und $\H{\upsilon}\lambda\eta$ (hylae), Stoff. — Hippúrsäure (Pferdeharnsäure) von dem griech. $\H{\iota}\pi\pi\varrho\varsigma$ (hippos), Pferd, und $o\grave{\upsilon}\varrho\varrho\nu$ (uron), Harn. — Anilin, Trivialname des Phenylamins, von dem indischen *an-nílu*, der Indigo, und *nila*, im Sanskrit die Indigofarbe, weil das Anilin in den Producten der trocknen Destillation des Indigo erkannt wurde. — Bei der Bildung der sogenannten Anilinfarben concurriren ausser Anilin noch einige Amidbasen derselben homologen Reihe.

Anilin	Toluidin	Xylidin
Amidobenzol	Amidotoluol	Amidoxylol

$$\left.\begin{array}{l}C_6H_5\\H\\H\end{array}\right\}N \qquad \left.\begin{array}{l}C_7H_7\\H\\H\end{array}\right\}N \qquad \left.\begin{array}{l}C_8H_9\\H\\H\end{array}\right\}N$$

Cumidin	Cymidin
Amidocumol	Amydocymol

$$\left.\begin{array}{l}C_9H_{11}\\H\\H\end{array}\right\}N \qquad \left.\begin{array}{l}C_{10}H_{13}\\H\\H\end{array}\right\}N$$

Diese Amidbasen verhalten sich zum Phenylalkohol, Cressylalkohol, Phlorylalkohol etc. wie das Aethylamin $\left(\left.\begin{array}{l}C_2H_5\\H\\H\end{array}\right\}N\right)$ zum Weingeist. (Aethyl $= C_2H_5$).

Acetone (von *acētum*), auch Ketone, nennt man indifferente Verbindungen, welche bei der trocknen Destillation besonders der fettsauren Salze entstehen. Wenn man 1 Molecül Calciumacetat schwach glüht, so zerfällt die Essigsäure in Aceton (C_3H_6O) und Kohlensäure, welche an Kalkerde gebunden bleibt.

Calciumacetat Calciumcarbonat Aceton

$$\left.Ca\right\}\begin{array}{l}C_2H_3O_2\\C_2H_3O_2\end{array} \text{ giebt } CaCO_3 \text{ und } C_3H_6O.$$

Das Aceton (*Acetōnum*) ist eine ätherähnliche Flüssigkeit.

Da man auch aus anderen Säuren der Fettsäurereihe dem Aceton analoge Körper auf gleiche Weise darstellte, so unterschied man sie aus der Essigsäure als Acetylaceton, aus Buttersäure als Butylaceton, oder nannte sie aus der Essigsäure Aceton, aus der Buttersäure Butyron, aus der Propionsäure Propion, aus der Valeriansäure Valeron, aus der Capronsäure Capron. Dem entsprechend ist das Aceton der Benzoësäure Benzon genannt worden.

Benzaldehyd, spr. benz-aldehyd. Aceton, spr. acetohn; Butyron spr. butyrohn.

Lection 99.

Carbolsäure. Salicylsäure

Phenol (C_6H_6O od. $C_6H_5[OH]$) ist ein Hydroxylderivat des Benzols (C_6H_6). Die Typentheorie betrachtete es als einen Alkohol des Radicals Phenyl (C_6H_5) und gab ihm demnach die rationelle Formel

Phenylalkohol $\left.{C_6H_5 \atop H}\right\}O$ entsprechend der Formel des Aethylalkohols $\left.{C_2H_5 \atop H}\right\}O$

Daher erhielt das Phenol die Namen Phenylalkohol, Phenyloxydhydrat. Da man später erkannte, dass das Phenol weder einen Aldehyd noch eine Säure bilden könne, ihm also die Eigenschaften eines wahren Alkohols abgehe, so konnte man das Phenol nicht mehr als einen Alkohol betrachten. Eine Zeit lang verlegte man auch die typische Formel des Phenols in die Reihe der Fettsäuren, woraus sich denn auch die Namen Phenylsäure, Carbolsäure erklären lassen. Jetzt zählt man es zu einer Reihe von Körpern, welche die Ueberschrift Phenole oder Oxybenzole trägt. Diese Körper entstehen aus Kohlenwasserstoffen durch Vertretung von ein oder mehreren Atomen H durch ein oder mehrere Molecüle OH (Hydroxyl). Hiernach ist das Phenol ein Hydroxylderivat des Benzols, Hydroxylbenzol.

Benzol $= C_6H_5(H)$. Hydroxylbenzol $= C_6H_5(OH)$.

Phenol entsteht bei der trocknen Destillation der Steinkohlen, Braunkohlen, Knochen, des Holzes, Benzoësäure haltiger Harze etc. Es ist im Harne und im Castoreum nachgewiesen worden. Seine Darstellung im Grossen geschieht hauptsächlich aus dem Steinkohlentheer durch Destillation, Rectification und Behandeln des Destillats mit Alkalilaugen etc.

Es kommt von verschiedener Reinheit in den Handel. Officinell ist ein rohes Phenol (*Acidum carbolicum crudum*), eine mehr oder weniger braune, circa 50 Proc. reines Phenol enthaltende, eigenthümlich und unangenehm riechende Flüssigkeit, und ein reines Phenol (*Acidum carbolicum crystallisatum*), eine farblose (und nicht blass bräunliche), bei mittlerer Tagestemperatur krystallinisch-starre, zwischen 30 bis 40° C. zu einer dicklichen Flüssigkeit schmelzende, eigenthümlich, jedoch gerade nicht angenehm riechende Substanz.

Ein völlig reines Phenol ist farblos, schmilzt bei 40^0 C., siedet bei circa 180^0 C. und ist von schwachem und kaum unangenehmem Geruch.

Phenol ist eine giftige, ätzende Substanz, deren Handhabung und Aufbewahrung alle Vorsicht erfordert. Es ist ein wichtiges Desinfectionsmittel, in dem es den Process sowohl der Gährung wie der Fäulniss unterbricht und zurückhält.

Als man noch nicht verstand, das Phenol genügend vom Wassergehalt zu befreien und es in eine krystallinische Masse überzuführen, es also noch im flüssigen Zustande in den Handel kam, hielt man es mit dem ihm ähnlich riechenden, aus dem Buchenholztheer gewonnenen Kreosot identisch. Nach Erkennung dieses Irrthums unterschied man das Phenol als Steinkohlentheerkreosot von dem Buchholztheerkreosot. Letzterer ist z. B. in Wasser höchst unbedeutend, in Glycerin sehr wenig löslich und giebt mit Salpetersäure behandelt keine Pikrinsäure. Dagegen ist das Phenol in circa 25 Th. Wasser und leicht in Glycerin löslich, giebt in seiner Lösung mit Ferrichlorid eine violettblaue Farbenreaction und liefert mit Salpetersäure behandelt Pikrinsäure.

Das Phenol coagulirt Eiweiss, bildet mit Leim eine klebrige in Wasser unlösliche Verbindung, reagirt nicht auf Lackmus, zeigt aber die Eigenschaften einer schwachen Säure, ohne die Kohlensäure aus den Carbonaten zu verdrängen. Mit Basen geht es krystallisirbare Verbindungen ein, welche den Character der Salze an sich tragen. Beim Vermischen mit concentrirter Kalilauge bildet es eine Krystallmasse ($C_6H_5[OK]$), welche sehr ätzend ist, und auch als Medicament Anwendung findet.

Beim Erhitzen des Phenols mit concentrirter Salpetersäure entstehen durch Eintritt des Radicals Nitril (NO_2) für H drei Nitroverbindungen.

Mononitrophenol	Dinitrophenol	Trinitrophenol
$C_6H_4(NO_2)(OH)$. —	$C_6H_3(NO_2)_2(OH)$. —	$C_6H_2(NO_2)_3(OH)$

Pikrinsäure, Pikrinsalpetersäure, Kohlenstickstoffsäure, Welter'sches Bitter sind ältere Benennungen des Trinitrophenols. Dieses entsteht auch durch Oxydation mittelst Salpetersäure aus dem Salicin, der Salicylsäure, dem Indigo, vielen Harzen, der Seide etc. Es bildet bitterschmeckende hellgelbe glänzende, in Wasser wenig, in Weingeist und Aether leicht, in Benzol farblos lösliche Krystalle, welche bei Annäherung einer Flamme verpuffen. Es gehört zu den stark wirkenden Arzneistoffen. Seine wässrige Lösung ist ein Fällungsmittel vieler Alkaloide, welche damit in Wasser unlösliche Verbindungen eingehen. Da es auch die thierische Gespinstfaser (Seide, Wolle) gelb färbt, nicht aber die vegetabilische Gespinstfaser, so kann man mit seiner wässrigen Lösung in einem wollenen oder seidenen Gewebe leicht eine Beimischung von Baumwollen- oder Leinenfäden erkennen.

Durch Einwirkung von 1 Mol. Schwefelsäure auf 1 Mol. Phenol entsteht Phenolsulfosäure, Sulfophenol ($C_6H_6SO_4$ od. $C_6H_4[SO_3H][OH]$). Durch Einwirkung von 2 Mol. Schwefelsäure auf 1 Mol. Phenol bei Digestionswärme entsteht **Phenoldisulfosäure** ($C_6H_3[SO_3H]_2[OH]$), deren Barytsalz, Baryumphenoldisulfat, in Wasser leicht löslich ist und gut krystallisirt. Aus der Mischung eines Mol. dieses Baryumsalzes mit 1 Mol. Zinksulfat ($ZnSO_4$) resultiren das in Wasser unlösliche Baryumsulfat ($BaSO_4$) und Zinkphenoldisulfat ($C_6H_3[SO_3]_2ZnOH$), welches krystallisirt als *Zincum sulfocarbolicum* officinell ist.

Beim Einleiten von Kohlensäure in erwärmtes Phenol, in welches man gleichzeitig Natriumstückchen einträgt, oder durch Einwirkung von Kohlensäure auf Phenolnatrium entsteht **Salicylsäure**.

Phenol   Kohlensäure   Salicylsäure

$$C_6H_6O \; + \; CO_2 \; = \; C_7H_6O_3$$

Salicylsäure entsteht ferner durch Oxydation der Salicyligsäure (Salicylaldehyd), des Salicins (eines Bitterstoffes in der Weidenrinde.) In der Natur findet sie sich in den Blüthen der *Spiraea ulmaria L.*, als Salicylsäuremethyläther im Wintergrünöle (dem ätherischen Oele von *Gaultheria procumbens L.*), auch in dem Oele der *Monotropa hypopitys L.*

Salicylsäure (*Acidum salicylicum*) ist eine einbasische Säure, welche mit Basen sehr unbeständige Salze liefert.

Bemerkungen. Pikrinsäure, von dem griech. πικρός (pikros) bitter. —

Lection 100.

Alkaloïde.

Mit der Bezeichnung Alkaloïde oder organische Basen umfasst man alle diejenigen organischen stickstoffhaltigen Verbindungen, welche mit basischen Eigenschaften ausgestattet sind und mit Säuren Salze bilden. Man findet sie theils als Producte der Lebenskraft in Pflanzen und Thieren, theils können sie künstlich erzeugt werden.

Zu den künstlich darstellbaren gehören alle die dem Ammoniaktypus entsprechenden Basen, die sogenannten Amidbasen, Imidbasen und Nitrilbasen, z. B. die Amide Methylamin, Aethylamin, Phenylamin (Anilin), Toluidin; die Imidbasen Dimethylamin, Diäthylamin, Methyl-Aethylamin, Aethyl-Phenylamin; die Nitrile Trimethylamin, Triäthylamin, Biäthylanilin. Die normalen Salze dieser Basen sind wie die Ammoniumsalze constituirt. Die Verbindung dieser Basen mit Wasserstoffsäuren findet ohne Wasserabscheidung statt. Wie sich Ammoniak mit Chlorwasserstoff direct verbindet zu chlorwasserstoffsaurem Ammoniak, in gleicher Weise bilden jene Basen des Ammoniaktypus chlorwasserstoffsaure Salze.

Mit dem Namen Alkaloïde im engeren Sinne bezeichnet man besonders die stickstoffhaltigen Basen, welche ihre Entstehung dem Pflanzenleben verdanken, wie z. B. Chinin, Strychnin, Morphin. Man nennt diese Basen auch, zum Unterschiede von den künstlich darstellbaren, Pflanzenbasen, Pflanzenalkaloïde.

Die Pflanzenalkaloïde schichtet man in Rücksicht auf ihre elementare Zusammensetzung in sauerstofffreie (Nicotin, Coniin), welche sich den Aminbasen anschliessen, und in sauerstoffhaltige (Chinin, Strychnin, Morphin). Erstere bestehen aus Kohlenstoff, Wasserstoff und Stickstoff, die letzteren aus diesen drei Elementen und Sauerstoff. Auch die sauerstoffhaltigen Pflanzenalkaloïde verbinden sich mit Wasserstoffsäuren direct ohne Abscheidung von Wasser. Morphin z. B. verbindet sich mit Chlorwasserstoff zu chlorwasserstoffsaurem Morphin.

Morphin   Morphinhydrochlorat
chlorwasserstoffsaures Morphin

$$C_{17}H_{19}NO_3 + HCl = C_{17}H_{19}NO_3HCl.$$

Die Alkaloïde sind in den Pflanzentheilen, in welchen sie vorkommen, gemeiniglich an organische Säuren gebunden und können daher daraus durch starke Basen, wie Kali, Natron, Ammon, Kalkerde, Magnesia, abgeschieden werden.

Die Darstellung der Alkaloïde aus den Pflanzentheilen geschieht im Allgemeinen durch Extraction mittelst verdünnter Säuren, mit welchen sie leicht lösliche Salze geben, und durch Fällung oder Abscheidung aus der Lösung mittelst eines anorganischen Alkalis. Wenn wir gepulverte Chinarinde mit heissem Wasser extrahiren, welchem wir circa 2 Proc. Schwefelsäure zugesetzt haben und den filtrirten Auszug, durch Abdampfen auf ein geringeres Volum gebracht, mit einer Lösung irgend eines Alkalis, z. B. Natronlauge, Ammon versetzen, so entsteht ein Niederschlag, welcher die Alkaloide der Chinarinde enthält. Wollen wir die Fällung mit Kalkmilch ausführen, so müssen wir auch zur Extraction der Rinde verdünnte Salzsäure nehmen, weil aus Schwefelsäure und Kalkerde ein fast unlösliches Salz (Calciumsulfat) hervorgeht. Das die meisten Alkaloïde auf diese Weise überhaupt gefällt werden können, erklärt sich durch ihre geringe Löslichkeit in kaltem Wasser. Leichtlöslich sind sie (Strychnin ausgenommen) in Weingeist, einige auch in Chloroform, Aether, Benzol.

Die meisten Alkaloïde bilden mit Gerbsäure in Wasser kaum lösliche Verbindungen. Daher geben wässrige und neutrale Alkaloïdlösungen auf Zusatz von Gallusgerbsäure Niederschläge, welche jedoch durch grossen Ueberschuss der Gerbsäure wieder gelöst werden. Wenn man das feuchte gerbsaure Alkaloïd mit fein gepulvertem Bleioxyd oder mit Kalkhydrat mischt, im Wasserbade eintrocknet, so kann aus dem Rückstande das Alkaloïd mit Weingeist ausgezogen werden, welcher das Calciumtannat oder das Bleitannat ungelöst lässt. Diese Darstellungsweise ist im kleinen Versuch sehr bequem.

Die Alkaloïde, welche durch die kaustischen Alkalien leicht verändert werden, z. B. das Atropin, macht man in ihrer concentrirten Salzlösung mittelst Zusatzes eines sehr geringen Ueberschusses Aetzalkali frei und entzieht sie der Mischung durch Schütteln mit Chloroform, Benzol, Aether, Amylalkohol etc. In der Ruhe sammelt sich die Lösung des Alkaloïds in Chloroform am Grunde der wässrigen Flüssigkeit, die Lösung in Benzol, Amylalkohol oder Aether an der Oberfläche derselben an.

Die flüchtigen und destillirbaren Alkaloïde entzieht man den Pflanzentheilen mit säurehaltigem Wasser, engt den Auszug durch Abdampfen ein, versetzt ihn mit Alkali und destillirt ab.

Die Alkaloïde aller narkotischen Pflanzen sind starke Gifte.

Zu den flüchtigen und sauerstofffreien Alkaloïden gehören das Nicotin ($C_{10}H_{14}N_2$) in den Tabakspflanzen (*Nicotiana Tabācum, Nicot. rustica* etc.) und das Coniin ($C_8H_{15}N$ od. C_8H_{14} [NH]), wahrscheinlich an Aepfelsäure gebunden im gefleckten Schierling (*Conium maculātum*). Beide Alkaloïde bilden farblose, ölartige, specifisch riechende Flüssigkeiten, welche sich den Amidbasen sehr verwandt zeigen.

Zur Darstellung des Coniins extrahirt man das Schierlingskraut oder die Früchte des Schierlings mittelst schwefelsäurehaltigem Wasser, versetzt den sauren Auszug mit Kalilauge und destillirt. Das Destillat, welches freies Coniin enthält, wird mit Schwefelsäure neutral gemacht und durch Abdampfen auf ein geringes Volum gebracht. Diese concentrirte Coniinsufatlösung enthält auch noch Ammoniumsulfat. Behufs Trennung beider Sulfate wird die Flüssigkeit mit Aetherweingeist behandelt, welcher das Coniinsulfat löst. Nachdem der Weingeist und Aether durch Destillation von dem Coniinsulfat getrennt sind, wird dieses mit Aetzkalilauge im Ueberschuss der Destillation unterworfen. Das Destillat bildet in der Ruhe zwei Schichten. Die obere Schicht ist wasserhaltiges Coniin, die untere Coniin gelöst enthaltendes Wasser. Leztere wird mit Schwefelsäure neutralisirt, eingetrocknet mit Aetznatronlauge gemischt und mit Aether ausgeschüttelt. Das nach dem Verdampfen des Aethers verbleibende Coniin wird mit dem Coniin jener oberen Schicht vereinigt und an einem geschlossenen Orte von mittlerer Temperatur über conc. Schwefelsäure placirt, von seinem überflüssigen Feuchtigkeitsgehalte befreit. Wie bekannt ist conc. Schwefelsäure eine hygroskopische Flüssigkeit.

Coniin ist in 100 Th. kaltem, weniger in warmem Wasser löslich, dagegen löst Coniin in der Kälte circa $1/2$ Volum Wasser, weniger in der Wärme. Daher kommt es, dass sich ein wasserhaltiges Coniin beim Erwärmen trübt. Ein Coniin ist also nur dann frei von Wasser, wenn es sich beim Erwärmen nicht trübt. Dadurch dass sich Coniin mit Chlorwasser gemischt weisslich trübt, unterscheidet es sich von dem ihm äusserlich ähnlichen Nicotin.

Die sauerstoffhaltigen und nicht flüchtigen Alkaloide sind nicht flüssig und ohne Geruch, meist im Wasser wenig löslich oder unlöslich, dagegen leicht löslich in Weingeist.

Die Gattung *Cinchona* erzeugt besonders in der Rinde ihrer Stämme und Aeste mehrere Alkaloide, von welchen das Chinin in medicinischer Beziehung den ersten Rang einnimmt, und vorwiegend neben Cinchonin in der Bastschicht derjenigen Rinde enthalten ist, welche im Handel als Königschina oder Calisayachina (*Cortex Chinae regius*) unterschieden wird. In der braunen oder grauen Chinarinde (*Cortex Chinae fuscus*) findet sich vorwiegend Cinchonin neben Chinin.

Chinin und Chinchonin sind in der China als chinasaure und chinagerbsaure Verbindungen enthalten. Behufs ihrer Abscheidung zieht man die gepulverte Rinde auf dem Deplacirungswege mit heissem salzsäurehaltigen Wasser aus, engt den Auszug im Vacuum auf ein geringeres Volum ein und fällt daraus die Alkaloide durch Kalkmilch. Aus dem daraus gewonnenen Niederschlage werden die Alkaloide mittelst Weingeistes ausgezogen. Nachdem man von der weingeistigen Lösung einen Theil des Weingeistes abdestillirt hat, stellt man bei Seite und lässt zuerst das Chinchonin auskrystallisiren. Nach Beseitigung des Cinchonins destillirt man den grössten Theil des Weingeistes ab, vermischt den Rückstand mit Wasser und lässt nun das Chinin auskrystallisiren. Das in Krystallen abgeschiedene Chinin, von anhängenden Bestandtheilen der Rinde noch etwas gefärbt, wird in verdünnter Schwefelsäure gelöst, durch Digestion mit thierischer Kohle entfärbt und aus dem Filtrate das Chinin entweder mit Aetzammon als Chininhydrat gefällt oder auf schwefelsaures Chinin verarbeitet.

Vom Chinin ($C_{20}H_{24}N_2O_2$) und Cinchonin ($C_{20}H_{24}N_2O$) kennt man mehrere isomere Modificationen, deren Entstehung unter dem Einflusse von Wärme, Luft, Feuchtigkeit, Säuren beobachtet ist und auch schon beim Einsammeln der Rinden durch atmosphärische Einflüsse begünstigt werden mag.

1. Chinin (oder α-Chinin, Alpha-Chinin) krystallisirt mit 3 Mol. Wasser und ist das in den officinellen Chininsalzen enthaltene Chinin.

2. Chinidin (β-Chinin, Beta-Chinin, Conchinin) krystallisirt mit 2 Mol. Wasser. Es entsteht aus dem Chinin beim Kochen der Lösungen, besonders wenn dieselben freie Säure enthalten, durch Einwirkung des Sonnenlichtes etc., man trifft es aber auch in den Chinarinden (besonders den Pitoyarinden) fertig gebildet an.

Frisch gefälltes Chinin längere Zeit feucht an der Luft liegend krystallisirt mit 2 Mol. Wasser. Man hat dieses Chinin γ-Chinin (Gamma-Chinin) genannt.

3. Chinicin scheidet aus seinen Lösungen als flüssiges Harz. Es entsteht aus dem Chinin unter Einfluss freier Säuren und Wärme.

Das Cinchonin liefert unter denselben Umständen ähnliche Modificationen: 1. Cinchonin (α-Cinchonin), 2. Cinchonidin (β-Cinchonin), 3. Cinchonicin.

In den Mutterlaugen der Chinin- und Cinchoninkrystallisationen sammeln sich diese Modificationen des Chinins und

Cinchonins an. Man fällt sie daraus mit Ammoniak und bringt sie getrocknet und geschmolzen in Stangen gegossen als Chinioidin (*Chinoidinum, Chinioidinum*) in den Handel.

Die Scheidung der verschiedenen Chinaalkaloide wird dadurch erleichtert, dass das (α) Chinin von allen am löslichsten in Wasser und Weingeist ist und sein basisches schwefelsaures Salz dagegen in Wasser am schwersten löslich ist.

Die Chininsalze sind je nach den Ansichten über das Molecülgewicht des Chinins einerseits basische und neutrale, andererseits neutrale und saure. Das officinelle schwefelsaure Chinin (*Chininum sulfuricum*) reagirt in seinen Lösungen neutral und ist, wenn wir die Formel des Chinins so annehmen, wie wir sie oben angegeben finden, ein neutrales oder normales Salz.

$$(C_{20}H_{24}N_2O_2)_2 H_2SO_4 + 7,5H_2O \text{ oder } \overset{+}{C}h,H_2SO_4.$$

Früher gab man das Aequivalentgewicht des Chinins nur halb so gross an, und die Formel war $C_{10}H_{12}NO$. Hiernach war das officinelle Chininsalz ein basisches, denn

$$(C_{10}H_{12}NO)_4 H_2SO_4 \text{ oder nach alter Schreibart:}$$
$$2(C^{20}H^{12}NO^2),HO,SO^3$$

Wenn daher von einem basischen Chininsulfat die Rede ist, so ist damit das normale oder neutrale Chininsulfat $(C_{20}H_{24}N_2O_2)_2$ $H_2SO_4 + 7,5$ aq) gemeint. Wird ein Molecül dieses normalen Salzes mit noch 1 Mol. Schwefelsäure versetzt und zum Krystallisiren gebracht, so schiessen sauer reagirende Prismen an, welche nach heutiger Ansicht ein saures Chininsulfat (*Chininum bisulfuricum*), nach der älteren Ansicht ein neutrales Salz darstellen, und von den Aerzten zuweilen als *Chininum sulfuricum neutrale* gefordert werden.

neutrales Chininsulfat   saures Chininsulfat

$$(C_{20}H_{24}N_2O_2)_2H_2SO_4 + H_2SO_4 = 2(C_{20}H_{24}N_2O_2.H_2SO_4)$$

Das Chininhydrochlorat oder chlorwasserstoffsaure Chinin (*Chininum hydrochloricum*) ist nach der heut acceptirten Chininformel eine neutrale Verbindung:

$$C_{20}H_{24}N_2O_2,HCl + 2aq.$$

Man pflegt es durch Wechselzersetzung des normalen Chininsulfats und Baryumchlorid darzustellen. Aus den Lösungen beider Salze fällt während der Mischung Baryumsulfat aus, und Chlorwasserstoff-Chinin bleibt in Lösung.

Einfacher ist die Darstellung, aus der wässrigen sauren Lösung Chininhydrat mittelst Aetzammons zu fällen und dann in soviel stark verdünnter heisser Chlorwasserstoffsäure zu lösen, dass eine neutrale Flüssigkeit entsteht, welche man zur Krystallisation bringt.

Wird eine Chininsalzlösung mit Aetzammon versetzt, so scheidet Chininhydrat amorph aus. Schüttelt man die Flüssigkeit alsbald mit Aether, so löst sich das amorphe Chinin in dem Aether. Lässt man den Niederschlag längere Zeit stehen, so geht er in den krystallinischen Zustand über, und wird dann nicht mehr vom Aether gelöst. Eine charakteristische Reaction auf Chinin ist folgende. Zerreibt man 0,1 Gramm das Chinins oder Chininsalzes mit circa 20 CC. Chlorwasser und versetzt die Mischung mit einigen CC. Aetzammonflüssigkeit, so erfolgt eine smaragdgrüne Färbung und ein grüner harzartiger Körper, Thalleiochin oder Chiningrün, sondert sich ab.

Bemerkungen. Die Chinaalkaloide wurden zuerst 1820 von *Pelletier* und *Caventou* (spr. pelletieh und cavangtú), zweien Chemikern zu Paris, entdeckt. — Chinioidin (ein dem Chinin ähnlicher Stoff), von *Chinium* u. $\varepsilon\check{\iota}\delta o\mu\alpha\iota$ (eidomai) ähnlich sehen. — Thalleiochin, v. d. griech. $\vartheta\alpha\lambda\lambda\acute{o}\varsigma$ (thallos), grüner Zweig und *china*.

Lection 101.

Alkaloide (Fortsetzung).

Unter den Alkaloïden der Papaveraceen bieten die des Opium (*Laudanum, Meconium*) besonderes Interesse. Das Opium ist der eingetrocknete Milchsaft der unreifen Samenkapseln und anderer Theile des *Papāver somnifěrum*, eines im Orient angebauten Mohns. Das Smyrna-Opium, auch das constantinopolitanische, enthalten die Opiumalkaloide im reichlichsten Maasse. Das in England und Frankreich spärlich erzeugte Opium (Affium) ist an diesen Alkaloiden oft noch weit reicher.

Die Zahl der Opiumalkaloïde ist keine geringe. Die wichtigsten sind Morphin, Narcotin, Codeïn, Narceïn, Paramorphin, Pseudomorphin, Porphyroxin, Papaverin, Opianin, Metamorphin. Sie sind im Opium hauptsächlich an Mekonsäure und Aepfelsäure gebunden. Harzige und andere Bestandtheile im Opium erschweren die Abscheidung dieser Alkaloide.

Das Morphin (*Morphinum*, *Morphium*, $C_{17}H_{19}NO_3 + H_2O$) kann auf verschiedene Weise aus dem Opium dargestellt werden. Es wird zwar durch die fixen Alkalien und alkalischen Erden aus seinen Salzverbindungen ausgeschieden, ist aber im Ueberschuss der Lösungen dieser Basen löslich. Aetzammon dagegen fällt das Morphin, ein Ueberschuss löst es jedoch nicht. Auf diesem eigenthümlichen Verhalten beruht eine gute von *Boussingault* und *Payen* gegebene Vorschrift der Morphindarstellung.

Man versetzt einen wässrigen Auszug des Opium mit Kalkmilch im Ueberschuss und bringt durch Aufkochen das Morphin als eine Morphinkalkverbindung in Lösung. Die filtrirte Lösung dieser Verbindung wird mit Chlorwasserstoffsäure neutralisirt und angesäuert, also eine Lösung des chlorwasserstoffsauren Morphins und des Calciumchlorids hergestellt, dann aus dieser Lösung das Morphin durch Aetzammonflüssigkeit gefällt. Ammon zersetzt das Calciumchlorid nicht, wohl aber das Morphinsalz.

Auf derselben Eigenschaft des Morphins, sich in den ätzenden Laugen der fixen Alkalien zu lösen oder mit Calciumhydroxyd eine in Wasser lösliche Verbindung einzugehen, basiren die Methoden, den Morphingehalt des Opium zu bestimmen. Ein Opium muss mindestens 10 Proc. Morphin enthalten, wenn es als Medicament verbraucht werden soll. Es werden (nach der *Hager*'schen Methode) 2,5 Grm. Aetzkalk mit 15 Tropfen warmem Wasser gelöscht und mit 5,6 Grm. des gepulverten Opium gemischt in 65,0 Grm. Wasser, welches sich in einem Glaskölbchen befindet, eingetragen und nach Verschluss des Kölbchens damit gut durchschüttelt. Das genau tarirte Gefäss wird eine Stunde hindurch einer Wärme von circa 80º C. (im Wasserbade) ausgesetzt. Nach dem Erkalten wird der Inhalt des Kölbchens (nach Restituirung etwa verdampften Wassers) auf ein Filter gegeben, welches aus einer 10,5 Ctm. im Durchmesser haltenden Scheibe Papier gefaltet ist. Von dem Filtrat werden genau 50,0 Grm. (entsprechend 5,0 Opium) in einem Stockglase mit 2,0 Grm. Aether und 8—10 Tropfen Benzin durchschüttelt und dann mit 4,5 Grm. gepulverten Salmiak versetzt, wiederholt durchschüttelt und nun 3 Stunden an einen kalten Ort gesetzt. Der hier erfolgte Niederschlag wird in einem Filter gesammelt, mit wenig kaltem Wasser abgewaschen und getrocknet. Sein Gewicht mit 18 multiplicirt ergiebt den Procentgehalt des Opium an reinem Morphin. Hier wird die Morphin-Calciumhydroxydlösung durch Ammoniumchlorid zersetzt. Es resultiren Calciumchlorid, freies Ammon und Morphin, welches letztere wegen seiner Unlöslichkeit ausscheidet.

Damit es sich nicht fest an die Gefässwandung ansetzt, geschieht der Zusatz von Aether und Benzin.

Das Morphin ist ein zu den Giften gehörendes Alkaloïd. Es krystallisirt mit 1 Mol. Wasser in glänzenden farblosen. rhombischen Prismen, welche in reinem Aether fast unlöslich sind.

Morphin unterscheidet sich von anderen Alkaloiden zunächst dadurch, dass es in Aetzkalilauge völlig löslich ist, dass es auf Ferri-, Silber-, Goldsalze reducirend wirkt. Benetzt man es mit einer stark verdünnten, nicht zu sauren Ferrichloridlösung, so färbt es sich blau. Mit Silber oder Goldlösung erhitzt, scheidet es diese Metalle ab. Seine auf circa 150⁰ C. erhitzte Lösung in conc. Schwefelsäure ist von violettrother Farbe. Giebt man von dieser Lösung einige Tropfen in officinelle Salpetersäure oder eine concentrirte Salpeterlösung, so erfolgt eine blauviolette, schnell in dunkles Blutroth übergehende Farbenreaction, welche einige Minuten anhält.

Officinell sind das chlorwasserstoffsaure und das essigsaure Salz, welches letztere sehr schwierig krystallisirt und auch an der Luft Essigsäure abdunstet. Ein constantes und gut krystallisirendes Salz ist das chlorwasserstoffsaure Morphin, Morphinhydrochlorat (*Morphinum hydrochloricum*), $C_{17}H_{19}NO_3,HCl + 3aq.$

Die Strychneen weisen eine lange Reihe sehr giftiger Alkaloïde auf, von welchen jedoch nur das Strychnin und Brucin medicinische Anwendung gefunden haben. Das Strychnin, welches immer vom Brucin begleitet zu sein scheint, findet sich in reichlichster Menge in den Ignatiusbohnen, den Samen von *Strychnos Ignatii Berg*, dann in den Brechnüssen (sogenannten Krähenaugen), den Samen von *Strychnos nux vomica L.*, in der falschen Angusturarinde, welche gleichfalls von dem vorgenannten Baume stammt, in dem sogenannten Schlangenholze, dem Wurzelholze der *Strychnos colubrina*. In dem aus der Wurzelrinde der *Strychnos Tieuté* auf Borneo bereiteten Pfeilgifte, dem Upas, Tieute oder Woorare ist es gleichfalls vorhanden. In dem Pfeilgifte der Indianer in Guiana, dem Curare und dem Urari, welches aus der Rinde der *Strychnos toxifera* bereitet wird, ist ein anderes giftiges Alkaloïd, das Curarin, gefunden worden. Diese Alkaloïde und auch das Igasurin sind in den Strychnosarten an Igasursäure gebunden.

Zur Darstellung des Strychnins werden die ganzen Strychnossamen mit Weingeist gekocht, um sie mürbe zu machen, dann getrocknet und grob gepulvert, und nun mit Wasser, welches nur wenig mit Schwefelsäure angesäuert ist, ausgekocht. Die wässrigen Auszüge werden durch Abdampfen auf ein geringeres Volum gebracht und mit Kalkhydrat versetzt. Es fallen die erwähnten Alkaloïde mit überschüssig zugesetzter Kalkerde nieder. Aus dem getrockneten Niederschlage wird zuerst das Brucin mit kaltem wasserfreiem Weingeist, dann das Strychnin mit kochendem schwächerem Weingeist ausgezogen und zur Krystallisation gebracht. Strychnin ist in wasserfreiem Weingeist nämlich kaum löslich, eher löslich in wasserhaltigem Weingeist. Im Uebrigen erfordert es bei mittlerer Temperatur 6000 Th. Wasser zur Lösung.

Reines Strychnin wird nicht von Salpetersäure gefärbt, enthält es aber eine Spur Brucin, so entsteht eine rothe Färbung. Brucin und freie Salpetersäure sind daher gegenseitig Reagentien.

Officinell ist das Strychninnitrat, salpetersaure Strychnin (*Strychninum nitricum*), $C_{21}H_{22}N_2O_2,HNO_3$. Es krystallisirt leicht in glänzenden farblosen Nadeln. Wegen seiner grossen Giftigkeit ist es mit Aufmerksamkeit zu dispensiren.

Löst man ein Körnchen Strychnin in einem Uhrgläschen, welches auf ein Stück weisses Papier gestellt ist, in einigen Tropfen concentrirter Schwefelsäure und giebt dann ein kleines Krystallbruchstück des Kalidichromats dazu, so erfolgt eine blaue oder violette Farbenreaction.

Das Atropin $(C_{17}H_{23}NO_3)$ ist ein sehr giftiges Alkaloïd in allen Theilen der Tollkirsche (*Atröpa Belladonna*) und des Stechapfels (*Datūra Stramonium*), zweier Pflanzen aus der Familie der Solaneen. Zu seiner Darstellung wird der concentrirte wässrige Pflanzenauszug mit Aetzkali versetzt und mit Chloroform ausgeschüttelt, das mit dem Atropin überladene Chloroform gesammelt, im Wasserbade abdestillirt, der Rückstand in Schwefelsäurehaltigem Wasser gelöst, daraus das Alkaloid durch kohlensaures Kalium gefällt, und das ausgeschiedene Atropin aus wasserfreiem Weingeist krystallisirt. Atropinsulfat oder schwefelsaures Atropin (*Atropinum sulfuricum*) ist officinell. Es kann nur aus seiner Lösung in völlig wasserfreiem Weingeist krystallisirt erhalten werden.

Von den Alkaloiden der Colchicaceen (Melanthaceen) ist das Veratrin, Sabadillin und Jervin zu erwähnen. Das Colchicin (in *Colchicum autumnāle*) ist ein indifferenter Bitterstoff, das Helleborin (in *Holleborus niger*) ein Glukosid. Jene Alkaloïde (auch Colchicin und Helleborin) sind giftige Substanzen. Das Veratrin ist officinell. Es ist ein Bestandtheil der Samen von *Sabadilla officinalis* und findet sich in der weissen Niesswurz (*Verātrum album*), welche letztere auch das Jervin enthält. Im

Sabadillsamen ist es neben Sabadillin, Veratrumharz (Helonin) an Veratrumsäure und Sabadillsäure gebunden. Die zerkleinerten Samen werden mit Salzsäure-haltigem Wasser extrahirt, der Auszug bis zur dünnen Syrupconsistenz eingeengt und zur Fällung der Veratrumsäure so lange mit Salzsäure versetzt, als dadurch eine Trübung entsteht. Dem hierauf filtrirten Auszuge wird Kalkhydrat zugesetzt, der Niederschlag mit Wasser abgewaschen und mit Weingeist warm extrahirt, der Weingeistauszug abgedampft und der Rückstand mit verdünnter Essigsäure extrahirt. Aus der essigsauren Lösung wird das Veratrin nochmals mit Ammon gefällt, abgesondert und in Aether gelöst, welcher das Veratrin, nicht aber das Sabadillin löst. Aus der alkoholischen Lösung erhält man bei freiwilliger Verdunstung das Veratrin in schönen Krystallen. Es ist sehr giftig, und sein Staub erregt ein überaus heftiges Niesen, das sehr gefährliche Folgen haben kann. Man muss also damit bei der Dispensation sehr behutsam umgehen.

Das Coffeïn (*Coffeïnum*) $C_8H_{10}N_4O_2$, auf welches auch die Namen Kaffeïn, Guaranin, Theïn gefallen sind, ist zwar kein so giftiges Alkaloïd wie die vorhergehend erwähnten, dennoch immer ein heftig wirkendes. Eine Dosis von 5 Decigr. tödtet ein Kaninchen. Das Coffeïn ist ein Bestandtheil des Samens von *Coffea Arabica*, des chinesischen Thees (von *Thea Chinensis*), des Maté oder Paraguaythees (Blätter von *Ilex Paraguayensis*), der Guarana (des trocknen Teiges aus den Beerenfrüchten der *Paullinia sorbĭlis*), der Kolanuss oder des Sudankaffees (des Samens von *Cola acuminata*). Es findet sich also in mehreren ganz verschiedenen Pflanzenfamilien. Künstlich hat man das Coffeïn aus dem ihm ähnlichen Theobromin, dem Alkaloïd in den Cacaosamen (von *Theobrōma Cacao*), dargestellt. Dieses Alkaloid giebt in saurer Lösung mit Silbernitrat einen schwerlöslichen Niederschlag, welcher mit Methyljodür in zugeschmolzener Glasröhre einer Temperatur von 100^0 C. ausgesetzt in Coffeïn und Jodsilber übergeht. Aus $C_7H_7AgN_4O_2$ und CH_3J entstehen $C_8H_{10}N_4O_2$ und AgJ.

Daher bezeichnet man das Coffeïn auch als Methyl-Theobromin.

Man kann das Coffeïn, jedoch wasserfrei, durch Sublimation gewinnen, wenn man aus dem Kaffee- oder Thee-Decoct die Gerbsäuren, an welche das Coffeïn gebunden ist, durch essigsaures Bleioxyd fällt, die von der gerbsauren Bleiverbindung abfiltrirte Flüssigkeit zur Trockne abdampft, den Rückstand pulvert, mit Sand vermischt und ganz in der Weise wie bei der Darstellung der Benzoësäure der Sublimation unterwirft. Ein Theil des Coffeïns wird hierbei wahrscheinlich zerstört. Besseres Resultat erlangt man, wenn man den sogenannten (vom Thee abgesiebten) Theestaub mit Wasser und einer geringen Menge Kalkmilch zweimal auskocht, filtrirt, einen etwaigen Rest Gerbstoff, welcher durch den Kalk nicht beseitigt ist, mittelst Bleiacetatlösung fällt, das Filtrat einengt, mit Kohlenpulver mischt, austrocknet, zu Pulver zerreibt und mit Chloroform extrahirt. Aus Wasser und wasserhaltigen Weingeist krystallisirt das Coffeïn mit 1 Mol. Wasser.

Beim Kochen des Coffeïns mit Barytwasser zerfällt es in Kohlensäure und eine noch kräftigere Base, das Coffeïdin.

Coffein   Kohlensäure   Coffeidin.

$$C_8H_{10}N_4O_2 + H_2O \text{ zerfällt in } CO_2 \text{ und } C_7H_{12}N_4O.$$

Bemerkungen. *Boussingault* (spr. bussinjoh) und *Payen* (spr. pajäng'), franz. Chemiker. — Guarána.

Lection 102.

Flüchtige Oele.

Flüchtige oder ätherische Oele nennt man gewisse indifferente Substanzen, welche sich durch einen durchdringenden Geruch, brennenden Geschmack, durch Flüchtigkeit bei gewöhnlicher Temperatur und durch eine sehr geringe Löslichkeit oder durch Unlöslichkeit in Wasser auszeichnen. Meist sind sie Producte des Pflanzenreichs und bis auf wenige Ausnahmen in den verschiedenen Organen der Pflanzen fertig gebildet, gewöhnlich in besonderen Zellen, Oeldrüsen und Zellgängen eingeschlossen. Die Oeldrüsen sind entweder zerstreut durch das ganze Zellgewebe oder liegen an der Oberfläche der Blätter, Fruchtschalen, oder sie bilden die Endzellen der Haare.

Die meisten der ätherischen Oele gewinnt man durch Destillation mit Wasser, wenige durch Auspressen (Citronenöl, Bergamottöl). Ihr Kochpunkt liegt zwar weit höher als der Wasserkochpunkt, dennoch verdampfen sie in den Dämpfen des kochenden Wassers und sammeln sich in dem Destillate entweder oberhalb oder am Grunde desselben an, je nachdem sie specifisch leichter oder schwerer als Wasser sind.

Viele der flüssigen ätherischen Oele erstarren bei niedrigen Temperaturgraden ganz oder nur theilweise. Der erstarrende Theil wird Stearoptén, der flüssig bleibende Elaeoptén genannt.

Die flüssigen ätherischen Oele sind meist dünnflüssig, doch zeigen fast alle ein grosses Streben, Sauerstoff aus der Luft aufzunehmen und sich zu verharzen, Harze zu bilden, wobei die Consistenz eine dicklichere wird. Lichteinfluss befördert diesen Process. Sie müssen deshalb nicht nur in wohlverstopften Gefässen, sondern auch vor Licht geschützt aufbewahrt werden.

Die meisten ätherischen Oele sind im reinen Zustande farblos, doch haben auch mehrere eine Farbe, z. B. sind die Oele vieler Compositen (*Matricaria*, *Achilléa*) blau, Kalmusöl, Zimmtöl, Nelkenöl u. a. sind bräunlich oder gelblich, Wermuthöl gelbbraun oder grün gefärbt.

Nach der elementaren Zusammensetzung vertheilt man die ätherischen Oele in folgende Klassen:

a. Camphene oder Kohlenwasserstoffe.

Die Oele dieser Gruppe bestehen aus Kohlenstoff und Wasserstoff in dem Verhältniss von $5C : 8H$. Sie unterscheiden sich von den anderen Gruppen durch ein geringeres specifisches Gewicht. Mit Jod zusammengebracht, erfolgt bei den meisten Erwärmung und Verpuffung, wobei Wasserstoff deplacirt und durch Jod substituirt wird. Hierher gehört zunächst die Sippe der Coniferenöle: Terpenthinöl ($C_{10}H_{16}$), Fichtennadelöl, Kienöl, Krummholzöl, Wachholderbeeröl, Sabinaöl; ferner Citronenöl, Cubebenöl, Cardamomöl, Bernsteinöl, Petroleum etc.

b. Sauerstoffhaltige ätherische Oele. Einige derselben gleichen Hydraten der Camphene, andere sind Gemische von Camphenen mit sauerstoffhaltigen Oelen. Hierher gehört gewöhnlicher Kampfer oder Japankampfer ($C_{10}H_{16}O$), Borneokampfer, Borneol ($C_{10}H_{18}O$), Anis, Fenchelöl, Cumarin, Römisch-Kümmelöl, Thymianöl, Nelkenöl, Bergamottöl, Cajeputöl etc.

c. Schwefelhaltige ätherische Oele. Diese enthalten das Radical Allyl (C_3H_5). Dazu gehören Knoblauchöl, Senföl (Rhodanallyl, C_4H_5NS), das Oel des Löffelkrautes und die ätherischen Oele anderer Cruciferen, das Oel des Stinkasants.

Das Bittermandelöl haben wir als Benzaldehyd, welcher Blausäure enthält, kennen gelernt. Das Zimmtöl besteht aus einem Kohlenwasserstoff und Zimmtaldehyd (Cinnamylwasserstoff C_9H_8O), und enthält daher auch mehr oder weniger Zimmtsäure

$(C_9H_8O_2)$. Das Nelkenöl (*Oleum Caryophyllorum*) besteht aus einem Kohlenwasserstoff $(C^{15}H^{24})$ und enthält Nelkensäure (Eugensäure).

Das Terpenthinöl, längere Zeit mit Wasser in Berührung, scheidet Terpenthinölhydrat $(C_{10}H_{16} + 3H_2O)$ aus. Leitet man durch Terpenthinöl ausreichend Chlorwasserstoff, so erwärmt es sich und nach dem Erkalten scheidet sich Chlorwasserstoff-Terpenthinöl $(C_{10}H_{17}Cl)$, sogenannter künstlicher Kampfer, in Krystallen ab, der flüssig bleibende Theil hat jedoch dieselbe Zusammensetzung. Wird in eine weingeistige Lösung des Terpenthinöls langsam Chlorwasserstoff geleitet, so dass nur geringe Erwärmung stattfindet, so entsteht eine Verbindung von der Formel $C_{10}H_{18}Cl_2$, welche anfangs flüssig ist, an der Luft aber fest wird.

Das Terpenthinöl wird aus dem Terpenthin, in welchem es mit Harzen und einer geringen Menge Bernsteinsäure enthalten ist, durch Destillation gewonnen. Das im Destillationsrückstande verbleibende Harz ist die sogenannte *Terebinthina cocta*.

Die übrigen Camphene verhalten sich gegen Chlorwasserstoff und andere Reagentien ähnlich.

Der gewöhnliche Kampfer (*Camphŏra*), Laurineenkampfer, kommt in allen Theilen des in China und Japan heimischen Kampferbaumes (*Laurus Camphora* L.) vor, ist aber auch in manchen ätherischen Oelen einheimischer Pflanzen enthalten. Aus dem Holze des Kampferbaumes wird er durch Destillation mit Wasser gewonnen. Er ist leichter als Wasser. Der Borneokampfer ist dem gewöhnlichen officinellen Kampfer ähnlich, aber schwerer als Wasser. Letzterer kommt von einem anderen Kampferbaume, dem auf Borneo und Sumatra heimischen *Dryobalänops Camphora Colebrooke*. Neben dem festen Kampfer ist in beiden Kampferbäumen auch ein flüssiges Oel, Kampferöl, enthalten, welches sich jedoch an der Luft oxydirt und zu Kampfer erstarrt. Der Borneo-Kampfer kommt selten nach Europa, in grösseren Mengen dagegen der gewöhnliche Kampfer, jedoch in unreiner Form. Den rohen Kampfer raffinirt man bei uns, indem man ihn mit Kreide oder Kalkerde mischt und einer Sublimation unterwirft. Der Schmelzpunkt des Kampfers liegt ungefähr bei 170⁰ C.

Der gewöhnliche Kampfer lässt sich künstlich durch Oxydation mehrerer flüchtigen Oele, wie z. B. des Baldrianöls, Salbeiöls, des Rainfarnöls, ferner durch Destillation von Salpetersäure über Bernstein darstellen.

Der Kampfer ist zähe, krystallinisch, und muss mit Weingeist besprengt werden, wenn man ihn zu Pulver zerreiben will. Wirft man kleine Stückchen Kampfer auf Wasser, so gerathen sie in eine rotirende Bewegung, die sofort aufhört, wenn eine Spur fettes Oel intervenirt. Die Rotation erklärt sich theils aus dem Mangel der Adhäsion zwischen Kampfer und Wasser, theils aus der Verdunstung des Kampfers zwischen Kampferstückchen und Wasserfläche. Das fette Oel adhärirt dem Kampfer und bildet eine die Verdunstung unterbrechende Schicht. Kochende Salpetersäure oxydirt ihn zu Kampfersäure und Kampfresinsäure.

Das Steinöl (*Petroléum*, *Oleum Petrae*) ist ein natürliches Zersetzungsproduct der Steinkohlen. Es quillt in verschiedenen Gegenden (am Caspischen Meere, Italien, Nordamerika), allein oder mit Wasser aus der Erde, verunreinigt mit Asphalt und anderen theerartigen Producten einer trockenen Destillation. Durch Destillation mit Wasser wird es farblos erhalten (*Petroleum rectificatum*). Letzteres erleidet beim Durchschütteln mit conc. Schwefelsäure keine Aenderung und erhitzt sich auch nicht während des Durchschüttelns. Durch diesen Mangel einer Reaction lassen sich Beimischungen und Verfälschungen, wie Destillationsproducte aus Braunkohlen, Terpenthinöl etc. erkennen, welche sich bei der Mischung mit conc. Schwefelsäure nicht nur stark erhitzen, sondern auch schwärzen oder bräunen.

Alle flüchtigen Oele dehnen sich in der Wärme stark aus, sind überhaupt leicht entzündlich und brennen mit russender Flamme. Der Dampf der Camphene, mit Luft gemischt und angezündet, erzeugt heftige Detonationen. Die flüchtigen Oele müssen daher mit Sorgfalt und stets als feuergefährliche Substanzen behandelt werden. Bei ihrer Rectification sei dem Arbeiter desshalb ganz besondere Vorsicht empfohlen. Da sich die meisten flüssigen ätherischen Oele beim Erhitzen bis zu ihrem Kochpunkte mehr oder weniger zersetzen, so destillirt man sie mit Wasser zugleich. Damit nicht der Retorten- oder Blaseninhalt übersteige, füllt man die Destillationsgefässe nur bis zur Hälfte ihres Rauminhaltes. Die Rectification aus Glasgefässen ist hier überhaupt eine sehr beschwerliche, weil schon Wasser allein in Glasgefässen stossend kocht. Diese Eigenthümlichkeit nimmt aber bedeutend zu, wenn das Wasser von einer Oelschicht bedeckt ist. Dazu kommt, dass eine dicke Oelschicht einen Druck auf das Wasser ausübt, dieses eine über den Siedepunkt hinausgehende Temperatur annimmt und dann plötzlich, wenn

eine grosse Wasserdampfblase sich frei macht und die Flüssigkeit erschüttert, eine grössere Menge Dampf erzeugt. Bei der
Terpenthinölrectification ist dieser Umstand wohl zu erwägen,
denn er erklärt das dabei häufig vorkommende Uebersteigen des
Blaseninhaltes.

Die Darstellung oder vielmehr Trennung der flüchtigen Oele
aus den Vegetabilien geschieht meist durch Destillation mit
Wasser. Das zerkleinerte Vegetabil giebt man mit einer hin-
reichenden Menge Wasser in eine Destillirblase. Im Dampfe
des kochenden Wassers verdampft auch das ätherische Oel, obgleich der Kochpunkt desselben weit höher liegt als der des
Wassers. Da die frischen Vegetabilien gewöhnlich $^{1}/_{4}$—$^{1}/_{2}$ Proc.,
trockene Vegetabilien 1—2 Proc. flüchtiges Oel enthalten, so
ist man bei der Darstellung auf diese Weise auf sehr grosse
Destillirblasen angewiesen. Ist das ätherische Oel schwerer als
Wasser (wie z. B. das Oel der Gewürznelken, des Zimmts, des
Sassafras), so setzt man der Destillationsmasse Glaubersalz hinzu,
um theils das Wasser specifisch schwerer als das Oel zu machen
und dieses auf der Destillationsmasse schwimmend zu erhalten,
theils den Kochpunkt um ein Geringes zu erhöhen. Aus Blättern

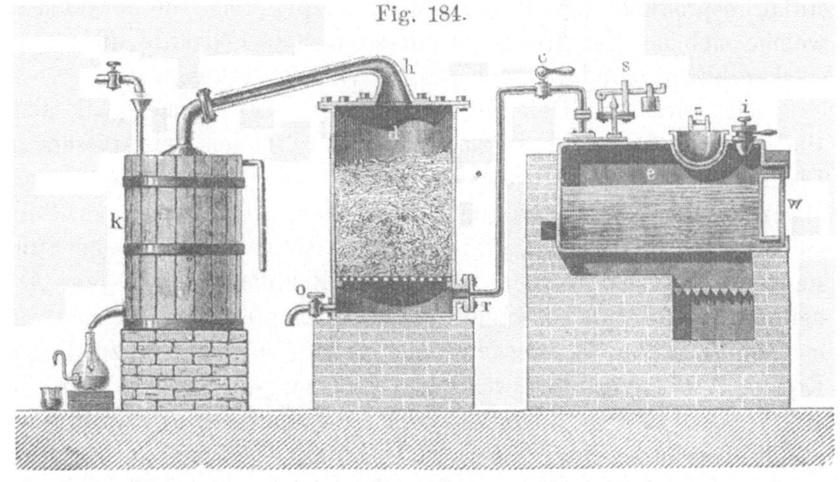

Fig. 184.

und Blumen, welche ein weit grösseres Volum einnehmen als
Wurzeln, Samen, Rinde, sammelt man das flüchtige Oel durch
Dampfdestillation, indem man gespannte Wasserdämpfe durch
das angefeuchtete Vegetabil schickt und dann durch eine Kühl-
vorrichtung verdichtet. Einen Apparat für diese Dampfdestillation vergegenwärtigt uns vorstehende Abbildung.

Die in dem Dampfentwickler *e* erzeugten Dämpfe treten durch das Rohr *r* in den Dampfcylinder *d*, in welchem über einem Siebboden *a* das angefeuchtete und zerkleinerte Vegetabil aufgeschichtet liegt. Der Dampf durchströmt das Vegetabil, tritt dann mit den Dämpfen des flüchtigen Oels beladen in das Kühlgefäss *k* und fliesst verdichtet in Gestalt einer milchigen Flüssigkeit in die als Vorlage dienende **Florentiner Flasche**, in welcher sich das flüchtige Oel vom Wasser scheidet, und wenn es specifisch leichter ist, oberhalb des Wassers in dem engeren Theile der Flasche (bei *a*) ansammelt. Das Wasser fliesst in gleichem Maasse, als es überdestillirt, aus dem Rohr *b* ab. Die Oelschicht hebt man mit einer Pipette ab. Das destillirte Wasser, welches das flüchtige Oel mehr oder weniger in Lösung hält, wird auf eine neue Portion desselben Vegetabils aufgegossen und wiederum destillirt (cohobirt), oder es wird zum Anfeuchten einer frischen Portion des Vegetabils verbraucht und der Einwirkung der gespannten Wasserdämpfe ausgesetzt.

Fig. 185.

Florentiner Flasche.

Bemerkungen. Cohobiren (*cohobāre*), Cohobation (*cohobatio*), ein neulateinisches Wort, welches schon bei den Alchymisten Bürgerrecht erlangte (vielleicht eine Verstümmelung des lateinischen *cohibēre*, bändigen, im Zaume halten). Cohobation bedeutet eine wiederholte Destillation eines und desselben Destillats. — Camphen, spr. camphén. — Stearoptén, von d. griech. στέαρ (stéar), festes Fett, Talg, und πτηνός, ή, όν (ptēnos, ē, on), flüchtig. — Elaeoptén, von ἔλαιον (elaion), flüssiges Fett, Oel, und πτηνός, flüchtig. — Camphéne sind die ätherischen Oele, welche mit Chlorwasserstoff künstlichen Kampfer bilden. — Campfer, *Camphora*, von dem arabischen *kafur*.

Lection 103.

Harze. Balsame. Gummiharze.

Die Harze sind kohlenstoffreiche, aber stickstofffreie, meist geruch- und geschmacklose Verbindungen, welche durch ihre

Unlöslichkeit in Wasser und Löslichkeit in Weingeist charakterisirt sind und sich von den flüchtigen Oelen theils durch eine festere Consistenz und besonders dadurch unterscheiden, dass sie sich weder bei gewöhnlicher Temperatur, noch mit den Dämpfen des kochenden Wassers verflüchtigen. Kein Harz lässt sich unverändert destilliren, jedes harte Harz schmilzt aber in der Wärme.

Sehr viele Harze verdanken ihren Ursprung den flüchtigen Oelen, indem dieselben aus der Luft Sauerstoff aufnehmen, sich dunkler färben, eine dickliche Consistenz annehmen und endlich unter Hinterlassung einer sauer reagirenden harten Substanz austrocknen, welche den ausgeprägten Charakter eines Harzes an sich trägt. Dieser Verharzungsprozess der flüchtigen Oele lässt sich in chemischer Beziehung nicht näher verfolgen, denn seine Produkte sind zu mannigfaltiger Art. Vom Bittermandelöl, dem Benzaldehyd, wissen wir, dass daraus durch freiwillige Oxydation Benzoësäure, aus dem Zimmtöl Zimmtsäure hervorgeht. Da sehr viele Harze durch Oxydation flüchtiger Oele entstehen, so liegt es auch in der Natur der Sache, dass viele natürliche Harze mit mehr oder weniger flüchtigem Oel gemischt vorkommen. Haben sie in diesem Falle eine flüssige Consistenz, so bezeichnet man sie als Balsame oder flüssige Harze. Die natürlichen Balsame haben daher auch einen starken Geruch. Man gewinnt sie gewöhnlich durch künstliche Einschnitte in die Stämme der Bäume und Sträucher, aus welchen sie ausfliessen, z. B. Terpenthin (*Terebinthĭna*), Copaivabalsam (*Balsămum Copaïvae*). Das Ausfliessen zu fördern wendet man auch künstliche Hitze oder eine leichte Schwelung an. Auf diese Weise gewinnt man den Perubalsam (*Balsamum Peruvĭanum*), den Tolubalsam (*Balsamum Tolutanum*), durch Auskochen mit Wasser den flüssigen Storax (*Styrax liquidus*).

Natürlich vorkommende Gemische aus Harz und Pflanzenschleim (Gummi) nennt man Gummiharze (*Gummi - resĭnae*). In den Pflanzen, in welchen sie vorkommen, trifft man sie mit Wasser zu einer Emulsion gemischt als Milchsaft in Zellen oder in Interzellularräumen an. Sie schwitzen entweder freiwillig aus oder fliessen aus künstlich gemachten Einschnitten und Verwundungen, trocknen an der Luft mehr oder weniger ein und erhärten. Beim Anreiben mit Wasser geben sie eine Emulsion, indem sich der gummöse Theil löst und die Harztheile in Suspension erhält.

Je nachdem die Gummiharze flüchtiges Oel oder solches

nicht enthalten, unterscheidet man sie. Kein flüchtiges Oel enthalten Euphorbium, Scammonium, Gutti. Flüchtiges Oel enthalten Ammoniakgummiharz, Mutterharz (*Galbănum*), Stinkasant, Myrrhe, Weihrauch (*Olibănum*).

Die Harze bezeichnet man als Hartharze und Weichharze, je nachdem sie hart, spröde oder weich sind. In kaltem Weingeist unlösliche, in kochendem Weingeist aber lösliche Harze hat man auch als Halbharze oder Unterharze unterschieden.

Im reinen Zustande sind die Harze farblos und ohne Geruch und Geschmack. Die meisten sind amorph und nur wenige nehmen beim Ausscheiden aus ihren Lösungen Krystallform an. Ein grosser Theil verhält sich gegen Basen wie Säuren, andere sind indifferent. Die wie Säuren sich verhaltenden reagiren in Weingeist gelöst auf Lackmus sauer, verdrängen beim Kochen mit kohlensauren Alkalien die Kohlensäure und liefern salzartige, mit Schwermetallen in Wasser unlösliche Verbindungen (Resinate). Die Verbindungen mit den Alkalimetallen, die sogenannten Harzseifen, sind in Wasser löslich, schäumen wie Seifenwasser, unterscheiden sich aber dadurch von den fettsauren Alkalimetallen, den eigentlichen Seifen, dass sie keinen Seifenleim bilden und sich auch durch Kochsalz nicht abscheiden lassen. Aus diesen Harzverbindungen lassen sich die Harze durch Säuren als Hydrate abscheiden.

Alle natürlichen Harze sind Gemenge verschiedener Harze, welche sich durch verschiedene Lösungsmittel, wie Aether, Chloroform, Schwefelkohlenstoff, Benzin, mehr oder weniger vollständig von einander trennen lassen. Die Chemiker unterscheiden diese Harze mit α Harz (Alphaharz), β Harz (Betaharz), γ Harz (Gammaharz), z. B. des Copals, des Mastix, der Benzoë.

Der Terpenthin ist ein Balsam, ein halbflüssiges Gemisch aus Terpenthinöl und Harz. Er fliesst aus absichtlich gemachten Einschnitten mehrerer Nadelhölzer, besonders der *Pinus*- und *Abies*-Arten. Durch Destillation mit Wasser scheidet man das flüchtige Oel ab. Der Rückstand ist wasserhaltig und kommt als Burgundisches Harz, Weisspech (*Resīna Pini*) in den Handel. Durch Schmelzen und Kochen vom Wasser befreit, liefert er das Geigenharz (*Colophonium*). Diese Harze bestehen aus Pininsäure, Sylvinsäure, Pimarsäure, von welchen Harzsäuren die beiden letzteren krystallisirbar sind.

Der Copaïvabalsam, welcher aus Einschnitten in die Rinde verschiedener *Copaifĕra*-Arten ausfliesst, ist eine Lösung von Harz in einem flüchtigen Oele, welches zu den Camphenen gehört. Das Harz besteht aus zwei Harzen, von welchen das eine ausgeprägte saure Eigenschaften besitzt und Copaïva-säure genannt worden ist. Durch Destillation mit Wasser entfernt man das flüchtige Oel (*Oleum Balsami Copaivae*) und extrahirt den getrockneten Harzrückstand mit Steinöl oder Benzin, welche die Copaivasäure lösen, das andere indifferente Harz ungelöst lassen.

Das Guajakharz (*Resīna Guajăci*), das Harz aus *Guajacum officinale L.*, einem auf den Antillen wachsenden Baume, ist grünlich braun, von schwach benzoëartigem Geruche. Dieses Harz ist durch die Farbenveränderung charakterisirt, welche es unter dem Einflusse des Lichtes und der Luft durch Sauerstoffaufnahme erleidet. Oxydirende Substanzen bewirken eine grüne bis blaue Färbung, welche durch reducirende Mittel wieder verschwindet. In kaltem Wasser gelöstes arabisches Gummi, frischer Kleber, Caseïn, besonders aber salpetrige Säure, Salpetersäure, Salpeterätherweingeist, Ozon bewirken die erwähnte Farbenveränderung. Mancher Arzt verlangt von einer Emulsion aus Wasser, Gummi und Guajakharz, dass sie blaugrünlich gefärbt sein solle. Zu ihrer Bereitung nehme man dann nur gepulvertes arabisches Gummi und gewöhnliches Brunnenwasser. Tritt die Färbung nicht hervor, so genügen wenige Tropfen Salpeterätherweingeist den Zweck zu erreichen. Bereits gelöstes arabisches Gummi und destillirtes Wasser enthalten weniger atmosphärische Luft, bieten also dem Harze weniger Sauerstoff dar. Das Guajakharz besteht aus Guajaksäure, Guajakharz-säure etc.

Die Darstellung der Harze im pharmaceutischen Laboratorium geschieht durch Extraktion der Vegetabilien mittelst des Weingeistes. Von dem weingeistigen Auszuge wird der Weingeist durch Destillation abgesondert, der Rückstand durch Waschen mit Wasser von anhängenden Extraktivstoffen befreit und getrocknet. Auf diese Weise wird das Jalapenharz (*Resīna Jalāpae*) aus den Jalapenknollen bereitet. Dieses Harz besteht aus einem in Aether oder Chloroform unlöslichen Harze (Convolvulin oder Rhodeoretin) und einem in diesen Flüssigkeiten löslichen Harze. Das erstere, das Convolvulin, ist ein Glukosid, denn durch Emulsion, so wie auch beim Kochen mit verdünnten Säuren spaltet es sich in Convolvulinol und Zucker. Durch Aetzalkalien wird das Convolvulin leicht gelöst, verändert sich aber dabei in Convolvulinsäure, ebenfalls eine gepaarte Zuckerverbindung.

Gummilack, Körnerlack (*Lacca in granis*) fliesst in Folge des Stiches der Lackschildlaus (*Coccus Lacca*) aus verschiedenen Bäumen und Sträuchern Ostindiens, besonders der *Aleurītes laccifēra Willd*. Dieses Harz enthält einen rothen Farbstoff, welcher sich mit Lösungen der kohlensauren Alkalien ausziehen lässt. Das von dem Farbstoff befreite Harz geschmolzen und in dünne Scheibchen gebracht, ist der sogenannte Schellack. Er enthält einige Procente Wachs, welches sich durch Benzin ausziehen lässt.

Die natürlichen Balsame, der Perubalsam, Tolubalsam und der flüssige Storax sind wegen ihrer Bestandtheile bemerkenswerth.

Perubalsam oder schwarzer Indischer Balsam, ein durch leichte Schwelung aus dem Holze verschiedener *Myroxÿlon*-Arten gewonnenes theerartiges Produkt, besteht aus verschiedenen Harzen, Zimmtsäure und einem neutralen dickflüssigen Körper, Cinnameïn genannt, welcher Zimmtsäure-Benzyläther ist.

Der flüssige Storax enthält neben einem Harze Zimmtsäure, einen flüchtigen Kohlenwasserstoff, Styrol oder Cinnamol genannt, und eine neutrale krystallisirbare Substanz, Styracin. Das Cinnamol (C_8H_8) entsteht bei der Destillation der Zimmtsäure mit starken Basen unter Ausscheidung von Kohlensäure und verhält sich zur Zimmtsäure wie das Benzol zur Benzoësäure.

Zimmtsäure   Cinnamol

$$C_9H_8O_2 \;=\; 2CO_2 \;+\; C_8H_8.$$

Das Styracin ist Zimmtsäure-Styryläther.

Der Tolubalsam (von *Myrospermum toluifěrum*) enthält neben zwei Harzen Zimmtsäure und einen flüchtigen Kohlenwasserstoff, Tolén ($C_{10}H_{16}$) in Gestalt eines farblosen Oels, welches man durch Destillation mit Wasser abscheidet. Bei der Destillation des Balsams ohne Wasser gewinnt man Toluol (C_7H_8), einen dem Benzol entsprechenden Kohlenwasserstoff, welcher auch häufig unter den Produkten der trocknen Destillation der Steinkohlen und anderer Substanzen auftritt. Das Toluol verhält sich zur Toluylsäure wie das Benzol zur Benzoësäure.

Fossile Harze sind Bernstein (*Succinum*) und Asphalt oder Erdpech (*Asphaltum*).

Der Bernstein, Agtstein (*Succīnum*) ist ein Gemisch von Bernsteinsäure, flüchtigem Oele, einem in Weingeist löslichen Harze und dem in den meisten Lösungsmitteln unlöslichen Succinin oder Bernsteinbitumen. Bei der trocknen Destillation geht Bernsteinsäure und flüchtiges Oel über und das durch die Einwirkung der Hitze veränderte, zurückbleibende Harz stellt den Bernsteincolofon (*Colophonium Succini*) dar, welcher in Terpenthinöl löslich ist und zu Firnissen Anwendung findet.

Asphalt, Erdharz, Bitumen (*Asphaltum, Bitūmen Judaicum*) ein natürliches Zersetzungsprodukt der Braun- und Steinkohlen, ist ein kohlenstoffreiches schwarzes oder braunschwarzes Harz, welches mehr oder weniger mit einem bituminösen flüchtigen Oel (Petrolén) gemischt in vielen Gegenden, besonders aber am und im todten Meere gefunden wird. Da Kälte seinen Aggregatzustand nicht verändert und es das Wasser nicht durchlässt, so findet es Anwendung zu Firnissen, Strassenpflaster, zum Pflastern der chemischen Laboratorien, zur Bedeckung flacher Dächer. Das durch trockne Destillation aus dem Asphalt gewonnene Asphaltöl (*Oleum Asphalti*) findet in der Medicin kaum noch Anwendung.

Den Harzen und Gummiharzen schliessen sich Kautschuk und Gutta-Percha an. Beide Substanzen sind eingetrocknete Milchsäfte, enthalten aber keine in Wasser löslichen Bestandtheile.

Kautschuk, Caoutschuk, Federharz (*Gummi elasticum, Resīna elastiça*) wird in Südamerika aus dem Milchsaft einiger *Siphonia*-Arten, in Ostindien aus mehreren *Ficus*-Arten gewonnen. Man trifft es auch in dem Milchsafte einiger einheimischen Pflanzen, wie *Papāver somnifěrum, Lactūca satīva, Cichorĭum Intўbus*, an. Die Elasticität des Kautschuks bei mittlerer Temperatur, die Eigenthümlichkeit, dass seine frischen Schnittflächen aneinander kleben, dass es von Säuren und Alkalien kaum angegriffen, von Wasser und Weingeist nicht gelöst wird, machen es zu zahllosen Zwecken brauchbar. Im Aether, Steinöl, Schwefelkohlenstoff quillt es auf, Chloroform, Benzin, Terpenthinöl, Steinkohlentheeröl, Kautschuköl lösen es auf. Bis zum Schmelzen (125⁰) erhitzt bleibt es weich und klebrig, selbst in der Kälte. Bei der trocknen Destillation geht ein kohlenwasserstoffhaltiges Oel über, das Kautschuköl.

Eine merkwürdige Veränderung erleidet das Kautschuk, welches seiner Zusammensetzung nach der Formel C_4H_7 entspricht, wenn es vulkanisirt, d. h. mit Schwefel vereinigt wird. Das vulkanisirte Kautschuk enthält circa 10 Proc. Schwefel. Die frischen Schnittflächen desselben kleben nicht mehr zusammen, es ist aber beim Wechsel von Kälte und Wärme weniger veränderlich, besitzt eine dauernde Elasticität, wird in der Wärme (40^0) weniger weich und ist in Terpenthinöl, Chloroform, Aether etc. nicht mehr löslich. Die Geräthschaften aus vulkanisirtem Kautschuk vermeidet man mit Metallen in Berührung zu halten, weil es an diese Schwefel abgiebt. Metallene Geräthschaften, in einem Schranke, in einer Tasche mit vulkanisirtem Kautschuk in Berührung, schwärzen sich. Stopfen aus vulkanisirtem Kautschuk gebraucht man zum Verschluss der Aetzlaugengefässe. Durch Zusatz von mehr Schwefel, Schellack, Steinkohlenpech wird das Kautschuk hart und hornartig (hornisirtes Kautschuk).

Gutta-Percha ist ein dem Kautschuk ähnlicher Stoff, der Milchsaft einer Sapotacee (*Isonandra Gutta*), eines Baumes auf den Inseln Ostindiens. Sie ist nicht elastisch. Bei 50^0 wird sie weich, bei 70^0 knetbar. In Chloroform, Schwefelkohlenstoff, erwärmten Terpenthinöl ist sie löslich. Sie besteht aus mehreren Harzen. Durch Vereinigung mit Schwefel wird sie vulkanisirt wie das Kautschuk. Eine Auflösung der Gutta-Percha in Chloroform hat man in Stelle des Collodium gebraucht und Traumaticin genannt.

Alphabetisches Register.

Halle, Gebauer-Schwetschke'sche Buchdruckerei.

595

W. J. Rohrbeck J. F. Luhme & Co.

Inhaber Dr. Hermann Rohrbeck

Fabrik und Lager

sämmtlicher zum Studium der

Chemie und Pharmacie

erforderlichen

Apparate und Geräthschaften

Complette

Laboratorien- und Apotheken-Einrichtungen.

Gegründet 1825.

Eigene

mechanische Werkstätten und Glashüttenwerke Zechlin.

Eigene Schriftmalereien.

Berlin SW.

Königgrätzerstrasse No. 112 (früher Kurstrasse 51)

(gegenüber dem Anhalter Bahnhof.)

Illustrirte Preis-Courante auf Wunsch gratis u. franco.

Apotheker O. Lagatz

in Tharandt

liefert gegen Einsendung des Betrages:

1. Eine Collection an Geräthen und Apparaten zur Darstellung der in diesem Werke vorkommenden Versuche und Experimente. 15 Mark.

2. Dieselben vollständiger und in feinerer Ausstattung. 25 Mark

3. Berzelius-Lampe dazu von 15—20 Mark

4. Handwaagen, Gewichte einzelne Apparate und Geräthschaften, Präparate, Reagentien, Chemikalien, Droguen etc. zu den billigsten Tagespreisen.

Warmbrunn, Quilitz & Co.

Berlin C.

40 Rosenthaler Strasse 40

Fabrik aller Apparate und Utensilien

für Chemie, Pharmacie und alle Zweige der Wissenschaft,

Vollständige Laboratorien- u. Apotheken-Einrichtungen

Ergänzungen einzelner Standgefässe für solche.

Eigene Glas-Hüttenwerke und Schleifereien:

Jemmlitz, Tschernitz und Tschornow.